PRAKTIKUM DER PHYSIOLOGISCHEN CHEMIE

VON

PETER RONA

ZWEITER TEIL

BLUT · HARN

VON

P. RONA UND H. KLEINMANN

MIT 141 TEXTABBILDUNGEN

BERLIN
VERLAG VON JULIUS SPRINGER
1929

ISBN-13: 978-3-642-98290-3   e-ISBN-13: 978-3-642-99101-1
DOI: 10.1007/978-3-642-99101-1

Vorwort.

Der vorliegende, mit Herrn Privatdozenten Dr. H. Kleinmann bearbeitete Band schließt das Praktikum der Physiologischen Chemie ab. Er behandelt die Methoden der Blut- und Harnuntersuchung; auch die Untersuchung des Magensaftes, der Fäzes und gelegentlich auch die der Organe wurde berücksichtigt. Da die einzelnen Bände des Werkes voneinander unabhängig benutzbar sein sollen, waren einige Wiederholungen nicht zu vermeiden; doch belasten diese den Umfang des Ganzen kaum nennenswert. Andererseits stellen Hinweise auf entsprechende Stellen in den andern Bänden die Einheit des Gesamtwerkes her.

Die Aufnahme aller vorhandenen Methoden wurde auch in diesem Bande nicht erstrebt. Wurden mehrere Methoden für die Untersuchung desselben Stoffes beschrieben, so geschah dies, um die verschiedenen Arten der Untersuchung: Makro- und Mikromethoden, mehr „chemische" oder mehr „physikalische" Methoden zu ihrem Recht kommen zu lassen. Werturteile über die einzelnen Methoden zu geben, erübrigte sich, da, soweit möglich, nur bewährte Methoden aufgenommen worden sind.

Ein Abschnitt über die Fehlerrechnung aus der Feder des Herrn Privatdozenten Dr. Ettisch ist dem Werke beigefügt. Hoffentlich wird das Studium dieses Teiles den Sinn für die Bewertung der Analysenzahlen schärfen.

Wertvolle Ratschläge im optischen Teil verdanken wir Herrn Ing. Bechstein und Herrn Prof. Dr. Hári. Bei der Korrektur halfen: Frl. Prof. Dr. Hefter und die Herren DDr. Ammon, Oelkers und Werner. Wir danken allen aufrichtig für ihre Hilfe.

Berlin, im August 1929. P. Rona.

Inhaltsverzeichnis.

Untersuchung des Blutes.

Inhaltsverzeichnis.

V

Inhaltsverzeichnis. XIX

Berichtigungen.

Seite 52, Zeile 8 von unten: Statt „stellt man das Quecksilber . . ." soll stehen: „stellt man den Meniskus der Flüssigkeit über dem Quecksilber . . .".

Seite 91, Zeile 12 von oben: Statt $\log \dfrac{k}{f_{\mathrm{HCO_3}}} : -\log \dfrac{k}{f_{\mathrm{HCO_3}}}$.

Seite 171, Zeile 2 von unten und Seite 198, Zeile 23 von oben: Statt Phosphorwolframsäure: Wolframsäure.

Seite 181, Fußnote 1 anzufügen: Man erhält so eine Mischung von Mono- und Dinatriumphosphat (½ mol) 1 : 1 mit einem pH 6,8.

Seite 238, Zeile 9 von unten: Statt Kaliumbisulfitlösung: Kalium- oder Natriumbisulfitlösung.

Seite 255, Zeile 13 von oben: Statt 2,905 ccm 2,905 g; Zeile 14 von oben: Statt 1 mg Cl: 1 mg ClNa.

Seite 335. Die 3. Zeile von oben ist vor die 1. zu setzen.

Rona, Praktikum II.   Verlag von Julius Springer in Berlin.

Berichtigungen.

Untersuchung des Blutes.

Allgemeine und physikalisch-chemische Methoden.

Bestimmung der Blutmenge im Organismus.

Blutmengenbestimmung mittels kolloidaler Farbstoffe[1].

Prinzip. Die Methode beruht auf der intravenösen Einführung einer genau bekannten Menge Farbstofflösung und nachfolgender Feststellung der Farbkonzentration im Plasma des Versuchsindividuums. Aus den so gewonnenen Werten läßt sich die Plasmamenge und unter Zugrundelegung des relativen Blutkörperchenvolumens die Blutmenge bestimmen.

Ausführung nach Seyderhelm und Lampe[2]. Zur Injektion werden 0,8%ig. Lösungen von Trypanrot in 0,5%ig. Kochsalzlösung angewandt. (0,2 g Trypanrot werden mit 25 ccm frisch destilliertem Wasser versetzt; die Lösung wird filtriert. Zu dieser Lösung wird die Hälfte ihres Volumens 1%ig. Kochsalzlösung zugefügt und die Mischung zwecks Sterilisation bis auf das Volumen eingedampft, das die Farblösung vor dem Zusatz der Kochsalzlösung einnahm. Die Lösung wird frisch verwendet.) Injiziert werden in der Regel 10 ccm, doch kann man bei Individuen mit hohem Körpergewicht unbedenklich 15—20 ccm nehmen.

Gang der Untersuchung. Aus einer ungestauten Armvene werden etwa 5 ccm Blut entnommen, mit $^1/_{10}$ des Volumens Ammoniumoxalatlösung (also mit 0,5 ccm) versetzt. (Ammoniumoxalatlösung: 2 g Ammoniumoxalat und 0,9 g Kochsalz werden auf 100 ccm Wasser verdünnt.) Außerdem werden aus der, wenn

---

[1] Im wesentlichen nach Seyderhelm und Lampe: Erg. inn. Med. 27, 245 (1925). Ferner: Abderhaldens Arbeitsmethoden Abt. V/8, 245 (1928). Vgl. auch Wollheim: Z. klin. Med. 108, 463 (1928).

[2] Vgl. Keith, Geragthy und Rowntree: Arch. int. Med. 16, 547 (1915). — Bock: Arch. int. Med. 27, 83 (1921). Vgl. auch Fleischer-Hansen: Skand. Arch. Physiol. 56, 118 (1929).

nötig, gestauten Vene in zwei gründlichst gereinigte und getrocknete Meßzylinder je 25 ccm Blut aufgenommen und ebenfalls mit $^1/_{10}$ des Blutvolumens Ammoniumoxalat versetzt. Dann erfolgt die Injektion der Farblösung. 3 und 6 Min. nach beendeter Injektion werden aus der Armvene etwa je 10 ccm Blut entnommen und ebenfalls mit Ammoniumoxalat versetzt. Mit dem gleich am Anfang gewonnenen Blut werden 2—3 Hämatokrite[1] gefüllt, die Hämatokrite, das Oxalatblut und das Farboxalatblut ½ Stunde bei etwa 3000 Touren (Radius der Zentrifuge 17 cm) zentrifugiert. Aus dem so gewonnenen Oxalatplasma und einer bekannten, am besten gewogenen Farblösung wird eine Standardlösung hergestellt. Zu ihrer Herstellung nimmt man an, daß beim Menschen auf je 1 kg Körpergewicht 45 ccm Plasma, d. h. bei einem 60 kg schweren Menschen 2700 ccm Plasma kommen. Dazu addiert man $^1/_6$ bis $^1/_7$ der für die Plasmamenge errechneten Zahl (zugesetztes Oxalat). Das wären etwa 3100 ccm Oxalatplasma. Sind 10 ccm Farblösung injiziert, so wäre der zu erwartende Gehalt im Oxalatplasma etwa 0,32%. Der Gehalt der Vergleichslösung an Farblösung müßte auch etwa 0,32% sein. Im angeführten Beispiel wären also etwa 0,064 g Farblösung in 20 ccm Oxalatplasma zu lösen[2]. Durch Verdünnen der Restmenge der Standardlösung mit dem Oxalatplasma wird eine Eichkurve hergestellt (bezogen auf den Standard = 100).

Nach Feststellung der Farbkonzentration der zuletzt gewonnenen zwei Proben wird auf die Farbkonzentration im Plasma bei 0 Minuten geschlossen, da die Farbkonzentration der innerhalb der ersten Minuten gewonnenen Proben auf einer geraden Linie liegen, wenn man die Werte in ein Koordinatensystem einträgt, auf dem Zeit und Konzentration eingetragen sind. Das Volumen des Gesamtplasmas beträgt in ccm

$$\left[\frac{100 \cdot f(p + a)}{a \cdot e} - f\right] \cdot \left[1 - \frac{o}{\dfrac{(100 - K)b}{100} + o}\right] \cdot$$

Die Blutmenge in ccm ist $\dfrac{100}{100 - K} \cdot$ Plasmamenge.

Es bedeuten:

K = das durch den Hämatokrit gewonnene Blutkörperchenvolumen,
p = das Volumen des zur Bereitung der Standardlösung verwandten Oxalatplasmas,

---

[1] Vorteilhaft sind die U-förmigen Hämatokrite nach Bönniger: Berl. klin. Wschr. **1909**, S. 161 und Z. klin. Med. **87**, 450 (1919). Vgl. auch S. 21.
[2] Vgl. Seyderhelm und Lampe: l. c. S. 282.

$a =$ das Volumen der zur Bereitung der Standardlösung verwandten Farblösung.

$f =$ das Volumen der injizierten Farblösung,

$b =$ die zur Konzentrationsbestimmung (nach der Farbinjektion) entnommene Blutmenge,

$o =$ das Volumen des zu b gesetzten Ammoniumoxalats,

$e =$ die gegen die Vergleichslösung berechneten Prozente (Standard $= 100$) des Farboxalatplasmas, das aus $b + o$ gewonnen wurde.

Mit dieser Methode kann man die zirkulierende Gesamtplasmamenge genau ermitteln. Die zirkulierende Gesamtblutmenge kann man durch sie nicht absolut genau bestimmen, da das Verhältnis von Plasma und Zelle in der Raumeinheit verschieden ist. Man wird jedoch in vielen Fällen auch bei Verwendung des Hämatokritwertes brauchbare Gesamtblutmengenwerte erhalten. Seyderhelm und Lampe empfehlen, um die zirkulierende Gesamtblutmenge möglichst exakt zu messen, die kombinierte Anwendung der Farbstoff- und der Kohlenoxydmethode (siehe unten). Nach der letzten wird die Gesamtmasse der roten Blutkörperchen bestimmt, nach der ersten die Gesamtplasmamenge.

Die zirkulierende Blutmenge beträgt für den Menschen (in Meereshöhe) nach Smith, Belt, Arnold und Carrier[1] 83 ccm, und zwar 52,1 ccm Plasma und 30,9 ccm rote Blutkörperchen pro kg Gewicht. Die Werte anderer Autoren weichen von diesen nicht nennenswert ab (vgl. Seyderhelm und Lampe). Die Schwankungsbreite beträgt unter normalen Verhältnissen beim Menschen $\pm$ 10 bis $\pm$ 100 ccm Plasma für die Gesamtmenge[2].

Bestimmung der Blutmenge mittels der Inhalationsmethode.

Prinzip. Die Versuchsperson atmet eine bestimmte Menge Kohlenoxyd ein, so daß eine 20—25%ig. Sättigung des Hämoglobins mit CO entsteht. Die prozentuale Sättigung des Hämoglobins wird dann kolorimetrisch oder gasanalytisch bestimmt. Aus der prozentualen Kohlenoxydsättigung des Blutes wird auf die Gesamtblutmenge geschlossen[3].

Zur Einatmung des CO haben Zuntz und Plesch[4] folgenden Apparat konstruiert (Abb. 1).

Die Versuchsperson atmet bei verschlossener Nase aus einem geschlossenen Luftkreislauf ein. Die Inspiration erfolgt aus dem

---

[1] Amer. J. Physiol. **71**, 395 (1925).

[2] Vgl. Berger und Galehr: Z. exper. Med. **53**, 57 (1926).

[3] Vgl. Grehant und Quinquaud: C. r. Soc. Biol. **94**, 1450.

[4] Biochem. Z. **11**, 47 (1908).

ca. 3 Liter fassenden Gummisack S durch das Inspirationsventil J. Die Exspirationsluft geht durch das Ventil E in die Absorptions-vorrichtung A für die ausgeatmete Kohlensäure. Von hier geht die Luft nach S zurück. Zwischen dem Ventil J und dem Sack S befindet sich die Zuleitung für Sauerstoff, zwischen J und M (dem Mundstück) ein enges Rohr als Verbindung mit einer Bürette, die eine abgemessene Menge CO enthält[1].

Nach einer möglichst vollkommenen Exspiration macht die Versuchsperson 2—3 Atemzüge aus dem Sack; dann führt man langsam eine abgemessene CO-Menge (2½—3 ccm pro kg Körpergewicht), auf etwa 3 Min., verteilt in den Stromkreis ein, läßt hierauf noch 3—4 Min. weiter atmen, wobei der Sack nicht ganz kollabieren darf; evtl. ist aus der Bombe neuer Sauerstoff nachzufüllen. Während der Atmung aus dem Sack wird die Blut-

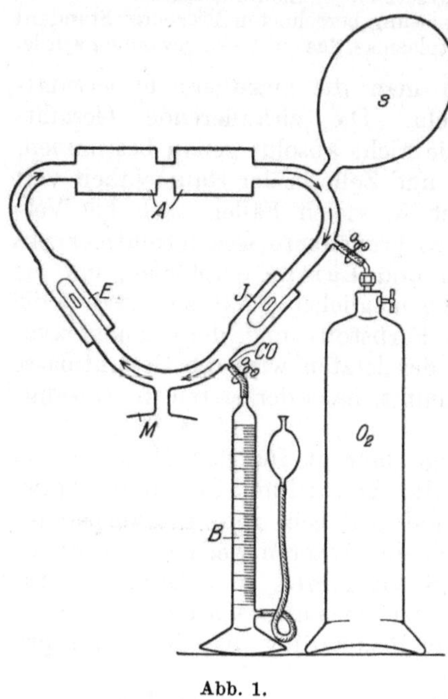

Abb. 1.

entnahme mittels Spritze (mit etwas Ammonoxalat) aus der Vene vorgenommen.

Zur Bestimmung des aufgenommenen Kohlenoxyds benutzt Plesch zur „Titration" der Vergleichslösung das mit CO vollständig gesättigte Blut[2]. Zuerst wird vor der CO-Inhalation eine Blutprobe entnommen, von der ein Teil (0,1 — 0,2 ccm) 100fach mit 1prom. Sodalösung verdünnt wird; in einem anderen Teil wird die Sauerstoffkapazität bzw. die Hämoglobinkonzentration bestimmt; ein dritter Teil wird mit CO gesättigt und hierauf ebenfalls 1:100 verdünnt. Nach der Inhalation wird wieder Blut entnommen. Dieses wird ebenfalls 100fach verdünnt. Nun wird aus einer graduierten Bürette von der Lösung, die total mit CO gesättigt ist, so viel zur ersten, die CO-frei ist, hinzugegeben, bis Farbengleichheit

---

[1] Über Bereitung von CO vgl. S. 69.   [2] Z. klin. Med. **63**, 472 (1907).

mit der nach der Inhalation gewonnenen Lösung, die partiell gesättigt ist, entsteht. Aus dem Mischverhältnis der CO-freien und der total mit CO gesättigten Lösung, aus der inhalierten Menge CO und aus der Sauerstoffkapazität bzw. Hämoglobinkonzentration kann die Blutmenge berechnet werden. Den kolorimetrischen Vergleich führt Plesch im Chromophotometer bei Tageslicht (siehe Praktikum I, S. 36) aus[1].

Der CO-Gehalt des Blutes kann auch gasanalytisch bestimmt werden.

Prinzip. CO (und O_2) werden aus der Hämoglobinbindung durch Kaliumferrizyanid in Freiheit gesetzt und die Gase im van Slyke-Apparat (S. 49) extrahiert; der Sauerstoff wird mit alkalischer Pyrogallollösung (oder alkalischer Hydrosulfitlösung) absorbiert und das restierende CO direkt unter Atmosphärendruck gemessen, indem man für den physikalisch gelösten Stickstoff eine Korrektur anbringt (vgl. S. 68)[2].

Beispiel[3]: Inhalation von 50 ccm Kohlenoxyd. Die Gasanalyse ergibt in 100 ccm Blut 5 ccm Kohlenoxyd. Die Hämatokritmethode ergibt 50% Zellen in der Volumeneinheit. Es befinden sich demnach 5 ccm Kohlenoxyd in 50 ccm Zellen. Da 50 ccm Kohlenoxyd eingeatmet wurden, so besitzt das Versuchstier insgesamt 500 ccm rote Blutkörperchen.

Über die Bestimmung der prozentuellen CO-Sättigung des Hämoglobins mit dem Reversions-Spektroskop von Hartridge s. S. 129.

Bestimmung des spezifischen Gewichtes des Blutes.
Methode von Hammerschlag[4].

Prinzip. Das spezifische Gewicht eines Körpers, der in einer Flüssigkeit schwebt, ist das gleiche, wie das der Flüssigkeit. Das spezifische Gewicht der letzten wird festgestellt.

Hammerschlag benutzt ein Gemisch von Chloroform und Benzol. Das spezifische Gewicht des Chloroforms ist 1,485, das des Benzols 0,88; durch Mischen beider in entsprechenden Mengen kann man diejenige Flüssigkeit herstellen, deren Dichte der des betreffenden Blutes entspricht.

Ausführung. Man bereitet von vornherein Gemische, deren spez. Gewichte etwa zwischen 1,050 und 1,060 liegen, entsprechend einem Gemisch etwa 1 Teil Chloroform und 2,5—3 Teilen Benzol,

---

[1] Die nach der Inhalation entnommene Blutprobe wird nach dem Auflösen in Sodawasser im Tauchtrog des Kolorimeters mit Paraffinöl übergossen.

[2] Van Slyke und Salvesen: J. of biol. Chem. 40, 103 (1919).

[3] Vgl. Seyderhelm und Lampe: l. c. S. 256.

[4] Nach v. Domarus: Methodik der Blutuntersuchung, S 197. Berlin: Julius Springer 1921.

und läßt einen frischen Blutstropfen, durch Einstich gewonnen, aus geringer Höhe (zweckmäßig aus einer Kapillare) in die Flüssigkeit fallen. Man rührt die Lösung vorsichtig mit einem Glasstab um und beobachtet, ob der Tropfen steigt oder fällt und fügt entsprechend Chloroform oder Benzol hinzu. Das richtige Mischungsverhältnis ist erreicht, wenn nach Umrühren der Mischung der Tropfen sich in der Flüssigkeit schwebend erhält. Ist dies der Fall, so wird das spez. Gewicht der Mischung (am besten mit dem Aräometer) bestimmt. Beim raschen Arbeiten ist die Gefahr der Verdunstung praktisch zu vernachlässigen.

Eijkman hat die Methode verfeinert, indem er Salzlösungen herstellt, deren spezifische Gewichte sich nur sehr wenig (z. B. um je 0,0002) von einander unterscheiden (aus zwei verschieden starken Salzlösungen durch Änderung des Mischungsverhältnisses hergestellt); die verschieden konzentrierten Salzlösungen werden mit Spuren verschiedener Anilinfarben gefärbt. Man gibt nun in die Chloroform-Benzol-Mischung (nachdem diese mit dem Blutstropfen versetzt wurde) je 1 Tropfen der verschiedenen Salzlösungen und stellt fest, welcher Tropfen von den Salzlösungen schwebend dieselbe Höhe wie der Blutstropfen einnimmt. Das gesuchte spez. Gewicht des Blutes ist gleich demjenigen der Salzlösung dieses Tropfens.

Bei der Bestimmung des spez. Gewichtes des Plasmas oder des Serums nach Hammerschlag wird eine Kapillare von ca. $^3/_4$ cm Länge und 1—2 mm Weite in eine 3 %ig. Kaliumoxalatlösung getaucht, die Oxalatlösung wieder ausgeblasen, und dann das Blut durch Kapillarwirkung aufgesaugt. Wenn die Kapillare zu etwa $^2/_3$ gefüllt ist, verschließt man beide Enden mit Wachs und stellt sie senkrecht. Mit Hilfe einer Feile trennt man dann die Kapillare an der Grenze Blutkörperchenschicht—Plasma; der aus der Kapillare fließende Plasmatropfen wird, wie oben beim Blut beschrieben, in die Chloroform-Benzolmischung gebracht. Beimischung von Oxalat soll nach Hammerschlag keinen Fehler in der Bestimmung verursachen. Man kann die Gerinnung auch mit Hirudin hemmen.

(Über Messung des spez. Gewichtes mit dem Pyknometer vgl. S. 299.)

Das spez. Gewicht des Blutes liegt unter normalen Verhältnissen bei Männern zwischen 1055 und 1060, bei Frauen zwischen 1050 und 1056; das spez. Gewicht des Serums bzw. des Plasmas schwankt normalerweise zwischen 1029 und 1032[1].

Bestimmung des osmotischen Druckes.

Direkte Methode von Krogh und Nakazawa[2].

Prinzip. Die Methode beruht auf der direkten Messung des osmotischen Druckes einer Eiweißlösung in Kollodiumhülsen.

Herstellung der Kollodiumhülse. Die Kollodiumhülse wird über einer Glasröhre angefertigt. Die kapillare Glasröhre hat einen

---

[1] Domarus: l. c. S. 200.   [2] Biochem. Z. **188**, 242 (1927).

äußeren Durchmesser von 4 mm mit etwa ½ mm lichter Weite. Man taucht die kapillare Glasröhre etwa bis zur Hälfte in eine etwa 8 %ig. Gelatinelösung, läßt die Schicht etwas antrocknen, taucht dann noch einmal ein und wartet so lange, bis die Gelatineschicht vollkommen trocken ist, d. h. die Schicht beim Betasten nicht mehr klebt. Man achte darauf, daß die kapillare Öffnung der Glasröhre durch Gelatine geschlossen wird. Dann taucht man die Spitze der mit der Gelatine überzogenen Glasröhre in 6 %ig. Kollodium (Schering), läßt abtropfen und taucht gleich noch einmal die ganze mit Gelatine überzogene Hälfte der Röhre in Kollodium, läßt unter beständigem Drehen der Röhre die Kollodiumschicht 1 bis 2 Min. trocknen, stellt sie 3 Min. in kaltes, danach in heißes Wasser, das die Gelatineschicht löst. Nun kann die Kollodiumhülse ganz leicht von der Glasröhre abgezogen werden. Um die an der Hülse haftenden Gelatineteilchen vollständig zu entfernen, läßt man die Hülse noch einige Zeit in heißem Wasser liegen[1].

Die Röhren müssen auf absolute Undurchlässigkeit für die zu untersuchenden Kolloide geprüft werden. Dazu wird jedesmal der osmotische Druck der betreffenden Kolloide (Serum, Harn) mit der frisch hergestellten Kollodiumröhre gemessen. Nach der Messung wird in der Außenflüssigkeit mit Spieglers Reagens (4 g Sublimat, 2 g Weinsäure, 10 g Glyzerin, 100 g Aqua dest.) ermittelt, ob Eiweiß durch die Röhre gegangen ist oder nicht. Außerdem werden die Röhren durch Messung ihrer Permeabilität für Wasser geprüft, da sich das Gleichgewicht desto langsamer einstellt, je kleiner die Permeabilität ist. Die beste Kollodiumröhre ist absolut undurchlässig für die betreffenden Kolloide und möglichst durchlässig für Wasser, wodurch erreicht wird, daß sich der richtige Druck schneller einstellt.

Die Wasserpermeabilität wird nach Zsigmondy durch die Messung derjenigen Zeit bestimmt, die 100 ccm Wasser brauchen, um durch 100 qcm Filterfläche bei 1 Atm. Druckdifferenz zu filtrieren.

Die Bestimmung erfolgt derart, daß man die Röhre unter Wasser an einer 200—400 mm langen Glasröhre von genau be-

---

[1] Krogh verwendet meist 8 %ig. Kollodiumlösungen mit gleichen Volumenteilen Äther und Alkohol. Die Durchlässigkeit der Membran ist innerhalb ziemlich weiter Grenzen abhängig von der Dauer des Lufttrocknens vor dem Eintauchen ins Wasser; je mehr Alkohol das Kollodium im Augenblick des Eintauchens enthält, um so durchlässiger wird die Membran. Die gewöhnlich ausreichende Trockenzeit bei 20° beträgt 4 Min. Für besonders kleine Partikelchen, wie sie mitunter im Harn vorkommen, ist eine längere Trocknungsdauer (6—8 Min.) erforderlich. Über Kollodiummembrane vgl. auch S. 104.

stimmter lichter Weite (am bequemsten 1,5—2 mm) befestigt. Das Ganze wird mit der Kollodiumröhre unter Wasser senkrecht aufgestellt; man liest nun ab, wieviel Wasser innerhalb bestimmter Zeit aus der Röhre filtriert.

Die Kollodiumröhrchen von Krogh haben bei einer zylindrischen Länge von 32 mm eine filtrierende Fläche von 4 qcm. Bei 300 mm Wasserdruck filtriert durch eine gute Membran etwa 1 cmm pro Min., was einer Minutenzahl von 120 entspricht. Röhrchen mit Minutenzahlen von 200 sind für Serum auch gut brauchbar, für Harn kann es notwendig werden, noch viel dichtere Membranen zu benutzen. (Krogh, l. c. S. 244.)

Die geprüften Röhrchen dürfen nie trocken werden. Man hebt sie am besten in 0,25 ‰ ig. Trypaflavin-Ringerlösung auf, wobei sie durch Adsorption des Trypaflavins einen gelben Farbton annehmen. Ein gutes Röhrchen kann für viele Bestimmungen monatelang verwendet werden.

Ausführung der osmometrischen Bestimmung nach Krogh[1].

(1) in Abb. 2 ist eine kapillare Glasröhre von ca. 15 cm Länge und ca. ½ mm lichter Weite. Sie ist unten ein wenig ausgezogen, so daß die Kollodiumhülse sich leicht darüber ziehen läßt; die Hülse wird dann durch ein schmales Stückchen eines engen Gummischlauchs (Kapillarschlauchs) fest an der kapillaren Glasröhre befestigt. Die Kollodiumhülse und die Glasröhre werden mit dem zu untersuchenden Material (Blut, Harn usw.) bis nahe zum oberen Ende von *(1)* gefüllt. *(3)* ist ein Stück engen Gummischlauches, der durch die Klemme *(4)* geschlossen ist. Die Außenflüssigkeit (gewöhnlich Ringerlösung für Blutserum, Ultrafiltrat für Harn und für andere Kolloide) wird in eine Glasröhre von 4,5 mm lichter Weite und etwa 30 mm Länge *(5)* gebracht, in die aber keine Luftblasen und keine Spur von der zu untersuchenden Flüssigkeit geraten dürfen. Das Ganze wird in einem kleinen Reagenzgläschen *(6)* befestigt, das etwas Quecksilber *(7)* enthält, um die Röhre *(5)* zu heben und sie in einer bestimmten Lage zur Kollodiumröhre *(2)* zu halten. Es ist sehr wichtig, daß die Röhre *(5)* während des ganzen Versuchs vollkommen gefüllt bleibt. Um jeder Verdunstung vorzubeugen, wird etwas Wasser auf das Quecksilber gegossen und gewöhnlich noch ein Filtrierpapierstreifchen an die Innenwand von *(6)* eingesetzt.

Die Röhre *(5)* wird deshalb so eng gewählt, weil bei möglichst

---

[1] Krogh: l. c. S. 244.

kleiner Außenflüssigkeitsmenge der Ausgleich der diffusiblen Stoffe am schnellsten erfolgt. Man braucht für eine Bestimmung 0,3—0,4 ccm Innen- und ca. 0,1 ccm Außenflüssigkeit. Dabei hat die Kollodiumröhre eine effektive Oberfläche von 3—4 qcm.

Die gefüllten Osmometer werden in ein Wasserbad gehängt, gewöhnlich bei Zimmertemperatur.

Wenn die Klemme (4) geschlossen bleibt, findet ein Austausch von Wasser und dialysablen Substanzen durch die Kollodiumröhre statt. Der Meniskus steigt in (1), die Luft darüber wird komprimiert, bis zwischen dem osmotischen Druck und Filtrationsdruck Gleichgewicht hergestellt ist. Das Gleichgewicht wird mit Serum gewöhnlich in 4 bis 6 Stunden erreicht; je kleiner die Permeabilität der Membranen ist, desto langsamer stellt sich das Gleichgewicht ein.

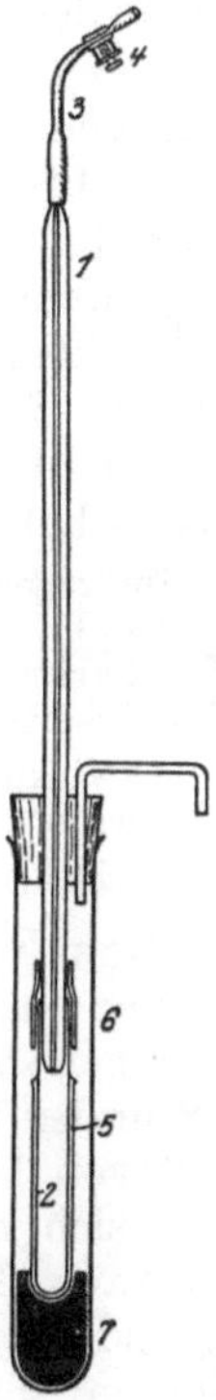

Zur Druckmessung benutzt man ein horizontales, in der Höhe verstellbares Ablesemikroskop mit einer Klemme zur Befestigung des Osmometers und stellt auf den Meniskus ein. An der Seite des Wasserbades steht ein Druckapparat, bestehend aus 2 kleinen, durch Gummischlauch verbundenen Glasbehältern, die teilweise mit Wasser gefüllt sind. Der eine fest aufgestellte wird durch Gummischlauch (1 mm lichte Weite) und Glasröhrchen mit dem Osmometer bei (3) verbunden. Der andere kann zum Einstellen eines beliebigen Druckes entlang einer vertikalen Millimeterskala verschoben werden. Nach Verbindung mit dem Osmometer stellt man den Druck ungefähr auf den zu erwartenden ein, öffnet die Klemme (4) und beobachtet, wie sich der Meniskus in (1) bewegt. Der Druck wird so lange geändert, bis der Meniskus wenigstens einige Minuten stationär bleibt.

Abb. 2.

Beispiel[1]. Zwei Parallelbestimmungen an Pferdeserum.
Um 12 Uhr Osmometer eingehängt. Erste Ablesung um 17 Uhr.

Osmometer I		Osmometer II	
Druck mm	Meniskus	Druck mm	Meniskus
200	sinkt schnell	160	steigt sehr langsam
150	steigt	170	sinkt sehr langsam
165	sinkt sehr langsam	165	steht still
160	steht still		

[1] Siehe Krogh: l. c. S. 246.

Die abgelesenen Druckwerte bedürfen gewisser Korrekturen für den Druck der Flüssigkeitssäule in der Röhre (*1*). Die Länge dieser Röhre wird für jedes Osmometer gemessen und die Höhe, bis zu der die zu untersuchende Flüssigkeit infolge ihrer Kapillarität aufsteigt, in Abzug gebracht. Die kapillare Steighöhe ist für verschiedene Eiweißkonzentrationen nicht die gleiche und muß daher für jede zur Untersuchung kommende Flüssigkeit und für jede Röhre besonders bestimmt werden. Nach der Druckablesung wird dann noch die flüssigkeitsfreie Länge der Röhre mit Hilfe eines kleinen Maßstabes gemessen und ebenfalls in Abzug gebracht. Bei sehr genauem Arbeiten muß noch berücksichtigt werden, daß das spez. Gewicht der Flüssigkeit in der Röhre (*1*) etwas höher ist als 1. Für Serum etwa 1,02—1,03.

Im gegebenen Beispiel haben wir:

Länge I	145 mm	Länge II . . .	142 mm
Kapillarität. . . .	33 „		33 „
Flüssigkeitsfrei . .	10 „		14 „
Druckwirkung . .	102 mm (× 1,02 = 104)		95 mm (× 1,02 = 97)
Abgelesen	160 „		165 „
Osmotischer Druck	262 mm (264)		260 mm (262)

Gewöhnlich nimmt man nach 16—24 Stunden eine zweite Ablesung vor, die dann mit der ersten innerhalb 10 mm übereinstimmen soll. Ist das nicht der Fall, so liest man nach weiteren 4 bis 6 Stunden nochmals ab. Die Einstellung kann mit einer Genauigkeit von 1—2 mm erfolgen. Die absolute erreichbare Genauigkeit läßt sich mit ungefähr 10 mm Wasserdruck bemessen.

Nach der osmotischen Bestimmung wird der Apparat auseinandergenommen. Die Kollodiumröhre (*2*) und Glasröhre (*5*) werden sorgfältig mit fließendem Wasser ausgespült und in Trypaflavin-Ringerlösung aufgehoben. Die Röhre (*1*) wird nach der Spülung noch mit Bichromatschwefelsäure gereinigt. Man hebt sie am besten in diesem Gemisch auf und spült sie unmittelbar vor dem Wiedergebrauch mit sterilem Wasser ab. Es ist sehr wichtig, daß die Apparatur steril ist, und daß außerdem die Röhre (*1*) überall von der Flüssigkeit vollkommen benetzt wird.

Beim normalen Menschen findet sich im Serum mit 7—8% Eiweiß ein kolloid-osmotischer Druck von 350—400 mm Wasser.

Bestimmung des Gefrierpunktes kleiner Flüssigkeitsmengen nach Salge[1].

Prinzip. Die Methode beruht auf Messung des Gefrierpunktes mittels eines Thermoelementes, das mit seinem einen Schenkel

---

[1] Z. Kinderheilk. 1, 126 (1911); 34, 330 (1923).

in die gefrierende zu untersuchende Lösung, mit seinem anderen
Schenkel in schmelzendes Eis eintaucht. Die Temperaturdiffe-
renz bewirkt den Ausschlag eines Galvanometers, dessen Skala
nach bekannten Gefrierpunkten geeicht ist.

Apparate. 1. Spiegelgalvanometer. 2. Thermoelement. Dasselbe ist
aus möglichst feinem Kupfer-Constantandraht zusammengestellt und so

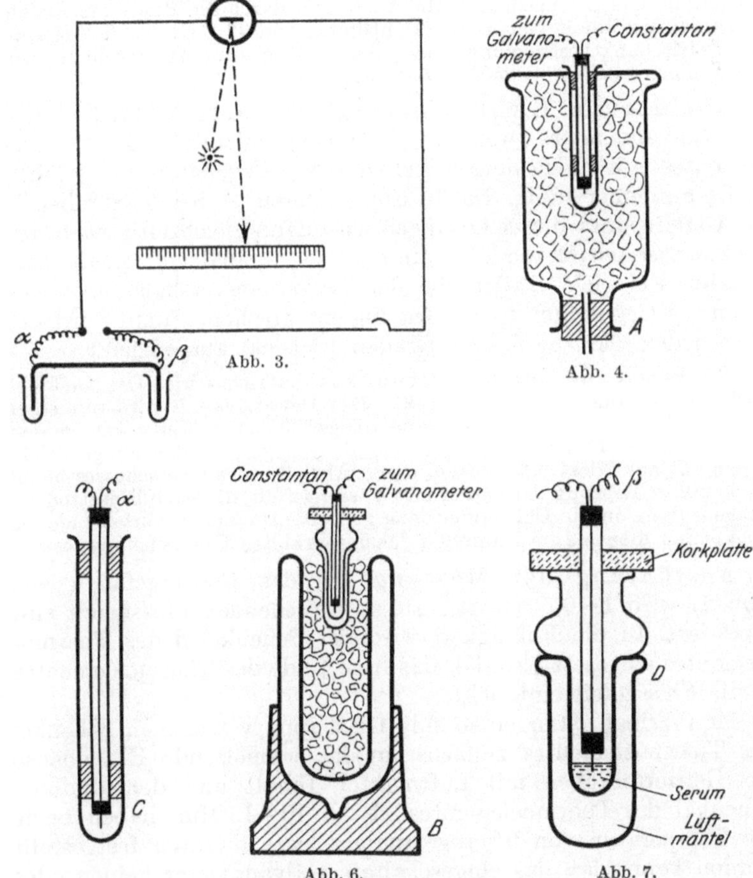

gebaut, daß der eine Schenkel α (siehe Abb. 5) durch eine Glaskappe C
geschützt ist. Der andere Schenkel β besteht aus einem Glasrohr, in dem
isoliert der Kupfer- und der Constantandraht verlaufen; unten tritt die Löt-
stelle frei heraus (Abb. 7). Die Verbindung des Thermoelementes mit dem
Galvanometer geschieht derart, daß die freien Kupferdrähte des Elementes
mittels Kupferklemmen mit den ebenfalls aus reinem Kupfer bestehenden

Zuleitungen des Spiegelgalvanometers verbunden werden. Die Anordnung entspricht der Abb. 3. 3. Dewargefäß (Thermosflasche B), Abb. 6. 4. Gefriergefäß D. Dasselbe ist ein Reagenzglas von etwa 10 cm Länge und 1 cm Durchmesser. Durch einen kleinen Wulst, der 1 cm unterhalb der Öffnung angebracht ist, wird es im Luftmantelgefäß D schwebend so gehalten, daß es überall von Luft umgeben ist (s. Abb. 7). 5. Gefäß für schmelzendes Eis A; entsprechend Abb. 4. Dasselbe ist mit einem von einer Glasröhre durchbohrten Korken verschlossen und mit gemahlenem Eis gefüllt. Das Schmelzwasser fließt dauernd durch die Röhre am Boden ab, so daß im Inhalt von A eine Temperatur von 0° herrscht. 6. Apparat zur Gefrierpunktbestimmung nach Beckmann (nur zur Eichung der Galvanometerskala notwendig). 7. Stickperlen.

Ausführung. Eichung des Galvanometers. Zur Eichung des Galvanometers werden Messungen mittels des Thermoelementes mit Salzlösungen bekannten Salzgehaltes ausgeführt (z. B. mit einer 1%ig. NaCl-Lösung, deren Δ bei 0,589° liegt). Der Gefrierpunkt dieser Lösungen wird dann gleichzeitig nach der Beckmannschen Methode bestimmt (vgl. S. 303) und somit festgestellt, wie viele Skalenteile der Galvanometerskala einer bestimmten Gefrierpunktserniedrigung entsprechen. Somit wird der Wert jeden Skalenteiles in Graden (Celsius) ausgedrückt.

Vorbereitung zur Gefrierpunktsbestimmung. Das Gefäß A wird mit gemahlenem Eis beschickt. Das Dewargefäß B wird mit einer Kältemischung aus Salz, Wasser und Eis gefüllt, so, daß eine Temperatur von — 4 bis — 5° entsteht. In einem Reagenzglas werden einige Stickperlen mit aqua dest. übergossen. Nach Abgießen des Überschusses bleibt die kapillare Bohrung der Perlen mit Wasser gefüllt, das nach Einsetzen des Reagenzglases in die Gefriermischung gefriert. Die derart vorbehandelten Stickperlen dienen zum Animpfen der unterkühlten Untersuchungslösung.

Ausführung der Messung. In das Gefriergefäß (siehe Abb. 7) wird 1—0,5 ccm der zu untersuchenden Flüssigkeit einpipettiert. In die Flüssigkeit wird der Schenkel β des Thermoelementes eingesetzt, so daß das freie Ende des Thermoelementes in die Flüssigkeit eintaucht.

Man bringt dann einen mit Glaskappe versehenen Schenkel des Thermoelementes zunächst in das schmelzende Eis, ebenso das Gefrierröhrchen mit Luftmantel, Inhalt und dem anderen Schenkel des Thermoelementes. Nach 10—15 Min. haben beide die Temperatur von 0° angenommen, was dadurch festgestellt werden kann, daß das eingeschaltete Galvanometer keinen oder nur einen geringen Ausschlag gibt. Jetzt wird das Gefrierröhrchen mit Luftmantel in die Kältemischung gebracht und das Galvanometer eingeschaltet. An der ausgewerteten Skala kann man genau den Grad der Unterkühlung verfolgen. Beträgt sie 1—1,5°, so wird die zu untersuchende Lösung durch Zugabe einer der gefrorenen Perlen angeimpft. Der Galvanometerausschlag geht zurück, um bei weiterem Stehen der Lösung in der Gefriermischung wieder anzusteigen. Die Differenz der beiden Gefrierpunkte, Wasser und Untersuchungsmaterial, ist schnell an der Skala abzulesen. Der Ausschlag ist scharf und erlaubt eine Genauigkeit der Messung bis zu 0,005°.

c) Bestimmung der Gefrierpunktsbestimmung mit dem Beckmannschen Apparat. Vgl. S. 303.

Bestimmung der Oberflächenspannung des Serums und anderer biologischer Flüssigkeiten mit der Ringmethode[1] nach Lecomte du Noüy.

Prinzip. Die Bestimmung beruht auf der Anwendung der Adhäsionsringe, bei der die Kraft gemessen wird, die zur Zerreißung eines durch den Ring gehobenen Flüssigkeitssäulchens nötig ist.

Man hängt ein Platinringchen an die Torsionswage (s. Abb. 8), stellt auf Gleichgewicht ein, schraubt ein Schälchen mit der zu messenden Flüssigkeit so hoch, daß die Flüssigkeit den Ring gerade berührt und führt an der Torsionswage eine so starke Torsion aus, daß das hochgehobene Flüssigkeitssäulchen gerade zerreißt. Die dazu notwendige Kraft, die direkt an der Wage abgelesen wird, wird von der Oberflächenspannung über die Länge des Ringumfanges gegeben. Eine empirische Korrektur trägt dem Einfluß des Randwinkels der benetzenden Flüssigkeit Rechnung. Der Temperatureinfluß ist für reine Flüssigkeiten[2] oder Kristalloidlösungen nicht groß, für kolloide Lösungen (wie Blut) beträchtlich.

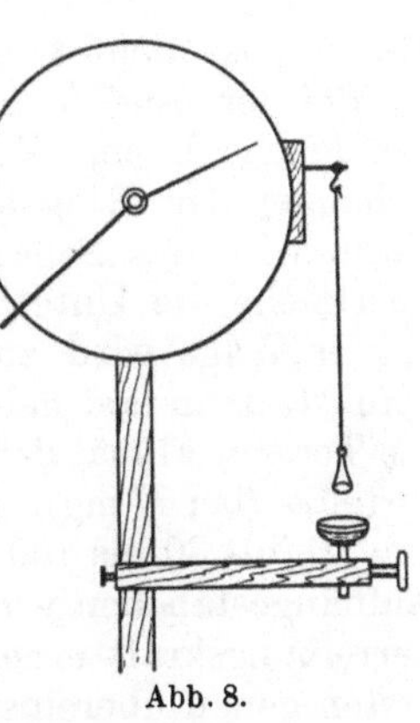

Abb. 8.

Ausführung. Benutzt wird der Apparat von Hartmann und Braun. Zuerst wird der Wasserwert des Ringes bestimmt, d. h. die Kraft, die nötig ist, um die an einem bestimmten Ringe adhärierende Wasseroberfläche zu zerreißen.

---

[1] Vgl. Lecomte du Noüy: Surface Equilibria of biological and organic colloids. New York 1926 und Équilibres superficiels des solutions colloidales. Paris 1929. Vgl. hierzu auch Brinkmann in Abderhaldens Arbeitsmethoden IV/4, 1417 (1927).

[2] Beim Wasser nimmt die Oberflächenspannung bei steigender Temperatur pro Grad um etwa 2°/₀₀ ab.

Bei der großen Oberflächenspannung des reinen Wassers ist auf kapillaraktive Verunreinigungen besonders zu achten. Zur Reinigung wird der Ring vorsichtig ausgeglüht oder noch besser mit (durch kurzes Eintauchen in konz. Salpetersäure vom spez. Gew. 1,4) passivierter Pinzette kurz in rauchende Salpetersäure getaucht, nachher unter der Wasserleitung gespült und mit reinem Filtrierpapier getrocknet. Die Uhrgläser oder Kölbchen, in die die zu untersuchende Flüssigkeit kommt, werden durch rauchende Salpetersäure und Waschen in fließendem Wasser fettfrei gemacht. (Leitungswasser hat im allgemeinen eine reinere Oberfläche als destilliertes Wasser; das destillierte Wasser kann durch Schütteln mit Kohle und Filtrieren durch eine Kohleschicht gereinigt werden.) Die Kontrolle auf Oberflächenreinheit geschieht nach Brinkmann folgendermaßen: Man bestimmt mit dem gereinigten Ring die Ablösungskraft sofort nach Eingießen des Wassers im gereinigten Uhrglas oder in der Glasschale; die gefundene Kraft darf sich bei ruhig stehendem Wasser nicht weiter verringern. (Differenz höchstens 0,5—1 mg.) Eine allmähliche Erniedrigung bei wenig veränderter Temperatur deutet auf eine Verunreinigung hin.

Bei der Ausführung der Bestimmung wird das Schälchen mit wenigstens 1 ccm Wasser auf das Stativ gestellt, die Wage mit anhängendem Ring auf Gleichgewicht eingestellt und arretiert. Dann wird das Schälchen so hoch geschraubt, daß die Wasseroberfläche die Unterfläche des Ringes gerade benetzt. Bei arretierter Wage wird zunächst eine Drehung von 60—80 mg ausgeführt, dann erst hebt man die Arretierung auf. Nun macht man die Torsion allmählich so stark, daß die Wasseroberfläche gerade zerreißt (bei K mg). Dann wird die Torsion wieder geringer gemacht (bis 80 bis 100 mg), der Ring durch leichten Druck auf die Aufhängestäbchen wieder gerade auf das Wasser gedrückt und die Zerreißungskraft erneut bestimmt. Der zweite Wert soll mit dem ersten genau übereinstimmen. Dann schraubt man das Schälchen herunter und bestimmt das Gewicht des Ringes ($+$ Draht) $+$ adhäriertem Wasser $= G$. Dann ist $K—G$ der Wasserwert des Ringes $= W$[1].

Bei der Messung einer beliebigen Oberflächenspannung be-

---

[1] Will man die Ringkonstante L bestimmen, so führt man die Untersuchung mit einer reinen Flüssigkeit von bekannter Oberflächenspannung aus. Da die Oberflächenspannung des reinen Wassers bei 18° 73 Dynen pro cm beträgt, so ergibt sich $73 = \dfrac{K - G}{L} \cdot 0,981$ (1 mg $= 0,981$ Dyn), wo außer L alle Größen bekannt sind.

stimmt man ebenfalls K und G (in diesem Fall K' und G'), dann ist $K'-G' = W'$ und die relative Oberflächenspannung ist $\dfrac{W'}{W}$. Will man die absolute Oberflächenspannung berechnen, so multipliziert man diese Zahl mit 73. (Die absolute Oberflächenspannung des Wassers ist bei 18° gleich 73 Dyn/cm.) Man muß aber noch eine Korrektur anbringen, da das Flüssigkeitssäulchen nicht senkrecht an dem Ring zieht. Mit Berücksichtigung dieser Korrektur erhält man für die wirkliche relative Oberflächenspannung $1{,}18\,\dfrac{W'}{W} - 0{,}18$ und für die absolute Oberflächenspannung $\left(1{,}18\,\dfrac{W'}{W} - 0{,}18\right)$ 73 Dynen.

Bei der Bestimmung der Oberflächenspannung des Serums ist darauf zu achten, daß sofort nach dem Eingießen des Serums in das Schälchen die Oberflächenspannung höher ist (näher der Oberflächenspannung des Wassers liegt): die dynamische Oberflächenspannung; bei fortlaufenden Messungen zeigt sich eine allmähliche Erniedrigung, die ungefähr in einer halben Stunde das Minimum erreicht: die statische Oberflächenspannung[1]. Wenn man die Oberfläche durch Abstreifen mit Filtrierpapier auffrischt, so bekommt man wieder die höhere Oberflächenspannung. Spontane Erhöhung der Spannung mit der Zeit deutet auf eine Membranbildung. Die Temperatur muß berücksichtigt werden. Eine Messung, die bei 37° ausgeführt wird, liegt etwa um 10 Dyn. niedriger als eine solche, die bei Zimmertemperatur ausgeführt wird[2].

Für normale Sera findet man statisch den konstanten Wert von 58—57 Dyn/cm bei 16—18° und von 47 Dyn. bei 37°.

Bestimmung der Viskosität des Blutes.

Man bestimmt die relative Viskosität, d. h. man stellt fest, um wieviel die untersuchte Flüssigkeit, in diesem Falle Blut, zähflüssiger ist als Wasser.

Bezeichnet man die Viskositäten zweier verschiedener Flüssigkeiten mit η bzw. η_1, die entsprechenden Durchflußvolumina

---

[1] Der stalagmometrische Wert der Oberflächenspannung (vgl. Prakt Bd. I) ist nicht statisch. sondern (mehr oder weniger) dynamisch und liegt etwa um 10 Dyn höher.

[2] Nach dem Vorschlage von Brinkmann kann die Bestimmung bei 37° leicht im gewöhnlichen Laboratoriumsbrutofen ausgeführt werden, indem man die Wage auf den Thermostaten stellt und den Ring an einem langen Draht durch eine Öffnung im Dach des Schrankes senkt.

durch eine Kapillare mit V und V_1, die entsprechenden Durchflußzeiten T und T_1, dann gilt

$$\eta : \eta_1 = V_1 T : V T_1 .$$

Da die Viskosität des Wassers η gleich 1 gesetzt wird, erhält man

$$\eta_1 = \frac{V \cdot T_1}{V_1 T} .$$

Bei dem Apparat von Heß, der unten besprochen wird, sind die Durchflußzeiten T und T_1 gleich, und es werden die Durchflußvolumina verglichen.

Zusatz von Oxalat zur Hemmung der Gerinnung ändert die Viskosität in unkontrollierbarer Weise; Hirudin beeinflußt die Viskosität nicht.

Bestimmung der Viskosität des Blutes nach Heß[1].

Auf der Milchglasplatte H (Abb. 9) sind zwei graduierte Glasröhren, A und B, befestigt, die an einem Ende durch das Rohr G unter sich und durch den Schlauch K mit dem Gummiballon L in

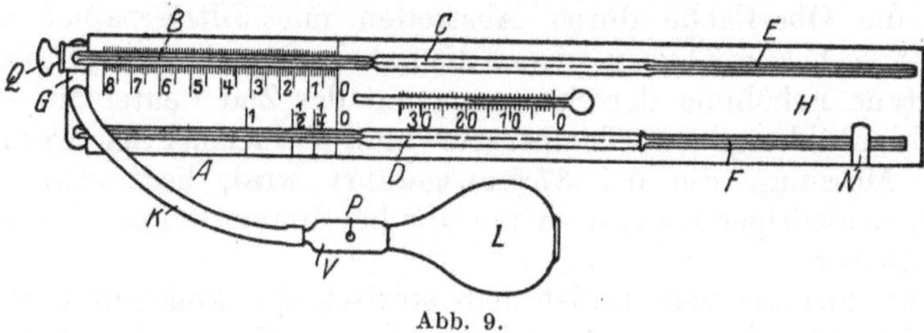

Abb. 9.

Verbindung stehen; an dem anderen Ende sind an dieselben je ein Glasröhrchen C und D von sehr feiner Öffnung, sog. Glaskapillaren, angeschlossen. Diese letzten münden wiederum in E und F, Glasröhrchen vom Kaliber der Röhren A und B. Das Röhrchen F, das durch die Feder N in seiner Lage gehalten wird, ist auswechselbar und kann durch ein anderes der mehrfach vorhandenen, gleichen Röhrchen ersetzt werden. Durch Hahn Q ist die Möglichkeit geboten, die Verbindung B mit G und damit auch mit dem Ballon L aufzuheben. Die Röhrchen A und B sind vor ihrer Einmündung in das Rohr G rechtwinkelig abgebogen, so daß sie, wie auch der Schlauch K, von oben herab in G einmünden. Zwischen Schlauch K und Gummiballon L ist ein Glasrohr V eingeschaltet,

---

[1] Beschreibung nach Heß: Münch. med. Wschr. **1907**, S. 2226.

dessen Inneres mit der Außenluft durch das Loch P kommuniziert.

Ausführung: In den Röhrchen B, C und E liegt eine zusammenhängende Wassersäule, und zwar so, daß ihr linkes Ende beim Nullpunkt der Skala liegt.

Bevor man das abnehmbare, nur durch die Feder N in seiner Lage gehaltene Röhrchen F mit D verbindet, wird es mit einem Blutstropfen in Berührung gebracht, welcher infolge der Kapillarität in dasselbe eintritt. Beim Ansaugen mittels des Ballons L tritt die Blutsäule durch die Kapillare D hindurch in die Pipette A hinein. Ist dieselbe bis zum Nullpunkt angefüllt, so wird der Hahn Q senkrecht gestellt, d. h. geöffnet; bei dem nunmehr erneut erfolgenden Ansaugen füllt sich B mit dem aus E stammenden, durch C zufließenden Wasser, während gleichzeitig durch den ganz analogen Vorgang Blut in A einströmt. Sobald dieses bei der Marke 1 angelangt ist, unterbricht man die Saugwirkung des Ballons, so daß Blut und Wasser still stehen. Die Menge des in das Röhrchen B eingeflossenen Wassers, welche an der Skala abgelesen wird, zeigt an, wie sich die Viskosität der untersuchten Blutprobe zu der des Wassers verhält, gibt also direkt die relative Viskosität.

Durch Pressen des Ballons L werden Wasser und Blut wieder zurückgetrieben. Ist erstes wieder beim Nullpunkt angelangt, schließt man den Hahn Q, so daß das Wasser in dieser Lage fixiert bleibt und entleert nun durch erneuten Druck das Blut vollständig aus A und G. Das Röhrchen F wird herausgenommen und bei dem nächsten Versuch durch ein frisches ersetzt. Durch zweimaliges Ansaugen von Ammoniak werden D und A ausgespült, und der Apparat ist wieder versuchsbereit.

Die Röhrchen F werden ausgespült und in Ammoniak liegen gelassen. Wenn eine größere Anzahl beieinander sind, trocknet man sie auf einem erhitzten Blech oder Drahtnetz. Der Druck wird mittels des Ballons dadurch erzeugt, daß man mit einem Finger das Loch P verschließt und dabei den Ballon preßt. Ansaugend wirkt er dann, wenn man erst nach erfolgtem Pressen P verschließt und dann den Druck aufhebt. Bei Freilassen des Loches P hört der Druck oder die Saugwirkung des Ballons sofort auf.

Ist eine Blutprobe sehr dickflüssig, so wird sie nur bis zur Marke ½ oder ¼ angesaugt; die abgelesenen Werte, mit 2 oder 4 multipliziert, stellen dann die gesuchten Viskositätswerte dar.

Kontrollversuche an Flüssigkeiten mit bekannter Viskosität ergeben eine Genauigkeit des Apparates von 1—2%.

½ Min. nach Auffangen des eben ausgetretenen Bluttropfens kann der gesuchte Wert abgelesen werden; nach einer Minute ist der Apparat wieder versuchsbereit.

Der Einfluß der Versuchstemperatur drückt sich dadurch aus, daß mit dem Steigen derselben um 1^0 der Viskositätswert um 0,8% abnimmt. Eine Korrektion des abgelesenen Wertes ist nur bei stärkeren Temperaturabweichungen nötig.

Als Normalwerte der relativen Viskosität des menschlichen Blutes ergeben sich nach Heß 4,74 für Männer, 4,40 für Frauen.

Refraktometrische Blutuntersuchung[1].

Die Theorie der Refraktometrie und die zur refraktometrischen Untersuchung nötige Apparatur ist im I. Band des Praktikums, S. 22ff. beschrieben. (Vgl. ferner S. 311).

Die Reißsche Tabelle zur Umrechnung der Sk.-T. des Eintauchrefraktometers bei $17,5^0$ C in Eiweißprozente[2].

Brechungsindizes zu nebenstehenden Skalenteilen	Blutserum n_D f. destilliert. Wasser 1,33320 Δn_D f. d. Nichteiweißkörper 0,00277 Δn_D f. 1 % Eiweiß 0,00172		J. T. 20		Ex- und Transsudate n_D f. destilliertes Wasser 1,33320 Δn_D f. d. Nichteiweißkörper 0,00244 Δn_D f. 1% Eiw. 0,00184	
	Skalenteil	Eiw. i.%	0,1 Sk.-T	%	Skalenteil	Eiweiß i.%
1,33705	25	0,63			25	0,77
1,33743	26	0,86			26	0,97
1,33781	27	1,08			27	1,18
1,33820	28	1,30			28	1,38
1,33858	29	1,52			29	1,59
1,33896	30	1,74			30	1,80
1,33934	31	1,96	1	0,02	31	2,01
1,33972	32	2,18	2	0,04	32	2,21
1,34010	33	2,40	3	0,06	33	2,42
1,34048	34	2,62	4	0,08	34	2,62
1,34086	35	2,84	5	0,10	35	2,83
1,34124	36	3,06	6	0,12	36	3,04
1,34162	37	3,28	7	0,14	37	3,24
1,34199	38	3,50	8	0,16	38	3,45
1,34237	39	3,72	9	0,18	39	3,65
1,34275	40	3,94			40	3,86

[1] Reiß: In Abderhaldens Arbeitsmethoden IV/3, S. 312 und IV/4, S. 941 (1925).

[2] Refraktometrische Meßmethoden in der Biologie v. Reiß in Abderhaldens Biochem. Arbeitsmethod. Abs. 10/3, S. 316.

Die Reißsche Tabelle (Fortsetzung).

Brechungsindizes zu nebenstehenden Skalenteilen	Blutserum			Ex- und Transsudate	
	n_D f. destilliert. Wasser 1,33320 Δn_D f. d. Nichteiweißkörper 0,00277 Δn_D f. 1% Eiweiß 0,00172			n_D f. destilliertes Wasser 1,33320 Δn_D f. d. Nichteiweißkörper 0,00244 Δn_D f. 1% Eiw. 0,00184	
	Skalenteil	Eiw. i. %		Skalenteil	Eiweiß in %
1,34313	41	4,16	J. T. 21	41	4,07
1,34350	42	4,38		42	4,27
1,34388	43	4,60		43	4,48
1,34426	44	4,81		44	4,68
1,34463	45	5,03		45	4,89
1,34500	46	5,25		46	5,10
1,34537	47	5,47		47	5,30
1,34575	48	5,68		48	5,50
1,34612	49	5,90		49	5,70
1,34650	50	6,12		50	5,90
1,34687	51	6,34		51	6,11
1,34724	52	6,55		52	6,31
1,34761	53	6,77		53	6,51
1,34798	54	6,98	J. T. 22	54	6,71
1,34836	55	7,20		55	6,91
1,34873	56	7,42		56	7,12
1,34910	57	7,63		57	7,32
1,34947	58	7,85		58	7,52
1,34984	59	8,06		59	7,72
1,35021	60	8,28		60	7,92
1,35058	61	8,49		61	8,12
1,35095	62	8,71		62	8,32
1,35132	63	8,92		63	8,52
1,35169	64	9,14		64	8,72
1,35205	65	9,35		65	8,92
1,35242	66	9,57		66	9,12
1,35279	67	9,78		67	9,32
1,35316	68	9,99		68	9,52
1,35352	69	10,20		69	9,72
1,35388	70	10,41		70	9,91

J. T. 21 (0,1)

Sk.-T.	%
1	0,02
2	0,04
3	0,06
4	0,08
5	0,11
6	0,13
7	0,15
8	0,17
9	0,19

J. T. 22 (0,1)

Sk.-T.	%
1	0,02
2	0,04
3	0,07
4	0,09
5	0,11
6	0,13
7	0,15
8	0,18
9	0,20

Beispiel:

Die Messung eines Blutserums habe ergeben: 43,6 Sk.-T.

also muß man für die Umwertung der Zehntel-Sk.-T. die J. T. 21 benutzen

43 Sk.-T. entspr.	4,60%		43 Sk.-T.	4,60%
44 „ „	4,81%		0,6 „	0,13%
1 „ „	0,21%		43,6 „	4,73%

Auch für die refraktometrische Untersuchung des Blutes wird das Eintauchrefraktometer von Pulfrich mit dem Hilfsprisma benutzt. (Prakt. I, S. 22.)

Zum Sammeln des Blutes für die Bestimmung empfiehlt Reiß ein U-förmig gebogenes Röhrchen von ca. 12 cm Schenkellänge und 2—3 mm lichter Weite. Der Fassungraum beträgt 0,7—1,5 ccm. Das U-Röhrchen wird mit der einen Hand annähernd horizontal gehalten und seine Spitze mit dem Blutstropfen in Verbindung gebracht, wobei man die andere Hand zweckmäßig als Stütze benutzt. Durch Kapillarität saugt sich das Blut in das Röhrchen hinein. Man kann die Geschwindigkeit des Einfließens durch geringes Heben oder Senken des Röhrchens verändern. Wenn der eine Schenkel des Kapillarrohres sich vollständig mit Blut vollgesaugt hat, nimmt man das Röhrchen ab und stellt es senkrecht auf, so daß das Blut sich gleichmäßig in seine beiden Schenkel verteilt. Zur Gewinnung des Serums werden die Röhrchen so lange zentrifugiert, bis eine scharfe Trennung zwischen Serum und Blutkuchen erzielt ist. (Steht keine Zentrifuge zur Verfügung, so kann man die Röhrchen an einem kühlen Orte stehen lassen.) Man kann die gefüllten Röhrchen auch einen Tag aufbewahren, ohne daß das Resultat dadurch wesentlich beeinflußt wird. Doch empfiehlt es sich, Röhrchen, die man längere Zeit aufbewahren muß, zuzuschmelzen, was man leicht über jeder Flamme, sogar über der eines Streichholzes ausführen kann.

Der normale Eiweißgehalt des Blutserums des erwachsenen Menschen beträgt 7—9%, des Säuglings 5,6—6,6%.

Resistenzprüfung der roten Blutkörperchen.

Methode von Simmel[1].

Prinzip. Eine Salzmischung von der osmotischen Konzentration des Blutes (Gefrierpunktserniedrigung 0,56° bis 0,57°) wird hergestellt und in abnehmender Konzentration mit dem zu prüfenden Blut gemischt. Die Zahl der intakten Blutkörperchen wird gezählt.

Die Salzlösung besteht aus 8,2 g NaCl, 0,2 g KCl, 0,2 g $MgCl_2$, 0,2 g $CaCl_2$, 0,1 g NaH_2PO_4 und 0,05 g $NaHCO_3$ im Liter Wasser. Aus dieser Lösung werden 30-, 40-, 50-, 60- und 70%ig. Lösungen hergestellt (bezeichnet mit 0,3, 0,4, 0,5 usw.). Das Blut wird aus der Fingerbeere oder dem Ohrläppchen mit einer Blutzähl-Pipette (man benutzt 6 solcher Pipetten bei der Bestimmung) bis zur Marke 0,5 aufgesogen, bis zur Marke 101 mit den obigen Salzlösungen verdünnt, sorgfältig gemischt und mindestens eine Stunde

---

[1] Vgl. Dtsch. Arch. klin. Med. **142**, 252. (1923) und Erg. inn. Med. **27**, 508.

(nicht über 2 Stunden) bei Zimmertemperatur stehen gelassen. Man vermischt wieder und zählt die Blutkörperchen wie üblich in der Zählkammer von Thoma-Zeiss.

Neuerdings haben Waugh und Chase[1] die Methode von Simmel etwas modifiziert, indem sie nicht 6 sondern 10 Verdünnungen (von 100—20%) ansetzen. Eine Beurteilung des Grades der Hämolyse kann schon makroskopisch erfolgen. Man mischt dabei je 1 ccm der Salzlösung mit 5 ccm des Blutes.

Die Untersuchungen von Simmel ergeben, daß unter normalen Verhältnissen bei Verdünnungen von 0,7 und 0,6 (s. o.) keine oder sehr wenige rote Blutkörperchen, bei 0,5 $^1/_5$—$^1/_2$, bei 0,4 fast alle hämolytisch sind[2].

Bestimmung des Volumens der Blutkörperchen und des Serums.

Prinzip. Das Blut wird in einer Kapillare von geeigneter Form (Hämatokrit) zentrifugiert; die Höhe der Blutkörperchensäule dient als Maß für ihr Volumen.

Der Hämatokrit von Hedin besteht aus einem Thermometerröhrchen von 35 mm Länge, 3—4 mm Dicke und etwa 0,5 mm lichter Weite; er besitzt eine in 100 gleiche Teile geteilte Skala. Die Befestigung der kapillaren Röhrchen an der Zentrifuge erfolgt mittels eines Metallrahmens in der aus der Abb. 10 ersichtlichen Weise. Das Blut kann mit 0,9%ig. Kochsalzlösung verdünnt werden und wird zur Verhütung der Gerinnung mit Natriumoxalat zu 0,1% versetzt. Man zentrifu-

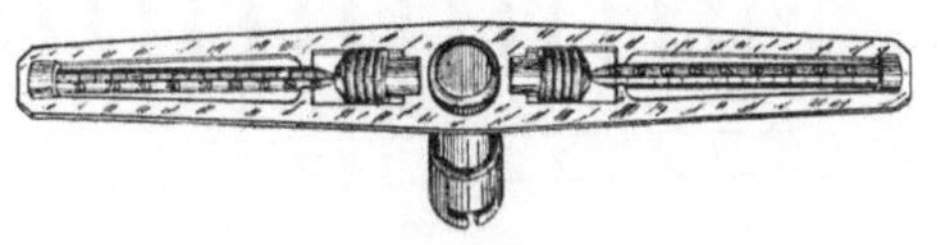

Abb. 10.

giert in einer gut gehenden elektrischen Zentrifuge (ca. 3000 bis 4000 Touren in der Minute) mit größerem z. B. 17 cm Radius, bis die Blutkörperchensäule innerhalb 1 Min. keine Änderung ihrer Höhe mehr zeigt[2].

Vorteilhaft ist[3] die Anwendung von Hämatokriten, die aus einem U-förmigen Glasrohr von 1—1,5 mm Durchm. mit Gradeinteilung bestehen. Seyderhelm und Lampe verwendeten zur Verhütung der Gerinnung eine Lösung von 0,9 g Kochsalz und

---

[1] J. Labor. a clin. Med. **13**, 872 (1928).
[2] Über andere Formen der Hämatokriten vgl. Domarus: l. c. S. 180ff.
[3] Bönniger: Berl. klin. Wschr. **1909**, S. 161.

2 g Ammoniumoxalat zu 100 ccm Wasser und gaben 1 ccm dieser Lösung zu je 10 ccm Blut. Hirudin- uud Oxalatblut ergaben übereinstimmende Werte. Eine Nacheichung der Graduierung mit Hilfe von Quecksilber ist zu empfehlen.

Messung der Senkungsgeschwindigkeit der Blutkörperchen[1].

Verfahren von Fåhraeus.

Die Blutprobe wird durch Punktion einer Hautvene mit Hilfe einer Rekordspritze gewonnen. Man entnimmt reichlich 1 ccm. Die Spritze wird zuerst zu einem Fünftel mit einer 3%ig. (dreibasischer) Natriumzitratlösung gefüllt, dann mit Blut vollgesaugt. Der Inhalt der Spritze wird in ein Reagenzgläschen

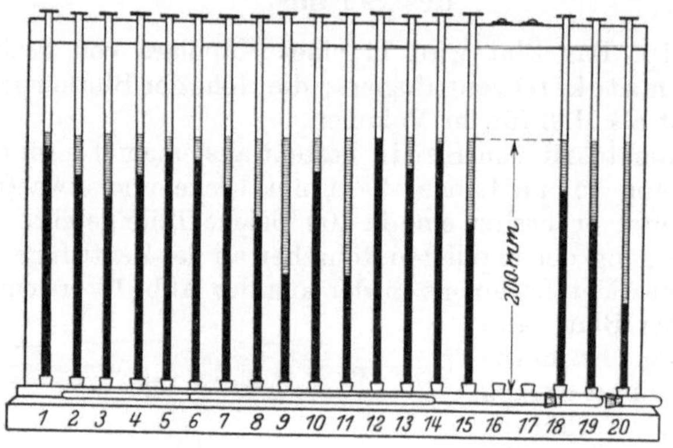

Abb. 11.

ausgespritzt und gut durchmischt. Dann wird die Zitratblutmischung in eine pipettenähnliche Glasröhre von ungefähr 300 mm Länge und ca. 2,5 mm innerem Durchmesser zu einer Höhe von 200 mm aufgesogen. Die so gefüllte Röhre wird in einem Gestell dadurch vertikal fixiert, daß eine über dem oberen Ende der Röhre angebrachte Stahlfeder ihre Spitze gegen eine Gummiunterlage drückt (Abb. 11).

Die Senkungsgeschwindigkeit ermittelt man dadurch, daß man nach einer gewissen Zeit den Weg mißt, um den die oberste

---

[1] Vgl. Fåhraeus in Abderhaldens Arbeitsmethoden IV/3, 383. — Vgl. auch Westergren: Klin. Wschr. 1, 1359 und 2186 (1922).

Blutkörperchenschicht sich von dem ursprünglichen Flüssigkeitsniveau gesenkt hat. Die Grenze zwischen der klaren Plasmaschicht und den obersten Blutkörperchen ist im allgemeinen so
scharf, daß sie bis auf 1 mm bestimmt werden kann. Bei diffuser
Grenze mißt man bis zu dem Punkte, wo die Flüssigkeit völlig
undurchsichtig zu werden beginnt. Der Senkungsvorgang wird
am genauesten verfolgt, wenn man mehrere Ablesungen zu verschiedenen Zeiten vornimmt. Im allgemeinen genügt es aber,
einmal abzulesen, und zwar am besten 1 Stunde nach Beginn
der Senkung. Die reziproken Werte der so gewonnenen Zahlen
geben den Grad der „Suspensionsstabilität" des Blutes an.

Für geringe Blutmengen hat Linzenmeyer ein Mikrosedimeter vorgeschlagen[1]. Bei diesem haben die
Kapillaren eine Weite von 1 mm
(oder von 0,5 mm) und tragen oben
eine Erweiterung von birnenförmiger Gestalt, in die das Blut aufgesogen und darin gemischt wird
(siehe Abb. 12). Die Kapillare
trägt eine Marke a bei 12,5 mm und
eine zweite Marke b bei 62,5 mm.
Bis a soll 5%ig. Natriumzitrat
Lösung, bis b Blut nachgefüllt werden. Bei schnell sinkendem Blut gebraucht man vorteilhafter eine längere Blutsäule mit den Marken a_1
und b_1. So erhält man eine Höhe
von etwa 100 mm. Die Kapillare
muß vor dem Gebrauch an der

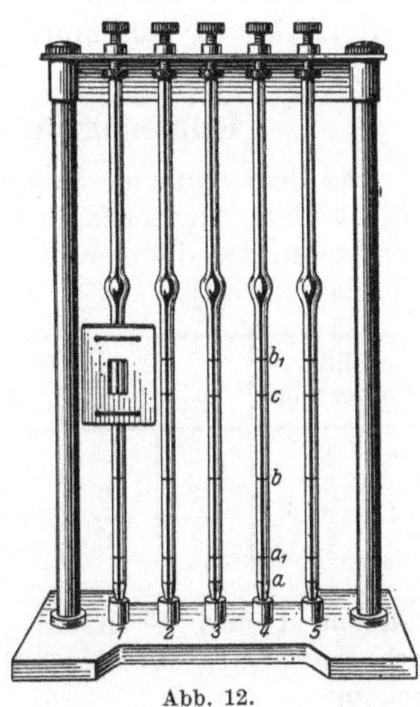

Abb. 12.

Wasserstrahlpumpe (nach vorheriger Entfettung mit Bichromat
Schwefelsäure) gut getrocknet oder mehrmals mit Natriumzitratlösung durchgespült werden. Am oberen Ende befestigt man
zweckmäßig ein Stück Druckschlauch, um Aufsaugen und Mischen
regulieren zu können.

Zur Bestimmung braucht man 1—2 Tropfen Blut. Man saugt
zuerst bis zur Marke a (bzw. a_1) die Zitratlösung auf und läßt bei
horizontalem Ansetzen der Kapillare auf den Blutstropfen Blut
nachfließen, bis der Flüssigkeitsmeniskus die Marke b (bzw. b_1)

---

[1] Vgl. Linzenmeyer: Abderhaldens Arbeitsmethoden IV/4, 1409.
— Siehe auch Brinkmann und Wastl: Biochem. Z. **124**, 25 (1921).

erreicht hat. Trockene Röhren füllen sich durch Kapillaritäts-
wirkung von selbst, bei feuchten Röhren muß man ansaugen.
Man mischt bei horizontaler Stellung der Kapillare gut durch, dann
läßt man die Mischung wieder so weit in das Röhrchen zurücksteigen, bis der obere Meniskus etwa 1 cm von der Erweiterung
entfernt ist oder mit der Marke b_1 abschließt, und befestigt es in
dem Gestell. Man notiert die Zeit und beobachtet die Senkung der
roten Blutkörperchen. Abgelesen wird stets der obere Meniskus.
Bei sehr langsam sinkenden Blutarten ist zu empfehlen, die Beobachtungen in schräg gestellten Röhrchen auszuführen, da mit zunehmender Winkelstellung der Röhrchen die Geschwindigkeit der
Sedimentierung zunimmt.

Isohämagglutination (Blutgruppen).

Die Sera mancher Menschen vermögen die roten Blutkörperchen anderer Menschen zu agglutinieren. Auf Grund dieser Fähigkeit lassen sich die menschlichen Blutarten in folgende 4 Gruppen
einteilen (Moß):

Blut-körperchen	Sera			
	1	2	3	4
4	—	—	—	—
3	—	+	—	+
2	—	—	+	+
1	—	+	+	+

wo + das Auftreten, — das Ausbleiben der Agglutination bedeutet.

Die Verhältnisse lassen sich unter der Annahme von zwei Isoagglutininen α und β im Serum und zwei agglutinablen Substanzen A und B in den Blutkörperchen erklären. So ergibt sich nach Landsteiner, Dungern und Hirschfeld folgendes Schema:

Blutgruppen nach Moß	Agglutinable Substanzen der Blutkörperchen	Agglutinine des Serums
I	$A + B$	—
II	A	α
III	B	β
IV	—	$\alpha + \beta$

Wenn keines der Sera agglutiniert, so gehören die Blutkörperchen zur Gruppe IV; wenn Serum 3 agglutiniert, Serum 2 nicht agglutiniert, so gehören die Blutkörperchen zur Gruppe II; wenn Serum 2 agglutiniert, Serum 3 nicht agglutiniert, so gehören die Blutkörperchen zur Gruppe III; wenn beide Sera agglutinieren, so gehören die Blutkörperchen zur Gruppe I.

Allgemeine Technik der Isoagglutination[1].

Bei der makroskopischen Prüfung mischt man das Serum in verschiedenen Verdünnungen, am besten zu gleichen Teilen mit einer 5%ig. Blutkörperchenaufschwemmung und zwar in kleinen Reagenzgläsern oder in Uhrschälchen. Nach einiger Zeit (meist genügt ½ Stunde) kann man die Ausflockung und die Klärung der Zwischenflüssigkeit deutlich erkennen. Bei der mikroskopischen Untersuchung vermischt man Serum und Blutkörperchen auf einem Objektträger mit der Platinöse und untersucht im hängenden Tropfen bei schwacher oder mittlerer Vergrößerung. Man erkennt so gut, ob die Blutkörperchen in Häufchen liegen, und wieviele nicht agglutiniert sind. Das Befreien der Blutkörperchen vom eigenen Plasma durch Waschen mit physiologischer Kochsalzlösung (evtl. unter Zusatz von 1% Natriumzitrat) ist nach Lattes im allgemeinen unnötig. Zweckmäßig benutzt man frische Blutkörperchen. Um sie zu konservieren, ist es vorteilhaft, das Blut in kleinen sterilen Kapillaren aufzubewahren und das kleine Gerinnsel im Moment des Gebrauches in physiologische Kochsalzlösung auszublasen, oder man setzt zu Zitratblut noch Chinosol (Oxychinolinnatriumsulfat). Rous und Turner nehmen 3 Teile Blut, 3 Teile isotonische Natriumzitratlösung (3,8%ig.), 5 Teile isotonische (5,4%ig.) Dextroselösung. So behandelte Blutkörperchen sollen noch mehrere Wochen zu Transfusionen brauchbar sein.

Die Konzentration des Serums muß berücksichtigt werden: ist sie zu hoch, so kommt es zu nichtspezifischen Häufchenbildungen (Pseudoagglutination, Lattes). Um dies zu vermeiden, empfiehlt es sich, die Reaktion mit zumindest zwei- bis dreifach verdünntem Serum auszuführen. Zu verwerfen sind diejenigen Verfahren, bei denen zu reinem Serum 1 Tropfen Vollblut zugesetzt wird. Bei Benutzung von nicht inaktiviertem, steril aufbewahrtem Serum (24 Stunden bei 37° oder 7—8 Tage bei Zimmertemperatur) ist die Gefahr einer Hämolyse (Isolyse) oder einer Pseudoagglutination nicht mehr vorhanden. So behandelte Sera, die man als Testsera in kleinen Flaschen aufhebt, können daher auch unverdünnt benutzt werden. Um die Möglichkeit der Autoagglutination mit Antikörperbindung auszuschalten, empfiehlt es sich, die Testsera bei ihrer Gewinnung einige Zeit bei 0° mit den roten Blutkörperchen in Kontakt zu lassen[2].

---

[1] Nach Lattes: Die Individualität des Blutes. Übersetzt von Schiff, S. 10ff. Berlin: Julius Springer 1925.
[2] Vgl. Lattes: l. c. S. 10.

Analyse der Blutgase.

Bestimmung des Sauerstoffs mit der Ferrizyanidmethode[1] (Haldane).

Prinzip. Nach Zugabe von Ferrizyankalium zu Oxyhämoglobin, das vorher durch Hämolyse aus den Blutkörperchen in Freiheit gesetzt worden ist, wird das Oxyhämoglobin in Methämoglobin verwandelt unter Freisetzung des Sauerstoffes, der vorher mit dem Hämoglobin verbunden war (vgl. S. 30). Beobachtet wird die Druckänderung in einem Manometer, das mit Nelkenöl gefüllt ist und an dem zwei vollkommen gleiche birnenförmige Gefäße luftdicht angeschlossen sind. Die Druckdifferenzen durch Temperatur- und Barometeränderungen während der Untersuchung sind in beiden Gefäßen gleich groß und entgegengesetzt und verändern den Stand des Nelkenöls im Manometer nicht.

Apparatur. Die gewöhnlichen Apparate sind zur Analyse von 1,0 ccm Blut gebaut. Die genaue Form des Apparates ist aus der Abb. 15b ersichtlich. Die birnenförmigen Flaschen sind durch ein Manometer verbunden, das aus einer Kapillare von ca. 1 mm Durchmesser besteht. Die Enden kommunizieren durch Dreiweghähne entweder mit der Außenluft oder mit den Gefäßen. Das Kopfstück der Gefäße, das die Verbindung mit dem Manometer vermittelt, ist in Abb. 14 wiedergegeben. Im oberen, mit den „Birnen" mittels Schliffs verbundenen Teil ist ein kleines, etwa 0,3 ccm Flüssigkeit fassendes Glasrohr eingeschmolzen. Durch Drehen der Birne kann je nach der Stellung der Inhalt des Rohres in die Flasche fließen oder das Rohr gegen die Flasche abgeschlossen werden. Die Flaschen, die ungefähr 25 ccm fassen, müssen genau gleichgroß sein.

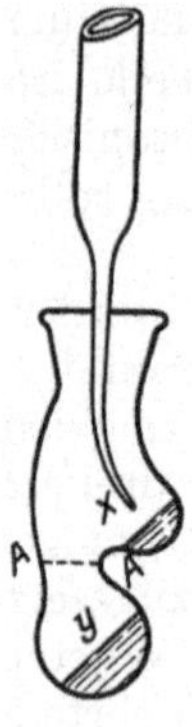

Abb. 13.

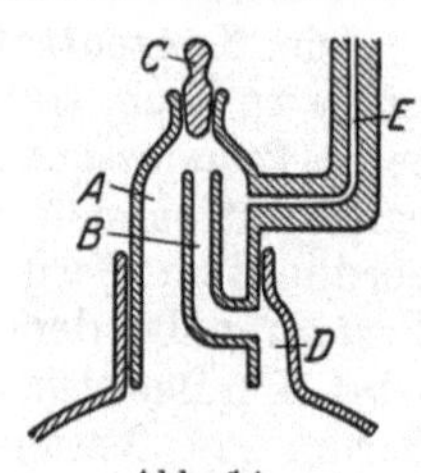

Abb. 14.

Der Apparat für 0,1 ccm Blut ist in Abb. 15a wiedergegeben. Der Durchmesser der Manometerkapillare ist hier höchstens

---

[1] Haldane: J. Physiol. 25, 295 (1900). — Barcroft und Haldane: J. Physiol. 28, 232 (1902). — Barcroft: J. Physiol. 37, 12 (1908) und The Respiratory Function of the Blood. Cambridge 1914.

0,5 mm. In der Mulde X müssen 0,05 ccm, in Y 0,3 ccm Flüssigkeit Platz haben.

Man reinigt den Apparat mit einem Gemisch von Kaliumbichromat und Schwefelsäure. Man taucht das ganze Rohr in diese Flüssigkeit, die erwärmt wird, wäscht dann mit destilliertem Wasser gründlich nach und trocknet den Apparat durch Durchsaugen von warmer mit Schwefelsäure getrockneter Luft.

Die Manometer werden mit chemisch reinem, trockenem Nelkenöl gefüllt. Das Nelkenöl darf keine Verharzung zeigen. Das spez. Gewicht des Nelkenöls (das mit dem Pyknometer bestimmt werden soll) liegt bei 1,038[1]. Das Einfüllen des Nelkenöls erfolgt durch eine trichterförmige Erweiterung des in der Mitte des Apparates angebrachten Steigrohrs. Man

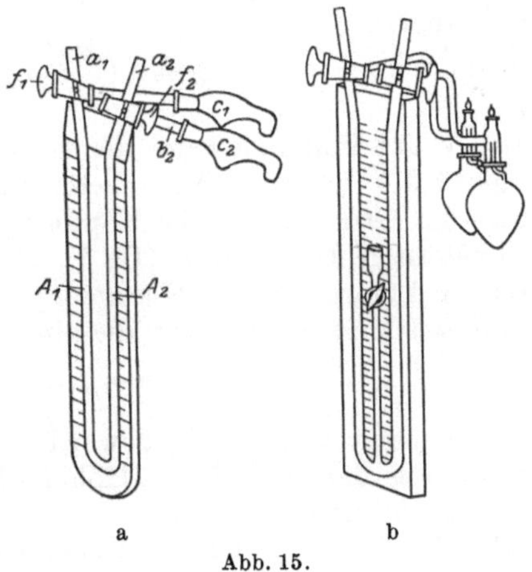

Abb. 15.

füllt so viel Öl ein, daß das Niveau ungefähr auf halber Höhe der Skala steht, die hinter dem Manometer angebracht ist. Beim Füllen des kleinen Apparates für 0,1 ccm Blut gibt man mit einer Kapillarpipette, die man bis zur Verengerung des Rohres in das Manometerrohr der einen Seite einführt, etwas Nelkenöl, während der Hahn des anderen Rohres geschlossen ist. Nach Herausziehen der Pipette öffnet man diesen Hahn vorsichtig so weit, daß das Öl in das Kapillarrohr eintreten kann und gerade noch die untere Biegung füllt. Man schließt den Hahn wieder, entfernt sorgfältig mit Hilfe von Filterpapier den Überschuß des Öls, das sich noch in dem weiteren Teil befinden sollte. Dann öffnet man den Hahn der anderen Seite wiederum, worauf sich das Öl in beiden Schenkeln verteilt und die Menisken ungefähr in der Mitte der Skala liegen[2].

Zum Fetten der Hähne verwendet man am besten eine Mischung von gleichen Teilen von Cera flava und Vaselinum amer., die geschmolzen miteinander verrührt werden. (Über Hahnfett vgl. auch Prakt. III, S. 137).

---

[1] Nach Biochem. Handlexikon 7, 632 bei 1,045—1,070.
[2] Vgl. Straub in Abderhaldens Arbeitsmethoden IV/10. S. 218 (1923).

Die Gefäßkonstante[1].

Bei einer Gasentwicklung in einem der Gefäße des Apparates tritt eine Druckdifferenz auf; das Nelkenöl in der Kapillare wird verschoben. Die Menisci des Nelkenöls in den Schenkeln des Manometers zeigen eine Höhendifferenz h, deren Größe zur Berechnung des Volumens des freigewordenen Gases v dient nach der Formel:

$$v = h\left(\frac{V}{P} + A\right),$$

in der V das Volumen jeder der Schüttelbirnen und des Verbindungsstückes bis zum Manometer in Kubikzentimetern, A der Inhalt der Grundfläche der Kapillare, P der Barometerdruck in Millimetern Nelkenöl sind. Da V, P, A konstante Größen sind, kann der Ausdruck in der Klammer als die Konstante des Apparates k bezeichnet werden und die obige Formel wird zu

$$v = h \cdot k,$$

d. h. die beim Versuch freigewordene Gasmenge ist durch das Produkt aus der gefundenen Höhendifferenz h und der Konstanten k des Apparates gegeben.

Bei der Bestimmung der Gefäßkonstante bestimmt man für jeden Apparat, welchem Gasvolumen (bei stets gleicher Füllung des Apparates) eine Niveaudifferenz des Manometers um ·einen Teilstrich aus der Ruhelage entspricht, oder anders ausgedrückt, wieviel Millimeter Ausschlag der Entwicklung einer bestimmten Gasmenge in dem benutzten Apparat entspricht.

Die Konstante muß für beide Gefäße des Apparates gesondert ermittelt werden. Die Konstante, multipliziert mit der Niveaudifferenz des Manometers, die durch die Gasentwicklung entsteht, ergibt die gesuchte Menge Gas, die dann auf 760 mm Hg und 0° reduziert werden muß[2].

Am bequemsten erfolgt diese Bestimmung nach der Vorschrift von Münzer und Neumann.

Bestimmung der Gefäßkonstante nach Münzer und Neumann.

Eine durch Auswägung kontrollierte Meßpipette P, die 1 ccm groß und in $^1/_{100}$ geteilt ist, wird an den einen Schenkel der

---

[1] Vgl. hierzu Münzer und Neumann: Biochem. Z. **81**, 319 (1917).

[2] Nach Wertheimer soll nicht auf Trockenheit reduziert werden. Biochem. Z. **106**, 6 (1920).

U-förmig gebogenen Kapillare des Apparates durch ein zweimal rechtwinklig gebogenes Kapillarstück und durch zwischengeschalteten Druckschlauch angeschlossen. Das andere Ende der Pipette P wird durch Druckschlauch mit dem Niveaurohr N verbunden; das ganze System wird in ein Wasserbad versenkt. Als Sperrflüssigkeit dient Wasser.

Zunächst öffnet man die Hähne A, B, C und senkt N so weit, daß der Meniskus im unteren Teil von P steht, damit genügend Spielraum nach oben vorhanden ist. Nachdem sich im ganzen Apparat Atmosphärendruck eingestellt hat, schließt man die Hähne A und C[1]. Der Meniskusstand in den beiden Manometerkapillaren und der Eichpipette wird notiert. Jetzt hebt man das Niveaurohr N, bis im Manometer die gewünschte Niveaudifferenz auftritt, schließt Hahn B (bei vorhandener Verbindung des Manometers mit der Birne) und senkt das Niveaurohr so weit, daß in ihm und der Eichpipette P der Wasserstand gleich hoch ist. Die Differenz der beiden Pipettenablesungen vor und nach dem Versuch gibt uns das Volumen des eingepreßten Gases unter den herrschenden Druck- und Temperaturverhältnissen, und diese Größe, dividiert durch den Niveauunterschied im Manometer (evtl. korrigiert für eine anfangs bereits vorhandene geringe Höhendifferenz), liefert die Konstante.

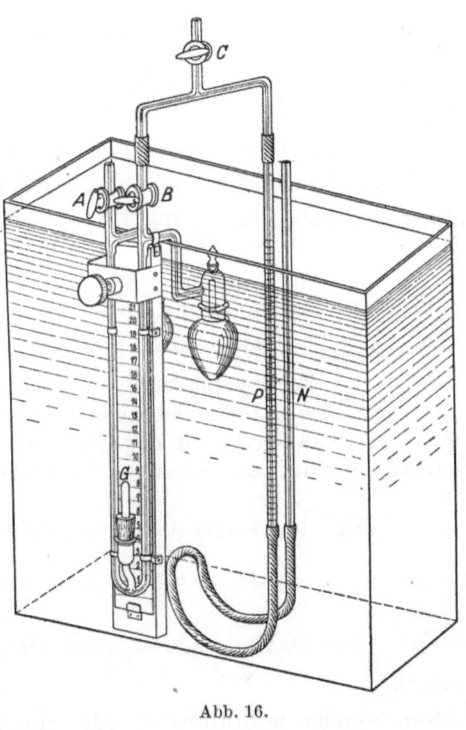

Abb. 16.

---

[1] Bei neueren Apparaten sind A und B Dreiwegehähne. Beim Schließen des Hahnes A ist die Verbindung mit dem entsprechenden birnenförmigen Gefäß hergestellt.

Beispiel. Die Birne war mit 5,07 ccm Wasser beschickt worden. Eingepreßtes Luftvolumen

in cmm   106   103   138   174   212   264   294   103   267

Höhenunterschied

in mm   29,8   28,8   38,9   48,6   60,0   74,8   82,2   29,1   75,9

k 3,56   3,58   3,55   3,58   3,53   3,53   3,58   3,54   3,52

Mittelwert von $k = 3,55$.

Die ermittelte Konstante k ist unabhängig von der Temperatur. Sie ist nicht unabhängig von dem Barometerdruck wie auch vom Birnenvolumen. Bestimmt man jedoch die Konstante bei verschiedenen Luftdrücken und bei verschiedenen Birnenvolumina und stellt diese Werte graphisch dar, so lassen sich die Werte für andere Drucke bzw. Volumina leicht interpolieren.

Bei einem spezifischen Gewicht des Nelkenöls von 1,038 entspricht einem Luftdruck von P mm Hg ein Druck von $\dfrac{P \cdot 13{,}595}{1{,}038}$ mm Nelkenöl.

Bestimmung des Sauerstoffs einer Blutprobe, die mit Sauerstoff gesättigt ist.

Prinzip. Ferrizyankalium setzt aus dem Blut in schwach alkalischer Lösung die gleiche Menge Sauerstoff frei, die man aus ihm beim Evakuieren mit der Gaspumpe gewinnen kann. Nach Haldane verläuft die Reaktion folgendermaßen:

$$\mathrm{Hb}\!\!\begin{array}{c} \diagup O \\ | \\ \diagdown O \end{array} + 4\,\mathrm{K_3Fe\,(CN)_6} + 4\,\mathrm{NaHCO_3} = \mathrm{O_2} + \mathrm{Hb}\!\!\begin{array}{c} \diagup O \\ \\ \diagdown O \end{array} +$$

$$+ \; 4\,\mathrm{K_4Fe\,(CN)_6} + 4\,\mathrm{CO_2} + 2\,\mathrm{H_2O}$$

wo $\mathrm{Hb}\!\!\begin{array}{c} \diagup O \\ | \\ \diagdown O \end{array}$ das Oxyhämoglobin und $\mathrm{Hb}\!\!\begin{array}{c} \diagup O \\ \\ \diagdown O \end{array}$ das Methämoglobin darstellen[1].

Man wendet defibriniertes oder durch Oxalat oder Hirudin ungerinnbar gemachtes (vollkommen frisches) Blut an. Dieses muß sorgfältig mit Sauerstoff gesättigt werden. Am besten verfährt man dabei so, daß man einige Kubikzentimeter Blut in einem größeren Kolben durch langsame große kreisende Bewegungen 10—15 Min. der Luft aussetzt; das Blut verteilt sich in dünner Schicht an der Kolbenwand und bietet der Luft eine möglichst große Oberfläche.

In beide Gefäße des Apparates kommen je 2,0 ccm Ammoniak-

---

[1] Vgl. auch Roaf und Smart: Biochem. J. **17**, 579 (1923).

lösung[1] (am besten aus einer vor CO_2 geschützten Bürette) und je 1 ccm defibriniertes Blut, das durch Eintauchen der Pipettenspitze unter die Ammoniaklösung unterschichtet wird[2]. Man setzt die Flaschen an die offenen Manometer an und schüttelt — mit Vorteil unter Zusatz einer geringen Menge Saponin, bis das Blut hämolysiert ist. Dann füllt man mit einer Kapillarpipette 0,2 ccm Ferrizyankalium (eine kaltgesättigte, frisch hergestellte wäßrige Lösung K_3FeCy_6, rotes Blutlaugensalz) in das angeschmolzene Glasrohr[3]. Der Apparat wird mit den Flaschen mit offenen Hähnen (Glasschliffe sorgfältig fetten!) in das Wasserbad gehängt, wobei die Schüttelbirnen mit dem Kopfstück vollkommen von Wasser bedeckt sein müssen. Nach 5 Min. wird der Meniskus beiderseits abgelesen und die Hähne werden geschlossen. Hat sich der Stand der Menisken nach 2 Minuten nicht geändert, so war das Temperaturgleichgewicht erreicht. Ist das nicht der Fall, so öffnet man die Hähne und stellt die Menisken wieder ein.

Bleibt die Stellung der Menisken unverändert, so wird der Stand notiert; man bringt bei geschlossenen Hähnen die Ferrizyanidlösung mit dem Blut in Berührung, bei Benutzung des großen Apparates durch entsprechende Drehung des Gefäßes, bei dem kleinen Apparat durch Umkippen. Man schüttelt etwa 2 Min. lang, und liest nach eingetretener Konstanz beiderseits den Stand der Menisken ab. Man wiederholt das Schütteln, bis zwei aufeinanderfolgende Ablesungen gleich geworden sind. Die Differenz des Standes der Menisken (unter Berücksichtigung etwa vorhandener Differenzen im Stande der Menisken vor dem Schütteln) multipliziert man mit der Konstante des Apparates. Die so ermittelte Gasmenge wird auf Normalverhältnisse reduziert. Die Bestimmung wird an dem anderen Gefäß des Apparates wiederholt.

Beispiel nach Straub (l. c. S. 224).
Stand des Manometers nach Eintritt des Temperaturgleichgewichtes

links	rechts	Differenz
120	119,5	0,5

nach dem ersten Schütteln und erreichter Temperaturkonstanz

93	146,5	53,5 + 0,5 = 54

---

[1] 4 ccm konz. Ammoniaklösung vom spez. Gewicht 0,88 in 1 Liter ausgekochtem dest. Wasser.

[2] Die Pipetten müssen genau kalibriert werden; sie dürfen nicht durch Ausblasen entleert werden (vgl. S. 332). Die untere Markierung der Pipette soll 2—3 cm über dem Pipetten-Ende angebracht sein.

[3] In das andere Gefäß kommen 0,2 ccm destilliertes Wasser. Bei Verwendung des Apparates für 0,1 ccm Blut sind die angewandten Mengen für die Ammoniaklösung 0,2 ccm, für die Ferrizyankaliumlösung 0,05 ccm (1 Tropfen), die mit einer Kapillarpipette eingeführt werden (vgl. Abb. 13).

Stand des Manometers nach dem zweiten Schütteln und erreichter Temperaturkonstanz

links	rechts	Differenz
91	148,5	$57,5 + 0,5 = 58$

nach weiterem Schütteln usw.

91	148,5	$57,5 + 0,5 = 58$

Ist die Konstante $K = 3,03$, so ist das Volumen des ausgetriebenen Gases $v = p \cdot K = 58 \cdot 3,03 = 176$ cmm $= 0,176$ ccm. Wenn der Barometerstand 755, die Temperatur 15^0 und das von der Pipette gelieferte Blut 0,96 ccm ist, so ist die „Sauerstoffkapazität"

$$0,176 \cdot \frac{273}{288} \cdot \frac{755}{760} \cdot \frac{1}{0,96} = 0,173 \text{ ccm,}$$

d. h. 0,173 ccm O_2 für 1 ccm Blut bei 0^0 und 760 mm Hg.

Da Blut mit 14% Hämoglobin (gleich 100 gesetzt) pro ccm 0,185 ccm O_2 abgibt, so kann aus der Menge des abgegebenen Sauerstoffs auf den Hämoglobingehalt des Blutes geschlossen werden, wenn das Blut vorher mit Sauerstoff gesättigt worden ist. In dem obigen Beispiel wurden pro ccm Blut 0,173 ccm O_2 (bei 0^0 und 760 mm Hg) abgegeben. Daraus folgt nach der Gleichung $185 : 173 = 100 : x$ ein Hämoglobingehalt von 94,0% bzw. (da 14% gleich 100 gesetzt werden) 13,16%.

Bestimmung der prozentualen Sauerstoffsättigung im Blut.

Die prozentuale Sauerstoffsättigung des Blutes ist das Verhältnis der Sauerstoffmenge, die das Blut tatsächlich enthält (A), zur gesamten Sauerstoffkapazität (C), multipliziert mit 100. Die Menge A kann direkt bestimmt werden, oder besser, man bestimmt die zur vollständigen Sättigung fehlende Menge B durch Schütteln des ungesättigten Blutes im Barcroft-Haldaneschen Differentialapparat[1]. Die prozentuale Sättigung des Blutes ist, da $A = C - B$, gleich $100 \, \dfrac{C - B}{C}$.

Man bestimmt B, also die zur vollständigen Sättigung fehlende O_2-Menge, indem man in beiden Gefäßen das Blut vorsichtig unter die Ammoniaklösung (2,0 bzw. 0,2 ccm der oben angegebenen Lösung) schichtet. Die Ammoniaklösung schützt das Blut vor Sauerstoffaufnahme. Ferrizyankalium-Spuren dürfen in den Flaschen nicht vorhanden sein. Das Blut in einem Gefäß wird durch Schütteln hämolysiert, gleichzeitig mit dem Sauerstoff der Luft gesättigt und dann mit dem Manometerrohr verbunden. Das andere Gefäß wird sofort mit dem Schliff des Manometerabsatzes verbunden. Der Apparat wird dann in das Wasserbad gesetzt, die Konstanz der Menisken bei offenen Hähnen abgewartet; die Hähne werden dann so gestellt, daß die Schüttelbirnen mit dem Manometer verbunden

---

[1] Vgl. Straub: l. c. S. 224.

sind. Nun wird der Apparat kräftig geschüttelt, hierbei wird das Blut auch im zweiten Gefäß hämolysiert; es nimmt Sauerstoff aus der Kammer bis zur Sättigung auf; in diesem Schenkel steigt das Nelkenöl. Dann wird C bestimmt, indem man die Hähne öffnet, in die Analysenflaschen Ferrizyankalium gibt und wie oben bei der Bestimmung des Sauerstoffes im Blut verfährt. War die Differenz des Manometerstandes bei der Bestimmung von B v mm, bei der Bestimmung von C u mm, so ist die prozentuale Sättigung $= 100 \dfrac{u-v}{u}$.

Wie ersichtlich, tritt in der Rechnung weder die angewandte Blutmenge, noch eine Barometer- und Temperatur-Korrektur auf. Es muß aber berücksichtigt werden, daß auch das Plasma nicht mit Sauerstoff gesättigt war, und daß die Temperatur, bei der das Blut mit Sauerstoff und Stickstoff im Gleichgewicht war, eine andere ist, als beim Versuch. Die dadurch bedingte Korrektur veranschaulicht am besten ein Beispiel, das aus dem Praktikum von Douglas und Priestley hier[1] wiedergegeben ist:

Das Blut wurde bei 38 ⁰ mit folgendem Gasgemisch gesättigt: CO_2 5,60%, O_2 4,40%, N_2 90,00%, bei normalem Barometerdruck (760 mm Hg) entsprechend einem Partialdruck (unter Berücksichtigung von 49,7 mm Hg Wasserdampftension) für CO_2 von 39,8 mm, für O_2 31,3 mm, für N_2 639,2 mm Hg. Das so bei 38 ⁰ gesättigte Blut steht im Blutgasapparat zum Schluß bei der Temperatur des Wasserbades (z. B. 15 ⁰) im Gleichgewicht mit Sauerstoff und Stickstoff (praktisch) von derselben Konzentration, wie sie in der gewöhnlichen Luft vorhanden ist (CO_2 wird bei der vorliegenden Versuchsanordnung ganz gebunden). Bei 15 ⁰ ist der Wasserdampfdruck (S. 731) 12,8 mm Hg; bei einem Barometerstand von 760 mm ist der Partialdruck des Sauerstoffes im Gefäß 156 mm und des Stickstoffs 591 mm. Entsprechend den Löslichkeitskoeffizienten (S. 62) der betreffenden Gase erhält man am Ende des Versuches (bei 15 ⁰)

für den gelösten Sauerstoff in 100 ccm Blut $0,031 \cdot \dfrac{156}{760} \cdot 100 = 0,63$ ccm

„ „ „ Stickstoff „ 100 „ „ $0,016 \cdot \dfrac{591}{760} \cdot 100 = 1,25$ ccm.

Die gesamte Menge des gelösten Gases in 100 ccm Blut beträgt demnach 1,88 ccm. (Für Temperaturen über 15 ⁰ muß das obige Volumen für jeden Temperaturgrad für 100 ccm Blut um 0,038 ccm verkleinert werden, für jeden Grad unter 15 ⁰ um 0,038 ccm vergrößert werden (zwischen 10 ⁰ und 20 ⁰). In dem Gefäß, in dem die Sättigung des Blutes vor sich ging (bei 38⁰), beträgt

der gelöste Sauerstoff in 100 ccm Blut $0,022 \cdot \dfrac{31,3}{760} \cdot 100 = 0,09$ ccm

„ „ Stickstoff „ 100 „ „ $0,011 \cdot \dfrac{639,2}{760} \cdot 100 = 0,93$ ccm.

Die gesamte gelöste Gasmenge war daher 1,02 ccm für 100 ccm Blut.

---

[1] Human Physiology, Oxford 1924. S. 140.

Es gingen daher für 100 ccm Blut beim Schütteln, um das Blut ganz mit Sauerstoff zu sättigen, 1,88—1,02 = 0,86 ccm Gas in Lösung. Nehmen wir an, daß bei der Sättigung des Blutes im Apparat die beobachtete Volumenverminderung für 100 ccm Blut 9,70 ccm (auf Normalverhältnisse reduziert) betrug, so war die wirkliche, mit dem Hämoglobin in Verbindung tretende Sauerstoffmenge für 100 ccm Blut nur 9,70—0,86 ccm = 8,84 ccm. War die Sauerstoffkapazität des ganz mit Sauerstoff gesättigten Blutes 18,5 ccm (bei 760 mm und 0°) für 100 ccm Blut, so betrug der Sättigungsgrad des Hämoglobins mit Sauerstoff in der zu untersuchenden Blutprobe

$$\frac{18{,}5 - 8{,}84}{18{,}5} \cdot 100 = 52{,}2\,\%.$$

Stammt das Blut aus einem Tonometer mit 13% Sauerstoffgehalt oder aus dem Venenblut, so ist es im allgemeinen hinreichend genau, 4% zu der beobachteten Sättigung hinzuzuaddieren. (Straub: l. c. S. 226.)

Man beachte, daß bei der Bestimmung der prozentischen Sauerstoffkapazität des vollständig mit Sauerstoff gesättigten Blutes keine ins Gewicht fallenden Korrekturen für die Löslichkeit des Gases angebracht werden müssen, da das Blut mit einer Luft von angenähert derselben Zusammensetzung und von derselben Temperatur während der ganzen Bestimmung gesättigt ist.

Darstellung der Sauerstoff-Dissoziationskurve des Blutes.

In einem Tonometer (siehe S. 41) wird das Blut im Wasserbad bei 27—38° mit einem Gasgemisch von stufenweise steigender O_2-Spannung ins Gleichgewicht gebracht. Der Kohlensäure- und Stickstoffgehalt des Gasgemisches soll möglichst dem der Alveolarluft entsprechen[1]. Die aus dem Tonometer entnommene Blutprobe, wie auch eine, die mit O_2 gesättigt ist, werden analysiert. Außerdem muß der Gehalt des Tonometergases an Sauerstoff durch Gasanalyse (z. B. im Haldaneschen Apparat vgl. Prakt. III) festgestellt werden. So erhält man die prozentuale Sättigung der Blutprobe bei der jeweiligen Sauerstoffspannung des Gases im Tonometer. Trägt man den prozentualen Sauerstoffgehalt des Blutes als Ordinate, die entsprechenden O_2-Spannungen als Abszisse in einem Koordinatensystem auf, so erhält man die Sauerstoff-Dissoziationskurve der untersuchten Blutprobe.

---

[1] Zusammensetzung der Alveolarluft (bestimmt im Apparat von Haldane. Vgl. Prakt. III S. 135) z. B. 5,55% CO_2, 14,08% O_2, 80,37% N_2, Betrug der Barometerdruck z. B. 761 mm Hg, so ist (da der Wasserdampfdruck bei 37° 47 mm Hg beträgt) der alveolare CO_2-Druck 39,6 mm Hg, der alveolare O_2-Druck 100,5 mm Hg (vgl. Douglas und Priestley, S. 29).

Bestimmung der Differenz des Sauerstoffgehaltes im arteriellen und im venösen Blute.

In jede der Schüttelflaschen werden 2,0 (bzw. im kleinen Apparat 0,2 ccm) Ammoniaklösung (vgl. S. 31) gegeben. Diese unterschichtet man in einer Flasche mit 1 ccm des arteriellen, in der anderen mit 1 ccm des venösen Blutes. (Über die Blutentnahme siehe S. 72, 80.) Die Blutproben kommen ohne Berührung mit der Luft in den Apparat. Ferrizyankalium-Spuren dürfen nicht in den Flaschen vorhanden sein. Die Bestimmung erfolgt, wie oben angegeben (S. 32), nach Eintritt der Temperaturkonstanz. Das an O_2 ungesättigte venöse Blut nimmt bis zur Sättigung Sauerstoff aus der Kammerluft auf: das Nelkenöl steigt in dem zugehörigen Manometerschenkel in die Höhe. Durch Multiplikation der Konstanten der Flasche, in der das venöse Blut sich befindet, mit der Differenz des Meniskusstandes, erhält man die Differenz im Sauerstoffgehalt des arteriellen und des venösen Blutes. Der Wert wird auf Normalverhältnisse reduziert.

Arbeitet man unter Versuchsbedingungen, bei denen das arterielle Blut mit Sauerstoff nicht gesättigt ist, so ist das arterielle und das venöse Blut getrennt zu analysieren und die Differenz im Sauerstoffgehalt durch Subtrahieren der beiden Werte zu ermitteln[1].

Bestimmung des Kohlensäuregehaltes im Blut.

Die Kohlensäure wird aus dem Blut durch Weinsäure ausgetrieben, nachdem der Sauerstoff durch Ferrizyankalium entfernt worden ist.

Ein Fehler, der von dem Kohlensäuregehalt der verwendeten Lösungen herrührt (vor allem der Ammoniaklösung), wird dadurch ausgeschaltet, daß in beide Flaschen des Apparates dieselben Mengen der betreffenden Lösungen eingefüllt werden; dann heben sich die Drucke, die von den entsprechenden CO_2-Mengen herrühren, bei der Analyse auf. Voraussetzung dabei ist, daß die Konstanten der beiden Flaschen fast absolut gleich sind. Bei der Ausführung der CO_2-Analyse werden in jede Flasche des Apparates, 2,0 ccm (bzw. im kleinen Apparat 0,2 ccm) möglichst CO_2- freie Ammoniaklösung[2] gefüllt. Diese wird vorsichtig mit dem Blut (1,0 ccm bzw. 0,1 ccm), das unter Paraffin aufgefangen ist, damit es nicht mit Luft in Berührung kommt, unterschichtet. In die andere Flasche kommt dieselbe Menge destilliertes Wasser,

---

[1] Vgl. Straub: l. c. S. 227.   [2] Vgl. S. 31.

3*

das durch Auskochen kohlensäurefrei gemacht ist. Durch Schütteln des Gefäßes wird (unter Zugabe von etwas Saponin) sorgfältig hämolysiert. Dann wird auf beiden Seiten 0,2 ccm (bzw. 1 Tropfen) kaltgesättigte Ferrizyankaliumlösung zugefügt und unter Schütteln der Sauerstoff vollkommen ausgetrieben. Jetzt werden die Flaschen mit offenen Hähnen an das Manometer gesetzt (Glasschliffe fetten!), in das Röhrchen im Kopfteil des Apparates etwa 0,2 ccm 20%ig. mit kohlensäurefreiem Wasser hergestellte Weinsäurelösung gegeben (im kleinen Apparat wird 1 Tropfen der Weinsäurelösung in die Mulde getan); nach Eintritt der Temperaturkonstanz werden die Hähne geschlossen; wenn die Menisken konstant eingestellt sind, wird die Weinsäure zu der Blutmischung gegeben. Man schüttelt, um eine klumpige Koagulation zu verhindern, kräftig, wobei zu beachten ist, daß das Austreiben der Kohlensäure länger dauert als das des Sauerstoffs und wiederholt das Schütteln, bis der Stand der Menisken konstant und die Ablesungen gleich geworden sind.

Die Niveaudifferenz des Manometers, multipliziert mit der Konstanten des Apparates (die bei der gleichen Füllung der Birne bestimmt wurde), reduziert auf $0°$ und 760 mm Hg, gibt den Gehalt des Blutes an Kohlensäure an. Um die gebundene (Bikarbonat-) Kohlensäuremenge zu erhalten, ist von diesem Wert die physikalisch absorbierte abzuziehen[1].

Für die Kohlensäure, die auch nach Zufügen der Weinsäure in der Blutlösung physikalisch absorbiert bleibt, muß eine Korrektur angebracht werden. Bei $13°$ beträgt diese 1% des beobachteten Kohlensäurevolumens, 1,065% des auf $0°$ reduzierten Volumens. Für jeden Grad Temperaturzunahme über $13°$ wird dieser Wert um 2,5% kleiner[2].

Das Kapillarblut zur CO_2-Bestimmung entnimmt man nach Verzár vorteilhaft mit der in Abb. 17 abgebildeten Trichterpipette. Diese füllt man zuerst bis oben mit Hg. Dann gibt man in den Trichter genau mit der Pipette abgemessen 2 ccm einer NH_4OH-Saponinzitratlösung[3] oder soviel wie nötig ist. In dieser Lösung gerinnt und atmet das Blut nicht. Dann schichtet man darüber etwa 1 ccm Paraffinöl.

Abb. 17.

---

[1] Vgl. S. 57.

[2] Vgl. Krauss: Lehrbuch der Stoffwechselmethodik. Leipzig: Hirzel (1928) S. 137. Barcroft und Haldane: J. of Physiol. 28, 233 (1902).

[3] Vgl. Verzár und Gara: Pflügers Arch. 183, 235 (1920). (Ammoniak 25%ig. 2,0 ccm, Natriumzitrat 5,0 g, Saponin 0,5 g, dest. Wasser ad 100 ccm.)

Der Finger wird mit Äther gewaschen, in die Fingerkuppe mit einer Frankenadel ein Einstich gemacht. Darauf wird der Finger sofort unter das Öl in die Lösung getaucht. Dabei soll der Arm abwärts hängen und nicht wagerecht gehalten werden. Man kann das Blut vorsichtig mit einem Glasstäbchen mit der Lösung vermischen, damit es gut hämolysiert und nicht sedimentiert. Gewöhnlich läßt man etwa 0,3—0,6 ccm Blut zufließen. Jetzt öffnet man zuerst den oberen Hahn, dann vorsichtig den unteren und läßt das Hg so lange abfließen, bis die ganze wäßrige Lösung zwischen Hg- und Paraffinöl-Meniskus in die Skala fällt. Diese entspricht 4 ccm und ist in 0,05 ccm eingeteilt, läßt aber noch 0,01 ccm schätzen. Dann bestimmt man die Quantität der Flüssigkeit zwischen den beiden Menisken und zieht davon, entsprechend der zugesetzten Lösung, 2 ccm ab. Die Differenz ergibt die Blutmenge, die aus dem Finger geflossen ist. Man läßt dann vorsichtig das Hg abfließen, bis die Blutlösung am Ende der Pipette erscheint. Dann nimmt man einen Rezipienten des Gasanalysenapparates, gibt in diesen, genau gemessen, 1—2 ccm Saponinlösung und schichtet unter diese die Blutlösung, indem man sie so lange zufließen läßt, bis das Paraffinöl an der Öffnung erscheint. Man weiß dann genau, wieviel Flüssigkeit man in dem Rezipienten der einen Seite hat und muß dann auf die andere Seite genau so viel Wasser und Saponinlösung geben, damit der Apparat richtig nach dem Kompensationsprinzip funktioniert.

Eine Modifikation der ursprünglichen Methode von Haldane und Barcroft stammt von Verzár und Vásárhelyi[1], bei der die Feststellung der Gefäßkonstante unnötig wird. Diese besteht darin, daß die eine Seite des Kompensationsapparates durch einen ⌐-förmig gebohrten Vierwegehahn mit einer 0,3 ccm-Pipette ver-

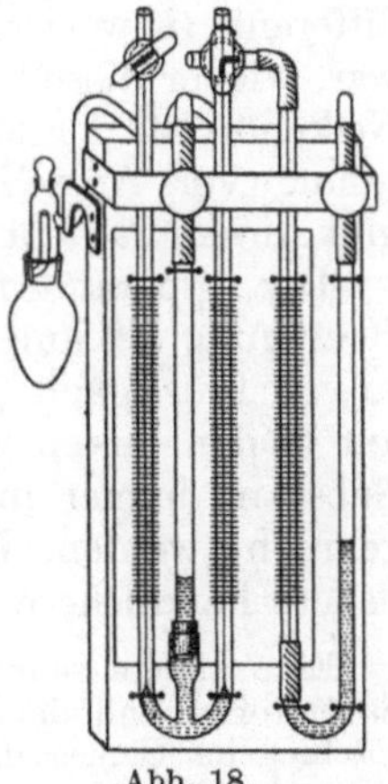

Abb. 18.

bunden ist, in die aus einem mit ihr U-förmig verbundenen oben abgeschlossenen Rohr Nelkenöl hineingepreßt wird, bis die Niveaudifferenz im Manometer wieder ausgeglichen ist. Die Differenz zwischen dem Stand des Öles in der Pipette vor und nach dem Versuch gibt direkt die entwickelten bzw. absorbierten Kubikzentimeter Gas an.

Das Eintreiben des Öles aus der Pipette geschieht mit Hilfe der rechts angebrachten Schraube, die eine Gummikappe zusammenpreßt. Mit der linken Schraube kann man das Niveau des Öles im Differentialmanometer so einstellen, wie es am praktischsten ist. Das Ablesen der drei Skalen geschieht mit Hilfe eines Spiegels. Die Pipette rechts ist unten und oben durch einen Gummischlauch mit dem anderen Teil des Apparates verbunden und herausnehmbar. Sie

---

[1] Biochem. Z. 151, 250 (1924).

muß genau kalibriert geliefert werden, soll ein Volumen von 0,3 ccm haben und eine Ablesung von 0,001 ccm erlauben.

Prinzipiell wichtig ist, daß die beiden Aufnahmegefäße sehr präzise gleich gearbeitet sind und ein vollständig gleiches Volumen haben. Wertheimer[1] ergänzt die Volumdifferenz der Gefäße durch Einlegen von Ebonitstückchen.

Ausführung. Der rechte Hahn steht anfangs so ∟. In dieser Lage kann man das Pipettenniveau bei Luftdruck einstellen, was vor jeder Analyse geschieht. Erwartet man eine Gasbildung, so ist das Ölniveau mit Hilfe der rechten Schraube auf den oberen Teil der Skala der Meßpipette einzustellen; erwartet man einen Gasverbrauch, auf den unteren Teil der Skala. Dann wird der Hahn so ⌐ gedreht und nun das Differentialmanometer bei Luftdruck eingestellt, indem gleichzeitig auch der linke Hahn offen ist. Wenn nach 5 Min. im Wasserbade ein Temperaturausgleich eingetreten ist, so wird der linke Hahn zugedreht und der rechte so ∧ gestellt, daß er in keiner Richtung geöffnet ist. Differentialmanometer und Pipette sind nun abgeschlossen. Dann werden alle drei Skalen abgelesen und die Analysen durch Schütteln bzw. Hinzulassen der nötigen Flüssigkeiten ausgeführt. Das Differentialmanometer gibt nun eine Druckdifferenz an. Man dreht den Hahn jetzt so Γ, daß Differentialmanometer und Pipette miteinander verbunden sind, und dreht dann an der rechten Schraube so lange, bis im Differentialmanometer keine Druckdifferenz (bzw. wenn evtl. anfangs eine solche von 0,5—1 mm war, wieder dieselbe) vorhanden ist. Man liest nun den Stand des Nelkenöls an der Meßpipette ab. Die Differenz zwischen der Ablesung vor Anstellung des Versuches und nach dem Versuch gibt direkt das entwickelte Gasvolumen an.

Der Apparat erfordert keine Bestimmung der Gefäßkonstante. Bedingung ist nur, daß man in das Kompensationsgefäß genau so viel Flüssigkeit (Wasser oder Reagens) gibt, daß die Volumina auf beiden Seiten gleich sind. Ferner muß die zu untersuchende Substanz immer in das rechte (der Pipette benachbarte) Gefäß gebracht werden. Das linke dient nur zur Kompensation. Eine neuere handlichere Form zeigt die Abb. 19.

Eine andere sehr einfache Versuchsanordnung zur Bestimmung des Sauerstoffes und der Kohlensäure im Blute ist die von Haldane vorgeschlagene. Gemessen wird dabei wie oben das Volumen des entwickelten Gases bei konstantem Druck[2].

Die Anordnung ist nach der Abbildung aus dem Praktikum von Douglas und Priestley S. 134 leicht verständlich (Abb. 20).

---

[1] Biochem. Z. **106**, 1 (1920).

[2] Dargestellt nach Douglas und Priestley: l. c. S. 134.

Die Befreiung des Blutes von den Gasen erfolgt im Gefäß A, das mit dem übrigen Apparat durch einen Druckschlauch mit enger Bohrung verbunden ist. Das Gasvolumen wird in einer Bürette (eine 1 ccm-Meßpipette, in 0,01 ccm geteilt, die eine Ablesung von 0,001 ccm gestattet) abgelesen. Das zweite Gefäß B enthält etwa 2 ccm Wasser, damit die Luft stets mit Wasserdampf gesättigt ist, und das als Thermobarometer dient, um die Temperaturschwankungen während des Versuches auszugleichen. Die beiden Gefäße A und B (die mit Klammern festgehalten sind) jedes mittels eines Dreiweghahnes mit dem Manometer $X—Y$ verbunden, das unten mit dem Niveaurohr D in Verbindung steht. X, Y und D sind zum Teil mit Wasser (das zur freien Beweglichkeit eine Spur taurocholsaures Natrium enthält) gefüllt. Die Bürette C ist mittels Gummischlauches mit dem Niveaurohr E verbunden und enthält ebenfalls Wasser (mit einer Spur Natriumtaurocholat). B Y D bilden, ähnlich wie bei dem Haldane-Apparat, die Kompensationsvorrichtung. Bei Beginn der Analyse werden die beiden Wasser-Menisken in den Röhren X und Y durch Heben oder Senken des Niveaurohres D auf eine bestimmte Marke gebracht, während die Hähne mit der äußeren Luft kommunizieren.

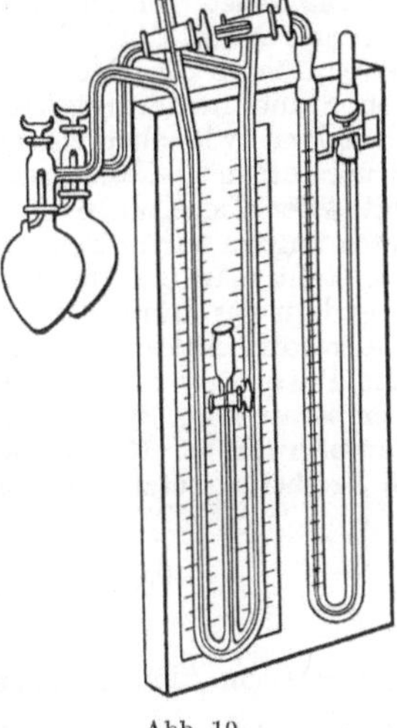

Abb. 19.

Die Hähne werden jetzt so gestellt, daß die Gefäße A und B nur mit X und Y kommunizieren, von der Außenluft somit abgeschlossen sind und die Analyse beginnen kann. Jede Änderung

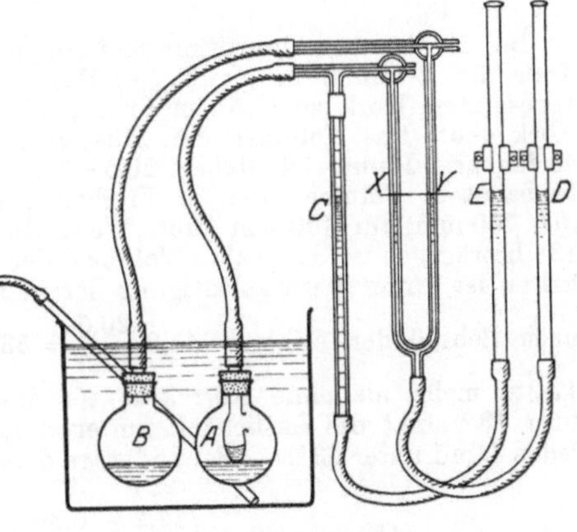

der Temperatur und des Barometerdruckes während der Analyse in B und folgender Änderung des Meniskus in Y kann durch entsprechende Bewegung von D kompensiert werden. Gleichzeitig wird auch in A durch X der genau gleiche kompensatorische Druck ausgeübt, wenn der Meniskus in X mit Hilfe des Niveaurohres E genau auf die Marke gebracht wird. Werden diese Vorkehrungen eingehalten, so werden ohne jede Temperatur- und Druckkorrektur alle Ablesungen an der Bürette genau vergleichbar.

Zur Bestimmung der Sauerstoffkapazität einer (defibrinierten oder mit Natriumoxalat zu 0,1% versetzten) Blutprobe gibt man in A 2 ccm einer 1 %ig. Lösung von Na_2CO_3 und etwas Saponin und (unter die Karbonatlösung) 2 ccm Blut, in B ebensoviel Wasser; die Ferrizyanidlösung (0,25 ccm) befindet sich in dem kleinen Behälter (siehe Abb. 20). (Zugabe von einer Spur taurocholsaurem

Natrium zu dieser Lösung erleichtert durch Erniedrigung der Oberflächenspannung das Ausfließen aus der seitlichen Öffnung. Selbstverständlich kann die Gefäßform, der Behälter für das Ferrizyankalium, die Verbindung mit den Manometerröhren, ähnlich wie im Barcroft-Apparat (s. o.), ausgeführt werden.) Nach Einstellung des Gleichgewichtes stellt man mit Hilfe der Niveauröhren die Menisci in X und Y genau auf die Marke ein und liest den Stand in der Bürette C (etwa bei 0,1 ccm) möglichst genau ab. Nachdem, wie oben genau beschrieben, das Blut hämolysiert und der Sauerstoff in Freiheit gesetzt worden ist (man faßt das Gefäß B am besten mit einer Tiegelzange und nicht mit den Fingern an, um unnötige Erwärmung zu vermeiden) und keine Gasentwicklung mehr zu beobachten ist, stellt man die Menisci wieder genau auf X und Y ein und liest den Stand in der Bürette ab. Betrug das Volumen des in Freiheit gesetzten Sauerstoffs (Ablesung an der Bürette) z. B. 0,392 ccm (Beispiel aus Douglas und Priestley S. 137), das des untersuchten Blutes 1,95 ccm, ferner die Temperatur der Bürette 15°, der Barometerstand 750 mm Hg, der Wasserdampfdruck bei 15° 12,8 mm Hg, so ist das Volumen der aus 1,95 ccm Blut in Freiheit gesetzten Menge Sauerstoff unter Normalbedingungen gleich

$$0,392 \cdot \frac{750 - 12,8}{760} \cdot \frac{273}{273 + 15} = 0,361 \text{ ccm,}$$

Auf 100 ccm Blut kommen $0,361 \cdot \dfrac{100}{1,95} = 18,5$ ccm Sauerstoff bei 0° und 760 mm Hg.

Bei der Bestimmung des CO_2-Gehaltes des Blutes wird statt der Natriumkarbonatlösung eine Ammoniaklösung (s. o. S. 31) und nur 1 ccm Blut angewendet. Für die Korrektur, die für die Löslichkeit der CO_2 angebracht werden muß, geben Douglas und Priestley folgendes Beispiel (l. c. S. 143).

Bei 13° ist der Absorptionskoeffizient der CO_2 in der Flüssigkeit am Ende der Bestimmung gleich 1,0. Das Volumen des leeren Gefäßes mit angesetztem Kork sei 20,5 ccm einschließlich der Glasröhre, die durch den Kork geht. Das Volumen der Flüssigkeit im Gefäß beträgt 3 ccm, der verfügbare Raum ist daher 20,5—3,0 = 17,5 ccm. Angenommen, das beobachtete Volumen der in Freiheit gesetzten CO_2 betrüge 45,9 ccm (0°, 760 mm) für 100 ccm Blut. Wenn die Temperatur des Wasserbades 13° beträgt, so ist das wahre Volumen der CO_2, die in der Blutprobe enthalten ist, unter Berücksichtigung der in Lösung gebliebenen CO_2-Menge nach Schluß der Analyse: $45,9 \cdot \dfrac{20,5}{17,5} = 53,8$ ccm für 100 ccm Blut, d. h. 17,2% mehr, als ohne Korrektur für die Löslichkeit. Um jeden Grad über 13° sinkt die Löslichkeit um etwa $^1/_{40}$ und steigt um ebensoviel für jeden Grad unter 13°. — Bei 15° wäre demnach das richtige Volumen der

$$CO_2 = 45,9 + \left(\frac{17,2 - 0,86}{100} \cdot 45,9 \right) = 53,4 \text{ ccm.}$$

Allgemeiner ausgedrückt ist das korrigierte Volumen =

$$a \left[1 + \frac{(k - 1)\,(40 - t')}{40} \right]$$

wo

$$a = \text{abgelesenes Volumen},$$
$$k = \frac{V}{V_1} \text{ Verhältnis der beiden Volumina, } > 1$$
$$t' = t - 13^0 \text{ ist.}$$

Das Tonometer.

Das Tonometer ist ein Gefäß, in dem das Blut mit Gas-
mischungen bekannter Zusammensetzung in Spannungsgleich-
gewicht gebracht wird. Es hat eine birnenförmige Gestalt, einen Inhalt von etwa 250—300 ccm
und ist mittels eines Dreiwegehahnes B mit einer
Meßpipette E—C von 0,1—1,0 ccm Inhalt verbunden. Durch G ist diese Pipette mit der Außenluft verbunden, vgl. Abb. 21.

Um die Kohlensäurebindungskurve des
Blutes festzustellen[1], wird das Blut mit Gas-
gemischen von verschiedenem CO_2-Gehalt gesättigt. Man gibt dazu in das Tonometer, das
Luft enthält, bei geschlossenem Hahn B 3—4 ccm
des zu untersuchenden Blutes. Die obere Öffnung
kann mit einem Gummistopfen verschlossen
werden. Nun füllt man das Tonometer mit
atmosphärischer Luft, der verschiedene Mengen
CO_2 zugemischt werden. Die Entnahme der CO_2
erfolgt aus einer Gasbürette (Abb. 22) mit
Quecksilberabschluß, in die die CO_2 aus einem
Kippschen Apparat[2] unter Zwischenschaltung
einer mit Sodalösung gefüllten Waschflasche
eingesaugt wird. Die Pipette des Tonometers
wird bei A durch einen dickwandigen Gummischlauch mit sehr feinem Lumen gesteckt.
Bürette und Tonometer sind dabei mit Klammern an einem Stativ befestigt. Die Kohlensäure

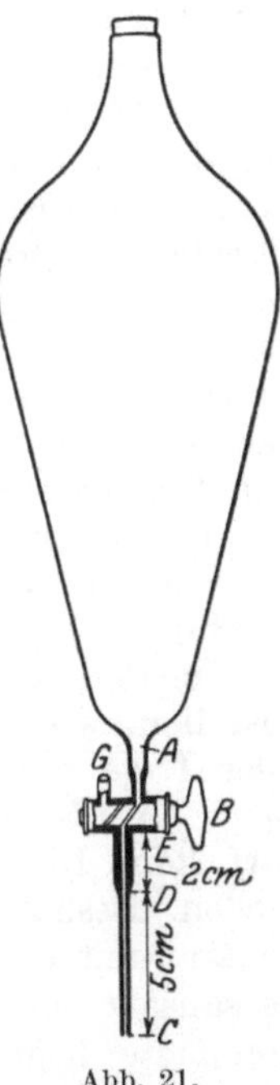

Abb. 21.

wird durch i in die mit Quecksilber gefüllte Bürette eingesaugt,
dann die Pipette des Tonometers über G mit der CO_2 der
Bürette ausgespült, der Dreiwegehahn B des Tonometers nach
dem Tonometerinnern gestellt und die gewünschte Menge CO_2
aus der Bürette durch starkes Heben von D hineingetrieben. Das
Tonometer wird etwa 10 Min. lang mechanisch oder mit der Hand
im Wasserbad von 37—38^0 um seine Längsachse gedreht, wobei

---

[1] Vgl. Krauss: l. c. S. 137 ff.
[2] Die Kohlensäure wird im Kippschen Apparat aus Marmorstücken
und Salzsäure (1 Teil konz. Salzsäure, 1 Teil dest. Wasser) entwickelt.

sich das Blut mit dem Gasgemisch ins Gleichgewicht setzt. Dann verbindet man die Auslaufspitze des Tonometers mit einem Quecksilbermanometer, während das Tonometergefäß möglichst noch im Wasserbade bleibt. Durch B wird das Tonometer mit dem Manometer verbunden und die Spannung abgelesen (es ist vorteilhaft, schon vorher im Manometer durch Hineinblasen oder mit einer Pumpe einen Überdruck herzustellen). Nachdem der Überdruck im Tonometer festgestellt worden ist, wird das Tonometer aus dem Wasserbad entfernt. Das mit angewärmten Tüchern umwickelte Tonometer wird bei gesenktem Halsteil durch Drehung von B kurz mit der Außenluft verbunden; hierdurch wird der Überdruck ausgeglichen. Man stellt das Tonometer senkrecht, mit der Auslaufspitze nach unten; das Blut sammelt sich dann in A. Die Auslaufspitze C wird auf ein Tuch gestellt; durch entsprechende Drehung von B füllt sich die Meßpipette $E—C$. Dann wird B geschlossen, die Pipette außen sorgfältig von Blut befreit und in die Ammoniaklösung der Schüttelbirne des Barcroft-Apparates untergetaucht. Die Pipette wird durch Stellen von B nach G mit der Außenluft verbunden. Das Blut fließt nur durch sein Eigengewicht unter die Ammoniaklösung. Den letzten Rest des Blutes entfernt man aus der Auslaufspitze durch Drücken eines auf G gesetzten Stückes Gummischlauch (Krauss l. c. S. 139).

Um den Kohlensäuregehalt des Tonometergasgemisches festzustellen, wird die Auslaufspitze C des Tonometers in horizontaler Lage mit der Bürette des Haldaneapparates[1] verbunden. Beim Übersaugen des Tonometergases in den Analysenapparat darf kein Blut aus dem Tonometer in den Analysenapparat fließen. Deshalb wird das freie Ende der Bürette im Haldaneapparat mit der Pipette des Tonometers durch einen gebogenen Glasansatz oder einen längeren Gummischlauch verbunden; das Tonometer liegt horizontal oder leicht nach unten geneigt.

---

[1] Vgl. Prakt. III S. 135. Bei der großen Form des Haldaneapparates faßt die Meßbürette etwa 21 ccm, die Meßkapillare hat eine Innenweite von 3,5 mm und einen Inhalt von etwa 6—8 ccm; die kleinste Teilung beträgt 0,01 ccm, mit der Lupe kann man bis 0,001 ccm abschätzen. Der Fehler der Kohlensäurebestimmung beträgt etwa 0,0005%, der der Sauerstoffbestimmung 0,005—0,01%. — Die Meßbürette eines kleineren transportablen Apparates faßt 10 ccm und die Meßkapillare 3 ccm. Beide Apparate können zur Messung des Kohlensäuregehaltes der Alveolarluft mit etwa 5,5% CO_2 benutzt werden, während eine noch kleinere Form mit einer Meßkapillare von 0,2 ccm Inhalt (Gesamtkapazität 20 ccm, Länge der Meßkapillare 10 ccm in 100 Teile = 0,002 ccm geteilt) nur zur Bestimmung der CO_2 eingerichtet und zwar zur Analyse der Kohlensäure der atmosphärischen Luft (mit 0,03 Vol.-%) brauchbar ist.

Der schädliche Raum zwischen dem Hahn des Haldaneapparates und dem Hahn B des Tonometers wird 2—3 mal mit
dem Gasgemisch des Tonometers, das durch G nach außen entleert wird, ausgewaschen; dann saugt man das Gas möglichst
bis zur Nullmarke und bestimmt seinen Kohlensäuregehalt.
Oder man treibt mittels des Niveaurohres des Haldaneapparates
das Quecksilber über B nach G; dann stellt man B nach dem Tonometer, bis einige Tropfen Hg ins Tonometerinnere fallen. Durch
Senken des Niveaugefäßes wird jetzt das Gas in die Meßbürette
gesaugt.

Läßt man das Blut im Tonometer und fügt dem Tonometergas-
gemisch weitere CO_2-Mengen aus dem Kippapparat zu, so erhält
man immer höhere Kohlensäure-
spannungen. Der Gesamtdruck
der Gase im Tonometer, multipliziert mit dem Prozentgehalt
Kohlensäure, ergibt die Kohlensäurespannung im Tonometer.

Beispiel (nach Krauss l. c.
S. 139): Überdruck im Tonometer
60 mm Hg; korrigierter Barometerstand 760 mm Hg. Gesamtdruck im Tonometer 820 mm Hg.
Gesamtgasdruck daher 820 minus
47 mm Wasserdampfspannung =
773 mm Hg. Die Analyse des Gasgemisches ergibt 0,3% CO_2. Die
Kohlensäurespannung beträgt da-
her $773 \cdot \dfrac{0,3}{100} = 23,2$ mm Hg.

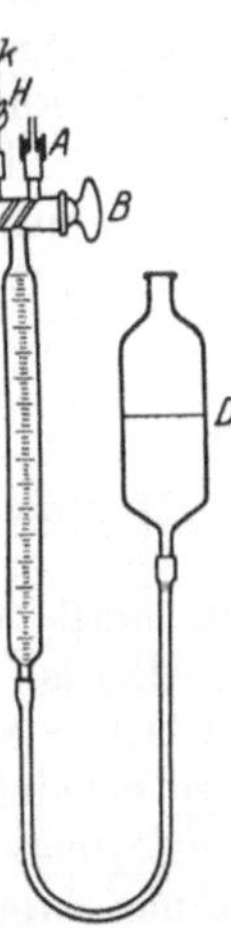

Abb. 22.

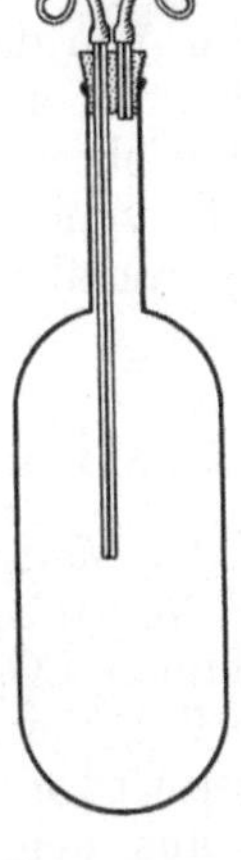

Abb. 23.

Eine andere häufig benutzte Form des Tonometers ist aus der
Abb. 23 ersichtlich. Das Gefäß faßt etwa 400 ccm; der Hals
des Gefäßes 10—15 ccm. Von den beiden durch den Gummistopfen führenden Glasröhren (mit 2 mm Innendurchmesser)
reicht die eine ziemlich tief in das Gefäß, die andere endet
gerade unter dem Stopfen. Man gibt etwa 6—10 ccm Blut in das
Gefäß, das mit dem gewünschten Gas gefüllt ist. Will man die
Oxyhämoglobin-Dissoziationskurve herstellen, so füllt man die
Flasche aus einer Stickstoffbombe in raschem Strom mit N_2
und verschließt sie mit dem Stopfen, unmittelbar nachdem
das Zuleitungsrohr herausgezogen worden ist. Man entnimmt
ungefähr die gewünschte Menge Sauerstoff aus einer Gasbürette,
die oben mit einem Hahn, unten mit einem Verbindungs-

schlauch und Quecksilberreservoir versehen ist und mit einer der den Stopfen des Tonometers durchbohrenden Glasröhre verbunden wird. (Zu beachten ist, daß Stickstoff stets etwas Sauerstoff — manchmal bis 2% — enthält. Will man das Blut bei sehr niedrigen Sauerstoffdrucken sättigen, so wende man reinen Wasserstoff statt des käuflichen Stickstoffs an[1].) Um den Überdruck in der Flasche nach Zufuhr des Sauerstoffs (oder von Sauerstoff und CO_2) aufzuheben, lüftet man den einen Quetschhahn für einen Augenblick. Nach der Sättigung des Blutes im Wasserbad bei 37—38° und Feststellung des Gasdruckes (siehe oben) wird die Probe zur Gasanalyse durch das längere Glasrohr entnommen. Dann steckt man das untere Ende einer 2 ccm-Pipette in den Gummischlauch (nachdem man ihn abgetrocknet hat), der an dem kürzeren Glasrohr angebracht ist. Man entfernt den Quetschhahn von dem längeren Rohr, öffnet den Quetschhahn an dem Schlauch, an dem die Pipette befestigt ist, und hält die Pipette mit leichter Neigung nach unten. Die Pipette füllt sich nun mit Blut, von dem eine geeignete Menge gleich in den Blut-Gas-Apparat überführt werden kann.

Bestimmung der Alkalireserve des Blutes[2].

Die Menge des Bikarbonats im Plasma ist ein Maß seines zur Neutralisierung der Kohlensäure verfügbaren Alkalis. Das Volumen CO_2 in gebundener Form (Bikarbonat-CO_2), das in 100 Vol. Plasma vorhanden ist, wird als Alkalireserve bezeichnet. Diese wird bestimmt, indem man die Volumen-Prozente CO_2 feststellt. die aus dem Plasma bei Säurebehandlung gewonnen werden, das man vorher mit einem Gasgemisch ins Gleichgewicht gebracht hat, das CO_2 von 40 mm Hg-Druck enthält (etwa dem CO_2-Gehalt der Alveolarluft entsprechend).

Blutentnahme für die Bestimmung der Alkalireserve[3].

Eine längere Stauung des Blutes ist zu vermeiden. Man entfernt die Aderpresse, die um den Arm gelegt wird, sobald die Nadel in die Vene eingedrungen ist. Unmittelbar nach der Entnahme wird das Blut zur Verhinderung der Gerinnung mit Kaliumoxalat und zur Verhinderung der Milchsäurebildung mit Fluornatrium vermischt. Man benutzt pro

---

[1] Löslichkeitskoeffizient des Wasserstoffes im Plasma: 0,019 bei 15° und 0,017 bei 38°, im Blut 0,018 bei 15° und 0,016 bei 38°.

[2] Vgl. van Slyke in Abderhaldens Arbeitsmethoden IV/4, S. 1245 (1926).

[3] Nach van Slyke in Abderhalden IV/4, 1245.

ccm Blut 2 mg Oxalat und 1 mg NaF. Man stellt eine Lösung her, die 5 g NaF und 10 g Kaliumoxalat in 100 ccm der Lösung enthält, und fügt tropfenweise 1 n HCl zu, bis die Lösung gegen Methylrot sauer reagiert. (Die Titration ist getrennt an 1 oder 2 ccm der Lösung auszuführen. Der Indikator darf nicht zur Hauptlösung hinzugefügt werden.) Die Lösung wird durch Kochen oder durch Luftdurchleitung von evtl. vorhandener CO_2 befreit. Dann fügt man 1 n NaOH bis 7,1—7,4 pH hinzu. (Indikator Phenolsulfophthalein (Phenolrot).) Diese Oxalatfluoridlösung (0,02 ccm zu jedem ccm entnommenen Blutes) wird in das Röhrchen, das zur Aufnahme des Blutes dient, gegeben; die Lösung wird umgeschwenkt, um die Gefäßwandung zu benetzen und kann dort eintrocknen.

Sättigung des Blutes mit Luft von 40 mm CO_2-Tension.

Um das Blut mit Kohlensäure zu sättigen, verfährt man wie folgt[1]: Ein Zylinder, der an beiden Enden verengt ist (siehe Abb. 24), wird mittels eines Schlauchstücks am unteren Ende mit einem kleinen Zentrifugierröhrchen verbunden, das nur gerade so groß ist, um das Blut fassen zu können. Der Zylinder soll mindestens das 50 fache des Zentrifugierröhrchens fassen. Entsprechende Größen sind 500 bzw. 10 ccm. Man fügt Oxalat und Fluorid zur Blutprobe, gibt sie in das Röhrchen und isoliert sie vom Hauptzylinder durch

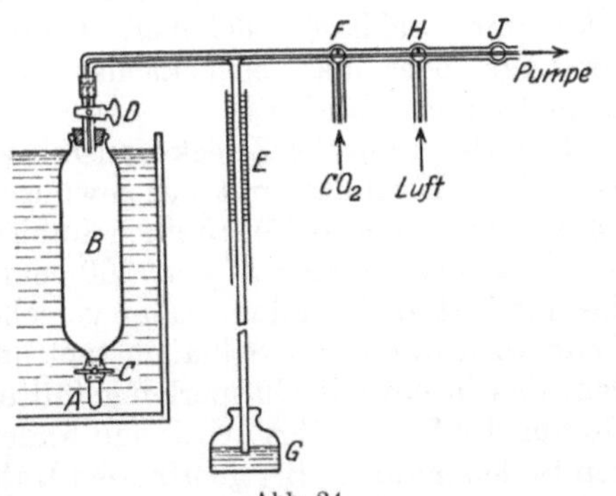

Abb. 24.

Schließen des Quetschhahns an der Schlauchverbindung. Man schließt das obere Ende des Zylinders mit einem Stopfen mit Glashahn und stellt den Zylinder in ein Wasserbad von 38°. Das Gefäß wird mit einer Wasserstrahlpumpe evakuiert, bis das Quecksilber in E sich konstant (z. B. auf 700 mm) eingestellt hat. Der zur Pumpe führende Hahn J wird dann geschlossen, das Manometer einige Sekunden beobachtet, um sicher jede Undichtigkeit auszuschließen. Dann öffnet man den CO_2-Hahn F vorsichtig und läßt aus einem Kippschen Apparat trockene CO_2 einströmen (die Kohlensäure wird in einer Wasservorlage gewaschen und in einer zweiten Vorlage mit konzentrierter Schwefelsäure getrocknet),

---

[1] Vgl. auch Fredericia: J. of biol. Chem. **42**, 245 (1920).

bis das Quecksilber 40,5 mm gefallen ist. Die überschüssigen
0,5 mm Quecksilbergefälle dienen zur Korrektur für das Steigen
des Quecksilbers in der Flasche am Boden des Manometerrohres.
Dann schließt man den CO_2-Hahn F und öffnet den Lufthahn H,
bis der atmosphärische Druck im Apparat ausgeglichen ist. Man
schließt dann den Hahn an der Zylinderspitze D, öffnet den Quetschhahn C am Boden, dreht den Zylinder und läßt so das Blut aus
dem Röhrchen hineinfließen. Der Zylinder wird (nachdem er
aus der Verbindung mit dem Röhrensystem gelöst worden
ist) 10 Min. im Bad gedreht und dann in aufrechte Lage
zurückgebracht, damit sich das Blut im Zentrifugierröhrchen
sammelt. Man läßt das Röhrchen im Bad, schließt den Quetschhahn wieder und trennt das Zentrifugierröhrchen vom Zylinder
durch Abschneiden des Schlauchstückchens über dem Quetschhahn. Nun kann man das Blut zentrifugieren, ohne daß es mit der
Atmosphäre in Berührung kommt. Entweder läßt man das abgeklemmte Schlauchstückchen während des Zentrifugierens in
der Lage, oder man bedeckt das Blut mit einer Schicht leicht
schmelzenden Paraffins.

Ein für klinische Zwecke ausreichend genaues Verfahren zur
Sättigung des Blutes mit der gewünschten Kohlensäurespannung
ist das folgende (Abb. 25): In einen durch Gummistopfen F verschließbaren Scheidetrichter A von 300 ccm Inhalt kommen ca. 3 ccm
des mit NaF und Kaliumoxalat versehenen Vollbluts. Das untere
Ende wird durch ein Schlauchstück mit einem Glasrohr verbunden, das in ein mit Glasperlen gefülltes Pulverglas B durch einen
Gummistopfen geführt wird; ein anderes Glasrohr d wird bis auf
den Boden geführt. Bei geöffnetem Hahn g wird nach gewöhnlicher
Einatmung tief nach d ausgeatmet. (Der Wasserdampf der Ausatmungsluft wird dabei an den trockenen Glasperlen kondensiert
und gelangt nicht in den Scheidetrichter.) Kurz vor dem Ende
der tiefen Exspiration
wird der Gummistop-
fen F auf den Scheide-
trichter fest aufgesetzt
und der Hahn geschlos-
sen. Dies wird noch
etwa zweimal wieder-
holt. Bei geschlosse-
nem Hahn g wird die
Verbindung zwischen

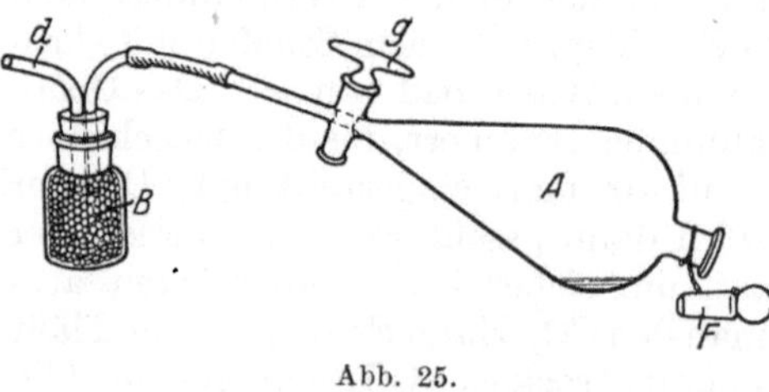

Abb. 25.

A und B gelöst. Durch langsames Drehen des Scheidetrichters verteilt man das Blut auf einer möglichst großen Oberfläche des

Scheidetrichters; die Sättigungstemperatur ist etwa gleich der Zimmertemperatur[1].

Der Bikarbonatgehalt des Plasmas kann entweder durch Titration oder durch gasometrische Messung des gesamten CO_2 ($NaHCO_3 + H_2CO_3$) bestimmt werden. Nach Subtraktion der gelösten (freien) H_2CO_3, die mit dem 40 mm CO_2-Druck der Atmosphäre im Gleichgewicht ist, erhält man den Wert für das $NaHCO_3$.

Bestimmung des Bikarbonatgehaltes des Plasmas mittels Titration[2].

Das Prinzip der Methode beruht auf der Messung der zur Überführung des Plasma-$NaHCO_3$ in NaCl erforderlichen Menge HCl. Der pH muß am Ende der Titration derselbe sein wie im ursprünglichen Plasma, um zu verhindern, daß andere Puffer als Bikarbonat an der Reaktion beteiligt sind. Bei einem konstanten pH bindet jeder Säurepuffer Alkali im selben Verhältnis entsprechend der Gleichung $HA/BA = H/K$, wo HA die schwache Säure, BA das Alkalisalz dieser Säure (in molaren Konzentrationen), H die Wasserstoffionenkonzentration und K die Dissoziationskonstante der schwachen Säure bedeutet. Folglich bindet jeder Puffer am Ende der Titration dieselbe Menge Alkali wie zu Beginn mit Ausnahme der H_2CO_3, die infolge ihrer Flüchtigkeit entfernt worden ist.

Das Plasma wird mit einem Überschuß von 0,01 n HCl versetzt, von CO_2 befreit und dann bis zum ursprünglichen pH mit einer 0,01 n NaOH zurücktitriert. Um diesen Endpunkt anzuzeigen, wird als Vergleichslösung eine andere Portion Plasma unter Vermeidung eines CO_2-Verlustes auf dasselbe Volumen verdünnt und dieselbe Menge Indikator hinzugefügt.

Herstellung der Standardplasmasalzlösung. 35 Tropfen einer 0,03 %ig. Phenolrotlösung werden zu 100 ccm einer 0,9 %ig. NaCl-Lösung gegeben, die mit redestilliertem Wasser frisch bereitet worden ist. Man fügt 2—4 Tropfen einer 0,01 n NaOH hinzu, die ausreichen, um diese Lösung auf einen pH von ca. 7,4 zu bringen. 20 ccm dieser NaCl-Lösung werden in ein Reagenzglas (Durchmesser ca. 20 mm) gegeben. Dann schichtet man eine ca. 1 cm dicke Schicht von Paraffinöl auf die Lösung. Das das Plasma enthaltende Zentrifugierröhrchen, das bis dahin sorgfältig

---

[1] Eine Abweichung von 0,5% im CO_2-Gehalt der Exspirationsluft macht einen Unterschied von nur etwa 1 Vol.-% gebundener Kohlensäure aus. Vgl. Krauss: l. c. S. 145.

[2] Nach van Slyke: l. c. S. 1249.

vor Luftzutritt bewahrt wurde, wird nun geöffnet und eine 1 ccm-Pipette mit dem Plasma gefüllt. Dieses wird nun in die Salzlösung unter dem Öl gegeben. Dazu braucht man eine Pipette mit zwei Marken, deren untere sich mehrere Zentimeter über der Spitze befinden muß. Plasma und Salzlösung werden vorsichtig mit einem kleinen Rührer umgerührt.

Darstellung der 0,01 n NaOH-Lösung. Diese Lösung muß so frei wie möglich von Karbonat sein[1].

Natriumhydroxyd wird in gleichen Gewichtsteilen Wasser gelöst, wobei die Lösung in einer verschlossenen Flasche stehen muß, bis sich das in dem starken Alkali unlösliche Karbonat zu Boden gesetzt hat. 5,5 ccm dieser Lösung werden zu 1 l mit CO_2-freiem Wasser verdünnt, um eine annähernd 0,1 n Lösung zu erhalten. Diese Lösung wird durch Titration gegen 0,1 n Säure eingestellt und in einer oben paraffinierten Flasche aufbewahrt, um sie vor atmosphärischer CO_2 zu schützen. Man verdünnt 10 ccm dieser Lösung mit neutraler 0,9 %ig. NaCl-Lösung auf 100 ccm, um die bei der Serumtitration erforderliche Standard-NaOH herzustellen. Die 0,01 n Lösung muß am gleichen Tag, an dem man sie hergestellt hat, benutzt und ständig vor atmosphärischer CO_2 geschützt werden.

Die 0,01 n NaOH wird folgenderweise auf Karbonat geprüft: man gibt 5 ccm der 0,01 n HCl mit 4,5 ccm der 0,01 n NaOH und 7 Tropfen der 0,03 %ig. Phenolrotlösung zusammen, schüttelt 1 Min., um die CO_2 entweichen zu lassen, überführt dann die Mischung mit 10 ccm Wasser in ein Reagenzglas und titriert auf einen pH von 7,4. Eine Kontrolltitration führt man ebenso aus, nur darf hierbei die CO_2 nicht entweichen; die 0,01n HCl und 10 ccm Wasser werden direkt in das Röhrchen für die Titration gebracht. Die Differenz zwischen zwei Titrationen soll 0,2 ccm der 0,01 n NaOH nicht überschreiten.

Ausführung. 1 ccm Plasma wird in einen 100 ccm-Rundkolben überführt, 5 ccm der 0,01 n HCl werden hinzugefügt. (Die 0,01 n HCl wird durch Verdünnen von 1 Vol. 0,1 n HCl auf 10 Vol. mit neutraler 0,9 %ig. NaCl-Lösung hergestellt. Man benutzt diese Salzlösung statt Wasser, um eine Globulinausscheidung zu verhüten.) Man schwenkt die Mischung 1 Min. oder länger, um die CO_2 daraus zu entfernen, wobei sich die Flüssigkeit in dünner Schicht an der Wandung des Kolbens ausbreitet. Die Lösung wird dann in das andere Reagenzglas von gleichem inneren Durchmesser wie für die Vergleichslösung gegossen und die Wandung des Kolbens mit 10 ccm einer neutralen CO_2-freien 0,9 %ig. NaCl-Lösung abgespült. Die 10 ccm der Salzlösung werden in 3 Teilen hinzugefügt; jeder Teil wird an der Wandung entlang gespült und in das Reagenzglas übergeführt. Schließlich werden 7 Tropfen der 0,03 %ig. Phenolrotlösung zu der Mischung im Reagenzglas gegeben und 0,01 n NaOH aus der Mikrobürette hinzugefügt, bis die Farbe im Reagenzglas der des oben beschriebenen Vergleichsröhrchens gleich ist. Ist der Endpunkt erreicht, so wird so viel 0,9 %ig. NaCl-Lösung hinzugefügt, bis das Volumen der titrierten Lösung dem der Vergleichslösung entspricht.

---

[1] van Slyke: l. c. S. 1251.

Berechnung des Bikarbonatgehaltes aus der Titration.

Die Menge der bei der Titration verbrauchten ccm 0,01 n HCl, d. h. die Differenz zwischen der hinzugefügten HCl und der bei der Titration verbrauchten NaOH wird mit $\frac{1000}{100} = 10$ multipliziert[1].

Millimole $NaHCO_3$ pro Liter $= 10 \cdot$ (ccm 0,01 n HCl — ccm 0,01 n NaOH).

Manometrische Bestimmung der Alkalireserve nach van Slyke[2].

Prinzip. Die Kohlensäure, die aus dem Bikarbonat durch Säurezusatz und Evakuieren in Freiheit gesetzt worden ist, wird auf ein bestimmtes Volumen gebracht und der Druck, der von diesem Gasvolumen auf ein Quecksilbermanometer ausgeübt wird, abgelesen.

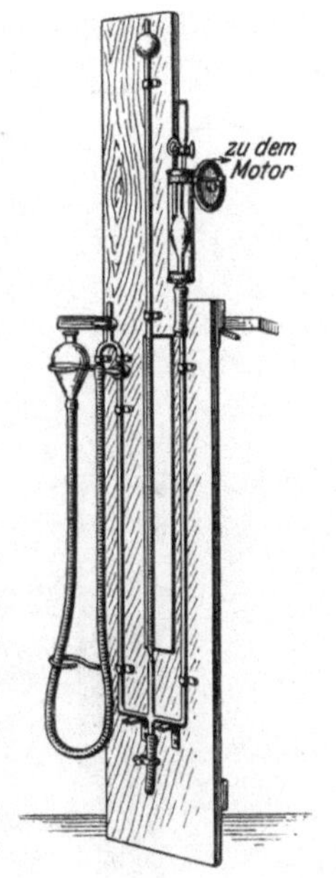

Abb. 26.

Der Apparat (Abb. 26) besteht aus einer kurzen Pipette, die durch einen Hahn gegen den oberen Teil des Apparates abgeschlossen ist; der untere Teil steht mit einem Glasrohr in Verbindung. Diese Verbindung ist durch eine besondere Quecksilberdichtung gegen das Eindringen von atmosphärischer Luft geschützt (Abb. 28). Das Glasrohr ist von 4 mm Innenweite und 800 mm Länge; es biegt dann rechtwinklig ab und steht mit einer Nivellierbirne und einem Quecksilbermanometer, das am oberen Ende entweder offen (Abb. 27) oder geschlossen sein kann, in Verbindung. Die Pipette ist an zwei Punkten zur Einstellung von a ccm Gas für die Druckmessung und A ccm Gesamtvolumen markiert (siehe Abb. 27 u. 28).

Man bringt bei der Analyse die Blutprobe in dem Raum über dem Quecksilber mit der Säure zusammen; die gebundene CO_2 wird dadurch in Freiheit gesetzt. Durch Senken der Nivellierbirne wird ein Toricellisches Vakuum hergestellt; man schüttelt das angesäuerte Blut 2 Min. lang, um die Gase der

---

[1] Die für 1 ccm verbrauchten ccm 0,01 n HCl werden (um den Äquivalentbetrag für 1 l zu bekommen) mit 1000 multipliziert und wegen Umrechnung von 0,01 n auf 1 n durch 100 dividiert.

[2] van Slyke: l. c. 1252.

Flüssigkeit zu entziehen. Nach Eintritt von Quecksilber durch Hahn e wird das Gasvolumen auf a ccm reduziert und der Druck p_1

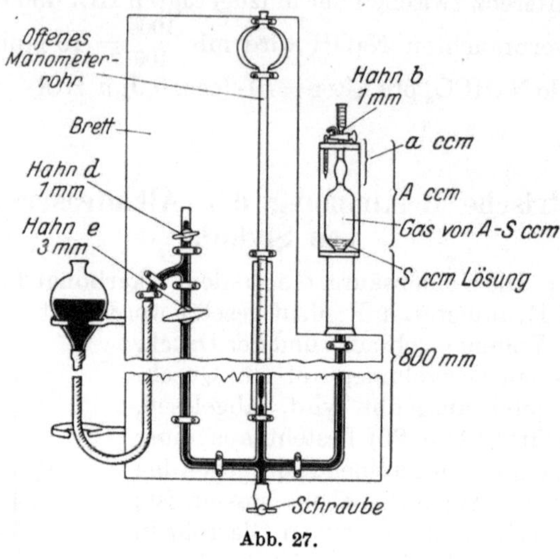

Abb. 27.

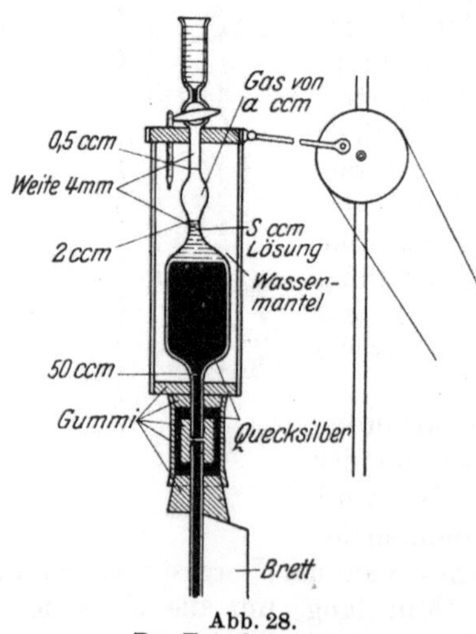

Abb. 28.
Der Extraktionsraum.

am Manometer abgelesen. Die Gase werden dann entweder herausgelassen oder durch geeignete Reagentien absorbiert, und die Ablesung des Druckes p_2 wird bei demselben Volumen wie vorhin ausgeführt. Der Partialdruck P des Gases bei a ccm Volumen ist dann $P = p_1 - p_2$ mm Quecksilber, aus dem das Gasvolumen bei 0^0 und 760 mm berechnet werden kann. Bei der Manometerröhre braucht man keine Korrekturen für Dampftension und Kapillarattraktion anzubringen, da diese Faktoren bei beiden Ablesungen die gleichen sind. Voraussetzung ist, daß die Temperatur im Apparat während der p_1- und p_2-Ablesungen die gleiche ist, was in der kurzen Zeit der Bestimmung (1—4 Min.) auch der Fall ist.

Auch der Barometerdruck kann in dieser Zeit als konstant angenommen werden.

Für Analysen von 1 ccm Blut zweckmäßige Größen sind $A = 50$, $a = 2$, S (Gesamtflüssigkeit) $= 3{,}5 - 7{,}0$ ccm (Abb. 27). Bei 20^0 geben 0,01 ccm Gas unter diesen Bedingungen einen Ablesewert von $P = 3{,}9$ mm. Für sehr kleine Beträge ist es ratsam, eine Marke a bei 0,5 ccm anzubringen. Bei diesem Volumen zeigen 0,01 ccm Gas ungefähr 16 mm Druck. Der Hahn d dient zum Herauslassen der Luft, die allmählich durch das mit der Nivellierbirne in Verbindung stehende Schlauchstück diffundiert und sich unter diesem Hahn ansammelt.

Das offene Manometerrohr hat einen inneren Durchmesser von 4 mm und ist oben kugelförmig erweitert. Hierdurch wird ein Quecksilberverlust verhindert, wenn die Nivellierbirne hochgehoben wird, um Lösungen aus dem Reaktionsraum zu entfernen. Am Grunde ist es verengt (siehe Abb. 27), um das Hin- und Herschwanken des Quecksilbers zwischen dem Manometer und dem Reaktionsraum zu verhindern, wenn Hahn e geschlossen ist. Sonst würde zu leicht Flüssigkeit aus der Gaskammer in das Manometerrohr gelangen.

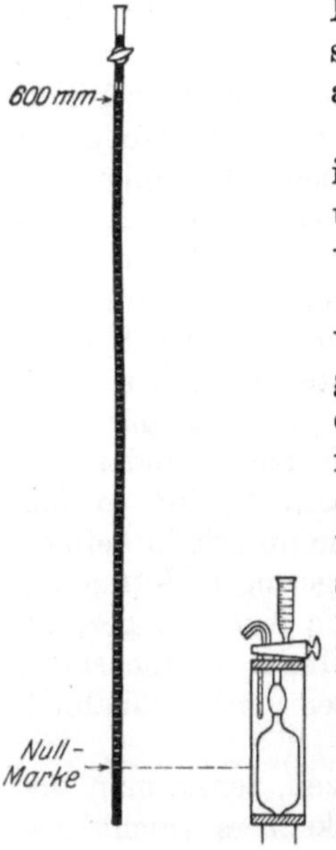

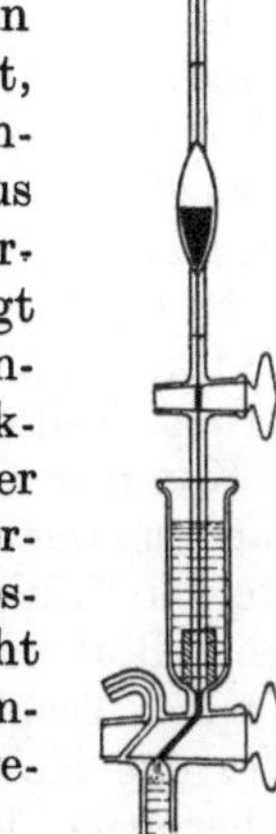

Abb. 29.

Abb. 30.

Geschlossenes Manometerrohr. Statt an der Spitze in einer offenen Kugel zu enden, kann das Manometer an der Spitze auch durch einen Hahn geschlossen werden (siehe Abb. 29). Vor Benutzung des Manometers wird die Luft ausgetrieben, so daß auf der Quecksilberoberfläche in der Röhre kein atmosphärischer Druck lastet. Die Ablesungsstelle befindet sich daher ungefähr 800 mm höher als beim offenen Manometer.

Wenn das Quecksilber zurückfließt, dringen Feuchtigkeitsspuren vom Reaktionsraum her in das geschlossene Manometer. Um den Wasserdampf zu absorbieren, gibt man 2—3 Tropfen konz. Schwefelsäure durch den Hahn an der Spitze und läßt sie ca. 10 cm im Rohr hinabfließen. Dann läßt man das Quecksilber durch den Hahn steigen, das genug Schwefelsäure zurückläßt, um das obere Ende des Manometerrohrs zu benetzen, aber nicht genug, um herabzufließen und die Ablesungen des Quecksilbermeniskus zu stören[1].

Zur Abmessung der Plasmaproben gebraucht man 1 ccm-Ostwald-Pipetten mit dickwandigen Kapillaren, die kalibriert und vorteilhaft mit einem Hahn versehen sind (Abb. 30). Die Pipette wird mit einer Gummispitze versehen, die man herstellt, indem man von einem Gummischlauch von 1 oder 2 mm Innenweite und 2 oder 3 mm Wandstärke einen Ring von etwa 1 cm Breite abschneidet (Poulton). Man spitzt den Ring an einem Ende durch Abreiben der äußeren Kante mit Sandpapier oder Schmirgelstein zu, so daß er in den Boden des Aufsatzes des Gasanalysenapparates paßt (s. Abb. 30). Die Blutprobe wird aus der Pipette direkt in den Apparat gegeben.

Ausführung[2]. Nachdem der Apparat mit verdünnter Milchsäure gereinigt worden ist, wird 1 Tropfen Oktylalkohol in die Kapillare über dem Hahn b (Abb. 27) gegeben; dann gibt man für jeden ccm Blut oder Plasma, der zugefügt werden soll, 2,3 ccm CO_2-freies (ausgekochtes) Wasser in den Aufsatz. Hahn b ist geschlossen, während e offen ist und die Nivellierbirne auf dem in Abb. 27 gezeigten Niveau steht. Die Blutprobe wird unter der Wasserschicht im Aufsatz aus der Pipette zugegeben. Benutzt man eine gewöhnliche Pipette, so erfolgt die Zugabe so, daß sich die Pipettenspitze am Boden des Aufsatzes befindet und der Hahn b während der Zugabe teilweise geöffnet wird, so daß der größte Teil des Blutes direkt durch b in die unterhalb befindliche Kammer fließt und sich nur ein ganz geringer Betrag im Aufsatz sammelt, um mit dem Wasser in die Kammer gespült zu werden. Zuletzt fügt man 0,2 ccm CO_2 freier n-Milchsäure pro ccm Blut oder Plasma in die Kammer. Der Verschlußhahn b wird mit 1 Tropfen Quecksilber gedichtet.

Um das Kohlendioxyd in Freiheit zu setzen, senkt man die Nivellierbirne, bis die Oberfläche des Quecksilbers (nicht des Wassers) bis zur Marke A (50) am Grunde der Kammer gefallen ist. Der Verschlußhahn e wird dann geschlossen und das Reaktionsgemisch 2 Min. geschüttelt.

Um den Druck des Gesamtgases zu messen, stellt man das Quecksilber nach vorsichtigem Öffnen des Hahnes e auf die Marke 2. Auf diese Weise wird das Gasvolumen der Analysenpipette auf 2 ccm gebracht. Die Einstellung muß sehr genau erfolgen (vgl. S. 54). Nähert man sich der Marke 2, so ist es vorteilhaft, den Hahn e zu schließen und die endgültige Einstellung mit einer Feinregulierung, die am Fußende des Apparates angebracht werden kann, vorzunehmen. Geht man trotzdem fehl, so wird das Vakuum wieder her-

---

[1] van Slyke: l. c. S. 1256.   [2] van Slyke: l. c. S. 1259.

gestellt, 1 Min. geschüttelt und von neuem eingestellt. Nach der Einstellung auf Marke 2 liest man bei geschlossenem Hahn e die Höhe der Quecksilbersäule (p_1 mm) ab. Die Temperatur des Wasserbades und der Barometerstand werden notiert.

Zur Absorption der Kohlensäure trägt man 0,2 ccm einer 20%ig. Natronlauge in den Aufsatz des Apparates ein und läßt sie unter leichtem negativen Druck in die Kammer fließen. Die Kohlensäure wird durch das starke Alkali in einigen Sekunden absorbiert.

Wenn das CO_2 vollständig absorbiert ist, gibt man einige Tropfen Quecksilber aus dem Aufsatz in den Gasraum, um die Alkalilösung unter dem Hahn zu entfernen, (läßt aber 1 Tropfen Quecksilber im Aufsatz), und senkt die Lösung in der Kammer, bis ihr Meniskus ein klein wenig unterhalb der a-Marke steht. Man bringt die Nivellierbirne in die Stellung (wie in Abb. 27) zurück, läßt das Quecksilber bei wenig geöffnetem Hahn e wieder einfließen, bis der Meniskus der Flüssigkeit wieder an der Marke a eingestellt ist, und notiert die Ablesung p_2 mm am Manometer. (Temperatur und Barometerstand werden kontrolliert, ob sie seit der ersten Ablesung unverändert geblieben sind.)

Der CO_2-Druck P_{CO_2} ist

$$p_1 - p_2 - c.$$

Die Korrektur c hat folgende Bedeutung: Die Einführung der absorbierenden Lösung vermehrt das Flüssigkeitsvolumen über dem Quecksilber und verursacht ein Sinken des Hg-Meniskus in der Kammer und im Manometer. Daher muß bei der p_2-Bestimmung eine Korrektur angebracht werden, die durch eine Leerbestimmung ermittelt wird, bei der S ccm Wasser mit 2—3 Tropfen 1 n NaOH alkalisch gemacht, im Apparat extrahiert und p_1 und p_2 vor und nach Zugabe derselben Menge Alkali abgelesen werden, wie bei der richtigen Bestimmung angewendet worden ist.

Es ist $$p_1 - p_2 = c.$$

Wenn die endgültige Ablesung nach Entfernung des Gases und nicht nach der Absorption desselben erfolgt, so fällt die Korrektur c natürlich fort. Alle Lösungen müssen sehr genau abgemessen werden, so daß S nur innerhalb 0,05 ccm variiert. Es muß auch genügend Zeit verstreichen, bis sich das Gleichgewicht eingestellt hat.

Um den CO_2-Gehalt des Blutes oder des Plasmas in Volumprozenten oder in Millimolen pro Liter zu erhalten, multipliziert man den beobachteten CO_2-Wert in mm Hg mit dem Faktor aus Tabelle S. 57, der der Temperatur der Beobachtung entspricht.

Benutzt man (bei der Analyse des Gesamtblutes) 1 n NaOH (von der 1 ccm in die Kammer gegeben wird), so muß die Lösung gasfrei gemacht werden. Zur Darstellung von gasfreiem Alkali werden 25—30 ccm 1 n NaOH in der Extraktionskammer von Gas befreit und unter Öl in ein Reservoir (vgl. Abb. 31 und 32) übertragen. Die Lösung ist täglich zu erneuern.

Bemerkung über die wiederabsorbierte CO_2 nach Aufheben des Vakuums. Während das Quecksilber nach Entbindung der CO_2 im Apparat steigt, hat die Wasserschicht über der Quecksilberoberfläche Gelegenheit, etwas vom CO_2-Gas zurückzuabsorbieren. Die Reabsorption erfolgt fast nur während des letzten Stadiums der Kompression und ist unabhängig von der Menge der wäßrigen Lösung auf der Quecksilberoberfläche, da während der kurzen Zeit die Absorption anscheinend auf die oberflächliche Schicht der Flüssigkeit beschränkt ist.

Wenn der Meniskus langsam steigt, während er sich dem engeren oberen Teil des Apparates nähert und man die Oberfläche vorsichtig ohne Schwankungen in die Gleichgewichtslage bringt, so wird ein konstanter Teil der Kohlensäure, die 1,7% der Gesamtmenge beträgt, absorbiert. Unter diesen Kautelen ist also ein Korrekturfaktor von 1,017 (vgl. S. 58) für die wiederabsorbierte Kohlensäure anzubringen. Diese Korrektur verursacht etwa 1 Vol.-% Änderung in den Resultaten bei der gewöhnlichen CO_2-Bestimmung im Blut oder im Plasma.

Wenn bei den CO_2-Analysen die ausgetriebenen Gase auf Volumen a reduziert sind und es nicht gelingt, den Hahn e rechtzeitig zu schließen, so daß der Flüssigkeitsmeniskus nicht genau an der Marke steht, darf man keine Wiedereinstellung versuchen, denn wenn man die Flüssigkeit in der Kammer auf und ab bewegt, wird mehr CO_2 absorbiert als für die Korrektur i (vgl. Gleichung S. 56) angenommen ist. Man muß vielmehr das Quecksilber wieder bis zur Marke A senken und 1 Min. schütteln, um das Gleichgewicht wieder herzustellen.

Nach der Analyse wird die evakuierte Kammer mit Milchsäure (1 ccm n Milchsäure und 10 ccm Wasser) gereinigt[1]. Es ist zu empfehlen, die Kammer gelegentlich über Nacht bei offenem Hahn b mit Chrom-Schwefelsäuregemisch stehen zu lassen.

Vor jeder neuen Bestimmung soll der Apparat auch auf eventuelle Undichtigkeit geprüft werden. Die Prüfung geschieht folgendermaßen: Man schüttelt eine dem Volumen der Untersuchungsflüssigkeit S entsprechende Menge Wasser 2 Min. in dem Apparat, um die darin gelöste Luft auszutreiben, und liest den Druck ab, während das Gas auf a Volumen steht. Das Schütteln und Ablesen wird wiederholt. Wenn die

Abb. 31. Reservoir, aus einem $CaCl_2$-Rohr hergestellt.

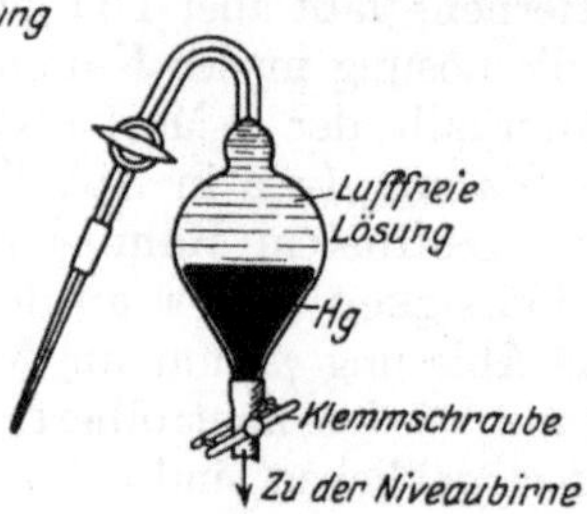

Abb. 32. Vorrichtung für Herstellung und Aufhebung gasfreier Lösungen.

---

[1] Der Apparat läßt sich leicht nach folgender Methode reinigen. Man setzt auf die Öffnung (durch die das Blut, die Milchsäure usw. eingeführt wurden) einen Gummistopfen, durch den ein Glasrohr mit einem längeren Schlauch geht. Der Schlauch endet in einem Gefäß mit ammoniakhaltigem bzw. später mit destilliertem Wasser. An die nach unten gebogene seitliche Öffnung wird direkt ein Schlauch gesetzt, der in einen leeren Topf taucht. Durch Heben und Senken des Hg-Niveaus und entsprechendes Drehen des Zweiweghahnes kann man abwechselnd die Spülflüssigkeit in den Apparat saugen und wieder hinausbefördern.

am Thermometer des Wassermantels abgelesene Temperatur konstant bleibt, so daß sich der Dampfdruck nicht ändert, müssen die 1. und 2. Ablesung genau übereinstimmen.

Zum Dichten der Hähne e und b benutzt van Slyke eine Lösung von reinem Paragummi (unvulkanisiert) in Vaseline (1 Gewichtsteil Gummi wird durch Erwärmen in 5 Teilen Vaseline gelöst). Zuerst wird eine dünne Vaselineschicht auf den Hahn aufgetragen, dann das Gummischmiermittel.

Berechnung der CO_2-Menge[1].

Die Gesamt-CO_2-Menge der analysierten Lösung wird erhalten, indem man das unter den Versuchsbedingungen gewonnene Kohlensäure-Volumen mit dem Faktor $\dfrac{B-w}{760}\dfrac{273}{T}$ multipliziert und zu diesem Volumen das Volumen derjenigen Kohlensäure, die in Lösung geblieben ist (x), addiert.

Wir haben es mit folgenden Größen zu tun:

V_t = gemessenes CO_2-Volumen nach einer Extraktion bei t^0 und B mm Barometerdruck.

$V_{0^0,760}$ = auf 0^0 und 760 mm reduziertes Gesamtvolumen CO_2.

S = Volumen wäßrige Lösung im Apparat.

A = vom Gas und von der Lösung während der Gesamtreaktion eingenommener Raum (50 ccm).

$A-S$ = Volumen der Gasphase. T = absolute Temperatur.

α_{CO2} = Löslichkeitskoeffizient der CO_2 in Wasser; die ccm CO_2 gemessen bei 0^0, 760 mm gelöst in 1 ccm Wasser in Gleichgewicht mit CO_2 unter 760 mm Druck.

$\alpha'_{CO2} = \alpha_{CO2}\dfrac{T}{273}$ = Verteilungskoeffizient der CO_2 zwischen Gas und Wasser = ccm CO_2 gemessen bei t^0, B mm, gelöst in 1 ccm Wasser, in Gleichgewicht mit reiner CO_2 bei t^0 und B mm.

w = Dampfdruck des Wassers; p = Partialdruck der CO_2 im Apparat, wenn bei der Extraktion Gleichgewicht erreicht worden ist.

x = CO_2-Vol., in Lösung, gemessen bei 0^0, 760 mm, wenn Gleichgewicht erreicht worden ist.

Es ist
$$V_{0,760} = V_t\,\frac{B-w}{760}\frac{273}{T} + x\,. \tag{1}$$

Das Volumen des gelösten Gases ist proportional seinem Partialdruck, seiner Löslichkeit und dem Volumen des Lösungsmittels

$$x = \frac{p}{760}\,S\,\alpha_{CO2}\,. \tag{2}$$

Da der Druck sich umgekehrt wie das Volumen ändert, ist:

$$\frac{p}{B-w} = \frac{V_t}{A-S} \tag{3}$$

oder
$$p = (B-w)\,\frac{V_t}{A-S}, \tag{4}$$

<hr>

[1] Vgl. van Slyke und Stadie: J. of biol. Chem. **49**, 30 (1921).

Eingesetzt in (1) ist

$$V_{0^\circ;\,760} = V_t \frac{B-w}{760} \cdot \frac{273}{T} + V_t \frac{B-w}{760} \cdot \frac{S\,\alpha_{CO_2}}{A-S}$$

oder

$$V_{0^\circ;\,760} = V_t \frac{B-w}{760} \left(\frac{273}{T} + \frac{S\,\alpha_{CO_2}}{A-S}\right); \quad da \quad \alpha_{CO_2} = \alpha'_{CO_2}\frac{273}{T},$$

so ist

$$V_{0^\circ;\,760} = V_t \frac{B-w}{760} \cdot \frac{273}{T}\left(1 + \frac{S}{A-S}\,\alpha'_{CO_2}\right)$$

oder

$$V_{0^\circ;\,760} = V_t \underbrace{\frac{B-w}{760\,(1+0{,}00367\,t)}}_{\substack{\text{Faktor für Barometer}\\ \text{und Temperaturkorrektion}\\ \text{I}}} \underbrace{\left(1 + \frac{S}{A-S}\,\alpha'_{CO_2}\right)}_{\substack{\text{Faktor für Korrektur}\\ \text{des nicht extrahierten } CO_2.\\ \text{II}}} \cdot$$

Die Gleichung $V_{0^\circ,760} = V_t \dfrac{B-w}{760\,(1+0{,}00367\,t)}\left(1 + \dfrac{S\,\alpha'}{A-S}\right)$ kann hier angewendet werden, indem man a für V_t und den Partialdruck P für $B-w$ in die Gleichung einsetzt. Man erhält mit Berücksichtigung des Faktors i (1,014) für die wieder absorbierte CO_2. (Für die weniger löslichen Gase O_2, N_2, H_2, CO ist i praktisch gleich 1.)

$$V_{0^\circ;\,760} = P \frac{i\cdot a}{760\,(1+0{,}00367\,t)}\left(1 + \frac{S\,\alpha'}{A-S}\right).$$

Der Dampfdruck w fällt aus, da er für p_1 und p_2 derselbe ist ($P = p_1 - p_2$). Man muß die Temperaturwirkung auf das spezifische Gewicht des Quecksilbers berücksichtigen. Die Temperaturkorrektur für die Ablesung einer Barometersäule an einer Glasskala beträgt $0{,}000172\,t$ mm für jeden Millimeter der Säulenhöhe des Barometers. Diese Korrektur eingeführt, ergibt

$$V_{0^\circ;\,760} = P \frac{i\cdot a\,(1-0{,}000172\,t)}{760\,(1+0{,}00367\,t)}\left(1 + \frac{S\,\alpha'}{A-S}\right)$$

und Zähler und Nenner durch ($1-0{,}000172\,t$) dividiert:

$$V_{0^\circ;\,760} = P \frac{i\cdot a}{760\,(1+0{,}00384\,t)}\left(1 + \frac{S\,\alpha'}{A-S}\right).$$

$$V_{0^\circ;\,760} = P \cdot \text{Vol.-}^0/_0\text{-Faktor.}$$

Wenn man die Resultate in Millimolen (pro 100 ccm) statt in ccm ausdrücken will, wird dieser Faktor durch 22,4 dividiert (22,4 ccm sind das Vol. eines Millimol-Gases bei 0°, 760 mm). Der mittlere Fehler von Doppelbestimmungen mit der manometrischen Methode beträgt 0,2 Vol.-%.

Faktoren, mit denen der gefundene Kohlensäuredruck P_{CO_2} zu multiplizieren ist, um den CO_2-Gehalt von Blut und Plasma zu bekommen (in Vol.-%). Gasraum A 50 ccm.

Temperatur	$\dfrac{1}{1+0{,}00384\,t}$	α'	Faktoren für CO_2		
			Probe $=0{,}2$ ccm $S=2{,}0$,, $a=0{,}5$,, $i=1{,}03$,,	Probe $=1$ ccm $S=3{,}5$,, $a=2{,}0$,, $i=1{,}014$,,	Probe $=2$ ccm $S=7{,}0$,, $a=2{,}0$,, $i=1{,}014$,,
15	0,9455	1,075	0,335	0,2725	0,1483
16	21	43	33	11	70
17	0,9387	15	31	0,2697	59
18	53	0,989	30	83	49
19	20	66	28	69	39
20	0,9286	42	27	55	29
21	55	19	26	40	19
22	21	0,896	24	26	10
23	0,9188	73	23	13	01
24	56	50	22	00	0,1391
25	24	28	20	0,2588	82
26	0,9092	08	18	75	73
27	60	0,789	17	62	64
28	29	72	16	49	56
29	0,8998	55	14	37	49
30	67	38	13	26	41
31	36	24	12	15	33
32	06	10	11	04	25
33	0,8875	0,696	10	0,2493	18
34	45	82	08	82	10

Will man aus der Gesamtkohlensäuremenge die Menge des Plasmabikarbonates (Alkalireserve) bestimmen, so ist folgendes zu beachten. Wird das Plasma bei 40 mm CO_2-Druck und 38^0 mit CO_2 gesättigt, so berechnet sich der Kohlensäure-Gehalt aus ihrer Löslichkeit zu: $0{,}94 \cdot 0{,}555 \cdot \dfrac{40}{760} = 2{,}75$ Vol.-% CO_2 oder

$\dfrac{2{,}75}{2{,}24} = 1{,}23$ Millimol H_2CO_2 pro Liter (wo 0,555 der Löslichkeitskoeffizient der Kohlensäure in Wasser bei 38^0, 0,94 die relative Löslichkeit im Plasma ist). Subtrahiert man also 1,23 Millimol für die gelöste H_2CO_3 aus der Gesamt-CO_2-Menge des Plasmas ($NaHCO_3 + H_2CO_3$) in Millimol, so erhält man den Wert für das Plasma-Bikarbonat.

Die Alkalireserve normaler Erwachsener variiert von 22—30 Millimol pro Liter, was 50—67 Vol.-% Bikarbonat-CO_2 im Plasma entspricht. In Fällen von Azidosis kann der Wert bis zu 12 Vol.-% fallen.

Neuerdings gibt van Slyke[1] für den manometrischen Gasanalysenapparat eine bequemere Form an (Abb. 33). Das Manometerrohr ist hier oben und unten zur Bremsung der Queck-
silberbewegung auf 1 mm verengt. Zwecks Dehydrierung wird
nicht wie vorher konz. Schwefelsäure, sondern Glyzerin oder
Diäthylen- oder Trimethylenglykol (Kahlbaum) angewendet.
Etwa 1 ccm davon wird alle paar Tage einmal in das Manometer
unmittelbar unter dem Hahn eingeführt und dann entfernt.

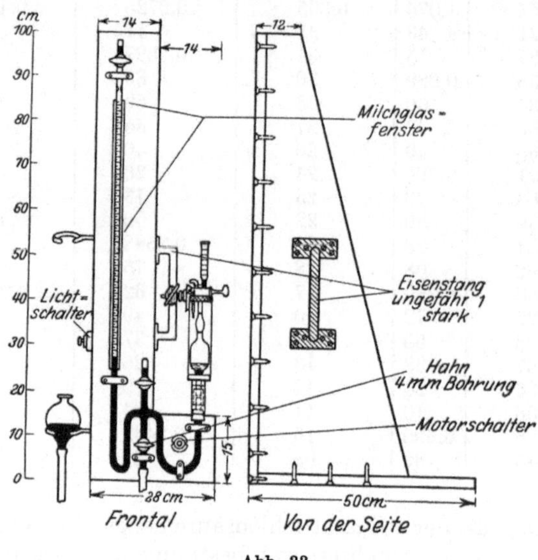

Abb. 33.

Die an der Wand adhärierende Menge genügt, um den Wasserdampf der mit dem Quecksilber eingeführten Feuchtigkeit zu
absorbieren.

Der Faktor für i wurde von van Slyke und Sendroy[2]
neuerdings zu 1,017 (statt 1,014) berechnet bei der Reduktion
der Gasphase im 50 ccm Apparat auf 2 ccm und zu 1,037 (statt
1,030) bei der Reduktion auf 0,5 ccm. Das Molekularvolumen
ist bei 0^0 und 760 mm zu 22,26 (statt 22,4) Liter anzunehmen. Dadurch werden die Faktoren bei der Berechnung auf Millimol CO_2
in der Tabelle um 1% erhöht. Die Faktoren für Vol.-% werden
(infolge der Änderung von i) um 0,3% erhöht.

---

[1] J. of biol. Chem. **73**, 121 (1927).
[2] J. of biol. Chem. **73**, 127 (1927).

Volumetrische Bestimmung der Alkalireserve nach van Slyke.

Prinzip. Das Vollblut wird einer Luftmischung mit einer CO_2-Spannung von 40 mm Hg bei 38° ausgesetzt (vgl. S. 46), das Plasma unter Luftabschluß abzentrifugiert (vgl. S. 73). Die in einer evakuierbaren Kammer mit Säure in Freiheit gesetzte Kohlensäure wird volumetrisch gemessen. Von der Gesamtkohlensäuremenge wird die physikalisch absorbierte Kohlensäure des Plasmas abgezogen und so die Bikarbonatmenge ermittelt.

Apparatur[1] (Abb. 34).

Der Becher *b* (Abb. 34 u. 35) ist das Aufnahmegefäß für das Plasma und die Reagentien; es ist mit dem Gasentwicklungsraum *g* durch den Dreiweghahn *e* verbunden; *a* ist ein gebogenes, kapillares Ansatzstück, durch das der Inhalt des Gasraumes entleert werden kann. Der Gasraum hat einen oberen kapillaren Teil von 1 ccm Inhalt, in 0,02 ccm geteilt; der kapillare Teil geht dann in einen etwas weiteren über, mit einer unteren Marke bei 2,5 ccm. Der dann folgende erweiterte Teil ist der Vakuumraum. Er trägt kurz über dem ihn abschließenden Dreiweghahn *f* die Marke 50 ccm. Der Vakuumraum kann durch *f* einmal mit dem weiteren Teil *d*, dann auch mit dem engeren Glasrohr *c* verbunden werden.

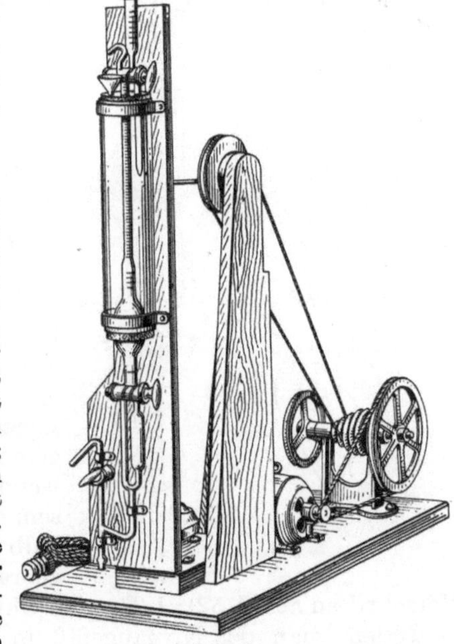

Abb. 34.

Beide Teile sind durch ein Y-förmiges Glasstück miteinander verbunden, an dessen unterem Schenkel ein Druckschlauch mit einem Quecksilber-Niveaugefäß *h* angeschlossen ist. Die Niveaukugel hat noch einen *u*-förmig angeschlossenen Schenkel (in der Abbildung nicht angegeben), dessen Innenweite mit der der Meßkapillare gleich ist, um den Fehler der Kapillardepression verschieden weiter Röhren beim Ablesen zu vermeiden. Man muß das Niveaugefäß über den oberen Hahn *e* heben können. Die Vakuumkammer mit der Meßkapillare ist von einem Wassermantel umgeben. Die Hahnstopfen *e* und *f* sind durch Spiralfedern zu sichern.

Bevor die Bestimmung ausgeführt wird, muß darauf geachtet werden, daß die Hähne dicht sind. Dies wird so geprüft, daß der ganze Apparat, einschließlich der Kapillare über dem Hahn *e* (vgl. Abb. 35) mit Quecksilber

---

[1] Vgl. **Krauss:** l. c. S. 146 und **Hawk** und **Bergeim:** Practical Physiological Chemistry Churchill, London. 1927. 9. Aufl. S. 435.

gefüllt wird. Man schließt e; das Niveaugefäß mit dem Quecksilber wird bis zur Lage *3* gesenkt, so daß ein Vakuum entsteht, in dem das Quecksilber etwa bis zur Mitte von d fällt. Nach wenigen Minuten hebt man wieder das Niveaugefäß. Wenn der Apparat dicht und gasfrei ist, so füllt das Quecksilber ihn vollkommen und stößt an den oberen Hahn e mit metallischem Klang an. Ist dies nicht der Fall, so müssen die Hähne neu gefettet, der Apparat bis zur Gasfreiheit evakuiert werden. Ist der Apparat dicht, so muß mit den bei der Analyse zur Verwendung gelangenden Reagentien ein blinder Versuch ausgeführt werden. Das nach der Vakuumextraktion sich ergebende Gasvolumen darf höchstens 0,035 ccm betragen. Sonst müssen die mit CO_2 verunreinigten Lösungen vor dem Gebrauch im Apparat evakuiert werden.

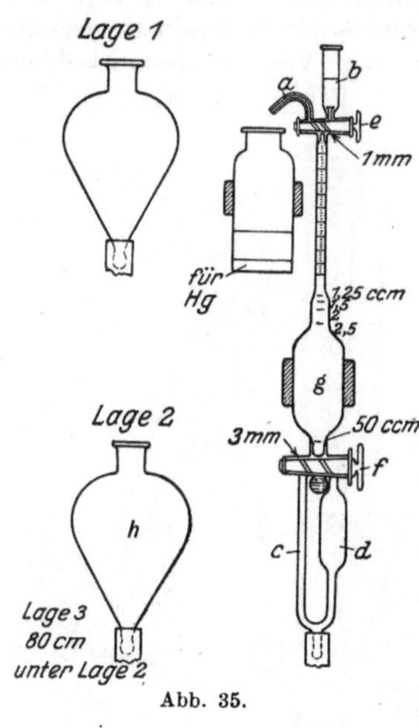

Abb. 35.

Der Becher b wird mit 1 ccm dest. kohlensäurefreiem Wasser versetzt und der ganze Apparat bis zu der Spitze der Kapillare mit Quecksilber gefüllt, indem man die Nivellierbirne in die Lage *1* bringt. Eine genau abgemessene Menge (1 ccm oder wenn die verfügbare Plasmamenge sehr gering ist 0,5 ccm) wird unterhalb des Wassers in den Becher gebracht (vgl. hierzu auch die Vorschriften auf S. 52); 1 Tropfen Oktylalkohol wird hinzugefügt.

Indem man das Niveaugefäß in die Lage *2* bringt und die Verbindung des Gasraumes mit d durch den Hahn f herstellt, läßt man das Plasma mit dem CO_2-freien Wasser und dem Oktylalkohol aus b in die Kammer von 50 ccm Inhalt, und zwar in der Weise, daß die Kapillare über dem Hahn gefüllt bleibt, so daß beim Zufügen der folgenden Lösung ein Zutritt von Luft vermieden wird. Arbeitet man mit Blut, so sedimentiert ein Teil der Blutkörperchen auf den Boden des Bechers. Diese suspendiert man im Wasser, indem man sie mit der letzten Portion von 0,5 ccm umrührt, nachdem 0,5 ccm schon eingeführt worden sind. Zuletzt werden 0,5 ccm 5%ig. Schwefelsäure eingeführt. (Beim Gesamtblut nehme man Milchsäure. 1 Teil der konzentrierten Säure (Sp. Gew. 1,21) ist zu 10 Teilen mit Wasser zu verdünnen.) Das Gesamtvolumen der eingeführten Lösungen muß genau 2,5 ccm betragen (bis zur 2,5 Marke reichen). — Benutzt man nur 0,5 ccm

Plasma, so wird nur die Hälfte der obigen Lösungen benutzt, bis zur Gesamtmenge von 1,25 ccm; bei der Berechnung des beobachteten Gasvolumens multipliziert man mit 2.

Um sicher zu gehen, daß das in b eingefüllte Wasser CO_2 frei ist, kann man es vor Einfüllung des Plasmas in die Gaskammer bringen, dort extrahieren und die frei werdenden Gase über a entfernen. Das Wasser wird dann wieder nach b zurückgebracht. Von den Lösungen, die man nacheinander einfüllt, müssen genügende Mengen zurückbleiben, damit sie die Kapillare über dem Hahn bis zu der Stelle, wo sie sich in den Becher weitet, füllen. Sonst führt man leicht Luftblasen in den Apparat ein (s. oben).

Nach Zufügen der Säure gibt man 1 Tropfen Quecksilber in b und füllt damit die Kapillare über e. Reste von Schwefelsäure werden aus b durch Ausspülen mit etwas Wasser, das nachher mittels Filterpapier entfernt wird, weggewaschen.

Dann wird bei geschlossenem Hahn e die Gaskammer mit d durch den Hahn f verbunden, das Niveaugefäß gesenkt (Lage 3), so daß das Quecksilber in der Pipette bei der Marke 50 steht. Steht das Quecksilber (nicht das Wasser) bei der Marke, so schließt man den Hahn f, nimmt die Pipette vom Haken und stellt durch energisches Schütteln das Gleichgewicht zwischen der wäßrigen Lösung (2,5 ccm) und dem freien Raum des Apparates (47,5 ccm) her. Dann wird die Pipette wieder eingehängt. (Man kann auch eine Vorrichtung zum mechanischen Schütteln des Apparates anbringen, siehe Abb. 34).

Man liest die Temperatur des Wassermantels und den Barometerstand ab. Nach dem Schütteln wird der Gasextraktionsraum durch den Hahn f mit d verbunden und das Niveaugefäß so weit gesenkt (Stellung 3), daß über dem Hahn f eine ganz dünne Schicht der wäßrigen Lösung steht. Dann wird f gleich geschlossen. (Von dem Gas im Extraktionsraum darf natürlich nichts nach d übergehen.) Jetzt wird Hahn f so gedreht, daß c mit dem Gasraum verbunden ist. Das Niveaugefäß wird vorsichtig gehoben, das Hg steigt langsam (vgl. S. 54) bis in die Meßkapillare. Man stellt mit dem Seitenschenkel des Niveaugefäßes auf gleiches Niveau ein. (Maßgebend ist der Meniskus der dünnen Flüssigkeitsschicht über dem Quecksilber.)

Bei der Analyse des Plasmas ist die abgelesene Gasmenge gleich dem gesuchten CO_2-Volumen (Berechnung siehe unten), da im Plasma keine nennenswerten Sauerstoffmengen vorhanden sind, die ins Vakuum übergehen konnten. Bei der Analyse des Vollblutes wird auch Sauerstoff frei (etwa ⅔ des mit dem Hämoglobin verbundenen Sauerstoffs). Man muß daher die Kohlensäure durch Absorption mit 1 n NaOH aus dem Gasgemisch entfernen.

Die Differenz zwischen der Gasmenge vor und nach der Absorption ergibt die gesuchte Kohlensäuremenge.

Nach Entfernung der Plasmamischung durch a wird der Gasraum mit etwa 10 ccm 0,1 n Milchsäure gereinigt; Gas und Flüssigkeit werden durch a entfernt. Dann kann die nächstfolgende Bestimmung angeschlossen werden.

Die Berechnung kann wie bei der manometrischen Messung ausgeführt werden. Für die Wiederabsorption der Kohlensäure bei der Reduktion des verdünnten Gases auf Atmosphärendruck wird eine Korrektur von 1,017 angebracht (vgl. auch S. 54 bei der manometrischen Bestimmung).

Das gesuchte Kohlensäurevolumen x ist gleich

$$\left(V_0 + \frac{V_0}{A - S}\,\alpha' \cdot S\right) \cdot 1,017$$

wo V_0 das gemessene auf 0^0 und 760 mm Hg und Trockenheit reduzierte Gasvolumen, S die Flüssigkeitsmenge, $\alpha' = \alpha\,\dfrac{T}{273}$ und A den über dem Quecksilber befindlichen Kammerraum bedeuten. Von der Gesamtkohlensäuremenge ist der Betrag der im Plasma physikalisch absorbierten CO_2-Menge abzuziehen. (vgl. S. 57 und die folgenden Darlegungen).

Absorptionskoeffizienten (nach Bohr).

	Sauerstoff		Kohlensäure		Stickstoff	
	15^0	38^0	15^0	38^0	15^0	38^0
Wasser	—	0,0287	—	0,555	—	0,0122
Blutplasma. . . .	0,033	0,023	0,994	0,541	0,017	0,012
Blut	0,031	0,022	0,937	0,511	0,016	0,011
Blutkörperchen . .	0,025	0,019	0,825	0,450	0,014	0,010

Die Berechnung sei hier nach Douglas und Priestley wiedergegeben (vgl. l. c. S. 152).

Korrekturen sind für die gelöste CO_2-Menge, die nicht extrahierte CO_2-Menge, ferner auch für die Luftmenge, die im Plasma oder im Wasser gelöst ist, anzubringen. Die Berechnung ist zunächst für den Fall einer einfachen wäßrigen Lösung, die mit Luft in Gleichgewicht steht, durchgeführt. Ist V das Gasvolumen in der Bürette nach der Extraktion bei Atmosphärendruck und t^0, S die gesamte Flüssigkeitsmenge, die in den Apparat kommt (hier 2,5 ccm), α_L der Absorptionskoeffizient der Luft in Wasser bei t^0, α_{CO_2} derselbe für CO_2, so enthält S $S\alpha_L$ ccm Luft, und da diese Luft bei der Extraktion entfernt wird, folgt, daß das CO_2-Volumen im CO_2-Luftgemisch, das bei der Extraktion erhalten wird, $V - S\alpha_L$ ccm beträgt. Die Bürette enthält 50 ccm, daher wird $S/50$ des Evakuierungsraumes zur Zeit der Extraktion vom Wasser ausgefüllt. Daher bleiben

$S/50\ \alpha_{CO_2}$ Teile des CO_2 in der wäßrigen Lösung gelöst. Das Volumen der extrahierten CO_2 ist nur $\left(1 - \dfrac{S}{50}\alpha_{CO_2}\right)$ der Gesamtmenge. Daher ist die Gesamtmenge CO_2 bei Zimmertemperatur und Atmosphärendruck $= \left(\dfrac{V - S\,\alpha_L}{1 - \dfrac{S}{50}\alpha_{CO_2}}\right)$. Da $S = 2{,}5$ ccm, so wird letzter Ausdruck $\dfrac{V - 2{,}5\,\alpha_L}{1 - 0{,}05\,\alpha_{CO_2}}$.

Auf 0^0 und 76^0 mm Hg reduziert, erhalten wir

$$V_{0,760} = (V - 2{,}5\,\alpha_L) \cdot \frac{Bar - w}{760} \cdot \frac{273}{273 + t} \cdot \frac{1}{1 - 0{,}05\,\alpha_{CO_2}},$$

oder

$$= (V - 2{,}5\,\alpha_L) \cdot \frac{f}{1 - 0{,}05\,\alpha_{CO_2}} \cdot \frac{Bar}{760},$$

wo f die Korrektur für Temperatur und Wasserdampftension bedeutet.

Die Werte für f, α_{CO_2} und α_{Luft} sind:

$$f = 0{,}999 - 0{,}004\,t; \quad \alpha_{CO_2} = 1{,}412 - 0{,}0225\,t; \quad \alpha_L = 0{,}0255 - 0{,}00033\,t.$$

Diese Werte in die Gleichung eingesetzt, ergibt:

$$V_{0,760} = (V - 0{,}063 + 0{,}0008\,t)(1{,}074 - 0{,}0059\,t)\,\frac{Bar}{760}.$$

Handelt es sich um Blutplasma, so muß auch die Menge der chemisch gebundenen Kohlensäure bekannt sein. Die Menge der physikalisch gelösten Kohlensäure im Plasma hängt von der Zusammensetzung und dem Druck der Gasmischung ab, die mit dem Plasma im Gleichgewicht steht. Wenn der Gesamtgasdruck 760 mm beträgt und p den Volumteil der CO_2 in der Gasmischung, α_{CO_2} der Absorptionskoeffizient der CO_2 in Wasser bedeuten, so beträgt die Menge der physikalisch gelösten CO_2 in 1 ccm Plasma $0{,}975\,p\,\alpha_{CO_2}$ (da die Absorptionskoeffizienten der Gase im Plasma nach Bohr das 0,975 fache der im Wasser betragen). — Außerdem löst 1 ccm Plasma, das mit demselben Gasgemisch geschüttelt wird, $(1 - p)\,\alpha_L$ ccm Luft und die außerdem benutzten 1,5 ccm Wasser und verdünnte Säure lösen $1{,}5\,\alpha_L$ ccm Luft. Die Gesamtkorrektur für Luft beträgt demnach $(2{,}5 - p)\,\alpha_L$.

Die Gleichung wird daher

$$\underset{1}{x} = \underset{2}{f}\,\{\underset{3}{V} - \underset{4}{(2{,}5 - p)\,\alpha_L} + 0{,}053\,\underset{5}{[V - (2{,}5 - p)\,\alpha_L]\,\alpha_{CO_2}} - \underset{6}{0{,}975\,p\,\alpha_{CO_2}}\},$$

wo 1 die ccm der chemisch gebundenen CO_2 in 1 ccm Plasma, 2 der Faktor für Temperatur und Wasserdampfdruck, 3 das beobachtete Volumen des in Freiheit gesetzten Gases, 4 ccm Luft, die in den Apparat gebracht werden in 2,5 ccm Lösung, 5 die ccm CO_2, die nach der Extraktion in Lösung bleiben, 6 ccm gelöste CO_2 in 1 ccm Plasma als freie CO_2 bedeuten.

In der Bestimmung der Kohlensäurebindungsfähigkeit, wobei das Plasma mit Alveolarluft gesättigt wird, kann p durch 0,055 ersetzt werden. Nach Einführung der entsprechenden Temperaturkoeffizienten erhält man aus der Gleichung

$$x = \frac{Bar}{760}\,(107{,}3 - 0{,}586\,t)(V - 0{,}136 + 0{,}002\,t).$$

Tabelle zur Berechnung der CO_2-Bindungsfähigkeit des Plasmas.

Beobachtetes Volumen Gas (ccm CO_2) $\cdot \frac{Bar}{760}$	ccm CO_2 (reduziert auf 0^0 und 760 mm) gebunden als Bikarbonat von 100 ccm Plasma				Beobachtetes Volumen Gas (ccm CO_2) $\cdot \frac{Bar}{760}$	ccm CO_2 (reduziert auf 0^0 und 760 mm) gebunden als Bikarbonat von 100 ccm Plasma			
	15^0	20^0	25^0	30^0		15^0	20^0	25^0	30^0
0,20	9,1	9,9	10,7	11,8	0,60	47,7	48,1	48,5	48,6
1	10,1	10,9	11,7	12,6	1	48,7	49,0	49,4	49,5
2	11,0	11,8	12,6	13,5	2	49,7	50,0	50,4	50,4
3	12,0	12,8	13,6	14,3	3	50,7	51,0	51,3	51,4
4	13,0	13,7	14,5	15,2	4	51,6	51,9	52,2	52,3
5	13,9	14,7	15,5	16,1	5	52,6	52,8	53,2	53,2
6	14,9	15,7	16,4	17,0	6	53,6	53,8	54,1	54,1
7	15,9	16,6	17,4	18,0	7	54,5	54,8	55,1	55,1
8	16,8	17,6	18,3	18,9	8	55,5	55,7	56,0	56,0
9	17,8	18,5	19,2	19,8	9	56,5	56,7	57,0	56,9
0,30	18,8	19,5	20,2	20,8	0,70	57,4	57,6	57,9	57,9
1	19,7	20,4	21,1	21,7	1	58,4	58,6	58,9	58,8
2	20,7	21,4	22,1	22,6	2	59,4	59,5	59,8	59,7
3	21,7	22,3	23,0	23,5	3	60,3	60,5	60,7	60,6
4	22,6	23,3	24,0	24,5	4	61,3	61,4	61,7	61,6
5	23,6	24,2	24,9	25,4	5	62,3	62,4	62,6	62,5
6	24,6	25,2	25,8	26,3	6	63,2	63,3	63,6	63,4
7	25,5	26,2	26,8	27,3	7	64,2	64,3	64,5	64,3
8	26,5	27,1	27,7	28,2	8	65,2	65,3	65,5	65,3
9	27,5	28,1	28,7	29,1	9	66,1	66,2	66,4	66,2
0,40	28,4	29,0	29,6	30,0	0,80	67,1	67,2	67,3	67,1
1	29,4	30,0	30,5	31,0	1	68,1	68,1	68,3	68,0
2	30,3	30,9	31,5	31,9	2	69,0	69,1	69,2	69,0
3	31,3	31,9	32,4	32,8	3	70,0	70,0	70,2	69,9
4	32,3	32,8	33,4	33,8	4	71,0	71,0	71,1	70,8
5	33,2	33,8	34,3	34,7	5	71,9	72,0	72,1	71,8
6	34,2	34,7	35,3	35,6	6	72,9	72,9	73,0	72,7
7	35,2	35,7	36,2	36,5	7	73,9	73,9	74,0	73,6
8	36,1	36,6	37,2	37,4	8	74,8	74,8	74,9	74,5
9	37,1	37,6	38,1	38,4	9	75,8	75,8	75,8	75,4
0,50	38,1	38,5	39,0	39,3	0,90	76,8	76,7	76,8	76,4
1	39,1	39,5	40,0	40,3	1	77,8	77,7	77,7	77,3
2	40,0	40,4	40,9	41,2	2	78,7	78,8	78,7	78,2
3	41,0	41,4	41,9	42,1	3	79,7	79,6	79,6	79,2
4	42,0	42,4	42,8	43,0	4	80,7	80,5	80,6	80,1
5	42,9	43,3	43,8	43,9	5	81,6	81,5	81,5	81,0
6	43,9	44,3	44,7	44,9	6	82,6	82,5	82,4	82,0
7	44,9	45,3	45,7	45,8	7	83,6	83,4	83,4	82,9
8	45,8	46,2	46,6	46,7	8	84,5	84,4	84,3	83,8
9	46,8	47,1	47,5	47,6	9	85,5	85,3	85,2	84,8
0,60	47,7	48,1	48,5	48,6	1,00	86,5	86,2	86,2	85,7

Bezogen auf 20^0 erhält man (da das CO_2-bindende Vermögen des Plasmas pro Grad Steigerung der Temperatur, bei der die Sättigung erfolgt, im Mittel um $0,36\%$ abnimmt):

$$x = \frac{Bar}{760} \left(\frac{107,3 - 0,586\,t}{1 + 0,0036\,(t - 20^0)} \right) (V - 0,136 + 0,002\,t) .$$

Zwischen 15^0 und 30^0 kann der Wert in der ersten Klammer zu $100,8 - 0,27\,t$ vereinfacht werden. Die Gleichung erhält die Form:

$$x = \frac{Bar}{760} (100,8 - 0,27\,t) (V - 0,136 + 0,002\,t) .$$

Auf Grund dieser Gleichung sind die Werte in der Tabelle auf S. 64 berechnet[1].

Die in der Tabelle auf S. 64 angegebenen Temperaturen geben die Zimmertemperaturen an, bei der die Plasmaproben mit der alveolaren CO_2 gesättigt und analysiert worden sind. Es wird angenommen, daß Sättigung und Analyse bei derselben Temperatur vor sich gegangen sind. Die Werte werden so berechnet, daß ohne Rücksicht auf die Zimmertemperatur der Sättigung und der Analyse die CO_2-Volumina (bei 0^0 und 760 mm) angegeben sind, die 100 ccm Plasma zu binden vermögen, wenn das Plasma mit CO_2 bei 20^0 und annähernd 41 mm Druck gesättigt wurde. Die Zahlen der Tabelle, mit 0,94 multipliziert, geben bis auf 1—2% die gebundene CO_2-Menge bei 37^0 an. Der abgelesene Wert aus der Tabelle muß zur Korrektur für die wiederabsorbierte CO_2 mit 1,017 multipliziert werden (vgl. S. 54).

Für die Werte von $Bar/760$ dient nebenstehende Tabelle:

Barometer	$\dfrac{Bar}{760}$	Barometer	$\dfrac{Bar}{760}$
732	0,963	756	0,995
734	0,966	758	0,997
736	0,968	760	1,000
738	0,971	762	1,003
740	0,974	764	1,006
742	0,976	766	1,008
744	0,979	768	1,011
746	0,981	770	1,013
748	0,984	772	1,016
750	0,987	774	1,018
752	0,989	776	1,021
754	0,992	778	1,024

Anhang zur Bestimmung der Blutgase.

Bestimmung des Sauerstoffs im Blute mit der manometrischen Methode[2].

Der Sauerstoff kann mit dieser Methode (vgl. S. 49) in 1 ccm Blut mit einem Fehler von etwa 0,2 Vol.-% bestimmt werden. (Sie ist für Blutmengen zwischen 0,2 bis 5,0 ccm anwendbar.)

---

[1] Van Slyke und Cullen: J. of biol. Chem. **30**, 316 (1917).
[2] Van Slyke und Neill: J. of biol. Chem. **61**, 554 (1924).

Vom Sauerstoff-Reagens (Kaliumferrizyanid 3,0 g, Saponin (Merck) 3,0 g, Oktylalkohol 3,0 ccm, Wasser zu 1000 ccm) werden 7,5 ccm im Apparat durch etwa 3 Minuten langes Schütteln entgast, wobei darauf zu achten ist, daß das Quecksilber mit dem Kaliumferrizyanid nicht reagiert. Das Quecksilber soll daher während des Schüttelns in der Röhre unterhalb der Ausbauchung stehen, um der Flüssigkeit eine möglichst geringe Oberfläche zu bieten.

6 ccm des entgasten Reagenses werden in den Becher gehoben, 1,5 ccm bleiben in der Kammer. Man führt das Blut (1 ccm) unter dem Reagens direkt in die Kammer. Die Pipette wird vorsichtig zurückgezogen; dann läßt man 1 ccm des Reagens in die Kammer nachfließen, wodurch das Blut nachgewaschen wird. Der Hahn wird mit 1 Tropfen Quecksilber verschlossen und der Überschuß des Reagenses entfernt.

Der Apparat wird nun evakuiert und 3 Min. geschüttelt. Dann wird 1 ccm luftfreie 1 n Natronlauge in den Becher getan und unter Zulassung von 0,5 ccm davon die CO_2 in der Kammer unter vermindertem Druck absorbiert.

Der Meniskus der Lösung wird auf die 2 ccm Marke gebracht und der Druck p_1 (O_2 + N_2) abgelesen. (Für geringe O_2-Werte ist es vorteilhaft, p_1 bei der Marke 0,5 ccm abzulesen.) Man bestimmt entweder O_2, indem man für N_2 eine Korrektur anbringt, oder direkt durch Absorption von O_2. Im ersten Falle werden nach Feststellung von p_1 die Gase aus der Kammer entfernt; p_2 wird bestimmt, indem der Meniskus der Lösung auf derselben Marke wie bei der Bestimmung von p_1 steht.

Bestimmt man O_2 durch Absorption (diese ist nötig, wenn andere Gase, z. B. CO, zugegen sind), so stellt man, nachdem p_1 bestimmt ist, einen schwachen negativen Druck her, füllt 1 ccm Hydrosulfitlösung[1] in den Becher und läßt durch den Hahn b 0,5 ccm des Absorbens tropfenweise in Zeiträumen von 5 Sek. (im ganzen innerhalb 2—3 Min.) zu. Das Gas wird auf dasselbe

---

[1] 10 g pulverisiertes $Na_2S_2O_4$ werden mit 50 ccm 0,5 n KOH-Lösung versetzt, nach Anrühren schnell durch Wolle filtriert. Die Lösung wird sofort entgast und in einem Behälter unter Öl aufgehoben (Darstellung nach Nicloux vgl. S. 69). Von Vorteil ist Zugabe von Antrahydrochinon-β-sulfonsaurem Natrium zu dem Hydrosulfit (vgl. Prakt. Bd. III, S. 131). van Slyke: J. of biol. Chem. **73**, 124 (1927).

Man kann auch eine alkalische Pyrogallollösung benutzen. (Man löst 160 g NaOH in 130 ccm Wasser. In 200 ccm dieser Lösung löst man 10,0 g Pyrogallussäure.) 1 ccm der Lösung wird während 4—5 Minuten tropfenweise bei stark negativem Druck zugegeben.

Volumen wie vorhin gebracht und der Druck p_2 am Manometer abgelesen.

$$P_{O_2} = p_1 - p_2 - c_{O_2}.$$

Die Korrektur c bei der O_2-Bestimmung durch Absorption ist auf zwei Ursachen zurückzuführen: Erniedrigung des Hg-Meniskus durch die absorbierende Lösung und Spuren von O_2, die nach einer Extraktion im Reagens bleiben. Um c zu bestimmen, entgast man 7,5 ccm des O_2-Reagenses 3 Min. entfernt 5 ccm; es bleiben 2,5 ccm in der Kammer; man schüttelt wieder 3 Min und. läßt dann 1,5 ccm luftfreie 1 n NaOH wie bei der CO_2-Bestimmung zufließen. Man liest p_1 ab mit a bei 0,5 und bei 2,0 ccm. Dann läßt man das Absorbens zu wie bei der Analyse, um p_2 an beiden Punkten zu erhalten. Dann ist $c_{O_2} = p_1 - p_2$. Man entfernt dann den zurückbleibenden Stickstoff und liest p_3 ab

$$c_{N_2} = p_2 - p_3.$$

Wird O_2 indirekt bestimmt mit Korrektur für N_2, so wird c ebenso festgestellt, nur daß p_2 nach Entfernung von $O_2 + N_2$ gemessen wird, ohne vorherige Absorption.

Um sich von der Vollständigkeit der O_2-Absorption zu überzeugen, entfernt man N_2 und mißt p_3 im gasfreien Apparat. N_2 ist annähernd 1,2 Vol.-% des O_2-Gehaltes.

Korrekturen für gelösten O_2 oder N_2 im Blut berechnet auf gesamten oder gebundenen Sauerstoff oder auf O_2-Kapazität nach Hawk und Bergeim: l. c. S. 468.

Blut	Bestimmt	Gesucht	Abzuziehende Korrektur	
			Vol.-%	m Mol/Liter
Venös . . .	total O_2	gebunden O_2	0,1 (O_2)	0,04 (O_2)
Arteriell . .	,, O_2	,, O_2	0,2 (O_2)	0,09 (O_2)
Gesätt. m. Luft bei 20°,760 ccm	,, O_2	gebunden (O_2-Kapazität)	0,5 (O_2)	0,22 (O_2)
Venös	total $O_2 + N_2$	gebunden O_2	1,3 $(O_2 + N_2)$	0,57 $(O_2 + N_2)$
Arteriell . . .	,, $O_2 + N_2$	,, O_2	1,5 $(O_2 + N_2)$	0,62 $(O_2 + N_2)$
Gesätt. m. Luft bei 20°,760 ccm	,, $O_2 + N_2$	,, O_2 (O_2-Kapazität)	1,9 $(O_2 + N_2)$	0,85 $(O_2 + N)$
Venös	total $O_2 + N_2$ od.CO$+O_2 + N_2$	total O_2 oder CO$+O_2$	1,2 (N_2)	0,53 (N_2)
Arteriell . . .	dgl.	dgl.	1,2 (N_2)	0,53 (N_2)

Diese Korrekturen werden von den Vol.-% an Gas, die nach Benutzung der Tabelle S. 70 gewonnen werden, abgezogen.

Bestimmung des CO im Blut mit der manometrischen Methode[1].

Prinzip. Kohlenmonoxyd wird aus der Verbindung mit Hämoglobin durch Behandlung mit einer angesäuerten Kaliumferrizyanidlösung in Freiheit gesetzt[2]. Von den extrahierten Gasen werden CO_2 und O_2 mit alkalischer Hydrosulfitlösung (vgl. S. 66) absorbiert und CO nach Korrektur für N_2 im restierenden Gas bestimmt.

Ausführung. 10 ccm des CO-Reagens[2] werden vorher entgast und in den Becher gegeben. 2 ccm Blut werden mit der Pipette direkt in den Extraktionsraum überführt, 3 Min. in der evakuierten Kammer mit 5 ccm des CO-Reagens extrahiert (die zurückbleibenden 5 ccm werden verworfen). CO_2 und O_2 werden von 1 ccm alkal. Hydrosulfitlösung[3] absorbiert (diese wird in kleinen Portionen innerhalb 3—4 Min. unter schwachem negativem Druck zugegeben). Das Methämoglobin, das sich durch Kaliumferrizyanid gebildet hat, wird durch das Hydrosulfit schnell zu Hämoglobin reduziert, das sich leicht mit CO oder O_2 verbindet. Dies kann auf ein Minimum (annähernd 2,4% des gesamten anwesenden CO) heruntergedrückt werden, wenn man unnötiges Schütteln vermeidet. Die Hydrosulfitlösung soll daher ohne Schütteln in die Kammer fließen. Bei der Einstellung auf die Marken 0,5 oder 2,0 ccm sind (nachdem der Sauerstoff absorbiert worden ist) dieselben Vorsichtsmaßregeln zu beobachten wie bei der CO_2-Bestimmung (vgl. S. 54). Der Druck p_1 (= CO + N_2) wird abgelesen, dann wird das Gas entfernt und der Druck p_2 abgelesen.

Berechnung: Der CO + N_2-Druck wird berechnet als

$$P = 1{,}024\,(p_1 - p_2),$$

wobei 1,024 den Reabsorptionsfaktor darstellt (siehe oben). (Dieser Faktor soll durch eine Analyse eines mit Leuchtgas gesättigten Blutes festgestellt werden. Die Prozente des gesamten CO, die — nach Zugabe von Hydrosulfit — reabsorbiert werden, benutzt man als Korrektionsfaktor).

Aus P wird der CO + N_2-Gehalt aus der Tabelle S. 70 berechnet, und 1,2 Vol.-% werden für N_2 abgezogen

$$\text{Vol.-\% } CO = P \cdot (\text{Vol.-\%-Faktor}) - 1{,}2.$$

---

[1] Van Slyke und Neill: J. of biol. Chem. **61**, 562 (1924). Vgl. auch S. 155 bei Hämoglobinbestimmung nach der CO-Bindungs-Methode. Van Slyke und Hiller: J. of biol. Chem. **78**, 807 (1928).

[2] CO-Reagens: Saponin 3,0 g, Kaliumferrizyanid 8,0 g, Milchsäure (chemisch rein) 4,0 ccm, Oktylalkohol 3,0 ccm, dest. Wasser zu 1000 ccm.

[3] Zu diesem Zwecke wird das Hydrosulfit in 1,0 n statt in 0,5 n KOH gelöst.

Bestimmung des Methämoglobins im Blut[1].

Prinzip. Während CO nur bei Oxy- oder reduziertem Hämoglobin zu Karboxyhämoglobin führt, erfolgt diese Bildung bei gleichzeitiger Wirkung von Hydrosulfit auch bei Methämoglobin (Nicloux), indem das inaktive Methämoglobin durch Hydrosulfit zu reduziertem Hämoglobin reduziert wird, das CO binden kann. Man kann daher das Methämoglobin aus der Differenz der CO-Bindung vor und nach der Behandlung des Blutes mit Hydrosulfit bestimmen.

Ausführung. Man gibt in einen 100 ccm fassenden, zylindrischen Scheidetrichter genau 5 oder 10 ccm Blut und, genau abgemessen, $^1/_5$ des Volumens frisch hergestellte ammoniakalische Hydrosulfit-Lösung[2] (Blutlösung A). Durch den Scheidetrichter leitet man sofort CO bei Atmosphärendruck[3], um die Luft durch CO zu ersetzen. In einem zweiten ähnlichen Scheidetrichter befindet sich dasselbe Volumen Blut, $^1/_5$ des Volumens an Wasser (statt der Hydrosulfitlösung) und ebenfalls eine CO-Atmosphäre (Blutlösung B). Beide Gefäße werden 15 Min. rotiert. Die Proben zur Analyse (0,2, 1,0 oder 2,0 ccm) müssen unmittelbar nach Öffnung der Gefäße mit der Pipette entnommen werden. Die CO-Bestimmung wird, wie auf S. 68 angegeben, ausgeführt, nur benutzt man als Absorbens statt Hydrosulfit eine luftfreie 1 n NaOH-Lösung, da der ganze Sauerstoff durch CO ersetzt ist. Nachdem die CO_2 absorbiert ist, wird p_1 gemessen. Das Gas wird dann aus der Kammer entfernt und p_2 abgelesen.

Berechnung. Der CO-Druck ist

$$P_{CO} = p_1 - p_2 \, .$$

Die CO-Werte, die, wie oben angegeben, berechnet werden (vgl. S. 68), korrigiert man unter Berücksichtigung der Verdünnung mit Hydrosulfit oder mit Wasser durch Multiplikation mit 6/5.

---

[1] Van Slyke: J. of biol. Chem. **66**, 409 (1925).

[2] Darstellung der Hydrosulfitlösung nach Nicloux (Bull. Soc. de Chim. biol. **6**, 728 (1924). Man gießt in ein 100 ccm-Becherglas 50 ccm verdünnte (1:50) Ammoniaklösung auf 2,0 g pulverisiertes $Na_2S_2O_4$ und bedeckt die Lösung mit einer Schicht von 1 ccm Paraffinöl. Man rührt mit einem Glasstab einige Sekunden, bis das Hydrosulfit sich gelöst hat.

[3] CO bereitet man, indem man konz. Schwefelsäure auf Kristalle von Oxalsäure oder auf wasserfreie Ameisensäure tropfen läßt und mit einem kleinen Brenner erhitzt. Das Gas wird in einem Gasometer aufgefangen (Vorsicht wegen Giftigkeit des Gases!) und zur Entfernung von CO_2 mit Lauge gewaschen. 1 g Oxalsäure liefert 275 ccm CO, Ameisensäure pro ccm etwa 500 ccm CO. Für die Methämoglobinbestimmung (nicht für die Hämoglobinbestimmung (vgl. S. 70)) kann statt reinem CO Leuchtgas verwendet werden.

Das Methämoglobin, ausgedrückt in CO- oder O_2-Kapazität, wird berechnet:

$$\text{Methämoglobin} = \text{CO in } A - \text{CO in } B.$$

Das gesamte Hämoglobin kann berechnet werden nach der Gleichung:

$$\text{Gesamt-Hämoglobin} = (\text{Total-CO in } A) - \text{physikalisch gelöstes CO.}$$

Die so erhaltenen Werte Hämoglobin sind in Vol.-% oder Millimolen pro Liter O_2 (oder CO)-Kapazität ausgedrückt.

Die Bestimmung des „gelösten CO" ist nicht ganz genau[1]. Nach van Slyke kann man folgende Werte benutzen, wenn die Sättigung bei 760 mm Hg durchgeführt ist:

Werte in Vol.-%: 2,16 bei 15⁰; 1,95 bei 20⁰; 1,82 bei 25⁰; 1,71 bei 30⁰.

In Millimolen pro Liter: 0,99 bei 15⁰; 0,87 bei 20⁰; 0,8 bei 25⁰; 0,75 bei 30⁰.

Faktoren für Berechnung der Vol.-% von O_2, CO und N_2 aus den gefundenen Drucken in dem 50 ccm-Apparat[2].

Temperatur °	Probe = 0,2 ccm $S = 2,0$ „ $a = 0,5$ „ $i = 1,00$ „	Probe = 1 ccm $S = 3,5$ „		Probe = 2 ccm $S = 7$ „	
		$a = 0,5$ ccm $i = 1,00$ „	$a = 2,0$ ccm $i = 1,00$ „	$a = 0,5$ ccm $i = 1,00$ „	$a = 2,0$ ccm $i = 1,0$ „
15	0,312	0,0623	0,2493	0,0317	0,1251
16	10	21	85	15	46
17	09	19	78	14	42
18	08	17	68	12	37
19	07	15	59	11	32
20	07	13	50	09	28
21	06	10	41	08	24
22	05	08	32	06	19
23	03	06	23	05	15
24	02	04	14	03	10
25	01	02	06	02	06
26	00	00	0,2398	01	02
27	0,299	0,0598	90	0,0299	0,1198
28	98	96	82	98	93
29	97	93	74	96	89
30	96	92	66	95	85
31	95	90	58	94	81
32	94	88	50	93	77
33	93	86	42	91	73
34	92	83	33	90	69

[1] Bei der Berechnung des Methämoglobins ist eine Korrektur für das gelöste CO nicht anzubringen.

[2] Aus Hawk und Bergeim: l. c. S. 463.

Bestimmung der Kohlensäurespannung der Alveolarluft[1].

Die Verbindung der Versuchsperson mit dem Gasanalysenapparat von Haldane[2] (vgl. Prakt. III, 133) erfolgt mittels eines weiten Schlauches von ca. 2½ cm Durchmesser und etwa 1 m Länge. Das Ende des Schlauches ist mit einem desinfizierbaren gläsernen Mundstück und dicht dahinter mit einem weiten Metallhahn versehen. 5—6 cm hinter diesem befindet sich ein T-Stück, das die Verbindung mit dem Haldane-Apparat ermöglicht. Das andere Ende des Schlauches endet frei oder kann mit einem Spirometer verbunden werden, das die Respirationsgröße zu messen gestattet.

Bei dem Versuch atmet die bequem sitzende Versuchsperson ruhig, erst wenn die Atemzüge regelmäßig geworden sind, atmet sie am Ende einer normalen Inspiration auf Kommando rasch durch das Mundstück in den Schlauch aus. Nach dem scharfen Exspirationsstoß, der mindestens 300—400 ccm betragen soll, schließt man den Metallhahn sofort ab, öffnet den oberen Hahn des Haldane-Apparates und saugt durch Senken der Niveaubirne den letzten Teil des Exspirationsstoßes in die Meßbürette ein. In gleicher Weise läßt man die Versuchsperson am Ende einer normalen Exspiration auf Kommando einen raschen und tiefen Exspirationsstoß ausführen und entnimmt den letzten Rest der ausgeatmeten Luft. Das Mittel aus beiden Analysen ergibt die alveolare Kohlensäurespannung. Mit einer praktisch genügenden Annäherung entspricht diese der Kohlensäurespannung des arteriellen Blutes[3].

Bei der Berechnung der Analysen sind an dem abgelesenen Barometerstand die Korrekturen für die geographische Breite (auf 45°), ferner für die Glasausdehnung anzubringen, dann ist das Gasvolumen auf 760 mm und 0° zu reduzieren (siehe Tabellen am Schluß des Buches). Der Wert wird in Prozenten des eingesaugten Gasvolumens angegeben.

Der Gesamtgasdruck in den Alveolen ist gleich dem Atmosphärendruck, vermindert um den Betrag der Wasserdampfspannung (bei 37° = 47,067 mm Hg). Dieser korrigierte Wert, multipliziert mit dem Prozentgehalt CO_2, ergibt die Kohlensäurespannung der Alveolarluft (in mm Hg)[4]

Die Reaktion des Blutes.

Die aktuelle Reaktion, d. h. die Wasserstoffionenkonzentration des Blutes wird mit Methoden, die in drei Gruppen eingeteilt werden können, ermittelt.

Erstens mit elektrometrischen Methoden, die auf der Messung des der $H^{\cdot}$-Konzentration proportionalen elektrischen Potentials beruhen.

---

[1] Vgl. Douglas und Priestley: l. c. S. 28.

[2] Über CO_2- und O_2-Analysen mit dem Haldaneapparat mittels automatischer Schwenkung vgl. auch Gmeiner: Biochem. Z. 188, 285 (1927). Über eine Modifikation des Gasapparates nach Haldane vgl. Simonson: Arbeitsphysiologie 1, 564 (1929).

[3] Vgl. Krauss: l. c. S. 96.

[4] Über die Zusammensetzung der Alveolarluft siehe S. 34.

Zweitens mit kolorimetrischen Methoden unter Benutzung von Indikatoren, deren Farbe von der H·-Konzentration abhängt.

Drittens mit gasanalytischen Methoden, die die H·-Konzentration aus dem Bikarbonatgehalt und dem Kohlensäuredruck ermitteln.

Allgemeine Bemerkungen[1].

Der im nichthämolysierten Gesamtblut elektrometrisch bestimmte pH (vgl. S. 74) ist der pH des Plasmas der vollkommen reduzierten Blutprobe. Der pH des Serums des völlig reduzierten Blutes ist höher als der des Serums desselben vollständig oxydierten Blutes, entsprechend etwa 0,05 pH bei gleichbleibendem CO_2-Druck. Da das venöse Blut etwa 60% der totalen Sättigung an Sauerstoff enthält, so ist der mit der Wasserstoffelektrode geprüfte pH des Serums des venösen Blutes infolge der Reduktion des Oxyhämoglobins um etwa pH 0,02—0,03 erhöht. Der Unterschied zwischen dem pH des arteriellen und des venösen Blutes beträgt im normalen Zustand etwa 0,02 und kann bis 0,04 ansteigen. Der pH der Formelemente soll um 0,08—0,14 niedriger sein als der des Plasmas, mit dem sie im physiologischen Zustande im Gleichgewicht stehen.

Der pH des Serums ändert sich nicht bei Behandlung mit oxalsaurem Kalium, wenn dessen Konzentration 3⁰/₀₀ nicht überschreitet. Dasselbe ist der Fall bei Anwendung von Fluornatrium.

Verdünnung des Blutplasmas mit einer genau neutralen 0,9%ig. NaCl-Lösung ändert innerhalb bestimmter Grenzen nicht den pH der Probe. (Vgl. die Verdünnung auf 1:4 bei der elektrischen Methode von Michaelis, oder auf 1:20 nach Holló-Weiß.)

Geringste Änderung des Partialdruckes der CO_2 ändert den pH des Plasmas.

Blutentnahme für die H·-Konzentrationsbestimmung[2].

Bei der Blutentnahme aus der Vene darf das Blut nicht gestaut werden, damit kein anormaler CO_2-Druck entsteht. Die Spritze und die Nadel sollen etwas Vaselinöl enthalten, das Röhrchen zur Aufnahme des Blutes wird mit so viel Kaliumoxalat oder NaF beschickt, daß sich das Salz zu einer Konzentration von 0,2—0,3% im Blut löst. Sobald das Blut mit dem Salz in

---

[1] Vgl. hierzu Bigwood: Bull. Soc. de Chim. biol. **10**, 185 (1928).

[2] Vgl. Bigwood: l. c. S. 188. Vgl. auch Dautrebande und van den Eckhoudt: C. r. Soc. Biol. **100**, 1062 (1929).

Berührung gekommen ist, vermischt man gut, um zu verhüten, daß die Salzkonzentration am Boden der Röhre zu stark wird und so eine partielle Hämolyse eintritt. Wenn die Beschickung mit dem Oxalat in der Weise erfolgt, daß eine Lösung von bekanntem Oxalatgehalt in der Röhre zur Trockne gebracht wird, so achte

man darauf, daß die Verdampfung nicht bei einer Temperatur über 70⁰ erfolgt, sonst besteht die Gefahr einer partiellen Zersetzung des Oxalats in Karbonat, was das Säurebasengleichgewicht der Blutprobe ändern würde (Natriumzitrat soll man nicht anwenden, um die Gerinnung zu verhindern).

Das mit Oxalat versetzte Blut muß gleich zentrifugiert und das abgehobene Plasma in der 1. Stunde untersucht werden; das mit NaF versetzte Blut hingegen kann länger (nach

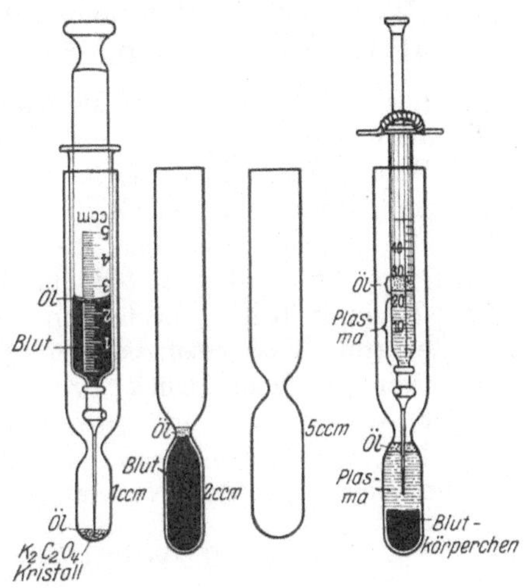

Abb. 36.

Bigwood 12 Stunden bei 18⁰) aufgehoben werden. Da keine Glykolyse auftritt, ist eine zu frühe Säuerung nicht zu befürchten. Man überführt das Blut aus der Spritze in mit NaF oder Oxalat beschickte röhrenförmige Gefäße in der Weise, daß man zuerst eine etwa 1 cm hohe Schicht neutralen Vaselinöls in das Gefäß gießt und die Spitze der Nadel unter diese Schicht führt. Das Blut, das in das Gefäß entleert wird, hebt diese Ölschicht nach oben, die nun das Blut bedeckt und gegen die Luft schützt. Darauf steckt man einen durchbohrten Gummistopfen in das Glas, läßt so viel Vaselinöl wie möglich abfließen, verschließt dann die Öffnung des Stopfens mit einem Glasstab mit abgeplattetem Ende und zentrifugiert. Das Vaselinöl absorbiert etwas CO_2 (vgl. Abb. 36).

Wenn man bei der Bestimmung der Wasserstoffionenkonzentration im Blut die Wasserstoffelektrode benutzt, wird das Potential erst konstant, wenn das System vollkommen reduziert ist, d. h. wenn der Sauerstoff vollkommen reduziert und das Oxyhämoglobin vollkommen in Hämoglobin übergegangen ist. Diese Umwandlung verändert aber den pH etwas. Das einzig zweckmäßige Verfahren, den pH im Blut zu bestimmen, ist nach

Bigwood, die Untersuchung in dem von den Blutkörperchen durch Zentrifugieren getrennten Plasma auszuführen, und zwar bei dem in vivo vorhandenen Partialdruck der CO_2 und des O_2.

Elektrometrische (potentiometrische) Messung der H·-Konzentration im Serum und im Blute.

Bei der elektrometrischen Bestimmung der H-Ionenkonzentration des Gesamtblutes mißt man den pH des Plasmas des reduzierten Blutes (Parsons). Sie ist die grundlegende Methode, an Genauigkeit stehen ihr jedoch die kolorimetrische und die gasanalytische, richtig ausgeführt, kaum nach.

Prinzip. Die elektromotorische Kraft (der Potentialunterschied) E einer Kette, bestehend aus zwei Platinwasserstoffelektroden (mit Wasserstoff beladene Platinelektroden in Wasserstoffgas von gleichem Druck), von denen eine in eine Lösung von der Wasserstoffionenkonzentration h_1* (Wasserstoffzahl. Michaelis), die andere in eine solche von h_2 eintaucht, ist nach den Untersuchungen von Nernst

$$E = 0,0001983\ T \log \frac{h_1}{h_2} \text{Volt},$$

wo T die absolute Temperatur ($C^0 + 273$) ist. Kennt man die h_1 der einen Lösung, so kann die h_2 einer unbekannten Lösung, z. B. des Blutes, berechnet werden:

$$\log h_2 = \log h_1 - \frac{E}{0,0001983\ T}.$$

Nach dem Vorschlag von Sörensen benutzt man statt der Wasserstoffzahl [H·] oder h den „Wasserstoffexponenten" pH.

$$\text{pH ist} = - \log h = \frac{1}{\log h}.$$

Die obige Gleichung wird also

$$\text{pH}_2 = \text{pH}_1 + \frac{E}{0,0001983\ T} \tag{1}$$

Ist pH_1 gleich 0 (bei einer H-Konzentration von 1 n) so wird

$$E = 0,0001983\ T\ \text{pH}_2.$$

und
$$\text{pH}_2 = \frac{E}{0,0001983\ T}.$$

---

* Der Einfachheit wegen wird im Folgenden statt [H·] oft die Bezeichnung h angewendet.

Über die Herstellung der Platinelektroden vgl. Praktikum I, S. 73. Die Platinierung der Elektroden bei der h-Messung des Blutes muß sehr häufig, wo möglich vor jeder Bestimmung oder mindestens jeden Tag erfolgen. Belädt sich der Platindraht mit Fibrin, so wird er mit Trypsin in einer Bikarbonatlösung behandelt; das Ferment löst das Gerinnsel auf. Chloroform oder Toluol als Desinfektionsmittel sind zu vermeiden, da diese die Elektroden schädigen.

Bei der Hasselbalchschen Elektrode (siehe Abb. 37) wird der entsprechende Kohlensäurepartialdruck in der H_2-Gasatmosphäre folgendermaßen hergestellt. Die leere Elektrode wird durch längeres Durchleiten von H_2 ganz mit Wasserstoff gefüllt, dann wird das Blut in die Elektrode gebracht.

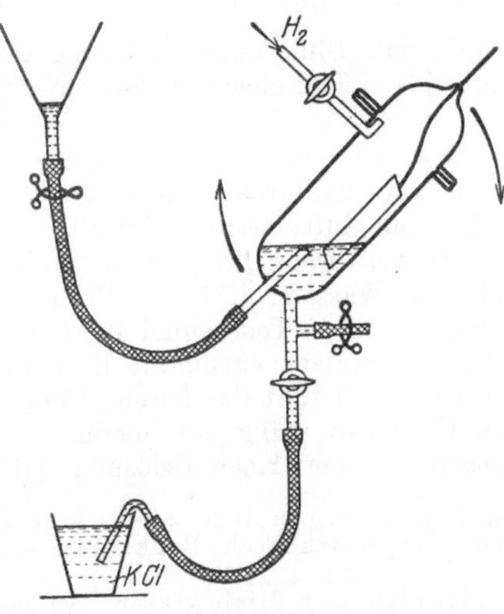

Abb. 37.

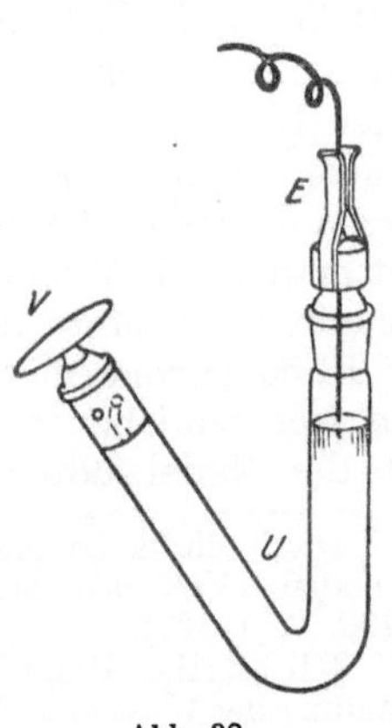

Abb. 38.

Man schüttelt, wobei etwas CO_2 in den Gasraum geht. Diese erste Blutportion wird dann durch eine zweite ersetzt, indem man die erste durch eine Öffnung abfließen, die zweite durch einen Trichter zufließen läßt. Schüttelt man wieder ausgiebig, so gleicht sich der CO_2-Gehalt des Gasraumes noch mehr dem der Lösung an; bei der 3. Blutprobe besteht schon vollständiges Gleichgewicht. Das Schütteln wird durch einen Motor in einem Stativ besorgt.

E. Warburg greift bei der Vorbehandlung des Blutes auf das von Höber angewendete Prinzip zurück, wonach das Blut vor der Messung mit einer CO_2-Wasserstoffmischung von bekannter Zusammensetzung ins Gleichgewicht gebracht wird[1].

Michaelis empfiehlt zur Messung der h eine U-förmige Elektrode mit stehender Wasserstoffblase (Abb. 38). Die Wasserstoffblase darf nur einen kleinen Bruchteil (weniger als $1/10$) des Volumens der Flüssigkeit einnehmen, damit die Menge der CO_2, die der Flüssigkeit durch die Gasblase entrissen wird, einen möglichst kleinen Bruchteil der gesamten Menge an freier CO_2 der Lösung darstellt. (Vgl. auch S. 78.)

Messung der Wasserstoffionen im Blut (bzw. des Blutplasmas) nach Michaelis[2].

Die Methode beruht darauf, daß Blut keine Änderung des pH erfährt, wenn man es mit physiologischer CO_2-freier NaCl-Lösung verdünnt.

0,85 %ig. NaCl-Lösung wird in einem Jenaer Kolben ausgekocht und unter Verschluß mit einem Natronkalkrohr abgekühlt. Mit dieser Lösung wird eine U-Elektrode luftblasenfrei gefüllt; der längere Schenkel bleibt zur Hälfte frei. Dann bringt man in den kurzen Schenkel der Elektrode eine Wasserstoffblase[3]. Nunmehr gibt man an die Wand des frei gebliebenen Teils einige Körnchen Hirudin (evtl. statt dessen Natriumoxalat), entnimmt Blut aus der Ellbogenvene mit einer Spritze und füllt das frische Blut in dem leer gebliebenen Teil des U-Rohres völlig auf, indem man mit der Nadel unter die Oberfläche der Kochsalzlösung geht

---

[1] Die Technik ist genau von E. Warburg in Abderhaldens Arbeitsmethoden IV/4, 923 beschrieben. Vgl. hierzu auch Beck: Biochem. Z. 190, 75 (1927).

[2] Michaelis: Praktikum S. 174. Vgl. auch Mislowitzer: Die Bestimmung der Wasserstoffionenkonzentration. Berlin: Julius Springer 1928.

[3] Man verfährt dabei so: Man läßt den Wasserstoff (der in einem Kippschen Apparat aus As-freiem Zink und verdünnter Schwefelsäure — nicht HCl! — nach Zusatz von etwas $CuSO_4$ oder einiger Tropfen Platinchlorid entwickelt, dann mit starker wäßriger Kaliumpermanganatlösung, ferner mit konz. Sublimatlösung oder mit stark alkalischer Pyrogallollösung gewaschen wird) durch ein zu einer etwa 5 cm langen feinen Kapillare ausgezogenes Glasrohr einige Zeit strömen, bis sicher alle Luft aus dem Rohr ausgetrieben ist. Jetzt nähere man das Ende dieser Kapillare, während das Gas noch strömt, der Elektrode und stecke die Spitze unter die Flüssigkeitsoberfläche. In demselben Augenblick, in dem die Spitze eintaucht, quetsche man die Gasleitung dicht oberhalb der Kapillare mit dem Finger zu. Nunmehr bringe man die Kapillarenspitze bis auf die tiefste Stelle des U-Rohres und lüfte den zuklemmenden Finger ganz wenig, so daß kleine H_2-Blasen zu der Pt-Elektrode aufsteigen. Man fülle so viele Blasen ein, daß die Platinelektrode mit ihrer Spitze gerade eben noch eintaucht. Schaumbildung schadet nichts. Dann zieht man die Kapillare heraus.

und dann erst die Spritze langsam entleert. Geschieht dies
vorsichtig, so bleibt in der Elektrode über dem Blut (oder Serum)
immer noch eine Schicht Kochsalzlösung. Reicht nach der Entleerung der Spritze die Lösung bis an den Rand des großen
Schenkels, so wird der Glasstopfen rasch aufgesetzt, ohne daß
Luftblasen hineinkommen.

Nun kippt man das Gefäß in geeigneter Weise hin und her
(mit der freien Hand oder mit Hilfe eines Drehstativs, Abb. 39)[1],
so daß die Wasserstoffblase die ganze Länge des U-Rohres 50 mal
hin und 50 mal zurück durchstreicht. Um Druckausgleich herbeizuführen, drehe man gelegentlich, wenn die Gasblase an dem
Pt-Ende steht, den Glasstopfen einmal um sich selbst, wobei
eine geeignete Bohrung vorübergehend
Kommunikation mit der Außenluft
herstellt. Wenn das Kippen beendet
ist und die Gasblase wieder auf der
Pt-Seite steht, zieht man den Glasstopfen heraus und befestigt die
Elektrode an einem Stativ. Ihre
Flüssigkeitsverbindung wird mit
einem KCl-Agar-Rohr hergestellt (vgl.
S. 78). Die Vergleichelektrode ist
eine gesättigte Kalomelelektrode;
diese bildet den positiven Pol. Sollte
sich ein Gerinnsel am Platin bilden,
so stellt sich kein konstantes oder ein
scheinbar konstantes, falsches Potential ein.

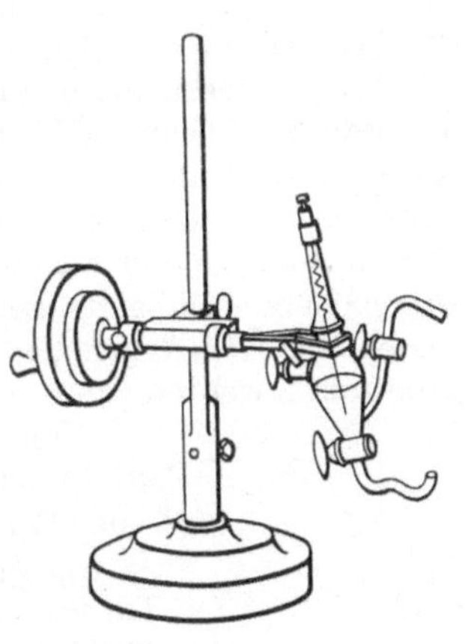

Abb. 39.

Das Potential stellt sich auf die
beschriebene Weise schnell zur Konstanz ein. Man wiederholt
die Messung der elektromotorischen Kraft in der Anordnung der
Gaskette nach 5 Min. unter erneutem Bewegen der H_2-Blase so
lange, bis drei aufeinander folgende Ablesungen konstant bleiben.

Man erhält für venöses Blut des Menschen bei 18^0 : 0,674 Volt gegen
die gesättigte Kalomelelektrode, entsprechend einem pH von 7,35[2].

Untersucht man Blutplasma, so ist dieses durch Überschichten von Paraffin (vgl. S. 73) vor CO_2-Abgabe zu schützen.
Arbeitet man mit Blutserum, das beim Stehen an der Luft

---

[1] In der Abbildung steckt im Drehstativ eine Birnen-, nicht eine
U-Elektrode.

[2] Über eine Spritzenelektrode zur pH-Messung mit stehender Wasserstoffblase, die namentlich bei Punktaten Verwendung finden kann vgl.
Lasch: Z. exper. Med. **56**, 157 (1927).

bereits einen Verlust an CO_2 erlitten hat, so erhält man verschiedene Werte; gewöhnlich pH 7,6—7,7, d. h. die Potentialdifferenz gegen die gesättigte Kalomelelektrode beträgt 0,69 Volt.

Von ausschlaggebender Bedeutung bei dem Verfahren von Michaelis ist, daß der Platindraht die zu untersuchende Lösung nur gerade berührt. Nur so erfolgt die Reduktion des O_2 in der Lösung an der Platinoberfläche und die Nachdiffusion von Wasserstoff aus dem Gasraum mit solcher Schnelligkeit, daß die Untersuchung in kurzer Zeit vollendet ist. — Um das Diffusionspotential der beiden Flüssigkeiten der Kette an ihrer Berührungsstelle zu vernichten, schaltet man eine gesättigte KCl-Lösung dazwischen[1]. Die Verbindung mit dieser Lösung erfolgt mit Glashebern, die mit KCl-Agar gefüllt sind (3 g Agar werden bis zur völligen Lösung mit 100 g Wasser verkocht, 40 g KCl darin heiß aufgelöst; der Glasheber wird mit der Lösung gefüllt. Die Gallerte erstarrt bald). Für die U-Elektroden empfiehlt Michaelis Agarheber von hakenförmiger Gestalt. Der aufsteigende Schenkel des Hakens bleibt frei von Agar; dieser Schenkel wird mit einigen Tropfen der zu untersuchenden Lösung gefüllt eingetaucht. Bei Nichtgebrauch müssen die KCl-Agarheber stets unter gesättigter KCl-Lösung aufbewahrt werden.

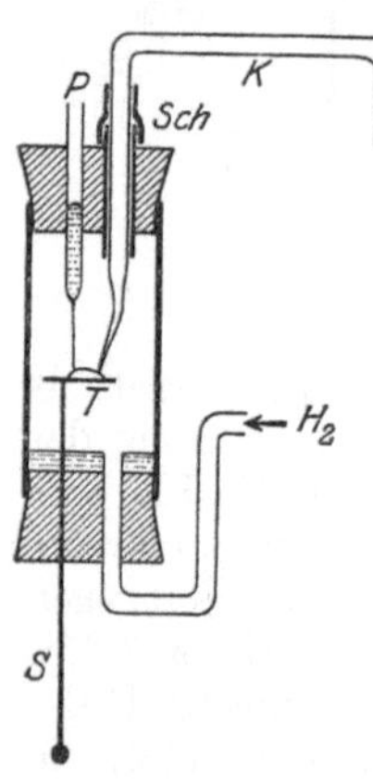

Abb. 40.

Von anderen Elektrodenformen seien die Elektroden von Lehmann (Abb. 40) und die von Winterstein (Abb. 41) erwähnt.

Die Elektrode von Lehmann[2] verlangt 1 Tropfen der Untersuchungsflüssigkeit. Man kann sie selbst leicht herstellen.

Ein Glasrohr von etwa 3 cm Länge und 1,3 cm lichtem Durchmesser ist an beiden Enden mit einem Gummistopfen verschlossen. Der untere Stopfen ist zweimal durchbohrt. Die eine Durchbohrung enthält den verschiebbaren Glasstab S, auf den ein kleines rundes Deckgläschen aufgekittet ist. Auf dieses Tischchen T wird 1 Tropfen der zu untersuchenden Flüssigkeit gebracht. Die zweite Durchbohrung dient zur Aufnahme eines Glasröhrchens, das Wasserstoff zuführt. Um Verdunstung des Tropfens auszuschließen, bringt man auf den Grund der Elektrode etwas Wasser. Der obere Stopfen ist dreimal durchbohrt. Eine Durchbohrung enthält ein Glasröhrchen P mit einem in das Ende eingeschmolzenen platinierten Platindraht mit Hg-Kontakt. Die zweite Durchbohrung enthält ein Glasröhrchen, welches einem KCl-Agarheber K als Führung dient.

---

[1] Vgl. auch Michaelis und Fujita: Biochem. Z. **142**, 398 (1923).
[2] Biochem. Z. **139**, 213 (1923).

Die dritte (in der Abbildung nicht wiedergegebene) Durchbohrung dient zur Ableitung des H_2, der unter Wasser ausströmt.

Zur Beschickung mit 1 Tropfen wird das Tischchen nach Entfernung des Stopfens angehoben, und nachdem ein Tropfen darauf gebracht ist, wieder heruntergezogen; dann werden Platinelektrode und KCl-Heber eingetaucht. Wasserstoff wird wie üblich durchgeleitet. Bei kohlensäurehaltigen Flüssigkeiten kann der pH nur gemessen werden, wenn dem Wasserstoff eine der CO_2-Tension entsprechende Menge CO_2 zugesetzt ist.

Elektrode von Winterstein[1]. Das Zuleitungsrohr Z wird in ein Gefäß mit konz. KCl-Lösung getaucht, die mit der gesättigten Kalomelelektrode kommuniziert. Der Hahn H, der eine rechtwinklige Bohrung besitzt, wird so gestellt, daß das Rohr Z mit dem Rohr W kommuniziert, an welchem ein Schlauch befestigt wird. Durch diesen wird KCl-Lösung aufgesaugt und der Hahn mehrmals herumgedreht, so daß der (nicht gefettete) Schliff in der Mitte gut befeuchtet wird und so einen kapillaren Flüssigkeitskontakt mit der über ihm befindlichen, zur Aufnahme der Untersuchungsflüssigkeit F dienenden Höhlung herstellt. Dann wird der Hahn in eine Stellung gebracht, in der das Rohr W mit dieser Höhlung kommuniziert. W wird mit dem Wasserstoffapparat verbunden. So lange die Pipette P, die zur Einführung der Untersuchungsflüssigkeit dient, noch nicht in den zu-

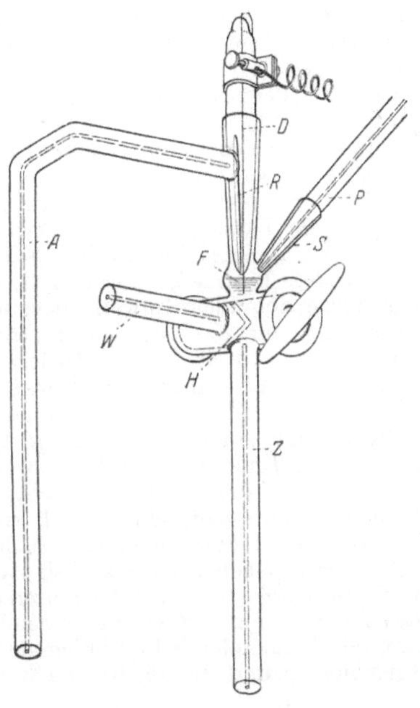

Abb. 41.

gehörigen Schliff S eingeführt ist, entweicht der Wasserstoff durch diesen. Der von dem platinierten Platindraht D durchbohrte eingeschliffene Glasstopfen, der oben mit dem Zuleitungsdraht verbunden und sorgfältig mit Vaselin eingefettet ist, wird so gedreht, daß die feine, in ihn eingeschliffene Rille R den Flüssigkeitsraum mit dem Ableitungsrohr A verbindet, dessen unteres Ende in ein mit Wasser gefülltes Sperrgefäß eintaucht. Nun wird die Pipette P mit der zu untersuchenden Lösung gefüllt und (nach Einfetten mit Vaseline) in den Schliff S eingeführt. Der Wasserstoff, dem nun dieser Weg versperrt ist, entweicht jetzt durch die Rille R und das Ableitungsrohr A. Jetzt wird dem Hahn die in der Abbildung gezeichnete Stellung gegeben, bei der die Wasserstoffzufuhr abgesperrt und der über dem Hahn befindliche Raum nach unten abgeschlossen ist. Hierauf läßt man die zu untersuchende Flüssigkeit aus der Pipette so weit einlaufen, daß ein großer Teil des Gasraums von ihr erfüllt wird, aber noch genügend in der Pipette zurückbleibt, um einen Abschluß gegen die Außenluft zu sichern. Der von der Flüssigkeit verdrängte Wasserstoff

---

[1] Pflügers Arch. **216**, 267 (1927).

entweicht gleichfalls durch Rille und Ableitungsrohr. Nach beendeter Füllung wird der Stopfen so gedreht, daß die Rille nicht mehr mit dem Ableitungsrohr in Verbindung steht. Nunmehr ist die Flüssigkeit, in die der platinierte Platindraht eintaucht, mit der darüber befindlichen Wasserstoffblase allseitig abgeschlossen, und die Messung kann in der üblichen Weise beginnen.

Der über dem Hahn befindliche Raum soll nicht viel mehr als 100 cmm fassen und über die Hälfte mit der Untersuchungsflüssigkeit gefüllt sein, so daß etwa 60—70 cmm von dieser erforderlich sind. Legt man die Verhältnisse des menschlichen Blutes zugrunde, so würde bei einer CO_2-Tension von 5 Vol.-%, einer Füllung mit 60 cmm und einer Wasserstoffblase von 40 cmm der Verlust etwa 2 cmm betragen oder rund $^1/_{15}$ der vorhandenen CO_2, was auf den $H^{\cdot}$-Wert nicht von meßbarem Einfluß ist.

Zur Entnahme von menschlichem Kapillarblut gibt Winterstein folgende Vorschrift:

Nach Säuberung der Fingerkuppe wird aus Plastilin ein Ring von etwa $^1/_2$ cm Durchmesser aufgeklebt; in der Mitte desselben erfolgt der Einstich mit dem Frankeschen Schnäpper. Hierauf wird rasch, noch ehe eine größere Blutmenge hervortritt, 1 Tropfen flüssigen Paraffins aufgetan, der durch den Plastilinwall an seiner Ausbreitung verhindert wird, und unter dem nun das Blut gegen stärkeren CO_2-Verlust geschützt, herauskommt bzw. durch leichtes Drücken herausbefördert wird. Die zur Aufnahme und Einfüllung des Blutes in die Elektrode dienende Kapillarpipette wird vorher senkrecht an einer um ihre Achse drehbaren Klammer befestigt, mit einem Schlauch und Glasstück zum Aufsaugen armiert und das untere Ende mit ein klein wenig Oxalatlösung gefüllt. Der Finger wird so unter die Pipette gebracht, daß deren Spitze gerade in das Bluttröpfchen eintaucht, ohne durch zu festes Anlegen versperrt zu werden; das Blut wird unter leichtem Nachdrücken aufgesaugt. Nach Aufnahme der erforderlichen Blutmenge wird die Pipette um 90° gedreht, so daß sie horizontal steht und kein Auslaufen des Blutes zu befürchten ist. An Stelle des langen, zum Aufsaugen dienenden Schlauches wird besser ein kurzes mit Glashahn oder Schraubklemme versehenes Schlauchstück aufgesetzt, verschlossen und die Pipette nach Einfetten in den Schliff S eingeführt.

Die Bezugselektrode. Die zu untersuchende Lösung, Serum oder Blut, ist der Inhalt der einen Elektrode. Ihr Potential wird gegen eine „Bezugselektrode" gemessen. Man benutzt hierzu leicht reproduzierbare Elektroden, die 0,1 n oder die gesättigte Kalomelelektrode, deren Potential gegen die normale Wasserstoffelektrode ein für allemal festgestellt ist[1]. Beträgt das Potential zwischen der Lösung mit der unbekannten H-Ionenkonzentration und der Kalomelelektrode E_I, das Potential zwischen der Kalomelelektrode und der normalen H-Elektrode E_{II}, und das Potential zwischen der Lösung mit der unbekannten H-Ionenkonzentration und der normal-H-Elektrode E_{III}, so ist

$$E_I = E_{II} + E_{III}$$

oder

$$E_{III} = E_1 - E_{II}.$$

---

[1] Clark und Sörensen ziehen die Benutzung der 0,1 n, Michaelis die der gesättigten Kalomelelektrode vor.

E_I ist das gemessene Potential; E_{II} das bekannte Potential zwischen der gesättigten Kalomelelektrode und der normalen Wasserstoffelektrode (bei der Versuchstemperatur) $= E_0$; E_{III} das berechnete, auf die normale Wasserstoffelektrode bezogene, Potential der zu untersuchenden Lösung.

$$E_{III} = 0{,}0001983\ T\ \mathrm{pH},$$

und da

$$E_{III} = E_I - E_{II},$$

so ist

$$0{,}0001983\ T\ \mathrm{pH} = \text{gemessene}\ E - E_0$$

und

$$\mathrm{pH} = \frac{\text{gemess.}\ E - E_0}{0{,}0001983\ T}.$$

Drückt man E in Volt aus, so ist $\vartheta\ (= 0{,}0001983\ T)$ bei der Temperatur t.

t^0	ϑ	t^0	ϑ
10	0,0561	22	0,0585
12	0,0566	23	0,0587
14	0,0569	24	0,0589
15	0,0571	25	0,0591
16	0,0573	26	0,0593
17	0,0575	27	0,0595
18	0,0577	28	0,0597
19	0,0579	29	0,0599
20	0,0581	30	0,0601
21	0,0583	31	0,0603

Werte von E_0 (Potential zwischen der gesättigten Kalomelelektrode und der normalen Wasserstoffelektrode) in Millivolt:

t^0		t'	
15	252,5	21	248,2
16	251,7	22	247,5
17	250,9	23	246,8
18	250,3	24	246,3
19	249,5	25	245,8
20	248,8	37	235,5
		38	235,0

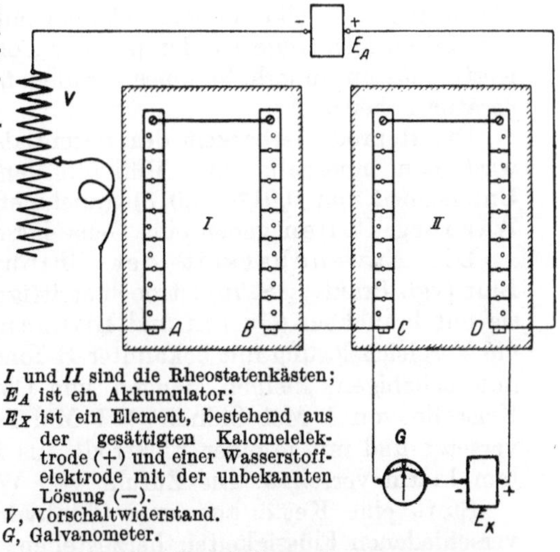

Neben der gesättigten Kalomelelektrode empfiehlt Michaelis die Standard-Azetatelektrode als Bezugselektrode[1]. Bei dieser wird die Platin-Wasserstoff - Elektrode

I und II sind die Rheostatenkästen; E_A ist ein Akkumulator; E_X ist ein Element, bestehend aus der gesättigten Kalomelelektrode (+) und einer Wasserstoffelektrode mit der unbekannten Lösung (−). V, Vorschaltwiderstand. G, Galvanometer.

Abb. 42. Kompensationsschaltung mit zwei Rheostatenkästen und Vorschaltwiderstand.

mit folgender Flüssigkeit gefüllt: 100 ccm 1 n NaOH und 200 ccm 1 n Essigsäure werden mit destilliertem Wasser auf 1 Liter auf-

---

[1] Als gut reproduzierbare Standard-Säurelösung wird auch 0,01 n HCl in 0,09 n KCl vorgeschlagen, deren pH mit der Temperatur sich nicht ändert. Veibel: J. chem. Soc. **123**, 2203 (1923); Cullen, Keeler und Robinson: J. of biol. Chem. **66**, 301 (1925).

gefüllt. Der Titer der Säure und der Lauge müssen (mit Phenolphthalein) genau gegeneinander geprüft sein. Der pH dieser Lösung (weitgehend unabhängig von der Temperatur) ist 4,62. Die Potentialdifferenz der gesättigten Kalomelelektrode gegen die Standard-Azetatelektrode (s. u.) beträgt (von der Temperatur wenig abhängig) $517 \pm 2 - 3$ Millivolt.

Über die Anordnung der Meßapparatur vgl. Abb. 42 und Praktikum I, S. 68.

Berechnung des pH (nach Michaelis): Der Potentialunterschied E der Elektrode mit dem Serum oder Blut gegen die Standard-Azetatelektrode wird festgestellt, indem man direkt die Konzentrationskette Standardazetat — Blut (Serum) herstellt. Dann ist der pH der zu prüfenden Flüssigkeit gleich $4,62 + \dfrac{E}{\vartheta}$. Oder man verfährt so, daß man erst den Potentialunterschied E_1 der Standardazetatlösung gegen die (gesättigte) Kalomelelektrode (517 Millivolt bei $15-18^0$; 520 Millivolt bei 38^0), dann den Potentialunterschied E_2 der zu untersuchenden Lösung gegen dieselbe Kalomelelektrode mißt. Dann ist $E = E_2 - E_1$. Die Kalomelelektrode ist der positive Pol. Beide Elektroden der Kette müssen innerhalb eines Grades übereinstimmende Temperatur haben[1].

Die Reproduzierbarkeit des Potentials bei Serum oder Blut wird man innerhalb eines Millivolts (entsprechend einem pH-Unterschied von 0,017—0,018) annehmen müssen. (Michaelis, Warburg, Cullen geben eine Genauigkeit auf 0,01 pH an.)

Die Anwendbarkeit der Chinhydronelektrode[2] für Blut (vgl. Prakt. I, S. 76) ist noch strittig; für Serum hingegen ist sie gut brauchbar (Cullen und Biilman). Das Serum wie auch die Vergleichslösung mit bekannter H-Ionenkonzentration werden mit beliebigen, kleinen Mengen von Chinhydron (dunkelgrüne Kristalle von 1 Mol Chinon + 1 Mol Hydrochinon, käuflich[3]) versetzt und mit je einer Elektrode aus starkem nicht platiniertem Platin versehen. Die Zufuhr von Wasserstoffgas fällt fort.

Statt eine Kette aus zwei Chinhydronelektroden mit zwei verschiedenen Flüssigkeiten herzustellen, kann man auch nacheinander den Potentialunterschied einer Chinhydronelektrode mit der ersten Lösung und dann den Potentialunterschied einer Chin-

---

[1] Man beachte im allgemeinen: die alkalischere Lösung ist stets negativ gegen die saurere Lösung.

[2] Vgl. Cullen und Biilman: J. of biol. Chem. **64**, 727 (1925).

[3] Über Chinhydron-Präparate vgl. Kolthoff und Bosch: Biochem. Z. **183**, 434 (1927).

hydronelektrode mit der zweiten Lösung gegen eine Kalomelelektrode (die Kalomelelektrode ist hier der negative Pol) messen. Der Unterschied der beiden elektromotorischen Kräfte E ist gleich der elektromotorischen Kraft der direkten Chinhydronkette[1].

Von besonders konstruierten Chinhydronelektroden sei die Mikroelektrode von Biilman erwähnt (Abb. 43). Ein kapillares Glasrohr steht durch einen Gummistopfen mit einer Platinelektrode in Verbindung; in das Glasrohr kommen 2—3 Tropfen Serum sowie Chinhydron. Auch die Elektrode von Ettisch wie auch die Spritzenelektrode von Mislowitzer sind zu erwähnen (vgl. Prakt. Bd. I, S. 78). Die elektromotorische Kraft zwischen Standard-Azetat-Chinhydron-Elektrode und gesättigter Kalomelelektrode beträgt etwa 0,18 Vol. Die Kalomelelektrode ist der negative Pol.

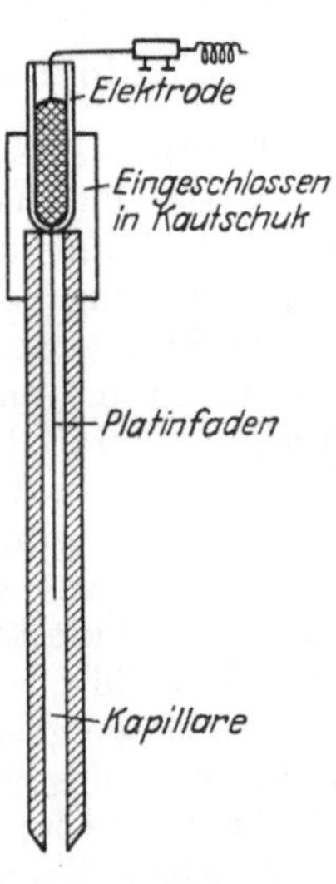

Abb. 43.

Eine Methode für die Wasserstoff- wie auch für die Chinhydronelektrode sowohl für Harn als auch für Blut (im Falle der Benutzung von Chinhydronelektroden für Serum) ist von Meeker und Oser[2] angegeben worden. Die eine Wasserstoffelektrode wird mit der Untersuchungsflüssigkeit gefüllt, die zweite taucht in eine genau bekannte Menge eines Puffergemisches. Das Puffergemisch muß einen ähnlichen pH haben wie die unbekannte Lösung (vorhergehende orientierende Kolorimetrie). Die Flüssigkeit der zweiten Elektrode wird durch Zufließenlassen aus einer Bürette so lange mit einem der Anteile des Puffergemisches (also bei Phosphatpuffern mit sek. Natriumphosphat oder primär. Natriumphosphat) versetzt, bis zwischen den Elektroden keine Potentialdifferenz mehr herrscht. Aus der Bürettenablesung kann man mit Hilfe einer Eichtabelle den pH ablesen. Messungen mit

---

[1] Zu Chinhydronelektrode vgl. Sörensen und Linderström-Lang: C. R. Labor. Carlsberg **14**, 1 (1921); ferner Mozolowski und Parnas: Biochem. Z. **169**, 352 (1926). Cullen und Biilman fanden gute Übereinstimmung zwischen Chinhydron- und Wasserstoffmessungen im Serum oder Plasma. Neuerdings verlangen Cullen und Earle Extrapolation auf Zeit 0 (drei Ablesungen mit je 30″ Intervall) und Anwendung einer Korrektur von 0,06 pH. Meeker und Reinhold: J. of biol. Chem. **77**, 505 (1928) finden mit der titrimetrischen Chinhydronmethode (siehe oben) gute Übereinstimmung mit den Wasserstoffmessungen.

[2] J. of biol. Chem. **67**, 307 (1926).

Chinhydron ergaben bei 1 zu 20 verdünntem Harn gute Übereinstimmung mit den kolorimetrisch ermittelten Werten[1].

Kolorimetrische Messung der H·-Konzentration im Blute bzw. im Plasma.

Kolorimetrische Methode von Cullen[2].

Prinzip. Das Blut wird ohne CO_2-Verlust aufgefangen (vgl. S. 73). Das Plasma wird mit einer Phenolrot enthaltenden Salzlösung verdünnt und die Farbe wird mit der einer Standard-Phosphatlösung von bekannter H·-Konzentration verglichen.

Das Blut wird ohne Stauung aus der Vene mit der Spritze entnommen und unter Vermeidung von Kohlensäureverlust unter Paraffinöl (Paraff. liqu. puriss., Dichte 0,885) in einem Zentrifugierglas aufgefangen, das Oxalat (für eine Konzentration von ca. 0,3%) enthält. Man gibt 0,01 ccm einer 30%ig. neutralen Kaliumoxalatlösung pro ccm Blut in das Zentrifugierglas und trocknet es in einem Luftstrom (vgl. S. 73). Das Zentrifugierglas wird voll mit Blut gefüllt, zugestopft und zentrifugiert. Am besten wird das Zentrifugierglas mit einem durchbohrten Gummistopfen versehen, durch dessen Öffnung ein Teil des Öls, das die Blutprobe bedeckt, ausfließt; man verschließt dann die Öffnung mit einem Glasstäbchen. Nach dem Zentrifugieren (etwa einer halben Stunde) und Entfernen des Glasstückes wird die Bohrung des Stopfens wieder mit Öl gefüllt, so daß weder das Blut noch das Plasma mit Luft in Berührung kommen.

Reagentien. Indikatorlösung: 0,1%ig. Phenolrotlösung. Man löst 0,11 g Phenolrot in 5,7 ccm 0,05 n NaOH, fügt 80 ccm dest. Wassers zu, kocht auf, verdünnt nach dem Abkühlen auf 100 ccm und filtriert. Der Indikator muß neutral sein; 1—3 Tropfen zum redestillierten Wasser gesetzt dürfen keine rote Farbe geben[3]. Der pH des redestillierten Wassers beträgt 6,2—6,5 (es gibt weder mit Phenolrot noch mit Methylrot eine Rotfärbung).

---

[1] **Meeker** und **Reinhold** (l. c.) fanden nicht unerhebliche Abweichungen der mit der Cullenschen Methode (S. 84) und der mit der Chinhydron-Elektrode erhaltenen Werte. Im normalen Plasma Differenzen von 0,01—0,08 pH, im pathologischen solche von 0,03—0,14 pH. Die kolorimetrische Methode hat die Tendenz, nach der alkalischen Seite abzuweichen.

[2] J. of biol. Chem. **52**, 501 (1922). — Vgl. auch **Hawkins:** J. of biol. Chem. **57**, 493 (1923). [Die Cullensche Methode für 0,6 cm Blut.]

[3] Über Eiweißfehler bei der pH-Bestimmung mit Neutralrot und Phenolrot vgl. **Lepper** und **Martin:** Biochem. J. **21**, 356 (1927).

Vergleichs - (Standard) lösung: Man stellt Lösungen von pH ca. 7,2—7,7 in Stufen von pH 0,05 her (s. Tabelle). Die Standardlösungen, die mit Phenolrot versetzt sind (0,01 ccm 0,04 % ig. Phenolrotlösung pro ccm), müssen mindestens einmal die Woche elektrometrisch geprüft, nötigenfalls erneuert werden. Lösungen zu je 100 ccm sind in Jenaer Kolben mit Gummistopfen aufzubewahren.

Phosphatmischung[1].

pH	$m/15\,Na_2HPO_4$ ccm	$m/15\,KH_2PO_4$ ccm	pH	$m/15\,Na_2HPO_4$ ccm	$m/15\,KH_2PO_4$ ccm
7,0	61,1	38,9	7,40	80,8	19,2
7,05	63,9	36,1	7,45	82,5	17,5
7,10	66,6	33,4	7,50	84,1	15,9
7,15	69,2	30,8	7,55	85,7	14,3
7,20	72,0	28,0	7,60	87,0	13,0
7,25	74,4	25,6	7,65	88,2	11,8
7,30	76,8	23,2	7,70	89,4	10,6
7,35	78,9	21,1	7,75	90,5	9,5
			7,80	91,5	8,5

Die Röhrchen für die Flüssigkeitsproben sind aus dickwandigem, alkalifreiem Glas. Bei der Betrachtung im Komparator (vgl. S. 319) genügt Tageslicht. Gläser von 20 mm Durchmesser sind am besten; bei sehr wenig Blut verwende man solche von 10—14 mm.

Indikator-Salzlösung: Ausgekochte 0,9 % ig. NaCl-Lösung; es werden in einem 100 ccm-Meßkolben 1,05 ccm einer 0,04 % ig. Phenolrotlösung zu 95 ccm der NaCl-Lösung gefügt, wonach man einige Tropfen 0,02 n NaOH bis zu einem pH von 7,4—7,6 hinzufügt und mit der Salzlösung bis zur Marke füllt[2].

Bei der Bestimmung werden Portionen zu je 5 bzw. 20 ccm der Indikator-Salzlösung in die Röhrchen getan und mit Paraffinöl bedeckt. Andere Röhrchen mit ebensoviel Salzlösung ohne Indikator werden ebenso vorbereitet. Dann werden 0,4 bzw. 1,0 ccm Plasma (man nimmt Pipetten zu 1 ccm mit unterer und oberer Marke) unterhalb des Öls zu der Indikator-Salzlösung gegeben; eine andere Probe von 0,4 bzw. 1,0 ccm Plasma in 5 bzw. 20 ccm Salzlösung ohne Indikator. (Diese letzte Probe ist für die pH-Standardlösung im Komparator bestimmt.) Man mischt Plasma und Salzlösung mit einem Glasstab unterhalb des Öls und bestimmt den pH, indem man im Walpole-Komparator die Farbe des Plasmas + Indikator mit der kombinierten Farbe von Phosphat + Indikator

---

[1] 11,87 g $Na_2HPO_4 \cdot 2\,H_2O$ („nach Sörensen") bzw. 9,47 g Na_2HPO_4 (wasserfrei, Merck) auf 1 Liter. 9,08 g KH_2PO_4 auf 1 Liter.

[2] Myers, Schmitz und Booher geben zu je 100 ccm der 0,9 % ig. NaCl-Lösung 10 ccm einer 0,02 % ig. Phenolrotlösung und dann die notwendige Menge Lauge.

und verdünntem Plasma vergleicht. Die Röhrchen stehen im Komparator in der folgenden Anordnung:

Lichtquelle

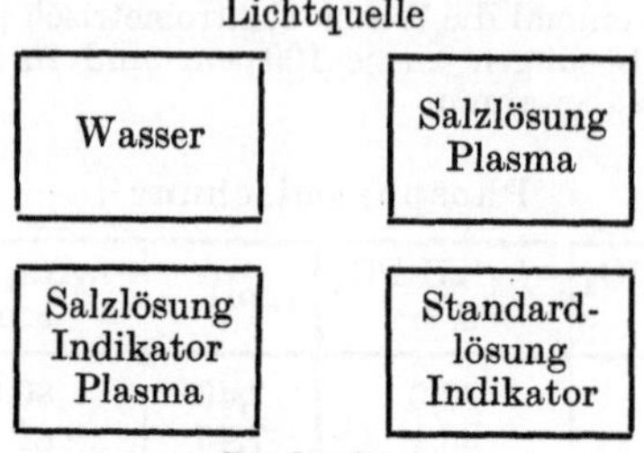

Beobachter

Man liest auf 0,01 oder 0,02 pH ab. Die Temperatur wird unmittelbar nach der pH-Bestimmung mit einem in die Lösung getauchten Thermometer bestimmt. Wenn möglich soll die Bestimmung bei 20^0 geschehen. (Man kann vor der Bestimmung das Plasma und die zur Bestimmung nötigen Flüssigkeiten in einem großen Wasserbad auf 20^0 bringen.) — Für menschliches Plasma gilt

$$pH_{38} = pH_{\text{Farbe bei } t^0} + 0{,}01 \, (t^0 - 20^0) - 0{,}23^1,$$

wo pH_{38} der pH des unverdünnten Plasmas bei 38^0 ist; t^0 ist die Temperatur $(15{-}25^0)$ der Phosphatlösung und des verdünnten Serums bei der Ablesung.

Die angegebene Korrektur von $-0{,}23$ variiert bei den verschiedenen Tierspezies. (Beim Hund $-0{,}35$.) Sie enthält die Korrektur für die Verdünnung und den Eiweißfehler.

Die Methode erlaubt den pH mit einer Genauigkeit von $\pm\,0{,}01$ bis $\pm\,0{,}02$ pH zu bestimmen[2]. Die damit gefundenen Normalwerte für Venenblut betrugen 7,30—7,40 pH.

Kolorimetrische Methode von Holló und Weiß[3].

Das Prinzip der Methode besteht darin, daß die zur Farbenvergleichung dienende Phosphatröhre mit ebensoviel zu unter-

---

[1] Drucker und Cullen: J. of biol. Chem. **64**, 221 (1925) geben für den CO_2-Verlust beim Auffangen des Kutanblutes unter Paraffinöl eine weitere Korrektur von $-0{,}03$ an. Vgl. auch die Untersuchungen von Myers und Muntwyler: J. of biol. Chem. **78**, 243 (1928).

[2] Nach Myers, Schmitz und Booher: J. of biol. Chem. **57**, 209 (1923). Über eine Mikromethode für die kolorimetrische Bestimmung der Wasserstoffionenkonzentration von Kapillarblut (für Mengen von 1 Tropfen); vgl. Martin und Lepper: Biochem. J. **20**, 37 (1926).

[3] Darstellung nach der Beschreibung von Holló in Bálint: „Ulcusproblem und Säurebasengleichgewicht". Berlin. Vgl. ferner Holló und Weiß: Biochem. Z. **144**, 87 (1924). Holló, v. Sailer und Weiß: Z. exper. Med. **51**.

suchendem Plasma versetzt wird, wie die Röhre mit dem verdünnten Plasma, dessen Reaktion bestimmt werden soll, enthält.

Je 2—3 ccm des mit kohlensäurefreier physiologischer NaCl-Lösung 10—20fach verdünnten Plasmas, das schon den Indikator enthält, werden in 2 gleiche, unten flache und möglichst abgeschliffene Röhrchen gebracht. In das eine kommt außerdem noch 0,5 ccm einer alkalischen $^m/_{7,5}$ Phosphatlösung (Phosphatröhre), in das andere zum Volumenausgleich ca. 1 ccm Verdünnungsflüssigkeit (Plasmaröhre). Aus einer Mikrobürette läßt man so viel einer mit physiologischer Kochsalzlösung verdünnten 0,01 n Salzsäurelösung zur Phosphatröhre zufließen, bis beide Röhrchen von oben gesehen dieselbe Farbe zeigen. Dazu wird etwa 0,5 ccm Salzsäurelösung verbraucht. Am Ende der Titration haben dann beide Röhrchen denselben Gehalt an Eigenfarbe, Elektrolyten (hauptsächlich NaCl) und Eiweiß; bei gleicher Farbe werden sie daher den gleichen pH haben, womit der Salz-, der Eigenfarben- und der Eiweißfehler ausgeschaltet sind.

Dieser pH wird durch das Verhältnis Phosphat : Salzsäure bestimmt und kann aus einer geeichten Kurve abgelesen werden. Das in der Phosphatröhre enthaltene Plasma hat keinen störenden Einfluß auf die aktuelle Reaktion; da am Endpunkt der Titration das Phosphatsalzsäuregemisch und das Plasma den gleichen pH haben, verursacht ihr Zusammensein keine Änderung der Reaktion.

Blutentnahme und Verdünnung des Blutes. Das Armvenenblut ist nach den Autoren dem mittels Arterienpunktion gewonnenen vorzuziehen. Das Blut wird mit einer Rekordspritze entnommen; bei der Blutentnahme soll sich in der Spritze möglichst keine Luftblase bilden; man entnimmt 2,5 bis höchstens 3 ccm Blut (genaues Messen ist nicht nötig) und verteilt es möglichst gleichmäßig in 3 gewöhnliche, mit Verdünnungsflüssigkeit (s. unten) gefüllte Zentrifugenröhrchen. Genaue Blutverdünnung ist nicht nötig, im allgemeinen erfolgt 10—15fache Verdünnung, aber 5—20fache ist auch noch brauchbar. Man verdünnt sofort nach der Blutentnahme in Zentrifugierröhrchen von 8—10 ccm Inhalt. Die Zentrifugierröhrchen sind zwecks luftdichten Verschlusses mit einem kurzen Gummischlauch und einer kleinen, beim Zentrifugieren nicht störenden Klemme montiert. Sie enthalten die Verdünnungsflüssigkeit, mit der sie ganz gefüllt — ohne Luftblase — und geschlossen sind. Das Blut wird mit der Nadel möglichst auf den Boden der soeben geöffneten vollen Zentrifugierröhre gespritzt, so daß die Verdünnungsflüssigkeit überrinnt; das Röhrchen wird sofort geschlossen, durchgeschüttelt und abzentrifugiert.

Als Verdünnungsflüssigkeit wird eine Lösung benutzt, die zur Verhinderung der Gerinnung 0,2 % Natriumoxalat und außerdem 0,73 % Kochsalz enthält. (Nur ganz tadellose und auf Neutralität geprüfte Reagentien gebrauchen!) Diese Lösung ist 0,155 n, und ihre Normalität entspricht einer 0,9 % ig. „physiologischen" Lösung von Kochsalz. Die Verdünnungsflüssigkeit soll in einem ausgedampften Jenaer Kolben aufbewahrt werden und öfter (wöchentlich) aus möglichst frisch destilliertem Wasser frisch zubereitet werden. Sie muß möglichst CO_2-frei sein. Die Austreibung der Kohlensäure erreicht man am besten mittels Durchtreibung von N_2 aus einer Bombe durch die Flüssigkeit. Zur Durchleitung und besseren Mischung des Gases benutzt man eine an ihrem Ende kolbig verdickte Glasröhre mit einem dichten Kranz von feinen Löchern am Kolben. Es soll immer nur in einem kleinen Kolben die unmittelbar notwendige Menge Verdünnungsflüssigkeit von Kohlensäure befreit werden und zwar knapp vor dem Gebrauch. Dazu genügen 3—4 Minuten. Soll die CO_2 mit kohlensäurefreier Luft ausgetrieben werden, so verfährt man in folgender Weise: Man verschließt den Kolben mit der Verdünnungsflüssigkeit mit einem doppeltdurchbohrten Gummistöpsel und läßt durch die Wasserstrahlpumpe Luft durchsaugen, die vorher durch Passieren durch Natronkalk CO_2-frei gemacht wird. Die Röhre, die unten in die Flüssigkeit taucht, endet in einen kleinen Kolben mit feinen Löchern, damit die kohlensäurefreie Luft gut durchgemischt wird.

Bei CO_2-Austreibung mit Luft muß eine Korrektur von etwa 0,02 zu den erhaltenen pH-Werten addiert werden.

Es ist unbedingt zu empfehlen, den Indikator schon der Verdünnungsflüssigkeit zuzumischen. Das soll aber möglichst erst nach Austreibung der Kohlensäure geschehen, da sonst ein Teil des kolloidalen Farbstoffes durch das Schütteln gefällt wird. Als Indikatoren kommen im Bereich der Blutreaktion nur Neutralrot und Phenolrot in Betracht. Man nimmt 0,1 % ig. wäßrige Lösungen, von Neutralrot 1 ccm, von Phenolrot 2 ccm auf 100 ccm Verdünnungsflüssigkeit. (Das Neutralrot muß in heißem Wasser gelöst werden; vom Phenolrot muß je 0,10 g Farbstoff mit 5,7 ccm 0,05 n NaOH versetzt und aufgekocht werden.)

Zur praktisch vollständigen Ausschaltung des Indikatorfehlers ist es empfehlenswert, die mit Indikator versehene Verdünnungsflüssigkeit schon im voraus mit etwas Lauge auf die ungefähr zu erwartende Reaktion zu bringen — für Blut bei 18^0 C schwankt dieser Wert um pH 7,5. Zu diesem Zweck versetzt man sie mit einigen Tropfen einer unter CO_2-Verschluß aufbewahrten oder aus einer konzentrierten Lösung ad hoc hergestellten etwa 0,02 n Natronlauge, bis die Mischung eine Übergangsfarbe zeigt. Man kann auch eine physiologische Kochsalzlösung in Leitungswasser, das gewöhnlich einen pH von 7,6 hat, oder eine entsprechende Phosphatmischung als Vorlage benutzen.

Die Verdünnungsflüssigkeit wird von CO_2 befreit, mit Indikator versetzt, neutralisiert, in die vorbereiteten Zentrifugierröhrchen gefüllt und luftdicht verschlossen, wobei die Röhrchen alle eine Übergangsfarbe zeigen müssen; dann kann die Blutentnahme erfolgen.

Außerhalb des Körpers wird das Blut infolge von Glykolyse und bakteriellen Zersetzungen sauer; bei Zimmertemperatur kann diese Zunahme der H-Zahl in den geschlossenen Zentrifugierröhrchen in 2—3 Stunden 10—15% betragen. Der dadurch entstandene Fehler kann durch Zusatz von 0,1 % NaF und gleichzeitiger Aufbewahrung des Blutes auf Eis während 12—24 Stunden vermieden werden; längere sichere Konservierung aber ist nicht gut möglich.

Der Gebrauch von NaF ist nach Holló und Weiß nur für Ausnahmefälle zu empfehlen, wenn eine sofortige Bestimmung unmöglich ist, sonst soll das Blut sofort verarbeitet werden. Sollte die Verarbeitung erst nach

2—3 Stunden möglich sein, so muß das verdünnte Blut bis dahin auf Eis liegen. Vor dem Abzentrifugieren muß es dann aber wieder auf Zimmertemperatur gebracht werden, denn sobald die Trennung von Blutkörperchen und Plasma nicht bei Zimmertemperatur vor sich geht, bekommt man infolge verschiedener Temperaturkoeffizienten für die H·-Zahl des Vollblutes und des Plasmas falsche Resultate.

Zum Titrieren braucht man einige kurze 7—8 cm lange Röhrchen mit flachem, abgeschliffenem Boden und möglichst gleichem Kaliber, 2 Mikrobüretten, einige Pipetten, eine Lösung von 0,01 n Salzsäure in physiologischer Kochsalzlösung und eine $^m/_{7,5}$-Lösung von Sörensenschem Dinatriumphosphat (11,876 g in 500 ccm), gelöst in 0,01 n Salzsäure (pH = etwa 7,8). Diese Lösungen müssen nicht kohlensäurefrei sein; bei so konzentrierten Lösungen spielt der mögliche Kohlensäuregehalt keine Rolle mehr, außerdem werden diese Lösungen samt Kohlensäure geeicht.

Das Titrieren geschieht folgendermaßen: zuerst werden einige Röhrchen (zu jeder Einzelbestimmung eine) aus einer Mikrobürette mit je 0,5 ccm der obigen Phosphatlösung gefüllt. Um genau ausmessen zu können, muß die Kapillare des Bürettenhahns mittels Gummiansatzes und Glaskapillare so verlängert werden, daß das Phosphat direkt auf den Boden des Röhrchens fließt, ohne daß auch nur ein Tropfen an der Wand hängen bleiben kann. Man kann so 0,5 ccm bis auf 0,01 ccm (2%) genau abmessen.

Sobald das zentrifugierte Plasma bereit steht, wird ein flaches Reagenzglas mit 1 ccm (entsprechend 0,5 ccm Phosphat + 0,5 ccm zum Titrieren erwartungsgemäß notwendiger Salzsäure) der streng CO_2-freien, also in einem ausgedampften Jenaer Reagenzglas eigens frisch mit O_2 oder N_2 durchströmten indikatorenfreien Verdünnungsflüssigkeit gefüllt. Diese durchströmte Lösung läßt sich unter Paraffin bis zu einer halben Stunde kohlensäurefrei halten.

Jetzt erst wird das Zentrifugierröhrchen durch Abnahme des Gummiansatzes geöffnet, das Plasma vorsichtig und schnell abpipettiert; je 3 (oder 2,5) ccm davon werden in ein Röhrchen mit Phosphat (Phosphatröhre) und in eines mit Verdünnungsflüssigkeit (Plasmaröhre) gefüllt, wobei darauf geachtet werden muß, daß die beiden Glieder eines Röhrenpaares mit genau derselben Menge verdünnten Plasmas versetzt werden, da das verdünnte Plasma zugleich den Indikator enthält. Beim Füllen der Plasmaröhre muß man darauf achten, CO_2-Verlust zu vermeiden: die Pipette muß den Boden der Plasmaröhre berühren.

Ist die hinzugefügte Lösung nicht ganz neutral und ungepuffert, so bekommt man falsche Werte. Die dazu benutzte Verdünnungsflüssigkeit muß also streng CO_2-frei sein und darf, was noch wichtiger ist, keine aus dem Glase ausgelaugten Silikate oder sonstigen Verunreinigungen enthalten. Sie darf natürlich keinen Indikator enthalten. (Das Versetzen der Plasmaröhre mit 1 ccm Verdünnungsflüssigkeit kann auch unterbleiben. Dadurch gewinnt die Methode an Einfachheit und Zuverlässigkeit.)

Das Plasma enthält schon den Indikator und kann sofort titriert werden. Man läßt dabei aus der Mikrobürette so viel Salzsäure zur Phosphatröhre fließen, bis beide Röhren, von oben gesehen, die gleiche Farbennuance zeigen. Der Gebrauch von Abblendekasten ist nicht nötig. Es genügt, bei diffusem Tageslicht und auf glatter weißer Unterlage zu titrieren. Das Titrieren dauert bei einiger Übung nur 1—2 Min., besondere Maßnahmen, dem Entweichen der Kohlensäure vorzubeugen, sind überflüssig. Man kann sich leicht überzeugen, daß die Plasmaröhre beim Stehen 4—5 Min. lang ihre Farbe nicht ändert; nur darf sie beim Titrieren nicht geschüttelt werden.

Die verbrauchte Menge Salzsäure wird notiert und der entsprechende pH-Wert aus einer geeichten Kurve sofort abgelesen. Kontrollbestimmungen müssen bis auf pH 0,02 übereinstimmen.

Es ist ratsam, die eigenen Lösungen möglichst selbst zu eichen. Am besten geschieht das auf elektrometrischem Wege; beim Eichen wird das verdünnte Plasma in den Phosphatsalzsäuregemischen durch Verdünnungsflüssigkeit (2,5 ccm auf 0,5 ccm Phosphat) ersetzt.

Die Indikatorenmethode nach Michaelis und Gyémant ist zur Eichung auch zu empfehlen (vgl. Prakt. Bd. I, S. 60). Anstatt mit Reagenzglas-Reihen arbeitet man nur mit zwei flachen Reagenzgläsern von möglichst gleichem Kaliber. Die eine Röhre enthält die zu messende Lösung, also in diesem Falle das Phosphatsalzsäuregemisch und dazu eine bekannte Menge m-Nitrophenol, die andere enthält die Lauge und wird aus einer Mikrobürette mit so viel verdünnter m-Nitrophenollösung versetzt, bis beide Röhren, von oben gesehen, die gleiche Farbe zeigen. Aus dem Verhältnis der Nitrophenolmengen in beiden Röhren wird der sogenannte Farbgrad berechnet. Durch mehrfache Kontrollen kann man bis zu 3% genau messen.

Temperaturkorrektur. Das Blut ist bei 38° C um pH 0,20 bis 0,22 saurer als bei 18° C. Der Temperaturkoeffizient der Methode beträgt also pro Grad pH = 0,01. Diese Größe muß für jeden Grad über 18° C — die Temperaturbestimmung geschieht im Rückstand der Zentrifugierröhre — zu dem in der Kurve angegebenen Wert addiert werden. Will man die Werte auf 38° C beziehen, so muß von den Werten für 18° C 0,22 abgezogen werden.

Die Fehlerbreite der Methode beträgt pH 0,02, so daß mit ihr objektive Ausschläge von pH 0,03 schon nachzuweisen sind[1].

Gasanalytische Bestimmung der Wasserstoffionenkonzentration im Blute.

Die Wasserstoffionenkonzentration im Blut bzw. im Plasma hängt von dem Verhältnis der frei gelösten und der gebundenen (Bikarbonat-) Kohlensäure, gemäß dem Massenwirkungsgesetz, ab. Nach dem Massenwirkungsgesetz besteht die Beziehung

$$k = \frac{[\text{H}]\,[\text{Säure-Anion}]}{[\text{undissoziierte Säure}]}\,*;$$

in unserem Fall ist demnach die H-Ionenkonzentration oder genauer die H-Ionenaktivität a_{H}

$$a_{\text{H}} = k\,\frac{[\text{H}_2\text{CO}_3]}{a_{\text{HCO}_3^-}} = k\,\frac{P\alpha}{[\text{HCO}_3^-]\cdot f_{\text{HCO}_3^-}} = \frac{k}{f_{\text{HCO}_3^-}}\cdot\frac{P\alpha}{[\text{HCO}_3^-]},$$

---

[1] Einige Änderungen bei der Ausführung der kolorimetrischen h-Bestimmung nach Holló-Weiß teilen neuerdings Schreus und Schulze mit: Z. exper. Med. **64**, 540 (1929).

* Die Werte in den eckigen Klammern bedeuten Konzentrationen in Mol.

wo $a_{HCO_3^-}$ die Bikarbonat-Ionenaktivität, $f_{HCO_3^-}$ den betreffenden Aktivitätskoeffizienten bedeuten. P ist der Partialdruck der Kohlensäure in der Gasatmosphäre über der Flüssigkeit, α der Löslichkeitskoeffizient, d. h. der Wert der gelösten H_2CO_3 in 1 ccm der Flüssigkeit beim Druck einer Atmosphäre der reinen Kohlensäure. Im Plasma (bzw. Serum) variiert $k/f_{HCO_3^-}$, die scheinbare erste Dissoziationskonstante der Kohlensäure, nur wenig mit der Bikarbonatkonzentration.

Drücken wir die Konzentrationen in Volumprozenten aus (Volumen Gas in 100 ccm Flüssigkeit), so erhalten wir

$$p\,a_H = pH_p = pK_p + \log \frac{\text{Vol.-\% } HCO_{3p}^-}{\text{Vol.-\% } H_2CO_{3p}}, \qquad (*)$$

wo

$$p\,a_H = \log \frac{1}{a_H} \quad \text{und} \quad pK_p = \log \frac{k}{f_{HCO_3^-}}$$

bedeuten, und der Index p oder s bezeichnet, daß die Werte auf Plasma oder Serum bezogen sind.

Werte für pK_s: bei 38^0 $6{,}10^1$, bei 20^0 $6{,}18$ mit einer maximalen Abweichung vom Mittel von $\pm\,0{,}03$ pH. Die gesamte Abweichung beträgt also $0{,}06$, die Werte für pH können demnach mit den gasometrischen Methoden nur mit dieser Genauigkeit, d. h. nur auf einige Einheiten in der 2. Dezimale des pH bestimmt werden[1].

Drückt man die Vol.-% H_2CO_{3p} (die Konzentration der gelösten Kohlensäure im Plasma in Vol.-%) als Funktion des Löslichkeitskoeffizienten α aus, so sind, wenn der Partialdruck der CO_2 pCO_2 ist ($=$ mm CO_2-Druck), die Vol.-% gleich

$$\frac{100 \cdot \alpha_p}{760} \cdot pCO_2 = 0{,}1316\,\alpha_p\,p\,CO_2.$$

Die Konzentration des Bikarbonats wird aus der Differenz zwischen freier und gesamter CO_2 gewonnen. Ist die Konzentration der gesamten (der freien und der gebundenen) Kohlensäure im Plasma gleich $[CO_2]_p$ d. i. die Vol.-% der gesamten CO_2, gemessen bei 0^0 und 760 mm Hg-Druck, so erhält man für

$$\text{Vol.-\% } HCO_{3p} = [CO_2]_p - 0{,}1316\,\alpha_p \cdot p\,CO_2.$$

Die ursprüngliche Gleichung (*) erhält demnach die Form:

$$pH_p = pK_p + \log \frac{[CO_2]_p - 0{,}1316\,\alpha_p\,pCO_2}{0{,}1316\,\alpha_p\,pCO_2},$$

bzw.

$$pH_s = pK_s + \log \frac{[CO_2]_s - 0{,}1316\,\alpha_s\,p\,CO_2}{0{,}1316\,\alpha_s\,p\,CO_2}.$$

---

[1] Vgl. hierzu noch Hastings, Sendroy und van Slyke: J. of biol. Chem. **79**, 193 (1928).

Die Messung der Vol.-% der gesamten Kohlensäure, d. h. von $[CO_2]$, erfolgt nach van Slyke und Cullen oder nach van Slyke und Neill (S. 49, 59). Über den Wert von $0,1316\,\alpha$ in Wasser und Serum gibt folgende Tabelle Aufschluß:

Größe von α in Wasser und im Serum		$0,1316\,\alpha_s$	
t^0	$0,1316\,\alpha_{H_2O}$	nach Bohr	nach van Slyke, Wu und McLean
15	0,1340	0,1307	0,1225
20	0,1156	0,1128	0,1057
25	0,0999	0,0975	0,0913
30	0,0875	0,0855	0,0800
38	0,0730	0,0712	0,0668

Der von Bohr angegebene Wert $\alpha_s = 0,975\,\alpha_{Wasser}$ variiert mit dem Wassergehalt des Serums.

Es ist zu beachten, daß die Pufferung, bedingt durch das Verhältnis CO_2/Bikarbonat, nicht dieselbe ist, ob die Änderung des CO_2-Druckes auf ein Serum getrennt von den Formelementen erfolgt oder in Gegenwart der roten Blutkörperchen (auf das „wahre" Serum).

Ausführung[1]. Von dem, mit NaF versetzten oder mit Oxalat behandelten (S. 73), unter Luftabschluß entnommenen Blut wird ein Teil zentrifugiert und im Plasma die gesamte Kohlensäure $[CO_2]_p$ bestimmt. Das übrige Blut wird mindestens in drei Teile geteilt und mit verschiedenen CO_2-Partialdrucken (z. B. 20, 40, 80 mm Hg) in Gleichgewicht gebracht (vgl. S. 41). Man zentrifugiert und bestimmt in jeder Probe die Gesamtkohlensäure $[CO_2]_p$. Diese drei Analysen gestatten, die CO_2-Absorptionskurve des „wahren Plasmas" der betreffenden Blutprobe festzulegen. Man sucht auf der Kurve den Punkt auf, der dem ersten $[CO_2^-]_p$ Wert entspricht. Danach können $[H_2CO_3]_p$ und $[HCO_3^-]_p$ bestimmt werden. So gewinnt man alle Daten zur Berechnung des pH. Auf diese Weise erhält man den „wahren" pH des Plasmas unter den Bedingungen des Partialdruckes der CO_2, wie er zur Zeit der Blutentnahme in vivo vorhanden ist.

Die Genauigkeit der Methode entspricht, wie oben schon erwähnt, der Genauigkeit, mit der pK mit der Wasserstoffelektrode bestimmbar ist. Abweichungen innerhalb pH $\pm$ 0,03 sind daher nicht zu verwerten (Bigwood).

Eine Vereinfachung der Methode ist die Bestimmung der

---

[1] Bigwood: l. c. S. 143.

„reduzierten" Wasserstoffzahl nach Hasselbalch[1]. Man bringt dabei die Blutprobe mit einem willkürlichen Partialdruck der CO_2 in Gleichgewicht. Hasselbalch wählt 40 mm Hg-Druck, den durchschnittlichen Druck des Gases im arteriellen Blut. Man berechnet den auf diesen Druck bezogenen pH. Die erste $[CO_2]_p$-Bestimmung der oben beschriebenen Methode, die CO_2-Bestimmungen bei verschiedenen CO_2-Drucken, sowie die Blutentnahme bei Luftabschluß fallen hier fort. Der so gewonnene Wert stimmt mit dem elektrometrisch bestimmten auf etwa $\pm$ 0,05 pH überein.

Macht man gleichzeitig mit der Blutentnahme eine Bestimmung des Partialdruckes der Kohlensäure in der Alveolarluft (S. 71), und nimmt man an, daß der CO_2-Druck im arteriellen Blut derselbe ist wie in der Alveolarluft, so kann man den pH des arteriellen Blutes berechnen, entsprechend dem Punkte, der dem Partialdruck der Kohlensäure in der Ausatmungsluft entspricht („Regulierte Wasserstoffzahl")[1].

Bei der Feststellung des pH des Plasmas aus der Bestimmung der Kohlensäure im Gesamtblut ist folgendes zu beachten.

Die Henderson-Hasselbalchsche Formel für die Beziehung zwischen dem pH des Serums und dem CO_2-Druck und CO_2-Gehalt des Gesamtblutes lautet:

$$pH_S = pK_B' + \log \frac{[CO_2]_B - 0{,}1316\,\alpha_B\,pCO_2}{0{,}1316\,\alpha_B\,[pCO_2]} \,. \qquad (**)$$

Die Indizes B bedeuten, daß die Werte sich auf das Gesamtblut beziehen.

Nach van Slyke, Wu und McLean besteht die Beziehung

$$\alpha_B = (1 - 0{,}0067\,h)\,\alpha_S,$$

wo h die Oxygenkapazität in Vol.-% (ccm O_2 für 100 ccm Blut) bedeutet.

Aus dem Nomogramm auf S. 94 (nach van Slyke und Hastings) lassen sich die Werte für $pK_B' - pK_S'$ entnehmen. Die gerade Linie, die die bekannten O_2 (oder Hb) und die pH-Werte für Serum verbindet, trifft die Werte $pK_B' - pK_S'$ für das total oxydierte und total reduzierte Blut (Abb. 44).

Bei der Benutzung der CO_2-Bestimmung und des CO_2-Gehaltes im Gesamtblut nach der Gleichung (**) zur Berechnung von pH_S sind die Werte der Konstanten unsicherer als bei der

---

[1] Vgl. hierzu jedoch Bigwood: l. c. S. 145.

Benutzung des CO_2-Gehaltes des Serums und der Gleichung (*). Letztere ist demnach vorzuziehen[1].

Den Grad der Änderung im pH mit der Temperatur bei kon-

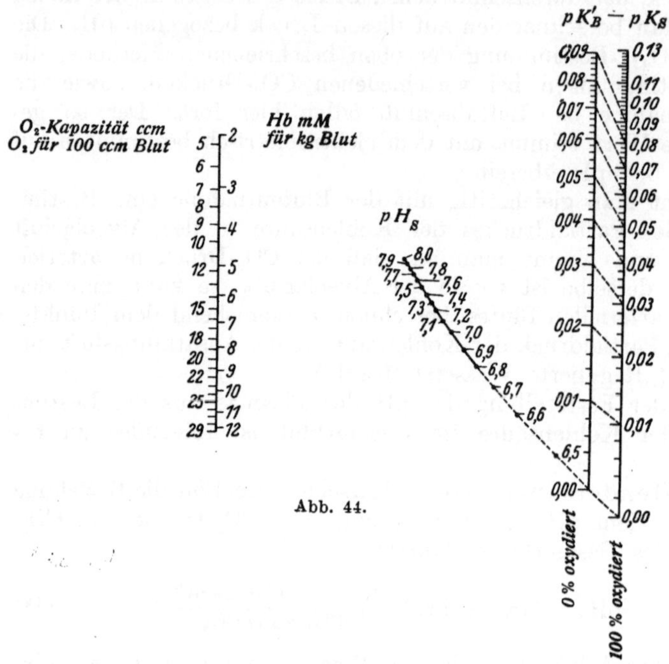

Abb. 44.

stanter Bikarbonatkonzentration im Blut wie auch im „wahren" Serum gibt die Formel

$$\Delta \mathrm{pH}_{(NaHCO_3)} = 0,02\,(38^0 - t^0)$$

an[2].

Pufferung und Pufferkapazität einer Lösung[3].

Die Pufferung ist der Widerstand, den eine Lösung einer Veränderung der H-Konzentration entgegensetzt. Die Pufferkapazität entspricht der Konzentration der vorhandenen Puffer[4].

---

[1] Über Berechnung des CO_2-Gehaltes im Plasma aus dem des Gesamtblutes vgl. auch van Slyke und Sendroy: J. of biol. Chem. **79**, 781 (1928).

[2] Stadie, Austin und Robinson (nach Austin und Cullen: Hydrogen Ion Concentration of the Blood S. 58. Baltimore 1926).

[3] Siehe auch Harn S. 326.

[4] Darstellung nach Klinke und Leuthardt: Klin. Wschr. **6**, 2409 (1927). — Vgl. hierzu Koppel und Spiro: Biochem. Z. **65**, 409 (1914);

Die Darstellung einer „Pufferungskurve" ist aus der Abb. 45
ersichtlich. In dieser sind die pH-Werte der Lösung auf der Abszissenachse, die Säuren- oder Laugenkonzentrationen auf der
Ordinatenachse aufgetragen. Die Abszissenachse ist durch den
Ausgangs-pH der Lösung gelegt. Subtrahiert man von den Ordinaten dieser Kurve die Ordinaten der Titrationskurve des Wassers,
so erhält man die „Pufferungskurve". Die „Pufferung" ist die
trigonometrische Tangente des Neigungswinkels der Kurven-
tangente gegen die Abszissenachse in einem beliebigen Punkt der
Kurve[1]. Der Abstand des geraden Teils dieser Kurve von der
Abszissenachse (AA' bzw. BB')
gibt die Säuren- bzw. Laugen-
konzentration an, die notwendig
ist, um die Pufferung der Lösung
zu erschöpfen[2]. Diese Konzentration ist die „gesamte Pufferkapazität der Lösung". Sie ist
das Maß für alle Wasserstoffionen
bzw. Hydroxylionen bindenden
Kräfte. Liegen einfach Gemische
von schwachen Säuren mit ihren
Alkalisalzen — wie im Blute —
vor, so ist die Säurekapazität
gleich der Konzentration der Al-
kaliäquivalente und die Laugen-
kapazität gleich der Konzentra-
tion der freien Säureäquivalente. Im Körper tritt der Fall, daß die
gesamte Pufferkapazität einer Lösung erschöpft wird, niemals
ein. In Betracht kommt nur die Pufferkapazität innerhalb einer
bestimmten physiologisch möglichen Moderationsbreite. Diese liegt
beim Blut etwa zwischen pH 6,0 und pH 8,5. Klinke und Leut-

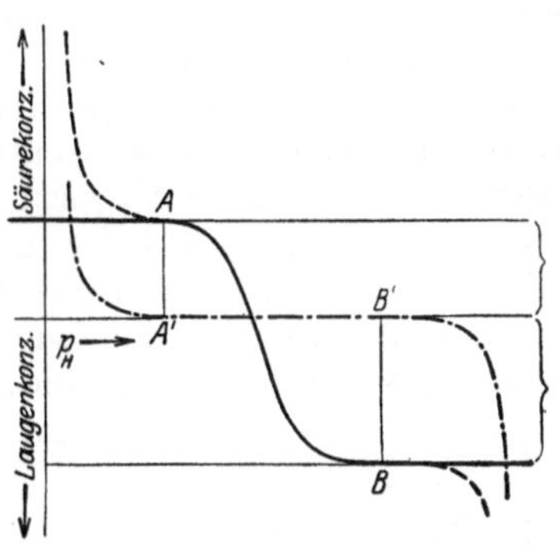

Abb. 45.

– – – – – Titrationskurve der Lösung,
—.—.— Titrationskurve des Wassers,
——— Pufferungskurve.

ferner Leuthardt: Kolloidchem. Beih. **25**, 1 (1927). — Moser: Helvet. chim. Acta **9**, 414 (1926) und Kolloidchem. Beih. **25**, 69 (1927).

[1] P, die Pufferung ist gleich $\dfrac{\Delta S}{\Delta h} - \dfrac{\Delta S_0}{\Delta h} = \dfrac{\Delta(S - S_0)}{\Delta h}$, wo S die Konzentration der zugeführten Säure, h die Wasserstoffionenkonzentration
und $\dfrac{\Delta S_0}{\Delta h}$ (das Verhältnis des Säurezusatzes zur Änderung der Wasserstoffionenkonzentration) die Titrationskurve des Wassers bedeuten. (Vgl.
Koppel und Spiro).

[2] Die Pufferungskapazität ist die Zahl der Säure- (bzw. Basen-) Äquivalente, die man einem System pro Volumeneinheit zusetzen muß, bis
seine Pufferung den Wert Null erreicht, d. h. sie so klein wird, daß man
sie praktisch vernachlässigen kann.

hardt bezeichnen das pH-Intervall zwischen der nativen und der als Endpunkt festgelegten H·-Konzentration als die physiologische Moderationsbreite und verstehen unter der physiologischen Pufferkapazität die Abnahme, die die Pufferkapazität vom Ausgangspunkt bis zum Endpunkt der Moderationsbreite erfährt.

Zahlenmäßig mißt man die physiologische Pufferkapazität, indem man die Konzentration an 0,001 n Säure bzw. Lauge angibt, die zur Erreichung des festgelegten pH nötig ist. Die Säurekonzentration wird berechnet, indem man die Konzentration an Säure angibt, die erhalten werden würde, wenn die zu titrierende Lösung durch reines Wasser ersetzt wäre. Es würde also z. B. ein Serum vom pH 7,3 (dem „nativen" pH), das zur Erreichung eines pH von 6,0 eine Säurekonzentration von 0,010 n verlangt, die Pufferkapazität 10 aufweisen. Für die physiologische Pufferkapazität schlagen Klinke und Leuthardt die Bezeichnung CM (capacitas moderatorum) vor. In dem gegebenen Beispiel wäre die Angabe der Größen, die für die Charakterisierung der Lösung besonders wichtig sind, des pH und der Pufferkapazität mit $CM_{6,0}^{7,3} = 10,0$ gegeben.

Die praktische Ausführung der Bestimmung von CM geschieht nach Klinke und Leuthardt wie folgt. Eine bestimmte Menge der zu untersuchenden Flüssigkeit wird mit steigender Menge Säure (etwa 1,0 n Lösung) im Wasserstoffstrom oder mit der Chinhydronelektrode elektrometrisch titriert. Der „native" pH des Serums wird gesondert mit der stehenden Wasserstoffblase bestimmt. Die Titrationskurve wird graphisch dargestellt, wobei die Abszisse durch den nativen pH gelegt wird und auf der Abszisse die pH-Werte, auf der Ordinate die Säurekonzentrationen aufgetragen werden. Die Länge der Ordinate des Punktes pH = 6,0 in Einheiten 0,001 n Säure ergibt die Pufferkapazität CM der Lösung. (Vgl. Abb. 46.) Zur Ausschaltung des Verdünnungsfehlers bei der Titration wird

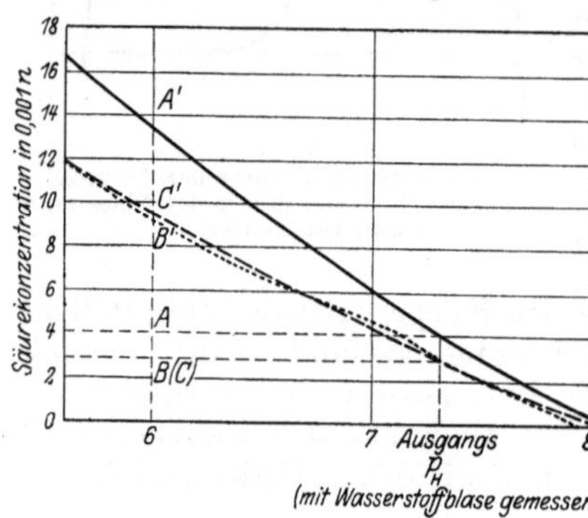

Abb. 46. Titrationskurven von normalem (——),
eklamptischem (– – –) und rachitischem (·········)
Serum.

$A A'$ = Pufferkapazität des normalen Serums = 9,5,
$B B'$ = Pufferkapazität des eklamptischen Serums = 6,4,
$C C'$ = Pufferkapazität des rachitischen Serums = 6,6,
Ausgangs-p_H = 7,3.   (Nach Moser).

nach dem Vorschlag von Moser das Serum halb mit Wasser verdünnt und bei der Titration genau so viel an unverdünntem Serum hinzugefügt wie das Volumen der zugesetzten Säure beträgt[1].

Elektrodialyse des Serums[2].

(Schnelldialyse) des Serums nach Ettisch[3].

Die Elektrodialyse (abgekürzt: ED) ist eine Dialyse, die dadurch beschleunigt wird, daß man sie im elektrischen Felde vor sich gehen läßt. Auch ihr kommt also primär der Zweck zu, flüssige Substanzgemische zunächst und hauptsächlich von Elektrolyten zu befreien. Dabei besteht aber außerdem die Möglichkeit, auch Nichtelektrolyte aus jenem Gemisch mit fortzuschaffen (s. w. u.). Die Feldanlegung aber zwingt dazu, für die ED, gegenüber der einfachen Dialyse, besondere Anordnungen hinsichtlich der Apparatur zu treffen, in der sie vor sich gehen soll. Das elektrische Feld bewirkt zunächst, daß Anionen und Kationen in entgegengesetzter Richtung das Substanzgemisch verlassen. An den Elektroden erfolgt sodann aber der Übergang der Ionen in Moleküle usw. (Elektrolyse). Es ist daher notwendig, die Auswanderung in besondere abgeschlossene Räume zu leiten, damit das zu reinigende Substanzgemisch von den abgesonderten Ionen getrennt bleibt. Ferner ist es erforderlich, jene Elektrolysenprodukte zu entfernen, um Rückdiffusionen von Säure bzw. Laugen zu verhindern.

Diesen Bedingungen wird am einfachsten genügt durch Verwendung eines Dreikammersystems, wie es das Schema der Abb. 47 angibt.

Von den 3 Kammern I, II, II' der Elektrodialysierzelle enthält die mittlere I die zu dialysierende Substanz. Sie wird als Mittelkammer, auch Dialysierkammer, bezeichnet. Die beiden endständigen Kammern II und II' enthalten die Elektroden E und E'. Durch sie fließt dauernd der spülende Strom von destilliertem Wasser. Er tritt bei E_1 bzw. E_2 ein, und bei A_1 bzw. A_2 wieder aus. Diese Kammern heißen Endkammern, Elektrodenkammern, auch Spülkammern. Sie sind von der Mittelkammer durch Membranen M_+ bzw. M_- getrennt. An die Elektroden wird die Spannung einer Gleichstromquelle B gelegt unter Einschalten eines Amperemeters mit den Meßbereichen von etwa ¦1 Milliampere bis 10 Ampere. Der Regulierwiderstand R regelt die Spannungsverteilung. Das Voltmeter V

---

[1] In der so bestimmten Pufferkapazität ist die „Kohlensäurepufferung" nicht enthalten.

[2] Die Darstellung verdanken wir Herrn Ettisch, Dahlem.

[3] S. hierzu z. B. Ettisch u. Ewig: Biochem. Z. **200**, S. 250 (1928). — Tóth: Prakt. III, 241; ferner Dhéré: Kolloid-Z. **41**, 243 (1927).

zeigt an, welches die jeweilige Spannung zwischen den Klemmen der Elektroden (Dialysierspannung) ist. Damit ist man auch über den jeweiligen Widerstand zwischen den Elektroden unterrichtet. Bei solcher Anordnung werden die Elektrolyte aus der Zelle beschleunigt herausgeholt, da die Membranen für diese durchlässig sind. Die Membranen besitzen aber Eigenladung. Es muß daher stets auch eine elektrosmotische Wasserüberführung stattfinden. Bei diesem Vorgang können auch solche Moleküle bzw. Molekülkomplexe die Mittelkammer verlassen, die durch die Membranen eben noch hindurchzutreten vermögen. Auch solche Körper, die in der Mittelkammer nur zu einem äußerst geringen Bruchteil dissoziiert vorhanden sind, werden durch die ED daraus entfernt werden können. Es bleiben also alle diejenigen Körper in der Mittelkammer zurück, die die Membranen nicht durchtreten lassen. Das können große Ionen, große Moleküle usw.

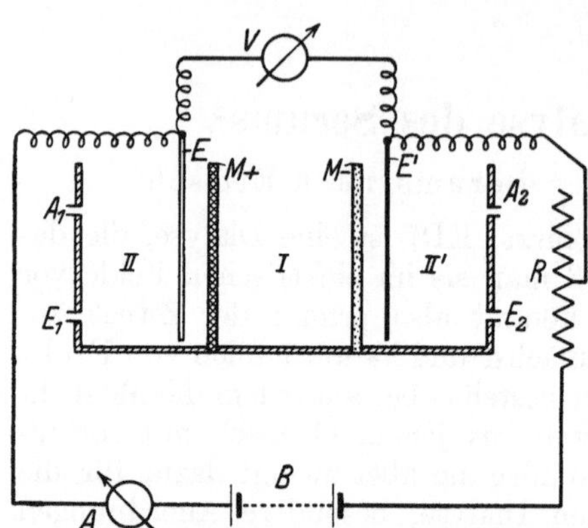

Abb. 47. *I* Mittelkammer; *II, II'* Spülkammern; *M₊* positive, *M₋* negative Membran; *E* positive (Platin-), *E'* negative (Kupfer-) Elektrode; $E_1 E_2$ Einflußöffnungen, A_1, A_2 Ausflußöffnungen, *B* Gleichstrombatterie; *R* Regulierwiderstand; *A* Amperemeter; *V* Voltmeter.

sein. Es hat sich gezeigt, daß es im Einzelfalle darauf ankommt, was für Substanzgemische man von Elektrolyten und Nichtelektrolyten befreien soll. Bei gegebenen Membranen, gegebener Spülung und Apparatekonfiguration zeigt die ED einen Verlauf, eine Dauer und einen Endzustand, der abhängt von Natur, Konzentration, Mischungsverhältnis der zu dialysierenden Substanz i. B. Elektrolyte und Nichtelektrolyte. Es ist ferner von hoher Bedeutung, ob die Mittelkammer auch noch Kolloide enthält. Dabei spielt eine Rolle, von welcher Art diese sind. Ferner ist zu beachten, daß die Entfernung von Elektrolyten oder Nichtelektrolyten aus einem Gemisch mit einer oder mehreren anderen Substanzen dazu führen kann, sekundär an diesem zurückbleibenden Gemisch Änderungen hervorzurufen, wodurch dieses etwa aus dem gelösten Zustand in den ungelösten übergeht. Dieser Fall wird sich gerade bei der Elektrodialyse des Serums verwirklicht zeigen. Aber nicht nur Fällungen können auf diesem Wege zustande kommen, sondern auch noch andere Wirkungen, z. B. Synthesen. Es zeigt sich also, daß es eine ED schlechthin nicht gibt, sondern nur eine solche mit einer bestimmten Substanz, zu einem bestimmten Zweck und schließlich, wie noch zu zeigen sein wird, mit einer bestimmten Membrankombination. Je nachdem die Umstände eine Änderung vorschreiben, ist die Anordnung irgendwie zu ändern. Dabei wird jedesmal ein Probeversuch entscheidend sein müssen.

Hier soll allein die ED des Serums ausführlich erörtert werden.

Bei der ED des Serums ist die Elektrolytentfernung grundsätzlich ebenfalls der Primärvorgang. Ihm schließen sich sekundäre an: Säuerung und Eiweißausfall. Hinsichtlich der praktischen Bedeutung der ED des Serums steht nicht so sehr die Elektrolytentfernung an sich im Vordergrund, als vielmehr die Erscheinung des Eiweißausfalles, der teilweise eine Folge von jener ist. Die ED wird also zur Darstellung von Serumproteinen benutzt. Eine reine Elektrolytentfernung ohne Fraktionierung ist theoretisch nicht möglich. Damit tritt die ED als Fraktionierungsmethode neben die Fällungsmethoden. Dabei muß die Frage noch offen gelassen werden, in welcher Weise und ob überhaupt die durch die Fällungen gewonnenen Proteine qualitativ und quantitativ übereinstimmen mit denen durch ED gewonnenen.

Bei der ED des Serums sollen folgende Bedingungen erfüllt werden: 1. Das Serum soll in unverdünntem Zustande verarbeitet werden, da Verdünnung höchstwahrscheinlich Veränderungen in seinem Gefüge hervorruft. 2. muß die ED möglichst rasch ablaufen, damit die Proteine nicht unnötig lange im elektrischen Felde verbleiben. Es sollen ferner auch die Veränderungen durch Pilze, Fäulniserreger, Autolyse usw. weitestgehend hintangehalten werden. Es ist daher mit den höchst zulässigen Spannungen zu arbeiten. 3. dürfen extreme Reaktionsverschiebungen in der Mittelkammer weder nach der sauren noch nach der alkalischen Seite hin auftreten, damit Änderungen in der Konstitution der Eiweißkörper unterbleiben. 4. Die Temperatur in der Mittelkammer darf nicht über die Grenzen steigen, die das Serum unter normalen Verhältnissen besitzt. Neben diesen Bedingungen laufen noch gewisse praktische Erfordernisse, wie Handlichkeit und Übersichtlichkeit der gesamten Anordnung, Vermeidung von übermäßigem Gebrauche von destilliertem Wasser u. a. m. Von allen diesen einzeln angegebenen Bedingungen kann naturgemäß abgewichen werden, sobald besondere Zwecke dieses erfordern. So kann es sich unter Umständen darum handeln, gerade Serum von bestimmtem Verdünnungsgrad zu verarbeiten. Es kann ferner erwünscht sein, eine langsame ED durchzuführen. In anderen Fällen kann gerade der Einfluß starker Reaktionsverschiebungen zur Untersuchung stehen, oder aber man will in höherem Temperaturbereich arbeiten oder gerade mittels der ED eine Hitzekoagulation der Serumproteine hervorrufen. Von solchen Ausnahmefällen soll aber hier vollkommen abgesehen werden. Hier soll nur von der normalen ED die Rede sein, bei der dann den oben aufgestellten Bedingungen zu genügen wäre. Dieses geschieht durch einen bestimmten Typ der ED. Für ihn ist die Art der zur Absperrung der Mittelkammer erforderlichen Membrankombination von ausschlaggebender Bedeutung. Es liefern einen solchen vorgeschriebenen Verlauf 1. die Kombination: Pergamentmembran vor der negativen Elektrode, Albumin-Kollodiummembran vor der positiven. 2. die Kombination Pergamentmembran vor der negativen Elektrode, Gelatinekollodiummembran vor der positiven. Als Pergamentmembran wird dabei das käufliche Pergamentpapier verwendet. Die Herstellung der bezüglichen Kollodiummembranen wird am Schlusse mitgeteilt werden. Es gibt eine Reihe von Apparaten, in denen die ED vorgenommen werden kann.

Hier sei nur diejenige beschrieben, die jenem oben angegebenen Schema (Abb. 47) am nächsten kommt, und die auch mit Beziehung auf die hier

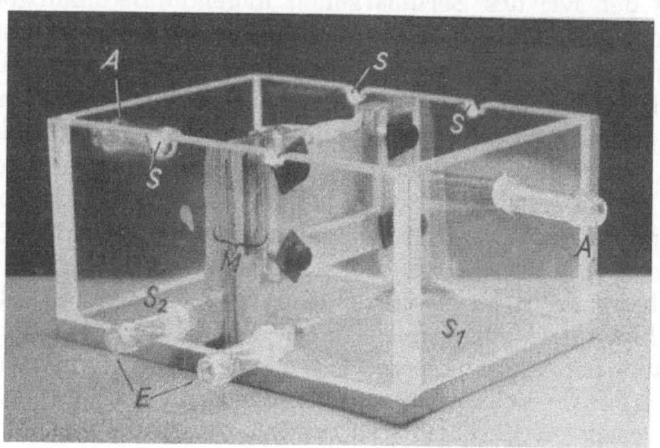

Abb. 48.

dargelegten Bedingungen die günstigste Konfiguration darstellt. Sie besteht aus einem Glaskasten von rechteckiger Grundfläche, dessen Abmessungen sich nach den zu dialysierenden Substanzmengen richtet (siehe Abb. 48).

An ihm sind die beiden Zuflußöffnungen EE und die Ausflußöffnungen A, A zu erkennen. Ferner besitzen die oberen Ränder der Vorder- und Hinterfläche je 2 Ausschnitte S, S, in die die bezüglichen Elektroden (in den Endkammern S_1, S_2) eingehängt werden. Die Elektroden bestehen aus rechtwinkligen Glasrahmen mit Auslegebügeln. Der mit Platindraht besponnene Rahmen dient als Anode, der mit Kupfer besponnene als Kathode. Jeder Rahmen trägt eine Klemmschraube.

Die Mittelkammer M (s. Abb. 49) nimmt die zu dialysierende Flüssigkeit auf. Sie besteht aus 3 Teilen. Aus einem Glasblock B und 2 Rahmen R_1, R_2.

Die Mittelkammer ist in den Glaskasten eingepaßt. Zur Anbringung der bezüglichen Membranen wird der Block B an den betreffenden Flächen mit einer dünnen Schicht Zaponlack bzw. mit einer Gelatinelösung überpinselt und die betreffende Membran in feuchtem Zustand darauf gelegt und leicht angedrückt. Man darf die Membranen nicht trocken aufkleben, da sie in der Flüssigkeit quellen und dann einen zu großen Mittelraum abgeben. Bei den Kollodiummembranen muß man mit dem Zaponlack vorsichtig umgehen, da er das Kollodium aufzulösen vermag. Kleine Defekte lassen sich aber mit flüssigem Kollodium wieder leicht ausbessern. Hat man beide Membranen befestigt, so werden die Glasrahmen R_1, R_2 von außen an die Membranen gelegt. Mittels der Hartgummischrauben G, unter die Gummiplättchen gelegt werden, werden die Rahmen mit dem Glasblock verbunden. Nach einigen Minuten prüft man die Mittelkammer durch Wassereinfüllen auf ihre Dichtigkeit. Ist diese sichergestellt, so fügt man die Mittelkammer in das Glasgefäß ein, nachdem man sich überzeugt hat, daß die Membranen nicht allzusehr aus dem

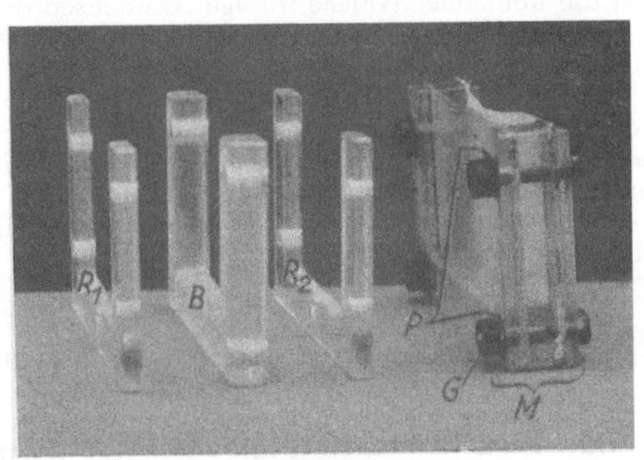

Abb. 49.

Rahmen nach den Seiten herausragen. Eine besondere Befestigung oder Abdichtung der Mittelkammer im Glaskasten ist für gewöhnlich nicht erforderlich, da der kapillare Spalt zwischen ihr und den Wänden des Kastens einen sehr großen elektrischen Widerstand darstellt. Will man aber auf jeden Fall sichergehen, so kann man durch heißes Paraffin mit ein paar Pinselstrichen die Mittelkammer festkitten und zugleich die beiden Endkammern voneinander isolieren. Damit ist die Zelle für die ED zusammengestellt. Bei Nichtgebrauch muß sie, wenn sie nicht auseinandergenommen wird, mit Wasser gefüllt aufbewahrt werden, damit die Membranen nicht austrocknen und dabei einreißen. Beim Auseinandernehmen löst Azeton den Zaponlack, Wasser die Gelatine leicht auf. Die Rahmen dürfen von der Unterlage nur abgeschoben, nicht abgehoben werden, da sie dabei leicht zerbrechen. Ein gebrochener Rahmen kann aber noch weiter Verwendung finden, da er durch die Verschraubung seine Stützfunktion noch auszuüben vermag. Es ist daher auch nicht erforderlich, die Rahmenschrauben übermäßig fest anzuziehen.

Die Spülung der Endkammern erfolgt mit destilliertem Wasser. Man stellt die Vorratsflasche etwa 1 m erhöht gegenüber der ED-Zelle auf und läßt von dort aus durch ein eingeschaltetes T-Stück aus Glas das Wasser durch die beiden Spülkammern fließen. Durch aufgesetzte Schraubenquetschhähne kann man jeden Zufluß und Abfluß regulieren. Oft ist es von Bedeutung, die Spülflüssigkeit zu analysieren, dann wäre das abfließende Wasser aufzufangen. Bei der hier dargestellten Methode der ED braucht das Spülwasser nicht übermäßig rasch durch die Kammern geschickt zu werden. Als Beispiel sei erwähnt, daß bei der ED von etwa 40 ccm unverdünntem Serum in der beschriebenen Apparatur in der ersten Stunde 5 Liter, in der zweiten Stunde 4 Liter Wasser verbraucht wurden. Man kann also auf etwa 1 ccm Serum 100—150 ccm destilliertes Wasser rechnen, je nach der Art und Dauer der ED. Erhöhung der Spülgeschwindigkeit hat kaum einen Einfluß auf den grundsätzlichen Gang der ED. Von Vorteil ist allerdings die dadurch bewirkte Kühlung infolge Ansteigen des elektrischen Widerstandes. Das erreicht man aber zweckmäßiger durch Einlegung von Kühlschlangen in sämtliche Kammern. Diese Kühlung wird durch Leitungswasser gespeist. Man verfährt aber noch besser, wenn man durch Regulierung der Stromstärken die Wärmeentwicklung hintanhält. Diese ist von Bedeutung nur etwa im ersten Viertel der ED. Sehr bald wird die Joulesche Wärme infolge Anwachsen des Widerstandes geringer, so daß man in den übrigen Dreivierteln schon mit voller Spannung arbeiten kann.

In die Mittelkammer wird noch eine Rührvorrichtung eingeführt. Diese muß so arbeiten, daß eine gute Durchmischung des Inhaltes während der ganzen ED vor sich geht. Ein Elektromotor oder auch eine gut laufende Wasserturbine vermag dieses sicherzustellen.

An die Elektroden wird eine Gleichstromquelle von 120 bzw. 220 Volt gelegt.

Gewinnung von Eiweißfraktionen durch die Elektrodialyse.

Die Elektrolytentfernung ist der Primärvorgang auch für die Serum-ED. Diese Entfernung hat aber zur Folge, daß die Globuline, die nur bei Elektrolytgegenwart gelöst sind, ihre Löslichkeit verlieren. Diese sind im normalen Serum (pH 7,5—8,0) als Natrium-Globulinat vorhanden. Im Laufe der Elektrolytentziehung muß also notgedrungen auch eine Membranhydrolyse eintreten. Das Na wird durch die Membran hindurchkönnen, nicht aber das entsprechende Globulin-Anion. Dabei geht die Reaktion in der Mittelkammer aus dem alkalischen in den sauren Bereich. Damit ist aber die zweite notwendige Bedingung für den Globulinausfall verwirklicht, die Säuerung. Im isoelektrischen Punkte (pH 5,4) ist das Globulin bei Elektrolytfreiheit vollkommen unlöslich. Sind alle Elektrolyte entfernt, so muß die Membranhydrolyse der Proteine eine saure Reaktion herbeiführen. Die beiden Vorgänge sind also eng miteinander verbunden. Beim pH 4,7 ist die Membranhydrolyse für Albumin, bei pH 5,4 die für Globulin beendet. Sieht man von anderen Faktoren ab (besondere Membrandurchlässigkeit, Eiweißkonzentrationen, Gegenwart noch anderer Stoffe), so wird jede ED in dem Bereich der Säuerung um pH 4,7 herum enden müssen. Da die Globuline von pH 4,0—7,0[1] praktisch unlöslich sind, führt eben jede Serum-ED notwendig zur Globulinfraktionierung, also notwendig auch zu einer Reaktionsverschiebung in bestimmtem Ausmaße nach der sauren Seite hin. Es gibt keine Serum-Elektrodialyse ohne Säuerung.

---

[1] Ettisch u. Runge: Kolloid-Z. **37**, 26 (1925).

Sobald man Wert legt auf Fraktionierungsprodukte, die quantitativ und qualitativ einigermaßen vergleichbar sind, muß der Verlauf jeder ED kontrolliert werden. Den Verlauf des Eiweißausfalles kann man dadurch bestimmen, daß man in gewissen Zeitabständen der Mittelkammer Proben entnimmt und diese zentrifugiert. Aus der überstehenden Flüssigkeit kann nach einer der üblichen Meßmethoden der Eiweißgehalt festgestellt werden. Hat man auch den Eiweißgehalt des Serums ermittelt, so ergibt sich als Differenz der Eiweißausfall. Diese Methode kann nicht als vollkommen exakt angesehen werden, da dabei der Einfluß der elektroosmotischen Wasserüberführung unberücksichtigt bleibt. Diese Feststellungsmethode erweist sich aber für gewöhnlich als vollkommen ausreichend. Den Verlauf der Elektrolytentfernung beobachtet man an einem in den Stromkreis geschalteten Amperemeter und gegebenenfalls zugleich auch an dem Voltmeter. Auch hierbei handelt es sich um kein absolut exaktes Verfahren, aber auch hierbei kann man zeigen, daß man ein zureichendes Maß für die bezüglichen Änderungen in der Mittelkammer erhält. Zu Beginn der ED pflegt die Stromstärke anzusteigen, unter Sinken des Widerstandes im Gesamtsystem. Die hierbei auftretende Erwärmung wird durch den Vorschaltwiderstand in den zulässigen Grenzen gehalten. Sehr bald kann jeglicher Widerstand herausgenommen werden.

Die hauptsächlichste Kontrolle der Elektrodialyse besteht in der Beobachtung des pH-Verlaufs. Die besondere Wichtigkeit liegt dabei darin, daß sowohl übermäßige Säuerung als auch Alkalisierung Änderungen in der Konstitution der Proteine hervorrufen können. Das Ansteigen des pH über den Ausgangswert des Serums wird durch die hier angegebenen Membrankombinationen verhindert. Auf dieses Moment muß besonderer Wert gelegt werden. Eine pH-Verschiebung in gewissen Grenzen nach der sauren Seite hin wird dagegen für die Serumfraktionierung erforderlich sein. Es geht aber aus den obigen Erörterungen klar hervor, daß ein Ansteigen der Säuerung bis zu pH-Werten von $< 4{,}0$ zu vermeiden ist. Hier lösen sich ja die Globuline wieder auf, und fast gleichzeitig kommt es zu sekundären Erscheinungen (Membranbildungen an der Kathode usw.). Hierbei werden dann die Eiweißkörper gewiß ebenfalls eine erhebliche Veränderung erleiden. Es sei in diesem Zusammenhang noch bemerkt, daß die anodische Membran als Eiweißmembran naturgemäß leicht bakterieller und autolytischer Zersetzung zugänglich ist. Sie ist daher stets nur eine gewisse, wenn auch recht große Zahl von Malen verwendbar. Aber nicht nur eine Veränderung der Membran, sondern auch ein besonderer Zustand des Serums (Hämolyse) kann einen abnormen Verlauf des Reaktionsganges während der ED bewirken. Aus allen diesen Gründen ist die pH-Kontrolle bei jeder ED erforderlich.

Die Dauer der ED ist naturgemäß wesentlich abhängig von der Geschwindigkeit der Elektrolytauswanderung. Diese wiederum aber von dem Widerstand, den die Ionen in der Membran finden. Bei den verschiedenen Membrankombinationen ist diese Geschwindigkeit verschieden. Als günstigste anodische Membran hat sich die Gelatinekollodiummembran erwiesen. Eine ED von etwa 35 ccm dauert etwa 30 Min., die von etwa 250 ccm 80 bis 90 Min.

Das Ende der ED, der Augenblick ihres Abbruches ist dadurch gegeben, daß weder der Stromtransport, noch der Eiweißgehalt, noch der pH-Wert sich ändert. Verfolgt man demnach den Verlauf der ED in der oben vorgeschriebenen Weise, so zeigt sich das Ende der ED leicht an.

Die hier beschriebene Vorrichtung zur ED ist auch für eine sehr wirksame Schnelldialyse verwendbar. Dabei wird das elektrische Feld fortgelassen; die Rührvorrichtung in der Mittelkammer und die Spülung in den Endkammern werden dagegen beibehalten.

Herstellung von einfachen und zusammengesetzten Kollodiummembranen.

1. **Herstellung von Kollodiummembranen.** Zur Herstellung von Kollodiummembranen verwendet man das Ätheralkohol-Kollodium von C. A. F. Kahlbaum („zur Herstellung von Membranen zur Dialyse"). Man hält die Vorratsflasche stets gut verschlossen, um eine Konzentrationsänderung infolge Verdunstens von Äther zu vermeiden. In möglichst dünner Schicht wird dann dieses Kollodium in eine Schale mit ebenem Boden ausgegossen und diese Schale dann auf einen Tisch gestellt, von dessen Ebenheit man sich überzeugt hat, und von dessen Oberfläche Zugluft

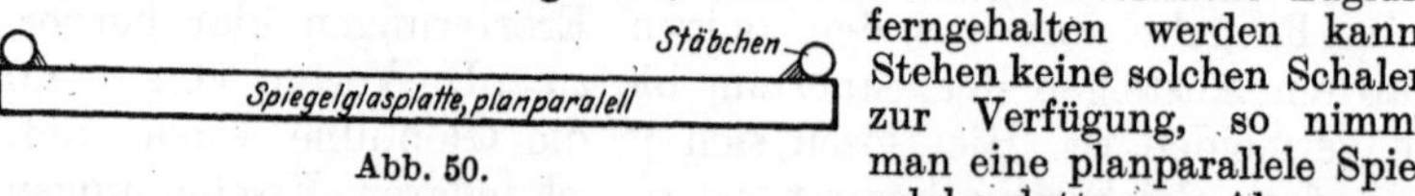

Abb. 50.

ferngehalten werden kann. Stehen keine solchen Schalen zur Verfügung, so nimmt man eine planparallele Spiegelglasplatte von Abmessungen, die um einiges größer sind, als die Membran später werden soll. Auf diese Platte kittet man über ihren Rändern (s. Abb. 50) dünne Glasrohre oder -stäbchen fest (mit Kanadabalsam, Wasserglas, Glaserkitt oder einer anderen Masse). Man kann sich auf diese Weise selbst eine Schale von genügender Größe anfertigen. Das ausgegossene Kollodium wird so lange der Trocknung unterworfen, bis bei schräger Aufsicht auf der gesamten Membranoberfläche die erhabenen Rippen eines Chagrinmusters erscheinen (etwa 20—30 Minuten). Darauf wird die Schale in einem großen Wassergefäß vollkommen untergetaucht. Man läßt die Membran dort einige Zeit mit ihrer Schale und unterstützt dann die Ablösung durch vorsichtiges Abtrennen der Membran vom Rande her mit einem scharfen Messer. Da unter Umständen sich vom Kitt des Schalenrandes etwas in Ätheralkohol gelöst haben und in den Rand der Membran eingedrungen sein könnte, wird die Schale größer als erforderlich gewählt. Erteilt man nun durch Abschneiden der Ränder der Membran die erforderliche Größe, so werden gleichzeitig die verunreinigten Teile mit entfernt. Nach Wässern von etwa 1 Stunde bei mehrmals gewechseltem, destilliertem Wasser ist die Membran verwendbar.

2. **Albuminkollodiummembran.** Hierzu ist erforderlich 1. Alkohol-Ätherkollodium wie oben, 2. feinst pulverisiertes Eieralbumin von Merck. Von dem Kollodium gießt man die notwendige Menge in ein Erlenmeyerkölbchen und fügt eine solche Menge von dem Eieralbumin hinzu, daß stets Bodenkörper vorhanden ist. Es wird mehrmals kräftig durchgeschüttelt und die Suspension dann etwa 1 Stunde sedimentieren gelassen. Noch trübe wird die Suspension ausgegossen und weiter so behandelt, wie es oben von der reinen Kollodiummembran beschrieben worden ist. Wegen der bakteriellen Angreifbarkeit muß die Membran bei Nichtbenutzung unter Wasser im Eisschrank aufbewahrt werden.

3. **Gelatinekollodiummembran.** Hier wird zunächst nur Kollodium in der oben angegebenen Weise ausgegossen. Auch alle anderen Kennzeichen der Trocknung usw. bleiben dieselben. Nachdem man die fertige Kollodiummembran kurze Zeit gewässert hat, bringt man sie in eine 2 %ig. Lösung von Lichtfiltergelatine (Agfa) und läßt sie 24 Stunden darin. Die Gelatine ist beim Einbringen der Membran warmflüssig, erstarrt aber bei der Abkühlung bzw. bei der Aufbewahrung im Eisschrank. Wenn dann die Kollodiummembran nach 24 Stunden herausgenommen wird, muß sie von den anhaftenden groben Gelatineteilchen gereinigt werden. Da die Gelatine ein wenig zuverlässig definierter Körper ist (Alter der Gelatine!), stellen sich bei dieser Membran unter Umständen Störungen heraus. Auch aus diesem Grunde ist daher jede ED zu kontrollieren.

Es sei zum Schluß noch erwähnt, daß man sich die Kollodium-Membranen in verschiedener Dicke und auch mit verschiedener Durchlässigkeit herstellen kann. Sehr große Durchlässigkeit erzielt man dadurch, daß man das käufliche Alkohol-Äther-Kollodium mit dem Lösungsmittel verdünnt. Dabei kann man naturgemäß auch sehr dünne Membranen erhalten. Erheblich dicker und weniger durchlässig werden die Membranen, sobald von dem Lösungsmittel gewisse Mengen verdampft sind. Man kann aber auch bei feinen Membranen erschwerte Durchlässigkeit erreichen dadurch, daß man sie in verdünnte Lösungen von Formaldehyd auf längere oder kürzere Zeit bringt. Über die vor sich gegangene Veränderung kann man sich durch Versuche überzeugen.

Spektroskopie des Blutes[1].

Das Absorptionsspektrum.

Zur Untersuchung biologischer Farbstoffe dient die spektroskopische Beobachtung ihrer Absorptionsspektren. Hierunter versteht

---

[1] Vgl. Schumm: Spektrochemische Analyse, 2. Aufl. Jena 1927. S. auch Schumm in Abderhaldens Arbeitsmethoden IV/3, S. 63 (1924.) Ferner Löwe in Abderhaldens Arbeitsmethoden II/2, S. 1431 (1928.)

man das Spektrum des weißen Lichtes, aus dem durch das Einschalten der zu untersuchenden Farblösungen in den Strahlengang bestimmte Teile des Spektrums teilweise oder vollständig ausgelöscht werden. Diese „Lücken“ im Spektrum des weißen Lichtes stellen entweder mehr oder weniger gut abgegrenzte Bezirke dar, so daß das Absorptionsbild „Streifen“ oder „Banden“ aufweist, oder es findet eine über größere Bezirke des Spektrums ausgedehnte, endwärts allmählich zunehmende „Endabsorption“ statt. Die Absorptionsstreifen können entweder symmetrisch oder unsymmetrisch gestaltet sein, d. h. ihr „Dunkelheitsmaximum“ liegt entweder in der Mitte des Streifens oder seitwärts, von der Mitte abweichend. Man bezeichnet den dunkelsten Streifen als Hauptstreifen, die schwächeren als Nebenstreifen. Die Lage der Banden im Spektrum wird, wie jede Ortsbezeichnung im Spektrum, ausgedrückt durch Angabe der Wellenlänge der Strahlen des zu messenden Spektralteiles. Da die absolute Zentimetereinheit für die Wellenlänge sehr kleine Zahlen ergibt, so werden zur Bezeichnung von Wellenlängen die Größen $\mu = 10^{-4}$ cm, m μ (oder $\mu\mu$) $= 10^{-7}$ cm oder die Ångström-Einheit Å $= 10^{-8}$ cm angewendet. Die Natriumlinie D_2 wird also bezeichnet zu $5{,}889 \cdot 10^{-5}$ cm $= 0{,}589\ \mu$ $= 588{,}9$ m$\mu = 5889{,}965$ Å. Die Einheit ist der Meßgenauigkeit entsprechend zu wählen. Für die Lage von verwaschenen Absorptionsbanden ist die mμ-Einheit genau genug, während reine Spektrallinien in Å angegeben werden. Die Lage der Absorptionsstreifen und Banden im Spektrum ist von einer Reihe verschiedener Faktoren (siehe w. u.) abhängig; bei Konstanthaltung derselben ist sie aber exakt reproduzierbar. Die Art des Spektrums und seine Änderung bei chemischer Reaktion des Farbstoffes ist für die einzelnen Farbstoffe charakteristisch.

Zahl oder Art der Absorptionsstreifen sind abhängig:

a) **von der Art des Lösungsmittels.** Starke Unterschiede bestehen oft zwischen den Spektren alkoholischer und wäßriger, saurer und alkalischer Lösungen desselben Farbstoffes.

b) **von der Konzentration des Farbstoffes.** Das Bild des Absorptionsspektrums wird stark beeinflußt von der Konzentration der von Licht durchsetzten Lösung oder, was das gleiche ist, von ihrer Schichtdicke. Das für einen Farbstoff charakteristische Absorptionsbild wird oft erst bei dünnen Lösungen sichtbar. Es folgt hieraus die Regel, bei Untersuchungen von Spektren stets mit Reihen verschiedener Farbstoffkonzentrationen zu arbeiten.

c) **von der Temperatur.** Diese ist nur von Einfluß, wenn sich mit ihr die chemische Zusammensetzung des Farbstoffes ändert.

d) **von der Anwesenheit mehrerer Farbstoffe.** Diese können das Spektrum der einzelnen Farbstoffe sowohl unbeeinflußt lassen, als auch Änderungen der einzelnen Spektren bedingen.

e) **von der Art der Untersuchungsapparatur.** Diese beeinflußt zwar nicht die Lage der Dunkelheitsmaxima der einzelnen Banden, doch erscheinen Absorptionsstreifen, die in einem Spektroskop mit langem Spektrum (starke Dispersion) als unscharf begrenzte verwaschene Schatten auftreten, in einem Spektroskop mit kurzem Spektrum schärfer begrenzt und dunkler. (Subjektiv könnte durch die Veränderung der Bande auch die Lage des Absorptionsmaximums beeinflußt erscheinen.) Daher ist das Aussehen der Banden von der Art des verwandten Spektroskopes (Prismen- oder Gitterspektroskop) abhängig. Für schwache Absorptionsstreifen sind Apparate mit geringer Dispersion anzuwenden.

Beschreibung der Apparate.

Die zur Spektroskopie zu verwendende Apparatur ist je nach dem Zweck der Untersuchung durchaus verschieden. Allen Apparaturen gemeinsam ist das spektroskopische Prinzip. Dasselbe beruht darauf, daß das Licht einer Lichtquelle unmittelbar oder mittels einer Kondensorlinse auf einen in seiner Breite verstellbaren Spalt fällt. Derselbe liegt im Brennpunkt einer auf ihn folgenden zweiten Linse (Objektiv) derart, daß die von dem beleuchteten Spalt ausgehenden Strahlen die Linse parallel gerichtet verlassen. Den aus einem Spektralspaltrohr und Objektiv bestehenden, in einem Metallrohr eingeschlossenen Apparatteil bezeichnet man — soweit er apparativ als Einzelteil ausgebildet ist — als „Kollimator". Das aus dem Objektiv parallel austretende Licht durchsetzt dann eine Vorrichtung, durch die es spektral zerlegt wird („Prisma" oder „Gitter"; hinsichtlich deren Wirkung siehe Lehrbücher der Physik); es wird dann durch ein Fernrohrobjektiv zu aneinandergereihten Spaltbildern, „dem Spektrum", vereinigt und mittels eines Okulares beobachtet.

Allen angewandten Apparatformen soll gemeinsam sein, daß sie eine Vorrichtung besitzen (Skala bzw. Wellenlängeteilung oder Mikrometerwerk), die die Lage der beobachteten Absorptionsbanden im Spektrum, in Wellenlängen ausgedrückt, zu messen ermöglicht.

Geradsichtige Handspektroskope.

Für alle klinischen Untersuchungen genügt die Anwendung eines geradsichtigen Handspektroskopes mit Wellenlängeskala.

Eine Konstruktion wird durch Abb. 51 wiedergegeben.

Das Instrument enthält einen durch eine Schutzplatte geschützten Spalt, der allein brauchbar ist, wenn die Spaltbacken symmetrisch verstellt werden können. Nur dann verschiebt sich die Mitte bzw. das Dunkelheitsmaximum einer Bande bei Änderung der Spaltbreite nicht. Dem Spalt folgt das Objektiv sowie eine Prismenanordnung, die aus zwei Crownglasprismen und einem Flintglasprisma von bestimmtem Brechungswinkel hergestellt ist (sog. „Amici - Prismensatz"). Dieser läßt die Strahlen mittlerer Wellenlänge ohne Ablenkung, die übrigen mit nur geringer Ablenkung durchtreten und bewirkt daher „Geradsichtigkeit" des Spektroskopes. Die austretenden Strahlen gelangen durch das Okular ins Auge. Parallel dem Spaltrohr und somit von der gleichen Lichtquelle beleuchtbar ist ein Skalenrohr angeordnet, das mittels Reflexionsprismas das Bild einer Wellenlängeskala auf das Spektrum entwirft. Bei einem Apparat vorliegenden Schemas erfolgt die richtige Einstellung des Spaltes und der Wellenlängeskala durch Verschiebung des Spalt- bzw. Skalenrohres. Das Spektroskop wird bei enggestelltem Spalt gegen den hellen Himmel gerichtet und bei entspannter Akkomodation — also von einem nicht Normalsichtigen durch die Straßenbrille hindurch — durch Verschiebung des Spaltrohres derart eingestellt, daß die Frauenhoferschen Linien im Grün deutlich erscheinen. Verwendet man Lampenlicht, so stellt man den oberen und unteren Rand des Spektrums scharf ein. Alsdann wird die Wellenlängeskala durch Verschieben des Skalenrohres so eingestellt, daß zwischen Skalenbild und Spektrum keine Parallaxe zu bemerken ist, wenn man das Auge quer zu den Spektrallinien bewegt.

Hinsichtlich der Justierung der Wellenlängeskala s. w. u.

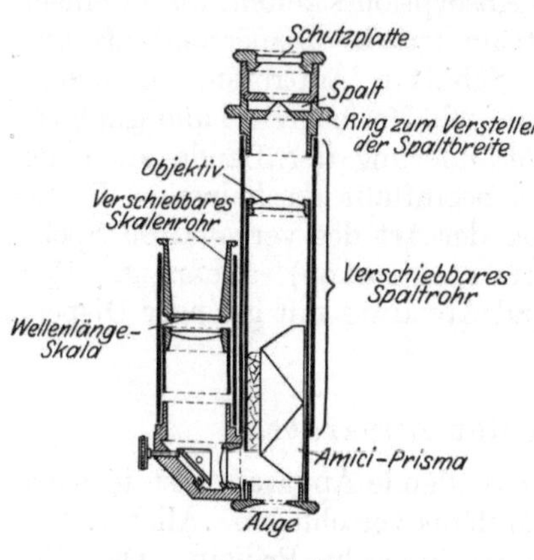

Abb. 51.

Handspektroskop mit Wellenlängeskala von Schmidt und Haensch (Berlin).

Für das Instrument (s. Abb. 52) ist charakteristisch, daß der Spalt und die Wellenlängeteilung in der Brennebene ihrer Linsen dauernd festgelagert sind. Während bei der oben angegebenen Form des Handspektroskopes bei Einstellung für verschiedensichtige Augen die Winkelabstände zweier Spektrallinien unverändert bleiben, wird der Winkelabstand zweier Spektrallinien der Skala geändert und liegt somit für verschiedene Augen an verschiedenen Stellen des Spektrums. Im vorliegenden Instrument dagegen werden die Refraktionsunterschiede der Beobachter durch Vorschalten von 6 (auf einer Revolverscheibe nach Martens montierten) Sammel- bzw. Zerstreuungslinsen ausgeglichen. Zum Vergleich zweier Spektra dient ein die Hälfte des Spaltes bedeckendes vorschlagbares Reflexionsprisma, das durch einen Spiegel beleuchtet wird.

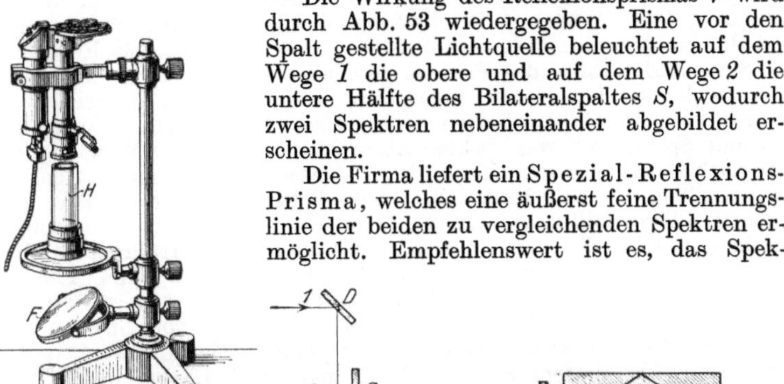

Die Wirkung des Reflexionsprismas V wird durch Abb. 53 wiedergegeben. Eine vor den Spalt gestellte Lichtquelle beleuchtet auf dem Wege 1 die obere und auf dem Wege 2 die untere Hälfte des Bilateralspaltes S, wodurch zwei Spektren nebeneinander abgebildet erscheinen.

Die Firma liefert ein Spezial-Reflexions-Prisma, welches eine äußerst feine Trennungslinie der beiden zu vergleichenden Spektren ermöglicht. Empfehlenswert ist es, das Spek-

Abb. 52.   Abb. 53.

troskop in Verbindung mit einer über den Spalt schiebbaren Kappe zur Aufnahme von Reagenzgläschen mit der zu untersuchenden Flüssigkeit zu versehen. Als Zusatzapparatur ist auch eine aufsetzbare Spezial-Beleuchtungsvorrichtung für die Skala des Handspektroskopes erhältlich.

Das Instrument soll stets in Verbindung mit dem ebenfalls abgebildeten Universalstativ zur Anwendung gelangen. Die Apparatur ist senkrecht wie in der vorstehenden Abbildung, aber auch wagerecht aufstellbar.

Handspektroskop mit Reagenzglaskondensor von Zeiss.

Der Apparat gestattet durch Anwendung eines Kondensors die Benutzung von Reagenzgläsern als Aufnahmegefäße für die zu untersuchenden Lösungen und liefert durch Anwendung eines Hüfnerschen Prismas von zwei zu vergleichenden Lösungen zwei unmittelbar nebeneinander liegende Spektralbilder. Die Wirkungsweise des Hüfnerschen Prismas wird durch Abb. 54 wiedergegeben. Die Apparatur wird dargestellt durch Abb. 55.

Die Lampe L (eine kugelförmige matte Birne von 25 Kerzen) ist von

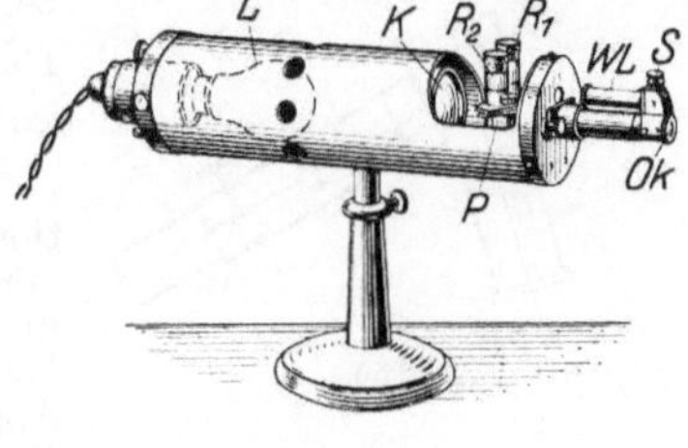

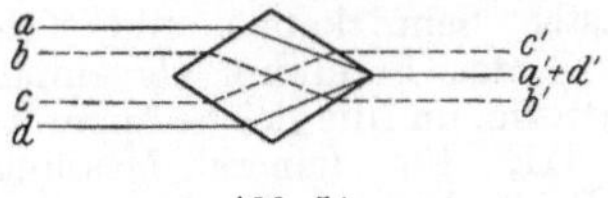

Abb. 54.   Abb. 55.

dem schwarzen Schutzrohr überdeckt. Der Kondensor K bildet L durch die Reagenzgläser hindurch in der Spaltebene des Spektroskopes ab und beleuchtet gleichzeitig die Wellenlängeteilung WL. Die Reagenzgläser

$R_1 R_2$ werden durch Federn an das Hüfner-Prisma P gedrückt, das mit
zwei hohlzylindrischen, polierten Aussparungen versehen ist. In diese
passen nur Reagenzgläser von ca. 16 mm Durchmesser. Durch die vereinigte optische Wirkung des Kondensors, der gefüllten Reagenzgläser
und der Hohlzylinderfläche des Prismas entstehen in der Spaltebene, an
die die scharfe Kante des Prismas geschoben ist, zwei sich verlängernde
helle, sich an der Kante berührende Brennlinien. Man erblickt im
Okular zwei in einer scharfen senkrechten Trennungslinie zusammen-
stoßende Spektra mit wagerechten Absorptionsbanden. Zur Messung steckt
man nach Einschalten der Lampe die mit Wasser gefüllten, außen trockenen
Reagenzgläser, die mit Korkstopfen oder Wattebausch verschlossen sind,
an ihren Platz. Sollte eines der Spektren von senkrechten Schattenlinien
durchzogen sein, die von Streifen im Reagenzglas herrühren, so dreht
man das Glas, bis sie aus dem Gesichtsfelde gewandert sind. Reagenzgläser, die in keiner Lage ein sauberes Spektrum ergeben, werden aus-
gemerzt. Sollten schließlich beide Spektra zwar frei von Streifen, aber
verschieden hell sein, so liegt dies an der unsymmetrischen Lichtausstrahlung
der Lampe; in diesem Falle verdreht man nach Lösen einer Klemmschraube die Lampenfassung, bis beide Spektra gleiche Helligkeit aufweisen.
Nunmehr füllt man die Gläser mit den zu vergleichenden Lösungen.

Prismenspektroskope mit beweglichem und feststehendem Fernrohr.

Für feinere als mit Handspektroskopen durchführbare Messungen geeignet und in klinischen Laboratorien häufig vorhanden
sind Prismenspektroskope nach dem Prinzip von Kirchhoff und
Bunsen. Ihr Schema geht aus nebenstehender Skizze hervor.

A stellt das Kollimatorrohr mit dem Spalt D, B das Fernrohr, C das Skalenrohr und P das Prisma dar.

Man unterscheidet Instrumente, bei denen entweder das Fernrohr oder das Prisma beweglich angeordnet ist.

Für die Untersuchung von Absorptionsspektren seien die Spektroskope
von Kirchhoff und Bunsen, Modell II, mit fester Schutzkappe und Triebbewegung des Fernrohrs als einfache Apparatform, und die gleiche Apparatur,
Modell III, für feinere Messungen

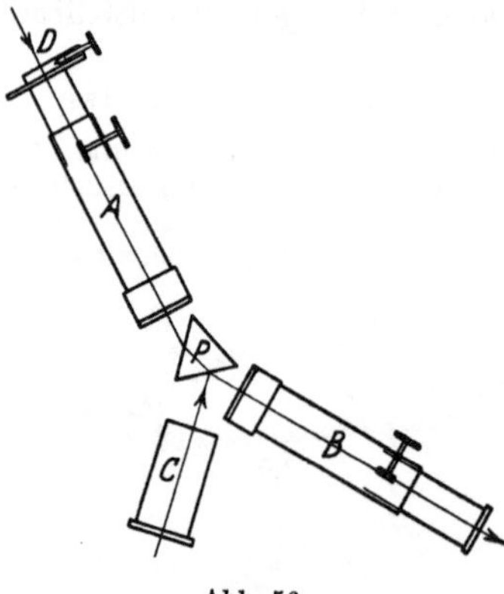

Abb. 56.

(Schmidt und Haensch, Berlin) genannt. Beide Apparaturen besitzen vor
dem Spalt ein Reflexionsprisma zum Vergleich zweier Spektren. Während
das Modell II aber nur eine in das Okular gespiegelte Skala zur Wellen-
längemessung aufweist, dient im Modell III eine das Fernrohr bewegende
Mikrometerschraube als Meßvorrichtung. Die Meßvorrichtung für genauere

spektroskopische Untersuchungen soll nur in der Mikrometerschraube bestehen. Skalen stellen ein notdürftiges Hilfsmittel dar und dienen nur zur Orientierung. Für Blutuntersuchungen sollen die Prismenspektroskope mit einem Prisma aus nicht zu schwerem Flintglase versehen sein.

Gittermeßspektroskope.

Für exakte Untersuchungen zu medizinischen oder biologischen Zwecken sollen anstatt der Prismenspektroskope Gitterspektroskope zur Anwendung gelangen. Das durch ein Prisma hervorgerufene Spektrum ist im violetten Teil gegenüber dem roten unverhältnismäßig stark auseinandergezogen. Die Absorptionsbanden der Blutfarbstoffe liegen aber vorwiegend im Rot, Gelb und Grün, d. h. denjenigen Bezirken des Spektrums, die im prismatischen Spektrum auf Kosten des Violett eng zusammengedrängt sind. Im Gitterspektrum dagegen haben gleiche Wellenlängen des Spektrums auch gleiche Ausdehnung. Dieses Verhältnis der verschiedenen Spektra wird durch Abb. 57 wiedergegeben.

Es ist somit für die Blutbanden bei gleicher Gesamtausdehnung des Spektrums im Gitterspektroskop mehr Platz als im Prismenspek-

Abb. 57.

Abb. 58.

troskop. Daher ist ihre Messung im Gitterspektroskop leichter und genauer.

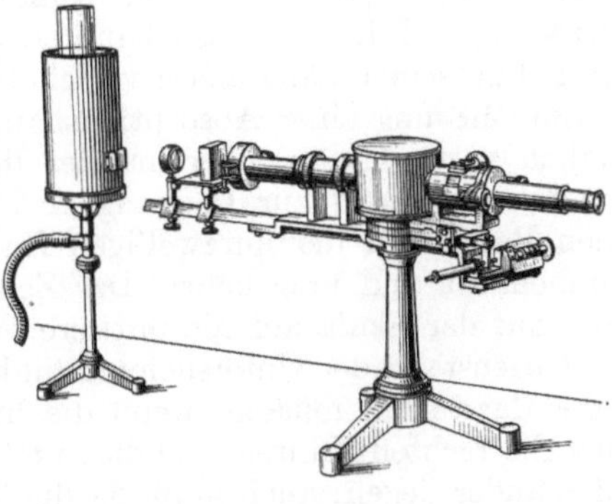

Empfohlen wird das Gitterspektroskop nach Schumm (Schmidt und Haensch, Berlin, Abb. 58), das auch leicht zum Spektrographen umgewandelt werden kann.

Ein stabiles Gußeisensäulenstativ auf Dreifuß trägt das Kollimatorrohr mit achromatischem Objektiv und Bilateralspalt, eine Beleuchtungsvorrichtung mit Einrichtung zur Aufstellung der Absorptionsgefäße, das lichtdichte Metallgehäuse zur Aufnahme der Gitterabzüge für stärkere und schwächere Dispersionen (die Gitter sind auf Einsteckschiebern befestigt und können gegeneinander ausgetauscht werden), sowie auf einem doppelt drehbaren Arm den Hauptkörper mit Fernrohr und Mikrometerwerk. Die Mikrometerskala ist entweder auf Wellenlängen geeicht oder es wird eine Eichkurve der Mikrometerteilung mitgegeben.

Reversions-Spektroskop nach Hartridge[1].

Das Instrument dient zur besonders genauen Messung der „mittleren Wellenlänge" von Absorptionsbanden, wie sie zur Analyse von Farbstoffen in Farbgemischen notwendig ist (CO-Hämoglobinbestimmung neben Oxyhämoglobin, Hämoglobinbestimmung neben Oxyhämoglobin usw.). Hierbei wird unter „mittlerer Wellenlänge" die Wellenlänge der Mitte der Verbindung der beiden Bandenenden bezeichnet. Sie braucht sich nicht mit dem „Absorptionsmaximum" zu decken. Das Charakteristische des Reversions-Spektroskops ist, daß es an Stelle des gewöhnlichen Fadenkreuzes zur Messung der Wellenlänge eine zweite Absorptionsbande von derselben Breite, mittleren Dichte und Verteilung der Absorption wie die zu messende Bande benutzt, die aber umgekehrt angeordnet ist; d. h. es wird zur Messung eines Spektralteiles ein zweiter, völlig gleichartiger, parallel über ihm angeordneter erzeugt, der seinen kurzwelligen Teil über dem langwelligen des untersuchten Spektrums und seinen langwelligen über dem kurzwelligen Teil des ersten hat und durch ein Mikrometerwerk parallel zu seiner Längsachse verschoben werden kann.

Zur Messung einer Absorptionsbande bringt man die spiegelbildlich vertauschten, übereinander liegenden, gleichen Absorptionsbanden derart zur Deckung, daß die langwellige Kante der einen Bande mit der kurzwelligen Kante der andern Bande zusammenfällt und umgekehrt. Der Zeiger des Mikrometers weist dann auf der Skala auf die mittlere Wellenlänge der Bande, die den Gegenstand der Untersuchung bildet. Da die Banden Spiegelbilder darstellen, müssen, wenn die linken Kanten sich decken, auch die rechten Kanten und die mittlere Senkrechte der Banden aufeinander liegen; auch muß, da die Spektra durch Beugung erzeugt werden, also „normale Spektra" darstellen, die mittlere Wellenlänge $\frac{1}{2}$ ($\lambda_1 + \lambda_2$) sein, wenn λ_1 und λ_2 die Wellenlängen der Kanten der Absorptionsbande darstellen.

Die Einstellung der Bande durch eine zweite, umgekehrte, verfeinert das nicht leichte Einstellen der Kanten der Bande mit Fadenkreuz außerordentlich.

Optische Konstruktion. Die Konstruktion wird durch Abb. 59 wiedergegeben.

Das Licht der Lichtquelle L wird mit Hilfe einer Kondensorlinse C auf den verschiebbaren Spalt des Spektroskopes S geworfen und durchsetzt die achromatische Linse P, durch die es parallel gerichtet wird. Das Licht schlägt dann zwei Wege ein, indem die eine Hälfte ein Prisma D

---

[1] Proc. roy. Soc. A **102**, 575 (1923). Vgl. auch J. of Phys. **44**, 1 (1912); Proc. roy. Soc. B **86**, 128 (1913).

passiert, das es schwach nach oben lenkt und die Oberfläche des Gitters G erreicht, wodurch ein Spektrum erzeugt wird, welches für den Beobachter in der Richtung N senkrecht zur Gitteroberfläche mit dem violetten Ende des Spektrums links und dem roten Ende rechts zu liegen scheint. Die andere Hälfte des Lichtes wird abwärts durch ein zweites Prisma D' gelenkt und erreicht die Oberfläche des blanken Stahlspiegels M, von dem es ebenfalls, aber entgegengesetzt dem normalen Strahl, auf das Gitter reflektiert wird. Hierdurch bildet sich ein zweites Spektrum, das für den Beobachter in der Richtung N senkrecht zur Gitteroberfläche, aber mit dem violetten Ende rechts und dem roten Ende links d. h. umgekehrt zu liegen scheint, wie das erste betrachtete Spektrum. Ohne die Einschaltung der Prismen D und D' würden diese beiden Spektra aufeinander fallen; sie bilden jedoch einen solchen Winkel, daß diese Spektra genau nebeneinander liegen.

Man kann die beiden Spektra relativ durch einen der beiden folgenden Mikrometermechanismen zueinander verschieben. Will man einen großen Wellenlängenbereich zur Deckung bringen, so verschiebt

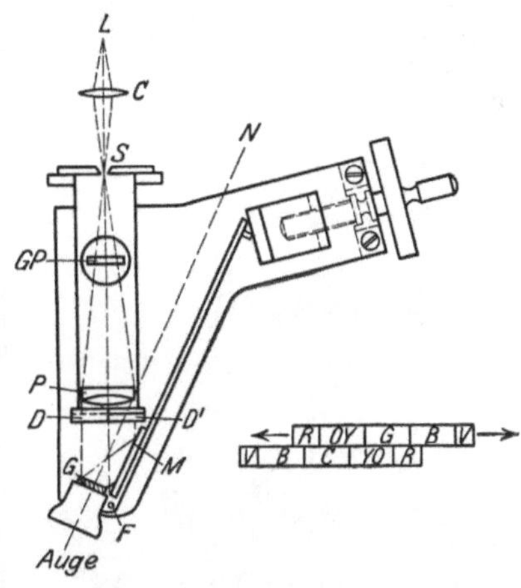

Abb. 59.

man die Spektra durch Drehen des Gitters und des Spiegels um das Scharnier F mit Hilfe der Mikrometerschraube. Soll indessen ein kleinerer Wellenbereich mit größerer Genauigkeit überdeckt werden, so benutzt man das Glasplattenmikrometer GP. Dieses besteht aus einer dünnen flachen Glasplatte, die mit einem Zeiger verbunden ist. Wird die Platte in einem Winkel zu dem Lichtstrahl gestellt, der vom Schlitz S zur Linse P geht, so wird der Strahl nach einer Seite abgelenkt, genau so als ob man den Schlitz selbst seitlich verschoben hätte. Dies hat zur Folge, daß die beiden Spektra eine kleine seitliche Bewegung gegeneinander ausführen.

Mikrospektroskop.

Zur spektroskopischen Untersuchung mikroskopischer Objekte dient das sogenannte Mikrospektroskop. Die Apparatur eignet sich z. B. zur Untersuchung von Farbstoffen in Organen, zur Untersuchung von histologischen Schnitten, wie auch zur Spektroskopie von Blutflecken. Beleuchtet man den Mikroskopspiegel mit einer kleinen Bogenlampe, so kann man mehrere mm dicke Schnitte gut spektroskopieren. Als Apparat soll das Mikrospektroskop der Firma Leitz erwähnt werden (Abb. 60).

Der Apparat wird wie ein gewöhnliches Okular in den Tubus des Mikroskops gesteckt und mit der Schraube M festgeklemmt. Der obere Teil des

Apparates, in dem das Dispersionsprisma untergebracht ist, läßt sich dann in dem Gelenk G zur Seite klappen. Blickt man in die nunmehr freiliegende Augenlinse des Okulars, so sieht man den in der unteren Trommel angebrachten Spalt, dessen Bild durch die Zahn- und Triebbewegung T scharf eingestellt wird. Das ganze Mikroskop wird nun auf das Objekt scharf eingestellt. Die an der Spalttrommel angebrachten Schraubknöpfe S_1 und S_2 dienen zur Regulierung der Spalthöhe und Spaltbreite. Die Spaltbreite muß zur Erzielung eines reinen Spektrums durch die Schraube S_2 hinreichend eng einreguliert werden. Nach Einschaltung des Oberteiles im Gelenk G erblickt man an Stelle des Spaltbildes das Spektrum. Bei Beleuchtung mit Tageslicht erscheinen bei richtiger Einstellung des Triebes T und des Schraubknopfes S_2 die Fraunhoferschen Linien als sehr feine, scharfe, dunkle Linien, welche der Gruppierung der Spektralfarben parallel angeordnet sind.

In dem seitlichen Ansatzrohr des Oberteils befindet sich eine Wellenlängeskala, welche bei geeigneter Stellung des davor befindlichen Spiegels B zusammen mit dem Spektrum gesehen wird. Durch seitlichen Zug an der gerändelten Verschlußplatte des Röhrchens kann die parallaktische Scharfeinstellung der Skala bewirkt werden; durch geringe Drehung der Verschlußplatte wird die Parallelstellung der Skalenstriche zu den Fraunhoferschen Linien erzielt.

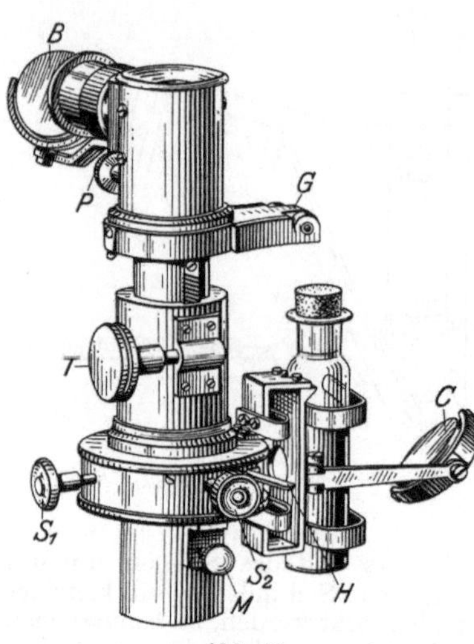

Abb. 60.

Zur Justierung der Skala dient die Schraube P. Sie ist so einzustellen, daß die Fraunhofersche Linie D (oder die Natriumlinie) auf dem Skalenteil 58,9 steht. Bei der Justierung der Skala vermeide man zu grelle Beleuchtung derselben, da man sonst die Fraunhoferschen Linien im Spektrum infolge der Überstrahlung durch die Skala schlecht oder gar nicht sieht. Die an der Skala angeschriebenen Ziffern geben die Wellenlängen im 100fachen der Ångströmeinheiten, z. B.: 50 = 5000 Ångströmeinheiten = 500 $\mu\mu$.

Aus der Spalttrommel des Apparates ragt neben S_2 noch ein Hebel H heraus, durch den ein Vergleichsprisma ein- und ausgeschaltet werden kann. Es dient dazu, die Spektra von Vergleichsobjekten mit dem Spektrum zu vergleichen. Solche Objekte können beispielsweise in Form von Flüssigkeiten, in kleine Flaschen gefüllt, mittels Klemmfedern an dem seitlich an der Spalttrommel angebrachten Tischchen befestigt und mit Hilfe des Spiegels C beleuchtet werden. Ebenso lassen sich mit den rückseitigen Klemmfedern am Tischchen absorbierende Filterscheiben befestigen.

Beleuchtungsvorrichtungen.

Für gelegentliche Untersuchungen (Handspektroskop) genügt zerstreutes Tageslicht. Besser ist die Anwendung einer künstlichen Lichtquelle im Dunkelzimmer. Für klinische Untersuchungen ist eine matte Metallfadenlampe von 25—50 Kerzen, die in einem Stativ zu befestigen ist, ausreichend. Für Forschungszwecke verwendet man entweder eine Nitralampe (8 Volt, 50 Kerzen) oder eine Punktlichtlampe. Bei Anwendung der Nitralampe darf der Faden nicht scharf auf dem Spalt abgebildet werden, da man in dem vergrößerten Bilde des Fadens dessen Struktur erkennt. Bei Anwendung der Punktlichtlampe ist diese so zu montieren, daß der Glühkörper der Punktlichtlampe auf dem Spalt des Spektroskopes abgebildet wird. (Die Lampe wird für Gleich- und Wechselstrom von der Osram-Gesellschaft, Berlin, geliefert; sie erfordert einen Vorschaltwiderstand.)

Stative.

Kleinere Spektroskope sollen in Stativen montiert sein (vgl. Handspektroskope). Größere Spektroskope werden mit ihrer Hilfsapparatur auf einer optischen Bank fest verbunden.

Behälter für die Lösungen.

Gefäße mit unveränderlicher Schichtdicke. Häufig angewandt, wenn auch nicht zweckmäßig, sind zur Aufnahme der zu untersuchenden Lösungen Reagenzgläser. Sie stellen gefüllt Zylinderlinsen von kurzer Brennweite dar. Die Brennlinie kann mit einem Blatt Papier aufgefangen und beobachtet werden. Diese Brennlinie muß — auch ihrer Richtung nach — bei Anwendung von Reagenzgläsern zur Spektroskopie mit dem Spalt zusammenfallen, da sonst der Spalt ungleichmäßig beleuchtet wird. Bei manchen Handspektroskopen ist es notwendig, die Schutzkappe vom Spalt abzunehmen, um das Reagenzglas nahe genug an den Spalt heranbringen zu können. Die durch Anwendung von Reagenzgläsern bedingten Fehler werden durch Anwendung des Reagenzglaskondensors nach Zeiss (s. S. 109) aufgehoben. Zweckmäßiger als Reagenzgläser ist die Anwendung von Küvetten mit ebenen Fensterplatten. Sie ermöglichen auch die genaue Messung der angewandten Schichtdicke. Die üblichen Abstufungen der Dicke von Küvettensätzen sind 1, 2,5, 5, 10 und 20 mm. An Stelle von gekitteten Küvetten (es gibt entweder wasserfesten oder alkoholfesten Kitt) sind auch Küvetten im Handel erhältlich (Schmidt und Haensch, Zeiss) deren polierte Flächen durch Federdruck zusammengehalten werden; ferner sind auch die kleinen Absorptionszylinder von Schmidt und Haensch (s. Abb. 61) zu empfehlen.

Für Untersuchungen von Flüssigkeiten von größerer Schichtdicke sind Röhren ähnlich Polarisationsröhren von 10—25 cm Länge brauchbar.

Gefäße mit veränderlicher Schichtdicke. Als Gefäße, die eine Veränderung der Schichtdicke während der Untersuchung

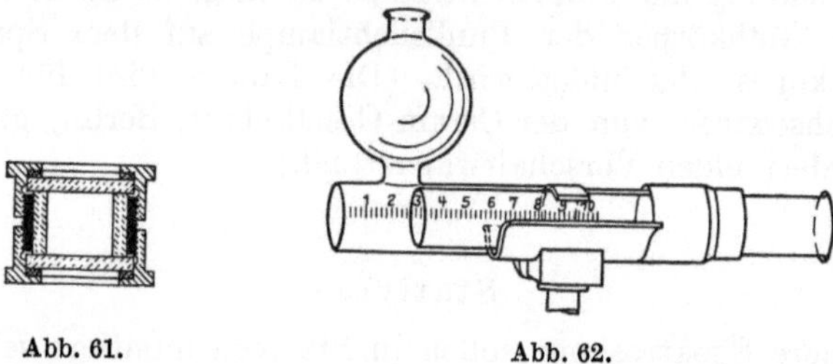

Abb. 61.　　　　　　　　　　　　Abb. 62.

gestatten, dienen für wagerechten Durchgang des Lichtes das Balysche Gefäß (Fuess, Berlin-Steglitz, s. Abb. 62), für senkrechte Durchsicht die Absorptionsgefäße nach Schumm (Zeiss).

Handhabung der spektroskopischen Apparate.
Behandlung des Spaltes.

Die Schneiden der Spaltbacken müssen sehr sorgfältig behandelt werden, Vorsicht beim Zusammendrehen ist notwendig. Ein guter, von anhaftendem Staub befreiter Spalt muß noch bei 0,02—0,01 mm Weite ein reines Spektrum liefern. Verunreinigungen des Spaltes bedingen senkrecht zu den Spektrallinien liegende Linien im Spektrum. Zur Reinigung des Spaltes schraubt man die Backen auseinander und reibt sie mit Fließpapier (besser ist ein weiches Hölzchen) mit einem Lösungsmittel je nach Art der Verunreinigung (Wasser, Ammoniaklösung, Benzin usw.) ab. Dann werden die Spaltbacken mit reinem Alkohol nachgerieben.

Eichung bzw. Justierung der Spektroskope.

Bei der Eichung von Spektroskopen ist entweder eine beliebige Teilung wie bei einfachen Prismenspektroskopen in Wellenlängen auszudrücken oder eine Wellenlängeteilung eines Spektroskopes zu korrigieren. Zur Justierung dienen stets Linien bekannter Wellenlängen. Entweder kann man die bei Anwendung von Tageslicht sichtbaren wichtigsten Fraunhoferschen Linien benutzen:

$$
\begin{array}{lll}
B & \text{im Rot} & 687 \;\mu\mu \\
C & \text{im Rot} & 656{,}3 \;,, \\
\alpha & \text{im Orange} & 627{,}8 \;,, \\
D & \text{im Gelb} & 589{,}3 \;,, \\
E & \text{im Grün} & 527 \;,, \\
b_1 & \text{im Grün} & 518{,}4 \;,, \\
F & \text{im Blau} & 486{,}1 \;,, \\
(e) & \text{im Violett} & 438{,}4 \;,, \\
G & \text{im Violett} & 430{,}8 \;,,
\end{array}
$$

oder zweckmäßiger Linien bestimmter chemischer Elemente. Zur Anwendung gelangen glühendes Helium- oder Wasserstoffgas in Geißlerschen Röhren (Götze, Leipzig). Die Röhren werden in einem allseitig beweglichen Halter in den Sekundärkreis eines Funkeninduktors mit gutem Deprezunterbrecher eingeschaltet. Ein Induktor mit 1 cm Funkenlänge genügt, doch ist ein solcher von mehreren cm Funkenlänge vorteilhafter. Das Licht des leuchtenden kapillaren Teiles der Röhre wird mittels Kondensors auf dem Spalte abgebildet. Die wichtigsten Heliumlinien sind die gelbe ($587{,}6\;\mu\mu$) und eine violette ($447{,}2\;\mu\mu$). Mehrere andere im Rot, Grün, Blau und Violett sind schwächer. Die wichtigsten Wasserstofflinien sind $H\alpha$ ($656{,}3\;\mu\mu$), $H\beta$ ($486{,}1\;\mu\mu$), $H\gamma$ ($434{,}1\;\mu\mu$), $H\delta$ ($410{,}2\;\mu\mu$). Auch die Flammenspektren der Salze lassen sich zur Justierung benutzen. Man erzeugt sie durch Verdampfen in der Bunsenflamme. Dabei liefert

$$
\begin{array}{lll}
\text{Lithiumchlorid} \left\{ \begin{array}{l} \text{rote Linie} \\ \text{orangegelbe Linie} \end{array} \right. & \begin{array}{l} 670{,}8\;\mu\mu \\ 610{,}4\;,, \end{array} \\
\text{Natriumchlorid} & \text{gelbe Linie} & 589{,}3\;,, \\
\text{Kalziumchlorid} & \text{grüne Linie} & 558{,}9\;,, \\
\text{Thalliumchlorid} & \text{grüne Linie} & 535\;,, \\
\text{Caesiumchlorid} \left\{ \begin{array}{l} \text{blaue Linie} \\ \text{blaue Linie} \end{array} \right. & \begin{array}{l} 459{,}3\;,, \\ 455{,}5\;,, \end{array} \\
\text{Rubidiumchlorid} \left\{ \begin{array}{l} \text{violette Linie} \\ \text{violette Linie} \end{array} \right. & \begin{array}{l} 421{,}6\;,, \\ 420{,}2\;,, \end{array}
\end{array}
$$

Justierung der Handspektroskope.

Zur Prüfung der richtigen Einstellung der Wellenlängeskala bei den Handspektroskopen beobachtet man bei engem Spalt eine Natriumflamme $\lambda = 589\;\mu\mu$. Steht die Wellenlängeskala nicht richtig, so korrigiert man sie mit Hilfe einer Korrekturschraube. Die Ablesung kann bis zu $1\;\mu\mu$ genau sein.

Justierung der Spektroskope mit Meßskalen.

Das Beobachtungsfernrohr (bei Prismenspektroskopen) wird aus seinem Halter herausgenommen, auf unendlich eingestellt, indem man es auf einen weit entfernten Gegenstand richtet und das Okular so lange verschiebt, bis das Bild des Gegenstandes scharf erscheint, wenn nicht die dauernde Unendlichkeitsstellung des Kollimators durch die Konstruktion des Instrumentes gewährleistet wird, was daran zu erkennen ist, daß der Spalt nicht in Richtung der Kollimatorachse verstellt werden kann. In diesem Falle wird erst das Fadenkreuz scharf eingestellt und das Okular einschließlich Fadenkreuz so lange verschoben, bis gegen eine Spektrallinie keine Parallaxe mehr zu erkennen ist. Die im folgenden beschriebene Justierung ist bei neueren Instrumenten in nicht zu verändernder Weise von der das Instrument ausführenden Firma vorgenommen. Man beleuchtet den Spalt mit Tageslicht und verschiebt die Spaltvorrichtung des Kollimatorrohres, bis das Spaltbild im Fernrohrokular scharf erscheint. Dann setzt man das Prisma ein, indem man es derart auf dem Prismentisch befestigt, daß es im Minimum der Ablenkung steht. Diese Stellung ist dadurch gekennzeichnet, daß eine Änderung der Prismenstellung durch Drehen eine Verschiebung des Spektrums nach der gleichen Seite bewirkt, also die Ablenkung vergrößert. Man richtet das Skalenrohr mittels seiner Stellschraube so, daß seine optische Achse in der gleichen Ebene liegt wie die optische Achse des Kollimators und des Fernrohres, und stellt die Skala durch Verschieben des Auszuges derart ein, daß ihr Bild im Fernrohrokular scharf erscheint. Die willkürliche Teilung der Skala eicht man, indem man das im Okular befindliche, am besten senkrechte Fadenkreuz auf Linien bekannter Wellenlängen (Frauenhofersche Linien, Gas- oder Flammenspektren, siehe oben) bei engem Spalte (0,02—0,03 mm) einstellt und Wellenlängen als Ordinaten und Skalenablesung als Abszissen in ein Koordinatennetz einträgt (s. Abb. 63).

Die Konstruktion der Kurve wird durch Verwendung des Hartmannschen Dispersionsnetzes (Schleicher und Schüll, Ausführung A) erleichtert. In diesen Netzen

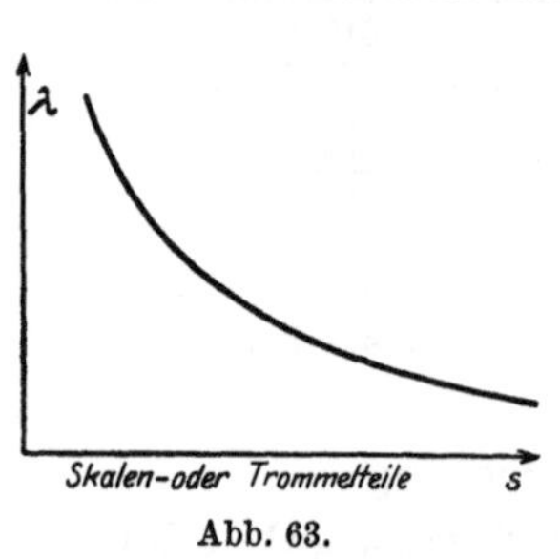

Abb. 63.

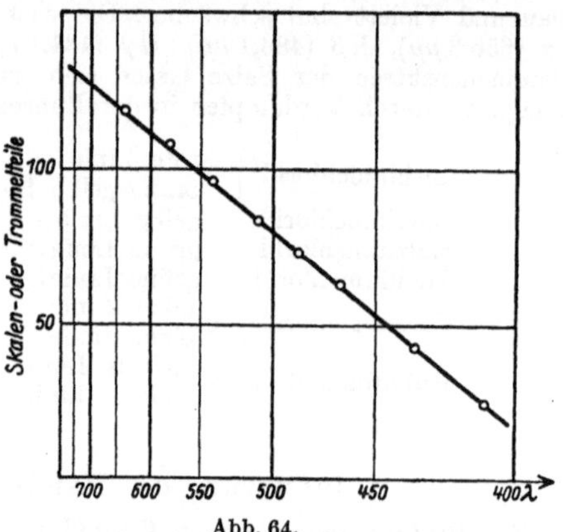

Abb. 64.

sind die Eichkurven annähernd gerade Linien (Abb. 64). Wegen der mit zunehmender Wellenlänge wechselnden Dispersionen sind die Skalenteile für gleiche Wellenlängendifferenzen im kurzwelligen Teil des Spektrumgebietes größer als im langwelligen. Die Einstellung ist also genauer.

Justierung der Spektroskope mit Mikrometerwerk.

Ist die Skala bzw. Mikrometertrommel von vornherein nach Wellenlängen geteilt, so stellt man sie mittels ihrer Justierungsschraube derart ein, daß die Wellenlänge 589,3 $\mu\mu$ mit der D-Linie und dem Fadenkreuz zusammenfällt. Dann prüft man die Richtigkeit der Wellenlängeskala, indem man das Fadenkreuz auf eine Reihe Linien bekannter Wellenlängen einstellt. Hierbei bringt man das Fadenkreuz durch Drehen der Meßschraube genau in die Mitte der Meßlinie (z. B. der gelben Heliumlinie), verengert langsam den Spalt und beobachtet, ob die Senkrechte des Fadenkreuzes in der Mitte der enger werdenden Linie bleibt. Man stellt derartig bei hellem Heliumrohr ein, daß bei engster Spaltstellung die Senkrechte des Fadenkreuzes die Linie deckt. Die Meßschraube wird hierbei stets in derselben Drehrichtung eingestellt, um Fehler durch toten Gang zu vermeiden. War die Einstellung unsicher, so ist die Schraube erst weit im entgegengesetzten Sinne zu drehen, worauf die Einstellung von neuem erfolgt. Weicht die Wellenlängeskala von den tatsächlich zu messenden Wellenlängen ab, so korrigiert man die Skala des Apparates, indem man im Koordinatensystem in umgekehrter Reihenfolge Wellenlängeskalen als Koordinaten einträgt und dann die gemessene und die theoretisch richtige Wellenlänge als Abszisse und Ordinate einträgt. Die Schnittpunkte erlauben die Konstruktion einer Kurve, die unmittelbar aus den gemessenen die korrigierten Wellenlängen abzulesen gestattet. Ist das Mikrometerwerk nicht in Wellenlängen eingeteilt, so stellt man eine Eichkurve wie oben angegeben her. Nach dem gewünschten Grade der Genauigkeit richtet sich der Maßstab, in dem die Abszissenwerte eingetragen werden. Man stellt stets, auch bei Gitterspektroskopen, eine Reihe von Eichungspunkten dar. Bei Eichung von Spektroskopen mit hoher Dispersion und bei Herstellung sehr genauer Kurven ist für Konstanthaltung der Temperatur zu sorgen.

Gittermeßspektroskope enthalten stets ein evtl. in Wellenlängen geteiltes Mikrometerwerk. Ihre Prüfung und Korrektur geschieht wie vorstehend beim Prismenspektroskop mit Mikrometerwerk angegeben.

Justierung des Hartridgeschen Reversions-Spektroskopes.

Zur Eichung benutzt man einen engen Spalt und ein Fernrohr von 8- oder 10facher linearer Vergrößerung. Die Intervalle der Trommel sollen ungefähr Ångströmeinheiten entsprechen. (Ein Intervall der Trommel gleich 1 Å.) Die Einstellung ist mit Standardlinien zu kontrollieren. Aus den Werten, die das Instrument für diese Standardlinien gibt, kann man eine „Fehlerkurve" auf Millimeterpapier (wie oben angegeben) zeichnen. Die Eichung des Glasplattenmikrometers muß man für mehrere verschiedene Spektralregionen vornehmen. Man kann dies entweder dadurch ausführen, daß man unter Beobachtung von Standardlinien (z. B. der Na-Linie) die Bewegung in Skalenteilen mißt, die notwendig ist, um erst das eine und dann das andere Linienpaar zur Deckung zu bringen (sehr genaue Methode), oder es wird das Glasplattenmikrometer nach dem vorher geeichten Schraubenmikrometer geeicht.

Ausführung der Messung einer Absorptionsbande.

Nach Prüfung der richtigen Einstellung der Wellenlängeskala oder des Mikrometerwerkes wird das Spektrum scharf eingestellt. Bei Anwendung eines Handspektroskopes ist dieses in einem Stativ mit beweglichem Spiegel und Objekttisch senkrecht anzuordnen. Durch Verschiebung des Ausziehrohres bzw. Vorschalten von Okularlinsen (je nach Art des Instrumentes) wird das Spektrum bei engem Spalt scharf eingestellt. Bei Anwendung von Meßspektroskopen erfolgt das scharfe Einstellen des Spektrums durch Verschiebung des Okulars. Erscheint das Fadenkreuz nicht scharf, so ist es ebenfalls einzustellen. Die Einstellung des Fadenkreuzes ist je nach der Konstruktion des Apparates verschieden. Bei den Spektroskopen von Schmidt und Haensch wird der Okularstutzen zur scharfen Einstellung des Fadenkreuzes im Tubus des Fernrohres verschoben. Dann stellt man die Lampe evtl. unter Anwendung eines Kondensors derartig ein, daß das Spektrum gleichmäßig und genügend hell erscheint. Das Spektrum soll auch bei einer Spaltbreite von 0,02—0,04 mm rein sein. Erscheinen hierbei stärkere dunkle, wagerechte Linien im Spektrum, so muß der Spalt gereinigt werden (s. Spaltbehandlung S. 116).

Die zu untersuchende Farblösung soll fast immer klar sein und ist gegebenen Falles zu filtrieren. Man bringt sie je nach ihrer Farbtiefe in Gefäße von kleinerer oder größerer Schichtdicke bzw. in Gefäße von veränderlicher Schichtdicke zwischen Lichtquelle und Spektrum. Die Gefäßwandungen sollen dem Spalt parallel sein. Benutzt man enge Zylinder, so müßten diese ganz gefüllt und mit ebenen Glasplättchen (z. B. Deckgläsern) so geschlossen werden, daß keine Luftblase darin bleibt. Ist die Absorption des Lichtes zu stark, so ist Konzentration oder Schichtdicke der Flüssigkeit zu verringern. Zeigt sich ein deutliches Absorptionsbild (einzelne Streifen oder einseitige Absorption), so kann man das Dunkelheitsmaximum der Streifen bzw. der Anfangsstelle der Endabsorption messen. Diese verschiebt sich mit wechselnder Konzentration der Lösungen. Der Ort des Dunkelheitsmaximums der Streifen bleibt aber unverändert. Stets untersucht man ein Absorptionsspektrum in einer Reihe verschiedener Konzentrationen bzw. Schichtdicken. Zur Ortsbestimmung des Absorptionsstreifens ist es notwendig, die Flüssigkeit so weit zu verdünnen, daß der Absorptionsstreifen bei engem Spalt eben noch zu erkennen ist. Man stellt das Fadenkreuz auf die Mitte des Dunkelheitsmaximums ein und liest die entsprechende Wellenlänge als Ort des Dunkelheitsmaximums ab. Des weiteren stellt man bei geeigneter Schichtdicke die Orte der seitlichen Begrenzung fest. Aus diesen Messungen geht hervor, ob der Streifen symmetrisch oder unsymmetrisch ist. Bei unsymmetrischem Streifen bestimmt man außer dem Wert für das Dunkelheitsmaximum auch die Orte der seitlichen Begrenzung. Sucht man schwache Absorptionen auf, so beobachtet man im Meßspektroskop mit schwacher (evtl. zweifacher Vergrößerung) oder benutzt ein Handspektroskop. Besonders beachte man Absorptionen in Rot, die leicht übersehen werden.

Beim Vergleich zweier Spektren achte man darauf, daß beide Spektren gleich hell beleuchtet sind — evtl. Korrektion durch Spiegelstellung oder Einschalten von Glasplatten, (Spiegelglas oder Objektträger) — und daß beide Flüssigkeiten gleich klar bzw. trübe sind. Die Beleuchtung des Spektroskopes ist einwandfrei, wenn bei Bewegungen des beobachtenden Auges seitlich oder auf und nieder die zu vergleichenden Spektren relativ gleich hell bleiben.

Das spektroskopische Verhalten der wichtigsten Blutfarbstoffe[1].

Oxyhämoglobin.

Zur spektroskopischen Prüfung des Oxyhämoglobins bringt man einen Tropfen Blut zwischen 2 Glasplatten oder stellt aus frischem, durch Quirlen defibriniertem Blut mit Wasser eine Verdünnung 1 : 100 her und filtriert. Betrachtet man diese Lösung in größerer Schichtdicke (über 4 cm), so erscheint das Spektrum mit Ausnahme von Rot und Orange verdunkelt. Bei Verringerung der Schichtdicke tritt zunächst Aufhellung bis zur Linie D (589,3) ein, dann erscheint Licht zwischen E und F (527—486), sowie Licht in der Mitte zwischen D und E, so daß schließlich nur zwei Absorptionsstreifen im Gelbgrün zwischen D und E bleiben. Im Prismenmeßspektroskop bei 1 cm Schichtdicke (vgl. Spektraltafel 1) liegt der Streifen I bei 587—568, Maximum ca. 578, der Streifen II bei 552—527, Maximum etwa 542. Der Streifen bei 578 ist schmaler, dunkler und schärfer als derjenige bei 542. Das violette Ende des Spektrums ist von 450 ab stark verdunkelt. Verdünnt man das Blut derart, daß die beiden Streifen in Gelb und Grün nur noch eben erkennbar sind, so zeigt sich die Violettabsorption als starker Streifen. Derselbe läßt sich bei einer Blutverdünnung mit 0,1 %ig. Sodalösung 1 : 1000 mit einem Maximum bei 414,0 messen, ist aber besser spektrographisch, d. h. durch die photographische Platte, darstellbar.

---

[1] Die Angaben über die Lage der Absorptionsbanden und deren Abbildungen beziehen sich auf Messungen von Schumm mit einem Prismenmeßspektroskop nach Schumm (Krüß, Hamburg), bis auf die Angaben der Porphyrin- und Hämochromogenspektren, denen Messungen mit dem Gittermeßspektroskop zugrunde liegen.

Die Darstellung folgt der „Spektrochemischen Analyse" von Schumm: l. c. S. 105 dieses Praktikums.

Die Wellenlängen sind stets in $\mu\mu$ angegeben.

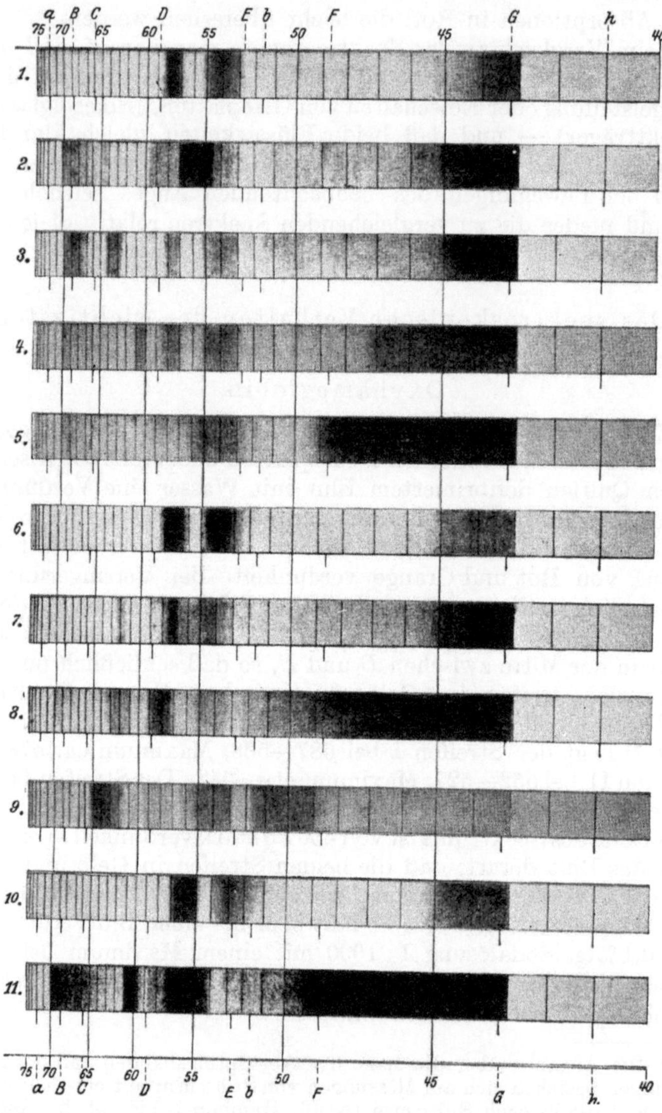

Abb. 65. Spektraltafel (Erklärung nebenstehend).

Erklärung der Spektraltafel.

1. Defibriniertes normales Blut, Verdünnung 1:100, Schichtdicke 1 cm (Oxyhämoglobin).

2. Defibriniertes kohlenoxydfreies Blut, Verdünnung 1:100, nach Einwirkung von Stokesschem Reagens. Schichtdicke 2 cm (Hämoglobin).

3. Defibriniertes Blut, Verdünnung 1:100, nach 10 Min. langer Einwirkung einer 1%ig. Ferrizyankaliumlösung. Schichtdicke 2 cm (Methämoglobin und Oxyhämoglobin).

4. 2%ig. Lösung normalen Blutes nach Überführung in Methämoglobin und Alkalisieren mit Sodalösung (Alkalisches Methämoglobin).

5. Gemisch aus 1 Raumteil 4%ig. Lösung normalen Blutes und 1 Raumteil ½%ig. Zyanwasserstofflösung nach 46 Stunden langem Stehen bei 37° (Zyanhämoglobin). Schichtdicke 2 cm.

6. Kohlenoxydgesättigtes Blut, Verdünnung 1:100. Schichtdicke 2 cm (Kohlenoxydhämoglobin).

7. Gemisch aus 8 Raumteilen kohlenoxydfreiem und 2 Raumteilen kohlenoxydgesättigtem Blute, Verdünnung 1:100, nach 10—15 Min. langer Einwirkung von Schwefelammonium (Kohlenoxydhämoglobin neben Hämoglobin). Schichtdicke 2 cm.

8. Blut nach 2 Min. langer Einwirkung von Kalilauge bei 15°, Blutverdünnung 1:100 (Hämatin in wäßrig-alkalischer Lösung). Schichtdicke 4 cm.

9. Eisessig-Ätherextrakt aus Blut (Saures Hämatin). Schichtdicke 2 cm.

10. Blut nach Einwirkung von Kalilauge und Schwefelammonium, Blutverdünnung 1:100. Schichtdicke 2 cm (Hämochromogen in alkalischer Lösung).

11. Mischung aus 1 Raumteil Blut und 99 Raumteilen konzentrierter Schwefelsäure (Hämatoporphyrin in saurer Lösung). Schichtdicke 4 cm.

Anmerkung: Die Zahlen der Wellenlängeskala geben mit 10 multipliziert λ in $\mu\mu$ an. Die Buchstaben bezeichnen die Fraunhoferschen Linien.

Im Harn lassen sich Beimengungen von Oxyhämoglobin nahezu ebenso wie in Wasser nachweisen. Bei Anwendung von Reagenzgläsern (2 cm Schichtdicke) stellt ein Teil Blut auf 3000 Teile Flüssigkeit, bei Anwendung von Polarisationsröhren von 20 cm Schichtlänge ein Teil Blut in 25000 Teilen Flüssigkeit die äußerste Grenze dar, bei der unter Anwendung eines gradsichtigen Handspektroskopes noch das Spektrum des Oxyhämoglobins erkennbar ist.

In serösen Flüssigkeiten (Zystenflüssigkeit) verfährt man wie beim Harn, indem man in engen und langen Absorptionszylindern untersucht. Dunkelgefärbte Flüssigkeiten beobachtet man nach allmählich gesteigerter Verdünnung mit Wasser. Anwesenheit von Bilirubin stört meist nicht.

Mageninhalt ist möglichst frisch zu untersuchen, da Oxyhämoglobin durch Magensaft unter Bildung von Hämatin zersetzt wird. Man spektroskopiert nach Filtration.

Fäzes verreibt man im Porzellanmörser mit Wasser und filtriert.

Sputum oder Schleimflocken untersucht man auf einem Objektträger mittels des Handspektroskops.

Spektrochemischer Nachweis von Oxyhämoglobin. Das Spektrum wird am ursprünglichen Material oder an einem mit Wasser oder schwacher Sodalösung hergestellten Auszug nach Schütteln der Flüssigkeit mit Luft geprüft. Dann untersucht man die Umwandlung des Oxyhämoglobins

a) in Hämoglobin (s. d.) durch Zusatz von Schwefelammonium oder Stokesschem Reagens;

b) in CO-Hämoglobin (s. d.) durch Einleiten von Kohlenoxyd oder Leuchtgas;

c) in Hämatoporphyrin (s. d.) durch Zusatz des 10—20fachen Volumens konz. Schwefelsäure;

d) in Methämoglobin (s. d.) durch Zusatz von Ferrizyankalium.

Hämoglobin.

Hämoglobin entsteht durch Reduktion des Oxyhämoglobins. Zur spektroskopischen Prüfung versetzt man 30 ccm frische 1%ig. wäßrige Lösung defibrinierten Blutes mit 5 Tropfen Stokesscher Flüssigkeit, (1 g Ferrosulfat, 1 g Weinsäure, 10 ccm Wasser, 6 ccm verd. Ammoniaklösung) überschichtet mit etwas Äther[1]

---

[1] Der Äther (zweckmäßig frischer Äther pro narkosi) ist hierbei, wie überhaupt für alle spektroskopischen Untersuchungen, zu prüfen, ob er den Blutfarbstoff verändert. Der Äther läßt sich meist durch Schütteln mit starker Kalilauge und Destillation reinigen.

und beobachtet bei 2 cm Schichtdicke. Die bläulich bis violett gewordene Lösung zeigt statt der zwei Oxyhämoglobinstreifen einen unscharf begrenzten breiten Absorptionsstreifen etwa zwischen 599—532 (Dunkelheitmaximum etwa 555) und eine Auslöschung des violetten Spektrumendes von etwa 455 ab (vgl. Spektraltafel 2). Die allgemeine Verdunklung des Spektrums ist durch das zugesetzte Reagens bedingt und wird stärker, je länger die Flüssigkeit steht.

Die gleiche Umwandlung erreicht man, wenn auch etwas langsamer, durch Zusatz einiger Tropfen gesättigten Schwefelammoniums. Hierbei tritt durch Bildung von Sulfhämoglobin ein Streifen im Rot bei etwa 628—614 auf. Beim Stehen der Mischung an der Luft, schneller beim Schütteln, treten allmählich wieder die beiden Oxyhämoglobinstreifen auf. Zur Reduktion ist auch zweckmäßig hydroschwefligsaures Natrium $Na_2S_2O_4$ verwendbar.

Im Harn werden kleine Hämoglobinmengen leicht übersehen. Man prüft daher, auch wenn kein deutliches Absorptionsspektrum vorliegt, auf Hämoglobin, indem man es in sogen. Hämochromogen überführt (vgl. S. 136).

Spektrochemischer Nachweis von Hämoglobin. Das Spektrum wird am ursprünglichen Material unter Luftausschluß (Überschichten mit Äther oder flüssigem Paraffin) geprüft. Durch Schütteln mit Luft und Überführung in Oxyhämoglobin unterscheidet es sich von dem äußerst ähnlichen Spektrum des Zyanhämoglobins und Zyanhämatins. Durch Einleiten von CO oder Leuchtgas wird es in Kohlenoxydhämoglobin übergeführt.

Methämoglobin[1].

Methämoglobin enthält Sauerstoff in festerer Bindung als Oxyhämoglobin. Es kann pathologisch bedingt im Blutserum auftreten. Derartige Lösungen zeigen die Spektra beider Blutfarbstoffe (4 Banden); ebenso eine aus alten Blutflecken gewonnene Lösung. Zur Darstellung schüttelt man eine wäßrige 1%ig. Blutlösung mit einigen Körnchen Ferrizyankalium und gießt nach eingetretener Braunfärbung ab, oder man versetzt 99 Teile 1%ig. frischer Blutlösung mit einem Teil 1%ig. Ferrizyankaliumlösung und untersucht nach 10 Minuten langem Stehen bei 2 cm Schichtdicke. Das Spektrum weist außer einer allgemeinen kontinuierlichen Verdunk-

---

[1] Über Methämoglobin siehe auch S. 69.

lung drei deutliche und einen nur gerade angedeuteten Absorptionsstreifen auf (vgl. Spektraltafel *3*).

Streifen   I: 642—624, Maximum 633.
Streifen II: 584—570, Maximum 578.
Streifen III: 552—530, Maximum 542.

Der erste Streifen ist besonders charakteristisch; nach einiger Zeit verblaßt der zweite Streifen. Zusatz von wenig Schwefelammonium verwandelt das Methämoglobin in Hämoglobin, welches seinerseits beim Schütteln mit Luft in Oxyhämoglobin übergeht.

Versetzt man 20 ccm einer frischen aus einer 1%ig. Blutlösung hergestellten Methämoglobinlösung mit 1 ccm einer 0,1%ig. frischen Zyanwasserstofflösung (Kahlbaum), so erfolgt in wenigen Sekunden Umwandlung in Zyanhämoglobin (s. d.).

Setzt man zu 40 ccm 2%ig. Methämoglobinlösung 5 Tropfen einer 7%ig. Sodalösung und beobachtet bei 2 cm Schichtdicke, so erhält man ein charakteristisches Spektrum des Methämoglobins in alkalischer Lösung (vgl. Spektraltafel *4*).

Streifen   I: 610—600, Maximum 604—605.
Streifen II: 587—567. Maximum 578.
Streifen III: 554—527, Maximum 542.

Dieses Spektrum erhält man auch häufig, wenn man faulendes Blut nur mit Ferrizyankalium behandelt.

Zur Bestimmung kleiner Methämoglobinmengen (z. B. im Blutserum) ist in möglichst dicker Schicht zu untersuchen. Ein eventuelles Auslöschen von Gelb und Grün ist belanglos. Es genügt, Rot und Orange sicher zu beobachten. Das Untersuchungsmaterial ist infolge eventueller Umwandlungen der Blutfarbstoffe (Methämoglobin und Oxyhämoglobin) ineinander stets frisch zu untersuchen.

Spektrochemischer Nachweis des Methämoglobins. a) Im Spektrum wird am ursprünglichen Material ein Streifen im Rot bei ca. 634 nachgewiesen, der bei Zusatz starker Sodalösung verschwindet, wofür ein zarter Streifen bei ungefähr 604 auftritt.

b) In einer zweiten Probe wird Methämoglobin durch Zusatz von wenig Schwefelammon und Schütteln mit Luft in Oxyhämoglobin übergeführt, das durch Zusatz starker Natron- oder Kalilauge und genügend Schwefelammonium in Hämochromogen übergeführt wird.

c) Eine dritte Probe wird durch Zusatz verdünnter wäßriger Zyanwasserstofflösung in Zyanhämoglobin umgewandelt.

Zyanhämoglobin.

Zyanhämoglobinlösungen erhält man außer dem Verfahren, das S. 126 angegeben ist, wenn man eine Mischung aus gleichen Teilen 4%ig. frischer Blutlösung und ½%ig. Zyanwasserstofflösung 46 Stunden lang bei 37° stehen läßt. Bei Untersuchung bei 2 cm Schichtdicke beobachtet man einen breiten Streifen, bei etwa 600—518 (Maximum 560—522) (vgl. Spektraltafel 5). Der Rest des Grüns zeigt eine kontinuierliche nach Blau zunehmende Verdunkelung; das violette Ende des Spektrums ist von etwa 485 ab ausgelöscht.

Spektrochemischer Nachweis. Nach Beobachtung des Spektrums im ursprünglichen Material schüttelt man die Lösung mit Sauerstoff oder Luft, wobei das Spektrum bestehen bleibt (Unterschied gegen Hämoglobin). Nach Zusatz von ¼ Volumen Kalilauge, Aufkochen, Abkühlen und Zusatz von Schwefelammonium oder besser Hydrazinhydrat wird Zyanhämoglobin in Hämochromogen übergeführt.

Kohlenoxydhämoglobin[1].

Kohlenoxydhämoglobin entsteht in Blutlösungen im lebenden Körper durch Verbindung von CO (Leuchtgas) mit Hämoglobin. Läßt man kohlenoxydhaltiges Blut offen an der Luft stehen, so geht das Kohlenoxydhämoglobin allmählich in Oxyhämoglobin, später in Methämoglobin über. Ferrizyankalium verwandelt Kohlenoxydhämoglobin in Methämoglobin. Zur Herstellung kohlenoxydgesättigten Blutes wird in frisch defibriniertes Blut bis zur Sättigung Kohlenoxyd geleitet. (Kohlenoxyd wird durch Erhitzen von Oxalsäure mit konz. Schwefelsäure erzeugt und durch mehrere durch Natronlauge geschickte Waschflaschen geleitet (vgl. S. 69). Für die Demonstration des Kohlenoxydspektrums genügt auch das Einleiten von Leuchtgas.) Die Flüssigkeit wird 1 : 100 mit Wasser verdünnt und bei 2 cm Schichtdicke beobachtet. Man beobachtet ein dem Oxyhämoglobin ähnliches, aber doch deutlich von ihm abweichendes zweistreifiges Spektrum (vgl. Spektraltafel 6).

Streifen I: 585—560, Maximum 580—564.
Streifen II: 550—520, Maximum 547—531.

Von etwa 450 ab besteht starke Verdunklung. Bei weiterer Verdünnung wird das Maximum der Streifen bei 571 und 538 beobachtet. Ein Zusatz von Reduktionsmitteln, die das Oxyhämo-

---

[1] Über CO-Hämoglobin siehe auch S. 68.

globin in Hämoglobin umwandeln (Schwefelammonium), lassen oxyhämoglobinfreie Lösungen von Kohlenoxydhämoglobin auch bei längerem Stehen ganz oder nahezu unbeeinflußt. Auf diesem verschiedenen Verhalten gegenüber Schwefelammonium beruht die spektrochemische Probe auf Kohlenoxydhämoglobin. Blut, dessen Hämoglobin teils an Kohlenoxyd, teils an Sauerstoff gebunden ist, liefert bei Zusatz von Schwefelammonium ein gemischtes Absorptionsspektrum von Hämoglobin und Kohlenoxydhämoglobin.

Zur Demonstration der Erscheinung stellt man sich eine Blutmischung her, die 2 Vol.-T. kohlenoxydgesättigtes Blut und 8 Vol.-T. kohlenoxydfreies Blut enthält, verdünnt 1 : 100, setzt zu 20 ccm etwa 14 Tropfen gesättigte Schwefelammoniumlösung, überschichtet mit Äther, rührt vorsichtig mit einem Glasstab um, setzt weitere 3 Tropfen Schwefelammonium hinzu und untersucht spektroskopisch nach etwa 10 Min. Man beobachtet starke Absorption von 596—530, darin zwei Dunkelheitsmaxima bei etwa 577—568 und 552—540, im Rest des Grün und Blau kontinuierliche Absorption; das violette Ende ist von etwa 450 ab ausgelöscht (vgl. Spektraltafel 7). Ein schmaler Streifen im Rot 628—614 kommt dem gebildeten Sulfhämoglobin zu und ist belanglos. Die beiden im Grün gelegenen Dunkelheitsmaxima sind als die beiden dem Kohlenoxydhämoglobin zukommenden Absorptionsstreifen aufzufassen. Sie treten bei der Reaktion mit Schwefelammonium um so näher zusammen, je geringer der Gehalt des Blutgemisches an Kohlenoxyd ist. Sinkt der Gehalt an Kohlenoxydhämoglobin im Blut unter etwa 10% des Oxyhämoglobingehaltes, so ist er mit vorstehender Probe nicht mehr nachweisbar.

Zur Untersuchung einer Blutprobe auf Kohlenoxydgehalt stellt man unter Vermeidung von Schütteln eine Verdünnung von 1 : 100 her und bereitet aus normalem, d. h. kohlenoxydfreiem Blute durch Verdünnen eine Vergleichslösung, deren Farbstoffgehalt der Lösung möglichst gleich dem der ersten Lösung ist. Man untersucht beide Lösungen gleichzeitig in einem Vergleichsspektroskop (s. S. 109) oder in einem Spektroskop mit Vergleichsprisma. Es ist zu beachten, daß beide Hälften des Doppelspektrums gleich hell erscheinen und nur durch eine feine Linie getrennt sein sollen. Die Schichtdicken der zu vergleichenden Lösungen müssen gleich sein. Die Flüssigkeiten sollen durch die Lichtquelle nicht stark erwärmt werden. Dann setzt man zu je 20 ccm der 1%ig. Blutlösungen etwa 14—15 Tropfen gesättigte Schwefelammoniumlösung hinzu, rührt um, überschichtet mit Äther, setzt weiter 3 bis 4 Tropfen Schwefelammonium hinzu, beobachtet nach 10 Minuten.

Man erkennt einen Gehalt an Kohlenoxydhämoglobin bis zu 10% an dem vorangehend bezeichneten Spektrum. Auch beginnt die maximale Verdunklung von kohlenoxydfreiem Blut bei etwa 565, bei der kohlenoxydhaltigen Probe dagegen schon bei 573. Mißt man die Absorptionsstreifen der beiden verglichenen Spektra vor Zugabe des Schwefelammoniums mit einem Meßspektroskop, so erkennt man noch bis zu einem Kohlenoxydhämoglobingehalt von 20% hinab eine Verschiebung der Absorptionsstreifen des kohlenoxydhaltigen Blutes zum Violett.

Spektrochemischer Nachweis.

a) Bestimmung des Spektrums am ursprünglichen, nötigenfalls mit Wasser (unter Vermeidung von Schütteln und längerem Stehenlassen) ausgezogenen oder verdünnten Material.

b) Bestimmung des Spektrums nach Einwirkung von Schwefelammonium; zum Vergleich Ausführung derselben Probe an kohlenoxydfreiem Blute.

c) Ergiebige Behandlung mit Sauerstoff zwecks Umwandlung des CO-Hämoglobins in Oxyhämoglobin, das durch Reduktion in Hämoglobin und durch Behandlung mit Eisessig oder starker Kalilauge in Hämatin umgewandelt werden kann.

Bestimmung des Gehaltes von Blut an Kohlenoxyd durch Wellenlängemessung mittels des Hartridgeschen Reversions-Spektroskopes[1].

Prinzip. Wenn die Absorptionsbanden zweier Farbstoffe verschiedene mittlere Wellenlängen haben und beide Farbstoffe in der gleichen Lösung gemeinsam Licht absorbieren, so ändert sich die mittlere Wellenlänge der gemeinsamen Absorptionsbande mit der relativen Konzentration des Farbstoffes. Voraussetzung hierfür ist, daß:

1. die Bande des einen Farbstoffes in Form ihrer Absorptionskurve den Banden des andern Farbstoffes ähnlich ist und daß

2. bei keiner Konzentration die Banden allein erscheinen; d. h. ihre mittleren Wellenlängen dürfen nicht weiter voneinander entfernt sein als um die scheinbaren mittleren Breiten der Banden.

Da die Farbstoffe sich sowohl in demselben Glasgefäß befinden können als auch in Gefäßen, durch die das Licht nacheinander hindurchgeht, so kann man die mittlere Wellenlänge der Absorptionsbande des gemeinsamen Spektrums in Beziehung setzen zu einer

---

[1] Hartridge: l. c. S. 112 dieses Praktikums.

Reihe von Mischungen der Farbstoffe von bekanntem Gehalt. Hierzu benutzt man einen Doppelkeiltrog, in dessen jede Hälfte man einen der Farbstoffe bringt. Geht ein Lichtstrahl durch diesen Trog hindurch und untersucht man das Licht spektroskopisch, so kann man die mittlere Wellenlänge als Ordinate zum gegenseitigen Schichtdicken-, d. h. Konzentrationsverhältnis der beiden Farbstoffe graphisch darstellen. Hat man einmal eine Eichkurve erhalten, so kann man ein unbekanntes Konzentrationsverhältnis der beiden Farbstoffe in einer Untersuchungsprobe bestimmen.

Hierauf beruht die Bestimmung des CO-Gehaltes im Blut.

Die beiden Absorptionsbanden des Blutes im sichtbaren Spektrum werden, wenn Kohlenoxyd an die Stelle des Sauerstoffes tritt, nach dem Violett verschoben. Das gewöhnliche Spektroskop zeigt die Verschiebung gut, ist aber zu ungenau, um eine Bestimmungsmethode auf Grund derartiger Messungen zu gestatten. Die größere Genauigkeit, die man mit dem Umkehrungsspektroskop erreichen kann, erlaubt es, das gegenseitige Verhältnis der beiden Farbstoffe, Oxyhämoglobin und Kohlenoxydhämoglobin, mit einer Sicherheit von etwa 1 % zu bestimmen. Da die Absorptionsbanden sich um etwa 60 Å verschieben, müssen die Wellenlängen der Banden mit einem Fehler von (höchstens) etwa 0,6 Å bestimmt werden. Die Banden verschieben sich für das Auge, weil die Absorptionskurven der Banden einander überlagern und dabei ihre Gipfel auf verschiedene Wellenlängen zu liegen kommen. Die Absorptionskurve der Mischung ist die Summe der Absorptionskurve jedes Farbstoffes für sich, wobei die relative Höhe der Gipfel der beiden Kurven über der Grundlinie proportional der vorhandenen Menge der beiden Farbstoffe ist. Führt man eine derartige Summation graphisch für verschiedene Verhältnisse der Farbstoffe aus, so findet man, daß die mittlere Wellenlänge der Summenkurve sich entsprechend ändert. Von den beiden Banden, die der Blutfarbstoff im sichtbaren Spektrum zeigt, ist die, die den D-Linien näher liegt, schärfer und enger, und wird deshalb gemessen, wenn man die Sättigung an Kohlenoxyd bestimmt. Zur Herstellung einer Eichkurve wird ein rechtwinkliger Trog durch eine Diagonalebene in zwei keilförmige Tröge geteilt. In den einen bringt man etwas Blutfarbstoff, der mit Sauerstoff gesättigt ist, und in den anderen etwas von derselben Lösung, aber vollkommen gesättigt mit CO-Gas (wobei man ein paar Tropfen Schwefelammon zusetzt. Ein Lichtstrahl wird beim Passieren verschiedener Teile des Doppeltroges dieselbe Gesamtzahl an Blutfarbstoffmolekülen treffen, aber eine verschiedene gegenseitige Schichtdicke derer, die mit Sauerstoff und derer, die mit CO verbunden sind. Diesen

Trog, gefüllt wie angegeben, stellt man vor das Spektroskop, bestimmt die Wellenlängen, die verschiedenen Konzentrationsverhältnissen an Kohlenoxyd in Prozenten entsprechen und stellt hiernach eine Eichkurve dar. Diese benutzt man, um die Sättigung unbekannter Blutproben an CO-Gas in Prozenten zu bestimmen, indem man die Wellenlänge der Untersuchungsbande mit dem Reversionsspektroskop bestimmt.

Chemischer Nachweis von Kohlenoxydhämoglobin im Blut[1].

1. **Probe nach Salkowski.** Die zu untersuchende Blutprobe wird mit Wasser auf das 20fache Volumen verdünnt und mit dem gleichen Volumen Natronlauge (spez. Gew. 1,34) versetzt. Handelt es sich um Kohlenoxydblut, so wird die Mischung in wenigen Augenblicken zuerst weißlich trübe, dann lebhaft hellrot; beim Stehen der Probe scheiden sich hellrote Flocken ab, die sich allmählich zusammenballen und sich über einer rosa gefärbten Flüssigkeit sammeln. Eine aus kohlenoxydfreiem Blut hergestellte Lösung zeigt bei der gleichen Behandlung schmutzig bräunliche Verfärbung. Bei längerem Stehen werden die Unterschiede allmählich undeutlich.

2. **Probe von Kunkel und Welzel.** a) Kohlenoxydblut wird mit dem 4fachen Volumen Wasser gemischt. Zu einem Teil der Mischung setzt man das 3fache Volumen 1%ig. wäßriger Tanninlösung: Hellkarmoisinroter Niederschlag. Bei Gegenprobe mit genuinem Blut: Schmutzige Verfärbung. Die Unterschiede bilden sich nach mehreren Stunden aus.

b) 10 ccm Kohlenoxydblut werden mit 15 ccm 20%ig. Ferrozyankaliumlösung und 2 ccm Essigsäure versetzt. Gegenprobe mit genuinem Blut. Unterschied der Färbung tritt sogleich hervor.

Die Proben lassen noch eine 6fache Verdünnung von Kohlenoxydblut mit genuinem Blut erkennen.

Hämatin und Hämochromogen.

Hämatin entsteht beim physiologischen und pathologischen Abbau vom Blutfarbstoff. Im Reagenzglas entsteht Hämatin durch Erhitzen, Einwirkung von Alkalien oder Säuren. Hierbei spaltet sich das Hämoglobin in Eiweiß (Globin) und Farbstoff. Geschieht diese Spaltung bei Anwesenheit von Sauerstoff, also

---

[1] Salkowski: Prakt. d. phys. u. path. Chemie, S. 126. Hirschwald, Berlin 1912.

von Oxyhämoglobin, so entsteht Hämatin, geschieht sie unter Sauerstoffabschluß aus Hämoglobin, so entsteht reduziertes Hämatin, im folgenden als Hämochromogen bezeichnet[1].

Die Absorptionsspektren von Hämatinlösungen sind abhängig von den Lösungsmitteln und der Reaktion der Lösungen. Das Spektrum einer alkalischen Hämatinlösung erhält man, wenn man 1 ccm Blut mit 20 ccm 15%ig. Kalilauge versetzt und nach einigen Minuten mit Wasser ad 100 ccm verdünnt. Bei Beobachtung bei 4 cm Schichtdicke erkennt man (vgl. Spektraltafel *8*):

    Streifen   I: schwach 638—608, Maximum 621.
    Streifen II: stark 591—572, Maximum 581.
    Streifen III: äußerst schwach 551—532, Maximum ca. 542.

Eine reinere Hämatinlösung erhält man bei Mischen von 1 ccm Blut mit 5 ccm Eisessig, Ausschütteln der Mischung mit der 6—8fachen Menge Äther, Auswaschen durch Schütteln mit Wasser und Ausschütteln des Äthers mit dünner Kalilauge. Man gewinnt eine reine alkalische Hämatinlösung, die bei geeigneter Schichtdicke den charakteristischen Streifen im Rot zeigt (Maximum der reineren Lösung ca. 612).

Das Spektrum ist mit dem einer neutralen Methämoglobinlösung verwechselbar, doch liegt bei Methämoglobin das Maximum weiter nach Rot. Die alkalische Hämatinlösung verwandelt sich nach Zusatz von gesättigter Schwefelammoniumlösung in eine Hämochromogenlösung, während Methämoglobin hierbei in Hämoglobin und beim Schütteln mit Luft in Oxyhämoglobin übergeht.

Das Spektrum des sauren Hämatins erhält man, indem man 0,5 ccm Blut mit 3 ccm Eisessig mischt, mit 20 ccm Äther schüttelt und die Mischung filtriert. Das Filtrat liefert bei 2 cm Schichtdicke folgendes Spektrum (vgl. Spektraltafel *9*).

    Streifen   I: stärker als III und IV 653—613, Maximum 639.
    Streifen II: sehr schwach 595—574, Maximum ca. 576.
    Streifen III: 564—529, Maximum 543.
    Streifen IV: 519—486, Maximum ca. 504.

Setzt man einer alkalischen Hämatinlösung ein Reduktionsmittel (Hydrazinhydrat, Schwefelammonium oder Stokessche Flüssigkeit) zu, so geht die Flüssigkeit unter Annahme eines roten Farbentons in reduziertes Hämatin (als Hämochromogen

---

[1] Nach neueren Untersuchungen ist das Hämochromogen nicht identisch mit dem reduzierten alkalischen Hämatin. Anson und Mirsky: J. of Physiol. **60**, 50 (1925). Vgl. hierzu auch Barcroft: Die Atmungsfunktion des Blutes II. Berlin (1929), S. 18.

bezeichnet) über. Hierdurch lassen sich sehr kleine Mengen von Hämatin erkennen. Man erhält eine Hämochromogenlösung, indem man 1 ccm Blut nach Zusatz von 10 ccm Wasser mit 10 ccm 15%ig. Kalilauge mischt, mit Wasser ad 96 ccm verdünnt, mit Äther überschichtet und mit 6 ccm Schwefelammonium unter leichtem Umrühren mischt. Bei Beobachtung bei 2 cm Schichtdicke erkennt man (vgl. Spektraltafel *10*):

Streifen I: Rotwärts sehr scharf begrenzt und dunkel 570—547.
Streifen II: 540—508, Maximum ca. 532—524, Violett von

450 ab ausgelöscht.

Der Ort der Absorptionsstreifen wechselt etwas, je nachdem man zur Reduktion der alkalischen Hämatinlösung Hydrazinhydrat oder Schwefelammonium benutzt. Bei sehr starken Verdünnungen ist nur der erste Absorptionsstreifen des Hämochromogens wahrnehmbar, was zur Identifizierung genügt.

Spektrochemischer Nachweis.

Hämatin im Blutserum. Bei der Blutentnahme ist jede Hämolyse auszuschließen (vermeide Umrühren mit scharfkantigen Glasstäben, Verunreinigung mit Alkohol oder Säurespuren!). Man fängt das Blut unmittelbar im Zentrifugenglas auf, läßt ½ bis 1 Stunde stehen und zentrifugiert. Das vollkommen klarzentrifugierte, frische Blutserum wird in ein Absorptionsgefäß von 4 cm Länge und mindestens 0,6—1,0 cm Breite gebracht, mit reinem Äther überschichtet, danach mit $^1/_{10}$ Volumen Schwefelammonium versetzt und durch leichtes Rühren mit einem Glasstab gut durchmischt. Bei pathologischem Hämatingehalt zeigt sich innerhalb weniger Minuten ein schmaler, gut abgegrenzter symmetrischer Absorptionsstreifen bei ungefähr 559. Ist der Streifen bei 4 cm Schichtdicke gerade noch bestimmbar, so entspricht der Hämatingehalt angenähert 0,14 mg in 100 ccm. Die Anwendung eines Meßspektroskopes ist notwendig.

Hämatin im Harn. Enthält der Harn außer größeren Mengen gelösten Hämatins keinen oder nur wenig Blutfarbstoff, so kann dies unmittelbar durch spektroskopische Untersuchungen und Überführung in Hämochromogen erkannt werden. Bei Anwesenheit geringer Mengen oder Vorhandensein von Oxyhämoglobin, Hämoglobin oder Methämoglobin läßt sich nicht entscheiden, ob das nachgewiesene Hämatin ursprünglich in freier Form vorhanden gewesen oder erst durch angewandte Reagentien aus andern Blutfarbstoffen abgespalten worden ist.

Nachweis von Hämatin in Fäzes. Eine kleine Menge wird mit Sodalösung gemischt und unfiltriert nach Zusatz von Schwefelammonium in dünner Schicht spektroskopiert. Ist die Flüssigkeit undurchsichtig, so filtriert man, setzt weiter Schwefelammonium hinzu und untersucht auf Hämochromogenspektrum. Man kann auch 5 g Fäzes mit 90%ig. Alkohol fein verreiben, auf 100 ccm auffüllen, filtrieren und bei verschiedener Schichtdicke prüfen.

Andere Extraktionsmittel (Eisessig, Pyridin) können zum Nachweis von vorgebildetem Hämatin nicht benutzt werden, da durch sie aus vorhandenem Hämoglobin Hämatin abgespalten wird.

Die vorstehend gegebene spektrochemische Prüfung dient zum Nachweis vorgebildeten Hämatins. Die spektrochemische Untersuchung auf Blut schlechthin geht auf Umwandlung der verschiedenen Blutfarbstoffe in Hämochromogen aus und ist S. 135 und 136 beschrieben. Vgl. auch Nachweis von Blut bzw. von Hämatin S. 584.

Porphyrine.

Unter der Bezeichnung „Porphyrine" versteht man eine Reihe nahe verwandter eisenfreier Umwandlungsprodukte des Hämoglobins oder Hämatins (Uroporphyrin, Koproporphyrin u. a.). Zur Darstellung des sogenannten Hämatoporphyrins nach Hoppe-Seyler trägt man in 20 ccm konz. Schwefelsäure in einem Porzellanmörser unter Umrühren mit dem Pistill langsam 2 ccm defibrinierten menschlichen Blutes ein und verdünnt die Masse mit konz. Schwefelsäure auf das 10fache. Man untersucht nach dem Verschwinden der Luftbläschen spektroskopisch und beobachtet bei 4 cm Schichtdicke (vgl. Spektraltafel *11*).

Streifen I: stark 612—597.

Streifen II: 587—541, dessen linke Teilstrecke viel heller ist als die sehr dunkle rechte; das violette Ende von 490 ab ist fast ausgelöscht.

Je nach der Konzentration schwankt die Lage der Maxima im Streifen I zwischen 604—602, bei Streifen II zwischen 557—555. Die Lage der Absorptionsbanden ist von dem verwendeten Material (frisches oder altes Blut oder präparativ gewonnenes Hämoglobin) abhängig.

Nachweis von Porphyrinen im Harn. Der physiologische Porphyringehalt ist so gering, daß er durch unmittelbare spektroskopische Beobachtung nicht nachgewiesen werden kann.

Bei stark erhöhtem Porphyringehalt genügt es, den Harn

mit dem gleichen Volumen 25%ig. Salzsäure zu mischen und ihn bei größerer Schichtdicke — nötigenfalls 10 cm — zu spektroskopieren. Man beobachtet mehrere Streifen (5), von denen aber nur 2 ihre Lage so genau beibehalten, daß sie scharf bestimmbar sind. Liegt vorzüglich „Uroporphyrin" vor, so liegen die Hauptstreifen I und II bei ungefähr 595,5—596 und 551,5—552,5. Handelt es sich vorwiegend um Koproporphyrin, so findet man sie ungefähr auf 592 und 549. Über den Nachweis kleinerer Mengen von Porphyrinen im pathologischen Harn siehe S. 582.

Spektroskopischer Nachweis von Blut.

In Blutflecken. Blutflecken färben sich rasch braun, da das Oxyhämoglobin in Methämoglobin übergeht. Sie lassen sich entweder durch die Hämoglobinspektren (Oxyhämoglobin, Methämoglobin, Kohlenoxydhämoglobin und Zyanhämoglobin) oder durch das Hämochromogen- oder Hämatoporphyrinspektrum identifizieren. Die letzten stellen Reaktionen des Hämatins oder Hämatoporphyrins dar, sind also für die Anwesenheit von Blutfarbstoff nicht zwingend beweisend.

a) Unmittelbare Prüfung. Der Fleck wird schwach angefeuchtet und in einem Handspektroskop mit starker Beleuchtung im durchfallenden Licht untersucht. Beim Befeuchten mit Schwefelammonium geht Oxyhämoglobin in Hämoglobin über. Das Verfahren versagt bei älteren Flecken. Man untersucht danach durch:

b) Herstellung eines Auszuges. Man zieht den Blutfleck mit 0,3—1%ig. Sodalösung oder 0,1%ig. Kalilauge aus und bewahrt die nicht gelöste Masse auf. Man prüft den nötigenfalls durch Filtrieren geklärten Auszug in dicker Schicht auf das Oxyhämoglobin- oder Methämoglobinspektrum. Bei sehr geringem Blutgehalt kann man noch spektrographisch den Violettstreifen erhalten. Dann dampft man die Lösung auf dem Wasserbade vollständig ein und prüft auf Hämochromogen oder Hämatoporphyrin.

Zur Hämochromogenprobe löst man einen Teil des Rückstandes in Kalilauge, fügt einige Tropfen Äther hinzu, gibt gesättigtes Schwefelammonium hinein, mischt und spektroskopiert. Der Hauptstreifen liegt hierbei auf etwa 557. Fügt man nachträglich etwas gesättigte Zyankaliumlösung und einige Tropfen Schwefelammonium hinzu, so geht das Hämochromogenspektrum in das Zyanhämochromogenspektrum mit zwei etwa gleich starken Absorptionsstreifen bei ca. 568 und 538 über.

Zur Hämatoporphyrinprobe verreibt man einen Teil des Rückstandes mit einigen ccm reiner konzentrierter (98%ig.) Schwefelsäure. War Blut oder Hämatin vorhanden, so findet man die beiden Hauptstreifen bei ungefähr 601 und 555.

Findet man bei der Untersuchung des Blutfleckauszuges kein positives Ergebnis, so untersucht man den bei der Extraktion verbliebenen Rest nach Leers[1]. Man mazeriert im Reagenzglas das Untersuchungsobjekt nach feinster Zerteilung mit konzentrierter Kalilauge, der man einige Tropfen absoluten Alkohols unter Erwärmen zusetzt. Zu dem erkalteten Extrakt setzt man 2—3 Tropfen Pyridin. Man schüttelt zur Emulsion, setzt einen Tropfen Reduktionsmittel (Ammoniumsulfid) hinzu, schüttelt wieder, läßt stehen und untersucht die nach oben steigende Pyridinschicht auf ein Hämochromogenspektrum. Sollte es zu schwach sein, so pipettiert man die Pyridinschicht ab und verdampft sie auf dem Objektträger Tropfen für Tropfen, so daß jeder folgende den vorhergehenden deckt. Aus dem entstehenden rötlichen Flecken gelingt es oft, nach Zusatz einer geringen Menge Reduktionsmittel ein Mikro-Hämochromogenspektrum zu erhalten.

Untersuchung von Harn und Fäzes auf Blut s. S. 584.

Spektroskopisches Verhalten der Harnfarbstoffe.
Siehe unter „Harnfarbstoffe" S. 573.

Spektralphotometrische Untersuchung des Blutes.

I. Allgemeine Spektralphotometrie.

Unter der spektralphotometrischen Untersuchung einer Flüssigkeit versteht man die quantitative Bestimmung ihres Absorptionsverhaltens gegenüber Licht von genau definierter Wellenlänge. Die Größe der Absorption ist von der Intensität des auffallenden Lichtes unabhängig. Das Verhältnis der Intensität des auf die Flüssigkeit auffallenden Lichtes zu der des sie verlassenden ist bei gleichbleibender Schichtdicke und Konzentration der Lösung ausschließlich von der Natur des Farbstoffes und der Wellenlänge der Lichtstrahlen abhängig. Als Maß des Absorptionsverhaltens benutzt man die Schichtdicke der untersuchten Flüssigkeit;

---

[1] Die forensische Blutuntersuchung, S. 64, Berlin: Julius Springer 1910.

und zwar gebraucht man als Maß den reziproken Wert derjenigen Schichtdicke, die die Intensität des auf die Flüssigkeit auffallenden Lichtes nach deren Durchstrahlung auf ein Zehntel herabsetzt. Man bezeichnet diesen Wert als Extinktionskoeffizienten ε.

Ist J die Intensität des auffallenden Lichtes, J_1 diejenige nach der Absorption und d die Schichtdicke der absorbierenden Flüssigkeit, so ist

$$J_1 = J \cdot 10^{-\varepsilon d}$$

und

$$\varepsilon = \frac{1}{d} \cdot \log\left(\frac{J}{J_1}\right).$$

Da es für das Absorptionsverhalten eines Farbstoffes gleich ist, ob man seine Schichtdicke oder seine Konzentration (c) ändert, vorausgesetzt, daß der Farbstoff sich bei Änderung der Konzentration nicht verändert, so ist

$$\frac{c}{\varepsilon} = \text{konstant.}$$

Nach Vierordt heißt die Konstante

$$\frac{c}{\varepsilon} = A$$

das „Absorptionsverhältnis"[1]. Sie bezieht sich ebenso wie der Extinktionskoeffizient auf eine bestimmte, anzugebende Wellenlänge.

Kennt man A, so ist durch Bestimmung von ε die Konzentration der Farbstofflösung bestimmbar, da

$$c = \varepsilon \cdot A .$$

Das Spektralphotometer[2].

Die beste Apparatur zur spektralphotometrischen Messung ist das König-Martenssche Spektralphotometer von Schmidt und Haensch, Berlin. Es beruht auf der Erzeugung zweier völlig gleichartiger, nebeneinander liegender Spektren, deren Licht senkrecht zueinander polarisiert ist. Wird das Licht des einen Spektrums durch Einschaltung einer absorbierenden Flüssigkeit verdunkelt, so läßt sich durch Drehen des Nikols gleiche Helligkeit beider Gesichtsfeldhälften wieder herstellen und aus dem Drehungswinkel des Nikols die Absorption berechnen.

---

[1] Nach Vierordt ist c gleich der in 1 ccm Lösung enthaltenen, in g ausgedrückten Substanzmenge zu setzen. So ist z. B. in einer 1%igen Hämoglobinlösung c nicht 1 sondern 0,01.

[2] Martens-Grünbaum: Ann. Physik IV. Folge, 12. Bd. 984 (1903).

Die optische Einrichtung des Apparates.

Abb. 66 gibt einen vertikalen Schnitt durch das Photometer; Abb. 67 stellt einen horizontalen Schnitt durch das Photometer dar; man muß sich die Ebene dieser Zeichnung in Wirklichkeit im Dispersionsprisma P umgebogen vorstellen. Die vom Spalte S_1 ausgehenden Strahlen — es werde Na-Licht vorausgesetzt — werden von der Objektivlinse O_1 parallel gemacht, durch das Flintglasprisma P (neuerdings wird ein Rutherfordprisma angewandt) nach Maßgabe der Wellenlänge abgelenkt und durch die Objektivlinse O_2 zu einem Spaltbilde am Orte des Okularspaltes S_2 vereinigt.

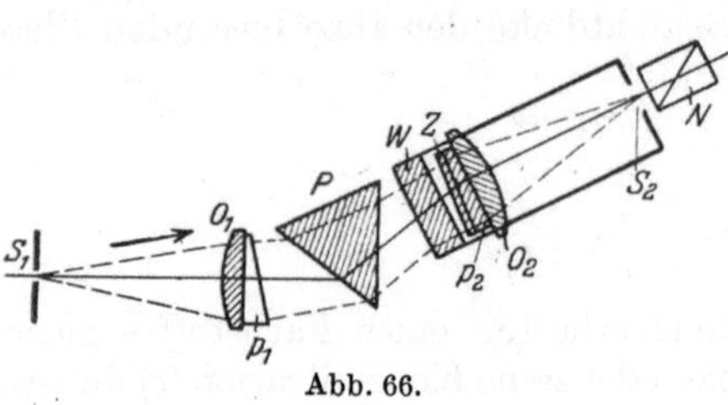

Abb. 66.

Der durch S_2 blickende Beobachter sieht die ganze Fläche der Objektive gleichmäßig und einfarbig beleuchtet. Die beiden Prismen P_1 und P_2 aus Crownglas haben die Aufgabe, die zweimalige Reflexion von Strahlen an den optischen Flächen unschädlich zu machen.

Der Eintrittsspalt S_1 ist durch Blenden in zwei Spalte a und b geteilt, in welche die miteinander zu vergleichenden Lichtbündel I und II eintreten. Zunächst sei angenommen, daß das Wollastonprisma W und das Zwillingsprisma Z nicht vorhanden seien. Dann werden von den Spalten a und b zwei Bilder, b und A, entstehen, wie es im Teil C der Abb. 67 dargestellt ist. Denkt man sich das Wollastonprisma, welches aus zwei verkitteten Kalkspatprismen besteht, eingesetzt, so entstehen durch Doppelbrechung

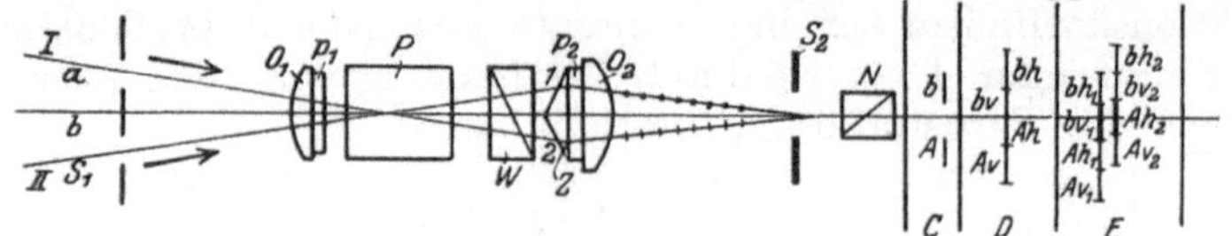

. Abb. 67.

zwei Bilder b_h und A_h (vgl. Abb. 67 D) mit horizontaler Schwingungsrichtung des Lichtes und zwei andere Bilder b_v und A_v mit vertikaler Schwingungsrichtung. Es sei nun auch das Zwillingsprisma Z eingeführt, dann entwirft die in Abb. 67 obere Hälfte 1 (oben und unten in Abb. 67 ist beim wirklichen Photometer rechts und links) eine nach unten abgelenkte Spaltbilderreihe b_{h_1}, b_{v_1}, A_{h_1}, A_{v_1}; die untere Hälfte 2 eine nach oben abgelenkte Spaltbilderreihe b_{h_2}, b_{v_2}, A_{h_2}, A_{v_2}. Nur das Licht der zentralen Bilder b_{v_1} und A_{h_2} wird nun vom Okularspalt durchgelassen. Mithin sieht ein am Okularspalt befindliches Auge das Feld 1 mit vertikal schwingendem Lichte vom Spalte b beleuchtet;. das Feld 2 mit horizontal schwingendem Lichte vom Spalte a. Dieser Strahlengang ist in der Abb. 67 durch die ausgezogenen Strahlenbündel I und II angedeutet. Das Zwillingsprisma ist die eigentliche Vergleichsvorrichtung; auf gleiche Helligkeit der beiden Hälften des photometrischen Vergleichsfeldes wird bei allen Messungen eingestellt.

Da das von den Vergleichsfeldern ins Auge kommende Licht in zwei zueinander senkrechten Richtungen polarisiert ist, kann man zur meßbaren Änderung der Lichtintensitäten ein meßbar drehbares Nikol. N benutzen, welches sich zwischen Okularspalt und Auge befindet.

Konstruktion und Handhabung des Photometers.

Die Abb. 68 stellt das Photometer mit der großen Beleuchtungsvorrichtung dar. S_1 ist der horizontale, in zwei Teile geteilte Eintrittsspalt, der durch die darüber sichtbare Mikrometerschraube bilateral verstellt werden kann. In der Trommel T befindet sich das Prisma; das Beobachtungsrohr B kann mittels der Mikrometerschraube M um die Achse d gedreht werden. Der Beobachter blickt schräg nach unten in das Beobachtungsrohr, stellt durch

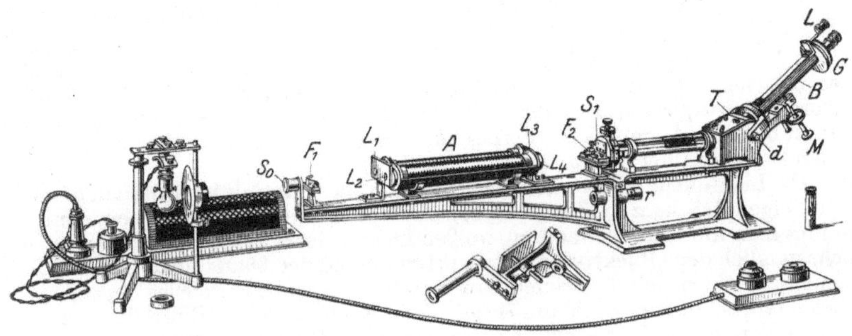

Abb. 68.

Drehen des Teilkreises G und des darin befindlichen Nikols auf gleiche Helligkeit ein und liest bei derselben Stellung des Kopfes durch die Lupe L die Stellung des Teilkreises gegen einen Index ab. Damit das Auge nicht durch das Licht der Beobachtungslampe geblendet wird, wird ein Schirm über L und das obere Ende von B gesteckt, an dessen Rückseite sich eine kleine 4-Voltlampe zur Beleuchtung des Teilkreises befindet. An dem eigentlichen Photometer ist mit Hilfe einer Schraube die Beleuchtungsvorrichtung befestigt. Dem Instrument ist ein Gaußsches Okular beigegeben, welches nach Abnahme des Teilkreises G und des darin befindlichen Okularnikols auf das obere Ende von B gesetzt werden kann und zur Eichung der Mikrometerschraube nach Wellenlängen verwendet wird.

An dem Apparat darf zur Erhaltung der einwandfreien Justierung **keine Schraube gelöst werden.**

Beleuchtungsvorrichtung.

Als Beleuchtungsvorrichtung zum Spektralphotometer ist es zweckmäßig, die sogenannte große Beleuchtungsvorrichtung anzuschaffen, da diese durch Anwendung langer Röhren (bis zu 25 cm) auch die Messung sehr verdünnter Lösungen auszuführen gestattet.

Von dem Beleuchtungsspalte S_0 (vgl. Abb. 69) entwirft ein System von vier Linsen L_1, L_2, L_3, L_4, und zwei Paar Fresnelscher Prismen F_1 und F_2 zwei reelle Bilder auf den Spalten a und b. Der Abstand $L_1 L_3$ beträgt 26,5 cm. Die Mittelstrahlen der beiden Bündel I und II sind an allen Stellen 43 mm voneinander entfernt. Die Prismen sind so berechnet und geschliffen, daß die Mittelstrahlen der Bündel I und II genau die Mittelpunkte der zu beleuchtenden Hälften des Zwillingsprismas treffen. Die Konstruktion der Beleuchtungsvorrichtung ist aus Abb. 68 ersichtlich. Bei F_1 und F_2 liegen die beiden Fresnelschen Prismenpaare in kleinen Schutzgehäusen. Bei Einschaltung ungleich langer Flüssigkeitsschichten in den Gang der Strahlenbündel I und II werden stets scharfe Abbildungen des Beleuchtungsspaltes auf den beiden Eintrittsspalten bewirkt.

Von der richtigen Justierung der Beleuchtungsvorrichtung überzeugt man sich, indem man durch den Okular-spalt das Licht einer Glühlampe einfallen läßt und im ver-dunkelten Zimmer Lichtflecke beobach-tet, welche die bei-

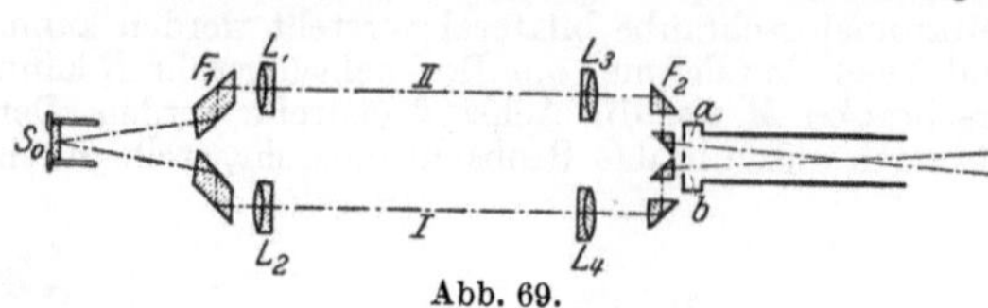

Abb. 69.

den nunmehr in umgekehrter Richtung verlaufenden Bündel I und II auf Koordinatenpapier hervorrufen. Das Papier wird zunächst nahe an L_3, darauf nahe an L_1 gebracht. Ferner prüft man, ob auf S_0 zwei zusammen-fallende Spaltbilder entstehen.

Als Lichtquelle für exakte Bestimmung des Extinktionskoeffizienten sollte eigentlich kein weißes Licht, sondern spektralreines Licht dienen, denn nimmt man auch bei Anwendung weißen Lichtes die Spalten so eng wie mög-lich, nämlich den Objektivspalt etwa 0,10 mm und den Okularspalt 0,25 mm, so unterscheiden sich die an den Grenzen dieses Spektralbereiches liegenden Wellenlängen immer noch um 4 $\mu\mu$[1]. Hierdurch wird die Einstellung der beiden Vergleichsfelder schwierig. Es soll daher für physikalische Messung homogenes Licht von Spektrallinien benutzt werden (Aronsche Queck-silberlampe, Flammenspektren). Für physiologische Untersuchungen ge-nügt es aber, weißes Licht anzuwenden, und zwar wird von Charnass die Anwendung einer Zeissschen Azolampe empfohlen.

Die zu untersuchende Farbstofflösung wird in dem Apparate bei-gegebene Röhren gefüllt, die durch planparallele Glasscheiben verschlossen werden. Diese werden durch aufgeschraubte Metallhülsen bzw. darunter gelegte Gummiringe auf die Röhren fest aufgedrückt. Die Röhren sind nach dem Abnehmen der Verschlußplatten leicht durch einfaches Ausspülen zu reinigen. Die Dimensionen der Beleuchtungsvorrichtung gestatten die Anwendung von Röhren bis zu 25 cm Länge; andererseits dürfen wegen des für die Schraubengewinde nötigen Platzes die Röhren nicht kürzer als 2 cm sein. In diese kürzesten Röhren können aber noch mas-sive, genau planparallel geschliffene Glaszylinder von 1 cm und mehr Länge geschoben werden, so daß Schichtdicken von 1 cm und darunter der Unter-suchung zugänglich werden. Damit die Reflexions- und Absorptionsverluste vor beiden Spalthälften gleich bleiben, müssen immer zwei gleiche Glas-zylinder in beide Röhren gelegt werden. Der Mantel dieser Glaszylinder ist an einer Stelle etwas abgeschliffen, damit die Flüssigkeit im ganzen Rohre frei zirkulieren kann. Abb. 70 stellt einen Quer-schnitt durch eine Röhre R mit darinliegendem Glaszylinder G dar (S ist die abgeschliffene Stelle).

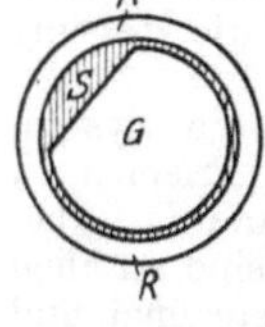

Abb. 70.

Bei ganz kleinen Röhren sind die Fassungen etwas ver-längert, so daß das ganze Gefäß immer noch eine Länge von 5—6 cm erhält. Daher liegen auch diese kurzen Röhren genau passend in den Rinnen A (Abb. 68) und werden in axialer Richtung von dem Strahlenbündel durchsetzt.

---

[1] Vgl. Hoffmann: Z. Physik **37**, H. 1/2 (1926). Über die Spaltbreiten-korrektion bei Messungen mit dem Spektralphotometer nach König-Martens.

Beispiel.

Tl-Funke ($\lambda = 535\,\mu\mu$) wird auf den mit Mattglas bedeckten Beleuchtungsspalt projiziert. Untersucht wurde Kaliumbichromatlösung, $c = 0,01698$ g-Mol auf 1000 ccm.

5 cm-Röhren; Lösung rechts (II in Abb. 69), Wasser links (I in Abb. 69).	18,2	163,3	197,4	343,3
	17,7	163,2	197,4	342,7 } 1
	18,1	162,9	197,4	342,4
	18,00	− 163,13	197,40	− 342,80
	+ 180	↗ + 198,00	+ 180	+ 377,40
	198,00 ↙	34,87	377,40	34,60
		34,60		

$$\overline{34,74} : 2 = 17,37, \quad \alpha_2 = 17^{\circ}\,22'$$

5 cm-Röhren; Lösung links (I in Abb. 69), Wasser rechts (II in Abb. 69).	62,5	119,0	242,0	297,7
	62,3	118,3	242,2	298,3
	62,4	117,9	243,0	297,3
	62,40	− 118,40	242,40	− 297,77
	+ 180	↗ + 242,40	+ 180	↗ + 422,40
	242,40 ↙	124,00	422,40 ↙	124,63
		124,63		

$$\overline{124,32} : 2 = 62,16, \quad \alpha_1 = 62^{\circ}\,10'$$

5 cm-Röhren; Lösung rechts (II in Abb. 69). Wasser links (I in Abb. 69).	17,3	164,0	197,7	342,4
	17,0	163,0	197,4	342,9
	17,0	162,7	198,1	343,6
	17,10	163,23	197,73	342,97
	180	↗ 197,10	180	↗ 377,73
	197,10 ↙	33,87	377,73 ↙	34,76
		34,76		

$$\overline{34,32} : 2 = 17,16, \quad \alpha_2 = 17^{\circ}\,10'$$

$$\log \operatorname{tg} 62^{\circ}\,10' = 0,27738$$
$$\log \operatorname{tg} 17^{\circ}\,16' = 0,49252 - 1$$
$$\overline{\varepsilon d = 0,78486}; \quad \varepsilon = 0,1570$$

---

[1] An Stelle dieser von Martens und Grünbaum angewandten Rechnungsart erhält man die Werte für α einfacher gemäß der S. 142 angegebenen Rechnungsart, d. h. da

$$x_1 = 18,00^{\circ},\ x_2 = 163,13^{\circ},\ x_3 = 197,40^{\circ} \text{ und } x_4 = 342,80^{\circ}$$

$$
\begin{aligned}
\alpha &= x_1 &&= 18,00^{\circ}\\
&= 180 - x_2 = 180 - 163,13 &&= 16,87\\
&= x_3 - 180^{\circ} = 197,40 - 180 &&= 17,40\\
&= 360 - x_4 = 360 - 342,80 &&= \underline{17,20}\\
&= 17,37^{\circ} = 17^{\circ}\,22'.
\end{aligned}
$$

Ebenso ist mit den Ablesungen der beiden nächsten Spalten zu verfahren

Beobachtungsmethode.

Man bringt die absorbierende Schicht zunächst in den Gang der Strahlen I, das Lösungsmittel in den Gang der Strahlen II, die Einstellung (auf gleiche Helligkeit der beiden Gesichtsfelder) ergibt: α_1.

Dann gibt man die Lösung in Strahlengang II, das Lösungsmittel in Strahlengang I, die Einstellung ergibt: α_2.

Die Winkel α_1 und α_2 werden stets in allen 4 Quadranten des Teilkreises mehrmals gemessen, und zwar beträgt α, wenn die Ablesungen in den 4 Quadranten x_1, x_2, x_3 und x_4 lauten, im rechten oberen Quadranten x_1, im rechten unteren Quadranten $180^0 - x_2$, im linken unteren Quadranten $x_3 - 180^0$, im linken oberen Quadranten $360^0 - x_4$.

Die Runde wird zweimal wiederholt und zum Schluß von insgesamt 12 Ablesungen der Mittelwert berechnet.

Sind ε der Koeffizient der untersuchten Lösung, ε_0 der des Lösungsmittels, α_1 bzw. α_2 die Ablesungswinkel und d die Schichtdicke, so ist

$$\varepsilon - \varepsilon_0 = \frac{\log \operatorname{tg} \alpha_1 - \log \operatorname{tg} \alpha_2}{d}.$$

(Hinsichtlich der Ableitung der Formel wird auf die S. 137 zit. Originalarbeit verwiesen.)

Beispiel. Als Beispiel einer Bestimmung des Extinktionskoeffizienten einer Lösung sei die Messung einer Kaliumbichromatlösung wiedergegeben (s. Tab. S. 141), die mit der Tl-Linie 535 erhalten wurde. Man kann leicht die Tl-Linie erhalten, wenn ein Platinring mit $TlCl$ in einer kleinen Alkoholflamme erhitzt wird.

II. Anwendung der spektralphotometrischen Messung auf die Blutuntersuchung.

Als Ziel der spektralphotometrischen Blutuntersuchung sind zu betrachten:

1. Konzentrationsermittlungen.

Ist für einen Blutfarbstoff, z. B. Oxyhämoglobin, mit einer Lösung genau bekannten Gehaltes einmal die Konstante „A" (s. S. 137) bei einer bestimmten Wellenlänge ermittelt, so ist durch Bestimmung von ε bei einer Lösung unbekannten Gehaltes die Konzentration sofort errechenbar. Die Konstanten schwanken etwas je nach der optischen Individualität des Instrumentes und sind daher für jedes Instrument durch Eichung festzulegen[1].

---

[1] Beispiel: Hätte man in dem auf S. 148 zur Ermittlung von A bzw. A' angeführten Beispiel A mit 0,001887 bzw. A' mit 0,001174 als bekannt vorausgesetzt und zur Ermittlung von c, $\varepsilon = 0.48119$ und $\varepsilon' = 0,77320$ gemessen, so ergibt sich $c = A \cdot \varepsilon = A' \cdot \varepsilon'$ (vgl. S. 137), und da die Ausgangslösung zur Messung 40 fach verdünnt wurde, c in dieser zu:
$$c = 0,001887 \cdot 0,48119 \cdot 40 = 0,03631$$
bzw. $\quad c = 0,001174 \cdot 0,77320 \cdot 40 = 0,03631.$
Da c in diesem Falle die g-Zahl pro ccm darstellt, so ergibt sich die in den 100 ccm Ausgangs-Hämoglobinlösung enthaltene Hämoglobinmenge zu 3,631.

Des weiteren dient die Methode auch zur Analyse von Farbstoffgemischen[1].

2. Identifizierung von Farbstoffen.

Der Quotient zweier an verschiedenen Stellen des Spektrums gemessenen Extinktionskoeffizienten ist eine Konstante, die von der Konzentration unabhängig und für den betreffenden Farbstoff charakteristisch ist. Hieraus ergibt sich die Möglichkeit, verschiedene Blutfarbstoffe aus dem Zahlenwert dieses Quotienten zu identifizieren. Für Oxyhämoglobin wird die Absorption nach Hüfner[2] an zwei Stellen des Spektrums bestimmt, und zwar:

a) bei dem Minimum der Absorption in Gelb bei einer mittleren Wellenlänge von 560 (Spektralbereich 565—554, Extinktionskoeffizient „ε") und

b) in der Mitte des zweiten Streifens in Grün bei 538 (Spektralbereich 542,5—531,5 Extinktionskoeffizient „ε'").

Bildet man den Quotienten $\dfrac{\varepsilon'}{\varepsilon}$, so erhält man den sogenannten „Hüfnerschen Quotienten". Dieser zeigt — selbst bei Messungen verschiedener Untersucher, die mit verschiedenartigen Apparaturen arbeiteten — eine äußerst gute Konstanz. (Siehe folgende Tabelle.)[3]

Untersucher	Instrument	$\dfrac{\varepsilon'}{\varepsilon}$	A'	A
Hüfner	Hüfner-Apparat	1,58	0,00131	0,00207
Letsche	„	1,58	0,00132	0,00208
Butterfield	„	1,58	0,001195	0,00187
Hári	König-Martens	1,61	0,001168	0,00188
Charnass	König-Martens	1,64	0,001180	0,001938

---

[1] Vgl. diesbezgl. Hüfner: Arch. Anat. u. Physiol., Physiol. Abtlg. Jg. 1900 S. 39 und Bürker: Tigerstedts Hdb. d. physiol. Method. 2, 1, 213 (1910).

[2] Arch. Anat. u. Physiol., Physiol. Abtlg. S. 491 (1899). Vgl. ferner Bohr: Skand. Arch. Physiol. 3, 47, 76 u. 101 (1892). — Aron: Biochem. Z. 3, 1 (1907). — Butterfield: Z. physiol. Chem. 62, 173 (1909). — Hári: Biochem. Z. 82, 229 (1917); 95, 266 (1919). — Charnass in Abderhalden, Handb. d. biol. Arbeitsmeth. IV/4, S. 1109 (1926).

[3] Hinsichtlich der Bedeutung von A' und A s. S. 137.

a) Bestimmung des Hüfnerschen Quotienten.

Da bei der spektralphotometrischen Konzentrationsbestimmung des Hb auch die Bestimmung des Hüfnerschen Quotienten notwendig ist (s. S. 146), sei diese vorangeschickt.

Behandlung der Apparatur. a) Kalibrierung. Vor der Messung ist eine Kalibrierung des Instrumentes nach Wellenlängen vorzunehmen, d. h. es werden die Trommelteile des Instrumentes graphisch als Ordinaten gegen die entsprechenden Wellenlängen als Abszissen dargestellt. Hierzu wird der aufgesetzte Okularnikol entfernt und an seiner Stelle bei möglichst enggestelltem Okularspalt ein dem Instrument beigegebenes Gaußsches Okular aufgesetzt. Der Eintrittsspalt wird auf 0,015 mm gestellt; sodann wird die Trommel in gleicher Weise geeicht wie dies bei der Justierung der Spektroskope beschrieben worden ist. Eine große Anzahl Spektrallinien werden teils durch Geißlersche Röhren (Wasserstoff, Helium, Quecksilber) teils durch Flammenspektren (Natrium, Lithium, Thallium, Strontium) erzeugt. Man stellt die Linien auf die Mitte des schmalen Okularspaltes ein und liest die entsprechende Trommelteilung ab. Es ist notwendig, zahlreiche Eichpunkte zugrunde zu legen. Charnass benutzte zur Eichung über 150 Emissionsspektra, um eine genaue Wellenlängenkurve zu erhalten. Nicht alle Meßpunkte fallen genau in den erhaltenen Kurvenzug; man wählt nur diejenigen Eichpunkte, die mit dem Kurvenlineal am besten zu den beobachteten stehen. Es empfiehlt sich auch hier, das Hartmannsche Dispersionsnetz zu verwenden, wie S. 118 angegeben. Neuerdings werden die Spektralphotometer auch mit sogenannten Wellenlängeschrauben ausgerüstet.

b) Absorptionsmessung. Spalt. Zur Messung stellt man den Eintrittsspalt auf 0,1 mm (bloß bei Ablesung im Blau soll er 0,2 mm breit sein). Der Okularspalt wird so weit gewählt, daß der Spektralausschnitt dem von Hüfner (siehe o.) angegebenen Wellenlängenbereich annähernd entspricht.

Beleuchtung. Als Lichtquelle dient die Schmidt und Haenschsche Beleuchtungsvorrichtung oder eine Zeiss'sche Azo-Beleuchtungslampe mit Schirm und Blende von ca. 500 Watt Stärke. (Sie kann mit halber Spannung mittels variierbarer Widerstände benutzt werden.) Hinter die Lampe wird ein Doppelkondensator mit kurzer Brennweite eingeschaltet, der den Glühkörper etwas vergrößert auf einer dicht vor dem Apparat aufgestellten

Mattscheibe abbildet. Dicht dahinter befindet sich die kleine, in die Beleuchtungseinrichtung eingeschraubte, halbmatte Mattscheibe.

Gefäße. Zur Untersuchung dient vorzüglich das 2 cm-Rohr, das evtl. mit Einsatz eines Glasblockes von 1 cm Dicke benutzt werden kann. Auch Röhren von 5 cm Länge sind unter Umständen anwendbar. Die Gefäße müssen sehr sauber und die Lösungen völlig klar sein. Filtration ist ausgeschlossen. Das destillierte Wasser ist evtl. in Jenaer Gefäßen nochmals zu destillieren.

Temperatur. Die Temperatur der Lösung darf durch die Lichtquelle keine Änderung erfahren. Die Temperatur des Zimmers darf nicht stark schwanken (ca. 5^0 Spielraum).

Untersuchungsmaterial. Die Blutentnahme erfolgt aus der Vene am besten ohne Stauung und nüchtern. Oxalatblut gibt keine Abweichung gegenüber nativem Blut. Das Blut wird mittels kalibrierter Pipette am besten direkt abgenommen. Es wird mittels 0,1 %ig. Sodalösung (1 : 200 verdünnt) und möglichst sofort, spätestens nach wenigen Stunden, im 2 cm-Rohr untersucht. Größte Sauberkeit und unbedingte Abwesenheit jedweder Beimischung ist notwendig.

Messung. Die Messung erfolgt genau wie S. 142 angegeben worden ist. Man mißt den Extinktionskoeffizienten in dem von Hüfner angegebenen Wellenlängenbereich (s. S. 143) durch Einstellung des Nikols in allen 4 Quadranten. Stets sind für jeden Meßpunkt eine Reihe von Ablesungen vorzunehmen. Der Durchschnittswert ist anzuwenden. Nach Charnass soll es genügen, mehrere Ablesungen im ersten Quadranten auszuführen. Man berechnet die beiden Extinktionskoeffizienten ε und ε' wie angegeben und bestimmt den Quotienten ε' zu ε.

Der Quotient schwankte bei 100 Untersuchungen von Charnass zwischen 1,61—1,66. Die Fehlergrenze beträgt also ca. 3 %.

Kritik des Hüfnerschen Quotienten. Der Hüfnersche Quotient ist zweifellos eine konstante Größe; er stellt jedoch nach Charnass keineswegs ein Kriterium für die Reinheit oder Einheitlichkeit des Hb dar.

„Das Molekül des Blutfarbstoffes kann durch solche Hilfsmittel, die nicht einmal ganz bedeutende Beimischungen fremder Farbstoffe aufdecken lassen, nicht beurteilt werden."

Zur Charakterisierung des Blutfarbstoffes empfiehlt Charnass die Anlegung einer Absorptionskurve mit Meßpunkten bei 650, 635, 625, 608, 602, 590, 575,6, 571, 560, 554,7, 544, 541, 538,5, 530, 520, 510, 500,8, 490, 481, 476, 458, den Absorptionsmaxima der wichtigsten Blutfarbstoffe. Man erhält hierdurch eine normale Kurve, die Abweichungen vom normalen Verhalten aufzuklären gestattet.

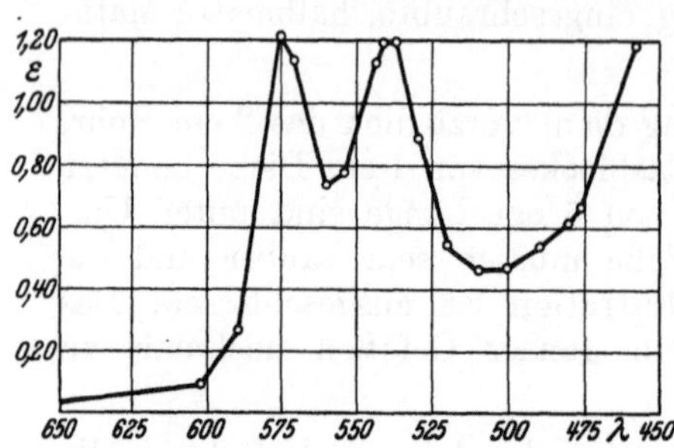

Abb. 71. Normalkurve des viermal umkristallisierten Oxyhämoglobins (Pferdehämoglobins).

b) Spektralphotometrische Bestimmung des Hämoglobingehaltes einer Blutprobe[1].

Zur Konzentrationsermittlung des Hb ist es nötig, die Absorptionskonstante A (s. S. 137) zu kennen. Die Bestimmung dieser Konstante ist für jeden Apparat für die Messung notwendig. Hierzu werden die Extinktionskoeffizienten des Oxyhämoglobins mit Lösungen genau bekannten Hb-Gehaltes bestimmt. Das Blut zur Gewinnung von Oxyhämoglobin ist vor der Verarbeitung auf den Hüfnerschen Quotienten, den man für sein Instrument kennt (s. S. 143) zu prüfen. Sind unzulässige Abweichungen vorhanden, so ist das Blut verändert bzw. verdorben und darf nicht verwandt werden. Zur Herstellung einer Hb-Lösung genau bekannten Gehaltes verfährt man wie folgt.

Blutkörperchen aus frischem defibrinierten Pferdeblut werden viermal mit physiologischer Kochsalzlösung gewaschen, bei 20° in 2 Volumen destilliertem Wasser aufgenommen, mit 1—2 Volumen reinstem Äther kräftig durchgeschüttelt; man läßt absetzen, bis eine völlig klare Hämoglobinlösung erfolgt. Manchmal ist dabei Erwärmung auf höchstens 37° und Wasserzusatz nötig, in allen Fällen muß jedoch eine blanke Lösung entstehen. Die klare Hämoglobinlösung, die nicht länger als etwa 6—8 Stunden stehen darf, wird abgehoben, der Äther durch Luftstrom entfernt, die Flüssigkeit auf 0° abgekühlt und mit ebenfalls gekühltem absoluten Alkohol (ca. ¼ Volumen) langsam unter Schütteln versetzt; die Mischung kristallisiert dann bei ca. —20° meist in ca. 4—8 Stunden vollständig aus. Man saugt bei

---

[1] Dargestellt nach Charnass: l. c. (S. 143 dieses Praktikums).

möglichst tiefer Temperatur ab, wäscht mit eiskaltem Wasser gut aus, löst die Kristalle in wenig auf 30—35⁰ erwärmtem Wasser auf und wiederholt die Kristallisation[1].

Bei der dritten und vierten Kristallisation unterläßt man den Alkoholzusatz, evtl. impft man mit einigen Kristallen von der früheren Darstellung. Vgl. hierzu auch S. 158.

Man erhält eine einheitliche Kristallmasse, die wie oben gewaschen und scharf abgesaugt wird. Mikroskopisch darf sich keine Spur einer amorphen Beimengung finden. Die Arbeit inklusive Ausmessung muß, wenn man richtige Resultate erzielen will, in höchstens 24—48 Stunden erledigt sein.

Der feuchte Kristallbrei wird in 0,1%ig. Sodalösung gelöst (z. B. zu ca. 10%). In einem Teil wird der Trockenrückstand bestimmt (s. unten), im andern die Extinktionskoeffizienten. Hieraus berechnen sich die Größen „A" und „A'''". Aus der Messung der Extinktionskoeffizienten unbekannter Blutlösungen kann unter Benutzung der erhaltenen Konstanten gemäß der Beziehung $c = A' \cdot \varepsilon'$ oder $A \cdot \varepsilon$ unmittelbar die gesuchte Hb-Konzentration berechnet werden.

Beispiel einer spektralen Ermittlung der Absorptionskonstanten an kristallisiertem Pferdehämoglobin nach Charnass.

Pferdeblut:

Die Vorprobe ergibt mit dem frischen Blut (1 : 200 mit 0,1%ig. Sodalösung) in 2 cm Schicht in der Spektralgegend $\lambda = 538,5$, wo Hüfners ε' gemessen wird

$$\varepsilon' = 0,73732,$$

ferner in der Gegend $\lambda = 560,4$, wo ε gemessen wird,

$$\varepsilon = 0,45335.$$

Daraus findet man

$$\frac{\varepsilon'}{\varepsilon} = 1,626 = \text{Hüfners Quotient.}$$

---

[1] Die Darstellung des Oxyhämoglobins nach Hoppe-Seyler läßt sich nach Willstätter und Pollinger erheblich abkürzen, indem man die mit dem halben Volumen Äther versetzte Blutkörperchenlösung, anstatt sie im Scheidetrichter stehenzulassen und dann von Zeit zu Zeit in Portionen abzulassen, mit der Zentrifuge verarbeitet. Die Blutkörperchenlösung wird, um die Stromata zu sammeln, 5 Minuten mit Äther kräftig durchgeschüttelt; dann wird die Emulsion nur etwa 5 Minuten lang bei einer Tourenzahl von 3500 bis 4000 zentrifugiert. Die untere Schicht ist dann vollkommen klar; sie wird durch vorsichtiges Einsenken einer Glasröhre, die mit einer Gaswaschflasche verbunden ist, und schwaches Saugen von der darüberstehenden Emulsion getrennt. Die Kristallisation aus alkoholhaltiger Lösung ist beim Pferde- und Hunde-Hb-O_2 bis zum folgenden Morgen beendet. Z. physiol. Chem. **130**, 281 (1923).

Die Zahl befindet sich innerhalb der für den Hüfnerschen Quotienten ermittelten zulässigen Fehlergrenze von 1,60 — 1,66. Das Blut eignet sich also für die Hämoglobindarstellung zwecks Ermittlung der Konstanten A bzw. A'.

Das Blut wird nun, wie oben angegeben, binnen 48 Stunden viermal umkristallisiert und spektralphotometrisch untersucht.

8,22 g des feuchten Kristallbreies (vierte Kristallisation nach Waschen und scharfem Absaugen) werden in 100 ccm 0,1%ig. Sodalösung gelöst. Davon werden 50 ccm auf dem Wasserbade bis zur Gewichtskonstanz eingedampft, wobei 1,7900 g Trockenhämoglobin resultieren; demnach entsprechen nach dem Abdampfverfahren 8,22 g Kristallbrei 3,58 g reinem Hämoglobin. Die zweite Hälfte der Lösung wird, wie unten beschrieben, spektralphotometriert.

Von derselben Fraktion werden zu gleicher Zeit 3,780 g des Kristallbreies bei 105° getrocknet; nach 48 Stunden ist das Gewicht konstant $= 1,670$ g, woraus nach dem Trockenverfahren für die 8,22 g des spektral untersuchten Breies ein Reingehalt von 3,631 g Hämoglobin resultiert.

Die spektrale Untersuchung, sorgfältig in allen 4 Quadranten durchgeführt (vgl. S. 142), wobei die Einzelablesungen kaum voneinander abweichen, ergibt

$$\varepsilon' = 0,77320,$$

$\varepsilon = 0,48119$. Da c die in 1 ccm Lösung enthaltene Substanzmenge in g darstellt (vgl. S. 137) und die Stammlösung (100 ccm) zur Untersuchung auf das 40fache verdünnt wurde, beträgt die endgültige Verdünnung 1 : 4000, d. h. $c = \dfrac{3,631}{4000}$. Es ergibt sich für das Trockenverfahren bei 105°

$$A' = \frac{c}{\varepsilon'} = \frac{3,631}{4000 \cdot 0,77320} = 0,001174\,,$$

$$A = \frac{3,631}{4000 \cdot 0,48119} = 0,001887\,,$$

ferner bei doppelter Verdünnung 1 : 8000

$$A = \frac{3,631}{8000 \cdot 0,24205} = 0,001875\,,$$

$$A' = \frac{3,631}{8000 \cdot 0,38568} = 0,001167\,.$$

Nimmt man statt des Trockenwertes bei 105° den Abdampfwert von 8,22 g Brei $= 3,58$ g Hämoglobin, so resultiert

$$A' = \frac{3,58}{4000 \cdot 0,77320} = 0,001159\,,$$

$$A = \frac{3,58}{4000 \cdot 0,48119} = 0,001862\,,$$

ebenso bei doppelter Verdünnung

$$A = 0,001849\,,$$

$$A' = 0,001151\,.$$

Als Mittelwert aus 16 Versuchen (mit zwei verschiedenen Fraktionen) erhielt Charnass

$$A' = 0,0011623,$$

$$A = 0,001891.$$

Mittlerer Hüfnerscher Quotient aus 16 Versuchen

$$\frac{\varepsilon'}{\varepsilon} = 1,629\,.$$

Hämoglobinbestimmung.

Kolorimetrische Methoden der Hämoglobinbestimmung.

Die meist geübten Methoden zur Bestimmung des Hämoglobingehaltes gründen sich auf die kolorimetrische Messung der Lösung einer Blutprobe bzw. eines chemischen Umwandlungsprodukts derselben. Die Methoden setzen voraus, daß das Hb einen chemisch einheitlichen Körper darstellt, bei dem zwischen der Lichtextinktion und den chemischen Eigenschaften (Gasbindungsvermögen, Eisengehalt) eine konstante Beziehung besteht. Wegen der Schwierigkeit der Gewinnung reinen kristallisierten Hämoglobins sowie der begrenzten Haltbarkeit und der nach der Gassättigung wechselnden Farbnuance verdünnter Blutlösungen kommen Hämoglobinlösungen oder Blutverdünnungen als Testlösungen zum kolorimetrischen Vergleich nicht zur Anwendung. An ihrer Stelle wählt man künstliche Farblösungen oder konstantere Umwandlungsprodukte des Blutfarbstoffes als Bezugslösung.

Theoretisch richtig ist es, die Testlösung in Prozenten Hb zu eichen. (Normal 14 g Hb in 100 ccm Blut.) Auch die Eichung nach CO-Kapazität (S. 151) ist exakt. In der Praxis wird dagegen oft der Blutfarbstoffgehalt eines „normalen" Blutes mit 5 Millionen roter Blutkörperchen als „100%" zugrunde gelegt. Dieser „Normalwert" ist aber schwankend. Daher sind die verschiedenen Hämometer auf „Normalblutwerte" nachzuprüfen. Die Umrechnung auf „Normalwert" ist (vgl. Hämometer nach Sahli S. 150) notwendig, um den „Färbeindex" zu berechnen. Hierunter versteht man das Verhältnis des Hämoglobingehaltes zur Zahl der roten Blutkörperchen in Prozenten der Norm ausgedrückt. Als Norm wird 100% Hb für 5 Millionen rote Blutkörperchen angenommen. Es ergibt sich für normales Blut ein Verhältnis des Hb zur Erythrozytenzahl wie $100 : 100 = 1$. Bequem läßt sich der Färbeindex berechnen, indem man den gefundenen Hb-Wert durch die mit 2 multiplizierten ersten beiden Ziffern der Erythrozytenzahlen dividiert; es ergibt sich z. B. bei 50% Hb und 2500000 Erythrozyten $\dfrac{50}{2\cdot 25} = 1$.

Man kann auch den mittleren absoluten Hämoglobingehalt eines Erythrozyten angeben. Hierzu dividiert man den Hb-Gehalt von 1 cmm Blut durch die Erythrozytenzahl im selben Volumen und erhält als absoluten Hb-Gehalt eines Erythrozyten im Mittel $32{,}5\cdot 10^{-12}$ g beim Menschen, beim Hund 24, beim Schwein 22, beim Kaninchen 20, beim Rind 19, beim Pferd 18, beim Schaf 11 und bei der Ziege $7\cdot 10^{-12}$ g[1].

Je nach Art der Testlösung unterscheiden sich die folgenden Methoden.

Hämoglobinbestimmung mittels des Hämoglobinometers von Haldane[2].

Prinzip. Die Methode beruht auf dem kolorimetrischen Vergleich einer mit CO behandelten unbekannten Blutprobe gegen eine mit CO gesättigte haltbare Blutstandardlösung. Da die Färbekraft verschiedener Blutarten parallel ihrem Sauerstoffbindungsvermögen geht und andererseits Hb pro Gewichtseinheit genau gleiche Mengen Kohlenoxyd wie Sauerstoff bindet, so gibt die kolorimetrische Messung des unbekannten Blutes auch unmittelbar seine Sauerstoffkapazität, wenn die Sauerstoffkapazität der Testlösung bekannt ist.

Ausführung. Das Instrument zur kolorimetrischen Messung besteht entsprechend dem Hämoglobinometer von Gowers aus zwei Vergleichsröhrchen, von denen das eine zugeschmolzen die Testlösung enthält, während das andere ein Gläschen von gleichem Durchmesser wie die Teströhre darstellt, das zweckmäßig eine in 120 Teile geteilte Skala trägt, deren Teilstrich je 20 cmm anzeigt.

Voraussetzung für die Haltbarkeit der Vergleichslösung ist der vollständige Ausschluß von Sauerstoff. Das CO-Hb befindet sich daher in einer reinen CO-Atmosphäre. Die Vergleichslösung wird wie folgt bereitet.

Das zur Aufbewahrung dienende Rohr, das an einer Stelle verengt ist (Abb. 72), wird mit einer genau 1%ig.

---

[1] Bürker: l. c. (S. 153 dieses Praktikums).
[2] J. of Physiol. **26**, 497 (1900/01).

Lösung von frischem Ochsenblut gefüllt. Durch den seitlichen Rohransatz läßt man einige Minuten Leuchtgas eintreten, das durch ein in einem Stopfen steckendes Rohr in der Pfeilrichtung wieder austritt. Dann schmilzt man das Rohr an der engen Stelle (A) über einer Stichflamme ab. Diese verdünnte CO-Hb-Lösung hält sich unbegrenzt. Von dem benutzten Ochsenblut wird mittels einer der diesbezüglichen Methoden (siehe S. 26ff.) das Sauerstoffbindungsvermögen (gleich der CO-Kapazität) bestimmt und danach das Sauerstoffbindungsvermögen der Blutverdünnung (Testlösung) berechnet.

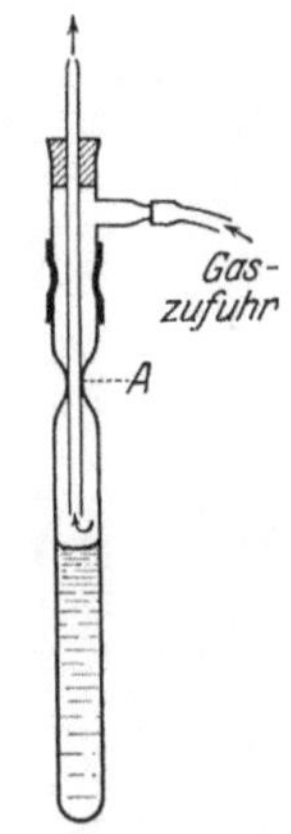

Abb. 72.

Von dem zu untersuchenden Blut wird eine Menge von 20 cmm mittels einer Kapillarpipette abgemessen (s. Blutentnahme S. 159) und in das zweite Gläschen gegeben, in dem sich eine kleine abgemessene Menge destillierten Wassers befindet. Darauf wird die Lösung mit Leuchtgas durch Einleiten gesättigt und so lange Wasser unter mehrfacher Wiederholung der Gassättigung tropfenweise hinzugegeben, bis die Färbung in beiden Röhrchen gleich ist. (Ist keine Skala an dem Untersuchungsröhrchen vorhanden, so wird das Wasser mittels einer genauen Bürette abgemessen.) Man beobachtet bei Durchsicht senkrecht zur Achse der Gläschen gegen eine helle Fläche.

Aus der Verdünnung berechnet man das Konzentrationsverhältnis zu der 1%ig. als Standard dienenden Blutlösung. Da man deren Sauerstoffbindungsvermögen kennt, so ergibt sich auch unmittelbar die Sauerstoffkapazität des untersuchten Blutes.

Die Genauigkeit der Bestimmung soll bis zu 0,8% betragen.

Hämoglobinbestimmung mittels des Hämometers nach Sahli[1].

Prinzip. Die zu untersuchende Blutlösung wird durch Zusatz einer bestimmten Salzsäuremenge in salzsaures Hämatin übergeführt und durch Verdünnen gegen eine Standardlösung kolorimetrisch gemessen. Als Standardlösung dient eine Salzsäure-Hämatinlösung in Glyzerin, die in ihrer Färbung einer 1%ig. Blutlösung entspricht.

---

[1] Sahli: Lehrbuch der klinischen Untersuchungsmethoden S. 658. Wien: Deuticke 1905. Fabrikant Büchi, Bern.

Ausführung. Das Äußere der Meßapparatur geht aus nebenstehender Abbildung hervor. Die Standardlösung kann unter Umständen Farbstoff absetzen. Es ist daher das Teströhrchen umzuschütteln, bis jede Spur eines Farbstoffniederschlages verschwunden ist. Doch soll das Schütteln nicht so heftig geschehen, daß Luftblasen auftreten. Auch soll das Teströhrchen vor Licht geschützt aufbewahrt werden.

Zur Bestimmung gibt man in das Skalengläschen 0,1 n Salzsäure genau bis zum Skalenteil 10. Hierauf entnimmt man mit einer Kapillarpipette 20 cmm Blut (siehe Blutentnahme), bläst es vorsichtig in die Salzsäure ein, ohne Schaum zu erzeugen, indem man das graduierte Gläschen ständig leicht schüttelt. Dann saugt man Säure aus dem Gläschen in die Kapillarpipette und bläst sie wieder aus. Genau 1 Min. nach Zufließenlassen des Blutes setzt man Wasser zuerst schneller, dann tropfenweise unter ständigem Umschütteln hinzu, bis Farbgleichheit mit der Hämatinstandardlösung erreicht ist. Man beobachtet, indem man die Skala seitlich stellt, gegen einen hellen Hintergrund. Von sehr anämischem Blut wendet man 40 cmm an, nachdem man vorher Salzsäure bis zum Teilstrich 20 eingefüllt hat. Den gefundenen Wert dividiert man dann durch 2. Da die Zeit, während der die Salzsäure-Hämatinlösung bis zur Messung steht, einen Einfluß auf die Färbung ausübt, liest man den Stand des Flüssigkeitsmeniskus an der Skala sofort nach Erreichen der Farbgleichheit ab oder arbeitet zumindest auch zeitlich bei allen Messungen unter gleichen Bedingungen.

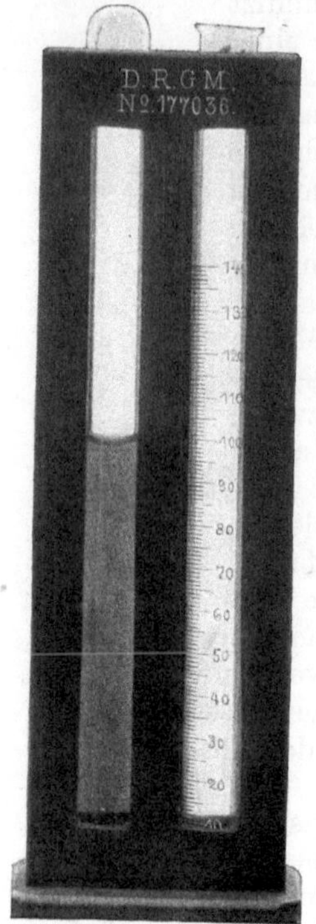

Abb. 73.

Berechnung. Die neuere Form des Sahlischen Hämometers (es soll stets das Originalhämometer von Büchi, Bern bezogen werden) ergibt bei normalen Männern 80—90, bei normalen Frauen 70—80 Teilstriche der Skala. Eine abgeblaßte Testlösung ist gegen eine Reihe von „Normal"-Bestimmungen zu eichen. Ergibt sich z. B. als niedrigster Normalwert 90 statt 80, so müssen die Werte des Röhrchens mit $\frac{8}{9}$ multipliziert werden.

Der Berechnung des Hämoglobingehaltes in Prozenten (wie dies zur Berechnung des Färbeindex s. o. notwendig ist) ist zugrunde zu legen, daß 100% Hb ca. 80 Hämometergraden beim Manne und 70 bei der Frau entsprechen. Ein Mann mit 60^0 hätte also $\frac{60 \cdot 100}{80} = 75\%$ Hb (korrigiert), eine Frau mit 60^0 $\frac{60 \cdot 100}{70} = 86\%$ Hb (korrigiert). Hierbei ist zu bemerken, daß die Angabe 100% Hämoglobin nur bedeutet, daß der normal zu 14% angenommene Hämoglobingehalt des Blutes voll, d. h. zu 100% vorhanden ist.

Hämoglobinbestimmung mittels des Hämoglobinometers nach Bürker.

Prinzip. Die Hämoglobinbestimmung nach Bürker[1] beruht auf dem Farbenvergleich einer mit Natriumhydrosulfit zu Hb reduzierten Blutverdünnung gegen eine Standardlösung von reduziertem Hb mittels des Bürkerschen Kompensations-Kolorimeters.

Reagentien. 1. Soda wasserfrei, puriss. 2. Natriumhydrosulfit purum, hergestellt von der Badischen Anilin- und Sodafabrik, zu beziehen von Merck, Darmstadt; trocken aufzubewahren. Zur Prüfung des Präparates gibt man zu 1 ccm nicht allzu stark gefärbter Indigolösung eine Stecknadel-große Probe Natriumhydrosulfit, worauf eine sofortige längere Zeit anhaltende Entfärbung eintreten muß.

Apparate. 1. Bürkersches Kompensations-Kolorimeter nach Leitz (Wetzlar)[2]. Das Kolorimeter (siehe Abb. 74) stellt ein modifiziertes Dubosq-Tauch-Kolorimeter dar. Das von dem Spiegel S kommende Licht durchsetzt zwei völlig gleiche Eintauchbecher Br und Bl, 2 Eintauchstäbe Str und Stl, 2 Glasgefäße von 10,0 mm wirksamer Schichtdicke Vr und Vl und den Albrecht-Hüfnerschen Glaskörper A, der die beiden Lichtbilder so vereinigt, daß sie nur durch eine feine Linie getrennt im Gesichtsfeld erscheinen, nachdem sie das Okular O durchsetzt haben.

Das Prinzip des Apparates beruht darauf, daß die Vergleichs- oder Testlösung in das Glasgefäß Vr von bekannter Schichtdicke eingefüllt wird,

---

[1] Pflügers Arch. **203**, 274 (1924); ebenda **195**, 516 (1922); Tigerstedts Handb. d. physiol. Methodik **2**, 1, 213 (1910); ebenda **2**, 5, 57 (1912). — Abderhalden: Handb. d. biol. Arbeitsmeth. IV/4, 1197 (1926); Pflügers Arch. **209**, 387 (1925); Handb. d. norm. u. pathol. Physiol. 6, 1. Teil, S. 3. Berlin: Julius Springer 1927.

[2] Z. angew. Chem. **36**, 427 (1923). — Leitz: Literatur zum Gebrauch des Kolorimeters in der chemischen Analyse. Selbstverlag der Optischen Werke. Wetzlar: Leitz.

während die unbekannte zu messende Lösung in das Tauchgefäß *Bl* kommt. Die entsprechenden Glasgefäße *Vl* und *Br* werden mit dem reinen Lösungsmittel gefüllt. Durch Bewegen des Tauchzylinders *Stl* wird nun die Schichtdicke der unbekannten Lösung ermittelt, bei der Farbengleichheit besteht. Da *Stl* mit *Str* fest verbunden ist, durchläuft das Licht dann bei gleicher Farbenintensität auf beiden Seiten auch insgesamt gleich

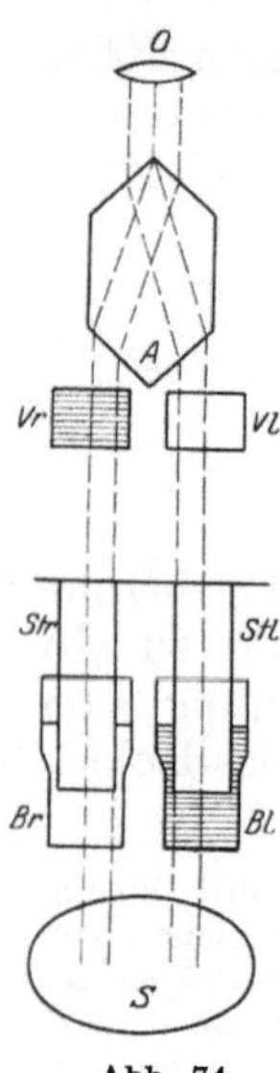

Abb. 74.

hohe Schichten vom reinen Lösungsmittel. Hierdurch wird eine evtl. Verschiedenheit der Lichtabsorption durch Verschiedenheit der Schichthöhe des reinen Lösungsmittels vermieden. (Diese Korrektur dürfte aber bei Anwendung von ungefärbten Lösungsmitteln wie Wasser und Anwesenheit nur eines Farbstoffes gegenüber den üblichen kolorimetrischen Fehlern kaum eine Rolle spielen.) Der Apparat muß so justiert sein, daß, wenn nach Beseitigung von *Vr* und *Vl* in den rechten Becher Lösungsmittel, in den linken Farbstoff gebracht wird, bei völligem Eintauchen der Stäbe bis auf den Boden die Färbung des rechten Gesichtsfeldes verschwindet. Der Nullstrich des Nonius muß dann mit dem Nullstrich der Hauptskala zusammenfallen.

2. Fertige Vergleichströge für die Hb-Bestimmung. Trog *Vr* enthaltend Hb-Lösung, deren Konzentration durch beigegebene Eichkarte bezeichnet wird, Trog *Vl* enthaltend 0,1%ig. Sodalösung mit Reduktionsmittel.

Die Tröge sind maschinell fest geschlossen und nicht zu öffnen; sie enthalten zur Druckpufferung eine kleine Luftblase. Falls sich diese Luftblasen merklich vergrößern, müssen die Tröge an die Fabrik zurückgesandt werden.

3. a) Pipette für 2475 cmm mit Schlauch und Mundstück. b) Pipette für 25 cmm Blut mit Schlauch und Mundstück.

Ausführung. In ein kleines mit Stopfen verschlossenes Rundkölbchen gibt man mittels der Kapillarpipette 2475 cmm 0,1%ig. Sodalösung, fügt 25 cmm Blut hinzu und mischt durch Umschwenken. Bei Anwendung von Blut sehr geringer Hb-Konzentration gibt man zu 2475 cmm Sodalösung zwei Pipetten voll Blut, also 50 cmm und hat dann den gefundenen Hb-Wert (s. Berechnung w. u.), da man auf das 50,5fache verdünnt hat, durch 1,98 zu dividieren. Man füllt die Lösung in den Becher *Bl* bis zur Strichmarke, gibt ca. 0,3 mg Natriumhydrosulfit hinzu, mischt mittels Glasstab durch und fügt den Becher in das Kolorimeter. Den rechten Becher füllt man mit 0,1%ig. Sodalösung und Natriumhydrosulfit. Entsprechend dem oben bezeichneten Schema ordnet man die fertigen Glasgefäße *Vr* und *Vl* an, stellt den Spiegel auf gleichmäßige Beleuchtung ein und kolorimetriert. Man liest mittels Nonius auf $^1/_{10}$ mm genau ab. Bei hoher Konzentration des Hb (z. B. bei Neugeborenen) soll die geringe Schichthöhe auf $^1/_{20}$ mm genau abgelesen werden. Hierzu hat man, falls ein Teilstrich des Nonius genau mit einem Teilstrich der Hauptskala zusammenfällt, die abgelesenen Zehntel mit 2 zu multiplizieren, um die geraden Zwanzigstel zu erhalten; die ungeraden Zwanzigstel ergeben sich an der Stelle der Skala, wo 2 Teilstriche des Nonius symmetrisch zwischen 2 Teilstrichen der Hauptskala gelegen sind.

Berechnung. Da nach dem kolorimetrischen Prinzip (s. S. 338) $h_1 \cdot c_1 = h \cdot c$ ist, wenn h und c Schichthöhe und Konzentration der bekannten, h_1 und c_1 die entsprechenden Größen der unbekannten Lösung bedeuten, so folgt $c_1 = \dfrac{h \cdot c}{h_1}$. Da nun h 10 mm beträgt, c in Gramm angegeben ist, so folgt

$$c_1 = \frac{\text{Eichangabe der Hb-Lösung} \cdot 10}{h_1}$$

in Gramm. Enthält z. B. die Vergleichslösung gemäß der Eichangabe in 1 ccm 0,001429 g Hb und wird in der zu untersuchenden Blutlösung (1 : 100 verdünnt) die Schichthöhe auf 8,9 mm eingestellt, dann sind in 100 ccm Blut

$$\frac{14,29 \cdot 10,0}{8,9} = 16,06 \text{ g Hb}$$

enthalten.

Gasanalytische Bestimmung des Hämoglobins nach der CO-Methode von van Slyke und Hiller[1].

Prinzip. Die Methode beruht darauf, daß das Hämoglobin mit demselben Volumen CO wie mit O_2 sich verbindet. Die Blutmenge (0,1—2,0 ccm) wird in der 50 ccm-Kammer des manometrischen Blutgasapparates von van Slyke und Neill (vgl. S. 49) mit CO gesättigt. Ungefähr 2 ccm des CO werden mit dem Blut eingeführt, worauf man die Kammer evakuiert und schüttelt. Die CO-Tension von ungefähr 25 mm genügt, um das Hämoglobin quantitativ in HbCO überzuführen, während zur gleichen Zeit O_2 und N_2 aus dem Blut vollkommen extrahiert werden. Die Gase werden entfernt und die Menge des HbCO wird durch Messung des CO, das durch saures Kaliumferrizyanid in Freiheit gesetzt wird, festgestellt. Korrekturen für physikalisch gelösten O_2 und N_2 fallen fort. Die Korrektur für das gelöste CO ist nur 0,3 Vol.-%.

Reagentien. 1. Saure Kaliumferrizyanidlösung. Zu 92 Volumenteilen einer Stammlösung aus 32 g von K_3FeCy_6 auf 100 ccm werden

---

[1] J. of biol. Chem. **78**, 807 (1928).

8 ccm konzentrierte Milchsäure (D. 1,2) gegeben. Die Lösung ist über 2 Monate haltbar. 2. Eine luftfreie Lösung von 1 n NaOH. Täglich wird eine Probe entgast (s. S. 54) und unter Öl aufbewahrt. 3. 5 n NaOH. Man bereitet annähernd CO_2-freie gesättigte (18 n) NaOH, indem man NaOH im gleichen Gewicht Wasser löst und das Karbonat absetzen läßt. 27 ccm werden auf 100 ccm verdünnt (5 n Lösung) und in einer Flasche unter CO_2-Schutz (Natronkalkrohr) aufgehoben. 4. Das CO wird aus wasserfreier Ameisensäure und Schwefelsäure bereitet. 1 ccm Ameisensäure liefert ca. 500 ccm CO. Man läßt tropfenweise Schwefelsäure zu der Ameisensäure fließen in einem Reagenzglas, das mit einem Mikrobrenner schwach erwärmt wird. Zwei 5-Literflaschen als Aspiratoren dienen zum Auffangen des Gases. Die ersten Proben werden verworfen. (Wegen der Giftigkeit des CO-Gases arbeitet man unter dem Abzug.)

Ausführung. Die obere Kapillare wird mit 1 Tropfen Oktylalkohol, dann der Becher mit 4,75 ccm Wasser gefüllt. Dann läßt man, wie S. 52 beschrieben, 2 ccm Blut direkt in die Gaskammer, nachfolgend 4,75 ccm Wasser einfließen.

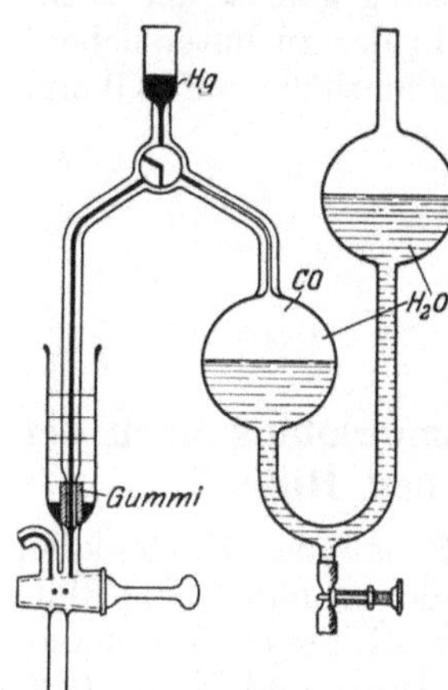

Abb. 75.

Nun saugt man etwa 2 ccm CO aus der Hempelbürette direkt in die Kammer, unter Benutzung der in Abb. 75 angegebenen Anordnung. Die angeschlossene Kapillare der Hempelbürette ist mit Quecksilber gefüllt; die Hahnstellungen sind so, daß sie ein Hochsteigen des Gases erlauben, das von der Niveaubirne des Apparates aus reguliert wird. Man senkt die Niveaubirne, bis das CO-Gas zur Marke 2 eingelassen wird. Nachdem die Blutlösung und das CO in die Kammer gebracht sind, schließt man den oberen Hahn und sichert den Verschluß mit einem Tropfen Quecksilber. Bei dem Hg-Stand bei der 50 ccm-Marke schüttelt man einige Minuten, bis Gleichgewicht mit dem CO-Gas erreicht ist. Dann wird das Gasgemisch (O_2, N_2 und CO_2 aus dem Blut, wie auch der Überschuß an CO) aus der Kammer entfernt. Zur Bestimmung des CO, gebunden als HbCO, wird nach der Entfernung der freien Gase die Kammer evakuiert, bis die Blutlösung sich im unteren Viertel befindet. Etwa 1 ccm Quecksilber und 2—3 ccm Wasser werden in den oberen Becher getan, worauf durch den Quecksilberverschluß aus einer Mikrobürette 0,25 ccm der sauren Ferrizyanidlösung eingeführt wird. Nur so viel Hg wird nachgelassen, daß die Kapillare des Bechers und die Hahnbohrung davon gefüllt ist. Um das CO, das aus dem HbCO durch die Ferrizyanidlösung in Freiheit gesetzt worden ist, zu extrahieren, senkt man das Quecksilber bis zur Marke 50 und schüttelt die Kammer langsam etwa 5 Sek., dann stark 3 Min. lang. Jetzt läßt man mit Hilfe der Niveaubirne Quecksilber in die Kammer, bis der Gasraum über der Lösung auf etwa 5—6 ccm reduziert ist, absorbiert die CO_2 mit 1 ccm luftfreier 1 n-NaOH, bringt das zurückbleibende Gas (CO und Spuren von Luft, die mit der Ferrizyanidlösung eingeführt worden sind) auf 2 ccm, und liest an dem Manometer den Druck p_1 ab. Das Gas wird nun entfernt, der Hahn oben verschlossen, der Verschluß mit einem Tropfen Hg gesichert und der Flüssigkeitsmeniskus auf die 2 ccm-Marke gestellt. Man liest jetzt den Druck p_2 ab.

Der Hämoglobingehalt des Blutes, ausgedrückt in Werten der CO oder O_2-(Bindungs-) Kapazität (vgl. S. 65), wird nach der Gleichung berechnet:

$$CO \text{ oder } O_2\text{-Kapazität ist} = (p_1 - p_2 - c)\,f.$$

Für f vgl. S. 70[1].

Die Korrektur c (sie betrifft die geringen physikalisch gelösten CO-Mengen und die Luftspuren in der Ferrizyanidlösung) wird durch eine blinde Bestimmung ermittelt, in dem die ganze Prozedur wiederholt wird, mit der Änderung, daß man statt 2 ccm Blut 2 ccm Wasser nimmt. c ist gleich $p_1 - p_2$. Dieser Wert ist gering und variiert wenig unter den üblichen Versuchsbedingungen; er betrug in den Versuchen von van Slyke und Hiller durchschnittlich 4,0 mm (1,4 mm davon für die Luftmenge in der Kaliumferrizyanidlösung und 2,6 für die physikalisch von der Blutlösung im Gleichgewicht absorbierte CO-Menge).

Wird die Bestimmung an 1 ccm Blut ausgeführt, so verfährt man wie oben, nur benutzt man 2,5 ccm Wasser, 0,13 ccm Kaliumferrizyanidlösung und 0,5 ccm 1 n NaOH zur CO_2-Absorption.

Wird die Bestimmung an 0,1 oder 0,2 ccm Blut ausgeführt, so ist vorher 1 ccm Wasser in den Becher des Gasapparates zu geben. Die Blutlösung, die nach wiederholtem Nachwaschen in der Gaskammer vorhanden ist, soll bis zur Marke bei 2 ccm reichen. Von der Kaliumferrizyanidlösung werden 0,05 ccm angewendet, von der 5 n NaOH 3—4 Tropfen. Bei den Ablesungen steht der Meniskus auf Marke 0,5.

Die Methämoglobinteile, die den Apparat verunreinigen, können leicht mit schwach alkalisch gemachtem Wasser weggewaschen werden.

---

[1] Van Slyke und Neill: J. of biol. Chem. **61**, 523, (544) (1924).

Darstellung des Hämoglobins.
Methode von Dudley und Evans[1].

Oxyhämoglobin ist weniger löslich als reduziertes Hämoglobin. Wenn eine gesättigte Lösung von reduziertem Hämoglobin oxydiert wird, so gewinnt man Kristalle von Oxyhämoglobin.

Defibriniertes Pferdeblut wird zentrifugiert und mit isotonischer Salzlösung so lange gewaschen, bis die Waschflüssigkeit wasserklar und eiweißfrei ist. Die Blutkörperchen werden in Kollodiumsäckchen unter Druck einer Quecksilbersäule (d. h. unter dem osmotischen Druck des Hämoglobins selber) 3 Tage gegen fließendes, dann 2 Tage gegen destilliertes Wasser dialysiert, worauf die dunkle, lackfarbene, stark reduzierte Lösung von den Stromata durch Zentrifugieren befreit wird. Leitet man nun Sauerstoff durch, so entstehen nach 20 Minuten reichlich Kristalle. Sie sind in Wasser gut löslich. Man kristallisiert aus 2—3facher Menge destillierten Wassers um und stellt die Lösung ins Vakuum. Erneute Sauerstoff-Durchleitung erzeugt bei Abkühlung wieder Kristallisation.

Methode von Heidelberger[2].

Eine Suspension von gewaschenen Hunde- oder Pferde-Erythrocyten kristallisiert schnell und fast vollkommen in Gegenwart von Toluol, wenn sie mit einem Gemisch von CO_2 und Sauerstoff gesättigt wird. Das erhaltene Oxyhämoglobin kann durch Lösen mit Hilfe von Natriumkarbonat und Niederschlagen durch CO_2 umkristallisiert werden. Die Sättigung erfolgt mit einem Gemisch von 1 Teil Sauerstoff und 4 Teilen CO_2. Die Entfernung von Salzen wird durch Dialyse unter Druck durchgeführt, nachdem das Hämoglobin 1—2mal umkristallisiert worden ist[3]. Als Vorsichtsmaßregeln sind zu nennen: 1. Alle Reaktionen sind womöglich in der Kälte auszuführen. 2. Das Oxyhämoglobin darf nicht trocken werden. 3. Während der verschiedenen Manipulationen auf der sauren Seite des isoelektrischen Punktes (vor der Enddialyse) muß man dafür Sorge tragen, daß stets ein Überschuß von CO_2 vorhanden ist. Sinkt die Kohlensäuretension, so löst sich ein Teil des Oxyhämoglobins als Alkalisalz.

Methode von Parsons[4].

Man zentrifugiert eine gefrorene Hämoglobinlösung, während sie auftaut. Man erhält so bequem Hämoglobinkristalle. Die Methode ist auch bei den leicht löslichen Hämoglobinen vom Ochsen und Schaf anwendbar, wie auch bei der Kristallisation der entsprechenden CO- und Methämoglobine dieser Tiere[5]. Man verfährt wie folgt: Die Blutkörperchen werden durch wiederholtes Waschen in der Zentrifuge mit 1%ig. Kochsalzlösung von den Serum-Eiweißkörpern befreit (die leicht hypertonische Salzlösung bewirkt Schrumpfung und besseres Absetzen). Die Salzlösung wird so gut wie möglich abgesaugt, worauf die Blutkörperchen durch 2—3maliges Gefrieren- und Auftauenlassen hämolysiert werden. Die erhaltene Lösung wird in einem Gefäß von den Stromata befreit, indem man sie mit etwa $1/_{10}$ ihres Volumens mit gut ge-

---

[1] Biochemic. J. **15**, 487 (1921).
[2] Nach Barcroft: The respiratory Function of the Blood II, S. 67.
[3] Vgl. Adair, Barcroft und Bock: J. Physiol. **55**, 332 (1921).
[4] Nach Barcroft: l. c. S. 68.
[5] Vgl. Offringa: Biochem. Z. **28**, 106 (1910).

waschenen Asbestfasern 2—3 Stunden lang energisch schüttelt. Der
Asbest wird abzentrifugiert, die Hämoglobinlösung auf die Zentrifugier-
gläser verteilt, ausbalanciert und dann in eine Kältemischung (von -5^0
bis -7^0) getan. Wenn das Gefrieren vollständig ist, wird energisch zentrifugiert (wenigstens 4000 Umdrehungen in der Minute), bis vollständiges
Auftauen eingetreten ist. (Bei ca. 120 ccm fassenden Gläsern etwa 20—30 Minuten lang.) Das Gefrieren und das Zentrifugieren wiederholt man 5- bis
6 mal, wobei die oberen Schichten der Flüssigkeit praktisch farblos werden,
während das Hämoglobin am Boden der Gefäße auskristallisiert. Wenn sich
genügend Kristalle gebildet haben, saugt man die obere Flüssigkeit ab
und befreit die Salzlösung von der kristallinischen Masse, indem man eine
Schicht eiskalten Wassers darauf gießt, ganz wenig bewegt und dann sofort
absaugt. (Vorsicht wegen der leichten Löslichkeit der Kristalle.) Man wiederholt die Kristallisation, indem man die kristallisierte Masse in etwa dem
gleichen Volumen destillierten Wassers löst und das Gefrieren und Zentrifugieren wiederholt. Die gefrorenen Hämoglobinkristalle, die 1—2 Tage
über $CaCl_2$ im Vakuumexsikkator bei -15^0 gehalten werden, bilden ein
trockenes Pulver.

Es ist zu beachten, daß das kristallisierte und wieder aufgelöste Hämoglobin mit dem ursprünglichen Material nicht identisch ist (Barcroft
S. 69).

Chemische Analyse des Blutes.

Blutentnahme für die Untersuchung.

Das Blut soll ohne oder nach möglichst kurzdauernder Stauung
aus der Vene der Ellenbogenbeuge mit sterilen Glasspritzen entnommen werden. Die Spritzen sind mit Fluornatrium zu 2—3 $^0/_{00}$
zur Verhinderung der Glykolyse oder mit
Kaliumoxalat (bei Ca- und K-Bestimmung nicht
verwendbar) zu 1—2 $^0/_{00}$ oder Hirudin zur
Hemmung der Gerinnung und mit flüssigem
Paraffin zur Verhütung des Gasverlustes beschickt. Die ersten Portionen läßt man durch
die Nadel abfließen, dann erst setzt man die
Spritze auf. Will man einen Kohlensäureverlust vermeiden, so überführt man das Blut sofort unter flüssiges Paraffin in ein steriles
paraffiniertes Zentrifugenglas. Man kann auch
das Blut in ein geeignetes Glas unter Paraffin einsaugen, wie aus der Abb. 76 ersichtlich
wird (vgl. auch S. 73).

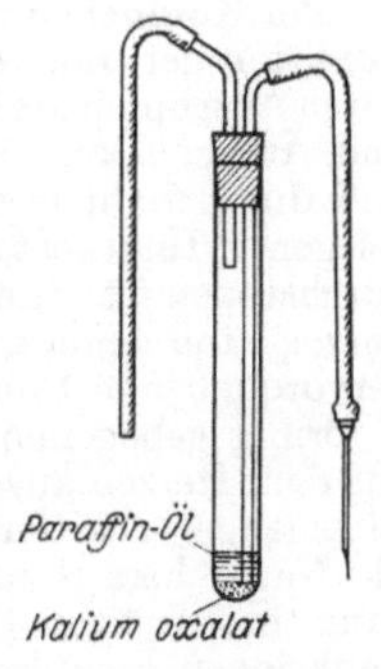

Abb. 76.

Zur Gewinnung von Arterienblut benutzt Rosenow[1] die im
Handel befindlichen Rekord-Kanülen Nr. 2 und Rekord-Spritzen
von 5—10 ccm Inhalt. Die sitzende Versuchsperson legt ihren

---

[1] Klin. Wschr. **6**, 1378 (1927).

Unterarm über eine Tischdecke, der Untersucher sitzt ihr gegenüber. Sodann palpiert man die Art. radialis an der üblichen Stelle. Die Punktionsstelle liegt etwa 2 Querfinger oberhalb des Radiusköpfchens. Den Verlauf und auch die Stärke der Art. radialis markiert man sich mit ganz schwachen Tintenstrichen. Die Stelle wird leicht mit einem Jodtupfer bestrichen, worauf dann die Punktion erfolgt. Dabei kann man die über die Tischdecke herabhängende Hand der Versuchsperson durch einen Assistenten leicht dorsal flektieren, also nach abwärts drücken lassen. Dadurch wird die Art. radialis gespannt und kann dem Stich nicht so leicht ausweichen. Die Flexion darf aber nicht so stark sein, daß der Radialispuls nur noch schlecht oder unfühlbar wird. Die mit der Kanüle (deren Öffnung nach oben gerichtet sein muß) armierte Spritze wird mit kurzem Ruck an der markierten Stelle durch die Haut eingestochen und zwar fast parallel zur Haut des Unterarmes oder jedenfalls in einem sehr spitzen Winkel. Es ist darauf zu achten, daß man in der Längsrichtung der Arterie einsticht. Zuerst muß man meist etwas ansaugen, erst dann geht der Stempel von selbst pulsatorisch weiter. Hat man eine genügende Blutmenge entnommen, so wird die Kanüle mit einem Ruck herausgezogen und ein steriler Tupfer sofort auf die Stichwunde gepreßt. Ein Gazebausch mit einem Leukoplaststreifen ist ein genügender Schutz der Einstichöffnung. Der sicherste Beweis, daß man sich in der Arterie befindet, ist das pulsatorische Vortreiben des Spritzenstempels.

Bei Kaninchen und Meerschweinchen kann man arterielles Blut durch Punktion der linken Herzkammer gewinnen. Zu diesem Zwecke befreit man durch Ausrupfen die Herzgegend von Haaren und reinigt die Stelle mit Alkohol und Äther. Dann sucht man sich die Stelle des Herzspitzenstoßes auf und durchsticht etwas medial davon den dem Spitzenstoß nächst höhergelegenen Interkostalraum mit einer feinen Hohlnadel. Nachdem die Haut durchstoßen ist, fühlt man das Herz gegen die Nadelspitze schlagen; ein kurzer Stoß genügt, um sie in das Lumen des Ventrikels zu bringen. Das hervorquellende Blut wird in einem sterilen Reagenzröhrchen oder in einer U-förmig gebogenen Kapillare aufgefangen; eventuell muß man das Blut aus dem Herzen aus einer Rekordspritze ansaugen. Hat man die genügende Blutmenge erhalten, so zieht man mit einem kurzen, energischen Ruck die Nadel heraus und komprimiert für kurze Zeit die Wundstelle. Man kann bei sachgemäßer Ausführung ohne Schaden für das Tier häufige Punktionen ausführen[1]. (Über Blutentnahme vgl. auch S. 196).

---

[1] Vgl. Lampé in Abderhaldens Arbeitsmethoden IV/3, S. 12. Dresel und Himmelweit empfehlen die Punktion der Art. brachialis. Klin. Wschr. **1929**, 504. Über eine empfehlenswerte Methode von Sanchez Cuenca, bei der lebenden Maus aus dem Venensinus Blut zu entnehmen vgl. 10. Tagung der Deutschen Physiol. Gesellschaft, Frankfurt. Ber. Physiol. **42**, 586 (1927).

Kutanblut erhält man bei Säuglingen durch Fersenstich bei Erwachsenen aus der Fingerbeere oder aus dem Ohrläppchen.

Die Defibrinierung des Blutes erfolgt durch Schlagen des Blutes mit einem Glas- oder Holzstab oder durch Schütteln mit Glasperlen. Ein Verlust an Erythrozyten, die im Gerinnsel zurückbleiben, wird nach Aron und Müller vermieden, wenn man das Blut in einer Stöpselflasche mit Quecksilber (chemisch rein, säurefrei) schüttelt.

Gerinnung.

(Vgl. Prakt. I, S. 309 und Prakt. III. S. 259.)

Herstellung eines Blutfiltrates, das verwendbar ist für die Bestimmung des Nicht-Eiweiß-Stickstoffs, des Harnstoffs, der Harnsäure, des Kreatins, des Kreatinins, der Aminosäuren, der Chloride und des Traubenzuckers nach Folin[1].

Zur Gerinnungshemmung benutzt man feingepulvertes Kaliumoxalat (Zitrat soll nicht angewendet werden) und zwar etwa 20 mg (nicht viel mehr) für 10 ccm Blut. Die Anwendung des Kaliumoxalats hat den Nachteil, daß es leicht unlösliche Niederschläge mit dem Harnsäurereagens (vgl. S. 187 und 191) gibt. Aus diesem Grunde ist die Anwendung von Lithiumoxalat vorteilhafter. Lithiumoxalat ist genügend löslich (6%), um wirksam zu sein. Zur Darstellung des Lithiumoxalats werden zu 50 g Lithiumkarbonat in einem Becherglas von 3 Litern 85 g kristallisierte Oxalsäure gegeben. Man gießt auf die Mischung etwa 1 Liter heißes Wasser (von etwa 70°), rührt bis zur vollständigen Lösung vorsichtig um und verdampft die resultierende Lösung zur Trockne. 1 mg für 1 ccm Blut ist reichlich genug, um die Gerinnung zu verhindern (Folin).

Reagentien zur Enteiweißung nach Folin. 1. 10%ig. Lösung von Natriumwolframat. Sie soll nicht zu viel Karbonat enthalten; 10 ccm der Lösung sollen bei Titration gegen Phenolphthalein nicht mehr als 0,4 ccm einer 0,1 n HCl verbrauchen. Das Natriumwolframat ($Na_2WO_4 \cdot 2 H_2O$) muß in kaltem Wasser sehr leicht löslich sein. Ist das nicht der Fall und sind die Lösungen gegen Phenolphthalein nicht alkalisch, so können diese Wolframate in folgender Weise brauchbar gemacht werden: Man stellt eine heiße 10%ig. Lösung her und titriert davon nach dem Abkühlen 25 ccm mit einer 10%ig. Natronlauge (Indikator: Phenolphthalein). Die rote Farbe muß mindestens 3 Minuten bestehen bleiben. Daraus läßt sich berechnen, wieviel Natronlauge zu 100 g Natriumwolframat gegeben werden muß, um die komplexen („Para"-)wolframate in einfache zu überführen. Man gibt die berechnete Menge hinzu und erhitzt, bis Lösung eintritt.

2. $^2/_3$ n H_2SO_4-Lösung. 35 g konz. chemisch reine Schwefelsäure werden auf 1 Liter verdünnt. (Die Konzentration wird durch Titration geprüft.) Diese Säurekonzentration entspricht dem Na-Gehalt des Wolframats, so

---

[1] J. of biol. Chem. **38**, 81 (1919); **41**, 367 (1920); Laborat. Manual of biolog. Chemistry S. 227. New York-London 1925.

daß, wenn man gleiche Volumina mischt, die Gesamtmenge der Wolframsäure in Freiheit gesetzt wird, ohne daß ein Überschuß an Schwefelsäure
vorhanden ist.

Eine gemessene Menge mit Oxalat versetztes Blut (5—15 ccm)
wird in einer geräumigen Flasche mit dem 7fachen Volumen
Wasser hämolysiert, mit 1 Volumen 10%ig. Lösung von Natriumwolframat ($Na_2WO_4 \cdot 2 H_2O$) versetzt und gemischt. Man fügt
nun aus einer graduierten Bürette oder Pipette langsam und
unter Schütteln 1 Volumen ⅔ n H_2SO_4 zu. Man schüttelt gut
um und läßt dann 5 Min. stehen. Die Farbe des Koagulums
ändert sich langsam von Dunkelrot zu Tiefbraun; tritt dies nicht
ein, so ist die Koagulation unvollständig, gewöhnlich weil zu
viel Oxalat vorhanden ist. Die Probe kann noch gerettet werden,
wenn man tropfenweise 10%ig. H_2SO_4 zufügt und nach jedem
Tropfen energisch schüttelt, bis das Schäumen aufhört und die
braune Farbe auftritt. Man bringt die Mischung auf ein Filter,
indem man das Filter zuerst mit wenigen Kubikzentimetern benetzt und dann erst das ganze Gemisch aufs Filter gibt. Das
Filtrat ist wasserklar. Kann es nicht gleich verarbeitet werden,
so versetzt man es mit einigen Tropfen Toluol.

Plasma und Serum werden ebenso enteiweißt, nur nimmt man
das halbe Volumen des 10%ig. Natriumwolframats und der ⅔ n
Schwefelsäure. Zum Beispiel: 5 ccm Plasma, 25 ccm Wasser, 2,5 ccm
des Wolframats, 2,5 ccm der Säure (Endverdünnung 1 zu 7).

In neuerer Zeit empfehlen Benedict und Newton[1] Molybdänsäure als Enteiweißungsmittel. 25 g reinste Molybdänsäure
und 125 ccm n Natronlauge werden in einem Erlenmeyer-Kolben
aufgekocht, bis praktisch die ganze Molybdänsäure aufgelöst ist,
und filtriert; mit 100 ccm siedendem Wasser wird nachgewaschen,
das Filtrat gekühlt und auf 500 ccm aufgefüllt. Zur Enteiweißung wird 1 Teil dieser Lösung mit demselben Volumen
0,4 n Schwefelsäure verdünnt. Vorräte für wenigstens 6 Wochen
sind herzustellen. Für die Enteiweißung des Blutes verdünnt
man 1 Volumen Blut mit 7 Volumen Wasser, dann fügt man
2 Volumen des Molybdänsäure-Reagenses zu, schüttelt um und
filtriert. Im Filtrat sind dieselben Blutbestandteile bestimmbar
wie bei der Enteiweißung mit Wolframsäure. Der Nicht-Eiweiß-
Stickstoff ist bei der Molybdänsäure-Methode etwas höher; die
Ausbeuten an Harnsäure sind besser. Zur Bestimmung des
Thioneins (Ergothioneins) ist die Molybdänsäure-, nicht die Wolframsäure-Methode anzuwenden.

Über andere Enteiweißungsverfahren s. Blutzucker S. 195.

---

[1] J. of biol. Chem. **82**, 5, (1929).

Fraktionierung der stickstoffhaltigen Bestandteile des Plasmas bzw. Serums[1].

Prinzip. Die Verwendung von Natriumsulfat zur Fällung der Globuline ermöglicht es, die Plasmaeiweißkörper auch in kleinen Mengen Blut zu bestimmen. Die Gesamt-Eiweißkörper werden mit der Mikro-Kjeldahl-Methode bestimmt (S. 423) und der Nicht-Eiweiß-N (S. 165) in Abzug gebracht. Das Fibrinogen im Plasma wird aus der Differenz des Gesamt-Eiweißgehaltes und des Eiweißgehaltes im Filtrat nach der Fällung des Fibrinogens mit $CaCl_2$ bestimmt. Das Albumin wird im Filtrat nach der Fällung der Globuline mit 22%ig. Na_2SO_4 bei 37^0 ermittelt (Howe). Das Globulin im Serum erhält man aus der Differenz: Gesamteiweiß — Albumin, im Plasma aus der Differenz: Gesamteiweiß — (Albumin + Fibrinogen).

Für jede Bestimmung braucht man 0,5 ccm Plasma oder Serum. Die Salzlösungen werden unter Erwärmen etwas konzentrierter bereitet als für die Fällungen erforderlich ist; die Verdünnung auf die richtige Konzentration geschieht bei 37^0. Alle Fällungen und Filtrationen müssen bei 37^0 in einem Brutschrank ausgeführt werden. Man braucht Lösungen von wasserfreiem Na_2SO_4 in Konzentrationen von 14%, 18% und 22,2%. Versetzt man 15 ccm derselben mit 0,5 ccm Blut, so erhält man annähernd die endgültigen Konzentrationen von 13,5, 17,4 und 21,5%. Bei 13,5% Na_2SO_4 fällt Euglobulin, bei 17,4% Euglobulin und Pseudoglobulin I, bei 21,5% fallen alle Globuline. Man fällt in 50 ccm-Reagenzgläsern oder -Zentrifugenröhrchen, verschließt dann mit einem Gummistopfen und filtriert nachher durch ein mit einer geringen Menge der zu filtrierenden Lösung angefeuchtetes 9 cm-Filter in ein 25 ccm-Reagenzglas, indem man den Trichter mit einem Uhrglas bedeckt. Das Abmessen der Mengen muß mit genau kalibrierten Pipetten erfolgen. Der N wird jeweils nach der Mikromethode (vgl. S. 423, s. auch S. 164) bestimmt. Bei jeder Bestimmung müssen Blindversuche ausgeführt werden.

Fibrinogen: 0,5 ccm Plasma werden mit 14 ccm einer 0,8%ig. NaCl-Lösung bei Zimmertemperatur verdünnt, dann werden 1 ccm einer 2,5%ig. $CaCl_2$-Lösung und ein kleiner Kristall Thymol zu-

---

[1] Howe: J. of biol. Chem. **49**, 109 (1921). Über Fraktionierung der stickstoffhaltigen Bestandteile des Serums vgl. auch Elektrodialyse S. 97. Vgl. auch Pinkus: J. of Physiol. **27**, 57 (1901). — Porges und Spiro: Beitr. der chem. Phys. u. Path. **3**, 277 (1903).

gegeben; das Gefäß wird verschlossen. Wenn sich das Fibrin beim Stehen ausgeschieden hat, wird durch ein trockenes Filter filtriert. Für die Analyse nimmt man je 5 ccm des Filtrates[1].

Euglobulin: 0,5 ccm Plasma oder Serum werden mit 15 ccm einer 14%ig. Lösung von wasserfreiem Na_2SO_4 bei 37° versetzt. Man gibt etwas Thymol zu, verschließt die Flasche, schüttelt gut um und läßt 3 Stunden stehen, bis sich der Niederschlag abgesetzt hat. Dann wird filtriert. Man nimmt 2mal 5 ccm des Filtrates zur Analyse. Bei Plasma entspricht das Resultat Euglobulin + Fibrinogen, bei Serum Euglobulin allein.

Euglobulin + Pseudoglobulin I: Dasselbe Verfahren nur mit einer 18%ig. Na_2SO_4-Lösung. **Gesamtglobuline**: ebenso, nur mit 22,2%ig. Na_2SO_4-Lösung.

Nichteiweiß-N: 0,5 ccm Plasma oder Serum werden bei Zimmertemperatur mit 15 ccm einer 5%ig. Trichloressigsäure versetzt. Die übrige Behandlung wie bei Euglobulin.

Berechnung: Euglobulin-N = Gesamt-N weniger N des Filtrates der Fällung mit 13,5%ig. Na_2SO_4. — Pseudoglobulin I-N = N im Filtrat der Fällung mit 13,5%ig. Na_2SO_4 weniger N der 17,4%ig. Na_2SO_4-Fällung. — Pseudoglobulin II-N = N im Filtrat der 17,4%ig. Fällung weniger N im Filtrat der 21,5%ig. Fällung. Gesamtglobulin-N = Gesamt-N weniger N im Filtrat der 21,5%ig. Fällung. — Albumin-N = N im Filtrat der 21,5%ig. Fällung weniger Nichteiweiß-N. Nichteiweiß-N = N im Filtrat der Fällung mit Trichloressigsäure. Die Eiweiß-Werte werden aus den N-Werten durch Multiplikation mit 6,25 gewonnen.

Für die N-Bestimmung geben **Hawk** und **Bergeim**[2] folgende Vorschrift: In ein Reagenzglas aus hartem Glas mit Marken bei 35 und 50 ccm gibt man 1 ccm der zu untersuchenden Lösung (Serum oder Plasma 1:50 mit 0,9%ig. NaCl verdünnt für die Gesamt-N-Bestimmung) und 1 ccm einer Säuremischung[3], ferner einige Tonstückchen und einige Tropfen Oktylalkohol. Man erwärmt unter einem Abzug mit einem Mikrobrenner, bis alles Wasser verdampft ist und weiße Dämpfe erscheinen. Man setzt dann einen kleinen Trichter in das Glas, verkleinert die Flamme und erhitzt weiter, bis die Substanz verkohlt und dicke weiße Dämpfe das Reagenzglas erfüllen. Man läßt 30 Sek.

---

[1] Über Bestimmung des Fibrinogens auf refraktometrischem Wege vgl. Prakt. I, S. 310.

[2] **Hawk** und **Bergeim**; l. c. S. 399.

[3] Herstellung der Säuremischung: 10 ccm 5%ig. $CuSO_4$-Lösung gibt man zu 100 ccm konzentrierter Schwefelsäure. Diese Mischung gießt man vorsichtig unter Umrühren in 100 ccm dest. Wasser.

erkalten und gibt dann vorsichtig tropfenweise 30%ig. Wasserstoffsuperoxyd hinzu, bis die Lösung sich aufhellt (man notiert die Zahl der Tropfen). Man kocht wieder 1 Min., kühlt dann ab und verdünnt auf 35 ccm mit destilliertem Wasser. In einen anderen graduierten Meßzylinder von 50 ccm gibt man 5 ccm der Vergleichs-Ammonsulfatlösung[1] und 1 ccm Säuregemisch und verdünnt auf 35 ccm. Nun gibt man zu der Vergleichs- wie zu der unbekannten Lösung 15 ccm Neßlerlösung (S. 425) und vergleicht im Kolorimeter. Eine blinde Bestimmung muß mit der Wasserstoffsuperoxydlösung ausgeführt werden. Zu 1 ccm des Säuregemisches gibt man genau 30 Tropfen des Peroxyds. (Vgl. Kolorimetrie S. 338.)

Bestimmung des Rest-Stickstoffs.

Bestimmung des Rest-Stickstoffs im Blute nach Bang[2].

Die Trennung des Rest-Stickstoffs (des Nicht-Eiweiß-Stickstoffs) vom Bluteiweiß einschließlich der Albumosen und Peptone erfolgt mit Phosphormolybdänsäure. Die Phosphormolybdänsäure wird als 0,5%ig. Lösung verwendet, der Schwefelsäuregehalt des Reagens soll 1,5% betragen. Außerdem enthält die Lösung 0,5% Natriumsulfat (wodurch das Haften der Eiweißkörper an dem zum Aufsaugen des Blutes benutzten Papier erleichtert werden soll) und 0,025% Traubenzucker (um eine Verkohlung, die die Ammoniakbildung fördert, herbeizuführen[3]).

Bei der Ausführung der Bestimmung werden 100—120 mg Blut in ein Papierstückchen von bekanntem Gewicht eingesaugt und gewogen (vgl. S. 343). Dann läßt man das Papier ca. 5 Min. an der Luft trocknen, bringt es in ein reines trockenes Reagenzglas und setzt so viel von der Phosphormolybdänlösung zu, daß

---

[1] Man löst 0,1414 g chemisch reines Ammonsulfat auf 1000 ccm destilliertes Wasser (5 ccm = 0,15 mg N).

[2] Bang: Mikromethoden zur Blutuntersuchung, 6. Aufl. S. 30. Leipzig: 1927.

[3] Ein Liter der Extraktionsflüssigkeit enthält also 5 g Phosphormolybdänsäure, 15 g Schwefelsäure, 5 g Natriumsulfat und 0,25 g Glukose. Da das phosphormolybdänsaure Natrium stets ammoniakhaltig ist, verfährt man bei der Darstellung der Extraktionsflüssigkeit so, daß man 10 g dieses Salzes und 10 g Na_2SO_4 mit etwa 150 ccm Wasser unter Zusatz von 15—20 Tropfen 25%iger Natronlauge in einer Porzellanschale zum Kochen erhitzt und 15 Minuten im Sieden erhält. Nach dem Erkalten spült man die Salzlösung mit Wasser in einen 2 Liter-Meßkolben, fügt vorsichtig 30 g (= 16 ccm) konzentrierte Schwefelsäure, dann 0,5 g Traubenzucker hinzu. Man füllt mit frisch destilliertem Wasser bis zur Marke auf.

diese 3—4 mm über dem Papier steht. Nach mindestens 1 stündigem Stehen ist die Extraktion beendet; die Lösung wird durch ein kleines Filter (ca. 2,5 cm) in den Kjeldahlkolben filtriert. Nach dem Abgießen der Lösung setzt man ungefähr die gleiche Menge destilliertes Wasser zu dem Papier und gießt dieses gleichfalls durch das Filter in den Kolben. Nach Zusatz von 1—2 ccm konzentrierter Schwefelsäure schüttelt man um, erhitzt mit kleiner Flamme, bis alles Wasser verjagt ist, darauf etwas stärker. Wenn vollständige Entfärbung eingetreten ist, wird noch etwa 5 Min. erhitzt; dann läßt man abkühlen und setzt etwa 10 ccm destilliertes Wasser zu. Nachdem das Gemisch erkaltet ist, fängt man mit der Destillation an (vgl. S. 423 und Band I, S. 271). Als Vorlage benutzt man 1—2 ccm 0,01 n oder 0,005 n H_2SO_4. Die Titration wird jodometrisch oder azidimetrisch (Indikator Methylrot) ausgeführt (vgl. S. 174). Blindversuche (N-Gehalt des Papiers und der Lösungen) werden am besten täglich ausgeführt. Der Rest-N-Gehalt des normalen menschlischen Blutes beträgt etwa 20—30 mg in 100 g (Bang).

Bestimmung des Rest-Stickstoffs (Nichteiweiß-N) nach Folin[1].

Prinzip. Den Gehalt an Stickstoff ermittelt man im Filtrat des (nach S. 162) enteiweißten Blutes durch die Mikro-Kjeldahlmethode. Das gebildete Ammoniak wird kolorimetrisch nach direkter Neßlerisation des Gemisches bestimmt.

Ausführung. 5 ccm Blutfiltrat (siehe S. 162) werden in ein trockenes Reagenzglas aus Jenaerglas zu 200 mm × 25 mm mit Marken bei 35 ccm und 50 ccm überführt, 1 ccm des verdünnten Säuregemisches[2] und ein Siedesteinchen zugefügt und mit einem Mikrobrenner bis zum Auftreten dichter Dämpfe (3—7 Min.) energisch gekocht. Wenn die Dämpfe das ganze Reagenzglas füllen, stellt man die Flamme niedriger (daß die Flüssigkeit eben kocht) und bedeckt die Öffnung des Reagenzglases mit einem Uhrglas. Man fährt mit dem Erhitzen fort, bis die Lösung fast klar geworden ist (gewöhnlich in etwa ½ Min.). Nach 2 Min. (falls die Lösung fast farblos geworden ist) entfernt man die

---

[1] Laborat. Manual S. 233.

[2] Gleiche Teile des Säuregemisches und Wasser. Das Säuregemisch wird hergestellt wie folgt: zu 50 ccm 5 %ig. $CuSO_4$ gibt man 300 ccm 85 %ig. Phosphorsäure. Man mischt und fügt 100 ccm konz. ammoniakfreie H_2SO_4 hinzu. Man verdünnt 50 ccm dieses Säuregemisches mit 50 ccm Wasser und verschließt die Flasche sorgfältig, um eine Absorption von Ammoniak aus der Luft zu verhindern.

Flamme, läßt etwa 1½ Min. abkühlen und fügt dann 15—25 ccm Wasser hinzu. Dann läßt man weiter auf Zimmertemperatur abkühlen und füllt mit Wasser auf 35 ccm auf. Man gibt dann 15 ccm Neßlerlösung[1] hinzu, mischt, zentrifugiert, wenn nötig, und vergleicht im Kolorimeter mit der Vergleichslösung. Diese enthält gewöhnlich 0,3 mg N. Man gibt 3 ccm der Standard-Ammonsulfatlösung[2] (1 mg N in 10 ccm enthaltend, indem man 0,4716 g chemisch reines Ammonsulfat in 1 Liter ammoniakfreiem destilliertem Wasser löst) in ein 100 ccm-Meßgefäß, fügt 2 ccm der verdünnten Phosphorsäure-Schwefelsäuremischung zu, verdünnt auf ca. 60 ccm, fügt 30 ccm Neßlerlösung zu und verdünnt zur Marke. Die unbekannte und die Standard-Lösung müssen gleichzeitig neßlerisiert werden.

Berechnung. Wenn die Standardlösung auf 20 mm steht, so gibt 20, dividiert durch die Ablesung (des Standes der unbekannten Lösung), multipliziert mit 0,3, die Rest-N-Menge in 1 ccm Blut[3].

Statt der direkten Neßlerisierung kann man auch destillieren oder man saugt das gebildete Ammoniak in vorgelegte Säure ab.

Bestimmung des Nichteiweiß-N nach Folin und Denis[4].

Zur Enteiweißung wird Meta-Phosphorsäure vorgeschlagen. Die m-Phosphorsäure löst sich langsam aber vollkommen in vier Teilen kalten Wassers. 5 ccm der 25%ig. Lösung sind zur Enteiweißung von 10 ccm Blut geeignet. Die Lösung ist, kalt aufbewahrt, 3 Tage lang haltbar; allmählich geht die Säure in die gewöhnliche o-Phosphorsäure über.

Ausführung. Zu etwa 20 ccm Wasser in einem 50 ccm-Meßgefäß fügt man 5 ccm Blut. Man gibt 3 ccm der 25%ig. m-Phos-

---

[1] Darstellung s. S. 425.

[2] Das Ammonsulfat wird durch wiederholtes Lösen in Wasser und Fällen mit Alkohol gereinigt. Man trocknet es im Exsikkator über Schwefelsäure oder durch Erhitzen auf 110° während einer Stunde.

[3] Da 0,5 ccm Blut (die Blutmenge, die 5 ccm Blutfiltrat entspricht) in 50 ccm neßlerisiert, 1 ccm in 100 ccm neßlerisiert entspricht. Tritt eine Trübung bei der Neßlerisation des aufgeschlossenen Gemisches aus dem Blutfiltrat ein, so ist die nicht entsprechende Alkalität des Neßlerreagens daran schuld. Um diesem Übelstand abzuhelfen, titriert man 20 ccm n HCl mit der Neßlerlösung; wenn diese richtig zusammengesetzt ist, erhält man bei 11—11,5 ccm (mit Phenolphthalein als Indikator) einen guten Endpunkt. Liegt der Endpunkt viel tiefer, etwa bei 9,5 ccm der Neßlerlösung, so ist diese zu alkalisch. Die Trübung kann auch davon herrühren, daß das Säuregemisch zu schwach ist. Wenn 5 ccm der verdünnten Säure (1:1) noch 10fach (zu 50 ccm) verdünnt werden, so geben 10 ccm dieser Lösung mit 9,0—9,3 ccm der Neßlerlösung einen guten Endpunkt mit Phenolphthalein. (Folin: Manual. S. 235.)

[4] J. of biol. Chem. **26**, 491 (1916).

phorsäure hinzu und mischt. Man läßt die Mischung 1—24 Stunden stehen, füllt bis zur Marke auf, mischt sorgfältig und filtriert durch ein trockenes Filter. Die ersten manchmal nicht ganz wasserklaren Tropfen werden zurückgegossen oder verworfen. Man gibt 10 ccm des Filtrates (entsprechend 1 ccm Blut) in ein Reagenzglas aus hartem Glas (190 mm × 13—15 mm), fügt ein Siedesteinchen und 1 ccm des Säuregemisches (Zusammensetzung S. 166) hinzu. Man kocht mit Hilfe eines Mikrobrenners oder in einem Bade von gesättigter Kalziumchloridlösung. Sonst verfährt man genau wie bei dem Kjeldahl-Aufschluß (vgl. S. 419). Nach dem Abkühlen fügt man Wasser zu und spült den Inhalt mit insgesamt 60—70 ccm Wasser in einen Kolben von 100 ccm Inhalt. Das Säuregemisch wird schwach alkalisiert, indem man von der 10%ig. Natronlauge etwa $\frac{11}{8}$mal die Menge des Titrationswertes der Säuremischung hinzufügt. Die etwas alkalische Lösung wird mit fließendem Wasser gekühlt; dann gibt man 10 ccm Neßlerreagens zu, mischt, zentrifugiert oder filtriert durch Watte und vergleicht kolorimetrisch mit der Standardlösung. Die Vergleichslösung besteht gewöhnlich aus 0,5 mg Ammoniak-N und 1 ccm des Säuregemisches, die dann verdünnt, neutralisiert und sonst ebenso wie die unbekannte Lösung behandelt wird. Bei Blutproben mit sehr hohem Nichteiweiß-N ist eine Vergleichslösung mit 1 mg Ammoniak-N erforderlich[1].

Neßlerreagens. Das Neßlerreagens ist im wesentlichen eine Lösung vom Kalium-Quecksilberjodid $(HgJ_2 \cdot 2\,KJ)$, die Natrium- oder Kaliumhydroxyd enthält. (Darstellung vgl. S. 425).

Unter gewöhnlichen Verhältnissen (so bei Abwesenheit von viel Säure oder Alkali) gibt man von dem Reagens 10 ccm auf 100 ccm Gesamtvolumen. Das Meßgefäß soll mindestens zu $^2/_3$ gefüllt sein, bevor das Neßlerreagens zugefügt wird. Sonst erhält man trübe Lösungen, die für die Kolorimetrie unbrauchbar sind.

Bestimmung des Aminosäurenstickstoffs.

Bestimmung des Aminosäurenstickstoffs nach Folin[2].

Prinzip. Die Methode beruht auf der Farbreaktion, die Aminosäuren mit β-Naphthochinonsulfosäure in alkalischer Lösung geben.

---

[1] Die Bestimmung des Gesamt- und Reststickstoffes in wenigen Tropfen Blut nach Kleinmann: Biochem. Z. **179**, 287 (1926) beruht auf einer mikrokolorimetrischen Messung mittels besonders gereinigter Reagentien und einem speziellen Neßlerreagens. Das Bestimmungsbereich liegt zwischen 0,01—0,08 mg N in 5 ccm Volumen. Der durchschnittliche Fehler bis zu Mengen von 0,01 mg N herab übersteigt nicht 2%. Mit etwas größerem Fehler kann man noch bis zu 0,005 mg N hinabgehen.

[2] J. of biol. Chem. **51**, 377 (1922).

Erforderliche Lösungen. 1. Frisch bereitete Lösung von 0,5 % ig. β-Naphthochinonsulfosaurem Natrium. Die Darstellung des β-naphthochinonsulfosauren Natriums ist im Prakt. I, S. 276 genau beschrieben. Das Präparat ist auch von der Firma Schuchardt, Görlitz, käuflich zu beziehen. 100 mg des Chinons werden in 20 ccm dest. Wasser gelöst. Nur frische Lösungen sind anzuwenden. Für Aminosäure-Bestimmungen mit 0,1 mg N in der Standard-Lösung (s. u.) nimmt man 3 ccm des Reagens, für 5 ccm Blutfiltrat 1 ccm.

2. Natriumkarbonatlösung. 50 ccm fast gesättigter Sodalösung werden auf 500 ccm verdünnt. 20 ccm 0,1 n HCl werden mit dieser Sodalösung mit Methylrot als Indikator (bis zur ersten Farbänderung) titriert. Man verdünnt dann die Sodalösung so, daß 8,5 ccm 20 ccm 0,1 n HCl entsprechen. (Die Lösung ist etwa 1 % ig.) 3. Essigsäureazetatlösung. 100 ccm 50 % ig. Essigsäure werden mit dem gleichen Volumen einer 5 % ig. Natriumazetatlösung verdünnt. Die Lösung dient zur Vertiefung der Farbe der Chinon-Aminosäure-Verbindung und verhindert ferner (durch Verminderung der Acidität) die Entstehung einer Schwefeltrübung nach dem Thiosulfatzusatz. 4. Natriumthiosulfatlösung. Eine 4 % ig. Lösung des kristallisierten Salzes. ($Na_2S_2O_3 \cdot 5H_2O$.) 5. Aminosäurevergleichslösung. Lösung von Glykokoll, Leuzin, Phenylalanin, Tyrosin, die im ccm 0,07 mg Stickstoff enthält[1]. Die Aminosäure wird in 0,1 n HCl gelöst. Die Lösung soll zu 0,2 % Natriumbenzoat enthalten und ist dann unbegrenzt haltbar. — Benutzt man eine Vergleichslösung, die 0,1 mg N im ccm enthält, so müssen zur Herstellung der Blut-Standardlösung 70 ccm dieser Vorrats-Lösung mit 0,1 n HCl auf 100 ccm aufgefüllt werden.

Ausführung. 10 ccm Blutfiltrat nach Folin-Wu werden in ein Reagenzglas (von 30—35 ccm) gefüllt, das bei 25 ccm eine Marke trägt. In ein anderes, gleich großes Reagenzglas mißt man 1 ccm der Aminosäuren- (z. B. Glykokoll-)vergleichslösung (enthaltend 0,1 n Säure und 0,07 mg N) und 8 ccm Wasser und fügt zu jedem Reagenzglas 1 Tropfen 0,25 % ig. Phenolphthaleinlösung. Zu der Vergleichslösung gibt man 1 ccm der Sodalösung (Reagentien 2.); zu der zu untersuchenden Lösung gibt man tropfenweise von dieser Sodalösung, bis sie dieselbe rötliche Farbe hat wie die Vergleichslösung (6—8 Tropfen). Dazu kommen zu jeder Probe 2 ccm der frisch bereiteten 0,5 % ig. Naphthochinonsulfosäure-lösung. Man schüttelt gut um und läßt bis zum nächsten Tage an einem dunkeln Platze stehen. Am anderen Tage werden zunächst 2 ccm Essigsäure-Azetatgemisch und dann 2 ccm der Thiosulfat-lösung hinzugegeben; hierdurch wird der Überschuß an Reagens entfärbt. Man füllt bis zur Marke bei 25 ccm auf, schüttelt um und vergleicht im Kolorimeter. Die Vergleichslösung wird auf 20 mm gestellt.

---

[1] Glykokoll, wie auch andere Aminosäuren können durch Lösen in Wasser und Fällen durch Zusatz des gleichen Volumens Alkohol gereinigt werden.

Berechnung. $\dfrac{\text{Stand der Vergleichslösung}}{\text{Stand der Versuchslösung}} \cdot 7 = \text{mg Aminosäure-}$
stickstoff in 100 ccm Blut. Normales Blut enthält 6—8 mg Aminosäurestickstoff in 100 ccm.

Bestimmung des Glutathions im Blute. Methode nach Gabbe[1].

Prinzip. Das Glutathion reduziert eine saure Kaliumferrizyanidlösung, deren Überschuß mit Thiosulfat zurücktitriert wird.

Erforderliche Lösungen. 1. 10%ig. Lösung Natr. wolframic. 2. $^2/_3$ n Schwefelsäure. 3. 25%ig. Salzsäure. 4. 0,005 n Kaliumferrizyanid mit Zusatz von Natr. carbonic. 5. Kaliumjodid-Zinksulfat-NaCl-Lösung. 6. 1%ig. Stärkelösung. 7. 0,005 n Natriumthiosulfat. Die Lösungen 4, 5, 6 und 7 werden auf dieselbe Weise hergestellt wie die entsprechenden Lösungen (vgl. S. 205) bei der Blutzuckerbestimmung nach Hagedorn-Jensen.

Ausführung. 10,0 ccm Blut werden nach Folin-Wu enteiweißt; 25 ccm Filtrat versetzt man mit 2 ccm 25%ig. HCl und fügt genau 2 ccm der Kaliumferrizyanidlösung hinzu; man läßt 2 Minuten stehen und gibt 2 ccm Lösung 5 und 2 Tropfen Stärke hinzu; das ausgeschiedene Jod wird sodann mit Thiosulfat titriert.

Zur Berechnung wird der Verbrauch an Thiosulfat von dem in einem Blindversuch ermittelten Verbrauch in Abzug gebracht; die Differenz, multipliziert mit 50, ergibt den Gehalt von 100 ccm Blut an Glutathion in mg, da 1,0 ccm 0,005 n Kaliumferrizyanidlösung 1,25 mg Glutathion entsprechen.

Auf diese Weise wird stets das gesamte Glutathion im Blute in der SH-Form bestimmt, da bei der Enteiweißung nach Folin-Wu im Blute evtl. in der S-S-Form vorhandenes Glutathion in die SH-Form überführt wird. Will man die Menge des im nativen Blute in der SH-Form vorhandenen Glutathions für sich bestimmen, so ist das Blut unter Paraffin aufzufangen und sofort mit Trichloressigsäure zu enteiweißen: 10,0 ccm Blut werden mit 10 ccm 20%ig. und dann mit 80 ccm 10%ig. Trichloressigsäure versetzt; je 25 ccm Filtrat werden in derselben Weise verarbeitet, wie für das Folin-Wu-Filtrat angegeben, jedoch ohne den Zusatz der 25%ig. HCl.

Man kann die SH-Form des Glutathions auch nach Tunnicliffe[2] durch Titration mit Jodlösung und Verwendung von Nitroprussidnatrium als Indikator bestimmen; nach Gabbe ist die Bestimmung aber nur einwandfrei in der Modifikation nach Perlzweig und Delure[3] unter Beachtung folgender Vorschriften:

5,0 ccm Blut werden mit 5 ccm 20%ig. Trichloressigsäure gut durchmischt, worauf der Niederschlag abfiltriert wird; 5,0 ccm des Filtrates werden mit 1,0 ccm 25%ig. Jodkalilösung und mit 1,0 ccm 0,01 n Jodlösung versetzt; genau 5 Minuten nach Zusatz des Jodkali werden 2 Tropfen Stärkelösung zugegeben; das ausgeschiedene Jod wird sofort mit 0,005 n Thiosulfat zurücktitriert; zur Berechnung ist ein Leerversuch mit 5 ccm 10%ig. Trichloressigsäure anzustellen, bei dem auch Stärkezugabe und Titration genau 5 Minuten nach Zugabe des Jodkali zu erfolgen hat; die Berechnung ist die gleiche wie bei der Ferrizyanidmethode.

---

[1] Die Angaben verdanken wir Herrn Prof. Gabbe.
[2] Tunnicliffe: Biochemic. J. **19**, 194 (1925).
[3] Biochemic. J. **21**, 1416 (1927).

Will man bei der Enteiweißung mit Trichloressigsäure das gesamte Glutathion (SH- + S-S-Form) erfassen, so ist das Blut nach Gabbe vorher im Scheidetrichter mit Kohlensäure zu sättigen; hierbei wird die S-S-Form, die z. B. im arteriellen Blute in größerer Menge vorhanden ist, in die SH-Form überführt. Das Glutathion ist ausschließlich in den Blutkörperchen vorhanden und fehlt im Plasma vollständig. Vermutlich wird bei den angegebenen Methoden auch das in den Blutkörperchen enthaltene Thiasin mitbestimmt[1].

Kolorimetrische Bestimmung des Cystins und des Glutathions nach Folin und Looney[2] in der Modifikation von Hunter und Eagles[3].

Prinzip. Cystin gibt in alkalischer Lösung von Phosphorwolframsäure in Gegenwart von Natriumsulfit Blaufärbung.

Erforderliche Lösungen. 1. Cystinlösung. 1,0 n Schwefelsäure, die in 1 ccm 1 mg Cystin enthält. 2. Natriumhydroxyd. 1,0 n Lösung, frei von Karbonat. 3. Phosphorwolframsäure nach Folin (vgl. S. 187). 4. Lithiumsulfat. 20 g auf 100 ccm Wasser gelöst. 5. Natriumsulfit 20 g auf 100 ccm Wasser gelöst. Frisch bereitet.

Ausführung. 0,05—0,4 ccm der cystinhaltigen Lösung (0,05—0,40 mg Cystin entsprechend) werden in einem kleinen weiten Reagenzglas mit dem gleichen Volumen 1,0 n NaOH versetzt, und mit Wasser auf 1,0 ccm aufgefüllt. Dann fügt man nacheinander 0,50 ccm der Li_2SO_4-Lösung, 2,00 ccm 1,0 n NaOH und 2,00 ccm Na_2SO_3 zu, wartet 1 Minute, fügt dann 0,50 ccm Phosphorwolframsäurelösung zu und füllt nach 5 Minuten mit dest. Wasser auf 20 ccm auf. Die Vergleichslösung enthält 0,2 mg Cystin in 20 ccm. Ist die zu untersuchende Lösung sauer, so ist sie vor Hinzufügen der 2 ccm 1,0 n NaOH-Lösung zu neutralisieren. Die volle Farbtiefe entwickelt sich in 5 Minuten; man kann nach der Verdünnung sofort kolorimetrieren.

Die kolorimetrische Bestimmung des Glutathions ist dieselbe wie die des Cystins. 4,64 Teile von reinem Cystin geben dieselbe Farbtiefe wie 10 Teile Glutathion.

Bestimmung des Cysteins und des Cystins im Blut (und in anderen eiweißhaltigen Flüssigkeiten)[4].

Prinzip. Cystein wird durch Jod nicht zu Cystin (sondern zu anderen Verbindungen, wahrscheinlich zu Cysteinsäure) oxydiert, falls nur geringe Cysteinmengen vorhanden sind und das Cystein zu der Jodlösung gegeben wird. Unter ähnlichen Bedingungen wird Cystin durch Jod nicht beeinflußt.

Ausführung. Man enteiweißt nach Folin-Wu mit Phosphorwolframsäure. Eine Hälfte des Filtrates neutralisiert man und macht mit Am-

---

[1] Zur getrennten Bestimmung von Glutathion und Thiasin im Blute vgl. Flatow: Biochem. Z. **194**, 132 (1928). Zur Bestimmung des Thioneins (Ergothioneins) im menschlichen Blute. Vgl. Behre u. Benedict: J. of biol. Chem. **82**, 11 (1929). Vgl. auch S. 514.

[2] J. of biol. Chem. **51**, 427 (1922); **54**, 171 (1922).

[3] J. of biol. Chem. **72**, 177 (1927).

[4] Dowler: J. of biol. Chem. **78**, XXXVIII (1928).

moniak schwach alkalisch; eine Spur von Eisenchlorid wird zugefügt. Dann wird 1 Stunde Luft durch die Lösung geleitet, um alles Cystein in Cystin überzuführen. Die Lösung macht man 0,01 normal sauer und gießt sie in einige ccm einer 0,01 n Jodlösung. Der Überschuß des Jods wird mit einigen Tropfen einer verdünnten Natriumsulfitlösung reduziert; dann bestimmt man die Farbe durch Zufügen von Natriumhydroxyd, Natriumsulfit und der Phosphorwolframsäure (vgl. S. 171). — Die andere Hälfte des Folin-Wu-Filtrates wird in einige ccm einer Jodlösung gegossen. Man läßt 15 Minuten stehen. Der Überschuß des Jods wird reduziert. Die Lösung wird, wie oben angegeben, schwach alkalisch gemacht und ebenso lange wie vorhin durchlüftet. Die Differenz zwischen den zwei Cystinwerten gibt den Gehalt an Cystein an.

Bestimmung des freien Tryptophans im Blute nach Cary[1].

Prinzip. Die Bestimmung des freien (nicht Eiweiß) Tryptophans im Blut (und Plasma) erfolgt im enteiweißten Blutfiltrat (aus 25 ccm oder mehr Blut bzw. Plasma) mit der Glyoxyl-Reaktion von Hopkins und Cole in Gegenwart eines Überschusses von Quecksilbersulfat. Die Farbe wird kolorimetrisch mit der einer Vergleichs-Tryptophanlösung verglichen.

Ausführung. Frisch entnommenes, durch Natriumzitrat ungerinnbar gemachtes Blut (0,7 ccm einer 38 % ig. Natriumzitratlösung auf 100 ccm Blut) wird mit Essigsäure versetzt, dann mit Kaolin behandelt, filtriert, im Vakuum (bei 20—25 mm) eingeengt, und noch einmal mit Kaolin behandelt. Ein aliquoter Teil des eiweißfreien Filtrats (25 ccm oder mehr Blut oder Blutplasma entsprechend) werden mit dest. Wasser $1^1/_2$—2fach auf ein bekanntes Volumen verdünnt, dann wird so viel $33^1/_3$ % ig. Schwefelsäure (1 Vol. konz. H_2SO_4 mit Wasser auf 3 Vol. verdünnt) hinzugefügt, daß in der Endlösung 7 Vol.-% der konz. Säure vorhanden sind. Das Tryptophan wird aus dieser Lösung niedergeschlagen, indem man in ihr 10 g $HgSO_4$ pro 100 ccm löst und die Lösung 4 bis 48 Stunden im Eisschrank stehen läßt. Der Niederschlag wird im Gooch-Tiegel über Asbest filtriert; Gefäß und Filter werden dreimal mit je 10 ccm 5 Vol.-% H_2SO_4 gewaschen. Das Filter wird noch dreimal gewaschen und wird dann mit dem Niederschlag zusammen in das ursprüngliche Gefäß zurückgebracht. 20 ccm des frisch bereiteten Glyoxyl-Schwefelsäure-Reagenses[2] und 4 Tropfen einer 25 % ig. Lösung von $HgSO_4$ in 10 Vol.-% H_2SO_4 werden durch den Gooch-tiegel in das Gefäß gegeben. Das zugekorkte Gefäß steht bei Zimmertemperatur (nicht in direktem Sonnenlicht) etwa 48 Stunden oder im Eisschrank bei ungefähr 5^0 etwa 5 Tage. Die gefärbte Lösung wird über eine trockene Asbestlage filtriert und kolorimetrisch mit einer Tryptophan-Standardlösung verglichen, die aus einer Stammlösung bei ähnlicher Behandlung gewonnen wurde. Vergleichslösungen mit 0,265 mg und mehr Tryptophan geben brauchbare Werte; eine Korrektur für die Löslichkeit des Tryptophans in der Quecksilbersulfatlösung (0,035 mg pro 100 ccm)

---

[1] J. of biol. Chem. **78**, 377 (1928).

[2] Das Reagens enthält 20 ccm Schwefelsäurelösung (21 ccm 95 % ig. H_2SO_4 verdünnt mit 5 ccm Wasser) und 1 ccm Glyoxylsäurelösung (hergestellt durch Zufügen von 6 g 5 % ig. Natriumamalgam zu 100 ccm gesättigter Lösung von Oxalsäure; nach beendeter Gasentwicklung filtriert man).

muß angebracht werden. Zu einer annähernd guten Feststellung (bis 75—85%) der freien Tryptophan-Menge im Blut ist diese kolorimetrische Bestimmung ausreichend.

Bestimmung des Ammoniaks.

Bestimmung nach Folin und Denis[1].

5 ccm Oxalatblut werden in den Kjeldahlkolben des Durchlüftungsapparates (Abb. 77) getan und mit 3 ccm 20%ig. Sodalösung versetzt. (Die Anordnung des Apparates ist aus der Abbildung ersichtlich.) Der Kjeldahlkolben hat einen Inhalt von 100 ccm. In die eine Öffnung des Stopfens des Kjeldahlkolbens führt man ein fast bis zum Boden des Kolbens reichendes Rohr; dieses wird mittels eines Schlauches mit einer Waschflasche, in der sich Schwefelsäure befindet, verbunden. In die andere Öffnung des Stopfens bringt man ein rechtwinklig gebogenes Röhrchen, das mittels eines ca. 3 cm langen Schlauchstückes Glas an Glas mit einem zweiten Röhrchen verbunden

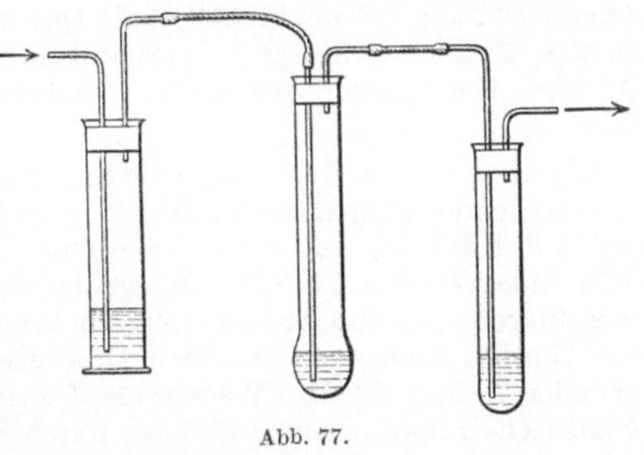

Abb. 77.

ist. Dieses steckt ebenfalls in einem doppelt durchbohrten Kautschukstopfen. Der zweite Stopfen verschließt ein 3 cm weites und 20 cm hohes Reagenzglas. Das vom Kjeldahlkolben kommende Rohr ist unten bis auf 1 mm verjüngt und endet einige Millimeter über dem Boden des Reagenzglases. In der zweiten Öffnung steckt ein rechtwinklig gebogenes Röhrchen, das durch einen Schlauch mit der Wasserstrahlpumpe verbunden ist. In dieses Reagenzglas kommen, aus einer Mikrobürette abgemessen, 10 ccm 0,01 n H_2SO_4 und 2 Tropfen Methylrotlösung[2]. Ein mäßiger Luftstrom (etwa 5 Blasen in der Sek.) wird durch den Apparat gesogen. Zur Verhinderung des Schäumens setzt man der Blutlösung etwas Amylalkohol oder flüssiges Paraffin zu. Der Kjeldahl-

---

[1] J. of biol. Chem. **11**, 527 (1912); einige Änderungen nach Thierfelder: Physiol. u. path.-chem. Anal., 9. Aufl., S. 873, 878.

[2] 0,1 g Methylrot werden in 300 ccm Alkohol gelöst und mit 200 ccm Wasser versetzt.

kolben steht in einem Wasserbad von etwa 45°. Ist das Übertreiben des Ammoniaks beendet (etwa nach 1 Stunde), so entfernt man die beiden Schlauchverbindungen vom Reagenzglas, spritzt das bis zum Boden reichende Rohr (innen und außen) einige Male mit destilliertem Wasser in das Reagenzglas ab und titriert mit 0,01 n NaOH bis zur bleibenden Gelbfärbung[1]. 1 ccm der verbrauchten 0,01 n Säure entsprechen 0,17 mg NH_3.

Ammoniakbestimmung im Blute nach Parnas[2].

Das Prinzip der Methode besteht darin, daß man das Ammoniak nicht durch einen Luftstrom, sondern durch Wasserdampf im luftleeren Raume überdestilliert und zwar in möglichst kurzer Zeit (5 Min.), bei niedriger Temperatur (ca. 25—30°) und verhältnismäßig schwacher Alkalität (pH ca. 9,2), Anordnungen, um das wirklich präformiert vorhandene NH_3 zu erfassen, und um eine Neubildung aus noch unbekannten Substanzen im Blute zu vermeiden.

Beschreibung des Apparates. Die Destillation wird im nebenstehenden Apparat (vgl. Abb. 78) ausgeführt[3]. Der Apparat wird mit Kühlrohr aus Silber oder Quarz angefertigt. Für die Vakuumdestillation ist das Silberrohr empfehlenswerter. Das Rückflußrohr soll mindestens 150 ccm fassen können; es ist mit dem Destillierkolben durch einen Dreiwegehahn verbunden, der entweder Außenluft oder Wasserdampf zutreten läßt. Der kleine zylindrische Eingußtrichter ist auch durch Hahn mit dem Kolben verbunden. Die Vorlage ist mittels eines Stopfens über das Kühlrohr, das 15 cm aus dem Mantel herausragt, aufgesetzt und unten mit einem durchlöcherten Stopfen verschlossen; durch diesen ist ein Glasstab geführt, durch den das eigentliche Vorlageröhrchen höher oder tiefer gestellt wird. Der seitliche Ansatz des Vorlagehalters, der zur Pumpe führt, ist durch einen Hahn verschließbar.

---

[1] Das in die Säurevorlage übergetriebene Ammoniak kann auch kolorimetrisch mit Hilfe des Neßlerreagenses bestimmt werden. Siehe hierzu S. 168, 364, 365. (Vgl. auch S. 425). Bei der Verdünnung des Neßlerreagenses vor der endgültigen Ablesung muß ammoniakfreies Wasser benutzt werden. Für diesen Zweck anwendbares, ammoniakfreies Wasser erhält man aus gewöhnlichem, destilliertem Wasser durch Zufügen von etwas Bromwasser und einigen Tropfen konzentrierter Natronlauge. (Vgl. Folin und Denis: J. of biol. Chem. 11, 534 (1912).) Zur Darstellung von ammoniakfreiem Wasser vgl. auch S. 364, Fußnote.

[2] Biochem. Z. 152, 1 (1924).

[3] Angefertigt bei Goetze, Leipzig, Paul Haack, Wien, Vereinigte Fabriken für Lab.-Bed. Berlin.

Das Rückflußrohr ist durch Schlauch und Glasrohr, die in
Wasser tauchen, verlängert. Dieses Rohr läßt den überschüssigen
Dampf aus dem Dampfentwickler entweichen und dient zugleich
als Manometer für den Dampf. Der Wasserdampf wird aus verdünnter Schwefelsäure un-
ter reichlichem Zusatz von
Siedesteinen über einem
starken Brenner entwickelt.

Bei der kolorimetrischen
Ammoniakbestimmung ist
darauf zu achten, daß
aus neuen Gummiteilen
Schwefelverbindungen
(wahrscheinlich Schwefel-
wasserstoff) entweichen, die
das Neßlersche Reagens
bräunen. Es muß sehr sorgfältig mechanisch gereinigter Gummi verwendet wer-
den. Die Stelle, an der
Schwefelwasserstoff ent-
weicht, ohne später eine
alkalische Lösung zu pas-
sieren, ist die Verbindung
zwischen Kolben und Kühl-
rohr; man läßt das Kühl-
rohr 3—5 cm in den Vorstoß
ragen und füllt die freie
Strecke mit einer dichten
Spirale aus Silberdrahtnetz

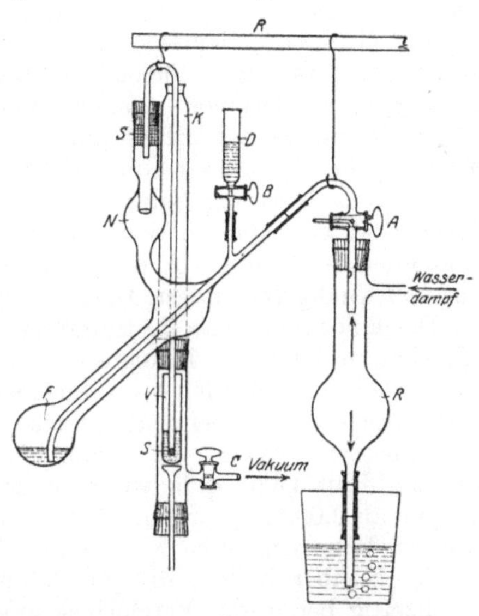

Abb. 78. *F* Destillierkolben, *R* Rückflußrohr,
V Vorlage, *S* und *S₁* Silberdrahtnetzspiralen,
N Vorstöße, *K* Kühler, *A* Schwanzhahn zum
Drosseln des Wasserdampfes, *C* Hahn zwischen
Vorlage und Pumpe, *R* Stativarm. Durchmesser
des Kolbens 48 mm. Höhe vom Scheitel der
unteren zum Scheitel der oberen Kugel 200 mm.
(Nach Parnas und Heller.)

(Kahlbaum 625 Maschen pro qcm) aus, die um das Kühlrohr im
Innern des Vorstoßes gewickelt wird. Das Silber schwärzt sich
in der ersten Zeit an der dem Stopfen zugekehrten Seite; allmählich hört aber die H_2S-Abgabe auf.

In das Ende des Kühlrohrs, das in die Vorlage taucht, wird
eine 3 mm breite, lose gewickelte Spirale aus Silberdraht geschoben, die um 1 mm herausragt. Sie fördert die Absorption in
der Vorlage ausgezeichnet. Diese Spirale schwärzt sich kaum noch.
Der Apparat muß keineswegs aus Hartglas bestehen. Zu beachten
ist, daß er nicht zu dünn im Glase ist, und daß das Dampf-
einleitungsrohr im Destillierkölbchen an der tiefsten Stelle des
Kölbchens etwa 0,5 mm von der Wand endet und in seinem
Verlauf ein möglichst gleichmäßiges Lumen hat. Der Destillier-

kolben soll nicht in Klammern gefaßt werden, sondern ganz lose auf Drahthaken, die um die Biegung des Kühlrohrs greifen, aufgehängt werden.

Ausführung. Zur Alkalisierung des Blutes verwendet Parnas[1] eine Boratlösung, die aus 250 ccm der Sörensenschen Lösung (12·404 g Borsäure und 100 ccm n NaOH in 1 Liter) durch Verdünnen mit 100 ccm 0,1 n NaOH erhalten wird. Diese Lösung bläut Thymolphthalein. Von diesem Puffer wird das gleiche Volumen dem Blute zugesetzt und dadurch dieses auf pH 9,2 gebracht. Dieser Grad der Alkalisierung macht nicht nur das Ammoniak aus den Salzen vollständig frei, sondern bringt auch den Prozeß der Ammoniakbildung im Blute zum Stillstand. Das Schäumen des Blutes wird durch Zusatz von 2 ccm flüssigen Paraffins vollständig verhindert. Die Hämolyse bewirkt die Boratlösung.

Die kolorimetrische Bestimmung des Ammoniaks erfolgt verschieden, je nachdem kleinere oder größere Mengen im Destillat vorhanden sind. Zu den 4—6 ccm Destillat wird 0,5 ccm Neßlersches Reagens[2] auf einmal zugefügt; nach etwa 15 Min. wird kolorimetriert. Wenn die Ammoniakmenge unter 0,2 mg pro 100 ccm Blut liegt, d. h. wenn in der Analyse von 1 ccm Blut weniger als 0,002 mg Ammoniakstickstoff vorhanden ist, so wird in dünnen Reagenzgläsern von 6 mm Durchmesser, die alle das gleiche Kaliber haben, die unbekannte Lösung mit bekannten, gleichzeitig bereiteten Vergleichslösungen verglichen. Wenn man gegen Milchglas betrachtet, das am Boden einer Pappschachtel liegt und durch ein für das Auge verdecktes, in einer Wand der Schachtel angebrachtes Mattglasfenster beleuchtet wird, so kann man Unterschiede von 0,0001 mg Ammoniakstickstoff noch deutlich wahrnehmen, d. h. man kann bei der Analyse von 2 ccm Blut unterscheiden, ob der Ammoniakgehalt etwa 0,045 oder 0,05 mg in 100 ccm Blut beträgt[3]. Für die Bestimmung größerer Mengen von Ammoniak wird eines der üblichen Kolorimeter verwandt. Als Standardlösung wird eine Ammoniumsulfatlösung verwendet, die mit etwas Toluol konserviert, unbegrenzt haltbar ist; sie enthält im ccm 0,002 mg Stickstoff. Alle Reagentien müssen ammoniakfrei sein. Auch die Luft des Raumes ist ammoniakfrei zu halten.

Zur Entnahme des Blutes (von Kaninchen) gibt Parnas folgende Vorschrift: Das Blut wird aus Ohrvenen oder Ohr-

---

[1] Zur Apparatur vgl. auch Parnas und Klisiecki: Biochem. Z. **173**, 226 (1926).

[2] Folin-Wu: J. of biol. Chem. **38**, 87 (1919).   Vgl. S. 425.

[3] Nach Parnas: l. c. S. 9.

arterien des nicht aufgebundenen Tieres entnommen. Das Ohr wird sauber rasiert, mit Wasser und Seife, dann mit Alkohol gewaschen; darauf werden die Gefäße durch Reiben des Ohres mit Xylol gelähmt. Wenn die Gefäße prall gefüllt sind, wird das Ohr mit reiner Vaseline dick beschmiert; dann wird ohne jede Stauung, mit einem spitzen Skalpell, mit der Schneide nach oben, ein 2—3 mm langer Schnitt in die Venen oder Arterien gemacht. Das Blut tropft oder spritzt dann schnell, ohne sich auf dem Ohre auszubreiten, so daß in wenigen Minuten 10—20 ccm aufgefangen werden können, ohne daß sich Gerinnsel bilden. Das Blut wird in Röhrchen aufgefangen, deren Wände mit Lithiumoxalat (Kahlbaum) bestreut sind, und wird gleich mit flüssigem Paraffin bedeckt. Man kann aus einem Ohr oft Blutproben entnehmen.

Jede Bestimmung besteht aus mehreren Teilbestimmungen: 1. Die Reagentien, das Borat und das Paraffin werden destilliert. Die durchgetriebenen 4 ccm Wasser, in 2 Tropfen 0,1 n HCl aufgefangen, dürfen nicht stärkere Färbung mit dem Neßlerreagens geben als 4 ccm destilliertes Wasser mit 2 Tropfen derselben Säure. 2. Nach Zusatz des Blutes werden wieder 4—6 ccm destilliert. Das Destillat dient zu der eigentlichen Analyse. 3. Es werden nochmals 4 ccm Wasser durchgetrieben, die sich ammoniakfrei erweisen müssen oder, nach Destillation einer ammoniakreichen Blutprobe, nur Mengen von der Größenordnung 10^{-4} mg enthalten dürfen. Enthalten sie mehr, so wird das Destillat zu dem von 2. hinzugefügt und nochmals destilliert. Dieses Destillat muß frei von Ammoniak sein. 4. Es wird eine bekannte Menge Ammoniak hinzugefügt, am besten so viel, wie in Analyse 2. gefunden wurde, oder mehr. Dann werden wieder 4 ccm destilliert, in welchen das zugefügte Ammoniak sich quantitativ wiederfinden muß.

Der Verlauf eines Versuches ist nach Parnas folgender: Der Apparat ist zusammengestellt, die Pumpe geöffnet, der Wasserdampfentwickler im vollen Sieden, der Dampf entweicht durch das abschließende, zum Sieden heiße Wasser, das sich in einem Porzellanbecher befindet. Die Hähne A, B und C sind geschlossen. Man gießt in den Trichter D 2 ccm Paraffin und 1 ccm Boratlösung, öffnet den Hahn C und läßt durch vorsichtiges Öffnen des Hahnes B Paraffin und Borat in den Destillierkolben fließen. Jetzt öffnet man langsam den Hahn A und läßt Wasserdampf in den Destillierkolben einströmen; wie der Hahn zu stellen ist, muß man selbst ausproben: man richtet sich nach der Temperatur im Destillierkolben und danach, daß das Wasser nicht aus dem Becher in das Rückflußrohr zurücksteigen darf.

Während man den Wasserdampf entsprechend drosselt, stellt man zugleich das Vorlageröhrchen immer tiefer, so daß das Kühlrohr nur ein wenig eintaucht; die Temperatur im Kolben läßt man nicht über 30—40° steigen. Sobald der Stand der Flüssigkeit in der Vorlage 4 ccm erreicht hat, zieht man die Mündung des Kühlers aus der Flüssigkeit und läßt noch 1 ccm frei abtropfen. Dann schließt man den Hahn A, darauf Hahn C und stellt schließlich A so, daß Luft einströmt. Man nimmt jetzt das Vorlageröhrchen heraus und stellt ein anderes, mit 2 Tropfen Salzsäure beschicktes, hinein. Wenn das Destillat ammoniakfrei ist, kann man zur eigentlichen Analyse schreiten, sonst wiederhole man die Destillation. Das letzte Destillat, mit Neßlersreagens versetzt, ist aufzubewahren.

Man gießt wieder 1 ccm Paraffin in den Trichter, öffnet den Hahn C, mißt 1 ccm Blut in einer auf „ausblasen" geeichten Ostwaldschen Pipette ab und steckt diese mit der Spitze in die Verjüngung des Trichters unter das Paraffin. Durch vorsichtiges Öffnen des Hahnes B kann man nun das Blut unter dem Paraffin in den Apparat fließen lassen, indem man nach Entleerung der Pipette 15 Sek. verstreichen läßt und den Rest durch Öffnen des Hahnes einzieht. Man zieht die Pipette zurück und bringt die im Paraffin hängenden Bluttröpfchen in den Kolben. Im Kolben wird das Blut sofort hämolysiert und beginnt infolge Gasabgabe zu schäumen; man wartet nun nicht lange, sondern schreite sofort zur Destillation, indem man den Hahn A so stellt, daß der sehr lebhaft durchströmende Dampf die Blutlösung nicht höher als auf 25° erwärmt; man schätzt die Temperatur annähernd mit der Hand.

Auch die lebhafteste Destillation bewirkt in dem alkalisierten Blute kein Schäumen; ein solches kommt nur dann vor, wenn man die Flüssigkeit zu stark erwärmt hat und dann auf einmal den Dampf abdrosselt.

Man destilliert wie bei der Voranalyse; wenn das Blut besonders ammoniakreich ist, kann man auch 6—8 ccm auffangen. Man schließt die Hähne, wie oben angegeben, und läßt dann die Kontrolldestillation 3 und 4 folgen.

Wenn der Ammoniakgehalt des Blutes weniger als 0,2 mg-Prozent beträgt, so analysiert man in dieser Weise 2 ccm Blut und nimmt 2 ccm Borat. Man destilliert dann aber nicht mehr Wasser durch als bei der Analyse von 1 ccm Blut.

Da die Alkaleszenz, bei der destilliert wird, den Prozeß der Ammoniakbildung im Blute hemmt, so kann man in Versuchen, in welchen dieser Prozeß schon zum Teil abgelaufen ist, mehrere

Analysen nacheinander ausführen, ohne den Kolben zu entleeren, indem man immer nur zwischen die einzelnen Analysen die Kontrolle 3 einschaltet und nach der letzten eine Kontrolle 4 folgen läßt.

Zur Entleerung und Reinigung läßt man durch den Trichter Wasser so weit einlaufen, wie Blutspritzer im Destillierkolben vorhanden sind; das Blut löst sich in der alkalischen Flüssigkeit schnell auf. Dann läßt man bei abgestelltem Brenner den Kolbeninhalt in das — unten abgeklemmte — Rückflußrohr zurückfließen. Man wiederholt diese Reinigung, bis das Blut ganz entfernt ist, und läßt die Paraffinreste im Kolben.

Der Normalwert für präformiertes Ammoniak im menschlichen Blute beträgt 0,02 mg %.

Ammoniakbestimmung nach Parnas und Mozolowski im Muskelbrei[1]. Ein Glasmörser von 25 ccm Inhalt, bei einem Durchmesser von 4,5 cm mit rauher Innenfläche, und ein ebenfalls rauhes Glaspistill, das zu einem viel größeren Mörser gehört, werden so gewählt, daß die Reibfläche des Pistills und des Mörsers aneinander passen. Man bringt etwa 5 ccm Boratlösung und etwa 0,5—1 g ausgeglühten Quarzsand in den Mörser. Der Muskel (etwa 0,5 g) wird auf der Torsionswage von Hartmann und Braun (vgl. S. 342) mit Hilfe von Häkchen aus Aluminiumdraht abgewogen und in die Boratlösung gebracht; es ist zweckmäßig, ihn vorher in Quarzsand zu tauchen. Die Bestimmung erfolgt genau wie im Blute, nur ist die untere Kugel des Destillationskolbens, die die zu destillierende Masse aufnimmt, ein kurzhalsiges Kölbchen *a* abnehmbar. Eine Bestimmung dauert einschließlich der kolorimetrischen Untersuchung etwa 10 Minuten. Die Wasserdampfdestillation im Vakuum kann meistens ohne Zusatz von Paraffin erfolgen. Zur Alkalisierung wird eine bei 12° gesättigte Lösung von reinem Borax verwendet, die durch Kochen ammoniakfrei gemacht wird. Ihre Reaktion entspricht einem pH von 9,35 (18°); sie bedarf für 1 ccm 1,9 ccm 0,1 n HCl, um auf die Reaktion des mit Wasser zerriebenen Muskelgewebes (pH 7,3) gebracht zu werden. Maximaler Fehler der Bestimmung beträgt ± 5 %. Zur Fixierung eines bestimmten Zustandes in den Muskeln werden diese oft in flüssige Luft eingetaucht[2].

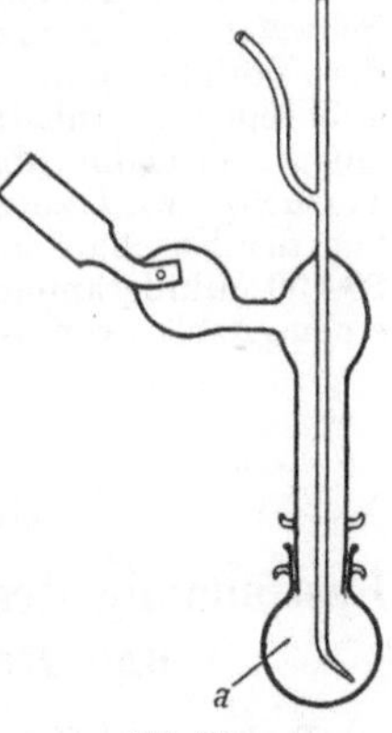
Abb. 79.

Embden, Carstensen und Schumacher[3] verfahren so, daß das in der flüssigen Luft hergestellte Muskelpulver so vollständig wie möglich in mit 15 ccm 1 %ig. Salzsäure vorgewogene, mit Schliffdeckel verschlossene Erlenmeyerkolben versenkt und durch schwenkende Bewegungen sofort mit der Flüssigkeit durchtränkt wird. Sobald das Gefäß sich genügend erwärmt hat, wird die Muskelmenge bis auf Zentigramme genau ermittelt. Die Destillation der

[1] Biochem. Z. **184**, 404 (1927).
[2] Vgl. hierzu Embden und Lawaczek: Biochem. Z. **127**, 181 (1922).
[3] Z. physiol. Chem. **179**, 190 (1928).

alkalisierten Flüssigkeit wird längstens 30 Minuten nach dem Einbringen der Muskulatur in Gang gesetzt. (Längeres Aufbewahren der Muskulatur soll stets in flüssiger Luft erfolgen.) — Zur Bestimmung des Ammoniaks wird die Flüssigkeit samt der Muskulatur mit möglichst wenig Wasser in einen Rundkolben von 500 ccm übergespült. Zur Alkalisierung der Flüssigkeit benutzt Embden eine wäßrige Aufschwemmung von Magnesia usta (2 g Magn. usta — auf Ammoniakfreiheit zu prüfen! — auf 15 ccm dest. Wasser). Es wird etwa 35 Minuten destilliert, wobei das Ammoniak in 5 ccm $^1/_{300}$ n Schwefelsäure aufgenommen wird. Die Titration erfolgt jodometrisch (vgl. Bd. I, S. 273) oder mit $^1/_{300}$ n Kalilauge unter Benutzung eines Methylrot-Methylenblaugemisches als Indikator. Dieses Gemisch wird wie folgt hergestellt[1]: Lösung 1: Eine in kaltem Äthylalkohol von 50 Vol.-% gesättigte Methylrotlösung. Das Methylrot wird aus heißem 50 Vol.-%ig. Alkohol wiederholt umkristallisiert. Lösung 2: enthält in 100 ccm 50 Vol.-%ig. Äthylalkohol 0,025 g Methylenblau (Kahlbaum, extrapatent.). — Das Indikatorgemisch wird aus 3 Teilen der Methylrotlösung mit 1 Teil Methylenblaulösung hergestellt; 0,5 ccm dieses Gemisches wird der vorgelegten Schwefelsäure zugefügt, die dadurch rotviolett gefärbt wird. (Die notwendige Methylenblaumenge muß für jedes Methylenblaupräparat besonders ausprobiert werden.) Der Umschlagspunkt ist: Übergang von Fahlgrün in leuchtendes Grün. (Die Titration ist nur scharf, wenn das verwendete Wasser und die Titrationsflüssigkeiten vollkommen kohlensäurefrei sind.)

Es sollen nur Apparate mit Glasschliffen (wegen der Alkaliabgabe aus dem Gummistopfen) aus Jenaer-Glas verwendet werden. Die Dichtung der Schliffe erfolgt am besten mit reinster gelber (nicht weißer) Vaseline. Der Destillationskolben faßt 500 ccm, die Vorlagen 75 ccm. Die Destillation erfolgt unter Anwendung von Wasserstrahlpumpen bei einem Druck von etwa 11 mm Hg; die Temperatur des Heizwassers beträgt 31°. Während des Siedens wird ein langsamer Luftstrom, der mit verdünnter Schwefelsäure gewaschen wird, durch die Kapillare geleitet. Zwischen die Vorlage und die Wasserstrahlpumpe ist eine Saugflasche von 400—600 ccm Inhalt geschaltet, die gegen die Wasserstrahlpumpe mit einem Glashahn abgesperrt werden kann. Bei der Unterbrechung des Versuches wird zuerst dieser Hahn geschlossen und dann das System von der Kapillare aus langsam mit Luft gefüllt. Zugesetzte Mengen von 20—50 Mikrogrammen Ammoniak konnten nach diesem Verfahren mit einem Fehler von ± 2% bestimmt werden.

Bestimmung des Harnstoffs.

Bestimmung des Harnstoffs durch Zersetzung mit Urease und Destillation nach Folin und Wu[2].

Prinzip. Der Harnstoff wird durch Urease in Ammoniumkarbonat zersetzt. Das gebildete Ammoniak wird abdestilliert und kolorimetrisch nach Versetzen mit Neßlerreagens bestimmt.

Ausführung. Man gibt 5 ccm des Wolframsäureblutfiltrates

---

[1] Tashiro: Amer. J. Physiol. **60**, 519 (1920), zit. nach Embden.
[2] Folin und Wu: J. of biol. Chem. **38**, 81 (1919).

(S. 161) in einen sauberen und trockenen Verbrennungskolben aus Jenaer oder Pyrexglas (von 75 ccm Inhalt). (Man darf nicht dieselben Kolben anwenden, die man zur Neßlerisierung verwendet hat oder diese müssen mit Salpetersäure und nachher mit Wasser gründlich gereinigt werden, da bereits geringste Spuren von Quecksilber die Urease vergiften.) Man fügt zum Blutfiltrat 2 Tropfen eines Phosphatpuffers ($\frac{1}{3}$ mol Mono- und $\frac{2}{3}$ mol Dinatriumphosphat)[1]. Dann gibt man 0,5—1 ccm der Folinschen Ureaselösung[2] hinzu und taucht das Reagenzglas in einen Topf mit warmem Wasser (nicht über 55⁰) und läßt es 5 Min. darin stehen. Bei gewöhnlicher Temperatur muß das Ferment 10 bis 15 Min., gegebenenfalls auch länger wirken. Das gebildete Ammoniak kann schnell und bequem in 2 ccm 0,05 n Salzsäure, die in einem anderen Reagenz-

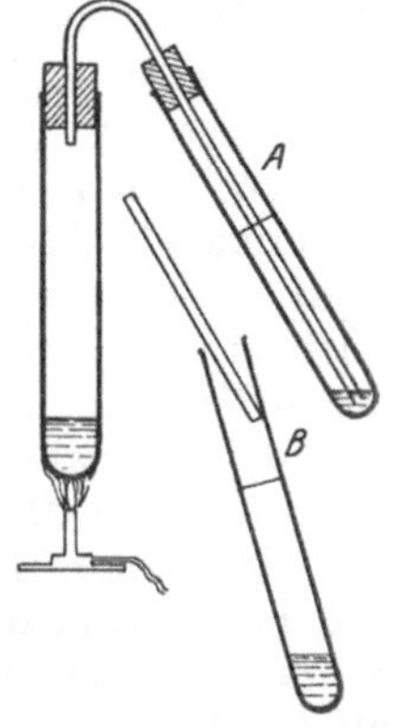

Abb. 80.

---

[1] Man löst 69 g Mononatriumphosphat ($NaH_2PO_4 + H_2O$) und 179 g Dinatriumphosphat ($Na_2HPO_4 + 12\ H_2O$) in 800 ccm warmem, destilliertem Wasser und füllt auf 1 Liter auf.

[2] Man wäscht ca. 3 g Permutit in einer Flasche, einmal mit 2 %ig. Essigsäure, zweimal mit Wasser und fügt zu dem feuchten Permutit 5 g feines Sojabohnenmehl und 100 ccm 15 %ig. Alkohol. Man schüttelt mäßig stark 10—15 Minuten, gießt auf ein großes Filter und filtriert, indem man das Filter mit einem Uhrglas bedeckt. Die Lösung ist bei Zimmertemperatur vor Licht geschützt eine Woche im Eisschrank mehrere Wochen haltbar.

Eine andere Methode der Ureasedarstellung beruht darauf, daß man die wäßrige Ureaselösung bei Zimmertemperatur über Schwefelsäure im Vakuum unter 1 mm eintrocknen läßt. Man löst 1 Teil Sojabohnenmehl mit 5 Teilen Wasser bei Zimmertemperatur, rührt um, läßt eine Stunde stehen, filtriert oder zentrifugiert. (Säurezusatz schädigt das Ferment.)

Marshall[3] gibt folgende Vorschrift: 10 g fein gemahlene Sojabohnen werden mit 100 ccm Wasser versetzt und eine Stunde bei gelegentlichem Umschütteln stehen gelassen; 10 ccm 0,1 n HCl werden zugefügt; die Mischung steht dann noch ca. 15 Minuten. Dann filtriert man und versetzt die Lösung mit Toluol. Diese Lösung ist mindestens 5—6 Tage haltbar.

Folin schlägt den Gebrauch von „Ureasepapier" vor. Dieses wird folgendermaßen bereitet: Man schüttelt 30 g Sojabohnenmehl mit 10 g Permutit und 200 ccm 16 %ig. Alkohol 10—15 Minuten lang, filtriert durch ein oder zwei Filter und gießt nach Beendigung der Filtration das Filtrat in flache Schalen. Durch diese zieht man flache Filterpapierstreifen, die nachher getrocknet werden. Von den mit Urease beladenen Papierstückchen genügen Quadratzentimeter große Stücke für eine Harnstoffbestimmung im Blut. (Vgl. auch S. 500.)

[3] Marshall jun.: J. of biol. Chem. 15, 487 (1903). Ureasepräparate sind auch im Handel erhältlich.

glas enthalten ist, destilliert werden. Dieses zweite Reagenzglas trägt bei 25 ccm eine Marke. Die Anordnung zeigt die Abb. 80.

Man fügt zu dem hydrolysierten Blutfiltrat ein trockenes Siedesteinchen, 2 ccm gesättigte Boraxlösung, 1—2 Tropfen Paraffinöl und befestigt den Gummistopfen, der sowohl das abführende Rohr als auch das Aufnahmegefäß trägt. (An dem Rand dieses Stopfens ist ein tiefer Einschnitt, der das Entweichen der Dämpfe gestattet.) Man kocht mäßig stark über einem Mikrobrenner 4 Min. lang. Nach Ablauf dieser Zeit löst man das Aufnahmegefäß vom Gummistopfen wie in Abb. 80 *B* angegeben ist. Man setzt die Destillation noch 1 Min. fort und spült das untere Ende des Abflußrohres mit ein wenig Wasser ab. Man kühlt dann das Destillat mit fließendem Wasser, verdünnt auf ca. 20 ccm. Man überführt 3 ccm der Vergleichs-Ammonsulfatlösung (mit 0,3 mg N S. 167) in einen Meßkolben von 100 ccm und verdünnt auf 75 ccm. Man neßlerisiert, indem man 10 ccm der Neßlerlösung (s. S. 168 und S. 425) für die Vergleichslösung und 2,5 ccm für die unbekannte Lösung benutzt. Man verdünnt beide Lösungen bis zur Marke und kolorimetriert. Die Destillation kann auch im Apparat nach Parnas erfolgen[1].

Berechnung. Man multipliziert 20 (die Höhe des Standards in mm) mit 15 (d. h. 0,3 · 50) und dividiert durch die kolorimetrische Ablesung, um den Harnstoff-Stickstoff in 100 ccm Blut zu erhalten[2].

Harnstoffbestimmung durch Spaltung im Autoklaven. Wenn viele Bestimmungen auszuführen sind, oder wenn auch eine Kreatinbestimmung durchgeführt werden soll (vgl. S. 186), so ist die Zersetzung des Harnstoffs vorteilhaft im Autoklaven auszuführen. Zu 5 ccm des Blutfiltrats in einem weiten Reagenzglas von 75 ccm fügt man 1 ccm n Salzsäure. Das Reagenzglas ist mit einer Zinnfolie bedeckt. Man erhitzt 10 Min. im Autoklaven auf 150° und läßt den Autoklaven auf 100° erkalten, bevor man ihn öffnet. Das Ammoniak wird dann, wie oben beschrieben, abdestilliert, nur benutzt man 2 ccm 10%ig. Natriumkarbonatlösung statt der gesättigten Boraxlösung. Oder man entfernt das Ammoniak durch Durchlüftung (S. 183).

---

[1] Vgl. auch Klisiecki: Biochem. Z. **176**, 490 (1926).

[2] Die zu untersuchende Lösung, die 0,5 ccm Blut entspricht, ist auf 25 ccm verdünnt, nicht wie bei der Bestimmung des Rest-N (S. 167) auf 50 ccm.

Harnstoffbestimmung nach Myers mit direkter Neßlerisation[1].

Prinzip. Oxalatblut wird direkt mit Urease behandelt; nach Umwandlung des Harnstoffs in Ammoniumkarbonat werden die Eiweißkörper mit Natriumwolframat niedergeschlagen. Im Filtrat wird das Ammoniak nach Neßler bestimmt.

Ausführung. In einen Erlenmeyerkolben von 100 ccm gibt man 1 ccm der 5%ig. Ureaselösung (nach Folin) oder etwa 0,1 g des trockenen Enzympulvers. Man fügt dann mit einer kalibrierten Pipette 2 ccm vom Oxalatblut zu (oder bei hohem Harnstoffgehalt 1 ccm) und stellt nach gründlichem Mischen das Glas 10—15 Min. in ein Wasserbad von 50°. Zu der Mischung werden 13 ccm (oder 14 ccm, wenn 1 ccm Blut angewandt wurde) Wasser zugefügt, ferner 2 ccm einer 10%ig. Lösung von wolframsaurem Natrium und unter fortwährendem Rühren 2 ccm ⅔ n Schwefelsäure. Dann wird energisch geschüttelt. Die Ausfällung der Eiweißkörper ist vollendet, wenn die Farbe des Koagulums von Rot in Braun umgeschlagen ist (s. S. 161). Man filtriert durch ein trockenes Filter (die ersten Portionen werden, wenn sie trübe sind, zurückgegossen).—5 ccm dieses Filtrats werden in ein Meßgefäß von 25 ccm und dann 5 ccm Neßlerreagens[2] hineingegeben; man füllt auf 25 ccm auf. In einen zweiten Meßkolben von 25 ccm werden 5 ccm der Vergleichsammonsulfatlösung gebracht (enthaltend 0,10 mg N) und 5 ccm der Neßlerlösung; man füllt auf 25 ccm auf. Die beiden Lösungen werden im Kolorimeter verglichen.

Berechnung: $\dfrac{\text{Stand der Vergleichslösung}}{\text{Stand der Versuchslösung}} \cdot 20 = \text{mg Harnstoff-N}$ in 100 ccm Blut.

Harnstoffbestimmung nach der Durchlüftungsmethode nach Myers[3].

Prinzip. Der Harnstoff des Blutes wird durch Urease in Ammonkarbonat umgewandelt, das Ammoniak durch einen

---

[1] Myers: Pract. chem. Anal. of Blood, S. 46. St. Louis: Mosby Co.

[2] Neßlerreagens nach Bock und Benedict (nach Myers: l. c. S. 45). In ein Meßgefäß von 1 Liter gibt man 100 g HgJ_2 und 70 g KJ und fügt ca. 400 ccm Wasser zu. Man schüttelt bis zur vollkommenen Lösung um. Dann löst man 100 g NaOH in etwa 500 ccm Wasser, kühlt sorgfältig und fügt die Lösung unter fortwährendem Umschütteln in die Flasche. Man füllt bis zur Marke auf. Die klare Lösung gießt man von einem eventuell entstehenden blauroten Niederschlag ab. (Über Neßlerlösung vgl. auch S. 425.)

[3] Nach Myers: l. c. S. 44. Vgl. auch Folin und Denis: J. of biol. Chem. 11, 527 (1912); Marshall: J. of biol. Chem. 15, 487 (1913); van Slyke und Cullen: J. of biol. Chem. 19, 211 (1914).

Luftstrom in eine Säurevorlage überführt und dort neßlerisiert.

Ausführung. In ein schmales Reagenzglas ohne Rand werden 1 ccm der Folinschen Ureaselösung (s. S. 181), 2 Tropfen des Posphatpuffers S. 181 und 2 ccm des Oxalatblutes überführt und 15 Min. lang bei 50° gehalten. In einen graduierten Zylinder ohne Rand füllt man 15 ccm destilliertes Wasser und 2—3 Tropfen 10%ig. HCl. Man verschließt mit einem doppelt durchbohrten Stopfen, durch dessen

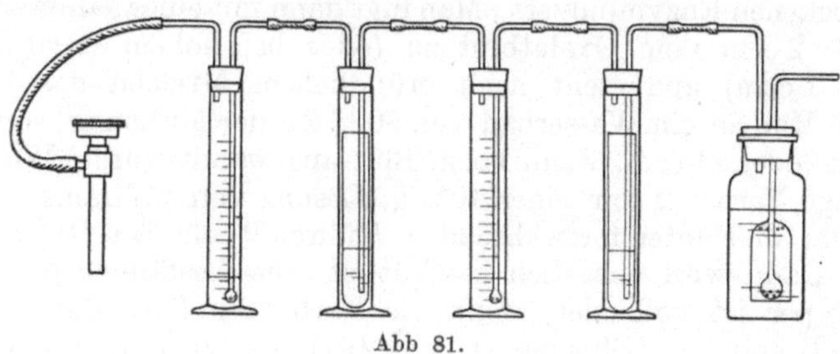

Abb 81.

eine Bohrung eine Glasröhre fast bis zum Boden des Zylinders führt. Das Reagenzglas mit dem Blut-Ureasegemisch wird in einen nicht graduierten Zylinder getan, und die Verbindungen werden zurechtgemacht. Einige Tropfen Oktylalkohol und 4—5 ccm gesättigte (20%ig.) Na_2CO_3-Lösung läßt man zu der Blutflüssigkeit fließen, verkorkt sofort das Gefäß, das mit einer Waschflasche, die verdünnte Schwefelsäure enthält (um das Ammoniak der Luft abzufangen) verbunden ist. Die abführende Glasröhre des graduierten Zylinders wird nun mit der Wasserstrahlpumpe verbunden; die Luft wird langsam durchgesogen, dann erhöht man nach 2 Min. die Geschwindigkeit des Luftstromes und saugt so 30 Min. lang Luft durch. — Man führt 5 ccm der Vergleichs-Ammonsulfatlösung[1] mit 1 mg N in ein Meßgefäß von 100 ccm und fügt 50 bis 60 ccm destilliertes Wasser hinzu. Man verdünnt nun das Neßlerreagens 5—6fach mit destilliertem Wasser, fügt davon 20 ccm zu der Vergleichslösung und füllt auf 100 ccm auf. Gleichzeitig fügt man 7—8 ccm von der frisch verdünnten Neßlerlösung zu der unbekannten Lösung und füllt das Volumen auf 25 ccm auf. (Man macht durch geeignete Verdünnung die Farbe beider Lösungen annähernd gleich.) Dann vergleicht man im Kolorimeter.

---

[1] Man löst 0,944 g pyridinfreies Ammonsulfat, vgl. S. 167 und 426, in dest. Wasser und verdünnt auf 1 Liter. — 5 ccm dieser Lösung enthalten 1 mg N, siehe auch S. 426.

Berechnung:

$$\frac{\text{Stand der Vergleichslösung}}{\text{Stand der unbekannten Lösung}} \cdot \frac{\text{Verdünnung der unbekannten Lösung (25)}}{\text{Verdünnung der Vergleichslösung (100)}}$$

$$\cdot\, 1 \cdot \frac{100}{2} = \text{mg Harnstoff-N in 100 ccm Blut}$$

(wo „1" die Stärke der Vergleichslösung in mg N bedeutet).

Statt der Überführung des Ammoniaks mit dem Luftstrom und Neßlerisation kann man 10 ccm 0,01 n H_2SO_4 vorlegen und nach der Durchlüftung den Überschuß an Säure mit 0,01 n NaOH zurücktitrieren (Indikator Methylrot). Eine blinde Bestimmung unter Benutzung von Wasser statt Blut wird gleichzeitig angesetzt. — Zieht man die Kubikzentimeter 0,01 n NaOH bei der Titration der unbekannten Lösung von den Kubikzentimetern 0,01 n NaOH der Blutbestimmung ab, multipliziert mit 0,14, so erhält man die Milligramm Harnstoff-N in 2 ccm Blut. Will man aus dem Harnstoff-N den Harnstoff berechnen, so multipliziert man mit 2,14.

Bestimmung des Kreatins und des Kreatinins.

Bestimmung des präformierten Kreatinins[1].

Prinzip. Ein Teil des Blutfiltrates (vgl. S. 161) wird mit alkalischer Pikratlösung behandelt und die entstehende Farbe im Kolorimeter mit einer Kreatinin-Vergleichslösung verglichen.

Ausführung. Man füllt 25 (oder 50) ccm einer gesättigten wäßrigen Lösung von gereinigter Pikrinsäure[2] in eine reine Flasche, fügt 5 (oder 10) ccm 10%ig. Natriumhydroxydlösung hinzu und mischt. Man füllt 10 ccm des Blutfiltrates[3] in eine schmale Flasche oder in ein Reagenzglas; außerdem füllt man 5 ccm der Standard-Kreatininlösung (s. u.) in eine andere Flasche und verdünnt diese Lösung auf 20 ccm. Dann gibt man 5 ccm der frisch bereiteten alkalischen Pikratlösung zu dem Blutfiltrat und 10 ccm zu der verdünnten Kreatininlösung. Man läßt 8—10 Min. stehen und führt den kolorimetrischen Vergleich wie üblich aus. Er muß innerhalb 15 Min., von der Zugabe des Pikrates gerechnet, zu Ende geführt werden.

---

[1] Folin und Wu: J. biol. Chem. **38**, 98 (1919). Über Herstellung von Kreatin, Kreatinin und Standard-Kreatininlösungen vgl. S. 505.

[2] Siehe S. 508.

[3] Nach der Enteiweißung nach Folin-Wu. Über Enteiweißung mit kolloidalem Eisenhydroxyd bei der Kreatininbestimmung siehe Rona: Biochem. Z. **27**, 348, 1910.

Eine Standard-Kreatininlösung, die sowohl für Kreatinin- als auch für Kreatinbestimmung (s. u.) brauchbar ist, kann wie folgt bereitet werden. Man löst 0,100 g reines Kreatinin (oder 0,160 g Kreatininchlorzink, vgl. S. 507) in 100 ccm 0,1 n HCl und mischt sorgfältig. Man überträgt in einen Literkolben 6 ccm dieser Kreatininlösung (= 6 mg Kreatinin), fügt 10 ccm n Salzsäure hinzu, verdünnt bis zur Marke und mischt. Man überträgt die Lösung in eine Flasche und versetzt sie mit 4 oder 5 Tropfen Toluol. — 5 ccm dieser Lösung enthalten 0,03 mg Kreatinin, und diese Menge plus 15 ccm Wasser ist diejenige Standardlösung, die den allermeisten Blutproben entspricht, da sie das Gebiet von 1—2 mg in 100 ccm umfaßt. In kreatininreichen Blutproben nimmt man 10 ccm des Standards plus 10 ccm Wasser (entsprechend 2—4 mg Kreatinin in 100 ccm Blut), oder 15 ccm des Standards plus 5 ccm Wasser (entsprechend 4—6 mg).

Berechnung. Die Ablesung des Standards in Millimetern (gewöhnlich 20), multipliziert mit 1,5 (oder 3, 4, 5 oder 6, je nachdem wieviel Standardlösung genommen wurde), dividiert durch die Ablesung der unbekannten Lösung in Millimetern gibt die Menge des Kreatinins in Milligramm für 100 ccm Blut an. Es ist zu beachten, daß jede 5 ccm der Standard-Kreatininlösung mit 0,03 mg Kreatinin 0,015 mg im Blutfiltrat entsprechen.

Bestimmung von Kreatin plus Kreatinin.

Prinzip: Das Kreatin des Blutfiltrates wird durch Kochen mit verdünnter HCl im Autoklaven in Kreatinin überführt.

Man bringt 5 ccm des Blutfiltrates in ein Reagenzglas mit einer Marke bei 25 ccm. (Diese Reagenzgläser werden auch bei der Harnstoff- und bei der Zuckerbestimmung benutzt.) Man fügt 1 ccm n Salzsäure hinzu. Man bedeckt das Reagenzglas mit einer Zinnfolie und erhitzt im Autoklaven auf 130° während 20 Min. oder 155° während 10 Min. Nach der Abkühlung gibt man 5 ccm der alkalischen Pikratlösung hinzu, läßt 8—10 Min. stehen und verdünnt auf 25 ccm. Die erforderliche Standardlösung wird aus 20 ccm der obigen Kreatininlösung in einem 50 ccm-Kolben hergestellt. Man fügt 2 ccm der n Säure und 10 ccm der alkalischen Pikratlösung hinzu und verdünnt nach 10 Min. langem Stehen auf 50 ccm. Die Höhe des Standards (gewöhnlich 20 mm), dividiert durch die Ablesung der unbekannten Lösung, und multipliziert mit 6, gibt die totale Kreatininmenge in Milligramm für 100 ccm Blut an. In urämischen, kreatininreichen Blutproben sind 1, 2 oder 3 ccm Blutfiltrat plus Wasser zu 5 ccm zu nehmen. Die normale Menge des „gesamten Kreatinins" nach dieser Methode ist etwa 6 mg für 100 ccm menschliches Blut. Die Normalwerte für Kreatinin sind 1—2 mg für 100 ccm Blut.

Bestimmung der Harnsäure im Blut.

Bestimmung nach Folin-Benedict[1].

A. Direkte Methode (ohne Isolierung der Harnsäure).

Prinzip. Das Blutfiltrat von Folin-Wu wird mit einem Phosphorwolframsäurereagens versetzt und erhitzt. Bei Gegenwart von Harnsäure entsteht eine blaue Farbe, die mit der Farbe einer Vergleichsharnsäurelösung unter denselben Bedingungen verglichen wird. Zusatz von Zyannatrium vertieft die blaue Farbe.

Bei der Blutentnahme für die Harnsäurebestimmung ist zu beachten, daß man das Blut nicht mit Natriumoxalat, sondern mit Lithiumoxalat[2] ungerinnbar machen soll. Man verdünnt das Oxalatblut mit 7 Vol. Wasser, gibt 1 Vol. 10 % ig. Natriumwolframat hinzu, dann sehr langsam, tropfenweise unter fortwährendem Umschütteln $^4/_5$ der erforderlichen $^2/_3$ n Schwefelsäure, das sind 4 ccm für 5 ccm Blut und läßt die Mischung 20—30 Minuten stehen, bevor man die restlichen $^1/_5$ der Säure wieder tropfenweise unter ständigem Schütteln zugibt.

Erforderliche Reagentien. 1. Harnsäurereagens nach Folin und Denis[3] und Folin und Trimble[4].

a) Herstellung aus Natriumwolframat. In eine Flasche aus Jenaer oder Pyrexglas von 500 ccm Inhalt gibt man 50 ccm 85 % ig. Phosphorsäure und 160 ccm Wasser; man erwärmt bis nahe zum Kochen und fügt 100 g Natriumwolframat zu. Die Mischung beginnt infolge der Reaktionswärme zu sieden. Man fährt mit dem gelinden Kochen (unter Anwendung eines Mikrobrenners) noch 1 Stunde fort, indem man an die Flasche einen Trichter anbringt, der eine halb mit Wasser gefüllte Flasche von 200 ccm Inhalt als Kühler enthält. — In ein anderes Gefäß von 1 Liter gibt man 25 g Lithiumkarbonat, 50 ccm 85 % ig. Phosphorsäure und 200 ccm Wasser. Man kocht die Kohlensäure fort und kühlt. Man mischt die beiden Lösungen und verdünnt auf 1 Liter.

b) Herstellung aus Phosphorwolframsäure. Man gibt 10 g Lithiumkarbonat, 20 ccm 85 % ig. Phosphorsäure und 80 ccm Wasser in eine Flasche aus Jenaer (oder Pyrex-) Glas von 300 ccm. Man erwärmt bis nahezu das ganze Karbonat gelöst ist. Dann gibt man 80 g gewöhnliche Phosphorwolframsäure hinzu, setzt, wie oben beschrieben, das gelinde Kochen noch 1 Stunde fort. In ein anderes Gefäß von 1 Liter Inhalt gibt man 15 g Lithiumkarbonat, 65 ccm Phosphorsäure und etwa 200 ccm Wasser. Man kocht, kühlt ab, mischt beide Lösungen und füllt auf 1 Liter auf.

Die Reagentien sind im wesentlichen gleichwertig. 1 ccm des Reagens und 2 ccm 15 % ig. Natriumzyanidlösung geben die maximale Färbung für einen Harnsäuregehalt in 5 ccm Blutfiltrat, falls dieser nicht mehr als 8 mg Harnsäure in 100 ccm Blut enthält und das Zyanid keinen blinden Wert gibt. Eine eventuell in der Kälte auftretende Trübung verschwindet

---

[1] J. of biol. Chem. **54**, 153 (1922). Die Methode ist nur für Menschenblut geeignet.

[2] Darstellung des Lithiumoxalats vgl. S. 161. Um die Gerinnung zu verhindern, genügt 1 mg Lithiumoxalat für 1 ccm Blut.

[3] J. of biol. Chem. **54**, 153 (1922).

[4] J. of biol. Chem. **60**, 473 (1924). Vgl. auch Folin und Marenzi: J. of biol. Chem. **83**, 109 (1929).

beim nachträglichen Erwärmen. Bestimmt man die Harnsäure direkt,
ohne vorherige Isolierung, so muß das Wolframat vom Molybdän, das es
als Verunreinigung enthält (und das die Reaktion stört, indem es auch
auf andere reduzierende Substanzen inkl. Phenole reagiert), befreit werden.
Folin und Trimble geben hierfür folgende Vorschrift, die darauf beruht,
daß das Molybdän von Schwefelwasserstoff in Gegenwart von Phosphorsäure gefällt wird.

Darstellung des molybdänfreien Harnsäurereagenses. Man
gibt 100 g gewöhnliches Natriumwolframat $Na_2WO_4 \cdot 2H_2O$ und 160 ccm dest.
Wasser in eine 500 ccm-Flasche. Dann fügt man 50 ccm 85 %ig. Phosphorsäure (auf einmal nur einige ccm) unter Kühlung unter der Wasserleitung
hinzu, um jede wahrnehmbare Erhöhung der Temperatur zu vermeiden.
Man verbindet die Flasche mit einer halb mit Wasser gefüllten Waschflasche,
die mit einem Kippschen Apparat für H_2S-Entwicklung verbunden ist.
Die Flasche mit der Mischung von Natriumwolframat und Phosphorsäure
ist mit einem doppelt durchbohrten Gummistopfen versehen, durch den
dicht zwei Glasröhren gehen, eine verbunden mit der Waschflasche bis zum
Boden der Flasche reichend, die andere als Abzugsrohr unter dem Gummistopfen endigend und mit einem Gummischlauch mit Klemme versehen.
Man füllt die Flasche mit H_2S, schließt die Klemme, läßt aber den Hahn
zum Kipp-Apparat offen. Bei dieser Art der Verbindung wird nur so viel
H_2S entwickelt, wie von der Lösung absorbiert wird. Man läßt das H_2S
über Nacht einwirken, da die Fällung des Molybdänsulfids nur sehr langsam
erfolgt. Die Lösung in der Flasche nimmt allmählich eine tief dunkel-
blaue Farbe an.

Den nächsten Tag wird der Apparat auseinander genommen und die
Lösung in eine Flasche von 500 ccm filtriert. Man vermeide, den Niederschlag auf das Filter zu bringen, bis die größte Menge der Flüssigkeit
durchgegangen ist. Man kocht nun 1 Stunde gelinde, wie oben bei der
Darstellung der Reagentien beschrieben ist, filtriert dann die heiße Lösung
von geringem während des Kochens neu entstandenem Molybdänsulfid ab,
wäscht mit wenig Wasser nach, bis das meiste der blauen Farbe vom Filter
entfernt ist. Um die blaue Farbe des Filtrates zu zerstören, kocht man
die Lösung auf, entfernt die Flamme und entfärbt durch tropfenweises
Zutun von Brom unter starkem Schütteln. Man erhält eine klare, gelbe
Lösung. Man kocht dann die Lösung 10 Minuten gelinde, um den Überschuß des Broms zu entfernen, und kühlt. Währenddessen gibt man in
ein Becherglas 25 g Lithiumkarbonat und fügt zuerst 50 ccm 85 %ig.
Phosphorsäure, dann 200 ccm Wasser zu. Man kocht die CO_2 weg und
kühlt. Man mischt diese beiden Lösungen, kühlt und verdünnt auf
1 Liter. Dieses Reagens gibt mit 0,2 mg Resorzin nur eine äußerst schwache
bläuliche Farbe.

2. Natriumzyanidlösung. Eine annähernd 15 %ig. Lösung von
Natriumzyanid in 0,1 n NaOH. Die Lösung wird beim Stehen besser;
man soll daher Vorräte für mehrere Wochen herstellen. Alte, verwitterte
Proben des Zyanids dürfen nicht angewandt werden. Man wägt 100—150 g
Zyanid ab, gibt in einem großen Becherglas 6,7 ccm 0,1 n NaOH für jedes
Gramm Zyanid und so viel Wasser hinzu, daß die Lösung 15 %ig wird.
Nach der Lösung überträgt man die opaleszente Lösung in eine Flasche
und läßt sie vor dem Gebrauch 2 Wochen oder länger stehen. Die Zyanid-
lösung wird in 2—3 Wochen gelb, namentlich in konzentrierten Lösungen.
Das kann verhindert werden, wenn die Lösung frei der Luft ausgesetzt wird.
Lösungen, die in den Flaschen nur mit einem Uhrglas bedeckt stehen, bleiben

farblos. Die Anwendung von wenig Alkali (0,1 n oder auch 0,05 n NaOH) zur Lösung verhindert ebenfalls die Zersetzung. Alle frischen Zyanidlösungen enthalten nennenswerte Mengen reduzierende Substanzen. Die Anwendung chemisch reiner Präparate ist vorzuziehen, da diese geringere Mengen Kaliumsalze, die die Hauptschuld bei der Entstehung von Niederschlägen mit dem Harnsäurereagens tragen, enthalten.

3. Harnsäurevergleichslösung. 1000 mg Harnsäure werden quantitativ in einen Trichter gebracht, der auf einem Kolben von 300 ccm Inhalt steht. 0,6 g Lithiumkarbonat werden in einem Becherglas von 300 ccm in 150 ccm Wasser bei 60⁰ unter fortwährendem Rühren gelöst. Mit dieser heißen, wenn nötig vorher filtrierten Lösung spült man die Harnsäure in den Kolben. Die Harnsäure löst sich in 5—15 Minuten. Man kühlt dann unter der Wasserleitung unter dauerndem Schütteln und überführt die Lösung in einen Meßkolben von 1 Liter. Man spült sorgfältig nach und füllt zunächst auf etwa 400 bis 500 ccm auf. Dann werden 10 ccm 40 %ig. Formalin zugesetzt; die Lösung wird gut umgeschüttelt und mit 3 ccm Eisessig (oder mit einer entsprechenden Menge von 25- oder 50 %ig. Essigsäure) versetzt. Durch wiederholtes Schütteln wird der größte Teil der Kohlensäure entfernt, dann füllt man auf 1 Liter auf, und mischt gründlich durch[1]. Diese Stammlösung wird auf eine Reihe kleiner Fläschchen von 100—150 ccm verteilt, die mit Korkstopfen gut verschlossen im Dunklen aufbewahrt werden. Sie halten sich mehrere Monate unverändert. Die verdünnte Harnsäure-Vergleichslösung für die Harnsäurebestimmung im Blut, die 0,02 mg Harnsäure in 5 ccm enthält, wird folgendermaßen hergestellt: 1 ccm der oben beschriebenen Harnsäureformalinlösung wird in einen Meßkolben von 250 ccm gebracht, die Hälfte Wasser zugegeben, dann werden 10 ccm $^2/_3$ n Schwefelsäure, und 1 ccm 40 %ig. Formalinlösung (nicht mehr) zugesetzt. Man verdünnt bis zur Marke. Die verdünnten Vergleichslösungen müssen häufiger hergestellt werden.

Ausführung[2]. Man füllt ein Becherglas von 500 ccm Inhalt zweidrittelvoll mit Wasser und erhitzt zum Sieden. — Man füllt eine Bürette mit der 15 %ig. Natriumzyanidlösung und eine andere mit dem Harnsäurereagens. Man überführt 5 ccm des Blutfiltrates in ein Reagenzglas, das bei 25 ccm eine Marke trägt, und in ein anderes ebensolches Reagenzglas 5 ccm der Harnsäurevergleichslösung (0,02 mg Harnsäure enthaltend). Zu jedem Reagenzglas gibt man 2 ccm der Zyanidlösung und 2 ccm Wasser. Man mischt, da das schwere Zyanid die Tendenz hat, sich auf dem Boden des Gefäßes anzusammeln. Dann gibt man 1 ccm Harnsäurereagens in jedes Reagenzglas, mischt, läßt 2 Min. bei Zimmertemperatur stehen und erhitzt 2 Min. (nicht länger) im siedenden Wasserbad. Das Harnsäurereagens muß zuletzt zugefügt werden, und zwar so, daß die Tropfen aus der

---

[1] Folin schlägt vor (Laborat. Manual. S. 253), 15 ccm konzentrierte Schwefelsäure mit etwa 100 ccm Wasser zu verdünnen, zu kühlen und die Säure zu der Harnsäureformalinmischung zu geben.

[2] Folin: J. of biol. Chem. **54**, 167 (1922); Manual. S. 249.

Bürette direkt in den Inhalt des Reagenzglases fallen. Nach der Erhitzung kühlt man sofort ab, verdünnt bis zur Marke (zu 25 ccm) und vergleicht kolorimetrisch, wobei die Vergleichslösung auf 20 mm steht.

Berechnung: $\dfrac{\text{Stand der Vergleichslösung}}{\text{Stand der Versuchslösung}} \cdot 4$ gibt die Menge Harnsäure in Milligramm in 100 ccm Blut. Die Ablesungen müssen sich zwischen 10 und 40 mm bewegen, wenn die Vergleichslösung auf 20 mm steht. Wenn die Konzentration im Blut zu hoch ist (Ablesung unter 10 mm), so wiederholt man die Bestimmung mit 3 ccm Blutfiltrat ($+$ 2 ccm Wasser), wenn die Konzentration im Blut zu schwach ist, so wiederholt man die Bestimmung mit 10 ccm Filtrat und 5 ccm der Vergleichslösung ($+$ 5 ccm Wasser).

B. **Bestimmung der Harnsäure im Blut nach vorheriger Isolierung der Harnsäure.**

Prinzip. Die Harnsäure wird aus dem Blutfiltrat als Silberurat niedergeschlagen, der Niederschlag durch eine Kochsalzlösung zersetzt und die Harnsäure kolorimetrisch nach Zusatz des Harnsäurereagens nach Folin-Denis (vgl. S. 187) bestimmt.

Außer den vorher genannten Lösungen sind hier noch erforderlich: 1. Silberlaktatlösung. 5 g Silberlaktat in ca. 35 ccm Wasser gelöst, dann werden 5 ccm Milchsäure (85%ig.) mit 5 ccm 10%ig. Natriumhydroxyd, teilweise neutralisiert; diese Lösung wird zu der Silberlaktatlösung gefügt, die Mischung auf 100 aufgefüllt. Man zentrifugiert oder läßt absetzen. Man benutzt nur die klare Lösung. 2. Eine Kochsalzlösung. 10%ig. NaCl-Lösung in 0,1 n Salzsäure.

Man überführt 5 ccm Blutfiltrat in ein Zentrifugenglas von 15 ccm, gibt 7 ccm Silberlaktatlösung zu, zentrifugiert und dekantiert die über den Niederschlag (in dem die gesamte Harnsäure sich befindet) stehende Flüssigkeit. Der Niederschlag wird mit 1 ccm der angesäuerten NaCl-Lösung versetzt, gründlich mit einem feinen Glasstäbchen durchgerührt, nach Zusatz von 4 ccm Wasser noch einmal durchgerührt und wieder zentrifugiert. Die Harnsäure, die mit dem Silberlaktat (zusammen mit den Chloriden) niedergeschlagen wurde, wird durch einen Überschuß von NaCl wieder in Freiheit gesetzt. Die überstehende Flüssigkeit, die nicht ganz klar sein muß, wird so vollständig wie möglich in ein Reagenzglas mit einer Marke bei 25 ccm gegossen; in ein anderes gleiches Reagenzglas gibt man 5 ccm der Harnsäurevergleichslösung, dann 2 ccm Natriumzyanidlösung und 1 ccm des Harnsäurereagens. Man verfährt sonst wie oben beschrieben.

Berechnung: $\dfrac{\text{Stand der Vergleichslösung}}{\text{Stand der Versuchslösung}} \cdot 4 = \text{mg Harnsäure in}$ 100 ccm Blut.

Bestimmung der Harnsäure von Benedict[1].

Prinzip. Das Blutfiltrat wird direkt mit einer Arsenphosphorwolframsäure und mit Natriumzyanid behandelt. Die dabei entstehende blaue Farbe wird mit der einer Harnsäurevergleichslösung verglichen.

Reagentien. 1. Arsenphosphorwolframsäure-Reagens. 100 g reines Natriumwolframat werden in einem 1 Liter-Kolben in etwa 600 ccm Wasser gelöst. 50 g reine Arsensäure (As_2O_5) werden zugefügt, dann 25 ccm 85 %ig. Phosphorsäure und 20 ccm konz. Salzsäure. Die Mischung wird 20 Minuten gekocht, abgekühlt und auf 1 Liter verdünnt. Das Reagens ist unbegrenzt haltbar. 2. Natriumzyanidlösung. Eine 5 %ig. Lösung von Natriumzyanid, die 2 ccm konz. Ammoniak pro Liter enthält. 3. Harnsäurevergleichslösung. Stammlösung. 9 g reines kristallisiertes Dinatriumphosphat und 1 g kristallisiertes Mononatriumphosphat werden in 200—300 ccm heißem Wasser gelöst, wenn nötig filtriert. Man ergänzt mit heißem Wasser auf ungefähr 500 ccm und gießt die klare, heiße Lösung auf 200 mg reine Harnsäure, die sich, in wenig Wasser aufgeschwemmt, in einem Meßkolben von 1 Liter befindet. Man schüttelt bis zur Lösung der Harnsäure. Nach dem Abkühlen setzt man genau 1,4 ccm Eisessig hinzu, verdünnt auf 1 Liter, schüttelt gut durch. Als Desinfiziens fügt man 5 ccm Chloroform zu. 5 ccm dieser Lösung enthalten 1 mg Harnsäure. Diese Lösung ist etwa zwei Monate haltbar.

Es ist wünschenswert, zwei Standardlösungen zu benutzen; die erste enthält 0,01 mg Harnsäure pro ccm, die zweite 0,02 mg Harnsäure in 5 ccm der Lösung. (Die zweite wird gewöhnlich angewendet.) Zur Herstellung der 1. Standardlösung werden 25 ccm der Stammlösung (5 mg Harnsäure entsprechend) in ein 500 ccm-Meßgefäß gefüllt und das Gefäß etwa halb mit destilliertem Wasser gefüllt, 25 ccm verdünnte HCl (1 Vol. konz. HCl auf 10 ccm mit Wasser verdünnt) zugefügt und die Lösung auf 500 ccm verdünnt. Zur Herstellung der zweiten Standardlösung verfährt man

---

Darstellung kristallisierter Harnsäure[2]. Man erhitzt etwa 1 Liter Wasser in einer Flasche, während man in eine andere, die $1^1/_2$ Liter faßt, 11 g Lithiumkarbonat gibt. Zu diesem Lithiumkarbonat gießt man 750 ccm kaltes destilliertes Wasser und erwärmt etwa auf 90°. Das Lithiumkarbonat löst sich zum größten Teil. Zu dem heißen Gemisch gibt man 25 g Harnsäure. Die Harnsäure löst sich gleich; man filtriert in die Flasche mit dem warmen Wasser und wäscht mit warmem Wasser nach. Die Lösung wird unter Umschwenken mit 25 ccm 99 %ig. Essigsäure versetzt. Nach 15 Minuten gibt man weitere 20 ccm Essigsäure zu. Nach weiteren 15 Minuten wieder unter Umschütteln noch 40 ccm Essigsäure. Man läßt 30 Minuten stehen, dekantiert und saugt die Harnsäurekristalle ab, wäscht bis zu Säurefreiheit (gegen Lackmus) mit destilliertem Wasser. Ausbeute 23 g. Man dekantiert und filtriert, bevor das Gemisch kalt wird.

[1] J. of biol. Chem. **51**, 187 (1922); **54**, 233 (1922); **64**, 215 (1925).
[2] Folin: Manual. S. 261.

ebenso, nur verwendet man nicht 25 ccm, sondern 10 ccm der Stammlösung; man verdünnt nach der Ansäuerung wie oben. (Die Lösung ist einmal in 2 Wochen frisch zu bereiten.)

Das Blut wird mit Wolframsäure nach Folin-Wu enteiweißt (vgl. S. 161); man läßt vor dem Filtrieren mindestens 10—20 Min. stehen. (Zu viel Säure bei der Eiweißfällung ist zu vermeiden.) 5 ccm des wasserklaren Filtrats (entsprechend 0,5 ccm Blut) werden in ein Reagenzglas von 18—20 mm Durchmesser überführt und 5 ccm Wasser zugefügt. 5 ccm der Standardlösung mit 0,02 mg Harnsäure in einem anderen Reagenzglas werden ebenfalls mit 5 ccm Wasser versetzt. Zu beiden Lösungen (der unbekannten und der Standardlösung) werden aus einer Bürette 4 ccm 5%ig. Natriumzyanidlösung, die 2 ccm konz. Ammoniak im Liter enthält, gefügt. (Die Zyanidlösung ist einmal in 2 Monaten frisch herzustellen.) Zu jeder Probe wird dann 1 ccm des Arsen-Phosphorsäure-Wolframsäurereagens gegeben. Man mischt und stellt die Mischung sofort in siedendes Wasser, wo sie 3 Min. bleibt. (Die Zeit, die bis zum Einsetzen des ersten und des zweiten Reagenzglases verstreicht, darf nicht mehr als 1 Min. betragen.) Nach 3 Min. Erhitzen kommen die Reagenzgläser für 3 Min. in ein großes Becherglas mit kaltem Wasser und werden so schnell wie möglich (am besten innerhalb 5 Min., nachdem die Proben aus dem kalten Wasser genommen sind) kolorimetrisch verglichen.

Berechnung. Wendet man die Standardlösung, die 0,02 mg Harnsäure enthält und 5 ccm des 1:10-Blutfiltrates an, so ist

$$\frac{\text{Stand der Standardlösung in mm}}{\text{Stand der unbekannten Lösung}} \cdot 4 = \text{mg Harnsäure für 100 ccm des}$$

ursprünglichen Blutes.

Normales menschliches Blut enthält 2—3,5 mg Harnsäure pro 100 ccm.

Modifikation für minimale Blutmengen [1]: genau 0,2 ccm Blut werden in ein enges, graduiertes Zentrifugenglas pipettiert, 1,4 ccm Wasser zugefügt, mit einem Glasstab vermischt, 0,2 ccm einer 10 %ig. Natriumwolframatlösung hinzugefügt, dazu 0,2 ccm 0,75 n H_2SO_4, sorgfältig vermischt, 10 Minuten stehen gelassen. Dann wird zentrifugiert, 1 ccm (= 0,1 ccm Blut) der überstehenden Lösung in eine schmale, lange (1 ccm) Reagenzröhre überführt. 1,8 ccm 2,8 %ig. NaCy (mit 1,5 ccm konz. Ammoniak pro Liter) werden zugefügt und dann 4 Tropfen (0,2 ccm) des Arsen-Phosphorwolfram-Reagens. Die Mischung wird wie die unbekannte Lösung beim gewöhnlichen Verfahren behandelt und mit 1 ccm Standardlösung (mit 0,02 mg Harnsäure in 5 ccm) verglichen. Falls mit äußerster Exaktheit gearbeitet wird, sind die Werte gut.

Nur für menschliches Blut ausgearbeitet.

---

[1] J. of biol. Chem. **51**, 206 (1922).

Bestimmung der freien und gebundenen Purine.

Im kreisenden Blute sind neben dem Endprodukt des Purinstoffwechsels, der Harnsäure, auch ihre Vorstufen, die in Nukleotidform gebundenen Purine, wie sie vom Darm her in den intermediären Stoffwechsel gelangen, vorhanden.

Bestimmung der freien Purine (inkl. Harnsäure) im Blutserum nach Thannhauser und Czoniczer[1].

Prinzip. In einem mit Uranylazetat enteiweißten Blut bleiben nur die freien Purine in Lösung, und diese werden nach Krüger-Schmidt mit Kupfersulfat und Natriumbisulfit in annähernd neutraler Lösung niedergeschlagen.

Ausführung. 40 ccm Serum werden mit genau gleichen Teilen Wasser und 1,55%ig. Uranylazetatlösung verdünnt und vom Niederschlag abfiltriert (Verdünnung 1:3). Von dem wasserklaren, biuretfreien Filtrat, das die Purine quantitativ enthält, werden 60 ccm mit Pipette in ein 200 ccm-Becherglas gebracht und auf dem Wasserbad auf ca. 15 ccm eingeengt. Hierauf wird 1 Messerspitze (ca. 0,5 g) chemisch reines Natriumazetat und 1 ccm 40%ig. (käufliche) Natriumbisulfitlösung zugesetzt und aufgekocht. In vollem Kochen wird 1 ccm 10%ig. Kupfersulfatlösung (Kupfersulfat chemisch rein) dazugegeben und 3—4 Min. kräftig gekocht. Nach Abkühlen wird der Niederschlag (neben CuO die graubraune flockige Purinfällung) quantitativ in ein Zentrifugenglas von ca. 50 ccm gespült, gut zentrifugiert, die überstehende, wasserklare Flüssigkeit abgegossen und in der Zentrifuge 4—5 mal mit destilliertem Wasser 1 Stunde lang gewaschen. Dann wird der N-Gehalt des Kupferniederschlages im Mikrokjeldahlapparat bestimmt. Gleichzeitig werden in einem Leerversuch 10 ccm Wasser wie das eingeengte Blutfiltrat unter Zusatz von 1 ccm Bisulfitlösung und 1 ccm $CuSO_4$-Lösung wie oben behandelt und der aus Kupferoxydul bestehende Niederschlag kjeldahlisiert. Dabei ergibt sich meist ein Verbrauch von ca. 0,4 ccm 0,01 n HCl, der vom Versuchswert abzuziehen ist.

Freie und gebundene Purine können nebeneinander nach folgendem Prinzip bestimmt werden. Man enteiweißt zuerst in saurer Lösung, dann wird in einer zweiten Probe (wie oben) mit Metallsalzen (Uranylazetat). Der Unterschied der Purinstickstoffwerte im sauer enteiweißten und in dem mit Metallsalz enteiweißten Serum gibt den Gehalt des Serums an „gebundenem Purinstickstoff".

---

[1] Z. physiol. Chem. **110**, 305 (1920).

Für die Bestimmung der gebundenen Purine (Nukleotide) werden 30 ccm Serum mit 55 ccm Wasser verdünnt, kurz aufgekocht und im Augenblick des Aufkochens mit 5 ccm 20%ig. Sulfosalizylsäure versetzt. Beim Aufkochen wird ein kleiner Trichter als Kühler auf den Kochkolben gesetzt, so daß keine meßbare Menge Wasser verdampft. Nach dem Koagulieren wird in Eis gekühlt und filtriert (3 ccm Filtrat = 1 ccm Serum). Man engt 50 ccm des Filtrates in einem Becherglas auf ca. 15 ccm (nicht weiter) ein und nimmt die Kupferfällung genau so vor wie bei der Fällung der freien Purine. Waschen und Kjeldahlisieren des Kupferniederschlags wie oben. So werden die Gesamtpurine des Blutserums bestimmt, da die Kupferfällung freie und gebundene Purinkörper enthält. Die freien Purine konnten oben bestimmt werden (weil die gebundenen vom Uranylazetat quantitativ niedergeschlagen werden), und werden von den Gesamtpurinen subtrahiert, um die Menge der gebundenen zu errechnen. Freie Purinbasen finden sich im Serum nur in Einzelfällen. Der Nukleotidstickstoff beträgt normal ca. 2—3 mg in 100 ccm Serum. Der freie Purin - N, normalerweise 1—1,5 mg, mit 3 multipliziert, ist praktisch gleich der im Serum vorhandenen Harnsäuremenge.

Nachweis des Allantoins im Blut[1].

Methode von Hunter[2].

Man gießt 800 ccm frisches Oxalatblut in dünnem Strahl unter Umrühren in das fünffache Volumen einer 2%ig. Quecksilberchloridlösung, die 0,8% Salzsäure enthält. Nach 24 Stunden saugt man ab und neutralisiert das Filtrat (ca. 3600 ccm = 600 ccm Blut) zunächst mit starker Natronlauge (ca. 90 ccm 40%ig. NaOH), dann mit 20%ig. Natriumkarbonatlösung (etwa 50 ccm pro Liter) bis zur beginnenden Rotfärbung von Phenolphthalein. Es entsteht eine weiße Fällung, die das Allantoin enthält und die nach 24 Stunden zentrifugiert werden kann. Die obenstehende Flüssigkeit wird abgehoben (auf Vollständigkeit der Allantoinfällung geprüft) und der Niederschlag in der Zentrifuge mit Wasser 3—4mal ausgewaschen. Man wirbelt schließlich den Niederschlag im Zentrifugenglas in heißem Wasser auf, setzt wenig verdünnte Essigsäure zu und leitet Schwefelwasserstoff bis zur vollständigen Abscheidung des Quecksilbers ein. Das Filtrat

---

[1] Vgl. auch S. 539.

[2] J. of biol. Chem. 28, 368 (371) (1916/7). Vgl. auch Harpuder in Abderhaldens Arbeitsmethoden IV/4, S. 843.

des Quecksilbersulfids wird im Vakuum stark (auf etwa 25 ccm) eingeengt, dann mit 50%ig. Phosphorwolframsäure bei stark schwefelsaurer Reaktion vollständig ausgefällt. Man saugt über Kieselgur ab und wäscht den Niederschlag mit einer 2,5%ig. Phosphorwolframsäurelösung, die 3% Schwefelsäure enthält. Filtrat und Waschwasser werden, vereinigt, mit Bleioxyd in einer Reibschale verrührt, bis die Flüssigkeit Lackmus eben bläut, und dann mit basischem Bleiazetat vollständig ausgefällt. Dann kühlt man in Eis, saugt von den unlöslichen Bleisalzen ab und wäscht den Niederschlag mit eisgekühltem Wasser gründlich aus. Im mit Essigsäure angesäuerten Filtrat fällt man evtl. die Chloride mit einer ausgeprobten Menge festen Silberazetats. Der Blei- und Silberüberschuß wird durch Schwefelwasserstoff gefällt, das Filtrat im Vakuum eingeengt; dann neutralisiert man mit chloridfreier Natronlauge vorsichtig bis zur beginnenden Rötung von Phenolphthalein, löst Natriumazetat darin bis zu einer Konzentration von 10% auf und fällt mit Wiechowskis Fällungsreagens (5 g Merkuriazetat in 500 ccm Wasser gelöst, reines Natriumazetat bis zur Sättigung eingetragen und auf 1 Liter aufgefüllt), von dem ein Überschuß nicht schadet. Nach 24 Stunden saugt man den Niederschlag über Kieselgur ab, wäscht ihn mit dem Fällungsreagens gut aus, zersetzt ihn nach Suspendierung in heißem, mit Essigsäure angesäuertem Wasser mit Schwefelwasserstoff, neutralisiert das Filtrat samt Waschwässern und wiederholt genau wie vorhin die Allantoinfällung. Nach dem Einengen des allantoinhaltigen Filtrates der wiederum zersetzten Fällung kristallisiert reines Allantoin aus. Die Fällung kann, wenn nötig, auch ein drittes Mal wiederholt werden. Werden bei dem Verfahren die Verdünnungen usw. in Rechnung gesetzt, so kann die Methode zur quantitativen Allantoinbestimmung im Blut verwendet werden. Hunter fand in 600 ccm Blut verschiedener Säugetiere 3—4 mg Allantoin, beim Menschen konnte es nicht sicher nachgewiesen werden.

Bestimmung des Blutzuckers.

Zur Bestimmung des Blutzuckers muß das Blut vorher enteiweißt werden.

Enteiweißung des Blutes. Es ist zweckmäßig, die Enteiweißung sofort nach der Blutentnahme vorzunehmen, da die Glykolyse (vgl. Prakt. Bd. I S. 194) nur im Vollblut, dagegen nicht im eiweißfreien Filtrat stattfindet[1]. Das Filtrat kann auf Eis 1—2 Tage bis zur endgültigen Bestimmung aufgehoben werden[2]. Kann man nicht sofort enteiweißen, so muß die Glykolyse ausgeschaltet werden. Denis und Aldrich[3] schlagen hierfür den Zusatz von 1 Tropfen Formalin auf 5 ccm Oxalatblut vor. NaF zu 1—3‰ dem Blute zugesetzt, hindert auch die Glykolyse und wird für diesen Zweck am häufigsten angewendet[4].

Enteiweißung des Blutes nach Schenck[5]. Zu einer abgemessenen Menge Blut oder Serum, mit dem gleichen Volumen Wasser vermischt, wird so viel Salzsäure und Sublimat (etwa die doppelte Menge 2%ig. Salzsäure und die doppelte Menge 5%ig. Sublimatlösung) gegeben, bis weiterer Zusatz das Filtrat nicht mehr trübt, dann wird die ganze Flüssigkeit zu einem bestimmten Volumen aufgefüllt. Aus dem Filtrat wird das Quecksilber nach mehrstündigem (höchstens 24stündigem) Stehen[6] durch Durchleiten von Schwefelwasserstoff entfernt, das Filtrat nach Entfernung des Schwefelwasserstoffs durch einen Luftstrom wieder filtriert, sein Volumen festgestellt und im Vakuum bei schwach saurer Reaktion eingeengt[7].

Patein und Dufaut[8] schlagen zur Enteiweißung Merkurinitratlösung vor, die auf folgende Weise bereitet wird: In eine geräumige Porzellanschale werden 160 ccm konz. Salpetersäure (spez. Gew. 1,39) und in kleineren Portionen 220 g rotes Quecksilberoxyd unter lebhaftem Umrühren

---

[1] Bei der Blutentnahme aus dem Ohrläppchen oder aus dem Finger ist es vorteilhaft, die betreffende Stelle vorher mit Xylol oder Toluol zu reiben, damit die entsprechende Vene sich ordentlich mit Blut füllt. Die Pipette zur Aufnahme des Blutes soll vorher mit Bichromatschwefelsäure gründlichst entfettet und dann sorgfältig getrocknet werden.

Die Bestimmung des Zuckers im Blut wird gewöhnlich am Gesamtblut ausgeführt. Will man sich über die Verteilung des Zuckers auf Blutkörperchen und Plasma orientieren, so macht man eine Zuckerbestimmung im Gesamtblut, eine zweite im Plasma und stellt mit Hilfe des Hämatokrites die Volumen-Prozente an Formelementen und an Plasma fest. Der Gehalt der Blutkörperchen an Zucker läßt sich so leicht berechnen.

Neben dem „freien" Zucker des Blutes wird vielfach noch ein „virtueller" oder „Eiweiß"-Zucker im Blute angenommen, der erst nach einer Säurehydrolyse der Eiweißkörper des Blutes nachweisbar wird. Das Problem des „virtuellen" Zuckers ist jedoch noch nicht endgültig geklärt.

[2] Birchard: J. Labor. a. clin. Med. 8, 346 (1923).

[3] J. of biol. Chem. 44, 203 (1920).

[4] Vgl. hierzu auch Lax und Szirmai: Münch. med. Wsch. 1929, I, 58.

[5] Pflügers Arch. 47, 621 (1890); 55, 203 (1894).

[6] Liefmann und Stern: Biochem. Z. 1, 299 (1906).

[7] Vgl. Macleod: J. of biol. Chem. 5, 443 (1909).

[8] J. Pharmacie (6) 10, 433. S. auch Andersen: Biochem. Z. 15, 76 (1908).

gegeben, dann wird das Ganze langsam zum Kochen erhitzt. Wenn alles
gelöst ist, wird die Lösung abgekühlt, mit 60 ccm 5 % ig. Natronlauge versetzt, bis zu einem Liter mit Wasser aufgefüllt, filtriert und die Lösung
in einer braunen Flasche aufbewahrt.

Neuberg empfiehlt Merkuriazetat, das dem Mercurinitrat in jeder
Beziehung überlegen ist[1].

Methoden von Rona und Michaelis. Eine Reihe von
Methoden zur Entfernung der Eiweißkörper aus ihren Lösungen,
die Michaelis und Rona eingeführt haben[2], beruht auf der
Eigenschaft der Proteine, als kolloide Körper durch andere
Kolloide bzw. Suspensionen durch Adsorption gebunden und mit-
gerissen zu werden. Dieser Prozeß vollzieht sich bei gewöhnlicher
Temperatur. Da das Eiweiß mit dem zugefügten Adsorbens zu-
sammen ausfällt, so ist die schließlich erhaltene eiweißfreie Flüssig-
keit von fremden Zutaten, bis auf ganz geringe Mengen von
Elektrolyten, frei.

Fällung mit kolloidalem Eisenhydroxyd. Das 10 bis
15 fach verdünnte Blut wird unter Umschütteln mit der Eisenlösung (Ferr. oxyd. dialys., Liquor ferri oxydat. dialys.) versetzt.
Auf je 1 g Blut kommen etwa 4 ccm der Eisenlösung; ein Überschuß
ist an sich unschädlich. Man kann auch vorteilhaft so verfahren,
daß man das Blut 10fach mit Wasser verdünnt, den Rest des
Wassers zur Verdünnung der Eisenlösung benutzt und mit der verdünnten Eisenlösung enteiweißt. Jetzt setzt man einige ccm einer
10%ig. $MgSO_4$-Lösung auf einmal unter kräftigem Schütteln hinzu und läßt 10—15 Min. stehen. Damit ist die Enteiweißung
vollendet und die Flüssigkeit zur Filtration fertig. Bei der Enteiweißung des Serums sind geringere Mengen von der Eisenlösung
nötig; etwa 1 ccm auf 1 ccm Serum.

In Fällen, in denen die mehr oder weniger ausgesprochene
Färbung des Filtrats eine unvollständige Fällung des Hämoglobins bzw. des Eiweißes anzeigt, kann nachträglich jederzeit eine
Korrektur mit sehr kleinen Mengen (einige Tropfen bis mehrere
Kubikzentimeter) der Eisenlösung stattfinden. Ein weiterer Elek-
trolytzusatz ist unnötig und auch nicht vorteilhaft, da er beim nach-
folgenden starken Einengen stören könnte. Als Elektrolyt wählt man
bei der Methode am besten ein Sulfat oder Phosphat, da die mehrwertigen Anionen gegen das kathodische Eisenhydroxyd viel
wirksamer sind als die einwertigen. Man kann zwischen dem
Sulfat des Mg, Zn, Na, K, Cu wählen; im allgemeinen wäre wegen

---

[1] Biochem. Z. **24**, 430 (1910); **43**, 505 (1912).
[2] Biochem. Z. **5**, 365 (1907); **7**, 329; **8**, 356 (1908).

der großen Löslichkeit des Magnesiumsalzes dieses vorzuziehen, da es das Einengen der eiweißfreien Lösung auf ein sehr kleines Volumen ermöglicht. Bei nachträglicher Vergärung der Flüssigkeit wie auch bei einigen Zuckerbestimmungen mittels Reduktion wirkt das Mg sehr störend; hier wird man sich des K- oder Na- oder des leicht entfernbaren Zinksalzes oder Kupfersalzes (am besten in ca. 10%ig. Lösungen) bedienen. Mit Vorteil verwendet man auch das primäre Natriumphosphat oder ein Gemisch einer Lösung von primärem und sekundärem Natriumphosphat von Blutalkaleszenz (1 Teil primäres, 7 Teile sekundäres Phosphat von gleicher molarer Konzentration).

Man kann natürlich die Eisenmethode mit anderen Enteiweißungsmethoden verbinden, z. B. den größten Teil des Eiweißes vorher durch Kochen entfernen und dann den Rest mit Eisen behandeln[1].

Frosch- und Schildkrötenblut enthalten Substanzen, die bei der Eisenmethode ins Filtrat gehen und eine gewisse Menge Kupferoxydul in Lösung halten. Soll, wie bei der Bertrandschen Zuckerbestimmung, das Kupferoxydul ausgefällt werden, so muß das Blutfiltrat mit Merkurinitrat von diesen Stoffen befreit werden[2].

Die Enteiweißung mittels Trichloressigsäure (in 5 bis 10%ig. Lösung) wird besonders von Greenwald empfohlen[3] (vgl. auch S. 257, 269). (Über Fällung mit Phosphorwolframsäure und Molybdänsäure vgl. S. 161.)

Methode Folin und Wu[4].

Prinzip. Der Zucker reduziert Kupfer (Kupfertartrat) in alkalischer Lösung. Zugesetzte Phosphormolybdänsäure löst das ausgeschiedene Kupferoxydul auf, das oxydiert, während die Phosphormolybdänsäure unter Bildung einer blauen Farbe reduziert wird. (Die blaue Farbe der alkalischen Kupfertartratlösung verschwindet bei der saueren Reaktion völlig). Der Farbton wird gegen eine Standardzuckerlösung verglichen.

Reagentien: 1. Phosphormolybdänsäurelösung. 35 g Molybdänsäure und 5 g Natriumwolframat[5] werden im Jenaer Kolben von 1 Liter Inhalt

---

[1] Michaelis: Biochem. Z. **59**, 167 (1914); Prakt. I. S. 148.

[2] Lesser: Biochem. Z. **54**, 252 (1913).

[3] J. biol. Chem. **21**, 29 (1915); **35**, 97 (1918).

[4] J. biol. Chem. **41**, 367 (1920). Folin: Manual. S. 263; ferner J. biol. Chem. **67**, 357 (1926).

[5] Natriumwolframat wird dem Reagens zugegeben, da dieses im Folinschen Blutfiltrat enthalten ist und Wolframate den Farbton des Blau, das bei der Reaktion erhalten wird, etwas modifizieren.

mit 200 ccm 10 %ig. Natronlauge und 200 ccm aqua dest. versetzt, 20—40 Min. energisch gekocht, bis fast alles in der käuflichen Molybdän= säure enthaltene Ammoniak vertrieben ist, dann abgekühlt, auf etwa 350 ccm verdünnt, mit 125 ccm 85 %ig. Phosphorsäure (spez. Gew. 1,71) versetzt und auf 500 ccm aufgefüllt.

2. Alkalische Kupfertartratlösung. 40 g reines, wasserfreies Natriumkarbonat werden in 400 ccm Wasser in einer Literflasche gelöst, 7,5 g Weinsäure zugesetzt, nach völliger Lösung 4,5 g Kupfersulfat ($CuSO_4$ $\cdot 5\,H_2O$) zugefügt, gemischt und auf 1 Liter aufgefüllt. Zur Prüfung auf Abwesenheit von Kupferoxydul werden 2 ccm mit 2 ccm der Lösung 1 versetzt: die tiefblaue Farbe muß völlig verschwinden. Wenn das Natriumkarbonat verunreinigt war, kann im Laufe einer Woche ein Bodensatz entstehen, von dem dann die überstehende, klare Flüssigkeit abdekantiert und benutzt werden kann.

3. Vergleichszuckerlösungen[1]. a) Die Stammlösung ist eine 1 %ig. Glukoselösung, die mit Xylol oder Toluol versetzt, gut haltbar ist[2]; b) 5 ccm der Stammlösung werden auf 500 ccm verdünnt (1 mg Glukose in 10 ccm); c) 5 ccm der Stammlösung werden auf 250 ccm verdünnt (2 mg Glukose in 10 ccm). Noch besser scheint zur Haltbarmachung der Zuckerlösung Benzoesäure zu sein. (Man löst 2,5 g Benzoesäure in 1 Liter siedendem Wasser und läßt erkalten. Man löst 1 g reiner Glukose in etwa 50 ccm der Benzoesäurelösung und füllt in einer Meßflasche auf 100 ccm auf. Die Verdünnungen werden mit dest. Wasser hergestellt. Einige Tropfen Formalin oder Toluol werden hinzugefügt[3].)

Die Lösungen b und c sollen nicht länger als einen Monat aufbewahrt werden.

Die Kupferreduktion erfolgt, um eine Reoxydation zu verhindern, in besonderen Blutzuckerbestimmungsröhren. Es sind Reagenzgläser von etwa 32 cm Länge und 2,5 cm innerer Weite. 24 cm vom oberen Rande entfernt verjüngt sich das Reagenzglas in einer Länge von 4 cm auf 8 mm innere Weite. Auf die verengte Stelle folgt eine kugelförmige Erweiterung von 4 ccm Inhalt, in der der Reduktionsprozeß stattfindet (Abb. 82).

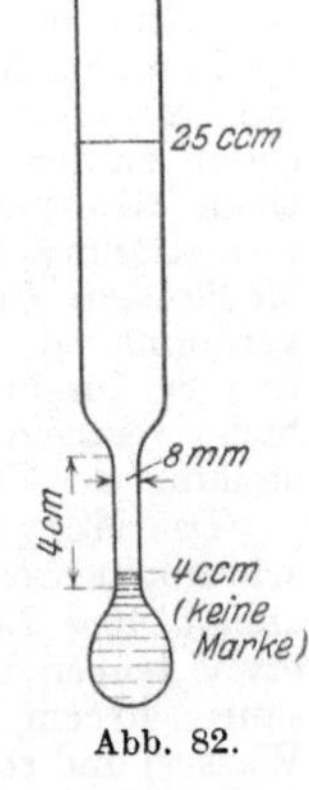

Abb. 82.

Ausführung der Bestimmung. Enteiweißt wird nach der Methode von Folin-Wu S. 161. Man gibt in das eine der beschriebenen Reagenzgläser 2 ccm des Blutfiltrats und in zwei andere 2 ccm der Vergleichszuckerlösung mit 0,2 bzw. 0,4 mg Glukose; in jedes Reagenzglas kommen außerdem 2 ccm der alkalischen Kupferlösung. Die Flüssigkeit soll den engen Teil des Reagenzglases eben

---

[1] J. of biol. Chem. **41**, 367 (1920).

[2] Neuere Vorschläge von Somogyi und Kramer: J. biol. Chem. **80**, 734 (1928) (Anwendung einer Karbonat-Bikarbonatmischung, von Rochelle-Salz [vgl. S. 201]) werden von Folin: Ebenda **81**, 377 (1929) als unvorteilhaft zurückgewiesen.

[3] Man kontrolliert den Zuckergehalt polarimetrisch (wobei auf die Multirotation frischer Zuckerlösungen zu achten ist!).

erreichen. Ist dies nicht der Fall, so wird zweifach verdünnte Lösung 2 zugesetzt; doch darf die Zusatzmenge 0,5 ccm nicht übersteigen. Die Reagenzgläser werden 6—8 Min. in siedendem Wasser erhitzt. Jetzt werden sofort (d. h. vor der Abkühlung) je 2 ccm der Lösung 1 zugesetzt. Nach völliger Lösung des Kupferoxyduls wird gekühlt und auf 25 ccm aufgefüllt, ein Gummistopfen aufgesetzt, gut durchgemischt und kolorimetriert.

Berechnung. Die Schichthöhe der Vergleichslösung in mm (20), multipliziert mit 100 bzw. 200 (je nach der Stärke der Vergleichslösung), dividiert durch die Ablesung der unbekannten Lösung, gibt den Zuckergehalt in Milligramm in 100 ccm Blut.

Normales menschliches Blut enthält ca. 70—110 mg Traubenzucker in 100 ccm.

In neuester Zeit gibt Folin folgende Verbesserungen zu der ursprünglichen Kupfermethode[1].

Herstellung der Reagentien. Das Kupferreagens. 1. Alkalische Tartratlösung. In einem Meßkolben von 1 Liter werden 7,7 g wasserfreies Natriumkarbonat mit 50—75 ccm destilliertem Wasser versetzt und einige Augenblicke geschüttelt. Man wischt die Öffnung des Kolbens trocken, gibt 22 g Natriumbikarbonat zu und spült das Bikarbonat vom Kolbenhals mit so viel destilliertem Wasser ab, daß das Volumen 700 bis 800 ccm beträgt. Schließlich fügt man 13,2 g chemisch reines Natriumtartrat zu, spült den Kolbenhals ab und schüttelt bis zur vollständigen Lösung. Man verdünnt zur Marke, mischt und hebt die Lösung in gut verkorkter Flasche auf. 2. 5%ig. Lösung von chemisch reinem, kristallisiertem Kupfersulfat, zu der eine Spur von konzentrierter Schwefelsäure gefügt wird, um einen Niederschlag von Kupfer zu verhindern. 3. Alkalische Kupfertartratlösung. Man gießt etwa 25 ccm der Tartratlösung in einen 50 ccm-Meßkolben, fügt mit einer Pipette 5 ccm der Kupferlösung zu und verdünnt mit der Tartratlösung bis zur Marke. Bei Zimmertemperatur und bei direktem Sonnenlicht ist die Lösung schon in wenigen Stunden nicht verwendbar; im Eisschrank ist sie einige Tage haltbar. Zur Darstellung des Kupferreagenses sind nur reinste Reagentien anzuwenden.

Das Molybdatreagens. Zur Darstellung des Reagenses, das im Eisschrank mehrere Tage haltbar ist, löst man in einem Becherglas von 500 ccm Inhalt 40 g Natriummolybdat in 100 ccm destilliertem Wasser. Zu der etwas trüben Lösung gibt man unter Umrühren 55 ccm 85%ig. Phosphorsäure, 40 ccm kalte Schwefelsäure (25%; 1 Vol. konz. H_2SO_4 zu 3 Vol. Wasser) und schließlich 20 ccm 99%ig. Essigsäure. Diese Lösung ist sofort verwendbar.

Zu der Standard-Zuckerlösung (Stammlösung mit 10 mg Glukose im ccm) soll eine gesättigte oder fast gesättigte Benzoesäurelösung benutzt werden. Die Lösung ist unbegrenzt haltbar.

Ausführung: 2 ccm des Wolframsäure-Blutfiltrates werden in der Folin-Wu-Zuckerröhre (Abb. 82) mit 1 Tropfen Phenolphthaleinlösung (0,1%ig. alkoholische Lösung) versetzt. Man fügt

---

[1] J. of biol. Chem. 82, 83 (1929).

tropfenweise bis zur bleibenden Rotfärbung eine 1%ig. Natriumkarbonatlösung zu. In eine andere Zuckerröhre gibt man 2 ccm
Standard-Zuckerlösung, die 0,1 mg Glukose im ccm enthält, die
ebenso wie die andere Lösung mit Phenolphthalein und Natriumkarbonatlösung versetzt wird. Zu jeder Lösung werden 2 ccm
des frisch gemischten Kupfertartrat-Reagenses zugefügt und
14—15 Minuten im lebhaft siedenden Wasser erwärmt. Man
kühlt dann in fließendem Wasser. — Man fügt nun je 4 ccm des
Molybdänsäure-Reagenses zu jeder Probe und verdünnt nach
etwa 1 Minute nicht mit Wasser, sondern mit dem verdünnten
Molybdänsäure-Reagens (1 Vol. Reagens mit 4 Vol. Wasser vermischt). Man mischt und vergleicht kolorimetrisch.

Methode von Benedict[1].

Reagentien. Lösung A: 4,0 g kristallisiertes Kupfersulfat, 150 g
Natriumnitrat, 10 g Alanin, 25 g wasserfreies Natriumkarbonat. Man löst
das Nitrat, Karbonat und das Alanin in etwa 300 ccm warmem Wasser.
Das Kupfersulfat wird für sich in etwa 50 ccm Wasser gelöst und unter Um-
rühren zu der anderen Lösung gefügt. Man kühlt und füllt auf 500 ccm auf.
Lösung B: Natriumnitrat 150 g; Rochelle-Salz ($NaKC_4H_4O_6 \cdot 4 H_2O$),
25 g, destilliertes Wasser auf 500 ccm.
Natriumbisulfitlösung 4%ig.
Beim Gebrauch nimmt man gleiche Teile der Lösungen A und B und
fügt für je 1 ccm der Mischung 1 Tropfen 4%ig. Natriumbisulfitlösung zu.
Die Lösung hält sich 2 Tage. Ein Kupferreagens, das mit razemischer
an Stelle von rechtsdrehender Weinsäure hergestellt wird, wird durch
Kreatinin viel weniger angegriffen. Durch Zusatz von Alanin zu 1% läßt
sich eine geringere Empfindlichkeit der Kupferlösung gegen Nicht-Zucker
erreichen. Das Kupferreagens von Benedict ist luftempfindlich, daher
wird das Reagens erst kurz vor dem Gebrauch aus den Lösungen A und
B hergestellt.
Farbreagens. Das Farbreagens ist folgendermaßen zusammengesetzt:
150 g reine, ammoniakfreie Molybdänsäure werden mit 75 g reinem, wasserfreiem Natriumkarbonat und Wasser ad 500 ccm versetzt. Man kocht, bis
sich möglichst viel von der Molybdänsäure gelöst hat, filtriert und wäscht
den ungelösten Rest mit heißem Wasser, bis das gesamte Filtrat 600 ccm
beträgt, gibt dann 300 ccm 85%ig. Phosphorsäure hinzu und verdünnt nach
dem Abkühlen auf 1 Liter. Das Reagens ist nur schwach gelb gefärbt und
löst Kupferoxydul sofort.

Ausführung. 2 ccm des Gemisches werden mit 2 ccm Folin-
Wu-Filtrat (Verdünnung 1:10) gleichzeitig mit der Zucker-Ver-
gleichslösung 10 Min. in den Folin-Wuschen Zuckerröhren im
Wasserbade erhitzt, dann in kaltem Wasser abgekühlt und mit
je 2 ccm Farbreagens versetzt, wie oben verdünnt und kolorimetriert.

---

[1] J. of biol. Chem. **76,** 457 (1928). Vgl. auch J. of biol. Chem. **83,** 165 (1929).

Das Verfahren ergibt Werte für Zucker, die niedriger liegen als die mit der Folin-Wu-Methode gewonnenen.

Bei der Vergärung des Blutzuckers verfährt Benedict wie folgt: 6—7 g Hefe werden mit je ca. 40 ccm destilliertem Wasser gewaschen, dann zentrifugiert; dies wiederholt man noch zweimal; das Waschwasser wird weggegossen und die Hefe in 50 ccm dest. Wasser suspendiert. 7 Volumen der Hefesuspension werden zu 1 Volumen Blut unter sorgfältigem Mischen zugefügt. Man läßt bei mäßiger Wärme 15 Minuten stehen. Man filtriert dann durch ein Filter, das (um reduzierende Substanzen zu entfernen) vorher (in einem Trichter) mit Wasser gewaschen und dann getrocknet worden ist. Außer Glukose scheinen im menschlichen Blut keine vergärbaren Zucker anwesend zu sein[1].

Neue Zuckerbestimmungsmethode von Folin[2].

Prinzip. Der Zucker wird mit alkalischer Ferrizyankaliumlösung oxydiert und das entstandene Kaliumferrozyanid kolorimetrisch als Berlinerblau bestimmt. Die Farbe, die aus 0,04 mg Glukose in einer 25 ccm-Röhre gewinnbar ist, ist ebenso tief, wie die bei der Folin-Wu-Methode (S. 198) von 0,2 mg-Zucker gewonnene. Man kann daher an dem Extrakt aus 0,1 ccm normalem Blut zwei getrennte Bestimmungen ausführen.

Reagentien. 1. Verdünnte Wolframsäurelösung: 20 ccm einer 10 %ig. Natriumwolframatlösung werden in einer Literflasche auf etwa 800 ccm verdünnt, dann unter Schütteln mit 20 ccm $^2/_3$n H_2SO_4 versetzt, auf 1 Liter aufgefüllt, mit Toluol versetzt. 2. Ferrizyankaliumlösung. Man löst 1 g chemisch reines Ferrizyankalium (rotes Blutlaugensalz) in dest. Wasser und verdünnt auf 500 ccm. Die Lösung ist im Dunkeln aufzubewahren. 3. Natriumzyanidkarbonatlösung. 2—4 g Natriumzyanid (Merck) werden mit dest. Wasser zu etwa 1% aufgelöst. Andererseits werden 8 g wasserfreies Natriumkarbonat in einem 500 ccm-Meßgefäß mit etwa 100 ccm dest. Wasser gelöst, dann mit 150 ccm der 1 %ig. Zyanidlösung (aus einem Meßzylinder) versetzt, auf 500 ccm aufgefüllt und gemischt. 4. Ferrisulfatlösung. 30 g Gummi arabicum werden in 600 ccm dest. Wasser auf dem Wasserbad gelöst. In einer anderen Flasche werden 5 g $Fe_2(SO_4)_3 \cdot 9 H_2O$ mit 75 ccm 85 %ig. Phosphorsäure und 100 ccm Wasser versetzt und unter Erwärmen gelöst. Nach dem Abkühlen werden die Lösungen in einer 1 Liter-Meßflasche ohne starkes Schütteln gemischt. Die Lösung kann filtriert werden, doch ist dies kaum nötig. 5. Traubenzucker-Standardlösung. Man löst 2 g Benzoesäure in etwa 500 ccm heißem Wasser, außerdem wägt man 2000 mg chemisch reinen Traubenzucker und löst ihn mit der warmen Benzoesäurelösung in einer 1 Liter-Meßflasche. Man fügt ca. 400 ccm Wasser zu, kühlt auf Zimmertemperatur ab, verdünnt auf 1 Liter. Die in Stöpselflaschen mit Glasstopfen aufgehobene Lösung enthält pro ccm 2 mg Glukose. — Aus dieser Vorratlösung bereitet man eine verdünnte, die 0,01 mg Glukose pro ccm enthält, durch 200 fache Verdünnung.

---

[1] Vgl. auch Fontès und Thivolle: Bull. Soc. de Chim. biol. **11**, 152 (1929).

[2] J. of biol. Chem. **77**, S. 421 (1928).

Man gibt zu diesem Zwecke 0,5 g Benzoesäure in eine 2 Liter-Meßflasche und fügt 1500 ccm dest. Wasser zu. Man gibt 10 ccm der Traubenzucker-Vorratslösung hinzu und schüttelt bis zur Lösung der Benzoesäure. Man füllt auf 2 l auf, mischt um und hebt die Lösung (mit etwas Toluol) in einer Stöpselflasche (mit Glasstopfen) auf.

Es ist zu beachten, daß das Ferrizyankalium auf Beimischung von Kaliumferrozyanid geprüft werden muß. Die Prüfung geschieht folgendermaßen: 2 ccm einer 1 % ig. Lösung in einem reinen Reagenzglas werden mit 3 ccm Wasser und 1 ccm der Ferrisalzlösung (4) versetzt; die Tiefe der blauen Farbe, die nach 5 Minuten beobachtet wird, zeigt, ob das Präparat genügend rein ist. Jede Spur von Ferrozyanid kann durch eine einzige Umkristallisation entfernt werden. Man löst hierzu 100 g Kaliumferrizyanid in 400 ccm Wasser bei 50°. Man filtriert die Lösung durch ein vorher mit dest. Wasser gewaschenes Filter, kühlt, fügt unter Umschütteln in einer 2 Liter-Flasche 600 ccm Alkohol, der vorher mit 0,1 ccm Brom versetzt wurde, hinzu. Das Kaliumferrizyanid fällt sofort aus. Man saugt gleich ab, wäscht den feinen Niederschlag mit 150 ccm Alkohol, dem 2—3 Tropfen Brom zugesetzt wurden, dann mit 100 ccm Äther, dem bis zur schwach gelben Farbe Brom zugegeben wurde, dann mit 25 ccm reinem Äther. Man trocknet bei 50°. Man arbeite schnell. Ohne Benutzung von Brom würde man zu einem schlechteren Produkt als dem Ausgangsmaterial kommen.

In einer späteren Arbeit macht Folin[1] noch einige wichtige Angaben, die Reagentien betreffend. 1. Die verdünnte Wolframsäurelösung muß vor Licht geschützt aufbewahrt werden; der Zusatz eines Desinfiziens (z. B. Toluol) hat zu unterbleiben. Das Reagens ist zeitweilig auf reduzierende Verunreinigungen zu prüfen. 2. Statt Gummi arabicum ist besser Gum ghatti (aus dem Stamm von Anogeissus laetifolia) als Schutzkolloid für die Ferrisulfatlösung zu verwenden. (Erhältlich bei Howe und French in Boston und Eimer und Amend New York.) Man löst es in kaltem Wasser (ca. 20 g auf 1 l) mit Hilfe eines Drahtsiebes und filtriert von den Verunreinigungen ab. Unbekannte reduzierende Stoffe können durch Zusatz von Kaliumpermanganat (bis zur Rosafarbe, die 5—10 Minuten bleibt) entfernt werden. Man braucht etwa 0,4 ccm einer 1%ig. Permanganatlösung pro Gramm Gummi. Die Anwendung des Permanganates ist auch bei der Benutzung von Gummi arabicum zu empfehlen. Man löst 5 g Ferrisulfat (mit 7 Mol Kristallwasser) unter Erwärmen mit 75 ccm 85 % ig. Phosphorsäure in 100 ccm Wasser. Man kühlt und gibt die Gum ghatti-Lösung hinzu.

Zur Gewinnung des Blutes empfiehlt Folin „automatische" Pipetten, die 0,1 ccm enthalten (nicht liefern). Glasröhren, die einen inneren Durchmesser von 1,0—1,7 mm haben, füllen sich ebenso automatisch bis zur 0,1 ccm-Marke wie die kapillaren 0,01-ccm-Blutpipetten. Sie müssen mit Quecksilber kalibriert werden. (0,1 ccm Hg wiegt bei 0° 1,355 g.) Man entnimmt das Blut aus der gereinigten Fingerbeere mittels der sorgfältig gereinigten Pipette und entleert diese in ein Zentrifugenglas von 15 ccm, das 10 ccm des verdünnten Wolframsäurereagens enthält. Man wäscht die Pipette mit der Flüssigkeit in dem Zentrifugenglas aus. Anwendung von Oxalat oder eines anderen gerinnungshemmenden Mittels ist in der kurzen Zeit der Blutentnahme überflüssig. Man mischt den Inhalt des Zentrifugenglases gründlich und zentrifugiert 3—5 Minuten. 9 ccm einer wasserklaren Lösung werden so erhalten, die unter normalen Verhältnissen pro ccm 0,007—0,014 mg Glukose enthält.

---

[1] J. of biol. Chem. **81**, 231 (1929). Vgl. auch Folin und Malmros: J. of biol. Chem. **83**, 115 (1929).

Ausführung. 4 ccm des Blutextraktes werden in ein Reagenzglas mit einer Marke bei 25 ccm gebracht; in ein anderes Reagenzglas werden 4 ccm der Vergleichszuckerlösung gefüllt. Aus einer Bürette werden 1 ccm der 0,2%ig. Kaliumferrizyanidlösung und 1 ccm der Zyanid-Karbonatlösung hinzugefügt. Man erhitzt in einem Becherglas in siedendem Wasser 8 Min., kühlt ab und bringt mit der Pipette 3 ccm der sauren Ferrisalzlösung in jedes Rohr. Man mischt durch leichtes Schütteln, läßt 5 Min. stehen, verdünnt bis zur Marke, mischt und kolorimetriert. Wenn die Vergleichslösung (0,04 mg) auf 20 mm steht, so gibt $\frac{20}{R}$ 100 den Zuckergehalt des Blutes in Milligramm pro 100 ccm. R ist der Stand der unbekannten Lösung.

Die Methode eignet sich zur Analyse des Kapillarblutes, während die ursprüngliche Methode von Folin-Wu meist für venöses Blut angewendet wird.

Zuckerbestimmung nach Lewis und Benedict[1].

Prinzip. Glukose, mit Pikrinsäure in sodaalkalischer Lösung erhitzt, gibt eine rote Farbe, die für eine kolorimetrische Bestimmung verwertbar ist.

Ausführung. 2 ccm Blut, die mit etwas Kaliumoxalat versetzt sind, werden in einen Meßkolben von 25 ccm oder in ein weites Reagenzglas mit Marken für 12,5 und 25 ccm gebracht. Die Pipette wird zweimal mit destilliertem Wasser nachgewaschen, die Waschwässer werden mit dem Blut vereinigt. Nach der vollständigen Hämolyse wird eine Lösung von Natriumpikrat und Pikrinsäure bis zur 25 ccm-Marke hinzugefügt und tüchtig geschüttelt. (Zur Darstellung der Lösung werden 36 g trockene Pikrinsäure in einer Literflasche mit 500 ccm 1%ig. NaOH-Lösung und 400 ccm warmem Wasser versetzt. Nach erfolgter Lösung füllt man nach dem Erkalten auf 1 Liter auf.) Um Schäumen zu verhindern, gibt man einige Tropfen Alkohol zu. Nach 1—2 Min. gießt man die Mischung auf ein trockenes Filter und fängt das Filtrat in einem trockenen Becherglas auf. Genau 8 ccm des Filtrats werden in ein großes Reagenzglas mit Marken für 12,5 ccm und 25 ccm abgemessen, 1 ccm einer 20%ig. Lösung von wasserfreiem Natriumkarbonat wird zugegeben und das Reagenzglas mit einem Wattebausch verschlossen 10 Min. in kochendes Wasser gesteckt. Dann

---

[1] J. of biol. Chem. **20**, 61 (1915); **34**, 203 (1918). — Myers und Bailey: J. of biol. Chem. **24**, 147 (1916). Nach Hawk und Bergeim sind die nach dieser Methode gewonnenen Werte zu hoch. Vgl. auch Morgulis und Jahr: J. of biol. Chem. **39**, 119 (1919).

kühlt man unter der Wasserleitung ab und verdünnt je nach der Farbtiefe auf 12,5 ccm oder 25 ccm. Innerhalb einer halben Stunde wird kolorimetriert. Die Vergleichslösung wird hergestellt, indem 0,64 mg Traubenzucker in 4 ccm Wasser mit 4 ccm der Pikrat-Pikrinsäurelösung, ferner mit 1 ccm der Karbonatlösung versetzt und 10 Min. im siedenden Wasser erwärmt wird. Man verdünnt dann auf 12,5 ccm.

Berechnung. Stand der Vergleichslösung, dividiert durch den Stand der unbekannten Lösung, mit 100 multipliziert, gibt den Gehalt in mg Glukose in 100 ccm Blut an.

Methode nach Hagedorn-Jensen[1].

Prinzip. Das eiweißfreie Blutfiltrat wird mit einer alkalischen Kaliumferrizyanidlösung in der Wärme behandelt, das gebildete Ferrozyanid als Zinkverbindung ausgefällt, das überschüssige Ferrizyanid jodometrisch bestimmt, nach der Gleichung:

$$2\,H_3FeCy_6 + 2\,HJ = 2\,H_4FeCy_6 + J_2.$$

Die Methode ist für die Bestimmung des Blutzuckers in 0,1 ccm Blut (im Bereich von 0,02—0,35 mg Glukose) ausgearbeitet. (Für höhere Zuckermengen vgl. die Modifikation von Issekutz und Both S. 208.)

Erforderliche Lösungen. Zur Enteiweißung. 1. Lösung von 45 g $ZnSO_4 \cdot 7\,H_2O$ zur Anal. in 100 ccm dest. Wasser. Aus dieser Stammlösung wird durch Verdünnen eine 0,45 %ig. Lösung hergestellt. 2. 0,1 n NaHO. Zur Zuckerbestimmung. 1. Lösung von 1,65 g reinstem, umkristallisiertem Kaliumferrizyanid (rotes Blutlaugensalz K_3FeCy_6) und 10,6 g geglühtem Natriumkarbonat auf 1 l mit dest. Wasser (in dunkler Flasche aufzubewahren). 2. Lösung von 50 g Zinksulfat zur Anal. und 250 g Natriumchlorid zur Anal. auf 1 l dest. Wasser. Zu dieser Lösung wird noch zu 2,5 % Kaliumjodid gefügt. Der Zusatz des KJ erfolgt erst unmittelbar vor dem Gebrauch der NaCl-ZnSO$_4$-Lösung. 3. Lösung von 30 ccm Eisessig auf 1 l dest. Wasser. Die Lösung muß frei von Eisen sein. 4. Lösung von 1 g Stärke in 100 ccm gesättigter Kaliumchloridlösung. 5. 0,005 n Thiosulfatlösung (0,7 g Natriumthiosulfat in 500 ccm Wasser gelöst). 6. Zur Einstellung der Thiosulfatlösung: Lösung von 0,3566 g Kaliumjodat (wasserfrei) auf 2 l dest. Wasser (vgl. S. 454).

Ausführung. Zur Enteiweißung des Blutes werden in ein Reagenzglas (oder Präparatenglas von 15 × 150 mm) 1 ccm 0,1 n NaOH und 5 ccm 0,45 %ig. Zinksulfatlösung pipettiert, wobei sich ein gelatinöser Niederschlag von Zinkhydroxyd bildet. In die Zinkhydroxydlösung wird genau 0,1 ccm Blut aus einer Pipette entleert[2] und die Pipette wird zweimal mit der Mischung

---

[1] Biochem. Z. **135**, 46 (1923); **137**, 92 (1923).

[2] Die Pipette mißt von der Spitze bis zur Marke etwa 10—12 cm, die Gesamtlänge beträgt etwa 20 cm. Man kalibriert wie folgt: Man mißt mit der

ausgespült. Man erhitzt die Gläser 3 Min. im siedenden Wasserbade; dabei koaguliert das Eiweiß in großen Klumpen. Man filtriert durch einen kleinen Trichter von 3—4 cm Durchmesser. Im Trichter befindet sich ein kleines Filter aus Baumwolle, die mit heißem Wasser ausgewaschen ist. Man filtriert in ein Präparatenglas (30 × 90 mm) und wäscht Trichter und Filter je zweimal mit je 3 ccm möglichst warmem Wasser aus.

Um den Zuckergehalt des eiweißfreien Blutfiltrates zu bestimmen, werden 2 ccm der alkalischen (0,005 n) Ferrizyanidlösung zugegeben; das Glas wird 15 Min. im siedenden Wasserbad erhitzt. Nach dem Abkühlen werden 3 ccm Kaliumjodid-Natriumchlorid-Zinksulfatlösung, dann 2 ccm 3%ig. Essigsäure und 2 Tropfen Stärkelösung zugegeben. Man titriert das ausgeschiedene Jod mit 0,005 n Natriumthiosulfatlösung.

Der Titer der Thiosulfatlösung ist öfter mit der Kaliumjodatlösung einzustellen. Gleichzeitig mit der Zuckerbestimmung ist eine Leerbestimmung auszuführen, wobei die ganze Bestimmung wie oben beschrieben, aber ohne Blutzusatz durchzuführen ist. Es ist zu beachten, daß Harnsäure und Kreatinin die sodaalkalische Kaliumferrizyanidlösung ebenfalls reduzieren, nicht aber Azeton und β-Oxybuttersäure. Nach Hagedorn und Jensen entsprechen (das Reduktionsvermögen als Glukose berechnet) 0,20 mg Harnsäure 0,116 mg Glukose (58%), 0,40 mg Harnsäure 0,212 mg Glukose (53%); 0,25 mg Kreatinin 0,144 mg Glukose (58%), 0,50 mg Kreatinin 0,235 mg Glukose (47%).

Die Zuckerwerte können aus der beigefügten empirischen Tabelle für die erhaltenen und auf genau 0,005 n Thiosulfat korrigierten Titrationsergebnisse abgelesen werden. Die Differenz der Zuckerwerte der Blind- und der eigentlichen Bestimmung gibt die mg-Glukose in 0,1 ccm Blut an[1].

Pipette 0,1 ccm 0,1 n Kaliumjodat in 10 ccm Wasser und titriert die Lösung wie üblich nach Zusatz von Säure und KJ mit 0,005 n Thiosulfat. Man verdünnt dann dieselbe Kaliumjodatlösung auf 0,005 n, genau 2,0 ccm werden mit 10 ccm Wasser und mit derselben Thiosulfatlösung titriert. Die zwei Titrationen müssen auf ca. 0,5% übereinstimmen, wenn die Pipette genau ist (nach Hawk und Bergeim: l. c. S. 385).

[1] Beispiel zur Berechnung einer Analyse (Hagedorn-Jensen l. c. S. 57). Verbrauchte Natriumthiosulfatlösung ccm 0,005 n: im blinden Versuch 1,86; im Versuch 1,32; 2 ccm 0,005 n Jodat entsprechen 1,90 ccm der angewendeten Thiosulfatlösung, daher die korrigierten Werte für den blinden Versuch 1,95, für den Versuch 1,39. Aus der Tabelle entnommenen Werte für mg Glukose 0,008 bzw. 0,108, woraus der gesuchte Glukose-Wert in mg = 0,100. Man kann zur Berechnung der Glukose auch folgende Formel benutzen, wo G Glukose in mg, K verbrauchtes Kaliumferrizyanid

Tabelle. cm³ 0,005 n Natriumthiosulfat verbraucht, mg Glukose vorhanden.

	0,00	0,01	0,02	0,03	0,04	0,05	0,06	0,07	0,08	0,09
0,0	0,385	0,382	0,379	0,376	0,373	0,370	0,367	0,364	0,361	0,358
0,1	0,355	0,352	0,350	0,348	0,345	0,343	0,341	0,338	0,336	0,333
0,2	0,331	0,329	0,327	0,325	0,323	0,321	0,318	0,316	0,314	0,312
0,3	0,310	0,308	0,306	0,304	0,302	0,300	0,298	0,296	0,294	0,292
0,4	0,290	0,288	0,286	0,284	0,282	0,280	0,278	0,276	0,274	0,272
0,5	0,270	0,268	0,266	0,264	0,262	0,260	0,259	0,257	0,255	0,253
0,6	0,251	0,249	0,247	0,245	0,243	0,241	0,240	0,238	0,236	0,234
0,7	0,232	0,230	0,228	0,226	0,224	0,222	0,221	0,219	0,217	0,215
0,8	0,213	0,211	0,209	0,208	0,206	0,204	0,202	0,200	0,199	0,197
0,9	0,195	0,193	0,191	0,190	0,188	0,186	0,184	0,182	0,181	0,179
1,0	0,177	0,175	0,173	0,172	0,170	0,168	0,166	0,164	0,163	0,161
1,1	0,159	0,157	0,155	0,154	0,152	0,150	0,148	0,146	0,145	0,143
1,2	0,141	0,139	0,138	0,136	0,134	0,132	0,131	0,129	0,127	0,125
1,3	0,124	0,122	0,120	0,119	0,117	0,115	0,113	0,111	0,110	0,108
1,4	0,106	0,104	0,102	0,101	0,099	0,097	0,095	0,093	0,092	0,090
1,5	0,088	0,086	0,084	0,083	0,081	0,079	0,077	0,075	0,074	0,072
1,6	0,070	0,068	0,066	0,065	0,063	0,061	0,059	0,057	0,056	0,054
1,7	0,052	0,050	0,048	0,047	0,045	0,043	0,041	0,039	0,038	0,036
1,8	0,034	0,032	0,031	0,029	0,027	0,025	0,024	0,022	0,020	0,019
1,9	0,017	0,015	0,014	0,012	0,010	0,008	0,007	0,005	0,003	0,002

Nach Dresel und Rothmann[1] kann man, statt zu pipettieren, das Blut in die Bangschen Papierblättchen (vgl. S. 343) aufsaugen[2] und das Gewicht des entnommenen Blutes mit Hilfe der Torsionswage feststellen. Das Blättchen wird dann in die Zinkhydroxydlösung überführt. Die Enteiweißung durch 3 Min. langes Kochen kann sofort angeschlossen werden, da durch das Kochen der Zucker aus den Blättchen vollständig extrahiert wird. Als Leerbestimmung kocht man ein Papierblättchen ohne Blut[3].

in ccm 0,005 n bedeuten: $G = 0,1735 \cdot K + \dfrac{0,0050\,K}{2,27 - K}$. — Da 2,00 ccm 0,005 n Kaliumferrizyanid von 0,385 mg Glukose reduziert werden, können auch mit guter Annäherung die mg Glukose der zu untersuchenden Lösung $0,385 \cdot \dfrac{x}{2,0}$ gesetzt werden, wo x die von der Probe reduzierten ccm 0,005 n Kaliumferrizyanidlösung bedeuten.

[1] Biochem. Z. 146, 538 (1924).

[2] Die Bangblättchen zeigen oft einen hohen Reduktionswert. Lohmann empfiehlt als geeignetes Aufsaugpapier ein Stückchen (ca. 1,5×2,5 cm) eines qualitativen Rundfilters Schleicher-Schüll R.F.P. 597. (Oppenheimer-Pincussen: Methodik der Fermente S. 1254.) Vgl. auch Nepveux und Thévénier: Bull. Soc. Chim. biol. 10, 699 (1928).

[3] Bei 24stündigem trocknem Aufbewahren der mit Blut getränkten Löschpapierblättchen beträgt der Verlust an Zucker bei der Hagedorn-Jensenschen Methode durchschnittlich $2^1/_2\%$. Werden die Blättchen

Durch Erhöhung der Reagenzkonzentration und Verlängerung der Erhitzung auf 20 Min. kann der Bestimmungsbereich der Glukose auf 1—15 mg ausgedehnt werden[1].

Erforderliche Lösungen. 1. 0,05 n Kaliumferrizyanidlösung: 16,5 g Kaliumferrizyanid und 70 g Natriumkarbonat in 1000 ccm Wasser gelöst. 2. Jodkaliumzinksulfatlösung: 10 g Zinksulfat, 50 g Natriumchlorid und 5 g Kaliumjodid in 200 ccm Wasser gelöst. 3. 9%ig. Essigsäurelösung. 4. 0,05 n Natriumthiosulfatlösung.

Man bringt die Zuckerlösung in einen 100 ccm-Erlenmeyerkolben, ergänzt das Volumen auf 20 ccm, gibt 10 ccm 0,05 n Kaliumferrizyanid hinzu und kocht die Mischung 20 Min. lang in einem Wasserbad. Nach der Abkühlung gibt man 10 ccm KJ-Zinksulfatlösung hinzu, 10 ccm 9%ig. Essigsäurelösung, einige Tropfen einer 1%ig. Stärkelösung (in ges. NaCl-Lösung) und titriert mit 0,05 n Natriumthiosulfat. Gleichzeitig wird eine Kontrollbestimmung ohne Zucker zur Feststellung des Titers der Kaliumferrizyanidlösung gemacht. Die Differenz der beiden Bestimmungen gibt die Menge des reduzierten Kaliumferrizyanids.

Zur Zuckerbestimmung im Blut werden 5 ccm Blut in einem 50 ccm-Kolben mit Wasser verdünnt, mit 3—5 ccm 5%ig. Natriumwolframatlösung und ebensoviel ⅔ n Schwefelsäure ent-

K_3FeCy_6 ccm	Glukose in mg									
	0,0	0,1	0,2	0,3	0,4	0,5	0,6	0,7	0,8	0,9
0	—	—	—	—	—	0,725	0,87	1,015	1,18	1,34
1	1,51	1,67	1,83	2,00	2,16	2,31	2,47	2,62	2,78	2,94
2	3,10	3,26	3,42	3,58	3,74	3,90	4,06	4,22	4,38	4,54
3	4,72	4,88	5,04	5,20	5,36	5,53	5,70	5,96	6,03	6,20
4	6,37	6,54	6,71	6,88	7,05	7,22	7,39	7,55	7,72	7,89
5	8,06	8,22	8,39	8,56	8,72	8,89	9,06	9,22	9,39	9,55
6	9,72	9,89	10,06	10,23	10,41	10,58	10,75	10,92	11,10	11,28
7	11,46	11,54	11,72	12,00	12,18	12,36	12,54	12,73	12,91	13,10
8	13,28	13,46	13,63	13,80	13,97	14,14	14,31	14,49	14,66	14,83
9	14,99									

in zugekorkten Gläschen, also in feuchter Atmosphäre aufgehoben, so kann der Zuckerverlust infolge eingetretener Glykolyse bis 30% betragen. Dresel fand, daß bei der ursprünglichen Hagedorn-Jensenschen Methode die Kochdauer von 3 Min. in der Zinkhydroxydlösung oft zu gering ist. Die Werte bei 30 Min. langem Kochen können zuweilen etwa 6% höher liegen; in 3 Min. wird der Zucker demnach nicht völlig aus den roten Blutkörperchen extrahiert. Kocht man 30 Min., so findet man bei Anwendung der Blutplättchen zur Zuckerbestimmung genau dieselben Blutzuckerwerte wie bei sofortiger Untersuchung[2].

[1] Issekutz und Both: Biochem. Z. **183**, 298 (1927). Vgl. auch Hanes: Biochemic. J. **23**, 99 (1929).

[2] Dresel: Biochem. Z. **194**, 466 (1928); Dresel und Rothmann: Ebenda **157**, 172 (1925).

eiweißt, zur Marke aufgefüllt und der Zucker in 10—20 ccm des klaren Filtrats bestimmt. Gleichzeitig wird an Leerproben der Titer des Kaliumferrizyanids bestimmt. Die Differenz beider Werte ergibt die Menge des reduzierten Kaliumferrizyanids.

Für die auf 0,05 n Kaliumferrizyanidlösung korrigierten Titrationsergebnisse werden die zugehörigen Zuckerwerte aus der Tabelle auf S. 208 abgelesen.

Gasvolumetrische Bestimmung des Blutzuckers

nach Rona und Fabisch[1].

Prinzip. Die Bestimmung beruht darauf, daß in den Warburgschen Apparaten die Glukose des Blutes durch Koli-Bakterien in stark bikarbonathaltiger Ringerlösung anaerob vergoren und die durch die entstehende Säure freigemachte CO_2 manometrisch gemessen wird (Rona und Nicolai[2]).

Ausführung. Einige ccm Blut werden mit einer in Bichromat-Schwefelsäure gereinigten und trocken sterilisierten Glasspritze aus der Vene entnommen und in ein reines Porzellantiegelchen ausgespritzt. Je 1,00 ccm Blut wird mit einer 1-ccm-Meßpipette in Zentrifugengläser von ca. 30 ccm Inhalt überführt, die 5,0 ccm destilliertes Wasser enthalten, und mit dem Wasser durch mehrmaliges Ausblasen und Aufziehen gemischt. Zur Eiweißfällung werden in jedes Zentrifugenglas 3,9 ccm Liquor ferri oxydati dialysati (Merck) und 0,1 ccm ges. Magnesiumsulfatlösung eingebracht und mit einem dünnen Glasstäbchen sehr gründlich umgerührt, bis der Inhalt der Gläser gleichmäßig rotbraun aussieht. Dann werden die Gläser auf 10 Minuten in ein siedendes Wasserbad gestellt und dabei ebenfalls 1—2 mal mit einem dünnen Glasstäbchen umgerührt, darauf 10 Minuten bei 3000 bis 3500 Umdrehungen pro Minute zentrifugiert. Nach dem Zentrifugieren ist das durch Eisenhydroxyd koagulierte Blut am Boden des Gefäßes fest zusammengeballt, die überstehende Flüssigkeit vollkommen klar und nur ganz leicht gelblich gefärbt. Sie darf weder Fe```-Reaktion (mit Ammonrhodanid) noch Eiweiß-Reaktion (mit Sulfosalizylsäure) geben. Andernfalls ist abermals gründlich umzurühren, evtl. noch auf 5 Minuten in ein kochendes Wasserbad zu stellen und zu zentrifugieren.

---

[1] Noch nicht veröffentlichte Versuche.

[2] Biochem. Z. **172**, 212 (1926). Vgl. auch Rona, Nachmansohn und Nicolai: Biochem. Z. **187**, 328. (1927).

Über eine andere gasanalytische Zuckerbestimmungsmethode vgl. van Slyke und Hawkins: J. of biol. Chem. **79**, 739 (1928); **83**, 51 (1929).

Danach wird die Flüssigkeit (Gesamtvolumen 10 ccm) durch saubere trockene Glaswolle gegossen und zum Versuch verwandt. Man erhält auf diese Weise von 1 ccm Blut etwa 5 ccm Filtrat. Das Filtrat ist bald zu verarbeiten.

Beispiel: Beginn des Versuches: 20 Min. nach Einhängen in den Thermostaten. Temp. 37,5º C, 1,0 ccm Filtrat, 0,5 ccm Ringer [20], 0,5 ccm Koli-Aufschwemmung in Ringer [20].

Beispiel.

Die Werte der Zeilen 0–15 sind in mm Brodie.

Min.	21	25	46	27	47	45	48	43	42 (Leervers.)	29 (Thermobarom.)
0	40,0	37,5	14,5	20,0	17,0	33,5	43,0	43,0	5,5	84,5
5	66,0	56,0	42,0	48,0	35,0	55,5	63,0	64,0	6,5	87,5
9	85,0	73,0	62,0	73,0	56,0	76,0	83,5	84,5	5,0	88,5
12	88,5	76,5	64,0	76,5	59,5	79,5	87,0	86,0	5,5	89,0
15	88,5	76,5	64,0	76,5	59,5	79,5	87,0	86,0	5,5	89,0
Druck-diff. (mm)	+ 48,5	39,0	49,5	56,5	42,5	46,0	44,0	43,0	0,0	− 5,5
K_{CO_2}	0,572	0,712	0,548	0,500	0,696	0,625	0,673	0,672	0,610	0,549
cmm CO_2	27,8 − 3,0	27,8 3,0	27,1 3,0	28,2 3,0	29,6 3,0	28,8 3,0	29,6 3,0	28,9 3,0	0,0	− 3,0
cmm CO_2 korr.	24,8	24,8	24,1	25,2	26,6	25,8	26,6	25,9		
mg Glukose	0,099	0,099	0,0965	0,101	0,106	0,103	0,106	0,104		

Mittel 0,102 mg.

Ein Kontrollversuch wird in der Weise angestellt, daß 6,00 ccm destilliertes Wasser, 3,9 ccm Liquor ferri oxydati dialysati (Merck) und 0,1 ccm ges. Magnesiumsulfatlösung miteinander gemischt, in gleicher Weise im Wasserbad behandelt, zentrifugiert und filtriert werden. Auch dieses Filtrat muß eisenfrei sein.

Zur Bestimmung der Gasmenge werden die Nicolaischen Gefäße benutzt (vgl. Prakt. S. 106). Ihr Volumen soll zwischen 7,0 und 8,5 ccm liegen, da bei kleineren Gefäßen die Gefahr des vorzeitigen Zusammenfließens der zunächst getrennten Flüssigkeiten besteht, bei größeren der Druckzuwachs zu gering wird. In den Hauptraum der Gefäße kommen 1,00 ccm Filtrat (= 0,1 ccm Blut) und 0,5 ccm Ringerlösung, die auf 100 ccm 20 ccm einer 1,3% ig. Bikarbonatlösung enthält (Ringer [20]). In den kleineren Raum der Gefäße wird 0,5 ccm Koli-Aufschwemmung in Ringer [20] gebracht. Es werden hierzu in mehreren Passagen rein gezüchtete Koli-Stämme benutzt. Die verwendeten Schrägagar-Kulturen, (Schrägagarröhrchen, mit je 1 Öse einer Reinkultur beimpft, so daß ein dichter Rasen entsteht), sollen 18—20 Stunden alt sein (bei 37° im Brutschrank). Kulturen, die älter sind als 24 Stunden, sind unbrauchbar, da sie zu langsam und unregelmäßig glykolysieren. Die Schrägagarröhrchen werden unmittelbar vor dem Versuch aus dem Brutschrank genommen, ½ Minute mit kaltem Wasser kräftig von außen bespült, um den Agar fester zu machen und dann die Kolonien mit 2,5—3,0 ccm Ringer [20] pro Röhrchen durch Rollen zwischen den Händen abgeschwemmt. Die Bakterienaufschwemmung wird vor dem Einfüllen in die Nicolaigefäße durch ein Wattefilter gegossen.

Berechnung des mittleren Fehlers[1].
(Zur Vereinfachung der Darstellung sind die Glukosewerte als mg-% dargestellt, also mit 1000 multipliziert.)

Einzelwerte	Einzelfehler	Quadrate
99	3	9
99	3	9
96,5	6	36
101	1	1
106	4	16
103	1	1
106	4	16
104	2	4
Mittel 102		$\Sigma f^2 = 92$

$$\sqrt{\frac{\Sigma f^2}{n(n-1)}} = \frac{9,6}{7,5} = 1,3$$

Mittlerer Fehler:
$$= 1,3 \text{ mg-%.}$$

$$n(n-1) = 56.$$

Mittelwert 102 ± 1,3 mg-%.

[1] Siehe Fehlerrechnung S. 694.

Der Versuch wird in der üblichen Weise durchgeführt (Vgl. Prakt. S. 198). Er ist als beendet anzusehen, wenn 2 im Abstand von 3 Minuten vorgenommene Ablesungen bei konstanten Temperaturen keine Druckdifferenz mehr ergeben (s. Tab. auf S. 210).

1 cmm CO_2 entspricht 0,004 mg Glukose. Die in jedem Gefäß verwendeten 1 ccm Filtrat entsprechen 0,1 ccm Blut.

Bestimmung des Blutzuckers nach Hagedorn-Jensen im gleichen Blut.

Einzelwerte	Einzelfehler	Quadrate
108	2	4
108	2	4
106	0	0
106	0	0
106	0	0
109	3	9
106	0	0
104	2	4
104	2	4
103	3	9
Mittel 106		$\Sigma f^2 = 34$

$$\sqrt{\frac{\Sigma f^2}{n(n-1)}} = \frac{5,7}{9,5} = 0,6$$

Mittlerer Fehler:
= 0,6 mg-%.

$$n(n-1) = 90.$$

Mittelwert $106 \pm 0,6$ mg-%.

Lävulosebestimmung im Blute mittels der Diphenylaminmethode nach Radt[1].

Prinzip. Beim Erhitzen von lävulosehaltigen Flüssigkeiten mit gleichen Mengen 25%ig. Salzsäure und einigen Tropfen einer gesättigten alkoholischen Diphenylaminlösung entsteht eine blaue Farbe, die kolorimetrisch ausgewertet werden kann[2]. Glukose gibt die Farbe erst in etwa 100fach höherer Konzentration. Da Trichloressigsäure die Reaktion ebenfalls gibt, darf die Enteiweißung nicht mit dieser Säure erfolgen.

Für Blut gestaltet sich die Reaktion wie folgt: 1,0 ccm durch Schlagen defibriniertes Nüchternblut oder Blutserum wird zu 1,0 ccm 4%ig. HCl zugesetzt und gut vermischt. Dazu tropft man unter tüchtigem Umschütteln 2 ccm 2%ig. $HgCl_2$-Lösung. Die so enteiweißte Lösung wird filtriert. Ein Reagenzglas wird mit 1 ccm des klaren Filtrats beschickt. Zum Vergleich dient ein Reagenzglas, das mit 1 ccm einer $1^0/_{00}$ ig. wäßrigen Lävulose-Standardlösung gefüllt wird. Zu jedem Reagenzglas werden 1 ccm 25%ig. HCl und 0,1 ccm 20%ig. alkoholische Diphenylaminlösung zugesetzt und dann im siedenden Wasserbad 15 Min. gekocht. Darauf läßt man 2 Min. in kaltem Wasser abkühlen. Den Röhrchen mit Blutfiltrat wird jetzt 1 ccm, dem Vergleichsröhrchen 5 ccm Amylalkohol (puriss. ad analys. Merck) hinzugefügt. Nach tüchtigem Umschütteln erwärmt man 3 Min. im Wasserbad von 75°, um allen Niederschlag zur Lösung, zu bringen. Dann wieder abkühlen 2 Min. im kalten Wasser und nochmaliges Hinzu-

---

[1] Biochem. Z. **198**, 195 (1928). — van Crefeld: Klin. Wschr. **9**, 697 (1927); Arch. néerl. Physiol. **13**, 521 (1928). Vgl. auch Corley: Proc. Soc. exper. Biol. a. Med. **26**, 248 (1928).

fügen von 1 bzw. 5 ccm Amylalkohol zur Klärung. Nach vorsichtigem Durchmischen Abpipettieren der unter dem Amylalkohol stehenden farblosen Flüssigkeit. Will man nun im Kolorimeter vergleichen, so stört zur Erzielung genügender Genauigkeit die Verschiedenheit der Farben, da ja das Blutfiltrat einen grünlichen Ton hat. Durch Anwendung eines Farbfilters, das man hinter das Kolorimeter setzt, kann man diese Störung leicht beseitigen. Am besten eignet sich dazu Eosinrot.

Bestimmung des Azetaldehyds[1].

Bestimmung nach Stepp und Fricke[2].

Prinzip. Das Verfahren beruht auf der Fähigkeit des Azetaldehyds, eine ammoniakalische Silberlösung zu reduzieren. Man oxydiert den Aldehyd mit einem Überschuß einer genau bestimmten Menge ammoniakalischen Silberoxyds und titriert letztes zurück.

Das eiweißfreie Blutfiltrat (das schonendste Verfahren, bei dem eine Veränderung des Azetaldehyds nicht zu befürchten ist, ist die Enteiweißung mit kolloidalem Eisenhydroxyd nach Rona und Michaelis) wird mit einigen Kubikzentimetern 50%ig. Essigsäure angesäuert und kann dann gleich destilliert werden. Ganz besondere Vorteile bietet die Wasserdampfdestillation. Der Azetaldehyd geht bei der Wasserdampfdestillation mit den ersten Anteilen des durchtretenden Wasserdampfes ins Destillat über. Es genügt vollkommen, $^1/_{10}$ des im Destillationskolben befindlichen Volumens der aldehydhaltigen Lösung ins Destillat übergehen zu lassen, um allen Aldehyd mitzubekommen. Man säuert auch hier mit 50%ig. Essigsäure schwach an; Mineralsäuren, insbesondere stärkere Salzsäure, soll man wegen der Gefahr der Alkoholbildung vermeiden.

Die Bestimmung des Azetaldehyds im Destillat erfolgt genau nach der im Harn (S. 470) gegebenen Vorschrift[3].

Über die Bestimmung des Azetons, das neben dem Azetaldehyd im Destillat vorhanden ist, siehe Harn S. 453. Empfehlenswert ist nach Stepp und Fricke zur Bestimmung von Azeton neben Azetaldehyd die Zerstörung des Aldehyds durch kurzes

---

[1] Über Nachweis des Azetaldehyds vgl. Harn S. 468.

[2] Stepp und Fricke: Z. physiol. Chem. 116, 293 (1921). — Fricke: Z. physiol. Chem. 118, 241 (1921). Darstellung nach Stepp: Abderh. Arbeitsmethoden IV. 4, S. 895. Über Bestimmung des Azetaldehyds durch Bindung an Bisulfit nach Neuberg und Gottschalk vgl. Prakt. I, S. 192.

[3] Ein Verfahren zur Abtrennung des Azetaldehyds (wie auch des Azetons) aus alkoholhaltigen Gemischen beruht auf der Tatsache, daß der Azetaldehyd, im Gegensatz zum Alkohol, bereits in neutraler oder ganz schwach alkalischer Lösung mit Quecksilberoxyd zu Bildung von Organo-Quecksilber-Verbindungen führt. Gorr und Wagner: Biochem. Z. 161, 488 (1925).

(3—5 Min.) Kochen mit Fehlingscher Lösung, Abdestillieren des Azetons in zwei waschflaschenartige, hintereinandergeschaltete, eisgekühlte Vorlagen, und Bestimmung des Azetons im Destillat nach Messinger-Huppert[1].

Bestimmung der Azetonkörper.

Bestimmung der Gesamtazetonkörper. Methode nach van Slyke und Fitz[2].

Prinzip. Die Bestimmung beruht auf der Vereinigung der Oxydation von β-Oxybuttersäure zu Azeton (nach Shaffer) und der gleichzeitigen Fällung von Azeton als basische Quecksilbersulfatverbindung (nach Denigès).

Reagentien. 1. Quecksilbersulfatlösung 10%ig. 73 g chemisch reines, rotes Quecksilberoxyd werden in einem Liter 4 n Schwefelsäure gelöst. 2. Schwefelsäurelösung. 500 ccm Schwefelsäure (spez. Gew. 1,835) werden mit Wasser auf 1 Liter aufgefüllt. 3. Kaliumbichromatlösung 5%ig. 50 g $K_2Cr_2O_7$ werden in Wasser gelöst und auf 1 Liter aufgefüllt[3].

Ausführung. Fällung der Eiweißkörper aus Blut und Plasma: 10 ccm Vollblut werden in eine halbvoll mit destilliertem Wasser gefüllte 250 ccm-Meßflasche pipettiert, dann 20 ccm der Quecksilbersulfatlösung zugesetzt; es wird kurz geschüttelt und die Flasche bis zur Marke aufgefüllt. Die Lösung wird mindestens 15 Min. stehen gelassen und dann durch ein trockenes Faltenfilter filtriert.

Zur Bestimmung im Plasma gibt man 8 ccm (Oxalat-) Plasma in eine 200 ccm-Meßflasche und fügt nach Zusatz von 50 ccm destilliertem Wasser 15 ccm der Quecksilbersulfatlösung hinzu. Etwa 1 Min. wird leicht geschüttelt, bis das Präzipitat in Flocken ausfällt, dann bis zur Marke 200 aufgefüllt und nach einigem Stehen filtriert.

Bestimmung: In einen 500 ccm-Erlenmeyerkolben bringt man 125 ccm des Blut- (bzw. Plasma-) Filtrates (5 ccm Blut oder Plasma entsprechend) und fügt 10 ccm der 50%ig. Schwefelsäurelösung und 35 ccm der 10%ig. Quecksilbersulfatlösung hinzu. Dann verfährt man genau so, wie es bei der Bestimmung der Gesamtazetonkörper im Harn beschrieben ist (S. 465).

---

[1] Zur Bestimmung des Azetons neben Azetaldehyd vgl. auch die Methode von Embden und Masuda. (Masuda: Biochem. Z. **45**, 140 1912): Zerstörung des Azetaldehyds durch Kochen mit Silberoxyd am Rückflußkühler, anschließende Abdestillation des zurückbleibenden Azetons. — Vgl. Stepp und Lange: Dtsch. Arch. klin. Med. **134**, 57.

[2] Vgl. J. of biol. Chem. **32**, 495 (1917); **39**, 23 (1919).

[3] Kolloidales Eisenhydroxyd adsorbiert große Mengen β-Oxybuttersäure.

Will man Azeton und Azetessigsäure getrennt von der Oxybuttersäure bestimmen, so fällt man das präformierte Azeton + Azetessigsäure zuerst und bestimmt die Oxybuttersäure im Filtrat. 160 ccm des Filtrates $\left(\text{entsprechend } \frac{160}{170} \cdot 5 \text{ ccm Blut}\right)$ werden in einem Erlenmeyerkolben von 500 ccm am Rückflußkühler zum Kochen erhitzt, 5 ccm 5%ig. Kaliumbichromat durch den Kühler zugeführt, worauf wie S. 467 verfahren wird.

Faktoren zur Berechnung der Ergebnisse, wenn ein Filtrat, das 5 ccm Blut entspricht, für die Bestimmung benutzt wurde.

Bestimmt wurde	Azetonkörper, berechnet als g Azeton pro Liter Blut für 1 g Niederschlag
Gesamt-Azetonkörper	12,8
β-Oxybuttersäure	13,2 (14,0)[1]
Azeton + Azetessigsäure	10,0

Mikromethode zur Bestimmung des Total-Azetons im Blute nach Ljungdahl[2].

Prinzip. Das aus der Fingerkuppe oder dem Ohrläppchen gewonnene Blut wird durch Kapillarkraft in ein Kapillarrohr gesogen, das Kapillarrohr in ein Destillationssystem eingefügt und das Blut vor der Destillation in den Destillationskolben gespritzt. Bei der Destillation entweicht das Azeton durch dasselbe Kapillarrohr und wird in eine Jod und Lauge enthaltende Vorlage ohne Kühlung aufgenommen. Dadurch wird die Flüssigkeit in der Vorlage bis zum Kochen erwärmt; dabei tritt sofort die maximale Jodoformbildung auf. Dann wird das überschüssige Jod mit Thiosulfat titriert.

Reagentien. 1. 0,005 n Jodlösung, 2. 0,005 n Thiosulfatlösung (die Titrierlösungen sind jeden Tag zu prüfen), 3. 1%ig. Stärkelösung. (Dargestellt durch Auflösen von ca. 1 g wasserlöslicher Stärke in destilliertem Wasser unter geringem Erwärmen. Die Lösung muß wasserklar sein.) 4. 1 n Natronlauge aus Natr. hydr. puriss. mit ausgekochtem —

---

[1] Dieser Faktor wird benutzt, wenn die β-Oxybuttersäure im Filtrat des Azeton + Azetessigsäure-Niederschlages bestimmt wird.

Berechnet man die Azetonkörper als Oxybuttersäure statt als Azeton, so sind die obigen Faktoren mit 1,793 zu multiplizieren. — Normales Blut, wie oben beschrieben, auf Gesamtazeton untersucht, liefert nur 1—2 mg Niederschlag, entsprechend 0,013—0,026 g Azeton pro Liter. (Bei Diabetes bis 2,5 g.)

[2] Biochem. Z. **96**, 345 (1919).

kohlensäurefreiem — Wasser bereitet. 5. 1 n Schwefelsäure. 6. Uranylazetatlösung: 300 ccm dest. Wasser + 2 ccm 25%ig. Salzsäure werden
aufgekocht und dann 4 g Uranylazetat + 1 g Kupfersulfat zugesetzt,
gelöst, filtriert. Das Filtrat wird mit 1300 ccm gesättigter und filtrierter KCl-Lösung gemischt und mit Wasser auf 2000 ccm verdünnt.

Die Zusammensetzung des Apparates ist aus der Abb. 83 ersichtlich. Das Kapillarröhrchen hat die aus Abb. 84 $\left(\text{Größe } \dfrac{1}{1,5}\right)$ ersichtliche Form; es kann leicht selbst hergestellt werden. Sind die Kapillaren, die 250 bis 400 mg wiegen, trokken, (man trocknet die gut mit 10%ig. Natronlauge und dann mit

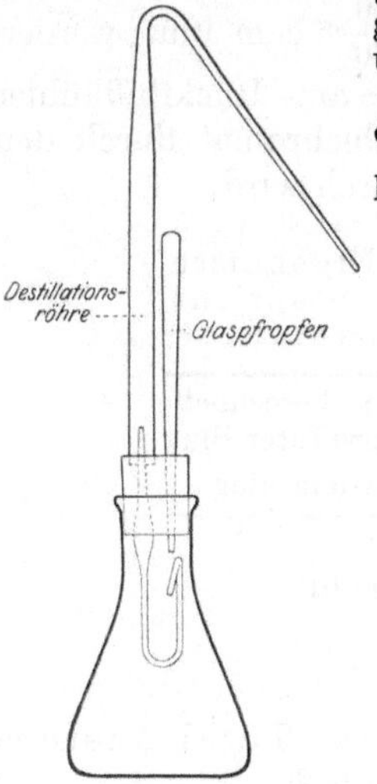

Abb. 83.

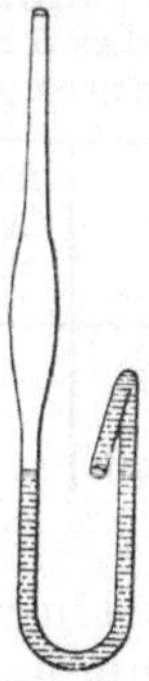

Abb. 84.

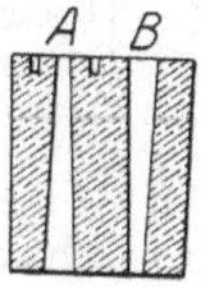

Abb. 85.

Wasser gereinigten Röhrchen an der Wasserstrahlpumpe durch Durchsaugen von heißer Luft), so saugen sie glatt Blut auf (100 bis 150 mg).
Sie werden sofort nach der Abwägung an der Torsionswage (vgl. S. 343) in
den Korkstopfen des Destillationskolbens gesetzt, worauf das Blut sofort mit einer Spritze in den Kolben gespritzt wird[1].

Ausführung. Die Destillationskolben von 50 ccm Inhalt
werden mit 4 ccm Uranylazetatlösung beschickt. Beim Herausspritzen des Blutes aus dem Kapillarröhrchen in den Kolben
bedient man sich einer Spritze von 10—15 ccm Inhalt, die mit
Wasser gefüllt ist. Die Öffnung der Spritze wird dabei über die
Mündung der Ampulle geschoben, fest gegen den Korkstopfen
gedrückt; dann wird ½—1 ccm Wasser eingespritzt. Mittels eines
etwa 10 cm langen Glasrohres, das in derselben Weise über die
Mündung der Ampulle gegen den Korkstopfen gedrückt wird, wird
dann das in dem Kapillarröhrchen zurückgebliebene Wasser ebenfalls in den Destillationskolben eingeblasen. Erst dann wird die

---

[1] Bequemer ist es, die Koagulation des Blutes durch Oxalat zu verhüten. Man läßt das trockene Kapillarrohr heißgesättigte Kaliumoxalatlösung aufsaugen, bläst die Oxalatlösung sofort aus und trocknet das
Kapillarrohr wie vorher. Die feinsten Kristallnadeln an der Wand des
Rohres stören das Aufsaugen des Blutes nicht und verhindern die Koagulation.

zweite Bohrung mit dem Glaspfröpfchen geschlossen (vgl. Abb. 85) und die Destillationsröhre rings der Kapillarmündung festgedrückt.

Die Destillation. Vor der Destillation sind eine genügende Anzahl Vorlagen bereit zu stellen. Erlenmeyerkolben von 25 ccm Inhalt werden mit 2 ccm 1 n Natronlauge und 5—6 ccm möglichst reinem Wasser beschickt. Unmittelbar vor der Destillation werden dann in einen solchen Kolben 1—2 ccm 0,005 n Jodlösung pipettiert. Insgesamt soll die ganze Menge der Vorlageflüssigkeit etwa 9 ccm betragen. Die Destillation erfordert nur etwa 70—80 Sek. Der Destillationskolben wird entweder auf ein Drahtnetz gestellt oder in einer Klemme festgemacht. Die Erwärmung erfolgt durch eine leicht regulierbare Flamme, die mit Schornstein geschützt ist. Schäumt beim Erwärmen die Uranylazetatlösung so stark, daß die Mündung des Kapillarrohres allzu nahe an die Flüssigkeit zu kommen scheint, so wird die Flamme ein wenig zurückgedreht.

Während der ganzen Destillation wird der Vorlagekolben so dicht an der Mündung des Destillationsrohres gehalten, daß sie so tief wie möglich in die alkalische Jodlösung eintaucht.

Beginnt die Flüssigkeit der Vorlage zu kochen, so wird die Vorlage rasch so weit gesenkt, daß die Mündung der Destillationsröhre dicht oberhalb der des Vorlagekolbens steht. Nach Abspritzen der Destillationsröhre mit einigen Tropfen Wasser wird die Flamme weggeschoben und die Vorlage mit fließendem Wasser abgekühlt oder bequemer in ein Kühlbecken gestellt, dann kann man mit der Destillation der nächstfolgenden Probe anfangen.

Wenn die Flamme richtig eingestellt ist, dauert es etwa 25 Sek., bis die Uranylazetatlösung zu sieden beginnt, 35 Sek. bis die Luftblasen abgegangen sind und ein schmetterndes Geräusch sich vernehmen läßt, etwa 70—80 Sek., bis die Vorlageflüssigkeit zu sieden beginnt.

Die in der beschriebenen Weise erhaltenen abgekühlten Destillate können sofort titriert werden. Sie können aber auch bis zur Titration bis zu einer halben Stunde stehen. Das Destillat wird mit 3 ccm 1 n Schwefelsäure versetzt, dann werden 5 Tropfen 5%ig. Jodkaliumlösung hinzugefügt und nach Zusetzen von 2—3 Tropfen Stärkelösung nach ½—1 Min. wird mit 0,005 n Thiosulfatlösung titriert. Wegen des Jodkaliums, der relativ großen Salzkonzentration und der geringen Flüssigkeitsmenge ist der Umschlag außerordentlich scharf. Die Bürette für die Thiosulfatlösung muß wenigstens 0,01 ccm ablesen lassen.

0,01 ccm 0,005 n Thiosulfatlösung entspricht

$$0,484\,\gamma\ (= 0,000484\ \text{mg})\ \text{Azeton.}$$

Bestimmung der Azetonkörper und der
β-Oxybuttersäure in kleinen
Blutmengen nach Engfeldt[1].

Prinzip. Aus dem enteiweißten Blut wird getrennt einmal präformiertes Azeton und Azeton aus Azetessigsäure, dann Azeton, das aus der Oxybuttersäure durch Oxydation mit Chromsäure entsteht, abdestilliert und im Destillat jodometrisch bestimmt.

Ausführung. 2,5 ccm Oxalatblut werden in einem 250 ccm-Meßkolben mit 5 ccm 5%ig. Ammoniak versetzt. Die ganz homogene Mischung wird mit 150 ccm Wasser verdünnt und mit 5 ccm Bleiessig und 10 ccm 1%ig. Alaunlösung in dieser Reihenfolge gefällt und mit Wasser aufgefüllt. Nach ½ Stunde wird durch ein doppeltes Faltenfilter bis zur völligen Klarheit filtriert. 200 ccm (eiweiß- und zuckerfreies) Filtrat (= 2 ccm Blut) werden mit 100 ccm Wasser verdünnt, mit 2 ccm Schwefelsäure (25 ccm konz. Säure auf 100) aufgefüllt und nach Zugabe von etwas Talk 10 Min. destilliert. Der Kolben von etwa 700 ccm Inhalt ist in einem Kochtrichter (Baboblech) angebracht und mittels einer gebogenen Glasröhre und Kautschukpfropfens (von allerbester Beschaffenheit) mit einem absteigenden Kühler von etwa 60 cm Länge verbunden. In den Destillationskolben wird auch ein Scheidetrichter von etwa 100 ccm Inhalt eingepaßt. Nachdem die mit gut gekühltem Wasser beschickte Vorlage[2] gewechselt ist, werden aus dem Scheidetrichter 50 ccm Chromatschwefelsäure (2 g Kaliumbichromat + 20 ccm konz. Schwefelsäure + Wasser auf 100) zugesetzt; die Destillation wird 25 Min. fortgesetzt. In den beiden erhaltenen Destillaten wird der Azetongehalt mit 0,01 n Jodlösung bestimmt. Zu diesem Zwecke werden in die Vorlage 5 ccm 25%ig. Natronlauge und 10—30 ccm 0,01 n Jodlösung gebracht; die Mischung wird 10 Min. sich selbst überlassen. Nach dem Ansäuern mit 5 ccm 25 Vol.-%ig. Schwefelsäure wird sofort mit 0,01 n Natriumthiosulfat titriert, wobei man gegen Schluß 10 Tropfen Stärkekleisterlösung hinzusetzt.

In dem ersten Destillat erhält man eine 94,4% des Gesamtazetons entsprechende Azetonausbeute. 1 ccm 0,01 n Jod ent-

---

[1] Beiträge zur Kenntnis der Biochemie der Azetonkörper. Lund 1920.

[2] Der untere Teil des Kühlers wird mit einem doppeltgebohrten Kautschukpfropfen versehen; in das eine Bohrloch paßt man ein kleineres, winklig abgebogenes Glasrohr zum Aufsetzen einer Peligotröhre ein. Der Kautschukpropfen muß von solcher Dicke sein, daß ein als Vorlage dienender 300 ccm fassender Erlenmeyerkolben luftdicht angesetzt werden kann.

spricht daher[1] 0,1024 mg Gesamtazeton. Durch Multiplikation mit dem Faktor 0,0512, da zur Bestimmung 2,0 ccm Blut angewendet wurden, erhält man die Menge der Gramme Gesamtazeton pro Liter Blut. Im zweiten Destillat erhält man eine Ausbeute von durchschnittlich 69,2% Azeton aus Oxybuttersäure, so daß 1 ccm 0,01 n Jod 0,25 mg Oxybuttersäure entspricht. Durch Multiplikation mit dem Faktor 0,125 erhält man die Menge β-Oxybuttersäure in g pro Liter Blut.

Um die Menge der Gesamtazetonkörper in Form von Azeton zu bestimmen, verdünnt man 200 ccm Blutfiltrat mit 50 ccm Wasser, säuert mit 2 ccm 25 Vol.-% H_2SO_4 an, fügt etwas Talk zu und setzt die Destillation in Gang; sobald das Sieden begonnen hat, fügt man aus einem Scheidetrichter 50 ccm Chromatschwefelsäure (siehe oben) zu. Die Destillation wird 25 Min. fortgesetzt. 1 ccm 0,01 n Jod entspricht 0,22 mg Azetonkörper, als Azetessigsäure berechnet. Multiplikation mit dem Faktor 0,11 ergibt die Menge Azetonkörper in Gramm pro Liter Blut. Eine Blindbestimmung zur Prüfung der Reinheit der angewandten Reagentien ist bei jeder Bestimmung auszuführen.

Im normalen Menschenblut wurden 1,5 mg Gesamtazeton und 12 mg β-Oxybuttersäure, im Pferdeblut 1 bzw. 15 mg der beiden Substanzen pro Liter gefunden.

Bestimmung des Cholesterins.

Bestimmung des Cholesterins nach Myers und Wardell[2].

Prinzip. Das aus dem getrockneten Blut mit Chloroform extrahierte Cholesterin wird kolorimetrisch bestimmt.

Ausführung. 1 ccm Blut, Plasma oder Serum wird in einen Porzellantiegel oder in ein kleines Becherglas, die 4—5 g Gips[3] enthalten, pipettiert und am besten im Trockenschrank getrocknet. Dann gibt man den Inhalt in eine schmale Extraktionshülse aus Papier (4 cm lang), die man in ein kurzes Reagensglas (2,5×7 cm) steckt, auf dessen Boden sich eine Anzahl kleiner Löcher befinden. Das Ganze wird mittels Korkstopfens mit einem

---

[1] $0,0967 \cdot \dfrac{100}{94,4}$.

[2] J. of biol. Chem. **36**, 147 (1918). Über die quantitative Bestimmung des Cholesterins im Blutserum mit einer modifizierten Salkowskischen Reaktion (vgl. S. 447); vgl. auch Abramsohn: Biochem. Z. **198**, 233 (1928).

[3] Vorteilhaft kann auch dieselbe Menge von gereinigtem und getrocknetem Seesand (vgl. S. 230) angewendet werden.

kleinen Rückflußkühler verbunden und in den Hals einer 150 ccm-
Extraktionsflasche, die ca. 20—25 ccm Chloroform enthält, gehängt

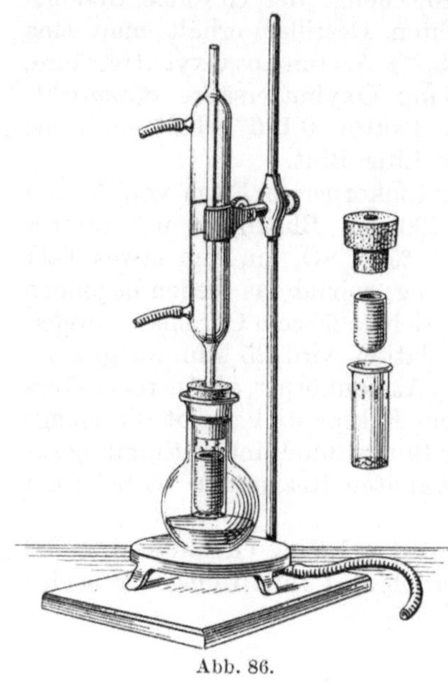

Abb. 86.

(vgl. Abb. 86). Man extrahiert auf einer elektrischen Heizplatte 30 Min., füllt das Chloroform auf ein geeignetes Volumen (z. B. 20 ccm) auf, filtriert, wenn nötig, und kolorimetriert wie folgt: 5 ccm des Chloroform-Extraktes werden in ein trockenes Reagenzglas pipettiert, 2 ccm Essigsäureanhydrid und 0,1 ccm konzentr. Schwefelsäure zugefügt. Nach sorgfältigem Mischen wird die Lösung genau 10 Min. ins Dunkle gestellt und dann mit einer wäßrigen Lösung von Naphtholgrün B [1] verglichen.

Das Chloroform soll über wasserfreiem Kalziumchlorid redestilliert werden. Essigsäure und Schwefelsäure sollen absolut wasserfrei sein.

Berechnung. Wenn die Cholesterin-Vergleichslösung mit 0,4 mg in 5 ccm oder die Naphthol-Grün B-Vergleichslösung von derselben Stärke angewendet wurde, so kann man folgende Formel für die Berechnung anwenden:

$$\frac{S}{R} \cdot 0{,}0004 \cdot \frac{D}{5} \cdot 100 = \text{Cholesteringehalt des Blutes in \%,}$$

wobei S die Ablesung der Vergleichslösung in mm, R die Ablesung der unbekannten Lösung, 0,0004 g die äquivalente Cholesterinmenge in 5 ccm Chloroform, D die Verdünnung des Chloroform-Auszugs aus 1 ccm Blut und 100 der Faktor für 100 ccm sind. Z. B.

$$\frac{15}{15} \cdot 0{,}0004 \cdot \frac{20}{5} \cdot 100 = 0{,}160\,\%.$$

---

[1] 0,005%ig. Naphtholgrün B-Lösung bei 15,5 mm Stand entspricht 0,4 mg Cholesterin in 5 ccm Chloroform, wie oben behandelt. Vergleicht man mit einer Cholesterinlösung, so wird eine Stammlösung hergestellt, indem man 0,160 g reines Cholesterin in 100 ccm redestilliertem Chloroform löst. Zur Bereitung der Vergleichslösung werden 5 ccm der Stammlösung auf 100 ccm mit Chloroform aufgefüllt. 10 ccm = 0,8 mg Cholesterin.

Normales menschliches Serum enthält 150—190 mg Cholesterin in 100 ccm und das Gesamtblut ca. 140—180 mg in 100 ccm.

Koprosterin in den Fäzes[1]. 2—3 g feuchter, gut gemischter Kot werden in einer Porzellanschale gewogen, 1 g $Ca(OH)_2$ wird mit dem Kot gut vermischt. Zu diesem werden 10 ccm 20%ig. NaOH gegeben und mit einem Glasstab gut verrührt. Die Schale wird auf dem Wasserbad unter häufigem Umrühren 2 Stunden erhitzt. Wenn das Wasser fast völlig verdampft ist, werden 3—4 g feingepulverter Gips zugegeben, sorgfältig vermischt. Dann wird bei 95° etwa 2 Stunden getrocknet und wie bei der Cholesterinbestimmung im Blut verfahren. Man berechnet auf das Trockengewicht.

Der Koprosteringehalt in trocknem Kot (berechnet als Cholesterin) beträgt 0,5—1,5%.

Bestimmung des Gesamt-Cholesterins und der Fettsäuren im Blut nach Bloor, Pelkan und Allen[2].

Prinzip. Die Lipoide werden durch Alkohol-Äther aus dem Blute extrahiert, nach Verseifung der Fettsäuren wird das Cholesterin in kaltem Chloroform aufgenommen. Die Fettsäuren (Seifen) des Rückstandes werden mit heißem Alkohol extrahiert. Cholesterin wird im Chloroformextrakt nach Liebermann-Burchard kolorimetrisch[3], die Fettsäuren im Alkohol-Extrakt nephelometrisch bestimmt.

Erforderliche Reagentien. Standardfettsäurelösung. Eine 95%ig. alkoholische Lösung von Palmitin- und Ölsäure, von welcher 5 ccm 2 mg einer Mischung von 60% Öl- und 40% Palmitinsäure enthalten.

(Man bereitet je eine Lösung von je 200 mg der Fettsäure in 500 ccm Alkohol. Zum Gebrauch werden 60 ccm Öl-

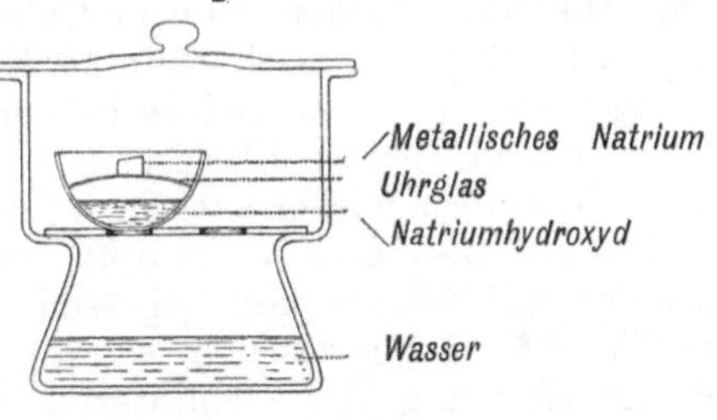

Abb. 87.

säurelösung mit 40 ccm Palmitinsäurelösung gemischt.)

Standardcholesterinlösung. Lösung von Cholesterin in Chloroform 0,5—1,0 mg in 5 ccm. (Vorteilhaft wird als Ausgangslösung eine 20mal stärkere Stammlösung bereitet.)

Natriumhydroxyd aus metallischem Natrium in der in Abb. 87 skizzierten Weise hergestellt. Das Chloroform muß neutral reagieren, alkoholfrei und trocken sein.

Bestimmung. 5 ccm Blutplasma werden in eine Flasche von 100 ccm, die ca. 75 ccm einer Mischung von 3 Teilen Alkohol und 1 Teil Äther enthält (beide redestilliert) tropfenweise unter starkem Umrühren gegeben; die Flasche wird unter starkem Schwenken

---

[1] Myers und Wardell: J. of biol. Chem. 36, 152 (1918).

[2] Bloor, Pelkan und Allen: J. of biol. Chem. 52, 201 (1922).

[3] Kolorimetrisch wird sowohl das freie wie das veresterte Cholesterin erfaßt.

(um eine Überhitzung zu vermeiden) in siedendes Wasser getan, bis die Flüssigkeit zu sieden beginnt, dann wird auf Zimmertemperatur abgekühlt, mit Alkohol-Äther zur Marke aufgefüllt und filtriert. Ein bestimmtes Volumen (10 — 20 ccm) des Filtrates, ca. 2 mg Fettsäure enthaltend, wird in einen Erlenmeyerkolben von 50—100 ccm getan, 0,1 ccm konz. NaOH (aus Na hergestellt) wird zugefügt, die Mischung auf dem Wasserbad verdampft, bis 2—3 Tropfen zurückgeblieben sind und aller Alkohol entfernt ist. Das Alkali wird durch Zugabe von 0,1 ccm verdünnter Schwefelsäure (1 Vol. konz. Säure, 3 Vol. Wasser) teilweise neutralisiert und die Trocknung fortgesetzt, bis alle Feuchtigkeit verschwunden ist. Ein zu starkes Eintrocknen ist zu vermeiden, da sonst die nachfolgende Extraktion des Cholesterins unvollständig wird. (Zusatz von Säure ist nötig, um die Zerstörung des Cholesterins durch Alkali zu verhüten, und weil durch die Entstehung des kristallisierten Natriumsulfats der Rückstand pulverig wird. Die Trocknung soll auf dem Wasserbad, nicht auf der elektrischen Heizplatte durchgeführt werden.)

Trennung und Bestimmung des Cholesterins[1]. Nach dem Abkühlen werden 10 ccm Chloroform zugefügt. Man läßt unter zeitweiligem Umschütteln 10 Min. stehen; der Chloroformauszug wird durch ein kleines (5½ cm) gehärtetes Filter in eine andere kleine Flasche filtriert und die Extraktion zweimal mit 5 ccm Chloroform wiederholt. Die vereinigten Chloroform-Extrakte werden auf 2—3 ccm verdampft, in einen 10 ccm graduierten Zylinder mit Glasstopfen gegossen; mit Chloroform (mit dem die Flasche nachgewaschen wurde) wird auf 5 ccm aufgefüllt. Die Bestimmung des Cholesterins wird mittels der Liebermann-Burchardschen Reaktion ausgeführt. Zu dem Inhalt in dem graduierten Zylinder (5 ccm) gibt man 1 ccm Essigsäureanhydrid und 0,1 ccm reine, konz. Schwefelsäure; der Zylinder wird verstopft und das Ganze gut gemischt. Der Zylinder steht 15 Min. bei 20—22° demselben Licht ausgesetzt, bei welchem die Ablesungen später gemacht werden. Dann vergleicht man kolorimetrisch. Die Standard-Cholesterinlösung enthält gewöhnlich 0,5 mg Cholesterin in 5 ccm Chloroform[2].

---

[1] Sackett: J. of biol. Chem. **64**, 203 (1925) beschreibt eine Mikro-Modifikation der Bloorschen Methode für 0,2 ccm Blut oder Plasma.

[2] Man bestimmt in der angegebenen Weise das Gesamtcholesterin. Fällt man in einer Probe mit Digitonin das freie Cholesterin und bestimmt im Filtrat den Anteil an verestertem Cholesterin, so ergibt die Differenz beider Bestimmungen das freie Cholesterin. Vgl. Bloor und Knudson: J. of biol. Chem. **27**, 107 (1916).

Bestimmung der Fettsäuren. Der Rückstand vom Chloroformauszug wird wie folgt mit heißem Alkohol behandelt: 10 ccm redestillierter Alkohol werden zugegeben, die Mischung wird 10 Min. im schwachen Sieden gehalten, der heiße Alkohol durch ein kleines gehärtetes Filter, das bei dem Abfiltrieren des Chloroforms benutzt wurde, in einen Erlenmeyerkolben gegossen. Die Extraktion mit Alkohol wird noch einmal mit 5 ccm Alkohol wiederholt. Die vereinigten Filtrate werden auf etwa 2—3 ccm verdampft, dann quantitativ in einen kleinen graduierten Zylinder mit Glasstopfen überführt, mit Alkohol nachgewaschen; mit diesem Alkohol wird das Volumen im Zylinder auf 5 ccm aufgefüllt. 100 ccm destilliertes Wasser werden dann in ein Becherglas von 200 ccm gefüllt; der alkoholische Extrakt der Fettsäuren wird unter kräftigem Umrühren durch einen kleinen Trichter (mit schmalem Halse, der unten zu etwa 1 mm Durchmesser ausgezogen ist) zugegeben. Das Trichterende senkt man bis nahe an den Boden des Becherglases ein. Der Zylinder wird einmal mit der Lösung im Becherglas ausgespült, die Spülflüssigkeiten werden durch den Trichter in das Becherglas zurückgegossen. In ein anderes Becherglas, 100 ccm Wasser enthaltend, werden mit der Pipette unter Umrühren 5 ccm der alkoholischen Standardlösung (2 mg einer Mischung von Öl- und Palmitinsäure aus 60% Öl- und 40% Palmitinsäure in 95% redestilliertem Alkohol) — gegeben. 10 ccm verdünnte Salzsäure (1 Teil konz. Säure, 3 Teile Wasser) werden in jedes Becherglas unter Umrühren zugefügt und nach dem Stehen von nicht weniger als 3 und nicht mehr als 10 Min. im Nephelometer verglichen.

Mikrobestimmung des Cholesterins nach Szent-Györgyi[1].

Prinzip. Das freie Cholesterin wird mit Digitonin gefällt und als Cholesterindigitonid gewogen[2].

Das Cholesterin wird unter Erwärmen in einem Jenaer Mikrobechergläschen in 2 ccm Azeton gelöst. Die zu bestimmende Cholesterinmenge sei nicht größer als 4,5 mg, eine Menge, die ungefähr dem maximalen Cholesteringehalt von 1 ccm Menschenblut entspricht. Bezieht sich die Analyse auf Blut, so wählt man am besten den Extrakt von 1 ccm[3]. 1 ccm der Digitoninlösung wird

---

[1] Biochem. Z. **136**, 105, 109 (1922). Vgl. auch Hinrichs und Klemm. Biochem. Z. **210**, 191 (1929).   [2] Vgl. auch Harn S. 448.

[3] Zur Feststellung des Gesamtcholesterins müssen die Cholesterinester vorher mit Natriumäthylat verseift werden. Vgl. Bürger und Habs. Z. exper. Med. **56**, 640 (1927) und Bürger und Beumer: Berl. klin. Wschr. **1913**, S. 112. Ferner Fex: Biochem. Z. **104**, 82 (1920).

zu dem Extrakt gegeben. Diese Lösung wird durch Auflösen von 1 g Digitonin krist. in 50 ccm 80%ig. Alkohol hergestellt. Auch bei sehr kleinen Cholesterinmengen erfolgt augenblicklich eine Trübung, die bald in deutliche Flokkung übergeht. Nach Zugabe des Digitonins wird das Becherchen auf den Rand eines Wasserbades gesetzt und hier gelassen, bis ungefähr die Hälfte der Flüssigkeit verdampft ist, was gewöhnlich in ¼ Stunde geschehen ist. Nun nimmt man das Becherchen vom Wasserbad und läßt es ¼ Stunde bei Zimmertemperatur stehen. Dann gießt man den Inhalt des Bechergläschens auf ein Filter von der Form wie in Abb. 88. Das Filterröhrchen ist auf einen Saugkolben montiert. Man kann auch Porzellan- bzw. Glastiegel zur Filtration benutzen (vgl. S. 336). Man verfährt beim Filtrieren nach Tominaga[1] wie folgt: Der Niederschlag wird mit etwa 7 ccm 80%ig. Azeton (mit Hilfe einer kleinen Spritzflasche) in ein etwa 10 ccm fassendes Zentrifugierröhrchen gespült. Dieses wird dann in Wasser von etwa 45—50° gesenkt, 5 Min. darin gelassen, während man den Niederschlag mit einem dünnen Glasstäbchen mehrmals aufwirbelt. Dann wird abzentrifugiert. Der Niederschlag setzt sich hierbei sehr schnell, in einigen Sekunden, zu Boden. Die obenstehende Flüssigkeit wird nach der Preglschen Methode (siehe Abb. 89) durch das Filter gesaugt. Dann wird neues 80%ig. Azeton (etwa 7 ccm) aufgegossen und das ganze Verfahren wiederholt. Dann verfährt man genau ebenso mit reinem Azeton, das man bei Zimmertemperatur einwirken läßt. Hiernach suspendiert man wieder bei 50° in Wasser, und saugt nach einigen Min. den Niederschlag auf das Filter[2]. Der im Röhrchen zurückgebliebene Niederschlag wird mit

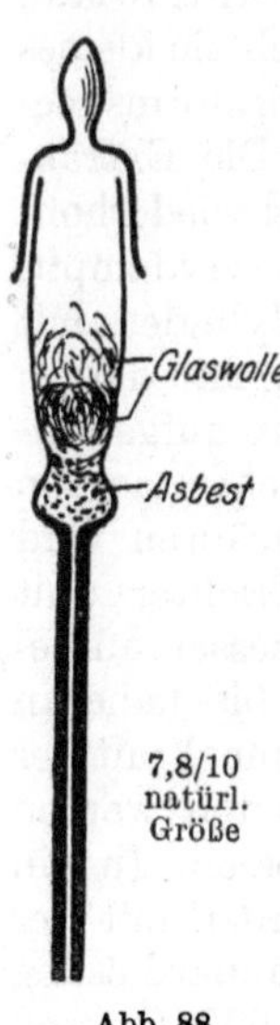

Abb. 88.

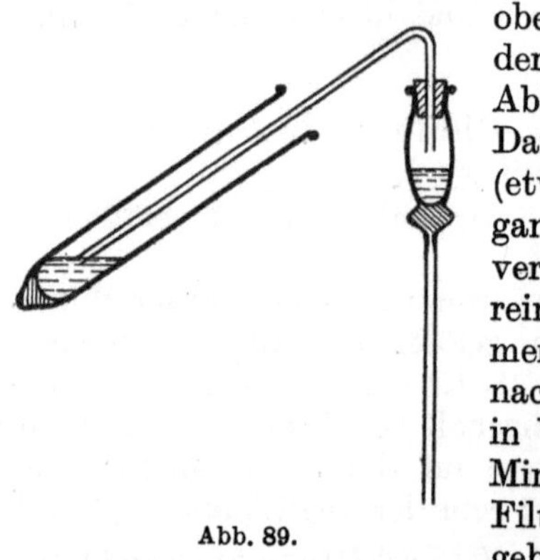
Abb. 89.

---

[1] Biochem. Z. **155**, 119 (1924).

[2] Horiye: Biochem. Z. **202**, 407 (1928) wäscht mit einer Mischung von Wasser, Azeton und Alkohol. Vgl. Caminade: Bull. Soc. de Chim. biol. **4**, 601 (1922).

Wasser auf das Filter gespült. Danach wird das Wasser abgesaugt, das Filter getrocknet und gewogen.

Die Berechnung des Cholesterins aus dem Niederschlag geschieht nach den Angaben von Windaus durch Multiplikation mit 0,2431. Windaus empfiehlt für einfache Zwecke den Faktor auf 0,25 abzurunden, d. h. die Anzahl der mg durch 4 zu dividieren. Die Differenz entspricht $+2,8\%$, ungefähr dem mittleren Fehler, so daß die Windaussche Vereinfachung zugleich als Korrektur dienen kann.

Der normale Gesamt-Cholesteringehalt von 1 ccm Menschenblut beträgt ungefähr 1,5 mg.

Bestimmung der Fettsäuren (und des Cholesterins) im Blutplasma nach Bang, modifiziert nach Bloor[1].

Prinzip: Die Methode beruht darauf, daß die Fettsäuren (plus Cholesterin) von Chromsäure oxydiert werden. Die reduzierte Chromsäuremenge ist der Fettsäuremenge proportional.

Die Blutfettsäuren bestehen zum größten Teil aus Oleinsäure und Palmitinsäure. Zur vollständigen Oxydation von 1 mg Palmitinsäure sind nach der Gleichung:

$$C_{16}H_{32}O_2 + 23\,O_2 = 16\,CO_2 + 16\,H_2O\,,$$

3,59 ccm 0,1 n Bichromat in schwefelsaurer Lösung erforderlich entsprechend der Gleichung

$$K_2Cr_2O_7 + 4\,H_2SO_4 = K_2SO_4 + Cr_2(SO_4)_3 + 4\,H_2O + 3\,O\,.$$

Für Oleinsäure (Ölsäure $C_{18}H_{34}O_2$) wäre der Faktor oder Reduktionskoeffizient (d. h. die ccm 0,1 n Chromatlösung, die von 1 mg der Substanz reduziert werden) 3,61, für Stearinsäure ($C_{18}H_{36}O_2$) 3,66, für Cholesterin 3,92.

Bei der Bestimmung werden die Fette mit einem Überschuß des Bichromats in schwefelsaurer Lösung oxydiert; die überschüssige Chromsäuremenge wird jodometrisch bestimmt[2]. Die Vollständigkeit der Oxydation, die bei dem ursprünglichen Bangschen Verfahren nicht erreicht wurde, kann durch geeignetes Erhitzen und Einführung des Nic louxschen Silberkatalysators (s. u.) durchgeführt werden.

Reagentien: 1. 0,1 n Natriumthiosulfat. 2. 1 n Natriumbichromat. $\left(\frac{1}{6}\,\text{Mol:}\ \frac{294,2}{6} = 49,03\ \text{g auf 1000 ccm dest. Wasser.}\right)$ 3. 1%ig. Stärkelösung. 4. 10%ig. Jodkaliumlösung. 5. Silberbichromatschwefelsäure[2].

---

[1] Bloor: J. of biol. Chem. **77**, 53 (1928). Über eine Mikromethode zur Bestimmung von ätherlöslichen organischen Säuren im Blute. Vgl. Örskov: Biochem. Z. **201**, 22 (1928). Zur Bestimmung der Fettsäuren vgl. auch S. 221.

[2] Nicloux: Bull. Soc. de Chim. biol. **9**, 639, 758 (1927).

Man löst 5 g Silbernitrat in 25 ccm Wasser und fügt zu der Lösung in einem großen (ca. 100 ccm) Zentrifugenglas 5 g Kaliumbichromat, in 50 ccm Wasser gelöst. Der Niederschlag von Silberbichromat wird zweimal unter Zentrifugieren mit Wasser gewaschen und ohne vorherige Trocknung in 500 ccm konzentrierter Schwefelsäure gelöst. 6. Petroläther. Die Fraktion, die unter 60° siedet, wird mit konzentrierter Schwefelsäure gewaschen und redestilliert. 7. Alkohol-Äthergemisch. 3 Teile 95% ig. Alkohol und 1 Teil gewöhnlicher Äther. Diese müssen zur Entfernung von Spuren nicht flüchtiger organischer Substanzen redestilliert werden. 8. Natriumäthylat (annähernd normal). 2—3 g Natrium werden in 100 ccm absol. Alkohol unter Vermeidung von Erwärmung gelöst; die Lösung wird kühl und im Dunkeln aufbewahrt. Bei stärkerer Färbung muß das Reagens verworfen werden.

Für die Oxydation benutzt man Erlenmeyerflaschen mit flachem Boden von 125—150 ccm Inhalt mit Glasstopfen. Diese werden vor dem Gebrauch mit Bichromat-Schwefelsäuregemisch gereinigt, 1 Stunde im Trockenschrank bei 124° getrocknet, dann mit Wasser gespült, wieder im Trockenschrank getrocknet und, mit Glasstopfen versehen, aufbewahrt. Der Trockenschrank muß die Einstellung der Temperatur auf $\pm 2°$ ermöglichen. (Die bei der Methode angegebenen Temperaturen müssen genau eingehalten werden.) Die Erwärmung kann auch im Wasser- oder Dampfbad bei 88—90° ausgeführt werden; die Erhitzungsdauer beträgt dann $1—1^1/_2$ Stunden.

Ausführung. Extraktion: 3 ccm Plasma werden in einem Meßgefäß von 50 ccm Inhalt zu etwa 40 ccm der Alkohol-Äthermischung in langsamem Strom unter starkem Schütteln zur Erzielung eines feinflockigen Niederschlags gefügt. Das Gefäß wird unter fortwährendem Schwenken in siedendes Wasser getaucht, bis die Flüssigkeit zu kochen beginnt. Man läßt einige Sekunden sieden, kühlt dann auf Zimmertemperatur ab, füllt mit Alkoholäther auf und filtriert durch ein fettfreies Filter. Um möglichst viel Filtrat zu erhalten, wird das zusammengelegte Filter mit einem Glasstab ausgepreßt. Die Extraktion der Lipoide aus dem Plasma ist auf diese Weise praktisch vollkommen.

Bestimmung der Gesamtlipoide. Die gesamten Fettsäuren und das Cholesterin werden in einer Portion des alkoholätherischen Extrakts gemeinsam bestimmt, wobei nach Verseifung und Extraktion des angesäuerten Rückstandes mit Petroläther ein aliquoter Teil der Lösung mit dem Silberchromschwefelsäurereagens oxydiert wird. In einem anderen aliquoten Teil wird das Cholesterin kolorimetrisch bestimmt, sein Oxydationswert berechnet und von dem Oxydationswert der gesamten Lipoide abgezogen; so erhält man den Wert für die totalen Fettsäuren.

Man verfährt wie folgt. Teile des Alkohol-Ätherextraktes, die etwa 5 mg Gesamtlipoide enthalten, (gewöhnlich 15—20 ccm des oben beschriebenen Extraktes) werden in einem Erlenmeyerkolben von 100 ccm mit 2 ccm Natriumäthylat auf einem Wasserbad bis zum Verschwinden des Alkoholgeruches erhitzt. Die letzten Alkoholspuren werden durch einen Luftstrom beseitigt; der zähflüssige Kolbeninhalt wird mit 1 ccm verdünnter Schwefelsäure (1 Teil konzentrierte Schwefelsäure, 3 Teile Wasser) angesäuert. Man erhitzt 1 Min. auf dem Wasserbad und setzt 10 ccm Petroläther zu, der dabei zu sieden beginnt, läßt unter vorsichtigem Umschwenken 2—3 Min. gelinde weitersieden und gießt dann den Petroläther von dem wäßrigen Rückstand in eine Meßflasche von 25 ccm ab. Die Erwärmung und die Extraktion werden mehrmals mit je 5 ccm Petroläther wiederholt, bis die Meßflasche nahezu voll ist; dann wird sie abgekühlt, bis zur Marke aufgefüllt und die Flasche gut verschlossen.

Oxydation. 10 ccm der Petrolätherlösung (entsprechend etwa 2 mg Lipoid) werden in einem mit Glasstopfen verschließbaren Erlenmeyerkolben von 125 ccm Inhalt verdampft und die Reste des Lösungsmittels mit einem mäßigen Luftstrom abgeblasen. (Man kann gegen Licht die hervorquellenden Dämpfe gut sehen; der Luftstrom soll noch ½ Minute weiter gehen, wenn diese Erscheinung verschwunden ist.) Man mißt genau 5 ccm des Silberreagens und genau 3 ccm n-Bichromatlösung ab und setzt sie unter Umschwenken zu. Eine Leerbestimmung mit denselben Lösungen ohne das fetthaltige Material wird zur Kontrolle angesetzt. Man verschließt locker und bringt die Flaschen (z. B. 4 Proben und eine Kontrollbestimmung) in den (elektrisch regulierbaren) Trockenschrank von 124° auf 5 Min.; dann werden sie herausgenommen, durch Umschwenken gemischt, die Glasstopfen fest eingesetzt und auf weitere 10—15 Min. im Trockenschrank erhitzt. Nach der Gesamterhitzungsdauer von 15—20 Min. werden die Flaschen aus dem Ofen genommen, ohne Kühlung mit je 75 ccm Wasser versetzt und der Überschuß des Bichromats wie folgt titriert. Man gibt 10 ccm 10 %ig. Jodkalilösung zu und ohne Umschwenken aus einer Bürette 0,1 n Thiosulfatlösung. Dann wird zuerst vorsichtig (um Jodverlust zu vermeiden), später energischer umgeschwenkt. Der weiße Silberniederschlag kann unbeachtet bleiben. Gegen Schluß gibt man die Stärkelösung zu. Der Unterschied zwischen dem Titrationswerte der Leerbestimmung und dem der Probe gibt die Menge 0,1 n Bichromatlösung an, die von den Fettsäuren (+ Cholesterin) verbraucht worden ist. Z. B. Verbrauch 9,55 ccm (33,00 ccm in der Leerbestimmung, 23,45 ccm in der Probe) 0,1 n Thiosulfat, entsprechend 9,55 ccm 0,1 n Bichromat, entsprechend $\frac{9,55}{3,61} = 2,65$ mg Ölsäure.

Wird das Gemisch während der Oxydation grün, so kann man

die Bestimmung retten, indem man erneut Silberreagens und Bichromat zusetzt.

Cholesterin wird in einer zweiten Portion des Petroläther-extraktes kolorimetrisch bestimmt (s. S. 222). 10 ccm des Extraktes werden in einem kleinen Erlenmeyerkolben, wie oben beschrieben, von dem Lösungsmittel durch Verdampfen befreit. In kleinen Portionen wird Chloroform zugefügt, unter gelindem Erwärmen der Rückstand gelöst, und in graduierte, verschließbare Zylinder von 10 ccm Inhalt dekantiert. Mindestens drei Extraktionen sind auszuführen. Nachdem der Chloroformextrakt die Zimmertempe-ratur angenommen hat, füllt man bis zur 5 ccm Marke auf. 1 ccm Essigsäureanhydrid und 0,1 ccm konzentrierte Schwefel-säure werden zugegeben und in verschlossenem Zylinder gut vermischt. Als Vergleichslösung benutzt man 5 ccm Standard-Cholesterinlösung mit 0,5 mg Cholesterin. Die Zylinder läßt man bei gleicher Beleuchtung 15 Min. stehen, dann vergleicht man kolorimetrisch, wobei ein evtl. auftretender gelblicher Ton bei Verwendung eines Rotfilters nicht stört.

Berechnung. Von den für das Gesamtlipoid verbrauchten ccm 0,1 n Bichromat wird das 3,92fache der Cholesterinmenge (in mg) abgezogen. Die Differenz wird durch 3,6 dividiert, einem Wert, der zwischen den Faktoren für Palmitinsäure (3,59) und Ölsäure (3,61) liegt, um die Menge der Gesamtfettsäuren in mg zu erhalten. Die Werte werden auf die verwendete Plasmamenge bezogen. Zu-gesetztes Lipoid wurde zu 94—101% wiedergefunden.

Die Phosphatide (Lezithin) werden in einem anderen Teile des Alkoholätherextraktes bestimmt[1].

Bestimmung des Lipoid-Phosphors (Lezithins).
Methode von Bloor[2].

Prinzip. Die extrahierten Lipoide werden mit einem Salpeter-säure-Schwefelsäure-Gemisch oxydiert, worauf die Lipoid-Phos-phorsäure kolorimetrisch bestimmt wird.

Ausführung. 1 ccm Blut wird mit 20 ccm Alkohol-Äther-mischung (3 Teile Alkohol, 1 Teil Äther, beide redestilliert) in einem Meßgefäß von 25 ccm langsam und unter stetem Rühren (damit nicht grob-klumpige Niederschläge entstehen) vermischt; dann wird die Flasche unter energischem Schütteln (damit

---

[1] Bloor: J. of biol. Chem. **29**, 437 (1917).
[2] J. of biol. Chem. **36**, 33 (1918). Vgl. auch Benedict und Theis: Ebenda **61**, 63 (1924).

eine Überhitzung vermieden wird) in siedendes Wasser getaucht, bis zu eben beginnendem Kochen. Man läßt auf Zimmertemperatur erkalten, füllt mit Alkoholäther auf 25 ccm auf, mischt und filtriert. Um die Lipoide zu oxydieren, werden 5 ccm des Filtrates in einem Reagenzglas (20 × 175 mm) aus hartem Glas mit Marke bei 5 ccm in siedendes Wasser getaucht und zur Trockne verdampft. Dann gibt man 0,5 ccm einer Mischung von gleichen Teilen konzentrierter Salpetersäure und konzentrierter Schwefelsäure zu, vermischt gut und erhitzt vorsichtig mit einem Mikrobrenner, bis braune Dämpfe entstehen. Nach Erkalten gibt man 1—2 Tropfen einer 1%ig. Lösung von Rohrzucker hinzu, um eine Verkohlung herbeizuführen.

Nach weiterem Erhitzen wird die Lösung klar. (Bleibt nach ½ Min. eine braune oder gelbe Farbe zurück, so gibt man etwas Salpetersäure hinzu und setzt das Kochen weiter fort.) Man kühlt, gibt 2 ccm destilliertes Wasser hinzu und neutralisiert vorsichtig, indem man eine vorher festgestellte Menge (etwa 6 bis 7 Tropfen) einer konzentrierten, kohlensäurefreien Natronlauge zufügt. Man kühlt ab, verdünnt mit destilliertem Wasser bis zur Marke bei 5 ccm. Man verfährt dann weiter wie bei der Bestimmung des unorganischen Phosphors (vgl. S. 257).

„Lezithin" enthält etwa 4,0% Phosphor.

Bestimmung der Phospholipoide (des Lezithins und des Kephalins) im Blut und im Gewebe nach Bloor[1].

Prinzip. Nach Isolierung der „Phospholipoide" durch Fällung ihrer Lösung in Äther oder Petroläther mittels Azetons und Magnesiumchlorids erfolgt die Bestimmung durch Oxydation mit Chromsäure (vgl. S. 225). Nach den Gleichungen:

$$2\,C_{42}H_{84}O_9NP + 121\,O_2 = 84\,CO_2 + 84\,H_2O + 2\,H_3PO_4 + N_2$$

und

$$2\,K_2Cr_2O_7 + 8\,H_2SO_4 = 2\,K_2SO_4 + 2\,Cr_2(SO_4)_3 + 8\,H_2O + 3\,O_2$$

erfordert 1 mg Oleo-palmityl-Lezithin 3,11 ccm 0,1 n Bichromatlösung für die Oxydation. Für ein entsprechendes Kephalin würde der Wert 3,12 betragen. Andere Lezithine und Kephaline geben hiervon nur wenig abweichende Werte. Bloor benutzt als geeigneten Faktor: 3 ccm 0,1 n Bichromatlösung für 1 mg Phospholipoid.

Erforderliche Reagentien vgl. S. 225.

---

[1] J. of biol. Chem. **82**, 273 (1929).

Ausführung. Gesamtblut. 5 ccm Blut läßt man unter Umrühren in einen Meßkolben von 100 ccm Inhalt, der etwa 75 ccm redestillierten 95%ig. Alkohol enthält, fließen. Man erhitzt auf dem Wasserbad bis zum Sieden, läßt weitere 5 Minuten gelinde kochen, kühlt ab, füllt mit Alkohol bis zur Marke auf und filtriert durch ein fettfreies Filter.

Plasma oder Serum. Man verfährt wie bei dem Gesamtblut. Statt der 75 ccm 95%ig. Alkohols können auch 75 ccm einer Mischung aus 3 Vol.-Teilen 95%ig. Alkohol und 1 Vol.-Teil Äther (beide redestilliert) benutzt werden.

Gewebe. Möglichst frisch vom Tiere entnommenes, fein zerkleinertes Gewebe wird im bedeckten Wägegläschen mit einem Glasstäbchen gut vermischt und auf 1 mg genau gewogen; etwa 1 mg wird abgenommen und in einer Reibschale mit 5 g Sand[1] verrieben; das Wägegläschen mit dem Glasstab wird zurückgewogen. Die Gesamtmenge wird aus der Reibschale in einen Meßkolben von 100 ccm Inhalt übergeführt, indem man mit je 1 ccm Wasser den Rest in der Schale verreibt und nachwäscht. Man fügt zu dem Kolbeninhalt etwa 75 ccm redestillierten Alkohol, erhitzt wie oben und filtriert.

Isolierung der Phospholipoide. Ein aliquoter Teil des Extraktes, etwa 2 mg Phospholipoide enthaltend (bei Blut oder Plasma etwa 20 ccm, bei Gewebeextrakt folgende Volumina: etwa 10 ccm bei Leber, Niere, Pankreas, Herz; etwa 5 ccm beim Gehirn oder Nervengewebe; etwa 15 ccm bei quergestreifter Muskulatur), wird in einem kleinen Becherglas zur Trockene verdampft. Das zurückbleibende Lipoid wird unter vorsichtigem Kochen mit Petroläther (vgl. S. 226) in kleinen Portionen gelöst, die Lösung in ein graduiertes Zentrifugenglas von 15 ccm Inhalt dekantiert, bis das Volumen 10 ccm beträgt. Man zentrifugiert und überträgt die klare Lösung in ein anderes graduiertes Zentrifugenglas. Unter vorsichtigem Erwärmen in warmem Wasser dampft man die Lösung auf 2 ccm ein und fügt zu dieser Menge 7 ccm redestilliertes Azeton und 3 Tropfen einer kaltgesättigten Lösung von $MgCl_2$ in Alkohol. Nach gutem Mischen zentrifugiert man den Niederschlag und gießt nachher die wasserklare Azetonlösung vom Niederschlag ab. Man wäscht den Niederschlag mit Azeton, und löst ihn dann in 5 ccm feuchtem Äther[2]. Die Lösung erfolgt

---

[1] Feingesiebter Sand mit 10%ig. Salzsäure digeriert, mit Wasser gewaschen und mit 95%ig. Alkohol gekocht. Trocken aufzubewahren.

[2] Den feuchten Äther stellt man dar, indem man gewöhnlichen, per-

nur langsam. Spuren ungelöst bleibender Bestandteile werden abzentrifugiert; der Äther wird quantitativ in den für die Oxydation bestimmten Kolben überführt. Man wäscht den Rückstand zweimal mit je 1 ccm Äther nach. Die ätherische Lösung wird verdampft; die letzten Reste des Äthers werden mit einem schwachen Luftstrom verjagt.

Oxydation. Man gibt nun in die Kolben 5 ccm des Silberreagenses (vgl. S. 225), genau abgemessen, und dann 3 ccm (genau abgemessen) der n Bichromat-Lösung. Eine Kontrollbestimmung mit allen Reagentien, ausgenommen des lipoidhaltigen Materials, wird gleichzeitig angesetzt. Gewöhnlich werden 4 Proben und eine Kontrolle gleichzeitig verarbeitet.

Man mischt unter Umschwenken, verschließt die Kolben lose und hält sie im Ofen bei 124^0 [1]. Nach 5 Minuten nimmt man die Kolben aus dem Ofen, vermischt den Inhalt nochmals unter Umschwenken, verschließt nun fest und erhitzt im Ofen weiter, im ganzen 15—20 Minuten. Ohne Kühlung fügt man dann 75 ccm destilliertes Wasser zu, kühlt dann unter mäßigem Umschwenken in kaltem Wasser und titriert den Überschuß des Bichromats wie folgt.

Titration. Man gibt zu dem Kolben ohne Umschütteln 10 ccm 10%ig. KJ und dann 0,1 n Thiosulfat, zuerst unter vorsichtigem, dann unter stärkerem Schütteln. Der entstandene Silberniederschlag stört nicht. Ist die Titration fast beendet, so fügt man einige Tropfen einer 1%ig. Stärkelösung zu und führt die Titration zu Ende. Ebenso wird die Kontrollbestimmung ausgeführt.

Berechnung. Die Differenz der Titrationen bei der Kontrollbestimmung und bei der Bestimmung in der Analysenprobe gibt die Menge 0,1 n Bichromatlösung an, die zur Oxydierung des Lipoids erforderlich war. 3,00 ccm 0,1 n Bichromatlösung entsprechen 1 mg Phospholipoid.

---

oxydfreien Äther mit Wasser schüttelt. Prüfung auf Peroxyd: Der Äther wird mit dem halben Volumen schwach mit Schwefelsäure angesäuerter 10%ig. Jodkaliumlösung geschüttelt. Nur eine schwach gelbe Farbe darf entstehen. Man befreit den Äther von dem Peroxyd, indem man ihn mit einer angesäuerten 10%ig. Jodkaliumlösung (unter Zusatz von Natriumthiosulfatlösung, um eine Anhäufung von freiem Jod zu verhindern) schüttelt. Das Waschen und Entfärben wird wiederholt, bis keine Farbe entsteht. Dann wäscht man den Äther mit Wasser, destilliert und hebt ihn in dunklen Flaschen auf.

[1] Oder auf dem Wasserbad bei 87—90° 1 Stunde.

Bestimmung der Gallenfarbstoffe.

Methode nach van den Bergh[1] zum Nachweis des Gallenfarbstoffs im Blutserum.

Prinzip. Das Serum wird mit „Diazoreagens" (diazotierte Sulfanilsäure) behandelt; die bei der Kuppelung mit Bilirubin in saurer Lösung entwickelte rote Farbe des gebildeten Azofarbstoffes wird zur Beurteilung der Bilirubinmenge benutzt.

Die benutzte Diazosulfonsäure wird kurz vor dem Gebrauch frisch zubereitet: Zu 25 ccm einer Lösung, die pro Liter 1 g Sulfanilsäure und 15 ccm konz. Salzsäure enthält, fügt man 0,75 ccm einer 0,5%ig. Natriumnitritlösung. Die Diazoniumlösung darf keinen Überschuß von salpetriger Säure enthalten, was mittels Jodkaliumstärke geprüft werden kann (es darf keine direkte Blaufärbung auftreten).

Die Reaktion wird wie folgt ausgeführt: Zu 1 Vol. klarem Blutserum aus nicht hämolysiertem Blut gibt man 2 Teile 96%ig. Alkohol, zentrifugiert den Eiweißniederschlag ab und pipettiert die überstehende Flüssigkeit ab. Zu 1 Teil der klaren alkoholischen Flüssigkeit fügt man den vierten Teil Diazoniumlösung. War Bilirubin vorhanden, so nimmt die alkoholische Flüssigkeit gleich eine schöne rote, etwas violett getönte Farbe an. Manchmal kommt es vor, daß die alkoholische Lösung durch ausfallende Fettsäuren ein wenig trüb ist. Die Trübung entfernt man durch Zusatz von 1—2 Tropfen Äther oder 0,5 Vol.-Teilen Alkohol.

Um sicher zu sein, daß es sich um Bilirubin handelt, setzt man einem Teil der gefärbten Flüssigkeit einige Tropfen starke Salzsäure zu bzw. starke Natronlauge, die Farbe wird dann blau, bzw. blaugrün. Im Spektrum zeigt sich ein Absorptionsband in saurer Lösung bei 540—610 $\mu\mu$, in der alkalischen bei 550—630 $\mu\mu$. Für die Bestimmung genügen 0,5 ccm (auch 0,25 ccm) klares Serum. Mit der Reaktion kann nur das unveränderte Bilirubin nachgewiesen werden.

Bei der quantitativen Bestimmung des Bilirubins nach van den Bergh verfährt Thannhauser wie folgt:

Im Serum bei Stauungsikterus[2]: 2 ccm klares Serum werden im Zentrifugenglas mit 1 ccm Diazoniumlösung[3] versetzt. Nach

---

[1] Vgl. Hijmans van den Bergh und Müller: Abderhalden. Arbeitsmeth. IV/4, 901.

[2] Thannhauser und Andersen: Dtsch. Arch klin. Med. **137**, 184 (1921).

[3] Vorschrift nach Thannhauser: 1. 5 g Sulfanilsäure, 50 g Salzsäure (spez. Gew. 1,19) in 1000 ccm. 2. 0,5%ig. Natriumnitritlösung. Man mischt 25 ccm 1. mit 0,5 ccm von 2.

der Kupplung fügt man 5,8 ccm 96%ig. Alkohol und 2 ccm gesättigter Ammonsulfatlösung hinzu, schüttelt um und zentrifugiert. Zu 0,9 ccm der überstehenden, klaren Flüssigkeit fügt man 0,1 ccm konz. Salzsäure (spez. Gew. 1,19). Man verdünnt mit salzsäurehaltigem Alkohol (0,1 ccm Salzsäure auf 0,9 bzw. 1,9 ccm Alkohol), bis ein Vergleich im Kolorimeter mit der Vergleichslösung[1] möglich ist.

Im Normalserum (wie auch im Liquor und anderen serösen Flüssigkeiten): 2 ccm klares Serum vermischt man mit 4 ccm 96%ig. Alkohol; man zentrifugiert, gibt zu je 1 ccm der Lösung 0,25 ccm Diazoniumlösung. Nach vollendeter Kuppelung gibt man 0,55 ccm Alkohol und 0,2 ccm konz. Salzsäure hinzu. Man vergleicht im Kolorimeter mit der Vergleichslösung.

Je nach seiner Herkunft verhält sich das Bilirubin der Kuppelung Diazoniumsalzen gegenüber verschieden. Das eine Mal gibt es die Diazoreaktion mit dem Diazoniumgemisch ohne Zufügung von Alkohol, also direkt, das andere Mal nur in Gegenwart von Alkohol (wie oben geschildert), also indirekt.

Zur Ausführung der direkten Reaktion gibt man zum unverdünnten oder mit Wasser verdünnten Serum bzw. zu verdünnter Galle $^1/_4$—$^1/_8$ Vol. Reagens. Die Reaktion (deutliche Rotfärbung) tritt sofort ein, jedenfalls innerhalb 30 Sek. Bei

---

[1] Vergleichslösung: Von einer Lösung von 5 mg Bilirubin in 100 ccm Chloroform werden 2 ccm auf dem Wasserbad abgedampft, der Rückstand wird in 11 ccm 96%ig. Alkohol gelöst und mit 5 ccm Diazoniumreagens versetzt. Nach völliger Kupplung werden 4 ccm konz. Salzsäure hinzugefügt (Bilirubinlösung 1:200000). — Als Vergleichslösung wurde von van den Bergh eine ätherische Lösung von Rhodaneisen empfohlen. Darstellung: 1. Stammlösung von Eisenalaun. Man löst 0,1508 g Eisenammonsulfat $Fe_2(SO_4)_3$ $\cdot(NH_4)_2SO_4\cdot24H_2O$ in 50 ccm konz. HCl und verdünnt mit Wasser auf 100 ccm. 2. Standard-Eisenalaunlösung: Zu 10 ccm obiger Lösung gibt man 25 ccm konz. HCl und verdünnt auf 250 ccm. 3. 20%ig. Rhodankaliumlösung. Zur Darstellung der Vergleichslösung gibt man in einen kleinen Scheidetrichter je 3 ccm von 2. und 3. Man extrahiert die rote Farbe mit 12 ccm Äther. Diese ätherische Lösung von Rhodaneisen (entsprechend einer $^1/_{32000}$ n Lösung) soll täglich neu hergestellt werden. Sie entspricht einer Verdünnung von 1:200000 Azo-Bilirubin (einer „Einheit Bilirubin entspricht 0,5 mg in 100 ccm Serum"). Eine andere von van den Bergh vorgeschlagene Vergleichsflüssigkeit stellt man durch Auflösen von 2,161 g wasserfreiem (oder 3,92 g $CoSO_4\cdot7\,H_2O$) Kobaltsulfat in 100 ccm Wasser her. Das wasserfreie Kobaltsulfat stellt man dar, indem man entweder reines (nickelfreies) Kobaltsulfat bis zur schwachen Rotglut erhitzt oder das Kobaltchlorid- oder -nitrat mit starker Schwefelsäure abraucht. Vgl. McNee: Quart. J. Med. 16, 390 (1923).

Über die Bestimmung des Urobilins im normalen menschlichen Blut unter Benutzung der Fluoreszenz-Methode von Schlesinger (S. 578) vgl. Blankenhorn: J. of biol. Chem. 80, 477 (1928).

der indirekten Reaktion verfährt man ebenso wie bei der Ausführung der direkten Reaktion. Es dauert 2, 3, 4 Min. oder noch
länger, ehe die Reaktion deutlich beginnt und noch länger, bis
sie ihre größte Intensität erreicht hat. Wiederholt man den Versuch unter Zusatz von Alkohol, so tritt die Reaktion fast augenblicklich und maximal ein.

Bestimmung der Gallensäuren im Blut[1]

nach Aldrich und Bledsoe.

Prinzip. Die Pettenkofersche Reaktion auf Gallensäuren (s. u.)
ist für eine quantitative Bestimmung der Gallensäuren im Blut
ausgearbeitet.

Ausführung. 5 ccm mit Oxalat behandeltes Blut werden
unter Schütteln in einem Meßkolben von 50 ccm Inhalt zu 35 ccm
redestilliertem 95 %ig. Alkohol gegeben; man füllt mit Alkohol auf
und filtriert. Man gibt dann 40—50 mg Norit[2] zu 35 ccm des
schwach gefärbten Filtrats, schüttelt gut durch und filtriert. Das
Filtrat muß klar und farblos sein.

30 ccm des Filtrats werden in einem Becherglas von 100 ccm
mit 1 ccm einer gesättigten Lösung von Bariumhydroxyd versetzt; das Gemisch wird auf der elektrischen Heizplatte schnell auf
3—4 ccm eingedampft. Ein Überhitzen muß vermieden werden; das
endgültige Trocknen führt man am besten mit einem elektrischen
Fächer (Fön-Apparat) aus. Um Cholesterin und Fett zu entfernen,
extrahiert man den sorgfältig getrockneten Rest der Bariumsalze
dreimal mit je 5 ccm redestilliertem wasserfreiem Äther, der auf
der Heizplatte zum Sieden gebracht wird. Losgelöste Partikelchen
des Niederschlags können durch Zentrifugieren der ätherischen
Lösung zurückgewonnen werden.

Als Standard wird umkristallisierte Glykocholsäure (s. u.) benutzt. Die 0,1 %ig. alkoholische Stammlösung wird mit Alkohol
10 fach verdünnt, so daß die Standardlösung in 1 ccm 0,1 mg
Glykocholsäure enthält. Man bereitet fünf Lösungen mit 0,1, 0,15,
0,2, 0,3 und 0,4 mg und bringt sie mit dem elektrischen Fächer
zur Trockne.

Zu der getrockneten unbekannten Probe und zu jedem Standard
gibt man in die Bechergläser 0,4 ccm einer 1 %ig. Rohrzuckerlösung, die in der unbekannten Probe mit dem Bariumniederschlag

---

[1] J. of biol. Chem. **77**, 519 (1928). Vgl. hierzu auch Charlet. Biochem. Z. **210**, 42 (1929).

[2] Aktivierte Kohle, zu beziehen von Algemeene Norit Maatschappij.
Den Texstraat 2—4. Amsterdam C.

verrieben werden muß. 8 ccm einer 60 Vol.-%ig. Schwefelsäure
werden dann in jedes der Bechergläser gebracht, der Inhalt wird
vermischt; die Partikelchen, die man bei dem Zentrifugieren der
ätherischen Lösung zurückgewonnen hat, werden aus den Zentrifugengläsern in die entsprechenden Bechergläser gespült. Die
Bechergläser werden dann für 1 Stunde in einem Ofen oder im
Wasserbad ungefähr bei 37° gehalten. Während dieser Zeit entwickelt sich in den Lösungen eine rosa Farbe. Man kühlt dann die
Lösungen in einem Eisschrank für einige Minuten, um die Farbentwicklung zu verlangsamen. Während der ganzen Prozedur
müssen unbekannte und Vergleichslösung, was Belichtung und
Erwärmen betrifft, vollkommen gleich behandelt werden. Der
Bariumsulfatniederschlag in der zu untersuchenden Probe wird
durch Zentrifugieren getrennt und die darüberstehende Flüssigkeit mit einer möglichst farbgleichen Vergleichslösung kolorimetrisch verglichen. Die Farbe ist je nach dem Gehalt an Gallensäure gelb-rosa bis rötlich. Wegen der verschiedenen Farbnuancen
der zu vergleichenden Lösungen ist ein Farbfilter oder ein Kom-
pensationskeil anzuwenden.

Berechnung. Die Standardlösung steht auf 15 mm. Die Stärke
der Pettenkoferschen Reaktion wird ausgedrückt in mg Glykocholsäure für 100 ccm Blut nach der Formel:

$$\frac{\text{Ablesung der Standardlösung}}{\text{Ablesung der unbekannten Lösung}} \cdot \text{Stärke der Standardlösung in}$$

$$\text{mg} \cdot \frac{100}{3} = \text{mg Glykocholsäure pro 100 ccm Blut.}$$

Die reine Gallensäure kann nach der Methode in Mengen von
0,10—0,50 mg mit einer Genauigkeit von ± 5% bestimmt werden. Von der dem Blute zugefügten Gallensäure werden meist
über 90% zurückgewonnen. Im normalen menschlichen Blut erhält man einen „Pettenkofer-Wert", der 3—6 mg Glykocholsäure
pro 100 ccm Blut entspricht.

Darstellung von kristallisierter Glykocholsäure. Eine
5%ig. Lösung des käuflichen Präparats wird mit einem Überschuß
einer 10%ig. Eisenchloridlösung niedergeschlagen, der Niederschlag im Buchnertrichter abgesaugt und mit Wasser gewaschen.
Das Eisensalz wird dann mit einer 5%ig. Natriumkarbonatlösung unter gründlichem Verreiben zersetzt, die Lösung des
Natriumglykocholats gegen Lackmus mit Salzsäure neutralisiert
und die Lösung auf einem Dampfbad auf ein geringes Volumen
eingeengt. Dann gießt man eine 1—2 cm hohe Schicht Äther
auf die Lösung, gibt unter energischem Rühren allmählich ver-

dünnte Salzsäure zu, bis eine bleibende Opaleszenz auftritt.
Man stellt bis zur beginnenden Kristallisation auf Eis; gibt man
nun mehr Säure zu, so erstarrt die Lösung fast momentan zu einer
Masse von feinen nadelförmigen Kristallen. Man saugt ab, löst
die Kristalle mit Natriumkarbonat zu einer ca. 10%ig. Lösung
und kristallisiert nun unter Zusatz von Äther und Säure. Sind
die Kristalle nicht ganz farblos, so löst man sie in Alkohol und
entfärbt mit Tierkohle. Umkristallisieren aus absolutem Alkohol
unter Zusatz von dest. Wasser. Zus.: $C_{26}H_{43}O_6N$. Schm.-P. 125 bis
128°; $[\alpha]_D^{25°}$ in Alkohol $+ 32{,}3°$.

Bestimmung der Phenole im Blut

nach Theis und Benedict[1,2].

Prinzip. Die Phenole reagieren mit diazotiertem p-Nitroanilin unter Bildung orangefarbener Verbindungen. Die Farbe
wird kolorimetrisch mit der einer bekannten Phenolverbindung
verglichen. Die Methode ist für Harn nicht anwendbar. Vorherige
Entfernung der Harnsäure ist unnötig.

Reagentien. 1. 1%proz. Akaziengummilösung. 2. 50%ig. Natriumazetatlösung. 3. Nitroanilinreagens. Das Reagens wird durch Lösen von
1,5 g p-Nitroanilin in 500 ccm Wasser mit 40 ccm konz. Salzsäure (spez.
Gew. 1,19) dargestellt; 25 ccm dieser Lösung werden mit 0,75 ccm einer
10%ig. Natriumnitritlösung diazotiert. Das diazotierte Reagens hält sich
nur einen Tag. 4. Natriumkarbonatlösung 20%ig. 5. Eine Stammphenollösung.

Ausführung. Das Blut wird nach **Folin-Wu** enteiweißt
(S. 161) mit dem Unterschied, daß 2 Vol.-Teile Wasser zugefügt
werden statt der üblichen 7 Vol.-Teile. Zu 10 ccm des 5fach verdünnten Filtrates werden 1 ccm einer 1%ig. Akaziengummilösung,
1 ccm einer 50%ig. Natriumazetatlösung und 1 ccm des Nitro-
anilinreagenses gefügt.

Nach 1 Min. werden 2 ccm einer 20%ig. Natriumkarbonatlösung hinzugefügt. Die entstehende Orangefärbung wird kolorimetrisch gegen eine Standard-Phenollösung, die 0,025 mg Phenol
in 10 ccm enthält, verglichen.

---

[1] Frühere Methode **Benedict** und **Theis**: J. of biol. Chem. **36**, 95 (1918);
36, 99. — Ferner **Pelkan**: J. of biol. Chem. **50**, 491 (1922). — **Rakestraw**:
56, 109 (1923).

[2] J. of biol. Chem. **61**, 67 (1924).

Die Stammphenollösung wird nach **Folin** und **Denis**[1] wie folgt bereitet: Die Lösung enthält in 0,1 n Salzsäure etwa 1 mg Phenol pro 1 ccm; 25 ccm dieser Lösung werden in eine Flasche von 250 ccm überführt, 50 ccm 0,1 n NaOH zugefügt, auf 65° erhitzt, dann 25 ccm 0,1 n Jodlösung zugefügt; die Flasche wird verschlossen und $1/_2$ Stunde bei Zimmertemperatur stehen gelassen. Dann fügt man 5 ccm konz. HCl zu und titriert den Überschuß an Jod mit 0,1 n Natriumthiosulfat. Jedem ccm des verbrauchten 0,1 n Jod entspricht 1,567 mg Phenol. Man verdünnt eine Portion der Lösung, so daß 1 ccm 0,1 mg Phenol enthält. Diese Verdünnung wird nach einigen Wochen, die Endverdünnung (10 ccm = 0,025 mg Phenol) wird täglich bereitet. (Dieser Standard genügt für die Bestimmung von 0,05—0,015 mg Phenol.)

Zur Bestimmung der gesamten Phenole (freier und gebundener) werden 10 ccm des 5fach verdünnten Blutfiltrates im siedenden Wasserbad mit 0,25 ccm konz. HCl 10 Min. gekocht. Die Lösung wird abgekühlt, die zugefügte Säure mit Natriumhydroxyd neutralisiert. Dieselbe Menge Säure und Alkali werden sowohl zum Standard als auch zum nicht erhitzten Filtrat zugefügt. Sonst wird wie oben verfahren.

Normales menschliches Blut enthält 1—2 mg freie Phenole für 100 ccm. Gebundene Phenole können Werte von 0,1—0,2 mg erreichen.

Bestimmung der Milchsäure im Blut.

Bestimmung nach Fürth-Charnaß.

Die Bestimmung kleinster Milchsäuremengen nach der modifizierten **Fürth-Charnaß**schen Methode ist bereits im Praktikum I, S. 194 und III Anhang beschrieben worden. Neuerdings gibt **Lehnartz**[2] eine genaue Beschreibung des Verfahrens, wie es im Institut von **Embden** geübt wird. Sie soll hier wiedergegeben werden.

Die Enteiweißung des Blutes (wie auch des Muskelpreßsaftes) erfolgt nach dem **Schenck**schen Verfahren (siehe unten). Enteiweißung mit Trichloressigsäure führt nicht zu befriedigenden Werten, ist also nicht anzuwenden.

Handelt es sich um Bestimmung von Milchsäuremengen unter 0,2 mg, so wird das Gesamtvolumen der Schenckfällung möglichst groß gewählt.

Die Enteiweißung eines 0,1 g schweren Muskels erfolgt durch Einbringen des durch Zerstoßen in flüssiger Luft gewonnenen Muskelpulvers in analytisch gewogene Zentrifugengläser, die 5 ccm 4%ig. Salzsäure

---

[1] J. of biol. Chem. **22**, 305 (1915).

[2] Z. physiol. Chem. **179**, 1 (1928). Über Milchsäurebestimmung vgl. auch **Friedemann** und **Kendall**: J. of biol. Chem. **82**, 23 (1929).

enthalten. Nach einer zweiten analytischen Wägung zur Ermittlung des Muskelgewichtes werden 2—3 ccm 5%ig. Sublimatlösung zugefügt; die Fällung wird unter öfterem Schütteln einige Stunden stehen gelassen. Dann werden 17 ccm Wasser hinzugefügt und die Gläser bis zum nächsten Morgen in den Eisschrank gestellt. Nun wird zentrifugiert, der klare Abguß mit H_2S entquecksilbert, das Quecksilbersulfid auf kleiner Nutsche scharf abgesaugt und der Schwefelwasserstoff durch einen Luftstrom vertrieben. Ein möglichst großer Filtratanteil (meist etwa 23 ccm) wird in ein 35 ccm-Meßkölbchen überführt, nach Zusatz von 2 ccm 10%ig. Kupfersulfatlösung mit 33%ig. Natronlauge neutralisiert und mit 5 ccm nicht zu dicker Kalkmilch ausgefällt. Nach Auffüllen bis zur Marke wird in Zentrifugengläser umgegossen und nach halbstündigem Stehen, während welcher Zeit öfters umgeschüttelt wird, 10 Min. zentrifugiert. Vom Bodenkörper wird abgegossen, wenn nötig durch ein kleines Schwarzbandfilter (Schleicher und Schüll) filtriert und wiederum ein möglichst großer Filtratanteil, meist 32—33 ccm, in kurzhalsige Kjeldahlkolben von 100 ccm Inhalt abgemessen. So gelangen zwischen 80 und 90% der im Muskel vorhandenen Milchsäure zur Bestimmung. Die Flüssigkeit wird mit 25% Schwefelsäure neutralisiert, auf einen Schwefelsäuregehalt von 0,5% gebracht; nunmehr werden 2 ccm einer 5%ig. Manganosulfatlösung sowie etwas Talk zugegeben.

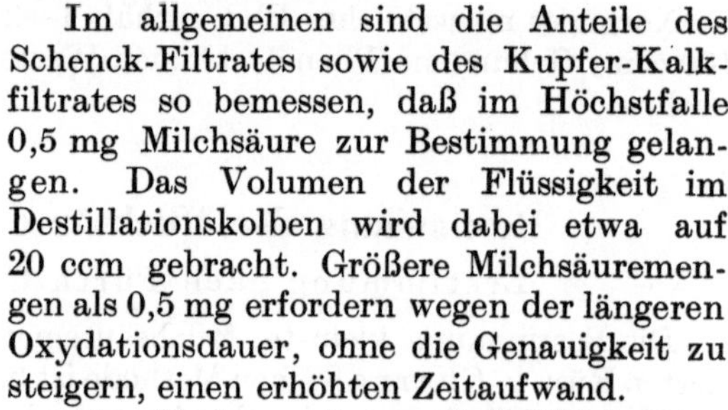

Abb. 90.

Im allgemeinen sind die Anteile des Schenck-Filtrates sowie des Kupfer-Kalkfiltrates so bemessen, daß im Höchstfalle 0,5 mg Milchsäure zur Bestimmung gelangen. Das Volumen der Flüssigkeit im Destillationskolben wird dabei etwa auf 20 ccm gebracht. Größere Milchsäuremengen als 0,5 mg erfordern wegen der längeren Oxydationsdauer, ohne die Genauigkeit zu steigern, einen erhöhten Zeitaufwand.

Als Vorlage dienen bei Milchsäuremengen von etwa 0,5 mg 10 ccm 0,02 n, bei solchen unter 0,2 mg 10 ccm 0,01 n Kaliumbisulfitlösung. Die Vorlage wird gut mit Eis gekühlt.

Die Anordnung bei der Destillation ist aus der Abb. 92 ersichtlich[1]. Empfehlenswerter ist die Anwendung von Glasschliffverbindungen. (Die Schliffe dürfen nicht eingefettet werden.)

Die Oxydation erfolgt mit 0,002 n $KMnO_4$* im allgemeinen in einem Tempo von 40—50 Tropfen pro Minute, bei sehr kleinen

---

[1] Eine andere Anordnung zeigt Abb. 90 (nach Lohmann in Oppenheimer-Pincussen: Die Methodik der Fermente. S. 1272. Leipzig 1928).

* Bei der Oxydation der Milchsäure zu Azetaldehyd wird von Kendall und Friedemann: J. of biol. Chem. 80, LXI (1928) statt $KMnO_4$ eine

Milchsäuremengen von 20—30 Tropfen pro Minute. Sobald der wagerechte Teil des Destillationsrohres stark erwärmt ist, beginnt man mit dem Zutropfen der Permanganatlösung und setzt dies so lange fort, bis der Kolbeninhalt stark braun gefärbt ist. (Bei 0,5 mg Milchsäure etwa in 10 Min.)

Dann wird die Vorlage gesenkt, noch einige Minuten weiter gekocht und das Destillationsrohr gut abgespritzt.

Die Bestimmung des gebildeten Azetaldehyds geschieht in

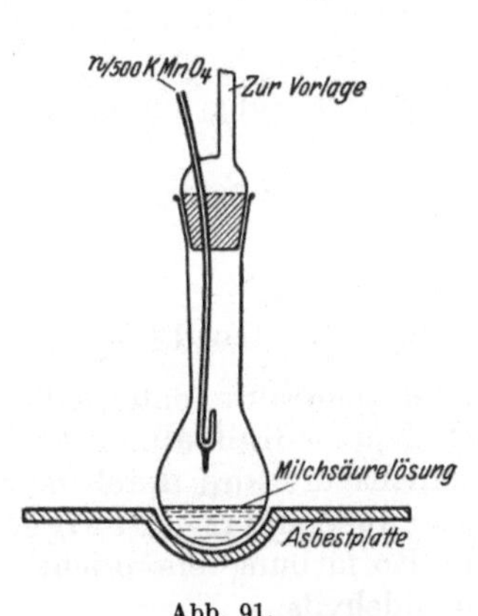

Abb. 91.

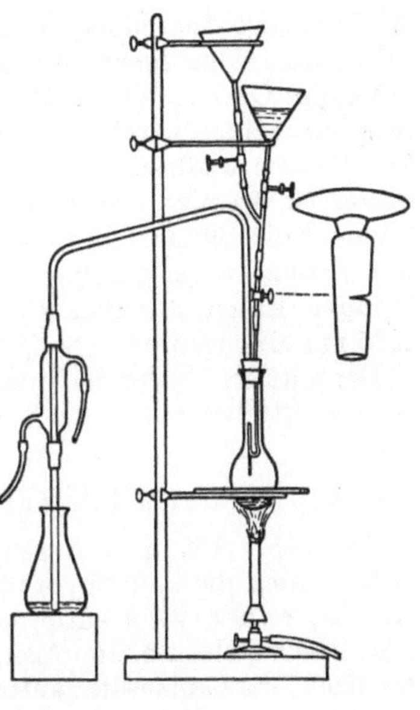

Abb. 92.

der Weise, daß zunächst das überschüssige Bisulfit durch Titration mit Jod beseitigt und dann diejenige Jodmenge bestimmt wird, die notwendig ist, um das bei der Spaltung der Azetaldehyd-Bisulfitverbindung durch Zusatz von Natriumbikarbonat oder sekund. Natriumphosphat in Freiheit gesetzte Bisulfit zu

---

Suspension von MnO_2 empfohlen. Eine zu weitgehende Oxydation wird dadurch vermieden, namentlich wenn sehr geringe Milchsäuremengen (weniger als 0,2 mg) zugegen sind und die Ergebnisse werden gleichmäßiger. Die Ausbeute ist dieselbe. — Die Darstellung des MnO_2 erfolgt so, daß man zu einer warmen alkalischen Lösung von $KMnO_4$ einen Überschuß von Glukose gibt (etwa 8 g Glukose und 50 g $KMnO_4$, gelöst in einem Liter 0,5 n KOH); schließlich wird ein Überschuß von $KMnO_4$ zugefügt. Die Lösung wird zur Vollendung der Reaktion auf dem Wasserbad erwärmt, dann wird gekühlt, der Niederschlag auf dem Buchnertrichter salzfrei gewaschen und in Wasser suspendiert. Die Suspension wird auf eine „Konzentration" von etwa 0,1 n gebracht. Bei der Ausführung der Milchsäurebestimmung wird ein Überschuß der MnO_2-Suspension zu dem lebhaft kochenden Reaktionsgemisch auf einmal hinzugegeben.

oxydieren. Der größte Teil des überschüssigen Bisulfits wird durch 0,04—0,02 n Jodlösung beseitigt und erst in der Nähe des Umschlagpunktes mit 0,0025—0,002 n, bei Milchsäuremengen von etwa 0,5 mg mit 0,005 n Jodlösung bis zur eben erkennbaren Blaufärbung titriert. Zur Feintitration dient eine braune Mikrobürette von 5 ccm, die mit 0,01 ccm Teilung versehen ist und 0,002 ccm gut zu schätzen gestattet. Nach dem Umschlag setzt man einige Gramm Natriumbikarbonat oder sekundäres Natriumphosphat zu, schüttelt kräftig und titriert langsam mit 0,005 bzw. 0,002 n Jodlösung bis zur erneuten Blaufärbung. Die Titration ist beendet, wenn erneuter Zusatz von Bikarbonat oder Phosphat die Blaufärbung wenigstens einige Minuten nicht wieder zum Verschwinden bringt.

Berechnung: 1 ccm einer 0,005 n Jodlösung entsprechen 0,225 mg Milchsäure.

Der mittlere Fehler der einzelnen Bestimmung beträgt $\pm 1,4\%$, der des Mittelwertes $\pm 0,4\%$.

Bestimmung der Milchsäure nach Mendel-Goldscheider[1].

Prinzip. Aus dem durch Metaphosphorsäure enteiweißten Blute werden die Kohlehydrate durch Kupfer-Kalkfällung (Salkowski, van Slyke) entfernt. Die Milchsäure wird durch heiße konz. Schwefelsäure in Azetaldehyd übergeführt (Denigès). Die nach Veratrolzusatz auftretende Rotfärbung entspricht in ihrer Stärke der Menge des gebildeten Aldehyds.

Reagentien. 1. Metaphosphorsäure 5%ig., frisch hergestellt aus acidum phosphoricum glaciale (Kahlbaum). 2. Kaltgesättigte Kupfersulfatlösung, 1:1 mit aqua dest. verdünnt. 3. Kalziumhydroxyd pro analys. (Kahlbaum). 4. Acid. sulf. conc. pro analysi lactici (Kahlbaum). Diese Schwefelsäure muß auf ihre Brauchbarkeit in der Weise geprüft werden, daß zu etwa 3 ccm 0,1 ccm einer 0,125%ig. Veratrollösung zugesetzt werden. Färbt sich dann die Schwefelsäure in einigen Minuten gelbgrün, so ist sie nicht zu verwerten. 5. Veratrol (Kahlbaum) in Alkohol abs. 0,125%ig. gelöst.

Ausführung. Blutentnahme: 1 ccm Blut wird — zur Bestimmung des Milchsäureruhewertes nach mindestens ½stündiger vorsätzlicher Muskelruhe — aus einer ungestauten Vene entnommen. Das Blut ist sofort in folgender Weise zu verarbeiten:

Enteiweißung: 1 ccm Blut + 6 ccm aqua dest. + 1 ccm frisch bereitete Metaphosphorsäure. Kräftig schütteln, einige Minuten stehen lassen, filtrieren.

---

[1] Biochem. Z. **164**, 164 (1925).

Entfernung der Kohlehydrate: 4 ccm des wasserklaren, eiweißfreien (Probe mit Sulfosalizylsäure) Filtrates kommen in ein Zentrifugenglas. Man fügt 1 ccm Kupfersulfat und 1 g Kalziumhydroxyd hinzu, läßt 30 Min. stehen und schüttelt während dieser
Zeit mehrmals kräftig auf. Dann zentrifugiert man.

Überführung der Milchsäure in Azetaldehyd: Von der überstehenden wasserklaren, farblosen, zuckerfreien Flüssigkeit (Probe
mit α-Naphthol. Versetzt man ca. 0,5 ccm der Lösung im Reagenzglas mit 1—2 Tropfen einer 10%ig. Lösung von reinem α-Naphtol
in reinem Alkohol, mischt und unterschichtet mit 1 ccm reiner
konz. Schwefelsäure, so entsteht bei Gegenwart von Kohlehydrat
an der Berührungsfläche eine violette Färbung. Beim Mischen
färbt sich die ganze Flüssigkeit rot bis blauviolett) werden mit
der Pipette 0,5 ccm vorsichtig abgehoben und in ein mit Schwefelsäure und Aqua dest. gereinigtes, absolut trockenes Reagenzglas
gebracht. Unter Kühlen in Eiswasser und Schütteln werden
3 ccm der oben angegebenen Schwefelsäure tropfenweise zugesetzt.
Dann wird die Flüssigkeit genau 4 Min. in siedendem Wasser erhitzt und sofort in Eiswasser gekühlt.

Kolorimetrische Bestimmung: Nach weiteren 2 Min. wird genau
0,1 ccm der Veratrollösung zugesetzt und kurz geschüttelt. In
der bis dahin farblosen Flüssigkeit tritt allmählich eine dem
Milchsäuregehalt entsprechende Rotfärbung auf, die nach genau
20 Min. im Kolorimeter abgelesen wird.

Der Verlust an Milchsäure ist um so geringer, je mehr das Blut
vor der Enteiweißung verdünnt wurde. Die Metaphosphorsäure-
kristalle müssen wasserklar sein; trübe Kristalle sind nicht zu gebrauchen. Brauchbare Metaphosphorsäure löst sich mit Knacken
unter Absprengung kleinster Teilchen.

Die über dem Zentrifugat stehende Flüssigkeit ist oft mit einem
dünnen Kupfer-Kalkhäutchen bedeckt, das auch bei wiederholtem
Zentrifugieren nicht verschwindet. Bei der Entnahme der Flüssigkeit sticht man durch das Häutchen hindurch, wobei man darauf
achten muß, daß keine Kupferkalkteilchen in die Pipette gelangen;
die evtl. außen an der Pipette heftenden Teilchen werden ab-
gestreift. Man kann auch die überstehende Flüssigkeit durch
ein kleines feinporiges Glasfilter filtrieren. Keinesfalls darf man
ein Papierfilter benutzen, da die Filtration auch durch die besten
Filter stets zu einer unspezifischen, von dem Milchsäuregehalt der
Flüssigkeit unabhängigen Veratrolrotfärbung führt.

Peinlichst muß darauf geachtet werden, daß die kupfer-
kalkfreie Flüssigkeit mit einer sauberen Pipette in ein absolut
sauberes und trockenes Reagenzglas gebracht wird. Die Schwefel-

säure muß durchaus in stets verschlossener Flasche gehalten werden, denn der Grad der Aldehydbildung ist in hohem Maße von der Konzentration der Schwefelsäure abhängig. Die Stärke der Rotfärbung nimmt mit steigender Veratrolmenge ab.

Zur Eichung wird die wäßrige Lösung eines reinen Zinklaktats verwendet, das man vorher bis zur Gewichtskonstanz trocknet.

In besonderen Fällen kann die Bestimmung auch in ½ ccm Blut durchgeführt werden. Bei der Entfernung von Eiweiß und Zucker sind dann alle erforderlichen Reagentien auf die Hälfte zu reduzieren, so daß sich die Mengenverhältnisse gegenüber der Bestimmung in 1 ccm Blut nicht ändern. Zur Überführung der Milchsäure in Aldehyd wird ½ ccm der eiweiß- und zuckerfreien Blutflüssigkeit verwandt.

Milchsäure gibt bis zu einer Verdünnung von 1 : 200000 eine gut ablesbare Farbe; bei weiterer Verdünnung bis zu 1 : 400000 tritt noch deutliche Rotfärbung auf. Da das Blut zehnfach verdünnt wird, so liegt die unterste Grenze der exakten Bestimmung bei einem Milchsäuregehalt von 5 mg-%.

Keine der im Blut vorkommenden Substanzen (abgesehen von den Kohlehydraten, die entfernt werden), gibt die gleiche Reaktion wie die Milchsäure. Auch die Azetonkörper stören die Reaktion in keiner Weise; die Methode kann also auch bei diabetischen und anderen Azidosen ohne weiteres angewendet werden.

Mendel bringt neuerdings folgende Verbesserungen der Methode[1]. Die Konzentration der Schwefelsäure darf sich nicht ändern, da der Grad der Aldehydbildung von der Konzentration der Schwefelsäure abhängig ist. Es ist zu empfehlen, die Schwefelsäure (Kahlbaums Schwefelsäure zur Milchsäurebestimmung) in einer 1-Literflasche mit einem am Boden angeschmolzenen Hahn zu halten (Schliff nicht einfetten!). Zwei mit konz. Schwefelsäure gefüllte Wasserflaschen und ein Chlorkalziumturm dienen als Vorlage. Vor dem Öffnen des Hahns wird mit einem Gummigebläse Luft durch die Vorlage in die Schwefelsäureflasche hineingepreßt. Die Schwefelsäure, die sich im Auslauf des Hahns befindet, wird nicht benutzt. Die Entwicklung der Farbreaktion ist abhängig von der Temperatur: die Färbung ist am stärksten bei 25°. Das Reagenzglas wird deshalb nach Zusatz der Veratrollösung, die durch kräftiges Schütteln mit der Schwefelsäure vermischt wird, 20 Min. (bis zum Zeitpunkt der Kolorimetrie) in einem Wasserbade von 25° gehalten. Diese Verbesserung macht es möglich, noch ein Millionstel g Milchsäure quantitativ zu bestimmen.

---

[1] Biochem. Z. **202**, 390 (1928).

Bestimmung des Äthylalkohols im Blut nach Widmark[1].

Prinzip. Die Methode beruht auf dem Verhalten der Schwefelsäure, den Alkohol begierig aufzunehmen. Der Alkohol kann aus Tropfen alkoholhaltigen Blutes quantitativ in eine Bichromat-Schwefelsäure-Mischung entsprechender Zusammensetzung überführt werden.

Erforderliche Apparate. Destillationskolben. Ein 50 ccm Erlenmeyerkolben aus Jenaer Glas (Abb. 93a) mit gut eingeschliffenem Glasstopfen. Der Stopfen (Abb. 93 b) ist nach oben ausgezogen und zu einem Haken gekrümmt, so daß man ihn bequem auf einem Stativ aufhängen kann. Nach unten trägt er an einem vertikalen Stiel einen kleinen Behälter, der etwa 200 cmm faßt. Der Stiel soll so lang sein, daß sich der Behälter $^1/_2$—1 cm über dem Boden des Kolbens befindet. Zum Festhalten der Glasstopfen während des Erwärmens im Wasserbade verwendet man Gummikappen, die nach Abschneiden der Spitze über den Kolbenhals gezogen werden.

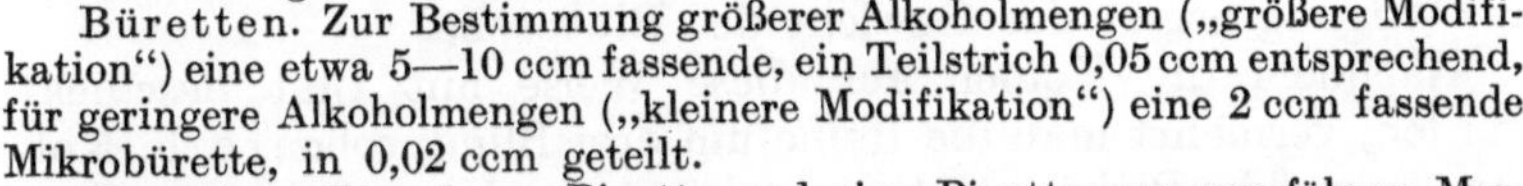

a   b
Abb. 93 a und b.

    Kapillarrohre zum Aufsaugen und Wägen des Blutes (nach **Ljungdahl**) geformt wie Abb. 84. Sie dürfen leer nicht über 300 mg wiegen und sollen 100—150 cmm fassen.

Torsionswage nach **Hartmann** und **Braun** (vgl. S. 343).

Dünner Gummischlauch von der Stärke der Fahrradventilgummischläuche, etwa 30 cm lang.

    Büretten. Zur Bestimmung größerer Alkoholmengen („größere Modifikation") eine etwa 5—10 ccm fassende, ein Teilstrich 0,05 ccm entsprechend, für geringere Alkoholmengen („kleinere Modifikation") eine 2 ccm fassende Mikrobürette, in 0,02 ccm geteilt.

    Pipetten. Eine 1 ccm-Pipette und eine Pipette zur ungefähren Messung von 0,5 ccm. Sie brauchen nicht ausgewogen zu sein.

    Lösungen. 1. Bichromat-Schwefelsäure. Zur Bestimmung größerer Alkoholmengen bis zu 5⁰/₀₀ werden 0,250 g reines umkristallisiertes Kaliumbichromat in 1 ccm dest. Wasser gelöst und quantitativ in einen 100 ccm-Meßkolben überführt, worauf mit reiner konz. Schwefelsäure bis zur Marke aufgefüllt wird. Für Bestimmungen von unter 1⁰/₀₀ Alkoholgehalt löst man auf gleiche Weise 0,050 g Bichromat zu 100 ccm. 2. 5%ig. jodatfreie Jodkaliumlösung. 3. 0,01 n oder 0,005 n Thiosulfatlösung. 4. 1%ig. Stärkelösung. Sämtliche Lösungen werden im Dunkeln aufbewahrt.

    Die Destillationsapparate müssen vollkommen rein und frei von reduzierenden Verunreinigungen (Fett) sein. Sie müssen auch vollkommen trocken sein.

Die Präzision der Methode beruht zum großen Teil auf der Genauigkeit, mit der die Bichromat-Schwefelsäuremischung

---

[1] Biochem. Z. **131**, 475 (1922). Über eine Modifikation der Methode, vgl. **Galamini** und **Bracaloni**: Arch. Farmacol. sper. **45**, 97 (1928).

16*

abgemessen wird. Wichtig ist dabei, daß jeder Kolben so weit wie möglich die gleiche Menge Bichromat enthält. Man saugt die Pipette bis zur Marke mit der Lösung voll und führt diese dann vorsichtig in den Kolben ein, bis die Spitze den Boden berührt. Nun läßt man die Flüssigkeit während 60 Sekunden ausfließen. Unmittelbar nach der Beschickung jedes Kolbens wird der dazu gehörige Glasstopfen eingefügt; der Kolben wird im Dunkeln aufbewahrt.

Die erforderliche Blutmenge erhält man leicht durch einen gewöhnlichen Fingerstich. Die Haut ist weder mit Alkohol noch mit Äther, sondern, wenn erforderlich, mit Wasser und Seife oder Sublimatlösung zu reinigen. Man senkt den kurzen Schenkel der Kapillare in den Blutstropfen, wobei sie sich automatisch füllt. Will man die Füllung beschleunigen, so kann man mittels eines am freien Ende der Kapillare angebrachten dünnen Gummischlauchs schwach saugen. Nachdem sich die Kapillare so weit gefüllt hat, daß sich der Meniskus etwa ½ cm vom freien Ende derselben befindet, wird der kurze Schenkel vorsichtig von Blut getrocknet. Hierauf wird auf der Torsionswage gewogen. Danach wird das Blut unter Zuhilfenahme des dünnen Gummischlauchs in den Behälter des aufgehängten Glasstopfens durch die gleiche Kapillare, durch die es einströmte (durch den kurzen Schenkel), ausgeblasen. Der Glasstopfen wird unmittelbar in seinen Kolben eingefügt. Die entleerte Kapillare wird noch einmal gewogen; die Differenz bei der Wägung ergibt das Gewicht der Blutprobe.

Nachdem die Kolben auf diese Weise mit Blut beschickt wurden, vermehrt man die Reihe um drei Blindproben, d. h. Kolben, die nur die Bichromat-Schwefelsäuremischung enthalten. Zum Dichten des Glasschliffes wird 1 Tropfen Wasser auf den oberen Schliffrand gegeben. Schließlich werden die Gummikappen aufgesetzt. Durch Befeuchten der Innenseiten derselben mit einigen Tropfen Wasser wird die Prozedur wesentlich erleichtert. Nun taucht man die Kolben in ein Wasserbad von 50—60°. Die Kolben sollen sich vollständig im Wasser befinden und während ca. 2 Stunden (± 15 Min.) darin bleiben.

Zur Titration werden die Kolben vorsichtig herausgenommen, getrocknet und von Gummikappen und Glasstopfen befreit. Das muß mit großer Vorsicht geschehen, da sich das nun gänzlich pulvertrockene Blut leicht vom Behälter loslöst und durch eine unvorsichtige Bewegung in die Schwefelsäure fallen kann, was die Probe unbrauchbar machen würde.

Man setzt nun mittels eines kleinen Trichters 25 ccm dest. Wasser zu. Sind alle Kolben auf diese Weise gefüllt, so wird sorgfältig umgeschüttelt und je ½ ccm Jodkaliumlösung zugesetzt. ½—1 Min. nach dem Jodkaliumzusatz wird mit Thiosulfatlösung titriert (0,01 n Lösung bei Verwendung der größeren oder 0,005 n Lösung bei Verwendung der geringeren Bichromatmenge). Man muß darauf achten, daß man nicht zu langsam titriert und daß die Titration spätestens 1 Min. nach dem Jodkaliumzusatz beginnt.

Der Unterschied zwischen dem Thiosulfatverbrauch des Blindprobenmittels und der Blutprobe ist der Alkoholmenge in der Probe proportional. 0,01 ccm Thiosulfatlösung entsprechen $1,13\,\gamma$ Äthylalkohol ($\gamma = 0,001$ mg).

Wird eine 0,005 n Thiosulfatlösung verwendet, so wird der Vergleichsfaktor halb so groß, d. h. 0,57.

Bestimmung der Ameisensäure nach Riesser[1].

Prinzip. Das aus Sublimat mit Ameisensäure in der Wärme gebildete Kalomel wird jodometrisch bestimmt, indem HgCl durch Jod zu $HgCl_2$ oxydiert wird. Der in der ursprünglichen Vorschrift angegebene Zusatz von HCl ist dabei entbehrlich oder sogar besser zu vermeiden[1].

Nach der Reaktion

$$2\,HgCl_2 + HCOOH = 2\,HgCl + 2\,HCl + CO_2$$
$$2\,HgCl + J_2 + 2\,NaCl = 2\,HgCl_2 + 2\,NaJ$$

kommen auf 1 Mol Jod (J_2) 2 Mol Kalomel bzw. 1 Mol Ameisensäure. Die Zahl der verbrauchten ccm 0,1 n Jodlösung, multipliziert mit 0,0023, ergibt also die Menge Ameisensäure in g.

Für die jodometrische Bestimmung des Kalomels braucht dieses nicht abfiltriert zu werden, vielmehr kann man es gleich im Reaktionsgemisch titrieren. Man versetzt das ameisensäurehaltige Destillat mit etwa 5 ccm Sublimatlösung[2] (hergestellt aus 200 g $HgCl_2$, 300 g Natriumazetat, und 80 g NaCl im Liter) und erhitzt auf dem Wasserbade bis zur völligen Oxydation der Ameisensäure. Nach Abkühlen versetzt man die Lösung, die neben dem gebildeten Kalomel viel überschüssiges $HgCl_2$ enthält, mit so viel KJ, daß der zuerst gebildete Niederschlag von rotem HgJ_2 sich vollständig wieder gelöst hat, wozu unter den angegebenen Mengenverhältnissen ca. 2,6 g KJ[3] erforderlich sind. Darauf läßt man einen Überschuß von 0,1 n Jodlösung zufließen,

---

[1] Vgl. Z. physiol. Chem. **96**, 360 (1916).
[2] Stepp und Zumbusch: Dtsch. Arch. klin. Med. **134**, 112 (1920).
[3] Riesser: Biochem. Z. **142**, 280 (1923).

schüttelt leicht um, wobei das Kalomel sich schnell auflöst, und titriert das nicht verbrauchte Jod mit 0,1 n Thiosulfatlösung zurück.

Zur Bestimmung werden etwa 30—50 ccm Blut verwendet. Das Blut wird mit Phosphorwolframsäure enteiweißt, von der Phosphorwolframsäure durch Zusatz von neutralem Bleiazetat befreit, dann die Ameisensäure unter vermindertem Druck quantitativ abdestilliert. Um die übergegangene Ameisensäure zu binden, wird in die Vorlage etwas Soda gebracht. Das Destillat wird dann auf dem Wasserbad zur Trockne eingedampft, in wenigen ccm Wasser gelöst und die Ameisensäure wie oben angegeben bestimmt.

Die Trennung der Ameisensäure von flüchtigen nicht sauren Stoffen erfolgt nach Fincke[1] so, daß man die mit den flüchtigen Stoffen beladenen Wasserdämpfe bei der Wasserdampfdestillation durch eine im Sieden gehaltene Aufschwemmung von $CaCO_3$ leitet. Hierbei wird die Ameisensäure zurückgehalten. Nach Beendigung der Wasserdampfdestillation filtriert man die Kalziumkarbonataufschwemmung und wäscht den Rückstand mit heißem Wasser gut aus. Das Filtrat, das bei sehr kleinen Ameisensäuremengen etwas einzudampfen ist, verwendet man ganz oder teilweise zur Ameisensäurebestimmung. Im allgemeinen kann es ohne weiteres für die Sublimatbehandlung benutzt werden. Fincke wägt das entstandene Kalomel: Die durch einige Tropfen verdünnte Salzsäure schwach angesäuerte Ameisensäurelösung wird mit Natriumazetat, Natriumchlorid und Quecksilberchlorid (10—20%ig. Lösung) versetzt[2], an einem Rückfluß-

---

[1] Biochem. Z. **51**, 268 (1913).
Reaktion auf Ameisensäure (Fenton und Sisson): Die Ameisensäure wird in saurer Lösung durch Magnesium zu Formaldehyd reduziert (Chem. Zbl. **79**, I, 1379, 1908). Stepp führt die Reaktion wie folgt aus: 1—2 g des zu untersuchenden Pulvers (z. B. des nach Neutralisation mit Soda zur Trockne gebrachten Blutdestillats) werden in 10 ccm Wasser gelöst, mit 5 ccm 25%ig. HCl versetzt. In diese Lösung wird 0,5 g metallisches Magnesium in Pulverform allmählich im Verlaufe von etwa 2 Stunden eingetragen. Dann gießt man 5—6 ccm des Gemisches in ein weites Reagenzrohr ab, fügt erst 2 ccm (am besten rohe) Milch, dann 6 ccm 25%ig. HCl (die auf 100 ccm 2—3 Tropfen der 10%ig. Eisenchloridlösung enthält) zu, und erhitzt $^1/_2$—1 Min. zum lebhaften Sieden. Nehmen die Flüssigkeit oder die sich abscheidenden Eiweißflocken eine violette Farbe an, so ist die Anwesenheit von Ameisensäure erwiesen [Stepp: Z. physiol. Chem. **109**, 102 (1920)].
[2] Das Volumen der Zersetzungsflüssigkeit schwankt je nach der Menge der Ameisensäure zwischen 50 und 300 ccm. Je 100 ccm der Flüssigkeit sollen 1,5—2 g NaCl enthalten. Bei niedrigen Ameisensäuremengen genügen 1—2 g Natriumazetat; bei Mengen bis zu 125 mg Ameisensäure 3 g, bei größeren Ameisensäuremengen entsprechend mehr.

rohr 2 Stunden im siedenden Wasserbad erhitzt. Das ausgeschiedene Quecksilberchlorür wird auf dem Filter gesammelt, mit Wasser, Alkohol, Äther gewaschen, getrocknet und gewogen. Das ermittelte Gewicht, mit 0,0975 multipliziert, gibt die Ameisensäuremenge.

Bestimmung des Glyzerins nach Tangl und Weiser[1].

Prinzip. Die Methode beruht auf der Überführung des Glyzerins in Isopropyljodid, dessen Dampf in eine alkoholische Silbernitratlösung eingeleitet wird. Das entstehende Jodsilber wird gewogen.

Reagentien. 1. Jodwasserstoffsäure nach Zeisel und Fanto (D. 1,96) 2. Silbernitratlösung: 40 g geschmolzenes Silbernitrat werden in 100 ccm Wasser gelöst und mit reinem Alkohol auf 1 Liter aufgefüllt. Nach 24 Stunden ist, wenn nötig, noch einmal vor dem Gebrauch zu filtrieren. 3. Roter Phosphor mit Schwefelkohlenstoff, Äther, Alkohol und Wasser gut gewaschen. Etwa 0,5 g in einer 10%ig. Natriumarsenitlösung aufgeschwemmt, kommen in den Waschapparat B (Abb. 94).

Ausführung. 1 kg Blut (oder Plasma oder Serum) wird in 2—3 Liter 96%ig. Alkohol unter beständigem Umschütteln eingetragen. Um das Gewicht des verwendeten Blutes zu ermitteln, wägt man die Flasche mit dem Alkohol vorher und nachher. Nach etwa 2stündigem Stehen wird der Niederschlag abgesaugt, in einer Schale mit Alkohol zerrieben und nochmals auf das Filter gebracht. Das wiederholt man 2mal und preßt den Niederschlag in einer Buchner Presse (300 Atmosphären) aus. Aus den vereinigten Filtraten wird der Alkohol abdestilliert; schäumt die im Kolben bleibende Flüssigkeit zu stark, so nimmt man das weitere Eindampfen in Porzellanschalen auf dem Wasserbade vor, bis die letzten Alkoholspuren verschwunden sind. Besonders achte man darauf, daß sich keine Eindampfungsringe an der Wand der Schale bilden, weil sonst Glyzerinverluste unvermeidlich sind. Durch Nachspülen der Schalenränder mit Wasser kann man dies verhüten. Die zurückbleibende Flüssigkeit ist durch Eiweißflocken getrübt; auf der Oberfläche schwimmt das Fett. Dieses läßt sich leichter mit Äther ausziehen, wenn die Eiweißreste vorher beseitigt sind. Man säuert mit Essigsäure an und gibt so lange Phosphorwolframsäurelösung hinzu, wie noch ein Niederschlag entsteht. Dann zentrifugiert man, dekantiert vom Niederschlag und wäscht mit schwach essigsaurem Wasser nach. Die gesamte Flüssigkeit schüttelt man mit Petroläther vom Siedepunkt 60° so lange aus, bis eine Probe ohne Rückstand verdampft. Die jetzt vollständig von Eiweiß, Fett und Lipoiden befreite wäßrige Flüssigkeit wird auf dem Wasserbade eingeengt, mit überschüssiger konz. Barytlösung versetzt (um überschüssige Phosphorwolframsäure sowie Sulfate und Phosphate zu entfernen), vom entstandenen Niederschlag abfiltriert und sorgfältig mit Wasser ausgewaschen. Filtrat und Waschwässer werden vereinigt und das überschüssige Bariumhydroxyd wird durch

---

[1] Arch. f. Physiol. **115**, 152 (1906). Vgl. auch Weise in Abderhaldens Arbeitsmethoden IV/4, 896 (1925).

einen Kohlensäurestrom entfernt. Zur Trennung vom Bariumkarbonat werden wiederum abfiltriert und nachgewaschen. Die vereinigten Flüssigkeiten wird auf dem Wasserbade bis auf etwa 150 ccm eingeengt. Auch hier dürfen sich keine Eindampfungsringe bilden. Zur Entfernung von Chloriden läßt man die eingeengte Lösung in die 4—5fache Menge 96%ig. Alkohols einfließen, wäscht den Niederschlag mit abs. Alkohol und engt Filtrat und Waschalkohol ein. Um die letzten Reste von Chloriden zu entfernen, behandelt man die Lösung mit frisch gefälltem Silberoxyd, filtriert und engt das Filtrat vom Chlorsilberniederschlag, den man mit 96%ig. Alkohol wäscht, unter allmählichem Zusatz von Wasser — um sicher allen Alkohol zu entfernen — auf etwas weniger als 50 ccm ein. Man bringt die gelbliche Flüssigkeit in ein 50 ccm-Meßkölbchen, füllt mit Wasser zur Marke auf und unterwirft 20 ccm — bei Anwendung von 1 kg Blut annähernd 400 g entsprechend — dem Jodidverfahren. Diese 20 ccm engt man in dem Siedekölbchen des Jodidapparates in einem starken Luftstrom, den man durch das Kölbchen oberhalb der Flüssigkeit streichen läßt, auf einem schwach geheizten Wasserbad auf die vorgeschriebenen 5 ccm ein.

Der Apparat besteht aus dem etwa 40 ccm fassenden Siedekölbchen a, dem Steigrohr mit Aufsatz (Waschapparat) und Stopfen B, dem Vorstoß C und den beiden Vorlagen D und E. Das angeschmolzene Rohr an a dient zum Einleiten des Kohlensäuregases. Die Form des Waschapparates und des Vorstoßes ist aus der Abb. 94 zu ersehen. Die erste Vorlage faßt bis zur Marke auf halber Höhe 45 ccm, die zweite 5 ccm.

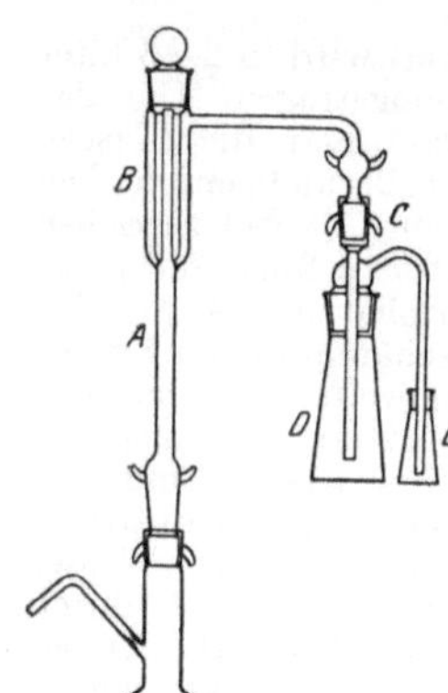

Abb. 94.

In die eingeengte Flüssigkeit im Kölbchen a gibt man 15 ccm Jodwasserstoffsäure und ein Siedesteinchen aus Ton. In den Waschapparat B gibt man 5 ccm der Phosphoremulsion, in die erste Vorlage 45 ccm, in die zweite 5 ccm der Silberlösung und verbindet dann die einzelnen Teile des Apparates sorgfältig miteinander. Das seitliche Ansatzrohr des Siedekölbchens wird mit einem Kippschen Kohlensäureapparat unter Zwischenschaltung einer mit Natriumkarbonatlösung beschickten Waschflasche verbunden. Während man langsam (etwa 3 Blasen in der Sekunde) Kohlensäure durchleitet, wird der Inhalt des Kölbchens langsam zum Sieden erhitzt. Die Jodwasserstoffsäure soll eben deutlich sieden, so daß sich der Siedering etwa bis zur halben Höhe des Steigrohrs erhebt. Bald trübt sich die Silberlösung in der ersten Vorlage; es scheidet sich eine deutlich kristallinische, weiße Verbindung von Silberjodid und Silbernitrat aus. Schließlich klärt sich die Flüssigkeit über dem Niederschlage.

Ist die Reaktion nach 1—3 Stunden beendet, so kommen der Inhalt von D und E in ein etwa 600 ccm fassendes Becherglas. Man spült mit destilliertem Wasser nach, bis das Volumen etwa 450 ccm beträgt, setzt 10—15 Tropfen verdünnter Salpetersäure hinzu und läßt $^1/_2$ Stunde auf kochendem Wasserbade stehen. Hierbei wird die Doppelverbindung von Silbernitrat-Silberjodid zersetzt. Der Niederschlag wird auf einen mit Asbest beschickten Goochtiegel gebracht, mit Wasser und Alkohol gewaschen, bei 120—130° getrocknet und gewogen.

Berechnung: Je ein Mol Glyzerin (92,08) erzeugt ein Mol Isopropyljodid und weiter ein Mol AgJ (234,71), daraus folgt, daß

$$\text{Glyzerin} = \frac{92,08}{234,71} \cdot \text{gewogenes AgJ} = 0,3922 \cdot \text{gewogenes AgJ} .$$

Aus dem Gewichte des gefundenen Jodsilbers findet man die gesuchte Glyzerinmenge durch Multiplikation mit dem Faktor 0,3922.

Tangl und Weiser fanden nach dieser Methode in 100 ccm Pferdeblut 7,9 mg, in Rinderblut 7 mg, im Pferdeplasma 9,5 mg-% Glyzerin.

Bestimmung der anorganischen Bestandteile des Blutes [1].

Methodische Vorbemerkungen.

Veraschung. Die Veraschung kann trocken (vgl. S. 348) oder naß (nach dem Neumannschen Verfahren, vgl. S. 350) ausgeführt werden. Im allgemeinen ist die nasse Veraschung der trockenen vorzuziehen, da eine Reihe nicht hitzebeständiger Mineralstoffe beim starken Glühen flüchtig ist [2], wie z. B. die Chloride der Alkalien. Außerdem gehen Dimetallphosphate in Pyrophosphate, Monophosphate in Metaphosphate über. Flüchtige Säuren wie Chlorwasserstoff werden durch Phosphate und Sulfate, die sich aus organischen Körpern bilden, leicht ausgetrieben. Außerdem reduziert die Kohle Sulfate zu Sulfiden, wie auch primäre Phosphate unter Entwicklung von Phosphordämpfen. Aus diesen Gründen zieht Tschopp die feuchte Veraschung vor. Um jedoch die Nachteile des Neumannschen Veraschungsverfahrens (die großen verwendeten Säuremengen, die Unmöglichkeit einer Sulfatbestimmung) zu vermeiden, schlägt er ein neues Verfahren vor, das ermöglicht, mit wenigen ccm reinster konz. Salpetersäure und mit etwa 2 ccm konz. reinstem Wasserstoffsuperoxyd (also ohne Schwefelsäure) etwa 5 g Organ in kurzer Zeit zu veraschen.

Der bei dieser Veraschung „im geschlossenen System" angewandte Apparat ist wie folgt beschrieben:

Veraschung im geschlossenen System nach Tschopp [3].

Der „Universalapparat" besteht, wie die Zeichnung (Abb. 95) zeigt, aus zwei Teilen: A. dem Aufsatz mit der Kühlanlage und der selbsttätigen

---

[1] Die Bestimmung des Ammoniaks ist bereits auf S. 173 behandelt.

[2] Vgl. hierzu vor allem Tschopp: Biochem. Z. **203**, 266 (1928).

[3] Beschreibung nach Tschopp: l. c. S. 269ff. Der Apparat kann von der Firma Ernst Keller, Glastechnische Werkstätte, Basel, 16 St. Johannvorstadt, bezogen werden.

Ablaufvorrichtung; B. dem Veraschungskolben oder Siedegefäß aus Spezialglas.

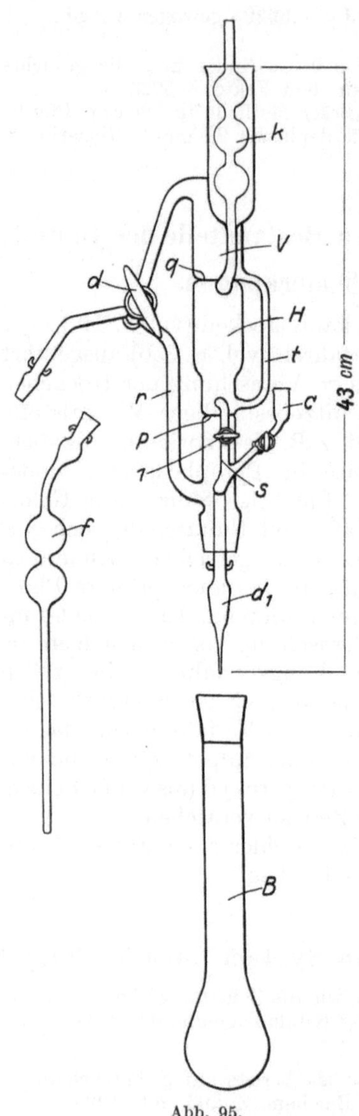

Abb. 95.

A. Der Aufsatz. Das Aufsatzstück, welches durch eine eingeschmolzene Querwand q aus Glas in eine obere Vorkammer V und eine untere Hauptkammer H geteilt ist, welche wiederum durch eine Querwand p abgeschlossen wird, trägt an einer Seite das Hauptverbindungsrohr r mit eingeschliffenem Dreiwegehahn d. Dieses Verbindungsrohr ist so angelegt, daß die aus dem Kolben aufsteigenden Säuredämpfe in die Vorkammer V gelangen, wo sie sich infolge der Luftkühlung teilweise kondensieren. Die überdestillierten Dämpfe gelangen nun aus der Vorkammer durch ein seitlich angebrachtes Glasrohr in die Hauptkammer, wo sie sich noch weiter abkühlen. An letzter ist ein kleiner Wasser(Luft)-kühler k angebracht, welcher gleichzeitig als Druckausgleicher und Kamin für die abgehenden Gase dient. Sobald in der Hauptkammer die kondensierte Veraschungsflüssigkeit ein bestimmtes Niveau erreicht hat, wird sie automatisch durch ein Überlaufrohr s in das Siedegefäß zurückgesaugt. Ein Hahntrichter c (mit kleinem Hahn), durch welchen Salpetersäure, Wasserstoffsuperoxyd und andere Flüssigkeiten in das Siedegefäß eingeführt werden können, führt in das Überlaufrohr s, welches an seinem unteren Ende d_1 einen Schliff trägt zur Aufnahme der Extraktionshülsen und Filter usw.

B. Der Veraschungskolben (Fassungsraum ca. 100 ccm). Dieser aus speziellem Glas hergestellte Kolben kann durch einen Schliff mit dem Aufsatz fest und dicht verbunden werden. In ihm findet die eigentliche Veraschung der organischen Substanz statt.

Am Schluß der Operation befindet sich die Asche bzw. der Extrakt im Siedegefäß B, während sich die Salpetersäure teilweise in der Hauptkammer H vorfindet.

Durch entsprechende Drehung des Dreiwegehahns d kann das Destillat in einer Vorlage aufgefangen werden; dadurch ist man imstande, flüchtige Substanzen in einer geeigneten Vorlage aufzufangen.

Die Reinigung ist äußerst einfach. Es werden etwa 10 ccm verdünnter Salpetersäure in dem Veraschungskolben B mit einem Bunsenbrenner erwärmt; die dabei überdestillierenden Säuredämpfe reinigen den Apparat. Soll dieser säurefrei sein, so wird die Salpetersäure durch Wasser bzw. Alkohol ersetzt. Durch Hindurchsaugen oder -blasen von erwärmter Luft kann der Apparat in kurzer Zeit getrocknet werden.

Zweiter Veraschungsapparat nach Tschopp.

Um die bei der offenen Säureveraschung mit Salpetersäure bei unvorsichtigem Hantieren gelegentlich plötzlich entstehenden Verbrennungsgase und -produkte auf ihre anorganischen Ionen hin zu untersuchen, wurde der Apparat, den Abb. 96 wiedergibt, konstruiert. Da er sich auch für die Mikroveraschung sehr gut bewährte, so möge er hier auch näher beschrieben werden.

Im Prinzip arbeitet diese einfachere Apparatur bei der Mikroveraschung wie der schon beschriebene Universalapparat; nur fließt die überdestillierte Säure hier aus dem Behälter H nicht automatisch in den Kolben B (Fassungsraum ca. 50 ccm) zurück, sondern dies geschieht durch entsprechende Drehung des Hahnes 1.

Bei geschlossenem Hahn 1 müssen die Säuredämpfe durch das Rohr r zur Kugel v ihren Weg nehmen, von wo aus sie nun durch entsprechende Drehung des Dreiwegehahns d entweder in den Behälter H oder durch die Kugel f in eine Vorlage übergeführt werden können.

Durch den seitlich angebrachten Hahntrichter c kann Salpetersäure, Wasserstoffsuperoxyd usw. zugeführt werden.

Bei der Analyse von Flüssigkeiten wird bei Beginn der Veraschung das Wasser über die Kugel f abdestilliert; die hernach überdestillierende Salpetersäure aber wird durch entsprechende Stellung des Dreiwegehahns d in den Behälter H geleitet, von wo sie dann von Zeit zu Zeit wieder in den Kolben B hinuntergelassen wird.

Ausführung der Säureveraschung.

5 g Organ oder biologisches Material, bzw. 5 ccm einer biologischen Flüssigkeit werden in den Veraschungskolben B gebracht. Soll eine Chlorbestimmung ausgeführt werden, so vermischt man sie mit 10 ccm 0,1 n Silbernitratlösung. Diese Menge Silbernitrat genügt, um 35,5 mg Chlorion zu

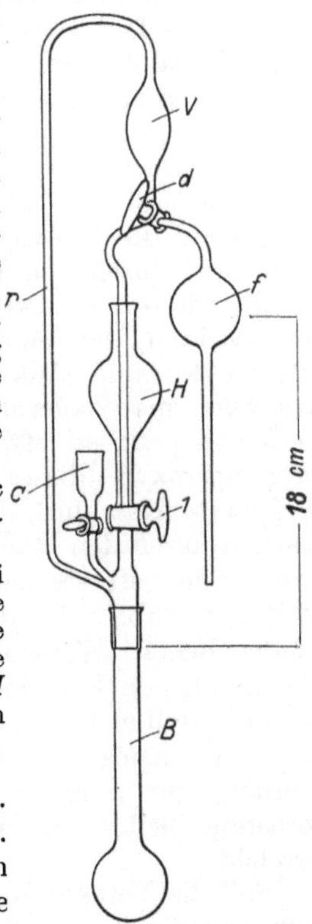

Abb. 96.

binden. Die zur Analyse angewandte Menge soll zweckmäßig so gewählt werden, daß sie nie mehr als 30 mg Chlor enthält. Der Zusatz von Silbernitrat ist notwendig, weil anderenfalls das Chlorion bei der Veraschung als Salzsäure ausgetrieben würde.

Nachdem nun der Aufsatz A aufgesetzt worden ist, wird durch den seitlich angebrachten Hahntrichter c langsam etwa 5 ccm konzentrierter reinster (!) Salpetersäure hinzugefügt und der Hahn wieder geschlossen.

Sobald die Verbindung mit der Vorkammer V durch entsprechende Drehung des Dreiwegehahns d hergestellt ist, wird mit kleiner Flamme (Mikrobrenner) erwärmt. Meist erfolgt jetzt eine ziemlich starke Gasentwicklung und Schaumbildung. Sobald das Schäumen nachläßt, steigert man die Temperatur und erwärmt, bis fast alles Wasser durch den Kamin abgedampft ist. Um die unangenehm riechenden Abrauchgase (will man nicht unter dem Abzug arbeiten) zu entfernen, wird ein mit einem Schlauche der Wasserstrahlpumpe verbundener Trichter über den Kamin gestülpt. Durch ganz schwaches Saugen werden so die abgehenden Gase entfernt.

Sobald die Entwicklung der braunen Dämpfe geringer wird, läßt man durch den Hahntrichter c wiederum etwa 8—10 ccm konzentrierter, reinster Salpetersäure hinzufließen. Hierbei ist zu beachten, daß man jetzt mit geringem Erwärmen, also mit kleiner Flamme (Mikrobrenner), oft besser zum Ziele kommt, als wenn man dauernd stark erhitzt. Von Zeit zu Zeit läßt man nun von jetzt an etwa 0,5 ccm konzentriertes reinstes Wasserstoffsuperoxyd (dieses ist auf Reinheit zu prüfen, da fast alle Präparate Natrium-, Kalium-, Phosphat- und Sulfationen enthalten) durch den Hahntrichter in den Kolben fließen. Die dabei erfolgende, oft starke Gasentwicklung hört schon nach kurzer Zeit auf; dabei wird die vorher leicht braune Flüssigkeit wieder etwas heller. Wenige Kubikzentimeter Wasserstoffsuperoxyd, die in kleinen Portionen innerhalb 1—1½ Stunden hinzugefügt werden, sollten für eine Veraschung genügen. Mit bestem Erfolg kann die Apparatur auch über Nacht in Tätigkeit gelassen werden, nur muß man dafür sorgen, daß die Flammenhöhe konstant bleibt, was man am besten mit einem Mikrobrenner erreicht.

Soll die Veraschung aber innerhalb 1—1½ Stunden beendet sein, so steigert man die Temperatur und erhitzt so lange, bis der Inhalt im Veraschungskolben fast ganz trocken geworden ist. Dabei muß, da sonst die überdestillierende Salpetersäure wieder in den Kolben zurückfließen würde, der Hahn *1* des Überlaufrohres *s* geschlossen werden.

Gelegentlich auftretende kleine Entzündungen haben auf die Bestimmungen keinen Einfluß. Nach kurzem Abkühlen läßt man durch Drehen des Hahns *s* vorsichtig tropfenweise einige Kubikzentimeter Säure aus der Hauptkammer *H* zur braunen Masse fließen und, nachdem durch das Trichterrohr *c* etwa 0,5 ccm Wasserstoffsuperoxyd hinzugefügt worden sind, wird wieder erhitzt und, wie oben beschrieben, fortgefahren. Diese Prozedur wird so oft wiederholt, bis der braune Rückstand völlig verschwunden ist und (bei völligem Überdestillieren der Salpetersäure) eine weiße Asche zurückbleibt. Ist dies erreicht, so wird die gesamte, in der Hauptkammer *H* sich befindende Säure zur Asche zurückgelassen, um nach Abschließen des Hahns *1* wieder langsam, bis auf einen kleinen Rest von etwa 0,5 ccm überdestilliert zu werden.

Nach dem Erkalten werden etwa 10 ccm destilliertes Wasser in den Veraschungskolben gebracht und bis zum Sieden erhitzt. Dabei werden die gebildeten braunen Stickoxyde ausgetrieben und die etwa gebildeten Pyrophosphate oder Metaphosphate in Orthophosphat übergeführt. Das ist nach etwa 10—15 Min. langem Sieden, wobei der Dreiwegehahn zweckmäßig so gestellt wird, daß das abdampfende Wasser nach außen gelangen kann, erreicht.

Erst nach dem völligen Erkalten wird nun der Aufsatz, ohne Gewalt anzuwenden, abgenommen und die schwach salpetersaure Lösung quantitativ in ein Meßgefäß von 25 ccm übergeführt. Durch mehrmaliges Nachspülen mit destilliertem Wasser wird das Kölbchen bis zur Marke 25 ccm aufgefüllt. Da sämtliche Nitrate in dieser sauren Lösung löslich sind, so können Trübungen nur von Kieselsäure und, wenn Silbernitrat angewandt wurde, von Silberchloridflocken herrühren. Die auf solche Weise erhaltenen Aschenlösungen können nun zur Bestimmung von Chlor-, Sulfat-, Phosphat-, Natrium-, Kalium, Kalzium-, Magnesium-, Eisenionen usw. verwendet werden.

Ist zu der Analyse zwecks Bestimmung des Chlors Silbernitrat zugefügt worden, so muß für die weitere Analyse der Aschenlösung — Chlor natürlich ausgenommen — das überschüssige Silberion mit konz. Salzsäure quantitativ gefällt werden. Zu diesem Zwecke gibt man zur klaren Aschenlösung 5 Tropfen reinster konz. Salzsäure. Nach 20 Min. langem Stehen wird durch ein getrocknetes Mikroglasfilter in ein ebenfalls trockenes Absaugekölbchen filtriert.

Bestimmung der Chloride.

Bestimmung der Chloride im Blut und im Gewebe nach van Slyke[1].

Prinzip. Die Eiweißkörper werden durch Erhitzen mit konz. Salpetersäure zerstört, die Chloride bei Gegenwart von bekannten Mengen von Silbernitrat gefällt; der Überschuß von Silber wird mit Rhodanid zurücktitriert.

Ausführung. Zu 1 ccm (oder g) Serum oder Blut werden in einem Kolben von 100 ccm Inhalt 3 ccm 0,05 n $AgNO_3$[2], die in konz. Salpetersäure (spez. Gew. 1,4) hergestellt ist, gegeben. Der Kolben wird mit einem Uhrglas bedeckt, auf dem Wasserbad erwärmt, bis die Lösung über dem AgCl-Niederschlag klar und leicht gelb gefärbt ist. Dazu genügen beim Serum 1—2 Stunden, beim Blut ungefähr 12 Stunden. Für jeden ccm Salpetersäurelösung werden 2 ccm Wasser zugefügt, dann 6 ccm 5% ig. Eisenalaunlösung; die Lösung wird auf Zimmertemperatur abgekühlt und der Überschuß an Silber mit 0,02 n K- oder NH_4-Rhodanidlösung zurücktitriert. Eine empirische Korrektur von 0,04 ccm wird von der verbrauchten Rhodanidlösung abgezogen, da unter den Titrationsbedingungen dieser Überschuß zur Erreichung eines genauen Endpunktes nötig ist[3].

Für das Gewebe ist dasselbe Verfahren anzuwenden. Man digeriert die Asche mit 0,02 n $AgNO_3$ enthaltender Salpetersäure. Man soll durch Zusatz von 1—2 Tropfen Oktylalkohol Schäumen bei Beginn der Zerstörung verhindern.

Berechnung. Milliäquivalente von Cl für Liter oder kg

$$= \frac{20\,(7{,}50 - \text{ccm}\ 0{,}02\,\text{n}\,\text{CNS}')\,[4]}{\text{ccm oder g Probe}}.$$

Gramme $NaCl$[5] pro Liter oder pro kg

$$= \frac{1{,}170\,(7{,}50 - \text{ccm}\ 0{,}02\,\text{n}\,\text{CNS}')}{\text{ccm oder g Probe}}.$$

---

[1] Biochem. Z. **58**, 523 (1923). Vgl. auch van Slyke und Donleary: J. of biol. Chem. **37**, 551 (1919). Mc Lean und van Slyke: J. of biol. Chem. **21**, 361 (1915). — Austin und van Slyke: J. of biol. Chem. **41**, 345 (1920). Myers und Short: J. of biol. Chem. **44**, 47 (1920).

[2] Die 0,05 n $AgNO_3$-Lösung wird hergestellt durch Lösen abgewogener Mengen $AgNO_3$ ($0{,}05 \cdot 169{,}9 = 8{,}495$ g pro Liter) in einer minimalen Menge Wasser und Auffüllen mit Salpetersäure vom spez. Gew. 1,4.

[3] Für größere Mengen (3—5 ccm) Serum oder Blut sind 10 bzw. 15 ccm 0,05 n $AgNO_3$ in konz. Salpetersäure, 1—1,5 g gepulvertes Eisenalaun und 0,05 n Rhodanidlösung anzuwenden.

[4] 3 ccm 0,05 n = 7,5 ccm 0,02 n. Umrechnung auf Milliäquivalente pro Liter oder kg: $0{,}02 \cdot 1000$.

[5] Cl als g NaCl pro Liter oder pro kg ist gleich Milliäquivalente Cl mal 0,0585.

In Kontrolltitrationen mit 3 ccm 0,05 n $AgNO_3$ in HNO_3 und 6 ccm 5% ig. Eisenalaunlösung gegen eine 0,02 n Rhodanidlösung wird der Titer der Silbernitratlösung festgestellt.

Normales Menschenblut enthält 450—500 mg NaCl in 100 ccm und Plasma 570—620 mg NaCl in 100 ccm.

Bestimmung der Chloride im Blut nach Whitehorn[1].

Die Chloride werden bei Gegenwart von Salpetersäure mit Silbernitrat gefällt; der Überschuß von Silbernitrat wird mit einer gegen die Silbernitratlösung eingestellten Rhodankaliumlösung bestimmt (Indikator Eisenammoniumsulfat).

Reagentien. 1. Silbernitratlösung: 4,791 g chemisch reines Silbernitrat werden in destilliertem Wasser gelöst und auf 1 Liter aufgefüllt. 1 ccm dieser Lösung entspricht 1 mg Cl. (Löst man 2,905 ccm vom chemisch reinen Silbernitrat auf 1 Liter, so entspricht 1 ccm 1 mg Cl.) Man gebe die Silbernitrat- und die Salpetersäurelösung nicht gleichzeitig zu dem eiweißfreien Filtrat[2]. 2. Rhodankaliumlösung: Etwa 3 g KCNS oder 2,5 g NH_4CNS werden in 1 Liter destilliertem Wasser gelöst. Die Lösung muß durch Titration genau geeicht werden, da das KCNS sehr hygroskopisch ist. Die Lösung wird gegen die Silbernitratlösung eingestellt, so daß 5 ccm der Lösung 5 ccm der $AgNO_3$-Lösung entsprechen. 3. Gepulvertes Eisenammoniumsulfat $Fe_3(SO_4)_2 \cdot (NH_4)_2SO_4$. 4. Konz. Salpetersäure.

Für eine Doppelbestimmung gibt man 5 ccm Plasma in einen 100 ccm-Erlenmeyerkolben, verdünnt es mit 40 ccm Wasser, setzt 2,5 ccm Natriumwolframat (10%ig. Lösung) hinzu, dann langsam 2,5 ccm ⅔ n Schwefelsäure und filtriert nach 10 Min. langem Stehenlassen. In eine kleine Porzellanschale überträgt man 10 ccm des eiweißfreien Filtrates (1 ccm Plasma entsprechend), setzt mit einer Pipette 5 ccm Silbernitratlösung hinzu, mischt gründlich; dann erst gibt man ca. 5 ccm konz. Salpetersäure (spez. Gew. 1,42) hinzu, mischt und läßt 5 Min. stehen. Dann gibt man etwa 0,3 g Eisenalaun (pulverisiert) hinzu und titriert den Überschuß an Silbernitrat mit der Standard-Rhodankaliumlösung zurück, bis die ausgesprochen lachsrote (nicht gelbe) Farbe des Eisenrhodanids trotz Aufrührens mit einem kleinen Glasstabe mindestens 15 Sek. bestehen bleibt.

Berechnung. 5,00 ccm der gebrauchten Silbernitratlösung weniger $x \cdot$ (ccm Rhodankalium) = Milligramm Cl pro ccm Plasma (x ist der Titrationswert der Rhodanlösung). Um die Werte von Chlor (in g bzw. mg) in Kochsalz (NaCl) umzurechnen, dividiere man durch 0,606. Der Bestimmungsfehler liegt unter 1,5%.

---

[1] J. of biol. Chem. **45**, 449 (1921).
[2] Vgl. hierzu Wilson und Ball: J. of biol. Chem. **79**, 221 (1928).

Veraschung nach Korányi für die Chlorbestimmung in Organen[1].

2—5 g Trockensubstanz von Organen (im Trockenschrank zur Gewichtskonstanz gebracht), werden in Kolben von 50—75 ccm mit chlorfreier, konzentrierter Salpetersäure so lange gekocht (1,5—3 ccm HNO_3 auf jedes Gramm der Originalsubstanz), bis das Stückchen vollkommen zerteilt ist. Dann wird mit Wasser verdünnt, 0,01 oder 0,1 n $AgNO_3$ im Überschuß zugefügt und weiter gekocht, wobei $KMnO_4$-Kristalle so lange zugesetzt werden, bis die Lösung dauernd eine braune Farbe behält. Dann wird mit Traubenzucker entfärbt, abgekühlt und das überschüssige $AgNO_3$ in der wasserklaren Lösung durch Titrieren mit Ammoniumrhodanid bestimmt.

Für kleine Substanzmengen wird folgendes Verfahren vorgeschlagen. 200—400 mg Substanz werden in Seidenpapier (auf Chlorfreiheit prüfen!) ($2^1/_2 \times 4$ cm) eingehüllt auf der Torsionswage abgewogen. Die kleinen Päckchen werden (samt Klammer) im Trockenschrank zur Gewichtskonstanz getrocknet, dann im kleinen Erlenmeyerkolben mit je 2 ccm konz. chlorfreier HNO_3 einige Minuten vorsichtig gekocht. Hierbei zerfällt das Päckchen zu einer trüben Masse, die keine gröberen Stücke mehr enthalten darf. Jetzt wird mit einigen Kubikzentimetern destilliertem Wasser verdünnt, die nötige Menge $AgNO_3$ (2—3 ccm 0,01 n Lösung) zugesetzt, und unter Zusatz von Kaliumpermanganat (Kristalle oder einige ccm einer konz. Lösung) weiter gekocht. Sonst verfährt man wie oben.

(Für Serum sind die Mengenverhältnisse: 1 ccm Serum, 0,7—1 ccm Salpetersäure, 2 ccm 0,1 n $AgNO_3$. Kochzeit 5—10 Min.)

Chlorbestimmung im Blut oder Serum nach Tschopp[2].

Prinzip. Nach Veraschung nach Tschopp unter Zugabe einer bekannten Menge 0,1 n Silbernitratlösung wird das überschüssige Silberion bei Gegenwart von Stärke mit einer 0,02 n Kaliumjodidlösung bis zur Blaufärbung titriert.

Erforderliche Reagentien. 1. Veraschungslösung (vgl. S. 252). 2. 0,1 n Silbernitratlösung (16,993 g Silbernitrat auf 1 Liter Wasser gelöst). 3. 0,02 n Silbernitratlösung (aus 2. bereitet). 4. 0,02 n Kaliumjodidlösung (3,3224 g KJ werden in 1 Liter Wasser aufgelöst, 10 ccm der Lösung müssen 10 ccm der 0,02 n Silbernitratlösung bei Zusatz von 1 ccm reinster rauchender Salpetersäure und 3 ccm Stärkelösung entsprechen). 5. Stärkelösung. 2 g lösliche Stärke werden in etwas Wasser bis zur völligen Lösung gekocht, abgekühlt, auf 100 ccm aufgefüllt, evtl. durch Glaswolle filtriert.

Ausführung. Die zu untersuchende Flüssigkeit, die nicht mehr als 30 mg Chlor enthalten darf, wird in dem Veraschungskolben B (vgl. S. 250) mit 10 ccm einer 0,02 n Silberlösung vermischt und dann wie auf S. 251 beschrieben, verascht. Die Veraschungslösung wird auf 25 ccm aufgefüllt. Etwa 6—8 ccm davon werden durch ein gereinigtes, trockenes Glasfilter (Nr. 12 G 3/5—7 Schott u.

---

[1] Vgl. Rusznyák und Kellner: Biochem. Z. **133**, 350 (1922).
[2] Mikrochem. **5**, 161 (1927).

Gen.) in ein sauberes, trockenes Absaugkölbchen filtriert. 5 ccm der klaren Veraschungslösung werden in ein Erlenmeyerkölbchen pipettiert und nach Zusatz von 5 Tropfen rauchender Salpetersäure und 3 ccm 2%ig. Lösung der löslichen Stärke mit 0,02 n Kaliumjodidlösung von bekanntem Titer bis zur Blaufärbung titriert (dabei wird das evtl. vorhandene Brom mittitriert).

Es sind dann $(10-x)\ \dfrac{5 \cdot 71}{y}$ mg Chlor in 100 ccm bzw. Gramm, wobei x die im Hauptversuch verbrauchten ccm 0,02 n Kaliumjodidlösung minus dem Blindwert (dieser beträgt meist 0,15 ccm) sind, y die angewandte Flüssigkeit oder Organmenge ist.

Phosphorbestimmung im Blut[1].

Bestimmung des Phosphors im Blut nach Fiske und Subbarow[2].

Prinzip. Reduzierende Substanzen, wie Aminonaphtholsulfosäure reduzieren Molybdänsäure nicht, wohl aber Phosphormolybdänsäure. Die dabei entstehende blaue Färbung wird kolorimetrisch gemessen[3].

Lösungen. 1. 10 n Schwefelsäure (450 ccm konz. H_2SO_4 zu 1300 ccm Wasser). 2. Molybdat I: 2,5% Ammoniummolybdat in 5 n H_2SO_4. Man löst 25 g des Salzes in 200 ccm Wasser; spült die Lösung in ein Litermeßgefäß, das 500 ccm 10 n H_2SO_4 enthält, füllt bis zur Marke mit Wasser auf und mischt. Molybdat II: Ammoniummolybdat 2,5% in 3 n Schwefelsäure. Wie oben bereitet, aber nur mit 300 ccm 10 n Schwefelsäure. Wird nur bei der Bestimmung des unorganischen Phosphats im Blutfiltrat angewendet. Molybdat III: Ammoniummolybdat 2,5% in Wasser. (Beim Auftreten eines nennenswerten Niederschlages — Ammoniumtrimolybdat — ist die Lösung nicht brauchbar). 3. 10%ig. Trichloressigsäure. Die Reinheit dieses Reagens ist sehr wichtig, gewisse Verunreinigungen hindern die Entwicklung der Färbung. Es enthält manchmal Spuren von Phosphat. Die Lösung ist durch Destillation zu reinigen oder die Phosphatmenge ist in jeder Probe zu bestimmen[4]. 4. Standardphosphat (5 ccm = 0,4 mg P.). Man löst 0,3509 g reines Monokaliumphosphat in Wasser, versetzt die Lösung in einer Litermeßflasche mit 10 ccm 10 n H_2SO_4, verdünnt bis zur Marke. 5. 15%ig. Natriumbisulfitlösung.

---

[1] Im Blute sind an Phosphorverbindungen enthalten: 1. Phosphate („freie Phosphate"). 2. Verbindungen, die durch die Enteiweißungsmittel nicht gefällt werden und die das Radikal PO_4 gebunden enthalten. 3. Phosphorhaltige Verbindungen, die durch die Enteiweißungsmittel gefällt werden. 1 und 2 werden als säurelösliche Phosphorverbindungen bezeichnet.

[2] J. of biol. Chem. **66**, 375 (1925).

[3] Vgl. hierzu: Bell und Doisy: J. of biol. Chem. **44**, 55 (1920) und Briggs: J. of biol. Chem. **53**, 13 (1922); **59**, 255 (1924).

[4] Vgl. Martland und Robison: Biochemic. J. **18**, 765 (1924).

(NaHSO$_3$). Trübe Lösungen können nicht benutzt werden. (Frische Lösungen müssen vor dem Filtrieren 2—3 Tage stehen.) 6. 20%ig. Natriumsulfitlösung (Na$_2$SO$_3$·7 H$_2$O). Man löst 200 g in 380 ccm Wasser, filtriert.

7. Aminonaphtholsulfosäure. Aus β-Naphthol nach Folin zu bereiten[1]. Die Substanz kann auch aus dem Handelsprodukt durch Umkristallisieren gewonnen werden: Man erwärmt 1000 ccm Wasser auf etwa 90^0, löst darin 150 g Natriumbisulfit und 10 g kristallisiertes Natriumsulfit. Zu dieser Lösung gibt man 15 g der rohen Aminosulfosäure, filtriert die heiße Lösung, kühlt das Filtrat sorgfältig unter der Wasserleitung und fügt 10 ccm konz. Salzsäure zu. Man filtriert unter Saugen, wäscht den Niederschlag mit etwa 300 ccm Wasser, schließlich mit Alkohol, bis die Waschwässer farblos sind. Die reine Säure wird unter möglichstem Lichtabschluß an der Luft getrocknet, pulverisiert und in einer braunen Flasche aufbewahrt.

Eine 0,25%ig. Lösung der Aminonaphtholsulfosäure wird benutzt. Man löst 0,5 g des trockenen Pulvers in 195 ccm 15%ig. Natriumbisulfit, fügt 5 ccm 20%ig. Natriumsulfit hinzu; man löst unter Schütteln. (Wenn die Bisulfitlösung alt ist, braucht man mehr als 5 ccm Sulfit.) Die Lösung ist unter Luftschutz etwa 2 Wochen haltbar. Man nehme nicht mehr Sulfit als zur Lösung des Reduktionsmittels nötig ist.

Bestimmung des anorganischen Phosphats im Blut. Man gibt in eine Erlenmeyerflasche 4 Volumina 10%ig. Trichloressigsäure. Während die Flasche langsam umgeschwenkt wird, gibt man 1 Volumen Blut (Oxalat ist das beste Gerinnungshemmungsmittel, und zwar 2 mg oder höchstens 3 mg Kaliumoxalat für 1 ccm Blut), Plasma oder Serum aus einer zum Auslauf geeichten Pipette zu. Man verschließt die Flasche mit einem trockenen Gummistopfen und schüttelt energisch einige Zeit, dann filtriert man durch ein aschefreies Filter.

5 ccm des Filtrates pipettiert man in einen Meßzylinder von 10 ccm oder in eine 10 ccm-Meßflasche. Man gibt 1 ccm 2,5%ig. Ammoniummolybdat in 3 n Schwefelsäure (Molybdat II) und endlich nach Umschütteln 0,4 ccm des Sulfosäurereagenses hinzu. Man verdünnt zur Marke und mischt. Die Vergleichslösung (mit 0,4 mg P in 100 ccm) wird möglichst zur selben Zeit bereitet.

Das Molybdatreagens, das zu der Standardlösung gegeben wird, ist stets Nr. I mit 5 n Schwefelsäure (dadurch wird die hohe Trichloressigsäurekonzentration im Filtrat kompensiert).

Die Ablesung wird in etwa 5 Min. vorgenommen und wird nach einigen Minuten wiederholt. Um die mg Phosphor in 100 ccm Blut oder Serum zu berechnen, stellt man die Standardlösung auf 20 mm und dividiert 80 durch den Stand der unbekannten Lösung. Von dieser Zahl ist der Phosphorgehalt der Trichloressigsäure abzuziehen.

---

[1] J. of biol. Chem. **51**, 386 (1922). Genau beschrieben in Folin: Labor. Manual S. 277.

Die untere Grenze, die gut bestimmbar ist, ist 2 mg P pro 100 ccm. Ist eine geringere Phosphatmenge anwesend, so kann eine bestimmte Menge zu dem Blutfiltrat zugefügt werden. (Eine geeignete Menge ist 0,016 mg oder 1 ccm einer Lösung, dargestellt durch Verdünnung von 20 ccm des gewöhnlichen Standards auf 100 ccm. Bei der Berechnung sind dann 1,6 mg pro 100 abzuziehen.)

Der normale Gehalt des Blutserums an anorganischem P ist bei Kindern etwa 5 mg, bei Erwachsenen 3—4 mg für 100 ccm.

Bestimmung des gesamten „säurelöslichen" Phosphors im Blut nach Fiske und Subbarow. 5 ccm des Trichloressigsäurefiltrates werden über einem Mikrobrenner in einem großen Reagenzglas aus Pyrex-Glas (200 × 25 mm) mit 5 ccm 5 n Schwefelsäure unter Zugabe eines Siedesteinchens eingedampft. Der Boden des Gefäßes soll 2 cm über der Spitze der Flamme stehen. Sobald ein Verkohlen einsetzt oder Dämpfe entstehen, dreht man die Flamme niedriger, so daß die Mischung kaum kocht und erhitzt, bis die Flüssigkeit nicht mehr dunkler wird. Dann gibt man entlang der Flaschenwand 1 Tropfen Salpetersäure hinzu. Wenn die Farbe nicht sofort verschwindet, so gibt man noch einen Tropfen zu und so weiter tropfenweise, bis die Flüssigkeit farblos bleibt. Dann kocht man noch weiter 30 Sekunden mit kleiner Flamme. Man kühlt unter der Wasserleitung, gießt den Inhalt mit 35 ccm Wasser in eine 50 ccm-Meßflasche, gibt 5 ccm Molybdat III und 2 ccm des Reduktionsmittels (0,25 %ig. Aminonaphtholsulfosäurelösung) hinzu. Man verdünnt zur Marke und verfährt wie oben.

Berechnung. Dividiert man 400 durch den Stand der unbekannten Lösung (bei einem Stand der Standardlösung auf 20 mm), so erhält man die Menge des gesamten säurelöslichen Phosphors in mg in 100 ccm Blut.

Die Bestimmung kann mit 1 ccm Filtrat gemacht werden unter Benutzung von 1 ccm 5 n Schwefelsäure. Die letzte Verdünnung muß dann auf 10 statt auf 50 ccm erfolgen und die Reagentien müssen entsprechend verringert werden. Für die Veraschung ist es dann vorteilhafter, engere Reagenzgläser (etwa 10 mm Durchmesser) zu benutzen.

Die Bestimmung des Gesamt-Phosphors im Gewebe und in anderem biologischen Material kann ebenfalls nach derselben Methode erfolgen. Man verascht feucht oder trocken. Glühen mit etwas Natriumkarbonat bei geringen Mengen organischen Materials oder mit Magnesiumnitrat (1 ccm 10 %ig. Lösung) bei der Harnanalyse oder mit Karbonatnitratgemisch bei Gewebeanalyse ist zu empfehlen. Größere Mengen Silikate sind durch Zentrifugieren zu entfernen. Im allgemeinen stören Silikate so wenig, daß bei der Veraschung Porzellantiegel benutzt werden können. [Über die Störung der Phosphorsäurebestimmung durch Kieselsäure bei der Reduktion der Molybdate vgl. Foulger: J. amer. chem. Soc. 49, 434 (1927)].

Lohmann und Jendrassik[1] haben die Methode von Fiske und Subbarow für die Phosphorsäurebestimmung im Muskelextrakt benutzt. Sie verfahren wie folgt:

Benutzte Lösungen (auf P-Freiheit geprüft): 1. Trichloressigsäure 7%ig. 2. Molybdatlösung: 2,5%ig. Ammoniummolybdat in $5 n H_2SO_4$. 3. Gereinigte 1, 2, 4-Aminonaphtholsulfosäure[2] (Eikonogen): 0,5 g in 195 ccm 15%ig. $NaHSO_3 + 5$ ccm 20%ig. Na_2SO_3. 4. Standardphosphatlösung KH_2PO_4 (zu Enzymstudien nach Sörensen), enthaltend 0,2 mg P_2O_5 in 1 oder 2 ccm.

Der meist verdünnte Muskelextrakt (zumeist 1 ccm), zwischen 0,1 und 1 mg P_2O_5 enthaltend, wird in 4—6 ccm 7%ig. Trichloressigsäure gegossen, nach 5 Min. filtriert. Ein aliquoter Teil des Filtrates, der möglichst weniger als 0,5 mg P_2O_5 enthalten soll, wird im 25 ccm-Meßkolben mit 5 ccm Molybdatlösung und 1 ccm Aminonaphtholsulfosäure versetzt und auf 25 ccm aufgefüllt. Gleichzeitig werden ein oder zwei Kontrollösungen aus dem Standardphosphat hergestellt unter Zugabe des Gehaltes der Versuchslösung an Trichloressigsäure. Alle Kolben kommen 5 Min. in ein Wasserbad von 37° und dann in ein Wasserbad von Zimmertemperatur und werden darauf kolorimetrisch mit der Kontrolle verglichen. Die Temperatur der Farblösungen darf für den kolorimetrischen Vergleich nur um 1—2° differieren. Die zur Ablesung geeignetste Farbtiefe ist die aus 0,2—0,4 mg P_2O_5 in 25 ccm Flüssigkeit bei 30 mm Schichtdicke. Falls gleichzeitig Milchsäurebestimmungen in dem Extrakt gemacht werden sollen, wofür die Enteiweißung mit Trichloressigsäure sich nicht eignet, wird entweder die Enteiweißung nach Schenck benutzt und die Kontrollösung dann mit HCl in entsprechender Menge versetzt, oder die Enteiweißung für die Milchsäurebestimmung geschieht in einer besonderen Probe nach Folin-Wu mit Natriumwolframat und Salzsäure. Diese letzte meist benutzte Anordnung macht den Schwefelwasserstoff auch hier entbehrlich.

Das kolorimetrische Verfahren läßt sich ebensogut auf die Bestimmung des anorganischen Phosphors im Muskelbrei und im intakten Muskel anwenden. Im letzten Falle werden die Muskeln in eiskalter 5%ig. Trichloressigsäure zerdrückt und ein aliquoter Teil des Filtrates benutzt.

Ebenso eignet sich das Verfahren für den Hefemazerationssaft, doch muß dieser bei der Enteiweißung stärker verdünnt werden, zumal sein Phosphatgehalt sonst zu hoch für die Bestimmung ist (etwa 6—8 mg P_2O_5 in 1 ccm unverdünntem Saft). Weniger geeignet erwies sich die Methode für Azetonhefe, da das Filtrat der Trichloressigsäure hier leicht getrübt ist und bei längerem Stehen der Fällung eine allmähliche Abspaltung von Phosphat aus der Azetonhefe stattzufinden scheint.

Die Methode ist für P_2O_5-Mengen von 0,05—0,5 mg pro Bestimmung vorzüglich brauchbar.

---

[1] Biochem. Z. 178, 418 (1928).

[2] Das im Handel als photographischer Entwickler erhältliche Eikonogen wird durch Lösen in Bisulfit und Sulfit, Ausfällen mit Salzsäure und Wasser gereinigt. Das Reagens der gereinigten Säure ist in Bisulfit einige Wochen haltbar. Tschopp verwendet statt Eikonogen 1 ccm des farblosen „Rodinals" Agfa und benutzt zur Analyse 0,5—1 ccm seiner klaren silberionenfreien Veraschungslösung (vgl. S. 249).

Phosphorsäurebestimmung nach Embden.

Modifiziert von Myrbäck und Roche.

Die Fällung des Phosphors als Strychnin-Phosphormolybdat nach Embden ist im Prakt. I, S. 120 bereits geschildert.

Hier seien folgende technische Einzelheiten der Methode im wesentlichen nach Roche[1] wiedergegeben. Hierbei wird nach Myrbäck[2] der Phosphormolybdat-Niederschlag mit Lauge titriert unter Anwendung von Phenolphthalein als Indikator. 19 Mol NaOH (760 g) entsprechen 1 Grammatom Phosphor (31 g). 1 g NaOH entspricht 0,0408 g P oder 1 ccm $^1/_{40}$ n NaOH (= 1 mg NaOH) entspricht 0,0408 mg Phosphor. Mit der Methode können in 3 ccm Flüssigkeit 0,15—0,02 mg P mit 1—2% Fehler bestimmt werden.

Phosphorbestimmung in Phosphatlösungen.

Erforderliche Lösungen: 1. 1%ig. wäßrige Lösung von Strychninnitrat. 2. Nitromolybdänreagens (gleiche Teile einer Lösung von 50 g Ammoniummolybdat in 150 ccm Wasser und einer Lösung von Salpetersäure, hergestellt aus 2 Volumen Säure vom spezifischen Gewicht 1,40 und 1 Volumen Wasser). 3. 5%ig. wäßrige Lösung von Kaliumnitrat. (Zu dieser Lösung fügt man einige Tropfen alkoholische Phenolphthaleinlösung und dann von der 0,025 n Natronlauge bis zur ganz schwachen Rosafärbung.) 4. Lösungen von 0,025 n HCl und 0,025 n NaOH. 5. 1%ig. alkoholische Phenolphthaleinlösung.

3 ccm der zu untersuchenden Lösung werden in einem Zentrifugenglas mit 1 ccm Reagens (frisch hergestellte Mischung von 3 ccm Lösung 2 und 1 ccm Lösung 1) versetzt; die Fällung erfolgt sofort. Unter häufigem Schütteln läßt man 40 Min. stehen, zentrifugiert dann und saugt die überstehende Flüssigkeit (vgl. S. 281 und 358) ab. Man fügt 5 ccm der neutralen Kaliumnitratlösung zu dem Niederschlag, rührt mit einem Glasstäbchen auf, läßt 5 Min. stehen, zentrifugiert dann wieder. Man wäscht dreimal, entfernt die überstehende, vollkommen neutrale Lösung, fügt 1 Tropfen der Phenolphthaleinlösung zu und dann 0,025 n Natronlauge, bis sich der Niederschlag ganz gelöst hat (A). Man kocht die deutlich alkalische Lösung auf, fügt tropfenweise 0,025 n Salzsäure zu, bis die Rosafarbe verschwunden ist, und noch darüber 0,50 ccm (B). Dann kocht man wieder auf und fügt zur kochenden Flüssigkeit 0,025 n Lauge bis zur beginnenden Rosafarbe (C).

Die P-Menge in Milligramm erhält man, indem man die zur Lösung nötige Anzahl Kubikzentimeter der Lauge (gesamte zu-

---

[1] Bull. Soc. de Chim. biol. **10**, 1061 (1928).
[2] Z. physiol. Chem. **148**, 197 (1925).

gefügte Menge (A + C) abzüglich der HCl-Menge (B) mit 0,0408 multipliziert.

Will man den **gebundenen Phosphor** in einer Substa nzbe-stimmen, so muß diese zuerst zerstört werden. Man gibt zu diesem Zwecke in einen Kjeldahl-Kolben von 20 bis 30 ccm Inhalt die zu analysierende Lösung oder die feste Substanz (mit einigen Zehntel Kubikzentimetern destilliertem Wasser), dann 0,8 ccm konzentrierte Schwefelsäure und erwärmt vorsichtig. Wenn weiße Dämpfe erscheinen, hört man mit dem Erhitzen auf und läßt entlang der Kolbenwand 4—5 Tropfen rauchende Sal-petersäure zufließen. Man erhitzt wieder vorsichtig. Die Flüssig-keit entfärbt sich. Ist das nicht der Fall, so läßt man den Kolben erkalten und fügt einige Kristalle fein pulverisiertes $KMnO_4$ hinzu, bis die Flüssigkeit braun-violett gefärbt ist. Man erwärmt 1 Min., läßt erkalten und zerstört den Überschuß an Permanganat durch Zusatz von kristallisiertem Ammoniumoxalat. Die nitrosen Gase werden durch Aufkochen verjagt. Die organische Substanz muß vollkommen zerstört sein (wenn nötig, wiederholt man die Oxy-dation mit Permanganat).

Die farblose Flüssigkeit überträgt man in einen Meßkolben von 10 ccm. Man füllt mit den Waschwässern bis zur Marke auf. Die Bestimmung erfolgt in einem aliquoten Teil. In 1 ccm be-stimmt man (mit Phenolphthalein als Indikator), wieviel 20%ig. Natronlauge zur Neutralisation nötig ist. Dann gibt man in ein Zentrifugenglas so viel der zu untersuchenden Lösung, daß 0,05 bis 0,15 mg P in 3 ccm vorhanden sind. Man neutralisiert und ver-dünnt mit destilliertem Wasser auf das Doppelte des ursprüng-lichen Volumens. Nun kann der Phosphor bestimmt werden. Das Strychnin-Molybdatreagens wird in neutraler (oder schwach alkalischer) Lösung im Verhältnis 1 ccm für 3 ccm der zu unter-suchenden Lösung (die etwa 0,15 mg P enthält) angewandt. Der Fehler der Bestimmung ist 1—2%.

Anwendung auf das Blut. Zur Enteiweißung des Blutes ist die Methode von Schenck (vgl. S. 196) und die mit Trichlor-essigsäure geeignet. Das Blut muß vorher hämolysiert werden.

Bestimmung des ,,freien Phosphors'' (der Phos-phate) im Blut. 1 ccm Blut wird mit 4 ccm destilliertem Wasser hämolysiert, nach 3—4 Minuten 1 ccm 20%ig. Trichloressigsäure hinzugefügt. Man schüttelt energisch, filtriert und behandelt 3 ccm des Filtrates im Zentrifugenglas mit 1 ccm Strychnin-Nitro-Molybdän-Reagens. Der Gehalt an ,,freiem'' P in Milli-gramm für 100 ccm Blut ist: $n \cdot 200 \cdot 0,0408$, wo n die Anzahl Kubikzentimeter 0,025 n Natronlauge bedeutet.

Bestimmung des gesamten säurelöslichen Phosphors.
1,5 ccm Blut werden mit 6 ccm destilliertem Wasser hämolysiert,
dann fügt man 1,5 ccm 20%ig. Trichloressigsäure zu. Man schüttelt
gut, filtriert, zerstört die organische Substanz in 5 ccm des Filtrates,
wie oben beschrieben, mit Schwefelsäure-Salpetersäure im Kjeldahl-
Kolben. Nach dem Aufschluß überträgt man die Flüssigkeit in
einen Kolben zu 10 ccm und füllt auf die Marke mit den Waschwässern auf, mit denen der Kjeldahl-Kolben ausgewaschen worden
ist. In 1 ccm bestimmt man die zur Neutralisation nötige Menge
20%ig. NaOH. Dann behandelt man 3 ccm (= 0,25 ccm Blut) im
Zentrifugenglas, wie oben beschrieben, nach der Neutralisation
und Ergänzung mit destilliertem Wasser auf 6 ccm mit 2 ccm des
Molybdatreagenses. Der Gehalt an säurelöslichem Phosphor in
Milligramm auf 100 ccm Blut beträgt: $n \cdot 400 \cdot 0,0408$, wo n die bei
der Titration verbrauchten Kubikzentimeter 0,025 n Lauge bedeutet.

Bestimmung des gesamten Phosphors im Blute.
0,5 ccm Blut werden im Kjeldahl-Kolben wie oben behandelt.
Die 3 ccm Flüssigkeit (entnommen von 10 ccm Flüssigkeit nach
der nassen Veraschung), in denen man schließlich die Fällung
vornimmt, entsprechen 0,15 ccm Blut. Der Gehalt an Gesamt-P
in Milligramm für 100 ccm Blut beträgt: $n \cdot 666,6 \cdot 0,0408$.

Nephelometrische Bestimmung der Phosphorsäure in
organischen Materialien nach Kleinmann[1].

Prinzip. Die Bestimmung der Phosphorsäure beruht auf
der Erzeugung einer nephelometrisch geeigneten Trübung der
Phosphorsäure bei bestimmter Azidität mittels eines Strychnin-
Molybdän-Reagenses in einer Schwefelsäurelösung. Die erzielte
Trübung ist proportional dem Phosphorsäuregehalt. Die Trübung
wird verglichen gegen eine Trübung, die auf gleiche Weise aus einer
Standard-Phosphatlösung hergestellt wird. Diese wird aus primärem Kaliumphosphat bereitet. Die Trübungen werden im
Nephelometer von Kleinmann verglichen. Die Messung ergibt
unmittelbar den Prozentgehalt der Phosphorsäure der zu unter-
suchenden Lösung.

Reagentien. 1. Phosphatlösung. Von reinstem primärem Kaliumphosphat (zu Enzymstudien nach Sörensen, Kahlbaum (werden
1,9167 g abgewogen und zu 1000 ccm in aqua dest. gelöst. Diese Lösung
enthält 1 mg P_2O_5 im Kubikzentimeter. Von dieser Stammlösung werden 5 ccm genau abgenommen und auf 1000 ccm verdünnt. Diese Lösung

---

[1] Biochem. Z. **174**, 43 (1926).

enthält 0,005 mg P_2O_5 im Kubikzentimeter (auf P berechnet — 1 P_2O_5 = 0,4379 P — enthält sie 0,00219 mg P im Kubikzentimeter). Sie dient als Phosphat-Standardlösung. Die Verdünnung soll öfter frisch bereitet werden. 2. Schwefelsäure 2 n. ca. 100 g H_2SO_4 pro analysi werden ad 100 ccm aqua dest. verdünnt, dann titriert. 3. Gesättigte Natriumsulfatlösung warm bereitet. 4. Molybdän-Strychninreagens. Das Reagens wird in 2 Teilen hergestellt, die unmittelbar vor Gebrauch gemischt werden, da bei Zusammenfügung der sauren Molybdatlösung mit der Strychninlösung nach etwa 24 Stunden ein Bodensatz auskristallisiert.

5. Schwefelsaure Natriummolybdatlösung. 30 g Molybdänsäure für Glühfäden (Kahlbaum) werden in einen 500 ccm fassenden Rundkolben gegeben. Sodann werden 10 g wasserfreie, frisch geglühte Soda und etwa 200 ccm aqua dest. hinzugegeben. Der Kolben wird auf freier Flamme langsam erhitzt und die Mischung so lange im Kochen erhalten, bis sich eine völlig klare Lösung gebildet hat, wozu ein etwa 15 bis 30 Min. langes Kochen notwendig ist. Spuren von Verunreinigungen, die nicht in die Lösung gehen, werden durch Filtration der warmen Lösung entfernt. Zu dem Filtrat kommen 200 ccm 10fach n H_2SO_4. Eine annähernd 10fach n Lösung wird durch Verdünnung einer konz. H_2SO_4 (500 g H_2SO_4 auf 1000 ccm) bereitet. Eine Verdünnung 1:10 der Säurelösung wird mit 1 n NaOH titriert und der Faktor der annähernd 10fach n H_2SO_4 ermittelt. Es wird diejenige Menge der titrierten H_2SO_4 zugesetzt, die genau 200 ccm 10fach n H_2SO_4 entspricht.

Die Mischung wird nach dem Erkalten im Meßkolben mit aqua dest. auf 500 ccm aufgefüllt. Es entsteht eine klare, haltbare, leicht bläulich verfärbte Lösung. Es empfiehlt sich, die Azidität dieser Lösung in einer Verdünnung 1:100 mit aqua dest. an der Gaskette zu messen. Der pH beträgt etwa 1,4.

6. Strychninlösung. 1,6 g Strychninsulfat (Bisulfat, Kahlbaum) werden in etwa 100 ccm aqua dest. unter Erwärmen gelöst. Nach dem Erkalten wird die klare Lösung im Meßkolben auf 500 ccm aufgefüllt.

Zur Herstellung des Reagenses werden genau gleiche Volumina von 5. und 6. derart vermischt, daß sie zuerst in zwei getrennten Kölbchen mittels Pipette abgemessen werden. Dann wird Lösung 6. zu Lösung 5. in schnellem Schuß zugegeben und das Kölbchen tüchtig geschüttelt. Es bildet sich beim Zusammengießen ein bläulich weißer Niederschlag, der zuerst trübt, sich dann aber in wenigen Minuten flockig zusammenballt. Das Reagens kann dann durch ein quantitatives Filterchen völlig klar abfiltriert werden. Es ist farblos und etwa einen Tag lang unverändert haltbar. Es empfiehlt sich, es vor dem Versuch frisch zu bereiten. Die Lösungen 5. und 6. sind unverändert haltbar.

Ausführung der Phosphatbestimmung. Veraschung der Untersuchungssubstanz. Zur P_2O_5-Bestimmung wird die zu untersuchende Substanz trocken verascht. Bei der Bestimmung bestimmter Phosphorsäurefraktionen wie „Eiweißphosphor", „Lipoidphosphor" usw. wird nach Isolierung der Fraktion nach den üblichen Methoden ein aliquoter Anteil zur P_2O_5-Bestimmung der Veraschung wie beschrieben unterworfen. Organstücke (in Form von Brei) oder Flüssigkeiten werden im Platintiegel auf dem Wasserbad zur Trockne gebracht und dann mittels Teclubrenners verascht, bis der Rückstand völlig weiß bzw. bei Gegenwart von Metalloxyden völlig kohlefrei ist. Die Veraschung gelingt stets gut, wenn der Tiegel bedeckt gehalten wird. So erfordert die Veraschung von beispielsweise 1 ccm Serum nur wenige Minuten.

Enthält die Asche Schwermetalle — Eisen bis zu 1 mg pro analysierter P_2O_5-Menge kann vernachlässigt werden, siehe weiter unten — so müssen diese entfernt werden (z. B. als Sulfide).

Der Rückstand oder — wenn keine Schwermetalle vorhanden waren — die ursprünglich vorhandene weiße Asche wird mit wenigen Kubikzentimetern $2\,n\,H_2SO_4$ im Platintiegel versetzt. Sodann wird der Tiegel 5—10 Min. auf dem Wasserbade erwärmt. Hierbei hydrolysiert das durch das Glühen gebildete Metaphosphat und geht in Orthophosphat über. Die Lösung wird in ein Meßkölbchen gespült und der Tiegel mehrmals mit einigen Kubikzentimetern der $2\,n\,H_2SO_4$ unter Erwärmen nachgespült.

Wieviel Kubikzentimeter Schwefelsäure im ganzen zur Lösung der Asche angewendet werden, hängt von der Menge des vorhandenen P_2O_5 ab. Soll die ganze Asche zu einer Bestimmung verwandt werden, so dürfen nicht mehr als 9,5 ccm H_2SO_4 gebraucht werden. Soll nur ein Teil der Aschenlösung gebraucht werden, so kann man auf ein beliebiges Volumen mit $2\,n\,H_2SO_4$ auffüllen. Gewöhnlich dürfte, da mehrere Parallelbestimmungen ratsam sind, eine Gesamtmenge von 25 oder 50 ccm Säure verwandt werden. Auf ein solches markiertes Volumen wird die Aschenlösung im Meßkölbchen mit $2\,n\,H_2SO_4$ gebracht. Sind Erdalkalien in der Asche, so werden ungelöste Erdalkalisulfate abfiltriert, und das Filterchen wird mit der zum Auffüllen der Lösung verwandten H_2SO_4 gewaschen. Wird die ganze Asche zur Analyse verwandt, so ist es zweckmäßig, mit einer etwas größeren Säuremenge als sonst bei der Gesamtaschenverwendung (9,5 ccm) aufzunehmen, z. B. mit 12 ccm, diese dann zu zentrifugieren und vom Zentrifugat 9,5 ccm zur Analyse zu verwenden, wobei dann natürlich in der Berechnung die Anwendung des aliquoten Teiles der Gesamtlösung in Rechnung gesetzt wird.

Behandlung der Aschenlösungen. Zur Analyse dienen die sauren Aschenlösungen oder entsprechend reine Phosphatlösungen, deren Gehalt durch Schwefelsäurezugabe genau 2 n an Schwefelsäure ist.

Von diesen Lösungen wird ein Volumen, das 10—50 μg[1] P_2O_5 entspricht — aber nicht mehr als 9,5 ccm — zur Analyse verwendet. Ist man sich über den Gehalt der P_2O_5-Lösungen ganz

---

[1] 1 $\mu g = 0{,}001$ mg.

im unklaren, so wird als Vorversuch eine Probe der sauren Aschelösung mit 2 n H_2SO_4 auf 9,5 ccm gebracht, sodann werden 4 ccm der gesättigten Na_2SO_4-Lösung zugefügt. Das Volumen wird mit aqua dest. auf 23 ccm gebracht.

Jetzt bereitet man aus der Phosphat-Standardlösung mehrere Vergleichslösungen mit variiertem Phosphatgehalt. Beispielsweise setzt man 2,4 und 8 ccm = 10,4 ccm und 40 μg P_2O_5 an, gibt 9,5 ccm 2 n H_2SO_4 und 4 ccm Natriumsulfatlösung hinzu und füllt mit H_2O auf 23 ccm auf. Jetzt gibt man zu allen Lösungen je 2 ccm Reagens und beurteilt die unbekannte und bekannte Konzentration, indem man nach 30 Min. langem Stehenlassen die Trübungen mit bloßem Auge vergleicht. Hat man einige Male Phosphatanalysen durchgeführt, so bedarf es keiner Vergleichsstandardtrübung, um aus einer unbekannten Konzentration ungefähr die Menge festzustellen, die für die Analyse in Frage kommt. Eine Menge der Analysenlösung, die 10—50 μg P_2O_5 enthält, wird nach der Schätzung des Gehaltes zu der eigentlichen Analyse verwandt.

Die entsprechende Menge der untersuchten Phosphatlösung wird mit 2 n H_2SO_4 auf 9,5 ccm gebracht. Die Abmessungen geschehen am besten mit Büretten. Als Gefäße für die Systeme können Reagenzgläser dienen. Besser ist es aber, Flaschen mit eingeschliffenem Stopfen von 30 bis 50 ccm Volumen anzuwenden, da diese ein sauberes Durchmischen gestatten.

Die Säure braucht nicht auf 2 n eingestellt zu sein, es genügt, wenn ihr Faktor exakt bestimmt ist. Es wird dann das entsprechende Volumen verwandt, da es nicht auf das Säurevolumen sondern auf die molare Konzentration ankommt.

Sodann werden 4 ccm der gesättigten Na_2SO_4-Lösungen zugesetzt und die Lösung wird mit aqua dest. auf 22 ccm aufgefüllt.

Jetzt werden die Vergleichslösungen aus der Standardphosphatlösung durch Mischung der notwendigen Kubikzentimeter Phosphatlösung mit 9,5 ccm 2 n H_2SO_4-Lösung + 4 ccm ges. Na_2SO_4-Lösung + aqua dest. zu 22,0 ccm hergestellt. Am zweckmäßigsten ist es, verschieden konzentrierte Vergleichslösungen, mit etwa 20 und 40 μg P_2O_5, zu bereiten (entsprechend 4 und 8 ccm der Standardlösung).

Zweckmäßig ist es, von allen zu untersuchenden und Vergleichslösungen stets Parallelversuche, am besten drei, anzusetzen. Nunmehr kommen zu den zu untersuchenden und Vergleichslösungen je 2 ccm Reagens. Die exakte Abmessung geschieht am besten mit Bangscher Mikrobürette. Die Lösungen werden umgeschüttelt, der Zeitpunkt der Reagenszugabe wird markiert.

Hat man größere Reihen zu untersuchen, so ist es ratsam, nach 5—6 Analysen (inklusive Parallelen) mit der Reagenszugabe 10 Min. Pause zu machen, um nachher bei der Messung genügend Zeit zu haben.

Die Lösungen beginnen, sich allmählich zu trüben. Nach etwa 25—30 Min. langem Stehen kann der Gehalt der zu untersuchenden Lösungen gegen die bekannten Vergleichslösungen geschätzt und beurteilt werden, ob sie mehr als 20 μg P_2O_5 enthalten oder nicht. Es empfiehlt sich daher stets, die Anwendung einer Vergleichslösung von 20 μg P_2O_5. Hiernach richtet sich die weitere Behandlung.

Bei Messungen von Konzentrationen über 20 μg P_2O_5 in dem angewandten Volumen inklusive der Konzentration von 20 μg selbst, wird zu den zu untersuchenden und den Vergleichslösungen 1 ccm H_2O gefügt, worauf die Trübungen sofort nephelometrisch verglichen werden. Die Messungen erfolgen während der Zeit von 15—20 Min. nach der Wasserzugabe, also während der 3. Viertelstunde nach Reagenszusatz.

Bei Messungen mit Konzentrationen unter 20 μg werden inklusive der Menge von 20 μg selbst zu den Systemen 30 Min. nach Reagenszusatz statt 1 ccm Wasser 1 ccm $2n$ H_2SO_4 gegeben. Die Trübungen bleiben dann noch weitere 15 Min. stehen und werden während der viertenViertelstunde nach der Reagenszugabe nephelometriert.

Die nephelometrische Messung.

Als Nephelometer dient das Instrument von Schmidt und Haensch (Berlin). Als Meßbereich ist die Konzentration von 10—50 μg P_2O_5 in 25 ccm Volumen angegeben. Selbstverständlich können auch höhere Konzentrationen gemessen werden, da ja nur entsprechende Verdünnungen angewandt zu werden brauchen. Unter 10 μg aber soll nicht hinuntergegangen werden, da dann einmal die Trübungen so schwach werden, daß Fehler durch Verunreinigungen, Fasern usw. schon hervortreten, vor allem aber, weil unter 10 μg in 25 ccm Meßvolumen die Proportionalität zwischen Trübung und Konzentration aufzuhören beginnt.

Hat man kleinere Mengen als 10 μg P_2O_5 zu bestimmen, so kann man für die gewöhnlichen Nephelometergefäße auch mit ca. 15 ccm auskommen, braucht also mit allen angegebenen Mengen nur auf $\frac{3}{5}$ hinunterzugehen. Hierdurch wird die P_2O_5-Menge, die mit den gewöhnlichen Nephelometergläsern gemessen werden kann, auf 0,006 mg P_2O_5 nach unten begrenzt.

Für noch geringere P_2O_5-Mengen müssen die Mikrogefäße benutzt werden. Nimmt man von allen Lösungen den achten Teil was mit in $^1/_{100}$ ccm geteilten Pipetten noch genau auszuführen geht, so kann man noch rund 0,001 μg P_2O_5 bestimmen, wenn man den etwas größeren Fehler der Mikrogefäße mit in Kauf nimmt.

Am zweckmäßigsten ist es, in einem mittleren Meßbereich von 40—20 μg P_2O_5 in 25 ccm zu arbeiten. Hier ist die Genauigkeit der Methodik etwa 1% Fehler. Arbeitet man in den Grenzen des Meßbereiches, so wird der Methodenfehler rund $\pm$ 2%.

Zur Ausschaltung selten auftretender Ausfälle empfiehlt es sich, stets in Parallelversuchen zu arbeiten.

Bemerkungen zur Methode. Einfluß fremder Substanzen auf die Analyse. Beimengungen von Salzen können in den Analysenlösungen nach Behandlung der Aschen mit H_2SO_4 nur als Sulfate vorliegen.

Alkalisulfate stören, wenn sie nicht in überaus großer Menge vorhanden sind, die Bestimmung nicht. So hat ein Zufügen von 0,5 ccm gesättigter· Na_2SO_4-Lösung zu den Systemen kaum einen Einfluß.

Erdalkalisulfate fallen durch ihre Unlöslichkeit als Verunreinigung fort.

Magnesium stört bis zu einer Menge von 10 mg pro analysierter Menge — 10—50 μg P_2O_5 —, also in 200—1000facher Menge, die P_2O_5-Bestimmung nicht.

Eisen stört ebenfalls nicht in einer Konzentration bis zu 1 mg pro analysierte Menge, also in 20—100facher Menge. Höhere Konzentrationen dieser Beimengungen müssen ebenso wie Schwermetalle entfernt werden. Arsensäure liefert unter den gegebenen Bedingungen keine Trübung. Das Reagens kann also zur Bestimmung von Phosphorsäure neben Arsensäure dienen.

Bestimmung des Schwefels.

Bestimmung der anorganischen Sulfate im Blut nach Denis[1].

Prinzip. Die Sulfate werden nephelometrisch bestimmt, indem man eine Trübung mit Bariumchlorid herstellt.

Ausführung. 10 ccm Tierblut (mit 30 mg Natriumzitrat ungerinnbar gemacht) werden mit 10 ccm 0,02 n HCl und 5 Min. später mit 30 ccm 5%ig. $HgCl_2$ (mit 5 ccm konz. HCl pro Liter) versetzt, gut umgeschüttelt, 1 Stunde stehen gelassen und filtriert. Zu 10 ccm klarem Filtrat (entsprechend 2 ccm Blut oder Plasma) gibt man 5 ccm 1%ig. Ammoniumnitratlösung[2] und unter Umrühren 5 ccm 1,0%ig. Bariumchlorid (5 ccm konz. HCl pro Liter enthaltend). Gleichzeitig wird die Vergleichslösung aus 10 ccm einer Stammlösung von Kaliumsulfat (5,4370 g reinstes umkristallisiertes Kaliumsulfat im Liter mit 1 mg Schwefel im ccm) be-

---

[1] J. of biol. Chem. **49**, 311 (1921).

[2] Ammoniumnitrat erleichtert die Bildung der kolloidalen Bariumsulfat-Suspension.

reitet. 10 ccm der 100 fach verdünnten Stammlösung enthalten 0,1 mg S. Diese werden mit je 10 ccm der 5% ig. salzsauren $HgCl_2$-Lösung, der 1% ig. Ammoniumnitratlösung, der 5% ig. $BaCl_2$-Lösung versetzt. Man liest in einem Nephelometer bei einer Schichthöhe 20 der Standardlösung ab, dividiert durch die Höhe der unbekannten Lösung und multipliziert mit 50; dann erhält man den Schwefelgehalt in mg in 100 ccm Blut.

Beim Menschenblut mischt man zur Enteiweißung je 5 ccm (mit Oxalat versetztes) Blut, 0,1 n Salzsäure und 5% ig. Sublimatlösung und trägt noch 0,3 g festes Sublimat ein. Während 1 Stunde schüttelt man häufig und energisch, filtriert dann durch ein aschefreies Filter. Zu 5 ccm klarem Filtrat setzt man je 1 ccm der Bariumchlorid- und Ammoniumnitratlösung und vergleicht mit einem Standard aus 10 ccm Kaliumsulfatlösung, 10 ccm Sublimatlösung und je 4 ccm der Ammoniumnitrat- und der Bariumchloridlösung (s. oben). Für menschliches Blut, dessen Sulfatgehalt stark schwankt, hält man am besten drei Testlösungen vorrätig, von denen je 10 ccm 0,1, 0,05, und 0,03 mg Schwefel entsprechen. Die Chemikalien müssen auf Schwefelsäurefreiheit geprüft sein. Etwa 95% der anorganischen Sulfate im Blut werden mit der Methode erfaßt.

Die im Normalblut gefundenen Schwefelwerte betragen pro 100 ccm beim Menschen ca. 1 mg, Kaninchen etwa 3,0 mg, Hund 2,1—3,5 mg.

Bestimmung der Gesamtsulfate im Blut nach Denis und Leche[1].

Prinzip. Die Sulfate werden als Bariumsulfat gefällt und gewogen.

Zu 25 ccm mit Zitrat versetztem Blut gibt man 55 ccm destilliertes Wasser und 20 ccm einer 20% ig. Trichloressigsäure. Man schüttelt gut um, läßt 1 Stunde stehen und filtriert. Zu 25 ccm des klaren Filtrates fügt man 75 ccm destilliertes Wasser und 20 ccm 5% ig. Bariumchloridlösung. Man läßt über Nacht stehen, überträgt den Niederschlag auf einen gewogenen Goochtiegel und wägt nach Trocknen und Glühen. Berechnung S. 270 und 388.

Bei der Bestimmung der Gesamtsulfate im Gewebe werden 10 g fein zermahlenes Gewebe in Kolben aus Pyrex-Glas (25 × 200 mm) mit etwa 50 ccm annähernd n HCl versetzt und mit einem Uhrglas bedeckt im Autoklaven bei 150° 2 Stunden lang erhitzt. Dabei gehen die Eiweißkörper in Lösung. Man überführt das Gemisch in einen Meßkolben von 100 ccm, füllt zur Marke auf, mischt, zentrifugiert in zwei Zentrifugen-

---

[1] J. of biol. Chem. **65**, 561 u. 565 (1925).

gläsern zu 50 ccm, filtriert im Goochtiegel über Asbest. Zu 40 ccm Filtrat gibt man in einem Becherglas von 250 ccm tropfenweise 10 ccm 5%ig. Bariumchloridlösung, kocht auf, läßt über Nacht stehen, filtriert in einem gewogenen Goochtiegel, wäscht, trocknet und glüht bis zur Gewichtskonstanz.

Bestimmung des Gesamtschwefels nach Tschopp[1].

Prinzip. Nach nasser Veraschung werden die Sulfate wie in der vorangehenden Methode gravimetrisch bestimmt.

Von dem klaren, salpetersauren Filtrat, das nach der Veraschung nach Tschopp gewonnen wird, werden 5 ccm (wenn der Sulfatgehalt der zu untersuchenden Substanz gering ist, mehr) zur Analyse genommen. Diese werden in einer vorher gewogenen, feinporigen Mikronutsche (12 G/2 $<$ 7 oder einem Zentrifugenfilter 80 G/2 $<$ 7, oder Filtertrichter 60 G/2 $<$ 7 p, von Schott und Genossen) zu 0,5 ccm einer etwa 5%ig. Bariumchloridlösung hinzugegeben, nachdem vorher etwa 0,5—1 ccm Chloroform als Sperrflüssigkeit in das Gerät pipettiert worden sind. Nach Zusatz von 2 Tropfen Phenolphthalein wird mit verdünntem Ammoniak neutralisiert, vorsichtig durchgerührt (die Chloroformschicht darf dabei nicht aufgewirbelt werden) und nach Zusatz von 5 Tropfen 2 n Salzsäure 1 Stunde stehen gelassen. Der Niederschlag von Bariumsulfat setzt sich und bildet an der Oberfläche des Chloroforms eine feine Schicht.

Die Nutsche wird nun in die Bohrung des Kautschukpfropfens eines Absaugkölbchens gebracht. Man saugt mit der Wasserstrahlpumpe den feinen Niederschlag auf die poröse Filterschicht. Nach zweimaligem Auswaschen mit je 5 ccm 0,01 n Salzsäure (mit Bariumsulfat gesättigt) wird die vorher gewogene Mikronutsche bis zur Gewichtskonstanz bei 110° getrocknet und gewogen.

Das Gewicht des Bariumsulfatniederschlages, multipliziert mit 0,4202, ergibt die Anzahl Milligramme Sulfat in der zur Analyse gelangten Menge Substanz oder Flüssigkeit. (Vgl. S. 388.)

Gesamtschwefel im biologischen Material nach Stockholm und Koch[2].

I. **Schmelzverfahren:** In einem Nickeltiegel von 50 : 70 mm mischt man 0,5—2 g Gewebe mit 15 g eines Gemisches von 225 g Kaliumnitrat und 50 g wasserfreier Soda und überschichtet mit weiteren 10 g des Gemisches. Der Tiegel wird bedeckt und mit einer Spiritusflamme vorsichtig erhitzt, so daß keine Dämpfe entweichen. Nach 1 Stunde mischt man den Tiegelinhalt durch und erhitzt noch 10 Min. auf einem Rogerbrenner. Nach dem Abkühlen löst man den Tiegelinhalt in 400 ccm Wasser

---

[1] Biochem. Z. **203**, 275 (1928).
[2] J. amer. chem. Soc. **45**, 1953 (1923).

und säuert mit 40 ccm konz. Salzsäure an. Man dampft zur Trockne und raucht noch 2mal mit je 25 ccm konz. Salzsäure ab. Man löst das Salzgemisch in 3—400 ccm Wasser und 10 ccm Salzsäure und füllt auf genau 510 ccm auf, filtriert dann durch ein trocknes Filter in eine zweite 500 ccm-Meßflasche und spült deren Inhalt mit 100 ccm Wasser in ein Becherglas von 1 Liter über. Man erhitzt zum Sieden, fügt 10 ccm 0,1 n Schwefelsäure und tropfenweise 10 ccm 10 %ig. Bariumchloridlösung hinzu und setzt das Kochen noch 10—15 Min. fort. Nach 10—12 stündigem Verweilen in der Wärme filtriert man und wäscht in üblicher Weise. Darauf verglüht man das Filter vorsichtig und wägt. Der Blindwert wird in Abzug gebracht und der Wert mit 510/500 multipliziert.

II. Nasse Veraschung: In einen Nickeltiegel von 10 ccm Inhalt bringt man 0,5—2 g Substanz zu 10 ccm 25 %ig. Natronlauge, bedeckt und engt fast zur Trockne ein. Unter weiterem Erhitzen auf dem Dampfbad setzt man tropfenweise 5 ccm Perhydrol (30 % ig. H_2O_2) unter stetem Umrühren mit einem Glasstab zu. Der Tiegelinhalt wird dann in einen Kjeldahlkolben von 300 ccm überführt und bis zum beginnenden Kristallisieren erhitzt, nachdem mit Salpetersäure angesäuert worden ist. Man oxydiert dann mit 10 ccm rauchender Salpetersäure und 40—50 Tropfen Brom. Wenn kein oder wenig Fett vorhanden ist, ist dann die organische Substanz zerstört. Man dampft ein und erhitzt unter Wasserzusatz, um die Hauptmenge der Salpetersäure zu entfernen. Die nötigenfalls filtrierte Lösung wird mit Natronlauge neutralisiert, auf 600 ccm verdünnt und mit 10 ccm konz. Salzsäure versetzt; nach Zusatz von 10 ccm 0,1 n Schwefelsäure wird die Bestimmung wie oben zu Ende geführt. Kleine Fettreste, die der Oxydation widerstanden haben, können meist ohne Schaden abfiltriert werden. Man kann aber auch die Oxydation am Rückflußkühler ausführen, wobei alle organischen Bestandteile innerhalb 24 Stunden völlig zerstört werden. Die nasse Veraschung ist leistungsfähiger und gibt besonders bei Cystin bessere Zahlen.

Bestimmung des Kalziums.

Bestimmung des Kalziums im Serum nach Kramer und Tisdall[1].

Prinzip. Das Kalzium wird im Serum direkt als Oxalat niedergeschlagen und das Oxalat mit Kaliumpermanganat titriert.

Ausführung. Man überführt in ein graduiertes Zentrifugenglas aus Jenaer Glas von 15 ccm Inhalt (das vorher mit Bichromat-Schwefelsäure sorgfältig gereinigt worden ist und das bei der 0,1 ccm-Marke einen Außendurchmesser von 6—7 mm hat), 2 ccm Serum, 2 ccm destilliertes Wasser, 1 ccm 4 %ig. Ammoniumoxalatlösung und 2 ccm einer gesättigten Natriumazetatlösung. Man vermischt gründlich, läßt 30 Min. oder länger stehen, mischt den Inhalt noch einmal (man hält den oberen Teil des Zentri-

---

[1] J. of biol. Chem. **56**, 439 (1923); Modifikation nach Clark und Collip: J. of biol. Chem. **63**, 461 (1925). Vgl. ferner Kramer und Tisdall: J. of biol. Chem. **47**, 475 (1921). Clark: J. of biol. Chem. **49**, 487 (1921).

fugenglases und stößt es mit dem Finger am unteren Ende an) und zentrifugiert in einer schnellaufenden Zentrifuge (etwa 1500 Touren pro Minute) 5 Min. Man gießt die überstehende Flüssigkeit vorsichtig ab und entfernt den Rest, indem man das umgedrehte Zentrifugenglas auf eine Schicht Filtrierpapier stellt. Man trocknet dann das offene Ende des Reagenzglases mit einem weichen Tuch. Oder man verfährt bei der Entfernung der überstehenden Flüssigkeit wie beim Kalium (vgl. S. 281 und 358) beschrieben. Nun rührt man den Niederschlag mit einem feinen Glasstab auf und wäscht die Wände des Reagenzglases mit 3 ccm verdünntem Ammoniak (2 ccm konz. Ammoniak zu 98 ccm Wasser) in einem feinen Strahl aus einer Waschflasche. Die Suspension zentrifugiert man und entfernt die überstehende Flüssigkeit, wie oben beschrieben. Man wiederholt das Waschen mit Ammoniak noch ein- bis zweimal. Nach Entfernen der Waschflüssigkeit, fügt man 2 ccm einer annähernd n H_2SO_4 (28 ccm der konz. Säure auf 1 Liter) zu. (Man läßt diese Menge am besten direkt aus einer Pipette auf den Niederschlag fließen; dadurch werden angeklebte Teile losgelöst und die Auflösung wird erleichtert.) Man setzt das Reagenzglas 1 Minute in siedendes Wasser, und titriert aus einer in 0,02 ccm geteilten Mikrobürette mit 0,01 n Kaliumpermanganat[1], bis die rosa Färbung mindestens 1 Min. bestehen bleibt. Wenn nötig, erwärmt man während der Titration das Reagenzglas, indem man es in ein Wasserbad von $70-75^0$ stellt.

Berechnung. 1 ccm 0,01 n $KMnO_4$ ist 0,2 mg Ca äquivalent[2]. Die Ca-Menge in mg für 100 ccm Serum beträgt also $\dfrac{100 \cdot 0,2 \cdot x}{2}$, wo x die verbrauchten ccm 0,01 n Permanganat bedeuten. (Von den verbrauchten ccm Permanganat ist diejenige Anzahl ccm abzuziehen, die nötig wäre, um in 2 ccm der Schwefelsäure dieselbe Farbintensität zu erzeugen.) Normales menschliches Blutserum enthält 9—11 mg Kalzium[3] in 100 ccm.

Die Bestimmung des Kalziums im Gewebe und anderem biologischen Material (Fäzes, Milch, Knochen) erfolgt nach vorheriger Veraschung im Platintiegel unter Zusatz von wenigen Tropfen Salpetersäure, um die letzten Reste der Kohle zu zerstören.

---

[1] Die 0,01 n Permanganatlösung wird aus einer 0,1 n Lösung hergestellt und muß jedesmal vor der Benutzung gegen eine 0,01 n Natriumoxalatlösung, die mehrere Monate haltbar ist, eingestellt werden. Vgl. Harn S. 369.

[2] Vgl. Harn S. 370.

[3] Über Bestimmung des nichtdiffusiblen Kalziums vgl. S. 289, ferner Moritz: J. of biol. Chem. **64**, 81 (1925).

Für die Bestimmung im Gewebe mit niederem Kalziumgehalt schlagen Corley und Denis die vorherige Behandlung des Materials im Autoklaven mit Alkali vor[1].

Ausführung. 10 g fein zerkleinertes Gewebe werden mit 50 ccm 0,1 n NaOH in ein geräumiges Reagenzglas (25 × 200 mm) aus Jenaer oder Pyrex-Glas (mit einer Marke bei 60 ccm) überführt. Das Glas wird, mit einer Zinnfolie bedeckt, 2 Stunden bei 180° im Autoklaven gehalten, wobei vollständige Lösung eintritt. Die Lösung wird nun durch Zugabe von konz. Salzsäure stark angesäuert, mit dest. Wasser auf 60 ccm verdünnt und nach 30 Min. langem Stehen zentrifugiert oder im Gooch-Tiegel über Ca-freiem Asbest filtriert. Einen aliquoten Teil des klaren, gewöhnlich gefärbten Filtrates (gewöhnlich 15 ccm) mißt man in ein konisches Reagenzglas von 50 ccm, fügt das halbe Volumen 4%ig. Ammoniumoxalatlösung zu und macht die Reaktion der Lösung gegen Methylrot durch vorsichtigen Zusatz von konzentriertem Ammoniak alkalisch. Diese Fällung soll kurz nach der Filtration angestellt werden. Nach mindestens 1stündigem Stehen zentrifugiert man und gießt die überstehende Flüssigkeit möglichst vollständig ohne Aufwirbeln des Niederschlages ab.

Der Niederschlag wird in 5 ccm annähernd n-Schwefelsäure aufgelöst, 0,1 n Kaliumpermanganat werden bis zur Rosafärbung zugefügt. Nach 5—10 Min. fügt man nun 5 ccm einer 4%ig. Lösung von Ammonoxalat zu. Nachdem die Lösung vollkommen klar geworden ist, werden 5 ccm Wasser zugegossen, dann wird vorsichtig mit konz. Ammoniak (Indikator Methylrot) neutralisiert. (Überschreitet man den Umschlagspunkt, so kann mit ca. 1 n HCl zurücktitriert werden.) Nach mindestens 1stündigem Stehen zentrifugiert man, entfernt die überstehende Flüssigkeit so sorgfältig wie möglich, wäscht den Kalziumoxalatniederschlag mit 30—35 ccm eiskaltem Wasser und zentrifugiert noch einmal. Nach Dekantierung des Waschwassers löst man den Niederschlag in 5 ccm ca. n-Schwefelsäure, setzt das Glas für 5 Min. in ein Wasserbad von 5 Min. und titriert mit 0,01 n Kaliumpermanganat.

Berechnung. mg Ca in 100 g der Probe = (Titrationswert—Blindwert) $\cdot \dfrac{0,2 \cdot 60}{\text{aliqu. Teil}} \cdot \dfrac{100}{\text{g-Probe}}$.

Der Blindwert nach Titration der entsprechenden Menge H_2SO_4 mit Permanganat muß abgezogen werden.

Nephelometrische Bestimmung des Kalziums nach Rona und Kleinmann[2].

Prinzip. Die Methode beruht auf der Erzielung einer Trübung in einer neutralen Kalziumlösung von bestimmtem Salzgehalt mittels eines Reagenses, das durch Lösung von Natrium sulforicinicum in Natronlauge bereitet wird.

Die Lösung von $CaCl_2$ wird durch trockne Veraschung der auf Ca zu untersuchenden Substanz und Lösen der Asche mit einer bestimmten Menge Salzsäure hergestellt. Als Vergleich dient eine Kalzium-Standardlösung. Der Vergleich der Trübung erfolgt im Nephelometer.

---

[1] J. of biol. Chem. **66**, 601 (1925).   [2] Biochem. Z. **137**, 157 (1923).

Die Trübungen verhalten sich genau proportional dem Gehalt an Ca. Die Trübungsmessung gibt direkt den Kalziumgehalt der zu untersuchenden Lösung in Prozenten an.

Apparate. Nephelometer nach Kleinmann (Schmidt und Haensch, Berlin). Lösungen. 1. Das Trübungsreagens. In einem Meßglase werden 10 ccm Natriumsulforicinicum nach Berlioz-Heryng (Merck) abgemessen. Ist dasselbe zu schwerflüssig oder zeigen sich in ihm Kristalle, so wird es zuvor in einem warmen Wasserbade leicht erwärmt, wobei es stets leichtflüssig und klar wird. Zu ihm werden 112 ccm 1 n NaOH, die faserfrei und optisch klar sein soll und evtl. zu filtrieren ist, gegeben; die Lösung wird mit aqua dest. auf 125 ccm gebracht. Mit einem Glasstabe wird tüchtig gerührt, bis sich eine klare homogene Lösung gebildet hat; diese wird in einer Glasflasche mit eingeschliffenem Stopfen aufgehoben. Das Reagens ist eine klare, homogene, deutlich gelb gefärbte Flüssigkeit, die unbegrenzt haltbar ist. Die Eigenfarbe des Reagens stört bei der Messung nicht, da nur 0,4 ccm desselben bei einer Verdünnung auf 25 ccm angewandt werden und diese Lösung farblos ist. Diese Reagenzkonzentration in Leitfähigkeitswasser (s. weiter unten) ruft keinerlei Trübung hervor und bleibt auch nach längerem Stehen eine wasserklare, optisch leere Lösung. 2. Kalziumstandardlösung. $CaCO_3$ (pro analysi, Kahlbaum) wird im Exsikkator bis zur Gewichtskonstanz getrocknet. 0,4995 g werden abgewogen und in ein Becherglas von ca. 100 ccm Inhalt gespült und unter Bedeckung mit einem Uhrglas mit etwas Leitfähigkeitswasser und einer zur Lösung gerade notwendigen Menge 1 n HCl versetzt. (Vorsicht vor Verspritzen.) Nach Lösung des Kalziumkarbonats wird die Flüssigkeit mit Leitfähigkeitswasser in einen Meßkolben gespült und auf 2000 ccm aufgefüllt. Die Lösung enthält 0,1 mg Ca im ccm. Die Kalziumstandardlösung muß in paraffinierter Flasche aufgehoben werden, da bei längerem Stehen Ca aus dem Glase in die Lösung geht. Das Paraffinieren der Flasche geschieht, indem man eine genügend große Menge festen Paraffins in die Flasche gibt, es durch Einsetzen der Flasche in ein Wasserbad schmelzen läßt und dann die Flasche liegend so lange auf einem Tische rollt, bis das Paraffin erstarrt ist und die Flasche gleichmäßig auskleidet. Die Flasche wird zuerst mit aqua dest., dann mit Leitfähigkeitswasser gespült und schließlich mit der $CaCl_2$-Lösung vollgefüllt. Die Kalziumstandardlösung muß möglichst frisch angewandt werden. 3. Leitfähigkeitswasser (Kahlbaum). 4. 1 n HCl. 5. 1 n NH_4OH.

Veraschung. Organisches Material, das zur Kalziumanalyse dient, wird trocken verascht. Hierzu wird die Substanz (z. B. 1 ccm Serum) auf dem Wasserbade getrocknet, sodann im Trockenschrank bei ca. 100° zur völligen Trockne gebracht und schließlich mittels Bunsenbrenners verascht.

Die Veraschung geht stets leicht, wenn der Tiegel bedeckt gehalten wird. Saure Substanzen (besonders Salzsäure) müssen vor dem Veraschen neutralisiert bzw. eine Spur alkalisch gemacht werden (Indikator zugeben), da $CaCl_2$ in geringer Menge flüchtig ist. Gewöhnlich ist die Veraschung in wenigen Minuten durchzuführen. Die Asche soll schneeweiß sein.

Verarbeitung der Asche. Die Asche wird nunmehr in

Salzsäure gelöst. Diese Lösung soll stets mit wenigen Tropfen einer verhältnismäßig starken Säure erfolgen, nicht mit einer entsprechend größeren Menge einer schwächeren Säure, weil alle Lösungen infolge ihrer Aufbewahrung in Glasflaschen Ca aus dem Glase aufnehmen, weshalb nur möglichst kleine Volumina angewandt werden sollen.

Die Verdünnung der Analysenlösungen erfolgt stets mit Leitfähigkeitswasser (Kahlbaum).

Zur Analyse dienen etwa 0,4—0,04 mg Ca. Ist vermutlich keine größere Menge Ca in der Asche vorhanden, so dient die ganze Asche zur Analyse. Sie wird mit 4—5 Tropfen 1 n HCl versetzt. Der Tiegel wird dann gleichmäßig gedreht, so daß die Lösung ihn bis zum Rand bespült. Hierauf wird die Lösung mittels einer Mikropipette aus dem Tiegel gesaugt und in ein Aufnahmegefäß, am besten in eine ca. 50 ccm Flasche mit eingeschliffenem Stopfen gegeben. Dieselbe soll eine Marke tragen, die eine Füllung von ca. 5 ccm angibt.

Ist die Lösung der Asche in Salzsäure ausgeführt, so gibt man in den Tiegel noch einmal die gleiche Salzsäuremenge und wiederholt den Vorgang. Schließlich spült man mit 2—3 ccm Leitfähigkeitswasser Tiegel und Kapillarpipette nach und bringt dann die Lösung durch Leitfähigkeitswasser auf ca. 5 ccm. Nunmehr gibt man zu der Lösung genau die gleiche Tropfenzahl 1 n NH_4OH wie man 1 n HCl angewandt hat. Man verwende hierzu dieselbe Bürette oder Pipette, die man für das Eintropfen der Säure benutzt hat, um gleiche Tropfengröße zu haben. Zweckmäßig kann man auch anstatt Tropfen abgemessene Volumina aus einer fein kalibrierten Pipette hinzutun.

Man wird nicht mehr als 0,6 ccm HCl und 0,6 ccm NH_4OH gebrauchen. Jedenfalls soll die Analysenlösung durch die Ammoniakzugabe möglichst genau neutral sein. Ammoniaküberschuß bewirkt leicht ein Flocken der Trübung.

Verwendet man nicht die ganze Asche zur Analyse, so kann man sie in entsprechend mehr Säure lösen, mit Leitfähigkeitswasser auf ein bestimmtes Volumen bringen und von diesem eine abgemessene Menge zur Analyse verwenden.

Zu den 5 ccm Analysenlösung werden nun 0,4 ccm des durch ein Filter klar filtrierten Reagenses hinzugegeben. Die Abmessung von 0,4 ccm muß sehr genau mittels einer in $^1/_{100}$ ccm geteilten Pipette oder mit einer Bangschen Mikrobürette erfolgen.

Ebenso behandelt man die Standardlösung. Standardlösung und analysierte Lösung sollen unmittelbar nacheinander mit Reagens versetzt werden. Hierauf läßt man die Trübungen sich

3 Min. entwickeln und füllt sie dann mit Leitfähigkeitswasser ad 25 ccm auf.

Die Trübungen sollen dann innerhalb ½ Stunde im Nephelometer verglichen werden.

Die Methode gestattet die schnelle Bestimmung von Kalziummengen von 0,4—0,04 mg Ca bei Anwendung des Makronephelometers. Bei Benutzung der Mikroform ist es möglich, auf den fünften Teil herunterzugehen, also noch 0,008 mg Ca zu bestimmen.

Dies ermöglicht für die Blutanalyse die Anwendung von 1 ccm Blut oder Serum bei der bequemen Arbeit mit der Makroform und eine Anwendung von 0,02 ccm bei Benutzung der Mikroform.

Der Fehler der Methode beträgt rund 1%. Doch ist es ratsam, wegen einzelner Ausfälle, die auftreten können, stets in Parallelen zu arbeiten. Die Bestimmung ist sehr bequem und läßt sich in wenigen Minuten durchführen.

Bei der Veraschung von Blut wird die saure Aschenlösung nicht mit NH_4OH neutralisiert, sondern schwach alkalisch gemacht. Hierdurch scheidet sich das Eisenhydroxyd ab. Die Flüssigkeit wird durch ein quantitatives Filter filtriert und auf 25 ccm aufgefüllt. 10 ccm werden zur Analyse benutzt. Das Ca-Reagens gibt auch mit $Mg^{\cdot\cdot}$ eine Trübung.

Da nach Kriss[1] das Reagens mit Magnesiumsalzen keine Trübung gibt, wenn genügend Chlorammonium vorhanden ist, werden bei Gegenwart von Magnesium für etwa jedes Grammatom Magnesium 10 Mole Ammoniumchlorid zur Analyse hinzugegeben. Die Vergleichslösung wird ebenso behandelt. Diese Vorschrift ist für die Blutanalyse zu beachten.

Bestimmung des Magnesiums.

Bestimmung des Magnesiums im Serum nach Denis[2].

Prinzip. Nach Entfernung des Kalziums als Oxalat wird das Magnesium als Magnesiumammoniumphosphat niedergeschlagen, die Phosphorsäure wird kolorimetrisch bestimmt und daraus der Wert für das Magnesium ermittelt.

Ausführung. Man schlägt das Kalzium aus 2 ccm Serum nieder (vgl. S. 271), zentrifugiert und pipettiert 3 ccm der überstehenden Lösung in ein Zentrifugenglas von 15 ccm Inhalt. Dann fügt man unter Umrühren 0,5 ccm einer 5%ig. Ammoniumphosphatlösung, die 5 ccm konz. Ammoniumhydroxyd im Liter enthält, hinzu. Man läßt über Nacht stehen, zentrifugiert, saugt die überstehende Flüssigkeit ab und wäscht das Zentrifugenglas mit 5 ccm einer Mischung von 1 Teil konz. Ammoniumhydroxyd (spez. Gew. 0,9) und 2 Teilen Wasser. Man zentrifugiert und saugt die Waschflüssig-

---

[1] Biochem. Z. **158**, 203 (1925) und **162**, 359 (1925).

[2] J. of biol. Chem. **52**, 411 (1922). — Vgl. auch Bell und Doisy: J. of biol. Chem. **44**, 55 (1920). — Briggs: J. of biol. Chem. **52**, 349 (1922). — Hammett und Adams: J. of biol. Chem. **52**, 211 (1922).

keit ab, wiederholt die Waschung zum zweiten- und drittenmal und wäscht schließlich mit 5 ccm 75%ig. Alkohol, der 10 ccm konz. Ammoniumhydroxyd pro Liter enthält. Die Waschflüssigkeit wird wieder abgesaugt und der Niederschlag auf einem warmen Platz stehen gelassen, bis das Ammoniak verdunstet ist.

Man löst den Niederschlag des Magnesiumammoniumphosphats in 5 ccm 0,1 n Salzsäure und überführt die Flüssigkeit mit Hilfe weiterer 5 ccm 0,1 n Salzsäure in ein Meßgefäß von 25 ccm. In eine andere 25 ccm-Flasche gibt man als Vergleichslösung 10 ccm einer Lösung von Magnesiumammoniumphosphat (die 0,02 mg Magnesium in 10 ccm enthält[1]) in 0,1 n Salzsäurelösung. Zu jeder Flasche gibt man 2 ccm einer 2,5%ig. Lösung von Ammoniummolybdat in Wasser und 1 ccm der 0,25%ig. Aminonaphtholschwefelsäure-Lösung (vgl. S. 258). Man verdünnt zur Marke, mischt, läßt 5 Min. stehen und vergleicht im Kolorimeter.

Berechnung. Wenn 3 ccm von den 5 ccm der überstehenden Flüssigkeit, die man bei der Untersuchung von 2 ccm Serum erhält, benutzt wurden, so entsprechen sie 1,2 ccm Serum. Da die Vergleichslösung 0,02 mg Magnesium entspricht, so sind

$$\frac{\text{Stand der Vergleichslösung}}{\text{Stand der unbekannten Lösung}} \cdot 0,02 \cdot \frac{100}{1,2} = \text{mg Mg in 100 ccm Serum.}$$

In 100 ccm menschlichem Serum sind 2—3 mg Mg; in 100 ccm Blut 1,6 mg (nach Hawk und Bergeim).

Tschopp[2] fällt ebenfalls das Magnesium aus der Kalziumionenfreien Lösung als Magnesiumammoniumphosphat aus. Dieses wird als Phosphormolybdat wie oben kolorimetrisch bestimmt[3]. Als Reduktionsmittel benutzt Tschopp (nach Lohmann und Jendrassik) „Eikonogen" in Bisulfit und Sulfit (S. 260) oder Rodinal (1 ccm bei etwa 60°), das die Phosphormolybdänsäure zu Molybdänblau reduziert. Die Lösung wird kolorimetrisch mit der Farbe einer gleichbehandelten Standardlösung von bekanntem Phosphatgehalt verglichen. Aus der Menge des Phosphors läßt sich der Magnesiumgehalt berechnen.

Reagentien. 1. Ammoniumphosphatlösung. 25 g Ammoniumphosphat $(NH_4)_2HPO_4$ werden in 250 ccm phosphatfreiem Wasser gelöst, 25 ccm konz. Ammoniak zugesetzt; man läßt 24 Stunden stehen, filtriert, kocht, bis der Geruch nach Ammoniak verschwunden ist. Nach dem Erkalten wird auf 1 Liter aufgefüllt. 2. Molybdänsäurelösung, 50 g

---

[1] Eine Lösung von 0,202 g $MgNH_4PO_4 \cdot 6 H_2O$ in 100 ccm 0,1 n HCl wird genau 1:100 mit 0,1 n HCl verdünnt.

[2] Vgl. Biochem. Z. **203**, 276 (1928) und Helvet. chim. Acta **10**, 843 (1927).

[3] Vgl. Taylor und Miller: J. of biol. Chem. **18**, 215 (1914).

reines Ammoniummolybdat werden in einem Liter n Schwefelsäure in der Kälte gelöst. 3. Eikonogenlösung. 0,5 g, durch Lösen in Bisulfit und Sulfit und Fällen mit Salzsäure gereinigtes Eikonogen „Agfa" wird in 200 ccm dest. Wasser mit 30 g Natriumbisulfit und 1 g Natriumsulfit aufgelöst. 4. 5,5975 g im Exsikkator über Schwefelsäure getrocknetes, feinpulverisiertes Monokaliumphosphat KH_2PO_4 werden in 1 Liter phosphatfreiem Wasser aufgelöst. 1 ccm dieser Stammlösung entspricht 1 mg Magnesium. 10 ccm dieser Vorratslösung werden mit phosphatfreiem Wasser auf ein 1 Liter aufgefüllt. 10 ccm dieser Standardlösung entsprechen 0,1 mg Mg. 5. Konz. und 2%ig. Ammoniak. 6. 2 n Schwefelsäure. 7. 15%ig. Trichloressigsäurelösung. 8. Gesättigte Ammoniumoxalatlösung.

Ausführung. 2 ccm Serum, Plasma, Exsudate, Transsudate, Harn, Eierklar, Speichel usw. pipettiert man in ein Zentrifugenglas, gibt 3 ccm dest. Wasser und 1 ccm der gesättigten Ammoniumoxalatlösung hinzu. Nach gutem Umschütteln wird ½ Stunde gewartet und hernach scharf zentrifugiert. 5 ccm der klaren überstehenden Lösung werden zur Bestimmung des Magnesiums in ein Zentrifugenglas pipettiert, mit 1 ccm Ammoniumphosphat und 2 ccm konz. Ammoniak versetzt, auf etwa 80^0 erwärmt und 12 oder mehr Stunden gut verschlossen stehen gelassen. Der gebildete Niederschlag von Magnesiumammoniumphosphat wird abzentrifugiert, dreimal mit 2%ig. Ammoniak ausgewaschen, in 10 Tropfen 2 n Schwefelsäure in der Kälte gelöst und quantitativ mit dest. Wasser in ein Mikro-Kjeldahlglas mit einer Marke bei 25 ccm gespült. Nun gibt man 1 ccm Molybdänsäure und 2 ccm Eikonogenlösung hinzu. Gleichzeitig kommen in ein anderes Mikro-Kjeldahlglas 5 ccm der schwächeren Standardlösung, 1 ccm Molybdänsäurelösung, 10 Tropfen 2 n Schwefelsäure und 2 ccm Eikonogenlösung. Standard- und Versuchslösung kommen gleichzeitig für 6 Min. in ein auf 35^0 erwärmtes Wasserbad, darauf für 3 Min. in kaltes Wasser.

Die entstandenen, haltbaren Blaufärbungen werden, nachdem beide Lösungen mit phosphatfreiem Wasser auf 25 ccm aufgefüllt wurden, im Kolorimeter verglichen.

Berechnung. Da die angewandte Flüssigkeitsmenge 1,66 ccm beträgt ($= {}^5/_6$ von den zur Verarbeitung gelangten 2 ccm), so ergibt sich der Magnesiumgehalt in 100 ccm nach folgender Formel:

$$c = c_1 \cdot \frac{S_1 \cdot 100}{S \cdot 1{,}66},$$

wo $c_1 = 0{,}05$ und S_1 bzw. S die Schichtdicken der Test- bzw. Versuchslösung bedeuten, oder bei Kolorimetereinstellung auf 20 mm

$$c = \frac{60}{S} = \text{mg Mg in 100 ccm}.$$

Bestimmung des Magnesiums in Vollblut, Milch, Eigelb, Pflanzensäften usw. nach Tschopp.

Eine Enteiweißung des frischen Serums oder Plasmas für die Kalzium- und Magnesiumbestimmung ist nicht nötig, wohl aber für Vollblut und andere geformte Bestandteile enthaltende biologische Flüssigkeiten.

Ausführung. 2,5 ccm der zu untersuchenden Lösung läßt man in ein trockenes Zentrifugenglas fließen. 5 ccm dest. Wasser werden dann quantitativ in das Zentrifugenglas gebracht. Jetzt werden mit einer anderen Pipette 2,5 ccm der 15%ig. Trichloressigsäurelösung hinzugegeben und umgerührt. Nach ½ Stunde wird die jetzt von 2,5 ccm auf 10 ccm verdünnte Flüssigkeit scharf zentrifugiert.

8 ccm des klaren Zentrifugats werden in einem trockenen Zentrifugenröhrchen mit 2 ccm der gesättigten Ammonoxalatlösung versetzt und nach ½ Stunde 15 Min. zentrifugiert.

8 ccm (= 1,60 ccm ursprünglicher Flüssigkeit) dieses kalziumionenfreien Zentrifugats werden mit 1 ccm Ammonphosphatlösung, 2 Tropfen Phenolphthalein und bis zur deutlichen alkalischen Reaktion mit konz. Ammoniak (2 ccm) versetzt, auf 80° erwärmt und über Nacht, gut verschlossen, stehen gelassen. Im übrigen verfährt man nach den schon oben angegebenen Vorschriften, nur sollen bei höherem Magnesiumgehalt statt 5 ccm 10 ccm der Standardvergleichslösung verwendet werden.

Berechnung. Da die für die Magnesiumbestimmung angewandte Flüssigkeitsmenge in vorliegendem Falle 1,60 ccm betrug, so ergibt sich bei Kolorimetereinstellung auf 20 mm der Magnesiumgehalt in 100 ccm Flüssigkeit a) wenn 5 ccm, b) wenn 10 ccm Standardlöung angewandt wurden, nach folgender Formel:

$$\text{a)} \quad \frac{62,5}{S} = c, \qquad \text{b)} \quad \frac{125}{S} = c.$$

Magnesium-Bestimmung im Blut nach Kramer-Tisdall[1].

Prinzip. Die Färbung einer mit Eisenthiozyanat versetzten $MgCl_2$-Lösung wird mit der Färbung einer ebenso behandelten Lösung mit bekanntem Magnesiumgehalt verglichen.

Reagentien. 1. Ammoniummagnesiumphosphat-Vergleichslösung. Man löst 0,102 g lufttrocknes (nicht erhitztes) Magnesiumammoniumphosphat $(Mg(NH_4)PO_4 \cdot 6\,H_2O)$ in 100 ccm 0,1 n HCl und verdünnt auf 1 Liter Wasser

---

[1] Johns Hopkins Hosp. Bull. Rep. **1921**, 46, Nr. 360; J. of biol. Chem. **47**, 476 (1921).

(1 ccm dieser Lösung enthält 0,01 mg Mg)[1]. 2. Ammoniumphosphatlösung: 25 g $(NH_4)_2HPO_4$ werden in 250 ccm Wasser gelöst, 25 ccm konz. Ammoniak zugefügt; die Mischung steht über Nacht. Man filtriert, kocht das überschüssige Ammoniak fort, kühlt ab und füllt auf 250 ccm auf. Die Lösung wird dann mit Wasser 5fach verdünnt. 3. Eisenrhodanidlösung. A. Eine Lösung von 0,3%ig. Rhodanammoniumlösung. B. Lösung von 0,3%ig. Ferrichlorid (wasserhaltig). Einige Tropfen Säurezusatz, falls nötig, klären die Lösung. Eine Stunde vor dem Gebrauch werden je 5 ccm von A und B miteinander vermischt und dann auf 40 ccm mit Wasser verdünnt. 4. 10%ig. Ammoniak, 100 ccm konz. Ammoniak auf 1 Liter verdünnt.

Ausführung. 5 ccm der von der Ca-Bestimmung erhaltenen Flüssigkeit[2] (= 1,66 ccm Serum) werden in ein Becherglas von 30 ccm gebracht, 1 ccm $(NH_4)_2HPO_4$-Lösung, dann 2 ccm konz. Ammoniak werden zugefügt. Am nächsten Tag wird durch einen dichten Goochtiegel filtriert, 10mal mit 5 ccm 10%ig. Ammoniak gewaschen, dann 2mal mit 95%ig. Alkohol, der mit Ammoniak alkalisch gemacht worden ist. Der Tiegel wird in dem oben benutzten Becherglas einige Minuten bei 80° getrocknet. Zu dem Tiegel gibt man 10 ccm 0,01 n HCl und bringt nach einigen Stunden die Lösung in ein Zentrifugenglas, zentrifugiert, bringt 5 ccm der überstehenden Flüssigkeit in ein Kolorimetergefäß mit flachem Boden und einer Marke bei 10 ccm, das 2 ccm der Rhodaneisenlösung enthält. Das Volumen wird mit 0,01 n HCl auf 10 ccm ergänzt; die Lösung wird gut gemischt und das Röhrchen verschlossen. Eine Reihe von Standardlösungen mit bekannten, steigenden Mengen der NH_4MgPO_4-Vergleichslösung, die ebenfalls mit der Rhodanidlösung vermischt und auf 10 ccm aufgefüllt sind, werden hergestellt. Die Farbe wird verglichen, indem man durch die ganze Länge der Flüssigkeit gegen einen weißen Hintergrund sieht.

Berechnung. Ablesung (Anzahl ccm der Standard-Lösung, die die gleiche Farbintensität mit der Probe hatte), multipliziert mit $0,01 \cdot 2 \cdot \frac{6}{5} \cdot 50 = $ mg Mg in 100 ccm Serum, wenn 2 ccm Serum angewendet worden sind. Normales menschliches Serum enthält nach Kramer und Tisdall 1,8—2,2 mg Magnesium in 100 ccm. Fehler der Methode etwa $\pm$ 5% der vorhandenen Mg-Menge.

---

[1] Vgl. Jones: J. of biol. Chem. **25**, 87 (1916).

[2] Angesetzt wurden 2 ccm Serum, 2 ccm Wasser, 1 ccm gesättigte Ammoniumoxalatlösung. Die Mischung wurde mit destilliertem Wasser auf 6 ccm aufgefüllt.

Bestimmung des Kaliums.

Methode von Kramer und Tisdall[1].

Prinzip. Die Methode beruht auf Fällung des Kaliums im Serum als Kaliumnatriumhexanitrokobaltiat $K_2Na[Co(NO_2)_6]$ $\cdot 6H_2O$ und oxydimetrischer Titration des Niederschlags mit Kaliumpermanganat.

Reagentien. 1. Hexanitrokobaltiatreagens. Lösung A: 25 g Kobaltnitrat (kristallisiert) löst man in 50 ccm Wasser und fügt dann 12,5 ccm Eisessig hinzu. Lösung B: 120 g kaliumfreies Natriumnitrit (Prüfung auf Anwesenheit von Kalium mit der Flammenreaktion) werden in 180 ccm dest. Wasser gelöst. Die Mischung ergibt etwa 220 ccm. 210 ccm der Lösung B werden zur gesamten Menge der Lösung A gegeben. Zur Entfernung der sich entwickelnden Stickoxyde wird durch die Lösung so lange Luft gesaugt, bis keine rotbraunen Dämpfe mehr aufsteigen. Das so hergestellte Reagens muß in gut verschlossenen Glasflaschen auf Eis aufbewahrt werden. Alle 4 Wochen muß die Lösung erneuert werden. Vor Gebrauch filtriere man stets. (pH des Reagens ist 5,7.) 2. Schwefelsäurelösung: 20 ccm konz. H_2SO_4 + 80 ccm dest. Wasser (annähernd 4 n). 3. 0,01 n Natriumoxalatlösung: Man verdünnt eine 0,1 n Natriumoxalatlösung entsprechend. Diese wird wie folgt bereitet: Man löst 6,7 g Sörensensches Natriumoxalat in 1 Liter Wasser unter Zusatz von 5 ccm konz. Schwefelsäure. 4. 0,02 n Kaliumpermanganatlösung, frisch hergestellt durch Verdünnen einer 0,1 n Lösung. Von jeder Analysenserie wird der Titer gegen Oxalatlösung gestellt.

Zur Bestimmung verwendet man je 1 ccm Serum. Das Serum darf nicht hämolytisch sein.

1 ccm Serum wird in ein reines, vorher mit Bichromat-Schwefelsäure gewaschenes, graduiertes Zentrifugengläschen von 15 ccm pipettiert; unter ständigem leichtem Umschütteln werden 2 ccm des Natriumhexanitrokobaltiatreagens tropfenweise zugesetzt. Verascht man, so wird die Aschelösung mit Wasser auf 2 ccm aufgefüllt und mit 1 ccm Reagens behandelt. Man läßt dann die Lösung 45 Min. stehen; währenddessen setzt sich allmählich am Boden ein hellgelber Niederschlag ab. Jetzt gibt man noch 2 ccm dest. Wasser zur Lösung und mischt gut durch. Dann zentrifugiert man scharf ab. Die überstehende Flüssigkeit kann mit einer feinen Kapillare mit nach oben gebogenem Ende, die am anderen Ende des Glasrohres an der Wasserstrahlpumpe angeschlossen ist, bis auf 0,3 ccm abgesaugt werden (vgl. auch S. 358). Der Niederschlag soll nicht aufgerührt werden. Man gibt nun 5 ccm Wasser entlang der Röhrenwand zu, bewegt ein wenig, damit das Wasser sich mit dem Rest des Reagens vermischt, ohne den Niederschlag

---

[1] J. of biol. Chem. **46**, 339 (1921); **48**, 4 (1921).

aufzurühren. Man zentrifugiert 5 Min. und wiederholt das Waschen noch dreimal. Das letzte Waschwasser muß farblos sein. Nachdem das letzte Wasser abgesaugt ist, setzt man 2 ccm der 0,02 n Kaliumpermanganatlösung (für normale Kaliumwerte des Serums ausreichend) und 1 ccm der ca. 4 n Schwefelsäurelösung zu und rührt den Niederschlag mit einem Glasstäbchen auf. Die Gläschen (Doppelproben) werden nun für 1½ Min. in ein siedendes Wasserbad (kleines Becherglas) gestellt. Man fügt dann eine genügende Menge 0,01 n Natriumoxalat zu, um die Lösung zu entfärben (gewöhnlich genügen 2 ccm), und titriert den Überschuß des Oxalats mit 0,02 n Kaliumpermanganat zurück. 1 ccm 0,01 n Permanganat entsprechen 0,071 mg K (vgl. S. 283 und 359).

Der Kaliumgehalt des normalen menschlichen Blutserums ist 16—22 mg pro 100 ccm.

In neuerer Zeit haben Leulier, Velluz und Griffon[1] die Bestimmung des Kaliums mittels Kobaltnitrits genau studiert und in einigen Punkten verbessert.

Diese Autoren benutzen folgende Reagentien: 1. Natriumhexanitrokobaltiat, dargestellt nach Biilmann. Man löst 150 g Natriumnitrit in 150 ccm warmem Wasser. Wenn die Lösung die Temperatur von 40—50° hat und bereits Kristalle von Natriumnitrit erscheinen, fügt man 50 g krist. Kobaltnitrat und allmählich 50 ccm 50%ig. Essigsäure hinzu. Man schüttelt energisch und läßt 30 Minuten einen Luftstrom durch die Lösung streichen. Es bildet sich ein brauner Niederschlag (ein Doppelsalz von Natriumnitrit und Kobaltnitrit mit Spuren eines komplexen Kaliumkobaltsalzes). Nach 2 Stunden dekantiert man die klare Flüssigkeit und sammelt den Niederschlag auf einem Filter. Man löst wieder in 50 ccm Wasser bei 70—80° und filtriert von neuem, vereinigt die klaren Filtrate; das Gesamtvolumen beträgt etwa 300 ccm. Allmählich gibt man unter Schütteln zu dieser Lösung 250 ccm 96%ig. Alkohol. Ein reichlicher Niederschlag von Natriumhexanitrokobaltiat entsteht, der auf dem Buchnertrichter abgesaugt, viermal mit je 25 ccm 96%ig. Alkohol und zweimal mit 25 ccm Äther gewaschen wird. Man trocknet an der Luft. Man erhält so 50—60 g wasserfreies Natriumhexanitrokabaltiat. 1 g dieses Salzes wird für die Reaktion jeweilig in 5 ccm 1%ig. Essigsäure gelöst. 2. Waschflüssigkeiten für den Kobaltiatniederschlag. a) Alkohol 95%ig. 12 ccm, Äther 12 ccm, Eisessig 4 ccm, dest. Wasser 6 ccm. b) Alkohol 95%ig. 10 ccm, Äther 10 ccm. c) Äther rein. 3. Natriumphosphatlösung 5%ig. dient zur Hydrolyse des Kaliumkobaltnitritniederschlages. 4. Schwefelsäure 25%ig. 5. Jodkaliumlösung 10%ig. 6. Kaliumpermanganatlösung 3°/₀₀. Diese Lösung wird nach einer Verdünnung auf das 10- oder 5fache angewendet. 7. Natriumthiosulfatlösung 0,01 n; vor dem Gebrauch aus 0,1 n Lösung dargestellt.

Ausführung. Die zu bestimmenden Mengen Kalium bewegen sich zwischen 0,1—5 mg in einem Endvolumen von 3 ccm. Die sehr genau abgemessene Lösung wird im sehr gut gereinigten Zentri-

---

[1] Bull. Soc. de Chem. biol. **10**, 891 (1928).

fugenglas mit der Hexanitrokobaltiatlösung in einem solchen Verhältnis versetzt, daß die Endkonzentration 1 : 20 beträgt. Man vermischt sorgfältig und läßt 30 Min. in vertikaler Stellung stehen, zentrifugiert dann 5 Min. scharf, entfernt die über dem Niederschlag stehende Flüssigkeit und wäscht den Niederschlag dreimal mit je 5 ccm der Lösung a, je einmal mit der Lösung b und c, indem man zwischen jedem Waschen 3 Min. zentrifugiert. Nachdem der Äther verdunstet ist, gießt man 7—10 ccm der Natriumphosphatlösung in das Zentrifugenglas, verteilt den Niederschlag (von im Überschuß von Natriumphosphat schwerlöslichem Kobaltphosphat) gut darin mit Hilfe eines Glasstäbchens, das bis Ende der Reaktion im Zentrifugenglas bleibt, und stellt das Glas für 5 Min. in das siedende Wasserbad. Nach dem Abkühlen kann die Nitritmenge (s. die Formel unten) entweder bei genauer Kenntnis des Gesamtvolumens in einem aliquoten Teil bestimmt werden, nachdem man den Kobaltphosphatniederschlag abzentrifugiert hat, oder vorteilhafter, man bestimmt die Nitrite in dem Gesamtvolumen ohne Entfernung des Kobalts. Zu diesem Zwecke gießt man die gesamte Flüssigkeitsmenge (15—20 ccm) in ein Becherglas, das bereits 20 ccm Permanganatlösung (10fach verdünnte Stammlösung) und 1 ccm 25% ig. Schwefelsäure enthält. Man schüttelt um und wartet 30 Min. In dieser Zeit ist die Oxydation vollendet. Man fügt 3 ccm Jodlösung hinzu und titriert das in Freiheit gesetzte Jod mit 0,01 n Thiosulfat aus einer Mikrobürette zurück. Die angewendete Permanganatlösung wird bei der Titerfeststellung unter denselben Bedingungen titriert. Wurden dabei x ccm Thiosulfatlösung verbraucht, während bei der Analyse der Nitritlösung x_1 ccm, so ist die in der angewandten Probe gefundene K-Menge in mg gleich $(x - x_1) \cdot 0{,}065$, wobei man hier nicht mit einem empirischen Faktor (0,071 siehe oben und S. 359), sondern mit dem theoretischen Faktor arbeitet, da nach den Gleichungen:

$$Co(NO_2)_6Na_3 + 2\,KCl = Co(NO_2)_6K_2Na + 2\,NaCl \quad \text{und}$$

$$5\,NaNO_2 + 2\,KMnO_4 + 3\,H_2SO_4 = 5\,NaNO_3 + 2\,MnSO_4 + K_2SO_4 + 3\,H_2O$$

1 ccm 0,01 n Permanganat 0,065 mg K entspricht.

Bei Bestimmungen über 1 mg K soll man konzentriertere Permanganatlösungen anwenden. Der Fehler liegt im allgemeinen unter 3%.

---

[1] Vgl. Morgulis und Perley: J. of biol. Chem. **77**, 647, 1928. Tómasson: Biochem. Z. **195**, 475 (1928).

Bestimmung des Natriums.

Bestimmung des Natriums im Serum nach Kramer und Tisdall[1] und Kramer und Gittleman[2].

Prinzip. Das Natrium wird als Pyroantimoniat, gefällt nach der Gleichung:

$$K_2H_2Sb_2O_7 + 2\,NaCl \rightleftarrows Na_2H_2Sb_2O_7 + 2\,KCl$$

und das Antimon im Niederschlag jodometrisch bestimmt, oder das Pyroantimoniat wird gewogen.

Reagentien. 1. Das Kaliumpyroantimoniat-Reagens. Man kocht 500 ccm dest. Wasser in einer Flasche aus Jenaer oder Pyrex-Glas und fügt annähernd 10 g Kaliumpyroantimoniat zu. Das Kochen setzt man 3—5 Min. fort, dann kühlt man sofort unter Leitungswasser; wenn die Flüssigkeit abgekühlt ist, gibt man 15 ccm 10%ig. KOH (mit Alkohol gereinigt) zu. Man filtriert durch ein aschefreies Filter in eine paraffinierte Flasche und läßt 24 Stunden stehen; währenddessen setzt sich alles evtl. ungelöst gebliebene Pyroantimoniat zu Boden. Die darüberstehende Flüssigkeit ist klar und bei Zimmertemperatur mindestens 1 Monat haltbar. 10 ccm dieses Reagens fällen 11 mg Natrium. Die 10%ig. Kalilauge ist auch in paraffinierten Flaschen zu halten. Man muß sich auch überzeugen, daß die Lösung nicht an und für sich schon einen Niederschlag mit Alkohol gibt unter den Verhältnissen der Bestimmung. Zu diesem Zwecke fügt man zu 10 ccm des Reagens im Platintiegel 2 ccm Wasser und 3 ccm 95%ig. Alkohol. Das Reagens hat einen pH von etwa 9 und enthält zwischen 63 und 75 mg Antimon. 2. 0,1 n Natriumthiosulfat. 24,822 g Natriumthiosulfat in 1 Liter Wasser. 3. 1%ig. Stärkelösung. 4. 20%ig. KJ-Lösung.

Ausführung. Man bringt 2 ccm Blutserum (oder die Asche von 2 ccm Serum in 2 ccm 0,1 n HCl gelöst und mit 4 Tropfen 1,8 n mit Alkohol gewaschener KOH alkalisch gemacht) in einen Porzellantiegel oder in ein Zentrifugenglas von 50 ccm aus Jenaer oder Pyrex-Glas, das vorteilhaft mit einer dünnen Schicht Paraffin überzogen ist, setzt 10 ccm der Kaliumpyroantimoniatlösung hinzu, und tropfenweise unter ständigem Rühren genau 3 ccm 95%ig. Alkohol (über KOH redestilliert). Nach 45 Min. langem Stehen wird durch einen Goochtiegel filtriert, mit 8—12 ccm 30%ig. Alkohol nachgewaschen und dann der Tiegel mit dem Niederschlag 1 Stunde bei 110° getrocknet. Man läßt abkühlen und wägt. (Man benutzt hierzu zweckmäßig einen Goochtiegel, durch den schon wiederholt Natriumpyroantimoniat filtriert ist). Die von dem Antimoniat niedergeschlagene Menge Ammoniak wie auch die Menge des Kalziumphosphats, das bei der alkalischen Reaktion mit niedergeschlagen wird, können vernachlässigt werden.

---

[1] J. of biol. Chem. **46**, 339 (1921).

[2] J. of biol. Chem. **62**, 353 (1924). —Vgl. ferner Kerr: J. of biol. Chem. **67**, 689 (1926).

Berechnung. Das Gewicht des Niederschlages, dividiert durch 11,12, gibt die Anzahl mg Natrium der Bestimmung (hier 2 ccm Serum). Vgl. S. 354.

Oder man verfährt so, daß man den Niederschlag im Zentrifugenglas 30 Min. stehen läßt, 5 Min. zentrifugiert und dann die Flüssigkeit bis auf 2 ccm absaugt. Man gibt dann 30%ig. Alkohol zu, mischt mit der Flüssigkeit im Zentrifugenglas und zentrifugiert wieder. Man entfernt dann die überstehende Flüssigkeit möglichst vollständig.

Man fügt nun zu dem Niederschlag 5 ccm 10 n Salzsäure (konz. Säure spez. Gew. 1,182) und löst unter Umrühren mit einem Glasstab. Man überführt die Lösung mit Hilfe von 10 ccm dest. Wasser in einen Kolben von 250 ccm und schüttelt um, bis die Auflösung vollständig ist. Man fügt 2 ccm 20%ig. KJ-Lösung hinzu und titriert sofort mit 0,1 n Natriumthiosulfat. (Am besten aus einer 15 ccm Bürette, geteilt in 0,02 ccm.) Man gibt die Thiosulfatlösung sehr schnell unter fortwährendem Rühren hinzu, bis die braune Farbe so gut wie verschwunden ist. Dann gibt man 0,5 ccm 1%ig. frisch bereitete Stärkelösung hinzu und titriert langsam unter Umrühren, bis die Lösung wasserklar wird[1].

Berechnung. Ein Äquivalent J wird in Freiheit gesetzt von einer Antimonmenge, die an 0,5 Äquivalent Na gebunden ist. Daher entspricht 1 ccm 0,1 n Thiosulfat $\dfrac{2,3}{2} = 1{,}15$ mg Na. Wenn 2 ccm Serum angewandt wurden, so sind Na in mg in 100 ccm Serum = ccm verbrauchtes Thiosulfat · Thiosulfat Faktor · $1{,}15 \cdot \dfrac{100}{2}$.

Normales menschliches Serum enthält etwa 330 mg Na pro 100 ccm Serum oder 200 mg für 100 ccm Blut.

In neuerer Zeit hat **Rourke** in einigen Punkten die von **Kramer** und **Gittleman** beschriebene Methode modifiziert[2].

Reagentien. 1. Kaliumpyroantimoniatlösung. 500 ccm destilliertes Wasser werden in einem Erlenmeyerkolben aus Pyrexglas aufgekocht, unter Rühren ungefähr 5 g Kaliumpyroantimoniat ($K_2H_2Sb_2O_7$) hinzugefügt und 4—6 Min. (nicht länger) gekocht. Man kühlt unter der Wasserleitung sofort und fügt 15 ccm 10%ig. (mit Alkohol gewaschene)

---

[1] Vgl. hierzu auch Bálint: Biochem. Z. **150**, 425 (1924). Vgl. auch Müller: Helvet. chim. Acta **6**, 1152 (1923); Biochem. Z. **147**, 356 (1924). Die Reaktion verläuft im wesentlichen nach folgenden Gleichungen:

$$2\,Na^{\cdot} + H_2Sb_2O_7'' = Na_2H_2Sb_2O_7$$
$$Na_2H_2Sb_2O_7 + 12\,HCl = 2\,NaCl + 2\,SbCl_5 + 7\,H_2O$$
$$SbCl_3 \cdot Cl_2 + 2\,J' = SbCl_3 + 2\,Cl' + J_2.$$

[2] J. of biol. Chem. **78**, 337 (1926).

Kalilauge hinzu und filtriert durch ein doppeltes, aschefreies Filter in eine paraffinierte Flasche. Vor dem Gebrauch muß die Lösung 24 Stunden stehen. Man prüft die oxydierende Fähigkeit der Lösung vor dem Gebrauch wie folgt. Man gibt 2 ccm der Lösung in einen Erlenmeyerkolben aus Pyrexglas von 100 ccm, fügt 15 ccm destilliertes Wasser und 5 ccm konz. Salzsäure zu, dann 2 ccm 20%ig. KJ-Lösung und titriert mit 0,05 n Natriumthiosulfat.

$$\text{Berechnung.} \quad \frac{\text{ccm } 0,05 \text{ n Thiosulfatlösung} \cdot 5 \cdot 0,575}{2} = \text{mg Na-Äqui-}$$

valent in 5 ccm des Reagens. Das Natriumäquivalent soll nicht unter 4,7 mg für 5 ccm betragen. 2. 20%ig. Kaliumjodidlösung. Täglich frisch zu bereiten. 3. Stärkelösung. 1%ig. Stärkelösung, täglich frisch bereitet. 4. Natriumthiosulfat. 0,05 n; 12,411 g Natriumthiosulfat in 1 Liter Wasser. (Man fügt 1 Tropfen Toluol zu.) Der Titer der Lösung muß genau festgestellt werden (vgl. S. 454).

Ausführung. Das Blut wird aus der Vene ohne Stauung entnommen und durch Zentrifugieren Serum oder Plasma gewonnen. (Im letzten Fall wird 1 mg Heparin für 5 ccm Blut als gerinnungshemmendes Mittel genommen.)

0,3—0,6 ccm Serum oder Plasma werden in einem graduierten Zentrifugenglas von 15 ccm mit destilliertem Wasser auf 1 ccm aufgefüllt, 5 ccm der Pyroantimoniatlösung werden zugefügt; man kühlt auf 10° ($\pm$ 1°) ab. Dann gibt man tropfenweise aus einer Mikrobürette 1,5 ccm 95%ig. Äthylalkohol, der ebenfalls auf 10° abgekühlt ist, unter fortwährendem energischem Umrühren mit einem Glasstab hinzu. Die Alkoholzugabe muß mindestens 30 bis 40 Sek. in Anspruch nehmen. Man wäscht den Glasstab mit höchstens 1 ccm destilliertem Wasser ab und gibt ihn in ein Becherglas von 100 ccm (aus Pyrex-Glas), in welchem später die Titration ausgeführt wird. Das zugekorkte Zentrifugenglas bleibt ¾ bis 1 Stunde stehen, dann zentrifugiert man etwa 5 Min. und entfernt nachher die darüberstehende Lösung so gut wie möglich, ohne den Niederschlag aufzuwirbeln (vgl. S. 281). Man fügt dann 5 ccm 30%ig. Äthylalkohol hinzu, zentrifugiert und entfernt wieder die darüberstehende Lösung.

Dann fügt man 5 ccm konzentrierte Salzsäure (spez. Gew. 1,182) hinzu und löst den Niederschlag, indem man mit demselben Glasstab umrührt, den man bereits bei der Fällung benutzt hat. Man überträgt die Lösung in das Becherglas und wäscht das Zentrifugenglas 3 mal mit je 5 ccm destilliertem Wasser.

Man füllt eine Mikrobürette von 5 ccm mit einer 0,05 n Natriumthiosulfatlösung. Man fügt zu der Analysenflüssigkeit 2 ccm frisch bereiteter 20%ig. KJ-Lösung und titriert schnell zur schwach gelben Farbe. Dann erst gibt man etwa 0,5 ccm frisch bereitete 1%ig. Stärkelösung hinzu und titriert auf farblos.

Berechnung. 1 Äquivalent Jod wird durch 0,5 Äquivalente Na in Freiheit gesetzt, daher ist 1 ccm 0,05 n Thiosulfatlösung 1 ccm 0,025 n Na (oder 0,575 mg) äquivalent. Daher

$$\frac{\text{ccm Thiosulfatlösung} \cdot \text{Thiosulfat-Titer} \cdot 57{,}5}{\text{ccm oder g Probe}} = \text{mg Na}$$

für 100 ccm oder 100 g der Analysenprobe.

Im menschlichen Serum werden 330—347 mg Na pro 100 ccm gefunden.

Bálint[1] schlägt vor, bei der Ausführung der Bestimmung das zu benutzende Zentrifugierglas zu „härten". Dies geschieht so, daß man in dem vom Glasbläser neu oder ausgeglüht erhaltenen Glase die Ausfällung lege artis vornimmt, nach 2—3 Stunden die überstehende Flüssigkeit abgießt, den zurückbleibenden Niederschlag in konz. HCl auflöst, die Gläser gründlich ausspült und diese Prozedur so lange wiederholt, bis ein angestellter Versuch mit bekannten Mengen Natrium richtige Werte liefert. Im allgemeinen genügt ein 3- bis 5maliges Wiederholen. Die Gläser werden dann nach jeder Titration mit Bürste und Wasser ausgespült. Eine weitere Behandlung, sei es mit Lauge oder besonders mit Chromschwefelsäure, macht die Gläser absolut unbrauchbar, und man muß die ganze oben erwähnte Prozedur aufs neue durchmachen.

Die Bestimmung des Natriums im Serum soll nach Bálint im veraschten Serum ausgeführt werden. Da keine Säure zur Asche zugesetzt wird, bleiben Ca und Mg bei der Extraktion mit Wasser als Karbonate im Rückstand. Auf diese Weise kann man ihre störende Gegenwart vermeiden[2].

Bestimmung der Gesamtbasen im Blutserum
nach van Slyke, Hiller und Berthelsen[3].

Prinzip. Nach Entfernung der Phosphate werden alle Basen in Sulfate übergeführt[4]; die Sulfate werden gasanalytisch im manometrischen Apparat von van Slyke (S. 49) bestimmt, wobei die Alkalisulfate aus 0,16 ccm Serum ebenso genau bestimmt werden wie die Sulfate aus 1,00 ccm Serum nach der Benzidinmethode (S. 388). Dieses gasanalytische Verfahren besteht darin, daß die Alkalisulfate mit einem Überschuß von pulverisiertem Bariumjodat geschüttelt werden, wobei das noch schwerer lösliche Bariumsulfat ausfällt, nach der Gleichung:

$$Na_2SO_4 + Ba(JO_3)_2 \rightleftarrows 2\,NaJO_3 + BaSO_4.$$

Das Gemisch filtriert man durch ein trockenes Filter, ein aliquoter Teil des Filtrates wird in dem manometrischen Gasapparat mit einem Überschuß einer alkalischen Hydrazinlösung behandelt. Der nach der Gleichung

$$2\,NaJO_3 + 3\,N_2H_4 = 2\,NaJ + 3\,N_2 + 6\,H_2O$$

---

[1] Biochem. Z. **150**, 424 (1924).

[2] Über eine Mikromethode zur Bestimmung des Natriums in Körperflüssigkeiten und im Gewebe als Uranyl-Magnesiumnatriumazetat nach Blanchetière vgl. Grabar: Bull. Soc. de Chem. biol. **11**, 58 (1929). Mit der Methode kann 1 mg Na mit etwa 1% Fehler bestimmt werden.

[3] J. of biol. Chem. **74**, 659 (1927).

[4] Vgl. Fiske: J. of biol. Chem. **51**, 55 (1922), vgl. S. 388.

sofort entstehende Stickstoff wird gasanalytisch gemessen. Man erhält jedoch nicht die theoretische Ausbeute (auf 1 Mol SO_4 3 Mol N_2), sondern es muß eine empirisch festgestellte Beziehung der Berechnung zugrunde gelegt werden:

$$\text{Milliäquivalente } SO_4 \text{ pro Liter} = 0{,}724 \cdot \text{Millimol } N_2 \text{ für} \atop 1 \text{ Liter} + 1{,}123 \qquad (1)$$

Die Gleichung ist richtig, wenn das $Ba(JO_3)_2$ und das Alkalisulfat bei Zimmertemperatur miteinander reagieren, die SO_4-Konzentration 3 bis 15 Milliäquivalente pro Liter, der pH 3—7 beträgt und außer Sulfaten keine anderen Salze zugegen sind.

Reagentien. 1. Konz. Schwefelsäure. 2. Konz. Salpetersäure. 3. Etwa 4 n Ammoniumhydroxyd. (Man verdünnt 1 Vol. konz. Ammoniaklösung vierfach.) 4. 1 n Schwefelsäure. 5. Eisen-Ammonsulfat, 3,18 g krist. Eisenalaun in 100 ccm Wasser. 6. 0,1 n Ammoniumhydroxyd. 7. Phenolrotlösung. 0,1 g des trockenen Pulvers wird mit 5,7 ccm 0,05 n NaOH verrieben. Nach vollständiger Lösung verdünnt man auf 250 ccm. 8. Essigsäurelösung 0,2%ig. 9. Bariumjodat, pulverisiert (Kahlbaum). 10. Hydrazinlösung. Gleiche Volumina einer gesättigten, wäßrigen Lösung von Hydrazinsulfat (Merck) und einer 40%ig. Lösung von Natronlauge (aus Na bereitet).

Ausführung. Veraschung mit Schwefelsäure und Salpetersäure. 1 oder 0,5 ccm Serum wird in einem großen Reagenzglas aus Pyrex- oder Quarzglas (25 × 200 mm, mit einer Marke bei 25 ccm, wo das Glas verjüngt ist) mit 0,5 ccm konz. Schwefelsäure, 1 ccm konz. Salpetersäure und einer Glasperle versetzt. Man erhitzt, bis eine tiefbraune Farbe erscheint. Dann nimmt man das Glas von der Flamme fort und gibt während die Flüssigkeit noch heiß ist, weiter Salpetersäure tropfenweise zu. Man erhitzt weiter, wiederholt den Vorgang noch 2—3 mal, bis die Flüssigkeit ganz klar geworden ist und die braunen Dämpfe fortgejagt sind. Entfernung der Phosphorsäure. Man kühlt ab, verdünnt mit destilliertem Wasser auf etwa 10 ccm und fügt 1 Tropfen Phenolrot zu. Dann neutralisiert man mit 4 n Ammoniumhydroxyd und macht mit einigen Tropfen n Schwefelsäure eben sauer. Dann fügt man 1 ccm der Eisen-Ammoniumsulfatlösung und 0,1 n Ammoniumhydroxyd bis zur deutlich roten Farbe hinzu. Man verdünnt bis zur 25 ccm-Marke und filtriert durch ein trockenes, aschefreies Filter. Glühen der Sulfate. 20 ccm des Filtrates werden in einer Quarz- oder Pyrexschale mit 1 Tropfen konz. Schwefelsäure versetzt, auf dem Dampfbad zur Trockne gebracht. Wenn die Masse möglichst trocken ist, erwärmt man vorsichtig im elektrischen Ofen und, wenn die ganze Schwefelsäure verjagt ist, noch 15 Minuten mit der vollen Flamme eines Dreibrenners. Zu dem Rückstand fügt man genau 10 ccm der 0,2%ig. Essigsäurelösung. Reaktion der Sulfate mit Bariumjodat. Wenn der Rückstand sich gelöst hat, gießt man die Lösung in ein Reagenzglas aus Pyrexglas zu 15 × 2 cm, fügt 0,25 g Bariumjodat zu, verschließt fest und schüttelt energisch 1 Stunde lang auf der Schüttelmaschine. Gasometrische Bestimmung des gelösten Jodats. Man filtriert durch ein trockenes, aschefreies Filter, bestimmt das Jodat im Filtrat gasanalytisch. Vor der ersten Analyse wird der Apparat gasfrei gemacht, indem man in ihn 1 Minute etwa 2 ccm Hydrazinlösung und 2 ccm destilliertem Wasser schüttelt. Das entwickelte Gas und die Lösung werden dann aus dem Apparat entfernt, der nun für die Analyse bereit steht. Genau 2 ccm Hydrazinlösung werden durch den Quecksilberverschluß in den Apparat gelassen und durch denselben Quecksilberverschluß genau

2 ccm des zu analysierenden Filtrates. Man verschließt den Hahn des Apparates mit 1 Tropfen Quecksilber und evakuiert, bis das Quecksilber auf die Marke 50 ccm gefallen ist. Man schüttelt 1—1,5 Minuten und bringt das Gasvolumen auf 2 ccm. Druck im Manometer p_1 und Temperatur werden gemessen. — Man wiederholt die Bestimmung ganz wie oben, nur ohne Serumfiltrat. Man erhält so den Druck p_0.

Berechnung. Die Millimole N_2 pro Liter der zu analysierenden Flüssigkeit werden erhalten, wenn der Druck des N_2 in 1 ccm der Analysenprobe bei 2 ccm Volumen des Apparates ($a = 2$) gemessen wurde:

$$(N_2) = \text{Millimol } N_2 \text{ pro Liter Filtrat} = \frac{Pf}{\text{ccm Analysenprobe}},$$

wo P die Differenz $p_1 - p_0$ der beobachteten Drucke, ccm Analysenprobe die ccm Filtrat (2 ccm), die in den Apparat pipettiert wurden, bedeuten. f, der Faktor, ist aus untenstehender Tabelle abzulesen.

Man erhält so nach Gleichung (1) bei Anwendung von 2 ccm Analysenprobe:

$$\text{Milliäquivalente SO}_4 \text{ pro Liter} = \frac{0,724\, fP}{2} + 1,123 = 0,362\, fP + 1,123.$$

1 Liter der endgültigen Sulfatlösung entsprechen, wenn 1 ccm zur Analyse genommen wurde, 80 ccm Serum. Daher müssen wir in diesem Falle die beobachteten Milliäquivalente SO$_4$ in der analysierten Endlösung mit $\frac{1000}{80}$ multiplizieren, um die Milliäquivalente der Gesamtbasen (verbunden mit SO$_4$) pro Liter Serum zu erhalten. So erhalten wir aus obiger Gleichung

$$\text{Milliäquivalente Basen pro Liter Serum} = 4,525\, fP + 14,0$$

bzw. die doppelte Menge, wenn nur 0,5 ccm Serum zur Bestimmung angewendet wurden.

Tabelle für Faktor f.

t^0	15	16	17	18	19	20	21
f	0,1113	0,1109	0,1105	0,1101	0,1097	0,1093	0,1089

t^0	22	23	24	25	26	27
f	0,1085	0,1081	0,1077	0,1074	0,1070	0,1067

Beispiel. Bei der Untersuchung von 1 ccm betrug $p_1 - p_0 = P = 285$ mm bei 20^0. Daher

$$\text{Milliäquivalente Basen pro Liter Serum} = 0,495 \cdot 285 + 14,0 = 155,1.$$

Feststellung des dialysierbaren Anteils von Cl, Ca, K, Na mittels der Kompensationsdialyse[1].

Prinzip. Man bestimmt in einer Serumprobe die Gesamtmenge an derjenigen Ionenart, deren freien, diffusiblen Anteil man

---

[1] Vgl. Rona: Biochem. Z. **29**, 501 (1910). — Rona und Takahashi: **31**, 336 (1911). — Rona und György: Biochem. Z. **48**, 278; **56**, 416 (1913). — Rona, Haurowitz und Petow: Biochem. Z. **149**, 393 (1924).

feststellen will, d. h. man macht eine Ca- oder K-Na-Cl-Bestimmung nach einer der oben angegebenen Methoden. Mit einer Reihe anderer Serumproben macht man folgende Versuche. Eine möglichst große Menge Serum wird gegen eine möglichst kleine Menge einer Lösung eines Salzes der zu untersuchenden Ionenart dialysiert (siehe unten), wobei diese Außenlösung vorher mittels anderer, für die Untersuchung nicht in Betracht kommender Verbindungen (z. B. NaCl, $NaNO_3$ oder Rohrzucker) dem Serum isotonisch gemacht worden ist. Die Konzentration des Salzes mit dem in Frage kommenden Ion (z. B. $CaCl_2$) wird in verschiedenen Parallelversuchen variiert, so daß sie teils höher, teils niedriger als im ursprünglichen Serum liegt. Nach einer bestimmten Zeit (z. B. 24 Stunden), nach welcher ein Dialysen-Gleichgewicht sich ausgebildet hat, wird die Dialyse unterbrochen, und in den Außenflüssigkeiten der einzelnen Dialysen-Proben werden die Konzentrationen zu der zu prüfenden Ionenart ermittelt. In einer der Proben der Reihe ändert sich (falls man es richtig getroffen hat) während der Dialyse die Konzentration des betreffenden Ions nicht; diese Konzentration ist gleich der Konzentration des diffusiblen (freien) Anteils der betreffenden Ionenart im ursprünglichen Serum.

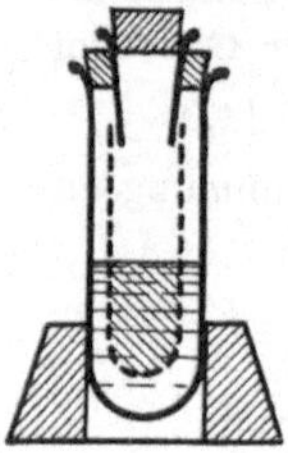

Man kann auch darauf verzichten, bis zum Gleichgewicht zu dialysieren, sondern stellt nur die Richtung fest, nach der die einzelnen Ionen wandern. Bei geeigneter Versuchsanordnung kann man die Dialyse bereits nach etwa ½ Stunde unterbrechen; die Konzentrationsänderung in der Außenlösung ist deutlich.

Abb. 97.

Genauer gestaltet sich diese Kompensations-Schnelldialyse im einzelnen folgendermaßen:

Man benutzt Dialysierhülsen mit möglichst großer relativer Oberfläche und kleinen Flüssigkeitsmengen: kleine selbstverfertigte Kollodiumhülsen (vgl. Prakt. I, S. 8) von 14 mm Durchmesser und 5 cm Länge; sie werden in kurze Glasröhrchen mit rundem Boden und etwa 20 mm innerer Weite gehängt und mittels eines durchlöcherten Korkens über das abgesprengte obere Ende einer Eprouvette gezogen. Die beiden oberen Korke (siehe Abb. 97) schützen gegen Verdunstung, der unterste dient als einfaches Gestell.

Vor der Füllung werden die Hülsen innen mit der zu untersuchenden Flüssigkeit (Serum), außen mit der verwendeten Außenflüssigkeit gespült. Nun werden außen 3,5 ccm, innen 4 ccm der entsprechenden Flüssigkeiten zugefügt und die Hülsen so befestigt, daß die Flüssigkeitsspiegel außen und innen gleich hoch sind. Die Außenflüssigkeit wird, um Flüssigkeitsströmungen zu vermeiden, stets isotonisch gemacht (siehe oben). Dann wird mit Kork verschlossen und darauf geachtet, daß die Hülse der Glaswand nirgends direkt anliegt. Nach einer ½ Stunde werden mit 1 ccm-Pipetten der Außen- und Innenflüssigkeit je zwei Proben entnommen und analysiert. Nach dieser Zeit ist zwar keine vollständige Kompensation eingetreten; die Konzentrationsänderung im Sinne der Kompensation ist jedoch derart weitgehend, daß sie analytisch einwandfrei nachgewiesen werden kann.

Als Beispiel diene eine Untersuchung über das Verhalten des Chlors im Serum. Der Total-Cl-Gehalt des Serums (vom Rind) wurde zu 0,365 % bestimmt. Als Außenflüssigkeit wurde 0,85 %ig. Kochsalzlösung verwendet, die durch Zusatz äquimolekularer $NaNO_3$-Lösung auf die verschiedenen Verdünnungen gebracht wurde. Die Cl-Bestimmungen wurden nach Volhard durchgeführt. Als Innenflüssigkeit wurde das unverdünnte Rinderserum genommen, dessen pH zu 7,80 ermittelt wurde.

Die nebenstehende Tabelle zeigt, daß der Cl-Gehalt der Außenflüssigkeit gesunken ist, wenn er höher als 0,45 % war, und daß er gestiegen ist, wenn er kleiner als 0,38 % war. Bei einer Cl-Konzentration zwischen 0,38 und 0,45 % ist keine Änderung eingetreten, obwohl der Cl-Gehalt des Serums kleiner, nämlich nur 0,365 % war. Es sind also im Mittel 0,42 % Cl in der Außenflüssigkeit im Gleichgewicht mit 0,365 % Cl im Serum. Das gesamte Cl des Serums ist also dialysabel.

Einige Versuche über die Verhältnisse beim Kalzium mögen hier (nebenstehend) angefügt werden.

Chlor in %.
(Innen je 4,0 ccm Serum, außen je 3,5 ccm Kompensationsflüssigkeit.)

Konzentration der Außenflüssigkeit % Cl		Änderung (Mittel)
vorher	nach Dialyse	
$0,53_0$	$0,47_0$ $0,47_0$	$-0,06_0$
$0,50_5$	$0,45_0$ $0,45_0$	$-0,05_5$
$0,50_5$	$0,45_5$ $0,45_5$	$-0,05_0$
$0,50_5$	$0,46_5$ $0,48_0$	$-0,03_0$
$0,45_5$	$0,45_0$ $0,45_0$	$-0,00_5$
$0,43_5$	$0,43_5$ $0,41_0$	$0,00_0$
$0,42_5$	$0,42_5$ $0,42_5$	$0,00_0$
$0,38_5$	$0,38_5$ $0,38_5$	$0,00_0$
$0,36_0$	$0,36_5$ $0,37_5$	$+0,01_0$
$0,35_0$	$0,36_5$ verl.	$+0,01_5$
$0,35_0$	$0,35_5$ $0,36_0$	$+0,01_0$
$0,34_5$	$0,36_5$ $0,36_5$	$+0,02_0$

Ca in Milligrammprozenten.

Innen		Außen	
vorher	nachher	vorher	nachher
10,3	12,7	10,5	9,0
10,3	10,0	7,0	7,2
10,3	8,8	5,25	6,1

Wie man sieht, befinden sich hier etwa 10,0 mg-% Ca innen (Serum) mit 7,0 mg-% Ca außen in Gleichgewicht.

Bestimmung des Eisens.

Jodometrische Eisenbestimmung nach Neumann.
Die Methode ist auf S. 373 ausführlich beschrieben.

Eisenbestimmung nach Willstätter[1].

Prinzip. Man vergleicht die Versuchslösung kolorimetrisch mit einer Standardlösung von bestimmtem Eisengehalt, indem beide (0,5—1,0 ccm) mit 0,5 ccm konzentrierter Salzsäure versetzt und frisch mit 40%ig. Rhodanammonium auf 50 ccm gebracht werden. Die Farbe der Ferrirhodanidlösung geht allmählich zurück. Die konz. Lösungen von reinstem käuflichem Rhodanid sind rötlich; diese Störung wird durch kurzes Aufkochen beseitigt, die Lösung bleibt dann auch beim Abkühlen farblos.

Ausführung. 0,2—0,6 g Blutfarbstoff oder 1,5 ccm Blut werden nach Neumann verascht (s. S. 373); die nach dem Erkalten mit Wasser verdünnte Flüssigkeit wird durch Erwärmen und durch Zusatz von 50 mg Harnstoff von salpetriger Säure (die die Ferrirhodanidfarbe verstärken würde) völlig befreit. Man vergleicht die Lösung kolorimetrisch. Die Vergleichslösung wird aus der Freseniusschen Eisenchloridlösung (S. 374) hergestellt. Beide Lösungen (0,5—1 ccm) versetzt man mit 0,5 ccm konz. Salzsäure und bringt sie mit frischer 40%ig. Rhodanammoniumlösung auf 50 ccm. Die Methode erlaubt die Bestimmung von hundertstel mg Eisen mit etwa $\pm$ 2%, von einigen Tausendstel mg Fe mit weniger als $\pm$ 10% Fehler.

Zur Gewinnung des gesamten anorganischen Eisens aus Blut und Organen verfahren Starkenstein und Weden[2] wie folgt:

Zur Verhinderung der Blutgerinnung ist Fluornatrium ungeeignet, da Fluor mit Eisen eine unlösliche Verbindung bildet und so dem Eiweißfiltrat entzogen wird. Am geeignetsten erweist sich zu diesem Zwecke Natriumoxalat. Als Enteiweißungsmittel wird eine 20%ig. Lösung von Trichloressigsäure vorgeschlagen. Da die Eiweißniederschläge wechselnde und nicht unbedeutende Mengen vom anorganischen Eisen mitreißen, müssen diese mit Salzsäure behandelt werden. Das Blut oder die Organe werden mit dem mehrfachen Volumen einer 5 n HCl aufgekocht, wobei das Hämoglobineisen nicht abgespalten wird und das gesamte anorganische Eisen in die salzsaure Lösung geht. Zu der erkalteten Lösung wird die zur vollkommenenen Eiweißausfällung notwendige Menge Trichloressigsäure gegeben, dann wird filtriert. Das eiweißfreie Filtrat enthält die Gesamtmenge des anorganischen Eisens als Chlorid. Bei dieser Salzsäurekonzentration bleibt auch die Oxydationsstufe des Eisens unverändert, so daß man

---

[1] Chem. Ber. **53**, 1152 (1920). — Willstätter und Pollinger: H. **130**, 288 (1923). Zur Eisenbestimmung vgl. auch Fontès und Thivolle: Bull. Soc. de Chim. biol. **5**, 325 (1923); ferner Fleury: J. Pharmmacie **9**, 561 und 568 (1929).

[2] Naunyn-Schmiedebergs Arch. **134**, 274 (1928).

im eiweißfreien Filtrat auch bestimmen kann, welche Mengen in Ferro- und in Ferriform vorhanden sind.

Die Bestimmung der Oxydationsstufe wird so vorgenommen, daß der enteiweißte Salzsäureextrakt zunächst qualitativ durch Zusatz von Kaliumrhodanid auf das Vorhandensein von Ferrieisen geprüft wird. Die so je nach der Menge des vorhandenen Eisens mehr oder weniger stark rote Lösung wird dann in zwei Teile geteilt und die eine Hälfte mit Wasserstoffsuperoxyd versetzt; dadurch wird etwa vorhandenes Ferroeisen zu Ferrieisen oxydiert, und der Vergleich der Farbintensität der beiden Proben gestattet eine grobe Schätzung des Ferrogehaltes. Bei hohem Gehalt an dreiwertigem Eisen muß erst eine entsprechende Verdünnung vorgenommen werden.

Zur quantitativen Bestimmung des Ferri- und Ferroanteils wird in dem enteiweißten salzsauren Extrakt der Gehalt an dreiwertigem Eisen direkt jodometrisch bestimmt. Ein Teil des Filtrates wird dann nach Neumann verascht und in der Aschenlösung das Gesamteisen jodometrisch bestimmt. Aus der Differenz zwischen Ferriwert und Gesamteisenwert wird der Ferrogehalt errechnet. Es ist zu beachten, daß die direkte Titration des eiweißfreien Extraktes höhere Ferriwerte gibt als deren Bestimmung nach der Veraschung.

Untersuchung des Harnes.

Bestimmung der allgemeinen physikalischen und chemischen Eigenschaften des Harnes.

Volumenbestimmung und Konservierung des Harnes.

Bestimmung des Harnvolumens. Die 24stündige Harnmenge beträgt beim erwachsenen gesunden Manne etwa 1500 bis 2000 ccm, bei der Frau etwa 1200 bis 1700 ccm; sie schwankt nach Tageszeiten, Flüssigkeitsaufnahme und äußerem Verhalten des Organismus.

Zur Volumenbestimmung wird der Harn in einem größeren, völlig sauberen Kolben aufgefangen. Bei der Stuhlentleerung ist der Harn gesondert aufzufangen. Das Sammeln beginnt zu einer bestimmten Stunde (Morgenstunde), zu der man den Harn entleeren läßt; dieses Harnquantum ist zu verwerfen. Hierauf sammelt man den gesamten Harn bis zur gleichen Stunde des nächsten Tages. Der Kolben wird in einen graduierten Meßzylinder entleert. Durch langsames Eingießen ist Schaumbildung vermeidbar. Die Ablesung erfolgt erst, wenn sich aller gebildeter Schaum gesetzt hat. Das Gewicht der Harnmenge ergibt sich aus Wägung oder Multiplikation des Harnvolumens mit dem spez. Gewicht. Für alle Harnuntersuchungen sind Teile der 24stündigen durchmischten Harnmenge zu verwenden.

Konservierung des Harnes. In der Kälte kann frisch entleerter Harn sich mehrere Tage ohne Zusätze unverändert halten. Bei richtiger Konservierung ist Harn nahezu unbegrenzt haltbar. Es zeigt sich nur eine Umbildung eines Teiles des Kreatinins in Kreatin. Harne von Fieberkranken oder nicht deutlich saure Harne können wegen der Bildung von Urat- oder Phosphatniederschlägen nicht aufbewahrt werden und müssen am besten frisch analysiert werden. Zur Konservierung geeignet ist nach Folin ein Zusatz von 5—10 ccm einer 10% ig. Thymollösung in Chloroform zu einer 24stündigen Harnmenge. Dieser Zusatz schützt auch Harne in nicht hermetisch verschlossenen

Flaschen. Geschieht die Aufbewahrung aber in starken, gut verkorkten und verharzten Flaschen, so eignen sich — selbst zur jahrelangen Aufbewahrung — auch andere Konservierungsmittel. Am geeignetsten sind pro Liter 5 ccm Toluol, 2,5 ccm Chloroform oder 2 g Thymol.

Chloroform, das Fehlingsche Lösung reduziert, ist als Konservierungsmittel für viele Harnlösungen geeignet, weil es durch Einleiten eines Luftstromes entfernt werden kann.

Spezielle Konservierungsmittel für die Bestimmung einzelner Harnbestandteile sind bei den entsprechenden Methoden gegeben.

Im allgemeinen kann ein Harn, der stärker sauer ist, leichter aufbewahrt werden als ein solcher von geringerer Azidität. Ist ein Harn einmal in ammoniakalischer Gärung begriffen, so ist diese durch antiseptische Mittel in den genannten Konzentrationen nicht zum Stillstand zu bringen.

Harne, deren aktuelle Azidität ermittelt werden soll, sind unmittelbar nach der Entleerung mit flüssigem Paraffin zu überschichten.

Farbe, Klärung und Enteiweißung des Harnes.

Die Intensität der Harnfarbe ist im allgemeinen abhängig von der Konzentration des Harnes.

Durch pathologische Farbstoffe kann der Harn verfärbt sein, durch Galle gelb—gelbbraun, bisweilen gelbgrün (Biliverdin), durch Blut und Hämoglobin rot—braunschwarz (Methämoglobin), durch Hämatoporphyrin gelbrot—violett, in stärkeren Schichten weinrot—schwarz. Große Mengen Urobilin färben den Harn tiefgelb—braunrot. Ein Gehalt an Melanin färbt den Harn schwarz, mitunter erst nach Stehen an der Luft. Ebenso geht bei Alkaptonurie die Harnfarbe beim Stehen des Harnes in Schwarz über. (Vgl. auch den Abschnitt: Bestimmung der Harnfarbstoffe.)

Die Bestimmung der Harnfarbe ist in der neuesten Zeit mittels des Stufenphotometers von Zeiss versucht worden[1].

Sauer reagierender Harn ist normalerweise nach der Entleerung klar. Nach einiger Zeit kann eine leichte Trübung — nubecula — auftreten.

---

[1] Veil: Klin. Wschr. Jg. 6, H. 47, 2217 (1927). — Heilmeyer: Z. exper. Med. 58, 532 (1928). Vgl. auch Heilmeyer in Abderhaldens Arbeitsmethoden II/2, 2237 (1929). — Herold: Z. Gynäk. Jg. 52, H. 5, 291 (1928).

Alkalischer Harn ist infolge ausgefällter Phosphate und Karbonate von vornherein trübe.

Beim Stehen bildet sich im normalen Harn ein Niederschlag von Uraten, bisweilen auch von Harnsäure.

Pathologisch können Trübungen durch Beimengungen von Schleim, Epithelien, Eiter, Fett usw. bedingt werden.

Zur Klärung und Entfärbung des Harnes kann dienen:

a) Tierkohle. Der in einem Kölbchen siedende Harn wird mit 1—2 Messerspitzen Carbo medicinalis (Merck) vorsichtig versetzt (Achtung, starkes Schäumen!), einige Minuten gekocht und durch ein Faltenfilter filtriert. Soll der Harn bei niedrigerer Temperatur mit Tierkohle behandelt werden, so läßt man diese 30—60 Min. unter mehrfachem Umschütteln einwirken. Infolge ihres starken Absorptionsvermögens soll eine Behandlung mit Tierkohle nicht zur Anwendung kommen, wenn der Harn auf Zucker oder Glukuronsäure untersucht werden soll, bzw. darf nicht mehr Kohle zur Anwendung gelangen als notwendig ist, um ein ganz schwach gefärbtes Filtrat zu erhalten[1]. (Vgl. auch S. 475 und S. 487.)

b) Normales Bleiazetat. Das „normale Bleiazetat" („Bleizucker" $Pb(C_2H_3O_2)_2 + 3 H_2O$) reißt bei der Klärung des Harnes keine Kohlehydrate mit und dient vorzüglich zur Harnklärung bei der polarimetrischen Zuckerbestimmung.

50 ccm eines Harnes, der nach Zusatz einiger Tropfen Eisessig sicher sauer reagiert, werden mit 10 ccm 20%iger Bleiazetatlösung versetzt, gut durchgeschüttelt und durch ein Faltenfilter filtriert. Das mit dem Filtrat erhaltene Analysenresultat ist infolge der Harnverdünnung mit 1,2 zu multiplizieren.

Zur Vermeidung von Verdünnungen kann man auch 10 ccm Harn mit ca. 2 g feingepulvertem, normalem Bleiazetat versetzen (es genügt meistens, die Harnmenge mit 2 Messerspitzen festem Bleiazetat in einem Kolben gut durchzuschütteln), um nach dem Filtrieren ein klares, nahezu farbloses Filtrat zu erhalten.

Man spüle die angewandten Geräte zur Reinigung stets mit aqua dest. vor Benutzung von Leitungswasser, da dieses mit Bleiazetat Niederschläge von schwerlöslichen Bleisalzen gibt.

c) Kieselgur. Klärt gut, entfärbt aber wenig.

Eine Harnprobe wird mit 1—2 Messerspitzen Kieselgur gut durchgeschüttelt und durch ein Faltenfilter filtriert.

d) Kolloidales Eisenhydroxyd (Liquor ferri oxydati dialysati[2]). Zur Enteiweißung aber auch zur Klärung und Ent-

---

[1] Kolthoff: Biochem. Z. 168, 122 (1926).
[2] Rona und Michaelis: Biochem. Z. 7, 329 (1908).

färbung ist die Behandlung des Harnes mit kolloidalem Eisenhydroxyd sehr geeignet.

Der Harn wird in der Kälte mit einigen Tropfen Eisenhydroxydlösung und einer Spur Natriumchlorid oder besser Magnesiumsulfat
versetzt, gut durchgeschüttelt und filtriert.

e) Kaolin. Zur Klärung und zur Enteiweißung nach Bang[1]
dient die Behandlung mit Kaolin.

Der Harn wird mit einem Drittel bis einem Viertel seines
Volumens Kaolinpulver geschüttelt. Das Filtrat ist eiweißfrei.

Zur Enteiweißung des Harnes ist eine der Behandlungen
mit Bleiazetat, kolloidalem Eisenhydroxyd oder Kaolin (s. oben)
zu empfehlen. Einfach ist auch:

f) Erhitzen des Harnes. 100—200 ccm Harn werden in
einem Becherglase zum Sieden erhitzt und so lange tropfenweise
mit verdünnter Essigsäure versetzt, bis das ausgeschiedene Eiweiß
sich gut abgesetzt hat und der Essigsäurezusatz in der überstehenden klaren Flüssigkeit keine Fällung mehr ergibt. (Vorsicht ist geboten, um einen Essigsäureüberschuß zu vermeiden.)
Leichter ist es, eine empfindliche Lackmuslösung (Azolithminlösung) zum Harn hinzuzusetzen und so viel Säure hinzuzugeben,
daß die Farbe gerade in Rot umschlägt. Nach Absetzen des
Eiweißes filtriert man in einen Meßzylinder und wäscht mit
Wasser bis zum ursprünglichen Volumen des Harnes bzw. zu
einem anderen aber genau bestimmten Volumen nach. (Vgl. auch
Eiweißfällung bei durch Azetatpuffer definiertem pH nach Bang
unter „Eiweißnachweis" S. 595.)

Bestimmung des spezifischen Gewichtes.

Unter dem spezifischen Gewicht einer Flüssigkeit versteht
man das Verhältnis des Gewichtes eines bestimmten Flüssigkeitsvolumens zum Gewichte eines gleichen Volumens Wasser von
4^0 C. Sein Zahlenwert wird beim Harn meistens nach Multiplikation mit 1000 ausgedrückt.

Das spezifische Gewicht des Harnes ist ein Maß für seinen
Gehalt an festen Bestandteilen. Daher dient seine Bestimmung
zur Beurteilung der Gesamtkonzentration. Doch ist hierbei zu
berücksichtigen, daß das spezifische Gewicht nicht allein von
der absoluten Menge, sondern auch von dem spezifischen Gewichte der ausgeschiedenen Substanzen selbst abhängig ist.
Das Gewicht der im Liter Harn vorhandenen festen Sub-

---

[1] Bang: Lehrbuch der Harnanalyse S. 82. München: Bergmann 1926.

stanzen in g ist angenähert zu erhalten, wenn man das spezifische Gewicht mit 2,04 multipliziert (Haeserscher Koeffizient).

Das spezifische Gewicht des 24stündigen normalen menschlichen Harnes beträgt etwa 1017—1020 bei 15—20° C. Schwankungen zwischen 1005—1030 sind noch physiologisch möglich und brauchen keine pathologische Bedeutung zu haben. Das spezifische Gewicht des Harnes von Neugeborenen beträgt ca. 1005—1007.

Zur Bestimmung des spezifischen Gewichtes des Harnes dienen zwei Methoden:

Die Bestimmung mit dem Pyknometer.

Die Bestimmung mit dem Urometer.

Bestimmung mittels des Pyknometers.

Die Bestimmung des spezifischen Gewichtes erfolgt am genauesten mittels des Pyknometers. Unter einem Pyknometer versteht man ein zur Wägung eines gemessenen Flüssigkeitsvolumens geeignetes Gefäß. Bequem ist die Anwendung von Präzisionspyknometern, deren Volumengewicht durch eine Markierung — evtl. amtlich — geeicht ist. Die Eichung ist nach einiger Zeit stets wieder zu überprüfen.

Zwei Pyknometerformen seien genannt:

1. Fläschchen mit eingeschliffenem Glasstopfen, der in der Längsrichtung eine kapillare Bohrung trägt und sich nach oben trichterförmig erweitert (Abb. 98).

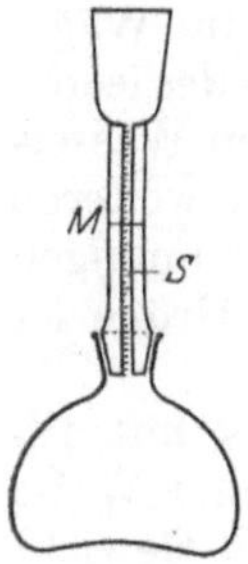

Die Füllung des Pyknometers geschieht durch Einsetzen des Stopfens in das bis zum Rande mit Flüssigkeit gefüllte Gefäß. Die in der Kapillare S hochstehende Flüssigkeit kann, soweit sie die Meßmarke M übersteigt, durch Abtupfen mit Fließpapier fortgenommen werden.

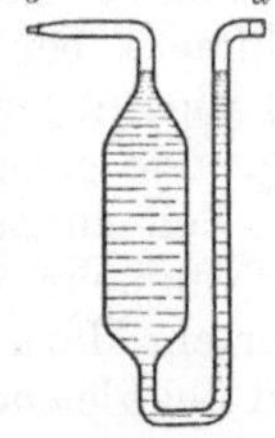

Abb. 98.

2. Ostwaldsche Form des Sprengelschen Pyknometers (Abb. 99).

Abb. 99.

Das Pyknometer ist durch Biegen einer Vollpipette (5—30 ccm Vol.) leicht selbst herstellbar. Dieses Pyknometer wird gefüllt, indem man sein kapillar ausgezogenes Ende b in die zu wägende Flüssigkeit eintaucht und diese mittels Schlauch von der anderen Seite a in das Pyknometer saugt. Steht der Flüssigkeitsmeniskus über der Meßmarke a, so berührt man die kapillar ausgezogene Spitze von b mit Fließpapier (Rißstelle, am sichersten

Bodenfläche eines Röllchens); enthält dagegen das Pyknometer zu wenig Flüssigkeit, so berührt man b mit einem Tropfen der Flüssigkeit, der an einem Glasstabe hängt.

Der Schenkel mit der Meßmarke a soll während der Einstellung des Meniskus horizontal liegen. Nach der Einstellung werden zur Verhinderung eines Verdunstens der Flüssigkeit beide Enden des Pyknometers mittels einer Gummikappe geschlossen, wobei, um ein Herausdrücken der Flüssigkeit aus dem Gefäß zu verhindern, das kapillare Ende b zuerst zu schließen ist.

Ausführung der Messung. Das Pyknometer wird mit Bichromat-Schwefelsäure sorgfältigst gereinigt, mit aqua dest. gespült und mit Alkohol und Äther getrocknet. Die Wägung erfolgt nach 30 Minuten langem Stehen im Wägekasten. (Gewicht des leeren Pyknometers: G_0.) Das Pyknometer wird dann mit destilliertem Wasser nahezu bis zur Meßmarke gefüllt und in ein Temperaturbad — ein großes Becherglas mit Wasser genügt — von zweckmäßig 15° eingesetzt.

Nachdem der Inhalt des Pyknometers die Badtemperatur angenommen hat, was sich durch festes Einstehen des Meniskus zu erkennen gibt, wird die Flüssigkeit im Pyknometer bis zur Meßmarke nachgefüllt oder durch Fortnahme überstehender Flüssigkeit mittels einer Glaskapillare oder eines Filtrierpapierröllchens ausgeglichen. Der Flüssigkeitsmeniskus soll die Meßmarke berühren. Das mit Wasser gefüllte Pyknometer wird äußerlich abgetrocknet und nach 30 Minuten langem Stehen im Wägekasten gewogen. Sein Gewicht G_1, abzüglich des Gewichtes des leeren Pyknometers G_0, gibt das Gewicht des in ihm enthaltenen Wasservolumens bei $t°$, eine Größe, die ein für allemal allen weiteren mit diesem Pyknometer vorgenommenen Gewichtsbestimmungen zugrunde gelegt werden kann. Eine Kontrolle dieser Größe ist von Zeit zu Zeit notwendig.

Nunmehr wird das Pyknometer geleert, mehrmals mit filtriertem Harn ausgespült und dann mit diesem in gleicher Weise und bei gleicher Temperatur gefüllt. Man ermittelt sein Gewicht wie angegeben. (Gewicht des mit Harn gefüllten Pyknometers: G_2). Man wiederholt die Bestimmung. Nach Beendigung der Messung ist das Pyknometer sogleich wieder zu reinigen.

Sehr schnelle Bestimmungen lassen sich auf $1°/_{00}$ genau mittels gewöhnlicher Pipette von 10 ccm ausführen, indem man den Pipetteninhalt in ein tariertes Wägegläschen fließen läßt und die Gewichtszunahme bestimmt.

Berechnung: Das Verhältnis des Gewichtes der untersuchten Flüssigkeit zu dem Gewichte des gleichen Wasservolumens bei der gleichen Temperatur ergibt sich nach der Formel

$$x = \frac{G_2 - G_0}{G_1 - G_0}.$$

Das wahre spezifische Gewicht, d. h. den Bezug auf das Gewicht des Wasservolumens von 4^0, erhält man durch Multiplikation mit dem spezifischen Gewicht des Wassers (s) bei der Temperatur t^0.

$$x = \frac{G_2 - G_0}{G_1 - G_0} \cdot s.$$

Die Werte von (s) sind in der folgenden Tabelle gegeben.

Da der Fehler bei Messungen mit dem Pyknometer etwa $\pm 0,0001$ g beträgt, so hat man bei Messungen mit einem Pyknometer von 5 ccm einen prozentualen Fehler von 0,002%, bei Anwendung eines Pyknometers von 25 ccm Volumen einen Fehler von 0,0004% zu erwarten. Diese Genauigkeit ist für gewöhnliche physiologische Untersuchungen weit ausreichend. Bei Messungen mit einer Genauigkeit von einem Fehler unterhalb 0,001%, ist aber der Auftrieb der Luft bei der Wägung zu berücksichtigen. Die Korrektur ergibt sich gemäß der Beziehung

Temperatur	Dichte
10^0	0,99973
11	0,99963
12	0,99953
13	0,99940
14	0,99927
15	0,99913
16	0,99897
17	0,99880
18	0,99862
19	0,99843
20	0,99823

$$x = \frac{G_2 - G_0}{G_1 - G_0} (s - 0,0012) + 0,0012,$$

wo 0,0012 die mittlere Dichte der Luft bedeutet[1].

An Stelle der Pyknometer ohne Volumenangabe kann man zweckmäßig „geeichte" Pyknometer benutzen. Alle beigefügten Angaben, z. B. 15^0 oder $15^0/4^0$ besagen, daß das Pyknometer bei der Eichtemperatur ein bestimmtes angegebenes Volumen besitzt. Seit dem 1. Januar 1929 werden amtlich stets 20^0 als Eichtemperatur zugrunde gelegt. Die Bestimmung des spezifischen Gewichtes erfolgt dann durch Wägung des Harnes vom betreffenden Volumen bei der Eichungstemperatur. Das erhaltene Gewicht, dividiert durch das angegebene Volumen, ergibt unmittelbar das spezifische Gewicht.

---

[1] Vgl. hierzu Roth: Physikalisch-chemische Übungen. Leipzig: Voss.

Bestimmung mittels des Urometers.

Die Bestimmung des spezifischen Gewichtes mittels Senkspindel (für Harn „Urometer" genannt) benutzt den Auftrieb, den feste Körper in Flüssigkeiten erfahren, zur Messung.

Die an einer Skala gemessene Eintauchtiefe der Senkspindel in die zu untersuchende Flüssigkeit ergibt unmittelbar ihr spezifisches Gewicht. Zur Messung des spezifischen Gewichts des Harnes ist es zweckmäßig, zwei Instrumente mit einem Messungsbereich von 1000—1020 und 1020—1040 anzuwenden, anstatt eines einzigen Instrumentes mit einer Skala von 1000—1040, da mit der Vergrößerung der Skalenabstände die Meßgenauigkeit eine höhere wird. Zur Messung kleiner Harnmengen dienen entsprechend verkleinerte Urometer (z. B. das Urometer nach Schlaginweit, das durchschnittlich 3,5 ccm Harn — maximal 7,5 ccm bei einem spezifischen Gewicht des Harnes von 1000 — erfordert).

Ausführung der Messung. Klar filtrierter Harn wird in einen Glaszylinder gefüllt, in dem das Urometer frei beweglich schwingen kann. Durch vorsichtiges Eingießen bei schräg gehaltenem Zylinder wird Schaumbildung vermieden. Vorhandener Schaum ist mittels Filtrierpapiers zu entfernen. Der Zylinder wird in ein Temperaturbad (weites Becherglas) derart eingestellt, daß die Höhe der temperierenden Flüssigkeit die Harnsäule überragt. Die Temperatur ist auf die auf dem Urometer vermerkte Eichtemperatur des Instrumentes (z. B. 17,5° oder 15°) einzustellen.

Die sorgfältigst gesäuberte Spindel wird in den Harn gesenkt, so daß sie frei inmitten des Gefäßes schwimmt. Es wird der den unteren Meniskusrand berührende Skalenstrich abgelesen. Die Empfindlichkeit der urometrischen Messung reicht bis zur genauen Angabe der dritten Dezimale und ist ausreichend für alle klinischen Zwecke.

Ist das Urometer auf Wasser von $t°$ als Einheit geeicht, so errechnet sich das spezifische Gewicht des Harnes, auf Wasser von 4° als Einheit bezogen, durch Multiplikation des Meßwertes mit dem spezifischen Gewicht des Wassers bei $t°$ (s. S. 301).

Ist bei der Eichung das spezifische Gewicht des Wassers von 4° als Einheit benutzt, so ist eine Umrechnung nicht mehr notwendig[1]. Bestimmt man das spezifische Gewicht des Harnes nicht bei 15°, so kann man es dadurch korrigieren, daß man für jeden Temperaturgrad über 15° ein Drittel

---

[1] Da es bei den gewöhnlichen käuflichen Urometern nicht sicher ist, welche Eichung zugrunde gelegt ist, empfiehlt sich die Anwendung von der Normal-Eichungskommission geeichter Instrumente, denen stets Wasser von 4° als Einheit der Eichung zugrunde liegt.

zu der 4ten Stelle des spez. Gewichtes (multipliziert mit 1000) hinzufügt bzw. für jeden Temperaturgrad unter 15° abzieht. Zeigt ein
Urometer z. B. (bei 15° geeicht) ein spez. Gew. von 1018 bei
21°, so beträgt dasselbe $1018 + 0,002 = 1020$.

Die Eichung des Urometers ist zu überprüfen. Hierzu kann
eine 0,2%ige Kochsalzlösung dienen, die bei 15° das spezifische
Gewicht 1,0000 besitzt.

Bestimmung der Gefrierpunktserniedrigung.

Die Erniedrigung des Gefrierpunktes des Harnes gegenüber
dem Gefrierpunkt reinen Wassers ist proportional seinem osmotischen Drucke. Dieser osmotische Druck
des Harnes ist ein Ausdruck für die molare
Konzentration der Lösung.

Der Gefrierpunkt des Harnes schwankt
zwischen — 0,08° und — 3,5°. Unter normalen Bedingungen beträgt die Gefrierpunktserniedrigung (Δ) etwa 1,2°, entsprechend einer molekularen Konzentration von
ca. 0,7 und einem osmotischen Druck von
15 Atm.[1].

Prinzip. Die Bestimmung der Gefrierpunktserniedrigung des Harnes beruht auf
Messung seines Gefrierpunktes im Vergleich
zu dem des reinen Wassers.

Apparate. 1. Kryoskop nach Beckmann
(s. Abb. 100).

Das Kryoskop besteht aus einem weiten
Reagenzglase mit seitlichem Stutzen zum Einbringen der Substanz. Der oberste Teil ist etwas
erweitert und trägt einen doppelt durchbohrten
Korken. Durch die eine Bohrung geht das Thermometer, die andere trägt ein kurzes Stück
Glasrohr als Führung für den Rührer, der aus
einem Glasstab mit angeschmolzenem Platin-
oder Glasring besteht. Das Reagenzglas ist mittels
eines Korkringes in einem weiteren Glase befestigt.
Die zwischen beiden befindliche Luftschicht dient
als Schutzmantel und muß sorgfältig trocken
gehalten werden. Das Mantelgefäß ruht mit seinem
Rand auf dem Metalldeckel eines Batterieglases und wird durch Spangen

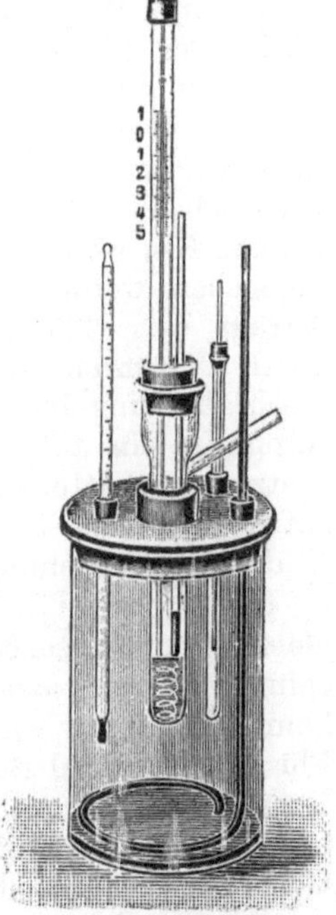

Abb. 100.

---

[1] Vgl. Henderson in Neubauer-Huppert: Analyse des Harns I, S. 12.
Wiesbaden: Kreidel 1910.

gehalten. Der Deckel hat ein weiteres Loch für einen festen Rührer, ein zweites für ein Thermometer und ein drittes für den Impfstift.

2. Thermometer nach Friedenthal. Das Thermometer besitzt einen fixen 0-Punkt (Gefrierpunkt reinen dest. Wassers entsprechend) am oberen Ende der Skala und ist abwärts in $^1/_{100}$ Grade geteilt.

Ausführung. a) Gewinnung des Materials. Ein 24 stündiger Mischharn oder eine mittels Ureterkatheters gewonnene Probe ist zu verwenden.

Bei der Gefrierpunktsbestimmung des Blutes ist es gleich, ob man Serum, defibriniertes Blut oder Gesamtblut anwendet. Unter normalen Verhältnissen liegt der Gefrierpunkt des menschlichen Blutes bei — 0,56° bis 0,58°.

Bei der Kryoskopie von Organen wird der Brei des zu untersuchenden Organes in das Gefrierrohr gebracht, oder man benutzt den wäßrigen Auszug der zerkleinerten Organe, der durch Auskochen mit Wasser und Auspressen der Organstücke gewonnen wird. Der filtrierte klare Saft wird dann zur Gefrierpunktsbestimmung verwendet.

b) Bestimmung. Das Außengefäß des Kryoskops ist mit einer Kältemischung zu beschicken. Diese erhält man z. B. durch Vermischen von 3 Gew.-T. 8 % ig. NaCl-Lösung mit 1,8 Gew.-T. grobem Eis, worauf 0,5 Gew.-T. feingestoßenes Eis unter Rühren zugegeben werden. Die Temperatur der erhaltenen Mischung beträgt ca. —2,5° C. Die Temperatur der Kältemischung ist durch Umrühren mittels des Rührers und Zufügen von Eis oder Kochsalzlösung innerhalb von 1° konstant zu erhalten[1]. Der Impfstift (ein ausgezogenes Glasrohr, das an seiner kapillaren Spitze ein Wattebäuschchen trägt) ist mit dest. Wasser zu benetzen, in das für ihn bestimmte Reagenzglas zu setzen und dieses in die Kältemischung einzutauchen.

In das gereinigte, nach außen trockne Gefrierrohr wird nunmehr ein gemessenes Volumen reinstes destilliertes Wasser eingefüllt, so, daß das Quecksilbergefäß des Thermometers vollkommen bedeckt wird. (Beim Vergleich der Gefrierpunkte zweier Flüssigkeiten sind stets gleiche Volumina bei beiden Flüssigkeiten anzuwenden.) Danach wird das in $^1/_{100}$ Grade geteilte Thermometer eingesetzt. Dieses soll das Gefriergefäß nicht berühren. Das Gefriergefäß darf ebenfalls an den äußeren Glasmantel nicht anstoßen.

Nach Einsetzen des Thermometers wird der Rührer in Be-

---

[1] Einfacher läßt sich das Außenbad durch inniges Mischen von Viehsalz mit viel feingestoßenem Eis herstellen. Man achte darauf, daß die Mischung nicht zu kalt gerät.

wegung gesetzt. Es ist darauf zu achten, daß eine anhaltend gleichmäßige Rührgeschwindigkeit von 1—2 Hub pro Sekunde bis zur Beendigung des Versuches innegehalten wird. Daher ist eine der käuflichen mechanischen Rührvorrichtungen zu bevorzugen. Der Rührer darf weder am Thermometer noch an der Gefäßwandung reiben. Ist die Temperatur auf ungefähr 0,5° unterhalb des Gefrierpunktes gesunken, so wird mittels der Impfnadel durch das Seitenrohr des Gefriergefäßes eine winzige Eismenge auf die Drahtschlinge des Rührers gebracht. Ein stärkeres Unterkühlen muß vermieden werden. Das Thermometer steigt jetzt infolge der durch die Eisbildung frei gewordenen Wärme an und stellt sich schließlich kurze Zeit fest ein. Die jetzt vorgenommene Ablesung ergibt den Nullpunkt des Thermometers.

Selten wird dieser Punkt der am Thermometer angegebene Nullpunkt sein, sondern wird von ihm abweichen. Man stellt mehrere Bestimmungen an und betrachtet das Mittel der abgelesenen Endtemperaturen nach mehrfachem Wiederauftauen und Gefrieren als den wahren Nullpunkt des Wassers. Auf diesen Nullpunkt (nicht auf den Nullpunkt der Thermometerskala) bezieht man die später zu beobachtende Gefrierpunktserniedrigung. Für genaue Messungen ist nach der Untersuchung der betreffenden Flüssigkeit der Nullpunkt noch einmal zu bestimmen und das Mittel der Bestimmungen als der wahre Nullpunkt anzunehmen.

Die Harnuntersuchung erfolgt in gleicher Weise wie die des Wassers. Das gleiche Harnvolumen wie beim Wasser ist anzuwenden; die Lage des Gefrierpunktes ist vor der eigentlichen Messung durch einen Vorversuch zu bestimmen. Größere Unterkühlungen als 0,5° sind zu vermeiden. Häufig scheiden sich bei der Abkühlung Urate ab. Der durch deren Auskristallisieren bedingte Fehler kann vernachlässigt oder empirisch durch Hinzuaddieren von 0,04° zur Gefrierpunktserniedrigung bei Anwendung von 15 ccm Harn annähernd korrigiert werden. Für genaue Messungen sind 15 ccm Harn abzukühlen und die ausgeschiedenen Urate abzuzentrifugieren. Dann wird der uratfreie Harn abgegossen und zur Gefrierpunktsbestimmung verwendet. Die abzentrifugierten Urate werden in dem doppelten Volumen heißen Wassers des angewandten Harnvolumens (also in 30 ccm) aufgelöst. Die Gefrierpunktserniedrigung der Lösung wird bestimmt und nach Multiplikation mit 2 zu der des Harnes hinzuaddiert[1].

Für geringe Harnmengen (1,5 ccm) ist das nach

---

[1] Vgl. Kleinmann in Abderhaldens Arbeitsmethoden IV/5, S. 54.

dem Kryoskop nach Guye und Bogdan[1] gebaute Gefriergefäß und das Thermometer von Burian und Drucker[2] zu benutzen[3]. Das Thermometer besitzt ein Quecksilbergefäß von einer Länge von 9 mm bei einem Durchmesser von 7 mm. Seine mit Stickstoff gefüllte Kapillare ist so eng, daß eine Gradlänge von 2,7 cm erzielt wird. Die Skala hat den Bereich von -5^0 bis $+1^0$ und ist in Fünfzigstelgrade geteilt. Es gelingt, mit der Lupe auf $0,002-0,003^0$ genau abzulesen. Die Form des Gefrier- und des Mantelrohres ist folgende: Die beiden Rohre besitzen vollkommen gleiche Gestalt. Dem Gefrierrohr fehlt der seitliche Ansatz zur Einführung der Impfkapillare; dieser ist durch eine im Stopfen des Gefrierrohres angebrachte Bohrung ersetzt, durch die die Impfkapillare bequem von oben in die unterkühlte Flüssigkeit hineingebracht werden kann. Jedes der beiden Rohre besteht aus einem weiten oberen und einem engen unteren Abschnitt. Der letzte, der das Quecksilbergefäß des Thermometers und die Versuchsflüssigkeit aufnimmt, hat einen Durchmesser von 14 mm. Zur Ausführung der Messung sind 1,5 ccm Flüssigkeit eben noch hinreichend. Die Temperatur des Kältebades darf höchstens 2^0 unter dem Gefrierpunkt der Versuchslösung liegen. Bei Beobachtung dieser Regel stimmen die Ergebnisse des kleinen Apparates mit denen mit dem Beckmannschen gewonnenen auf $\pm 0,005^0$ überein.

Die zu untersuchende Lösung wird beim Gefrieren durch Eisausscheidung konzentrierter. Zum Ausgleich dient eine Korrektur nach der Formel

$$\Delta_{\text{korr.}} = \Delta_{\text{beob.}} - \frac{c}{w} \cdot C \cdot \Delta_{\text{beob.}}.$$

in der $\Delta_{\text{beob.}}$ den Gefrierpunkt, C die Unterkühlung, c die spezifische Wärme und w die Erstarrungswärme des Lösungsmittels bedeuten. Da für Wasser c gleich 1 cal., w ca. 80 cal. c/w, also $^1/_{80}$ beträgt, ist pro Grad Unterkühlung 1,25% von der beobachteten Gefrierpunktserniedrigung abzuziehen. Die Genauigkeit der Messung beträgt ca. 1%.

Da 1 Mol in 1 Liter Wasser gelöst den Gefrierpunkt um $1,85^0$ erniedrigt, so gibt $\Delta : 1,85$ die „molekulare Konzentration" des Harnes, die der osmotischen Konzentration hinsichtlich der Gefrierpunktserniedrigung entspricht. Der osmotische Druck beträgt pro $0,001^0$ Gefrierpunktserniedrigung 0,012 Atm. oder ca. 9,1 mg Hg bei 0^0.

---

[1] J. de Chim. physique 1, 379 (1903).

[2] Zbl. Physiol. 23, 772 (1910). Der Apparat wird von der Firma Goetze, Leipzig, geliefert.

[3] Noch kleinere Flüssigkeitsmessungen (0,5 ccm, Katheterharn) lassen sich thermoelektrisch kryoskopieren (s. S. 10). Über eine Anordnung zur Messung des Gefrierpunktes von geringen Flüssigkeitsmengen vgl. Fromm und Leipert: Biochem. Z. 206, 314 (1929).

Bestimmung der Oberflächenspannung[1].

Unter Oberflächenspannung einer Flüssigkeit versteht man die an der Oberflächeneinheit wirksame Oberflächenenergie. Numerisch ist dieser Wert gleich der Arbeit, die notwendig ist, um die Einheit der Oberfläche zu erzeugen. Als ihr zahlenmäßiger Ausdruck wird entweder dyn/cm oder mg/mm gewählt.

Normaler Harn hat eine Oberflächenspannung von 80—90% der Wasseroberflächenspannung. Diese Erniedrigung wird zumeist durch den Gehalt des Harnes an Kolloiden (Stalagmonen) bedingt.

Zum Vergleich verschiedener Harne wird von Schemensky[3] die Bestimmung des „stalagmometrischen Quotienten" empfohlen. Dieser stellt das Verhältnis der Oberflächenspannung eines Harnes, der filtriert und durch Verdünnen mit aqua dest. auf die Dichte von 1010 gebracht worden ist, (St. 1) mit der Oberflächenspannung des gleichen Harnes dar, der durch Schütteln mit Kohlepulver in 10% Aufschwemmung von den Stalagmonen befreit ist (St. 0)

$$\text{St. Qu.} = \frac{\text{St. 1}}{\text{St. 0}}.$$

Als zweiter Begriff ist der Säurequotient eingeführt, worunter man den stalagmometrischen Quotienten eines Harnes versteht, der mit Säure versetzt ist, bis Methylorange von Gelb in Orange oder Kongorot von Rot in Hellblau umgeschlagen ist.

Bei normalem Harn soll der stalagmometrische Quotient kleiner als 100, der Säurequotient kleiner als 200 sein. Pathologisch können diese Grenzen stark überschritten werden.

Von neueren Untersuchern ist geraten worden, die Harne weder zu verdünnen noch mit Säure zu versetzen, sondern unmittelbar die Tropfenzahl kolloidhaltiger und mittels Tierkohle von Kolloiden befreiter Harne miteinander zu vergleichen.

Bringt man nach Pribram und Eigenberger[2] die Tropfenzahl eines Harnes (der 24 Std. unter Zusatz einer Messerspitze Quecksilberjodid gesammelt und durch Verdünnen oder Einengen im Vakuum auf 2000 ccm gebracht ist) gegen Wasser in Rechnung, so soll normalerweise der Stalagmometerquotient unter 110, der Säurequotient unter 200 gelegen sein.

Ausführung der Messung nach Schemensky[3], Kiesel[4]. Bei der Untersuchung der Oberflächenspannung muß der Harn ganz frisch verarbeitet werden. Alkalischer Pferdeharn z. B. ver-

---

[1] Siehe auch Blut (S. 13 dieses Praktikums).
[2] Biochem. Z. 115, 168 (1921).   [3] Biochem. Z. 105, 229 (1920).
[4] Biochem. Z. 149, 399 (1924).

liert beim Stehen Kohlensäure und Kalziumkarbonat und ändert seine Alkalität.

Filtrieren des Harnes ist nicht ohne Einfluß auf die Oberflächenspannung. Stets sind die ersten Portionen des Filtrates zu verwerfen. Man läßt den Harn vor dem Filtrieren absetzen oder zentrifugiert ihn. In den Schüttelschaum gehen sehr erhebliche Mengen oberflächenaktiver Substanzen über. Durch Schütteln entstandener Schaum ist daher nicht abzutrennen, sondern wieder in Lösung zu bringen.

Zur Messung der Oberflächenspannung dient das Stalagmometer nach Traube. Dieses besteht aus einer durch zwei Marken begrenzten Kugel, die sich in eine gerade oder ⌐-förmig gekrümmte kapillare Röhre fortsetzt, die in einer sorgfältig abgeschliffenen kreisförmigen Abtropffläche endet. Oberhalb und unterhalb der Kugel befindet sich eine kleine eingeritzte Skala, die noch eine Ablesung eines Tropfenbruchteiles bis zu 0,05 Tropfen gestattet.

Mit diesem Instrument wird die reziproke Größe des Tropfenvolumens, nämlich die in einem bestimmten Volumen enthaltene Tropfenzahl, bestimmt.

Zur Messung muß die Abtropffläche von größter Sauberkeit sein. Man reinigt sie daher mit einem heißen Gemisch von Kaliumbichromat und konzentrierter Schwefelsäure und vermeidet dann ihre Berührung mit der Hand.

Zunächst wird durch einen Vorversuch ermittelt, wieviel Skalenteile der die Hauptmeßmarken ergänzenden Skala gerade einem Tropfen entsprechen. Der Wert eines Skalenteiles in Tropfenbruchteilen ($^1/_{10}$ Tropfen) ist zu berechnen.

Der Harn wird mittels Gummiballes oder Saugpumpe bis über die obere Hauptmarke der Pipette eingesogen und diese mit dem Finger verschlossen gehalten. Am besten ist es, den Harn mittels eines starkwandigen Schlauchstückes, das über das obere Ende des Stalagmometers gestülpt wird, einzusaugen. Das Schlauchstück soll mit einer gut gearbeiteten Schlauchklemme versehen sein (gewöhnliche Laboratoriumsklemmen genügen nicht, da sie zu viel toten Gang haben). Diese Schlauchklemme muß von einem besonderen Stativ (nicht vom Stalagmometer-Stativ) gehalten werden, damit ihr Öffnen das Stalagmometer nicht erschüttert. Unter Zuklemmen oder Zuhalten des Schlauchstückes wird das Stalagmometer genau senkrecht in ein Stativ gesetzt; man läßt die Flüssigkeit nach Untersetzen eines kleinen Gefäßes ausfließen.

Man bestimmt die Tropfenzahl des Flüssigkeitsvolumens beim Durchtritt zwischen den oberen und unteren Hauptmarken. Da

Beginn und Aufhören der Tropfenbildung nicht genau den Meß-
marken entsprechen, wird die Differenz des durch Beginn und
Aufhören des Tropfens gekennzeichneten Volumens von dem der
Meßmarken an den sie ergänzenden Skalenteilen abgelesen.

Durch Druck mittels Daumens und Zeigefingers bremst man
die Flüssigkeitssäule im Augenblick der Tropfenablesung, liest
den ihren Meniskus tangierenden Skalenteil ab, läßt die Kugel
austropfen und bestimmt dann ebenso den Stand der Flüssigkeitssäule beim Abtropfen des letzten Tropfens. Da der Tropfenbruch-
teil, der einem Skalenteil entspricht, durch einen Vorversuch ermittelt worden ist, wird er gemäß der Skalenteildifferenz gegen
die Hauptmarken ermittelt. Alle Tropfenbruchteile, die einer
Skalenablesung innerhalb des Volumens der beiden Hauptmarken
entsprechen, werden zu der Gesamt-Tropfenzahl addiert und alle
außerhalb der Hauptmeßmarken abgelesenen von ihr subtrahiert.

Abgelesen wird auf halbe Skalenteilstriche genau und auf
$^1/_{10}$ Tropfen umgerechnet. Die Genauigkeit von Parallelbestimmungen läßt sich auf einen Fehler von 0,1 Tropfen begrenzen.

Die Geschwindigkeit des Tropfens soll die von 20 Tropfen in
der Minute nicht übersteigen. Bei vergleichenden Untersuchungen
ist unbedingt genau gleiche Tropfengeschwindigkeit (mit der
Stoppuhr gemessen) der zu vergleichenden Lösungen innezuhalten.

Die Geschwindigkeit des Ab-
tropfens kann durch Auflegen des
Fingers auf das obere Stalagmo-
meterende reguliert werden. Besser
ist die Regulation durch Aufsetzen
von fein ausgezogenen Glaskapillaren mittels Schlauchstückes oder
die Regulation mittels der feinen
Schraubklemme.

Zur Regulation der Tropfengeschwindigkeit dient auch die Apparatur nach Schemensky[1]. Ihre
Anordnung geht aus nebenstehender Abbildung hervor (Abb. 101).

Die Füllung des Stalagmometers
wie seine Leerung wird hiernach
durch Verbindung mit einem U-

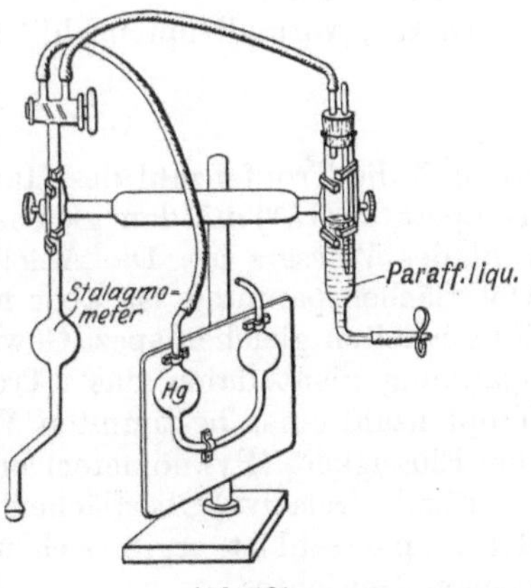

Abb. 101.

förmigen Rohre bewirkt, das zwei kugelige Erweiterungen trägt.
Dieselben sind zur Hälfte mit Quecksilber gefüllt und veran-

---

[1] l. c. (S. 307 dieses Praktikums).

lassen, indem man sie kippt, ein Ansaugen oder einen Druck auf den Inhalt des Stalagmometers.

Die Regelung der Tropfgeschwindigkeit erfolgt durch Verbindung des Stalagmometers mit einem Behälter mit flüssigem Paraffin, in das gemäß der Abbildung eine Pipette mit fast kapillarer Spitze taucht. Durch mehr oder minder tiefes Eintauchen derselben in das Paraffin wird die Tropfgeschwindigkeit reguliert.

Es ist darauf zu achten, daß sich keine Luftblasen in der abtropfenden Flüssigkeit bilden und daß die Flüssigkeit die Abtropffläche völlig benetzt. Jede Erschütterung des Apparates (selbst starke Atemzüge) sind besonders bei der Messung der „Grenztropfen" zu vermeiden.

Die Untersuchungstemperatur muß innerhalb eines Grades konstant bleiben. Die Tropfenzahl für Wasser einer bestimmten Temperatur ist auf das Stalagmometer graviert. Der Harn muß entweder dieselbe Temperatur haben, oder es ist die Wassertropfenzahl des Stalagmometers bei der Temperatur des untersuchten Harnes festzustellen. Für eine Steigerung der Temperatur um 5^0 beobachtet man bei Wasser eine Zunahme von etwa 1,2 Tropfen auf 100 Tropfen.

Berechnung: Die ermittelte Tropfenzahl ist auf ein Normalstalagmometer, das bei 15^0 100 Tropfen reinen Wassers entstehen läßt, zu beziehen.

Diese „Normaltropfenzahl" Z_n ist

$$Z_n = \frac{Z \cdot 100}{Z_w},$$

wenn Z die Tropfenzahl des Harnes und Z_w die bei der gleichen Temperatur (15^0) mit dem gleichen Instrument ermittelte Tropfenzahl des Wassers ist. Die Angabe der Tropfenzahl als Maß der Oberflächenspannung ist aber nur angängig beim Vergleich von Flüssigkeiten gleichen spez. Gewichtes. Als Maß der Oberflächenspannung dient daher das „Tropfengewicht", das sich aus der Tropfenzahl eines bestimmten Volumens und dem spez. Gewicht der Flüssigkeit (Pyknometer) ergibt.

Für die (relative) Oberflächenspannung σ, die der reziproke Wert der Tropfenzahl ist, ergibt sich unter Berücksichtigung des spezifischen Gewichtes

$$\sigma = \frac{Z_w}{Z} \cdot \text{spez. Gewicht} \cdot 100$$

in Prozent der Oberflächenspannung des Wassers.

Angenähert — soweit die Oberflächenspannung von reinem Wasser gegen Luft mit 7,30 mg/mm richtig wiedergegeben ist —

erhält man die Oberflächenspannung σ in mg/mm durch die Formel

$$\sigma = \frac{Z_v}{Z}\,\text{spez. Gewicht} \cdot 7{,}30\ \text{mg/mm}$$

oder, wenn man die Oberflächenspannung des Wassers zu 75 Dyn setzt,

$$\sigma = \frac{Z_w}{Z}\,\text{spez. Gewicht} \cdot 75\ \text{Dyn/cm}.$$

Bestimmung des Brechungsindex.

Unter dem Brechungsindex „n" versteht man das Verhältnis der sinus des Einfallswinkels und Brechungswinkels beim Durchgang des Lichtes durch zwei sich berührende Medien. Ist eines der Medien Luft, so stellt „n" eine das zweite Medium charakterisierende Größe dar. Sie ist abhängig von der Wellenlänge des angewandten Lichtes und von der Temperatur.

Zur Bestimmung von „n" im System Luft-Flüssigkeit dient die Messung des sogenannten „Grenzwinkels der totalen Reflexion". Dieser stellt denjenigen Einfallswinkel eines Lichtbündels in eine Flüssigkeit dar, bei dem ein Austritt des Lichtes in die Luft gerade nicht mehr erfolgt. Es ist dann $1 : \sin \beta = n$, wo sinus β den Grenzwinkel der totalen Reflexion der Flüssigkeit bezeichnet.

Die Refraktion normaler Harne (spez. Gew. 1,003—1,028) beträgt 1,33436—1,34463 (Strubell[1]). Analytisch kann die Refraktion des Harnes Anwendung finden bei der Bestimmung von Eiweiß und Zucker.

Apparate 1. Eintauchrefraktometer nach Pulfrich.
2. Temperaturbad.

Ausführung. Prüfung des Refraktometers. Hinsichtlich der genauen Beschreibung des Refraktometers wird auf Band I des Praktikums S. 22 verwiesen (vgl. auch S. 18). Zur Überprüfung seiner Einstellung wird das Refraktometer in ein mit aqua dest. gefülltes Becherglas getaucht, das in einem Temperaturbad auf 17,5° C gehalten wird.

Der Spiegel wird so gerichtet, daß helles Tageslicht durch das Becherglas in das Refraktometer fällt und die Trennungslinie zwischen Hell und Dunkel im Gesichtsfeld erscheint. Das Okular

---

[1] Münch. med. Wschr. Jg. 49, H. 15, 616 (1902); Dtsch. Arch. klin. Med. 69, 521 (1901).

wird scharf auf die Skala eingestellt und die Stellung der Grenze des hellen und dunklen Gesichtsfeldes, die nach Einstellung des Farbenkompensators auf die Marke 15 seiner Teilung scharf und farblos erscheinen soll, an der Skala abgelesen. Die Zehntelskalenteile ermittelt man durch Verschiebung der Skala bis zur Grenzlinie mittels der Mikrometerschraube. Die Mikrometertrommel gibt dann die noch fehlenden Zehntelskalenteile.

Zur Kontrolle mißt man noch die Temperatur des destillierten Wassers. Ist das Instrument richtig justiert, so stimmen die erhaltenen Resultate mit denen der Tabelle (vgl. Prakt. I, S. 27) überein. Ist dies nicht der Fall, so löst man die Mutter der Mikrometertrommel, taucht das Instrument unter Kontrolle der Temperatur wieder ein und stellt Skala und Mikrometertrommel mittels der entsprechenden Stellscheibe so ein, daß die Grenzlinie die für die Temperatur notwendige Lage einnimmt.

Ist das Instrument richtig justiert, so kann die Messung des Harnes auf die gleiche Weise vorgenommen werden. Der Harn wird filtriert, eingefüllt, das Prisma eingetaucht, der Spiegel so gedreht, daß die Grenzlinie im Gesichtsfeld erscheint — durch Drehung des Farbenkompensators wird sie farblos und scharf begrenzt — und an Skala und Mikrometertrommel abgelesen.

Den Brechungskoeffizienten erhält man aus den Skalenteilen mit Hilfe der Tabelle im Prakt. I, S. 24.

Für geringere Mengen Harn (Katheterharn) ist das Hilfsprisma zu benutzen. Hierzu bringt man auf die Hypothenusenfläche des Hilfsprismas einen Tropfen Harn, nachdem man vorher den Metallbecher ohne Deckel auf das Refraktometer gesetzt hat. Das Prisma wird in den Becher so eingeschoben, daß seine Hypothenuse der Bodenfläche des Refraktometerprismas anliegt. Der Becherdeckel wird aufgesetzt, das Instrument in das Temperierbad getaucht und die Messung vorgenommen.

Der Fehler der Ablesung beträgt $\pm 0{,}1$ Skalenteil, entsprechend $\pm 3{,}7$ Einheiten der fünften Dezimale der Refraktion.

Bestimmung des Drehungsvermögens.

Unter der Bezeichnung „Drehungsvermögen des Harnes" versteht man seine Eigenschaft, die Schwingungsebene des polarisierten Lichtes zu drehen. Die Größe der Drehung, in Graden ausgedrückt, ist von der Länge der Flüssigkeitsschicht, der Konzentration und der spezifischen Drehung der optisch aktiven Substanz abhängig. Unter „spezifischer Drehung" einer

Substanz wird die Drehung verstanden, die 100 g Substanz in 100 ccm Flüssigkeit bei einer Länge der Flüssigkeitssäule von 10 cm bewirken. Die Drehung ist ferner von der Temperatur und der Wellenlänge des Lichtes abhängig. Die spezifische Drehung wird bei $+20^0$ mit Natriumlicht bestimmt. Die Größe der Drehung ist in den meisten Fällen der Konzentration proportional, wenn alle anderen Faktoren konstant sind.

Im normalen menschlichen Harne sind linksdrehende Substanzen in Form von geringen Mengen Eiweiß und gepaarter Glukuronsäure, rechtsdrehende in Form von Spuren Traubenzucker enthalten.

Normaler menschlicher Harn dreht stets ein wenig links (ca. −0,05% berechnet als Traubenzucker).

Will man die Linksdrehung des Harnes exakt feststellen, so muß man den rechtsdrehenden Traubenzucker durch Vergärung entfernen. Als Durchschnittswert wurde hierbei von Takayasu[1] eine Linksdrehung von 0,0476% (ausgedrückt als Glukose) gefunden.

Pathologisch kann sowohl die Linksdrehung des Harnes vermehrt sein als auch eine Rechtsdrehung auftreten.

Erhöhte Linksdrehung findet man bei Vermehrung der normalen gepaarten Glukuronsäuren wie Phenol-, Indoxyl-, Skatoxylglukuronsäure, sowie bei Vermehrung der Glukuronsäure nach Einnahme von Substanzen, die sich mit Glukuronsäure paaren (Kampfer, Chloral, Menthol, Terpentinöl, Naphthalin, Antipyrin, Phenol und anderen). Vermehrte Linksdrehung kann ferner bedingt werden durch Ausscheidung von Fruchtzucker, β-Oxybuttersäure, Eiweiß und Cystin. Auch nach Einnahme von Santonin dreht der Harn links.

Für Fruchtzucker ist die Vergärbarkeit durch Hefe und das Methylphenylosazon charakteristisch (vgl. S. 491).

β-Oxybuttersäure läßt sich in die destillierbare und kristallisierte α-Krotonsäure überführen. Eiweiß kann durch die Koagulationsprobe, Cystin durch die Schwefelbleiprobe nachgewiesen werden. Fallen diese Proben negativ aus, so rührt eine beobachtete Linksdrehung wahrscheinlich von gepaarter Glukuronsäure her. Durch Spaltung der Glukuronsäureverbindung nach 1—2 stündigem Kochen des Harnes mit 1—5% ig. Schwefelsäure wird freie Glukuronsäure abgespalten, die die Linksdrehung in eine Rechtsdrehung verwandeln kann (vgl. Abschnitt „Glukuronsäure")

Eiweißhaltiger Harn ist vor und nach Entfernung des

---

[1] Zbl. inn. Med. Jg. 29, H. 14, 337 (1908).

Eiweißes zu polarisieren. Hierzu wird ein gemessenes Harnvolumen mit Essigsäure angesäuert, aufgekocht und filtriert.

Vermehrte Rechtsdrehung des Harnes wird meist auf Traubenzucker bezogen. Sie ist daher charakteristisch für den diabetes mellitus, doch kann sie auch durch Anwesenheit von Milchzucker und Maltose bedingt werden. Milchzucker ist durch gewöhnliche Hefe nicht vergärbar. Das Drehungsvermögen der Maltose ist $2\frac{1}{2}$ mal größer als das des Traubenzuckers, während das Reduktionsvermögen nur ungefähr $\frac{2}{3}$ desselben beträgt. Rechtsdrehung kann der Harn auch bei chronischem Morphinismus zeigen.

Optisch aktiv kann der Harn ferner sein, wenn optisch aktive Substanzen in den Harn übergehen. Nach Einnahme razemischer Körper kann der Harn optisch aktiv werden, wenn eine der Antipoden im Körper nicht angegriffen und ausgeschieden wird. Mitunter ausgeschiedene Eiweißspaltprodukte können dem Harn ein wechselndes Drehungsvermögen erteilen.

Da links- und rechtsdrehende Substanzen gleichzeitig und in wechselnder Menge ausgeschieden werden können, sagt die einfache Bestimmung des Drehungsvermögens noch nichts über das Vorhandensein einzelner Substanzen aus, da, weil die Drehungen verschiedener Körper sich kompensieren können, der Harn optisch inaktiv erscheinen kann oder die Drehungen sich gegenseitig überlagern.

Bei der Bestimmung der Rechtsdrehung ist daher sowohl auf die Anwesenheit von linksdrehenden Körpern (Eiweiß, Glukuronsäure) als auch auf die Anwesenheit anderer rechtsdrehender Körper als von Zuckern zu achten.

Bei der Untersuchung des Drehungsvermögens des Harnes soll daher stets vor und nach dem Vergären untersucht werden. Ferner ist die optische Untersuchung des Harnes stets mit allen chemischen in Frage kommenden Untersuchungsmethoden zu kombinieren. Bezüglich der Technik der Untersuchung des Drehungsvermögens siehe polarimetrische Zuckerbestimmung (S. 480).

Bestimmung des Reduktionsvermögens.

Normaler Harn besitzt reduzierende Eigenschaften. Er entfärbt Methylenblaulösungen und reduziert alkalische Quecksilberoxyd- bzw. Kupferoxydlösungen.

Das reduzierende Vermögen läßt sich auf Spuren Traubenzucker, andere Kohlehydrate (siehe diese), gepaarte Glukuronsäure, Harnsäure und Kreatin zurückführen. Der jeder dieser Substanzen zukommende Anteil an der Reduktion läßt sich nicht genau ermitteln.

Die Gesamtkonzentration der reduzierenden Substanzen, ausgedrückt als Glukose, schwankt zwischen 0,08—0,4%. Pathologisch kann das Reduktionsvermögen des Harnes erhöht sein.

Bestimmung der Menge reduzierender Substanzen. Man bestimmt das Reduktionsvermögen eines Harnes, der nicht mit Bleiessig geklärt noch irgendwie vorbehandelt sein darf, z. B. nach der Methode von Pavy. (Siehe diese unter Zuckerbestimmung S. 484.)

Das Reduktionsvermögen wird entsprechend der verbrauchten Kubikzentimeterzahl ammoniakalischer Kupferlösung in mg Glukose ausgedrückt. Außerdem bestimmt man durch Vergärung die tatsächlich vorhandene Menge Glukose.

Bringt man diese Menge von der durch Reduktion bestimmten in Abzug, so ergibt sich als Rest die Menge der noch im Harn vorhandenen reduzierenden anderen Substanzen, ausgedrückt als Glukose.

Bestimmung der Harnkolloide mittels der Goldzahlmethode[1].

Prinzip. Die Methode dient zur Charakterisierung des Gehaltes des Harnes an Kolloiden. Sie beruht auf Dialyse des Harnes und auf der Feststellung derjenigen Menge kolloider Substanzen in mg, welche gerade nicht mehr imstande ist, 10 ccm eines bestimmten Goldsoles vor der koagulierenden Wirkung von 1 ccm einer bestimmten Natriumchloridlösung zu schützen. Die Koagulation wird durch den Farbumschlag der roten Goldlösung von Rot nach Violett erkannt. An Stelle der bei der Bestimmung der Goldzahl üblichen 10%ig. Natriumchloridlösung wird für die vorliegende Bestimmung eine 4%ig. Lösung verwandt.

Es ergab sich bei Anwendung dieser Methode, daß im normalen menschlichen Harn die Goldzahl zwischen 7,0 und 35 mg liegt und unabhängig von der Konzentration und Reaktion der Harne ist.

Reagentien. 1. Natriumchloridlösung 4%ig. 2. Goldsollösung: 120 ccm doppelt destillierten Wassers werden zum Sieden erhitzt und während des Erwärmens mit 2,5 ccm einer 0,6%ig. Goldchloridlösung vermischt. Man neutralisiert mit 1—3 ccm einer 2,4%ig. Lösung von Kaliumkarbonat und fügt nach dem Aufkochen unter lebhaftem Umschütteln 3 ccm einer Lösung von 0,3 ccm Formol auf 100 ccm Wasser hinzu. In wenigen Minuten soll ein dunkelroter Farbton auftreten, der sich nicht mehr ändert. Peinliche Sauberkeit der benutzten Gefäße und vor allem Anwendung doppelt destillierten Wassers sind notwendig, um nicht ein bläustichiges Goldsol zu erhalten.

---

[1] Ottenstein: Biochem. Z. **128**, 382 (1922).

Ausführung. Die in 24 Stunden ausgeschiedene Harnmenge wird gesammelt. Eine Probe des Harnes wird auf Eiweiß, Zucker und Formbestandteile untersucht. Etwa 80 ccm des Harnes werden unter Zusatz einiger Tropfen Chloroform in Schleicher-Schüllschen Hülsen gegen Wasser am besten in einem Schnelldialysator bis zur völligen Entfernung der Elektrolyte dialysiert. (Das auf ein kleines Volumen eingeengte letzte Außenwasser soll keine Chlor-, Sulfat- und Phosphation-Reaktion mehr zeigen). Dann gibt man in eine Reihe Reagenzgläser 1, 2, 3, 4 ccm usw. des dialysierten Harnes und läßt in jedes Glas 2,5 ccm des roten Goldsoles zufließen. Man schüttelt kräftig durch und läßt 3 Minuten stehen. Nach dieser Zeit fügt man zu jeder Mischung je 1 ccm 4%ig. Natriumchloridlösung. Durch systematisches Unterteilen der Mischungen, bei denen sicher kein Farbenumschlag und sicher ein solcher stattgefunden hat, läßt sich dann mit Genauigkeit diejenige ccm-Zahl an Harn finden, die ausreicht, den Umschlag nach Violett zu verhindern. Die endgültige Ablesung erfolgt nach 2 Stunden. Die Berechnung der Goldzahl erfolgt in der Weise, daß das Gewicht des Rückstandes des dialysierten Harnes an kolloiden Stoffen durch Eindampfen von 50 ccm des Dialysates auf dem Wasserbad bestimmt wird. Die Multiplikation der verbrauchten Kubikzentimeter mit den in 1 ccm vorhandenen mg Kolloidsubstanz ergibt unmittelbar die Goldzahl.

Bestimmung des Säuregehaltes.

Bei der Bestimmung des Säuregehaltes des Harnes sind zu unterscheiden:

1. Bestimmung der aktuellen Azidität, d. h. der H-Ionenkonzentration.

2. Bestimmung der Titrationsazidität.

3. Bestimmung von Säureresten bzw. Säuregruppen.

a) Bestimmung der Mineralazidität.

b) Bestimmung der Phosphatkonzentration.

c) Bestimmung organischer Säuren.

d) Bestimmung des Ammoniakkoeffizienten, d. h. des Ammoniakstickstoffes, ausgedrückt in Prozenten des Gesamtstickstoffes.

Bestimmung der aktuellen Azidität.

Unter der wahren Azidität des Harnes versteht man seine „aktuelle Reaktion", d. h. die in ihm enthaltene Konzentration an freien Wasserstoffionen. Diese wird bedingt durch das Verhältnis (nicht die absolute Menge) der im Harn vorhandenen schwachen Säuren zu ihren Salzen. Solche Systeme sind das als Säure aufzufassende primäre Natriumphosphat, sowie Essigsäure Milchsäure, Harnsäure, Hippursäure u. a. und ihre Alkalisalze. Der Harn stellt somit eine Mischung verschiedenartiger Puffersysteme dar.

Infolge ihrer überwiegenden Konzentration wird die Azidität des Harnes nahezu allein durch das Verhältnis des primären Phosphates zum sekundären Phosphat bestimmt.

Die Azidität normaler Harne schwankt nach Untersuchungen von Henderson und Palmer[1] zwischen pH 4,82—7,45. Nach Hawk und Bergeim[2] liegen die Werte zwischen pH 5,5 und 8,0. Der Durchschnittswert liegt bei pH 6,00. Durch Zuführung primären Phosphates bzw. Natriumkarbonates konnten Henderson und Palmer[3] Schwankungen zwischen pH 4,70—8,70 experimentell erzielen.

In diesen Grenzen etwa bewegen sich auch die pathologisch möglichen Schwankungen.

Diese aktuelle „wahre" Harnazidität wird durch die bekannten Methoden der H-Ionenmessung ermittelt.

Für die meisten Zwecke genügt die Bestimmung der H-Ionenkonzentration mit Indikatoren, die in ihrer der Harnuntersuchung angepaßten Form mit einer Genauigkeit von 0,1 pH auszuführen ist.

Bestimmung der H-Ionen-Konzentration mittels der Gaskette.

Der zu untersuchende Harn wird sofort nach seiner Gewinnung mit Paraffin. liquid. überschichtet. Dies gilt für jeden Harn, dessen aktuelle Reaktion — gleich nach welcher Methode — ermittelt werden soll.

Die Messung erfolgt: mittels der U-Elektrode nach Michaelis oder mittels einer Chinhydronelektrode.

Hinsichtlich der Ausführung der Messung sei auf S. 74 und auf Band I, S. 62 des Praktikums verwiesen.

Bestimmung der H-Ionen-Konzentration mit Indikatoren und Pufferlösungen[4].

Prinzip. Das Prinzip der H-Ionenbestimmung mit Indikatoren beruht darauf, die zu untersuchende Lösung mit einem Indikator zu versetzen, der bei ihrer Azidität seine Übergangsfarbe zeigt und dann aus einer Reihe von Pufferlösungen bekannter Azidität die-

---

[1] J. of biol. Chem. 13, 393 (1912/13).

[2] Practical Physiological Chemistry, S. 709. London: Churchill (1927).

[3] J. of biol. Chem. 14, 81 (1913).

[4] Nach Hastings, Sendroy und Robson: J. of biol. Chem. 65, 381 (1925). Vgl. auch Hastings und Sendroy: J. of biol. Chem. 61, 695 (1924).

jenige herauszusuchen, die mit dem Indikator die gleiche Färbung aufweist wie die zu untersuchende Lösung. Der pH der unbekannten Lösung ist dann gleich dem der bekannten Pufferlösung. Anstatt mit einer Pufferlösung, die gerade die Übergangsfarbe des Indikators hervorruft, arbeitet man besser mit 2 hintereinander geschalteten Indikatorlösungen, von denen die eine eine bekannte Konzentration des Indikators in seiner alkalischen Form, die andere in seiner sauren Form enthält. Die Konzentrationen sind so gewählt, daß die Summe der Konzentrationen der beiden Indikatorformen in beiden Pufferlösungen in einer Serie solcher Lösungspaare stets konstant ist. Betrachtet man die beiden gefärbten Pufferlösungen hintereinander geschaltet, so erhält man eine Mischfarbe.

Die Übergangsfarbe einer Indikatorlösung ist von einer Mischung der sauren und alkalischen Form des Indikators abhängig. Jede Form hat ihre besondere Farbe, und das Verhältnis der beiden Formen steht in Beziehung zur Reaktion der Lösung gemäß der Henderson-Hasselbachschen Gleichung

$$\mathrm{pH} = \mathrm{pK} + \log \frac{\mathrm{Ba}}{\mathrm{Ha}}.$$

Hier bedeuten K die Dissoziationskonstante des Indikators, pK den negativen log von K, Ba die alkalische Form des Indikators und Ha die saure Form des Indikators.

Änderungen im Verhältnis der sauren zur alkalischen Form stehen in Beziehungen zur Änderung des pH gemäß obiger Gleichung. Die Werte für pK sind für eine Reihe von Indikatoren für verschiedene Temperaturen festgestellt. Es ist somit möglich, durch Kombination bzw. Hintereinanderschaltung von je zwei Indikatorlösungen mit variierenden Mengen Säure oder Alkali Mischfarben zu erhalten, die für einen ganz bestimmten pH charakteristisch sind.

Es wird nun dasjenige Paar von Indikatorlösungen bestimmt, dessen Mischfarbe gleich der der zu untersuchenden Lösung ist. Der pH der Standardlösungen wird aus einer beigefügten Tabelle entnommen.

Der Vergleich der Harnfärbung mit den Standardfärbungen erfolgt nach dem Walpole-Prinzip. Dasselbe beruht darauf, daß die Farbe des mit Indikator versetzten Harnes nicht unmittelbar mit der Farbe der Vergleichsstandardlösung verglichen wird, sondern daß das Licht, das die Standardlösung passiert hat, erst noch eine Schicht gewöhnlichen nicht mit Indikator versetzten Harnes durchsetzt, während das Licht der zu untersuchenden Lösung noch zwei Gläser mit Lösungsmittel (Wasser) durchläuft. Diese Anordnung geschieht dadurch, daß in einem Holzblock, der drei Reihen von Bohrungen trägt, die verschiedenen Reagenzgläser je eines Systems (zu untersuchende Lösung und Vergleich) hintereinander geschaltet und senkrecht zur Reagenzglasachse durch Bohrungen des Klotzes hindurch betrachtet werden (s. w. u.). Die Anordnung hat den Zweck, die Eigenfärbung des Harnes auszuschalten, da das Licht nunmehr in beiden Vergleichslösungen eine gleiche Schicht des Harnfarbstoffes passieren muß.

Apparate. 1. Klare Reagenzgläser (ca. 22 : 175 mm) von völlig gleichem inneren Durchmesser. 2. 3 - Reihen - Komparator (Abb. 102). Ein Walpolescher Komparator kann folgendermaßen selbst hergestellt werden: In einem massiven Holzblock werden zylindrische Löcher von der Größe, daß sie die

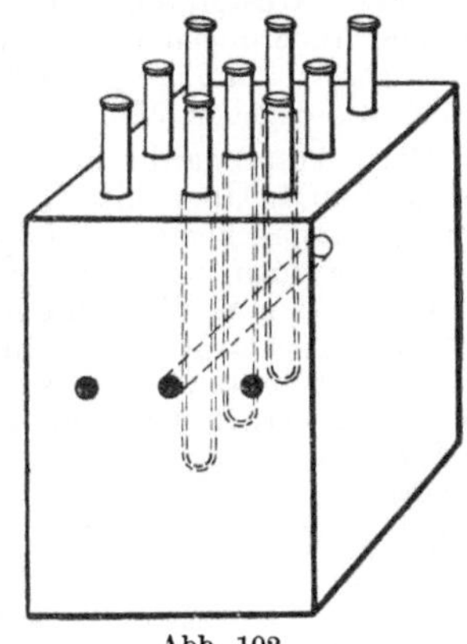

Abb. 102.

Untersuchungs-Reagenzgläser fassen können, gebohrt. Für einen 3-Reihen-Komparator 3 Reihen zu je 3 Löchern, für einen 2-Reihen-Komparator 2 Reihen zu je 3 Löchern. Die Bohrung soll so tief gehen, daß die Reagenzgläser noch etwas herausragen, wenn sie ganz eingesetzt sind. Der Zwischenraum zwischen den Reihen soll so eng sein, wie es noch mechanisch möglich ist. Senkrecht zu diesen Löchern werden 3 etwas engere Löcher durch den ganzen Block hindurchgebohrt; jedes derselben kreuzt die 2 bzw. 3 Bohrungsreihen. Diese Löcher sind zum Durchblicken bestimmt. Der Kasten und die Wandungen der Löcher sind geschwärzt. 3. Mikrobürette in $1/_{50}$ ccm geteilt.

Indikator	0,05 n NaOH-Lösung in ccm
Phenolrot	5,7
Bromkresolpurpur.	4,1
Chlorphenolrot . .	5,2
Bromkresolgrün. .	3,2

Reagentien. Farbenstandardlösungen.

Stammlösungen der Indikatoren. Dieselben werden durch Lösen von 0,1 g Farbstoff in 1 oder 1,1 Äquivalenten NaOH hergestellt. Zur Anwendung gelangen: Phenolrot, Bromkresolpurpur, Chlorphenolrot, Bromkresolgrün. 0,1 g jedes Farbstoffes wird in einem Achatmörser mit folgenden Quantitäten 0,05 n NaOH verrieben.

Indikator	Stammlösung verdünnt zu 200 ccm ccm	Schließliche Konzentration %
Phenolrot	15	0,0075
Bromkresolpurpur .	16	0,008
Chlorphenolrot. . .	20	0,01
Bromkresolgrün . .	32	0,016

Nachdem der Farbstoff vollkommen in der Lauge gelöst ist, wird die Lösung in einem 100 ccm-Kölbchen bis zur Marke verdünnt. Von diesen Stammlösungen werden nach Bedarf folgende Verdünnungen zur Herstellung der Standardlösungen hergestellt.

Diese Farbstoffkonzentrationen sollen eine gute Ablesung ermöglichen. Geringe Änderungen in der Konzentration berühren nicht das Ergebnis, vorausgesetzt, daß die gleiche Lösung zur bekannten wie zur unbekannten Meßlösung gegeben wird.

Die Farbstandardlösungen zur pH-Bestimmung werden aus den Farblösungen und 0,01 n bis 0,001 n NaOH- und 0,002 n bis 0,001 n HCl-Lösungen entsprechend den folgenden Tabellen hergestellt. Die Farbstofflösungen werden in Reagenzgläser aus klarem Glase von einer Größe von etwa 22 : 175 mm, die völlig gleichen Durchmesser haben müssen, mittels einer in $^1/_{50}$ ccm geteilten Mikrobürette gegeben. Die Lösung wird dann mit der verdünnten Säure bzw. dem verdünnten Alkali ad 25 ccm gebracht. Die Gläser werden verstopft, versiegelt oder paraffiniert. In einem dunklen Schrank aufbewahrt, bleiben sie, wenn gut versiegelt, mehrere Monate haltbar.

Ausführung. Der Harn wird unmittelbar nach Gewinnung mit Paraffin. liquid. überschichtet. 2 ccm werden abpipettiert, ohne daß sie mit der Außenluft in Berührung kommen und in eines der Beobachtungs-Reagenzgläser gebracht, das 1 ccm Indikatorlösung und 7 ccm zweimal destilliertes Wasser unter Paraffin enthält. Die Indikatoren Bromkresolgrün, Bromkresolpurpur und Phenolrot reichen für einen pH von 4,0—8,2. Chlorphenolrot braucht nur dann angewandt zu werden, wenn Schwierigkeiten in der Ablesung höherer pH-Werte bei Bromkresolgrün bestehen. Zur Messung wird derjenige Indikator angewandt, der mit dem Harn eine Färbung gibt, die weder die völlig alkalische noch die völlig saure Färbung des Indikators, sondern eine Übergangsfärbung darstellt. Zu einem zweiten Glase werden ebenfalls 2 ccm Harn gebracht und 8 ccm Wasser hinzugesetzt. Nach vorsichtigem Umrühren mit einem gebogenen Glasstab wird die Harn-Indikatorlösung in einem Wasserbad auf 38° gebracht.

Nunmehr setzt man in den 3-Loch-Komparator den mit Indikator versetzten Harn. Hinter denselben schaltet man zwei Gläser mit Wasser. Neben den Indikatorharn setzt man die Harnverdünnung ohne Indikator und schaltet dahinter je eines der zusammengehörenden Paare (Säure-Alkaligefäße) des angewandten Indikators und probt aus, mit welchem Paar der Standardlösung bei Beobachtung senkrecht zur Reagenzglasachse gleiche Färbung der zu untersuchenden und der Vergleichsflüssigkeit vorhanden ist. Die Anordnung entspricht dem in

Tabelle zur Herstellung von Zweifarbenstandardlösungen mit
0,016%ig. Bromkresolgrün, 0,002 n HCl und 0,001 n NaOH.
Bromkresolgrün pK = 4,72 bei 38⁰ und 20⁰.

pH 38⁰ und 20⁰	Alkalische Lösung		Saure Lösung	
	ccm Farbstofflösung	ccm Alkali	ccm Farbstofflösung	ccm Säure
4,00	0,40	24,60	2,10	22,90
4,10	0,49	24,51	2,01	22,99
4,20	0,58	24,42	1,92	23,08
4,30	0,69	24,31	1,81	23,19
4,40	0,81	24,19	1,69	23,31
4,50	0,94	24,06	1,56	23,44
4,60	1,08	23,92	1,42	23,58
4,70	1,23	23,77	1,27	23,73
4,80	1,38	23,62	1,12	23,88
4,90	1,51	23,49	0,99	24,01
5,00	1,64	23,36	0,86	24,14
5,10	1,77	23,23	0,73	24,27
5,20	1,88	23,12	0,62	24,38
5,30	1,98	23,02	0,52	24,48
5,40	2,07	22,93	0,43	24,57
5,50	2,14	22,86	0,36	24,64
5,60	2,21	22,79	0,29	24,71
5,70	2,26	22,74	0,24	24,76
5,80	2,31	22,69	0,19	24,81

Tabelle zur Herstellung von 2-Farbenstandardlösungen mit
0,01% Chlorphenolrot, 0,001 n HCl und 0,01 n NaOH.
Chlorphenolrot pK = 5,93 bei 38⁰ und 6,02 bei 20⁰.

pH 38⁰	Alkalische Lösung		Saure Lösung		pH 20⁰
	ccm Farbstofflösung	ccm Alkali	ccm Farbstofflösung	ccm Säure	
5,00	0,26	24,74	2,24	22,76	5,09
5,10	0,32	24,68	2,18	22,82	5,19
5,20	0,39	24,61	2,11	22,89	5,29
5,30	0,48	24,52	2,02	22,98	5,39
5,40	0,57	24,43	1,93	23,07	5,49
5,50	0,68	24,32	1,82	23,18	5,59
5,60	0,80	24,20	1,70	23,30	5,69
5,70	0,93	24,07	1,57	23,43	5,79
5,80	1,07	23,93	1,43	23,57	5,89
5,90	1,20	23,80	1,30	23,70	5,99
6,00	1,35	23,65	1,15	23,85	6,09
6,10	1,50	23,50	1,00	24,00	6,19
6,20	1,63	23,37	0,87	24,13	6,29
6,30	1,75	23,25	0,75	24,25	6,39

Tabelle zur Herstellung von 2-Farbenstandardlösungen mit 0,008% Bromkresolpurpur, 0,002 n HCl und 0,01 n NaOH. Bromkresolpurpur pK = 6,09 bei 38° und 6,19 bei 20°.

pH 38°	Alkalische Lösung		Saure Lösung		pH 20°
	ccm Farb-stofflösung	ccm Alkali	ccm Farb-stofflösung	ccm Säure	
5,60	0,61	24,39	1,89	23,11	5,70
5,70	0,72	24,28	1,78	23,22	5,80
5,80	0,85	24,15	1,65	23,35	5,90
5,90	0,99	24,01	1,51	23,49	6,00
6,00	1,12	23,88	1,38	23,62	6,10
6,10	1,26	23,74	1,24	23,76	6,20
6,20	1,40	23,60	1,10	23,90	6,30
6,30	1,55	23,45	0,95	24,05	6,40
6,40	1,68	23,32	0,82	24,18	6,50
6,50	1,80	23,20	0,70	24,30	6,60
6,60	1,91	23,09	0,59	24,41	6,70
6,70	2,01	22,99	0,49	24,51	6,80
6,80	2,09	22,91	0,41	24,59	6,90
6,90	2,16	22,84	0,34	24,66	7,00

Tabelle zur Herstellung von 2-Farbenstandardlösungen mit 0,0075% Phenolrot, 0,001 n HCl und 0,01 n NaOH. Phenolrot pK = 7,65 bei 38° und 7,78 bei 20°.

pH 38°	Alkalische Lösung		Saure Lösung		pH 20°
	ccm Farb-stofflösung	ccm Alkali	ccm Farb-stofflösung	ccm Säure	
6,70	0,25	24,75	2,25	22,75	6,83
6,80	0,31	24,69	2,19	22,81	6,93
6,90	0,38	24,62	2,12	22,88	7,03
7,00	0,46	24,54	2,04	22,96	7,13
7,10	0,55	24,45	1,95	23,05	7,23
7,20	0,65	24,35	1,85	23,15	7,33
7,30	0,77	24,23	1,73	23,27	7,43
7,40	0,90	24,10	1,60	23,40	7,53
7,50	1,04	23,96	1,46	23,54	7,63
7,60	1,18	23,82	1,32	23,68	7,73
7,70	1,32	23,68	1,18	23,82	7,83
7,80	1,46	23,54	1,04	23,96	7,93
7,90	1,60	23,40	0,90	24,10	8,03
8,00	1,73	23,27	0,77	24,23	8,13
8,10	1,85	23,15	0,65	24,35	8,23
8,20	1,95	23,05	0,55	24,45	8,33

Abb. 103 gegebenen Schema. Man kann auch einen 3-Loch-Komparator mit 9 Bohrungen (3 Längs- und 3 Querreihen) anwenden

und das System der zu messenden Lösung zwischen zwei Standard-
lösung-Systeme einfügen und messen. Man ermittelt so genau,
zwischen welche Standardlösungen sich die unbekannte Lösung
einordnen läßt.

Der pH der farbengleichen Vergleichslösung wird aus der
Tabelle entnommen. Zur Ermittlung des wahren pH-Wertes ist

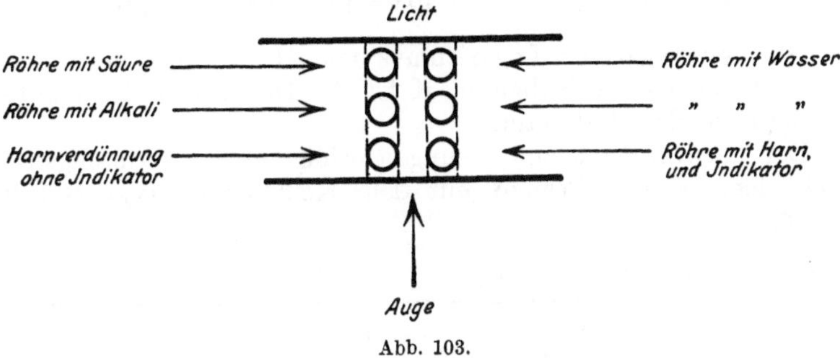

Abb. 103.

es notwendig, von dem pH bei 38^0 0,1 abzuziehen, welche Korrektur die durch die Harnverdünnung bedingte Änderung des pH
ausgleicht. Der korrigierte pH-Wert stimmt bis zu 0,05 mit dem
pH der elektrometrischen Titration bei gleicher Temperatur
überein.

Bestimmung der H-Ionen-Konzentration mit Indikatoren ohne Puffer[1].

Prinzip. Versetzt man die zu untersuchende Lösung mit
einer abgemessenen Menge eines einfarbigen Indikators (d. h.
eines solchen, der bei Alkalizusatz von farblos in eine Farbe
umschlägt) und der einen zur Bestimmung geeigneten Umschlagspunkt hat, so entsteht eine Lösung, die weder völlig
farblos ist noch diejenige Farbtiefe besitzt, die der Indikator
bei stark alkalischer Reaktion aufweisen würde. Die maximale Farbtiefe wird bei den folgenden Indikatoren bei einer
Reaktion von 0,01 n NaOH sicher erreicht. Es wird nun
festgestellt, welche Menge Indikator zu einer Lösung, die
maximale Farbtiefe bedingen würde, zugesetzt werden müßte,

---

[1] Nach Michaelis: Praktik. d. physik. Chemie, S. 32. Berlin: Julius
Springer 1921.

um die gleiche Färbung zu erhalten wie bei der zu untersuchenden Lösung. Das Verhältnis der Indikatormenge maximaler Farbtiefe zur Indikatormenge der Untersuchungslösung wird der Farbgrad „F" genannt. Er ist stets kleiner als 1. Aus ihm läßt sich die H-Ionenkonzentration der untersuchten Lösung nach der Formel berechnen

$$H = K \cdot \frac{1-F}{F} \quad \text{oder} \quad pH = pK + \log \frac{F}{1-F},$$

wo pH den negativen Logarithmus von H, pK den negativen Logarithmus von K bedeuten. K ist die Dissoziationskonstante des betreffenden Indikators.

Der Farbvergleich der Lösungen erfolgt am zweckmäßigsten nach dem Walpole-Prinzip mit dem Komparator (vgl. S. 319 und 323).

Reagentien. 1. Indikatoren.

Temperatur	pK					
	10	18	20	30	40	50⁰
α-Dinitrophenol . .	4,11	4,06	4,05	3,99	3,93	3,85
p-Nitrophenol . . .	7,27	7,18	7,16	7,04	6,93	6,81
m-Nitrophenol . . .	8,43	8,35	8,32	8,21	8,09	7,99

	Herstellung der Lösung	Anwendungsbereich pH
α-Dinitrophenol . .	Ges. wäßr. Lösung	2,0—4,7
p-Nitrophenol . . .	0,1 % ig. „ „	4,7—7,9
m-Nitrophenol . . .	0,3 % ig. „ „	6,3—9,0

Diese Indikatoren schlagen von gelb (alkalisch) nach farblos (sauer) um. Für normalen Harn ist p-Nitrophenol der geeignete Indikator.

2. Natronlauge 0,01 n. 3. Natriumchloridlösung 2 % ig.

Apparate. Komparator mit 2 Reihen zu 3 Löchern.

Ausführung. 10 ccm Harn versetzt man mit einer genau abgemessenen Menge eines der Indikatoren (0,5—1,0 ccm). Derjenige Indikator soll gewählt werden, der mit dem Harn weder farblose noch maximal tief gefärbte Lösungen, sondern eine zwischen diesen beiden Grenzen liegende Färbung ergibt. Für normalen Harn wird gewöhnlich p-Nitrophenol gewählt werden. Stört die Harnfarbe bei der Bestimmung stark, so verdünnt man den Harn 3fach mit 2 % ig. NaCl-Lösung und benutzt 10 ccm der Verdünnung. Da Harn eine Pufferlösung darstellt, ist die Wirkung der Verdünnung hinsichtlich der H-Ionenkonzentration nur minimal. Eine zweite Probe von 10 ccm Harn oder der Harnverdünnung wird statt des Indikators mit der gleichen Menge Wasser versetzt.

Nunmehr füllt man eine Reihe von ganz gleichmäßigen Reagenzgläsern mit je 9 ccm einer aus n-NaOH frisch hergestellten ungefähr 0,01 n NaOH. Dann stellt man eine 10 fache Verdünnung des Indikators mit aqua dest. her, gibt in das erste der Gläser 0,5 ccm Indikatorlösung, dann 1,0, 2,0 ccm usw., stellt sich also eine geometrische Reihe mit dem Faktor 2 her (vgl. S. 337). Dann bringt man das Volumen der Indikatorverdünnungen auf das gleiche Volumen wie das des mit Indikator versetzten Harnes. Jetzt vergleicht man im Komparator hintereinander geschaltet den mit Indikator versetzten Harn und ein Reagenzglas mit Wasser einerseits mit den Alkaligläschen und dem nicht mit Indikator, sondern mit Wasser versetzten Harn andererseits. Der zu untersuchende Harn ist am zweckmäßigsten in die mittlere Längsreihe eines 3-Reihen Komparators zu stellen. Die Vergleichslösungen lassen sich dann links und rechts so anordnen, daß die eine gerade heller, die andere dunkler als die Harnlösungsfarbe ist. Es wird ermittelt, zwischen welche Gläser der Alkaligläschenreihe die Harnlösung nach ihrer Färbung einzuordnen ist. Nunmehr wird eine zweite Reihe von Gläschen mit 9 ccm 0,01 n NaOH angelegt und zu ihr Indikatorlösung in der Menge gesetzt, daß das Gebiet, in dem die Harnfärbung liegt, weiter eingeengt wird. Lag z. B. die Harnfärbung ursprünglich in der Nähe des Glases mit der Indikatormenge von 1 ccm, so setzt man eine Reihe mit 0,69, 0,83, 1,2 und 1,44 ccm Indikatorlösung an. Zweckmäßig ist eine geometrische Reihe mit dem Faktor 1,15. Man beobachtet wieder in gleicher Anordnung im Komparator und stellt die Farbstoffmenge fest, mit der sich die Färbung der Untersuchungslösung am besten deckt. Man dividiert die gefundene Farbstoffmenge durch 10 (Indikator 10 fach verdünnt) und bestimmt F, indem man die Farbstoffmenge der Vergleichslösung durch die dem Harn zugesetzte Indikatormenge dividiert. Hat man z. B. dem Harn 1 ccm Indikator zugefügt und gefunden, daß die Färbung sich mit der einer Natronlauge deckt, die 1 ccm einer 10 fachen Indikatorverdünnung enthält, so ist F gleich 0,1. Aus F errechnet sich

$$\varphi = \log \frac{F}{F-1}.$$

Nun entnimmt man der Indikatortabelle den pK-Wert für die Temperatur, bei der man den pH bestimmt hat und erhält pH aus pK $+ \varphi$.

Bestimmung der Titrationsazidität.

Da die aktuelle Reaktion des Harnes nur von dem Verhältnis der Säuren zu ihren Salzen, nicht aber von ihrer absoluten Menge abhängig ist, ergibt die Bestimmung der H-Ionenkonzentration noch kein Maß für die mit dem Harn aus dem Organismus ausgeschiedene Säuremenge.

Diese ist annähernd durch die Bestimmung der Titrationsazidität zu erhalten.

Für klinische Zwecke hat sich die Titration des Harnes mit Lauge bis zum Umschlagspunkt des Phenolphthaleins eingeführt, die klinisch vergleichbare Zahlen ergibt.

Richtiger ist die Bestimmung der Konzentration der primären und der sekundären Phosphate. Man titriert nach Michaelis mit Phenolphthalein und 0,1 n Lauge das primäre Phosphat, mit Methylorange und 0,1 n HCl das sekundäre Phosphat.

Nach Brock ist es zweckmäßig, zur Erfassung des Säureüberschusses den Harn bis zu einem pH von 7,4 (der Blutazidität) durch Anwendung von Phenolrot als Indikator und einer Vergleichspufferlösung von pH 7,4 zu titrieren (s. unten).

Bestimmung der Gesamt-Titrationsazidität nach Folin[1].

Prinzip. Der Harn wird nach Zusatz von Kaliumoxalat, das zur Ausfällung des Kalziums und zur Herabsetzung der Hydrolyse der Ammoniaksalze dient, gegen Phenolphthalein titriert.

Reagentien. 1. Kaliumoxalat purss. pulv. (das Kaliumoxalat ist auf Neutralität zu prüfen und evtl. genau zu neutralisieren). 2. 0,1 n Natronlauge. 3. 1%ig. alkoholische Phenolphthaleinlösung.

Ausführung. 25 ccm Harn werden in einem Erlenmeyerkolben mit 20 g Kaliumoxalat und 2—3 Tropfen Phenolphthaleinlösung versetzt, 2 Min. geschüttelt und unter weiterem Schütteln mit 0,1 g Lauge bis zur schwach Rosafärbung titriert. Das Resultat wird auf die gesamte 24 stündige Harnmenge umgerechnet.

Bestimmung des Pufferungsvermögens des Harnes nach Michaelis-Henderson in der Modifikation von Brock[2].

Prinzip. Diejenige Menge Natronlauge wird bestimmt, die zu einer bestimmten Harnmenge gesetzt werden muß, um die

---

[1] Amer. J. Physiol. **9**, 265 (1903); Abderhaldens Arbeitsmethoden V/1, 283 (1911).
[2] Z. klin. Med. **101**, 51 (1925).

Azidität des Harnes auf die des Blutes — pH 7,4 — zu bringen. Als Indikatoren werden Neutralrot oder Phenolrot verwandt. Die zur Titration verbrauchte Natronlaugemenge stellt ein Maß für den mit dem Harn ausgeschiedenen „Säureüberschuß" dar.

Reagentien. 1. Neutralrot oder Phenolrotlösungen 0,1%ig. 2. Phosphatgemisch: 8,2 Vol.-T. $^1/_{10}$ mol sekundäre Natriumphosphatlösung (nach „Sörensen", Kahlbaum) + 1,8 Vol.-T. $^1/_{10}$ mol primäre Kaliumphosphatlösung (nach „Sörensen", Kahlbaum). pH = 7,4. 3. Farblösungen: 0,2 promill. Bismarckbraunlösung, 0,1 promill. Methylorangelösung, 0,2 promill. Lösung von Tropäolin 00. 4. 0,1 n Natronlauge.

Ausführung. Zur Bestimmung verwendet man zwei zylindrische Gefäße von gleicher Weite. In das Gefäß I kommen 10, besser 20 ccm Harn und etwa die gleiche Menge dest. Wasser, in das Gefäß II (Kontrollgefäß) etwa 5 ccm des Phosphatgemisches und so viel Wasser, daß das Volumen beider Gefäße nahezu gleich ist. Dann werden in das Kontrollgefäß einige Tropfen Farbstofflösung gegeben, um die Farbe der Lösung der des Harnes anzugleichen. Am besten eignet sich Tropäolin 00. Menge und Art des Farbstoffes (s. Reagentien 3.) sind auszuproben. Dann wird zu beiden Gefäßen genau die gleiche Menge Indikator gegeben, und zwar pro 20 ccm Flüssigkeit 8 Tropfen Neutralrot 0,1%ig. oder Phenolrot 0,1%ig. Es folgt nun die Titration des Harnes im Gefäß I mit 0,1 n NaOH bis zur gleichen Farbe der Lösung des Gefäßes II. Man titriert einen Tropfen über, zählt diesen aber nicht mehr mit.

Die verbrauchte ccm-Zahl 0,1 n NaOH stellt ein praktisch brauchbares Maß des „Säureüberschusses" oder „Pufferungsvermögens" dar.

Bestimmung von Säureresten bzw. Säuregruppen.

Die Bestimmung der gesamten Phosphorsäure, die praktisch ein Maß der ausgeschiedenen Gesamtsäure darstellt bzw. sich mit den vorangehenden Methoden verknüpfen läßt, erfolgt wie unter Phosphorsäurebestimmung (S. 396) angegeben.

Ebenso ist die Bestimmung des Ammoniakkoeffizienten nach den Methoden der Ammoniakbestimmung (S. 360) auszuführen.

Hier seien angeführt:

Bestimmung der Mineralazidität,

Bestimmung der organischen Säuren.

Bestimmung der Mineralazidität.

Unter der Mineralazidität des Harnes versteht man das Verhältnis zwischen anorganischen Säuren und anorganischen Basen.

Diese Bilanz kann durch Bestimmung des gesamten Chlors, Phosphors und Schwefels einerseits, wie durch Feststellung des gesamten Natriums, Kaliums, Kalziums und Magnesiums usw. ermittelt werden.

Hinsichtlich der Bestimmung der Säuren wird auf die einzelnen diesbezüglichen Abschnitte des Praktikums verwiesen.

Zur Bestimmung der Basen kann man an Stelle ihrer einzelnen Analysen, die Bestimmung der gesamten „fixen Basen" setzen.

Bestimmung der fixen Basen nach Fiske[1].

Prinzip. Nach nasser Veraschung des Harnes wird die Asche nach Entfernung der Phosphorsäure in Sulfate übergeführt. Die den Kationen (Alkali und Erdalkali) entsprechende Menge SO_4-Anionen wird mit der Benzidinmethode (S. 388) titrimetrisch bestimmt.

Reagentien. 1. ca. 4 n Schwefelsäure. 2. Konzentrierte Salpetersäure. 3. Gesättigte alkoholische Lösung von Methylrot. 4. Ammoniumkarbonat pulv. 5. Lösung von Eisenchlorid (kristallisiert) $FeCl_3 \cdot 6\,H_2O$ in 0,1 n HCl: 10,5% ig. 6. Ammoniumazetatlösung 5% ig. 7. 0,02 n Natronlauge. 8. Alle Reagentien zur Sulfatbestimmung mittels Benzidins (s. S. 389).

Apparate. 1. Jenaer Reagenzglas (200:20 mm). 2. Platintiegel. 3. Reagenzglas bei 10 und 25 ccm Volumen markiert.

Ausführung. Eine Harnmenge, die einer Ausscheidung von 0,1 Stunde entspricht, wird zur Veraschung in das Jenaer Reagenzglas gegeben. Diese Harnmenge soll zwischen 10—25 mg Natriumchlorid und nicht mehr als 5 mg anorganischen Phosphors enthalten (d. h. der Tagesharn darf nicht reicher als 1,2 g an Phosphor sein), sonst ist entsprechend weniger Harn anzuwenden. Man gibt 1 ccm 4 n Schwefelsäure, 0,5 ccm konzentrierte Salpetersäure und ein Quarzsplitterchen hinzu und dampft die Lösung so lange ein, bis sich weiße Dämpfe entwickeln. Ist der Rückstand hierbei noch nicht farblos geworden, so läßt man abkühlen, gibt einige Tropfen Salpetersäure hinzu und erhitzt aufs neue. Ist die zurückbleibende Schwefelsäuremenge nunmehr völlig klar und farblos, so läßt man einige Minuten abkühlen und spült ihn dann in ein bei 10 und 25 ccm Volumen markiertes Reagenzglas mit dreimal je 2 ccm Wasser über. Nunmehr gibt man 1 Tropfen gesättigte, alkoholische Methylrotlösung hinzu, neutralisiert durch Zusatz von gepulvertem Ammoniumkarbonat, bis die Farbe des

---

[1] J. of biol. Chem. **51**, 55 (1922) und Folin: Laboratory Manual of Biological Chemistry S. 217, New York—London: Appleton and Comp. 1925.

Indikators gerade umzuschlagen beginnt und stellt dann auf Rosafärbung durch tropfenweise Zugabe der 4 n Schwefelsäure ein. Man erhitzt zum Sieden, stellt, wenn notwendig, wieder auf Rosafärbung ein und gibt pro mg anorganischen Phosphors 0,1 ccm der Eisenchloridlösung (s. Reagentien 5) hinzu, schüttelt und setzt 1 ccm der 5% ig. Ammoniumazetatlösung hinzu. Dann füllt man mit Wasser auf ein Gesamtvolumen von 10—11 ccm auf, erhitzt wieder zum Sieden und verdünnt ad 25 ccm mit kaltem Wasser (Temperatur ca. 50°). Die Öffnung des Reagenzglases wird mit einem reinen, trocknen Gummistopfen verschlossen, das Glas 2—3mal umgekippt und der Inhalt sofort durch ein trocknes, quantitatives Filter von 9 cm Durchmesser in ein trocknes Reagenzglas filtriert. Das Filter soll so lange wie möglich gefüllt gehalten werden, die Filtration nicht länger als 2 Minuten dauern, das Filtrat nur 20 ccm betragen; das Reagenzglas, das das Filtrat enthält, muß zugestopft und abgekühlt werden.

Nunmehr wird in ein kleines Platintiegelchen eine Filtratmenge, die 2,5 mg NaCl im Originalharn entspricht (gewöhnlich 5 ccm) unter Zugabe von 1 ccm 4 n Schwefelsäure auf dem Wasserbade nahezu zur Trockne gebracht; der Tiegel wird dann über einem Mikrobrenner sehr vorsichtig bis zum Aufhören jeder Schwadenbildung erhitzt. Nach Abkühlung schüttet man auf den Rückstand ein wenig gepulvertes Ammoniumkarbonat und erhitzt schließlich mit voller Flamme, indem man den Tiegel dreht, bis jede Stelle desselben einen Augenblick deutlich auf Rotglut gebracht worden ist. Nach Abkühlung gibt man 2 ccm Wasser hinzu, rührt bis zur Lösung des Rückstandes um, spült die Lösung in ein Jenaer Reagenzglas über, wäscht viermal mit 2 ccm Wasser nach und bestimmt die Sulfatmenge der Lösung nach der Benzidinmethode (s. S. 388).

Berechnung. Da der 5. Teil der Harnprobe zu einer Bestimmung vorliegt, so erhält man bei Titration mit 0,02 n NaOH (nach Abzug einer Korrektur von 1%, die ausgleicht, daß die Lösung auf 50° statt auf Zimmertemperatur abgekühlt wurde), die den fixen Basen in der Harnprobe entsprechenden Äquivalente, ausgedrückt in ccm 0,1 Normallösung.

Titration der organischen Säuren[1].

Prinzip. Die organischen Säuren, die frei oder als Salze im Harn vorhanden sind, werden durch eine Titration des Harnes mit HCl von pH 8 bis pH 2,7 erfaßt, nachdem zuvor die Phosphate

---

[1] van Slyke und Palmer: J. of biol. Chem. **41**, 567 (1920); **68**, 245 (1926).

und Karbonate mittels Kalziumhydroxyds ausgefällt worden sind. Die Titration, für die Phenolphthalein und Tropäolin 00 als Indikatoren verwandt werden, erfaßt etwa 95—100% der vorhandenen organischen Säuren. Sie erfaßt auch schwache Basen, doch kommt für menschlichen Harn von ihnen nur Kreatinin und, wenn vorhanden, auch Kreatin in Frage. Die durchschnittliche 24stündige Ausscheidung von organischer Säure betrug nach einem Versuch der Verff. bei 13 gesunden Männern 8,2 ccm 0,1 n Säure pro Kilo Körpergewicht (unkorrigiert für Kreatinin), ungefähr 6 ccm (mit Kreatininkorrektion) und schwankte zwischen 5,7 und 9,8 ccm (unkorrigiert).

Reagentien. 1. Gelöschter Kalk als Pulver. 2. 0,2 n Salzsäure. 3. Phenolphtaleinlösung 1%ig. Tropäolin 00 0,2%ig. Bromphenolblau. 100 mg in 20 ccm warmem Alkohol gelöst, ad 100 ccm mit aqua dest. verdünnt.

Apparate. Reagenzgläser aus gutem klaren Glase und etwa 30 mm innerem Durchmesser, 200 mm Länge und gleicher Größe. Volumen 125 bis 150 ccm.

Ausführung. Zur Bestimmung muß der Harn eiweißfrei sein; Spuren Eiweiß werden durch die nachstehende Fällung mit $Ca(OH)_2$ gefällt, doch ist es besser, 100 ccm Harn mit 1 bis 3 Tropfen konz. HCl aufzukochen und vom Eiweiß abzufiltrieren.

Zu 100 ccm Harn, grob abgemessen, werden 2 g feingepulvertes Kalziumhydroxyd gegeben, um alle Karbonate und Phosphate auszufällen. Die Fällung der Phosphate gelingt leicht, wenn sein Phosphatgehalt, der selten über 0,3% P_2O_5 liegt, 0,35% nicht übersteigt. Ist die Phosphatmenge größer, so verdünnt man den Harn um die Hälfte. Ist die Karbonatmenge berechnet als $NaHCO_3$ größer als 0,5%, so werden die Karbonate nicht sicher entfernt. In diesem Falle gibt man unter tüchtigem Schütteln 10% ig. Salzsäure hinzu, bis die meiste Kohlensäure vertrieben ist. Man prüft das Filtrat der Kalziumhydroxydfällung jedes Harnes, dessen pH größer als 7 ist, auf die Anwesenheit von Karbonaten.

Mit dem gepulverten Kalziumhydroxyd läßt man den Harn 15 Min. lang unter gelegentlichem Rühren stehen (waren Karbonate anwesend, so läßt man unter häufigem Schütteln mehrere Stunden stehen oder erhitzt zum Sieden) und filtriert durch ein trocknes Faltenfilter. War ursprünglich Eiweiß im Harn vorhanden, so prüft man jetzt auf Eiweißfreiheit.

25 ccm des Filtrates gibt man in ein Jenaer Glas (zweckmäßig Reagenzgläser von 30 mm innerem Durchmesser, 200 mm Länge und 125—150 ccm Inhalt) und fügt 0,5 ccm 1% ig. Phenolphthaleinlösung und 0,2 n Salzsäure aus einer Bürette (ohne Abmessung)

hinzu, bis die rote Farbe der Lösung gerade verschwindet (pH angenähert 8). Dann werden 5 ccm 0,02 % ig. Tropäolin 00-Lösung hinzugefügt. Sobald der Indikator zugegeben ist, wird das Gefäß gut durchgeschüttelt. Läßt man dies außer acht, so kann der Indikator z. T. gefällt werden. Schließlich titriert man die Mischung mit 0,2 n Salzsäure, bis die rote Farbe derjenigen einer Standardlösung gleicht, die aus 0,6 ccm 0,2 n HCl, 5 ccm Tropäolin 00-Lösung und Wasser ad 60 ccm hergestellt worden ist. Wenn der Endpunkt der Titration erreicht ist, wird so viel Wasser zu der titrierten Lösung zugesetzt, daß das Volumen gleich dem der 60 ccm Standardlösung in einem gleichen Untersuchungsgefäß ist. Man hält die beiden Gläser während der Titration zusammen in einer Hand; bei einiger Übung kann der Endpunkt mit einer Genauigkeit von 0,1 ccm bestimmt werden. Mitunter tritt störend ein Verblassen des Indikators ein, wenn der Endpunkt der Titration erreicht ist, was durch die Gegenwart einer unbekannten Substanz im Harn verursacht wird. Liegt ein derartiger Harn vor, so ist Bromphenolblau (Tetrabromphenolsulfophthalein) als Indikator anzuwenden.

Berechnung. Von demjenigen Volumen 0,2 n HCl, das zur Titration vom Umschlagspunkt Phenolphthalein bis zum Umschlagspunkt des Tropäolins angewandt worden ist, wird diejenige Salzsäuremenge abgezogen, die in einer Kontrollbestimmung, die Wasser an Stelle von Harn enthält, verbraucht wurde (gewöhnlich beträgt diese 0,7 ccm). Zur Umrechnung pro Liter Harn und auf 0,1 n HCl multipliziert man die titrierten ccm mit 80 (25 ccm Harn und 0,2 n HCl angewandt, daher Multiplikation mit $40 \cdot 2$).

In das Titrationsergebnis fallen Aminosäuren, Kreatin und Kreatinin, sowie in geringen Mengen Ammoniak. Der Ammoniakfehler ist zu vernachlässigen, nach Angabe der Autoren auch der auf die Aminosäuren fallende Titrationsteil. Dieser beträgt bei 2 % Amino-N auf 14 g Stickstoff in dem 24 stündigen Harn ungefähr 200 ccm 0,1 mol Aminosäuren, die bei der Titration ungefähr 80 ccm 0,1 n HCl neutralisieren würden. Kreatin, von dem etwa 60 % durch die Titration erfaßt werden, ist normalerweise nicht vorhanden. Für Kreatinin ist eine Korrektion anzubringen. Eine 0,1 mol. Lösung von Kreatinin (11,32 mg pro ccm) verhält sich in obiger Bestimmung wie eine 0,1 n Lösung organischer Säure. Es sind daher

$$\frac{\text{mg Kreatinin pro Liter Harn}}{11,32} \quad \text{oder} \quad \frac{\text{mg Kreatinin-N pro Liter Harn}}{4,2}$$

als ccm von der ccm-Zahl 0,1 n organischer Säure pro Liter Harn abzuziehen. Zweckmäßig ist es, die Kreatininkorrektion direkt von der bei der Analyse verbrauchten Menge 0,2 n Säure abzuziehen und die Differenz mit 80 zu multiplizieren. Die Korrektion muß dann $^1/_{80}$ so groß sein und beträgt

$$\frac{\text{mg Kreatinin pro Liter Harn}}{906} \quad \text{oder} \quad \frac{\text{mg Kreatinin-N pro Liter Harn}}{336}.$$

Beispiel: 0,2 n HCl angewandt zur Titration . . . . .   7,6 ccm
       Korrektion der Blindanalyse . . . . 0,7 ccm
       Kreatininkorrektion für 500 mg Kreatinin-N
       pro Liter Harn. Korrektion $= \dfrac{500}{336}$ ccm . . 1,2 „

       Gesamtkorrektion . . . . 1,9 ccm
       Korrigierte Titration $= 7,6{-}1,9$ . . . . . .   5,7 „
       0,1 n organische Säure pro Liter $= 80 \cdot 5,7$ 456,0 „

Bestimmung der anorganischen Bestandteile.

Analytische Vorbemerkungen.

Behandlung von Meßgeräten[1].

Pipetten.

Die bei Anwendung guter Pipetten (man benutze nur solche mit mindestens 5 cm langem Schnabel) erreichbare Meßgenauigkeit beträgt bei Pipetten von 5 ccm aufwärts $0{,}5^0/_{00}$ des Pipetteninhaltes. Bei kleinerem Volumen (1—2 ccm) ist eine Genauigkeit von etwa 1 mg Wasser (0,001 ccm bei 18°) erreichbar.

Pipetten sind stets mit einer evtl. erwärmten Lösung von Kaliumbichromat (oder — wegen der besseren Löslichkeit — Natriumbichromat) in konz. Schwefelsäure zu reinigen. Ebenso ist warme Natronlauge zur Reinigung anwendbar. Die Pipetten werden dann mit aqua dest. gespült (aqua dest. kann aber Fettspuren enthalten!) und mit dem Schnabel nach oben in Standzylindern aufbewahrt, deren Boden mit Filtrierpapier bedeckt ist. Jede Pipette ist unmittelbar nach Gebrauch zu spülen!

Von den verschiedenen Formen der Abmessung ist diejenige die beste, die die Flüssigkeit unter Anlegung der Pipettenspitze an die Gefäßwand auslaufen läßt. Man entfernt die letzten Tropfen, indem man den Pipettenkörper mit der Hand erwärmt, während

---

[1] Ostwald-Luther: Physiko-chemische Messungen, S. 191. Leipzig: Akadem. Verlagsgesellschaft 1925.

die Halsöffnung mit dem Finger verschlossen wird. (Bei der Abmessung des Blutes sollen jedoch nur Pipetten benutzt werden, deren Nullmarke mehrere cm oberhalb der Auslaufspitze liegt. Vgl. S. 31.)

Für exakte Messungen sind entweder von der Normal-Eichungskommission geeichte Pipetten käuflich zu beziehen oder die Eichung ist selbst vorzunehmen. Man benutzt die Pipetten „auf Ausfluß": sie sind so markiert, daß das angegebene Flüssigkeitsvolumen austritt, wenn man sie bis zum Striche füllt und auslaufen läßt.

Eicht man Pipetten selbst, so ist es zweckmäßig, Pipetten ohne Strichmarken zu kaufen.

Die Eichung erfolgt, indem nach angenäherter Ermittlung der Lage der Strichmarke über und unter derselben in einer Entfernung von ungefähr 2 cm je ein Streifchen gummiertes Papier rings um den Pipettenhals senkrecht zur Achse geklebt wird. Die Volumina der Pipette bis zum oberen Rande beider Papiermarken werden mehrere Male durch Auswägen des betreffenden Wasservolumens ermittelt. Es ist darauf zu achten, daß bei Eichung und Gebrauch der Pipette stets die gleiche Art des Pipettenauslaufens angewandt wird. Ist der Pipettenhals zylindrisch, so ergibt sich die Lage der Strichmarke aus den Messungen wie folgt:

Beispiel. Es sei bei Eichung einer 10 ccm-Pipette gefunden: Obere Papiermarke 10,132 g, untere 9,908 g, Wassertemperatur 19,5°, Abstand der beiden oberen Ränder der Papiermarken 46,5 mm. Das scheinbare Gewicht von 10 ccm Wasser (d. h. gewogen mit Messinggewichten in Luft von mittlerer Feuchtigkeit) beträgt nach folgender Tabelle 9,973 g.

	Temp. °	Scheinbares Gewicht eines ccm Wassers in g
Die Marke muß mithin $$\frac{(9{,}973 - 9{,}908) \cdot 46{,}5}{10{,}132 - 9{,}908} = 13{,}5 \text{ mm}$$		
oberhalb der unteren Marke oder	10	0,9986
33,0 mm unterhalb der oberen	11	85
liegen. An der berechneten Stelle	12	84
wird wieder ein Papierring an-	13	83
geklebt und vor dem definitiven	14	82
Anbringen des Striches das Vo-	15	81
	16	79
lumen bis zur richtigen Marke	17	77
durch Auswägen kontrolliert.	18	76
Durch Überziehen des Pipetten-	19	74
	20	72
halses mit Wachs, Einradieren des	21	70
Markenstriches und Einlegen in	22	67
starke Flußsäure, ½ Min. lang, läßt	23	65
	24	63
sich die Strichmarke einätzen.	25	60

Büretten.

Exakte Büretten können ebenfalls, mit dem Eichstempel des Normal-Eichungsamtes versehen, im Handel bezogen werden. Für eigene Eichung von Büretten dient die in nebenstehender Abbildung dargestellte Vorrichtung. An Stelle der Ausflußspitze der Pipette wird eine Kalibriervorrichtung „*a b*" befestigt, welche aus einer Pipette mit 2 Strichmarken (bestens 2 ccm) und seitlichem Ansatzrohr besteht. Die Pipette ist nach vorstehender Vorschrift auf ein ganzzahliges Volumen genau kalibriert. Nach sorgfältiger Reinigung füllt man Bürette mit Anhang blasenfrei mit Wasser, stellt dieses in der Bürette durch den Quetschhahn *I* auf den Nullstrich, durch den Quetschhahn *II* in der Pipette auf den Strich *a* und läßt nun durch *I* so viel Wasser eintreten, bis es genau bei *b* steht. Nach Notierung des Bürettenstandes läßt man *II* genau bis *a* ausfließen, füllt durch *I* wieder bis *b*, notiert den Bürettenstand und fährt so fort, bis man zum untersten Bürettenteilstrich gelangt ist. Die erhaltenen Bürettenablesungen zeigen dann unmittelbar die Abweichung von dem markierten Volumeninhalt in Volumenabständen, die durch den Volumeninhalt des Kalibrierungsgefäßes bestimmt werden.

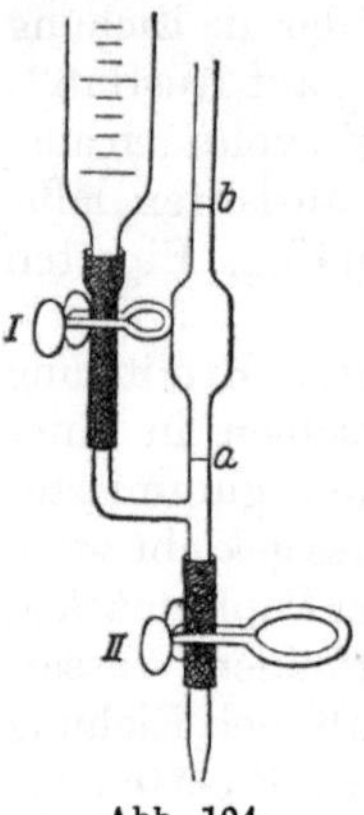

Abb. 104.

Herstellung von Goochtiegeln[1].

Unter einem Goochtiegel versteht man einen Tiegel aus Porzellan oder Platin mit siebartig durchlöchertem Boden. Als Filtermaterial dient eine auf diesem Sieb erzeugte dünne Asbestschicht. Zu ihrer Gewinnung schabt man lange Asbestfasern mit einem Messer, kocht sie mit heißer Salzsäure und Wasser aus und schlämmt den feinen Asbeststaub fort. Der zurückbleibende Asbest soll neben bis zu 5 mm langen noch feinere ca. 1 mm lange Fasern enthalten. (Im Handel ist auch für Goochtiegel bereits präparierter Asbest erhältlich.) Der Asbest wird zu einem dünnen Brei aufgeschlämmt in einer weithalsigen Flasche verwahrt. Der Goochtiegel wird in eine 750 ccm Saugflasche mittels eines sog. „Vorstoßes" und dünnwandigen Schlauches derart eingesetzt,

---

[1] Stock-Stähler: Praktikum der quantitativen anorganischen Analyse, 3. Aufl., S. 16. Berlin: Julius Springer 1920.

ohne anzusaugen so viel aufgeschlämmter Asbest in den Tiegel gebracht, bis eine etwa ½ mm dicke Schicht entsteht. Die Löcher daß er beim Ansaugen zu ⅓—½ im Vorstoß sitzt. Dann wird im Tiegelboden müssen durch die Asbestschicht eben noch hindurch scheinen, wenn man den Tiegel gegen Licht hält. Nach Abtropfen des Wassers saugt man die Asbestschicht allmählich fest und stampft sie mit dem glatten Ende eines Glasstabes zu einem einheitlichen Filz. Die Siebplatte wird eingelegt und der Tiegel unter Saugen mit viel Wasser ausgewaschen, um alle lose sitzenden Fasern zu entfernen. Der Tiegel wird dann unter den gleichen Bedingungen getrocknet bzw. geglüht, wie bei den einzelnen Bestimmungen angegeben ist. Zum Ausglühen wird der Goochtiegel mittels Asbestringes in einen größeren Schutztiegel eingesetzt. Hierzu legt man angefeuchtete Asbestpappe um den Goochtiegel und drückt diesen mit dem Ring so weit in den Schutztiegel hinein, daß zwischen den beiden Tiegelböden ein Abstand von einigen Millimetern bleibt, trocknet bei 100°, entfernt den Goochtiegel und glüht den Schutztiegel mit Asbestring vor dem ersten Gebrauch stark aus.

Nach vollkommenem Erkalten im Exsikkator wird der Goochtiegel leer gewogen.

Wird ein Niederschlag in den Goochtiegel gebracht, so wird zunächst gar nicht, später nur schwach gesaugt, damit der Niederschlag locker und auswaschbar bleibt. Auch bei Zugabe neuer Waschflüssigkeit unterbricht man das Saugen, damit die Flüssigkeit den Niederschlag durchdringt. Vorsicht beim Einlassen von Luft in die Saugflasche, damit die Asbestschicht sich nicht hochhebt! Der Goochtiegel ist, bevor er in Gebrauch genommen wird, durch Wägen, Waschen mit Wasser, Trocknen und nochmaliges Wägen daraufhin zu prüfen, daß er keine Asbestfasern durchläßt.

Bei gleichartigen Bestimmungen können neue Niederschläge zu vorangegangenen gewogenen gebracht werden, ohne daß der Goochtiegel jedesmal zu reinigen ist.

Besondere Vorschriften zur Herstellung von Goochtiegeln, wie Dichtung mit Seesand oder dem zu filtrierenden Niederschlag selbst, werden bei den einzelnen Bestimmungen gegeben werden (s. S. 352 und 386).

In neuerer Zeit ist die Anwendung der Goochtiegel zum großen Teil ersetzbar durch Verwendung von Glas- oder Porzellantiegeln mit poröser Bodenplatte. Diese Tiegel sind mit Siebplatten verschiedenartiger Dichte, je nach der Feinkörnigkeit der zu filtrierenden Niederschläge, im Handel erhältlich und werden ebenso wie Goochtiegel — selbstverständlich ohne Asbesteinlage —

gehandhabt. (Glasfiltergeräte sind in verschiedensten Formen und Filterdichten von den Jenaer Glaswerken Schott u. Gen. erhältlich. Vgl. deren Spezialkatalog 3142 D[1]).

Kolorimetrie.
Messungen durch Änderungen der Lösungskonzentration.

1. Messung mit einer Vergleichsreihe.

Diese einfachste Form der Kolorimetrie verzichtet auf Anwendung eines Kolorimeters und wird praktisch stets da angewandt, wo Eigenfärbung der Untersuchungsflüssigkeit die Anwendung des Walpole-Prinzips (vgl. S. 319 und 323) fordert.

Prinzip. Die unbekannte Lösung wird gegen eine Serie von Standardlösungen verschiedener Konzentration bei gleicher Schichtdicke verglichen.

Apparate. 1. Eine Reihe Reagenzgläser aus reinem möglichst schlierenfreiem Glase von genau gleicher lichter Weite und markiertem Volumen (gew. 20 ccm). 2. Walpole-Komparator (s. S. 319).

Ausführung. Die unbekannte zu kolorimetrierende Lösung wird in einem Reagenzglase bis auf Zufügen des Farbreagenses fertig bereitet. Zum Farbvergleich werden eine Anzahl verschieden konzentrierter Standardlösungen angelegt, deren Konzentrationen nach Art einer geometrischen Reihe angeordnet sind. Die geometrische Reihe wird durch Multiplikation des vorangehenden Gliedes mit dem gleichen Zahlenfaktor gebildet, z. B.

Quotient der Reihe	Zahl der Glieder	Die Reihe lautet
$\sqrt[3]{2}$	4	1,00 1,26 1,59 2,00
$\sqrt[5]{2}$	5	1,00 1,12 1,26 1,41 1,59 1,78 2,00
$\sqrt[3]{10}$	4	0,10 0,22 0,46 1,00
$\sqrt[5]{10}$	6	0,10 0,16 0,25 0,40 0,63 1,00
$\sqrt[9]{10}$	10	0,10 0,13 0,17 0,21 0,28 0,36 0,46 0,60 0,77 1,00

---

[1] S. auch die Tiegel der Staatl. Porzellanmanufaktur, Berlin.

Die Konzentration der Standardlösungen überschreite die vermutete Konzentration der unbekannten Lösung nach oben und unten. Man legt zuerst eine Reihe mit wenigen Gliedern und großem Faktor (z. B. 2) an. Zur unbekannten wie zu den Standardlösungen wird gleichzeitig das Farbreagens gegeben und ihr Volumen ausgeglichen. Dann wird, indem man senkrecht zur Reagenzglasachse betrachtet, die unbekannte Lösung zwischen die Standardlösungen gemäß ihrer Farbtiefe eingeordnet. Mit den beiden Standardlösungen, zwischen die die unbekannte Lösung sich einordnet, als Anfangs- und Endpunkte wird eine neue geometrische Reihe mit kleinerem Faktor angelegt, die unbekannte Lösung in diese eingeordnet und so weiter verfahren, bis der Gehalt der unbekannten Lösung durch ihre Lage in einer Standardserie mit der gewünschten Genauigkeit ermittelt ist.

Zur Ausschaltung der Eigenfarbe, d. h. der Farbe unabhängig von der Farbreaktion, geschieht der Farbvergleich im Walpole-Komparator (vgl. S. 319). In diesem wird hinter die zu untersuchende Lösung (z. B. Harn) ein Reagenzglas mit Wasser, hinter die wäßrigen Standardlösungen ein Reagenzglas mit Harn in gleicher Konzentration wie die zu untersuchende Lösung, aber ohne Farbreagens geschaltet. Auf diese Weise durchläuft das Licht in den Untersuchungs- und Vergleichslösungen gleiche Schichtdicken an „Eigenfarbe".

2. Messung durch Konzentrationsänderung einer Standardlösung.

Diese Methode kommt da zur Anwendung, wo Anwendung des Walpole-Komparators unnötig ist und das Beersche Gesetz (s. S. 338) nicht gilt.

Prinzip. Es wird diejenige Konzentration einer einzigen Vergleichslösung ermittelt, die bei gleicher Schichtdicke gleiche Farbtiefe wie die zu untersuchende Lösung aufweist.

Ausführung. Die zu untersuchende Lösung und die zum Vergleich dienende Lösung werden in zwei gleichartigen Kolorimetergefäßen (z. B. zwei Hehnerschen Zylindern, s. S. 339) mit gleichen Reagenzmengen zur Kolorimetrie vorbereitet, indem die zu untersuchende Lösung kolorimetrierfertig angesetzt wird, während das andere Gefäß alle zur Reaktion nötigen Lösungen bis auf die Standardlösung (d. h. die Lösung bekannten Gehaltes) enthält. Beide Lösungen werden nahezu, jedoch nicht völlig auf die Meßmarke aufgefüllt. Nunmehr wird zu der Vergleichslösung eine Standardlösung zugetropft, bis die sich entwickelnde Färbung nahezu die gleiche Tiefe hat wie die zu untersuchende Lösung. Das Zutropfen geschieht mittels einer feinen Pipette bzw. Mikrobürette. Man füllt beide Lösungen auf gleiches Volumen auf und stellt durch Zufügung weniger Tropfen der Standardlösung völlige Farbgleichheit her. Der Gehalt der unbekannten Lösung an zu analysierender Substanz ergibt sich dann aus der Menge der zur Herstellung der Farbgleichheit notwendigen Standardlösung (vgl. z. B. S. 640).

3. Messungen durch Änderung der Schichthöhe.

Die zweite Form der kolorimetrischen Messung beruht auf Änderung der Farbtiefe durch Variation der Schichthöhe.

Für die meisten (doch keineswegs alle Färbungen) gilt das „Beersche Gesetz“, nach dem bei gleicher Farbtiefe das Produkt aus Schichthöhe und Konzentration konstant bleibt. Sind daher die Farbtiefen zweier verschieden konzentrierter Lösungen durch Änderungen ihrer Schichthöhen ausgeglichen, so gilt nach dem Beerschen Gesetze $c \cdot h = c_1 h_1$ oder $c = \dfrac{h_1 c_1}{h}$, wo c und c_1 die Konzentrationen, h und h_1 die entsprechenden Schichthöhen bedeuten. Die unbekannte Konzentration c ergibt sich somit aus der Konzentration c_1 der Standardlösung sowie durch Messung der entsprechenden Schichthöhen h und h_1 der beiden auf Farbgleichheit gebrachten Flüssigkeiten.

Das Beersche Gesetz gilt jedoch nur innerhalb bestimmter Grenzen. Die zu vergleichenden Lösungen sind daher so farbgleich wie möglich zu wählen. Keinesfalls soll ihr Konzentrationsunterschied das Verhältnis 1:2 übersteigen.

Die Gültigkeit des Beerschen Gesetzes ist für jede Farbreaktion zu erproben.

Die kolorimetrische Messung durch Änderung der Schichtdicke erfolgt:

1. **Für praktische Untersuchungen** in Hehnerschen Zylindern (Abb. 105). Diese stellen graduierte Zylinder mit planparallelem Glasboden dar, die am unteren Ende einen Abflußhahn tragen und in Sockeln stehen. Die Änderung der Schichthöhe erfolgt durch Ausfließenlassen des Inhalts in ein vorgelegtes Schälchen bzw. durch ein Rückgießen dieser Flüssigkeit in die Zylinder. Die Zylinder sind in Volumina von 25—100 ccm im Handel erhältlich. Die Genauigkeit der Messung (5—10% Fehler) ist hinreichend für alle klinischen Untersuchungen. Die Apparatur ist

wegen ihrer Einfachheit und Billigkeit für derartige Untersuchungen die zweckmäßigste.

2. Für exakte Untersuchungen in Präzisions-Kolorimetern. Als Präzisionsinstrument sei das Dubosq-Kolorimeter mit Beleuchtungskugel von Schmidt und Haensch, Berlin, erwähnt. Die Handhabung erfordert peinlichste Sauberkeit.

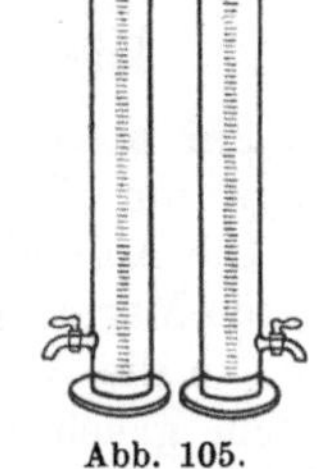

Apparatur und Handhabung sind durch Messung der gleichen Lösung in beiden Kolorimetergefäßen bei variierten Schichthöhen zu prüfen.

Die Messung erfolgt im verdunkelten Raume möglichst unter Anwendung eines spektral annähernd gereinigten Lichtes. Hierzu dient die Vorschaltung von Farbfiltern vor das Kolorimeterokular. Das geeignete Filter ist für jede Färbung

Abb. 105.

empirisch zu erproben. Stets ist aus mehreren Messungen (z. B. 10) der Durchschnittswert zu entnehmen. Die Einstellung erfolgt pendelnd um die Gleichgewichtslage. Die Meßgenauigkeit beträgt etwa 0,5—1%.

Zur Messung kleiner Flüssigkeitsmengen und somit zur Analyse geringster Substanzmengen dienen Mikrokolorimeter. Es sei das Mikrokolorimeter nach Kleinmann von Schmidt und Haensch, Berlin, genannt (Abb. 106).

Dieses Instrument gestattet die Messung von nur 1 ccm Flüssigkeit bei gleicher Schichthöhe wie bei Anwendung von Makrokolorimetern (60 mm) und nahezu gleicher Gesichtsfeldgröße. Die Meßgenauigkeit beträgt ca. 0,5%. Die Handhabung ist bis auf einzelne spezielle Handgriffe gleich der aller Dubosq-Kolorimeter[1].

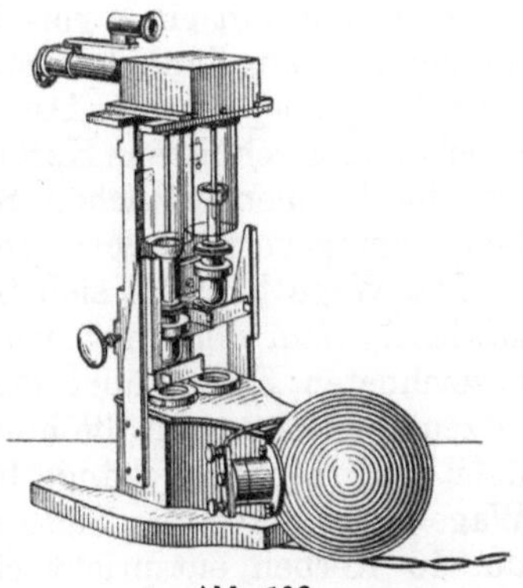

Abb. 106.

Anhang (Nephelometrie).

Außer Farbmessungen werden für die Mikroanalyse Trübungsmessungen angewandt. Diese Methode (Nephelometrie) ist in Band I des Praktikums dargestellt. Als Meßinstrument dient das

---

[1] Vgl. Kleinmann: Biochem. Z. **179**, 276 (1926).

Nephelometer von Schmidt und Haensch (Berlin). Die Berechnung entspricht im allgemeinen der kolorimetrischen Formel vgl. S. 338 und Bd. I S. 34.

Mikrowagen.

Die mikrochemische Wage nach Pregl[1].

Für mikrochemische Wägungen zu empfehlen ist die Mikrowage von Kuhlmann.

Die Aufstellung der Wage erfolgt auf einer mit Bleiblech unterlegten Marmorplatte, die auf Eisenträgern ruht. Die Eisenträger sind in die Wand einer Grundmauer eingelassen. Die Wage ist in einem gleichmäßig temperierten Raum (nicht neben Ofen oder Heizung), geschützt vor Sonne, sowie nicht in unmittelbare Nähe von Beleuchtungskörpern aufzustellen.

Die Wage zeigt bei der höchst zulässigen Belastung von 20 g dieselbe Empfindlichkeit wie im unbelasteten Zustande und gestattet Wägung mit einer Genauigkeit von $\pm$ 0,001 mg. Die Wage ist außer mit der an der Reiterverschiebung mitfahrenden Lupe mit einem äquilibrierten Vorderschieber des Gehäuses, einer Aufhängevorrichtung in der linken Wagschale für die Absorptionsapparate und mit einer von der Regulierung der Empfindlichkeit unabhängig angebrachten Fahne mit Rädchen zur Nullpunktseinstellung ausgestattet. Das Reiterlineal besitzt 100 vollkommen gleichartig geschnittene Kerben, in die sich der Reiter, wenn man ihn durch einen seitlichen Stoß mit der Reiterverschiebung in Schwingung versetzt, bis zum tiefsten Punkt einreiten kann.

Die Wage befindet sich im unbelasteten Zustand im Gleichgewicht, wenn der 5 mg schwere Reiter in der ersten mit „0" bezeichneten Kerbe über dem linken Gehänge sitzt. Das Aufsetzen des Reiters auf die hundertste mit „10" bezeichnete Kerbe über dem rechten Gehänge bedingt demnach eine Belastung der Wage auf der rechten Seite mit 10 mg, eine Reiterverschiebung um 10 Kerben entspricht einer Belastungsänderung von 1 mg und eine Reiterverschiebung um einen Zahn einer solchen von 0,1 mg. Die am Reiterlineal eingezeichneten Ziffern unter jeder zehnten Kerbe bedeuten ganze Milligramme, wobei die Zählung von der mit „0" bezeichneten Kerbe nach rechts fortlaufend erfolgt.

---

[1] Vgl. Lieb in Abderhaldens Arbeitsmethoden I/3 S. 326 (1921). Vgl. auch Pregl: Die quantitative organische Mikroanalyse, 2. Aufl. Berlin: Julius Springer 1923. Die Wage wird von Kuhlmann, Hamburg, gebaut.

Die Empfindlichkeit der Wage muß so eingestellt sein, daß die Verschiebung des Reiters um 0,1 mg eine Ausschlagsdifferenz um 10 Teilstriche der Skala bewirkt. Ein Ausschlagsunterschied von einem Teilstrich an der Skala entspricht 0,01 mg.

Durch Schätzung kann man die Ausschläge, die sich nicht über 5 Teilstriche erstrecken sollen, auf ein Zehntel eines Teilstriches mit einer Genauigkeit von ± 0,001 mg ablesen. Man nimmt hierbei den Mittelstrich der Skala als Nullpunkt an und rechnet den zehnten Teil eines Skalenstriches als Einheit.

Man setzt z. B. einen Ausschlag von 2,7 Teilstrichen nach rechts gleich 27, einen Ausschlag von 3,4 Teilstrichen nach links gleich 34, die Ausschlagsdifferenz beträgt demnach 7 nach links. 0,007 mg muß also von dem auf der rechten Wagschale befindlichen Gewicht + Reiterbelastung subtrahiert bzw., wenn die Ausschlagsdifferenz nach rechts gerichtet ist, zu dem Gewicht addiert werden.

Von der richtig eingestellten Empfindlichkeit der unbelasteten und belasteten Wage überzeugt man sich dadurch, daß man nach Feststellung des Nullpunktes den Reiter um einen Zahn verstellt. Der Ausschlag muß nach links erfolgen und den Wert von 100 Skaleneinheiten ergeben. Ist die Wage belastet, so stellt man das eine Mal den Reiter so, daß die Ausschlagsdifferenz rechts gelegen ist, dann verstellt man den Reiter nach rechts, wodurch die Ausschläge linksseitig werden. Jeder der Ausschläge muß den Wert von 100 Skaleneinheiten ergeben.

Um Nullpunktsverschiebungen zu vermeiden, werden die zur Wägung notwendigen Gewichte sowie Taragewichte und Tarafläschchen mit Schrot im Wagengehäuse aufbewahrt, da abweichend temperierte, während der Wägung in den Wagekasten gestellte Gegenstände den Nullpunkt verändern. Vor Beginn der Wägung läßt man die Wage zum Temperaturausgleich geöffnet stehen. Bei zeitlich auseinanderliegenden Wägungen muß der Nullpunkt jedes Mal überprüft werden.

Für die rasche Berechnung einer Gewichtsänderung bei einer zwischen 2 Wägungen eingetretenen Nullpunktsverschiebung werden folgende Regeln gegeben.

„1. Die Nullpunktsverschiebung ist die Anzahl Tausendstelmilligramm, um die die unbelastete Wage bei der nach längerer Zeit vorgenommenen zweiten Prüfung anders einspielt als bei der ersten. Sie ist positiv, wenn die Wanderung von links nach rechts erfolgt ist und negativ bei einer Wanderung des Nullpunktes von rechts nach links.

2. Man findet das wahre Gewicht der getrockneten Substanz

oder des Gegenstandes, der nach Eintritt der Nullpunktsverschiebung wieder gewogen werden soll, indem man die Nullpunktsverschiebung mit dem entgegengesetzten Vorzeichen addiert. Es muß also eine positive Nullpunktsverschiebung vom ermittelten Gewichte des Gegenstandes subtrahiert, eine negative dagegen addiert werden[1]."

Eine Nullpunktsverschiebung um mehrere Hundertstel wird durch vorsichtiges Drehen des Rädchens an der Fahne mittels einer Pinzette annähernd korrigiert und die letzte Feineinstellung zur Korrektur von 1—2 Teilstrichen mit den beiden Stellschrauben des Gehäuses vorgenommen.

Zur Wägung häufig angewandter Apparaturen (Platinschiffchen, Filterröhrchen, Mikroplatintiegel usw.) benutzt man passende Taragewichte. Für das Platinschiffchen verwendet man eine Tara aus Aluminiumdraht, die zum bequemen Auflegen und Anfassen entsprechend gebogen wird und deren Gewicht durch Zufeilen derart mit dem Platinschiffchen in Übereinstimmung gebracht wird, daß der Reiter der Wage in einer der ersten 10 Kerben sitzt, wodurch die Substanzwägung ohne Anwendung von Gewichten nur mit Hilfe der Reiterverschiebung und Zeigerablesung möglich ist.

Als Taragewichte für schwerere Gegenstände (Absorptionsapparate, Platintiegel) werden dünnwandige Glasfläschchen (Kuhlmann, Hamburg), die mittels kleinen Bleischrotes (sog. Vogeldunstschrot Nr. 15) austariert werden, benutzt.

Torsionswage[2].

Zur schnellen Wägung von Substanzmengen bis zu 500 mg (evtl. auch bis zu 1000 mg) bei einer Wägegenauigkeit von etwa 0,5 mg ist die Braunsche Torsionswage besonders geeignet. Sie kommt speziell für die Bangsche Mikroanalyse in Anwendung.

1. Die Wage. Das Äußere der Wage ergibt sich aus nebenstehender Abbildung (Abb. 107). Es sind Wagen mit Meßbereichen von 0—500 mg, 200—500 mg und 0—1000 mg im Handel erhältlich. Als Universalwage, die für alle Bestimmungen brauchbar ist, wählt man eine solche mit dem Meßbereich von 0—1000 mg. Für die Bestimmung von Zucker, Chlor und Reststickstoff nach Bang

---

[1] Lieb: l. c. (S. 340 dieses Praktikums) S. 329.
[2] Vgl. Bang: Mikromethoden zur Blutuntersuchung S. 11, 6. Auflage. Bearbeitet von Blix. München: J. F. Bergmann 1927. Die Wage wird von Hartmann & Braun, Frankfurt a. M., gebaut.

ist eine Wage mit dem Meßbereich von 0—500 oder noch genauer
von 200—500 mg Meßbereich vorzuziehen.

2. Die Wägung. Für die Wägung fester Substanzen wird
das zur Wage gehörende Körbchen, für die Blutanalyse das zum
Aufsaugen der Unter-
suchungsflüssigkeit nach
Bang verwandte Papier-
stückchen (s.w.u.) mittels
einer kleinen Klammer aus
Messing an dem Wagebal-
ken (*a*) aufgehängt. Der Ar-
retierhebel (*f*) wird auf
„Frei" gestellt und darauf
mittels des Einstellhebels
(*d*) der Zeiger (*b*) auf den
Nullpunkt eingestellt. Der
Skalenzeiger (*c*) gibt dann
das Gewicht des Körbchens
bzw. des Papierstückchens
auf 1 mg an. Dann wird
das Körbchen gefüllt bzw.
das Papier mit der zu wä-
genden Flüssigkeit getränkt
und die Wägung wieder-

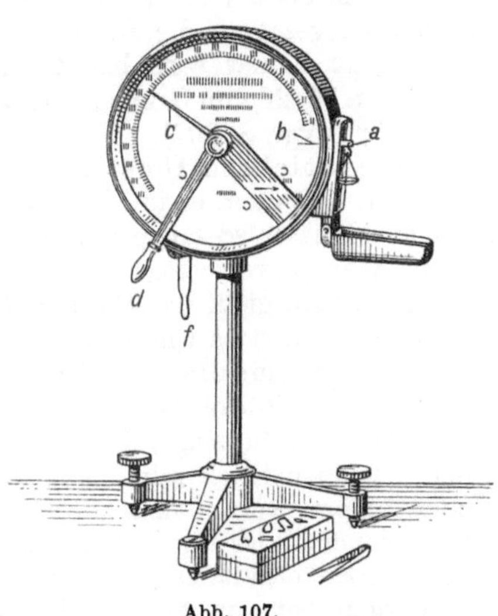

Abb. 107.

holt. Die Wägung läßt sich in 2—3 Sek. ausführen. Man läßt die
Wage am besten immer auf demselben Platz stehen; bei Platz-
wechsel ist vor der Wägung der Nullpunkt nachzuprüfen.

3. Papiere und ihre Behandlung für die Mikroanalyse
nach Bang[1]. Nach Bang wird die Untersuchungsflüssigkeit zur
Wägung mit Filtrierpapier aufgesaugt. Zum Aufsaugen von Blut
sind die üblichen Handelssorten Filtrierpapier nicht anwendbar,
da sie nicht die Fähigkeit haben, das Bluteiweiß bei der folgenden
Extraktion quantitativ zurückzuhalten. Man verwendet Löschpapier Marke E.J.K. (Emil Jensen, Kopenhagen), Gewicht mindestens 50 g pro Bogen, das für die verschiedenen Bestimmungen
entsprechend vorbereitet werden muß.

Fertig ausgewaschene Löschpapierstreifen von vorgeschriebener Größe für alle Arten von Bestimmungen können von Warm-
brunn, Quilitz & Co., Berlin, oder von Grave, Stockholm, bezogen
werden. Zur Blutzuckerbestimmung sind fertige Blättchen von
Schleicher und Schüll zu beziehen. Die Vorbehandlung des Pa-

---

[1] Vgl. Bang-Blix: l. c. S. 10, 20 u. 25.

piers ist je nach dem Analysenzweck verschieden (vgl. auch S. 207).

a) Für Zuckerbestimmungen wird das Papier in Streifen von 26 mm Breite geschnitten, mehrmals mit leicht essigsaurem, dann reinem dest. Wasser von 50—60° unter Umrühren mehrere Stunden ausgezogen; die Blätter sollen hierbei nicht zusammenkleben. Das Papier wird bei Zimmertemperatur getrocknet, in Stücke von 16:26 mm Größe zerschnitten und unter Glasverschluß aufbewahrt (vgl. S. 207).

b) Für Stickstoffbestimmungen wird das Papier nach a) behandelt. Nachdem es in kleine Stücke zerschnitten ist, wird es noch mit Wasser so lange gewaschen, bis eine Probe, mit etwa 10 ccm Wasser versetzt, mit Neßlers Reagens keine Reaktion mehr gibt. Man gießt das Wasser ab, trocknet das Papier an der Luft und bewahrt es wie oben auf.

c) Für Ammoniakbestimmungen werden 3:4 cm große, rechtwinklige Stücke Löschpapier (Gewicht etwa 250 mg) der Länge nach zusammengefaltet. Die Stelle der Faltung wird durch einen einzelnen Stich mit einem dünnen Seidenfaden an beiden Enden fixiert, worauf man die beiden zusammengelegten Seiten wieder voneinander entfernt, so daß das ganze Stück die „Gestalt eines Bootes“ erhält; es darf nur so groß sein, daß es leicht in ein Reagenzglas von gewöhnlicher Form hinabgelassen werden kann. Dann übergießt man etwa 50 Papierstücke in einem Becherglas mit etwa 300 ccm dest. Wasser von 50—70°, gießt nach 15 Minuten ab, gibt weitere 300 ccm Wasser und 1 ccm ca. 16 %ig. Kalilauge hinzu, kocht einige Minuten, gießt ab, wäscht die Papierstückchen erst mit schwach angesäuertem und dann mit reinem Wasser aus, trocknet im Vakuumapparat und bewahrt das Papier im Exsikkator über Schwefelsäure auf.

d) Für Fettbestimmungen darf nur entfettetes Papier verwendet werden. Die zerschnittenen Papierstückchen werden mit siedendem Alkohol mehrere Stunden ausgezogen, an der Luft getrocknet und wie oben aufbewahrt.

e) Für Chlorbestimmungen und Bestimmung anderer Stoffe kann dasselbe Papier wie zur Zuckerbestimmung verwendet werden.

4. Blutentnahme und Wägung des Blutes. Die Blutentnahme erfolgt bei Kaninchen, Hunden, Katzen und Meerschweinchen aus einer Ohrvene, beim Menschen durch Stich oder Ritzen in die Fingerbeere oder das Ohrläppchen. Durch leises Streichen (starker Druck ist zu vermeiden) wird Blut herausgedrückt und gleich in das Papier eingesaugt. Bei schlechter Blutung

kann durch Bepinseln mit Xylol eine starke Hyperämie erzeugt werden.

Nachdem das Gewicht des leeren Papierstückchens festgestellt ist, wird das Papier mit Blut getränkt und zur Vermeidung von Wasserverdunstung so schnell wie möglich gewogen. Die Blutentnahme erfolgt am besten neben der Wage. Man läßt so viel Blut durch das Papier aufsaugen, daß etwa $^8/_{10}$ bis höchstens $^9/_{10}$ des Papierstückchens mit Blut getränkt ist (ca. 120, höchstens 130 mg). Das Papier darf nicht ganz mit Blut durchtränkt sein, da dann eine langsame bzw. gar keine quantitative Extraktion zu erzielen ist. Soll eine größere Menge Blut zur Analyse verwandt werden, so sind entsprechend größere Papierstückchen anzuwenden.

5. **Extraktion.** Nach Wägung wird das bluthaltige Papier nach ca. 5 Min. (nicht völlig eintrocknen lassen) in ein Reagenzglas bis zum Boden desselben übergeführt und mit der Lösung eines dem Versuch entsprechenden Reagenses versetzt. Nur bei der Bestimmung der Lipoide (sowie des Wassers) wird das Papier vorher vollkommen getrocknet. Man setzt so viel von dem Reagens hinzu, daß dieses einige Millimeter über dem Papier steht. Um ein sicheres Bedecken mit der vorgeschriebenen Menge der Extraktionsflüssigkeit zu erreichen, wählt man enge Reagenzgläser. Das Papier muß bis zum Boden hinuntergleiten und darf die obere Flüssigkeitsschicht nicht berühren.

Nach Ablauf der vorgeschriebenen Extraktionszeit (Dauer der Extraktion nicht überschreiten!) wird die Flüssigkeit abgegossen und, falls nicht vollständig klar, filtriert. Das Papier wird einmal mit dem Extraktionsmittel ausgewaschen und die Waschflüssigkeit mit dem ersten Abguß vereinigt.

Mikrosublimation nach Kempf[1].

Apparatur. Der Apparat (Heraeus, Hanau) gestattet, die zu sublimierende Substanz in feinster Verteilung auf der Heizplatte aufzutragen und das Sublimat unmittelbar über dem Sublimationsgut auf einem gekühlten Objektträger so aufzufangen, daß es bequem unter dem Mikroskop untersucht oder mikrophotographisch aufgenommen werden kann.

Die Vorrichtung stellt eine elektrische Heizplatte dar, die auf einem Porzellanfuß montiert und zur selbsttätigen Temperaturregelung mit einem Relais verbunden ist. Zur Einführung eines Thermometers dient ein 6 mm weiter Kanal, der die Platte unmittelbar unter ihrer Oberfläche durchzieht. Eine mit Skala versehene Schraubentrommel gestattet, die Heizplatte auf jede beliebige Temperatur bis zu 300° innerhalb eines Grades

---

[1] Z. anal. Chem. **62**, 284 (1923).

genau konstant einzustellen. Durch Öffnen und Schließen eines Kontaktes
wird das Relais betätigt, welches den Strom je nach Bedarf automatisch
ein- oder ausschaltet. Die Heiztemperatur ist unabhängig von Schwankungen sowohl der Zimmertemperatur als auch der Netzspannung.

Ausführung. Die Sublimation erfolgt auf die Weise, daß die
zu sublimierende Substanz in dünnster Schicht verteilt und das
Sublimat auf Objektträgern aufgefangen wird, die nur etwa
$^1/_{10}$ mm über dem Sublimationsgut angebracht sind. Als Unterlage für letztes dient eine völlig ebene Metallscheibe in der
Größe der Heizplatte aus vernickeltem Messingblech, Reinnickel,
Platin oder dgl., je nach Höhe der Temperatur und der chemischen Natur des Sublimationsgutes. Diese Unterlage wird auf die
Heizplatte aufgelegt. Die Objektträger liegen auf dünnem Asbest-
papier, welches Ausschnitte an den Stellen besitzt, wo das Sublimationsgut aufgetragen ist. In der Regel sind dies zwei recht-
eckige Felder von 25:75 mm Größe. Zur Wärmeisolation dient
eine ca. 5 mm starke Asbestpappe, die wiederum Ausschnitte für
die Objektträger zeigt. Das Ganze wird durch seitliche Bügel und
Schraubenklemmen fest auf die Heizplatte gedrückt. Ist es erforderlich, den Objektträger zu kühlen, dann wird auf diesen ein Kühler
aus vernickeltem Messing aufgesetzt, der mit ruhendem oder
fließendem Wasser oder Paraffinöl beschickt werden kann. Ein
in der Mitte vorgesehener blinder Kanal dient zur Aufnahme eines
Thermometers, um die Temperatur der Kühlflüssigkeit messen zu
können. (Anwendung s. S. 661.)

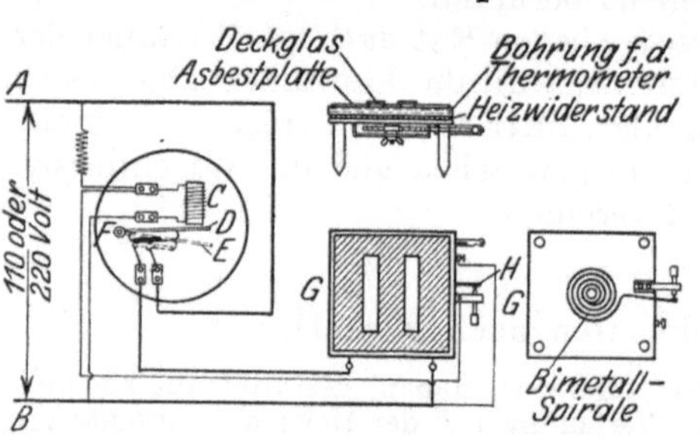

Abb. 108.

An Stelle des Mikro-
sublimationsapparates
nach Kempf kann ein
einfacher Apparat nach
Ehrismann und Jo-
achimoglu[1] ange-
wandt werden.

Die vereinfachte
Apparatur besteht aus
einem Sublimationstisch
G, d. h. 2 Messingplatten, zwischen denen sich der Heizwiderstand
befindet (Abb. 108). Auf der unteren Seite des Sublimationstisches ist eine Bimetallspirale (Eisen-Zink) angebracht. Beim
Heizen der Messingplatte im elektrischen Strom nähert sich die

---

[1] Biochem. Z. **199**, 272 (1928). Die Apparatur ist von Uhlig, Mecha-
niker des pharmakologischen Institutes der Universität Berlin, beziehbar.

Spirale dem Platinkontakt H und schaltet bei einer bestimmten
Temperatur den Strom aus. Sinkt die Temperatur, so zieht der
Anker C das Quecksilbergefäß F an (Stellung D), wodurch der
Strom wieder eingeschaltet wird. Die Temperaturschwankung
beträgt $\pm\, 2{,}5^0$.

Schaukelextraktion nach Widmark[1].

Der abgebildete Apparat (Abb. 109) besteht aus zwei, durch
eine breite Kommunikation verbundenen Scheidetrichtern mit
möglichst flachen Böden. Der Glasapparat wird in einem beweglichen Stativ befestigt, das durch einen kleinen
elektrischen Motor in eine regelmäßig langsam schaukelnde Bewegung versetzt wird,

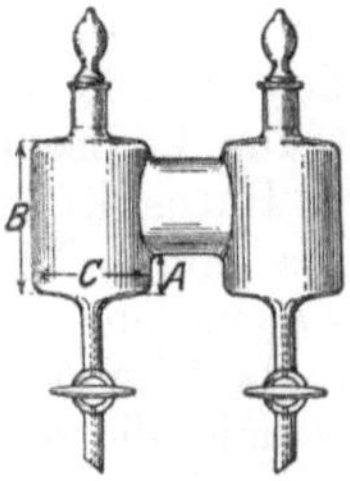

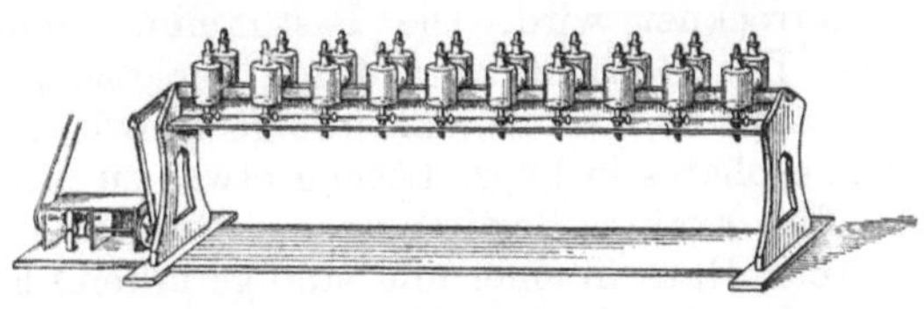

Abb. 109.

Abb. 110.

wodurch ein im Apparat befindliches Extraktionsmittel abwechselnd von einem in den anderen Scheidetrichter dekantiert wird,
während die an den Böden der Gefäße befindlichen schwereren
Lösungen nicht miteinander in Berührung gelangen. Bei Extraktion von Säuren aus dem Harn soll die Neigung des Apparates zu
jeder Seite der Horizontalebene ungefähr 18^0 erreichen, und eine
ganze Schaukelperiode soll eine Zeit von etwa 25—27 Sek. in
Anspruch nehmen. Der hierzu verwendete Apparat ist für die
Extraktion eines Volumens bis zu 50 ccm Harn bestimmt. Zehn
derartige Apparate können in der gleichen motorgetriebenen
Schaukel angebracht und durch einen Motor von etwa $^1/_{16}$ Pferde-
kraft getrieben werden (Abb. 110).

Bei der Extraktion einer organischen Säure wird der mit
Mineralsäure angesäuerte Harn („Dimittenslösung") in den einen
Scheidetrichter und eine verdünnte Alkalilösung („Rezipiens-
lösung") in den anderen gebracht. Über die Lösungen wird eine
solche Menge des Extraktionsmittels (350 ccm) geschichtet, daß
dasselbe in das Kommunikationsrohr hinaufreicht. Während des

[1] Biochem. Z. **179**, 263 (1926).

Schaukelns erfolgt die Extraktion von der Oberfläche der angesäuerten Lösung und die Säure wird von der zweiten Lösung als
Alkalisalz zurückgehalten. (Anwendung S. 436.)

Bestimmung des Gesamttrockenrückstandes und des Wassergehaltes.

Die Menge fester Bestandteile beträgt im normalen Harne
etwa 4—5%.

1. Zur angenäherten Bestimmung kann man die festen Bestandteile aus dem spez. Gewicht (s. dieses „Haeserscher Koeffizient", vgl. S. 299) errechnen.

2. Genauer ist die Wägung des Trockenrückstandes von 10 bis
20 ccm Harn, der in einer Platinschale 2—3 Stunden bei 100 bis
110⁰ getrocknet wird. Die Bestimmung genügt für klinische
Zwecke. Das Gewicht kann durch Zersetzung von Harnstoff in
Kohlensäure und Ammoniak infolge Einwirkung des sauren Natriumphosphates in konz. Lösung etwas zu niedrig ausfallen.

3. Für exakte Bestimmungen werden nach Salkowski[1]
10—20 ccm Harn in einer mit Sand gefüllten Platinschale, die vorher mit dem Sand ausgeglüht wird, eingewogen, im evakuierten
Exsikkator über Schwefelsäure, besser über Phosphorsäureanhydrid, getrocknet, 24 Stunden im Vakuumexsikkator stehen
gelassen und bis zur Gewichtskonstanz gewogen.

Zur Gewinnung eines festen Trockenrückstandes, der bei größeren Harnmengen eine harzige Masse darstellt, die keine vollständige Trocknung zuläßt, setzt man nach Slagle[2] pro Liter
Harn 5 ccm Schwefelsäure (spez. Gew. 1,98), bei Harnen mit einem
höheren spez. Gew. als 1020 etwas mehr Schwefelsäure hinzu
und erwärmt die Lösung zur Trockne. Der Rückstand ist hart
und pulverisierbar.

Veraschung des Harnes.

Der Aschengehalt des Harnes beträgt etwa 1,5—2%. Die
Veraschung kann auf trocknem oder nassem Wege erfolgen.

Veraschung auf trocknem Wege nach Stolte[3].

Eine Platinschale von etwa 5 cm Durchmesser mit flachem
Boden wird mit völlig getrocknetem Untersuchungsmaterial in

---

[1] Z. physiol. Chem. **42**, 222 (1904).   [2] J. of biol. Chem. **8**, 77 (1910/11).
[3] Biochem. Z. **35**, 104 (1911).

eine Porzellanschale mit 1—2 cm größerem Radius gesetzt. Zum Trocknen wird die zu analysierende Substanz (z. B. Organe) zu feinem Brei zerhackt, in dünner Schicht auf einer Glasplatte von einem Ventilator getrocknet und danach pulverisiert. Flüssigkeiten werden in einer Platinschale auf dem Wasserbade eingedampft, dann im Wärmeschrank bei 100—105° nachgetrocknet. Auf dem Boden der Porzellanschale befindet sich ein Porzellantiegeldeckel oder ein Tonscherben. Die Schale wird mit vorsichtig vergrößerter Flamme erwärmt, so daß die verkohlende Masse nur langsam Dämpfe entwickelt. Ist die Kohle fest und unbeweglich geworden, so wird mit einem Bunsendreibrenner oder Teclubrenner weiter erhitzt, jedoch erst nach Aufhören der Dampfentwicklung mit voller Flammenstärke. Nach weiteren 15—30 Min. wird ein Porzellandeckel über die Platinschale gelegt und mit voller Flammenstärke bis zur Weißfärbung der Asche weiter erhitzt. Wird die Asche nicht weiß, so läßt man die Platinschale abkühlen, setzt 2—3 Tropfen dest. Wasser zur Asche, läßt den Schaleninhalt bei schräg gestellter Schale auf dem Wasserbad trocknen und glüht dann weiter. Es genügt mitunter, die Kohlepartikelchen mit einem Platindraht zu zerteilen. Der Platindraht wird dann mit aschefreiem Filtrierpapier abgewischt und dieses mit der Asche verbrannt. Die Veraschung ist meist 1—2 Stunden nach Auflegen des Deckels beendet; ein längeres Glühen führt nicht zu Gewichtsverlusten. Zur Aschenanalyse wird die Asche in dest. Wasser unter Zusatz einiger Tropfen Salzsäure aufgenommen und vorsichtig erwärmt, bis vollständige Lösung erfolgt.

Elektrische Glühöfen. Anstatt die Veraschung über freier Flamme durchzuführen, ist es häufig zweckmäßig, sie in einem elektrischen Glühofen vorzunehmen. Derartige Öfen, deren Heizkörper aus einer feuerfesten keramischen Masse besteht, um welche als Heizwiderstand Molybdän-, Platin- oder Chromnickeldraht in spiraligen Windungen gewickelt ist, sind in verschiedenen Formen (Tiegel-, Schalen-, Muffelöfen) und Größen von der Firma Heraeus (Hanau) beziehbar. Sie kommen vorzüglich bei Bestimmungen zur Anwendung (Schwefel, Eisen), bei denen ein Einfluß der Flammengase bzw. der Verbrennungsgeräte ausgeschlossen werden soll. Sie ermöglichen rasche Veraschung, Sauberkeit des Arbeitens und Innehaltung vorgeschriebener Temperaturen. Die Regelung der Temperatur kann entweder selbst durch Einschalten von Vorschaltwiderständen vorgenommen werden, oder es können selbsttätige Temperaturregler auf beliebige Temperaturen eingestellt und diese mit Genauigkeit konstant gehalten werden. Die Gleichmäßigkeit der Temperatur der Röhrenöfen hängt von ihrer lichten

Weite ab. Auf etwa ⅓ der beheizten Länge bei kurzen Öfen und auf etwa die Hälfte bei längeren Öfen kann mit einer Temperaturgleichmäßigkeit bis zu 10° gerechnet werden.

Veraschung auf nassem Wege nach Neumann[1].

Prinzip. Die organischen Substanzen werden durch Einwirkung eines Gemisches von konz. Schwefelsäure und Salpetersäure als Oxydationsmittel zerstört. Hierbei entweichen Salzsäure und Kohlensäure.

Die Methode liefert als Asche nur die nichtflüchtigen Säuren und die Metalle. Sie gestattet deren Bestimmung mit Ausnahme der Veraschungsgemisch-Komponenten und des Ammoniaks.

Reagentien. 1. Säuregemisch, bestehend aus gleichen Vol.-T. konz. Schwefelsäure und konz. Salpetersäure (spez. Gew. 1,4). 2. Konz. Salpetersäure (spez. Gew. 1,4).

Apparate. 1. Kjeldahlkolben bzw. Rundkolben aus Jenaer Glas von ½—1 Liter Inhalt. Der Kolben soll bei der Veraschung schräg auf einem Babobleche liegen. 2. Tropftrichter, mit langem zweimal stumpfwinklig gebogenem Ablaufrohr. Vorteilhaft ist die Anwendung eines Hahnmeßzylinders nach Lockemann (12 cm Höhe, 2,5 cm lichte Weite), dessen Ablaufrohr (Länge 25 cm, lichte Weite 0,5 cm) wie oben gebogen ist. Die Biegung gestattet Hahnregulierung, ohne mit Säuredämpfen in Berührung zu kommen. Das Tropfgefäß soll durch Glas- oder Porzellanringe bzw. -halter an einem Stativ befestigt werden.

Nach Lintzel[2] empfiehlt es sich, das Ablaufrohr des Tropfgefäßes in den oberen Teil des Kjeldahlkolbenhalses einzuschmelzen.   ·

Ausführung. a) **Vorbereitung**[3]. Feste Substanzen können unmittelbar verascht werden. Flüssigkeiten erfordern eine Vorbehandlung, wenn ihr Volumen zu groß ist oder wenn sie beim Eindampfen stark schäumen.

Größere Harnmengen (z. B. 500 ccm) versetzt man mit dem zehnten Teil ihres Volumens konz. Salpetersäure und läßt die Mischung in den Veraschungskolben tropfen, in dem auf einem Babobleche 30 ccm konz. Salpetersäure sieden. Die Eintropfgeschwindigkeit der Flüssigkeit ist so zu regulieren, daß höchstens 100 ccm Flüssigkeit im Kolben im Sieden erhalten werden. Nach dem Eintropfen der gesamten Mischung wird das Tropfgefäß mit verdünnter Salpetersäure nachgespült. Dann engt man die Flüssigkeit mit kleiner Flamme auf etwa 50 ccm ein und verascht (nach b).

---

[1] Z. physiol. Chem. **37**, 115 (1902/3); **43**, 32 (1904/5). Arch. Anat. u. Physiol. Physiol. Abtg. 362 (1902).

[2] l. c. S. 373 dieses Praktikums.

[3] Vgl. Hoppe-Seyler-Thierfelder: Physiologisch und pathologisch chemische Analyse, S. 652. Berlin: Julius Springer 1924.

Tritt bei fett- oder kohlehydrathaltigen Flüssigkeiten (z. B. Milch) bei der Veraschung ein starkes Schäumen ein, so sind diese vorher mit 1 % ig. reiner Kalilauge (pro 25 ccm Milch 15 ccm Kalilauge) zur Sirupdicke einzuengen.

Auch wird empfohlen, Milch mit dem vierten Volumenteil konz. Salpetersäure mit starker Flamme einzuengen.

b) Veraschung. Die zu veraschende Substanz wird unmittelbar, oder nach a) vorbereitet, mit 5—10 ccm des Säuregemisches übergossen. Tritt hierbei eine heftige Reaktion ein, so läßt man diese unter Kühlung abklingen. Dann wird der Kolben in schräger Lage auf einem Baboblech mit ganz kleiner Flamme (evtl. Mikrobrenner) vorsichtig erwärmt, bis die Entwicklung brauner nitroser Dämpfe geringer wird. Jetzt läßt man aus dem Tropfgefäß langsam Säuremischung in den Kolben tropfen, stellt die Tropfgeschwindigkeit derart ein, daß die Reaktion nicht zu heftig verläuft und gar ein Verspritzen des Kolbeninhalts stattfindet, und fährt hiermit so lange fort, bis mit einem Schwächerwerden der Entwicklung der nitrosen Dämpfe die Oxydation zu Ende zu gehen scheint. Um ihre Beendigung festzustellen, unterbricht man die Säurezugabe, erhitzt aber weiter, bis alle braunen Dämpfe verschwunden sind, und beobachtet, ob die Flüssigkeit im Kolben sich dunkler färbt oder schwärzt. Tritt eine Verfärbung ein, so läßt man aufs neue Säuregemisch zutropfen, wiederholt die Probe und fährt so fort, bis die Flüssigkeit beim Erhitzen ohne weitere Säurezugabe hellgelb oder farblos bleibt.

Ist es von Vorteil (wie z. B. bei der Phosphorsäurebestimmung) mit dem Zusatz an Säuregemisch zu sparen, so gibt man zu der zu veraschenden Substanz 10—20 ccm Säuregemisch hinzu und führt die Veraschung durch Zutropfen von konz. Salpetersäure allein zu Ende.

Nach dem Erkalten fügt man zu der Aschenlösung das dreifache Volumen an aqua dest. wie an Säuregemisch verbraucht wurde. Man kocht die Mischung 5—10 Min., wobei sich Nitrosylschwefelsäure unter Entwicklung brauner Dämpfe zersetzt.

Soll die Aschenlösung zur Eisenbestimmung nach Neumann verwendet werden (S. 373), so ist sie nach dem Farbloswerden noch ca. ¾ Stunden weiter zu erhitzen.

Modifikationen dieses Veraschungsvorganges (Zusatz andersartiger Oxydationsmittel usw.), die durch Art des zu veraschenden Materiales oder die Bestimmungsmethode notwendig werden, sind bei den einzelnen Bestimmungen angegeben.

Bestimmung des Natriums.

Im normalen 24 stündigen Harn des Erwachsenen finden sich etwa 3—4,5 g Na (als Na_2O berechnet etwa 4—6 g). Das Verhältnis von Na:K beträgt etwa 5:3.

Qualitativer Nachweis.

a) In der Asche durch Flammenreaktion: Gelbe Natriumflamme.

b) Wäßrige Aschenlösungen geben mit einer Lösung von Kaliumpyroantimoniat einen kristallinischen weißen Niederschlag von Natriumpyroantimoniat.

Quantitative Bestimmung.

Gravimetrische Natriumbestimmung als Natriumpyroantimoniat nach Kramer und Tisdall[1].

Prinzip. Natrium wird in der Lösung der Harnasche unmittelbar als Natriumpyroantimoniat gefällt und gewogen.

Reagentien. 1. Salzsäure 0,5 und 0,1 n. 2. Ammoniumhydroxydlösung konz. 3. Kaliumhydroxydlösung 10%ig. (in paraffinierter Flasche). 4. Alkohol 95%ig und 30%ig. 5. Gesättigte Ammoniumoxalatlösung. 6. Kaliumpyroantimoniat-Reagens. Vgl. S. 284. 7. Phenolphthaleinlösung.

Nur für nasse Veraschung notwendig: 1. Salpetersäure konz. pur. 2. Salzsäure konz. eisenfrei. 3. Salzsäure 0,1 n.

Apparate. 1. Goochtiegel: Auf den Boden des Goochtiegels kommt eine Schicht dichtporiges, quantitatives Filtrierpapier, hierauf eine Schicht Asbest, dann eine zweite Schicht Filtrierpapier und eine zweite Schicht Asbest. Um den Tiegel gegen Durchlaufen des feinen Natriumpyroantimoniates zu dichten, werden 300—400 mg Natriumpyroantimoniat hindurchfiltriert. 10 ccm Reagens werden mit 3 ccm 95%ig. Alkohol und 2 ccm einer NaCl-Lösung — enthaltend 3—5 mg Na pro ccm — versetzt. Nach etwa 5 Minuten Stehen werden die erhaltenen 60—100 mg Niederschlag in den Goochtiegel gebracht und mit 30%ig. Alkohol gewaschen. Das Verfahren wird wiederholt, bis 300—400 mg Niederschlag insgesamt filtriert sind. Der Tiegel wird bei 110° getrocknet, gewogen und ist dann zur Bestimmung fertig. Die Filtration erfolgt langsam, etwa 10—15 Tropfen pro Minute. (Vorteilhaft wird ein Glasfilter [vgl. S. 336] angewendet.) 2. Platinschale. 3. Platintiegel. 4. Graduierte Zentrifugengläser von mindestens 10 ccm Inhalt.

Ausführung. 1. Veraschung. a) Trockne Veraschung. 50 oder 100 ccm Harn werden in einer Platinschale eingedampft und nach Stolte verascht (S. 348). Die Asche wird auf dem Wasserbade mit 10 ccm 0,5 n HCl behandelt. Die Lösung wird durch ein quantitatives Filter von etwa 11 cm Durchmesser, das

---

[1] J. of biol. Chem. **46**, 467 (1921); **48**, 1 (1921).

mit 20—30 ccm 0,5 n HCl gewaschen worden ist, in einen 50—100 ccm-Meßkolben filtriert, und diese Behandlung wird so oft wiederholt, bis die Lösung auf das ursprüngliche Volumen des Harnes gebracht worden ist.

Bei der Untersuchung von Fäzes werden die Fäzes eines gemessenen Zeitabschnittes gesammelt, in einer Porzellanschale gewogen und auf dem Wasserbade zur Trockne gebracht. Hierauf wird 95%ig. Alkohol zugefügt, verdampft und das Verfahren wiederholt. Das Gewicht des fein gepulverten Trockenrückstandes wird bestimmt. 2 g desselben werden $1^1/_2$ Std. nach Stolte im Platintiegel verascht. Die Asche wird mit 10 ccm 0,5 n HCl behandelt und durch ein mit 20—30 ccm 0,5 n HCl gewaschenes, quantitatives Filter von 11 cm Durchmesser in einen 100 ccm Meßkolben filtriert. Die Behandlung der Asche wird wiederholt, bis das Volumen des Filtrates 100 ccm beträgt.

b) **Nasse Veraschung. Modifikation der Methode nach v. Dehn**[1]. Die Modifikation macht die Anwendung von Platingeräten entbehrlich und vermeidet die Gefahr, daß bei der Veraschung ein Teil des Alkalis sich verflüchtet. Hierzu werden 20—30 ccm Harn im Kjeldahlkolben mit etwa der gleichen Menge konz. reiner Salpetersäure versetzt und 10—12 Stunden im Wasserbade gekocht. Dann wird der Kolben auf eine Asbestplatte gestellt und unter Zusatz von 1—2 Glasperlen mit kleiner Flamme erhitzt, bis unter Abgabe brauner Dämpfe eine fast weiße Asche zurückbleibt. War die Veraschung nicht vollständig, so färbt sich die Flüssigkeit beim Abdampfen wieder dunkel und Kohlepartikel bleiben in der Asche zurück. Nach dem Abkühlen wird Salpetersäure hinzugefügt und mehrere Stunden auf dem Wasserbade erwärmt. Ist die Veraschung vollständig und die Säure abgedampft, so wird nach Abkühlung des Kolbens eisenfreie HCl zugesetzt, abgedampft und dies mehrere Male wiederholt, bis die Asche ganz weiß geworden ist. Der Rückstand wird mit 0,1 n HCl gelöst und im Meßkölbchen auf das Ursprungsvolumen aufgefüllt.

2. **Bestimmung.** 5—10 ccm der salzsauren Harnaschenlösung werden in einem Platintiegelchen zur Trockne gebracht. Die Asche wird gelöst und mittels 2,5 ccm 0,5 n HCl in ein graduiertes Zentrifugenglas von mindestens 10 ccm Inhalt gebracht. Zur Entfernung des Kalziums (Kalzium und Magnesium würden bei der Bestimmung als Phosphate ausfallen und stören) werden 3 ccm ges.

---

[1] Z. physiol. Chem. **144**, 178 (1925).

Ammoniumoxalatlösung zugegeben, worauf die Mischung 10 Min. stehen bleibt. Mit konz. NH_4OH wird auf 7 ccm aufgefüllt und die Mischung 45 Min. stehen gelassen, wobei Magnesium als Ammoniummagnesiumphosphat und Kalzium als Kalziumphosphat ausfällt. Man zentrifugiert 5 Min. und verfährt nun wie folgt oder nach der weiter unten gegebenen Modifikation von v. Dehn.

Man bringt 5 ccm der überstehenden Flüssigkeit in ein Platinschälchen, dampft sie zur Trockne ein und trocknet einige Minuten bei 100° im Trockenschrank, um ein Verspritzen bei der folgenden Veraschung zu verhindern. Man verglüht den Rückstand nach Stolte (S. 348) 15—30 Min. zur Vertreibung der Ammoniumsalze. Die im Tiegel zurückbleibende Asche wird in 2 ccm 0,1 n HCl gelöst, 1 Tropfen Phenolphthaleinlösung hinzugegeben und mit 2 oder 3 Tropfen 10%ig. KOH gerade alkalisch gemacht. 10 ccm des Kaliumpyroantimoniatreagenses werden zugefügt und 3 ccm 95%ig. Alkohols unter starkem Rühren eingetropft. Nach 30 Min. langem Stehen wird der Niederschlag in einen gewogenen Goochtiegel übergeführt und mit 5 bis 10 ccm 30%ig. Alkohol gewaschen. Der Tiegel wird eine Stunde in einem langsam auf 110° zu bringenden Trockenschrank getrocknet, 30 Min. im Exsikkator abgekühlt und gewogen.

Modifikation der Methode nach v. Dehn[1]. Nach v. Dehn kann man das zweite Verglühen und evtl. Natriumverluste wie folgt vermeiden.

Die Mg- und Ca-freie Lösung wird in eine Glasschale gebracht, etwas Kalilauge zugefügt, Phenolrotlösung (0,1%ig : 100 mg in 20 ccm warmem Alkohol gelöst und mit aqua dest. ad 100 ccm verdünnt) zugegeben und ein mit derselben Indikatorlösung getränktes Filtrierpapier über der Schale befestigt. Die Schale wird auf einem Wasserbade erwärmt, bis das Filtrierpapier neutrale Reaktion zeigt, während die Flüssigkeit noch alkalisch reagiert. Wenn die Flüssigkeit beim Kochen aufhört, alkalisch zu reagieren, muß etwas Kalilauge zugefügt werden. (Beginn der Ammoniakentfernung wird durch Rotfärbung des Indikatorpapieres, Ende der Reaktion durch seine Gelbfärbung angezeigt.) Die Kaliumpyroantimoniatfällung wird in der gleichen Glasschale ausgeführt.

Berechnung. Da 1 Mol $Na_2H_2Sb_2O_7 \cdot 6H_2O$ (511,6) 2 Grammatomen Na (46) entspricht, so ist die gewogene Niederschlagsmenge durch 11,12 zu dividieren, um die Na-Menge in der Bestimmung zu erhalten. Bei Umrechnung auf Harn ist die Harnverdünnung zu berücksichtigen.

---

[1] Z. physiol. Chem. **144**, 178 (1925).

Gravimetrische Bestimmung von Natrium und Kalium[1].

Prinzip. Nach Veraschung des Harnes werden aus der Aschenlösung alle Kationen bis auf die Alkalien, alle Anionen bis auf die Chloride ausgefällt. Die Summe der Alkalichloride wird gewogen. Das Kalium wird als Kaliumplatinchlorid bestimmt, als Chlorid berechnet, von der Summe der Chloride abgezogen und somit auch die Menge des Natriumchlorides ermittelt.

Reagentien. 1. Verdünnte Chlorbariumlösung. 2. Barytwasser. 3. Verdünnte Ammoniaklösung. 4. Verdünnte Ammoniumkarbonatlösung. 5. Verdünnte Salzsäure. 6. Platinchloridlösung 10%ig. 7. Mischung aus 4 Vol.-T. absol. Alkohol und 1 Vol.-T. Äther.

Apparate. 1. Goochtiegel. 2. Platinschale.

Ausführung. 20—100 ccm Harn werden nach der in der vorstehenden Natriumbestimmung angegebenen Methode trocken oder naß verascht. Bei trockner Veraschung wird die Asche wie angegeben (S. 352) mit verdünnter Salzsäure ausgezogen, bei nasser Veraschung die größte Menge der Schwefelsäure durch Erhitzen vertrieben und die Lösung mit aqua dest. verdünnt.

Die heiße Lösung wird zur Entfernung der Sulfate mit heißer verdünnter Chlorbariumlösung gefällt, bis kein Niederschlag mehr entsteht. Dann gibt man zur Abscheidung der Phosphate Barytwasser bis zur stark alkalischen Reaktion hinzu, läßt den Niederschlag absetzen, filtriert ab und wäscht aus. Durch Zugabe von Ammoniak und kohlensaurem Ammoniak wird der Überschuß von Barium aus dem Filtrat in der Hitze gefällt; man filtriert den Niederschlag ab, wäscht aus und bringt das Filtrat in einer Platinschale zur Trockne. Diese wird zur Entfernung der Ammoniumsalze schwach geglüht. Der Rückstand wird in wenig Wasser aufgenommen und mit 1 Tropfen Ammoniumkarbonatlösung versetzt. Bleibt die Lösung nicht völlig klar, so wird die Fällung mit Ammoniak und Ammoniumkarbonat wiederholt und wie bisher verfahren. Das Filter wird ausgewaschen, das Filtrat nach Hinzufügen einiger Tropfen Salzsäure abermals zur Trockene verdunstet, schwach geglüht und gewogen. Das erhaltene Gewicht gibt die Gewichtssumme an NaCl und KCl.

Das Kalium wird nunmehr als Kaliumplatinchlorid bestimmt.

Bestimmung des Kaliums als Kaliumplatinchlorid. Der gewogene Rückstand wird in wenig Wasser gelöst, mit

---

[1] Nach Spaeth: Die chemische und mikroskopische Untersuchung des Harnes, S. 62. Leipzig: Barth, 1924 und Hoppe-Seyler-Thierfelder: l. c. (S. 350 dieses Praktikums) S. 655.

10 % ig. Platinchloridlösung im Überschuß versetzt (für 0,1 g
Rückstand ca. 3,6 ccm), die Lösung auf dem Wasserbade eingedampft, so daß sie beim Erkalten erstarrt, mit wenigen Tropfen
Wasser befeuchtet und mit einigen ccm einer Mischung aus
4 Volumteilen absol. Alkohol und 1 Volumenteil Äther versetzt.
Man läßt den Niederschlag einige Stunden stehen, sammelt ihn
auf einem kleinen, 3 Stunden in einem Wägegläschen getrockneten und gewogenen Filter oder besser auf einem Goochtiegel,
indem man den Niederschlag mit der Alkohol-Äther-Mischung
hinüberspült und nachwäscht. Die Wägung erfolgt nach etwa
dreistündigem Trocknen bei 100 — 110°.

Berechnung. Da 1 Mol K_2PtCl_6 (486,2) 2 Mol KCl (2 · 74,56),
d. h. 1 Gew.-Teil Niederschlag $\dfrac{2 \cdot 74,56}{486,2} = 0,3067$ Gew.-Teile Kaliumchlorid entspricht, so gibt die gefundene Gewichtsmenge, multi-
pliziert mit 0,3067, das Gewicht an KCl. Subtrahiert man dieses
von dem Gewicht der Summe der Alkalichloride, so erhält man das
Gewicht des Chlornatriums. 1 g NaCl (Mol 58,45) entspricht an Na
(Gramm-Atom 23,00) $\dfrac{23,00}{58,45} = 0,3934$ g Na. 1 g KCl (Mol 74,56) entspricht an K (Gramm-Atom 39,10) $\dfrac{39,10}{74,56} = 0,5245$ g K.

Bestimmung des Kaliums.

Im 24 stündigen Harn des normalen Erwachsenen werden etwa
1,7—2,5 g K, berechnet als K_2O etwa 2—3 g, ausgeschieden.

Qualitativer Nachweis.

1. 100—200 ccm Harn werden auf ca. 15 ccm eingedampft, filtriert und mit 5 ccm konz. Weinsäurelösung versetzt. Beim Stehen
in der Kälte scheiden sich Kristalle von weinsaurem Kalium ab.
Zur Unterscheidung von Ammoniumsalzen ist der Niederschlag
durch Flammenreaktion zu prüfen. Kaliumsalze färben die
Flamme violett. Die Flamme ist durch blaues Kobaltglas zu
betrachten.

2. 5 ccm Harn werden verascht. Die wäßrige Aschenlösung
wird mit 1 ccm Kobaltreagens (siehe quantitative Bestimmung
S. 357 und 281) versetzt, wobei das Kalium sich als gelbes Kaliumnatriumhexanitrokobaltiat abscheidet.

Quantitative Bestimmung.

Gravimetrische Bestimmung als Kaliumplatinchlorid (s. S. 355).

Gravimetrische Bestimmung des Kaliums als Kaliumperchlorat nach Autenrieth und Bernheim[1].

Prinzip. Das Kalium wird mittels eines Natriumkobaltnitrit-Reagenses als Kaliumnatriumhexanitrokobaltiat abgeschieden und als Kaliumperchlorat zur Wägung gebracht.

Reagentien. 1. Kobaltreagens: 30 g krist. Kobaltnitrat werden in 60 ccm Wasser gelöst, mit 100 ccm konz. Natriumnitritlösung (entsprechend 50 g $NaNO_2$) gemischt und mit 10 ccm Eisessig versetzt. Nach Stehenlassen über Nacht wird die Lösung von dem entstandenen gelben Bodensatze abfiltriert. Die Lösung ist mindestens 3 Wochen lang haltbar (s. a. Kobaltreagens zur titrimetrischen Kaliumbestimmung nach Kramer-Tisdall S. 281). 2. Überchlorsäure 18%ig. (aus Überchlorsäure puriss. spez. Gew. 1,12, Merck, herzustellen). 3. Salzsäure 25%ig. 4. Alkohol 96%ig, enthaltend 0,2% Überchlorsäure. 5. Alkohol-Äther (zu gleichen Vol.-Teilen).

Apparate. 1. Goochtiegel. 2. Platintiegel.

Ausführung. 50 ccm filtrierter Harn werden mit 6—10 ccm Kobaltreagens versetzt, durchgeschüttelt und nach 6—8stündigem Stehen abfiltriert. Der Niederschlag wird mit 40—60 ccm kaltem Wasser, das mit einigen ccm Kobaltreagens versetzt ist, gewaschen und bei 110—120° getrocknet. Man löst den Niederschlag vom Filter ab, bringt ihn in eine Porzellanschale, verascht das Filter in einem Platintiegel, zieht die Asche mit heißem Wasser aus und bringt den filtrierten Aschenauszug zum Niederschlag. 10 ccm 25%ig. Salzsäure läßt man tropfenweise hinzufließen. Dann erhitzt man die Lösung auf dem Wasserbade gelinde (Schälchen mit Uhrglas bedecken, Vorsicht vor Verspritzen!) und dampft sie nunmehr auf dem Wasserbade bis zur Trockne ein, durchrührt den Rückstand mit etwas Wasser, dann mit 10 ccm einer 18%ig. Überchlorsäure, dampft ein und erhitzt, bis weiße Nebel auftreten und der Rückstand staubtrocken ist. Jetzt rührt man diesen mit ca. 10 ccm 96%ig. Alkohol, der 0,2% Überchlorsäure enthält, gut durch, filtriert das ungelöst bleibende Kaliumperchlorat durch einen Goochtiegel ab (dichte Asbestschicht!) und wäscht den Niederschlag erst mit einigen ccm überchlorsäurehaltigem Alkohol, dann mit Alkohol-Äther (zu gleichen Volumteilen gemischt) gut aus, bis das Filtrat rückstandfrei verdunstet. Man trocknet den Tiegel bis zur Gewichtskonstanz bei 120—130° und wägt.

----

[1] Z. physiol. Chem. **37**, 29 (1902/03).

Berechnung. Da 1 Mol $KClO_4$ (138,56) 1 Gramm-Atom K (39,10) entspricht, so ist 1 Gew.-Teil $KClO_4$ äquivalent $\frac{39,10}{138,56} = 0,2822$ Gew.-Teil K. Das Gewicht des Niederschlages, multipliziert mit 0,2822, ergibt somit das Gewicht an K.

Titrimetrische Bestimmung des Kaliums nach Tisdall und Kramer[1].

Prinzip. Das Kalium wird als Kaliumnatriumhexanitrokobaltiat gefällt und der Niederschlag mittels Kaliumpermanganats titriert.

Reagentien. Siehe S. 281.

Apparate. 1. Graduierte Zentrifugengläser von ca. 10 ccm Volumen, deren unteres Ende einen Durchmesser von 3—4 mm hat. 2. Mikrobürette, in 0,02 ccm geteilt.

Ausführung. 50—100 ccm Harn werden, wie bei der Natriumbestimmung nach Kramer-Tisdall S. 352 angegeben, entweder trocken oder naß verascht.

0,2—0,5 ccm der salzsauren Harnaschenlösung werden in ein graduiertes Zentrifugenglas gegeben und mit aqua dest. auf 2 ccm aufgefüllt. Das Zentrifugenglas muß vorher sorgfältig mit Bichromat-Schwefelsäure gereinigt werden, um ein Hängenbleiben des Niederschlages an der Zentrifugenglaswandung zu verhindern. 1 ccm des Kobaltnitritreagenses wird tropfenweise zu der Lösung zugesetzt; diese läßt man nach Durchmischung eine halbe Stunde stehen. Nunmehr wird mit aqua dest. auf 5 ccm aufgefüllt und mit einer guten Zentrifuge mindestens 7 Minuten zentrifugiert, bis der Niederschlag vollkommen abgeschleudert ist. Bis auf einen Rest von 0,2—0,3 ccm wird die überstehende Flüssigkeit entfernt. Hierzu kann man auf das Zentrifugenglas einen zweifach durchbohrten Stopfen setzen, der ein kurzes Glasrohr zum Einblasen von Luft und ein längeres Glasrohr trägt, das kapillar ausgezogen und zu einem nach oben geöffneten Häkchen gebogen ist; dieses soll in die Flüssigkeit tauchen und 3—4 mm oberhalb des Niederschlages enden. Durch vorsichtiges Einblasen in das kurze Rohr kann die Flüssigkeit ohne Aufrühren des Niederschlages entfernt werden. Es gelingt auch, durch vorsichtiges direktes Absaugen mit der schwach angestellten Wasserstrahlpumpe mittels der hakenförmigen Kapillare die Flüssigkeit zu entfernen.

5 ccm aqua dest. werden unter Abspülen der Zentrifugenglaswandung einpipettiert und vorsichtig derart bewegt, daß sie sich

---

[1] J. of biol. Chem. **48**, 1 (1921).

mit dem Reagensrest vermischen. Der Niederschlag soll hierbei so wenig wie möglich aufgerührt werden. Nach 5 Minuten langem Zentrifugieren wird die überstehende Flüssigkeit, wie oben angegeben, entfernt. Das Waschen wird dreimal wiederholt (im ganzen wird viermal gewaschen), worauf die überstehende Flüssigkeit vollkommen farblos sein soll. Nach ihrer Entfernung werden mittels einer in 0,02 ccm geteilten Mikrobürette 2—5 ccm 0,02 n Kaliumpermanganatlösung abgemessen zugesetzt, bis eine Rotfärbung bestehen bleibt; dann wird 1 ccm ca. 4 n H_2SO_4 hinzugegeben, die Lösung mit einem Glasstab durchmischt und das Gläschen in ein siedendes Wasserbad gesetzt. Wenn nach 20 bis 25 Sek. die Rosafärbung nahezu verschwunden ist, muß weiter Permanganat aus der Mikrobürette hinzugefügt werden. 1 Min. nach Erhitzungsbeginn soll die Lösung klar und rosafarben sein. (Bei ungenügender Oxydation bleibt die Lösung trübe und schwach gefärbt und die Erhitzung ist bis zur klaren Rosafärbung fortzusetzen. Bei allzu langer Erhitzung jedoch wird die Lösung wieder trübe und bräunlich und ist in diesem Fall zu verwerfen.)

Zu der rosafarbenen Flüssigkeit werden nun 2 ccm 0,01 n Natriumoxalat und bei Nichtentfärbung unmittelbar weitere 2 ccm hinzugegeben. Der Überschuß des Oxalates wird mit 0,02 n Permanganatlösung zurücktitriert, bis die Rosafärbung 1 Min. lang bestehen bleibt.

Berechnung. Man bestimmt die Differenz zwischen der gesamten zugesetzten und rücktitrierten Permanganatlösung. Von dieser Zahl zieht man denjenigen Bruchteil eines ccm der Permanganatlösung ab, der einem gleichen Volumen Wasser wie dem der Analyse unter gleichen Bedingungen die nämliche Farbtiefe erteilt (Blindwert). Durch Multiplikation der verbleibenden ccm-Zahl mit 2 erhält man die zur Oxydation verbrauchte Permanganatmenge, ausgedrückt in ccm 0,01 n Lösung. Da 1 ccm dieser Lösung eine Kaliumnatriumhexanitrokobaltiatmenge oxydiert, die 0,071 mg Kalium entspricht (vgl. S. 282), so ergibt die ccm-Zahl verbrauchter 0,01 n Permanganatlösung, multipliziert mit dem empirischen Faktor 0,071, die mg Kalium in der untersuchten Flüssigkeitsmenge. Aus diesem errechnet sich die Kaliummenge in dem Ausgangsharnvolumen.

Beispiel.

Zugesetzte ccm Permanganatlösung 0,02 n Lösung:
2,00 + 0,43 — 0,03 (Blindwert) = 2,40 ccm . . = 4,80 ccm 0,01 n Lösung
Rücktitriert: Oxalatlösung 0,01 n . . . . . . = 2,00 „ 0,01 n „
Verbrauchte ccm Permanganatlösung 0,01 n . = 2,80 ccm 0,01 n Lösung
K = 2,80 · 0,071 = 0,199 mg.

Bestimmung des Ammoniaks.

Im 24stündigen normalen Harn des Erwachsenen ist Ammoniak in Form von Ammoniumsalzen zu 0,6—0,8 g NH_3 enthalten. Die physiologischen Grenzwerte sind etwa 0,3—1,2 g.

Unter normalen Bedingungen beträgt der Ammoniak-N 2,5—4,5% des Gesamt-N. Die Ausscheidung des Ammoniaks ist abhängig von der Menge ausgeschiedener Säuren, zu deren Neutralisation es verwandt wird, und von der Harnstoffbildung in der Leber. Der Anteil des Ammoniaks am Gesamtstickstoff im Harn kann daher pathologisch bei allen Zuständen von Azidosis und Leberinsuffizienz stark ansteigen.

In der Wärme, wie auch bei mit Fäkalien verunreinigten Harnen tritt rasch ammoniakalische Gärung ein. Es ist daher — besonders für die Bestimmung N-haltiger Bestandteile — der Harn nach der Entleerung sogleich mit Konservierungsmitteln zu versetzen.

Qualitativer Nachweis.

Frisch gelassener bzw. mit Toluol oder Chloroform konservierter Harn gibt

1. bei Zusatz von Kalkmilch (Natron- und Kalilauge zersetzen Harnstoff) Ammoniak ab, das durch angefeuchtetes Lackmuspapier bzw. Kurkumapapier (Braunfärbung) über der Gefäßöffnung nachweisbar ist.

2. nach Zusatz von Neßlers Reagens (siehe S. 425) braune Färbung oder gelbbraune Fällung.

Quantitative Bestimmung.

Titrimetrische Bestimmung des Ammoniaks nach Folin[1].

Prinzip. Das im Harn als Ammoniumsalz vorliegende Ammoniak wird durch Sodazusatz in Freiheit gesetzt, bei einer Temperatur von 20—25° mittels Luftstroms in eine Vorlage übergeführt, die eine gemessene Säuremenge enthält, und diese dann azidimetrisch bestimmt.

Reagentien. 1. Salzsäure oder Schwefelsäure 0,1 n. 2. Natriumchlorid krist. 3. Natriumkarbonat wasserfrei. 4. Toluol oder Oktylalkohol. 5. Ali-

---

[1] Z. physiol. Chem. **37**, 161 (1902/03); J. of biol. Chem. **8**, 497 (1910/11).

zarinrot (Alizarinrot I WS Höchst) wäßr. Lösung 1%ig. oder Luteol (Chlor-
oxydiphenylchinoxalin) 0,2%ig. alkohol. Lösung.

Apparate. 1. Zylinder zur Aufnahme von 25 ccm Harn (Höhe ca.
45 cm, Durchmesser ca. 5 cm) mit doppelt durchbohrtem Gummistopfen,
durch den ein bis zum Boden reichendes sowie ein kurzes Glasrohr geführt
sind. Das kurze, rechtwinklig abgebogene Rohr wird durch ein mit Watte gefülltes U-Rohr mit 2 hintereinander geschalteten Waschflaschen verbunden,
die je, genau gemessen, 20—40 ccm 0,1 n Säure sowie etwas
Wasser enthalten. Das lange, rechtwinklig abgebogene Rohr
wird mittels Watte gefüllten U-Rohres mit einer Waschflasche
verbunden, die konz. Schwefelsäure enthält, um die ange-
saugte Luft von Ammoniakspuren zu reinigen. An Stelle der
beiden, die Titriersäure enthaltenden Vorlageflaschen kann
eine einzige Vorlage angewandt werden. Diese, die durch
nebenstehende Abbildung dargestellt wird, besteht aus einem
Glasrohr A (8 mm Durchmesser), das bei a in eine kleine
Kugel ausgeblasen ist, in die mit einem erhitzten Platindraht 5—6 kleine Öffnungen (1 mm Durchmesser) gestoßen
werden. B ist ein angeschmolzenes Reagenzglas (2,5 cm

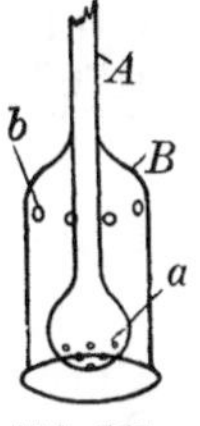

Abb. 111.

Durchmesser), in dem sich 6 oder 7 Öffnungen befinden: die Löcher sind
etwas größer als die in Rohr A. Diese Vorrichtung wird in einen etwas
größeren, die Vorlagesäure enthaltenden Zylinder gesetzt, derart, daß die
Öffnungen b noch in die Vorlagesäure eintauchen. Die das Ammoniak enthaltende Luft kommt zuerst bei a, dann auch bei b mit der Säure der
Vorlage in Berührung. Jede Spur von Ammoniak wird hierdurch zurückgehalten, auch wenn nur ein verhältnismäßig kleiner Überschuß (5—10 ccm)
von 0,1 n Säure in der Vorlage vorhanden ist. 2. Wasserstrahlpumpe, die
pro Stunde 600 bis 700 Liter Luft ansaugt.

Ausführung. 25 ccm filtrierten Harnes (enthält der Harn
Phosphatniederschläge, so sind diese durch Zusatz von Säure
in Lösung zu bringen) werden in dem Zylinder der unter 1.
angegebenen Apparatur zur Verhinderung des Schäumens mit
5—10 ccm Petroleum, Toluol oder 2—3 Tropfen Oktylalkohol versetzt. Enthielt der Harn ursprünglich Phosphatniederschläge, so
wird deren Wiederbildung durch Zusatz von 7—10 g Kaliumoxalat pro 25 ccm Harn verhindert. 8—10 g Natriumchlorid und
hiernach 1 g trockne Soda werden hinzugegeben. Der Zylinder
wird schnell in die Apparatur eingefügt (deren Verbindungen
vorher luftdicht hergestellt sein müssen) und in ein Wasserbad
von ca. 25° eingestellt. Von der Seite der Vorlagesäure aus
wird nunmehr Luft mittels einer guten vollgeöffneten Wasserstrahlpumpe durch die Apparatur gesogen. Nach 1—1½ Stunden ist alles Ammoniak in die Vorlage übergeführt; ihr Säure-
gehalt wird nach Zugabe von 2 Tropfen 1%ig. Alizarinrotlösung
— auf 200—300 ccm Flüssigkeit — bis zur Rot-, nicht Violettfärbung oder Luteol (0,2%ig. alkoholische Lösung; 4—5 Tropfen
pro 50 ccm Lösung) als Indikator mit 0,1 oder 0,05 n Lauge
titriert. Anstatt 25 ccm Harn können auch 50—100 ccm an-

gewandt werden. Die Dauer der Luftdurchleitung erhöht sich dann auf 1½—2½ Stunden. Die notwendige Dauer der Luftdurchleitung ist für jede Pumpe mit einer Bestimmung einer bekannten Ammonsulfatlösung auszuprobieren.

Berechnung. Die Differenz der vorgelegten und zurücktitrierten Säuremenge ergibt die durch Ammoniak gebundenen ccm 0,1 n Säure. 1 ccm verbrauchter 0,1 n Säure entspricht 0,001703 g NH_3.

Titrimetrische Bestimmung des Ammoniaks nach Weber und Krane[1].

Prinzip. Um Bildung von Ammoniak aus Harnstoff zu vermeiden, die nach Verff. auch bei der Folinschen Durchlüftungsmethode eintreten kann, wird das Ammoniak mit Natriumkobaltnitrit gefällt und erst aus diesem Niederschlag freigemacht und durch Abdestillation und Titration bestimmt.

Reagentien. 1. Natriumkobaltnitritreagens (s. Reagens zur Kaliumbestimmung nach Kramer-Tisdall S. 281). 2. Alkohol 95%ig und 40%ig. 3. Kjeldahllauge. 4. Schwefelsäure 0,02 n, im Liter 55 g $NaJO_3$ enthaltend. 5. Jodkaliumlösung 5%ig. 6. Thiosulfatlösung 0,02 n. 7. Stärkelösung.

Apparate. Zur Ammoniakdestillation wird Wasser in dem etwa 500 ccm fassenden Rundkolben K zum Sieden erhitzt und der Dampf durch das Rohr b in das Zentrifugenglas B eingeleitet. Dieses faßt 30 ccm und ist mittels Schliffs mit der Destillationsapparatur verbunden.

Das Rohr b ist mit einer kugligen, mehrere Löcher tragenden Erweiterung versehen, die bis nahezu an den Boden des Zentrifugenglases B reicht. Die Dämpfe gelangen dann durch den Kuppelraum c und die mit einem Tropfenfänger versehene Sicherheitskugel D in den Kühler E.

Nach Kondensation fließt das Destillat durch das Glasrohr e und f in die Vorlage F. Das Rohr f endet gleichfalls in einer kugligen durchlöcherten Erweiterung unmittelbar über dem Boden von F. Die Vorlage F ist durch einen Schliff in die Apparatur eingefügt und kann nach beendeter Destillation abgenommen werden, so daß die Titration direkt in der Vorlage erfolgen kann. Das Durchsaugen eines schwachen Luftstromes von S aus beseitigt alle Druckschwankungen. Dazu kann die Vorlage F an eine Wasserstrahlpumpe angeschlossen werden. Der Eintritt der Luft erfolgt durch das Steigrohr J. Dieses trägt im oberen Ende eine 15—20 ccm fassende bauchige Erweiterung, der untere Teil von J taucht mit einer trichterförmigen Erweiterung in die Flüssigkeit von K ein. In den Verlauf von b ist ein mit Hahn versehener Trichter G eingeschaltet, durch den die Zugabe der Reagentien erfolgt, ein gleicher Trichter H befindet sich am Beginn des Rohres e. Durch diesen kann nach beendeter Destillation e und f gespült werden.

---

[1] Z. physiol. Chem. **165**, 45 (1927).

Das Wasser im Dampfentwickler K enthält einige Glaskugeln und etwas Talkum zur Erzielung eines gleichmäßigen Siedens sowie etwas

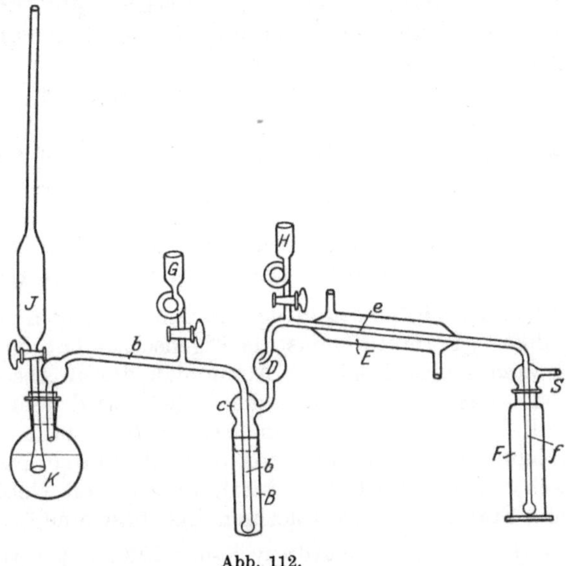

Abb. 112.

H_2SO_4 zur Reinigung der Außenluft von Spuren Ammoniak, die beim Durchsaugen des Luftstromes die Bestimmung fälschen könnten.

Ausführung. Zu 2 ccm Harn werden im Zentrifugenglas 2 ccm Wasser und 5 ccm Natriumkobaltnitrit-Reagens zugefügt. 10 Min. nach Zusatz des Fällungsmittels werden 4 ccm 95% ig. Alkohols tropfenweise unter Umschütteln zugegeben, nach weiteren 10 Min. wird zentrifugiert. Die überstehende Flüssigkeit wird mittels einer hakenförmigen Kapillare abgesaugt und der Niederschlag zweimal mit 40% ig. Alkohol gewaschen. Das Zentrifugenglas (s. Apparatur) wird nunmehr an die Destillationsvorrichtung geschlossen und die Dichtigkeit der Schliffe geprüft. Dann wird mit dem Durchsaugen des Luftstromes begonnen, der so reguliert wird, daß nicht mehr als 10 Luftblasen in der Minute in der Vorlage erscheinen. In dieser befinden sich 5 ccm der jodathaltigen 0,02 n H_2SO_4 (s. Reagentien 4.).

Nun läßt man zu dem Niederschlag zur Freimachung des NH_3 2 ccm Kjeldahllauge und so viel Wasser hinzufließen, daß die Kugel des Einleitungsrohres von Flüssigkeit bedeckt ist. Man beginnt mit der Wasserdampfdestillation, läßt nach 3 Min. weitere 5 ccm Lauge hinzu und destilliert bei kleiner Flamme noch 1 Min. Danach werden beide Trichterhähne geöffnet, die Vorlage und das Zentrifugenglas abgenommen, worauf das Rohr in die Vorlage ausgespült wird. Zur Vorlage gibt man 2 ccm 5%ig. KJ-Lösung und einige Tropfen Stärkelösung und titriert mit 0,02 n Thiosulfatlösung zurück.

Berechnung. Man bestimmt die Differenz zwischen vorgelegter und zurücktitrierter Säure.

1 ccm verbrauchter 0,02 n H_2SO_4 entspricht 1 ccm 0,02 n NH_3, d. h. 0,34 mg NH_3.

Kolorimetrische Bestimmung des Ammoniaks mittels Permutitbindung nach Folin und Bell[1].

Prinzip. Durch Schütteln des Harnes mit einem Alkali-Aluminiumsilikat „Permutit", das die Eigenschaft hat, in neutraler bzw. schwach saurer Reaktion Ammoniak durch Absorption zu binden bzw. gegen Natrium auszutauschen, wird dem Harn das Ammoniak quantitativ entzogen. Das an den abfiltrierten Permutit gebundene Ammoniak wird nunmehr durch Natronlauge freigemacht und unmittelbar durch Zusatz von Neßlerreagens gegen eine Standardlösung kolorimetrisch bestimmt[2].

Reagentien. 1. Natriumhydroxydlösung 10%ig. 2. Permutit (Permutit nach Folin, Deutsche Permutit-Gesellschaft). Gebrauchter Permutit kann wieder verwandt werden, wenn man ihn zuerst mit Wasser, dann mit 2%ig. Essigsäure auswäscht. Ist er von ausgefallener Quecksilberammoniak-Verbindung rot gefärbt, so ist er zunächst mit 2%ig. Kaliumjodidlösung zu waschen. 3. Neßlerreagens („modifiziert" s. S. 426. Reagentien 6). 4. Standardlösung aus pyridinfreiem Ammoniumsulfat, enthaltend 1 mg N in 5 ccm (s. S. 426. Reagentien 7).

Ausführung. 2 g Permutit werden in einem 200 ccm-Meßkolben mit 5 ccm Wasser und 5 ccm eines Harnes, der vorher im Verhältnis 1:2,5 bis 1:5 mit Wasser verdünnt ist, versetzt. Enthält der Harn wenig Ammoniak, so verwendet man unverdünnten Harn (aber nicht mehr als 2 ccm) oder besser eine halb so starke Standardlösung bei der Kolorimetrie (siehe Lösung 4). Man spült die Gefäßwandungen mit 1—5 ccm Wasser nach und schüttelt den Meßkolben vorsichtig, aber anhaltend 5 Min. Das Pulver wird mit 25—40 ccm Wasser von den Wandungen abgespült und nach Absetzen die Lösung abdekantiert. Waschen und Abdekantieren werden wiederholt. (Bei gallenfarbstoffreichem

---

[1] J. of biol. Chem. **29**, 329 (1917).

[2] Durch Schütteln von aqua dest. mit Permutit ist leicht „ammoniakfreies Wasser", wie es für alle Mikro-N-, bzw. NH_3-Bestimmungen benötigt wird, herzustellen.

Harn ist das Waschen noch 1—2 mal zu wiederholen.) Nach Zugabe von etwas Wasser werden 5—10 ccm der 10 % ig. Natriumhydroxydlösung hinzugegeben. Die Lösung wird umgerührt, mit etwa 100 ccm Wasser sowie 10 ccm Neßlerreagens versetzt und bis zur Meßmarke aufgefüllt. Nach gutem Durchschütteln bleibt die Lösung ca. 10 Min. stehen, wobei stets zu erproben ist, wie lange die neßlerisierte Lösung stehen muß, um das Maximum ihrer Färbung zu erreichen. Gewöhnlich geschieht dies nach 10—15 Min. Dann wird die Lösung im Kolorimeter gegen eine gleichzeitig mit Neßlerreagens versetzte Standardlösung gemessen, die im gleichen Volumen 1 mg N enthalten soll und mit gleichen Mengen Lauge und Reagens wie die zu untersuchende Lösung versetzt ist.

Berechnung. Die Konzentration der untersuchten Lösung ergibt sich gemäß der Beziehung (siehe Kolorimetrie S. 338).

$$c = \frac{c_1 \cdot h_1}{h}$$

und da $c_1 = 1$, so ist

$$\frac{\text{Ablesung der Standardlösung}}{\text{Ablesung der unbekannten Lösung}} = \text{mg N}$$

in der untersuchten Harnverdünnung.

Zur Umrechnung auf Harn ist die Verdünnung zu berücksichtigen.

Kolorimetrische Bestimmung des Ammoniaks in kleinen Harnmengen nach Folin und Macallum[1].

Prinzip. Die Methode gleicht der Methode zur Bestimmung des Harnammoniaks nach Folin, doch erfordert sie geringere Zeit und eine weniger leistungsfähige Wasserstrahlpumpe durch Verringerung der Harnmenge. Die Ammoniakbestimmung erfolgt kolorimetrisch.

Reagentien. 1. Kaliumkarbonatlösung 10 % ig, enthaltend 15 % Kaliumoxalat. 2. Oktylalkohol. 3. Neßlerreagens (s. S. 425). 4. Ammoniumsulfat-Standardlösung (enthaltend 1 mg N in 10 ccm) (S. 426. Reagentien 7). 5. HCl oder H_2SO_4 0,1 n.

Apparate. Apparatur wie zur Gesamt-N-Bestimmung nach Folin und Farmer (S. 427).

Ausführung. In das Reagenzglas der Apparatur zur Gesamt-N-Bestimmung nach Folin-Farmer (S. 427) werden 1—5 ccm Harn einpipettiert. Von normalem Harn genügen gewöhnlich 2 ccm. Bei der Untersuchung sehr verdünnten Harnes sind

---

[1] J. of biol. Chem. **11**, 523 (1912).

5 ccm, bei an Ammoniumsalz reichem diabetischen Harn 1 ccm oder weniger (Harn verdünnen) anzuwenden. Zur Bestimmung kommen 0,75—1,5 mg N.

Der Harn wird mit aqua dest. auf ein Volumen von 5 ccm gebracht. Einige Tropfen der Kaliumkarbonatlösung sowie 3 Tropfen Oktylalkohol werden zum Verhindern des Schäumens hinzugegeben. Nach Zusammensetzung der Apparatur läßt man einen Luftstrom ca. 10 Min. hindurchgehen. Als Vorlage dient ein 100 ccm-Meßkolben, der 20 ccm aqua dest. und 2 ccm 0,1 n Säure enthält.

Die Bestimmung entspricht dem für die Gesamt-N-Bestimmung beschriebenen kolorimetrischen Verfahren von Folin-Farmer (s. S. 425).

Bestimmung des Kalziums.

Im 24 stündigen normalen Harne werden etwa 0,07—0,3 g Ca (als CaO berechnet etwa 0,1—0,4 g) ausgeschieden.

Qualitativer Nachweis.

Eine Harnprobe wird durch Ammoniak alkalisch gemacht, wobei Kalzium und Magnesium als Phosphate ausfallen. Der Niederschlag wird abfiltriert und in verdünnter Essigsäure gelöst. Die Lösung wird mit etwas Ammoniumchloridlösung und dann mit Ammonoxalatlösung versetzt. Kalzium fällt als oxalsaurer Kalk aus.

Als Sediment findet sich Kalzium [1]

a) in stark saurem Harne: sehr selten, als Kalziumsulfat. Dünne lange Prismen oder an den Enden schief abgeschnittene Tafeln, unlöslich in Ammoniak und Säuren, löslich in viel Wasser. Als Urat vgl. S. 537;

b) in schwach saurem Harne: als sekundärer phosphorsaurer Kalk $CaHPO_4 \cdot H_2O$. Keilförmige oder spießförmige Kristalle oder Prismen, die mit ihrer Spitze zusammen liegen, Schollen oder amorphe Körnchen. In Essigsäure leicht löslich (Unterschied gegen Harnsäure und Tyrosin);

c) in alkalischem Harne: Trikalziumphosphat (neben Trimagnesiumphosphat) und Kalziumkarbonat. Trikalziumphosphat

---

[1] Vgl. Spaeth: l. c. (S. 355 dieses Praktikums) S. 665.

tritt in Form weißlicher amorpher Körnchen oder durchsichtiger Schollen auf. Ähnlich aussehende harnsaure Salze finden sich nur in saurem Harn. Beim Erwärmen wird das Phosphatsediment vermehrt, während das Uratsediment sich löst; Essigsäure löst Phosphate, Alkalien lösen nicht (im Gegensatz zu Uraten);

d) in saurem, neutralem und alkalischem Harn als Kalziumoxalat. Briefkuvertform, Prismen mit pyramidalen Endflächen, runde oder ovale Scheiben mit feiner radiärer Streifung. Unlöslich in Essigsäure, löslich in Salzsäure, nach Zusatz von Lauge zur salzsauren Lösung als Oxalat wieder in Oktaedern ausfallend. Durch Zusatz von Schwefelsäure in nadelförmige Kristalle von Gips umwandelbar.

Quantitative Bestimmung.

Gravimetrische Bestimmung des Kalziums nach McCrudden[1].

Prinzip. Kalzium wird unmittelbar im Harn als Oxalat ausgefällt und als CaO gewogen. Bei Untersuchung eiweißhaltiger Harne soll der Harn vorher verascht werden (s. S. 348).

Reagentien. 1. Ammoniumoxalatlösung 3%ig. und 0,5%ig. 2. Salzsäure konz. 3. Oxalsäurelösung 2,5%ig. 4. Natriumazetatlösung 20%ig. 20 g krist. Natriumazetat (kristallwasserhaltig) werden ad 100 ccm gelöst. 5. Alizarinlösung, verdünnt. 6. Ammoniumhydroxydlösung konz.

Ausführung. Ist der Harn alkalisch, so ist er neutral oder leicht sauer gegen Lackmus oder Alizarinlösung zu machen. Neutraler oder leicht saurer Harn wird filtriert. Zu 200 ccm des schwach lackmussauren, filtrierten, in einer Flasche befindlichen Harnes gibt man 10 Tropfen konz. Salzsäure. Ist der Harn aber stark sauer, so ist er mit Ammoniak gerade alkalisch und dann mit Salzsäure gerade wieder sauer zu machen. (Die wolkige Phosphattrübung, die sich beim Alkalisieren des Harnes bildet, kann evtl. als Merkzeichen für die Reaktion dienen.) Dann werden 10 ccm 2,5%ig. Oxalsäure und 8 ccm 20%ig. Natriumazetatlösung zugefügt; die Flasche wird verschlossen und die Mischung kräftig und anhaltend ca. 10 Min. geschüttelt. Das ausgefallene Kalziumoxalat wird durch ein kleines quantitatives Filter abfiltriert und mit 0,5%ig. Ammoniumoxalatlösung chlorfrei gewaschen.

---

[1] J. of biol. Chem. 7, 83 (1909/10); 10, 187 (1911/12). Vgl. Folin: Labor. Manual l. c. (S. 328 dieses Praktikums) S. 213.

In der Asche von Fäzes wird nach Lösen derselben in Salzsäure das Kalzium in gleicher Weise bestimmt, wie für stark saure Harne angegeben. Es ist zu beachten, daß die Neutralisation unter Anwendung eines Indikators erfolgen muß, daß nach Zufügung der 10 ccm Oxalsäure ein Überschuß von 3%ig. Ammoniakoxalatlösung hinzuzugeben ist und daß statt 8 ccm 15 ccm der 20%ig. Natriumazetatlösung angewandt werden müssen. Der Niederschlag wird getrocknet und mit Filter im gewogenen Platintiegel verbrannt. Nach Erhitzen im Gebläse wird bis zur Gewichtskonstanz gewogen.

Berechnung. Da 56,07 Gewichtsteile CaO 40,07 Gewichtsteilen Ca entsprechen, so erhält man durch Multiplikation mit $\frac{40,07}{56,07} = 0,714$ aus dem Gewicht des Rückstandes (CaO) das Gewicht an Kalzium in der untersuchten Harnmenge.

Titrimetrische Bestimmung des Kalziums nach Tisdall und Kramer[1].

Prinzip. Das Kalzium wird in der Harnaschenlösung als Oxalat gefällt und dieses durch Titration mit Permanganat bestimmt.

Reagentien. 1. Ammoniak 10%ig. 10 ccm konz. Ammoniaklösung werden mit aqua dest. ad 100 ccm aufgefüllt. 2. Ammoniak 2%ig. Lösung. 2 ccm Ammoniaklösung konz., verdünnt ad 100 ccm. 3. Schwefelsäure ca. 1 n. 50 ccm konz. Schwefelsäure pro analys. werden mit Wasser ad 1000 ccm verdünnt. 4. Oxalsäure ca. 1 n. 63 g Oxalsäure (Kahlbaum) werden mit aqua dest. ad 1000 ccm gelöst. 5. Gesättigte Natriumazetatlösung. Das Salz wird im Überschuß in Wasser eingetragen, die Lösung über Nacht stehen gelassen und die überstehende Flüssigkeit abfiltriert. Das Präparat muß kalziumfrei sein. 6. Kaliumpermanganatlösung 0,01 n. Die Permanganatlösung (durch Verdünnen von 0,1 n Permanganatlösung bereitet), ist nicht haltbar. Ihr Faktor ist bei jeder Bestimmung gegen die 0,01 n Oxalat-Standardlösung festzustellen. 7. Natriumoxalatlösung 0,01 n. 6,7 g Natriumoxalat (nach Sörensen, Kahlbaum) werden in aqua dest. gelöst, mit 5 ccm konz. Schwefelsäure versetzt und mit aqua dest. ad 1000 ccm aufgefüllt. Die Lösung dient als Stammlösung; sie ist 0,1 n und hält sich unbegrenzt. Die 0,01 n Lösung wird durch Verdünnung der Stammlösung aufs 10fache hergestellt; sie ist mindestens 2 Monate haltbar. 8. Phenolphthaleinlösung, 1%ig. alkoholische Lösung.

Ausführung. a) Veraschung des Harnes. 50 oder 100 ccm Harn werden in einer Platinschale eingedampft und nach Stolte verascht (s. S. 348). Die Asche wird auf dem Wasserbade mit 10 ccm 0,5 n HCl behandelt. Die Lösung wird durch ein quanti-

---

[1] J. of biol. Chem. **48**, 1 (1921).

tatives Filter von etwa 11 cm Durchmesser, das mit 20—30 ccm 0,5 n HCl gewaschen worden ist, in einen 50 oder 100 ccm Meßkolben filtriert. Dies wird so oft wiederholt, bis die Lösung auf das Ausgangsvolumen des Harnes gebracht worden ist.

b) **Veraschung der Fäzes.** 5 ccm des Stuhlaschen-Extraktes werden ad 50 ccm mit aqua dest. verdünnt. Von der Verdünnung werden 1—4 ccm zur Analyse angewandt.

1—4 ccm, gewöhnlich 2 ccm der salzsauren Harnaschenlösung werden in einem graduierten, sorgfältig mit Bichromat-Schwefelsäure gereinigten Zentrifugengläschen mit aqua dest. auf 3—4 ccm gebracht und mit 1 Tropfen Phenolphthaleinlösung und so viel der 10 % ig. Ammoniaklösung versetzt, daß die Lösung alkalisch reagiert. Dann wird mit ca. n H_2SO_4 die Reaktion gerade sauer gemacht, so daß evtl. ausgefallene Phosphate sich wieder lösen. 1 ccm der ca. n Oxalsäure und hierauf tropfenweise 1 ccm der filtrierten gesättigten Natriumazetatlösung werden hinzugegeben. Nach Durchmischen und ¾ stündigem Stehen wird 10 Min. mit einer guten Zentrifuge zentrifugiert. Die überstehende Flüssigkeit wird mittels kapillaren Häkchens (vgl. Kaliumbest. nach Kramer-Tisdall, S. 358) bis auf ca. 0,3 ccm entfernt. Der zurückbleibende Niederschlag wird durch Umrühren aufgerührt und 2 % ig. Ammoniak unter Abspülung der Zentrifugenglaswandung hinzugegeben, bis das Volumen der Lösung 4 ccm beträgt. Dann wird wieder 5 Min. zentrifugiert und das Waschen zweimal wiederholt. Nach dem dritten Waschen wird die überstehende Flüssigkeit entfernt und das Zentrifugenglas nach Zugabe von 2 ccm ca. n H_2SO_4 im siedenden Wasserbade einige Minuten erwärmt. Die Lösung wird mit 0,01 n Kaliumpermanganatlösung mittels einer Mikrobürette titriert, bis eine Rosafärbung wenigstens 1 Min. bestehen bleibt.

Weißer Hintergrund und gutes Licht sind notwendig. Man bestimmt, wieviel von der Permanganatlösung man braucht, um unter gleichen Bedingungen in einem gleichen Volumen Wasser dieselbe Farbtiefe zu erzeugen (Leerwert meist etwa 0,02 ccm).

Berechnung. Die Anzahl verbrauchter ccm 0,01 n Permanganatlösung (gewöhnlich 0,5—2 ccm abzüglich des Leerwertes), multipliziert mit 0,2, ergibt die Milligramme Kalzium der Bestimmung.

Nach der Gleichung

$$5\,CaC_2O_4 + 2\,KMnO_4 + 8\,H_2SO_4 = 10\,CO_2 + K_2SO_4 + 2\,MnSO_4$$
$$+ 8\,H_2O + 5\,CaSO_4$$

entspricht 1 Mol $KMnO_4$ $\frac{5}{2}$ Grammatomen Kalzium:

Rona-Kleinmann, Blut u. Harn. 24

1 ccm 0,01 n $KMnO_4$-Lösung enthält den $\dfrac{1}{1000 \cdot 100 \cdot 5}$ ten Teil eines Moles, entspricht also $\dfrac{5 \cdot 40}{2 \cdot 1000 \cdot 100 \cdot 5} = 0,2$ mg Ca.

Bestimmung des Magnesiums.

Im 24 stündigen normalen Harn des Erwachsenen werden etwa 0,06—0,18 g Magnesium (etwa 0,1—0,3 g MgO) ausgeschieden.

Qualitativer Nachweis.

1. Die Harnprobe wird mit Ammoniak versetzt, wobei Kalziumphosphat und Ammoniummagnesiumphosphat ausfallen. Der Niederschlag wird abfiltriert, in Essigsäure gelöst und die Lösung mit Ammoniumchlorid und Ammoniumoxalat versetzt, wodurch Kalzium als Oxalat ausgefällt wird. Es wird abfiltriert und das Filtrat ammoniakalisch gemacht. Magnesium fällt als Magnesiumammoniumphosphat aus.

2. Als Sediment findet sich Magnesium[1]:

a) im sauren Harne: als Magnesiumurat (vgl. S. 531);

b) im alkalischen Harne: als Tripelphosphat, Ammoniummagnesiumphosphat, $NH_4MgPO_4 \cdot 6\,H_2O$. Große 3—6 seitige Prismen (Sargdeckelform oder Schlittenform, seltener Farnkrautwedel, Federfahnen). Auffallend als das Sediment oder den Harn überziehende glänzende Haut. In Essigsäure löslich.

Selten im alkalischen, nicht ammoniakalischen Harn Magnesiumphosphat, $Mg_3PO_4 \cdot 2\,H_2O$. Große, längliche, rhombische Tafeln. Löslich in Essigsäure.

Quantitative Bestimmung.

Gravimetrische Bestimmung des Magnesiums nach McCrudden[2].

Prinzip. Das Magnesium wird nach Ausfällung des Kalziums unmittelbar im Harne als Magnesiumammoniumphosphat gefällt und als pyrophosphorsaures Magnesium gewogen. Bei Untersuchung eiweißhaltiger Harne soll der Harn zuerst verascht werden (siehe S. 348).

---

[1] Vgl. Spaeth: l. c. (S. 355 dieses Praktikums.) S. 665.

[2] J. of biol. Chem. 7, 83 (1909/10); 10, 187 (1911/12). Vgl. auch Folin: Laborat. Manual l. c. (S. 328 dieses Praktikums) S. 213.

Reagentien. 1. Alle Lösungen zur gravimetrischen Kalziumbestimmung nach McCrudden. 2. Primäre Natriumphosphatlösung 2%ig. 3. Salpetersäure konz. 4. Natriumzitratlösung 5%ig. 5. Ammoniaklösung verd. spez. Gew. 0,96. 6. Alkoholische Ammoniaklösung. 1 Vol.-Teil Alkohol, 1 Vol.-Teil verd. Ammoniak und 3 Vol.-Teile Wasser.

Ausführung. Der Harn wird zunächst genau so behandelt wie bei der Kalziumbestimmung nach McCrudden beschrieben worden ist. Das Filtrat vom Kalziumoxalatniederschlag mitsamt der Waschflüssigkeit, die das Magnesium enthält, wird nach Zugabe von 20 ccm konz. Salpetersäure fast zur Trockne abgedampft. Wenn der Rückstand nahezu trocken geworden ist und sich keine Dämpfe von nitrosen Gasen mehr entwickeln, werden 10 ccm konz. Salzsäure zugefügt. Die Mischung wird wieder beinahe bis zur Trockne gebracht, mit Wasser auf etwa 80 ccm aufgefüllt, mit Ammoniak nahezu neutralisiert und dann abgekühlt. Ist kein Eisen zugegen, wie gewöhnlich bei Harnuntersuchungen, so wird genügend Natriumphosphatlösung zugegeben, um alles Magnesium auszufällen. Ein geringer Überschuß des Fällungsmittels soll vorhanden sein. Dann wird Ammoniak tropfenweise unter Umrühren hinzugefügt, bis die Lösung alkalisch wird und unter ständigem Rühren weiter Ammoniak hinzugegeben, bis die Lösung ein Viertel ihres Volumens an Ammoniak vom spez. Gew. 0,96 enthält. Die Lösung bleibt über Nacht stehen, wird filtriert und mit alkoholischer Ammoniaklösung (s. Reagentien 6) gewaschen. Nach Trocknung wird das Filter im Platintiegel unter genügender Luftzufuhr, um Reduktionen zu vermeiden, verbrannt.

Ist aber Eisen vorhanden, wie mitunter bei Stuhlaschen, so werden 0,5—1 ccm 5%ig. Natriumzitratlösung[1] vor Ausfällung des Magnesiums zur Lösung hinzugegeben. Dann fällt man das Magnesium wie angegeben und filtriert es ab. Der Niederschlag wird einigemal durch Dekantieren gewaschen, auf dem Filter und im Gefäß mit verd. Salzsäure gelöst, das Filtrat mit aqua dest. auf 80 ccm gebracht, mit 0,5—1 ccm 5%ig. Natriumzitratlösung versetzt und nochmals wie beschrieben gefällt. Nun wird der Niederschlag wie bei der eisenfreien Bestimmung filtriert, gewaschen und gewogen. Zum Schluß glüht man ¼ Stunde mit dem Teclubrenner. Wird der Tiegelinhalt nicht völlig weiß, so wird er nach Spaeth[2] mit etwas Ammoniumnitrat und aqua dest. oder mit einigen Tropfen Salpetersäure vorsichtig erwärmt und dann geglüht.

---

[1] Es entstehen dabei komplexe Eisenzitratverbindungen, die durch Ammoniak nicht gefällt werden.

[2] l. c. (S. 355 dieses Praktikums) S. 73.

Berechnung. Da 2 Mol Mg (24,32 · 2) 1 Mol $Mg_2P_2O_7$ (222,72) entsprechen, so gibt das Gewicht des $Mg_2P_2O_7$, multipliziert mit 0,2184, die gefundene Magnesiummenge.

Titrimetrische Bestimmung des Magnesiums nach Tisdall und Kramer[1].

Prinzip. Nach Ausfällung des Kalziums als Oxalat wird das Magnesium als Magnesiumammoniumphosphat niedergeschlagen. Durch Auflösen in einem Überschuß von HCl wird Phosphorsäure frei, die mit Natronlauge zu NaH_2PO_4 titriert wird (Umschlagspunkt pH 4,4).

Reagentien. 1. Ammoniaklösung 1:10. 10 ccm konz. $(NH_4)OH$-Lösung werden mit aqua dest. ad 100 ccm aufgefüllt. 2. Schwefelsäure 4 n. 3. Ammoniumoxalatlösung, gesättigt. 4. Ammoniumphosphatlösung $[(NH_4)_2HPO_4]$ 10%ig. 5. Ammoniumhydroxydlösung konz. 6. Alkohol 30%ig. 7. Cochenilletinktur. 1 Teil zerriebener Cochenille werden mit 10 Teilen 25%ig. Alkohol digeriert. 8. Phenolphthalein 1%ig. alkohol. Lösung. 9. Salzsäure 0,1 n. 10. Natronlauge 0,1 n.

Ausführung. 25—50 ccm einer Harnaschenlösung (oder 10—30 ccm des Stuhlextraktes), die, wie bei der Kalziumbestimmung nach Tisdall und Kramer S. 368 angegeben, herzustellen ist, werden in einem 100 ccm-Becherglas mit einem Tropfen Phenolphthalein- und der Ammoniaklösung bis zur gerade alkalischen Reaktion versetzt. Dann wird 4 n H_2SO_4 hinzugefügt, bis die Lösung sauer reagiert und ausgefallene Phosphate sich wieder gelöst haben. Nach Zusatz von 5 ccm ges. Ammoniumoxalatlösung (10 ccm bei Stuhlextrakten) wird die Lösung umgerührt und 15 Min. stehen gelassen. Kalzium fällt als Oxalat aus. Nunmehr werden 1 ccm 10%ig. $(NH_4)_2HPO_4$- und 5 ccm konz. NH_4OH-Lösung zugesetzt. Die Mischung wird sorgfältig durchgerührt, 1 Stunde stehen gelassen und durch ein quantitatives Filter (Schleicher und Schüll, 9 cm Durchm.) filtriert. Der Niederschlag wird mit Hilfe der Ammoniaklösung übergespült, die dann durch 4maliges Waschen mit 30%ig. Alkohol verdrängt wird. Das Filter wird in einem 100 ccm-Becherglase in ca. 30 ccm warmem Wasser mittels eines Glasstabes durchgerührt. Hierauf werden 3 Tropfen Cochenilletinktur und 0,1 n HCl im Überschuß (gewöhnlich 5 ccm) genau abgemessen hinzugefügt. Nach 5 Min. wird die Mischung mit 0,1 n NaOH aus einer Mikrobürette titriert, bis die Farbe von leicht gelb zu purpur umschlägt. Die Titration ist auf 1 Tropfen genau.

---

[1] J. of biol. Chem. **48**, 8 (1921).

Berechnung. Die ccm-Zahl zugegebener 0,1 n HCl abzüglich der ccm-Zahl verbrauchter 0,1 n NaOH entspricht der gleichen ccm-Zahl einer 0,1 n Magnesiumlösung, da nach der Formel

$$NH_4MgPO_4 + 3\,HCl = NH_4Cl + MgCl_2 + H_3PO_4$$

und nach der Titration von H_3PO_4 zu NaH_2PO_4 ein Äquivalent Magnesium einem Äquivalent H entspricht. Da 1 ccm 0,1 n Mg-Lösung 1,21 mg Mg enthält, so ergibt die Multiplikation der ccm-Zahl verbrauchter Säure mit 1,21 die Milligramme Magnesium in der Bestimmung. Der Fehler der Methode liegt innerhalb 3%.

Bestimmung des Eisens.

Im normalen, menschlichen 24stündigen Harn sollen nach Angabe verschiedener Autoren kleine Eisenmengen (etwa 1—5 mg) in organischer Bindung ausgeschieden werden. Nach neuesten Untersuchungen (Lintzel) ist im normalen Harn kein Eisen vorhanden.

Qualitativer Nachweis.

Für diesen gelten sämtliche Vorsichtsmaßregeln sowie die Vorschriften zur Reinigung der Reagentien wie unter „Quantitative Bestimmung" angegeben. Der Harn wird trocken verascht und die Asche in eisenfreier (gereinigter s. S. 377) Salzsäure gelöst. Ein Teil der Lösung wird nach dem Aufkochen mit einigen Tropfen Salpetersäure

1. mit Rhodankaliumlösung versetzt: Rotfärbung.

2. mit etwas Ferrozyankaliumlösung versetzt: Blaufärbung (Berliner Blau).

3. nach Neutralisation mit Ammoniak und Schwefelammon versetzt: schwarze Fällung (Schwefeleisen).

Quantitative Bestimmung.

Jodometrische Eisenbestimmung nach Neumann[1], modifiziert nach Hanslian[2] und Lintzel[3].

Prinzip. Nach nasser Veraschung aller organischen Substanz wird in der Lösung der Harnasche bei ammoniakalischer Reaktion

---

[1] Z. physiol. Chem. **37**, 120 (1902/03); **43**, 33 (1904/05).
[2] Abderhaldens Arbeitsmethoden, VI, 376 (1912).
[3] Z. Biol. **87**, 157 (1928).

ein Niederschlag von Zinkammoniumphosphat erzeugt. Dieser Niederschlag reißt quantitativ alles Eisen mit. Nach Lösen desselben in Salzsäure werden gemäß der Umsetzung $2\,FeCl_3 + 2\,KJ = 2\,FeCl_2 + 2\,KCl + J_2$ durch Zusatz von Jodkalium äquivalente Mengen Jod frei gemacht und nach Stärkezusatz mit einer eingestellten ca. 0,004 n Thiosulfatlösung titriert.

Reagentien. 1. Schwefelsäure puriss. pro analysi. 2. Salpetersäure (Reagens-Salpetersäure 1,4 Merck). Eine Prüfung der zur Veraschung dienenden Säuren auf Eisenfreiheit mit Ammoniumrhodanid direkt ist nicht beweisend, da Salpetersäure durch Anwesenheit von Nitriten ebenfalls eine Rotfärbung mit Ammoniumrhodanid geben kann, ohne Eisen zu enthalten. Ein Eisengehalt der Schwefelsäure kommt bei dem in der Analyse zu verwendenden Volumen von 15 ccm nicht in Frage. Dagegen ist die Salpetersäure wie folgt zu prüfen:

50 ccm der Säure werden mit einigen ccm konz. Schwefelsäure im Rundkolben eingedampft, der Rückstand wird mit 10 ccm Wasser aufgekocht, mit Ammoniak alkalisch gemacht und mit einigen ccm farblosen Ammoniumsulfides versetzt. Beim Erhitzen im Wasserbad fällt Eisensulfid in Flocken aus, die abfiltriert, gewaschen und in Salzsäure gelöst werden. Die Lösung wird mit einigen Kriställchen Kaliumchlorat gekocht und nach dem Abkühlen mit Rhodanammonium kolorimetrisch ausgewertet (s. kolorimetr. Eisenbestimmung nach Lintzel, S. 378). 3. Eisenchloridlösung, enthaltend 2 mg Fe in 10 ccm. 20 ccm der Freseniusschen Eisenchloridlösung (Kahlbaum), welche 10 g Fe im Liter enthält, werden mit etwa 2 ccm konz. Salzsäure versetzt und dann ad 1000 ccm aufgefüllt. Die Lösung ist in brauner Flasche aufbewahrt haltbar. 4. Thiosulfatlösung ca. 0,004 n; etwa 40 g Natriumthiosulfat zu 1000 ccm gelöst geben in brauner Flasche aufbewahrt eine haltbare Stammlösung. Diese Lösung wird zum Gebrauch auf das 40fache verdünnt. Ihr Titer ist wie folgt einzustellen.

4 ccm der konz. Salzsäure und 2 ccm Standardeisenlösung = 0,4 mg Fe werden mit verdünnter Natronlauge versetzt, bis die Lösung gegen Kongopapier noch deutlich sauer reagiert (etwa ebenso stark wie gegen 0,01 n HCl). Die Lösung wird auf 50 ccm gebracht und nach Stärkezusatz, 30 Minuten langem Kohlensäuredurchleiten und Jodkalizusatz titriert, wie in „Ausführung“ bei der Eisentitration beschrieben ist. Es wird die Eisenmenge, die 1 ccm Thiosulfatlösung entspricht, ermittelt. 5. Stärkelösung. 1 g lösliche Stärke (Schering) wird in 500 ccm siedendem Wasser gelöst und 10 Min. gekocht. 6. Zinkreagens. Etwa 25 g Zinksulfat und 100 g sekund. Natriumphosphat (puriss. pro analysi Kahlbaum) werden jedes für sich in Wasser gelöst und in einem 1 Liter-Meßkolben vereinigt. Der entstandene Niederschlag von Zinkphosphat wird mit Schwefelsäure gerade gelöst und die Lösung zu 1000 ccm mit aqua dest. aufgefüllt. 7. Jodkalium, neutral, pro analysi. (Das Präparat soll, in 20 Teilen Wasser gelöst, mit Stärkelösung und etwas verdünnter Schwefelsäure versetzt, innerhalb einer Minute keine Andeutung von Blaufärbung zeigen.) 8. Verdünnte HCl (aus HCl Merck puriss.). 9. Verdünnte Natronlauge (aus Natriumhydroxyd puriss. e natrio in bacillis Merck hergestellt.) 10. Rhodankaliumlösung ca. 40% ig. 11. Kohlensäure (aus Bombe).

Apparate; Bangsche Mikrobürette.

Ausführung. 500 ccm Harn werden mit 50 ccm konz. Salpetersäure gemischt und im Kjeldahlkolben eingedampft. Hierbei ist

die Technik zu beachten, die in dem Abschnitt: „Nasse Veraschung nach Neumann", S. 350, beschrieben ist.

Nach Einengen auf etwa 50 ccm wird erst mit 30 ccm Säuregemisch (Salpetersäure-Schwefelsäure zu gleichen Teilen), dann
mit Salpetersäure nach Bedarf verascht. Die nach dem Abkühlen
farblose Aschenlösung wird mit Wasser verdünnt und $^3/_4$ Stunden
gekocht, um die gebildete Nitrosylschwefelsäure zu zersetzen.
Dann wird die Flüssigkeit in einen 1 Liter-Rundkolben übergespült und mit 10 ccm Standardeisenlösung, entsprechend 2 mg Fe,
versetzt.

Von getrockneten Fäzes werden 3—5 g genommen. Es sollen
in der Analyse etwa 2—3 mg Fe vorhanden sein. Hat man merklich weniger Eisen in der Analyse, so gibt man vorher wie beim
Harn 10 ccm Eisenchloridlösung hinzu; nur dann erhält man eine
vollständige, der Eisenmenge entsprechende Jodabscheidung. Die
zugefügte Menge Fe ist von dem Analysenergebnis abzuziehen.

Die klare Lösung versetzt man mit 20 ccm Zinkreagens (20 ccm
reichen für 5—6 mg Fe) und fügt unter Abkühlung zuerst konz.
Ammoniaklösung und, wenn annähernd neutrale Reaktion erreicht
ist, verdünnte Ammoniaklösung hinzu, bis der beim Zutropfen
sich bildende weiße Zinkniederschlag beim Umschütteln bestehen bleibt. Man fährt mit der Ammoniakzugabe vorsichtig
fort, bis der weiße Niederschlag gerade wieder verschwindet.
Hat man in der Lösung Erdalkaliphosphate, so bleibt ein Niederschlag bestehen und das Merkzeichen, welches durch Lösen des
Zinkphosphates gegeben wird, fällt fort. Doch kann man gewöhnlich den flockigen Zinkniederschlag von der Erdalkaliphosphat-
fällung unterscheiden. Sonst verfährt man so, daß man die Lösung gegen Lackmuspapier schwach ammoniakalisch macht. Dann
erhitzt man auf dem Baboblech zum Sieden und nach Eintritt
einer kristallinischen Trübung noch etwa 10 Min. Stoßen der
Flüssigkeit (Vorsicht!) verhindert man durch starkes Sieden. Der
kristallinisch abgeschiedene Niederschlag setzt sich schnell ab
und kann durch Dekantieren abgetrennt werden.

Hierzu gießt man die Lösung heiß durch ein Filter von 6 bis
7 cm Durchmesser (nicht größer!) und prüft eine kleine Probe
des Filtrates durch Salzsäure- und Rhodankaliumzusatz auf
Eisen. Entsteht eine deutliche Rotfärbung, so gießt man das
Filtrat in den Kolben zurück, erhitzt weiter und wiederholt die
Prüfung. Ist das Filtrat wiederum nicht eisenfrei, so muß die
Bestimmung mit einer geringeren Menge Ausgangssubstanz wiederholt werden, da mehr als 20 ccm Zinkreagens nicht angewandt
werden sollen.

Bei Eisenfreiheit wäscht man den Niederschlag im Rundkolben 3 mal durch Dekantieren mit heißem Wasser. Das letzte Waschwasser darf, wenn 5 ccm von ihm mit einigen Kristallen Jodkalium, Stärkelösung und einem Tropfen Salzsäure versetzt werden, keine oder nur eine äußerst schwache Violettfärbung zeigen (Prüfung auf Jod freimachende Substanzen, z. B. salpetrige Säure).

Man löst den Niederschlag in 20 ccm 25 % ig. Salzsäure und erwärmt in einer Schale mit dieser Lösung das Filter, durch das man filtriert hat, indem man es auf einem Wasserbade etwa 10 Min. unter Zerteilen mit einem Glasstabe erhitzt, spült den Rundkolben mit 20 ccm Wasser, gibt diese ebenfalls zu dem Schaleninhalt und filtriert durch ein kleines Filter in einen 250 ccm-Meßkolben mit eingeschliffenem Stopfen. Man wäscht die gebrauchten Geräte und das Filter so lange mit heißem Wasser, bis das Filtrat mit Rhodankalium und Salzsäure keine Rotfärbung mehr zeigt. (Gewöhnlich beträgt das Filtrat dann 200 ccm.)

Nunmehr wird zu den vereinigten Filtraten Natronlauge hinzugegeben, bis eine Trübung aus Zinkphosphat auftritt, diese durch 2—3 Tropfen verdünnter Salzsäure eben in Lösung gebracht (kongosauer) und das Ganze bei Zimmertemperatur zu 250 ccm mit aqua dest. aufgefüllt.

Von der Lösung pipettiert man 50 ccm in ein 100 ccm-Kölbchen mit eingeschliffenem Stopfen, gibt 5 ccm Stärkelösung hinzu, verdrängt die Luft durch mindestens 30 Min. langes Kohlensäureeinleiten, fügt 3 g Jodkalium hinzu, verschließt, schüttelt durch und titriert nach 20 Min. langem Stehen das ausgeschiedene Jod mittels Mikrobürette mit Thiosulfatlösung. Dann leitet man wiederum Kohlensäure ein, verschließt das Kölbchen und beobachtet, ob eine Blaufärbung erneut eintritt. Es soll dies erst nach stundenlangem Stehen geschehen.

Tritt jedoch nach der Entfärbung bei der Titration erneut eine Blaufärbung ein, so titriert man mit Thiosulfat und beobachtet weiter. Erscheint nochmals eine Blaufärbung, so wiederholt man die Analyse mit 50 ccm Lösung unter Zugabe von 5 g Jodkali.

Von 2 gelungenen Parallelbestimmungen ist der Durchschnittswert zu nehmen.

Berechnung. Sie ergibt sich unmittelbar aus dem Faktor der Thiosulfatlösung. Diese ist so eingestellt worden, daß ermittelt wurde, wieviel von der Thiosulfatlösung 0,4 mg Eisen entsprechen. Diese Menge sei a. 1 ccm Thiosulfatlösung entspricht dann $\frac{0,4}{a}$ mg Fe und die bei der Bestimmung verbrauchte

Menge x ccm $\dfrac{x \cdot 0{,}4}{a}$ mg Fe. Es ist bei Umrechnung auf Harn zu berücksichtigen, daß nur der fünfte Teil des Ausgangsvolumens zur Bestimmung verwandt wurde.

Kolorimetrische Bestimmung des Eisens nach Lachs und Friedenthal[1].

Prinzip. Die zu untersuchende Lösung (bzw. organische Substanz) wird trocken verascht, die Asche gelöst und mit Ammoniumrhodanid versetzt. Das bei Anwesenheit von Eisen sich bildende blutrote Rhodaneisen wird mit einer gemessenen Menge Äther bzw. Essigester (in dem der Farbstoff haltbar ist) ausgeschüttelt und gegen eine Standardlösung kolorimetrisch gemessen. Die Methode kommt zur Anwendung, wenn Ag, Hg, Co, Fluoride und Phosphate (diese über 0,05 g im Bestimmungsvolumen) nicht zugegen sind, die die Farbreaktion beeinflussen würden.

Reagentien. 1. Salzsäure 6 n puriss. eisenfrei. 2. Rhodankaliumlösung konz. (kurz aufzukochen). 3. Essigester. 4. Fe-Standardlösung: 0,7000 g reines Eisenammoniumsulfat $FeSO_4(NH_4)_2SO_4 \cdot 6\,H_2O$ werden in ca. 100 ccm aqua dest. gelöst. 5 ccm Schwefelsäure, spez. Gew. 1,84, werden hinzugefügt, worauf die Lösung warm mit Permanganatlösung bis zur vollständigen Oxydation versetzt wird. Nach dem Abkühlen wird ad 1000 ccm mit aqua dest. aufgefüllt. Von der Lösung, die 0,1 mg Fe pro ccm enthält, werden Verdünnungen hergestellt, die absteigend eine geometrische Reihe zwischen den Konzentrationen 0,1—0,005 mg pro ccm geben. (Vgl. Abschnitt Kolorimetrie S. 336.) Die Reagentien 1. und 2. lassen sich durch Ausschütteln mit Essigester oder Äther nach Rhodankaliumzusatz von Verunreinigungen an Eisen befreien.

Apparate. 1. Reagenzgläser aus klarem Glase in völlig gleicher, lichter Weite. 2. Tondreieck (zur Aufnahme des Veraschungstiegels) mit Kupferdrähten an Stelle von Eisendrähten. Dreifuß, Mikrobrenner und Gebläsebrenner sollen aus Messing bestehen. 3. evtl. Heraeus-Ofen.

Alle benutzten Geräte sind von eisenhaltigen Verunreinigungen durch Abspülen mit salzsäurehaltiger konz. Rhodankaliumlösung auszuspülen.

Ausführung. 5—10 ccm Harn werden in einem Tiegelchen vorsichtig eingedampft und verascht. Die weiße Asche wird mit einem Tropfen konz. HNO_3 abgeraucht, mit 1 ccm 6 n HCl und 1 ccm Wasser aufgenommen, mit 1 ccm konz. Rhodanammoniumlösung versetzt und mit 1 ccm Äther ausgeschüttelt. Nach Schönheimer und Oshima[2] ist es zweckmäßiger, an Stelle des Äthers Essigester anzuwenden, da in diesem die Rotfärbung haltbar ist. Man vergleicht die Farbe mit einer Reihe Standardlösungen, die 0,1—0,005 mg Eisen pro ccm enthalten und völlig gleichartig behandelt sind. Die Vergleichsreihe ist zuerst in größeren Stufen

---

[1] Biochem. Z. **32**, 130 (1911).   [2] Z. physiol. Chem. **180**, 254 (1929).

anzuordnen und erst bei einer zweiten Bestimmung einzuengen. Stets ist eine Blindbestimmung mit den Reagentien allein auszuführen.

Kolorimetrische Bestimmung des Eisens nach Lintzel[1].

Prinzip. Das Eisen wird nach nasser Veraschung der organischen Substanz als Sulfideisen gefällt und als Rhodaneisen kolorimetrisch bestimmt. Da die zusammen mit dem Eisensulfid ausfallenden Phosphate die Rhodanreaktion stören, wird eine Trennung des Eisens von Kalziumphosphat durch Ausfällung als Ferriphosphat in essigsaurer Lösung in den Analysengang eingeschaltet.

Reagentien. 1. Schwefelsäure und Salpetersäure zur Veraschung (s. Veraschung nach Neumann, S. 350). 2. Ammonsulfid 10% ig. 3. Verd. HCl aus HCl puriss. eisenfrei, ca. 0,5 n. 4. Kaliumchlorat puriss. krist. 5. Verd. Ammoniaklösung. 6. Ammoniumazetat 20% ig. 7. Ammoniumrhodanidlösung 10% ig. 50 g Rhodanammon werden in Wasser zu 500 ccm gelöst, kurz erwärmt und filtriert. 8. Freseniussche Eisenlösung (Kahlbaum) 1,0 g Fe in 100 ccm. 100 ccm dieser Lösung mit 5 ccm konz. HCl und H_2O ad 5 Liter geben die Standardlösung (2 mg Fe in 10 ccm).

Ausführung. Die zu untersuchende Harnmenge, z. B. ein Volumen von 500 ccm, wird nach Neumann verascht. Die zur Zersetzung der Nitrosylschwefelsäure $^3/_4$ Stunden mit Wasser gekochte Aschelösung wird im Veraschungskolben mit Ammoniak alkalisch gemacht und mit 5 ccm 10% ig. Ammonsulfid auf dem Wasserbade erhitzt, bis sich über dem gebildeten Niederschlag eine klare, gelbe Flüssigkeit bildet. Der Niederschlag besteht aus Erdalkaliphosphaten, die bei normalem Harn weiß, bei Gegenwart von Eisen dunkel aussehen. Man filtriert durch ein aschefreies Filter und wäscht mit heißem, ammonsulfidhaltigem Wasser nach. Der Trichter wird auf einen 200 ccm-Erlenmeyerkolben gesetzt. Man löst den Niederschlag mit heißer verdünnter Salzsäure, mit der man zuvor den Veraschungskolben ausspült. Die salzsaure, von ausgefallenem Schwefel getrübte Lösung wird erhitzt und mit einigen Körnchen Kaliumchlorat bis zur Klärung oxydiert. Nach Abkühlen wird die Lösung mit Ammoniak bis zur schwach kongoblauen Reaktion und mit 5 ccm einer 20% ig. Ammoniumazetatlösung versetzt. Beim Erwärmen bis zum beginnenden Sieden fällt das Eisen als Phosphat in losen Flocken aus, während die Erdalkalien in Lösung bleiben. Man filtriert rasch durch ein aschefreies Filter und löst den — kaum sichtbaren — Niederschlag, ohne nachzuwaschen, mit

---

[1] Z. Biol. **83**, 289 (1925); vgl. auch ebenda; **87**, 157 (1928).

heißer verdünnter Salzsäure, nachdem man den Trichter wieder auf den Erlenmeyerkolben gesetzt hat. Durch Auftropfen von Rhodanammonlösung auf den Rand des Trichters (wobei der Eisenniederschlag tiefrot gefärbt sichtbar wird) stellt man fest, wann alles Eisen fortgelöst ist. In der salzsauren Lösung wird nach Neutralisation mit Ammoniak die Sulfidfällung wiederholt, bei der, sofern Eisen vorhanden ist, das Eisensulfid in reiner Form grobflockig ausfällt. Man filtriert ab, wäscht nach und löst in 0,5 n Salzsäure, kocht mit einigen Körnchen Kaliumchlorat bis zur Klärung und läßt abkühlen.

Die Lösung mit einem Gehalt von 0,3—0,5 mg Eisen (bzw. ein entsprechend aliquoter Teil) wird mit 5 ccm Rhodanlösung versetzt und mit 0,5 n HCl ad 50 ccm aufgefüllt.

Sie wird mit einer möglichst farbgleichen Standardlösung, die aus Lösung 8. durch Verdünnen mit 0,5 n HCl hergestellt ist, kolorimetrisch sehr rasch verglichen, da der Farbton sich ändert. Nach Schönheimer und Oshima[1] ist es besser, geringere Eisenmengen enthaltende Volumina anzuwenden und die nunmehr schwächer gefärbten Lösungen mit Essigester auszuschütteln und wie in der vorangehenden Methode angegeben, kolorimetrisch zu messen.

Bestimmung des Chlors.

Im normalen, 24stündigen Harn sind etwa 6—9 g Chlor, berechnet als Natriumchlorid etwa 10—15 g, enthalten.

Qualitativer Nachweis.

Einige ccm filtrierten, eiweißfreien Harnes werden mit verdünnter Salpetersäure angesäuert und mit Silbernitratlösung (1 : 10) versetzt. Je nach der Cl-Konzentration entsteht Trübung oder käsiger Niederschlag von AgCl.

Quantitative Bestimmung.

Titrimetrische Bestimmung des Chlors unmittelbar im Harn.

Alle titrimetrischen Bestimmungen des Chlorions im Harn sind unmittelbar nur mit eiweißfreien Harnen durchzuführen.

Enthält der Harn Eiweiß (bzw. Albumosen und Muzin), so ist er vorher zu veraschen (vgl. S. 383).

---

[1] l. c. S. 377 dieses Praktikums.

Titration nach Mohr, modifiziert von Larsson[1].

Prinzip. Die unmittelbare Titration des Chlors im Harn mit Silberlösung ist nicht möglich, da bei neutraler Reaktion auch andere Stoffe (wie Purinkörper) mit Silbernitrat reagieren. Die störenden Substanzen lassen sich jedoch durch Schütteln des Harnes mit Blutkohle entfernen. Im Filtrat werden dann die Chloride unter Zusatz von Kaliumchromat als Indikator mit Silbernitratlösung titriert.

Reagentien. 1. Blutkohle (carbo sanguinis puriss. pro anal. Merck). Das Präparat ist auf Chlorfreiheit zu prüfen. 2. Gesättigte, wäßrige Lösung von neutralem Kaliumchromat. 3. Silbernitratlösung 0,1 n.

Ausführung. 20 ccm Harn von einem spez. Gew. bis zu 1025 — ist das spez. Gew. höher, so muß der Harn verdünnt werden — der eiweißfrei und von saurer Reaktion sein muß, werden in einem Becherglase mit ca. 1 g Blutkohle versetzt, 10 Min. unter mehrfachem Umschütteln stehen gelassen und durch ein trocknes Filter in ein trocknes Becherglas filtriert. (Ist der Harn nicht ursprünglich sauer, so erscheint es angemessen, ihn mit verdünnter, chlorfreier Salpetersäure schwach anzusäuern, mit Kohle auszuschütteln, nach Abfiltration der Blutkohle durch Zusatz reinsten Kalziumkarbonates wieder genau zu neutralisieren und ohne weitere Filtration zu verwenden.) Von dem Filtrat pipettiert man 10 ccm ab, setzt einige Tropfen Kaliumchromatlösung hinzu und titriert mit 0,1 n $AgNO_3$ bis zur schwachen, aber bestehen bleibenden Braunrotfärbung (Bildung von Silberchromat).

Berechnung. 1 ccm der 0,1 n Silbernitratlösung entspricht 0,00354 g Cl gleich 0,00585 g NaCl.

Titration nach Volhard[2], modifiziert nach Arnold[3]-Salkowski[4].

Prinzip. Das Chlorion wird bei saurer Reaktion mit einem abgemessenen Überschuß an Silbernitrat ausgefällt und das überschüssige Silber mit Ammoniumrhodanidlösung zurücktitriert. Das Ende der Rücktitration wird durch Bildung blutroten Eisenrhodanides durch das als Indikator zugesetzte Ferriammoniumsulfat angezeigt.

Reagentien. 1. Silberlösung 0,1 n (16,99 g Silbernitrat puriss. mit aqua dest. ad 1000 ccm gelöst). 2. Ammoniumrhodanidlösung 0,1 n (8 g

---

[1] Biochem. Z. **49**, 479 (1913).   [2] J. prakt. Chem. **9**, 217 (1874).
[3] Z. physiol. Chem. **5**, 81 (1881).
[4] Z. physiol. Chem. **5**, 285 (1881); vgl. auch Spaeth: l. c. (S. 355 dieses Praktikums) S. 80.

Ammoniumrhodanid werden ad 1000 ccm mit aqua dest. gelöst. Der Titer der Lösung wird durch Titration gegen 0,1 n Silberlösung wie unten angegeben ermittelt). 3. Ferriammoniumsulfat (kalt gesättigte Lösung, mit konz. Salpetersäure bis zum Verschwinden der Braunfärbung versetzt). 4. Salpetersäure 30%ig (chlor- und salpetrigsäurefrei. Salpetrige Säure kann durch Aufkochen entfernt werden). 5. Kaliumpermanganatlösung 1:30.

Ausführung. 10 ccm Harn werden in einem 100 ccm-Meßkölbchen mit 3—4 ccm der 30%ig. Salpetersäure und bei starker Eigenfarbe mit einigen Tropfen einer Kaliumpermanganatlösung (1:30) versetzt. Hierbei verschwindet nach wenigen Minuten bei leichtem Schütteln bzw. bei leichter Erwärmung die Färbung. Aus einer Bürette wird genau gemessen 0,1 n Silberlösung hinzugegeben, so daß ein deutlicher Überschuß vorhanden bleibt (ca. 30 ccm). Nach Auffüllung auf 100 ccm mit aqua dest. wird umgeschüttelt und durch ein trocknes Filter filtriert; vom Filtrate werden 50 ccm abpipettiert und nach Zugabe von 2—4 ccm Ferriammoniumsulfatlösung mit 0,1 n Rhodanammoniumlösung bis zur schwachen aber bleibenden Rotfärbung titriert.

Berechnung. Die verbrauchten ccm Rhodanlösung werden mit 2 multipliziert, da nur die Hälfte des Ausgangsvolumens zur Bestimmung angewandt wurde und von den zugegebenen ccm 0,1 n Silberlösung abgezogen. Hierbei ist der Faktor der Rhodanidlösung zu berücksichtigen. Die Differenz gibt die zur Chlorfällung verbrauchten ccm Silberlösung. 1 ccm 0,1 n AgCl-Lösung entspricht 0,00354 g Cl = 0,00585 g NaCl.

Bestimmung des Chlors in kleinen Harnmengen mittels Leitfähigkeitstitration nach Buday[1].

Prinzip. Die Bestimmung des Chlors durch Leitfähigkeitsmessungen beruht wie jede konduktometrische Methode auf der Erscheinung, daß bei Ionenreaktionen die Leitfähigkeit sich ändert. Wenn man diese während der Titration mißt und die erhaltenen Daten graphisch darstellt, so erhält man im allgemeinen zwei Geraden, die sich im Äquivalenzpunkt schneiden. Die Ermittlung dieses Schnittpunktes ist gleichbedeutend mit der Ermittlung des Äquivalenzpunktes.

Reagentien. 1. Silbernitratlösung 0,1 n. 2. Salpetersäure 1%ig.

Apparate. 1. Alle Geräte zur Leitfähigkeitsbestimmung gemäß der Darstellung Bd. I des Praktikums S. 38. 2. Leitfähigkeitsgefäß nach Dutoit[2]

---

[1] Biochem. Z. **200**, 166 (1928).

[2] Nach Kolthoff: Konduktometrische Titration, S. 17. Dresden-Leipzig: Steinkopf 1923.

Abb. 113. Das Widerstandsgefäß dient gleichzeitig als Titriergefäß. Das zylindrische Glas hat einen Inhalt von etwa 100—150 ccm. Unten sind zwei vertikal stehende Platinelektroden angebracht. Die Platinelektroden sind an Platindrähte geschweißt, welche durch das Glas des Gefäßes geschmolzen sind. Außerhalb des Gefäßes sind sie an dicke Kupferdrähte geschweißt. Das ganze Gefäß steht in einem geeigneten Paraffinklotz oder Block von hartem Holz, worin zwei Näpfe angebracht sind, welche mit Quecksilber gefüllt sind. In die letzteren münden die Kupferdrähte und zudem die Zuleitungsdrähte vom Rheostaten und Meßdraht. Um den Abstand zwischen den Elektroden möglichst ungeändert zu lassen, sind die Platindrähte durch ein Stückchen Glas verschmolzen, wie es in der Abbildung angegeben ist. Das Gefäß hat zwei Öffnungen; durch die mittelste wird ein in Zehntelgrade geteiltes Thermometer gesteckt, durch das andere das Ende der in hundertstel Kubikzentimeter geteilten Bürette. Die Elektroden werden mit einer 3%ig. Platinchloridlösung, zu der $^1/_{40}$% Bleiazetat hinzugesetzt ist, platiniert. Die Kapazität des Gefäßes soll in der Größenordnung von 0,35 liegen.

Ausführung. Hinsichtlich der Ausführung einer Leitfähigkeitsmessung sowie der Apparatur sei auf die Darstellung im I. Band des Praktikums (S. 38) verwiesen.

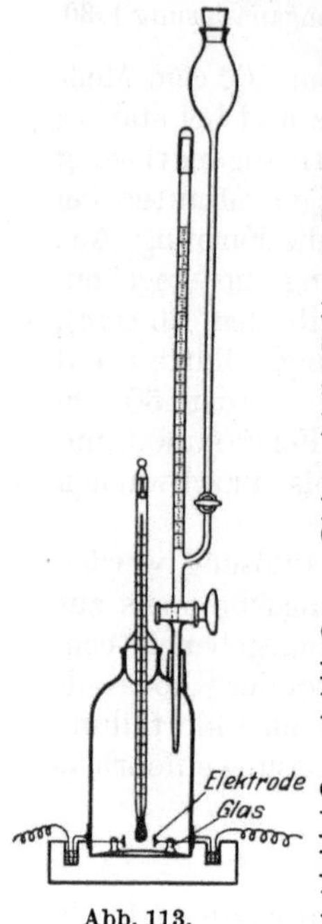

Abb. 113.

Zur Chlorbestimmung braucht der Harn nicht eiweißfrei zu sein, doch lassen sich stark blutige Harne nicht verwenden. 10 ccm einer 10fachen Harnverdünnung, entsprechend 1 ccm Harn (es können auch 0,25 ccm Harn angewandt werden, doch ist es dann zweckmäßig, ein Gefäß kleinerer Kapazität zu wählen als oben angegeben), werden in das Titrationsgefäß gebracht, mit 5—10 Tropfen einer 1%ig. Salpetersäure versetzt — bei eiweißhaltigem Harn werden 15—20 Tropfen verwandt — und so weit mit aqua dest. verdünnt, daß die Elektroden völlig in die Flüssigkeit eintauchen. Dann fügt man aus der Mikrobürette eine genau gemessene Menge 0,1 n Silbernitratlösung hinzu und liest den Wert von a bzw. von $\dfrac{a}{1000-a}$, entsprechend der üblichen Leitfähigkeitsbestimmung beim Tonminimum ab[1]. Nach jedem Zusatz von Reagens schüttelt man die Flüssigkeit um. Man braucht dazu nicht das Gefäß aus dem Klotz zu nehmen, sondern kann den ganzen Apparat mit der Hand hin und her bewegen.

---

[1] Vgl. auch Kleinmann in Abderhaldens Handbuch IV/5, 68 u. 69 (1924).

Die Kapazität des Gefäßes braucht nicht bestimmt zu werden, auch ist die Messung der Temperatur überflüssig. Wesentlich ist, ein gutes Tonminimum zu bekommen, um Zehntelmillimeter gut schätzen zu können.

Die den auf der Brücke abgelesenen Werten (a) entsprechenden Zahlen werden als Ordinaten, die zugefügten ccm Reagens als Abszissen aufgetragen.

Zunächst stellt man eine Orientierungstitration an, indem man je 0,2 ccm der Titrierflüssigkeit zugibt und aus den Kurvenknickpunkten feststellt, wo ungefähr der Neutralisationspunkt liegt. Dann wird eine neue Probe genommen, diese in der Nähe des Neutralisationspunktes titriert, die Titerflüssigkeit tropfenweise zugegeben, nach jedem Tropfen umgeschüttelt und am Telephon beobachtet.

Es scheint zunächst, als ob sich die Lage des Tonminimums bis zur Erreichung des Neutralisationspunktes nicht ändert. Erst nach Überschreitung des Neutralisationspunktes erhält man einen starken Ausschlag nach einer andern Kurvenrichtung.

Man titriert daher eine Spur über und zieht von dem an der Bürette abgelesenen Wert den letzten Tropfen bzw. einen Bruchteil desselben ab.

Berechnung. 1 ccm 0,1 n Silbernitratlösung entspricht 0,00354 g Cl = 0,00585 g NaCl.

Titrimetrische Bestimmung des Chlors in der Harnasche.

War der Harn eiweißhaltig, und erfolgt die Bestimmung nicht konduktometrisch, so soll zur Bestimmung des Chlors eine Veraschung vorangehen. Hierzu werden 10 ccm Harn mit ca. 1 g chlorfreier Soda und 2—4 g reinem Salpeter in einer Platinschale erhitzt, indem man vorsichtig von der Seite her zu erhitzen beginnt und dann allmählich bis zum Schmelzen und bis zur Entfernung der Kohle erhitzt. Die Schmelze wird nach dem Erkalten in Wasser gelöst. Die Lösung wird:

a) mit Salpetersäure bis zur schwachsauren Reaktion angesäuert, mit einer Lösung von kohlensaurem Natron genau unter Tüpfeln gegen Lackmus neutralisiert und nach Mohr auf den Chlorgehalt untersucht (S. 380),

b) mit Salpetersäure angesäuert und nach Volhard wie S. 380 angegeben titriert.

Bestimmung von Chlor neben Brom nach Ottensooser[1].

Prinzip. Die Methode beruht auf Bestimmung der Summe der Halogene sowohl durch Titration als auch gewichtsanalytisch. Die Gewichte der Silberhalogenide werden mit der bei der Titration verbrauchten Silbermenge nach Art der indirekten Analyse kombiniert.

Reagentien. 1. Salpetersäure konz., spez. Gew. 1,40. 2. Silbernitrat $n/15$. 3. Stärke-Zitrat-Nitritlösung (nach van Slyke). Zu 2,5 g löslicher Stärke, die in etwa 500 ccm kochenden Wassers gelöst sind, werden 446 g krist. Natriumzitrat und 20 g Natriumnitrit gefügt, worauf die Lösung auf 1 Liter aufgefüllt wird. 4. Alkohol absolut. 5. Jodkalilösung $n/75$.

Apparate. Goochtiegel.

Ausführung. Titration. 10,0 ccm Harn werden in einem geeichten 50 ccm-Meßkolben mit 2 Tropfen konz. HNO_3 vom spez. Gew. 1,40 angesäuert und mit 15,0 ccm $n/15$ $AgNO_3$ versetzt. Man füllt zur Marke, schüttelt mehrmals um und filtriert, wobei der erste Filtratanteil nochmals aufs Filter kommt. 20,0 ccm Filtrat $+$ 1 ccm konz. HNO_3 $+$ 5 ccm aqua dest. $+$ 4 ccm Stärke-Zitrat-Nitrit-Lösung werden mit $n/75$ KJ bis zur ausgesprochenen Blaufärbung titriert.

Berechnung. Wurden im Leerversuch 0,15 ccm, bei der Titration der Halogene z ccm $n/75$ KJ verbraucht, dann sind $(z - 0,15) \cdot 1,4384$ mg Ag zurücktitriert worden. Da 20 ccm Filtrat 4 ccm Harn entsprechen, beträgt der Ag-Überschuß, bezogen auf 20 ccm Harn $(z - 0,15) \cdot 1,4384 \cdot 5 = (z - 0,15) \cdot 7,192$ mg Ag. Waren, bezogen auf 20 ccm Harn, 30 ccm $n/15$ $AgNO_3 = 215,76$ mg Ag zugesetzt, so gilt:

$$p = \text{Ag-Verbrauch in g} = \frac{215,76 - 7,192\,(z - 0,15)}{1000}.$$

Gravimetrische Bestimmung. 20,0 ccm Harn werden im Becherglas mit 3 Tropfen konz. HNO_3 angesäuert und unter beständigem Umrühren aus einer Bürette tropfenweise mit 15,0 ccm $n/15$ $AgNO_3$, die zur Ausfällung genügen, und dann noch mit einem Überschuß von 0,3 ccm $n/15$ $AgNO_3$ versetzt. Für Schutz gegen längere Einwirkung direkten Tageslichtes ist — etwa durch schwarze Umhüllung — Sorge zu tragen. Man erhitzt unter Umrühren bis zum beginnenden Sieden, läßt unter Wasserkühlung rasch erkalten und filtriert durch einen gewogenen Goochtiegel. Ist der erste Filtratanteil opaleszent, so kommt er abermals in den Goochtiegel, wobei die Saugflasche mit schwach

---

[1] Arch. f. exper. Path. u. Pharm. **122**, 77 (1927).

($\frac{1}{2}$—1%) HNO_3-haltigem Wasser nachzuwaschen ist. Die Hauptmenge des Niederschlages schwemmt man mit Hilfe eines Glasstäbchens, das mit Gummikappe versehen ist, auf den Goochtiegel. Es wird dreimal mit je 5 ccm HNO_3-haltigem Wasser und dann mit aqua dest. bis zum Verschwinden der Ag- und der sauren Reaktion, schließlich dreimal mit je 2 ccm absol. Alkohol gewaschen. Man trocknet bis zur Gewichtskonstanz beginnend bei 70°, im Laufe von einer Viertelstunde steigend auf 130°. Einstündige Erhitzung genügt in der Regel. Die Wägung muß auf $\frac{1}{10}$ mg genau sein. Gewicht des Niederschlages in g $= a$.

Berechnung von Cl und Br. Setzt man $Cl = x$, $Br = y$, so ergibt sich, weil $Cl + Br = a - p$ und $AgCl + AgBr - (Cl + Br) = p$, ähnlich der Berechnung anderer indirekter Analysen (s. Lehrbücher der analytischen Chemie, z. B. Treadwell)

$$x\,(m - n) = p\,(n + 1) - a \cdot n,$$

wobei m und n die bekannten Quotienten der Atomgewichte $\frac{Ag}{Cl}$ bzw. $\frac{Ag}{Br}$ bedeuten; da aber

$$y = a - p - x \quad \text{und} \quad x = \frac{n+1}{m-n} \cdot p - \frac{n}{m-n} \cdot a,$$

so gilt

$$Br = a - p - Cl \quad \text{und} \quad Cl = 1{,}3884 \cdot p - 0{,}7975 \cdot a.$$

Fehlerbreite: bei 20 ccm Harn und einem Verhältnis $Br:Cl = 1:1$ haben große Fehler der Mittelwerte für a, z. B. $\pm\,0{,}5$ mg oder für p von $\pm\,1$ Tropfen nur Schwankungen von $\pm\,1\%$ für Cl, von $\pm\,2\%$ für Br im Gefolge. Bei $Br:Cl = 1:10$ ergibt sich dann für Cl ein Fehler von etwa $\pm\,0{,}25\%$, für Br jedoch von $\pm\,6\%$.

Bestimmung der Schwefelverbindungen.

Schwefel wird im Harn in zwei verschiedenen Formen ausgeschieden:

1. Vollkommen oxydiert als Schwefelsäureverbindungen. Ihre Menge berechnet als SO_3 beträgt 1,5—3 g durchschnittlich etwa 2,5 g im 24stündigen normalen menschlichen Harne (berechnet als H_2SO_4, 1,8—3,7 g, als S, 0,6—1,2 g). Die Schwefelmenge ist abhängig von der Größe des Eiweißumsatzes. Etwa 10% der Schwefelsäureverbindungen (doch schwankt diese Größe) entfällt auf Verbindungen mit aromatischen Alkoholen, den sog. „Ätherschwefelsäuren", während rund 90% in Form schwefelsaurer Salze als „Sulfatschwefelsäure" ausgeschieden werden.

2. Unvollkommen oxydiert als sog. „Neutralschwefel" (normalerweise ca. 5% der gesamten Schwefelmenge). Dieser besteht aus unterschwefliger Säure, Rhodanwasserstoffsäure, Chondroitinschwefelsäure, Abkömmlingen des Zystins und Taurins und vor allem aus Oxyproteinsäuren.

Bestimmung der Schwefelsäureverbindungen.

Qualitativer Nachweis.

1. **Nachweis der schwefelsauren Salze.** Zusatz von Bariumchloridlösung zu salzsaurem Harn gibt eine weiße Fällung von Bariumsulfat.

2. **Nachweis der Ätherschwefelsäuren.** Das Filtrat von 1. wird stark salzsauer gemacht und eine Zeitlang gekocht. Die abgespaltene Schwefelsäure fällt nunmehr als Bariumsulfat aus.

3. **Nachweis des Neutralschwefels.** Salzsauer gemachter Harn (ca. 50 ccm) wird mit Zink versetzt. Der entstehende Wasserstoff reduziert die Schwefelverbindungen zu H_2S, der durch Schwärzung eines mit Bleiazetat getränkten Filtrierpapierstreifchens über der Gefäßöffnung nachweisbar ist.

Quantitative Bestimmung.

Gravimetrische Bestimmung der Schwefelsäuren und des Neutralschwefels nach Folin[1].

Prinzip. Das Sulfation wird durch Zusatz von Bariumchloridlösung als Bariumsulfat gefällt und gravimetrisch bestimmt. Anorganische Schwefelsäure ist unmittelbar fällbar, Ätherschwefelsäure nach Spaltung der organischen Schwefelsäureverbindung durch Kochen des Harnes mit starker Salzsäure; Neutralschwefel wird nach Oxydation zu Sulfation ebenfalls als Bariumsulfat gewogen.

Reagentien. 1. Salzsäure konz. 2. Bariumchloridlösung 5%ig. 3. Veraschungsgemisch nach Benedict-Denis: Lösung enthaltend 25% Kupfernitrat (pro analys. krist.), 25% NaCl und 10% Ammoniumnitrat (s. S. 391).

Apparate. 1. Goochtiegel. Der Goochtiegel wird, wie in den analytischen Vorbemerkungen beschrieben ist, vorbereitet. Anstatt aber die Asbestschicht, die 1 mm stark sein soll, mit der Porzellanplatte zu bedecken, kann man eine Schicht von Seesand von 5—7 mm Stärke einfüllen. Der Sand muß vorher wenigstens 24 Std. lang mit 5%ig. HCl behandelt worden

---

[1] J. of biol. Chem. 1, 131 (1905/6); vgl. auch Folin: Labor. Manual, l. c. (S. 328 dieses Praktikums) S. 153.

sein. Der Tiegel wird nach Füllung so lange sorgfältig gewaschen, bis das Filtrat vollkommen klar durchläuft. Er wird zuerst vorsichtig (nicht über 100°) erhitzt, dann geglüht, 15—20 Min. abkühlen gelassen und gewogen. 2. Platintiegel-Deckel.

Ausführung. a) Bestimmung der anorganischen Sulfate (Sulfatschwefelsäure). 25 ccm Harn (bei sehr verdünntem Harn 50 ccm) werden in einem 200—250 ccm-Erlenmeyerkolben mit 100 ccm aqua dest. (gegebenenfalls 75 ccm) und 5 ccm konz. HCl versetzt. Hierzu werden aus einer Bürette 10—15 ccm 5% ig. Bariumchloridlösung tropfenweise hinzugegeben, ohne daß der Inhalt des Kolbens gerührt oder geschüttelt wird, da sonst die Fällung Einschlüsse aufweist und auch zu feinkörnig auftritt. Erst 10—30 Min. nach der Fällung wird der Kolbeninhalt durchmischt; er bleibt mindestens 1 Stunde stehen. Dann wird durch den, wie oben angegeben, vorbereiteten Goochtiegel filtriert, der Niederschlag mit ca. 250 ccm kaltem Wasser gewaschen, getrocknet und 10 Min. geglüht. Beim Glühen darf die Flamme die Bodenplatte des Goochtiegels nicht berühren. Hierzu legt man den Deckel eines Platintiegels auf ein Tondreieck und setzt den Goochtiegel auf den Platindeckel. Nach dem Abkühlen wird der Tiegel gewogen.

b) Bestimmung der Gesamtschwefelsäure. 25 ccm Harn werden in einem Becherglase mit ca. 25 ccm Wasser und 5 ccm konz. Salzsäure gemischt. Die Lösung wird, mit einem Uhrglase bedeckt, zur Hydrolyse der Ätherschwefelsäuren 20—30 Min. gekocht. Das Gefäß wird 2—3 Min. unter fließendem Wasser gekühlt, sein Inhalt mit kaltem Wasser ad ca. 100 ccm verdünnt und mittels Pipette mit 10 ccm 5% ig. Bariumchloridlösung versetzt. Nach mindestens einstündigem Stehen wird durch einen Goochtiegel filtriert, gewaschen, geglüht und gewogen wie in a) angegeben.

c) Bestimmung der Ätherschwefelsäuren. α) Indirekte Bestimmung. Die Menge Ätherschwefelsäure ergibt sich durch Subtraktion der Bestimmung der anorganischen Sulfate von der Menge der Gesamtsulfate.

β) Direkte Bestimmung. Ätherschwefelsäure kann direkt bestimmt werden, indem man 125 ccm Harn mit 75 ccm aqua dest. und 30 ccm verdünnter Salzsäure (1:4) versetzt, die Mischung mit 20 ccm einer 5% ig. Bariumchloridlösung tropfenweise, wie unter a) beschrieben fällt, nach 1 Stunde das abgeschiedene Sulfat abfiltriert und 125 ccm des Filtrates mindestens 30 Min. lang kocht. Die aus den Ätherschwefelsäuren abgespaltene Schwefelsäure fällt als Bariumsulfat aus und wird, wie oben angegeben, filtriert, geglüht und gewogen.

25*

d) **Bestimmung des Neutralschwefels durch Bestimmung des Gesamtschwefels nach Benedict[1], modifiziert nach Denis[2].** Der nicht völlig oxydierte Schwefel des Harnes wird durch Erhitzen des Harntrockenrückstandes mit Kupfernitrat zu Schwefelsäure oxydiert. Diese wird gravimetrisch wie oben bestimmt. Subtrahiert man von der Menge der den Gesamtschwefel darstellenden Schwefelsäure die präformierte Schwefelsäure, so ergibt sich die Menge des neutralen Schwefels, ausgedrückt als Schwefelsäure.

25 ccm Harn werden in einer Abdampfschale von etwa 10 bis 12 cm Durchmesser mit 5 ccm der Veraschungslösung (s. Reagentien 3.) versetzt und auf einem Wasserbade zur Trockne gebracht. Dann erhitzt man die Schale allmählich zuerst mit kleiner Flamme, schließlich bis zur Rotglut und erhält diese 10—15 Min. Nach dem Abkühlen gibt man 10—20 ccm 10% ig. Salzsäure hinzu und erwärmt leicht bis zur Lösung. Man filtriert die Lösung in einen 200 ccm fassenden Erlenmeyerkolben und spült mit heißem Wasser nach, so daß das Gesamtvolumen 100—150 ccm beträgt. Das Kölbchen wird zum Sieden erhitzt, langsam mit 15 ccm 5% ig. Bariumchloridlösung versetzt und der Niederschlag dann, wie unter a) angegeben, behandelt. Daneben ist eine Blindanalyse mit der gleichen Menge der angewandten Reagentien auszuführen, da Kupfernitrat mitunter Schwefel enthält. Ein erhaltener Blindwert ist von dem Analysenwert in Abzug zu bringen.

Berechnung. Da 1 Mol $BaSO_4$ (233,42) 1 Mol Schwefelsäure (98,08) entspricht, so erhält man durch Multiplikation des Niederschlaggewichtes mit $\dfrac{98,08}{233,42} = 0,4202$ das Gewicht an H_2SO_4.

Es ist zu beachten, ob das gesamte Harnvolumen oder nur ein aliquoter Teil zur Bestimmung vorlag.

Titrimetrische Bestimmung der Schwefelsäuren und des Gesamtschwefels nach Fiske[3].

Prinzip. Nach Ausfällung der Phosphorsäure wird im Harn das Sulfation mittels Benzidinchlorhydratlösung ausgefällt. Die im Niederschlag an Benzidin gebundene Schwefelsäure ist alkalimetrisch durch Titration bestimmbar. Ätherschwefelsäuren und

[1] J. of biol. Chem. **6**, 363 (1909).

[2] J. of biol. Chem. **8**, 401 (1910/11). Vgl. auch Folin: Labor. Manual l. c. (S. 328 dieses Praktikums) S. 159.

[3] J. of biol. Chem. **47**, 59 (1921). Folin: Labor. Manual, l. c. (S. 328 dieses Praktikums) S. 151.

Neutralschwefel werden wie bei der gravimetrischen Bestimmung zuvor in Sulfation übergeführt.

Reagentien. 1. Phenolphthaleinlösung. 1%ig. alkoholisch. 2. Ammoniaklösung, konz. 3. Ammoniumchloridlösung 5%ig. 4. Basisches Magnesiumkarbonat, pulv. puriss. pro analysi, sulfatfrei. 5. Bromphenolblaulösung, 0,04 %ig, alkoholisch. 6. Salzsäure 1 n und 3 n. 7. Benzidinreagens: 4 g Benzidin werden in einem 250 ccm-Kölbchen in 150 ccm Wasser suspendiert, mit 50 ccm n HCl versetzt, durchmischt, gelöst, zur Marke aufgefüllt und filtriert. 8. Azeton 95 %ig und 50 %ig. 9. Natronlauge 0,02 n. 10. Phenolrotlösung, 0,05 %ig, wäßrig. 11. Benedictsches Reagens. 20 g Kupfernitrat, krist. und 5 g Kaliumchlorat werden in Wasser gelöst und ad 100 ccm aufgefüllt. Der Blindwert des Reagenses an Schwefel ist fest zustellen.

Apparate. 1. Filtrierröhrchen mit Papierfüllung. Der Papierbrei wird hergestellt durch 2—3 Minuten langes starkes Schütteln eines quantitativen Filters (Schleicher und Schüll N. 589. Schwarzband 15 cm ∅) mit 200 ccm Wasser in zugestopfter Flasche. Der innere Durchmesser des Filtrierröhrchens ist 15 mm, die untere Öffnung 3 mm, Länge 70 mm. Die Röhre soll in ihrem verengten Ende mit einer dünnen Schicht Papierbrei gefüllt werden. Abb. 114. 2. Angespitzter Chromnickeldraht. 3. Reagenzgläser aus Jenaer Glas. 20 : 200 mm. 4. Mikrobürette.

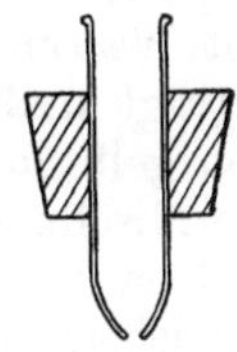

Abb. 114.

Ausführung. In ein 50 ccm-Meßkölbchen wird so viel Harn gegeben, wie einer Menge von 5—10 mg Schwefel in Form anorganischer Sulfate entspricht. (Gewöhnlich ist eine Harnmenge, die 15 Min. Ausscheidung entspricht, anwendbar.) Nach Auffüllen auf ca. 25 ccm wird 1 Tropfen Phenolphthaleinlösung zugefügt und hiernach tropfenweise so viel konz. Ammoniaklösung, bis die Lösung schwach rosa erscheint.

Nun gibt man 5 ccm 5 %ig. Ammoniumchloridlösung (bei stark verdünntem Harn 0,25 g festes Ammoniumchlorid) hinzu und füllt zur Marke auf. Dann mischt man gut durch und gießt die Lösung in einen trockenen Erlenmeyerkolben, der ca. 0,65 g feingepulvertes Magnesiumkarbonat (zur Fällung der Phosphate) enthält, schüttelt eine Minute, läßt ½ Stunde stehen, filtriert durch ein Filter (9 cm ∅), indem man die ersten Anteile des Filtrates auf das Filter zurückgießt, zunächst in den Erlenmeyerkolben zurück, gießt dann die gesamte Suspension auf das gleiche Filter, filtriert in ein sauberes Gefäß und benutzt das Filtrat zur:

1. Bestimmung der anorganischen Sulfate. 5 ccm des Filtrates werden in einem großen Jenaer Reagenzglase mit 2 Tropfen einer 0,04 %ig. alkoholischen Bromphenolblaulösung, 5 ccm Wasser und tropfenweise mit n HCl versetzt, bis die Lösung gelb ohne eine Spur blau ist. Hierzu werden 2 ccm des Benzidinreagenses gesetzt; die Mischung läßt man 2 Min. stehen und fügt 4 ccm 95%ig. Azeton hinzu. Nunmehr läßt man 10 Min. stehen. Der Niederschlag wird durch eine Schicht aus Papierbrei in ein

sich nach unten verengendes Filterröhrchen unter sehr schwachem Saugen abfiltriert. Gefäß und Filter werden dreimal mit je 1 ccm 95%ig. Azeton, dann einmal mit 5 ccm Azeton gewaschen. Zu dem im Filterröhrchen befindlichen Niederschlag gibt man 2 ccm Wasser, rührt ihn mit einem spitzen Drahte auf und stößt ihn dann mitsamt der Papierbreischicht in ein Reagenzglas aus Jenaer Glas von 20:200 mm. Der Draht wird mit wenig Wasser abgespült und der Inhalt des Reagenzglases, während die Filterröhre über ihm hängt, zum Kochen erhitzt. Man gibt nun 2 Tropfen einer 0,05%ig. wäßrigen Phenolrotlösung zu der Mischung und läßt durch das Filterrohr mittels einer Mikrobürette ca. 1 ccm 0,02 n NaOH hinzu. Nun wird das Filterrohr mit 2—3 ccm Wasser ausgespült, das Reagenzglas wieder zum Kochen erhitzt, das Filterrohr mit Wasser nochmals nachgespült, bis die Flüssigkeit ca. 10 ccm beträgt und mit 0,02 n NaOH weiter titriert. Sobald die Farbe von gelb zu rot umzuschlagen beginnt, wird zum Kochen erhitzt, die Mischung in das Glas, in dem die Fällung ausgeführt wurde, und dann wieder zurück in das Reagenzglas gegossen. Dann wird vorsichtig (unter Zusatz von nicht mehr als je 0,02 ccm Lauge) weiter titriert, bis die fleischrote Farbe auch beim Kochen nicht mehr verschwindet. Die verbrauchten ccm 0,02 n NaOH ergeben (Berechnung s. w. u.) die anorganischen Sulfate in mg.

2. Bestimmung der Gesamtsulfate. 5 ccm Filtrat werden in einem 100 ccm-Becherglas mit 1 ccm ca. 3 n HCl versetzt, auf dem Wasserbade zur Trockne verdampft und dann noch 10 Min. auf dem Wasserbade gelassen. Hierzu werden 10 ccm Wasser gegeben, in denen der Rückstand aufgeschüttelt wird. 2 ccm Benzidinreagens und 2 Min. später 4 ccm Azeton werden zugefügt und die Lösung nach 1. weiterbehandelt. Die Berechnung ergibt die Menge Gesamtschwefelsäure in mg.

3. Bestimmung des Gesamtschwefels. 5 ccm des Filtrates werden in einer Abdampfschale mit 0,25 ccm des Benedictschen Reagenses (s. Reagentien 11) versetzt und (am besten auf einer elektrischen Heizplatte bei niedriger Temperatur) zur Trockne eingedampft; der Rückstand wird mit einem Mikrobrenner erwärmt und schließlich 2 Min. zur Rotglut erhitzt, bis er schwarz gefärbt erscheint. Nach 5 Min. langem Abkühlen gibt man 1 ccm 3 n HCl hinzu und dampft bei niedriger Temperatur zur Trockne. Der Trockenrückstand wird durch fünfmaliges Ausziehen mit je 2 ccm Wasser gelöst, in ein 100 ccm-Becherglas übergeführt und mit 1 Tropfen 1 n HCl versetzt.

Nunmehr wird die dem Gesamtschwefel entsprechende Schwefelsäure mit Benzidinreagens — wie in 1. beschrieben — versetzt und ebenso weiter behandelt. Nur wird das Filter beim Waschen zum erstenmal anstatt mit 1 ccm 95%ig. Azeton mit 2 ccm 50% ig. Azeton ausgewaschen, um alles Kupfer zu entfernen.

Berechnung. Da ein Äquivalent NaOH einem Äquivalent $H_2SO_4 \left(\frac{98,08}{2} \right)$ bei der Titration entspricht, so bedeutet 1 ccm 0,02 n NaOH

$$\frac{98,08}{2 \cdot 50} \text{ mg} = 0,981 \text{ mg } H_2SO_4 \quad \text{oder} \quad \frac{32,06}{2 \cdot 50} = 0,321 \text{ mg S.}$$

Da zur Bestimmung der zehnte Teil des Ausgangsvolumens verwandt wird, erhält man durch Multiplikation der verbrauchten ccm 0,02 n NaOH mit 9,81, die der untersuchten Harnmenge entsprechende Schwefelsäure in mg, durch Multiplikation mit 3,21 die entsprechende Schwefelmenge in mg.

Titrimetrische Bestimmung der Schwefelsäuren und des Gesamtschwefels nach Liebesny[1].

Prinzip. Die Gesamtschwefelbestimmung erfolgt nach Veraschung des Harnes nach Benedict; die Bestimmung der Schwefelsäure erfolgt mittels Benzidintitration.

a) Bestimmung des Gesamtschwefels.

Reagentien. 1. Reagens nach Benedict-Denis: 25 g Kupfernitrat, 25 g Kochsalz, 10 g Ammoniumnitrat werden in aqua dest. ad 1000 ccm gelöst. Der Schwefelgehalt des Reagenses muß bestimmt und von den Analysen in Abzug gebracht werden. 2. Salzsäure 10% ig. 3. Natronlauge 10% ig. 4. Benzidinreagens: 6,7 g Benzidin, 29 g Salzsäure (spez. Gew. 1,19) aqua dest. ad 1000 ccm. 5. Natronlauge 0,1 n bzw. 0,01 n.

Apparate. 1. Elektrischer Verbrennungsofen nach Heraeus (Hanau). 2. Reagenzglas aus schwer schmelzbarem Glase von ca. 50 ccm Inhalt.

Ausführung. 2 ccm Harn werden in dem oben bezeichneten Reagenzglase mit 5 ccm Benedictschem Reagens und einer Glasperle versetzt, in einen fast senkrecht gestellten Verbrennungsofen gebracht und an der in der Mitte desselben befindlichen Auflageschiene mit einer Klemme befestigt, und zwar so, daß zunächst nur die Kuppe des Reagenzglases in den Anfangsteil des Rohres des Heraeusofens hineinragt. Der Ofen wird mit geringer Stromintensität erhitzt und die Flüssigkeit in ca. 30 Min. zur Trockne gebracht.

---

[1] Biochem. Z. 105, 43 (1920).

Nach der Verdampfung der Flüssigkeit wird das Reagenzglas mit der Kuppe bis zur Mitte des Heraeusofens eingeschoben und nun die volle Stromstärke eingeschaltet. Nach ca. 2 Min. befindet sich die untere Hälfte des Reagenzglases in Rotglut. Man glüht 10 Min., läßt abkühlen, fügt 2 ccm 10%ig. Salzsäure hinzu und erwärmt ein wenig zur Lösung des Verbrennungsrückstandes. Mit 10%ig. Natronlauge wird sorgfältig neutralisiert, dann gegen Kongopapier angesäuert und die Lösung noch im gleichen Reagenzglas mit 25 ccm Benzidinlösung versetzt. Nach 10 Min. wird der Niederschlag durch ein gehärtetes Filter (Schleicher u. Schüll) im Trichter unter geringem Saugen abfiltriert. Mit aqua dest. wird reichlich bis zur neutralen Reaktion des Waschwassers gewaschen. Der Niederschlag samt Papierfilter wird in einen 250 ccm fassenden, weithalsigen Erlenmeyerkolben gebracht, mit ca. 150 ccm aqua dest. aufgeschwemmt, ca. 5 Min. gekocht und heiß nach Zusatz von einigen Tropfen Phenolphthaleinlösung gegen 0,1 n NaOH titriert. Ist der Schwefelgehalt gering, so wird mit 0,01 n NaOH titriert.

Berechnung. 1 ccm 0,1 n NaOH entspricht 0,0049 g H_2SO_4.

b) Bestimmung der Gesamtsulfate nach Rosenheim und Drummond[1] in der Ausführung von Liebesny[2].

Reagentien. 1. Salzsäure 10%ig. 2. Benzidinlösung: 4 g Benzidin, 5 ccm Salzsäure (spez. Gew. 1,19), aqua dest. ad 2000 ccm. 3. NaOH 0,1 bzw. 0,01 n.

25 ccm Harn werden in einem 250 ccm fassenden, weithalsigen Erlenmeyerkolben mit 20 ccm 10%ig. Salzsäure versetzt und langsam 20—30 Min. auf kleiner Flamme gekocht. Die Lösung wird sorgfältig neutralisiert, schwach sauer gemacht, mit 100 ccm Benzidinlösung versetzt und 10 Min. stehen gelassen. Der Niederschlag wird abfiltriert und wie in der vorangehenden Methode beschrieben, titriert.

Die Differenz zwischen Gesamtschwefel und Gesamtsulfat ergibt den Neutralschwefel.

Nephelometrische Bestimmung der Schwefelsäuren und des Neutralschwefels in kleinen Harnmengen nach Denis und Reed[3].

Prinzip. Die Methode beruht auf Fällung des Sulfations mit Bariumchlorid in Form einer durch Gelatinezusatz stabilisierten

[1] Biochemic. J. 8, 2, 143 (1914). [2] l. c. S. 391 dieses Praktikums. [3] J. of biol. Chem. 71, 205 (1926/27).

Trübung. Diese wird gegen die Trübung einer gleich behandelten Standardlösung nephelometrisch gemessen. Ätherschwefelsäuren und Neutralschwefel werden wie in den vorangehenden Methoden in Sulfation übergeführt.

Reagentien. 1. Salzsäure 0,1 n und 1 n. 2. Natronlauge 0,6 n. 3. Bariumchloridlösung 1,0% ig. 4. Gelatinelösung 5% ig., sulfatfrei. Zu ihrer Herstellung gibt man zu 50 g bester Handelsgelatine 900 ccm ca. 0,01 n Salzsäure und 100 ccm 5% ig. Bariumchloridlösung. Die Lösung wird in einem siedenden Wasserbade unter Umschütteln eine Stunde lang erhitzt. Man läßt unter fließendem Wasser abkühlen, gibt 50 ccm Eiereiweiß hinzu, mischt durch, erhitzt im Wasserbad 30 Min., bis das geronnene Eiweiß jede Spur kolloidalen Bariumsulfats mitgerissen hat, zentrifugiert heiß in großen Zentrifugengläsern (50—100 ccm), gießt die überstehende klare Lösung in weithalsige Flaschen von 30 ccm Volumen, verschließt sie mit Watte und sterilisiert sie durch einstündiges Einstellen in kochendes Wasser. Im Eisschrank aufbewahrt, hält sich die Lösung mindestens 8 Monate. 5. Zinknitrat-Oxydationsmischung: 25 g Zinknitrat, 25 g Natriumchlorid, 10 g Ammoniumchlorid werden in 100 ccm dest. Wasser gelöst. Die Lösung wird durch ein quantitatives Filter filtriert. Der Blindgehalt an Schwefel ist festzustellen. 6. Standard-Kaliumsulfatlösung. 0,5437 g Kaliumsulfat puriss. kryst. werden ad 1000 ccm gelöst. Die Lösung enthält 0,1 mg Schwefel im ccm. Durch Verdünnen 1:1 wird eine zweite Lösung mit 0,05 mg Schwefel pro ccm hergestellt.

Apparate. Nephelometer (Schmidt und Haensch, Berlin).

Ausführung. Die geeignete Konzentration zur Bestimmung des Sulfations liegt etwa bei 0,1 mg Schwefel pro ccm. Menschlicher Harn ist etwa 1:2—1:5, Harn von Katzen und Hunden 1:10 zu verdünnen. Es ist zu empfehlen, den Harn so zu verdünnen, daß 1 ccm der Verdünnung zur Bestimmung der „Gesamtsulfate" geeignet ist. Von dieser Verdünnung sind dann zur Bestimmung der präformierten anorganischen Schwefelsäure 2 ccm anstatt 1 ccm (s. unten) zu benutzen. Der Standardlösung ist in diesem Falle noch 1 ccm Wasser zum Volumenausgleich zuzufügen.

a) **Bestimmung der anorganischen Schwefelsäure.** 1 ccm verdünnter Harn, enthaltend ca. 0,1 mg S als SO_4, wird mit 15 ccm 0,1 n HCl, 2 ccm 0,6 n Natronlauge, 1 ccm 5% ig. Gelatinelösung und 5 ccm 1% ig. Bariumchloridlösung versetzt. Gleichzeitig wird eine Vergleichslösung, die 1 ccm Kaliumsulfat-Standardlösung, entsprechend 0,1 mg S, enthält, völlig gleichartig angesetzt. Nach 15 Min. langem Stehen werden die Lösungen im Nephelometer verglichen.

Berechnung s. u.

b) **Bestimmung der Gesamtsulfate.** 1 ccm der Harnverdünnung wird in einem Jenaer Reagenzglase mit 4 ccm 1 n HCl vorsichtig auf freier Flamme 15—20 Min. gekocht. Bei Abscheidung fester Substanzen wird die Erhitzung abgebrochen und der Rückstand in 15 ccm 0,1 n HCl gelöst. Hierzu fügt man 2 ccm 0,6 n NaOH, 1 ccm 5 % ig. Gelatinelösung und 5 ccm 1 % ig. Bariumchloridlösung. Die Standardlösung, die 1 ccm Kaliumsulfatlösung, entsprechend 0,1 mg S, enthält, wird völlig gleichartig behandelt. 15 Min. nach Reagenszugabe werden beide Lösungen im Nephelometer verglichen.

c) **Bestimmung der Ätherschwefelsäure.** Die Menge der Ätherschwefelsäuren errechnet sich aus der Differenz zwischen der Gesamtschwefelsäure und der anorganisch gebundenen Schwefelsäure.

d) **Bestimmung des Gesamtschwefels.** 1 ccm der Harnverdünnung wird in einem Jenaer Reagenzglase mit 1 ccm der Zinknitrat-Oxydationsmischung auf freier Flamme zur Trockne gedampft. Der Rückstand wird in 2 ccm 1 n HCl gelöst, mit 15 ccm aqua dest., 1 ccm 5 % ig. Gelatinelösung und 5 ccm 1 % ig. Bariumchloridlösung versetzt.

Mit der Standardlösung werden die gleichen Reaktionen (Veraschung) durchgeführt. Der Vergleich erfolgt wie oben. Der Neutralschwefel ergibt sich aus der Differenz aus Gesamtschwefel und Gesamtsulfatschwefel.

Berechnung. Die Konzentration der Harnlösung an S (c) ergibt sich durch den nephelometrischen Vergleich mit der der Standardlösung (c_1). Hinsichtlich der Meßtechnik wird auf den ersten Band des Praktikums verwiesen (S. 30). Sind h und h_1 die gemessenen Höhen der Tyndallkegel, so ergibt sich:

$$c = \frac{c_1 \cdot h_1}{h}$$

in derselben Maßeinheit, in der c_1 ausgedrückt ist. (In diesem Falle mg S pro ccm Harnverdünnung.) Zur Errechnung des Schwefelgehaltes des Harnes ist die Verdünnung zu berücksichtigen.

Bestimmung des Rhodanwasserstoffes.

Im Harn sind pro Liter etwa 3 mg Rhodankalium vorhanden. Diese Menge kann durch äußere Bedingungen wie auch pathologisch erhöht werden.

Qualitativer Nachweis.

200 ccm Harn werden nach Munk[1] nach Ansäuern mit Salpetersäure mit Silbernitrat gefällt. Der Niederschlag (aus Chlorsilber

---

[1] Virchows Arch. **69**, 356 (1877). Vgl. auch Neuberg: Der Harn. I, 653. Berlin: Julius Springer 1911 und Spaeth: l. c. (S. 355 dieses Praktikums) S. 91.

und Rhodansilber) wird abfiltriert, in etwas Wasser aufgeschwemmt und durch Einleiten von H_2S in Silbersulfid, Chlorwasserstoff und Rhodanwasserstoff gespalten. Die Lösung wird abfiltriert und unter Zusatz von Schwefelsäure destilliert. Hierbei entsteht aus dem Rhodanwasserstoff Blausäure. Man macht das Destillat mit Kalilauge alkalisch, gibt ein wenig Ferrosulfatlösung hinzu, erwärmt gelinde, versetzt mit ein wenig Ferrichlorid und säuert mit Salzsäure an. Wenn Zyanwasserstoff vorhanden ist, bildet sich hierdurch Berlinerblau.

Quantitative Bestimmung.

Titrimetrische Bestimmung des Rhodanwasserstoffes nach Edinger und Clemens[1].

Prinzip. Rhodanwasserstoff wird nach Ausfällung als Silberrhodanid jodometrisch bestimmt.

Rhodanid reagiert in bikarbonathaltiger Lösung mit Jod nach der Gleichung:

$$AgCNS + 8J + 4H_2O = H_2SO_4 + 6HJ + AgJ + JCN;$$

nach Zufügen von HCl bildet sich:

$$JCN + HJ = HCN + 2J.$$

Die endgültige Umsetzung lautet also:

$$AgCNS + 6J + 4H_2O = H_2SO_4 + 5HJ + AgJ + HCN.$$

Reagentien. 1. Salpetersäure, verdünnt 1:100. 2. Silbernitratlösung 3%ig. 3. Natriumbikarbonat pulv. pur. 4. Jodkalium kristall. 5. Jodlösung 0,1 n. 6. Thiosulfatlösung 0,1 n. 7. Stärkelösung 2%ig. 8. Salzsäure 10%ig. 9. Kieselgur. (Unreiner Kieselgur wird mit Salpetersäure angerührt, mehrmals mit Wasser gewaschen, getrocknet und geglüht.)

Ausführung. 50—100 ccm klarer eiweißfreier Harn werden mit sehr verdünnter Salpetersäure angesäuert und mit 3%ig. Silbernitratlösung im Überschuß (pro 100 ccm Harn ca. 100 ccm Silbernitratlösung) versetzt. Man erwärmt rund 10 Min. auf dem Wasserbade, damit der Niederschlag sich gut absetzt (evtl. setzt man etwas Kieselgur hinzu), saugt den Niederschlag ab, wäscht ihn mit salpetersäurehaltigem Wasser aus und bringt ihn samt Filter mit etwas Wasser in eine 1 Liter fassende weithalsige Glasstopfenflasche. Dann fügt man bis zur alkalischen Reaktion der Flüssigkeit Natriumbikarbonat (etwa 3 g) und 3 g Jodkalium hinzu, um das Chlorsilber in Jodsilber überzuführen, löst die hinzugefügten Salze durch sanftes Umschwenken, verteilt mit einem Glasstab den Niederschlag und das Filter möglichst fein

---

[1] Z. klin. Med. **59**, 128 (1906).

und läßt so lange eine 0,1 n Jodlösung, aus einer Bürette abgemessen, zufließen, bis die Flüssigkeit deutlich braun gefärbt bleibt. Bei normalem Harn sind etwa 20 ccm nötig. Die Flasche bleibt gut verschlossen in der Dunkelheit 2 Stunden stehen. Dann wird mit 10%ig. Salzsäure vorsichtig angesäuert und nach Zugabe einiger Tropfen Stärkelösung mit 0,1 n Thiosulfatlösung zurücktitriert.

Berechnung. Die Differenz der vorgelegten ccm 0,1 n Jodlösung und der titrierten 0,1 n Thiosulfatlösung ergibt die durch die Umsetzung verbrauchten ccm 0,1 n Jodlösung. Da nach den oben dargelegten Umsetzungen 1 Mol Kaliumrhodanid (97,17) 6 Grammatome Jod verbraucht, so entspricht 1 ccm 0,1 n Jodlösung

$$\frac{97,17}{10 \cdot 1000 \cdot 6}\ \mathrm{g} = 1,62\ \mathrm{mg\ KCNS}\ .$$

Bestimmung der Phosphorsäure.

Im normalen 24 stündigen menschlichen Harne werden durchschnittlich 2,5—3,5 g P_2O_5 ausgeschieden. Die Grenzwerte sind etwa 1—5 g P_2O_5. 1—4% des Gesamtphosphors wird in organischer Form als Nukleinsäure und Glyzerin-Phosphorsäure ausgeschieden. Etwa ⅔ der anorganischen Phosphate werden in Verbindung mit Alkalien, ⅓ in Verbindung mit Erdalkalien ausgeschieden. Das Verhältnis der primären und sekundären Phosphate ändert sich mit der Azidität des Harnes. Im normalen Harne liegen etwa 60% der Gesamtphosphate als sekundäre und 40% als primäre Phosphate vor; tertiäre Phosphate sind nicht vorhanden.

Qualitativer Nachweis.

Bei Erhitzen des Harnes, der zuvor alkalisch gemacht wird, scheiden sich Erdalkaliphosphate aus. Diese werden abfiltriert und in verdünnter Salpetersäure oder Essigsäure gelöst. Im Filtrat liegen die Alkaliphosphate in Lösung vor. In beiden Lösungen läßt sich die Phosphorsäure nach einer der folgenden Reaktionen nachweisen.

a) In salpetersaurer Lösung fällt die Phosphorsäure durch Zusatz von Ammoniummolybdatlösung — besonders beim Erwärmen — als gelbes Ammoniumphosphormolybdat aus.

b) In ammoniakalischer Lösung fällt Phosphorsäure mit Magnesiamixtur als weißes, kristallinisches Ammoniummagnesiumphosphat.

c) In essigsaurer Lösung fällt Phosphorsäure bei Zugabe von Uranazetat oder -nitrat als gelbes Uranylphosphat.

Quantitative Bestimmung.

Titrimetrische Bestimmung als Uranylphosphat[1].

Prinzip. In essigsaurer Lösung werden Phosphate gemäß der Reaktion

$$Na_2HPO_4 + UO_2(C_2H_3O_2)_2 = UO_2HPO_4 + 2\,NaC_2H_3O_2$$

durch Uranylazetat oder Uranylnitrat in der Hitze als Uranylphosphat ausgeschieden. Das Ende der Ausfällung zeigt eine Tüpfelreaktion mit festem Ferrozyankalium an, mit dem die überschüssige Uranlösung einen rotbraunen Niederschlag gibt.

Reagentien. 1. Primäres Kaliumphosphat puriss. (für Enzymstudien nach Sörensen, Kahlbaum). Darstellung. Zu 200 ccm Wasser fügt man in einem Becherglas von etwa 1 Liter 100 g reine konz. (85% ig.) Phosphorsäure und einige Tropfen Methylorangelösung. Die Lösung wird nach Erwärmen auf 90° mit reinstem wasserfreien Kaliumkarbonat versetzt, bis sie ihre rote Farbe zu verlieren beginnt. 1—3 ccm Phosphorsäure werden hinzugegeben, damit die Reaktion mit Sicherheit sauer wird und zu der noch warmen Lösung 100 ccm Alkohol hinzugefügt, unter fließendem Wasser abgekühlt, der Niederschlag abgenutscht, 4—5 mal mit Alkohol gewaschen und zwischen Filtrierpapier getrocknet. Ausbeute 110—120 g. Das Präparat KH_2PO_4 enthält kein Kristallwasser. Man löst 3,8334 g ad 1000 ccm. Die Lösung enthält 2 mg P_2O_5 pro ccm. 2. Uranlösung. Uranylnitrat- oder Uranylazetatlösung. 1 ccm entspr. 5 mg P_2O_5 (Kahlbaum). Die Lösung ist selbst bereitbar, indem man 30 g reinstes Uranylazetat oder 35,5 g reinstes Uranylnitrat mit aqua dest. zu nicht ganz einem Liter löst und den Titer der Lösung einstellt. Hierzu werden 50 ccm der Monokaliumphosphatlösung = 100 mg P_2O_5 in einem 200 ccm-Erlenmeyerkolben mit 5 ccm der essigsauren Natriumazetatlösung versetzt; dann wird die Lösung erhitzt und in der Hitze mit Uranlösung titriert. Der Endpunkt der Titration wird durch Tüpfeln bestimmt, indem man mit einem kapillaren Glasrohr der heißen Mischung 1—2 Tropfen entnimmt und mit ihnen auf einer Porzellanplatte etwas Ferrozyankalium befeuchtet. Überschuß der Uranlösung ruft eine schwache aber deutlich rote Farbe beim Tüpfeln hervor. Nach nochmaliger Wiederholung der Bestimmung wird der Durchschnittswert ermittelt und die Uranlösung so verdünnt, daß 1 ccm von ihr 5 mg P_2O_5 entspricht. 3. Essigsaure Natriumazetatlösung. 100 g Natriumazetat werden in aqua dest. gelöst, mit 100 ccm 30% ig. Essigsäure versetzt und ad 1000 ccm aufgefüllt. 4. Ferrozyankalium pulv. 5. Magnesiamixtur (nur für genaueste Bestimmungen). 55 g krist. Magnesiumchlorid und 70 g Chlorammonium werden in 750 ccm Wasser und 250 ccm 10% ig. Ammoniaklösung gelöst.

Ausführung. 50 ccm eiweißfreier Harn werden in einem Erlenmeyerkolben mit 5 ccm der essigsauren Natriumazetatlösung versetzt und erhitzt. Die siedende Lösung wird, wie bei der

---

[1] Treadwell: Kurzes Lehrbuch der analyt. Chemie II, S. 625. Leipzig—Wien: Deuticke 1923. Folin in Abderhaldens Arbeitsmethoden V/1, 290 (1911). — Kleinmann: Biochem. Z. **99**, 35 (1919). — Spaeth: l. c. (S. 355 dieses Praktikums) S. 99.

Einstellung der Uranlösung beschrieben, durch Tüpfeln gegen Ferrozyankalium titriert. Hat man versehentlich übertitriert, so fügt man zu dem Harn 2 ccm der Standardphosphatlösung, erhitzt, titriert zu Ende und zieht die zugesetzte Phosphatmenge von der analysierten ab.

Die Methode ist für klinische Zwecke genügend genau.

Für genauere Analysen fällt man die Phosphorsäure nach Spaeth[1] in 50 ccm Harn, durch Zugabe eines Überschusses von Magnesiamixtur, filtriert den Niederschlag nach 12 stündigem Stehen im Eisschrank ab, wäscht mit etwa 2—3% ig. Ammoniak nach, löst den Niederschlag in verdünnter Essigsäure vom Filter, wäscht das Filter mit aqua dest. nach, bringt Filtrat und Waschwasser mit aqua dest. auf ca. 50 ccm und titriert nach Zusatz von 5 ccm der sauren Natriumazetatlösung wie oben.

Berechnung. Da 1 ccm der eingestellten Uranlösung 5 mg P_2O_5 entspricht, so ergibt die titrierte ccm-Zahl $\cdot$ 5 die mg P_2O_5 in der untersuchten Lösung.

Alkalimetrische Phosphorsäurebestimmung nach Neumann[2], modifiziert nach Gregersen[3]—Kleinmann[4].

Prinzip. Durch Fällung der Phosphorsäure mit Ammoniummolybdat unter bestimmten Bedingungen wird ein Niederschlag von phosphormolybdänsaurem Ammonium konstanter Zusammensetzung hergestellt. Das Ammoniumsalz wird durch Kochen mit einer gemessenen Menge einer 0,5 n Natronlauge unter Vertreiben des Ammoniaks in das Natriumsalz übergeführt. Die verbrauchte Natronlaugemenge wird durch Rücktitration der 0,5 n NaOH mit 0,5 n H_2SO_4 mittels Phenolphthaleins als Indikator ermittelt.

Gemäß der Umsetzung

$$2\,(NH_4)_3PO_4 + 24\,MoO_3,\,4\,HNO_3 + 56\,NaOH = 24\,Na_2MoO_4 + 4\,NaNO_3$$
$$+\,2\,Na_2HPO_4 + 6\,NH_3 + 32\,H_2O$$

entsprechen 56 Mol NaOH einem Mol P_2O_5 bzw. 2 Grammatomen P. Es entspricht somit 1 ccm 0,5 n NaOH = $^1/_2$ Millimol

$$\frac{142,04}{2\cdot 56} = 1,268\ \text{mg}\ P_2O_5\ \text{oder}\ 0,554\ \text{mg P}.$$

---

[1] l. c. (S. 355 dieses Praktikums) S. 100.
[2] Z. physiol. Chem. **37**, 115 (1902/3); **43**, 32 (1904/5).
[3] Z. physiol. Chem. **53**, 453 (1907).   [4] Biochem. Z. **99**, 95 (1919).

Die zu untersuchende Substanz muß zur Entfernung der organischen Verbindungen vor der Bestimmung verascht werden.

Reagentien. 1. Säuregemisch aus gleichen Volumteilen konz. Schwefelsäure und konz. Salpetersäure, spez. Gew. 1,4. 2. Salpetersäure konz., spez. Gew. 1,4. 3. Ammoniumnitratlösung (pro anal. Kahlbaum) 190 g zu 300 ccm gelöst. 4. Ammoniummolybdatlösung (pro anal. Kahlbaum) 10%ig. 5. NaOH 0,5 n. 6. H_2SO_4 0,5 n. 7. Alkohol 50%ig.

Ausführung. Etwa 20 ccm Harn (es sollen nicht mehr als 50 mg P_2O_5 zur Analyse angewandt werden) werden mit 20 ccm des Säuregemisches versetzt und unter Zutropfen von konz. HNO_3 verascht (s. nasse Veraschung S. 350). Die überschüssige Salpetersäure wird durch Kochen vertrieben. Nach Erkalten wird der Kolben mit etwa 150 ccm Wasser versetzt und 5—10 Min. gekocht, wodurch die Hydrolyse von Nitrosyl-Schwefelsäure bewirkt wird. Hierauf gibt man 60 ccm der Ammonnitratlösung hinzu und verdünnt die Mischung mit aqua dest. ad 250 ccm. Für Bestimmungen unter 10 mg P fügt man nur 20 ccm, bei Bestimmungen über 10 mg P, 40 ccm Molybdatlösung hinzu, indem man sie in die gerade zum Sieden erhitzte Mischung eingießt (40 ccm 10%ig. Ammoniummolybdat reichen für 60 mg P_2O_5). Die Mischung bleibt unter Umschütteln etwa 15 Min. stehen und wird durch ein quantitatives Filter (Blauband, Schleicher und Schüll) abfiltriert. Der Niederschlag wird mit 50%ig. Alkohol übergespült und mit diesem bis zum Verschwinden der sauren Reaktion (mit Lackmuspapier prüfen) ausgewaschen. Der Alkohol muß durch Einstellen in Eis gekühlt und das Filter vor dem Filtrieren mit dem Alkohol durchspült werden. Nun wird das Filter in einem Kölbchen mit etwa 100—150 ccm Wasser und so viel 0,5 n NaOH aus einer Bürette versetzt, daß der Niederschlag sich bei leichtem Erwärmen gerade löst. Hierauf gibt man noch weiter 5—6 ccm Lauge hinzu, kocht die Lösung ca. 10 Min., bis bei der Prüfung der Wasserdämpfe mit feuchtem Lackmuspapier kein Entweichen von Ammoniak mehr feststellbar ist. Nach Abkühlung unter fließendem Wasser setzt man einige Tropfen Phenolphthaleinlösung hinzu, titriert mit 0,5 n H_2SO_4 bis zur Entfärbung, gibt dann aus der Bürette weiter einige Tropfen der Säure im Überschuß hinzu, erhitzt zur Entfernung der Kohlensäure und titriert mit Lauge bis zur Rosafärbung zurück.

Berechnung. Man bestimmt die gesamte angewandte Laugemenge und die ganze angewandte Säuremenge.

Ihre Differenz ergibt die verbrauchte Laugemenge, aus der sich, gemäß der oben angeführten Umsetzung, durch Multiplikation mit 1,269 die mg P_2O_5, durch Multiplikation mit 0,554 die mg P berechnen.

Alkalimetrische Phosphorsäurebestimmung
nach Fiske[1].

Prinzip. Die Methode beruht auf Fällung der Phosphorsäure als Magnesiumammoniumphospat, Lösen des Niederschlages in einer gemessenen Menge 0,1 n HCl und Rücktitration der HCl und der freigemachten Phosphorsäure als Monophosphat gegen Methylrot. Der Umschlagspunkt wird durch Farbvergleich gegen eine Standardlösung ermittelt.

Reagentien. 1. Magnesiumzitratmischung. 4 g frisch ausgeglühtes Magnesiumoxyd werden in einer Lösung von 80 g Zitronensäure in 100 ccm heißem Wasser unter Rühren gelöst. Zu der erkalteten Mischung fügt man 100 ccm Ammoniak — spez. Gew. 0,90 — füllt auf 300 ccm auf und filtriert nach 24 Stunden. 2. Alkohol 95%ig, völlig neutral (die Färbung von 50 ccm mit einigen Tropfen Methylrot versetzten Wassers darf durch 5 ccm Alkohol nicht verändert werden), evtl. über Alkali zu destillieren. 3. Methylrot 0,004%ig. Lösung in 50%ig. Alkohol. 4. Natriumazetatmischung. 50 ccm 2 n Essigsäure und 35 ccm 2 n karbonatfreie NaOH werden gemischt und auf 100 ccm aufgefüllt. 5. Vergleichslösung. 2 ccm der Azetatmischung (s. 4.) werden mit 2 ccm Methylrotlösung und 21 ccm Wasser versetzt. 6. Ammoniak 2,5%ig. 7. Salzsäure 0,1 n. 8. Natronlauge 0,1 n.

Apparate. 1. Filtrierröhrchen aus Glas mit Filtrierschicht aus Papierbrei. Das Röhrchen wird durch Ausziehen eines Glasrohres auf 120 mm Länge, 8 mm lichte Weite — am unteren Ende auf 2 mm — und durch Einbuchten am oberen Ende hergestellt, s. Abb. 114, S. 389. 2. Chromnickeldraht. 3. Mikrobürette. 3. Reagenzgläser 200 : 20 mm.

Ausführung. In ein Reagenzglas (200:20 mm) pipettiert man so viel Harn, daß ungefähr 2—7 mg Phosphorsäure darin enthalten sind (etwa 1—5 ccm) und füllt auf 10 ccm auf. (Wenn 10 ccm Harn weniger als 2 mg Phosphate enthalten, sind ein größeres Volumen — aber nicht mehr als 20 ccm — und im gleichen Verhältnis größere Reagensmengen anzuwenden.) 1 ccm der Magnesiumzitratlösung und 2 ccm Ammoniak —. spez. Gew. 0,90 — werden hinzugegeben; die Mischung wird bis zum Beginn der Kristallisation geschüttelt und das Schütteln dann 15 Min. fortgesetzt. Man filtriert den Niederschlag unter sehr geringem Saugen durch das Filtrierröhrchen ab, wäscht ihn mit 10 ccm 2,5%ig. Ammoniak und dann viermal mit je 5 ccm 95%ig. Alkohol aus. Hierauf setzt man das Filtrierröhrchen auf einen 100 ccm-Erlenmeyerkolben, bringt in das zur Fällung benutzte Reagenzglas unter Schütteln portionsweise exakt abgemessene Mengen von je 1 ccm 0,1 n HCl, bis der ganze anhaftende Niederschlag gelöst ist; die Lösung wird jedesmal in das Filterröhrchen abgegossen. Die Gegenwart von Kalzium stört nicht, wenn genügend Zitrat vor-

---

[1] J. of biol. Chem. **46**, 285 (1921).

handen ist, um die Ausfällung des amorphen Kalziumphosphats zu verhüten. (Tritt bei der Auflösung des Niederschlags doch eine plötzliche Trübung auf, so muß ein neuer Ansatz mit 20 ccm Wasser, 2 ccm Zitrat und 4 ccm Ammoniak gemacht werden, doch ist dies bei menschlichen Harnen nie der Fall.)

Mit einem starren Chromnickeldraht stößt man dann das Papierfilter durch die Bodenöffnung des Filtrierröhrchens und wäscht dieses mit 2 ccm Methylrotlösung und 13 ccm Wasser nach. Nunmehr gibt man kubikzentimeterweise 0,1 n Salzsäure in den Erlenmeyerkolben, bis auch nach Umschütteln der Inhalt deutlich rot gefärbt bleibt. Es müssen wenigstens 0,5 ccm 0,1 n HCl im Überschuß zugegeben werden. Die Lösung wird in das Fällungsgefäß und dann zurück gegossen, bis der Niederschlag vollkommen gelöst ist und mit 5 ccm Wasser nachgespült.

Unter Vergleich mit der Vergleichslösung (s. Reagentien 5.) titriert man die Lösung mit 0,1 n Natronlauge aus einer Mikrobürette vorsichtig bis zum Umschlagspunkt und dann tropfenweise weiter, bis 1 Tropfen die Lösung gerade gelber färbt als die Vergleichslösung.

Berechnung. Nach der Umsetzung: $Mg(NH_4)PO_4 + 3\,HCl = MgCl_2 + (NH_4)Cl + H_3PO_4$ würde 1 Mol des Niederschlages 3 Mole der im Überschuß zugegebenen HCl neutralisieren bzw. 3 H verbrauchen. Es entsteht aber bei der Reaktion H_3PO_4. Diese wird bei der Rücktitration der überschüssigen Salzsäure mittitriert, und zwar wird durch die Wahl des Indikators 1 H der Phosphorsäure erfaßt. Da 3 H neutralisiert werden, andererseits aber 1 H frei wird, entspricht 1 Mol $Mg(NH_4)PO_4$ bzw. 1 Grammatom P 2 Grammatomen H.

1 Grammatom H entspricht daher $\dfrac{P}{2} = 15{,}52$ g P. Die Differenz vorgelegter und zurücktitrierter 0,1 n HCl, multipliziert mit 1,552, ergibt daher den P-Gehalt, multipliziert mit 3,552, den P_2O_5-Gehalt der zu untersuchenden Lösung in mg.

<h3 style="text-align:center">Nephelometrische Phosphorsäurebestimmung für kleinste Mengen Harn und anderes Untersuchungsmaterial nach Kleinmann[1].</h3>

Prinzip. Die Methode beruht auf Herstellung einer Phosphorsäurefällung durch Zusatz eines Molybdän-Strychnin-Reagenses unmittelbar zur Harnverdünnung. Die Trübung wird gegen eine gleich bereitete Standardtrübung nephelometrisch bestimmt.

---

[1] Biochem. Z. **174**, 43 (1926). Vgl. auch S. 263 dieses Praktikums.

Zur Bestimmung des Gesamt-P (d. h. organischen und anorganischen P) ist der Harn trocken zu veraschen.

Reagentien. 1. Schwefelsäure 2 n: ca. 100 g H_2SO_4 pro analysi werden ad 1000 ccm verdünnt, mit 1 n NaOH titriert und entsprechend verdünnt. 2. Natriumsulfatlösung pro analysi, gesättigt. 3. Standardlösung. 1,9167 g primäres Kaliumphosphat (nach Sörensen, Kahlbaum) werden ad 1000 ccm in aqua dest. gelöst und 5 ccm hiervon ad 1000 ccm verdünnt. Die Lösung enthält 0,005 mg P_2O_5 = 0,00219 mg P pro ccm. 4. Molybdän-Strychnin-Reagens. Lösung I: 30 g Molybdänsäure (für Glühfäden, Kahlbaum) werden in einem 500 ccm-Rundkolben mit 10 g frisch geglühter Soda und 200 ccm aqua dest. 15—30 Min. gekocht, warm filtriert, mit 200 ccm genau 10 n Schwefelsäure (500 g H_2SO_4 konz. ad 1000 ccm verdünnt und titriert) versetzt und nach dem Erkalten ad 500 ccm aufgefüllt. Lösung II: 1,6 g Strychninsulfat (Bisulfat, Kahlbaum) werden unter Erwärmen in aqua dest. gelöst und nach dem Erkalten ad 500 ccm aufgefüllt. Am Versuchstag ist das Reagens frisch zu bereiten, indem 1 Vol.-Teil Lösung II rasch zu einem Vol.-Teil Lösung I gegeben wird, das Gefäß gut geschüttelt und das Reagens von einem Niederschlag durch ein quantitatives Filter klar abfiltriert wird.

Apparate. 1. Nephelometer (Schmidt und Haensch, Berlin). 2. Platintiegel (nicht für Harnanalyse notwendig).

Ausführung. Eiweißfreier Harn wird im Verhältnis etwa 1:200 mit aqua dest. verdünnt. Von dieser Verdünnung werden einige ccm (etwa 2—5), entsprechend 0,02—0,05 mg P_2O_5, zur Analyse verwandt. Andere organische Substanzen als Harn werden in entsprechender Menge im bedeckten Platintiegel trocken verascht, bis die Asche rein weiß geworden ist. Die Asche wird in 2 n H_2SO_4 zu einem gemessenen Volumen gelöst. Zur Analyse dürfen nicht mehr als 9,5 ccm Lösung, enthaltend 0,02—0,05 mg P_2O_5, verwandt werden.

In einem markierten Gläschen wird die Harnverdünnung mit 9,5 ccm 2 n H_2SO_4 versetzt. Von einer Organaschenlösung sind 9,5 ccm anzuwenden bzw. ist das angewandte Volumen mit 2 n H_2SO_4 ad 9,5 ccm zu bringen. 4 ccm ges. Na_2SO_4-Lösung werden zugefügt. Dann wird mit aqua dest. ad 23 ccm aufgefüllt. Nunmehr stellt man mehrere Vergleichslösungen her, die 0,02—0,04 mg P_2O_5 entsprechend 4—8 ccm Standardlösung, enthalten und behandelt sie genau wie die unbekannte Lösung. Dann gibt man unmittelbar nacheinander genau 2 ccm klaren Reagenses zu den Lösungen, läßt sie 25—30 Min. stehen und vergleicht innerhalb 15—20 Min. die unbekannte Lösung nephelometrisch mit der ihr ähnlichsten Standardlösung.

Berechnung. Der Gehalt c der untersuchten Lösung an P_2O_5 ergibt sich aus dem Gehalt c_1 der verwandten Standardlösung und den entsprechenden Nephelometerablesungen h und h_1 zu

$$c = \frac{c_1 \cdot h_1}{h}$$

ausgedrückt in gleichem Maße wie die Standardlösung, also mg P_2O_5.

Bei der Errechnung der P_2O_5-Konzentration im Harn ist die Harnverdünnung zu berücksichtigen. Eisen soll nicht in einer Menge über 1 mg in der analysierten Menge vorhanden sein und ist gegebenenfalls durch Ammoniakfällung aus der Aschenlösung zu entfernen.

Bestimmung der Kieselsäure.

Kieselsäure ist normalerweise zu etwa 0,03 g (berechnet als SiO_2) pro Liter im Harn vorhanden.

Qualitativer Nachweis.

Die zu untersuchende Substanz wird trocken verascht. Die Asche gibt:

a) in der Phosphorsalzperle ein Skelett von Kieselsäure;

b) nach dem Durchmischen mit Ammoniumfluorid beim Zusatz von konz. H_2SO_4 und Erwärmen Kieselfluorwasserstoffsäure. Dieselbe wird durch Einbringen eines feuchten Glasstabes in die entweichenden Dämpfe durch Abscheidung von fester Kieselsäure am Glasstab nachgewiesen.

c) mit Wasser aufgenommen, Fällung mit einem Quecksilberreagens[1].

1. Quecksilberreagens. Frisch gefälltes Quecksilberoxyd, hergestellt durch Fällung einer Quecksilberchloridlösung mit Kalium- oder Natronlauge und sorgfältiges Auswaschen des Niederschlages, wird in die Schaffgottsche Ammoniumkarbonatlösung (s. u. 2.) so lange eingetragen, bis ein Rest des Quecksilberoxydes ungelöst bleibt. Die Reaktion wird in der Kälte vorgenommen. 2. Lösung nach Schaffgott. 180 ccm konz. Ammoniak, 880 ccm Wasser, 900 ccm Alkohol werden mit Ammoniumkarbonat gesättigt. In dieser Lösung lösen sich etwa 20 g Quecksilberoxyd. Das fertige Reagens muß auf Abwesenheit glühbeständigen Rückstandes untersucht und in ausgedämpften Flaschen aufbewahrt werden. 3. Salzsäure konz.

Die Harn- bzw. die Kotasche wird mit 100 ccm heißem Wasser aufgenommen und gut aufgekocht. Bei Kotasche sind größere Stücke mit dem Wischer zu zerreiben, kleine ungelöste Reste können unberücksichtigt bleiben. Der Schaleninhalt wird un-

---

[1] Nach Kindt: Z. physiol. Chem. **174**, 28 (1928).

filtriert in ein Becherglas übergeführt. Zu der Lösung, die neutral und auf keinen Fall sauer reagieren muß, werden 50 ccm Quecksilberreagens zugesetzt. Eine unlösliche Verbindung von Merkuri-Ammoniumkarbonat und Kieselsäure fällt als weißes Pulver aus.

d) Der Nachweis der Kieselsäure durch Abscheidung aus der Aschenlösung mit Salzsäure entspricht der quantitativen Bestimmung (s. d.).

Quantitative Bestimmung.

Gravimetrische Bestimmung der Kieselsäure in Harn und Fäzes nach Kindt[1].

Prinzip. Die Substanz wird mit Salpetersäure verascht, die Asche mit Salzsäure und der gewonnene Rückstand nach dem Glühen mit Fluorwasserstoffsäure abgeraucht, wodurch die Kieselsäure als Kieselfluorwasserstoffsäure entfernt wird. Die Bestimmung des Gewichtsverlustes ergibt die Kieselsäuremenge.

Reagentien. 1. Salpetersäure konz. 2. Fluorwasserstoffsäure. 3. Schwefelsäure konz. 4. Salzsäure konz.

Apparate. 1. Alle Glasapparate (auch Spritzflaschen mit ihren Glasröhren) müssen aus bestem, sorgfältig ausgedämpftem Jenaer Glase sein. 2. Platinschale. 3. Platintiegel.

Ausführung. Veraschung des Harnes. 300—500 ccm Harn (je nach der Tagesmenge) werden in einem Becherglase mit 100 ccm konz. Salpetersäure versetzt. Wendet man Kaninchenharn an, so kann hierbei starkes Aufschäumen eintreten. Durch tropfenweisen Zusatz der Säure und durch Ätherzusatz kann man das Schäumen verhindern. Das nach kurzer Zeit dunkel gefärbte Gemisch wird auf ein zugedecktes Wasserbad gestellt und mit einem Uhrglase bedeckt. Die entstehende Gasentwicklung dauert ca. 15—30 Min. Die Zeit kann durch Einstellen des bedeckten Becherglases in das Wasserbad (Vorsicht!) abgekürzt werden. Hat die Bläschenbildung nachgelassen, wird das Becherglas ohne Uhrglas (Vorsicht!) in das Wasserbad eingestellt und der Inhalt abgedampft, bis ein schwach feuchter Kristallbrei zurückbleibt. Es wird so viel Wasser zugegeben, daß der Boden des Gefäßes 1—2 cm hoch bedeckt ist. Nach 10—15 Min. langem Einweichen wird der Inhalt in eine Platinschale übergeführt; das Becherglas ist mit sehr heißem Wasser, evtl. mit Hilfe eines Gummiwischers, auszuspülen.

---

[1] l. c. S. 403 dieses Praktikums.

Der Inhalt der Platinschale wird — wie oben — eingeengt und $^1/_2$—1 Stunde im Trockenschrank auf 110—120° erhitzt. Die Trocknung hat den richtigen Grad erreicht, wenn der Schaleninhalt eine tiefdunkle, nahezu schwarzbraune Färbung angenommen hat. Dann wird die Schale durch Fächeln mit einem Brenner erhitzt. Hierbei soll die Flamme des Brenners groß, aber nicht scharf sein. Es entsteht eine mitunter heftige Verbrennungsreaktion, nach deren Ablauf ein nahezu weißer Rückstand zurückbleibt, der durch weiteres Erhitzen mühelos völlig verascht werden kann.

Veraschung von Fäzes. 40—50 g Fäzes werden ebenso wie Harn mit 100 ccm konz. Salpetersäure auf dem Wasserbad abgeraucht (Vorsicht! bei heftiger Reaktion das Becherglas sofort vom Wasserbad entfernen und evtl. Äther zugeben). Nach 5 bis 10 Min. ist meist die Gefahr eines Überschäumens vorbei. Die Substanz wird dann ein zweites Mal mit 50 ccm konz. Salpetersäure abgeraucht.

Ein Überführen des Rückstandes in die Platinschale ist nur mit sehr heißem Wasser und Gummiwischer möglich. Lassen sich fettähnliche Substanzen mitunter nicht entfernen, bedeutet dies keinen Verlust an anorganischen Bestandteilen. Der Rückstand wird möglichst scharf getrocknet. Beim Veraschen ist darauf zu achten, daß die Erhitzung allmählich erfolgt, damit die unteren Schichten der Substanz keine Blasen werfen.

Bestimmung. Die Harn- bzw. Kotasche wird mit verd. Salzsäure 10—15 Min. auf dem Wasserbade eingeweicht, aufgekocht und die Mischung in ein Becherglas übergeführt. Sein Inhalt wird auf dem Wasserbade zur Trockne erhitzt und im Trockenschrank 1 Stunde bei 140° getrocknet. Das Aufnehmen mit Salzsäure und Trocknen wird zweimal wiederholt. Nach dem letzten Trocknen wird so viel heißes Wasser hinzugegeben, daß der Boden des Glases 1 cm hoch bedeckt ist. Nach Zusatz von 3—5 Tropfen konz. Salzsäure wird die Lösung auf dem Drahtnetz kurz aufgekocht und durch ein angefeuchtetes Blaubandfilter (Schleicher u. Schüll) filtriert. Das Filter darf während des Filtrierens nicht trocken werden. Becherglas und Filter werden mit etwas Wasser, dem 1—2 Tropfen verdünnte Salzsäure zugesetzt sind, quantitativ ausgewaschen.

Da im Filtrat stets noch geringe Mengen Kieselsäure vorhanden sind, wird es zur Trockne gedampft, der Rückstand zweimal wie angegeben mit Salzsäure behandelt und bei 140° getrocknet. Zum Abfiltrieren wird ein neues Filter benutzt. Die beiden Filter werden getrocknet, gemeinsam im Platintiegel verascht, nach völliger Verbrennung der Filterkohle mit einigen Tropfen konz. Salpetersäure abgeraucht und im bedeckten Tiegel bis zur Gewichtskonstanz geglüht. Beim Glühen ist der Tiegel erst zu bedecken, wenn die anfangs auftretende Blasenbildung nachgelassen hat.

Der Tiegelinhalt wird dann mit Fluorwasserstoffsäure, der einige Tropfen konz. Schwefelsäure zugesetzt sind, abgeraucht und erneut im zuerst offenen, später bedeckten Tiegel bis zur Gewichtskonstanz geglüht.

Aus der Gewichtsdifferenz der konstant gewordenen Gewichte vor und nach dem Abrauchen mit Fluorwasserstoffsäure ergibt sich der Gehalt an reiner Kieselsäure.

Kolorimetrische Bestimmung kleinster Kieselsäuremengen nach Isaacs [1].

Prinzip. Silikate und Phosphate geben gelbe Siliko- und Phosphormolybdate in saurer Lösung mit Ammoniummolybdat. Auf Zusatz von Natriumsulfit geben beide Molybdate eine blaue Färbung. Die Silikomolybdate werden jedoch schon bei weit geringerer H-Ionenkonzentration reduziert als die Phosphormolybdate. Es lassen sich daher bei geeigneter Azidität Kieselsäurebestimmungen bei Anwesenheit von Phosphaten ausführen, die auf Reduktion der Molybdatverbindung und kolorimetrischem Vergleich gegen eine Kieselsäure-Standardlösung beruhen.

Reagentien. 1. Salpetersäure, puriss., spez. Gew. 1,42 (die Säure ist kieselsäurefrei, wenn 50 ccm bei Zusatz von 1 ccm Ammoniummolybdatlösung [s. Reagentien 5.] keine Gelbfärbung zeigen). 2. Essigsäure 10%ig (aus Eisessig puriss.). 3. Borsäure. Ges. Lösung (puriss.). 4. Natriumhydroxydlösung 2%ig. 1 g metallisches Natrium wird in einem Nickeltiegel in 50 ccm aqua dest. gelöst. (Vorsicht.) 5. Ammoniummolybdatlösung 10%ig. 1 Woche haltbar. **Reinigung des Ammoniummolybdats.** Das reine Ammoniummolybdat enthält noch Phosphorsäurespuren und muß vor Gebrauch gereinigt werden. 150 g Ammoniummolybdat werden in einem Liter dest. Wasser unter Zusatz von einem Liter 25%ig. Salpetersäure gelöst. Zu dieser Lösung werden 200 g Ammoniumnitrat puriss. zugesetzt. Die Lösung wird so lange warm aufbewahrt, bis sich am Boden ein weißer Niederschlag gebildet hat (ungefähr 1 Tag). Nachher wird die klare Lösung abfiltriert, zum Filtrat eine doppelte Menge absoluter Alkohol und Ammoniak bis zur alkalischen Reaktion zugesetzt und filtriert. Auf dem Filter bleibt das reine Ammoniummolybdat zurück. 6. Natriumsulfitlösung, ges. Nach Vanino [2] stellt man SO_2 dar, indem man in eine konz. wäßrige Lösung von Na-

[1] Bull. Soc. de Chim. biol. **6**, 157 (1924). Vgl. Foulger: J. amer. chem. soc. **49**, 434 (1927). Zit. nach Yoe: Photometric chemical analysis I. Colorimetry. S. 366. New York: Wiley u. Sons 1928

[2] Präparative Chemie Bd. 1, S. 78. Stuttgart: Enke 1921.

triumsulfit konz. Schwefelsäure eintropft und das entwickelte Gas mittels Chlorkalziums trocknet. Das Gas wird in eine konz. Lösung von metallischem Natrium in aqua dest. (im Nickel- oder Platintiegel) eingeleitet, wobei sich ein Niederschlag von weißem Natriumsulfit bildet. Dieser wird abfiltriert und an der Luft getrocknet. 7. Kalziumnitratlösung 5% ig, $Ca(NO_3)_2 \cdot 4 H_2O$ puriss. 8. Standard-Kieselsäure-Lösung. Diese Lösung wird hergestellt, indem man eine zu einer geeigneten Konzentration (s. w. u.) verdünnte wäßrige Lösung von Kaliumsilikat herstellt und ihren Gehalt durch kolorimetrischen Vergleich gegen eine Lösung ermittelt, die man durch Schmelzen einer genau gewogenen Siliziummmenge mit Natriumkarbonat und Lösen der Schmelze in einem gemessenen Volumen aqua dest. gewonnen hat. Die Standardlösung wird dann so verdünnt, daß 1 ccm 1 mg Silizium enthält. Sie ist im allgemeinen 2 Wochen haltbar, doch können mitunter kleine Siliziummengen schon nach wenigen Tagen ausfallen. Der Blindwert der Reagentien an Kieselsäure ist durch einen Leerversuch zu ermitteln, da die Lösungen 1., 3. und 4. häufig Kieselsäure enthalten.

Ausführung. Von der getrockneten Untersuchungssubstanz (Gewebe) werden z. B. 0,5 g in einem Platintiegel abgewogen und allmählich mit 1 ccm Borsäurelösung, 1 ccm Kalziumnitratlösung und ungefähr 2 ccm Salpetersäure versetzt. Der Tiegel wird zunächst auf dem Wasserbade erwärmt, bis das Gewebe gelöst ist und dann unmittelbar erhitzt bis eine Verkohlung einsetzt. Dann wird weiter Salpetersäure zugesetzt und verascht, bis der Rückstand weiß geworden ist. (Während Kalziumnitrat die Veraschung erleichtert, verhindert die Gegenwart der Borsäure Kieselsäureverluste.) Die Asche wird mit einigen Tropfen Salpetersäure befeuchtet und erwärmt, bis jeder Säureüberschuß vertrieben und Kalziumoxyd in -nitrat übergeführt ist.

Nunmehr werden 2—3 ccm Wasser und 3 ccm Natriumhydroxydlösung zugegeben. Die Mischung wird unter Drehen des Tiegels zum Sieden erhitzt und hierauf mit so viel Essigsäure versetzt, daß nach Neutralisation noch ein Überschuß von 3 ccm Säure vorhanden ist, worauf 10 ccm Wasser und 5 ccm Ammoniummolybdatlösung zugesetzt werden. Gleichzeitig wird eine Vergleichslösung angesetzt, indem 1 ccm einer geeigneten Verdünnung der Standardsiliziumlösung mit 12 ccm Wasser, 3 ccm Essigsäure und 5 ccm Ammoniummolybdatlösung versetzt wird.

Beide Lösungen werden 5 Min. in ein siedendes Wasserbad gestellt und hierauf mit je 2 ccm Natriumsulfitlösung versetzt.

Die blau gefärbten Lösungen werden kolorimetrisch verglichen. Obgleich die Farbtiefe im Laufe der Zeit ansteigt, gibt die Messung richtige Werte, da sich das Verhältnis der Farbtiefen zueinander nahezu nicht ändert. Bei Gegenwart von viel Phosphat, das die Farbentwicklung verzögert, bzw. verhindert, kann die Essigsäuremenge in beiden Lösungen bis zu 7 ccm hinauf erhöht werden.

Enthält die Untersuchungssubstanz Eisen (Blut) so wird die erhaltene Endfärbung grünlich. Man stellt in diesem Falle eine Lösung aus 15 ccm Wasser, 3 ccm 10% ig. Essigsäure, 5 ccm 10% ig. Ammoniummolybdat und 1 ccm 10% ig. Eisenammoniumalaunlösung her, setzt diese 5 Min. in ein siedendes Wasserbad und gibt dann 2 ccm Natriumsulfitlösung hinzu. Man erhält eine gelbgefärbte Lösung, mit der man die aus der Standardsiliziumlösung hergestellte Vergleichslösung so lange verdünnt, bis ihr Farbton gleich dem der unbekannten Lösung geworden ist. Beim Vergleich ist dann der durch die Verdünnung geänderte Gehalt der Lösung an Silizium zu berücksichtigen. Die Berechnung erfolgt gemäß dem bekannten kolorimetrischen Prinzip.

Bestimmung der organischen Bestandteile.

Bestimmung des Kohlenstoffes auf nassem Wege.

Titrimetrische Bestimmung des Kohlenstoffes nach Brunner-Messinger[1]-Scholz[2], modifiziert von Tangl und Kereszty[3].

Prinzip. Der Harn wird mit Chromschwefelsäure auf nassem Wege verbrannt, die aus dem Kohlenstoff gebildete CO_2 in Barytwasser aufgefangen und titrimetrisch bestimmt.

Reagentien. 1. Schwefelsäure, reine konz. 2. Kaliumbichromat, krist. 3. Kaliumhydroxyd-Lösung 25% ig. 4. Barytwasser aus krist. reinem Bariumhydroxyd 0,06—0,09 n.

Das im Handel vorkommende kristallisierte Bariumhydroxyd enthält immer Bariumkarbonat. Man kann daher die Lösung nicht durch direktes Abwägen einstellen. Man wägt roh ab, bringt die Substanz mit der nötigen Menge destillierten Wassers in eine große Flasche, verschließt und schüttelt, bis nur leichtes Bariumkarbonatpulver ungelöst zurückbleibt. Man läßt die Flasche 2 Tage stehen, damit sich der Niederschlag von Bariumkarbonat vollständig absetzt, hebert die klare überstehende Lösung in eine Vorratsflasche, durch welche man zuvor 2 Stunden lang einen kohlensäurefreien Luftstrom geleitet hat, und verbindet die Flasche (s. Apparate 2.) sofort mit einem Natronkalkrohr und mit der Bürette. Ist das Barytwasser in der

---

[1] Ber. dtsch. chem. Ges. **21**, 2910 (1888); **23**, 2756 (1890).

[2] Zbl. inn. Med. Jg. 18, Nr. 15, 353 und Nr. 16, 377 (1897).

[3] Biochem. Z. **32**, 266 (1911). Vgl. auch Neubauer-Huppert: l. c. (S. 303 dieses Praktikums) und Treadwell: l. c. (S. 397 dieses Praktikums).

Flasche nicht ganz klar, so schaltet man in den Heberschlauch a ein ungefähr 6 cm langes, ca. 1,5 cm weites, nicht zu fest mit Verbandwatte gefülltes Glasrohr als Filter ein.

Zur Titerstellung mißt man 20 ccm Barytwasser in einen Erlenmeyerkolben ab und titriert unter Zusatz von Phenolphthalein mit 0,05 n Salzsäure bis zum Verschwinden der Rotfärbung. Man verwendet stets die gleiche Tropfenzahl Phenolphthalein.

Oder man füllt 20 ccm Barytwasser in ein Erlenmeyerkölbchen, gibt einige Tropfen Kochenillelösung als Indikator und eine abgemessene Menge 0,05 n Salzsäure bis zur schwachen Gelbfärbung hinzu und titriert mit einer 0,05 n Natronlauge bis zum Farbumschlag nach rotviolett.

5. Salzsäure 0,05 n. 6. Natronlauge 0,05 n. 7. Phenolphthalein oder Kochenillelösung. 8. Kupferoxyd (CuO) gekörnt. 9. Bleidioxyd (PbO_2) gekörnt.

Apparate. 1. Verbrennungsapparatur. a) Aufschließkolben mit eingeschliffenem Kühleinsatz nach Tangl (s. Abb. 115), bestehend aus einem Aufschließkolben aus Jenaer Glas, gut gekühlt, ganz glatt und eingeschliffenem Kühleinsatz: a und b Kühlwassereinsätze, c Röhre (10—12 mm) zur Luftzuleitung, d Zuleitung der kohlensäurefreien Luft während der Verbrennung, e Schliffstelle zum Stöpsel f, g Trichter für Schwefelsäure, h Röhre zum Ableiten der durch d—c zugeleiteten Luft. b) Absorptionsgefäße: 2 Barytröhren (Pettenkofer) enthaltend je 300 ccm und 100 ccm Barytwasser (s. unter Reagentien 4.). Das Barytrohr ist an beiden Enden 45° aufgebogen. Das eine aufgebogene Ende, durch das die Kohlensäure eingeleitet wird, ist 10 cm lang, das andere Ende ist zu einer Kugel etwa vom doppelten Durchmesser des Rohres aufgeblasen und in der Längsachse in ein kurzes, als Schlauchansatz dienendes Rohr ausgezogen. In das zylindrische Ende wird mit einem Stopfen luftdicht ein Glasrohr eingepaßt, welches mit seinem spitz ausgezogenen Ende ein Stück in den langen Teil des Rohres hineinragt, damit die austretenden Luftblasen in den horizontalen Teil gelangen und nicht wieder in dem Schenkel emporsteigen. c) Waschflaschen: 1 Waschflasche enthaltend: KOH-Lösung 25% ig; 2 Waschflaschen enthaltend: H_2SO_4 konz.; 1 Waschflasche enthaltend: mit H_2SO_4 angesäuertes Wasser. d) Natronkalkturm. e) Verbrennungsrohr. 30—40 cm mit CuO-Asbest oder gekörntem CuO, 6—8 cm mit körnigem PbO_2, das sich zwischen zwei Asbestpfropfen befindet, gefüllt. f) Verbrennungsofen (Preglscher Doppelofen). g) Metallkapsel mit Thermometer (ca. 300°) (s. Abb. 116, Nr. 7).

Anordnung der Verbrennungsapparatur. (s. Abb. 116.) Die durch die Apparatur gesaugte Luft wird von der mit 25% ig. KOH-Lösung gefüllten Waschflasche 1 und dem Natronkalkturm 2 von CO_2 gereinigt und durch die H_2SO_4 in der Waschflasche 3 entwässert. Diese ist mittels Glasrohrs mit dem Aufschließkolben 4 verbunden, der an einem Stativ über einem mit einer Asbestplatte bedeckten Dreifuß befestigt ist; unter dem Dreifuß befindet sich ein Bunsenbrenner. (Zur Sicherung der Dichtung ist der obere Rand des Kolbens umgekrämpt, wodurch um den Kühler eine kreisförmige Rinne gebildet wird, die man mit einigen Tropfen konz. H_2SO_4 anfüllt.) Der einige ccm konz. H_2SO_4 enthaltenden Waschflasche 5 folgt angeschlossen ein Ver-

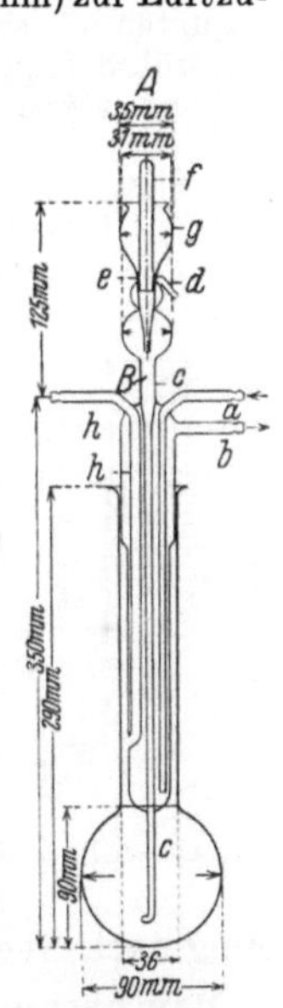

Abb. 115.

brennungsrohr in einem Verbrennungsofen *6*. Die Verbrennungsröhre ist in einer Länge von 30—40 cm mit CuO-Asbest oder gekörntem CuO gefüllt. Ihr folgt eine etwa 6—8 cm lange Strecke, die mit körnigem PbO_2 gefüllt ist, das sich zwischen zwei Asbestpfropfen befindet. Dieser Teil der Röhre ist von einer mit einem Thermometer versehenen Metallkapsel *7* umgeben, die

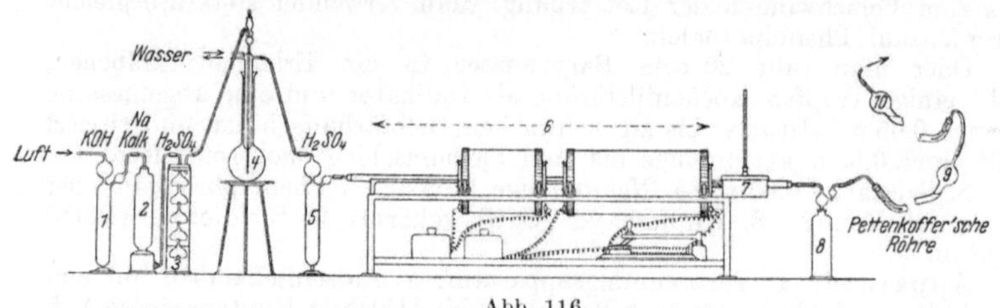

Abb. 116.

von unten mit einem kleinen Bunsenbrenner angeheizt wird. Der Verbrennungsröhre folgt eine Waschflasche *8*, die etwas mit H_2SO_4 angesäuertes Wasser enthält, damit die durchgesaugte Luft mit Wasserdampf gesättigt in die Barytröhre *9* tritt. Hinter die Waschflasche *8* sind zwei Barytröhren geschaltet. Die erste *9* faßt 300 ccm Barytwasser, die zweite kleinere *10* 100 ccm. Letzte dient zur Kontrolle und vermittelt die Verbindung mit der Saugleitung resp. Wasserstrahlpumpe. Die einzelnen Teile des Apparates sind mit möglichst kurzen Kautschukschlauchstücken miteinander luftdicht verbunden.

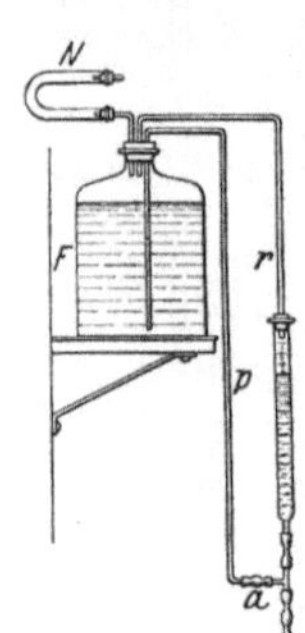

Abb. 117.

    2. Vorratsflasche und Bürette zur Barytlösung (s. Abb. 117). Die Vorratsflasche *F* ist verbunden: erstens mit einem Natronkalkrohr *N* und zweitens mittels der Röhren *p* und *r* mit der Bürette. Die Füllung der Bürette geschieht durch Öffnen des mit Quetschhahn versehenen Kautschukschlauches *a*.

    Ausführung. Vor Beginn des Versuches erhitzt man erstens 8—10 g Kaliumbichromat bis zum Schmelzen, zweitens 1 Liter konz. H_2SO_4 mit 10 g Kaliumbichromat 1 Stunde auf dem Sandbad, um evtl. vorhandene C-haltige Substanzen zu zerstören. (Siehe auch gewichtsanalytische Bestimmung nach Stepp, S. 412.)

Man überzeugt sich von der Luftdichte des Apparates, bringt 8—10 g des vorher erhitzten Kaliumbichromates in den Aufschließkolben, setzt den Kühler ein und saugt noch vor Einschaltung der Barytröhren in langsamem Strome Luft durch den Apparat, um ihn vollständig mit CO_2-freier Luft zu füllen. Gleichzeitig wird sowohl der CuO als auch der PbO_2 enthaltende Teil auf 150—180° erhitzt. (Das CuO muß während des ganzen Versuches in Rotglut erhalten werden. Die Temperatur des PbO_2 darf nicht 180—200° übersteigen.)

Nachdem der Apparat genügend durchventiliert ist — $^1/_4$ bis $^1/_2$ Stunde genügt — werden die Barytröhren eingeschaltet. Nunmehr werden 5 ccm Harn mittels geeichter Pipette durch die Röhre c in den Aufschließkolben 4 gefüllt. (An der Röhrenwand haftenbleibender Harn wird durch die später hinzugefügte H_2SO_4 abgespült.) Der Stöpsel wird wieder eingesetzt und der Trichter g mit erkalteter konz. H_2SO_4 gefüllt.

Jetzt setzt man den Kühler des Kolbens in Gang und beginnt mit, dem Durchsaugen von Luft. Den Luftstrom regelt man derart, daß pro Sekunde 2—3 Bläschen durch das Barytwasser treten. Dann beginnt man äußerst vorsichtig mit der Zuführung der konz. H_2SO_4, indem man den Stöpsel f sehr wenig und langsam lüftet, so daß nur einige Tropfen H_2SO_4 durch die Röhre e in den Kolben fließen. Die Reaktion ist sehr heftig, die Gasentwicklung, besonders anfangs, stürmisch, so daß man die H_2SO_4 nur in sehr kleinen Portionen und langsam zufließen lassen kann. So bringt man, anfangs allmählich, später in größeren Portionen, die ganze zu einer Verbrennung nötige H_2SO_4 (130—140 ccm) in den Kolben.

Sobald die gesamte H_2SO_4 in den Kolben eingelassen ist und die Gasentwicklung aufgehört hat, wird mit dem vorsichtigen Erhitzen des Kolbens begonnen, dieses wird so lange fortgesetzt, bis der Kolbeninhalt in lebhaftes Sieden gerät und die Zersetzung der organischen Substanz vollkommen beendet ist. Man erkennt dies daran, daß die Kohlensäureentwicklung (feine Bläschenbildung an der Oberfläche der Flüssigkeit, die von den durchgeleiteten Luftblasen leicht zu unterscheiden ist) aufhört und der Kolbeninhalt eine hellgrüne Färbung annimmt, was gewöhnlich nach 2—2½ stündigem Sieden zu geschehen pflegt.

Hat man die gesamte H_2SO_4 in den Kolben gegeben und für einen gleichmäßigen Luftstrom gesorgt, so bedarf die Verbrennung keiner dauernden Kontrolle.

Nach Abstellen der Flamme wird noch ¼—½ Stunde Luft durchgesaugt, um alle CO_2 in die Barytröhren zu überführen.

Dann wird das in den Barytröhren enthaltene Barytwasser auf folgende Weise filtriert und titriert:

Man gießt entweder das Barytwasser in einen Zylinder, verschließt ihn luftdicht und läßt den kohlensauren Baryt (ca. ½ Tag) absetzen. Zur Titration entnimmt man 20 ccm der überstehenden klaren Lösung mittels einer Pipette, die mit einem langen, dünnwandigen, weichen Kautschukschlauch, zwischen den ein mit grobem Natronkalk gefülltes Glasrohr geschaltet wird, versehen ist. (Durch Wattepfropfen an beiden Enden wird der Natronkalk am Herausfallen gehindert.) Oder man ersetzt, was zweckmäßiger ist, das Absetzen durch Filtration.

Zur Filtration unter Luftabschluß verfährt man unter Anwendung der bei der Titerstellung gegebenen Apparatur (Abb. 117), indem man an Stelle von F das Barytrohr einfügt, wie folgt: Die Saugspitze des Barytrohres wird mittels Kautschukschlauches an ein Wattefilter angeschlossen, wie es bei der Titerstellung verwandt wurde (s. Reagentien 4.). Das Barytrohr wird senkrecht gestellt und das Zuleitungsrohr desselben am freien Ende ebenso wie das obere Ende der Bürette luftdicht mit einem Natronkalkrohr verbunden. Das filtrierte Barytwasser läßt man in die Bürette aufsteigen und füllt zur Titration 20 ccm in ein Erlenmeyerkölbchen.

Die Titration kann — wie bei der Titerstellung angegeben — auf zwei Weisen erfolgen, doch muß die Titrationsweise bei der Bestimmung die gleiche sein wie die bei der Titerstellung angewandte.

Berechnung. Die Differenz zwischen der ccm-Zahl 0,1 n HCl, die vor der CO_2-Einleitung von dem angewandten Volumen der Barytlösung verbraucht worden wäre und derjenigen, die zurücktitriert worden ist, entspricht dem gleichen Äquivalent gebundener CO_2. $\left[1\,\text{ccm}\,0{,}1\,\text{n Lösung} = \dfrac{44 \cdot 1000}{1000 \cdot 10 \cdot 2}\,\text{mg} \right]$; die Differenz, multipliziert mit 2,2, ergibt somit die Menge CO_2 in mg in der analysierten Harnmenge (5 ccm). Durch Multiplikation der ccm-Zahl 0,1 n Salzsäure mit 12 $\left(\dfrac{12 \cdot 1000 \cdot 20}{1000 \cdot 10 \cdot 2} \right)$ erhält man die mg C in 100 ccm Harn.

Nach Gomez[1] kann man in der hier gegebenen Methode anstatt der Barytröhren auch Natronkalkröhrchen in die Apparatur einschalten und die aufgefangene CO_2 in denselben wägen. (Hierzu siehe die folgende Bestimmung.)

Gravimetrische Bestimmung des Kohlenstoffes nach Messinger-Huppert-Spiro, modifiziert von Stepp[2].

Prinzip. Der Harn wird mit Chromschwefelsäure unter Zusatz von Quecksilber als Katalysator auf nassem Wege verbrannt, die gebildete Kohlensäure in Natronkalkröhrchen aufgefangen und gewogen.

Reagentien. 1. Quecksilber. 2. Chromsäure (Acid. chromic. pur. cryst. Merck). 3. Schwefelsäure, konz., rein. Reinigung: 1 Liter H_2SO_4 wird mit 10 g Kaliumbichromat 1 Stunde gekocht. Nach dem Erkalten wird etwas fein gepulvertes Kaliumpermanganat zugesetzt und nochmals er-

---

[1] Biochem. Z. **167**, 424 (1925).

[2] Biochem. Z. **87**, 135 (1918). Vgl. auch Modifikation der Methode von Deutschberger Biochem. Z. **198**, 268 (1928).

hitzt. 4. Natronkalk als grobsandiges Pulver, durch Metallsieb von Staub und großen Stücken befreit. 5. Chlorkalzium. 6. Kaliumpermanganatlösung: 5 g Kaliumpermanganat werden in aqua dest. ad 1000 ccm gelöst, 8 bis 14 Tage stehen gelassen und gut verschlossen verwahrt.

Apparate. 1. Zersetzungskolben (500 ccm) nach Stepp (s. Abb. 118). 2. Absorptionsgefäße: a) ca. 10 cm hohe U-Rohre, mit eingeschliffenen Glashähnen versehen, mit feuchtem Natronkalk (s. Reagentien 4.) gefüllt. (Feuchtigkeit durch Wasserdampfentwicklung beim Erhitzen im trocknen Reagenzglas prüfen!) Der dem Zersetzungskolben abgekehrte Schenkel wird nur zu $^7/_8$ mit Natronkalk, der Rest mit Chlorkalzium (zur Wasserbindung) gefüllt. In beide Schenkel kommt auf die Füllung ein lockerer Wattebausch. Die Schliffe müssen absolut dicht sein und Fetteilchen oberhalb des Schliffes sorgfältig entfernt werden. b) 1 leeres U-Rohr. c) 4 U-Rohre enthaltend: mit Schwefelsäure benetzte Glasperlen. d) 2 U-Rohre enthaltend: Chlorkalzium. 3. 2 Natronkalktürme. 4. 2 Waschflaschen mit Kalilauge (ca. 25 % ig).

Anordnung der Apparatur. 1. Waschflasche mit KOH. 2. Natronkalkturm. 3. U-Rohr mit Schwefelsäure. 4. U-Rohr mit Chlorkalzium. 5. Zersetzungskolben. 6. Leeres U-Rohr. 7. und 8. 2 U-Rohre mit Schwefelsäure. 9. und 10. 2 Natronkalkröhrchen. 11. U-Rohr mit Chlorkalzium. 12. U-Rohr mit Schwefelsäure. 13. Natronkalkturm. 14. Waschflasche mit KOH. 15. Wasserstrahlpumpe.

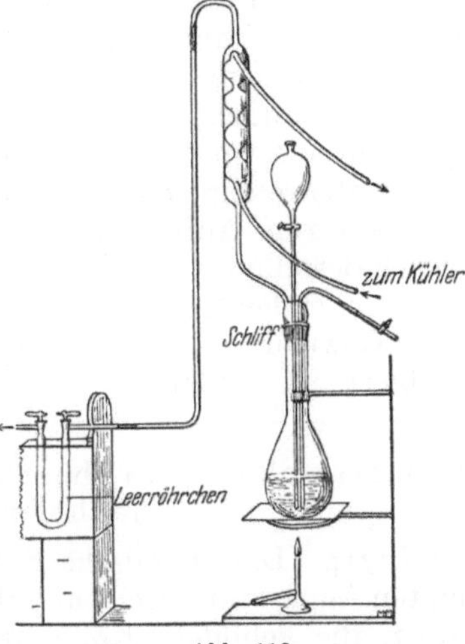

Abb. 118.

Ausführung. Vor Beginn der Verbrennung werden zwei Absorptionsröhrchen, die vor der Wägung längere Zeit im Wägezimmer gelegen haben müssen, bis zur Gewichtskonstanz gewogen. Frisch gefüllte Röhrchen müssen mehrere Tage Gewichtskonstanz gezeigt haben.

Nach genauer Prüfung der Verschlüsse auf Dichtigkeit werden 15 g Chromsäure, 1 Tropfen Quecksilber und 100 ccm der gereinigten konz. Schwefelsäure in den Zersetzungskolben gegeben. Dann wird ohne Einschaltung der Natronkalkröhrchen durch Luftdurchleiten der Apparat kohlensäurefrei gemacht und nunmehr mit den Absorptionsröhrchen verbunden.

Eine genau abgemessene Menge Harn (5 ccm) wird durch den Trichter so langsam in den Kolben gegeben, daß nicht mehr als höchstens 40 Luftblasen in 1 Min. durch die Schwefelsäure-U-Röhrchen hindurchgehen. Die im Trichter haftenden Reste des Harnes werden durch Nachspülen mit wenigen ccm frisch abgekochten, mit Schwefelsäure angesäuerten Wassers in den Kolben gespült. Dann wird der Kühler angestellt und der Kolben vorsichtig erhitzt, indem erst allmählich die Flamme vergrößert wird.

Nach etwa 3—4stündigem Erhitzen mit Chromsäure wird Luft durchgeleitet; dann läßt man den Kolben abkühlen. Inzwischen werden ca. 10 ccm Kaliumpermanganatlösung (s. Reagentien 6.) kurz erhitzt und wieder abgekühlt.

Nachdem der Zersetzungskolben vollkommen erkaltet ist, läßt man durch den Trichter die Kaliumpermanganatlösung langsam einfließen. Dann wird nochmals zuerst langsam, dann kräftig etwa 1 Stunde erhitzt und nochmals Luft durchgeleitet. Hierbei ist besonders darauf zu achten, daß mit dem Luftdurchleiten nicht früher aufgehört wird, als bis aller Sauerstoff aus der ganzen Apparatur entfernt ist. Man erkennt dies daran, daß die aus dem Apparat austretenden Gasblasen einen glimmenden Fichtenspan nicht mehr zum Aufleuchten zu bringen vermögen.

Nach Beendigung des Versuches werden die Natronkalkröhrchen gewogen, nachdem man sie ca. ½ Stunde an der Wage hat stehen lassen.

Die Gewichtszunahme der Natronkalkröhrchen entspricht der absorbierten CO_2-Menge.

Titrimetrische Mikrobestimmung des Kohlenstoffes nach Nicloux[1].

Prinzip. Die organische Substanz wird in einer luftleer gepumpten Apparatur durch ein Silber-Chromschwefelsäure-Gemisch zerstört, die gebildete Kohlensäure durch Kalilauge absorbiert und titrimetrisch bestimmt.

Reagentien. 1. Kaliumbichromat (pur. gepulvert) mehrmals umkristallisiert. 2. Silberbichromat. Hergestellt durch Fällung von 5 g Kaliumbichromat in 75 ccm Wasser mit 5 g Silbernitrat in 25 ccm Wasser, Absaugen, Waschen und Trocknen bei 110—115°. 3. Natriumsulfat (pur. wasserfrei, feinst gepulvert). 4. Kalilauge 2 n (kohlensäurefrei). Man löst 150 g KOH in 1000 ccm Wasser, fügt eine kochende Lösung von 10 g Baryt in 100 ccm Wasser hinzu, läßt absetzen und prüft, ob weitere Barytzusätze noch eine Fällung hervorrufen. Die Lauge wird in einer Gastrockenflasche aufbewahrt, deren obere Öffnung ein U-förmiges Natronkalkrohr trägt, während die untere mit einer Bürette von 10 ccm kommuniziert, die ebenfalls durch ein Natronkalkrohr geschlossen ist. (Apparatur s. titrimetrische Kohlenstoffbestimmung S. 408, Apparate 2.) 5. Schwefelsäure, pur. konz. (Reinigung s. gewichtsanalytische Kohlenstoffbestimmung S. 412, Reagentien 3.). 6. Kalilauge 0,05 n. 7. Salzsäure 0,05 n. (6. und 7. mit 3—5 Tropfen Methylrot nach Pregl auf 1 Liter Lösung versetzt.) 8. Methylrot nach Pregl. 0,1 g Methylrot werden mit einigen Tropfen 0,1 n Sodalösung in einem kleinen Mörser verrieben.

---

[1] Bull. Soc. de Chim. biol. 9, 639 (1927).

Apparate (s. Abb. 119). Ein Reagenzglas T aus Jenaer- oder Pyrexglas von 14 mm innerem Durchmesser und 120 mm Länge wird durch einen kleinen Gummistopfen mit 2 Bohrungen verschlossen, durch dessen eine Bohrung ein Trichterrohr E, versehen mit einem Hahn R führt, während durch die zweite Bohrung ein Kugelrohr t, B, t' geht. Statt des Hahnes R gibt Nicloux neuerdings als Verschluß einen in den Trichter E eingeschliffenen Glasstab an[1]. (Vgl. Abb. 120). Der Teil t der Röhre $t\,Bt'$ ist ausgezogen und umgebogen und reicht in das Innere der Kugel B hinein. Die Kugel B besitzt eine kleine sackförmige Ausbuchtung, die sich in der Richtung der Verlängerung der umgebogenen Röhre befindet. Ein Vakuumschlauch c, der durch einen Schraubenquetschhahn p geschlossen werden kann, ist über das Ende der Röhre t' gezogen und verbindet die Apparatur mit einem Natronkalkrohr.

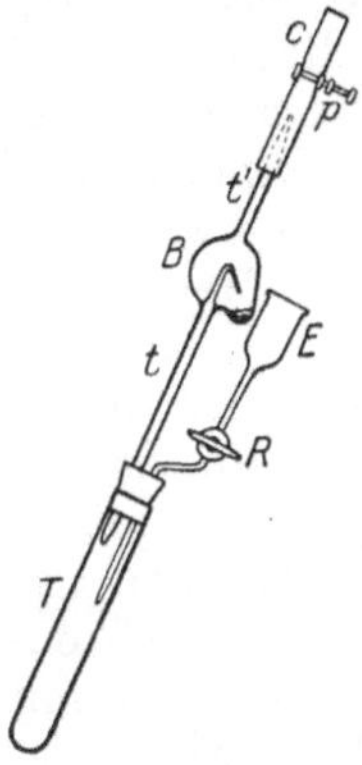

Abb. 119.

Abb. 120.

Ausführung. Bei normalem menschlichem Harn (5—10 g Kohlenstoff pro Liter) verwendet man 0,3 ccm zur Analyse. Bei einem Kohlenstoffgehalt des Harnes von 5—3 g pro Liter werden 0,6 ccm Harn, bei Mengen von 3 g pro Liter und weniger 0,9 ccm Harn angewandt. Enthält der Harn über 10 g Kohlenstoff pro Liter, so wird er entsprechend verdünnt und 0,3 ccm der Verdünnung zur Anwendung gebracht.

Die mit einer Pipette abgemessene Menge Harn wird in das Reagenzglas T gebracht und mit 50—60 mg Silberbichromat, 220—240 mg Kaliumbichromat und 0,6 g Natriumsulfat (bei 0,3 ccm Harn) versetzt. (Natriumsulfat muß stets doppelt so viel wie die angewandte Harnmenge beträgt, hinzugefügt werden; die Mengen Silberbichromat und Kaliumbichromat bleiben die gleichen.) Dann bringt man in die Kugel B 0,4—0,5 ccm karbonatfreie 2 n Kalilauge, setzt den Apparat luftdicht zusammen (der Hahn R ist mit konz. Schwefelsäure gedichtet) und evakuiert von dem Kautschukschlauch c aus. Wenn der Apparat luftleer gepumpt ist, schließt man c durch den Quetschhahn p und unterbricht die Verbindung mit der Pumpe. Man taucht den Apparat in ein siedendes Wasserbad und destilliert schnell, indem man evtl. die Kugel mit feuchtem Filtrierpapier kühlt, bis die Mischung trocken ist. Man entfernt den Apparat aus dem Wasserbad, klemmt ihn in schräger Stellung in ein Stativ und läßt durch den Trichter E 6 ccm konz. Schwefelsäure zufließen, worauf sofort die Oxydation einsetzt.

---

[1] Bull. Soc. de Chim. biol. **10**, 1271 (1928). Vgl. auch eine andere Modifikation der Apparatur von Bezssonoff: Bull. Soc. de Chim. biol. **10**, 1273 (1928).

Nunmehr wird vorsichtig erhitzt (ein Hochsteigen der Schwefelsäure ist zu vermeiden!), wobei man den Apparat etwas schwenkt, damit sich die Kalilauge an den Wänden der Kugel verteilt. Nach Aufhören der Gasentwicklung und Grünfärbung der Lösung (10 Min.) öffnet man die Schlauchklemme vorsichtig und läßt durch ein Natronkalkrohr Luft eintreten. (Neben dem Sulfat des Chromsesquioxyds findet sich manchmal ein grauer Niederschlag von $Cr_2(SO_4)_3 \cdot H_2SO_4$. Über der Flüssigkeit können sich weiße Dämpfe bilden; es ist belanglos, wenn eine kleine Menge von diesen die Kugel erreicht.)

Die Apparatur wird auseinandergenommen und der untere Ansatz der Kugel B zweimal mit Wasser gewaschen, um Spuren von Schwefelsäure zu entfernen. Das Waschen geschieht durch Einbringen des Wassers in das Rohr bei horizontaler Lage und Entfernung beim Wiederaufstellen desselben. Darauf wird das obere Ende t' in ein Zentrifugenglas geneigt und von t aus mit kohlensäurefreiem dest. Wasser nachgewaschen. Man taucht das Zentrifugenglas in siedendes Wasser, rührt den Inhalt um, gibt 2—2,5 ccm siedend heiße 10%ig. Bariumchloridlösung hinzu, verstopft das Glas und läßt absetzen. Die Lösung wird 45 Sek. zentrifugiert und die überstehende Flüssigkeit abgegossen. Den letzten Flüssigkeitsrest saugt man durch Filtrierpapier ab. Der Niederschlag von Bariumkarbonat wird mit siedendem ammoniakhaltigem Wasser versetzt und umgerührt. Dann gibt man einige Tropfen Alkohol hinzu, um ein Hochkriechen des Niederschlages zu vermeiden, zentrifugiert, wäscht noch einmal mit kaltem Wasser, zentrifugiert wieder und gießt ab.

Zu dem Niederschlag gibt man genau 10 ccm 0,05 n Salzsäure [mit Methylrot gefärbt (siehe Reagentien)], rührt um und erwärmt bis zur Lösung, wobei die Flüssigkeit den roten Ton behalten muß. Dann gießt man in einen kleinen Erlenmeyerkolben über, spült nach, kocht die Kohlensäure fort und titriert mit 0,05 n Kalilauge.

Berechnung. Die verbrauchte Salzsäuremenge $(N-n)$ vermindert um 0,25, multipliziert mit 0,3, ergibt die Menge Kohlenstoff in mg. Man hat also:

Menge Kohlenstoff in mg $= [(N-n) - 0{,}25] \cdot 0{,}3$.

Pro Liter und in mg beträgt bei Anwendung von 0,3 ccm Harn die Menge Kohlenstoff:

$$\frac{[(N-n) - 0{,}25] \cdot 0{,}3 \cdot 1000}{0{,}3}.$$

Die Subtraktion von 0,25 bedeutet eine Korrektur des Fehlers, der durch den Kohlensäuregehalt der Luft unvermeidlich ist.

Der Methodenfehler liegt unter 2%.

Bestimmung des Stickstoffs.

Allgemeine Form der Stickstoffbestimmung nach Kjeldahl[1].

Als stickstoffhaltige Endprodukte werden im Harn Harnstoff, Harnsäure, Kreatinin, Purinbasen, Ammoniak und Proteinsäuren ausgeschieden. Etwa 83—88% des Stickstoffes sollen auf Harnstoff entfallen, 2,5—5% auf Ammoniak, 1—2% auf Harnsäure, ca. 0,2% auf Purinbasen, 2,5—4% auf Kreatinin, ca. 0,5% auf Hippursäure, der Rest, ca. 3—8%, auf andere Substanzen.

Im 24stündigen, normalen, menschlichen Harn sind 10—16 g Stickstoff enthalten. Mit den Exkrementen verläßt nur eine geringe, nicht resorbierte Eiweißmenge (ca. 1 g täglich) den Körper. Die Bestimmung des Gesamt-N sowie der einzelnen N-haltigen Fraktionen im Harn dient daher zur Ermittlung der Art und des Umfanges des Eiweißumsatzes.

Stickstoff wird sowohl bei der Untersuchung des Harns als auch aller anderen physiologisch-chemischen Objekte nahezu ausschließlich nach der Kjeldahlmethode bestimmt.

Prinzip. Die Methode beruht auf Zerstörung organischer Substanzen durch Erhitzen mit konzentrierter Schwefelsäure. Hierbei wird Stickstoff in Form von Ammoniak abgespalten oder durch die bei der Reaktion entstehende schweflige Säure zu Ammoniak reduziert. Das Ammoniak verbindet sich mit der vorhandenen Schwefelsäure zu Ammoniumsulfat.

Die Überführung des Stickstoffes in Ammoniak gelingt bei allen Substanzen, in denen die Stickstoffvalenzen mit Wasserstoff oder Kohlenstoff in Verbindung stehen. Sie ist nicht unmittelbar anwendbar bei Substanzen mit doppelter Stickstoffbindung, sowie mit Stickstoffsauerstoffverbindungen wie Nitrokörpern, Nitrosoverbindungen, sowie bei Nitraten und Nitriten organischer Basen.

Da der Stickstoff in allen tierischen und pflanzlichen Produkten ausschließlich in der erst genannten Bildungsform vorkommt, so sind diese Substanzen für die N-Bestimmung nach Kjeldahl geeignet. Sie dürfen nicht mit Salpetersäure vorbehandelt sein. Die N-Verbindungen der zweiten Gruppe lassen sich durch entsprechende Vorbehandlungen der Kjeldahlbestimmung zugänglich machen.

Die Verbrennung der organischen Substanz durch Schwefelsäure wird durch Zusatz von Katalysatoren erleichtert.

Liegt der Gesamtstickstoff erst als Ammonsulfat vor, so kann

---

[1] Vgl. Brigl in Abderhaldens Arbeitsmethoden IV/5, 363 (1925). — Fodor: Ebenda I/3, 409 (1921); ferner Rona: Ebenda I, 340 (1910); V/1, 295 (1911).

er durch Alkalisieren der Lösung in Freiheit gesetzt, abdestilliert und titrimetrisch oder kolorimetrisch bestimmt werden.

Die Kjeldahlbestimmung zerfällt daher in drei Abschnitte:

1. Die Verbrennung der organischen Substanz.
2. Die Abdestillation des Ammoniaks.
3. Die Bestimmung des Ammoniaks.

Die Ausführungsart jedes dieser Abschnitte variiert etwas je nach der Menge des zu bestimmenden Stickstoffes.

Man unterscheidet:

Makro-Bestimmung. Diese entspricht etwa einer Titrationszahl bis zu 8—10 ccm verbrauchter 0,1 n Säure (als untere Grenze) bei der Ammoniakbestimmung. Geringere Volumina sollen wegen des unvermeidlichen Titrationsfehlers nicht in Frage kommen. Die Bestimmungsform reicht somit bis zu einer Größenordnung von etwa 12 mg N hinab.

Halb-Mikro-Bestimmung. Dieselbe beruht auf Titration bis zu ca. 4—5 ccm 0,04 n Säure mittels feinerer Bürette und erfaßt somit Mengen bis zu etwa 2 mg N.

Mikro-Bestimmung. Diese bedient sich zur Ammoniakbestimmung der Titration mit 0,01 n Lösungen (Jodometrie) mittels Mikrobürette oder der Kolorimetrie und reicht bis zu N-Mengen von einigen hundertstel mg (Fehler 0,002—0,003 mg) N hinab.

Makro-Bestimmung.

Reagentien. 1. Schwefelsäure konz. pur. (stickstofffrei für Kjeldahlbestimmung, Kahlbaum). 2. Schwefel- oder Salzsäure 0,1 n. 3. Natronlauge 33%ig (Kjeldahllauge, Kahlbaum). 4. Natron- oder Kalilauge 0,1 n. 5. Kaliumsulfat, krist. (evtl. durch Ausglühen von Ammonsalzen zu befreien). 6. Kupfersulfat krist. (durch Umkristallisieren von Ammonsalzen zu befreien). 7. Talkumpulver. 8. Indikatorlösung (alizarinsulfosaures Natrium 0,1%ig. wäßrige Lösung oder Methylrot, 100 mg in 60 ccm Alkohol gelöst und mit Wasser ad 100 ccm verdünnt). Sämtliche Reagentien sind durch Blindbestimmung auf Stickstofffreiheit zu prüfen und evtl. wie angegeben zu reinigen oder durch stickstofffreie zu ersetzen. (Schwefelsäure kann während der Aufbewahrung der Reagentien Ammoniak anziehen!)

Apparate (vgl. Abb. 121). 1. Kjeldahlkolben (*a*) aus Jenaer Glas ca. 500 ccm fassend. 2. Aufsatz mit Tropfenfänger (*b*). 3. Kühler- und Vorlagegefäße mit Vorstoßrohr (*c* und *d*). 4. Stativ für die Verbrennung. 5. Destillationsgestell. Die Zusammensetzung der Apparatur geht aus Abb. 121 hervor. 6. Apparaturen zur Verbrennung und Destillation mehrerer Kolben nebeneinander, werden in allen Laboratoriumsgeräthandlungen im Katalog geführt.

Veraschung. Die zu veraschende Substanz wird in den Kjeldahlkolben eingewogen; Flüssigkeiten wie Harn werden abgemessen. Man verwendet so viel Substanz, daß etwa 20—50 mg N zur Analyse vorliegen. Von normalem menschlichen Tagesharn mißt man meistens

5 ccm exakt ab. Beim Einpipettieren achte man darauf, die Flüssigkeit unmittelbar in den Kolben und nicht an den Kolbenhals zu bringen. Man fügt gewöhnlich zur Substanz 10 ccm stickstofffreie

Schwefelsäure sowie 5 bis 10 g Kaliumsulfat, wodurch der Siedepunkt der Schwefelsäure erhöht und ein zu rasches Verdampfen derselben vermieden wird. Des weiteren gibt man zur Beschleunigung der Verbrennung einen Katalysator hinzu. Als Katalysatoren kommen zur Anwendung:

a) Kupfersalze. b) Quecksilbersalze.

Außer diesen beiden sind auch Platinverbindungen und andere Metallsalze als Kataly-

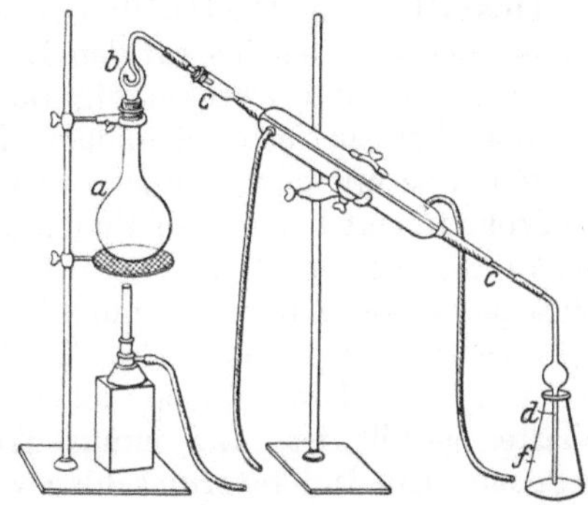

Abb. 121.

satoren vorgeschlagen worden, doch kommen praktisch nur die genannten, vorzüglich die Kupfersalze, zur Anwendung.

Verwendet man Quecksilbersalze, so ist nach der Verbrennung zu der Lösung zur Zerlegung des gebildeten Amidomerkurisulfates $Hg(NH_3)_2SO_4$ pro 0,4 g HgO, 1 g Kaliumxanthogenat hinzuzufügen[1].

Für die meisten physiologischen Analysen genügt bei den angegebenen Reagensmengen der Zusatz von ca. 1 g Kupfersulfat.

Der Kjeldahlkolben wird nunmehr in einen gut ziehenden Abzug so auf ein Drahtnetz oder Baboblech gestellt, daß sein Hals einen Winkel von etwa 60⁰ zur Horizontale bildet.

Dann wird mit starker Bunsenflamme erhitzt, bis der Inhalt des Kolbens nach Dunkelfärbung — durch Zersetzung der organischen Substanz — wieder hellgelb geworden ist. Die Veraschungszeit richtet sich nach der Verbrennbarkeit der Substanz. Für normalen Harn ist ca. ¼—½ Stunde erforderlich. Unverbrannt zurückbleibende Substanzen an der Wandung und am Kolbenhals sind durch Schwenken des Kolbeninhaltes hinabzuspülen. Man läßt stets mindestens 10 Min. länger als notwendig veraschen. Bei vollständiger Veraschung muß die erkaltete Flüssigkeit nach Ausfällen der Kupfersalze farblos und nicht gelblich erscheinen.

Normalerweise reicht die angegebene Menge Schwefelsäure aus. Bei sehr langsam verbrennenden Substanzen muß die verdampfende Schwefelsäure durch Zugabe neuer Schwefelsäure im Laufe der Verbrennung ergänzt werden.

---

[1] Vgl. Neuberg: Biochem. Z. **24**, 435 (1910).

27*

Nach dem völligen Erkalten wird die Lösung mit der [3 bis 4 fachen Wassermenge verdünnt (Vorsicht!) und mit einem Löffel Talkumpulver versetzt, das von der Kolbenwand abzuspritzen ist.

Destillation. Die Destillationsapparatur ist inzwischen völlig fertig vorzubereiten bis auf den Einsatz des Destillationskolbens, als welchen man zweckmäßig den Kjeldahlkolben selbst verwendet. Auf ein festes Schließen der Verbindungsstopfen ist zu achten. Das mit dem Kühlerrohr Glas an Glas verbundene Vorstoßrohr taucht bis an den Boden der Vorlage. Diese enthält eine genau abgemessene Menge 0,1 n Säure. Man verwendet ca. 25 bis 50% mehr Säure als zur Ammoniakbindung notwendig ist (1 ccm 0,1 n Säure entspricht 1,4 mg N). Vorgelegt werden 40—50 ccm 0,1 n H_2SO_4. Es werden so viel Wasser, daß die Vorlage etwa ein Viertel gefüllt ist, und einige Tropfen Indikatorlösung hinzugegeben. Ein Indikatorumschlag während der Destillation zeigt, daß eine zu geringe Menge Säure vorgelegt ist. Man kann dann, ohne Verluste befürchten zu müssen, noch weiter Säure nachgeben.

Zur Ammoniakdestillation gibt man zur Freimachung des Ammoniaks pro 10 ccm Verbrennungs-Schwefelsäure 50—60 ccm 33%ig. Natronlauge (Kjeldahllauge) in den Kjeldahlkolben. Die Lauge wird aus einem Meßzylinder in den schräg gehaltenen, vollkommen abgekühlten Kolben vorsichtig eingegossen, so daß sie den Kolbeninhalt unterschichtet; man vermeide ein Schütteln und Durchmischen, um Ammoniakverluste vor der Destillation zu verhüten. Der Kolbenhals soll an seinem oberen Ende, in das der Gummistopfen eingesetzt wird, nicht von Lauge benetzt werden. Der Kolben wird rasch mit der Destillationsapparatur verbunden und erhitzt. Es tritt Ausscheidung von Kupferhydroxyd bzw. von schwarzem Kupferoxyd ein, das sich zum Teil mit blauer Farbe in der Lauge löst. Behält die Lösung ihre grüne Farbe, so ist sie sauer geblieben. In den Kolben ist dann nach Abkühlung (!) weitere Lauge zuzugießen. Bei beginnendem Sieden verringert man die Flamme und erhitzt nach 2—3 Min. wieder voll, bis etwa ein Drittel der Flüssigkeit abdestilliert ist. Das Destillat wird geprüft, ob alles Ammoniak übergetrieben ist, indem man die Gummiverbindung zwischen Kühler und Vorstoßrohr löst und einige Tropfen auf empfindlichem rotem Lackmuspapier auffängt. Entsteht keine Spur Blaufärbung (auch kein blauer Ring in der Nähe des Tropfenrandes), so ist die Destillation beendet. Man löst den Vorstoß, löscht dann erst die Flamme aus und spült die Vorstoßröhre innen und außen mit dest. Wasser in die Vorlage ab.

Titration. Die Rücktitration der vorgelegten Säure führt man mit 0,1 n Lauge auf weißer Unterlage aus. Auf die Übergangsfarbe des Indikators übt man sich durch Titration von 0,1 n Lösungen ein.

Bei Anwendung von alizarinsulfosaurem Natrium als Indikator kann man bei Übertitration mit Natronlauge nicht unmittelbar mit Säure zurücktitrieren; man gibt in diesem Falle wieder einen Überschuß von 1 ccm Säure hinzu und stellt mit 0,1 n Natronlauge ein.

Berechnung. Die Differenz zwischen vorgelegter und rücktitrierter 0,1 n Säure, multipliziert mit 1,401, gibt die in der Untersuchungssubstanz vorhandene Menge N in mg.

Man stelle stets Blindanalysen mit gleichen Reagensmengen zur Feststellung des N-Gehaltes der Reagentien an.

Zur Kontrolle dient die Analyse einer 2%ig. Lösung von Harnstoff „Kahlbaum".

Anhang. Zur Bestimmung des Stickstoffes in Phenylhydrazin, Hydrazonen und Osazonen verfährt man nach Milbauer[1] wie folgt.

0,2 g Substanz werden in einem Kolben mit 50 ccm Wasser gelöst und mit 3 g in 1%ig. Schwefelsäure gewaschenem Zinkpulver versetzt; hierauf werden durch einen Glastrichter langsam 50 ccm konzentrierter Schwefelsäure zugegeben. Die Flüssigkeit wird vorsichtig auf dem Drahtnetz erhitzt, so daß eine zu heftige Wasserstoffentwicklung vermieden wird. Nach beendeter Reduktion wird 1 Tropfen Quecksilber hinzugegeben und bis zur vollständigen Entfärbung zum Sieden erhitzt. Nach dem Abkühlen der Flüssigkeit auf 100° werden 2 g Kaliumpersulfat hinzugesetzt; darauf wird weiter erhitzt; nach etwa ⅓ Stunde, wenn die Flüssigkeit vollkommen klar geworden ist, wird das gebildete Ammoniak nach dem Kjeldahl-Verfahren bestimmt.

Die Bestimmung des Stickstoffes in Nitraten, Nitro- und Nitrosoverbindungen ist nach Krüger[2] folgendermaßen auszuführen.

0,1—0,3 g Substanz wird in einem Rundkolben mit etwa 20 ccm Wasser oder bei in Wasser schwer löslichen Körpern mit 20 ccm Alkohol, darauf mit 10 ccm Zinnchlorürlösung und 1,5 g Zinnschwamm versetzt. Alsdann erwärmt man über kleiner Flamme bis zur vollständigen Entfärbung des Gemisches und bis zur Lösung des Zinns. Ist diese erfolgt, so fügt man vorsichtig nach dem Erkalten der Flüssigkeit und, wenn Alkohol angewendet war, nach seiner Verdunstung 20 ccm konzentrierte Schwefelsäure hinzu, dampft bis zur Entwicklung reichlicher Schwefelsäuredämpfe ein und verbrennt weiter nach dem Kjeldahl-Verfahren.

---

[1] Z. anal. Chem. **42**, 725 (1903). Zit. nach Rona in Abderhaldens Arbeitsmethoden V/1, 298 (1911).

[2] Zit. nach Rona: l. c., S. 299.

Halb-Mikro-Bestimmung[1].

Prinzip. Die Methode ist im Wesen die gleiche wie die bei der Makro-Kjeldahlbestimmung beschriebene. Sie unterscheidet sich dadurch, daß die Abdestillation des Ammoniaks durch Einleiten von Wasserdampf erfolgt, und die Titration mit 0,04 n Säure und Lauge ausgeführt wird.

Reagentien. 1. Säuren und Laugen 0,04 n. 2. Kupfersulfatlösung 5%ig. 3. Alle Reagentien zur Kjeldahlbestimmung wie bei der Makro-Methode.

Apparate. Die Apparatur ist die gleiche wie bei der Mikro-N-Bestimmung (vgl. Bd. I des Praktikums, S. 271), doch kann an Stelle der Mikrobürette eine in $^1/_{20}$ ccm geteilte Bürette angewandt werden.

Veraschung. Die zu veraschende Substanz wird in einen Kjeldahlkolben von 50 ccm Volumen eingewogen. Von Harn wendet man 1 ccm (genau abgemessen) an. Zur Substanz gibt man eine Messerspitze reines Kaliumsulfat, 10 Tropfen Kupfersulfatlösung und 1 ccm konzentrierte Schwefelsäure. Man erhitzt den Kolben in schräger Lage im Abzug derart, daß der Inhalt leicht siedet, ohne daß ein zu starkes Schäumen auftritt. Wenn das Schäumen geringer geworden ist, steigert man die Hitze, bis die Flüssigkeit durchsichtig, klar und grünblau geworden ist. Je nach der Menge der Substanz sind 5—20 Min. hierzu erforderlich. Man beachte, nicht zu schnell zu erhitzen, da hierdurch Verluste entstehen können. Nachdem die Flüssigkeit klar geworden ist, fährt man mit dem Sieden noch 20 Min. fort, läßt abkühlen, setzt ca. 10 ccm aqua dest. hinzu und schüttelt bis zur Lösung der Salzkruste.

Destillation. Die Destillation erfolgt durch Einleiten von Wasserdampf in den als Destillationskolben dienenden Kjeldahlkolben. Der Kochkolben der Apparatur (s. Bd. I des Praktik. S. 272, Abb. 68) wird zu ¾ mit Wasser gefüllt, das mit etwas Schwefel- oder Phosphorsäure angesäuert ist, mit einigen Siedesteinen versehen und angewärmt. Die Wasserleitung zum Kühler wird geöffnet. Als Vorlage verwendet man ein 150 ccm-Becherglas, das mit ca. 30 ccm aqua dest. und einer abgemessenen Menge 0,04 n Säure, die die zu erwartende Titrationsmenge um ca. 50% überschreitet, gefüllt ist. Das Becherglas wird vor Beginn der Destillation mit einer Stativplatte so eingestellt, daß die Mündung des Abflußrohres des Kühlers die Oberfläche der Flüssigkeit eben berührt. Nun wird der Kjeldahlkolben mit dem Kochkolben verbunden, der Trichter mit Kjeldahllauge (5—6 ccm) vollgegossen, der

---

[1] Zum Teil nach Ljungdahl: Biochem. Z. 83, 115 (1917).

Quetschhahn geöffnet und nach Abfluß der Lauge wieder geschlossen. Sofort wird der Brenner unter dem Kochkolben eingeschoben und das Wasser in möglichst lebhaftes Sieden versetzt. Dann wird die Vorlage ein wenig höher gestellt, damit die Mündung des Abflußrohres völlig in die Titrierflüssigkeit eintaucht. Bei gutem Sieden ist die Destillation fast stets nach 5 Min. beendet. Man prüft das Destillat auf Ammoniak, indem man das Becherglas erst ein wenig senkt, das Abflußrohr mit Wasser abspritzt und einige Tropfen des übergehenden Destillates mit Lackmuspapier auffängt. Wird das Papier blau gefärbt, setzt man die Destillation fort, braucht aber nicht das Abflußrohr wieder in die Titriersäure eintauchen zu lassen.

Titration. Das Abflußrohr wird abgespritzt und die Säure nach Zusatz von 1 Tropfen Indikator (Methylrot) zurücktitriert.

Berechnung. Die Berechnung entspricht der S. 421 gegebenen; 1 ccm 0,04 n Lauge entspricht 0,56 mg N.

Mikro-Bestimmung.

Prinzip. Die Bestimmung beruht auf Wasserdampfdestillation des Stickstoffes und jodometrischer Bestimmung der gebundenen Säure mit 0,005 n Thiosulfatlösung. Hinsichtlich der Apparatur, Reagentien und Ausführung wird auf die Darstellung Band I des Praktikums S. 271 verwiesen.

Spezielle Form der Stickstoffbestimmung im Harn.

Vereinfachte titrimetrische Makro-N-Bestimmung nach Folin und Wright[1].

Prinzip. Die Bestimmung beruht auf der Veraschung des Harnes mit Hilfe eines besonderen Veraschungsgemisches und Destillation des Ammoniaks in einer vereinfachten Destillationsvorrichtung ohne Kühlung, wodurch Veraschung und Destillation außerordentlich beschleunigt werden. Die Bestimmung erfolgt tritrimetrisch mittels 0,1 n Lösungen.

Reagentien. 1. Veraschungsgemisch. Zu 50 ccm einer 5—6 % ig. Kupfersulfatlösung werden 300 ccm 85 % ig. Phosphorsäure und 100 ccm konz. Schwefelsäure gegeben. 2. Eisenchloridlösung 10 % ig. 3. Gesättigte Natriumhydroxydlösung (50—55 % ig). 4. Natronlauge und Schwefelsäure 0,1 n. 5. Alizarinrotlösung 0,1 % ig. wäßrige Lösung.

---

[1] J. of biol. Chem. **38**, 461 (1919).

Apparate. 1. Destillationsapparatur. Die Anordnung ergibt sich unmittelbar aus der Abb. 122. Die Apparatur soll zweckmäßig aus Pyrex- oder Quarzgefäßen bestehen. 2. Mikrobrenner.

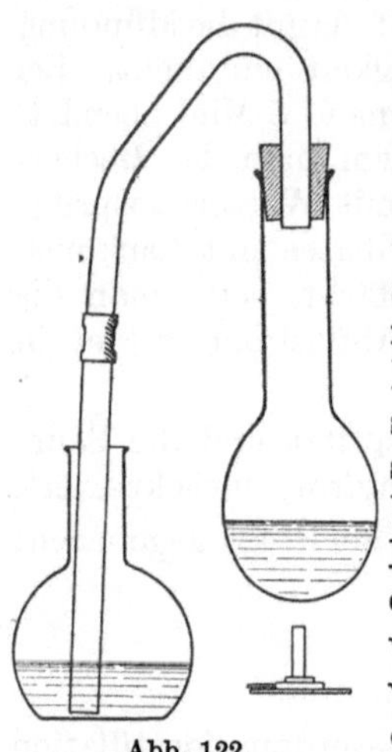

Abb. 122.

Ausführung. 5 ccm Harn werden in einem 300 ccm-Kjeldahlkölbchen mit 5 ccm des Veraschungsgemisches und 2 ccm 10%ig. Eisenchloridlösung und einigen Siedesteinchen versetzt. Stark zuckerhaltigen Harnen oder anderen schwer verbrennbaren Substanzen (z. B. Milch) fügt man außerdem noch 2 ccm rauchender Schwefelsäure zu. Die Mischung wird über einem Mikrobrenner stark erhitzt. (Das obere Brennerende soll nicht weiter als 1 cm vom Kolbenboden entfernt sein.) In 3—4 Min. ist der Nebel, der sich zuerst bildet, verschwunden und das Kölbchen ist von dichten, weißen Dämpfen erfüllt. Jetzt (aber nicht vorher!) bedeckt man die Kolbenöffnung mit einem Uhrglase und erhitzt noch 2 Min. kräftig. Der Harn ist nunmehr hell geworden und wird noch weitere 2 Min. über der klein gestellten Flamme erhitzt. Dann läßt man die Mischung 4—5 Min. (nicht länger!) abkühlen, gibt 50 ccm aqua dest. und 15 ccm der gesättigten Natriumhydroxydlösung hinzu und verbindet den Kjeldahlkolben schnell mit der Vorlage. In diese sind zuvor 35—75 ccm 0,1 n Säure, aqua dest. ad ca. 150 ccm und 1—2 Tropfen Alizarinrotlösung gegeben. Es wird nun mit voller Flamme erhitzt, diese aber nicht eher unmittelbar unter die Mitte des Kölbchens gestellt, bis sich Säure und Lauge gut durchmischt haben. Nachdem der Kolben ins Sieden gekommen ist, wird noch etwa 4—5 Min. destilliert, dann die Apparatur auseinander genommen, das Einleitungsrohr in der Vorlage belassen, die Lösung unter fließendem Wasser gekühlt und mit 0,1 n Natronlauge zurücktitriert.

Berechnung. Die Differenz vorgelegter und rücktitrierter 0,1 n Säure, multipliziert mit 1,4, ergibt die Menge N in mg in der Untersuchungsmenge.

Kolorimetrische Mikro-Bestimmung des Gesamt-N nach Folin und Farmer[1].

Prinzip. Die Methode beruht auf der Veraschung von Harn

---

[1] J. of biol. Chem. 11, 493 (1912). Vgl. auch Yoe: l. c. (S. 406 dieses Praktikums). S. 502.

nach dem Kjeldahl-Prinzip, Umsetzung des als Ammoniumsulfat vorliegenden Stickstoffs zu NH_3 mittels Alkalis und Übertreibung des NH_3 in eine Säurevorlage durch einen Luftstrom. Die erhaltene Ammoniumsalzlösung wird dann mit Neßlerreagens versetzt und die Farbe gegen eine Standard-Ammonsulfatlösung kolorimetrisch gemessen. Die Methode erfordert nur 1 ccm eines 1:5 — 1:10 verdünnten Harnes.

Reagentien[1]. 1. Schwefelsäure (spez. Gew. 1,84). 2. Salzsäure 0,1 n. 3. Gesättigte Lösung von Natriumhydroxyd (Kjeldahllauge, Kahlbaum). 4. Kaliumsulfat puriss. 5. Kupfersulfatlösung 5 % ig.

6. Neßlerreagens nach Folin und Wu[2]. 150 g Kaliumjodid und 110 g Jod werden in einem 500 ccm-Kölbchen mit 100 ccm aqua dest. und etwa 140—150 g metallischem Quecksilber versetzt und etwa 15 Min. hintereinander tüchtig geschüttelt. Während das gelöste Jod allmählich verschwindet, wird die Lösung warm. Sobald die rote Jodfarbe abzublassen beginnt, die Lösung aber doch noch deutlich rötlich gefärbt ist, kühlt man die Mischung unter fließendem Wasser und fährt so lange mit dem Schütteln fort, bis die rote Jodfarbe in die grünliche des Doppelsalzes umgeschlagen ist. Die Lösung wird abdekantiert, der Quecksilberbodensatz sorgfältig mit Wasser ausgewaschen und Lösung und Waschwasser zusammen zu 2000 ccm mit aqua. dest verdünnt. Hat man mit dem Abkühlen rechtzeitig begonnen, so ist die Lösung klar und kann gleich weiter verarbeitet werden. Sonst läßt man sie erst klar absetzen. Von der klaren Lösung (Stammlösung) nimmt man 750 ccm und gibt sie in einen 5 Liter-Meßkolben zu 750 ccm aqua dest. und 3500 ccm einer 10 % ig. Natriumhydroxydlösung, die man sich aus einer gesättigten Natriumhydroxydlösung bereitet. Diese enthält ca. 55 g NaOH in 100 ccm. Sie wird stehen gelassen, bis alles in ihr enthaltene Karbonat sich zu Boden gesetzt hat, worauf die klare Lösung abgegossen oder abgehebert wird. Man prüft ihren Gehalt, indem man eine Verdünnung (1:10) gegen eine 1 n Säure titriert. Dann bereitet man durch Verdünnen eine genau 10 % ig. Lösung. Die Alkalität des fertigen Neßlerreagenses ist von Wichtigkeit und soll durch Titration geprüft werden. 20 ccm 1 n HCl sollen durch 11—11,5 ccm des Reagenses neutralisiert werden. Von diesem Reagens werden gewöhnlich 10 ccm in einem Volumen von 100 ccm zur NH_3-Bestimmung verwandt.

Neßlerreagens (modifiziert nach Folin). Man löst 22,5 g Jod in 20 ccm Wasser, in dem zuvor 30 g Kaliumjodid gelöst wurden, gibt 30 g reines Quecksilber hinzu und schüttelt gut durch, während man gleichzeitig, die Mischung, wenn sie warm wird, unter fließendem Wasser kühlt. Sobald die überstehende Flüssigkeit ihre gelbe Jodfarbe verloren hat, wird abdekantiert und eine Probe (einige Tropfen) mit 1 ccm 1 % ig. Stärkelösung versetzt. Ein geringer Jodüberschuß (Blaufärbung) soll vorhanden sein. Bleibt die Reaktion aus, so gibt man zu der abdekantierten Lösung tropfenweise, etwas von der obigen Jod-Jodkalilösung, bis durch die

---

[1] Bei allen Mikro-N-Bestimmungen ist für die Analyse wie auch zur Herstellung der Reagentien zweckmäßig NH_3-freies Wasser zu verwenden. Dieses erhält man durch Schütteln von aqua dest. mit Permutit, vgl. Fußnote S. 364 dieses Praktikums.

[2] J. of biol. Chem. **38**, 81 (1919).

Stärkeprobe ein geringer Jodüberschuß angezeigt wird. Dann füllt man die Lösung auf 200 ccm auf, mischt durch, gibt sie zu 975 ccm einer genau 10 %ig. Natriumhydroxydlösung, mischt durch und läßt absetzen. Von diesem Reagens werden gewöhnlich 10 ccm in einem Volumen von 100 ccm zur NH_3-Bestimmung verwandt. Abweichungen (bei der sog. direkten Neßlerisation von Veraschungsgemischen) werden besonders angegeben.

Nach Kleinmann: Biochem. Z. **174**, 293 (1926) (vgl. auch S. 168 dieses Praktikums) erhält man ein Neßlerreagens, das nicht trübt und mit der NH_3-Konzentration proportionale Farbtiefen liefert, wie folgt.

Stammlösung: 10 g Merkurijodid werden mit etwas Wasser (entnommen einem Volumen von 100 ccm) verrieben, in eine dunkle Flasche gespült und mit dem Rest des Wassers, in dem 5 g Jodkalium und 20 g Ätznatron gelöst wurden, versetzt. Die Lösung bleibt 24 St. stehen.

Verdünntes Reagens. (Alle zwei Wochen frisch herzustellen.) 20 ccm der über dem Bodensatz klaren Stammlösung werden vorsichtig abpipettiert, mit 20 ccm einer genau 1%ig. Jodkalilösung, 50 ccm 1 nNaOH und 10 ccm aqua dest. versetzt und umgeschüttelt.

Zu je 4 ccm zu neßlerisierender neutraler bzw. schwach saurer Lösung wird 1 ccm des Reagenses gesetzt. Bei einem N-Gehalt zwischen 0,01 bis 0,08 mg in diesen 5 ccm entstehen mindestens 30 Min. haltbare Färbungen, die genau dem Beerschen Gesetz folgen (vgl. S. 338).

7. Standard-Ammoniumsulfatlösung[1]. Es muß ein pyridinfreies Präparat angewendet werden, da Pyridin wie Ammoniak titriert wird, aber keine Reaktion mit Neßlerreagens gibt. Pyridinhaltige Präparate würden also verschiedene Ergebnisse beim Vergleich titrimetrischer und kolorimetrischer Analysen geben. Ist solches im Handel nicht erhältlich, so wird ein gutes Präparat mit starkem Natriumhydroxyd versetzt. Das frei werdende NH_3 wird in einer reinen Schwefelsäure aufgefangen und das Ammoniumsulfat aus der Lösung mittels Alkohols gefällt. Das Präparat wird in Wasser gelöst, wiederum mit Alkohol gefällt, dieses Verfahren 2—3 mal wiederholt und schließlich im Exsikkator über Schwefelsäure getrocknet. 4,7165 g dieses Präparates werden mit 0,2 n Schwefelsäure zu einem Liter gelöst. Die Lösung enthält 1 mg N pro ccm und dient als Stammlösung. Aus ihr können durch Verdünnen mit aqua dest. Standard-Lösungen zum Vergleich mit beliebigem N-Gehalt hergestellt werden, und zwar für vorliegende Methode eine Verdünnung 1:10, die 0,1 mg N pro ccm enthält.

Prüfung von Ammonsulfat auf Pyridin[2]. 1. 10 g Ammoniumsulfat werden gegen Methylorange mit Salzsäure ganz schwach angesäuert und darauf destilliert. Ist Pyridinsulfat vorhanden gewesen, so geht dasselbe, da es hydrolytisch weitgehend zerfallen ist, in das Destillat über und kann dort durch seinen Geruch bzw. durch Fällung mit Quecksilberchlorid, Silikowolframsäure oder Kaliumwismutjodid nachgewiesen werden.

2. 10 g Ammoniumsulfat werden mit 50 ccm einer 14 %ig. Natronlauge in einer Stöpselflasche gelöst. Dann werden rasch nach und nach 12 g gepulverte Weinsäure zugesetzt; das durch die Reaktion warm gewordene Gemisch wird gut durchgeschüttelt und auf seinen Geruch geprüft.

Apparate. Vorrichtung zum Übertreiben des Ammoniaks mittels Druck- oder Saugluft. Die Abb. 123 und 124 zeigen unmittelbar die Anordnung

---

[1] Folin und Denis: J. of biol. Chem. **26**, 473 (1916).
[2] Gemäß freundlicher Mitteilung der Firma C. A. F. Kahlbaum.

der Apparatur. Die gezeichneten Reagenzgläser sollen aus Jenaer Glas sein und eine Größe von etwa 20—25 mm zu 200 mm haben. Vor das Reagenzglas, in dem das NH_3 frei gemacht wird, ist, gleichgültig ob mit Druck- oder Saugluft gearbeitet wird, eine Waschflasche mit konz. Schwefelsäure (zur Reinigung der Luft von Ammoniak) und hinter diese ein U-Rohr mit Watte zu schalten, das das Mitreißen von Säurespuren durch den Luftstrom verhindern soll. Das in das Reagenzglas, in dem das Ammoniak frei gemacht wird, eintauchende lange Glasrohr trägt eine aus einem zweifach durchbohrten Gummistopfen geschnittene, an der Randfläche gekerbte Scheibe, die ein Überspritzen der Lauge verhindert. Das in das Vorlagegefäß eintauchende Destillationsrohr ist unten zugeschmolzen, enthält aber drei bis vier kleine, mittels eines Platindrahtes eingestoßene Löcher.

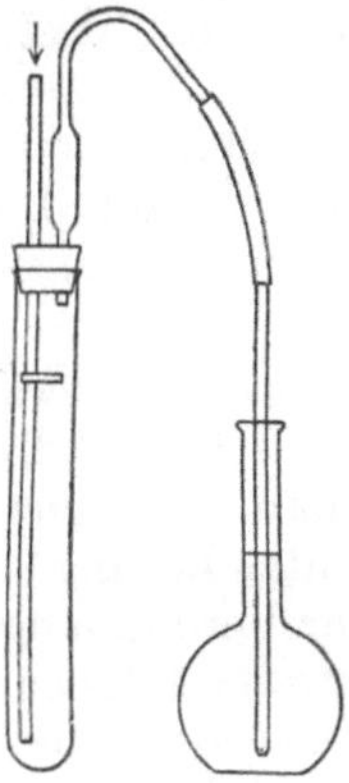

Abb. 123.

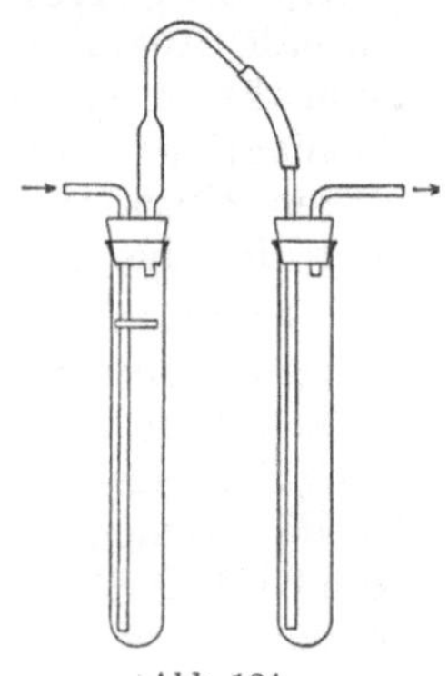

Abb. 124.

Ausführung. Von Harnen mit spez. Gewicht über 1,018 werden 5 ccm in eine 50 ccm-Meßflasche, von Harnen mit spez. Gewicht unterhalb 1,018 werden 5 ccm in eine 25 ccm-Meßflasche gegeben und diese mit aqua dest. aufgefüllt. Der N-Gehalt der Verdünnung soll etwa 0,75—1,5 mg pro ccm betragen. 1 ccm der Harnverdünnung wird dann in ein Reagenzglas (s. Apparate) gegeben, mit 1 ccm konz. Schwefelsäure, 1 g Kaliumsulfat (zur Erhöhung der Siedetemperatur) und 1 Tropfen 5%ig. Kupfersulfatlösung (als Katalysator) und einigen Quarzsplittern zur Siedeerleichterung versetzt. Die Mischung wird auf einem Mikrobrenner etwa 6 Min., mindestens aber 2 Min. nach dem Farbloswerden der Mischung erhitzt, wobei ein Erhitzen des Reagenzglases oberhalb der Flüssigkeit zu vermeiden ist. Man läßt die Flüssigkeit etwa 3 Min. abkühlen, so daß sie zäher, aber nicht etwa fest wird. Nun fügt man 6 ccm Wasser, zuerst tropfenweise, dann schneller hinzu, sowie einen Überschuß (etwa 3 ccm) der gesättigten Natronlauge, schließt das Reagenzglas sofort durch Einfügen in die fertig mit Vorlagesäure versehene Apparatur und leitet einen raschen Luftstrom hindurch. Zweckmäßig ist es, die Natronlauge in dem langen Eintauchrohr (Luftzuführungsrohr) mittels Schlauches pipettenartig einzusaugen, den Schlauch durch Klemmschraube zu schließen und die Lauge erst nach Zusammensetzung des Apparates zu der veraschten Flüssigkeit hinzuzugeben.

Bei Anwendung von Druckluft dient als Vorlage ein 100 ccm-Meßkolben, der ungefähr 20 ccm ammoniakfreies dest. Wasser und 2 ccm 0,1 n HCl enthält. Arbeitet man mittels Saugluft (Wasserstrahlpumpe), so dient als Vorlage ein Reagenzglas, das 2 ccm 0,1 n HCl und etwa 5 ccm ammoniakfreies aqua dest. enthält. Aus diesem wird die Lösung nach Übertreiben des Ammoniaks in einen 100 ccm-Meßkolben mittels 40—50 ccm ammoniakfreien aqua dest. übergespült. Der Luftstrom soll die ersten 2 Min. langsam, darauf 8 Min. mit der größten Schnelligkeit, den die Apparatur gestattet, hindurchgehen.

Die Flüssigkeit im Meßkolben wird mit aqua dest. auf etwa 60 ccm gebracht. In gleicher Weise wird in einem zweiten Meßkölbchen die Vergleichs-Standardlösung verdünnt. Man verwendet 1 mg N als Ammoniumsulfat, d. h. 10 ccm der verdünnten Lösung 7. Beide Lösungen werden nahezu gleichzeitig mit einer Verdünnung von 5 ccm Neßlerreagens mit aqua dest. (ammoniakfrei) ad 25 ccm versetzt. Die vorherige Verdünnung des Neßlerreagenses verhindert das Entstehen von Trübungen. Die beiden Kölbchen werden ad 100 ccm aufgefüllt und kolorimetrisch verglichen. Das Farbmaximum wird erst in ½ Stunde erreicht, doch kann man, wenn das Neßlerreagens zu beiden Lösungen gleichzeitig gegeben ist, auch schon vorher ohne merkbaren Fehler kolorimetrieren.

$$\text{Berechnung.} \quad \frac{\text{Ablesung der Standardlösung}}{\text{Ablesung der unbekannten Lösung}} = \text{mg N in der}$$

analysierten Menge. Bei der Umrechnung auf Harn ist die Harnverdünnung zu berücksichtigen[1].

Modifikation der Folin-Farmerschen N-Bestimmung nach Bock-Benedict[2].

Prinzip. Die Folin-Farmersche Methode zur Mikro-N-Bestimmung ist von den Verff. dahin geändert worden, daß das Ammoniak nicht durch einen Luftstrom, sondern durch Destillation übergetrieben wird. Beide Methoden geben gute Resultate.

---

[1] Auch titrimetrisch kann die Bestimmung ausgeführt werden. Hierzu wird 1 ccm Harn mit 1 ccm Wasser verdünnt, verascht und das Ammoniak in eine Vorlage übergetrieben, die 10 ccm 0,1 n Säure und ca. 40 ccm Wasser enthält. Man titriert mit 0,02 n Lauge unter Anwendung von Alizarinrot als Indikator zurück.

[2] J. of biol. Chem. **20**, 47 (1915). Vgl. Yoe: l. c. (S. 406 dieses Praktikums) S. 505.

Reagentien. Alle Reagentien wie bei der Methode Folin-Farmer (S. 425).

Apparate. Destillationsapparatur nach Bock-Benedict. Ihr Äußeres wird wiedergegeben durch Abb. 125. Sie besteht aus einem Jenaer Reagenzglase (20—25:200 mm), einem kleinen Liebig-Kühler (30:150 mm Außenrohr, 5 mm Durchm. Innenrohr), der nach der Abbildung leicht selbst herzustellen ist, einer abgeschnittenen Pipette als Vorstoß und einem 100 ccm-Meßkolben als Vorlage.

Ausführung. Der Harn wird genau entsprechend der Vorschrift bei der Methode Folin-Farmer behandelt und verascht.

Nachdem das Veraschungsgemisch abgekühlt ist, fügt man 7 ccm ammoniakfreies Wasser hinzu. (s. S. 425). Die Destillationsapparatur, deren Anordnung aus der Zeichnung ersichtlich wird, bereitet man so vor, daß das lange Glasrohr, welches in das Reagenzglas taucht, mit 3 ccm gesättigter

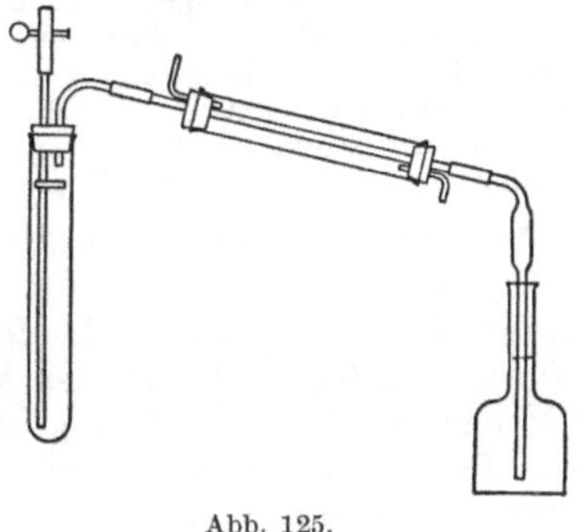

Abb. 125.

Natriumhydroxydlösung durch Ansaugen mittels Schlauches und Abklemmen desselben mit einer Schlauchklemme gefüllt wird. In die Vorlageflasche kommen 2 ccm 0,1 n HCl und genügend ammoniakfreies aqua dest., um den Kühleransatz eintauchen zu lassen.

Die Apparatur wird zusammengesetzt. Das Reagenzglas der Apparatur dient zur Aufnahme der Flüssigkeit bei der Veraschung. Nachdem es ebenfalls in die Apparatur gefügt ist, läßt man durch Öffnung der Schlauchklemme das Alkali zum Veraschungsgemisch fließen, mischt durch Einblasen von etwas Luft und erhitzt zum Sieden mittels einer großen, freien Flamme. Man destilliert, bis sich Salze abscheiden und die Flüssigkeit zu stoßen beginnt, wozu etwa 2 Min. Destillationszeit erforderlich sind. Dann nimmt man die Apparatur auseinander und spült den Kühler mit einigen ccm Wasser nach. Die Vorlageflüssigkeit wird mit etwas Wasser verdünnt, mit Neßlerreagens versetzt und gemessen, genau so, wie bei der Methode nach Folin-Farmer angegeben wurde.

Kolorimetrische N-Bestimmung durch direkte Neßlerisation nach Koch und McMeekin[1].

Prinzip. Die Methode beruht auf Veraschung des Harnes mittels Schwefelsäure und Wasserstoffsuperoxyds. Das Ver-

---

[1] J. amer. chem. Soc. 46, II, 2066 (1924). Vgl. auch Yoe: l. c. (S. 406 dieses Praktikums) S. 506.

aschungsgemisch wird dann unmittelbar, d. h. ohne daß das Ammoniak abdestilliert wird, neßlerisiert und gegen eine Standardlösung verglichen.

Reagentien. 1. Schwefelsäure 1:1 verdünnt. 2. Wasserstoffsuperoxyd 30%ig. (Präparat Merck oder Kahlbaum). Das Präparat ist kühl und vor Sonnenlicht geschützt aufzubewahren. Wegen seiner schädlichen Wirkung auf Schleimhäute ist Pipettieren zu vermeiden. Da Wasserstoffsuperoxyd nicht unwesentliche Mengen N enthalten kann, ist bei Bezug eines neuen Präparates sein N-Gehalt durch einen Blindversuch festzustellen und als Korrektur von der Analyse abzuziehen. 3. Neßlerreagens modifiziertes Neßler-Folin-Reagens s. S. 426. 4. Standard-Ammoniumsulfatlösung (s. Stickstoffbestimmung nach Farmer-Folin S. 426). Stammlösung 1:5 verdünnt, enthaltend 0,2 mg N pro ccm.

Ausführung. 5 ccm gut durchmischten Harnes werden in ein 50 ccm-Kölbchen gebracht, bis zur Marke aufgefüllt und durchmischt. Ist das spez. Gewicht des Harnes über 1,018, so wird auf 100 ccm verdünnt. 1 ccm der Verdünnung, entsprechend einer N-Menge zwischen 0,3—1,0 mg, wird in ein Reagenzglas aus Jenaer Glas (etwa 25:200 mm) gebracht, mit 1 ccm der Schwefelsäure 1:1 versetzt und unter Schütteln über freier Flamme oder im Sandbade erhitzt, bis das Wasser verdampft ist. Dann wird über einem Mikrobrenner weiter erhitzt, bis sich weiße Schwefelsäuredämpfe entwickeln. Nun läßt man etwa 15—30 Sek. abkühlen, fügt 1—5 Tropfen 30 % ig. Wasserstoffsuperoxydlösung hinzu, erhitzt weiter über dem Mikrobrenner und setzt das Erhitzen, nachdem die Mischung farblos geworden ist, noch 2—5 Min. fort, bis sich wieder weiße Dämpfe entwickeln. Verfärbt sich die Flüssigkeit aber, so gibt man nochmals einige Tropfen Wasserstoffsuperoxyd hinzu und erhitzt weiter. Bleibt die Flüssigkeit nunmehr klar und farblos, so kühlt man sie unter fließendem Wasser ab und spült sie mit ammoniakfreiem Wasser (vgl. Fußnote S. 364 und 425) in ein 100 ccm-Meßkölbchen, indem man aqua dest. bis etwa zu einem Volumen von 75 ccm hinzufügt. Nunmehr stellt man zunächst die Standard-Vergleichslösung her. Hierzu gibt man 1,5 bis 5 ccm der Standard-Ammoniumsulfatlösung (entsprechend 0,3 bis 1,0 mg N) in ein zweites 100 ccm-Kölbchen, fügt, um gleiche Aziditätsverhältnisse zu haben, 1 ccm der Schwefelsäure 1:1 hinzu und verdünnt auf etwa 75 ccm. Zur Versuchs- wie zur Vergleichslösung werden je 15 ccm des Neßlerreagenses gesetzt, die Lösungen mit aqua dest. auf 100 ccm aufgefüllt, durchmischt und im Kolorimeter verglichen.

Berechnung: $\dfrac{\text{Die Ablesung der Standardlösung}}{\text{Ablesung der unbekannten Lösung}}$ multipliziert mit mg N der Standardlösung ergibt die mg N pro ccm der verdünnten Harnlösung. Eine blinde Veraschung ohne Harn ist mit einer gleichen Menge H_2O_2 auszuführen und wie beschrieben zu neßlerisieren und zu bestimmen. Der erhaltene N-Wert (aus dem H_2O_2 stammend) ist von der Analyse in Abzug zu bringen. Will man die Bestimmung bei 50 ccm Endvolumen ausführen, so verwendet man 12 ccm Reagens und stellt unter denselben Bedingungen eine Standard-Vergleichslösung von 50 ccm Endvolumen her.

Bestimmung aliphatischer Verbindungen.

Bestimmung der Ameisensäure.
(H·COOH).

Ameisensäure soll nach Angabe von Dakin, Janney und Wakeman[1] in Mengen von 30—118 mg im 24stündigen normalen Harne vorhanden sein. Nach Angabe von anderen Autoren (de Eds[2]) soll frischer Harn ameisensäurefrei sein.

Qualitativer Nachweis.

Der Harn soll frisch untersucht werden. Von Zusatzmitteln darf nur Chloroform angewendet werden. Die Probe wird schwach mit verdünnter Schwefelsäure angesäuert und mit reinstem Äther mehrfach ausgeschüttelt. Die filtrierten Ätherauszüge werden mit 10—20 ccm Wasser und 5 ccm 1 n Natronlauge ausgeschüttelt; die alkalische, wäßrige Lösung wird auf dem Wasserbade eingedampft, der Rückstand mit Wasser gelöst und mit Schwefelsäure schwach angesäuert. Er dient zu folgenden Reaktionen:

1. Bei Erwärmung mit Quecksilberchloridlösung entsteht Trübung von Quecksilberchlorür bzw. von Quecksilber.

2. Bei Zusatz von Silbernitratlösung entsteht schon in der Kälte Reduktion zu Silber.

Quantitative Bestimmung.
Titrimetrische Bestimmung der Ameisensäure nach de Eds[2].

Prinzip. Die Ameisensäure wird durch Wasserdampfdestillation aus dem mit Pikrinsäure zur Entfernung des störenden

---

[1] J. of biol. Chem. 14, 341 (1913).
[2] J. Labor. a. clin. Med. 10, 1, 59 (1924/5). Vgl. auch S. 245.

Kreatinins versetzten Harn isoliert. Nach Zusatz eines Sublimat-
reagenses wird die Menge des gebildeten Quecksilberchlorüres
jodometrisch bestimmt.

Reagentien. 1. Pikrinsäure kristallisiert. 2. Sodalösung 20 % ig.
3. Quecksilberreagens: 10 g Natriumchlorid, 10 g Mercurichlorid und 15 g
Natriumazetat werden in aqua dest. ad 100 ccm gelöst. 4. Jodlösung 0,1 n.
5. Thiosulfatlösung 0,1 n. 6. Salzsäure 25 % ig. 7. Jodkali kristallisiert.
8. Stärkelösung.

Apparate. 1. Wasserdampf-Destillationsapparatur. 2. 5 ccm-Mikro-
bürette.

Ausführung. Der zu untersuchende Harn darf nicht mit
Thymol, Kresol oder Formaldehyd versetzt sein, wohl aber
mit Chloroform. Der Harn muß frisch sein, da Harne, die
stehen, Reduktionsvermögen gegen Quecksilberchlorid entwickeln.

In einem Literkolben werden 150 ccm frischer Harn mit 5 g
Pikrinsäure versetzt und 10 Min. tüchtig durchgeschüttelt. Dann
wird Wasserdampf durchgeleitet, bis mindestens 2000 ccm
in eine Vorlage überdestilliert sind, die zur Neutralisation
der Ameisensäure 1 ccm 20%ig. Natriumkarbonatlösung enthält.

Das Destillat wird in einer großen Abdampfschale auf dem
Wasserbade auf etwa 100 ccm eingeengt. Es wird in einem 500 ccm-
Kolben mit 25%ig. Salzsäure leicht lackmussauer gemacht und
mit 5 ccm Quecksilberreagens versetzt. Die Mischung wird auf
dem Wasserbade 2 Stunden erhitzt, unter fließendem Wasser ab-
gekühlt und mit 10 ccm 25%ig. Salzsäure, 4 g Jodkali und 10 ccm
0,1 n Jodlösung versetzt. Der Kolben wird geschüttelt, bis alles
Kalomel sich als Quecksilberchlorid gelöst hat. Die vorhandene
Jodmenge wird mit 0,1 n Thiosulfatlösung mittels einer 5 ccm-
Mikrobürette unter Zugabe von Stärkelösung als Indikator zurücktitriert. Der Endpunkt der Titration ist der Umschlag von
Grün zu Gelb.

Berechnung. Da 1 ccm 0,1 n Jodlösung 1 ccm 0,1 n Kalomel
oder 0,5 ccm 0,1 n Formaldehyd entspricht (2 Mol $HgCl_2$ werden
durch 1 Mol Formaldehyd reduziert), so entspricht jeder
Kubikzentimeter gebundener 0,1 n Jodlösung 0,0023 g Ameisensäure.

Mit der Methode konnte Verf. noch Mengen von 1,2 mg
Ameisensäure in 150 ccm Harn bestimmen.

Gravimetrische Bestimmung der Ameisensäure nach Benedict und Harrop[1].

Prinzip. Nach Entfernung der die Bestimmung störenden Substanzen, insbesondere von Zucker mit $Cu(OH)_2$, wird die Ameisensäure mit Wasserdampf abdestilliert und im Destillat durch Reduktion einer Quecksilberchloridlösung zu Kalomel und Wägung desselben gravimetrisch bestimmt.

Reagentien. 1. Kupfersulfatlösung 20 % ig. 2. Aufschwemmung von Kalziumhydroxyd 10 % ig. 3. Phenolphthaleinlösung 1 % ig alkoh. 4. Phosphorsäure 85 % ig. 5. Natronlauge 0,1 n. 6. Salzsäure 0,1 n. 7. Mercurichlorid-Mischung. 200 g Mercurichlorid, 80 g Natriumchlorid, 300 g Natriumazetat auf 1 Liter Wasser.

Ausführung. Die Bestimmungen müssen sofort nach Gewinnung des Harnes gemacht werden. 24 stündiges Stehenlassen, selbst unter Eiskühlung und Zusatz von antiseptischen Substanzen, macht die Ergebnisse fehlerhaft. 100 ccm Harn werden in einen 1 Liter-Meßkolben, der 500—600 ccm Wasser enthält, genau abgemessen, sodann mit 100 ccm 20 % ig. $CuSO_4$-Lösung versetzt und gut gemischt. Durch Zufügen einer 10 % ig. Aufschwemmung von $Ca(OH)_2$ wird gerade alkalisch gemacht (Überschuß vermeiden!), wobei der Umschlag der grünen Farbe der Lösung in Blau als Merkzeichen dienen kann. Man füllt dann bis zur Marke auf, schüttelt gut durch, läßt 15—30 Minuten stehen und filtriert. Von dem Filtrat werden 600 ccm in einen Kjeldahlkolben von 800 ccm Inhalt übergeführt und mit einigen Tropfen Phenolphthalein sowie mit so viel 85 % ig. Phosphorsäure versetzt, daß die Reaktion deutlich sauer wird und ein Überschuß von 1—2 ccm vorhanden ist. Weinsäure ist ebenfalls anwendbar, starke Mineralsäuren sind zu vermeiden. Nach Zufügen einiger Glasperlen wird unter Benutzung eines Destillieraufsatzes (entsprechend der Kjeldahl-Apparatur), der, wie auch der Kolbenhals, zweckmäßig mit Asbest zu umwickeln ist, und unter Benutzung eines guten Kühlers im Dampfstrom in eine Vorlage destilliert, die mit 15—20 ccm 0,1 n NaOH und einigen Tropfen Phenolphthalein beschickt ist. Die Reaktion in der Vorlage soll während der ganzen Destillation (evtl. durch Zugabe weiterer Mengen 0,1 n NaOH) alkalisch bleiben, doch ist ein großer Alkaliüberschuß zu vermeiden. Der Vorstoß des Kühlers endigt zweckmäßigerweise über dem Niveau der Flüssigkeit in der

---

[1] J. of biol. Chem. **54**, 443 (1922). Vgl. auch S. 245.

Vorlage. Zunächst wird unter geringer Dampfzuleitung der Inhalt des Kolbens bis auf 50—75 ccm herunter destilliert, erst dann wird unter Beibehaltung dieses Volumens weiter unter kräftigem Dampfstrom destilliert, bis 2 Liter übergegangen sind, wozu im allgemeinen 2 Stunden genügen. Das Destillat wird auf dem Wasserbade zur Trockne verdampft, der Rest mit genau 100 ccm Wasser aufgenommen und filtriert; 90 ccm des Filtrates werden in einen Erlenmeyerkolben von 250 ccm Inhalt gebracht. Nachdem mit 0,1 n HCl gerade schwach angesäuert ist, wird die Lösung mit 10 ccm der $HgCl_2$-Mischung versetzt und 1 Stunde im kochenden Wasserbade am Luftkühler erhitzt. Das ausfallende HgCl wird in einem gewogenen Goochtiegel gesammelt, mit 100 ccm 5 % ig. kalter HCl, dann mit Wasser, Alkohol und mit Äther gewaschen, 1 Stunde bei 105⁰ getrocknet und gewogen. Leerbestimmungen mit den Reagentien ergaben bei den Versuchen der Verff. zwischen 0,0014 und 0,0044 g Niederschlag je nach der Menge des angewandten Reagenses; es ist daher stets der Blindwert zu bestimmen.

Berechnung. Die Menge der Ameisensäure in g pro Liter Harn berechnet sich zu $1{,}01 \cdot \dfrac{10}{6} \cdot \dfrac{10}{9} \cdot 0{,}0975 \cdot 10 \cdot$ (Gewicht des Niederschlages — Gewicht des Niederschlages im Leerversuch). 1 g HgC entspricht 0,0975 g Ameisensäure und 1 % des Gewichtes wird als empirische Korrektur hinzugefügt (Multiplikation mit 1,01).

Bestimmung der Oxalsäure.

$$\begin{array}{c} COOH \\ | \\ COOH \end{array} \cdot$$

Unter normalen Bedingungen werden vom Erwachsenen bis zu 15—20 mg Oxalsäure im 24stündigen Harn ausgeschieden.

Qualitativer Nachweis.

1. Im Sediment ist Kalziumoxalat durch die Auffindung von Kristallen von „Briefkuvert"form erkennbar.

2. Der qualitative Nachweis gelöster Oxalsäure entspricht dem Methodengang der quantitativen Bestimmung.

Quantitative Bestimmung.

Gravimetrische bzw. titrimetrische Bestimmung der Oxalsäure nach Salkowski[1]-Mac Lean[2].

Prinzip. Aus dem eingeengten Harn wird die Oxalsäure mittels Äthers extrahiert. In der Lösung des Ätherrückstandes wird die Oxalsäure als Kalziumoxalat gefällt, durch Glühen in CaO übergeführt und entweder gravimetrisch oder titrimetrisch bestimmt.

Reagentien. 1. Verd. Ammoniaklösung. 2. Chlorkalziumlösung 10 % ig. 3. Salzsäure. 25 ccm Salzsäure vom spez. Gew. 1,126 werden mit 75 ccm aqua dest. gemischt. 4. 1200 ccm Alkohol-Äthermischung (9 Vol.-T. Äther, 1 Vol.-T. Alkohol). 5. Verdünnte Essigsäure. 6. Salzsäure 0,1 n. 7. Natronlauge 0,1 n.

Ausführung. Die Tagesmenge Harn wird sorgfältig durchgerührt, um eine Sedimentierung von Kalziumoxalat zu verhindern. 500 ccm des unfiltrierten Harnes werden mit Ammoniak alkalisch gemacht und mit Kalziumchloridlösung versetzt. Der Überschuß von Chlorkalzium soll besonders bei Pflanzenfresserharnen verhältnismäßig groß sein. Der Harn wird sodann ohne Filtration auf dem Wasserbad bis zur Sirupkonsistenz eingedampft. Der Sirup wird mit ungefähr 200 ccm Alkohol gut durchgerührt, mindestens 1 Stunde stehen gelassen, auf ein Filter gebracht, mit Alkohol und hierauf einmal mit Äther gewaschen. Der Rückstand, der in der Schale und auf dem Filter verblieben ist, wird in einem Gemisch von 25 ccm Salzsäure (spez. Gew. 1,126) und 75 ccm aqua dest. gelöst. Die Lösung des Rückstandes in Salzsäure wird nunmehr mit Äther, dem 10 % Alkohol zugesetzt sind, extrahiert. Die Extraktion muß sehr sorgfältig ausgeführt werden. Am besten ist nach Mislowitzer ein sechsmaliges Ausschütteln mit je 200 ccm Äther und 10 ccm Alkohol auf der Schüttelmaschine je 10 Min. lang. Die Ätherauszüge werden sorgfältig abgetrennt. Die Trennung, die oft durch hartnäckige Emulsionsbildung erschwert wird, gelingt leichter nach Zugabe von etwas Alkohol. Die vereinigten Ätherauszüge werden etwa 1 Stunde zur Absetzung von Emulsionsresten stehen gelassen und dann durch ein trocknes Filter filtriert, wobei darauf zu achten ist, daß die Reste der auf den Boden des Aufbewahrungsgefäßes gesunkenen, wäßrigen Emulsion nicht auf das Filter

---

[1] Salkowski: Z. physiol. Chem. **29**, 437 (1900); vgl. auch Praktik. d. physiol. u. pathol. Chem. S. 174. Berlin: Hirschwald 1912; s. auch Wegrzynowski: Z. physiol. Chem. **83**, 112 (1913) und Mislowitzer: Biochem. Z. **126**, 77 (1921/22).

[2] Z. physiol. Chem. **60**, 20 (1909).

28*

gelangen. Der Äther wird dann in einen Kolben abdestilliert. Die zurückbleibende alkoholische, noch etwas Äther enthaltende Flüssigkeit wird unter Wasserzusatz in einer hochwandigen Schale eingedampft, bis unter Klärung und Abscheidung harziger Massen der Äther-Alkoholgeruch verschwunden ist. Nach Eindampfen auf etwa 20 ccm läßt man erkalten, worauf die Lösung filtriert, mit Ammoniak alkalisch gemacht, mit 1—2 ccm 10%ig. Chlorkalziumlösung versetzt und mit Essigsäure bis zur deutlich sauren Reaktion (weiteren Essigsäureüberschuß vermeiden!) angesäuert wird. Entweder sofort oder allmählich bildet sich ein kristallinischer Niederschlag von oxalsaurem Kalk, der nach 24stündigem Stehen auf einem aschefreien Filter gesammelt und so lange sorgfältig gewaschen wird, bis sich das Waschwasser bei Zusatz von Silbernitratlösung nicht mehr trübt. Man glüht nach starkem Trocknen den Niederschlag stark, wägt (CaO) und wiederholt dieses bis zur Gewichtskonstanz. Beim Lösen des Glührückstandes in Salpetersäure darf keine oder nur minimale Kohlensäureentwicklung stattfinden, und die Lösung darf bei Zusatz von Ammoniummolybdatlösung keine Phosphorsäurereaktion geben.

Berechnung. 56,07 g CaO entsprechen 90,016 g wasserfreier Oxalsäure. Das Gewicht des gefundenen CaO, multipliziert mit 1,605, gibt die gesuchte Menge Oxalsäure.

Statt durch Wägung kann man nach Mislowitzer das CaO auch azidimetrisch bestimmen, was vorteilhaft ist, da evtl. vorhandene Verunreinigungen von Kalziumphosphat kleine Fehler verursachen.

Hierzu löst man den Glührückstand in einer ausreichenden Menge 0,1 n HCl und titriert die überschüssige Salzsäure unter Benutzung einer in 0,05 ccm geteilten Bürette und Anwendung von Methylorange als Indikator mit 0,1 n NaOH zurück[1].

Die Differenz der vorgelegten und der rücktitrierten ccm HCl ist ein Maß für die gesuchte Oxalsäuremenge, und zwar entspricht 1 ccm verbrauchter 0,1 n HCl 4,501 mg wasserfreier Oxalsäure.

Titrimetrische Bestimmung der Oxalsäure mit der
Schaukelextraktionsmethode von Widmark[2]
nach Holmberg[3].

Prinzip. Die Methode beruht auf Fällung der Oxalsäure mit Chlorkalziumlösung. Der angesäuerte Harn und die Chlor-

---

[1] Vgl. Bau: Biochem. Z. **114**, 221 (1921).
[2] Skand. Arch. Physiol. **48**, 61 (1926); Biochem. Z. **179**, 263 (1926).
[3] Biochem. Z. **182**, 463 (1927).

kalziumlösung sind getrennt in den Doppelscheidetrichtern des
Widmarkschen Apparates (s. S. 347) angeordnet. Bei der Extraktion mit Äther wird ein besonders reiner Extrakt erhalten. Die
Methode liefert eine sehr reine Kalziumoxalatfällung, vermeidet
Eindampfen des Harnes, bedarf sehr geringer Äthermengen und
ist mit 50 ccm Harn durchführbar. Das Kalziumoxalat wird titrimetrisch mit Permanganat bestimmt.

Reagentien. 1. Chlorkalziumlösung 5%ig. 2. Schwefelsäure 40%ig.
3. Kaliumpermanganat 0,01 n (Titer gegen Oxalsäure einstellen). 4. Waschwasser: aqua dest., geschüttelt mit Kalziumoxalat, und mit diesem gesättigt.
Das Oxalat ist durch feines Pulverisieren und reichliches Waschen von
jeder Spur freier Säure zu befreien. 5. Säure- und alkoholfreier Äthyläther.

Apparate. 1. Schaukelextraktionsapparat nach Widmark für Extraktion von 50 ccm Flüssigkeit (s. S. 347). 2. Schottsche Glasfilter $3 < 7$
ca. 50 ccm fassend. 3. Mikrobürette in 0,02 ccm geteilt.

Ausführung. Die Tagesmenge Harn wird abgemessen und in
einen 2 Liter-Kolben gebracht, der mit 20 ccm bzw. soviel 40%ig.
Schwefelsäure versetzt worden ist, daß die Lösung gegen Kongopapier sauer reagiert. Das Volumen wird vermerkt. Durch dieses
Ansäuern wird vermieden, daß sich Oxalatkristalle an den Wänden
des Gefäßes festsetzen und so der Bestimmung entgehen.

50 ccm angesäuerten Harnes werden in das Dimittensgefäß gebracht (vgl. S. 347). In das Rezipiensgefäß werden etwa 20 ccm
Chlorkalziumlösung eingeführt. Die beiden Lösungen werden mit
350 ccm Äther überschichtet, worauf der Apparat in Gang gesetzt
wird. In der von Widmark angegebenen Schaukel können gleichzeitig 10 Extraktionen ausgeführt werden. Das Schaukeln soll mit
einem Ausschlag von 18° Neigung zur Horizontalebene und mit einer
Geschwindigkeit von etwa 27 Sek. für eine ganze Schaukelperiode
(für eine ganze Umdrehung der treibenden Exzenterscheibe) erfolgen. Die Extraktionszeit variiert etwas bei den verschiedenen
Gefäßen; 75 Stunden genügen. Bei größerer Menge Säure kann es
vorkommen, daß sich eine zusammenhängende Haut bildet, die die
Extraktion beträchtlich verlängern kann. Diese Haut muß zerstört werden, indem der Extraktionsapparat derart vorsichtig
geschüttelt wird, daß die Fällung zu Boden sinkt.

Nach beendeter Extraktion wird das Extraktionsgefäß aus der
Schaukel genommen, der Bodenhahn des Rezipiensgefäßes über
einem in einen Absaugkolben eingesetzten Filtrierglase geöffnet,
worauf man die Chlorkalziumlösung abfließen läßt; eine mitfolgende
Fällung wird abfiltriert. Erreicht der Äther den Hahn, wird dieser
geschlossen. Dann wird zuerst der Harn abgelassen und hierauf
der Äther durch den Hahn des Dimittensgefäßes entfernt. Zur Entfernung des Ätherrestes wird ein Luftstrom einige Minuten durch

den Apparat gesaugt. Die im Rezipiensgefäß zurückgebliebene
Fällung von Kalziumoxalat, sowie jener Teil, der in das Filtrierglas gespült wurde, werden nun auf folgende Weise gewaschen. In
das Pfropfenloch des Rezipiensgefäßes wird ein Trichter eingesetzt,
dessen langes Rohr ungefähr 2 cm über dem Boden des Gefäßes
endigt (sonst kriecht die Fällung die Wandung hinauf). Man
wäscht zweimal mit je 30 ccm Waschwasser, und läßt das Wasser
nach Auffüllen durch den Bodenhahn über die im Filter befindliche
Fällung ausfließen. Nach dem Waschen wird die ganze Fällung in
Schwefelsäure gelöst. Das Filtrierglas wird in einen neuen sorgfältig gereinigten Absaugkolben gesetzt. Durch den Trichter werden
in das Rezipiensgefäß dreimal nacheinander 10 ccm warme 40 % ig.
Schwefelsäure eingegossen und das Gefäß mit ihr gut ausgespült.
Die Schwefelsäure wird im Filter gesammelt und dann erst abgesaugt. Rezipiensgefäße und Filter werden mit aqua dest.
nachgewaschen.

Die Lösung wird quantitativ in einen Jenaer Erlenmeyerkolben
übergeführt und mit 0,01 n Kaliumpermanganat in der üblichen
Weise (siehe Kalziumbestimmung S. 369) titriert.

Berechnung. 1 ccm 0,01 n Kaliumpermanganat-Lösung entspricht 0,45 mg Oxalsäure.

Bestimmung der Milchsäure.
($CH_3 \cdot CHOH \cdot COOH$).

Milchsäure soll im normalen Harne nicht (nach Hawk und
Bergeim[1] zu 5—13 mg pro 100 ccm) vorhanden sein. Pathologisch, sowie nach starken körperlichen Anstrengungen kann
d-Milchsäure in relativ großer Menge ausgeschieden werden.

Qualitativer Nachweis.

Zum Nachweis muß die Milchsäure aus dem Harn isoliert
werden. Nach Ohlsson[2] schüttelt man 100—200 ccm Harn nach
Ansäuern mit Schwefelsäure und Sättigung mit Ammonsulfat mit
Amylalkohol aus. Aus der amylalkoholischen Lösung extrahiert
man die Milchsäure durch Schütteln mit 10—20 ccm 30 % ig. Sodalösung. Mit dieser werden folgende Reaktionen angestellt:

1. Probe nach Boas[3]. 10—15 ccm der Flüssigkeit werden

---

[1] l. c. (S. 59 dieses Praktikums) S. 744.
[2] Skand. Arch. Physiol. **33**, 231 (1916.)
[3] Dtsch. med. Wschr. **19**, 940 (1893).

mit 2—3 ccm konz. Schwefelsäure sowie einer Messerspitze Braunstein versetzt und in einem kleinen Destillationsapparat destilliert, dessen Ende in eine alkalische Jodlösung oder in Neßlerreagens eintaucht. Der aus der Milchsäure sich bildende Azetaldehyd gibt mit der Vorlage Jodoform bzw. rotbraunes Aldehydquecksilber.

2. Probe nach Fletcher und Hopkins[1]. Zu 5 ccm konz. Schwefelsäure setzt man in einem Probierröhrchen 1 Tropfen gesättigter Kupfersulfatlösung und einige Tropfen der auf Milchsäure zu untersuchenden Flüssigkeit. Dann wird die Mischung 1—2 Min. in einem kochenden Wasserbade erhitzt. Man läßt abkühlen und bringt sie nach dem Zusatz von 2—3 Tropfen Thiophenlösung (10—20 Tropfen Thiophen in 100 ccm Alkohol) wieder in das siedende Wasserbad. Bei Gegenwart von Milchsäure nimmt die Flüssigkeit eine kirschrote Farbe an.

Quantitative Bestimmung.

Titrimetrische Bestimmung der Milchsäure nach Warkany[2].

Prinzip. Nach Fällung von störenden Substanzen (Kohlehydraten) mittels Kupferkalklösung gemäß der Milchsäurebestimmung in Organen von Hirsch-Kaufmann, Embden, Meyerhof[3] wird die Milchsäure im Harn nach Fürth-Charnass[4]-Ishihara[5] bestimmt.

Die Methode beruht auf Abspaltung von Azetaldehyd aus der im Harn enthaltenen Milchsäure, Abdestillation und jodometrischer Bestimmung des Azetaldehydes.

Reagentien. 1. Phosphorwolframsäurelösung 20 % ig. 2. Schwefelsäure 25 % ig. 3. Kalziumhydroxyd pulverisiert. 4. Kupfersulfatlösung 10 % ig. 5. Alle Reagentien zur Milchsäurebestimmung nach Fürth-Charnass (s. S. 237) und Praktikum Bd. I, S. 194.

Ausführung. Zu 50 ccm Harn werden 90 ccm Phosphorwolframsäure und 10 ccm 25 % ig. Schwefelsäure gesetzt. Die Fällung wird einige Stunden stehen gelassen, dann wird filtriert. 120 ccm des Filtrates werden mit 10 g Kalziumhydroxyd versetzt und mit 10 % ig. Kupfersulfatlösung auf 150 ccm aufgefüllt. Nach 1 Stunde wird abgenutscht, 100 ccm des Filtrates werden neutralisiert und dann mit so viel Schwefelsäure versetzt, daß der Gehalt der Lösung an Schwefelsäure 0,5 % beträgt.

---

[1] J. of Physiol. **35**, 247 (1907). [2] Biochem. Z. **184**, 474 (1927).
[3] Vgl. S. 237 u. Praktikum Bd. I, S. 194. [4] Biochem. Z. **26**, 199 (1910).
[5] Biochem. Z. **50**, 468 (1913).

Mit dieser Lösung wird die Milchsäurebestimmung nach **Fürth-Charnass** durchgeführt, vgl. S. 237, Praktikum Bd. I, S. 194.

Die Oxydation erfolgt mit 0,1 n Kaliumpermanganatlösung, die vorgelegte Bisulfitlösung und die zur Titration verwendete Jodlösung sind 0,01 n stark zu wählen, wenn es sich um normalen Harn handelt, bei großem Milchsäuregehalt, sowie bei Zusatzversuchen sind 0,1 n Lösungen zu verwenden.

Berechnung. Bei Verbrauch von a ccm 0,01 n Jodlösung und bei Verwendung der oben angeführten aliquoten Teile ist

$$\frac{a \cdot 0,5 \cdot 150 \cdot 150 \cdot 2}{100 \cdot 120} = \text{Milchsäuregehalt in mg in 100 ccm Harn.}$$

Es entspräche nämlich 1 ccm 0,1 n Jod = 0,5 ccm 0,1 n Aldehyd = 0,5 ccm 0,1 n Milchsäure = 0,0045 g Milchsäure.

Dieser Wert ist bei Anwendung der 0,1 n Permanganatlösung von **Fürth-Charnass** auf 0,005 g Milchsäure korrigiert worden. Diese Korrektur ist bei der jetzigen Form der Milchsäurebestimmung (s. o.) nicht mehr notwendig, wohl aber bei der hier gegebenen Milchsäurebestimmung im Harn.

Die Methode ist auch bei zuckerhaltigem Harn verwendbar. Bei Anwesenheit von Oxybuttersäure und Azeton ist die indirekte Bestimmung der Milchsäure nach **Mondschein** anzuwenden.

Titrimetrische Bestimmung der Milchsäure neben β-Oxybuttersäure nach Mondschein[1].

Prinzip. Im Destillat des schwefelsauren Harnes, das Azetaldehyd aus Milchsäure und Azeton aus Oxybuttersäure enthält, wird in einem aliquoten Teil das Bindungsvermögen für schweflige Säure ermittelt. In einem andern aliquoten Teil wird der Azetaldehyd durch Kochen mit Wasserstoffsuperoxyd und Lauge beseitigt und nach erneuter Destillation das Sulfitbindungsvermögen des Azetons bestimmt.

Aus der Differenz beider Bestimmungen folgt die Menge des Azetaldehydes.

Reagentien. 1. Alle Reagentien wie in der vorhergehenden Methode der Milchsäurebestimmung. 2. Wasserstoffsuperoxydlösung 12 % ig. 3. Natronlauge 10 % ig.

Ausführung. Der Harn wird, wie in der Methode von **Warkany** beschrieben (s. S. 439), vorbehandelt und nach **Fürth-Charnass** (s. S. 237) destilliert, wobei die Mengen an Milchsäure und β-Oxybuttersäure je 0,4 g nicht überschreiten sollen. Das Destillat wird

---

[1] Biochem. Z. **42**, 91 (1912).

auf 400 ccm aufgefüllt, 200 ccm werden entsprechend der Milchsäurebestimmung weiterbehandelt und schließlich mit Jodlösung titriert. Die erhaltene Titrationszahl Jodlösung, multipliziert mit 2, entspricht: Aldehyd + Azeton.

Die andern 200 ccm des Destillates kommen in einen Kolben von etwa 750 ccm Inhalt, werden auf 300 ccm verdünnt und mit 10 ccm einer 12% ig. Wasserstoffsuperoxydlösung und 10 ccm 10% ig. Natronlauge versetzt.

Unter Zugabe von einigen Bimssteinstückchen wird die Lösung 25 Min. an einem Rückflußkühler gekocht. Dann wird die Lösung in die Destillationsapparatur von Fürth-Charnass gebracht, der Tropftrichter durch einen Glasstopfen ersetzt und genau wie bei der ersten Destillation destilliert, bis 150 ccm übergegangen sind.

Das Destillat wird auf 200 ccm aufgefüllt und die durch das Azeton verbrauchte Bisulfitmenge in der von Azetaldehyd befreiten Flüssigkeit jodometrisch wie bei der Milchsäurebestimmung bestimmt.

Berechnung. Die bei der zweiten Bestimmung erhaltene Jodmenge (multipliziert mit 2) wird von der bei der ersten Bestimmung verbrauchten Jodmenge (multipliziert mit 2) in Abzug gebracht.

Die Differenz ergibt die durch den Aldehyd verbrauchte Jodmenge.

1 ccm 0,1 n Jod entspricht 0,5 ccm 0,1 n Aldehyd = 0,5 ccm 0,1 n Milchsäure = 0,0045 g (nach Fürth-Charnass korrigiert 0,005 g) Milchsäure.

Bestimmung der Glukuronsäure[1].
$$(CHO(CH \cdot OH)_4 \cdot COOH).$$

Die freie Glukuronsäure tritt im Harn nicht oder nur in Spuren auf; dagegen findet sie sich in glykosidartigen Verbindungen mit Alkoholen und Phenolen (p-Kresol, Indoxyl und Skatoxyl). Im normalen, menschlichen Tagesharn finden sich ca. 0,3 g Glukuronsäure in gebundener Form. Nach Hawk und Bergeim[2] soll die Menge gebundener Glukuronsäureverbindungen selten 0,004% übersteigen.

Die Glukuronsäure tritt im Harn vermehrt auf bei erhöhter Ausscheidung der phenolartigen Substanzen (Darmfäulnis), sowie

---

[1] Vgl. Spaeth: l. c. (S. 355 dieses Praktikums) S. 244 und Brigl in Abderhaldens Arbeitsmethoden IV/5, 483 (1925).
[2] l. c. (S. 59 dieses Praktikums) S. 662.

bei anderen pathologischen Zuständen; ebenso nach Einnahme zahlreicher organischer Verbindungen (Chloral, Chloroform, Kresol, Resorzin, Menthol, Anilin, Morphin und anderen).

Qualitativer Nachweis.

1. **Polarimetrische Untersuchung.** Gepaarter Glukuronsäure-haltiger Harn, der nach Klärung mit essigsaurem Blei bei saurer Reaktion und nach Filtration untersucht werden kann und auch für die polarimetrische Prüfung saure Reaktion zeigen muß, dreht gewöhnlich links. (Die freie Glukuronsäure dreht rechts.) Ist die Anwesenheit von Eiweiß, β-Oxybuttersäure, Fruktose und Zystin ausgeschlossen (siehe Drehungsvermögen des Harnes S. 313), so spricht Linksdrehung für die Anwesenheit gepaarter Glukuronsäure.

Optische Inaktivität oder Rechtsdrehung schließen dagegen die Anwesenheit gepaarter Glukuronsäure nicht aus, da der Glukuronsäurepaarling selbst optisch aktiv sein kann.

Auch eine evtl. Zersetzung des Harnes und ein Freiwerden von Glukuronsäure würde Rechtsdrehung bedingen. Bei 1—2 stündigem Kochen des Harnes mit 5 % ig. Salz- oder Schwefelsäure oder beim Erhitzen mit Wasser im Autoklaven auf 120—125° kann durch die Abspaltung der freien Glukuronsäure die Linksdrehung in Rechtsdrehung übergehen (sp. Drehung der freien Glukuronsäure in 8—14 % ig. wäßriger Lösung $[\alpha]_D^{18} = + 19{,}25°$).

2. **Reduktionsproben.** Gepaarte Glukuronsäuren reduzieren nicht. Nach Hydrolyse der gepaarten Glukuronsäure durch Kochen des Harnes in saurer Lösung reduziert die freigewordene Glukuronsäure alkalische Kupfer- und Wismutoxydlösungen.

3. **Mit Phenylhydrazin** gibt Glukuronsäure Niederschläge.

4. **Orzinprobe.** Einige ccm Harn werden mit dem gleichen Volumen konz. Salzsäure versetzt und einige Körnchen Orzin dazu gegeben. Die Lösung wird zum Sieden erhitzt und ca. ½ Min. gekocht. Bei positiver Reaktion färbt sich die getrübte Lösung rötlichblau. Der Farbstoff kann mit Amylalkohol ausgeschüttelt werden, der dabei anfänglich eine rote, später eine grüne Färbung annimmt. Die Lösung, wäßrige, wie auch amylalkoholische, zeigt einen charakteristischen Absorptionsstreifen zwischen C und D.

5. **Gärungsprobe.** Glukuronsäureverbindungen und Glukuronsäure sind nicht vergärbar.

Die Reaktionen 2—5 werden in gleicher Weise wie von Glukuronsäure auch von Pentosen gegeben.

6. **Naphthoresorzin-Salzsäure-Probe von Tollens**[1].
Zu 5 ccm Harn fügt man eine hirsekorngroße Menge festes Naphthoresorzin oder 0,5—1 ccm einer 1% ig. alkoholischen Lösung desselben und 5 ccm konz. Salzsäure (spez. Gew. 1,19), stellt die Lösung 15 Min. in ein siedendes Wasserbad, kühlt unter der Wasserleitung und schüttelt mit 10 ccm Benzol aus[2]. Eine Violett-Blaufärbung des Benzols ist charakteristisch für Glukuronsäure. Eine Färbung der wäßrigen Schicht oder eine Rotfärbung des Benzols ist belanglos.

Die Probe wird eindeutiger und empfindlicher, wenn man sie mit dem Ätherauszug des angesäuerten Harnes vornimmt[3]. 10 ccm frischer Harn (in den Ätherauszug gehen nur gepaarte Glukuronsäuren und keine freie Glukuronsäure) werden nach Zugabe von 2 ccm verdünnter Schwefelsäure mit 10 ccm Alkohol und 20 ccm Äther gut durchschüttelt. 2—3 ccm Kochsalzlösung werden hinzugesetzt, die Ätherlösung wird im Scheidetrichter abgeschieden und durch ein kleines, trocknes Filter in eine Porzellanschale filtriert. Nach Zusatz von 5 ccm Wasser verjagt man den Äther und stellt mit der zurückbleibenden Flüssigkeit die Tollenssche Reaktion an. Diese Reaktion wird von Pentosen nicht gegeben und dient zur Unterscheidung der Glukuronsäure von ihnen. Sie ist auch im zuckerhaltigen Harn anwendbar.

7. **Fällung als p-Bromphenylhydrazin-Verbindung.**
Man verfährt, wie bei der Darstellung der Glukuronsäure (S. 444) beschrieben, spaltet das Filtrat des Bleisulfidniederschlages durch zweistündiges Kochen mit Schwefelsäure (Gehalt 1—2%), neutralisiert genau mit Natriumkarbonat und versetzt das Filtrat mit einer erhitzten Lösung von 5 g reinem, salzsaurem p-Bromphenylhydrazin und 6 g Natriumazetat. Man erwärmt 10 Min. im Wasserbad, läßt erkalten, filtriert die ausgeschiedenen Kristalle ab, wäscht mit heißem Wasser und absolutem Alkohol und kristallisiert aus 60% ig. Alkohol um. Schmelzpunkt 236°. 0,2 g zeigen, in 4 ccm gereinigtem Pyridin und 6 ccm absolutem Alkohol gelöst, im dm-Rohr eine Drehung von — 7,41°, während die entsprechenden p-Bromphenylosazone von Glukose, Arabinose und Xylose —0,52°, +0,47° und 0° drehen.

---

[1] Ber. dtsch. chem. Ges. **41**, 1788 (1908). Z. physiol. Chem. **56**, 115 (1908) und ebenda **64**, 39 (1910). Vgl. auch **Brigl**: l. c. (S. 441 dieses Praktikums) S. 487.
[2] **Neuberg** und **Saneyoshi**: Biochem. Z. **36**, 56 (1911). **Van der Haar**: Ebenda **88**, 205 (1918).
[3] **Neuberg** und **Schewket**: Biochem. Z. **44**, 502 (1912). **Schewket**: Ebenda **55**, 4 (1913).

Darstellung gepaarter Glukuronsäuren nach Spaeth[1]. Man dampft die innerhalb eines Tages entleerte Harnmenge oder größere Mengen Harnes zum Sirup ein und schüttelt diesen nach dem Ansäuern mit verdünnter Schwefelsäure mit Alkoholäther (1:2) einige Male tüchtig aus. Der Verdunstungsrückstand der Alkoholätherlösung wird mit Wasser aufgenommen, die Lösung mit Bleizucker (neutralem Bleiazetat) behandelt und filtriert. Aus dem Filtrat fällt man die Glukuronsäureverbindungen mit Bleiessig (basischem Bleiazetat); ein Überschuß muß vermieden werden, da er die basischen Salze der Glukuronsäure wieder teilweise lösen kann. Der Bleiniederschlag wird nach dem Abfiltrieren in Wasser verteilt, durch Schwefelwasserstoff zersetzt und das Filtrat vom Schwefelbleiniederschlag nach dem Entfernen des Schwefelwasserstoffes (am besten durch Durchleiten von Luft) mit Barytwasser neutralisiert. Man dampft auf ein kleines Volumen ein, zerlegt das Barytsalz durch die nötige Menge verdünnter Schwefelsäure und engt das Filtrat von Bariumsulfat auf dem Wasserbade, zuletzt im Vakuum ein. Die gepaarten Glukuronsäuren, die meist schön kristallisieren, scheiden sich hierbei aus. Man kocht die Kristallmasse mehrmals mit Äther aus und verdunstet die ätherischen Lösungen.

Quantitative Bestimmung.

Gravimetrische Bestimmung der Glukuronsäure nach Tollens[2].

Prinzip. Die Methode beruht auf Ausfällung der Glukuronsäure mit Bleiessig-Ammoniak, Destillation des Niederschlages mit Salzsäure, wobei die Glukuronsäure in Furfurol übergeführt wird, und gravimetrischer Bestimmung des Furfurols durch Fällung als Phlorogluzinverbindung.

Reagentien. 1. Basisches Bleiazetat (Bleiessig). 2. Ammoniak konz. 3. Salzsäure (spez. Gew. 1,060). 4. Phloroglucinum puriss. (Merck). 5. Reagens zum Furfurolnachweis. Frisch hergestellte Mischung von gleichen Vol.-Teilen Wasser und Anilin, der man so lange konz. Essigsäure zutropft, bis eine (plötzlich eintretende) Klärung erfolgt.

Ausführung. 250 ccm Harn werden mit 150 ccm Bleiessig und 5 ccm Ammoniak versetzt und mehrere Stunden stehen gelassen. Dann wird die überstehende Flüssigkeit durch eine Nutsche mit

---

[1] l. c. (S. 355 dieses Praktikums) S. 246.
[2] Z. physiol. Chem. **61**, 95 (1909).

zwei gehärteten Filtern abgesaugt, der Niederschlag aufs Filter gebracht und mit ca. 750 ccm Wasser ausgewaschen. Dann saugt man gründlich ab und läßt am warmen Orte trocknen. Ist der Niederschlag so weit getrocknet, daß Risse entstehen, so wird er — eingerollt in das obere Filter — in einen 1 Liter-Rundkolben gegeben. Das zweite Filter wird zum Nachwischen der Nutsche benutzt und ebenfalls in den Kolben gebracht.

Nach Zugabe von 100 ccm Salzsäure (spez. Gew. 1,06) wird destilliert; nach jedesmaligem Abdestillieren von 30 ccm werden durch einen in den Kolben eingesetzten Tropftrichter 30 ccm Salzsäure nachgefüllt. Die Destillation wird so lange fortgesetzt, bis kein Furfurol mehr überdestilliert (ca. 400 ccm Destillat).

Furfurolprobe: Zu 1 Tropfen des Destillates auf Filtrierpapier wird 1 Tropfen des Furfurolreagenses gebracht, so daß die Ränder der beiden Tropfen ineinander fließen können. Bei Vorhandensein von Furfurol färbt sich die Berührungsstelle rot.

Nach Beendigung der Destillation wird eine Lösung von Phlorogluzin in warmer Salzsäure (spez. Gew. 1,06) hergestellt. Hierzu wird die doppelte Gewichtsmenge an Phlorogluzin angewandt wie man erwartet, Furfurolphlorogluzid zu erhalten. 0,25 g Phlorogluzin reichen meistens aus. Diese frischbereitete Mischung wird unter kräftigem Schütteln zum Destillat hinzugefügt und auf 500 ccm genau aufgefüllt, wobei zuerst Braunfärbung, dann eine dichte schwärzliche Trübung auftritt.

Nach 16 stündigem Stehen wird der Niederschlag durch einen vorher ausgeglühten, bei ca. 100° im Wägegläschen getrockneten und gewogenen Goochtiegel filtriert und unter schwachem Saugen mit genau 150 ccm Wasser bis zur Salzsäurefreiheit ausgewaschen. (Vorsicht beim Absaugen, damit sich keine Risse im Niederschlag bilden.) Nach dem Auswaschen wird der Goochtiegel bei 98—100° 4 Stunden lang im Trockenschrank getrocknet und nach dem Abkühlen im verschlossenen Wägegläschen gewogen. (Das Furfurolphlorogluzid ist stark hygroskopisch.)

Berechnung. Zu der durch Wägung gefundenen Menge Furfurolphlorogluzid addiert man 0,0060 g. Diese Korrektur ergibt sich aus der Wasserlöslichkeit des Phlorogluzids in 650 ccm Flüssigkeit (500 ccm Destillat + 150 ccm Waschwasser). Durch Multiplikation mit 3 erhält man die im angewandten Harn vorhandene Gewichtsmenge an Glukuronsäurelakton[1].

---

[1] Glukuronsäure ($C_6H_{10}O_7$) geht unter Abspaltung eines Mols Wasser in sein Lakton ($C_6H_8O_6$) über.

Bestimmung der ätherlöslichen Substanzen.
Bestimmung des Fettes.

Normaler Harn enthält kein Fett oder höchstens Spuren desselben. Pathologisch kann Fett als „Lipurie" (Fetttröpfchen im Harn, die nach Abkühlung zu festen Partikeln erstarren) und „Chylurie" (milchähnliche Emulsion) auftreten. Fett wird meist von Cholesterin und Phosphatiden begleitet.

Qualitativer Nachweis nach Spaeth[1].

Fetthaltiger Harn ist trübe und wird durch Schütteln mit Äther heller.

Mikroskopisch erscheint das Fett in kreisrunden, verschieden großen Tropfen mit glatten Konturen.

Im auffallenden Lichte sind die Tropfen weiß und silberglänzend und lösen sich in Äther (Unterschied gegen Leuzin).

|Gravimetrische Bestimmung des Fettes.

Prinzip. Die Methode beruht auf Extraktion des Fettes mittels Äthers und gravimetrischer Bestimmung des Verdunstungsrückstandes.

Reagentien. Zu I. 1. Äther. 2. Kalilauge, stark verdünnt. Zu II. 1. Gebrannter Gips. 2. Äther.

Apparate. Soxhletscher Extraktionsapparat mit Extraktionshülsen.

I. Man schüttelt eine Probe (100 ccm oder mehr) Harn in einem Scheidetrichter mit 100 ccm (oder entsprechend der angewandten Menge) Äther aus, läßt absetzen, trennt die wäßrige Flüssigkeit und schüttelt nochmals mit Äther aus.

Die vereinigten ätherischen Lösungen werden in demselben Scheidetrichter mit einer sehr verdünnten wäßrigen Kalilauge (zur Entfernung evtl. vorhandener freier Fettsäuren) durchgeschüttelt, die wäßrige Lösung wird von der ätherischen getrennt, diese nochmals mit Wasser gewaschen, abgetrennt, durch ein kleines Filter filtriert (das Filter wird mit etwas Äther nachgewaschen) und in einem Kolben durch Abdestillieren von der Hauptmenge des Äthers befreit. Den Rest der ätherischen Fettlösung im Kolben gibt man in eine gewogene Glasschale oder ein gewogenes Kölbchen, läßt den Äther verdunsten, trocknet den Rückstand bei 110—115° und wägt.

---

[1] l. c. (S. 355 dieses Praktikums) S. 130.

II. Der Harn wird unter Zusatz von gebranntem Gips in einer Schale zur Trockne verdampft und der zerriebene Rückstand in einer Patrone aus fettfreiem Filterpapier im Soxhletschen Extraktionsapparat mit Äther ausgezogen. Man verdunstet die ätherische Lösung, trocknet den Kolben mit Inhalt und wägt.

Dem Fett sind geringe Mengen von Cholesterin und Lezithin beigemengt.

Bestimmung des Cholesterins [1].

Cholesterin wird meist neben einer Fettausscheidung des Harnes gefunden. Es kann auch als Sediment in dünnen, rhombischen, glänzenden Tafeln vorhanden sein.

Qualitativer Nachweis.

Aus einer möglichst großen Harnmenge (mehreren Litern) wird das Fett, wie bei der Fettbestimmung beschrieben, extrahiert. Man löst den erhaltenen Rückstand in warmem Alkohol, kocht mit alkoholischer Kalilauge eine halbe Stunde am Rückflußkühler, wobei Fett und Cholesteride verseift und Lezithin gespalten wird. Man läßt den Alkohol verdunsten, zieht den Rückstand mit Wasser aus, schüttelt die Lösung mit Äther aus, läßt verdunsten, löst den Rückstand wie auch den Rückstand des Wasserauszuges in siedendem Alkohol, vereinigt die alkoholischen Lösungen, filtriert, engt auf ein kleines Volumen ein und läßt das Cholesterin auskristallisieren (Schmelzpunkt 145—146°).

1. Chloroform-Schwefelsäure-Reaktion nach Salkowski [2]. Cholesterin wird in einem trockenen Reagenzglase in einigen Kubikzentimetern Chloroform gelöst; man setzt das gleiche Volumen konz. Schwefelsäure hinzu und schüttelt mehrmals gut durch. Die Chloroformlösung färbt sich blut- bis purpurrot. Die Schwefelsäure unter der Chloroformlösung zeigt grüne Fluoreszenz. Gießt man die Chloroformlösung in ein feuchtes Reagenzglas und schüttelt durch, so wird sie schnell entfärbt, auf erneuten Zusatz von Schwefelsäure stellt sich die ursprüngliche rote Färbung wieder her. Verdünnt man die purpurfarbige Chloroformlösung durch weiteren Chloroformzusatz, so wird sie oft blau (infolge des geringen Wassergehaltes des Chloroforms), auf Zusatz von Schwefelsäure wird die Farbe wieder mehr rötlich. In sehr dünnen Lösungen (einige Stäubchen Cholesterin in Chloroform gelöst)

---

[1] Spaeth: l. c. (S. 355 dieses Praktikums) S. 130, 515.
[2] Salkowski: Praktikum l. c. (S. 435 dieses Praktikums) S. 163.

verläuft die Reaktion etwas anders: Gelb-Rosafärbung des Chloroforms, Gelbfärbung der Schwefelsäure mit grünem Reflex.

2. **Liebermanns Cholestolreaktion**[1]. Man löst etwas Cholesterin unter Erwärmen in Essigsäureanhydrid und setzt nach Erkalten konz. Schwefelsäure hinzu. Die Mischung färbt sich schnell rosa, rot, blau, schließlich blaugrün.

Da alle Farbproben auch von anderen Substanzen, wie Gallensäuren, bestimmten Alkoholen, Terpenen usw. gegeben werden, ist zur Identifizierung nach mehrmaligem Umkristallisieren der Schmelzpunkt des Cholesterins, sowie der des Cholesterindibromids (siehe folgende Reaktion) zu bestimmen.

3. **Probe nach Windaus**[2]. In einem trockenen Reagenzglase wird zu einer Lösung von Cholesterin in möglichst wenig Äther so lange eine Lösung von 5 g Brom in 100 ccm Eisessig gegeben, bis die eintretende Braunfärbung bestehen bleibt.

Cholesterindibromid kristallisiert aus (Schmelzpunkt 124 bis 125°).

4. Cholesterin, in Alkohol heiß gelöst, gibt bei Zusatz von 1% ig. heißer Digitoninlösung in 90% ig. Alkohol einen Niederschlag von Digitonincholesterid.

Quantitative Bestimmung.

Gravimetrische Bestimmung des freien Cholesterins nach Windaus[3].

Prinzip. Das Cholesterin wird mit Digitonin als Digitonincholesterid $C_{82}H_{140}O_{29}$ gefällt und gewogen.

Ausführung. Der nach der Ätherextraktion der gesamten Fette erhaltene Rückstand wird mit der 30fachen Menge kochendem 95% ig. Alkohol ausgekocht; die Lösung wird abgegossen und so lange mit einer 1% ig. Lösung von Digitonin in heißem 95% ig. Alkohol versetzt, bis kein Niederschlag mehr entsteht und ein deutlicher Überschuß von Digitonin vorhanden ist. Nach mehrstündigem Stehen wird der Niederschlag in einem Goochtiegel filtriert und erst mit 95% ig. Alkohol, danach mit Äther gewaschen.

Der Tiegel wird bei 100° bis zur Gewichtskonstanz getrocknet und gewogen.

---

[1] Vgl. Salkowski: Praktikum l. c. (S. 435 dieses Praktikums) S. 164.

[2] Chemikerzeitung **30**, 1011 (1906).

[3] Z. physiol. Chem. **65**, 110 (1910). Siehe auch Fex: Biochem. Z. **104**, 82 (1920). Vgl. auch Hoppe-Seyler-Thierfelder: l. c. (S. 350 dieses Praktikums) S. 329 u. 886.

Berechnung. Durch Multiplikation des Gewichtes mit 0,2431 ergibt sich das Gewicht des Cholesterins.

Über Mikrobestimmung des Cholesterins nach Szent-Györgyi s. S. 223.

Bestimmung der Azetonkörper.

(Azeton, Azetessigsäure und β-Oxybuttersäure.)

Im normalen 24stündigen Harn werden nach Hawk und Bergeim[1] Azetonkörper in geringen Mengen ausgeschieden. (Präformiertes Azeton + Azetessigsäure zu etwa 3—15 mg.) $^3/_4$ hiervon stellt gewöhnlich die Azetessigsäure dar. Pathologisch können diese Werte bis zu 6 g und mehr erhöht sein. β-Oxybuttersäure findet sich in geringen Mengen (20—30 mg) im normalen 24stündigen Harne[2]. Unter pathologischen Bedingungen, besonders bei schwerem Diabetes, kann ihre Ausscheidung sehr stark vermehrt werden und bis zu 60—80% der Gesamtazetonkörper betragen.

Azeton, Azetessigsäure und β-Oxybuttersäure stehen entsprechend den Beziehungen[3]

$$CH_3 \cdot CO \cdot CH_2 \cdot COOH \longrightarrow CH_3 \cdot CO \cdot CH_3 + CO_2$$
$$\text{Azetessigsäure} \qquad\qquad \text{Azeton}$$
$$\big| \; H_2 \text{ (Reduktion)}$$
$$\downarrow$$
$$CH_3 \cdot CHOH \cdot CH_2 \cdot COOH$$
$$\beta\text{-Oxybuttersäure}$$

in genetischem Zusammenhang und werden unter pathologischen Bedingungen oft nebeneinander ausgeschieden.

Der auf Azetonkörper (Azeton, Azetessigsäure, β-Oxybuttersäure) zu untersuchende Harn muß so frisch wie möglich untersucht werden. Man prüft zunächst den Harn unmittelbar nach folgenden Proben.

Qualitativer Nachweis.

Nachweis des Azetons[4]
$(CH_3 \cdot CO \cdot CH_3)$.

1. **Legalsche Probe:** Zu 5 ccm filtrierten Harnes fügt man einige Tropfen frisch bereiteter, kalt gesättigter Nitroprussid-

---

[1] l. c. (S. 59 dieses Praktikums) S. 656.

[2] Vgl. Shaffer and Marriott: J. of biol. Chem. **16**, 265 (1913/14).

[3] Vgl. Maase: Med. Klinik VI. Jahrg., I, 445 (1910).

[4] Vgl. Spaeth: l. c. (S. 355 dieses Praktikums) S. 112. Hoppe-Seyler-Thierfelder: l. c. (S. 350 dieses Praktikums) S. 59. Schmitz in Abderhaldens Arbeitsmethoden IV/5, 187 (1924).

natriumlösung und 1 ccm ca. 15 % ig. Natronlauge. Dann säuert man die durch Anwesenheit von Kreatinin meist rubinrot gefärbte Lösung durch langsamen Zusatz von Essigsäure deutlich an. Hierbei schlägt die Farbe azetonfreier Harne in gelb um, während bei Anwesenheit von Azeton eine karmin- bis purpurrote Färbung eintritt, die sich nach längerer Zeit violett bis grünblau verfärbt. Enthält der Harn H_2S, so muß dieser vor Anstellung der Legalschen Probe durch Behandlung des Harnes mit Bleiazetat entfernt werden, da er mit dem Reagens eine violette Farbe gibt. Der positive Ausfall der Reaktion, die auch von Azetessigsäure, sowie in ähnlicher Färbung auch von Medikamenten (Aloe, Phenolphthalein) gegeben wird, ist allein für das Vorhandensein von Azetonkörpern nicht beweisend.

2. Frommer-Emilewiczsche Probe[1]: Zu 5 ccm Harn fügt man 1 ccm 10 % ig. alkoholischer Salizylaldehydlösung (braun gefärbter Salizylaldehyd ist nicht zu benutzen) oder p-Oxybenzaldehydlösung. (Dieser Aldehyd ist in fester Form haltbar.) Man mischt vorsichtig durch und gibt ca. 1 g Ätzalkali in Stangen hinzu. Ohne zu durchmischen erwärmt man die Lösung in einem Wasserbad von 70 °. An der Grenze zwischen der alkalischen und der darüberstehenden Schicht entsteht bei normalem Harn eine gelbbraune Farbe, im azetonhaltigen ein karmoisinroter, zuletzt schwarzer Ring. Die Reaktion ist noch bei einem Gehalt von 0,01 % Azeton sehr deutlich und soll bis 0,001 % hinabreichen.

Tritt bei Probe 2 kein roter oder rötlicher Ring, sondern nur Gelbfärbung auf, so ist sicher kein Azeton vorhanden.

Bei deutlich positivem Ausfall säuert man 50 ccm Harn mit Schwefelsäure an, schüttelt mit 25 ccm alkohol- und azetonfreiem Äther (Narkoseäther) aus, trennt den Äther ab und schüttelt mit 15—20 ccm Wasser durch. Die eine Hälfte der wäßrigen Lösung versetzt man zur Prüfung auf Azetessigsäure (s. unten) mit einigen Tropfen einer 10 % ig. Eisenchloridlösung. Bei Abwesenheit von Azetessigsäure, die eine violette bis bordeaux-rote Färbung geben würde (s. unten), sind die Reaktionen 1 und 2 durch Azeton hervorgerufen.

Bei Anwesenheit von Azetessigsäure stellt man mit dem zweiten Teil der wäßrigen Lösung die Jodoformprobe an (s. 3.).

Bei nur schwacher Azetonreaktion oder bei Unsicherheit, ob Azetessigsäure neben Azeton vorhanden ist, destilliert man 100 ccm neutralisierten Harn im Vakuum bei ca. 35 ° ab.

---

[1] Berl. klin. Wschr. **42**, 1008 (1905).

Unter guter Kühlung werden 20—30 ccm in eine eisgekühlte Vorlage abdestilliert, wobei Azeton übergeht, während Azetessigsäure zurückbleibt. (Bei Destillation unter normalem Druck würde auch Azeton aus Azetessigsäure gebildet werden und überdestillieren.) Das Destillat prüft man nach den Proben 1. bis 3. auf Azeton.

3. Gunningsche[1] Jodoformprobe. 5 ccm der Lösung versetzt man mit einigen Tropfen Lugolscher Lösung (4 g Jod, 6 g Kaliumjodid, aqua dest. ad 100 ccm) oder einer Lösung von Jod in Ammoniumjodidlösung (1 : 2 : 100), bis die Lösung schwach gelb gefärbt ist und gibt dann einige Tropfen 10%ig. Ammoniaks hinzu. Es entsteht ein schwarzer Niederschlag von Jodstickstoff, der mitunter erst nach längerem Stehen verschwindet, um beim Vorhandensein von Azeton einer gelben Fällung von Jodoform Platz zu machen. Die Probe wird nicht von Azetaldehyd gegeben und dient zur Unterscheidung desselben von Azeton.

Nachweis der Azetessigsäure[2]
$(CH_3 \cdot CO \cdot CH_2 \cdot COOH)$.

Zum Nachweis ist möglichst frischer Harn zu verwenden.

1. Gerhardtsche Probe. Zu der zu untersuchenden Harnprobe wird 10%ig. Eisenchloridlösung (bei sehr geringen Mengen Azetessigsäure 1%ig. Lösung) tropfenweise hinzugegeben, der Niederschlag (Ferriphosphat) abfiltriert und zum Filtrat die gleiche Menge Eisenchlorid hinzugegeben. Bei Anwesenheit von Azetessigsäure zeigt die Lösung eine rotviolette Färbung.

Da diese Färbung auch durch Ameisensäure, Essigsäure, Rhodanwasserstoff sowie durch Einnahme von Medikamenten (Antipyrin, Aspirin, Salizylsäure) bedingt sein kann, wiederholt man die Reaktion:

a) nach Aufkochen des Harnes. Azetessigsäure wird zersetzt und die Reaktion bleibt aus, während die vorstehend genannten, die gleiche Reaktion gebenden Verbindungen, durch das Aufkochen nicht zerstört werden.

b) nach Ausäthern. Etwa 5 ccm Harn werden mit Schwefelsäure stark angesäuert und mit 10 ccm Äther ausgeschüttelt. Die abgehobene Ätherlösung wird mit sehr verdünnter Eisenchloridlösung (einige Tropfen auf ein Reagenzglas Wasser) vorsichtig unterschichtet. Azetessigsäure bedingt einen dunkelroten Ring

---

[1] Vgl. le Nobel: Arch. f. exper. Path. **18**, 9 (1884). Hawk und Bergeim: l. c. (S. 59 dieses Praktikums) S. 657 und Spaeth: l. c. (S. 355 dieses Praktikums) S. 112.

[2] s. Literatur S. 449 dieses Praktikums.

und beim Durchschütteln eine Rotfärbung der wäßrigen Schicht. Rhodanwasserstoffsäure färbt die ätherische Schicht rot, Ameisensäure oder Essigsäure geben keine Reaktion, Salizylsäure, Antipyrin usw. stören die Reaktion.

Die Gerhardtsche Probe ist wenig empfindlich, in Form der Ringprobe sollen aber noch 0,01 % Azetessigsäure nachweisbar sein.

2. **Arnoldsche Probe**[1]. 2 Vol.-Teile (z. B. 2 ccm) wasserklare Lösung von 1 g p-Amidoazetophenon in 2 ccm konz. HCl + aqua dest. ad 100 ccm (im Dunkeln aufzubewahren) werden mit 1 Vol.-Teil (1 ccm) 1 % ig. Natriumnitritlösung vermischt. Hierzu gibt man das gleiche Volumen (3 ccm) eines in der Kälte mit Tierkohle geklärten Harnes und einige Tropfen konz. Ammoniaklösung. Es entsteht eine braunrote Lösung. (Bei Anwesenheit von viel Azetessigsäure kann es zu einer braunen Fällung kommen.) 1 ccm der braunen Lösung, mit 10—12 ccm konz. HCl versetzt, geben bei Anwesenheit von Azetessigsäure purpurviolette Färbung. Bei Abwesenheit schlägt die Farbe der Lösung bei dem Salzsäurezusatz in Gelb oder Gelbrot um. Die Reaktion wird weder von den unter 1. aufgeführten störenden Substanzen noch von Azeton und β-Oxybuttersäure gegeben. Nach Lipliawsky[2] kann man die Probe noch verschärfen, wenn man außer der Salzsäure 3 ccm Chloroform, sowie 2—4 Tropfen Eisenchloridlösung hinzufügt und vorsichtig (um Emulsionsbildung zu vermeiden) durchmischt. Das Chloroform nimmt eine violette bis marineblaue Farbe an, die noch 0,04 °/₀₀ Azetessigsäure im Harn nachweisen läßt.

Nachweis der β-Oxybuttersäure.
($CH_3 \cdot CHOH \cdot CH_2 \cdot COOH$.)

In Harnen, die nach Vergärung mit Hefe links drehen, ist das Vorhandensein von β-Oxybuttersäure wahrscheinlich.

Der Nachweis erfolgt:

1. Durch Überführung in α-Krotonsäure.

$$CH_3 \cdot CHOH \cdot CH_2 \cdot COOH - H_2O = CH_3 \cdot CH = CH \cdot COOH$$
β-Oxybuttersäure α-Krotonsäure

Der zu untersuchende Harn wird zur Sirupkonsistenz eingedampft, der Rückstand mit dem gleichen Volumen konz. Schwefelsäure vermischt und unter Zutropfen von Wasser aus einem Tropftrichter so destilliert, daß das Volumen der Harnlösung

---

[1] Wien. klin. Wschr. Jg. 12, Nr. 20, 541 (1899). Zbl. inn. Med. Jg. 21, Nr. 17, 416 (1900).

[2] Dtsch. med. Wschr. **27**, 151 (1901).

angenähert konstant bleibt. Das Destillat wird ohne besondere
Kühlung in einem Reagenzglas aufgefangen. Aus ihm scheidet
sich bei starker Abkühlung bei Vorhandensein von β-Oyxbutter-
säure im Harn α-Krotonsäure kristallinisch ab. Besser ist es, das
Destillat etwa viermal mit Äther auszuschütteln und den Äther
verdunsten zu lassen. Die rückbleibenden Kristalle sollen einen
Schmelzpunkt von 70—72° haben. Zur Reinigung löst man sie
in Äther, verdunstet die Hauptmenge und fällt mit Petroläther.
Reinigung und Schmelzpunktsprüfung sind notwendig, da durch
Spaltung von Hippursäure Benzoesäure (Schmelzpunkt 121°)
erhalten werden kann.

2. Durch Überführung in Azetessigsäure, nach Black[1] und Embden-Schmitz[2].

5—20 ccm Harn werden auf dem Wasserbade auf ¼ — ⅓ eingeengt, wobei vorhandene Azetessigsäure zerstört wird. Die eingeengte Flüssigkeit wird mit einigen Tropfen konz. Salzsäure
angesäuert, mit gebranntem Gips zu einer dicken Paste verrieben
und bis zur beginnenden Erstarrung sich selbst überlassen. Die
Masse wird gründlich zerstoßen und zweimal mit Äther unter
Umrühren und Dekantieren des gewonnenen Ätherextraktes
extrahiert. Nach Verdunsten des Äthers wird der Rückstand mit
Wasser aufgenommen, mit einigen Tropfen Wasserstoffsuperoxyd
und tropfenweise vorsichtig mit einer ca. 5%ig. Ferrosulfatlösung
versetzt, bis ein weiterer Zusatz keine Verstärkung der violetten
Eisenchloridreaktion auf Azetessigsäure mehr hervorruft.

Bestimmung des Azetons.

Quantitative Bestimmung.

Titrimetrische Bestimmung des Gesamtazetons nach Messinger-Huppert in der Ausführung von Embden-Schmitz[3].

Unter „Gesamtazeton" wird die Summe des präformierten
Azetons und desjenigen Azetons, das sich bei der Destillation bei
100° aus Azetessigsäure bildet, verstanden.

---

[1] J. of biol. Chem. **5**, 207 (1908/9).
[2] Siehe Schmitz: l. c. (S. 449 dieses Praktikums)
[3] Ber. dtsch. chem. Ges. **21**, 3366 (1888). Neubauer-Huppert:
Analyse des Harns I, l. c. (S. 303 dieses Praktikums) S. 254. Schmitz:
l. c. (S. 449 dieses Praktikums).

Prinzip. Nach Abdestillation aus dem Harn wird das Azeton mit Jodlösung und Alkali in Jodoform überführt. Der Vorgang verläuft entsprechend den Umsetzungen

$$2\,NaOH + J_2 = NaOJ + NaJ + H_2O\,.$$

$$CH_3COCH_3 + 3\,NaOJ = HCJ_3 + CH_3COONa + 2\,NaOH\,.$$

Zur Bildung von einem Mol Jodoform werden 6 Atome Jod verbraucht. Das bei der Reaktion nicht verbrauchte, überschüssige Jod wird in Freiheit gesetzt, entsprechend

$$NaOJ + NaJ + 2\,HCl = 2\,J + 2\,NaCl + H_2O$$

und mit Natriumthiosulfat zurücktitriert.

Reagentien. 1. Jodlösung 0,1 n (gegen die wie unter 2 beschriebene titrierte Natriumthiosulfatlösung einzustellen). 2. Natriumthiosulfatlösung 0,1 n. Ca. 26 g Natriumthiosulfat löst man in aqua dest. ad 1000 ccm, läßt 2 Wochen stehen und stellt den Titer der Lösung ein. Hierzu stellt man sich eine 0,1 n Stammlösung aus Kaliumjodat[1] her, indem man ein Handelsprodukt mehrmals aus Wasser umkristallisiert, bei 180° trocknet und 3,5661 g desselben ad 1000 ccm löst. Ein abgemessenes Volumen derselben wird unmittelbar nach Zusatz von überschüssigem Kaliumjodid und einem geringen Überschuß von Salz- oder Schwefelsäure unter Zugabe von Stärkelösung mit der Thiosulfatlösung titriert. 3. Stärkelösung. 2 g lösliche Stärke werden mit 0,01 g Quecksilberjodid (zur Konservierung) und mit etwas aqua dest. verrieben. Die trübe Flüssigkeit wird in 1 Liter kochendes Wasser gegossen. Die Stärkelösung ist klar und haltbar. 4. Essigsäure 50 % ig. 5. Natronlauge 33 % ig (nitritfrei). Prüfung auf Nitritfreiheit: Eine Probe der Natronlauge wird mit Essigsäure neutralisiert, dann angesäuert und mit Lungeschem Reagens (0,5 g Diphenylamin in 100 ccm konz. H_2SO_4 und 20 ccm H_2O gelöst) versetzt: Blaufärbung bei Gegenwart von Nitrit. 6. Salzsäure konz. (eisenfrei).

Ausführung. In einen Kolben von etwa 750 ccm gibt man 150 ccm aqua dest., 2 ccm 50 % ig. Essigsäure und den zu untersuchenden Harn. Ist der Harn stark azetonhaltig, so verwendet man 20 ccm, ist der Harn schwach azetonhaltig, entsprechend mehr. Den Kolben verbindet man mit einem absteigenden Kühler, dessen Ableitungsrohr in eine Vorlage taucht. Diese besteht aus einem Erlenmeyerkolben von 750 ccm, der mit 150 ccm möglichst kaltem Wasser beschickt ist. Die Vorlage wird mit Eis gekühlt. Die Flüssigkeit wird destilliert und 20—25 Min. im Sieden erhalten, wobei etwa 60 ccm übergehen sollen. Die Destillation wird dann unter Nachspülen des Destillationsrohres unterbrochen und sofort die Titration angeschlossen. Eine zweimalige Destillation ist nach Angabe von Embden-Schmitz unnötig, wenn der Harn nicht Azetaldehyd enthält. In diesem

---

[1] Vgl. Kolthoff: Die Maßanalyse S. 353. Berlin: Julius Springer 1928.

Falle wird nach Shaffer[1] das Harndestillat nach Zusatz von etwas Natronlauge mit 20 ccm offizineller Wasserstoffsuperoxydlösung oder mit frisch gefälltem Silberoxyd versetzt und nochmals destilliert, wobei der Azetaldehyd durch Oxydation beseitigt wird.

30 ccm 33 % ig. Natronlauge sowie 0,1 n Jodlösung werden zu dem Destillat im Überschuß — mittels Bürette abgemessen — hinzugegeben. Man erkennt das Vorhandensein überschüssigen Jods daran, daß 1 Tropfen Salzsäure an der Einfallsstelle eine braune Farbe auslöst. Das Jodoform fällt als weißliche Trübung aus, die sich bald in gelb gefärbte Kristalle umwandelt. Nach 5 Min. säuert man mit einem Überschuß von konz. Salzsäure an, indem man nach Auftreten der Jodfarbe noch 2 ccm HCl hinzusetzt, und titriert nach Zusatz von einigen Tropfen Stärkelösung die unverbrauchte Jodlösung mit Thiosulfatlösung zurück. Man bestimmt mit der gleichen Menge Reagentien im Blindversuch, ob ein Jodverbrauch durch die Reagentien entsteht und bringt diesen von der als Jodoform gebundenen Menge Jod in Abzug.

Berechnung. Da 6 Atome J für die Bildung von 1 Mol Jodoform notwendig sind, d. h. 1 Mol Azeton (58,05) entsprechen, so = entspricht 1 ccm der verbrauchten 0,1 n Jodlösung $\dfrac{58,05}{6 \cdot 10 \cdot 1000}$ g 0,967 mg Azeton.

Die Methode eignet sich nicht zur Bestimmung kleinster Azetonmengen, da Natriumhypojodit auch mit anderen Substanzen als mit Azeton reagiert und dieser Fehler bei der Bestimmung kleinster Azetonmengen hervortreten kann.

Kolorimetrische Bestimmung des Azetons nach Csonka[2].

Prinzip. Die Methode beruht auf der kolorimetrischen Messung der roten Färbung, die Azeton mit Salizylaldehyd gibt, gegen eine Standard-Azetonlösung (vgl. Frommersche Probe).

Reagentien. 1. 10 % ig. Lösung von Salizylaldehyd in 95 %. Alkohol. 2. Lösung von 100 g festem Kaliumhydroxyd in 60 ccm aqua dest. 3. Azetonstandardlösung[3]. Man stellt sich durch Verdünnen reinsten Asetons (aus der Bisulfitverbindung) eine etwa 0,1 % wäßrige Azetonlösung her und bestimmt in 10 ccm den Titer nach der Methode „Messinger-Huppert" (s. S. 453). Dann verdünnt man die Lösung so, daß sie in 2 ccm 0,1 mg Azeton enthält. Diese Lösung ist etwa 2 Wochen haltbar. 4. Schwefelsäure konzentriert.

Ausführung. a) **Bestimmung des Gesamtazetons.** Eine Harnmenge, die etwa 8—24 mg Azeton enthält (gewöhnlich 25 bis 100 ccm), wird in einen 750 ccm-Kolben pipettiert und mit 5 ccm

---

[1] J. of biol. Chem. **5**, 211 (1908/9). [2] J. of biol. Chem. **27**, 209 (1916).
[3] Vgl. auch die Herstellung einer Azeton-Standardlösung nach Folin: Labor. Manual l. c. (S. 328 dieses Praktikums) S. 189.

100 ccm), wird in einen 750 ccm-Kolben pipettiert und mit 5 ccm konz. Schwefelsäure und so viel aqua dest. versetzt, daß das Volumen ca. 300 ccm beträgt. Man destilliert 20 Min. mit absteigendem Kühler derart, daß das Kühlerende in eine Vorlage von 25 ccm aqua dest. eintaucht. Das Destillat wird in einen 200 ccm-Meßkolben übergespült und bis zur Marke mit aqua dest. verdünnt. 2 ccm der Lösung werden zweimal (Parallelbestimmung) in zwei große Reagenzgläser abgegossen. Ebenso mißt man 2 ccm der Standardlösung, die 0,1 mg Azeton enthalten, ab und behandelt sie gleichartig. 2 ccm der 100%ig. Kaliumhydroxydlösung werden hinzugegeben. Es wird gut durchmischt und 1 ccm 10%ig. Salizylaldehydlösung hinzugefügt. Man stellt die Reagenzgläser sofort für genau 20 Min. in ein Wasserbad von 45—50° und mischt mehrmals gut durch. Hiernach gibt man 10 ccm aqua dest. zu jedem Glase, kühlt ab, spült die Lösung in einen 25 ccm-Meßkolben und füllt bis zur Marke auf. Falls die Färbung stark ist, verdünnt man die Lösung auf das doppelte. Die kolorimetrische Messung soll innerhalb 30—45 Min. nach Zugabe des Salizylaldehydes erfolgen. Die Berechnung entspricht der üblichen kolorimetrischen Berechnung.

b) **Bestimmung des präformierten Azetons.** In zuckerfreien Harnen kann das präformierte Azeton unmittelbar bestimmt werden. Der Harn wird mit einigen Tropfen konz. Kalilauge alkalisch gemacht, filtriert und das Filtrat direkt zur Azetonbestimmung verwandt. In allen anderen Fällen entfernt man das präformierte Azeton aus dem Harn durch einen Luftstrom, destilliert dann und erhält die Menge des präformierten Azetons durch Subtraktion der so gemessenen Azetonmenge von der Bestimmung des Gesamtazetons. Der Destillationsrückstand (von der Bestimmung des Gesamtazetons) kann zur Bestimmung der β-Oxybuttersäure verwandt werden. Man verdünnt ihn ad ca. 400 ccm mit aqua dest., fügt 10 ccm konz. Schwefelsäure hinzu und destilliert ca. 2 Stunden bei mäßigem Sieden, indem man tropfenweise 200 ccm 0,5%ig. Kaliumbichromatlösung (bei zuckerhaltigen Harnen 1%ig. Lösung) zufließen läßt. Das Destillat wird ad 250 ccm aufgefüllt und das in ihm enthaltene Azeton wie oben bestimmt.

Mikrobestimmung des Gesamtazetons im Harn nach Lax[1].

Prinzip. Die Methode beruht auf dem Messinger-Huppertschen Verfahren und ermöglicht eine doppelte Destillation in einem Arbeitsgang.

---

[1] Biochem. Z. **125**, 262 (1921).

Reagentien. 1. Essigsäure 80 % ig. 2. Salzsäure konz. 3. Natronlauge (nitritfrei) 33 % ig. 4. Stärkelösung 1 % ig. 5. Jodlösung 0,05 n. 6. Natriumthiosulfatlösung 0,05 n.

Apparate. Destillationsapparatur entsprechend nebenstehender Abbildung.

Ausführung. In den 100 ccm fassenden Jenaer Kolben „A" kommen 2 ccm Harn, 25 ccm destilliertes Wasser und 3 Tropfen konz. (80 % ig.) Essigsäure. Enthält der Harn mehr als 0,1 % Azeton (worüber eine vorangehende qualitative Probe Auskunft gibt), so nimmt man statt 2 nur 1 ccm Harn. Bei einem Gehalt von mehr als 0,2 % Azeton genügen 0,5 ccm. Der ebenfalls 100 ccm fassende Jenaer Kolben „B" wird mit 1—2 ccm destilliertem Wasser und mit 2 Tropfen konz. Salzsäure beschickt. Der 75 ccm fassende Kolben „C" wird mit 30 ccm destilliertem Wasser beschickt, mit einem Bleiring beschwert und in ein Gefäß „D" gestellt, welches mit einem Kältegemisch (bestehend aus Eis, Wasser und Salz) von ungefähr — 4 ⁰ gefüllt wird. Der Kolben soll bis zu ¾ in das Kältegemisch eintauchen, wo er während der ganzen Zeit kalt gehalten wird.

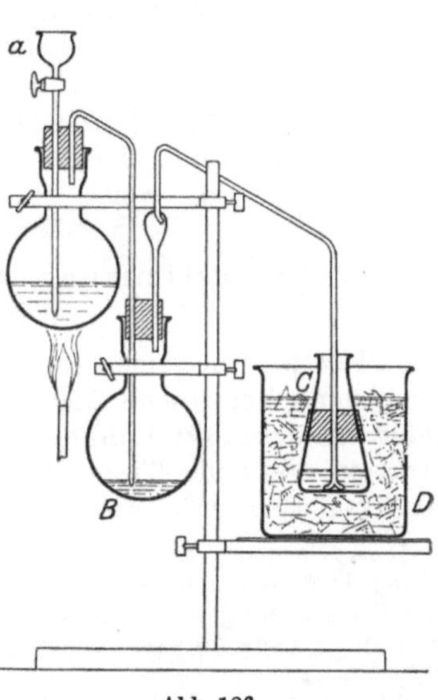

Abb. 126.

Der Apparat wird dann entsprechend der Abbildung zusammengestellt. Es ist darauf zu achten, daß die in die Gefäße ¦„B" und „C" reichenden Glasröhren in die Flüssigkeit eintauchen, und daß die Gummistopfen aus gutem¦ Material absolut sicher schließen. Nach Schließen des Hahnes „a" wird unter Kolben „A" ein Bunsenbrenner gestellt. Die Flammenhöhe ist so zu regeln, daß der Inhalt des Kolbens in ca. 70—80 Sek. zum Sieden gebracht werde. (Eine Differenz von $\pm$ 10″ ist belanglos.) Mit dieser Flamme wird der Inhalt noch 4 Min. im Sieden gehalten. Der aus dem Kolben „A" kommende heiße Dampf bringt auch den Inhalt des Kolbens „B" zum Sieden. In den letzten Sekunden der Siedezeit (noch bevor die Flamme weggenommen wird) wird das Gefäß „D" (samt Kolben „C") entfernt. Hiernach wird die Flamme zur Seite gestellt und der Hahn „a" geöffnet.

Diese Reihenfolge muß beachtet werden, um ein Zurücksaugen der Flüssigkeit zu vermeiden.

Hierauf wird der Kolben „C" aus dem Kältegemisch genommen, mit 10 ccm 0,05 n J-Lösung und ca. ½—1 ccm einer 33% ig. (nitritfreien) Natronlauge versetzt. Nach 3 Min., nach deren Ablauf die Jodoformfällung als beendet betrachtet werden kann, wird durch Zusatz von 1—1½ ccm konz. Salzsäure das überschüssige (durch Azeton nicht gebundene) Jod in Freiheit gesetzt und unter Zusatz einiger Tropfen 1% ig. Stärkelösung mit 0,05 n Natriumthiosulfatlösung zurücktitriert.

Berechnung. Die Differenz der ursprünglich hinzugegebenen und der gefundenen Jodmenge ergibt die durch das Azeton gebundene Jodmenge. 1 ccm 0,05 n Jod entsprechen 0,483 mg Azeton (s. S. 455).

Azetonbestimmung in der Alveolarluft nach Widmark[1].

Prinzip. Ein gemessenes Volumen Alveolarluft wird langsam durch eine gemessene Menge Jodlösung gesaugt. Das Azeton bildet mit dem Jod Jodoform. Das überschüssige Jod wird durch Titration mit einer Thiosulfatlösung ermittelt (s. Methode Messinger-Huppert S. 453).

Reagentien. 1. Jodlösung 0,005 n, durch Verdünnen einer 0,1 n-Lösung 1:20 herzustellen. 2. Thiosulfatlösung 0,005 n, durch Verdünnen einer 0,1 n-Lösung 1:20 herzustellen. Einstellung des Titers s. Azetonbestimmung nach Messinger-Huppert. 3. Schwefelsäure 1 n. 4. Natronlauge 1 n.

Apparate (s. Abb. 127). A Glasrohr, 1,3 m lang, 2,3 cm Innendurchmesser mit Mundstück a. 10 cm hinter dem Mundstück geht rechtwinklig ein Glasrohr k von etwa 5 cm Länge und 7 mm Innenweite ab. A wird in horizontaler Lage an zwei Eisenständern mit Klammern befestigt. B Meßbürette, die oben in die Kapillare b von 5,5 cm Länge übergeht. Über diese Kapillare wird ein zweites weiteres Glasrohr c von der Form eines Weinglases herübergestülpt, dessen untere Öffnung dem konisch zugehenden Teil der Meßbürette aufsitzt. Der dichte Anschluß dieses unteren Endes mit der Meßbürette wird durch Überstreifen eines Gummibandes d über die Meßbürette und das untere Ende von c erzielt. Außerdem wird auf dem Boden des zwischen b und c befindlichen Raumes Quecksilber eingefüllt. In dieses Quecksilber taucht k, hierdurch wird A mit B luftdicht verbunden. Das untere Ende von B ist wieder kapillar und mit Kalibrierung versehen. B ist so groß zu wählen, daß der Rauminhalt vom obersten Ende des Kapillarstückes b bis zur unteren Marke 100 ccm beträgt. Das Ende des unteren Kapillarstückes von B ist durch Druckschlauch mit dem Quecksilberniveaugefäß G verbunden. In den Druckschlauch ist der einfach

---

[1] Biochemic. J. **14**, 379 (1920). Darstellung nach **Krauss**: l. c. (S. 36 dieses Praktikums) S. 108.

gebohrte Hahn J sowie eine Klemmschraube e eingeschaltet. Sie dienen der Feineinstellung des Quecksilberniveaus in B. D ist das Vorlagegefäß mit einem oberen weiteren Teil von 4,5 cm Länge, 18 mm Innenweite und einem unteren schmaleren Teil von 10 cm Länge und 6 mm Innenweite. h ist eine etwa 10 cm lange Kapillare, die etwas unterhalb des Korkstopfens i in einen weiten Teil g übergeht und weiterhin zweimal rechtwinklig ab-

gebogen ist. Der letzte Teil f hat eine Innenweite von 7 mm, so daß er ähnlich wie k über die Kapillare b in das Quecksilber von c eingetaucht werden kann. m ist ein rechtwinklig gebogenes Glasrohr, das ebenfalls durch den Korkstopfen i tritt und kurz darauf endet. L ist ein V-förmig gebogenes kurzes Kapillarrohr.

Ausführung. Der Aufbau der Apparate ist aus der Abb. 127 ersichtlich. Das Quecksilber steht bis zum oberen Ende der Kapillare b. Die Versuchsperson sitzt vor dem Mundstück a. Am Ende einer normalen Inspiration hält sie die Nase zu, sistiert die Atmung während 20 Sek., atmet so tief wie möglich durch a

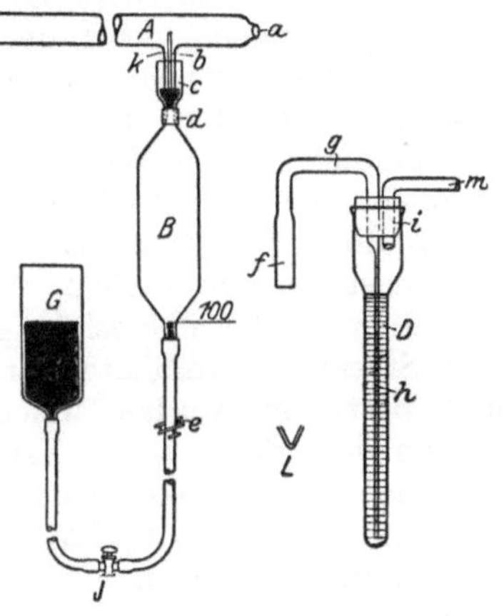

Abb. 127.

in die Glasröhre A aus und verschließt mit der Zungenspitze das Mundstück a. Der Experimentator senkt G und saugt den letzten Teil der in dem Glasrohr angesammelten Lungenluft in die Meß-bürette B bis unterhalb der Marke 100. Der Hahn J ist zu schließen und die Marke 100 durch e genau einzustellen, Temperatur und Barometer werden abgelesen. Dann wird A abgenommen und sofort D mit dem Ende f über die Kapillare b herübergestülpt, so daß f in das Quecksilber von c vollkommen eintaucht, m wird mit einer Wasserstrahlpumpe verbunden, J langsam geöffnet und ebenso eventuell auch Klemmschraube e. Das Quecksilber wird langsam in B hochgesaugt und in gleichem Maße die Luftprobe aus B durch die Kapillare b über f, g und h nach der Jodlösung in D, wo sich das Azeton zu Jodoform umbildet und ausfällt, überführt. Die Jodlösung stellt man aus 0,1 n Jodlösung durch Verdünnung 1:20 her. 4 ccm derselben werden in D mit 3 ccm 1 n NaOH versetzt. Von Zeit zu Zeit stellt man das Queck-silbergefäß G etwas höher. Durch Zwischenschaltung eines Glas-hahnes zwischen das Manometer der Wasserstrahlpumpe und m kann die Geschwindigkeit der Luftdurchsaugung reguliert werden. Zu gleichem Zweck kann auch die Schraube e benutzt werden, so daß die 100 ccm in B höchstens innerhalb 1 Stunde durch die Jodlösung gesaugt werden. Am Schluß läßt man das Quecksilber etwa 0,5 cm in f hochsteigen und bringt nun die V-förmige Kapillare L derart in den Quecksilbernapf c, daß ein Schenkel nach f hineinreicht, der andere aus dem Quecksilbernapf heraus in die freie Luft ragt. Durch erneutes Ansaugen wird der letzte Rest der Gasprobe (etwa 1,5 ccm), der sich noch in der Leitung f, g und h befindet, durch atmosphärische Luft nach D hinübergewaschen. Nun wird die Verbindung mit der Wasserstrahlpumpe unterbrochen, g herausgehoben, der Korkstopfen i entfernt, h mit Wasser abgespült, die Jodlösung in einen Erlenmeyerkolben übergeführt und mit aqua dest. nachgewaschen. Nach Zusatz von 3,5 ccm 1 n Schwefelsäure wird das überschüssige Jod mit 0,005 n Thiosulfatlösung und Stärke als Indikator titriert. Durch mehrere Vorversuche muß bestimmt werden, welchen Verbrauch an Jod Luftdurchsaugen von gleich langer Zeit bedingt. 100 ccm Zimmerluft verbrauchen ungefähr 0,05 ccm 0,005 n Jodlösung, 5 ccm Zimmerluft den 20. Teil = 0,0025 ccm. Dieser Blindwert ist von Zeit zu Zeit zu bestimmen.

Berechnung. Die zur Titration nötigen ccm 0,005 n Thiosulfatlösung werden von den vorgelegten 4 ccm 0,005 n Jodlösung abgezogen, weiterhin der Blindwert von ca. 0,0025 ccm. Diese Differenz, mit 0,0484 multipliziert, ergibt die Azetonmenge in mg von 100 ccm Atemluft bei Zimmertemperatur (z. B. 18° C) und dem jeweilig herrschenden Luftdruck. Sie ist auf 100 ccm Alveolarluft von 38° C umzurechnen.

$$V_{38} = V_{18}\,(1 + \alpha\,[38 - 18]) = 107{,}34 \text{ ccm.}$$

Den Wert für $1 + \alpha t$ kann man der Tab. S. 731 dieses Praktikums entnehmen. Die Prozentgewichte an Azeton in den beiden Luftmengen verhalten sich umgekehrt wie die zugehörigen Luftvolumina. Bezeichnen wir mit a die in der Analyse gefundenen mg an Azeton und x die in 100 ccm Alveolarluft gesuchten, so ist

$$x = \frac{a \cdot 100}{107{,}34}.$$

Der Verteilungskoeffizient des Azetons zwischen Vollblut und Alveolarluft ist bei 38° 0,003. Daraus errechnet sich aus dem Azetongehalt der Alveolarluft der Azetongehalt des Blutes.

Bestimmung der Azetessigsäure.

Die Methoden der Bestimmung der Azetessigsäure beruhen darauf, daß entweder die Gesamtazetonkörper (Azeton und Azetessigsäure) als Azeton bestimmt werden und dann die Menge präformierten Azetons ermittelt wird, oder daß das präformierte Azeton entfernt und die Azetessigsäure nach Überführung in Azeton bestimmt wird.

Titrimetrische Bestimmung des Azetons und der Azetessigsäure nach Embden und Schliep[1].

Prinzip. Das Gesamtazeton wird in einem gemessenen Harnteil A nach der Methode Messinger-Huppert (S. 453) ermittelt. In einer zweiten aliquoten Harnportion B wird das präformierte Azeton durch Vakuumdestillation entfernt und die Azetessigsäure im Destillationsrückstand wie in A als Azeton ermittelt. Die Differenz zwischen A und B gibt die Menge präformierten Azetons.

Reagentien. Alle Reagentien zur Bestimmung des Azetons nach „Messinger-Huppert" (s. S. 453).

Ausführung. 20 ccm Harn (bei sehr hohem oder sehr geringem Azetongehalt entsprechende Mengen) werden so frisch wie möglich, unter Vermeidung eines längeren Aufenthaltes in der Blase, in einen Rundkolben von 2 Liter gebracht, mit 130—150 ccm aqua dest. versetzt und im Vakuum bei niedrigem Druck in einem Wasserbade destilliert, dessen Temperatur 34—35° nicht übersteigen darf. Es ist ein langer Liebigscher Kühler anzuwenden und die Vorlage mit Eis zu kühlen. Durch Einfügung einer Kapillare in das Siedegefäß — in der bei der Vakuumdestillation üblichen Form — wird Siedeverzug verhindert. Man destilliert 30—35 Min. lang, bis mindestens 55—60 ccm übergegangen sind. Mit dem Destillationsrückstand stellt man eine Azetonbestimmung nach Messinger-Huppert an und bestimmt hierbei das sich aus der Azetessigsäure bildende Azeton.

Berechnung: 1 ccm 0,1 n Jodlösung entspricht 0,9675 mg Azeton.

Bestimmt man mit einer gleichen Harnmenge das Gesamtazeton nach Messinger-Huppert, so erhält man aus der Differenz beider Azetonbestimmungen die Menge des präformierten Azetons.

---

[1] Zbl. ges. Physiol. u. Pathol. d. Stoffwechsels Jg. 2, H. 7, 250 und H. 8, 289 (1907).

Bestimmung der β-Oxybuttersäure.

Polarimetrische Bestimmung der β-Oxybuttersäure nach Embden-Schmitz[1].

Prinzip. Die β-Oxybuttersäure wird aus dem Harn mittels Äthers extrahiert und polarimetrisch bestimmt. Geringe Mengen linksdrehender Substanzen gehen auch bei Anwendung von normalem Harn in den Ätherextrakt. Daher eignet sich die Methode nur zur Bestimmung größerer Mengen β-Oxybuttersäure.

Reagentien. 1. Ammoniumsulfat kristallisiert. 2. Schwefelsäure 25 %ig. 3. Äther. 4. Tierkohle.

Apparate. Extraktionsapparatur nach Kutscher-Steudel oder nach Lind.

Ausführung. Der zu extrahierende Harn (von β-Oxybuttersäure-reichem Harn 100—300 ccm, sonst erheblich mehr) wird pro 100 ccm Harn mit 80—90 g Ammoniumsulfat versetzt, mit 25 %ig. Schwefelsäure stark angesäuert und 24—48 Stunden mit Äther im Extraktionsapparat extrahiert. Bei Anwendung des Lindschen Apparates genügt eine Extraktion von 6 bis 8 Stunden. Der gewonnene Ätherextrakt wird nach Filtration unter sorgfältigem Nachspülen mit Äther und unter Zusatz von einigen Kubikzentimetern Wasser auf dem Wasserbade destilliert. Starkes Erhitzen ist zu vermeiden. Nach dem Verjagen des Äthers wird der Extrakt sofort unter der Wasserleitung gekühlt, unter Nachspülen in einem Meßzylinder auf ein kleines zu messendes Volumen aufgefüllt und durch ein kleines, dichtes Filter evtl. mehrmals filtriert. Wird das Filtrat nicht klar, so ist die Flüssigkeit mit einer ganz geringen Menge Tierkohle zu klären.

Unter Anwendung eines 1 dm- bzw. 2 dm-Rohres wird die Lösung polarimetrisch gemessen.

Berechnung. Da 1 g Säure in 100 ccm Wasser im 200 mm-Rohr $- 0,4824^0$ nach links dreht (d. h. die spezifische Drehung der β-Oxybuttersäure $[\alpha]_D = - 24,12^0$ ist), so entspricht

$$1^0 \text{ Drehung im 100 mm-Rohr } \frac{1}{0,2412} = 4,146 \text{ g } \beta\text{-Oxybuttersäure}$$

bzw. $\dfrac{1}{0,4824} = 2,073$ g Säure bei Anwendung des 2 dm-Rohres.

Der abgelesene Drehungswinkel ist also mit 4,146 bzw. 2,073 zu multiplizieren, um die β-Oxybuttersäure in Prozenten zu erhalten.

Die Methode kann bis zu 10 % zu hohe Werte liefern, da auch andere links drehende Substanzen in den Äther gehen, und ist

---

[1] Abderhaldens Arbeitsmethoden: IV/5, 230 (1924). Vgl. auch Magnus-Levy: Erg. inn. Med. u. Kinderheilkunde 1, 352 (1908).

nur zur Bestimmung größerer Mengen β-Oxybuttersäure zu verwenden. Da die folgende titrimetrische Methode öfter etwas zu kleine Mengen liefert, empfiehlt Schmitz stets die polarimetrische Bestimmung mit der titrimetrischen Bestimmung zu kombinieren.

Titrimetrische Bestimmung der β-Oxybuttersäure nach Pribram[1]-Schmitz[2].

Prinzip. Die β-Oxybuttersäure wird durch Destillation mit konz. Schwefelsäure in α-Krotonsäure übergeführt und diese durch Messung der Brommenge titriert, die von dem Destillat gebunden wird.

Reagentien. 1. Schwefelsäure konz. 2. Schwefelsäure 25 % ig. 3. Jodkaliumlösung 20 % ig. 4. Natriumthiosulfatlösung 0,1 n. 5. Stärkelösung. 6. Bromlösung 0,1 n: 70 g Bromkalium und 2,5 ccm Brom werden in aqua dest. gelöst und ad 1000 ccm aufgefüllt. 40 ccm dieser Lösung werden mit 3 ccm Jodkaliumlösung, etwas 25 % ig. Schwefelsäure und Stärkelösung versetzt, worauf die der Brommenge äquivalente, ausgeschiedene Jodmenge mittels 0,1 n Thiosulfatlösung titriert wird. Der Gehalt der Bromlösung ist vor jeder Bestimmung zu überprüfen.

Ausführung. Der Harnextrakt, der nach der vorangehenden Methode erhalten und dessen Gehalt an β-Oxybuttersäure durch die polarimetrische Bestimmung bekannt ist, wird so verdünnt, daß etwa 50—70 mg β-Oxybuttersäure in 30 ccm Lösung enthalten sind. Diese bringt man in einen 250 ccm-Rundkolben, der als Aufsatz einen Tropftrichter sowie ein ableitendes Rohr trägt, das mit einem Schlangenkühler verbunden ist. Als Vorlage dient ein Meßzylinder von 50 ccm.

In den Kolben gibt man außerdem einige Siedesteinchen sowie — unter Kühlung — 15 ccm konz. Schwefelsäure und verbindet mit dem Kühler. Man destilliert, indem aus dem Tropftrichter das abdestillierende Wasser unter möglichster Konstanthaltung des Volumens ersetzt wird, siebenmal bis zur Füllung der Vorlage, destilliert also im ganzen 350 ccm ab. Während man dem Apparat noch eine Kontrolle vorlegt, werden die vereinigten Destillate mit einem reichlichen Überschuß einer abgemessenen Menge 0,1 n Bromlösung, etwa 25 ccm, versetzt und 10 Min. stehen gelassen. Nach Zugabe von 3 ccm Jodkaliumlösung und etwas 25 % ig. Schwefelsäure wird das ausgeschiedene, dem über-

---

[1] Z. spez. Pathol. u. Ther. 10, 279 (1912).
[2] In Abderhaldens Arbeitsmethoden: IV/5, 227 (1924). Vgl. auch Hoppe-Seyler-Thierfelder: l. c. (S. 350 dieses Praktikums) S. 742.

schüssigen Brom äquivalente Jod unter Zusatz von Stärkelösung mit 0,1 n Thiosulfatlösung titriert.

Berechnung. Da 2 Atome Brom 1 Mol β-Oxybuttersäure
(104,06) entsprechen, so entspricht 1 ccm gebundener 0,1 n Brom-
lösung $\dfrac{104{,}06 \cdot 1000}{1000 \cdot 10 \cdot 2}$ mg $= 5{,}2$ mg β-Oxybuttersäure.

Gleichzeitige gravimetrische bzw. titrimetrische Bestimmung der Gesamtazetonkörper, des Gesamtazetons und der β-Oxybuttersäure nach van Slyke[1].

Prinzip. Die Methode beruht auf Fällung des Azetons unmittelbar im Harn mittels eines Quecksilberreagenses und gravimetrischer oder titrimetrischer Bestimmung des Niederschlages.
Die β-Oxybuttersäure kann hierbei in gleichem Arbeitsgange
durch Oxydation mit Kaliumbichromat und Schwefelsäure nach
Shaffer in Azeton übergeführt werden.

Reagentien. 1. Kupfersulfatlösung 20 % ig. 200 g $CuSO_4 \cdot 5\,H_2O$ werden
in aqua dest. ad 1000 ccm gelöst. 2. Kalziumhydroxydaufschwemmung
10 % ig. 100 g Kalziumhydroxyd (Merck) werden in aqua dest. verrieben und
ad 1000 ccm aufgefüllt. 3. Schwefelsäure 50 (Vol.) % ig. 500 ccm Schwefelsäure (spez. Gew. 1,835) werden mit aqua dest. ad 1000 ccm verdünnt.
Die Konzentration der Schwefelsäure ist nach Verdünnung durch Titration
zu überprüfen. Sie soll 17 n sein. 4. Quecksilbersulfatlösung 10 % ig.
73 g reines, rotes Quecksilberoxyd werden in 1 Liter 4 n Schwefelsäure
(196 g = 106 ccm Schwefelsäure spez. Gew. 1,84 in 1 Liter) gelöst. 5. Kaliumbichromat 5 % ig. 50 g $K_2Cr_2O_7$ werden in aqua dest. zu 1 Liter gelöst. 6. Reagens
zur Bestimmung der Gesamtazetonkörper. 1000 ccm der 50 % ig. Schwefelsäure werden mit 3500 ccm der Quecksilbersulfatlösung und 10 Liter aqua
dest. gemischt. Die Reagentien sind durch eine Blindbestimmung zu prüfen.
Bei Durchführung der gesamten Methode mit destilliertem Wasser an
Stelle von Harn darf kein Niederschlag entstehen.

Ausführung. a) **Vorbehandlung des Harnes:** Da Traubenzucker wie auch andere im Harn vorhandene Substanzen, die
Bestimmung stören, muß der Harn (auch zuckerfreier) stets vor
der eigentlichen Bestimmung wie folgt behandelt werden: 25 ccm
Harn werden in einem 250 ccm-Meßkolben mit 100 ccm aqua dest.
und 50 ccm Kupfersulfatlösung versetzt und durchmischt. Dann
werden 50 ccm 10 % ig. Kalziumhydroxydlösung zugesetzt. Man
mischt, prüft mit Lackmus auf alkalische Reaktion und setzt,
falls diese noch nicht vorhanden ist, weiter Kalziumhydroxydlösung hinzu. Die Lösung wird mit aqua dest. bis zur Marke aufgefüllt, wenigstens ½ Stunde lang stehen gelassen und durch ein

<hr>

[1] J. of biol. Chem. **32**, 455 (1917). Vgl. auch Schmitz: l. c. (S. 449
dieses Praktikums) S. 244.

trocknes Faltenfilter filtriert. Diese Behandlung entfernt bis zu 8% Traubenzucker. Harne, die mehr Traubenzucker enthalten, müssen vorher so verdünnt werden, daß ihr Traubenzuckergehalt unter 8% liegt. Man prüft den Gehalt des Filtrates auf Traubenzucker, indem man einige ccm in einem Reagenzglas kocht. Man erhält einen Niederschlag von gelbem Kuprohydroxyd, wenn die Fällung der Glukose unvollständig geblieben ist. Diese wird durch die stets eintretende Fällung weißer Kalksalze nicht verdeckt.

b) Gleichzeitige Bestimmung der Gesamtazetonkörper (Azeton, Azetessigsäure und β-Oxybuttersäure). 25 ccm des Harnfiltrates werden in einem 500 ccm-Erlenmeyerkolben mit 100 ccm aqua dest., 10 ccm 50%ig. Schwefelsäure und 35 ccm 10%ig. Quecksilbersulfatlösung versetzt. An Stelle der einzelnen Reagentien kann man 25 ccm Harnfiltrat mit 145 ccm des Reagenses Nr. 6 versetzen. Der Kolben wird mit einem Rückflußkühler mit geradem Rohr von 8—10 mm Durchmesser verbunden und erhitzt. Nach Beginn des Siedens gibt man 5 ccm der 5%ig. Kaliumbichromatlösung durch das Kühlrohr hinzu und setzt das Kochen 1½ Stunden lang fort. Der gelbe Niederschlag, der sich bildet, besteht aus einer Verbindung des Azetons (des präformiert vorhandenen und des sich aus der Zersetzung der Azetessigsäure und Oxydation der Oxybuttersäure bildenden) mit dem Quecksilberreagens und entspricht annähernd der Formel $3\,HgSO_4$, $5\,HgO$, $2\,CH_3COCH_3$, in welcher Verbindung bei Anwesenheit von Bichromat etwa ein Viertel der Schwefelsäure durch Chromsäure ersetzt ist. Dem Niederschlag ist außerdem Quecksilberchromat beigemengt. Zur Erhaltung eines gleichmäßig zusammengesetzten Niederschlages sind daher die Versuchsbedingungen genau einzuhalten. Der Niederschlag wird nun bestimmt:

α) Durch Wägung. Der Niederschlag wird durch einen Goochtiegel bzw. durch einen Tiegel mit Glassiebboden (Schott, Jena) abfiltriert, mit 200 ccm aqua dest. gewaschen und 1 Stunde bei 110° getrocknet. Man läßt ihn ohne Anwendung eines Exsikkators an der Luft trocknen und wägt. Es können mehrere Niederschläge ohne Reinigung des Tiegels übereinander bestimmt werden.

Berechnung. 1 mg Azeton liefert 20 mg Niederschlag. 1 mg β-Oxybuttersäure liefert 8,45 mg Niederschlag (s. S. 468).

β) Durch Titration. Der Quecksilbergehalt des Niederschlages wird bestimmt, indem man ihn in Essigsäurelösung mit Jodkali titriert. Das gelöste Quecksilbersalz wird durch Jodkali als HgJ_2 zunächst gefällt und dann durch einen Überschuß von Jodkali als Doppelsalz gelöst, entsprechend den Um-

466 Bestimmung aliphatischer Verbindungen.

setzungen

$$Hg(CH_3COO)_2 + 2\,KJ = HgJ_2 + 2\,CH_3COOK$$
$$HgJ_2 + 2\,KJ = HgJ_4K_2 \, .$$

Die überschüssige Jodkalilösung wird durch Rücktitration mit einer $HgCl_2$-Lösung (bis zum Auftreten eines Niederschlages) bestimmt.

Reagentien. 1. Salzsäure 1 n. 2. Quecksilberchloridlösung 0,1 n. 13,61 g Quecksilberchlorid werden zu 1 Liter gelöst. Zur Bestimmung des Titers werden 25 ccm Lösung genau abpipettiert, ad 100 ccm verdünnt und mit H_2S behandelt, bis der entstandene schwarze Niederschlag flockt und eine klare Lösung übersteht. Das HgS wird in einem Goochtiegel abfiltriert, bei 110^0 getrocknet und gewogen. Einer genau 0,1 n Lösung würde eine Niederschlagsmenge von 0,2908 g Quecksilbersulfid entsprechen. 3. Jodkalilösung. 0,2 n. 33,4 g Jodkali werden mit aqua dest. zu 1 Liter gelöst. Die Lösung wird gegen die Quecksilberchloridlösung titriert, indem man zu einem abgemessenen Volumen der Jodkalilösung so lange Sublimatlösung fließen läßt, bis die ersten Spuren eines bleibenden roten Niederschlages auftreten. 4. Natriumazetatlösung ca. 3 n (400 g des wasserhaltigen Salzes werden zu 1 Liter gelöst).

Ausführung. Der Tiegel mit dem Azetonquecksilberniederschlag wird in ein kleines Becherglas gebracht und dieses nach Zugabe von 15 ccm 1 n Salzsäure bis zur Lösung des Niederschlages erwärmt.

Bei Anwendung des Titrationsverfahrens kann der Niederschlag auch auf einem kleinen quantitativen Filter gesammelt werden, das man mitsamt dem Niederschlag in das Becherglas bringt und in der Salzsäure verteilt. Wenn der Niederschlag gelöst ist, wird der Tiegel herausgenommen und mit Wasser sorgfältig abgespült. Die Waschwässer werden ebenfalls in das Becherglas gegeben. Hierauf gibt man 6—7 ccm der 3 n Natriumazetatlösung hinzu und läßt die 0,2 n Jodkalilösung aus einer Bürette unter ständigem Rühren schnell einlaufen. Es entsteht ein roter Niederschlag von HgJ_2, der sich löst, sobald 2—3 ccm der KJ-Lösung im Überschuß vorhanden sind. Sind nur einige mg Quecksilber vorhanden, so kann die Lösung klar bleiben. In diesem Falle gibt man nicht weniger als 5 ccm der 0,2 n KJ-Lösung hinzu.

Man titriert den Überschuß der Jodkalilösung mittels der 0,1 n $HgCl_2$-Lösung zurück, bis die ersten Spuren eines roten Niederschlages bestehen bleiben.

Berechnung. Da der Quecksilbergehalt des Niederschlages 76,9% beträgt und da 1 ccm 0,2 n Jodkalilösung $^1/_{10}$ Äquivalent Quecksilber $= 10$ mg entspricht, so entspricht jeder ccm der zur Auflösung des Niederschlages verbrauchten 0,2 n KJ-Lösung $\dfrac{10,0}{0,769} = 13,0$ mg Niederschlag. Die Berechnung des Azetons aus dem

Quecksilberazeton-Niederschlag ist die gleiche wie unter α). Die Titration ist nicht ganz so genau wie die gravimetrische Bestimmung, es sei denn, daß die zu bestimmenden Niederschlagsmengen sehr klein sind.

c) Bestimmung des Azetons und der Azetessigsäure. Die Summe des präformierten und des durch Kohlensäureabspaltung aus der Azetessigsäure sich bildenden Azetons wird, ohne daß die β-Oxybuttersäure erfaßt wird, genau so bestimmt, wie bei der Behandlung der Gesamtazetonkörper dargestellt ist. Nur wird 1. kein Bichromat zur Oxydation der Oxybuttersäure hinzugegeben, und 2. muß das Sieden schon nach 45 Min. (jedoch nicht früher als nach 30 Min.) abgebrochen werden, um eine Abspaltung von Azeton aus β-Oxybuttersäure zu verhindern.

d) Bestimmung der Oxybuttersäure allein. Die β-Oxybuttersäure wird allein bestimmt, nachdem man das Gesamtazeton (präformiertes und aus Azetessigsäure entstehendes) durch Sieden entfernt hat. Hierzu werden 25 ccm des Harnfiltrates mit 100 ccm aqua dest. und 2 ccm 50% ig. Schwefelsäure 10 Min. lang im offenen Kolben gekocht. Das Volumen des Kolbenrückstandes wird im Meßzylinder abgemessen, die Lösung in den Kolben zurückgegossen und der Meßzylinder mit so viel Wasser nachgespült, daß das Gesamtvolumen der Flüssigkeit 127 ccm beträgt. Nun gibt man 8 ccm der 50% ig. Schwefelsäure und 35 ccm Quecksilbersulfat hinzu, verbindet mit dem Rückflußkühler und verfährt weiter, wie bei der Behandlung der Gesamtazetonkörper angegeben ist.

e) Blindbestimmung der Niederschlagsmenge, die von anderen Harnbestandteilen als Azetonkörpern gebildet wird. 25 ccm Harnfiltrat werden zur Entfernung des Azetons nach Zugabe von 100 ccm Wasser und 2 ccm 50% ig. Schwefelsäure 10 Min. im Sieden gehalten. Der Rückstand wird mit 8 ccm 50% ig. Schwefelsäure und 35 ccm Quecksilberreagens versetzt und 45 Min. am Rückflußkühler gekocht. Bei längerem Kochen kann Azeton aus β-Oxybuttersäure abgespalten werden. Das Gewicht des erhaltenen Niederschlages muß von dem in der eigentlichen Bestimmung erhaltenen abgezogen werden. Es ist jedoch nur beim Vorliegen von sehr kleinen Mengen von Oxybuttersäure von Bedeutung und kann bei klinischen Bestimmungen an diabetischen Harnen meist vernachlässigt werden.

f) Berechnung von Gesamtazetonkörpern, β-Oxybuttersäure und Gesamtazeton aus den Analysen. Entsprechend den bei den einzelnen Analysen gegebenen Fak-

30*

toren kann man die Menge Azeton, die dem gewonnenen Niederschlage entspricht, als Azeton oder als β-Oxybuttersäure ausdrücken.

Bei der Bestimmung des Gesamtazetons (c) ist diese Umrechnung eindeutig, da Azeton und Azetessigsäure als Azeton quantitativ in den Niederschlag übergehen.

Bei der Bestimmung der β-Oxybuttersäure ist aber zu berücksichtigen, daß ein Mol Oxybuttersäure nur rund 0,75 Mol Azeton bei der Oxydation liefert, während der Rest in andere Verbindungen zerfällt, die keinen Niederschlag geben.

Die Gesamtazetonkörper kann man nach van Slyke unter der Annahme errechnen, daß die β-Oxybuttersäure 75% der Gesamtazetonkörper beträgt. Zu der Berechnung der einzelnen Substanzen gibt van Slyke in folgender Tabelle empirische Faktoren:

Faktoren zur Berechnung der Ergebnisse bei Anwendung von 25 ccm Harnfiltrat = 2,5 ccm Harn.

Angestellte Untersuchung	Azetonkörper, ausgedrückt als g Azeton pro Liter Harn. Es entspricht	
	1 g Niederschlag	1 ccm 0,2 n KJ-Lösung
Gesamtazetonkörper. . .	24,8	0,322
β-Oxybuttersäure	26,4	0,344
Azeton + Azetessigsäure .	20,0	0,260

Bestimmung des Azetaldehyds.
CH$_3 \cdot$ CHO

Unter pathologischen Verhältnissen kann Azetaldehyd, fast immer gemeinsam mit Azeton, im Harn auftreten.

Qualitativer Nachweis[1].

20—25 ccm ganz frischen Harnes werden in einem kleinen Kölbchen mit Wasser ad ca. 100 ccm sowie mit 1—2 ccm 50%ig. Essigsäure versetzt und unter Benutzung eines kleinen Hempelschen Fraktionieraufsatzes unter langsamem Kochen destilliert. Als Kühler ist ein senkrecht gestellter Schlangenkühler, als Vor-

---

[1] Vgl. Stepp in Abderhaldens Arbeitsmethoden IV/5, 266 (1924).

lage ein kleines in Eis gepacktes Meßzylinderchen, in dem sich 2 ccm stark vorgekühltes Wasser befinden, zu benutzen. Der Kühler taucht mit einem Glasansatz in die Vorlageflüssigkeit. Man destilliert 3 ccm ab und stellt mit dem Destillat (im ganzen 5 ccm) folgende Proben an[1].

1. **Probe nach Tollens**[2]. Herstellung des Reagenses. 3 g Silbernitrat werden in 30 ccm Wasser gelöst (Lösung I). 3 g Ätznatron werden in 30 ccm Wasser gelöst (Lösung II). Die Lösungen werden getrennt aufbewahrt; die Silberlösung in dunkler Stopfenflasche. Vor Anstellung der Probe mischt man gleiche Volumina I und II und tropft unter dauerndem Schütteln langsam Ammoniak (spez. Gew. 0,923) hinzu, bis sich das ausgefallene Silberoxyd bis auf einen kleinen Rest gerade wieder gelöst hat. Die noch vorhandene Trübung filtriert man durch ein gehärtetes Filterchen ab.

Zu ca. 1 ccm des Harndestillates gibt man langsam einige Tropfen der ammoniakalischen Silberlösung. Bei Gegenwart von Aldehyden tritt sofort oder nach einigem Stehen Dunkelfärbung der Flüssigkeit bzw. Abscheidung eines schwarzen Niederschlages (Silber) oder eines Silberspiegels ein. Azetaldehyd reagiert noch in einer Verdünnung 1:100000 nach 5 Min. Eine Parallelprüfung mit aqua dest. und gleichen Reagentien ist anzusetzen. Die Silberprobe ist nicht spezifisch für Azetaldehyd.

2. **Probe nach Rimini-Lewin**[3]. Zu 1 ccm des Harndestillates gibt man einige Tropfen einer frisch und in der Kälte bereiteten Lösung von Nitroprussidnatrium. Hierzu fügt man etwas Piperidin oder schichtet es zum Nachweis von Spuren Azetaldehyds vorsichtig über die Lösung. Es entsteht noch bei einer Aldehyd-Verdünnung 1:50000 eine enzianblaue Färbung bzw. ein blauer Ring. Die Färbung kann bald verschwinden. Andere in Frage kommende Aldehyde und Azeton geben die Reaktion nicht.

3. **Prüfung auf Formaldehyd nach Fenton und Sisson**[4]. (Vgl. S. 246 und S. 655.) Die Reaktion wird nicht von Azeton und Azetaldehyd gegeben und ist sowohl negativ als auch positiv beweisend.

---

[1] Man vergewissere sich, ob Urotropinpräparate (Derivate des Hexamethylentetramins) genommen sind, da diese Anwesenheit von Formaldehyd verursachen können.

[2] Vgl. Meyer: Analyse und Konstitutionsvermittlung organischer Verbindungen. S. 681. Berlin: Julius Springer 1916. Siehe auch Stepp: l. c. (S. 468 dieses Praktikums) S. 252.

[3] Ber. dtsch. chem. Ges. 32, III, 3388 (1899). Siehe auch Stepp: l. c. (S. 468 dieses Praktikums) S. 256.

[4] Vgl. Stepp: l. c. (S. 468 dieses Praktikums) S. 255.

Quantitative Bestimmung.

Titrimetrische Bestimmung des Azetaldehydes nach Stepp und Fricke[1].

Prinzip. Die Methode beruht auf der Tollensschen Probe. Zu dem azetaldehydhaltigen Harndestillate wird eine titrierte ammoniakalische Silberlösung gegeben, die zum Teil reduziert wird. Der Silbergehalt der Lösung wird nach Abfiltration des abgeschiedenen Silbers mit Ammoniumrhodanidlösung zurücktitriert.

Reagentien. 1. Silbernitratlösung 0,1 n. 2. Natronlauge 0,1 n. 3. Ammoniak 15 % ig. 4. Salpetersäure (nitritfrei, evtl. aufzukochen). 5. Eisenammonalaunlösung 10 % ig. 6. Ammoniumrhodanidlösung 0,1 n.

Ausführung. Vorbereitung des Harnes. Der Harn muß möglichst frisch verarbeitet werden. Bei Verarbeitung der Tagesmenge sind die einzelnen Portionen im Eisschrank aufzubewahren, wobei alkalischer Harn mit verdünnter Essigsäure anzusäuern ist. Zur Analyse wird der Azetaldehyd aus dem Harn mittels Wasserdampfdestillation abdestilliert.

Die zu untersuchende Harnmenge (z. B. 500 ccm) wird mit einigen ccm 50 % ig. Essigsäure angesäuert und in einen Destillationskolben gebracht. Dieser ist einerseits durch ein langes Einleitungsrohr mit einem Dampfentwicklungsgefäß verbunden, andererseits mittels eines Ableitungsrohres mit einer Vorlage, die aus 2 hintereinander geschalteten, hohen, schlanken Meßzylinderchen besteht. Diese, mit doppelt durchbohrten Gummistopfen versehen, tragen nach Art von Waschflaschen tief eintauchende Einleitungsrohre sowie Ableitungsrohre, enthalten aqua dest. (der mit dem Destillationsgefäß verbundene Zylinder reichlich, der zweite weniger) und müssen mitsamt ihrem Inhalt 10—15 Min. vor der Destillation ebenso wie bei der Destillation selbst in Eis gepackt stehen. Die Stopfen müssen sehr fest schließen, da der Druck der Apparatur stark ansteigen kann. Die Flüssigkeitssäulen in den Vorlagen sollen mindestens 15 cm hoch sein.

Nach Verbindung des Destillationskolbens mit der Vorlage wird der Harn leicht erwärmt. Dann wird die Flamme kleiner gestellt, der Kolben mit dem kochenden Dampfentwicklungsapparat verbunden und vorsichtig mit dem Dampfdurchleiten begonnen. Man destilliert etwa $^1/_{10}$ des Harnvolumens ab, wozu etwa 25—30 Min. nötig sind.

---

[1] Z. physiol. Chem. **116**, 293 (1921); ebenda **118**, 241 (1922). Siehe auch Stepp: l. c. (S. 468 dieses Praktikums) S. 269.

Sollte bei starkem Schäumen des Harnes Schaum mit übergehen, so können die Destillate verlustlos nochmals destilliert werden.

Bestimmung. Zu dem Harndestillate gibt man in einem gut verschließbaren Gefäße eine vorher fertiggestellte Mischung aus genau 10 ccm 0,1 n Silbernitratlösung (meist für Harn ausreichend) etwas weniger als der gleichen Menge 0,1 n NaOH (Überschuß unbedingt vermeiden) und so viel 15%ig. Ammoniak, daß das ausgefallene Silberoxyd sich gerade eben löst. Die Volumina der Mischung und des Gefäßes sollen so gewählt sein, daß die Lösung mindestens 3—4 cm über dem Gefäßboden steht, evtl. kann man etwas aqua dest. zugeben. Nach Stehen über Nacht im Dunkeln wird am nächsten Tage vorsichtig am Rückflußkühler erhitzt, bis die ersten Gasbläschen aufsteigen, dann die Flamme für 5 Min. hinweggenommen, während derer man häufig die Bildung eines Silberspiegels oder eine Abscheidung von schwarzem Silber beobachtet. Man erhitzt von neuem, kocht 1 Min., kühlt unter Leitungswasser ab und gibt so lange konz. Ammoniak unter dauerndem Umschütteln hinzu, bis die Flüssigkeit stark danach riecht. Der Niederschlag wird durch ein Asbestfilter, dessen Asbest mit Salzsäure ausgekocht und gut ausgewaschen ist, abgenutscht und der Niederschlag mit stark ammoniakalischém Wasser, mit dem man auch das Destillationskölbchen ausgespült hat, dreimal gut nachgewaschen. Die vereinigten Filtrate werden mit nitritfreier Salpetersäure deutlich angesäuert. Nach Zugabe von etwa 5 ccm einer 10% ig. Eisenammonalaunlösung wird die in den Filtraten noch vorhandene Silbernitratmenge durch Titration mit 0,1 n Ammoniumrhodanidlösung bestimmt. Die Differenz zwischen der Menge der ursprünglich zugesetzten und der wiedergefundenen Silberlösung entspricht dem durch Reduktion mit dem Azetaldehyd abgeschiedenen Silber.

Berechnung. Da nach der Formel $CH_3CHO + Ag_2O = CH_3COOH + 2 Ag$ 1 Mol Azetaldehyd 1 Mol Silberoxyd verbraucht, entspricht 1 Mol Aldehyd 2 Mol Silbernitrat, also 1 ccm verbrauchter 0,1 n Silbernitratlösung 0,5 ccm 0,1 n Aldehydlösung, d. h. 2,2 mg Azetaldehyd.

Die Differenz der ccm 0,1 n Silbernitratlösung vor und nach der Silberabscheidung, multipliziert mit 2,2, ergibt die mg Azetaldehyd in der untersuchten Harnmenge.

Die Bestimmung ist auf Bruchteile eines mg genau. Die Gegenwart von Azeton stört nicht.

Zur Bestimmung des Azetons, das neben dem Azetaldehyd im Harndestillat vorhanden ist, wird in einem Teil desselben, bzw. in

einem gleichartig bereiteten, der Azetaldehyd durch Kochen mit
Silberoxyd entfernt. Hierzu wird das Destillat mit einem Überschuß 0,1 n Silberlösung und soviel 0,1 n Natronlauge versetzt,
daß das Silber nicht völlig gefällt wird. Das Reaktionsgemisch
bleibt 1½—2 Stunden bei Zimmertemperatur im Dunkeln stehen
und wird dann 8—10 Min. am Rückflußkühler gekocht. Das
unverändert zurückgebliebene Azeton wird abdestilliert und
nach der Methode von Messinger-Huppert bestimmt.

Bestimmung der Kohlenhydrate.

Normaler Harn enthält kleine Mengen von „Kohlenhydraten".
Nach Hawk und Bergeim[1] wird 1,5 g als das Maximum der
normalen täglichen „Zuckerausscheidung" angenommen. Vorzüglich bestehen dieselben aus Traubenzucker, doch kann auch
Pentose vorkommen. Außerdem sind Harndextrin und wahrscheinlich Isomaltose vorhanden. Daneben bestehen Verbindungen von Eiweißkörpern mit Kohlenhydraten (Glukoproteide)
wie Muzin, Mukoide u. a., die beim Behandeln mit Säuren gespalten werden.

Bestimmung der Pentosen.

Pentosen im normalen Harn können aus der Nahrung stammen. Es handelt sich dann meist um die rechts drehende l-Ara-
binose.

Qualitativer Nachweis.

1. Pentosenhaltiger Harn gärt nicht, ist entweder optisch inaktiv oder rechtsdrehend und gibt die Reduktionsproben (Trom-
mersche, Fehlingsche, Nylandersche Probe, siehe S. 475—478). Die
Reduktion von Kupferlösung erfolgt erst nach dem Kochen bzw.
nach dem Erkalten (Nachreduktion). Phenylhydrazinprobe (s. S. 478)
zeigt sich beim Abkühlen positiv. Pentosen geben nicht die für
Glukuronsäure charakteristische Farbreaktion mit Naphtho-
Resorzin (s. S. 443).

2. Bialsche[2] Probe nach Kraft[3]. 1 g Orzin (Merck) wird
in 500 ccm Salzsäure vom spez. Gewicht 1,151 unter Zusatz von

---

[1] l. c. (S. 317 dieses Praktikums) S. 621.
[2] Dtsch. med. Wschr. **28**, 253 (1902); **29**, 477 (1903).
[3] Apotheker-Ztg. **21**, 611 (1906).

25 Tropfen offizineller Eisenchloridlösung gelöst. Das Reagens ist haltbar. 5 ccm Reagens werden kräftig aufgekocht und, nachdem man die Lösung von der Flamme entfernt hat, 5 Tropfen Harn zugesetzt. Bei Pentosegehalt entsteht ein tiefgrüner Ring. Durch Amylalkohol kann der grüne Farbstoff ausgeschüttelt werden. Im Spektrum gibt die Lösung einen Absorptionsstreifen zwischen C und D. Man kann auch so verfahren, daß man 5 ccm Bialsche Lösung mit 2 ccm Harn im Wasserbad bis fast zum Sieden erhitzt: Grünblau- bis Smaragdgrün-Färbung.

3. Probe nach Jolles[1] (auch bei Glukosegehalt des Harnes anwendbar). Von Harnen mit einem Glukosegehalt bis zu 5% werden 100 ccm mit 4 g salzsaurem Phenylhydrazin und 8 g Natriumazetat 1 Stunde im siedenden Wasserbad erwärmt. Von Harnen mit einem Glukosegehalt über 5% werden pro 100 ccm die doppelten Mengen Reagentien angewandt. Nach dem Abkühlen wird durch ein Asbest- oder Glassiebfilterchen filtriert, nachgewaschen, das Filter in einem Gefäß mit 15 ccm heißem Wasser bedeckt und 5 Min. in ein siedend heißes Wasserbad gestellt. Hierbei wird nur das Osazon der Pentose gelöst. Dann wird rasch filtriert. Das Filtrat wird mit 6 ccm Salzsäure 1,19 versetzt und destilliert. 3 ccm des furfurolhaltigen Destillates geben mit 5 ccm Bialschem Reagens (s. Nr. 2) versetzt noch bei Gegenwart von 0,05% Pentose deutlich Grünfärbung.

4. Phenylhydrazinprobe[2]. Der Beweis für Anwesenheit der Pentosen ist immer durch Darstellung des Osazons und Bestimmung seines Schmelzpunktes zu erbringen.

200—500 ccm Harn werden in einem Becherglase pro 100 ccm mit 2,5 g Phenylhydrazin, das in einem Überschuß von Essigsäure gelöst ist, oder mit einer Lösung von 3,5 g salzsaurem Phenylhydrazin und 1,5facher Menge essigsaurem Natrium versetzt. Die Flüssigkeit wird bis zum beginnenden Sieden erhitzt und das Becherglas dann 1—1¼ Stunde im siedenden Wasserbad gelassen. Nach dem Erkalten werden die bei positiver Reaktion vorhandenen Kristalle abfiltriert, auf Filterpapier getrocknet und aus heißem, stark verdünntem Alkohol mehrmals umkristallisiert. Schließlich wird das Präparat in wenig Pyridin gelöst und die Lösung mit Wasser verdünnt; dann läßt man auskristallisieren. Das Umkristallisieren wird so lange wiederholt, bis der Schmelzpunkt konstant bleibt. Er beträgt bei dem aus dem Harn gewonnenen Osazon 157—160°, in reinstem Zustande 166—168°.

---

[1] Biochem. Z. **2**, 243 (1907). Zbl. inn. Med. **28**, H. 17, 417 (1907); Z. anal. Chem. **52**, 104 (1913).
[2] Spaeth: l. c. (S. 355 dieses Praktikums) S. 263.

Quantitative Bestimmung.

Gravimetrische Bestimmung der Arabinose nach Neuberg und Wohlgemuth[1].

$$CH_2OH \cdot (CHOH)_3 \cdot COH.$$

Prinzip. Die Bestimmung beruht auf der Abscheidung der Arabinose mit Diphenylhydrazin.

Reagentien. 1. Essigsäure 30%ig. 2. Alkohol 96%ig., 50%ig. und 30%ig. 3. Diphenylhydrazin.

Ausführung. 100 ccm Harn (bei einem Gehalt von etwa 1 g Arabinose, sonst entsprechend größere Mengen, die zu konzentrieren sind) werden mit 2 Tropfen 30%ig. Essigsäure angesäuert, auf dem Wasserbad auf 40 ccm eingedampft und mit 40 ccm heißem, 96%ig. Alkohol versetzt. Man läßt erkalten und 2 Stunden stehen, dann filtriert man von den ausgeschiedenen Uraten und anorganischen Salzen ab und wäscht sorgfältig mit 40 ccm 50%ig. Alkohol nach. Zu dem Filtrat setzt man 1,4 g reines Diphenylhydrazin und erwärmt in einem nicht zu kleinen Becherglase ½ Stunde im siedenden Wasserbad, wobei man durch Ersatz des verdampfenden Alkohols einer Entmischung der Flüssigkeit vorbeugt. Nach 24 Stunden filtriert man die ausgeschiedenen Kristallmassen in einem Goochtiegel, indem man zunächst die Mutterlauge zum Nachspülen verwendet, und wäscht schließlich mit 30 ccm 30%ig. Alkohol aus, der die (Hydrazon-)Verbindung blendendweiß zurückläßt. Der Goochtiegel wird sodann bei 80° im Trockenschrank zur Gewichtskonstanz getrocknet, wobei das Hydrazon nur einen schwach violetten Schimmer annehmen darf.

Berechnung. Durch Multiplikation mit 0,4747 erhält man aus dem Hydrazon die entsprechende Menge Arabinose.

Bestimmung des Traubenzuckers.

$$C_6H_{12}O_6 + H_2O.$$

Traubenzucker ist im normalen Harn stets in geringer Menge bis zu etwa 0,02% vorhanden. Vermehrt findet er sich bei Einnahme großer Traubenzuckermengen sowie unter bestimmten pathologischen Bedingungen.

---

[1] Z. physiol. Chem. **35**, 31 (1902).

Qualitativer Nachweis[1].

Vorbereitung des Harnes zum qualitativen Zuckernachweis.

Man muß stets eine Durchschnittsprobe eines 24stündigen Harnes untersuchen. Eiweiß ist aus dem Harn durch Aufkochen evtl. unter vorsichtiger Essigsäurezugabe zu entfernen.

Zweckmäßig für genaue Untersuchungen ist es stets, den Harn vor dem Zuckernachweis zu klären. Hierzu werden 50 ccm Harn deutlich essigsauer gemacht, mit 2—3 g neutralem Bleiazetat geschüttelt und filtriert. (Durch Zusatz einiger ccm gesättigter Natriumphosphatlösung kann das überschüssige Blei entfernt werden.) Das Filtrat, das ebenso wie der Harn bei der ganzen Behandlung essigsauer bleiben muß, ist zu allen qualitativen Proben verwendbar.

Nach Bang[2] kann man 18 ccm Harn mit 2 ccm 90%ig. Alkohol und einer Messerspitze Blutkohle (Merck) schütteln und das Filtrat zu den Zuckerproben verwenden. (Vgl. hierzu aber S. 297 und S. 487.)

Stark konzentrierter Harn ist auf das 3—4fache zu verdünnen, da die Reduktionsproben oft nicht mit dem ursprünglichen konzentrierten Harn, wohl aber mit dem verdünnten gelingen.

Reduktionsproben.

Außer Traubenzucker enthält normaler Harn stets eine Anzahl reduzierbarer Substanzen wie Harnsäure, Kreatinin, Glukuronsäureverbindungen, Harnfarbstoffe und andere (vgl. „Reduktionsvermögen des Harnes" S. 315). Alle Reduktionsproben sind daher nicht völlig beweisend und ihre Ergebnisse nur im Zusammenhang mit allen andern Zuckernachweisen zu benutzen.

1. Kupfer-Proben.

Trommersche Probe.

Traubenzucker gibt mit Kupferoxydsalzen und Alkali eine blaue Lösung von Traubenzuckerkupferhydrat, $C_6H_{12}O_6 \cdot 5\,Cu(OH)_2$, die beim Erwärmen gelbes $Cu(OH)$ oder rotes Cu_2O abscheidet. Zur

---

[1] Vgl. Spaeth: l. c. (S. 355 dieses Praktikums) S. 274 und Hoppe-Seyler-Thierfelder: l. c. (S. 350 dieses Praktikums) S. 118.

[2] Bang: Lehrbuch der Harnanalyse, l. c. (S. 298 dieses Praktikums) S. 93.

Anstellung der Reaktion versetzt man 5 ccm Harn mit der gleichen Menge 10% ig. NaOH — eine Trübung rührt von ausfallenden Phosphaten her — und gibt tropfenweise unter Umschütteln 5% ig. Kupfersulfatlösung hinzu, bis der entstehende Niederschlag von $Cu(OH)_2$ nicht mehr völlig in Lösung geht und die Flüssigkeit trübe zu werden beginnt. Dann erwärmt man unter vorsichtigem Fächeln die Flüssigkeit von der Oberfläche her, bis sie gerade zu sieden beginnt (nicht länger!!). Zuckerhaltige Harne zeigen, von der erwärmten Stelle beginnend und sich durch die ganze Flüssigkeit verbreitend, eine gelbe oder orangerote wolkige Abscheidung, die sich langsam als rötliches Kupferoxydul absetzt.

Eine empfehlenswerte Ausführungsform der Trommerschen Probe ist die Anwendung der Hainesschen[1] Lösung. (5 g Kupfersulfat, warm in 250 ccm Glyzerin und 250 ccm aqua dest. gelöst, werden mit einer Lösung von 20 g Kaliumhydroxyd oder 14,3 g Natriumhydroxyd in 250 ccm aqua dest. gemischt und ad 1000 ccm aufgefüllt.) 5 ccm dieser Lösung werden gekocht und mit 10 bis 20 Tropfen Harn überschichtet, dessen Phosphate durch Zusatz einiger Tropfen einer 5—10% ig. Natronlauge ausgefällt und abfiltriert sind. Von einem Gehalt von 0,03% Traubenzucker an bildet sich nach kurzer Zeit, bei einem Gehalt von mehr als 0,1% Zucker sogleich ein roter oder gelber Ring an der Überschichtungsstelle.

Bei der Anstellung der Trommerschen Probe ist eine Gelbfärbung der Flüssigkeit, oder ein erst beim Erkalten oder erst nach dem Sieden auftretender Niederschlag nicht beweisend, sondern nur allein ein vor dem Kochen auftretender Niederschlag.

Enthält die Mischung zu wenig Kupferlösung, so kann die Lösung durch Alkaliwirkung auf den nicht oxydierten Zucker gelb-braunrot werden. Enthält sie zu viel Kupfersulfat, so scheidet sich beim Kochen schwarzes Kuprioxyd ab, das das gleichzeitig ausgeschiedene rötliche Kuprooxyd verdeckt.

Normale Harnbestandteile wie auch Medikamente können unter Umständen sowohl eine Reduktion des Kupfers veranlassen als auch die Kupferoxydulabscheidung des Traubenzuckers verhindern.

Probe von Worm-Müller oder Fehling[2].

Reagentien. 1. Lösung I: Kupfersulfat 2,5 % ig. 2. Lösung II: 10 Teile Kaliumnatriumtartrat (Seignettesalz) werden in 100 Gewichtsteilen 4 % ig. Natronlauge gelöst.

---

[1] J. amer. med. Assoc. 74, 301 (1920).
[2] Nach Spaeth: l. c. (S. 355 dieses Praktikums) S. 277.

Ausführung. In einem Reagenzglase erhitzt man 1,5 ccm Lösung I + 2,5 ccm Lösung II bis fast zum Kochen, in einem zweiten Glase ebenso 5 ccm des zu untersuchenden Harnes und gibt dann diesen in kleinen Teilen ohne zu schütteln zum Reagens.

Ein positiver Ausfall gibt sich je nach der Zuckermenge als gelbe bis rötliche Trübung innerhalb ca. 10 Min. zu erkennen. Bei negativem Ausfall wird die Reaktion mit steigenden Mengen Kupfersulfat, 2,5, 3,0 ccm Kupferlösung usw. (die Mengen Seignettesalzlösung und Harn bleiben dieselben) wiederholt, bis die Reaktion eintritt oder bis die Flüssigkeit nicht mehr entfärbt wird und grün bleibt. Man kann die Probe auch gut mit der eigentlichen Fehlingschen Lösung ausführen.

Fehlingsche Lösung. I. Kupfersulfat, puriss. (evtl. umzukristallisieren) 34,639 g ad 500 ccm in aqua dest. gelöst. II. Kaliumnatriumtartrat (Seignettesalz) krist. puriss. 173 g und 53 g Ätznatron ad 500 ccm in aqua dest. gelöst.

Gleiche Mengen Fehlingscher Lösung I und II werden gemischt und erhitzt. In ein zweites Reagens wird dann das gleiche Volumen Harn (bei konzentrierten Harnen eine 3—4fache Verdünnung des Harnes), der ebenfalls erhitzt worden ist, gegossen und die Mischung bis zum Sieden erhitzt (aber nicht gekocht). Die Anwesenheit von Zucker gibt sich durch gelb- bis gelblichrote Färbung zu erkennen. Für die Störung der Reaktion durch andere Harnbestandteile oder Medikamente gilt das gleiche wie bei der Trommerschen Probe.

Probe nach Benedict[1].

Reagens: Kupfersulfat 17,3 g, Natriumzitrat 173,0 g, Natriumkarbonat, wasserfrei 100,0 g, aqua dest. ad 1000 ccm.

Natriumzitrat und Natriumkarbonat werden in ca. 600 ccm Wasser heiß gelöst, durch ein Faltenfilter filtriert und auf ca. 850 ccm gebracht. Zu der Lösung wird unter ständigem Rühren langsam das in ca. 100 ccm Wasser gelöste Kupfersulfat hinzugegeben, worauf ad 1000 ccm aufgefüllt wird.

Ausführung. Zu 5 ccm Reagens werden 8 Tropfen Harn (nicht mehr) zugesetzt. Die Flüssigkeit wird kräftig 1—2 Min. gekocht; man läßt abkühlen. Das Abkühlen darf nicht durch Einstellen in kaltes Wasser beschleunigt werden. Traubenzucker bedingt einen kolloidalen rot, gelb oder grün gefärbten, die Lösung völlig durchsetzenden Niederschlag. Dieser setzt sich bei Anwesenheit von mehr als 0,2—0,3 % Traubenzucker schnell ab. Ist

---

[1] J. of biol. Chem. **5**, 485 (1908/09); J. amer. med. Assoc. **57**, 1193 (1911).

Traubenzucker nicht vorhanden, so bleibt die Lösung entweder völlig klar, oder es bildet sich eine schwache aus Uraten bestehende Trübung. Die Reaktion ist bis zu 0,1% Traubenzucker empfindlich.

Chloroform stört den Nachweis nicht, Harnsäure und Kreatinin weniger als bei der Fehlingschen Probe.

2. Wismut-Proben.

Die Proben beruhen auf der Reduktion von basischem Wismutnitrat durch Traubenzucker in alkalischer Lösung.

Reagens nach Nylander. 2 g Bismutum subnit. werden mit 4 g Seignettesalz verrieben und in 100 g 10 %ig. Natronlauge (spez. Gew. 1,115 bei 19°) unter leichtem Erwärmen gelöst und filtriert. Das Reagens ist in brauner Flasche im Dunkeln aufzubewahren.

Reagens nach Loewe. 15 g Wismutnitrat werden in einer Mischung von 30 g Glyzerin, 70 ccm 30 %ig. Natronlauge (spez. Gew. 1,34) und 150 ccm Wasser gelöst.

5—10 ccm eines, wie S. 475 angegeben, vorbereiteten Harnes werden mit 1 ccm Reagens versetzt und 3 Min. gekocht. Traubenzucker bewirkt je nach der Konzentration Gelb-, Braun- bis Schwarzfärbung der Flüssigkeit und des weißen Phosphatniederschlages. Größere Zuckermengen bewirken einen schwarzen Niederschlag. Eine Vergleichsprobe mit der gleichen Menge Reagens und Wasser statt Harn ist stets anzustellen. Harne, die die Probe nicht geben, enthalten sicher weniger als 0,05% Zucker. Eine positive Reaktion kann unter Umständen durch normale Harnbestandteile wie auch durch Arzneimittel bedingt sein.

Phenylhydrazinprobe nach Fischer in der Ausführung von v. Jaksch[1].

50 ccm eiweißfreien, sauren (evtl. mit Essigsäure anzusäuernden) Harnes werden mit einer Lösung von 1—2 g reinem, salzsaurem Phenylhydrazin und 2—4 g essigsaurem Natron ½ Stunde lang im Becherglase auf dem Wasserbade unter Umschütteln erwärmt; sehr konzentrierter Harn ist zuvor mit dem gleichen Volumen Wasser zu verdünnen. Nach Einstellen des Glases in kaltes Wasser scheidet sich nach einigen Stunden Phenylglukosazon kristallinisch oder amorph ab. Ist der Niederschlag amorph, so filtriert man ihn ab, löst ihn auf dem Filter mit heißem 96 %ig. Alkohol, versetzt das

---

[1] Z. klin. Med. **11**, 20 (1886).

Filtrat mit wenig Wasser, vertreibt den Alkohol durch vorsichtiges Erhitzen und erhält hierbei das Phenylglukosazon kristallinisch. Zur Reinigung ist das Präparat aus einer Mischung gleicher Volumina Wasser und Alkohol so oft umzukristallisieren, bis sein Schmelzpunkt konstant bleibt. Mikroskopisch betrachtet, zeigt es gelbe, büschel- oder garbenförmig vereinigte Nadeln oder Sterne. Der Schmelzpunkt des Glukosazons in ganz reinem Zustande ist 204—205°, sonst niedriger; es ist bei 60° nahezu wasserunlöslich (Unterschied gegen Pentosazon).

0,2 g Glukosazon, in einer Mischung von 4 ccm reinem Pyridin und 6 ccm absolutem Alkohol im 100 mm-Rohr polarisiert, drehen —1° 30′.

Empfindlichkeitsgrenze der Reaktion ist etwa 0,05% Zucker.

Gärungsprobe.

Der Nachweis von Traubenzucker mittels Gärungsprobe beruht auf der Kohlensäureentwicklung nach Hefezusatz. Der Vorgang verläuft, abgesehen von Nebenreaktionen, gemäß der Gleichung $C_6H_{12}O_6 = 2CO_2 + 2C_2H_5OH$.

Der zur Untersuchung dienende Harn muß frei von Blut, Eiweiß und Albumosen sein und darf keine Konservierungsmittel enthalten. Vor Anstellung der Probe ist der Harn zur Abtötung von Keimen aufzukochen. Der Harn muß sauer reagieren. Neutraler oder alkalischer Harn ist mit Weinsäure schwach anzusäuern und zur Entfernung der Kohlensäure aufzukochen.

Man verreibt pro 10 ccm Harn etwa 1 g frischer Bierhefe, die man durch mehrfaches Durchreiben mit Wasser, Abdekantieren desselben, Filtrieren, Waschen und Abpressen mit Fließpapier von gärungsfähigen Stoffen befreit hat, in einem kleinen Mörser mit 1—2 ccm Wasser. An Stelle von frischer Bierhefe kann man auch die haltbare Trockenhefe benutzen, doch ist sie auf ihre Gärfähigkeit und auf Selbstgärung durch die weiter unten angegebenen Kontrollversuche zu prüfen. Den Hefebrei gibt man zu ca. 25 ccm des abgekühlten sauren Harnes und füllt mit der Mischung ein Gärgläschen nach Art des Einhornschen (Abb. 128a) oder ein selbstbereitetes

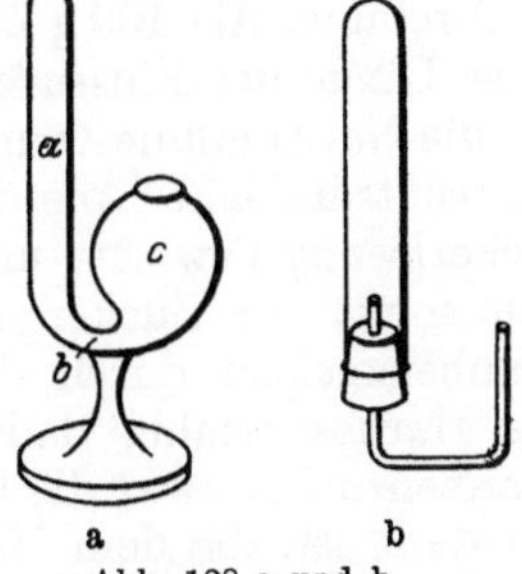

Abb. 128 a und b.

(Abb. 128b), das in ein Becherglas gesetzt wird, so an, daß der lange Schenkel keine Spur mehr von Luft enthält. Der horizontale

Schenkel wird mit etwas Quecksilber verschlossen. Mit der gleichen Hefemenge und in gleicher Art beschickt man ein zweites Röhrchen, das an Stelle des Harnes mit Weinsäure angesäuertes Wasser enthält, und ein drittes Röhrchen, das eine leicht weinsaure 0,5—1 % ig. Traubenzuckerlösung enthält. Man setzt die Röhrchen in einen Brutschrank von 34—36°. War die Hefe gärfähig (Kontrolle durch Ansatz der Traubenzuckerlösung), so gibt sich ein Zuckergehalt des Harnes dadurch zu erkennen, daß die Gasmenge in dem Röhrchen mit Harn größer ist als die in dem Ansatz mit reinem Wasser entstehende. Nach etwa 6 Stunden ist die Vergärung bei der genannten Temperatur meist vollendet. Nunmehr prüft man die Reaktion der Flüssigkeit. Ist die Reaktion alkalisch geworden, ist der Versuch unbrauchbar. Ein positiver Befund ist völlig beweisend und die Reaktion bis zu 0,05 % empfindlich. Außer Traubenzucker kann nur die selten vorkommende Lävulose als vergärbare Substanz im Harn vorhanden sein, die sich aber durch ihre Linksdrehung unterscheidet (vgl. S. 490).

Bestimmung durch Polarisation vgl. Quantitative Bestimmung.

Quantitative Bestimmung.

Bestimmung des Zuckers durch Polarisation.

Prinzip. Die wichtigste Methode zur Bestimmung des Traubenzuckers ist die polarimetrische.

Sie beruht auf der Ermittlung der Drehung, die die Ebene eines polarisierten Lichtstrahles durch eine Harnlösung bekannter Länge erfährt. Die spezifische Drehung des Traubenzuckers, d. h. die Drehung, die 100 g. Zucker, in 100 ccm Flüssigkeit gelöst, bei einer Länge der Flüssigkeitssäule von 100 mm bewirken, beträgt für die Natriumlinie D und 20° $[\alpha]_D^{20°} = + 52{,}74°$. Traubenzucker ist rechtsdrehend. Aus dem Drehungswinkel, den eine Traubenzuckerlösung bewirkt, und der Länge der Flüssigkeitssäule läßt sich somit ihr Zuckergehalt berechnen. Die Bestimmung des Traubenzuckers durch die Ermittlung des Drehungsvermögens des Harnes erfährt dadurch eine geringe Einschränkung, daß Traubenzucker zwar die hervorstechendste, aber nicht die einzige Substanz ist, die dem Harn optische Aktivität verleiht. Es wird zur Beurteilung der Traubenzuckerbestimmung durch Polarisation auf das verwiesen, was im Abschnitt Drehungsvermögen gesagt ist (vgl. S. 313).

Für die Praxis ist darauf zu achten, ob der Harn Eiweiß, Glukuronsäureverbindungen oder β-Oxybuttersäure enthält. Eiweiß ist, wie weiter unten angegeben, zu entfernen. Glukuronsäure und β-Oxybuttersäure drehen links, vergären aber nicht, so daß schon eine Differenz der polarimetrischen Zuckerbestimmung vor und nach dem Vergären auf sie hinweist. Wenn ein mit Hefe vergorener Harn noch linksdrehend ist, so ist das Vorhandensein von β-Oxybuttersäure wahrscheinlich. Hierbei ist zu berücksichtigen, daß nach Neuberg[1] Zuckerlösungen nach Vergärung eine geringe optische Aktivität (Rechts- oder Linksdrehung) zeigen. Wenn auch die β-Oxybuttersäure keine einfache Identifikationsreaktion aufweist, so kann man aus der Abwesenheit von Azeton und Azetessigsäure folgern, daß auch β-Oxybuttersäure nicht vorhanden ist. Sind dagegen Azetonkörper vorhanden, so polarisiert man den Harn am besten nach Entfernung der β-Oxybuttersäure nach Extraktion mit Essigester.

Linksdrehende Zucker werden nachgewiesen, wenn die titrimetrische Bestimmung des Zuckers höhere Werte gibt als die polarimetrische.

Daher ist für jede exakte Zuckerbestimmung die polarimetrische Zuckerbestimmung durch eine Zuckerbestimmung nach der Reduktionsmethode oder durch Vergären zu ergänzen. Man polarisiere den Harn vor und nach dem Vergären.

Reagentien. 1. Bleizucker (normales Bleiazetat $Pb(C_2H_3O_2)_2 + 3H_2O$). 2. Essigsäure verdünnt.

Apparate. Für die Bestimmung der Harndrehung dienen Polarisationsapparate. Es kommen zwei Apparattypen zur Anwendung.

1. Polarisationsapparate mit Kreisteilung. Von diesen sei besonders der Halbschattenapparat nach Lippich genannt. Die Apparate mit Kreisteilung liefern bei der Ablesung unmittelbar den Drehungswinkel. Sie können daher außer zu Zuckerbestimmungen zu allen optisch-polarimetrischen Arbeiten benutzt werden. Dagegen erfordern sie eine Beleuchtung mit optisch homogenem Licht (für die Zuckerbestimmung Natrium-, d. h. D-Licht) und bedingen die Errechnung der Zuckerkonzentration aus dem beobachteten Drehungswinkel. Geeignet für alle physiologischen Untersuchungen ist der dreiteilige Lippichsche Apparat mit fest anmontiertem Monochromator und Glühkörper (Schmidt & Haensch). Die Handhabung der Kreisteilungs-Apparate ist im 1. Bande des Praktikums beschrieben.

a) Als Röhren verwendet man bei der Traubenzuckerbestimmung bei Apparaten mit Kreisteilung gewöhnlich Röhren von 189,4 mm bzw. 94,7 mm Länge (s. Berechnung S. 483).

b) Als Lichtquelle dient — wenn ein Monochromator nicht vorhanden ist — am einfachsten und zweckmäßigsten ein Natriumbrenner. Dies ist ein Bunsenbrenner, der ein einschiebbares Platinringchen trägt,

---

[1] Biochem. Z. **24**, 423 (1910).

auf das man geschmolzenes und fein zerriebenes Natriumchlorid oder eine
Mischung von gleichen Teilen Natriumchlorid- und -bromid, für helles Licht
von kürzerer Dauer Natriumnitrit gibt. Gut bewährt hat sich ein Natriumbrenner, der darauf beruht, daß ein in eine Natriumsalzlösung ein-
tauchender Asbestdocht in die Bunsenflamme hineinragt. (Nach Airila u.
Komppa[1], vgl. Prakt. I, S. 17.) Die Natriumlampe ist stets so aufzustellen, daß ein scharfes Flammenbild durch die Beleuchtungslinse auf das
Fernrohrobjektiv geworfen wird. Dies wird erreicht, indem der den Apparaten beigegebene, mit Zentrierkreisen versehene Karton unmittelbar vor
die Analysatorblende eingesetzt und die Lichtquelle verschoben wird, bis
ein zentriertes, scharfes Flammenbild auf dem Karton eingestellt ist. Die
Entfernung der Lichtquelle beim Lippichschen Halbschattenapparat von
Schmidt & Haensch vom Apparatende beträgt 22 cm.

2. Apparate mit Quarzkeilkompensation. Würde man bei den
im vorangehenden beschriebenen Apparaten weißes Licht zur Beleuchtung
benutzen, so würde Licht verschiedener Wellenlängen eine verschieden starke
Drehung erfahren, und man würde ein farbiges Gesichtsfeld erhalten.
Es sind daher Apparate konstruiert, die bei Parallelstellung der Nikols die
durch die zu untersuchende Substanz hervorgebrachte Drehung durch
Verschiebung eines Quarzkeiles aufheben. Diese Apparate mit Quarzkeilkompensation können mit weißem Licht beleuchtet werden. Sie dienen zur
Bestimmung des Traubenzuckers und tragen eine empirische Skala, die unmittelbar die Ablesung des Prozentgehaltes Traubenzucker der untersuchten Lösung gestattet. Die Ablesung geschieht bis auf 0,1%. Als Licht-
quellen dienen Gas- oder elektrische Lampen. Bei den Apparaten mit Keilkompensation werden ausschließlich Beobachtungsröhren von· 200, 100
oder 50 mm Länge verwendet.

Zur Untersuchung kleiner Harnmengen (0,1—0,2 ccm) dient der Quarz-
keilapparat nach Neuberg[2] (Schmidt & Haensch). Dieser Apparat gestattet durch Einführung von Blenden außer der üblichen Polarisation
eine Mikropolarisation in entsprechend engen Röhren. Die Einstellung
erlaubt, 0,05% Traubenzucker exakt zu messen und 0,025% zu schätzen.

Beobachtungsröhren. Die Patentbeobachtungsröhren (Schmidt
& Haensch) sind zu empfehlen, die eine Erweiterung zur Aufnahme von
Luftblasen tragen. Die Füllung geschieht vom engeren Ende, das dann
verschraubt wird. Nach Umkippen tritt die im Rohre noch vorhandene
Luftmenge in Form einer Blase in das andere erweiterte Röhrenende, ohne
die freie Durchsicht zu hindern. Die Deckgläser dürfen nicht zu fest auf
die Röhren geschraubt werden (Doppelbrechung).

Ausführung. a) Vorbehandlung des Harnes. Ist der Harn
ganz klar und nur schwach gefärbt, so kann er direkt polarisiert
werden. Ist er schwach getrübt, so ist er rasch durch ein weiches
Filter zu filtrieren und bei geringer Schichtdicke zu untersuchen.
Dunkle oder stark trübe Harne sind zu klären. Hierzu muß der
Harn stets durch Essigsäure angesäuert werden. Man gibt pro
10 ccm Harn 2 Messerspitzen normales Bleiazetat (Bleizucker)
hinzu, schüttelt gut durch und filtriert. Hat man nur geringe

---

[1] Der Brenner wird von den Vereinigten Fabriken für Laboratoriums-
bedarf, Berlin, in den Handel gebracht.

[2] Biochem. Z. **67**, 102 (1914).

Harnmengen, so verreibt man 10 ccm Harn mit 2 g Bleiazetat in einem Porzellanmörser und filtriert. Alle Geräte müssen vorher mit aqua dest. gespült und dann gut getrocknet sein, da Bleisalze mit Leitungswasser Trübung geben (vgl. auch S. 475).

Bezüglich anderer Verfahren zur Harnklärung vgl. den Abschnitt „Farbe, Klärung und Enteiweißung des Harnes" S. 296.

Enthält der Harn Eiweiß, so enteiweißt man durch Aufkochen unter vorsichtigem Essigsäurezusatz. Die Abscheidung muß grobflockig sein. Es wird filtriert, ausgewaschen und das Filtrat auf das Ausgangsvolumen des Harnes verdünnt. Gelingt die Enteiweißung nicht, so kann man nach Rona und Michaelis enteiweißen (vgl. Enteiweißung S. 297).

Die nach der Enteiweißung gefundene Rechtsdrehung wird gewöhnlich auf Traubenzucker bezogen (vgl. den Abschnitt „Bestimmung des Drehungsvermögens" S. 313).

b) Ausführung der Polarisation. Vor der Messung wird die Null-Stellung des Apparates, d. h. die Ablesung bei Füllung der Röhre mit aqua dest. ermittelt, indem man das Gesichtsfeld durch Drehung des Analysators auf gleiche Helligkeit einstellt. Die ermittelte Ablesung braucht nicht unbedingt einer Null-Stellung der Skala zu entsprechen und ist zu vermerken. Dann gibt man die Röhre mit dem entsprechend vorbereiteten Harn in die Apparatur und stellt wieder auf homogene Helligkeit des Gesichtsfeldes ein. Man liest die Drehung ab und ermittelt aus der Differenz des Ablesungswertes mit der Null-Ablesung die tatsächliche Drehung. Stets ist eine Anzahl Einstellungen vorzunehmen und der Durchschnittswert der Ablesungen zu verwenden.

Berechnung. 1. Bei Apparaten mit Kreisteilung. Entsprechend der Definition der spez. Drehung ist

$$[\alpha]_D^{20} = \frac{100 \cdot \alpha}{l \cdot c} = \frac{100 \cdot \alpha}{l \cdot p \cdot d},$$

wenn $[\alpha]_D^{20\,°}$ die spez. Drehung, α den beobachteten Drehungswinkel, l die Schichtlänge in dm, c die Grammzahl der aktiven Substanz in 100 ccm, p den Prozentgehalt der Lösung, d. h. Grammzahl in 100 g Lösung und d das spez. Gewicht bedeuten. Da $[\alpha]_D^{20\,°} = 52{,}8\,°$, so folgt bei Auflösung nach c

$$c = \frac{100 \cdot \alpha}{[\alpha]_D\, l} = \frac{100 \cdot \alpha}{52{,}8 \cdot l} = \frac{1{,}894 \cdot \alpha}{l}.$$

Verwendet man, wie angegeben, Röhren von 189,4 mm bzw. 94,7 mm Länge, so ergibt sich

$$c = \alpha \quad \text{bzw.} \quad c = 2\alpha.$$

Es ist also der Gehalt an Traubenzucker, ausgedrückt in g in 100 ccm Flüssigkeit, bei dem 189,4 mm-Rohre gleich dem abgelesenen Drehungswinkel, bei dem 94,7 mm-Rohre doppelt so groß.

Die in der Praxis mit „Prozente Traubenzucker" bezeichnete Zahl c gibt die g-Zahl bezogen auf 100 ccm. Zur Errechnung der g-Zahl, bezogen auf 100 g Lösung, ist sie durch das spez. Gewicht zu dividieren.

2. Bei Apparaten mit Keilkompensation. Diese Apparate geben bei Anwendung der 200 mm-Röhre unmittelbar an der Ablesungsskala die „Prozente Traubenzucker". Bei Benutzung der 100 mm-Röhre ist das abgelesene Resultat mit 2, bei der 50 mm-Röhre mit 4 zu multiplizieren.

Bestimmung des Zuckers durch Reduktion nach Pavy, modifiziert nach Kumagawa-Sutō[1].

Prinzip. Die Methode beruht auf Reduktion einer alkalischen Kupferlösung durch den zuckerhaltigen Harn. Hierbei hält ein Zusatz von Ammoniak das gebildete Kupferoxydul in Lösung, so daß die Beurteilung der Endreaktion (Verschwinden blauer Farbe) nicht gestört wird. Durch die Anordnung der Versuchsapparatur wird ein Entweichen von Ammoniakdämpfen, sowie eine Oxydation des Oxyduls verhindert.

Reagentien. 1. Kupfersulfatlösung: 4,278 g kristallisiertes Kupfersulfat werden in aqua dest. ad 1000 ccm gelöst. 2. Alkalische Seignettesalzlösung. 21 g Seignettesalz, 21 g Ätzkali, 300 ccm konzentrierte Ammoniaklösung, spez. Gew. 0,880 werden in Wasser ad 1000 ccm gelöst.

Apparate. Die abgebildete Apparatur zeigt einen Rundkolben, welcher zum Reduzieren dient, in den eine Bürette mittels Gummistopfens eingesetzt ist. Eine weiße Porzellanplatte hinter dem Kolben erleichtert die Farbbeurteilung. Der Kolben ist durch seitliches Ansatzrohr, dickwandigen Schlauch und rechtwinklig gebogenes Glasrohr mit einem 500 ccm-Erlenmeyerkolben verbunden, der 50 ccm konzentrierte Schwefelsäure, 100 ccm Wasser und 1—2 ccm 10 %ig. Kupfer-

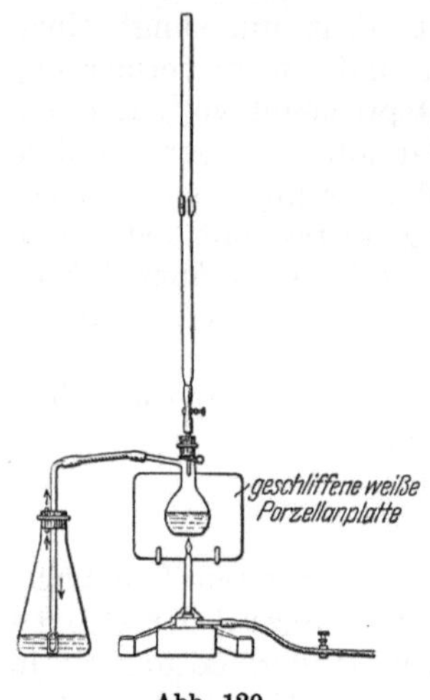

Abb. 129.

---

[1] Salkowski: Festschrift, S. 211. Berlin: August Hirschwald 1904. — Schulz, Neubauer-Huppert: Analyse des Harns I, S. 399 l. c. (S. 303 dieses Praktikums) und Kinoshita: Biochem. Z. 9, 208 (1908).

sulfatlösung enthält. Die Schwefelsäure soll das aus dem Titrationskolben entweichende Ammoniak binden, das Kupfersulfat soll anzeigen, wann die Schwefelsäure neutralisiert ist. Die Menge Schwefelsäure reicht für etwa 30 Bestimmungen aus. Das in die Schwefelsäure tauchende Rohr trägt an seinem unteren Ende ein Glasventil, das ein Zurücktreten von Flüssigkeit und Luft in den Reduktionskolben verhindert. Als Brenner dient ein Mikrobrenner mit einer Kappe aus grobmaschigem Drahtnetz, die ein Zurückschlagen der Flamme verhindert.

Ausführung. Der zu untersuchende Harn wird, nachdem sein Zuckergehalt durch eine Voruntersuchung ungefähr ermittelt ist, so verdünnt, daß er etwa 0,2% Zucker enthält.

Die Verdünnung ist zu vermerken. Der Harn (wenn nötig verdünnt), wird in die Bürette eingefüllt. In den Kolben werden je 20 ccm Kupfersulfat- und alkalische Seignettesalzlösung exakt einpipettiert. Man erhitzt, kocht einige Sekunden mit voller Flamme, bis in der Schwefelsäure keine Blasen mehr aufsteigen, und reguliert dann die Flamme so, daß die Lösung nur schwach siedet. Ein übermäßiges Entweichen von Ammoniak und ein hierdurch bedingtes Ausscheiden von Kupferoxydul soll vermieden werden. Zu der siedenden Lösung läßt man aus der Bürette 2—3 ccm Harn pro Minute hinzufließen, bis die blaue Farbe fast, jedoch nicht ganz, verschwunden ist, wartet dann etwa 2 Min., setzt weiter 0,05—0,1 ccm hinzu, wartet wieder 2 Min. und fährt so fort, bis ein grünlicher Farbton eben verschwindet.

Die Entfärbung zeigt das Ende der Reaktion an. Gelbfärbung läßt erkennen, daß zu viel Harn eingebracht ist. Eine Ausscheidung von Kupferoxydul (rötlichgelbe Farbe) wird durch fehlerhaftes zu starkes Kochen, wobei zu viel Ammoniak vertrieben wird, bedingt. Bei kleiner Flamme kann das Kochen ohne Kupferoxydulausscheidung bis zu 30 Min. fortgesetzt werden.

Berechnung. 40 ccm der ammoniakalischen Lösung (20 ccm Kupferlösung) entsprechen 0,01 g Zucker. Die Verdünnung des Harnes ist zu berücksichtigen.

Kolorimetrische Bestimmung von Zucker im normalen Harn nach Folin und Berglund[1]-Benedict[2].

Prinzip. Die blaue Farbe, die nach Reduktion einer alkalischen Kupferlösung durch Zucker bei Zusatz eines Wolframsäure-Arsenreagenses entsteht, wird kolorimetrisch gegen die Farbe einer in gleicher Weise behandelten Standardlösung verglichen.

[1] J. of biol. Chem. 51, 209 (1922).   [2] J. of biol. Chem. 68, 759 (1926).

Reagentien. 1. Lloyds Reagens (Walker-Tonerde = Al.-Silikat J. U. Lloyd, Cincinnati, Ohio). 2. Schwefelsäure 0,1 n. 3. Salzsäure 10 % ig. 4. Standardtraubenzuckerlösung: a) Stammlösung: 1 % ig. Traubenzuckerlösung in 0,3 % ig. Benzoesäure. b) Verdünnung: je 5 ccm Lösung a) werden mit 0,3 % ig. Benzoesäurelösung auf 250 und 500 ccm verdünnt. Die Lösungen enthalten 0,1 mg bzw. 0,2 mg Traubenzucker in 1 ccm. 5. Alkalische Kupferlösung: Reines kristallisiertes Kupfersulfat 6,5 g, Natriumzitrat 200,0 g, Natriumkarbonat (wasserfrei) 60,0 g, Ammoniumchlorid 9,0 g, aqua dest. ad 1000 ccm. Man löst das Zitrat und Karbonat mit ca. 800 ccm Wasser; das Kupfersulfat wird gesondert in ca. 100 ccm Wasser gelöst und der anderen Lösung unter Rühren hinzugesetzt. Nunmehr wird Ammoniumchlorid zugefügt, zu 1 Liter verdünnt und gemischt. Nicht eher als einen Monat vor Gebrauch gibt man zu je 100 ccm Reagens 2,5—3 g reinen, wasserfreien Natriumsulfits. 6. Wolframsäure-Arsenreagens: 100 g reines Natriumwolframat werden in einem 1-Liter-Kolben in ca. 600 ccm aqua dest. gelöst und 50 g reines Arsenpentoxyd, 25 ccm 85 % ig. Phosphorsäure und 20 ccm konzentrierte Salzsäure hinzugefügt. Man läßt die Mischung 20 Min. sieden, gibt nach dem Abkühlen 60 ccm Formalin, 45 ccm konz. Salzsäure, sowie 40 g Natriumchlorid hinzu, verdünnt auf 1000 ccm und mischt durch.

Apparate. Folin-Zuckerreagenzglas (s. Abb. 82, S. 199).

Ausführung. 5 ccm Harn werden mit 5 ccm 0,1 n Schwefelsäure und 10 ccm Wasser, sowie 1,5 g Lloyds Reagens versetzt und 2 Min. (nicht länger) geschüttelt. Hierbei werden die meisten färbenden Substanzen, sowie Harnsäure, Kreatin und Kreatinin, jedoch nicht Zucker adsorbiert und entfernt. Nach Filtration werden bei konzentrierten Harnen 2 ccm, bei verdünnten Harnen 10—15 ccm, die auf dem Wasserbade eingeengt werden, zur Zuckerbestimmung verwandt.

Für die Bestimmung des Gesamtzuckers wird das Filtrat vor der Bestimmung noch hydrolysiert.

10 ccm des Filtrates werden mit 1 ccm 10 % ig. Salzsäure 75 Min. im siedenden Wasserbade in Reagenzgläsern, die eine Marke für 20 ccm Volumen tragen, erhitzt. Sodann wird sorgfältig abgekühlt und mit n NaOH genau neutralisiert. Man kann als Indikator hierzu Phenolphthalein benutzen, doch genügt es, so lange Alkali zuzusetzen, bis die Trübung, die sich bei dem Zusatz aus gelösten Teilen von Lloyds Reagens bildet, beim Schütteln nicht mehr verschwindet. Die neutralisierte Lösung wird ad 20 ccm verdünnt. Dann gibt man eine kleine Menge Lloyds Reagens hinzu und schüttelt 6 mal. Dies dient zur Entfernung der färbenden Substanzen, die sich bei der Hydrolyse bilden.

Nach Filtration verwendet man eine entsprechende Menge, meist 2 ccm des Filtrates, zur Bestimmung.

2 ccm des Harnfiltrates, das evtl. auf dieses Volumen einzuengen ist, werden in das Zuckerbestimmungsröhrchen gebracht

und mit 2 ccm des Kupferreagenses versetzt. Man mischt vorsichtig durch und setzt die Mischung 5 Min. in ein siedendes Wasserbad; dann kühlt man durch Einstellen in kaltes Wasser ab, gibt 2 ccm Wolframsäurereagens hinzu, verdünnt nach 1—2 Min. ad 25 ccm mit aqua dest., mischt sorgfältig durch und kolorimetriert die Lösungen gegen eine gleich behandelte und gleichzeitig angesetzte Standardlösung, die in 2 ccm 0,2 mg bzw. 0,4 mg Zucker enthält.

Berechnung:

$$\frac{\text{Ablesung der Standardlösung} \cdot 0,2 \ (\text{bzw. } 0,4)}{\text{Ablesung der unbekannten Lösung}} = \text{mg Zucker in der untersuchten Lösung.}$$

Bei Umrechnung auf Harn sind die Verdünnungsverhältnisse zu berücksichtigen.

Kolorimetrische Bestimmung von Zucker im normalen Harn nach Benedict und Osterberg[1].

Prinzip. Die Methode beruht auf Erzielung einer Braunfärbung zuckerhaltiger Lösung durch Pikrinsäure und Alkali und kolorimetrischem Vergleich dieser Färbung gegen eine Standardlösung.

Reagentien. 1. Pikrinsäure 0,6 %ig (aus Pikrinsäure, krist. puriss.). 2. Natriumhydroxydlösung 5 %ig. 3. Azeton 50 %ig. (täglich frisch herzustellen durch Verdünnen reinen Azetons mit dem gleichen Volumen aqua dest). 4. Knochenkohle; 250 g käuflicher Knochenkohle werden in 1500 ccm Salzsäure (1 Vol. konz. Säure verdünnt mit 4 Vol. Wasser) aufgeschwemmt und ca. 30 Min. lang gekocht. Dann wird auf einer großen Porzellannutsche abgenutscht und die Knochenkohle so lange mit heißem Wasser gewaschen, bis das Waschwasser neutral gegen Lackmus reagiert. Die Kohle wird nunmehr getrocknet und gepulvert. Vor Gebrauch wird das Präparat dadurch geprüft, daß 1 g desselben in 15 ccm Glukoselösung, die 0,5 mg Glukose pro ccm enthält, geschüttelt und hierauf im Filtrat der Zuckergehalt bestimmt wird. Es darf keine bemerkbare Adsorption von Zucker durch die Knochenkohle stattgefunden haben. Stark adsorbierende Tierkohlen sind ungeeignet. 5. Standard-Glukose-Lösung. Die Lösung soll 1 mg Glukose pro 3 ccm enthalten; sie ist bei Zusatz von etwas Toluol haltbar.

Ausführung. Ist das spez. Gewicht des Harnes höher als 1,025 bis 1,030, so wird er so verdünnt, daß sein spez. Gewicht 1,030 nicht überschreitet; das Verdünnungsverhältnis wird vermerkt. 15 ccm des Originalharnes oder der Verdünnung werden mit ca. 1 g

---

[1] J. of biol. Chem. 48, 51 (1921).

Knochenkohle mehrere Male 5—10 Min. lang tüchtig durchgeschüttelt, worauf die Mischung durch ein kleines, trocknes Filter in ein trocknes Becherglas filtriert wird. Vom Filtrat gibt man 1—3 ccm, und zwar möglichst so viel, daß insgesamt ca. 1 mg Zucker angewandt wird — was durch einen Vorversuch ausgeprobt werden kann — in ein Reagenzglas, das eine Markierung für 25 ccm trägt. Wenn weniger als 3 ccm Filtrat angewandt werden, gibt man aqua dest. ad 3 ccm hinzu und pipettiert 1 ccm Pikrinsäurelösung (0,6% ig.) und 0,5 ccm 5% ig. NaOH-Lösung hinzu. Die Pikrinsäurelösung muß exakt pipettiert werden, während es bei Zusatz der Natronlauge genügt, die verschiedenen Lösungen mit genau der gleichen Tropfenzahl (ca. 10) aus der gleichen Pipette zu versetzen. Nunmehr werden 5 Tropfen frisch bereiteter Azetonlösung hinzugegeben, wobei ebenso wie beim Zusatz der anderen Lösungen darauf zu achten ist, daß die Flüssigkeit unmittelbar auf den Boden oder den Inhalt des Glases, nicht aber an seine Wandungen gelangt. Der Inhalt des Reagenzglases wird durchgemischt und dieses, nachdem es durch einen Wattestopfen verschlossen ist, 12—15 Min. in ein siedendes Wasserbad gestellt. Gleichzeitig mit der zu untersuchenden Lösung setzt man eine Standardlösung an, die 1 mg Zucker in 3 ccm Lösung enthält. Nach dem Erhitzen werden die Gläser auf Zimmertemperatur abgekühlt, mit aqua dest. ad 25 ccm aufgefüllt und kolorimetrisch verglichen. Enthält die Standardlösung 1 mg Zucker in 3 ccm, so soll der Zuckergehalt der zu untersuchenden Lösung nicht weiter abweichen als einem Gehalt von 0,75—1,75 mg entspricht. Gegebenenfalls ist die Harnverdünnung zu variieren. Sind weniger als 0,7 mg Zucker in 3 ccm der unbekannten Lösung enthalten, so gebraucht man als Standardlösung eine Lösung von 0,5 mg pro 3 ccm Gehalt und verdünnt die zu untersuchende wie die Standardlösung auf 12,5 ccm anstatt auf 25 ccm.

Berechnung:

$$\frac{\text{Die Ablesung der Standardlösung}}{\text{Ablesung der unbekannten Lösung}} = \text{mg Zucker in dem angewandten}$$
Volumen des verdünnten Harnes.

Eine evtl. Harnverdünnung ist zu berücksichtigen.

Nachweis des Milchzuckers (Laktose).
$$C_{12}H_{22}O_{11} + 2\,H_2O.$$

Milchzucker kommt nur im Harn von graviden Frauen kurz vor der Niederkunft oder von Wöchnerinnen beim Aufhören der

Laktation oder bei Milchstauungen vor. In geringer Menge kann er auch alimentär bedingt sein. Die Identifizierung des Zuckers ist wegen Erkennung oder Ausschluß eines Diabetes von Bedeutung.

Qualitativer Nachweis.

Ein gültiger Beweis für die Anwesenheit von Milchzucker ist allein durch präparative Gewinnung aus dem Harn zu erbringen[1].

Praktisch genügt jedoch der Nachweis eines reduzierenden Zuckers bei Ausschluß von Glukose und Pentose sowie der positive Ausfall der Schleimsäurereaktion, die außer von Milchzucker nur noch durch Galaktose gegeben wird. Bei Gegenwart von Glukose neben Laktose kann die Glukose zunächst vergoren werden (s. S. 479).

1. **Reduktionsproben**: Milchzuckerhaltiger Harn reduziert alkalische Kupfer- oder Wismutlösung.

2. **Polarisationsprobe**: Milchzuckerhaltiger Harn dreht die Ebene des polarisierten Lichtes ebenso stark nach rechts wie ein traubenzuckerhaltiger.

3. **Phenylhydrazinprobe** (s. S. 478): Fällt (im Harn angestellt) meist negativ aus (Unterschied gegen Glukose).

4. **Gärprobe**: Milchzuckerhaltiger Harn wird, wenn steril (abgekocht) mit **reiner Hefekultur** angesetzt, nicht vergoren. Unterschied gegen Glukose.

5. Milchzuckerhaltiger Harn gibt nicht die Bialsche Orcin-Salzsäure Probe (s. S. 472). Unterschied gegen Pentose.

6. **Schleimsäureprobe.** 100 ccm Harn werden mit 20 ccm konz. Salpetersäure (ist das spez. Gew. des Harnes höher als 1020 mit 25—35 ccm) in einem Becherglase auf dem Wasserbade bis zu einem Volumen von 20 ccm eingedampft. Hierbei entweichen nitrose Dämpfe, worauf die Flüssigkeit klar und hell wird.

Beim Abkühlen (bei kleinen Milchzuckermengen oft erst nach dem Stehen über Nacht) entsteht eine feine weiße Fällung. Der Niederschlag zeigt nach Abfiltration, Auswaschen mit Wasser und Trocknung, einen Schmelzpunkt von 215°. Von allen reduzierenden Zuckern wird diese Reaktion nur noch von Galaktose gegeben.

---

[1] Vgl. Hofmeister: Z. physiol. Chem. 1, 104 (1877/78). — Spaeth: l. c. (S. 355 dieses Praktikums) S. 340.

Nachweis der Galaktose.
$$C_6H_{12}O_6.$$

Galaktose wird nach Aufnahme mit der Nahrung ausgeschieden. Sie findet sich zuweilen im Harn von Säuglingen bei Ernährungsstörungen.

Qualitativer Nachweis.

1. Galaktose reduziert alkalische Kupfer- und Wismutlösung, ist rechtsdrehend und gibt ein Osazon. Die Gärprobe zeigt nach 6 Stunden nur unbedeutende Kohlensäureentwicklung.

2. Galaktose gibt die Schleimsäurereaktion (s. Laktose S. 489).

3. Galaktose gibt die Tollenssche Phlorogluzin-Salzsäureprobe. Gleiche Volumteile Harn und Salzsäure (sp. G. 1,09) werden gemischt, mit etwas Phlorogluzin versetzt und auf dem Wasserbade zum Sieden erhitzt: Rotfärbung. Diese Reaktion wird auch von Pentose und Glukuronsäure gegeben, doch unterscheidet sich Galaktose von diesen beiden dadurch, daß die rotgefärbte Reaktionslösung bei der spektroskopischen Untersuchung keine Absorptionsbanden zeigt[1].

Nachweis des Fruchtzuckers (Fruktose).
$$CH_2OH(CHOH)_3CO \cdot CH_2OH.$$

Fruchtzucker wird selten an sich allein ausgeschieden (reine Fruktosurie). Häufiger finden sich kleine Fruktosemengen neben viel Glukose beim Diabetes. Fruktosurie kann auch alimentär bedingt sein.

Qualitativer Nachweis.

Auf die Anwesenheit der linksdrehenden Fruktose deutet eine Differenz zwischen titrimetrischer und polarimetrischer Zuckerbestimmung. Diese Erscheinung kann aber auch durch die Anwesenheit anderer linksdrehender Körper wie β-Oxybuttersäure oder gepaarter Glukuronsäuren bedingt sein. Man prüft daher frischen, sauren Harn:

1. Nach Vergären: Fruchtzucker ist ebenso wie Traubenzucker vollständig vergärbar. Verschwindet nach Vergären eine Linksdrehung nicht (bzw. nimmt eine Rechtsdrehung nicht zu),

---

[1] Vgl. Hawk und Bergeim: l. c. (S. 59 dieses Praktikums) S. 666.

so ist auf β-Oxybuttersäure und gepaarte Glukuronsäuren zu prüfen.

2. Reduktionsproben. Fruktose reduziert ebenso wie Glukose, doch etwas weniger stark.

3. Phenylhydrazinprobe. Entspricht dem Traubenzucker. Einen sicheren Nachweis erbringt die Darstellung des Methylphenylosazons nach Neuberg und Strauss[1]. Der frische und sauer entleerte Harn wird evtl. nach Zusatz von ein wenig Essigsäure (und Entfernung von vorhandenem Eiweiß durch Aufkochen) im Vakuum bei unter 40° zum dünnen Sirup eingeengt und mit halb so viel Alkohol von 98%, als das ursprüngliche Volumen betrug, auf dem Wasserbade etwa 5 Min. aufgekocht. Das alkoholische, durch Knochenkohle entfärbte Filtrat wird (nachdem man in einer Probe durch Titration den Gehalt an reduzierender Substanz — als Fruchtzucker betrachtet — festgestellt hat) auf etwa 30 ccm eingedampft. Man fügt die berechnete Menge Methylphenylhydrazin (auf 1 Mol Zucker 3 Mol) hinzu, und nach mehrstündigem Stehen in der Kälte und Filtration, falls sich ein Niederschlag gebildet hat, die dem angewendeten Phenylhydrazin gleiche Gewichtsmenge 50%ig. Essigsäure und evtl. noch so viel Alkohol, daß eine klare Lösung entsteht. Diese wird 3 Min. auf kochendem Wasserbade erhitzt. Bei größeren Mengen von Fruchtzucker scheidet sich das Osazon direkt kristallinisch aus, evtl. nach Zusatz einiger Tropfen Wasser; bei geringeren Mengen entsteht zuerst ein Öl, das bei öfterem Reiben oder nach Impfung fest wird. Am besten ist starke Abkühlung durch ein Gemisch fester Kohlensäure und Äther.

4. Probe nach Seliwanoff in der Ausführung von Adler[2]: Zwei Teile Harn werden mit einem Teil 36%ig. Salzsäure versetzt, worauf die Mischung zum Sieden erhitzt und 20 Sek. lang im Kochen erhalten wird. Hierdurch werden beim Stehen des Harnes evtl. gebildete Nitrite, die die Reaktion stören, entfernt. Die Lösung wird geteilt und ein Anteil mit einer Messerspitze Resorzin versetzt und nur ganz kurz aufgekocht. Bei Gegenwart von Fruchtzucker färbt sich die Lösung rot oder es entsteht ein roter Niederschlag, der in Alkohol löslich ist. Die Lösung wird gegen den zweiten Harnteil ohne Resorzin verglichen, der an sich leicht rot gefärbt sein kann. Die Reaktion kann auch durch Glukose angezeigt werden, wenn der Harn zu lange mit Salzsäure erhitzt wird.

[1] Z. physiol. Chem. **36**, 227 (1902). Neuberg: Ebenda **45**, 500 (1905).
[2] Arch. f. Physiol. **139**, 116 (1911); Ber. dtsch. chem. Ges. Jg. 42, 2, 1742 (1909).

5. Probe nach Bang[1]: 1—2 Tropfen Rindergalle (nach Zusatz von Toluol haltbar) oder ein Körnchen kristallisierte Rindergalle werden zu 1—2 Tropfen Harn (nicht mehr als 0,2—0,3 ccm) gesetzt und nach Zufügen von 3 ccm rauchender Salzsäure ½ bis 1 Min. gekocht. Fruktose bedingt eine Violettfärbung, die sich beim Abkühlen verstärkt. Spektroskopisch gibt die Lösung dasselbe Spektrum wie bei der Pettenkoferschen Reaktion (s. S. 593). Die Probe ist noch für 0,02 mg Fruktose empfindlich. Traubenzucker gibt erst bei längerem Kochen eine Reaktion.

Nachweis der Harndextrine.

Normaler Harn enthält in geringer Menge zusammengesetzte Kohlenhydrate unbekannter Natur, die beim Kochen reduzierende Substanzen liefern und durch Diastase nicht verzuckert werden.

Pathologisch kann ihre Menge vermehrt sein, worauf die sog. „Cammidge-Reaktion" zurückgeführt werden dürfte. Diese ist als charakteristisch für Pankreaserkrankung angegeben und beruht auf Bildung eines Osazons durch Zusatz von Phenylhydrazin zu dem durch Salzsäure zum Sieden erhitzten Harn.

Cammidge-Reaktion[2] in der Ausführung nach Eichler[3]. Der zu untersuchende Harn muß eiweiß- und zuckerfrei sein, evtl. durch Ansäuern mit Essigsäure und Aufkochen bzw. Vergärung eiweiß- und zuckerfrei gemacht werden. Der gebildete Alkohol ist durch Kochen zu entfernen. Der Harn wird filtriert. 20 ccm des klaren Filtrates werden mit 1 ccm Salzsäure (spez. Gew. 1,16) versetzt, langsam auf dem Sandbade erhitzt (Trichter als Kondensor aufsetzen) und 10 Min. gekocht.

Nach Abkühlung wird die Lösung ad 20 ccm mit aqua dest. aufgefüllt; man neutralisiert durch langsames Zufügen von 4 g Bleikarbonat, filtriert, fügt nach mehreren Min. langem Stehen 4 g Bleiessig hinzu, schüttelt durch und filtriert nochmals; nach einiger Zeit fällt man das Blei durch Zugabe von 2 g pulv. Natriumsulfat, erhitzt zum Sieden, kühlt unter fließendem Wasser und filtriert.

---

[1] Lehrb. d. Harnanalyse, l. c. (S. 298 dieses Praktikums) S. 106.

[2] Lancet 1, 782 (1904); 2, 14 (1905); Brit. med. J. 1, 776 (1904); 594, 622, 1150 (1906); Med. chir. Transact. 89, 239 (1906).

[3] Berl. klin. Wschr. 44, 769 (1907). Pharm. Centralhalle 48, 644 (1907). — Vgl. auch weitere Methoden zum Nachweis von Dextrinen im Harn bei Pankreaserkrankungen. Cammidge, Forsyth and Howard: Lancet 199, 393 (1920).

10 ccm des klaren Filtrates werden mit aqua dest. ad 18 ccm,
0,8 g salzsaurem Phenylhydrazin, 2 g Natriumazetat und 1 ccm
50% ig. Essigsäure versetzt. Das Gemisch wird wie oben 10 Min.
auf dem Sandbade gekocht, durch ein mit heißem Wasser angefeuchtetes Filter filtriert und ad 15 ccm aufgefüllt. Nach
einigen Stunden, spätestens nach 24 Stunden hat sich bei positiver Reaktion ein flockiger Niederschlag von hellgelben, bei
mikroskopischer Betrachtung büschelweise angeordneten Kristallen
abgeschieden. Diese lösen sich in 33% ig. Schwefelsäure. Gelbliche Häute bzw. auf der Oberfläche schwimmende Schollen an
Stelle des Niederschlages sind ohne Bedeutung.

Bestimmung des Harnstoffes.

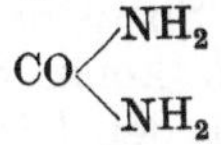

$$CO\begin{cases} NH_2 \\ NH_2 \end{cases}.$$

Die im Harn vorhandene Harnstoffmenge hängt von der Art
der Nahrung ab. Durchschnittlich sind im normalen, 24 stündigen
Harn des Mannes 25—35 g, im Harn der Frau 24—30 g Harnstoff
enthalten. Der Harn ist also ungefähr 2% ig an Harnstoff. Nach
Folin[1] soll der Prozentgehalt des Harnstoffstickstoffes nicht
weniger als 87% des Gesamt-N betragen, wenn dieser mehr als
12 g im 24 stündigen Harn beträgt. Ist die Gesamt-N-Menge
noch größer, so kann der Prozentgehalt an Harnstoff-N noch
höher werden, während bei niedrigen Gesamt-N-Werten (4—7 g)
der Harnstoffstickstoff bis auf 60% oder weniger sinken kann.

Qualitativer Nachweis.

Unmittelbar im Harn. (Erkennung einer Flüssigkeit als
Harn.)

1. Einige Tropfen des eingeengten Harnes werden mit 1 bis
2 Tropfen verdünnter Salpetersäure auf einem Objektträger
erwärmt und dann zum Auskristallisieren gebracht. Man erkennt
unter dem Mikroskop rhombische oder sechsseitige Kristalltafeln
von salpetersaurem Harnstoff, die zum Unterschied von Cystin
in Wasser löslich sind.

2. Stark verdünnter Harn gibt mit einigen Tropfen einer
salzsauren Lösung von p-Dimethylamidobenzaldehyd eine zeisig-

---

[1] Amer. J. Physiol. **13**, 66 (1905). Vgl. Folin in Abderhaldens Arbeitsmethoden V/1, 287 (1911).

grüne Farbe. Diese Reaktion gibt von normalen Harnbestandteilen außer Harnstoff nur noch Allantoin.

Nach Darstellung des Harnstoffes. Zum sicheren Nachweis des Harnstoffes ist derselbe zu isolieren.

Darstellung des Harnstoffes nach Hoppe-Seyler-Thierfelder[1].

Der Harn (Hundeharn 200—300 ccm, von Menschenharn das doppelte) wird zur Sirupdicke auf dem Wasserbade eingeengt, mit Alkohol ausgezogen und das alkoholische Filtrat auf dem Wasserbade zum Sirup eingeengt. Aus Hundeharn scheidet sich alsbald Harnstoff in Kristallen ab, die durch Abpressen und Waschen mit wenig Alkohol gereinigt werden können. Bei Menschenharn gibt man zu dem erkalteten Sirup in mäßigem Überschuß eine Mischung aus gleichen Teilen konz. Salpetersäure und Wasser unter Abkühlung hinzu, saugt den Niederschlag auf der Nutsche ab, wäscht mit verdünnter Salpetersäure, zerteilt ihn in etwas Wasser und fügt so lange Bariumkarbonat hinzu, wie Aufbrausen erfolgt. Hierdurch wird der salpetersaure Harnstoff zerlegt. Man dampft nun die Lösung auf dem Wasserbade zur Trockne, zieht den Harnstoff aus dem Rückstand durch absol. Alkohol aus, filtriert und engt das Filtrat zur Sirupdicke ein. Der beim Stehen auskristallisierende Harnstoff wird durch Umkristallisieren aus Wasser unter Zugabe von Tierkohle weiter gereinigt.

Reaktionen des Harnstoffes.

a) Beim Erhitzen einiger Kriställchen Harnstoff in einem trockenen Reagenzglas bis zum Schmelzen und Aufhören des entstehenden Ammoniakgeruches bildet sich neben anderen Produkten Biuret:

$$CO\begin{cases}NH_2\\NH_2\end{cases} + CO\begin{cases}NH_2\\NH_2\end{cases} = \begin{matrix}CO\begin{cases}NH_2\\NH\\CO\begin{cases}NH_2\end{cases}\end{cases}\end{matrix} + NH_3.$$

Dasselbe läßt sich nachweisen, indem man nach dem Erkalten den Rückstand in wenig Wasser löst, verdünnte Natronlauge

---

[1] Hoppe-Seyler-Thierfelder: l. c. (S. 350 dieses Praktikums) S. 150.

und 1—2 Tropfen einer **stark** verdünnten Kupfersulfatlösung zufügt. Es entsteht eine rosa Färbung, die über rotviolett in blauviolett übergeht.

b) Einige Kristalle werden in einem Porzellanschälchen mit 1 Tropfen einer frisch bereiteten, nahezu konzentrierten Furfurollösung übergossen. Nach sofortiger Zugabe von 1 Tropfen 20%ig. Salzsäure (spez. Gew. 1,10) tritt eine Gelbfärbung ein, die über grün, blau, violett in purpurviolett übergeht.

c) Eine konz. Harnstofflösung (oder konzentrierter Harn) gibt mit ges. Oxalsäurelösung Kristalle von oxalsaurem Harnstoff (prismatisch). Auch in alkoholischer Lösung gibt Harnstoff mit einer ätherischen Oxalsäurelösung eine Fällung von kristallinischem Harnstoffoxalat.

Quantitative Bestimmung.

Gravimetrische Bestimmung des Harnstoffes nach Fosse[1], modifiziert nach Frenkel[2].

Prinzip. Harnstoff wird mittels Xanthydrols als Dixanthylharnstoff gefällt und als solcher gewogen.

$$2\,O\!<\!\!\begin{array}{l}C_6H_4\\C_6H_4\end{array}\!\!>\!CH\!-\!OH + CO\!<\!\!\begin{array}{l}NH_2\\NH_2\end{array} = 2\,H_2O +$$

Xanthydrol   Harnstoff

$$O\!<\!\!\begin{array}{l}C_6H_4\\C_6H_4\end{array}\!\!>\!CH\cdot NH\!-\!CO\!-\!NH\cdot CH\!<\!\!\begin{array}{l}C_6H_4\\C_6H_4\end{array}\!\!>\!O .$$

Dixanthylharnstoff

Reagentien. 1. Xanthydrollösung; Xanthydrol ist käuflich zu erhalten (Kahlbaum). Man kann es selbst herstellen, indem man zu einer Lösung von 15 g Xanthon und 50 g NaOH in 400 ccm Alkohol 15 g Zinkstaub portionsweise hinzufügt, so daß stets etwas Zink ungelöst bleibt. Nach mehrstündigem Stehen wird in viel Wasser hineinfiltriert. Der erhaltene Niederschlag wird abfiltriert, mit Wasser gewaschen und kurze Zeit über Schwefelsäure getrocknet. Ausbeute 13 g, Schmelzpunkt 122—124°. Xanthydrol soll sich in warmem, absolut. Methylalkohol klar lösen. Von gelb gefärbten Verunreinigungen, die sich schwerer lösen, filtriert man ab. Man verwendet eine 10%ig. Lösung in Methylalkohol. Die Lösung bleibt etwa 1 Woche haltbar. Das Xanthydrol läßt sich in nachstehender Weise zurück-

---

[1] C. r. Acad. des sciences **158**, 1076, 1432, 1588 (1914); Ann. Inst. Pasteur **30**, 525 (1916). Liter. vgl. in Hoppe-Seyler-Thierfelder: l. c. (S. 350 dieses Praktikums) S. 701.

[2] Ann. de Chim. analyt. appl. (2) **2**, 234 (1920). Vgl. Kikuchi: Biochem. Z. **156**, 35 (1925).

gewinnen. Die Filtrate der Dixanthylharnstoff-Niederschläge werden auf dem Wasserbade von Alkohol und Methylalkohol befreit, mit Soda neutralisiert und mit Chloroform ausgeschüttelt. Die Chloroformauszüge werden verdampft; der Rückstand wird in der 10fachen Menge Methylalkohol gelöst und die Lösung filtriert. Diese kann wieder als Reagens benutzt werden. 2. Eisessig. 3. Alkohol 95%ig.

Ausführung. 10 ccm Harn, verdünnt auf 100 ccm, werden mit 35 ccm Eisessig versetzt. In die Mischung trägt man in Abständen von je 10 Min. je 1 ccm 10%ig. methylalkoholischer Xanthydrollösung ein, bis 5 ccm Reagens verbraucht sind. Man schüttelt nach jeder Zugabe gut durch und läßt nach der letzten Zugabe die Mischung 1 Stunde stehen. Der Niederschlag wird durch ein quantitatives Filter oder durch einen Goochtiegel abfiltriert, mit 20 ccm 95%ig. Alkohol nachgewaschen, im Trockenschrank bei 100—105° getrocknet und gewogen (sehr geeignet zu dieser Bestimmung sind Goochtiegel aus Glas (Schott u. Gen., Jena) mit eingeschmolzener Siebplatte [1 G (3 < 7)].

Berechnung. Da die Gewichte Dixanthylharnstoff zu Harnstoff sich wie 420 : 60 verhalten, so gibt die abgewogene Menge des Dixanthylharnstoffes, multipliziert mit 14,28 den Gehalt an Harnstoff in 1000 ccm Harn.

**Titrimetrische Makro-Harnstoffbestimmung nach
Zerlegung des Harnstoffes durch
Magnesiumchlorid nach Folin[1].**

Prinzip. Der Harnstoff wird durch eine Lösung von Magnesiumchlorid in seinem Kristallwasser, die bei ca. 160° siedet, gespalten. Andere Harnsubstanzen (Kreatinin, Hippursäure) erfahren hierbei noch keine merkliche Zersetzung. Das gebildete Ammoniak wird abdestilliert und azidimetrisch bestimmt.

Reagentien. 1. Magnesiumchlorid krist. ($MgCl_2 \cdot 6H_2O$). 2. Salzsäure konz. 3. Natronlauge 10%ig. 4. Paraffin fest. 5. Alizarinrotlösung (0,1%ig. wäßrige Lösung). 6. Schwefelsäure 0,1 n und Lauge 0,1 n.

Apparate. 1. Kjeldahlkolben von 500 ccm Inhalt mit aufgesetztem Rückflußkühler. 2. Temperaturindikator aus Chlorjodquecksilber. Chlorjodquecksilber HgClJ ist ein hellrotes Pulver, welches bei 125° gelb wird und bei 153° schmilzt. Es wird hergestellt, indem man in einem geschlossenen Rohre molekulare Mengen reinen Chlorquecksilbers und Jodquecksilbers 6—8 Std. auf ungefähr 160° erhitzt. Das pulverisierte Produkt wird dann in kleinen Jenaer Glaskolben von ungefähr 0,5 ccm Inhalt verschlossen

---

[1] Z. physiol. Chem. **32**, 504 (1901); **36**, 333 (1902); **37**, 548 (1902/3). Vgl. auch Rona in Abderhaldens Arbeitsmethoden III/2, 778 (1910) und Folin: Ebenda V/1, 286 (1911).

aufbewahrt. Solche Gefäße lassen sich nahezu unbegrenzt lange benutzen, um die Temperatur von 153° anzuzeigen. 3. Destillationsapparatur nach Kjeldahl (Abb. 121, S. 419).

Ausführung. In den Kjeldahlkolben (siehe Apparate 1.) werden 5 ccm Harn einpipettiert, 20 g Magnesiumchlorid, 2—5 ccm konz. Salzsäure, ein kleines Stück Paraffin (kaffeebohnengroß) und einige Tropfen Alizarinrotlösung zugesetzt. Der Mischung wird das oben beschriebene Glaskölbchen (siehe Apparate 2.), das als Temperaturanzeiger dient, zugefügt. Der Kolben wird in aufrechter Stellung über eine Flamme gebracht, das überschüssige Wasser abgedampft und die Mischung weiter erhitzt, bis der Indikator im Glaskölbchen gelb wird und dann schmilzt. Dieses Stadium soll in ungefähr 15 Min. erreicht sein, wobei darauf zu achten ist, daß die Mischung noch sauer reagiert. Man erhitzt weiter, bis das Wasser, das sich evtl. im oberen Teile des Kjeldahlkolbens kondensiert hat, entweicht, fügt 2 bis 3 Tropfen konz. Salzsäure zum Kolbeninhalt und verbindet den Kolben mit dem Rückflußkühler. Jetzt erhitzt man 1½ Stunden bei 153° (Temperaturindikator!). Sollte trotz des Rückflußkühlers Salzsäure entweichen und die Lösung im Kolben rot werden, so muß tropfenweise Salzsäure zugegeben werden, bis sie wieder gelb ist.

Nach Verlauf von 1½ Stunden wird das Erhitzen unterbrochen und der Kolben etwas abgekühlt. 350—400 ccm heißes Wasser, 15—20 ccm 10%ig. Natronlauge und eine Messerspitze Talkum werden zugefügt. Man verbindet den Kolben sofort mit der Destillationsapparatur, gibt in den Vorlagekolben 60—80 ccm 0,1 n Schwefelsäure und destilliert mindestens 1 Stunde. Das Ammoniak ist selten früher vollständig übergetrieben, da die Anwesenheit des Magnesiumchlorids die Destillation verzögert. Das Destillat wird mit einem Indikator (Alizarinrot, Methylrot, Lackmus) versetzt und wie bei einer Kjeldahlbestimmung mit 0,1 n NaOH (s. S. 421) titriert.

Berechnung. 1 ccm gebundener 0,1 n Säure entspricht 1,401 mg N, d. h. 3,0 mg Harnstoff. Da das Magnesiumchlorid des Handels fast stets Ammoniak enthält, ist mit den angewandten Reagentien eine Blindbestimmung durchzuführen und die erhaltene N-Menge von den Analysenwerten in Abzug zu bringen.

Das präformiert im Harn vorhandene Ammoniak ist in einer besonderen Harnanalyse (s. Ammoniakbestimmung) zu bestimmen und von dem erhaltenen Ammoniakwert in Abzug zu bringen.

Titrimetrische Mikro-Harnstoffbestimmung nach Zerlegung des Harnstoffes durch Magnesiumchlorid nach Laubender[1].

Prinzip. Das Prinzip der Harnstoffspaltung mittels Magnesiumchlorids nach **Folin** wird zu einer Mikrobestimmung ausgearbeitet. Die Methode kommt besonders da in Frage, wo die Anwesenheit von Fermentgiften (wie Hg u. a.) die Durchführung der Ureasemethode unmöglich macht.

Reagentien. 1. Alkohol 95 %ig. 2. Salzsäure 38 %ig. 3. Magnesiumchlorid ($MgCl_2 \cdot 6\,H_2O$). Das Präparat, das sehr hygroskopisch ist, muß dauernd im Exsikkator in einer flachen Schale über Phosphorpentoxyd aufbewahrt werden. 4. Kalilauge 40 %ig. 5. Schwefelsäure und Natronlauge 0,02 n. 6. Methylrot. (100 mg in 60 ccm Alkohol gelöst und mit Wasser auf 100 ccm verdünnt.)

Apparate. Zur Vakuumtrocknung der Analysenflüssigkeit und zum Aufschluß ist eine Apparatur gemäß nebenstehender Abbildung anzuwenden.

Ausführung. 2 ccm des passend verdünnten Harnes (bei normalem Harn eine Verdünnung 1 : 10, bei sehr verdünntem Harn 1 : 5, bei stark konzentriertem, insbesondere bei Carnivorenharnen, 1 : 20 bis 1 : 40) werden in einen 100 ccm-Mikrokjeldahlkolben pipettiert. Man gibt dann 2—3 Tropfen 95 %ig. Alkohol und 1 Tropfen 38 %ig. HCl hinzu. Ist der Harn zuckerhaltig, so entstehen bei der folgenden Harnstoffspaltung leicht Harnstoffverluste. Der Harn ist daher vorher zuckerfrei zu machen. Hierzu wird 1 ccm Harn mit 0,4 g gepulvertem $Ba(OH)_2$ versetzt, einige Minuten stehen gelassen und mit einer Mischung von Alkohol und Äther (2 Teile 95 %ig. Alkohol und 1 Teil Äther) ad 20 ccm aufgefüllt. Die Lösung bleibt 15—20 Min. gut verschlossen unter häufigem Umschütteln stehen, worauf ein aliquoter Teil des klaren Filtrates (z. B. 4 ccm entsprechend 0,2 ccm des unverdünnten Harnes) nach Zusatz von 2 Tropfen konzentrierter HCl ebenso wie die Originalharnverdünnung weiter verarbeitet wird. Die Analyse erfolgt in 3 Stufen: Verdampfung der zur Analyse

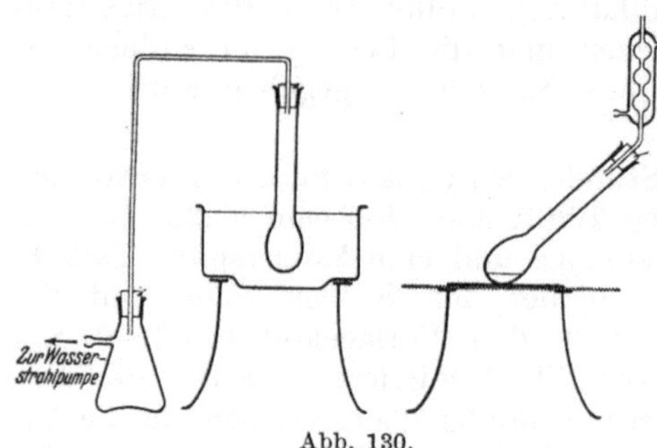

Abb. 130.

---

[1] Biochem. Z. **186**, 158 (1927).

kommenden Flüssigkeit zur Trockne im Vakuum, Aufschließung des Harnstoffes und Destillation und Bestimmung des gebildeten Ammoniaks.

Die Trocknung geschieht (ohne Siedekapillare) unter Zugabe von je 1 Tropfen 38%ig. HCl und 95%ig. Alkohol im Vakuum bei 12—20 mm Druck unter Anwendung der oben geschilderten Apparatur in etwa 15—20 Min., indem man den Kolben in ein vorher bis nahe zum Sieden erhitztes Wasserbad stellt und die angeschaltete Vorlage mit der Wasserstrahlpumpe evakuiert. Zu dem aus dem Wasserbad genommenen Trockenrückstand fügt man 0,3 ccm 38 %ig. HCl und 5,0 g $MgCl_2 \cdot 6H_2O$. Man wägt das im Exsikkator über P_2O_5 aufbewahrte Präparat möglichst rasch und bringt den Vorrat sogleich wieder in den Exsikkator zurück. Der Kolben wird sofort mit einem Rückflußkühler (s. Abb. 130) verschlossen und über einem Asbestdrahtnetz mit kleiner Flamme, die eben das Asbestdrahtnetz berühren soll, zum Sieden erhitzt. Nach Ablauf von 30 Min., vom Beginn des Erhitzens gerechnet, gibt man zu der noch heißen Schmelze 20 ccm aqua dest. von Zimmertemperatur. Nach dem Erkalten wird der Kolben in die für die Ammoniakdestillation beim Mikrokjeldahlverfahren übliche Apparatur gefügt. Man gibt 10 ccm 40% ig. KOH und 10 ccm Wasser hinzu und führt eine N-Bestimmung aus, indem man als Vorlage- und Titrationsflüssigkeiten 0,02 n H_2SO_4, 0,02 n NaOH und Methylrot als Indikator verwendet.

Berechnung. 1 ccm gebundener 0,02 n H_2SO_4 entspricht 0,2802 mg N oder 0,6 mg Harnstoff. Der nach Abzug des Blindwertes, der für jedes neue Magnesiumpräparat zu bestimmen ist, verbleibende Ammoniakwert ergibt die Summe des aus Harnstoff stammenden und des präformierten Ammoniaks. Die Menge des dem präformierten Ammoniak entsprechenden N muß gesondert durch eine Ammoniakbestimmung ermittelt werden.

Titrimetrische Harnstoffbestimmung nach Zerlegung
des Harnstoffes durch Urease nach
van Slyke und Cullen[1].

Prinzip. Der Harnstoff wird durch das Ferment Urease in Ammoniumkarbonat überführt. Durch Alkalizusatz wird dann das Ammoniak in Freiheit gesetzt, mittels Luftstromes in eine Säurevorlage übergetrieben und azidimetrisch bestimmt.

---

[1] J. of biol. Chem. **19**, 211 (1914).

Reagentien. 1. Salzsäure oder Schwefelsäure 0,02 n. 2. Natronlauge 0,02 n. 3. Kaliumkarbonat, pulv. pur. 4. Primäre Kaliumphosphatlösung (KH_2PO_4) 0,6 % ig. 5. Oktylalkohol. 6. Urease: 1 Teil Sojabohnenmehl wird mit 5 Teilen Wasser 1 Std. lang unter Umrühren digeriert, abzentrifugiert oder filtriert und das Filtrat in mindestens das 10fache Volumen Azeton eingegossen. Lösung und Fällung sind zu wiederholen. Der im Vakuum getrocknete und pulverisierte Niederschlag kann beliebig lange aufgehoben werden. Vor Gebrauch wird eine 10 % ig. Lösung des Enzyms bereitet, indem zuerst das Pulver angefeuchtet, zu einer Paste gerieben und dann unter portionsweiser Zugabe von Wasser in Lösung gebracht wird. Die Lösung, die leicht opaleszent ist, hält sich einige Wochen, wenn sie mit Toluol und einer Spur KH_2PO_4 (5 % des Trockenpulvers) versetzt im Eisschrank aufbewahrt wird. Prüfung des Enzymgehaltes. 0,5 ccm einer genau 3 %ig. Harnstofflösung (Harnstoff „Kahlbaum" puriss.) werden mit 5 ccm 0,6 %ig. KH_2PO_4-Lösung und 1 ccm 10 %ig. Enzymlösung in das Gefäß A (s. w. u.) gebracht. Nach Durchführung einer Harnstoffbestimmung, unter denselben Bedingungen wie bei der Harnanalyse angegeben, soll die entwickelte Ammoniakmenge 25 ccm 0,02 n-Säure neutralisieren. Ist dies nicht der Fall, so ist eine entsprechend höher konzentrierte Enzymlösung anzuwenden. (Vgl. auch S. 181). 7. Alizarinsulfosaures Natrium 1 %ig. Lösung.

Apparate. 1. Durchlüftungsapparatur nach van Slyke und Cullen. Die Konstruktion ergibt sich unmittelbar aus der Abbildung. Die Waschflasche enthält etwas konz. Schwefelsäure. 2. Ostwaldpipette von 1 mm kapillarer Bohrung auf Ausblasen kalibriert, von 20 Sek. Auslaufzeit. Genauigkeit 0,001 ccm.

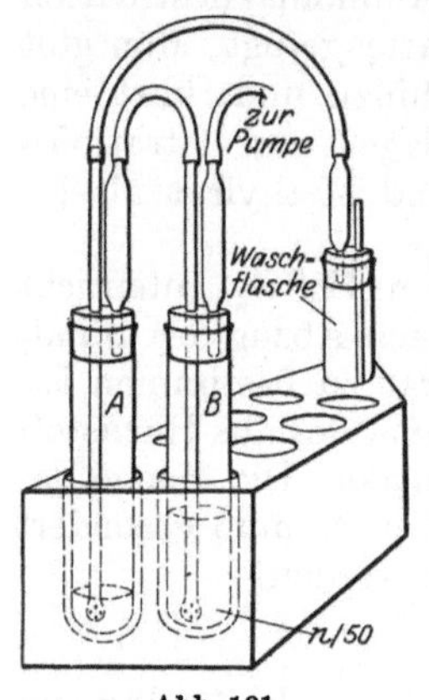

Abb. 131.

Ausführung. 0,5 ccm Harn werden in das Gefäß A gegeben. (Nach Youngburg[1] soll man 5 ccm einer Harnverdünnung 1:5 bis 1:10 anwenden.) Hierzu werden aus einer Bürette genau 5 ccm der Phosphatlösung, 1 ccm der 10 % ig. Enzymlösung und 2 Tropfen Oktylalkohol gesetzt und durchmischt.

Das Gefäß A wird in die Apparatur entsprechend der Abbildung eingesetzt. Es bleibt 20 Min. bei einer Zimmertemperatur von 15° oder 15 Min. bei einer Temperatur von 20° stehen. Ein längeres Stehen ist belanglos, doch ist die mindestens angegebene Zeit zur Spaltung des Harnstoffes notwendig. Während das Ferment einwirkt, gibt man 25 ccm 0,02 n Salzsäure oder Schwefelsäure in das Gefäß B und verbindet die Gläser. Nach Beendigung der Fermentwirkung läßt man einen Luftstrom eine halbe Minute hindurchgehen, um alles Ammoniak, das sich im Luftraum von A befindet, nach B hinüberzusaugen. Dann fügt man zu A 4—5 g (nur annähernd abgewogenes) Ka-

---

[1] l. c. (S. 501 dieses Praktikums).

liumkarbonat, schließt rasch und saugt mit einer starken Wasserstrahlpumpe das Ammoniak nach *B*. Bei Anwendung einer guten Pumpe genügt ein nur 5 Min. langes Saugen. Die notwendige Zeit ist unter Gebrauch der gleichen Pumpe durch einen Vorversuch mit Harnstoff zu ermitteln. Nach Beendigung des Durchsaugens wird die Säuremenge in *B* mit 0,02 n Lauge unter Zugabe eines Tropfens 1% ig. Alizarinrotlösung rücktitriert.

Berechnung. Da 1 ccm 0,02 n Säure 0,2802 mg N entspricht, so geben die verbrauchten ccm 0,02 n Säure, multipliziert mit 0,056, die Menge N in g auf 100 ccm Harn, die aus dem Harnstoff sowie aus dem im Harn vorhandenen präformierten Ammoniak stammt (vgl. auch Berechnung in der Harnstoffbestimmung nach Laubender S. 499). Der Ammoniak-N muß zur Harnstoffbestimmung noch ermittelt und von der analysierten N-Menge abgezogen werden. Hierzu werden in *A* 5 ccm Harn mit der gleichen Menge Kaliumkarbonat wie oben vermischt und wie beschrieben durchlüftet. Die Vorlagesäure wird titriert. Die gebundene Säuremenge in ccm, multipliziert mit 0,0056, ergibt die Menge des aus dem präformierten Ammoniak stammenden N in Prozenten.

Die Methode ist für Harn geeignet, der nicht mehr als 3% Harnstoff enthält. Harn von Tieren (Hunden, Katzen) muß so verdünnt werden, daß sein Harnstoffgehalt unter 3% liegt.

Modifikation der titrimetrischen Harnstoffbestimmung nach van Slyke und Cullen von Youngburg[1].

Prinzip. Die Bestimmung von van Slyke und Cullen wird dadurch modifiziert, daß das präformierte Ammoniak durch Behandlung mit Permutit entfernt wird (vgl. Ammoniakbestimmung S. 364) und daß an Stelle der Ureaselösung von van Slyke und Cullen diejenige von Youngburg tritt.

Reagentien. 1. Alle Reagentien zur Harnstoffbestimmung nach van Slyke und Cullen (s. vorangehende Methode). 2. Natriumpermutit nach Folin (Deutsche Permutit-Gesellschaft). 3. Alkohol. Ureaselösung nach Folin und Youngburg[2]. 4. Pufferlösung: 142 g Na_2HPO_4 und 120 g NaH_2PO_4 als wasserfreie Salze (entsprechend 358 g $Na_2HPO_4 + 12 H_2O$ und 138 g $NaH_2PO_4 + 1 H_2O$), werden in einem Liter gelöst und mit 1—2 ccm Toluol versetzt.

Entfernung des Ammoniaks. 5 ccm Harn werden auf 50 ccm verdünnt (ist der Harn sehr verdünnt 10 : 50 ccm) und

---

[1] J. of biol. Chem. **45**, 391 (1920/21).

[2] J. of biol. Chem. **38**, 111 (1919). Die Lösung entspricht der Ureaselösung nach Folin (S. 181, Fußnote 2) mit dem Unterschied, daß an Stelle der 100 ccm 15%ig. Alkohols solche von 30% angewendet wird.

gut durchmischt. 20—25 ccm des verdünnten Harnes werden in einer 200—250 ccm Flasche mit weitem Halse mit 3—4 g trocknem Permutit 5 Min. durchgeschüttelt. Man läßt 15—30 Sek. absetzen und filtriert durch ein dünnes Filter. (Man prüfe das Filterpapier, ob es Ammoniak abgibt). Wenn die überstehende Flüssigkeit klar ist, wird der Harn abdekantiert.

Bestimmung des Harnstoffes. 5 ccm des Filtrates werden mit 2 ccm alkoholischer Ureaselösung nach **Folin** und **Young-burg** (s. Reagentien 3.), sowie mit 2 Tropfen der Pufferlösung (4.) versetzt. Man läßt 15 Min. stehen und bestimmt das gebildete Ammoniak nach der Methode von **van Slyke** und **Cullen** (s. S. 499).

Kolorimetrische Modifikation der van Slyke und Cullenschen[1] Titrationsmethode nach Rose und Coleman[2].

Prinzip. Der Harnstoff wird wie in der Originalmethode durch Urease in Ammoniumkarbonat übergeführt, das Ammoniak in Freiheit gesetzt und mittels Luftstromes in eine Säurevorlage übergetrieben. In dieser wird es nach Zusatz von Neßlerreagens gegen eine Standardlösung kolorimetrisch bestimmt.

Reagentien. 1. Salzsäure oder Schwefelsäure 0,02 n. 2. Ges. Lösung von Kaliumkarbonat. 3. Enzymlösung: 2 g eines guten Ureasepulvers (nach **van Slyke** und **Cullen** S. 500) werden mit 0,6 g K_2HPO_4 und 0,4 g KH_2PO_4 in 10 ccm Wasser gelöst. Die leicht getrübte Lösung wird mit Toluol versetzt und ist etwa 2 Wochen haltbar. 4. Oktylalkohol. 5. Ammoniumsulfat-Standardlösung (s. N-Bestimmung nach **Folin-Farmer** S. 426, Reag. 7.). 6. Neßlerreagens nach **Folin-Wu** (s. N-Bestimmung nach **Folin-Farmer** S. 425, Reag. 6.).

Apparate. Apparatur nach **van Slyke** und **Cullen** (s. S. 500).

Ausführung. 5 ccm Harn werden zu 50 ccm mit ammoniakfreiem Wasser verdünnt (s. S. 425). In das Reagenzglas A der Apparatur werden 5 ccm der Harnverdünnung, 1 Tropfen Oktylalkohol zur Verhinderung des Schäumens und 1 ccm des Enzymreagenses gegeben, worauf weiter genau so verfahren wird, wie bei der Harnstoffbestimmung nach **van Slyke** und **Cullen** beschrieben worden ist.

Wenn die Überführung des Ammoniaks beendet ist, wird der N-Gehalt der Vorlage anstatt durch Titration kolorimetrisch gemäß der N-Bestimmung nach **Folin-Farmer** (S. 425) bestimmt.

---

[1] l. c. S. 501.

[2] Biochem. Bull. **3**, 411 (1913/14). Vgl. auch **Hawk** und **Bergeim**: l. c. (S. 317 dieses Praktikums) S. 722 und **Yoe**: l. c. (S. 406 dieses Praktikums) S. 511.

Kolorimetrische Harnstoffbestimmung durch unmittelbare Bestimmung des NH_3 ohne Destillation nach Folin und Youngburg[1].

Prinzip. Nach Entfernung des Ammoniaks mittels Schüttelns des Harnes mit Permutit wird der Harnstoff durch Zugabe einer Phosphatpufferlösung und einer Ureaselösung in Ammoniumkarbonat übergeführt. Die Ammoniakmenge wird ohne Abdestillation unmittelbar durch Zugabe von Neßlerreagens kolorimetrisch bestimmt.

Reagentien. 1. Natriumpermutit. 2. Alkoholische Ureaselösung (s. S. 501). 3. Puffer-Lösung (s. Harnstoffbestimmung nach Youngburg S. 501). 4. Ammoniumsulfat-Standardlösung (s. N-Bestimmung nach Folin-Farmer S. 425). 5. Neßlerreagens (s. N-Bestimmung nach Folin-Farmer, Neßlerreagens nach Folin-Wu S. 425, Reag. 6.).

Ausführung. 5 ccm Harn (bei sehr gering konzentrierten Harnen 10 ccm) werden ad 50 ccm mit aqua dest. verdünnt. 20—25 ccm der Harnverdünnung werden abpipettiert, in einem Kölbchen mit 3—4 g Permutit versetzt und 5 Min. geschüttelt. Man läßt etwa ½ Minute absetzen und dekantiert den Harn, wenn derselbe klar ist, vollkommen ab. Sonst filtriert man ihn durch ein quantitatives Filter. (Das Filter ist auf Ammoniakabgabe zu prüfen.) Zu 1 ccm des ammoniakfreien Harnfiltrates gibt man 1 ccm alkoholischer Ureaselösung und 1—2 Tropfen des Phosphatpuffers (s. Reagentien 3.) und läßt die Mischung in einem großen Reagenzglase 5 Min. in einem Wasserbad von 40—55° oder 15 Min. bei Zimmertemperatur stehen. Dann gießt man den Inhalt in ein 200 ccm-Meßkölbchen, spült mit ammoniakfreiem Wasser nach und füllt zu etwa 150 ccm auf. In einen zweiten 200 ccm-Meßkolben gibt man 1 mg N als Ammoniumsulfat-Standardlösung, sowie 1 ccm Ureaselösung und füllt ebenfalls mit ammoniakfreiem Wasser zu ca. 150 ccm auf. Dann gibt man zu jedem Kölbchen 20 ccm Neßlerreagens, füllt zur Marke auf, mischt durch und vergleicht die Lösungen im Kolorimeter.

Berechnung:

$$\frac{\text{Ablesung der Standardlösung}}{\text{Ablesung der unbekannten Lösung}} = \text{mg Harnstoff-N in 1,0 ccm des verdünnten Harnes.}$$

Bei der Umrechnung auf Harn ist die Harnverdünnung zu berücksichtigen.

---

[1] J. of biol. Chem. **38**, 111 (1919); **45**, 391 (1920/21).

Modifikation der Harnstoffbestimmung von Folin und Youngburg[1] nach Ellinghaus[2].

Prinzip. Das präformierte Harnammoniak wird nach der Permutitmethode von Folin und Youngburg entfernt.

Der Harnstoff wird dann durch Urease gespalten und das gebildete Ammoniak ebenfalls mittels der Permutitmethode bestimmt.

Reagentien. Alle Reagentien zur Harnstoffbestimmung nach Folin und Youngburg (s. S. 503).

Ausführung. Man bestimmt zunächst das präformierte Harnammoniak nach Folin und Youngburg (s. S. 503; vgl. auch Folin und Bell S. 364). Sodann verdünnt man 10 ccm Harn auf 100 ccm und entnimmt der verdünnten Lösung für die Analyse je nach der Konzentration des Harnes 2, 5 oder 10 ccm. Diese bringt man in einen Meßkolben von 200 ccm, gibt 10 ccm Wasser, 5 bis 6 Tropfen Pufferlösung und 1 ccm Ureaselösung hinzu. Der Kolben wird für eine Viertelstunde in einen Brutschrank bei 40° gestellt, dann mit 2—3 g Permutitpulver versetzt; weiter wird wie bei der Ammoniakbestimmung mittels der Permutitmethode verfahren (s. S. 364 und 503).

Berechnung. Zieht man von dem erhaltenen Wert den vorher bestimmten Ammoniakwert ab, so erhält man den Wert des Harnstoff-N.

Bestimmung des Kreatinins.

Kreatinin = Methylguanidinoessigsäureanhydrid

$$\begin{array}{c} \diagup NH\text{———}CO \\ C{=}NH \qquad | \\ \diagdown N(CH_3)\cdot CH_2 \end{array}$$

wird im 24 stündigen Harne in Mengen von 1—1,25 g ausgeschieden. Die ausgeschiedene Menge ist beim gleichen Individuum ziemlich konstant und von der Gesamtstickstoffausscheidung unabhängig. Die Menge der 24 stündigen Kreatininausscheidung pro kg Körpergewicht beträgt beim normalen Erwachsenen ziemlich gleichmäßig 20—30 mg (7—11 mg N).

Qualitativer Nachweis.

1. **Weylsche Reaktion.** Eine Probe des zu untersuchenden Harnes wird gekocht, um evtl. vorhandenes Azeton oder Azet-

---

[1] l. c. S. 503.   [2] Z. physiol. Chem. 150, 211 (1925).

essigsäure zu entfernen, abgekühlt, mit einigen Tropfen frisch bereiteter wäßriger Nitroprussidnatriumlösung und dann tropfenweise mit verdünnter Natronlauge versetzt.

Es entsteht eine rubinrote Färbung, die allmählich in strohgelb übergeht. Neutralisiert man genau mit Eisessig und kühlt ab, so scheidet sich ein weißer kristallinischer Niederschlag von Nitrosokreatinin ab. Säuert man aber die gelbgewordene Flüssigkeit mit Eisessig stark an und erhitzt, so entsteht eine Grünfärbung, die in Blau übergeht. Die Reaktion wird noch durch 0,66 °/$_{00}$ Kreatinin gegeben.

2. **Jafésche Reaktion.** Eine Harnprobe wird aufgekocht, abgekühlt und mit einigen Tropfen wäßriger Pikrinsäurelösung und Natronlauge versetzt. Intensive Rotfärbung. Die Reaktion zeigt noch 0,2 °/$_{00}$ Kreatinin[1].

Herstellung von Kreatinin und Standard-Kreatininlösungen.

Fällung des Kreatinins aus dem Harn nach Folin[2]. Der Niederschlag, den man erhält, wenn Pikrinsäure zu Harn gefügt wird, besteht zu einem sehr großen Teil aus einem Doppelpikrat $C_4H_7N_3O \cdot C_6H_2(NO_2)_3OH \cdot C_6H_2(NO_2)_3OH$ mit 18,55 % Kreatinin. Bei einem zu großen Überschuß von Pikrinsäure werden K und Na auch gefällt; die Verbindung ist daher weniger rein in bezug auf Kreatinin. Zur Darstellung aus menschlichem Harn empfiehlt sich folgende Vorschrift: Zu 8 Liter Harn gibt man unter Umrühren 60—80 g Pikrinsäure (8—10 g pro Liter), die in 400 ccm heißem Alkohol gelöst sind, und läßt über Nacht stehen. Man hebert die darüberstehende Flüssigkeit ab und wäscht den Niederschlag in einem Buchner-Trichter mit kaltem Wasser. Alkalisch gewordene Harne sind infolge ammoniakalischer Zersetzung nicht zu gebrauchen.

Darstellung von Kreatinin-Zinkchlorid $(C_4H_7N_3O)_2 \cdot ZnCl_2$ aus dem unreinen Pikrat nach Folin[2]. Zu 500 g des trockenen Pikrinsäureniederschlages fügt man 100 g wasserfreies Kaliumkarbonat und 750 ccm Leitungswasser, rührt etwa 10 Minuten und läßt unter zeitweiligem Umrühren 1—2 Stunden stehen. Man filtriert durch einen Buchner-Trichter und wäscht den Rückstand 2—3mal mit geringen Mengen kalten Wassers. Man überführt das Kreatinin enthaltende Filtrat in ein sehr gr oßes Gefäß und gibt vorsichtig 100 ccm 99 % ig. Essigsäure hinzu (1 ccm für jedes g Karbonat, das man angewendet hat). (Wenn der Zusatz in richtiger Form geschieht, indem man auf die Kuppe des Schaumes tropft, so wird der Schaum gebrochen.) Zu der angesäuerten weinroten Lösung gibt man etwa $^1/_4$ Volumen von konz. alkoholischer Zinkchloridlösung. Sofort entsteht ein reichlicher Niederschlag von Kreatinin-Zinkchlorid. Sollte der Niederschlag nicht entstehen, so beruht dies fast stets darauf, daß man nicht die genügende

---

[1] Über den Chemismus der Jafféschen Reaktion vgl. Greenwald: J. of biol. Chem. **77**, 539 (1928).

[2] J. of biol. Chem. **17**, 463 (1914).

Menge Zinkchloridlösung zugegeben hat. Zinkchlorid löst sich in etwa 1 Teil Alkohol.

Darstellung von Kreatinin-Zinkchlorid nach Edgar[1]. In einem Mörser wird Handelskreatinin mit einer gleichen Gewichtsmenge wasserfreien Zinkchlorids verrieben. Die Mischung wird in einem geeigneten Gefäß über einer kleinen Flamme oder einem Sandbad unter ständigem Umrühren erhitzt. Hierbei beginnt die Mischung zu schmelzen; bei ungefähr 120—130° entsteht eine visköse Masse, die Wasserdampf in Blasen abgibt. Nach wenigen Minuten erstarrt dann die Masse plötzlich, indem sich vollkommen trockenes Kreatinin-Zinkchlorid bildet, das noch einen Überschuß von Zinkchlorid eingeschlossen enthält. Die Reaktion erfordert etwa 5 Min. Zur Herstellung eines rohen Kreatinin-Zinkchlorids ist es nur notwendig, die Masse mit etwas Wasser oder wäßrigem Alkohol zu behandeln, um den Überschuß von Chlorzink zu entfernen.

Zur Herstellung eines gereinigten Produktes löst man den Rückstand in ungefähr dem 10fachen seines Gewichtes 25%ig. Essigsäure und gibt zu der Mischung das zweifache Volumen an Alkohol. Beim Abkühlen scheidet sich Kreatinin-Zinkchlorid nahezu quantitativ sehr rein ab.

Zersetzung des Kreatinin-Zinkchlorids mit Bleihydroxyd nach Folin. Man muß frisch gefälltes Bleihydroxyd benutzen. Man nimmt 4—5 g Bleinitrat für jedes Gramm zu zersetzendes Kreatininzinksalz. Das Nitrat wird in 7—8 Teilen kaltem Wasser aufgelöst und durch Zusatz von je 2 ccm von konzentriertem Ammoniak für jedes Gramm Nitrat gefällt. Das so gewonnene Bleihydroxyd setzt sich sehr schnell ab; die darüberstehende Flüssigkeit wird abgehebert, der Rückstand dreimal mit großen Mengen Wasser gewaschen. Das Kreatininchlorzink wird in 30 Teile Wasser, das vorher fast zum Sieden gebracht wurde, in eine Flasche, die von dem Wasser nur zu $^2/_3$ gefüllt ist, eingetragen. Nach Zusatz des Zinksalzes kocht man auf, so daß ein großer Teil in Lösung geht. Das Bleihydroxyd, in wenig Wasser suspendiert, wird in kleinen Mengen (etwa je $^1/_5$) zugefügt und die Mischung nach jedem Zusatz einige Minuten gekocht. Nachdem das ganze Blei zugefügt worden ist, wird eine halbe Stunde oder mehr weiter gekocht, damit der unlösbare Rückstand körniger wird. Die Mischung wird abgekühlt und filtriert. Das Filtrat muß absolut klar sein. Wenn dies nicht der Fall ist, filtriert man zu Ende, leitet Schwefelwasserstoff für 1—2 Min. durch das Filtrat und filtriert noch einmal. Das so gewonnene klare Filtrat wird mittels Schwefelwasserstoffs ganz von Blei befreit. Die weitere Behandlung dieser Kreatin-Kreatininlösung ist abhängig davon, ob man Kreatin oder Kreatinin herstellen wird.

Darstellung von Kreatinin aus dem Kreatinin-Zinkchlorid nach Benedict[2].

Zur Herstellung von Kreatinin wird das Kreatinin-Zinkchlorid umkristallisiert. 10 g Kreatinin-Zinkchlorid werden in 100 ccm Wasser gegeben und 60 ccm 1 n H_2SO_4 zugesetzt. Die Mischung wird bis zur klaren Lösung zum Sieden erhitzt und nach Zugabe von 4 g gereinigter Tierkohle das Kochen noch ca. 1 Min. fortgesetzt, die Mischung abgenutscht und das Fil-

---

[1] J. of biol. Chem. **56**, 1 (1923).
[2] l. c.: J. of biol. Chem. **18**, 183 (1914).

trat durch dasselbe Filter 3—4mal wieder zurückgegossen, bis es vollkommen farblos abläuft. Der Rückstand wird mit heißem Wasser gewaschen, das Gesamtfiltrat in ein Becherglas gebracht, noch heiß mit 3 ccm 30%ig. Zinkchlorid-Lösung und ca. 7 g Kaliumazetat (in etwas Wasser gelöst) versetzt. Nach ungefähr 10 Min. wird die Mischung mit einem gleichen Volumen Alkohol gemischt, einige Stunden kühl stehen gelassen und dann von den ausgeschiedenen Kristallen abfiltriert. Das Kreatinin-Zinkchlorid wird zur Entfernung geringer Mengen von Kaliumsulfat zweimal mit einem ihm gleichen Gewicht an Wasser durchgerührt, abfiltriert und mit etwas Wasser und Alkohol gewaschen. Pro 10 g Originalsalz erhält man 8,5—9 g eines reinen schneeweißen Präparates.

Das umkristallisierte Kreatinin-Zinkchlorid wird fein gepulvert, in eine trockene Flasche gefüllt und mit dem siebenfachen Volumen seines Gewichtes mit konzentriertem, wäßrigem Ammoniak versetzt. Die Mischung wird leicht erwärmt und vorsichtig geschüttelt, bis eine klare Lösung entsteht. Man treibe nicht mehr Ammoniak durch das Erwärmen fort, als zur Erzielung einer klaren Lösung notwendig ist. Die Flasche wird zugestopft, abkühlen gelassen und 1 Stunde lang oder mehr in einen Eisschrank gestellt. Es kristallisiert reines Kreatinin aus. Die Ausbeute beträgt 60—80%. Ist das Produkt gelb gefärbt, so kann es entweder aus siedendem Alkohol umkristallisiert werden, oder es wird mit dem fünffachen seines Gewichtes (an Volumen) in konzentriertem Ammoniak, der so warm ist, daß er löst, behandelt und mehrere Stunden kalt gestellt.

Darstellung von reinem Kreatinin nach Folin[1]. Reines Kreatinin kann aus Kreatin oder einem Gemisch von Kreatin und Kreatinin dargestellt werden durch 3stündiges Erhitzen im Autoklaven bei 136—140°. Es ist notwendig, vor der Umwandlung die Kreatin-Kreatininmischung aus der Ausgangslösung, bzw. in etwas siedendem Wasser gelöst, durch Alkohol auszufällen.

Standard-Kreatinin-Zinkchloridlösung. Rohes Kreatininchlorzink, aus dem rohen Pikrat gewonnen, ist zu 5—8% unrein. Nach dreimaligem Umkristallisieren ist es gut brauchbar. Man kristallisiert wie folgt um: Das Salz löst man in 10 Teilen siedender 25%ig. Essigsäure auf; zu der heißen Lösung gibt man $^1/_{10}$ Volumen konz. alkohol. Zinkchloridlösung und $1^1/_2$ Volumen Alkohol. Man läßt über Nacht stehen, filtriert von den ausgeschiedenen Kreatinin-Chlorzinkkristallen ab und wäscht mit wenig Alkohol. Nach weiterem zweimaligem Umkristallisieren ist das Produkt rein. Die Verbindung löst sich leicht in 0,1 n HCl; diese Lösung ist unbegrenzt haltbar. 1,603 g, in 1 Liter 0,1 n HCl gelöst, enthält 1 mg Kreatinin im ccm.

Quantitative Bestimmung.

Kolorimetrische Bestimmung des Kreatinins nach Folin[2].

Prinzip. Kreatinin gibt mit Pikrinsäure in alkalischer Lösung eine rote Farbe, die auf der Bildung eines Kreatininpikrates beruht. Diese Färbung wird gegen eine gleichbehandelte

---

[1] l. c. (S. 505 dieses Praktikums) S. 466. Vgl. auch Folin und Denis: J. of biol. Chem. 8, 399 (1910/11).
[2] J. of biol. Chem. 17, 469 (1914).

Kreatininstandardlösung kolorimetrisch bestimmt. (Der Gebrauch einer Bichromatlösung als Standardlösung ist aufgegeben.)

Reagentien. 1. Gesättigte Lösung reiner Pikrinsäure. Die Pikrinsäure ist nach einer der folgenden Methoden zu reinigen. a) Methode von Halverson und Bergeim[1]. Zu 700 ccm dest. Wassers werden 50 g Pikrinsäure gegeben, worauf die Flüssigkeit gekocht wird, bis sie klar ist. Während des weiteren Kochens gibt man 10 ccm konz. HCl zur Lösung, läßt abkühlen, wäscht die abgeschiedenen Kristalle durch Dekantieren mit 100 ccm aqua dest. und wiederholt die Umkristallisation. Man sammelt die Kristalle auf einem Buchnerschen Trichter, wäscht sie mit 150 ccm Wasser und trocknet im Exsikkator oder zwischen Filtrierpapier.

b) Methode von Folin und Doisy[2]. 500 g trockne oder 600 g feuchte Pikrinsäure gibt man in ein Becherglas von ca. 4000 ccm Volumen und füllt es annähernd mit siedendem Wasser, setzt 20 ccm gesättigter (50 % ig.) Natriumhydroxydlösung hinzu, rührt sorgfältig die Mischung durch, erhitzt wenn notwendig, bis die Pikrinsäure sich gelöst hat, und fügt zu der heißen roten Lösung von Natriumpikrat 200 g Natriumchlorid langsam unter Rühren hinzu. Nach Abkühlen unter fließendem Wasser auf etwa 30° filtriert man durch einen großen Buchner-Trichter und wäscht das Pikrat mehrmals mit 5 % ig. Natriumchloridlösung. Dann wird das Pikrat wieder in das große Becherglas gebracht und unter Auffüllen mit siedendem Wasser aufgelöst. Unter ständigem Rühren fügt man 50 ccm 10 % ig. Natriumhydroxydlösung und dann 100 g Natriumchlorid hinzu, kühlt auf 30° ab, filtriert, wäscht mit Natriumchloridlösung und wiederholt Lösung und Fällung noch zweimal. Zuletzt wäscht man anstatt mit NaCl-Lösung mit aqua dest. aus. Das gereinigte Pikrat wird in mehreren Litern siedenden Wassers gelöst und durch ein großes Faltenfilter in eine Flasche abfiltriert. Zu der noch heißen Lösung werden 100 ccm konz. Schwefelsäure, die zuvor mit 200 ccm Wasser verdünnt ist, gegeben, worauf Abscheidung von Pikrinsäure erfolgt. Nach Bedecken der Flaschenmündung mit einem Becherglas bringt man die Mischung unter fließendem Wasser auf etwa 30°, nutscht die Kristalle ab, wäscht sie mit aqua dest. schwefelsäurefrei und trocknet im Exsikkator oder zwischen Filtrierpapier.

c) Methode von Benedict[3]. 1. Umkristallisation aus Eisessig. Die käufliche Pikrinsäure muß vorher sorgfältig getrocknet werden. Man löst 100 g trockene Pikrinsäure unter Erwärmen in 150 ccm Eisessig und erhitzt auf der elektrischen Heizplatte weiter bis zum Sieden. Man filtriert durch ein Faltenfilter in einem trockenen, vorher erwärmten Trichter in in ein trockenes Becherglas. Man läßt das Filtrat, mit einem Uhrglas bedeckt, einige Stunden oder über Nacht stehen; sollte in dieser Zeit keine Kristallisation erfolgen, so rührt man energisch, oder man impft mit einigen Kristallen reiner Pikrinsäure. Nach zwei Stunden saugt man die Kristalle durch ein gehärtetes Filter und wäscht sie mit etwa 35 ccm kaltem Eisessig. Man saugt dann den Eisessig möglichst vollständig ab und trocknet bei 80—90°. Ausbeute etwa 60 g reine Pikrinsäure. 2. Als Natriumpikrat. 6 Liter Wasser werden in einer großen, gut emaillierten Porzellanschale aufgekocht und darin 250 g wasserfreies Natriumkarbonat aufgelöst. Zu dieser Lösung

---

[1] In Hawk und Bergeim: l. c. (S. 317 dieses Praktikums) S. 890.

[2] J. of biol. Chem. 28, 349 (1916/17).

[3] J. of biol. Chem. 82, 1 (1929). Das Umkristallisieren aus Benzol (J. of biol. Chem. 54, 239 (1922) ist neuerdings von Benedict aufgegeben worden.

fügt man 500 g feuchte käufliche Pikrinsäure. Man läßt über Nacht stehen und saugt die Natriumpikratkristalle in einem Buchner-Trichter durch ein gehärtetes Filter ab. Das trockene Pikrat wird mit zwei Litern 10%ig. Natriumchloridlösung gewaschen, dann wieder trocken gesaugt. Dann gießt man 500 ccm verdünnte Salzsäure (1 Teil konz. Säure und 4 Teile Wasser) auf das Filter und vermischt sorgfältig mit einem Porzellanspatel. Man saugt die Säure ab und wiederholt die Prozedur nach dreimal, indem man im ganzen 2 Liter Säure verwendet. Nachdem die letzten Portionen der Säure abgesaugt worden sind, wäscht man die Pikrinsäure mit 2 Litern kalten destillierten Wassers und saugt trocken. Die Kristalle werden bei 90° getrocknet und gepulvert.

Ausführung. 1 ccm der Standard-Kreatininlösung (= 1 mg Kreatinin) wird in ein 100 ccm-Kölbchen gegeben. In ein zweites gleichartiges Kölbchen kommt 1 ccm Harn. Zu jedem Kolben werden 20 ccm der gesättigten Pikrinsäurelösung und genau 1,5 ccm der 10%ig. NaOH-Lösung gefügt. Nach 10 Min. füllt man mit Wasser auf und kolorimetriert. Sollte die Konzentration der unbekannten Lösung (Harn) weniger als zwei Drittel oder mehr als das 1½fache der Vergleichslösung betragen, so ist die Bestimmung mit einer Harnmenge zu wiederholen, die der Konzentration der Standardlösung besser entspricht.

Berechnung:

$$\frac{\text{Ablesung der Standardlösung}}{\text{Ablesung der unbekannten Lösung}} = \text{mg Kreatinin in der angewendeten Harnmenge.}$$

Bestimmung des Kreatins.

Die Anwesenheit von Kreatin - (Methylguanidinoessigsäure)

$$C \overset{\displaystyle NH_2}{\underset{\displaystyle N(CH_3)\cdot CH_2\cdot COOH}{=NH}}$$

im Harn normaler Säugetiere ist noch strittig. Bei überreicher Fleischkost, beim Hungern, in der Schwangerschaft und pathologisch kann Kreatin im Harn auftreten.

Qualitativer Nachweis von Kreatin

entspricht der quantitativen Bestimmung.

Darstellung des Kreatins.

1. Darstellung aus dem Harn nach Benedict[1]. Zur Herstellung von Kreatin wird Kreatinin-Zinkchlorid nach der Methode von Benedict hergestellt (s. S. 506). 100 g Kreatinin-Zinkchlorid werden mit ca. 700 ccm

---

[1] l. c. (S. 506 dieses Praktikums).

Wasser in einer großen Kasserolle zum Sieden erhitzt und nach Zusatz von 150 g reinem feingepulvertem Kalziumhydroxyd unter Rühren vorsichtig 20 Min. gekocht. Die heiße Mischung wird abgenutscht, der Rückstand mit heißem Wasser gewaschen und das Filtrat nach Einleiten von Schwefelwasserstoff für einige Minuten durch ein Faltenfilter zur Entfernung des Zinks filtriert. Das Filtrat wird durch Zugabe von 5 ccm Eisessig angesäuert und rasch zu einem Volumen von 200 ccm eingedampft und über Nacht kühl aufbewahrt. Das auskristallisierte Kreatin wird abgenutscht, mit sehr wenig kaltem Wasser und hierauf sorgfältig mit Alkohol gewaschen und getrocknet. (Man kann aus dem Filtrat durch Verdünnen mit Alkohol und Zugabe von 50 ccm 30%ig. Zinkchlorid das nicht umgewandelte Kreatinin wieder gewinnen.) Das Kreatin wird umkristallisiert, indem man es in der 7fachen Gewichtsmenge siedenden Wassers löst, die Lösung langsam abkühlen und dann mehrere Stunden stehen läßt. Das so erhaltene Präparat soll völlig rein sein, kann aber, wenn notwendig, mit wenig Verlust umkristallisiert werden.

Das auskristallisierte Präparat wird abfiltriert, mit Alkoholäther gewaschen und $1/2$ Stunde an der Luft trocknen gelassen. Das Präparat enthält kristallinisch gebundenes Wasser, welches es an der Luft verliert. Zur Wägung wird ein kristallwasserfreies Produkt durch mehrere Stunden langes Erhitzen bei 95° erhalten. Als Ausbeute erhält man 18 g umkristallisiertes Kreatin und 55 g wiedergewonnenes Kreatinin-Zinkchlorid.

2. Darstellung des Kreatins nach Folin[1]. Die größte Ausbeute an Kreatin erhält man durch Umwandlung eines großen Überschusses von Kreatinin in einer Kreatin-Kreatinin-Mischung bei niedriger Temperatur (80—90°).

Die Kreatin-Kreatininlösung wird auf dem Wasserbad zur Trockne verdampft und der Rückstand in 15—20 Teilen siedendem Wasser gelöst. Zu der heißen Lösung gibt man 2mal so viel Alkohol (95 % ig.) wie man Wasser benutzt hat. Fast alles Kreatin scheidet sich in wenigen Stunden ab, ohne Beimischung von Kreatinin. Nach 24stündigem Stehen in der Kälte wird das Kreatin abfiltriert und mit wenig verd. Alkohol (1 Wasser, 2 Alkohol) gewaschen. Filtrat und Waschwasser werden mit dest. Wasser versetzt und etwa eine Woche lang in ein Wasserbad von 80—90° gestellt. Dann wird die Lösung auf dem Wasserbade zur Trockne verdampft, der Rückstand in siedendem Wasser gelöst und das Kreatin wie oben mit zwei Volumen Alkohol gefällt.

Quantitative Bestimmung.

Kolorimetrische Bestimmung des Kreatins in zuckerfreien Harnen nach Folin[2]-Benedict[3].

Prinzip. Kreatin wird beim Kochen mit Säure durch Wasserabspaltung in Kreatinin umgewandelt. Durch Bestimmung des

---

[1] l. c. (S. 505 dieses Praktikums).
[2] J. of biol. Chem. 17, 469 (1914).
[3] J. of biol. Chem. 18, 191 (1914).

Kreatinins vor und nach der Säurebehandlung erhält man die Menge des ursprünglich vorhandenen Kreatins in Form von Kreatinin.

Reagentien. 1. Alle Reagentien zur Kreatininbestimmung nach Folin (s. d.). 2. Seignettesalz. 3. Blei (gepulvertes oder granuliertes Metall). 4. Salzsäure 1 n.

Ausführung. Man bestimmt den Kreatiningehalt des Harnes nach der Methode von Folin (s. S. 507). Dann mißt man ein Volumen zuckerfreien Harnes, welches 7—12 mg Gesamtkreatinin enthält, in eine kleine Flasche oder ein Becherglas und gibt 10—20 ccm n HCl und eine Messerspitze gepulvertes oder granuliertes Blei (um Farbstoffbildung zu verhindern) hinzu, erhitzt die Mischung über freier Flamme nahezu bis zur Trockne und bringt sie schließlich zur völligen Trockne, indem man entweder auf einem Wasserbade eindampft oder mit freier Flamme einige Augenblicke fächelt. Den Rückstand läßt man einige Minuten auf dem Wasserbade stehen, bis der Hauptüberschuß an Salzsäure verraucht ist, löst in ungefähr 10 ccm heißen Wassers und filtriert die Lösung in einen 500 ccm-Meßkolben quantitativ durch Glaswolle (zur Entfernung allen metallischen Bleis). 20—25 ccm gesättigte Pikrinsäurelösung und ungefähr 7—8 ccm 10%ig. Natriumhydroxydlösung, die 5% Seignettesalz enthält, werden hinzugegeben. Das Seignettesalz soll eine Trübungsbildung verhüten, die durch Gegenwart von Spuren Blei entstehen kann. Das Salz hat keinen Einfluß auf die Kreatininfärbung.

Man füllt bis zur Marke mit Wasser auf, mischt sorgfältig durch, kolorimetriert nach 5 Min. gegen eine möglichst farbengleiche, entsprechend behandelte Kreatinin-Standardlösung, bestimmt den Kreatiningehalt der Lösung und subtrahiert von ihm den, wie oben angegeben, bestimmten Gehalt an präformiertem Kreatinin. Die Differenz gibt den Kreatingehalt, ausgedrückt in Kreatinin. 1 g Kreatinin entspricht 1,159 g Kreatin.

Kolorimetrische Bestimmung des Kreatins in zuckerhaltigen Harnen nach Folin[1]. Da der Zucker bei der in der vorangehenden Methode beschriebenen Art der Wasserabspaltung Verbindungen eingeht, die die Bestimmung stören, ist für Diabetikerharn die Originalmethode nach Folin anzuwenden.

10 ccm Harn werden mit 5 ccm 1 n HCl gemischt und 3 Stunden auf dem Wasserbad erhitzt. Die Mischung wird auf ein gemessenes Volumen (z. B. 500 ccm) verdünnt und durchgemischt. Ein aliquoter Teil (z. B. 250 ccm) wird neutralisiert und zur Ge-

---

[1] Z. physiol. Chem. **41**, 223 (1904).

samtkreatininbestimmung verwandt entsprechend der Kreatininbestimmung nach Folin (s. S. 507). Hinsichtlich der Berechnung vgl. die vorangehende Methode.

Bestimmung der Aminosäuren.

Freie Aminosäuren kommen im normalen Harne in kleinen Mengen vor. Der Aminosäurestickstoff in Form von freien und gebundenen Aminosäuren beträgt nach van Slyke 1,5—2,5% des Gesamtstickstoffes. Von Aminosäuren ist mit Sicherheit Glykokoll isoliert worden. Pathologisch können in größeren Mengen Leuzin und Tyrosin, evtl. Cystin auftreten.

Bestimmung einzelner Aminosäuren.

Bestimmung des Glykokolls.

$$CH_2 \cdot NH_2 \cdot COOH.$$

Siehe präparative Darstellung der Gesamtaminosäuren (S. 519).

Bestimmung des Cystins.

$$
\begin{array}{ccc}
CH_2 - S - S - CH_2 \\
| \qquad\qquad\qquad | \\
CH\,(NH_2) \qquad CH\,(NH_2) \\
| \qquad\qquad\qquad | \\
COOH \qquad\quad COOH
\end{array}
$$

Die Cystinmenge im normalen Harn schwankt zwischen 0 und 10 mg pro 100 ccm und beträgt im Durchschnitt 4 mg.

Präparative Herstellung: Neben der Gewinnung als Harnsediment kann gelöstes Cystin, entsprechend der Vorschrift zur quantitativen Bestimmung nach Gaskell, Magnus-Levy (s. S. 513) gewonnen werden.

Qualitativer Nachweis.

Nachweis nach Baumann und Goldmann[1]. 1000 ccm Harn werden mit 10 ccm Benzoylchlorid und 120 ccm 10%ig. Natronlauge geschüttelt, bis der Geruch von Benzoylchlorid verschwunden ist. Die Lösung wird filtriert, mit 25%ig. Schwefelsäure deutlich angesäuert und 3mal mit Äther ausgeschüttelt.

---

[1] Z. physiol. Chem. **12**, 254 (1888).

Nach Verdunsten des Äthers wird der Rückstand von Benzoyl-
cystin (Schmelzpunkt 180—181⁰) mehrere Stunden mit Natronlauge auf dem Wasserbade erwärmt. Das sich hierbei bildende
Schwefelnatrium wird durch Zusatz von etwas Bleiazetat durch
Bildung von schwarzem Bleisulfid nachgewiesen.

Probe nach Müller. Beim Lösen von Cystin in schwacher
Kalilauge, Erkalten, Verdünnen mit Wasser und Zusatz von Nitroprussidnatrium erhält man eine violette Färbung.

Mikroskopischer Nachweis im Harnsediment. Cystin
findet sich in Form farbloser regulär sechseitiger Tafeln, die unlöslich in Wasser (selbst bei Siedehitze) und in Alkohol und Äther
sind. Sie sind löslich sowohl in Salzsäure als auch in der Kälte
in Ammoniak (Unterschied gegen Harnsäure) und fallen nach
Verdampfen des Ammoniaks oder nach Neutralisation mit Essigsäure als sechsseitige Tafeln wieder aus. Sie sind unlöslich in Essigsäure. (Unterschied gegen Phosphate.)

Quantitative Bestimmung.

Polarimetrische Bestimmung des Cystins nach Gaskell[1], Magnus-Levy[2].

Prinzip. Die Methode beruht auf der Abscheidung des Cystins
durch Alkohol in geklärtem Harn und polarimetrischer Bestimmung des abgeschiedenen und dann in HCl gelösten Cystins.

Reagentien. 1. Ammoniaklösung 10%ig. 2. Essigsäure verdünnt.
3. Alkohol 96%ig und 50%ig. 4. Chlorkalziumlösung 10%ig. 5. Eisenchloridlösung offic.

Ausführung. Zur Untersuchung soll nur frischer Harn verwandt werden. Das Volumen des Harnes wird gemessen, wobei
er von einem evtl. vorhandenen Cystinsediment abgegossen wird.
Das Cystinsediment wird mit etwas Salzsäure gelöst und auf ein
bestimmtes Volumen gebracht. Aliquote Teile des Harnes und der
salzsauren Sedimentlösung werden vereinigt und dienen zur Analyse. Etwa 300 ccm derartiger Mischung werden stark ammoniakalisch gemacht und so lange mit verdünnter Chlorkalziumlösung
versetzt, bis alle Oxalate und Phosphate ausgefallen sind. Man
filtriert, gibt zu einem aliquoten Teil des Filtrates (z. B. 200 ccm)
die gleiche Menge Alkohol, säuert mit Essigsäure leicht an und
läßt die Mischung drei Tage lang im Eisschrank stehen. Der
ausgefallene Niederschlag von Cystin wird durch ein kleines

---

[1] J. of Physiol. **36**, 142 (1907/8).　[2] Biochem. Z. **156**, 150 (1925).

quantitat. Filter abfiltriert, wobei das Sediment mittels Gummiwischers vollständig auf das Filter zu bringen ist. Dann wird der Niederschlag mit höchstens 50 ccm 50 % ig. leicht mit Essigsäure angesäuertem Alkohol gewaschen. Der Niederschlag wird durch Auftropfen von heißer n-Salzsäure auf das Filter gelöst und das Filtrat mit der gleichen Säure auf ein bestimmtes Volumen (bei kleineren Cystinmengen auf 10 ccm höchstens auf 15 ccm) gebracht. Ist die Lösung getrübt oder dunkel, so filtriert man sie durch ein kleines Filterchen mit Kieselgur, oder man gibt einige Tropfen $FeCl_3$-Lösung hinzu, übersättigt mit Ammoniak und filtriert quantitativ. Das nunmehr klare Filtrat läßt man verdampfen, behandelt den Rückstand mit wenigen Tropfen Wasser, gießt diese ab und löst den Cystinrückstand in n-Salzsäure ad 10 bzw. 15 ccm. Diese Lösung wird in einem 2 dm-Rohre polarisiert.

Berechnung. 1 Grad Linksdrehung entspricht 0,223 % Cystin in dieser Lösung (spez. Drehung $[\alpha]_D$—224⁰). Lewis und Wilson[1] haben es für ein von ihnen verwandtes Cystinpräparat richtiger gefunden, 1⁰ Linksdrehung gleich 0,244 % zu setzen.

Kolorimetrische Bestimmung des Cystins nach Looney[1].

Prinzip. Cystin gibt mit Phosphorwolframsäure und Natriumsulfit eine blaue Färbung. Bringt man von einer solchen durch einen cystinhaltigen Harn erzielten Färbung diejenige Färbung in Abzug, die der Harn mit Phosphorwolframsäure allein ohne Natriumsulfit liefert (durch Harnsäure bewirkt), so erhält man den durch das Cystin bedingten Farbzuwachs, der gegen eine Standard-Cystinlösung kolorimetrisch gemessen werden kann. Diese Methode der direkten kolorimetrischen Cystinbestimmung soll nach Lewis und Wilson[2] der vorangehenden Methode, die eine Abscheidung des Cystins voraussetzt, überlegen sein, da diese bei kleinen Cystinmengen beträchtlich zu kleine Werte zeigen kann.

Reagentien. 1. Standardlösung: 0,2 % ig. Lösung reinen Cystins in 5 % ig. H_2SO_4, entsprechend 2 mg Cystin pro ccm. Die Lösung ist unbegrenzt haltbar. 2. Sodalösung ges. 3. Lithiumsulfatlösung 20 % ig. 4. Natriumsulfitlösung 20 % ig. 5. Harnsäurereagens nach Folin und Denis: s. Harnsäurebestimmung S. 535.

Ausführung. Der zu untersuchende Harn muß eiweißfrei sein. Enthält er Eiweiß, so gibt man 50 ccm Harn in ein 100 ccm-

---

[1] J. of biol. Chem. **54**, 171 (1922). Vgl. auch S. 171.
[2] J. of biol. Chem. **69**, 125 (1926).

Meßkölbchen und fügt 5 ccm 20% ig. Trichloressigsäure hinzu, füllt bis zur Marke mit aqua dest. auf, schüttelt kräftig und filtriert in ein trockenes Gefäß. Das Ergebnis der Bestimmung ist wegen der Verdünnung mit 2 zu multiplizieren. Enthält der Harn festes Cystin, so ist der einer bestimmten Harnmenge entsprechende Niederschlag abzuzentrifugieren oder zu filtrieren. Der Niederschlag wird in möglichst wenig 5% ig. Schwefelsäure gelöst, auf ein bestimmtes Volumen verdünnt und dann ebenso analysiert wie der Harn. Dieser Cystinwert ist dem Gehalt an gelöstem Cystin in der dem Niederschlag entsprechenden Harnmenge hinzuzufügen.

Zur Analyse gibt man in ein 100 ccm-Meßkölbchen 1 ccm Standardlösung, entsprechend 2 mg Cystin, 20 ccm Natriumkarbonatlösung, 10 ccm 20% ig. Natriumsulfitlösung und 1 ccm 20% ig. Lithiumsulfatlösung (Kolben I).

In ein zweites Kölbchen gibt man anstatt der Standardlösung je nach der vorhandenen Cystinmenge 1—10 ccm (gewöhnlich 2 ccm) Harn und dann die gleichen Reagenzlösungen wie in Kolben I (Kolben II).

In einen dritten Kolben gibt man die gleiche Harnmenge und die Reagenzlösungen wie in II mit dem Unterschiede, daß kein Sulfit zugefügt wird. Jetzt setzt man zu jedem Kolben 3 ccm des Harnsäurereagenses von Folin und Denis (S. 535), schüttelt gut durch und läßt die Lösungen stehen. Nach 5 Min. verdünnt man bis zur Marke, mischt durch und kolorimetriert die Lösungen II und III gegen die Lösung I. Die kolorimetrische Ablesung soll nicht später als 8 Min. nach Zugabe des Harnsäurereagenses erfolgen. Daher ist für jede Bestimmung eine neue Standardlösung mit zu bereiten. Die Harnmenge ist so zu wählen, daß die Ablesung der unbekannten Lösung die Kolorimeterskalen 13,0 und 27,0 mm nicht überschreitet, wenn die Standardlösung auf 20 mm eingestellt ist.

Berechnung: Die Cystinmenge wird ermittelt, indem man die Menge reduzierender Substanzen im Kolben III, ausgedrückt in mg Cystin, von der Gesamtmenge färbunggebender Substanzen im Kolben II abzieht. Die Berechnung erfolgt nach dem üblichen kolorimetrischen Prinzip.

Beispiel. Standard 2 mg Cystin, eingestellt auf 20 mm.

	Ablesung	Berechnung
5 ccm Harn mit Natriumsulfit . .	14	$\frac{20 \cdot 2}{14} = 2{,}86$ mg Cystin
5 ccm Harn ohne Natriumsulfit .	18,2	$\frac{20 \cdot 2}{18{,}2} = 2{,}20$ mg Cystin
Cystingehalt in 5 ccm Harn		0,66 mg Cystin

Bestimmung des Leuzins, Tyrosins und Valins.

$$\begin{matrix} CH_3 \\ \\ CH_3 \end{matrix}\!\!>\!\!CH \cdot CH_2 \cdot CH(NH_2)COOH.$$

Leuzin: α-Aminoisobutylessigsäure

$$C_6H_4\!\!<\!\!\begin{matrix} OH \\ \\ CH_2 \cdot CH(NH_2) \cdot COOH. \end{matrix}$$

Tyrosin: Oxyphenylalanin

$$\begin{matrix} CH_3 \\ \\ CH_3 \end{matrix}\!\!>\!\!CH \cdot CH(NH_2) \cdot COOH.$$

Valin: α-Aminoisovaleriansäure

Präparative Darstellung[1].

Zum Nachweis ist es notwendig, die Aminosäuren annähernd aus dem Harn zu isolieren. Trüber Harn wird filtriert und der Filterrückstand auf Aminosäuren untersucht. Ist der Harn nicht frisch oder von vornherein reich an Ammoniak, so ist er im Vakuum bis zur Trockne einzudampfen, der Rückstand mit Wasser aufzunehmen und wie folgt zu behandeln.

Etwa 500 ccm Harn werden, wenn notwendig, enteiweißt. Das eiweißfreie Filtrat wird erst mit neutralem, dann mit basischem Bleiazetat gefällt, bis kein Niederschlag mehr entsteht. Der Niederschlag wird abfiltriert, gut ausgewaschen, das Filtrat mitsamt den Waschwässern durch Einleiten von H_2S entbleit, durch Durchleiten von Luft vom Schwefelwasserstoff befreit, das Filtrat möglichst stark konzentriert, und der Rückstand zur Entfernung des Harnstoffes mit kleinen Mengen absoluten Alkohols ausgezogen. Der ungelöst gebliebene Rückstand wird mit ammoniakalischem schwächerem Alkohol ausgezogen, die Flüssigkeit eingedampft und der Kristallisation überlassen. Man kann auch zur Entfernung des Harnstoffes, der Oxysäuren und Phenole das auf etwa 50 ccm eingeengte Filtrat vom Schwefelbleiniederschlag mit etwas Salzsäure aufkochen und ein- bis zweimal mit alkoholhaltigem Äther ausschütteln. Die wäßrige Lösung wird auf dem Wasserbade zum Syrup eingedampft, der Rückstand mit 10—20 ccm Wasser aufgenommen und der Kristallisation überlassen.

Tyrosin, Leuzin und Valin kristallisieren aus und lassen sich

---

[1] Nach der Darstellung von Spaeth: l. c. (S. 355 dieses Praktikums) S. 159 und Hoppe-Seyler-Thierfelder: l. c. (S. 350 dieses Praktikums) S. 750.

z. T. durch fraktionierte Kristallisation trennen, da sich zunächst das Tyrosin ausscheidet. Zur Trennung kann man auch ein Gemisch der auskristallisierten Körper mit einer Mischung von gleichen Teilen Alkohol und Eisessig am Rückflußkühler kochen[1]; hierbei geht Leuzin in Lösung, während Tyrosin am Boden des Gefäßes als pulvrige Masse zurückbeibt. Valin läßt sich vom Leuzin durch fraktionierte Kristallisation nicht trennen. Ist das Tyrosin stark gefärbt, so löst man es in heißem, mit Ammoniak versetztem Alkohol. Beim Konzentrieren der Lösung im Wasserbade scheidet sich das Tyrosin in fast reinen Kristallen aus.

Qualitativer Nachweis des Tyrosins[2].

1. Eine Probe der Untersuchungssubstanz wird im Reagenzglas mit Wasser zum Sieden erhitzt. Man läßt ohne unmittelbares Abkühlen erkalten und untersucht den erhaltenen Kristallbrei mikroskopisch. Tyrosin zeigt Nadelbüschel in regelmäßiger Form (s. Abb. 132), die sich bei Zusatz von Salzsäure leicht lösen und die bei gelindem Erwärmen des Objektträgers nicht schmelzen. (Unterschied von Fettsäurenadeln.) Tyrosin ist unlöslich in Essigsäure.

Sedimente, die auf Tyrosin zu untersuchen sind, werden mit Wasser gewaschen und in Ammoniak unter Zusatz von kohlensaurem Ammonium gelöst. Aus dem verdunstenden Filtrat kristallisiert Tyrosin als Ammoniumverbindung in Büscheln von deutlichen Prismen.

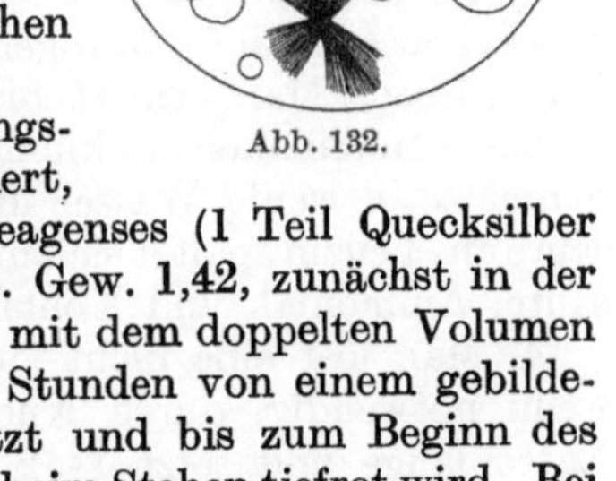

Abb. 132.

2. Eine Probe der Untersuchungssubstanz wird in Wasser suspendiert, mit einigen Tropfen Millonschen Reagenses (1 Teil Quecksilber wird in 2 Teilen Salpetersäure, spez. Gew. 1,42, zunächst in der Kälte, dann unter Erwärmen gelöst, mit dem doppelten Volumen Wasser verdünnt und nach einigen Stunden von einem gebildeten Niederschlag abgegossen) versetzt und bis zum Beginn des Siedens erhitzt: Rosarotfärbung, die beim Stehen tiefrot wird. Bei größeren Tyrosinmengen entsteht Trübung und Niederschlag.

3. Probe nach Piria (auf Bildung von Tyrosinschwefelsäure beruhend). Man übergießt eine Probe trocknen Tyrosins in einem

---

[1] Vgl. Habermann und Ehrenfeld: Z. physiol. Chem. 37, 18 (1902/3).
[2] Nach Salkowski: Praktikum l. c. (S. 435 dieses Praktikums) S. 151.

trocknen Reagenzglase mit konzentrierter Schwefelsäure, stellt
das Reagenzglas etwa eine halbe Stunde in ein stark kochendes
Wasserbad, läßt erkalten, gießt in das mehrfache Volumen Wasser
ein, spült mit Wasser nach und verreibt die Lösung, evtl. unter
Verdünnen, mit portionsweise zugesetztem Bariumkarbonat, bis
die Mischung nicht mehr sauer reagiert, filtriert, dampft auf ein
Volumen von wenigen Kubikzentimetern ein und setzt vorsichtig
stark verdünnte Eisenchloridlösung hinzu: Violettfärbung.

4. Probe nach Denigès. Man erwärmt ein kleines Quantum
Tyrosin mit 2—3 ccm konzentrierter Schwefelsäure, die mit einigen
Tropfen Formalin versetzt ist: Rote Färbung. Setzt man jetzt
sofort Eisessig hinzu, so tritt Grünfärbung ein.

Qualitativer Nachweis des Leuzins[1].

1. Leuzin erscheint — am besten nach dem Umkristallisieren
aus Alkohol — unter dem Mikroskop in Form von oft gelblich
verfärbten Kugeln oder Drusen mit konzentrischer Streifung
(s. Abb. 132). Leuzin löst sich nicht in Äther (Unterschied gegen
Fett) und unterscheidet sich vom Ammoniumurat durch seine
zirkuläre und radiäre Streifung sowie durch das Fehlen von
Stacheln an der Peripherie. Ammoniumurat gibt auch bei Zusatz
von Salzsäure Harnsäurekristalle.

2. Man erhitzt eine Substanzprobe vorsichtig in einem beiderseits offenen, schräg gehaltenen Glasrohr: es bildet sich ein
wolkiges Sublimat von Leuzin. Gleichzeitig entwickelt sich unter
Zerstörung eines Teiles des Leuzins Geruch nach Amylamin.

3. In ein Reagenzglas bringt man ein etwa 1 cm langes
Stückchen Ätzkali (in Stangenform), etwas Leuzin und 1—2 Tropfen Wasser. Man erhitzt bis zum Schmelzen des Kalis, wobei
starke Ammoniakentwicklung stattfindet, läßt erkalten, löst die
Schmelze in wenig Wasser und säuert mit verdünnter Schwefelsäure an. Leuzin spaltet sich unter Sauerstoffaufnahme in Valeriansäure, Ammoniak und Kohlensäure: Geruch nach Valeriansäure.

4. Man löst eine nicht zu kleine Probe in Wasser, entfärbt,
wenn notwendig, durch Knochenkohle, filtriert, alkalisiert mit
Natronlauge und setzt 1—2 Tropfen Kupfersulfatlösung hinzu:
das zuerst ausfallende Kupferhydroxyd löst sich unter Bildung
von Leuzinkupfer zu einer blauen Lösung, welche beim Erhitzen
nicht reduziert wird. Nach Abkühlen fällt Leuzinkupfer aus
neutraler Lösung in Form blaßblauer Blättchen aus.

---

[1] Nach Salkowski: l. c. (S. 517 dieses Praktikums) S. 154.

Qualitativer Nachweis des Valins.

Zur Unterscheidung, ob Leuzin oder Valin, die sich auch als Kupfersalze nicht durch fraktionierte Kristallisation trennen lassen, vorliegt, dient das optische Verhalten der isolierten Substanz. Leuzin zeigt, in 20% Salzsäure gelöst, eine spez. Drehung von $+ 15,6^0$, Valin von $+ 28,8^0$[1].

Bestimmung der Gesamtaminosäuren.

Präparative Darstellung der Aminosäuren als Naphthalinsulfoaminosäuren. Nach Fischer und Bergell-Abderhalden-Ignatowski[2].

Prinzip. Die Darstellung der Aminosäuren gründet sich auf ihre Umsetzung in alkalischer Lösung mit β-Naphthalinsulfochlorid zu Naphthalinsulfoaminosäure.

Reagentien. 1. Ätherische Lösung von β-Naphthalinsulfochlorid 10%ig. 2. Bleizucker. 3. Äther.

Ausführung. 500 ccm Harn werden mit Bleizucker gefällt. Das Filtrat wird im Vakuum unterhalb 45^0 zur Hälfte eingedampft. Das überschüssige Bleisalz wird durch Einleiten von Schwefelwasserstoff zerlegt und der Schwefelwasserstoff durch leichtes Erwärmen vertrieben. Die mit Salzsäure angesäuerte Lösung wird 3 Stunden lang mit dem halben Volumen Äther auf einer Schüttelmaschine ausgeschüttelt und der Äther abgegossen, wodurch Hippursäure, Phenole und Oxysäuren entfernt werden. Zu der wäßrigen Restlösung gibt man pro 500 ccm Ausgangsharn 2 g β-Naphthalinsulfochlorid in 10%ig. ätherischer Lösung, macht die Lösung durch Zusatz von ca. n-Natronlauge alkalisch, schüttelt sie 9 Stunden, gibt in Abständen von 3 Stunden 2mal je 1 g des Reagenses, in möglichst wenig Äther gelöst, hinzu und hält die Reaktion der Mischung durch Zusatz von 1 n Natronlauge alkalisch. Nach 9 Stunden wird der Äther abgegossen, die wäßrige Lösung filtriert und das Filtrat stark salzsauer gemacht. Sind Aminosäuren vorhanden, so entsteht hierbei eine deutliche Trübung bzw. Abscheidung fester Substanzen. Eine schwache Trübung kann auch bei Abwesenheit

---

[1] Hinsichtlich der präparativen Trennung des Valins von Leuzin sowie von anderen Aminosäuren vgl. Hoppe-Seyler-Thierfelder: c. l. (S. 350 dieses Praktikums) S. 570.

[2] Ausführliche Literatur siehe bei Rona in Abderhaldens, Handb. d. biochem. Arbeitsmeth. III/2, 812 (1910).

von Aminosäuren auftreten. Zur Gewinnung von Kristallen gibt man zu der Flüssigkeit das gleiche Volumen Äther, schüttelt 3 Stunden und wiederholt das Ausschütteln 2mal mit neuen Äthermengen. Die Ätherlösungen werden mit etwas Wasser gewaschen und abdestilliert. Der Rückstand wird in kleinen Portionen mit 15—20% ig. Alkohol aufgenommen, die trübe Lösung erwärmt, bis sie klar ist, und heiß filtriert. Aus dem Filtrat scheiden sich in der Kälte Kristalle ab. Das so erhaltene Rohprodukt ist durchaus unrein. Es enthält fast immer β-Naphthalinsulfamid. Es wird durch Lösen in verdünntem Alkali oder Alkohol, Kochen mit Tierkohle, Abdunsten des Alkohols vorgereinigt. Dann wird durch Lösen des Rückstandes in verdünntem Ammoniak, in dem die Aminosäureverbindung löslich, das genannte Amid aber unlöslich ist, die Trennung vollzogen. Eine Trennung der einzelnen Aminosäureverbindungen ist schwierig.

Nach **Embden** und **Reese**[1] ist es besser, den Harn stärker alkalisch zu machen (auf 100 ccm neutralisierten Harnes noch 2 bis 4 ccm n-Natronlauge) und zwei Tage unter vier- bis sechsmal täglichem Alkali- und Reagenszusatz bei etwa 30° zu schütteln. Sie erhalten dabei aus normalem Harne, der nach dem obigen Verfahren keine Aminosäureverbindungen liefert, reichliche Mengen Reaktionsprodukte.

Schüttelt man nach **Embden** und **Marx**[2] nur 1—4 Stunden, so erhält man, da Glykokoll schneller reagiert als andere Aminosäuren, nahezu reines β-Naphthalinsulfoglykokoll, das zur Analyse nur aus Wasser umkristallisiert zu werden braucht.

Quantitative Bestimmung.

Formoltitration des „Aminosäure-Stickstoffes" nach Henriques und Sörensen[3].

Prinzip. Die Bestimmung der Aminosäuren mittels der Formoltitration beruht auf der azidimetrischen Titration der Karboxylgruppe, nachdem die zugehörige alkalisch wirkende NH_2-Gruppe durch Zusatz von Formaldehyd in eine Methylen-

---

[1] Hofmeisters Beitr. **7**, 411 (1906).

[2] Hofmeisters Beitr. **11**, 308 (1908). Vgl. auch **Plaut** und **Reese**: Hofmeisters Beitr. **7**, 425 (1906) und **Bingel**: Z. physiol. Chemie **57**, 382 (1908).

[3] Z. physiol. Chem. **60**, 1 (1909); **64**, 120 (1910). Vgl. auch **Sörensen**: Biochem. Z. **7**, 64 (1908) und **Jessen-Hansen** in Abderhaldens Arbeitsmethoden Abt. I/7, 245 (1922).

verbindung übergeführt und hierdurch unwirksam gemacht worden ist. Als Beispiel diene die Einwirkung von Formaldehyd auf Alanin

$$\begin{array}{cc} CH_3 & CH_3 \\ | & | \\ CH \cdot NH_2 + HCOH = & CH \cdot N : CH_2 + H_2O \\ | & | \\ COOH & COOH \, . \end{array}$$

Unter dem abgekürzten Ausdruck „Aminosäure-Stickstoff" ist die gesamte vorhandene formoltitrierbare Stickstoffmenge zu verstehen. Wendet man das Titrationsverfahren auf Harn an, so werden durch den Formaldehydzusatz nicht nur COOH-Gruppen der Aminosäuren titrierbar, sondern auch die an Ammoniak gebundenen Säurereste. Ammoniumsalze reagieren mit Formaldehyd bei neutraler Reaktion unter Bildung von Hexamethylentetramin und freier Säure

$$4\,NH_4Cl + 6\,HCOH = N_4(CH_2)_6 + 6\,H_2O + 4\,HCl \, .$$

Es ist daher gleichzeitig mit der Formoltitration eine Ammoniakbestimmung vorzunehmen und der Ammoniakstickstoff von dem durch die Formoltitration erfaßten Ammoniak- und Aminosäurestickstoff abzuziehen, um den Aminosäurestickstoff allein zu erhalten.

1. Ältere Methode.

Diese ursprüngliche Methode ist zur Bestimmung des Aminosäurestickstoffs gut brauchbar. Nur bei Gegenwart besonders großer Ammoniakmengen, sowie bei der Bestimmung des peptidgebundenen Stickstoffes, bei der der Harn mit Salzsäure gekocht wird und durch Harnstoffzersetzung reichliche Mengen von Ammoniak entstehen, ist es notwendig, die modifizierte Methode (S. 524) anzuwenden.

Reagentien. 1. Phenolphthaleinlösung: 0,5 % ig. Lösung in 50 % ig. Alkohol. 2. Empfindliches Lackmuspapier: 0,5 g feingepulvertes Azolithmin wird in 200 ccm Wasser unter Zusatz von 22,5 ccm 0,1 n Natronlauge gelöst und nach dem Filtrieren mit 50 ccm Alkohol versetzt. Durch die Lösung werden Streifen guten, aschenarmen Filtrierpapiers gezogen und getrocknet. Das Papier muß sich den Sörensenschen Phosphatlösungen ($^1/_{15}$ mol KH_2PO_4 und $^1/_{15}$ mol $Na_2HPO_4 + 2\,H_2O$) gegenüber in folgender Weise verhalten

3 sek + 7 prim ($P_H = 6,47$) schwachsaure Reaktion,

5 sek + 5 prim ($P_H = 6,81$) neutrale Reaktion,

7 sek + 3 prim ($P_H = 7,17$) schwach alkalische Reaktion.

Der Neutralpunkt ist der Ammoniumsalze und der Aminosäuren wegen ein wenig saurer als der wirkliche Neutralpunkt. Reagiert eine Probe Lackmuspapier den Phosphatlösungen gegenüber nicht nach Wunsch, so muß die der Azolithminlösung zugesetzte Natronmenge in entsprechender Weise geändert werden. 3. Formolmischung. 50 ccm käufliches Formol (30—40%ig) werden mit 1 ccm Phenolphthaleinlösung und danach mit 0,2 n-Lauge bis zum ganz schwach rosa Farbton versetzt. 4. Natronlauge 0,2 n. 5. Salzsäure 0,2 n. 6. Festes Bariumchlorid. 7. Barytlösung, gesättigt. 8. Alkohol 95%ig. 9. Blutkohle (Merck). 10. Evt. Färbmittel: Bismarckbraun — Tropäolin 0- und Tropäolin 00-Lösungen 0,2 g in 1000 ccm. Methylviolettösung 0,02 g in 1000 ccm.

Ausführung. In einem 100 ccm-Meßkolben werden 50 ccm Harn (evt. mehr) abgemessen und mit 1 ccm Phenolphthaleinlösung und 2 g festem Bariumchlorid versetzt. Nach Umschütteln bis zur Lösung des Bariumchlorides wird eine gesättigte Lösung von Bariumhydroxyd bis zur roten Farbe und dann noch weiter eine Menge von 5 ccm hinzugesetzt. Hierdurch werden Karbonate und Phosphate ausgefällt, die die endgültige Formoltitration stören. Man füllt bis zur Marke mit Wasser auf, läßt 15 Min. stehen und filtriert durch ein trocknes Filter.

Da das Filtrat, mit dem die weiter unten beschriebene Titration ausgeführt wird, gefärbt ist, ist die Erkennung des Umschlagspunktes schwierig. Man verfährt daher entweder nach Bang[1], indem man die Lösung mit Blutkohle unter Zusatz von Alkohol entfärbt, wobei die Farbstoffe, nicht aber die Aminosäuren absorbiert werden sollen. Hierzu gibt man zu der Lösung vor Auffüllen ad 100 ccm 20 ccm Alkohol, füllt auf, läßt 15 Min. stehen, fügt ca. 2 g Blutkohle (Merck) hinzu, schüttelt einige Augenblicke kräftig durch und filtriert durch ein trocknes Filter.

Oder man setzt bei der Titration der Vergleichslösung (s. diese) Farbstoffe (s. Reagentien 10.) derart zu, daß sie einen der zu titrierenden Flüssigkeit ähnlichen Farbton erhält.

80 ccm des klaren Filtrates (40 ccm Harn entsprechend) werden in einen 100 ccm-Meßkolben gebracht, worauf die Flüssigkeit durch Zusatz von 0,2 n Salzsäure gegen Lackmuspapier (siehe Reagentien 2.) neutralisiert und darauf mit ausgekochtem (kohlensäurefreiem) Wasser ad 100 ccm verdünnt wird. In 40 ccm dieser Lösung (16 ccm Harn entsprechend) wird die formoltitrierbare Stickstoffmenge bestimmt.

Man stellt zunächst eine Vergleichslösung her, indem man 40 ccm ausgekochtes, destilliertes Wasser mit 20 ccm Formolmischung und etwa halb so viel Natronlauge, wie man für die eigentliche Bestimmung zu verbrauchen schätzt, versetzt. (Aus-

---

[1] Biochem. Z. **72**, 101 (1916).

gleich des Volumens und Salzgehaltes der verglichenen Lösungen). Dann titriert man mit 0,2 n Salzsäure zurück, bis die Flüssigkeit nach gutem Schütteln einen eben schwach rosa Farbton zeigt ($P_H = 8,3$, erstes Stadium der Titration) und setzt vorsichtig 0,2 n Lauge hinzu, bis die Lösung eine deutlich rote Farbe annimmt ($P_H = 8,8$, zweites Stadium).

Hat man nicht nach Bang gearbeitet, so ist der Kontrolllösung zweckmäßig vor der Titration durch Zusatz von Farblösungen der gleiche Farbton zu verleihen wie der Untersuchungslösung.

Nun setzt man zu den 40 ccm Untersuchungslösung 20 ccm Formolmischung und titriert mit 0,2 n Lauge, bis die Färbung stärker als die der Kontrollösung erscheint; dann setzt man 0,2 n Salzsäure hinzu, bis die Färbung schwächer als die der Kontrollösung geworden ist, und nun wieder Lauge, bis die Farbstärke der Kontrollösung genau erreicht ist. Sind somit alle Lösungen auf das zweite Stadium gebracht, so wird die Kontrolllösung mit etwa 2 Tropfen Lauge versetzt, bis sie einen stark roten Farbton annimmt ($P_H = 9,1$, drittes Stadium). Dann titriert man die Untersuchungslösung bis zur Farbgleichheit mit der Kontrollösung.

Berechnung. Man bestimmt den Gesamtverbrauch der untersuchten Lösung an Lauge, indem man von der gesamten angewandten Laugemenge die zugesetzte Säuremenge in Abzug bringt. Ebenso verfährt man mit der Kontrollösung. Die geringe Laugemenge, die die Kontrollösung verbraucht, bringt man dann von der für die Untersuchungslösung verbrauchten Laugemenge in Abzug.

$$1 \text{ ccm } 0,2 \text{ n Lauge entspricht } \frac{14}{5} = 2,8 \text{ mg N.}$$

Ammoniakbestimmung. In weiteren 40 ccm des Harnfiltrates führt man eine Ammoniakbestimmung durch. Es kann jede gute Methode zur Ammoniakbestimmung verwandt werden. Henriques und Sörensen empfehlen die Abdestillation des Ammoniaks im Vakuum.

Zur Freimachung des Ammoniaks wird zu der zu destillierenden Lösung eine ca. 0,5 n Lösung von Bariumhydroxyd in Methylalkohol zugesetzt. Es sind mindestens 10 ccm zu benutzen, doch richtet sich diese Zahl nach der Ammoniakmenge. Nach Abdestillation des Ammoniaks soll die Flüssigkeit einen deutlichen Überschuß an Bariumoxyd enthalten. Gewöhnlich ist eine Destillation hinreichend, liegen aber, wie bei der Methode S. 524, große Ammoniummengen bei dem mit Salzsäure gekochtem Harn vor, so ist der Destillationsrückstand in ein wenig Salzsäure zu lösen und nach Zusatz eines Überschusses an methylalkoholischer Barytlösung noch einmal beinahe bis zur Trockne zu destillieren. Man bestimmt die dem Ammoniak entsprechende N-Menge, die in den 16 ccm untersuchten Harnes vorhanden ist. Durch Abzug des Ammoniak-N von der durch die Formoltitration erhaltenen N-Menge erhält man den Aminosäurestickstoff in 16 ccm Harn.

Beispiel. Eine Harnprobe von 1% Gesamt-N wird durch Behandlung mit Bariumchlorid und Bariumhydroxyd usw. auf das 2,5fache verdünnt. 40 ccm der Flüssigkeit — entsprechend 16 ccm Harn — verbrauchen bei der Formoltitration 4,00 ccm 0,2 n Natronlauge, enthalten demnach 11,2 mg formoltitrierbaren Stickstoff. 40 weitere ccm enthalten 8,43 mg N in Form von Ammoniak. Somit beträgt der Aminosäurestickstoff in 16 ccm Harn 11,2— 8,43 = 2,77 mg = 1,7% des Gesamt-N.

2. Neue Methode[1]

(zur Bestimmung von Ammoniak, Hippursäure, Aminosäuren und peptidgebundenen Stickstoffmengen).

Reagentien. 1. Alle Reagentien wie S. 521 angegeben. 2. Salzsäure ca. 1 n. 3. Essigester (Äthylazetat). 4. Salzsäure 30% ig. 5. Silbernitratlösung ca. 0,33 n.

a) Bestimmung von Ammoniak und Aminosäuren. Wie S. 522 beschrieben, werden in einem 100 ccm-Meßkolben 50 ccm Harn mit Phenolphthalein, Bariumchlorid und Bariumhydroxyd behandelt und zu 100 ccm verdünnt. Aus 80 ccm des klaren, roten Filtrates (40 ccm Harn entsprechend) wird das Ammoniak im Vakuum wie in der vorangehenden Methode unter Ammoniakbestimmung beschrieben, abdestilliert und bestimmt. Der Destillationsrückstand wird in dem Kolben in einigen Kubikzentimetern ca. n-Salzsäure gelöst, worauf unter Evakuierung kohlensäurefreie Luft hindurchgeleitet wird, um jede Spur von Kohlensäure auszutreiben. Hierauf wird die salzsaure Lösung quantitativ mittels kohlensäurefreien (ausgekochten) Wassers in einen 100 ccm-Meßkolben übergeführt, mit empfindlichem Lackmuspapier als Indikator durch Zutröpfeln von kohlensäurefreier, ca. 1 n-Natronlauge bis zu schwach roter Farbe neutralisiert und durch darauffolgenden Zusatz von 0,2 n-Salzsäure bis zur neutralen Reaktion auf Lackmuspapier gebracht; schließlich wird mit kohlensäurefreiem Wasser bis zur Marke nachgefüllt. In einer passenden Menge, z. B. 40 ccm der neutralen Lösung (16 ccm

---

[1] s. Literatur S. 520 dieses Praktikums.

Harn entsprechend) wird die Formoltitration, wie S. 522, ausgeführt.

b) **Bestimmung von Hippursäure und peptidgebundenem Stickstoff.** 50 ccm Harn werden mit ca. 5 ccm ca. 5 n Salzsäure versetzt und darauf 6mal mit Äthylazetat geschüttelt, um Hippursäure zu extrahieren. Der zum Ausschütteln benutzte Essigester wird einmal mit Wasser gewaschen und darauf zur Hippursäurebestimmung verwendet, während das Waschwasser mit dem extrahierten Harn gemischt zur Bestimmung des peptidgebundenen Stickstoffes dient.

Der Essigester wird abdestilliert und der Rückstand 2 bis 3 Stunden mit 50 ccm ca. 30%ig. Salzsäure in einem langhalsigen Kjeldahlkolben auf dem Drahtnetze gelinde gekocht. Hierdurch wird die gesamte Hippursäure in Benzoesäure und Glykokoll gespalten; die Stickstoffmenge des letzten läßt sich nach Eindampfen der Lösung auf dem Wasserbade und Neutralisation mit 0,2 n Natronlauge (Lackmuspapier als Indikator) durch die übliche Formoltitration bestimmen.

Der hippursäurefreie Harn wird mit 50 ccm konzentrierter Salzsäure versetzt, in einem langhalsigen Kjeldahlkolben auf dem Drahtnetze 3 Stunden gelinde gekocht und darauf auf dem Wasserbade eingeengt. Der Rückstand wird mit normaler Natronlauge und wenig Wasser in einen 50 ccm-Meßkolben übergeführt, mit 1 ccm Phenolphthaleinlösung und 2 g festem Bariumchlorid versetzt und mit Wasser oder mit gesättigter Barytlösung bis zur Marke aufgefüllt.

Nach Umschütteln und 15 Minuten langem Stehenlassen wird durch ein trocknes Filter filtriert; aus dem Filtrat werden 40 ccm (40 ccm Harn entsprechend) in einen 100 ccm-Meßkolben gebracht. Die Lösung wird mit Salzsäure schwach angesäuert; dann mit weiteren 5 ccm 1 n Salzsäure versetzt, worauf die Flüssigkeit durch Zutropfen von 20 ccm ca. $n/3$ Silbernitratlösung entfärbt wird. Nach Auffüllen mit kohlensäurefreiem Wasser wird filtriert und aus 80 ccm des Filtrates das Ammoniak, wie oben angegeben, ausgetrieben. Der Destillationsrückstand wird in Salzsäure gelöst, die Lösung in einen 100 ccm-Meßkolben übergeführt, neutralisiert und auf dieselbe Weise behandelt, wie S. 522 angegeben worden ist. Zur Formoltitration werden 50 ccm der neutralisierten Lösung (16 ccm Harn entsprechend) verwandt. Die Differenz zwischen dem Aminosäurestickstoff nach und vor der Salzsäurebehandlung gibt die in 16 ccm Harn vorhandene, peptidgebundene Stickstoffmenge an.

Wenn die Hippursäuremenge klein ist oder bedeutungslos erscheint, kann man das Ausschütteln mit Essigester unterlassen und den Harn direkt mit Salzsäure behandeln; der Hippursäurestickstoff wird dann als peptidgebundener Stickstoff mit in Rechnung gezogen.

Gasanalytische Bestimmung des Aminosäure-Stickstoffes nach van Slyke[1].

Prinzip. Das gasanalytische Verfahren der Bestimmung von Aminosäuren nach van Slyke beruht auf der Umsetzung von Aminosäuren mit Natriumnitrit

$$RNH_2 + HNO_2 = ROH + H_2O + N_2.$$

Hinsichtlich der Technik der gasanalytischen Bestimmung des N_2 in der Anordnung von van Slyke muß auf die Beschreibung in Band I des Praktikums S. 246 verwiesen werden.

1. Bestimmung des Gesamtaminostickstoffes.

Die Methode beruht darauf, daß Harn mit Schwefelsäure unter Druck erhitzt wird, wodurch Harnstoff zu Ammoniak zersetzt wird und die Aminosäuren aus Eiweiß, Pepton, Hippursäure usw. frei gemacht werden. Das Ammoniak wird abdestilliert. Somit werden Ammoniak und Harnstoff, die sonst teilweise mit den Aminosäuren mitbestimmt werden, entfernt. Der Aminosäure-Stickstoff wird gasanalytisch ermittelt.

Reagentien. 1. Schwefelsäure konz. 2. Festes Kalziumhydroxyd. 3. Festes Natriumhydroxyd. 4. Essigsäure. 5. Alle Reagentien zur Aminosäurebestimmung nach van Slyke (s. Bd. I dieses Praktikums).

Apparate. Apparatur zur Aminosäurebestimmung nach van Slyke (s. Bd. I dieses Praktikums S. 247 und 248).

Zu 75 ccm Harn, in einem Becherglas von etwas mehr als 100 ccm Inhalt fügt man 25 ccm konzentrierte Schwefelsäure und erhitzt 1½ Stunden im Autoklaven auf 175°. Darauf wird die Lösung in einen Jenaer Erlenmeyerkolben von 300 ccm Inhalt gespült, mit Ca(OH)$_2$ alkalisch gemacht und bis zum Verschwinden allen Ammoniaks gekocht. (Dämpfe mittels Lackmuspapiers prüfen!) Um Schäumen während des Kochens zu vermeiden, fügt man ein Stückchen Paraffin von Bohnengröße hinzu. Wenn die Lösung ammoniakfrei ist, filtriert man durch ein Faltenfilter in eine Abdampfschale, wäscht den Kalziumhydrat- und -sulfatniederschlag 10 mal mit heißem Wasser und dampft das

---

[1] Abderhaldens Arbeitsmethoden I/7, 285 (1923).

Filtrat auf dem Wasserbad fast, aber nicht ganz, zur Trockne. Das Eindampfen ist in ungefähr zwei Stunden beendet. Die Lösung wird dann von den abgeschiedenen Kalziumsalzen durch ein kleines Filter in einen 25 ccm-Kolben filtriert, der Rückstand mit dem Filter mehrere Male mit je 3—5 ccm aqua dest. ausgewaschen und der Kolben zur Marke aufgefüllt. Dann werden je 10 ccm für zwei Aminostickstoffbestimmungen entnommen, von denen jede in 5—6 Min. ausgeführt wird.

2. Bestimmung des freien Aminostickstoffes.

Zur Bestimmung des freien Aminostickstoffes (d. h. der freien NH_2-Gruppen) im Harn müßten Ammoniak und Harnstoff, die die gasanalytische Bestimmung stören, entfernt werden. Es genügt jedoch praktisch, nur Ammoniak zu entfernen, da Harnstoff so langsam mit salpetriger Säure reagiert, daß nur ungefähr 3% desselben in 5 Min. bei 20^0 zersetzt werden. Die Resultate sind nicht so genau wie bei der vorangehenden Methode mit Entfernung des Harnstoffes. (Zuverlässig bis 0,3% des Gesamt-N.)

Hierzu werden 100 ccm Harn mit 4 g Natriumhydroxyd versetzt und durch mehrstündiges Durchleiten eines kräftigen Luftstromes vom Ammoniak befreit. Es ist schwierig, das Ammoniak auf diese Weise vollständig zu verjagen. Die zurückbleibenden Spuren beeinflussen jedoch die Resultate nicht merklich, denn das Ammoniak reagiert nur langsam mit salpetriger Säure und wird fast vollständig mit dem Harnstoff bestimmt.

Nach Entfernung des Ammoniaks wird der Harn mit Essigsäure angesäuert und auf dem Wasserbade auf ein Volumen von 50 ccm gebracht. Mit je 10 ccm führt man zwei Aminosäurebestimmungen aus. Die eine genau im Verlauf von 6 Min., die andere während 12 Min., gerechnet von dem Zeitpunkte, zu dem der Harn mit der salpetrigen Säure gemischt wird. Zur Bestimmung läßt man die Lösungen 5 und 11 Min. ruhig stehen und schüttelt erst während der letzten Minute. Der Unterschied zwischen den beiden Resultaten stellt die Menge Stickstoff dar, die vom Harnstoff während 6 Min. abgegeben worden ist. Durch Subtraktion dieser Differenz von dem Ergebnis, das man bei der Bestimmung in 6 Min. erhalten hat, wird die Stickstoffmenge, die aus den Aminosäuren stammt, ermittelt.

Es ist notwendig, genau die gleichen Volumina aller angewandten Lösungen bei beiden Aminosäurebestimmungen zu benutzen und die Bestimmungen bei gleicher Temperatur auszuführen. Besonders ist darauf zu achten, daß nach Vertreibung der

Luft im Apparat durch Stickoxyd während des ersten Stadiums der Bestimmung das gleiche Volumen salpetriger Säurelösung in der Zersetzungsflasche zurückbleibt. Dies wird erreicht, indem man die Lösung D in dem Zylinder A genau bis zur Marke von 25 ccm zurücktreibt, ehe der Harn in D eingelassenwird (s. Band I des Praktikums S. 248, Abb. 66).

Liegt die Temperatur unter 19⁰, so muß die Zeit der Reaktion auf 7 und 14 Min. ausgedehnt werden, bei einer Temperatur unter 15⁰ auf 8 und 16 Min.

Beispiel: Analyse normalen menschlichen Harnes:
Der Gesamtstickstoff für 100 ccm beträgt 1,127 g. Die Bestimmung des gesamten Aminostickstoffes in 300 ccm Harn nach der Hydrolyse im Autoklaven ergibt 9,10 und 9,20 ccm, im Durchschnitt 9,15 ccm Stickstoffgas bei 21⁰ und 768 mm Druck, d. h. 0,0175 g pro 100 ccm oder 1,53% der gesamten Stickstoffmenge.

Die Bestimmung des freien Aminostickstoffes in 20 ccm Harn gibt die folgenden Resultate bei einer Temperatur von 24⁰ und einem Druck von 768 mm.

12-Minutenbestimmung . . . . 6,87 ccm Stickstoff
6-   ,, ... 5,11 ,,   ,,
Aus dem Harnstoff in 6 Min. geliefert 1,76 ccm Stickstoff
Aus den Aminosäuren geliefert . . . 3,35 ccm Stickstoff

Diese Menge entspricht einem Gehalt freien Aminostickstoffes von 0,0095 g für 100 ccm oder 0,8% des Gesamtstickstoffes.

Die Differenz der beiden Bestimmungen ergibt die durch Hydrolyse abgespaltene N-Menge zu 0,73%.

Kolorimetrische Bestimmung des Aminosäure-Stickstoffes nach Folin[1].

Prinzip. Durch Behandlung mit Permutit (s. Ammoniakbestimmung S. 364) wird das Ammoniak im Harn entfernt. In der ammoniakfreien Lösung wird der Aminostickstoff durch Zusatz eines Naphthochinonreagenses, das eine rote Färbung hervorruft, kolorimetrisch gegen eine Aminosäure-Standardlösung bestimmt.

Reagentien. 1. Natriumkarbonatlösung. Von einer nahezu gesättigten Lösung werden 50 ccm auf 500 ccm verdünnt. 20 ccm der Verdünnung werden unter Zugabe von Methylrot (bis zum Beginn der Farbänderung) mit 0,1 n HCl titriert. Die Ausgangslösung soll so verdünnt werden, daß 8,5 ccm von ihr 20 ccm 0,1 n HCl entsprechen. Sie ist dann etwa 1 %ig. 2. Essigsäure-Azetatmischung. 100 ccm 50 %ig. Essigsäure werden mit

---

[1] J. of biol. Chem. **51**, 393 (1922) und Laborat. Manual l. c. (S. 328 dieses Praktikums) S. 221.

100 ccm 5 % ig. Natriumazetatlösung gemischt. 3. Natriumthiosulfatlösung $(Na_2S_2O_3 \cdot 5 H_2O)$ 4 % ig. 4. Permutit (nach Folin), Deutsche Permutit-Gesellschaft. 5. Standardaminosäurelösung. Glykokoll-, Leuzin-, Tyrosin- oder Phenylalaninlösung, enthaltend 0,1 mg N pro ccm in 0,1 n HCl unter Zugabe von 0,2% Natr. benzoic. 6. Eine frisch bereitete Lösung von 0,5 % ig. β-naphthochinonsulfosaurem Natrium (s. Band I dieses Praktikums S. 276).

Ausführung. Eine abgemessene Harnmenge (etwa 5—25 ccm) wird in einem 50 ccm Erlenmeyerkolben auf genau 25 ccm mit aqua dest. aufgefüllt und mit 2—3 g Permutit 5 Min. lang geschüttelt. Der Harn wird abgegossen, nochmals 5 Min. mit der gleichen Menge Permutit geschüttelt und nunmehr ammoniakfrei wieder abgegossen. Eine geringe Trübung stört die Bestimmung nicht.

Jetzt stellt man eine Reihe von Vergleichslösungen her, indem man z. B. 1, 2 und 3 ccm der Standardlösung in einen 25 ccm Meßzylinder füllt und so viel ccm 1 % ig. Natriumkarbonatlösung hinzugibt, wie ccm der Standardlösung angewandt worden sind. Die Lösungen werden ad 10 ccm mit aqua dest. aufgefüllt.

Ebenso gibt man in einen 25 ccm-Meßzylinder 5 ccm des ammoniakfreien Harnes, fügt 1 ccm 0,1 n HCl und 1 ccm 1 % ig. Natriumkarbonatlösung hinzu und füllt auf 10 ccm auf.

Nach **Schmitz** und **Scholtyssek**[1] kann statt des Permutits nach **Folin** auch das bedeutend preiswertere, technische Permutit angewandt werden. In diesem Falle sind zu der Harnlösung und den Standardlösungen je 0,1 ccm 1 % ig. alkoholische Phenol- phthaleinlösung und zu den Testlösungen 1 ccm der 1 % ig. Natrium- karbonatlösung hinzuzugeben. Zu den Harnlösungen wird dann so viel Sodalösung zugesetzt, wie hinreichend ist, ihnen die Farbe der Testlösungen zu verleihen.

Dann gibt man 5 ccm einer Lösung von 250 mg des Amino- säurereagenses in 50 ccm Wasser zu jedem Meßzylinder. Nach Durchmischung läßt man die Lösungen lichtgeschützt über Nacht stehen. Zweckmäßig ist es, sich nach etwa 10 Min. zu überzeugen, ob die Färbung der zu untersuchenden Harnlösung von der Färbung der Standardlösungen sehr abweicht. Ist dies der Fall, so setzt man einen neuen Versuch mit einer entsprechend geänderten Harn- menge an. Das Endvolumen von 15 ccm ist aber innezuhalten. Am nächsten Tage fügt man zu jedem Gefäß 1 ccm der Essigsäure- Azetatmischung, hiernach 5 ccm 4 % ig. Thiosulfatlösung und füllt auf 25 ccm mit aqua dest. auf. Nach Durchmischung kolori- metriert man die zu untersuchende Lösung gegen den ihr am ähnlichsten Standard.

---

[1] Z. phys. Chem. **176**, 89 (1928).

Berechnung. Die Berechnung ist die bei der Kolorimetrie übliche. Die angewendete Harnmenge sowie der Gehalt der gewählten Standardlösung ist zu berücksichtigen.

Ist eine Aufteilung des Harn-N beabsichtigt, so ist eine Vereinigung der Ammoniak- und Amino-N-Bestimmung zu empfehlen. Hierzu werden 25 ccm Harn mit aqua dest. auf 60—70 ccm verdünnt, 2 g Magnesia usta und 3—4 Tropfen Oktylalkohol (zum Verhindern des Schäumens) zugesetzt. Dann wird im Vakuum bei ca. 12 mm und 40° Heizwasser das NH_3 abdestilliert, in 0,1 n H_2SO_4 aufgefangen und durch Titration mit 0,1 n NaOH gegen Methylrot bestimmt. Die Destillation des NH_3 ist in 20 Min. beendet. Die im Destillationskolben zurückbleibende Lösung wird zur Amino-N-Bestimmung von der Magnesia usta abfiltriert, mit 0,1 n HCl genau neutralisiert, auf das Ausgangsvolumen aufgefüllt und dann genau wie nach der Permutitbehandlung weiter verarbeitet.

Bestimmung der Purinkörper.

Von den Purinkörpern finden sich im Harn vorzüglich: Harnsäure, freie Purinbasen, Methylpurine sowie Allantoin.

Bestimmung der Harnsäure.

$$\begin{array}{c} HN{-}CO \\ | \quad\; | \\ OC \quad C\cdot NH{\diagdown} \\ | \quad\; \| \qquad CO \\ HN{-}C\cdot NH{\diagup} \end{array}$$

Harnsäure, 2, 6, 8-Trioxypurin, ist im Harn zum größten Teil als saures Natriumurat, in geringer Menge als freie Harnsäure vorhanden. Vom gesunden Menschen wird innerhalb 24 Stunden als „endogene" Harnsäure 0,2—0,6 g, bei gemischter Kost (als Summe endogener und exogener) etwa 0,5—0,8 g ausgeschieden, von Frauen etwas weniger. Der Harnsäure-N beträgt etwa 1—2% des Gesamt-N. Die Menge wechselt mit der Kostart.

Qualitativer Nachweis.

Zur Untersuchung dient die nach den folgenden quantitativen Methoden gewonnene Harnsäure oder ein Niederschlag, den man erhält, wenn man eiweißfreien Harn, mit $^1/_{10}$ Volumen 25%ig. Salzsäure angesäuert, 24 Stunden im Eisschrank stehen läßt.

1. **Mikroskopische Prüfung.** Aus saurem — besonders aus stark konzentriertem — Harne können beim Stehen saure, harnsaure Salze ausfallen. Diese können durch Harnfarbstoffe gelb bis ziegelrot gefärbt sein (sedimentum latiritium, meist eine Mischung von saurem Urat mit freier Harnsäure). Sie treten in moosartig gruppierten Massen oder kleinen Körnchen auf, lösen sich bei schwachem Erwärmen leicht und fallen beim Erkalten wieder aus. Harnsaures Ammonium findet sich als Sediment alkalischen Harnes in Form gelb gefärbter, kugeliger, auch mit Stacheln besetzter Massen. Die Urate lösen sich auf Zusatz konzentrierter Essigsäure, Salzsäure und Kalilauge. Aus der sauren Lösung kristallisiert nach einiger Zeit die Harnsäure aus.

Aus stark saurem Harne kann sich auch Harnsäure abscheiden, und zwar meist in großen, gelb bis rotbraun gefärbten Kristallen, deren Grundform aus rhombischen Tafeln oder sechsseitigen Prismen besteht. Durch Zuspitzung oder Abstumpfung der Ecken entstehen die charakteristischen „Wetzstein- oder Tonnenformen". Auch Rosetten, Stäbchen oder Nadeln und bei stark saurem Harn spießige, balkenartige Formen können beobachtet werden.

Harnsäure löst sich nicht nach Säurezusatz, auch nicht in Ammoniak (Gegensatz zu Cystin), dagegen in Kalilauge oder 10%ig. Piperazinlösung. Bei Zusatz von Salzsäure scheidet sich Harnsäure aus der Lösung in charakteristischen, spindelförmigen Kristallen aus.

Urate und Harnsäure geben die Murexidprobe.

2. **Murexidprobe.** Eine Kristallprobe in einem Schälchen, mit einigen Tropfen Salpetersäure oder Chlorwasser befeuchtet und auf dem Wasserbade zur völligen Trockne gebracht, ergibt einen rotgefärbten Rückstand. Dieser nimmt bei Zusatz von wenig Ammoniak (in Ammoniakdämpfe halten!) eine purpurrote Färbung an (Murexid). Bei Zusatz eines Tropfens Natronlauge entsteht Violett- bis Blaufärbung, die beim Erwärmen verschwindet. Benetzt man den heißen, purpurroten oder blauen Rückstand mit einigen Tropfen Wasser, so entsteht eine fast farblose Flüssigkeit, die eingedampft keine Reaktion mehr zeigt. (Unterschied gegen Xanthinbasen, namentlich Guanin).

3. **Reaktion nach Folin-Denis**[1]. Zu 1—2 ccm Harnsäurelösung gibt man das gleiche Volumen des Harnsäurereagenses nach Folin-Denis (s. S. 535). Nach Zugabe einiger ccm gesättigter Sodalösung entsteht Blaufärbung. Empfindlichkeit bis zu 0,002 mg Harnsäure pro ccm Harnlösung.

---

[1] J. of biol. Chem. **12**, 239 (1912).

34*

4. Probe mit Fehlingscher Lösung. In einer alkalischen Harnsäurelösung entsteht bei Zusatz von wenig Fehlingscher Lösung und Erwärmen ein Niederschlag von weißem, harnsaurem Kupferoxydul, bei einem Überschuß von Fehlingscher Lösung ein Niederschlag von rotem Kupferoxydul.

Quantitative Bestimmung.

Titrimetrische Bestimmung der Harnsäure nach Kupferfällung nach Krüger und Schmidt[1].

Prinzip. Die Harnsäure wird zusammen mit den anderen Purinbasen durch Kupfersulfat und Bisulfit als Kupferoxydulverbindung gefällt. Diese wird durch Umsetzung mit Natriumsulfid zerlegt und die Harnsäure durch Ansäuern mit HCl ausgefällt. Die ausgefallene Harnsäure wird dann durch N-Analyse nach Kjeldahl bestimmt.

Reagentien. 1. Natriumbisulfitlösung ca. 40 % ig (Kahlbaum). 2. Kupfersulfatlösung 10 % ig. 3. Natriumsulfidlösung; 500 ccm reine 1 % ig. Natronlauge werden mit H_2S gesättigt und mit dem gleichen Volumen reiner 1 % ig. Lauge gemischt. 4. Natriumazetat krist. 5. Eisessig. 6. Salzsäure 10 % ig. 7. Essigsäure 10 % ig. 8. Alle Reagentien zur N-Bestimmung nach Kjeldahl.

Ausführung. Die gesamte Tagesharnmenge wird, soweit sie ein Sediment von Uraten enthält, mit Natronlauge bis zu deren Lösung versetzt und mit Wasser auf ein Volumen von 1600 oder 2000 ccm gebracht. Ist der Harn eiweißhaltig, so wird er vorher durch Zusatz von Essigsäure und Erhitzen enteiweißt und filtriert. 400 ccm des verdünnten Harnes werden in einen Literrundkolben gebracht. Nach Schittenhelm empfiehlt es sich, bei trüben, schlecht filtrierenden Harnen (namentlich bei Kaninchen- oder Schweineharn) den erhaltenen Harn auf 500 bis 1000 ccm aufzufüllen, hiervon 200—400 ccm abzunehmen und so viel Schwefelsäure hinzuzusetzen, daß das Gemisch 3—5 % von ihr enthält, am Rückflußkühler 2—3 Stunden zu kochen, mit Natronlauge alkalisch und mit Essigsäure wieder sauer zu machen, zum Sieden zu erhitzen und zu filtrieren, wobei das Filter mehrmals mit heißem Wasser gewaschen wird. Filtrat und Waschwässer werden vereinigt und zur Bestimmung verwandt.

---

[1] Ber. dtsch. chem. Ges. **32**, 2677 (1899); Z. physiol. Chem. **18**, 351 (1894); **45**, 1 (1905). — Vgl. auch Brugsch-Schittenhelm: Klin. Laboratoriumstechnik II, 891, Berlin: Urban u. Schwarzenberg 1924.

Zu der Harnverdünnung setzt man nach Benedict und Saiki[1] pro 300 ccm Harn 20 ccm Eisessig, 24 g Natriumazetat und 40 ccm Natriumbisulfitlösung, erhitzt zum Kochen, gibt 40—80 ccm Kupfersulfatlösung (je nachdem der Harn wenig oder viel Purinkörper enthält) hinzu und hält die Lösung mindestens 3 Min. im Sieden. Der entstandene flockige Niederschlag wird sofort oder nach dem Abkühlen der Flüssigkeit durch ein Faltenfilter filtriert, mit heißem Wasser so lange gewaschen, bis das Filtrat farblos ist, und noch feucht mit heißem Wasser vom Filter in den Kolben, in welchem die Fällung vorgenommen wurde, zurückgebracht. (Enthält der Harn wenig Purinkörper, so benutzt man zur Fällung nur 20—30 ccm Kupfersulfatlösung; läßt sich das in diesem Falle oft mit ausfallende Kupferoxydul nicht abspritzen, so wirft man das ganze Filter in heißes Wasser und zerkleinert es mit einem Glasstab. Man behandelt die Aufschlämmung des Filters dann ebenso wie die klare Lösung.) Nunmehr bringt man das Flüssigkeitsvolumen mit Wasser auf rund 200 ccm, erhitzt zum Sieden und zersetzt den Kupferoxydulniederschlag durch Hinzufügen von 30 ccm Natriumsulfidlösung. Man überzeugt sich von der Vollständigkeit der Fällung, indem man einen Tropfen der Flüssigkeit auf ein mit Bleiazetat befeuchtetes Filtrierpapierstück bringt: der notwendige Überschuß von Natriumsulfid gibt sich durch Braunfärbung zu erkennen. Eventuell gibt man etwas Natriumsulfidlösung nach, vermeidet aber einen größeren Überschuß und ein längeres Erwärmen. Nach vollständiger Zersetzung säuert man mit Essigsäure an, erhitzt so lange, bis der ausgeschiedene Schwefel sich zusammengeballt hat, und filtriert heiß. (Eventuell säuert man mit 10 ccm verdünnter HCl an und schüttelt die Lösung kräftig. Ist das Filtrat trotzdem einmal dunkel gefärbt, so wird es eingedampft, der Rückstand in ca. 200 ccm Wasser und etwas Natronlauge aufgenommen, zum Sieden erhitzt, essigsauer gemacht, filtriert und im Filtrat die Fällung wiederholt.) Man nutscht die siedend heiße Lösung ab, wäscht mit heißem H_2O mehrmals nach und dampft das Filtrat unter Zugabe von 10 ccm 10% ig. HCl in einer Porzellanschale bis auf ca. 10 ccm ein. Dann läßt man es 2 Stunden stehen, filtriert die ausgefallene Harnsäure ab und wäscht so lange mit schwefelsäurehaltigem Wasser nach, bis Waschwässer und Filtrat zusammen 75 ccm betragen. Das Filtrat dient zur Bestimmung der Purinbasen (s. S. 537). (Enthält das Salzsäurefiltrat mehr Purinbasen als Harnsäure, wie es eventuell bei Tierexperi-

---

[1] J. of biol. Chem. 7, 27 (1909/10).

menten vorkommen kann, so können der ausgefallenen Harnsäure Purinbasen, besonders Xanthin, beigemengt sein. Man dampft dann die Lösung zur Trockne, löst den Rückstand nach Horbaczewski[1], evtl. unter vorsichtigem Erwärmen, in 2—3 ccm konzentrierter Schwefelsäure, versetzt die Lösung mit der vierfachen Menge Wasser, rührt so lange, bis sich die Harnsäure abscheidet und läßt sie 3—6 Stunden stehen.)

Die Harnsäure wird mitsamt dem Filter nach Kjeldahl verascht und ihr N-Gehalt bestimmt.

Berechnung. Zu der Harnsäuremenge — die sich durch Multiplikation der N-Menge mit 3 ergibt — sind noch 3,5 mg für die in dem 75 ccm-Filtrat gelöste Harnsäure hinzuzuaddieren.

Titrimetrische Bestimmung der Harnsäure nach Fällung als Ammonurat nach Folin-Shaffer[2].

Prinzip. Der Harn wird nach Behandlung mit Uranylazetat, wodurch Substanzen, die die Bestimmung der Harnsäure stören, gefällt werden, mit Ammoniak versetzt. Das ausfallende Ammonurat wird mittels Permanganats titriert, wobei die Ammonurate zu Alloxan oxydiert werden.

Reagentien. 1. Ammonsulfatreagens: 500 g Ammonsulfat, 5 g Uranylazetat und 60 ccm 10%ig. Essigsäure werden durch Zusatz von 650 ccm Wasser gelöst. 2. Ammonsulfatlösung 10%ig. (die Lösung darf nicht sauer reagieren und ist gegebenenfalls mit Ammoniak zu neutralisieren). 3. Permanganatlösung 0,05 n, frisch aus einer 0,1 n Lösung zu bereiten, Titer gegen 0,05 n Oxalsäure einstellen. 4. Ammoniaklösung konz. 5. Schwefelsäure konz.

Ausführung. Von einem Harn, der Eiweiß nur in Spuren enthalten darf, werden 300 ccm mit 75 ccm des Ammonsulfatreagenses vermischt; man läßt nach 5 Min. absetzen und filtriert durch ein Faltenfilter. Vom Filtrat gibt man zweimal (Parallelbestimmung) 125 ccm in ein Becherglas, gibt 5 ccm konz. Ammoniaklösung hinzu, rührt durch und läßt 24 Stunden stehen. Von dem gut abgesetzten Niederschlag filtriert man die überstehende Flüssigkeit durch ein kleines Filter (Schleicher-Schüll, Nr. 597) ab, spült den Niederschlag mit einer 10%ig. Ammonsulfatlösung auf das Filter und wäscht ihn mehrere Male mit der gleichen Lösung. Dann spritzt man den Niederschlag mit ca. 100 ccm aqua dest. in ein Becherglas, gibt 15 ccm konz. Schwefelsäure zu und

---

[1] Z. physiol. Chem. **18**, 341 (1894).

[2] Z. physiol. Chem. **32**, 552 (1901); s. auch Folin: Z. physiol. Chem. **24**, 224 (1898).

titriert die hierdurch heiße Lösung zum Schluß tropfenweise mit 0,05 n Permanganat, bis eine schwache Rosafärbung mehrere Sekunden bestehen bleibt. Die Temperatur soll bei der Titration nicht unter 50° sinken.

Berechnung: Da 1 ccm der verbrauchten Permanganatlösung 3,75 mg Harnsäure entspricht, erhält man die Harnsäuremenge in mg in 125 ccm des angewandten Filtrates, entsprechend 100 ccm Harn, durch Multiplikation der verbrauchten ccm Permanganatlösung mit 3,75. Hierzu addiert man pro 100 ccm Harn 3 mg für die Löslichkeit des Ammonurates.

Kolorimetrische Bestimmung der Harnsäure nach Isolierung nach Folin und Wu[1].

Prinzip. Die Methode beruht auf der kolorimetrischen Messung der blauen Färbung, welche Harnsäure mit Phosphorwolframsäure liefert. Die Harnsäure wird als Silberlaktat vor der Bestimmung isoliert.

Reagentien. 1. Natriumkarbonatlösung 20%ig. 2. Natriumzyanidlösung 15%ig (Vorsicht, Gift!). Herstellung s. S. 188. Nach 2 Monaten frisch herzustellen. 3. Silberlaktatreagens: 5 g Silberlaktat, 5 ccm Milchsäure und 5 ccm 10%ig. Natriumhydroxydlösung werden zu 100 ccm in Wasser gelöst. 4. Harnsäurereagens nach Folin und Denis. 100 g Natriumwolframat werden mit 80 ccm 85%ig. Phosphorsäure in ungefähr 700 ccm Wasser mindestens 2 Stunden gekocht. Ist die entstehende Lösung sehr dunkel gefärbt, so gibt man einige Tropfen Brom hinzu, kocht 15 Min. lang, um den Überschuß von Brom zu entfernen, kühlt ab und verdünnt zu 1 Liter. 5. Harnsäurevergleichslösung s. S. 189. Vor der Harnsäurebestimmung werden 25 ccm der Stammlösung, enthaltend 25 mg Harnsäure, zu 250 ccm entsprechend der Vorschrift (S. 189) verdünnt. Die Lösung enthält nunmehr 0,1 mg Harnsäure pro ccm und ist etwa 2 Wochen haltbar.

Ausführung. 2—5 ccm Harn werden in ein Zentrifugenglas gegeben, in dem sich 3 ccm Wasser befinden, worauf 3 ccm klare Silberlaktatlösung hinzugefügt werden. Die Mischung wird mit einem dünnen Glasstabe umgerührt, der mit einigen Tropfen Wasser abzuspülen ist, und zentrifugiert. Ist genug Silberlaktat zugegeben, so setzt sich der Niederschlag sehr schnell ab. Man gibt nun einen Tropfen des Silberlaktatreagenses hinzu, um sicher zu sein, daß dieses im Überschuß vorhanden ist. Entsteht hierbei ein Niederschlag, so ist weniger Harn zu verwenden. Dann gießt man die klare, überstehende Flüssigkeit so vorsichtig wie möglich ab, indem man darauf achtet, keinen Niederschlag mit abzugießen.

---

[1] J. of biol. Chem. **38**, 459 (1919). — Folin: Labor. Manual l. c. (S. 328 dieses Praktikums) S. 141.

Zu dem zurückbleibenden Niederschlag gibt man 2 ccm 15% ig. Natriumzyanidlösung (Gift!) aus einer Bürette hinzu, rührt um, bis eine klare Lösung entsteht, gießt diese in einen 100 ccm-Meßkolben, indem man Glasstab und Zentrifugenglas mit 20 ccm 20% ig. Sodalösung nachwäscht und 5 ccm Wasser hinzufügt.

In einen zweiten 100 ccm-Meßkolben werden 5 ccm Standard-Harnsäurelösung (entsprechend 0,5 mg Harnsäure), 2 ccm der Zyanidlösung und 20 ccm der Natriumkarbonatlösung gegeben. Dann gibt man unter Umschütteln 5 ccm des Harnsäurereagenses zu jedem Meßkolben. Die Lösungen bleiben 5 Min. stehen, werden dann umgeschüttelt, bis zur Marke aufgefüllt und wieder sorgfältig durchgemischt; man läßt absetzen. Die klaren, überstehenden Lösungen werden in die Kolorimetergefäße abgegossen und kolorimetrisch gemessen.

Berechnung:

$$\frac{\text{Ablesung der Standardlösung} \cdot 0,5}{\text{Ablesung der unbekannten Lösung}} = \text{mg Harnsäure in der angewandten Harnmenge.}$$

Kolorimetrische Bestimmung der Harnsäure ohne Isolierung nach Benedict und Franke[1].

Prinzip. Die Methode beruht auf der kolorimetrischen Messung der blauen Farbe, die entsteht, wenn Harnsäure auf ein Arsenphosphorwolframsäurereagens in Gegenwart von Natriumzyanid einwirkt. Die Bestimmung erfolgt ohne Isolierung der Harnsäure unmittelbar im Harn.

Reagentien. 1. Natriumzyanidlösung 5% ig (s. Harnsäurebestimmung nach Benedict S. 191). 2. Arsenphosphorwolframsäurereagens (s. S. 191). 3. Standardharnsäurelösung. a) Herstellung der Stammlösung (S. 191). b) Herstellung der verdünnten Standardlösung. 50 ccm der Stammlösung werden in ein 500 ccm-Meßkölbchen, das ungefähr 200—300 ccm aqua dest. enthält, gegeben, 25 ccm verdünnte HCl (1 : 10) hinzugefügt und bis zur Marke aufgefüllt. Diese Mischung enthält 0,02 mg Harnsäure pro ccm. Die Verdünnung ist alle 2 Wochen frisch herzustellen.

Ausführung. Der Harn wird derart verdünnt, daß 10 ccm etwa 0,15—0,30 mg Harnsäure enthalten. Eine Verdünnung von 1 : 20 dürfte gewöhnlich richtig sein. 10 ccm der Verdünnung pipettiert man in ein 50 ccm-Meßkölbchen, fügt mittels einer Bürette 5 ccm 5% ig. Natriumzyanidlösung hinzu, gibt 1 ccm des Arsenphosphorwolframsäurereagenses hinzu, mischt durch vorsichtiges

---

[1] J. of biol. Chem. **52**, 387 (1922).

Schütteln, läßt 5 Minuten stehen und verdünnt bis zur Marke mit aqua dest. In gleicher Weise wird in einem 50 ccm-Meßkölbchen gleichzeitig eine Standardlösung angesetzt, die 10 ccm der verdünnten Harnsäure-Standardlösung (entsprechend 0,2 mg Harnsäure) enthält. Die beiden Lösungen werden kolorimetrisch verglichen.

Berechnung:

$$\frac{\text{Ablesung der Standardlösung} \cdot 0,2}{\text{Ablesung der unbekannten Lösung}} = \text{mg Harnsäure in 10 ccm des verdünnten Harnes.}$$

Bestimmung der Purinbasen.

Im Harn kommen an Purinbasen vor: Xanthin = 2,6-Dioxypurin; 1-Methylxanthin = 1-Methyl-2,6-dioxypurin; Heteroxanthin = 7-Methyl-2,6-dioxypurin; Paraxanthin = 1,7-Dimethyl-2,6-dioxypurin; Hypoxanthin = 6-Oxypurin; Adenin = 6-Aminopurin; Guanin = 2-Amino-6-Oxypurin; Epiguanin = 7-Methyl-2-Amino-6-Oxypurin u. a.

Die Mengen der einzelnen Basen schwanken zwischen rund 3—32 g pro 10000 Liter Menschenharn. Insgesamt wurden 16 bis 45 mg pro 24 stündige Harnmenge gefunden.

Qualitativer Nachweis.

Alle Purinbasen werden in saurer Lösung durch Phosphorwolframsäure gefällt; ebenso durch Quecksilberchlorid, ammoniakalische Silberlösung und — mit Ausnahme von Epiguanin — durch Bleiessig und Ammoniak sowie Kupfersulfat und Natriumbisulfit.

1. Beim Abrauchen mit einigen Tropfen Salpetersäure in einer Porzellanschale gibt Xanthin Gelbfärbung, die bei Zusatz von einigen Tropfen Natronlauge in rot, bei Erwärmung in purpurrot überschlägt. Die gleiche Reaktion geben 1-Methylxanthin und Epiguanin. Guanin liefert eine braunrote Färbung, Hypoxanthin und Adenin zeigen die Reaktion nicht.

2. Weidelsche Reaktion. Xanthin, 1-Methylxanthin, Heteroxanthin, Paraxanthin und Epiguanin geben die Weidelsche Reaktion. Beim vorsichtigen Trocknen der zu untersuchenden Substanz mit etwas Chlorwasser im Porzellanschälchen entsteht bei Ein-

wirkung von Ammoniakdämpfen auf den Rückstand eine purpurrote Farbe (Murexid).

3. Reaktion von Capranica. Guanin gibt in verdünnter
Lösung mit konzentrierter Ferrizyankaliumlösung gelbbraune, prismatische Kristalle, die in warmem Wasser löslich sind. (Xanthin
und Hypoxanthin geben keinen Niederschlag.)

Titrimetrische Bestimmung der Purinbasen im Harn nach Krüger und Schmidt[1].

Zur Bestimmung der Purinbasen im Harn dient das Filtrat
der Harnsäurebestimmung nach Krüger und Schmidt (s. S. 532).
In diesem werden die Purinbasen entweder durch Kupferfällung
oder durch Silberfällung niedergeschlagen und durch Analyse des
N-Gehaltes nach Kjeldahl bestimmt.

1. Bestimmung durch Kupferfällung.

Reagentien. 1. Natronlauge verdünnt. 2. Essigsäure 10 % ig. 3. Braunsteinaufschwemmung; eine heiße, 0,5 % ig. Lösung von Kaliumpermanganat
wird mit Alkohol bis zur Entfärbung versetzt. Vor jedesmaligem Gebrauch
umschütteln. 4. Natriumbisulfitlösung ca. 40%ig (Kahlbaum). 5. Kupfersulfatlösung 10%ig. 6. Natriumsulfidlösung (s. Harnsäurebestimmung
S. 532). 7. Magnesia usta. 8. Alle Reagentien zur N-Bestimmung nach
Kjeldahl.

Ausführung. Das Filtrat der Harnsäurebestimmung wird
mitsamt dem Waschwasser durch Zusatz von Natronlauge alkalisch gemacht, mit Essigsäure schwach angesäuert und nach Erwärmen auf ca. 70—80° mit 0,5—1 ccm 10% ig. Essigsäure und
10 ccm Braunsteinaufschwemmung (um die im Filtrat noch vorhandene Harnsäure zu oxydieren) versetzt und 1 Minute lang geschüttelt. Nunmehr fügt man 10 ccm Natriumbisulfitlösung hinzu,
wodurch der überschüssige Braunstein gelöst wird, und fällt die
Purinbasen durch Zusatz von 5—10 ccm 10% ig. Kupfersulfatlösung. Man erhält die Flüssigkeit 3 Min. im Sieden, filtriert den
Niederschlag sofort durch ein kleines Filter und spritzt ihn mit
heißem Wasser in den Kolben, in dem die Fällung vorgenommen
wurde. Dann zersetzt man den Kupferniederschlag der Purinbasen nach Steudel und Sung-Sheng Chou[2] genau so wie den
Kupferniederschlag der Harnsäure (s. S. 532) mit Natriumsulfid und Essigsäure, filtriert, wäscht nach und kocht Filtrat

---

[1] l. c. S. 532 dieses Praktikums.
[2] Z. physiol. Chem. **116**, 223 (1921). Vgl. Hoppe-Seyler-Thierfelder: l. c. (S. 350 dieses Praktikums) S. 715.

mit Waschwässern nach Zugabe von Magnesiumoxyd im Überschuß so lange, bis kein Ammoniak mehr entweicht (Dämpfe mit Lackmuspapier prüfen). Der Kupferoxydulniederschlag enthält zunächst immer etwas Ammoniak, der auf die angegebene Weise entfernt werden muß, um fehlerhafte N-Werte bei der Endbestimmung zu vermeiden. Die ammoniakfreie Flüssigkeit wird nach Überführung in einen Kjeldahlkolben nach Zugabe von Schwefelsäure verascht und ihr N-Gehalt nach Kjeldahl bestimmt. Eine Umrechnung des Stickstoffgehaltes auf Purinbasen ist nicht angängig, da die Art des Basengemisches unbekannt ist.

2. Bestimmung durch Silberfällung.

Reagentien. 1. Ammoniakalische Silberlösung: 26 g Silbernitrat werden in überschüssigem Ammoniak gelöst und mit aqua dest. ad 1000 ccm aufgefüllt. 2. Magnesiamischung: 100 g kristallisiertes Magnesiumchlorid und 200 g Ammoniumchlorid werden in aqua dest. gelöst, bis zum starken Geruch mit Ammoniak versetzt und mit aqua dest. ad 1000 ccm aufgefüllt. 3. Dinatriumphosphatlösung 6 %ig.

Ausführung. Das Filtrat der Harnsäurebestimmung wird genau so behandelt, wie in der vorangehenden Methode angegeben ist. Die essigsaure Lösung, die den überschüssigen Braunstein enthält, wird ammoniakalisch gemacht. Zu ihr werden nach dem Erkalten 10 ccm der ammoniakalischen Silberlösung und bis zur völligen Lösung des ausfallenden Chlorsilbers Ammoniak und hierauf 10 ccm Dinatriumphosphatlösung und 5 ccm Magnesiamischung zugesetzt. Man läßt die Mischung 2 Stunden stehen, filtriert durch ein Faltenfilter, wäscht den Niederschlag mit aqua dest. möglichst ammoniakfrei, spritzt ihn mit heißem Wasser in einen Rundkolben und vertreibt das Ammoniak nach Zusatz von Magnesia usta zum Filtrate durch Kochen. Die ammoniakfreie Lösung wird verascht und ihr N-Gehalt nach Kjeldahl bestimmt.

Bestimmung des Allantoins.

Allantoin, das Diureid der Glyoxylsäure,

$$CO\begin{cases}NH-CH\cdot NH\cdot CO\cdot NH_2 \\ \qquad\quad | \\ NH\cdot CO\end{cases}$$

wird im normalen, menschlichen, 24 stündigen Harn zu etwa 5 bis

15 mg ausgeschieden. Es findet sich mit Ausnahme der anthropoiden Affen reichlicher (zu etwa 90% des Gesamtpurins) bei allen andern Säugetieren.

Qualitativer Nachweis.

Für den qualitativen Nachweis ist das Allantoin zu isolieren und sein Schmelzpunkt festzustellen. Es bräunt sich oberhalb 220° und schmilzt unter Zersetzung bei 234°.

1. **Gewinnung aus Harn.** (Aus Hundeharn nach Thymus-, Pankreas- oder Harnsäurefütterung.) Man fällt den Harn mit Barytwasser, neutralisiert das Filtrat genau mit verdünnter Schwefelsäure und engt bis zur beginnenden Kristallisation ein. Die warme Flüssigkeit versetzt man mit 95%ig. Alkohol, dekantiert oder filtriert und versetzt die Lösung mit Äther. Die Äther- und Alkoholniederschläge werden vereinigt und mit kaltem Wasser oder heißem Alkohol extrahiert. Das Allantoin, das ungelöst zurückbleibt, wird aus heißem Wasser umkristallisiert.

2. **Darstellung aus Harnsäure.** 4 g Harnsäure werden in 100 ccm Wasser unter Zugabe von etwas Kaliumhydroxyd gelöst. Man kühlt ab, gibt 3 g Kaliumpermanganat hinzu, filtriert, säuert das Filtrat sofort mit Essigsäure an und läßt es kühl über Nacht stehen. Von den ausgeschiedenen Kristallen wird abfiltriert und nachgewaschen. Filtrat und Waschwässer werden vereinigt, auf ein kleines Volumen eingeengt; man läßt auskristallisieren. Alle gewonnenen Kristalle werden vereinigt und aus heißem Wasser umkristallisiert.

3. **Reaktion von Schiff.** Allantoinkristalle geben mit einem Tropfen frisch bereiteter, nahezu konzentrierter Furfurollösung und mit einem Tropfen Salzsäure (spez. Gew. 1,1) eine von gelb über grün, blau, violett bis purpur gehende Färbung. Die Reaktion wird auch von Harnstoff gegeben.

4. **Reaktion von Adamkiewicz.** Allantoinlösung gibt, mit etwas Pepton und dann mit konzentrierter Schwefelsäure versetzt, eine violette Färbung. Harnsäure und Kreatinin geben die gleiche Reaktion.

5. **Murexidprobe** (s. S. 531) wird von Allantoin nicht gegeben.

6. **Ammoniakalische Silberlösung** gibt mit Allantoin einen in Ammoniak löslichen Niederschlag von Allantoinsilber, der ausgewaschen und getrocknet 40,73% Ag enthält.

Quantitative Bestimmung.

Titrimetrische Bestimmung des Allantoins nach Wiechowsky[1]-Handovsky[2].

Prinzip. Nach Fällung des Harnes mit Phosphorwolframsäure und basischem Bleiazetat und nach Entfernung evtl. vorhandenen Chlors mit Silberazetat wird im Filtrat das Allantoin als Allantoinquecksilberniederschlag gefällt. Hierbei bindet 1 Mol Allantoin 3,62 Äquivalente Quecksilber. Der Überschuß des zur Fällung benutzten gemessenen Quecksilberreagenses wird durch titrimetrische Bestimmung des Quecksilbers mittels Ammoniumrhodanids ermittelt[3].

Reagentien. 1. Schwefelsäure 1 % ig. 2. Eisessig. 3. Phosphorwolframsäure krist. 4. Kieselgur. 5. Bleioxyd. 6. Basisches Bleiazetat. 7. Silberazetat oder -nitrat. 8. Schwefelwasserstoff. 9. Kalziumkarbonat. 10. Allantoinreagens: Lösung von $5\,^0/_{00}$ ig. Quecksilberazetat und 20 % ig. Natriumazetat. Öfter zu filtrieren. Der Titer der Lösung (ausgedrückt in 0,1 n Hg) wird durch Titration einer abgemessenen Menge mit 0,1 n Ammoniumrhodanid (s. Ausführung) ermittelt. 11. Eisenammoniakalaun. 12. Ammoniumrhodanid 0,1 n. 13. Salpetersäure, verdünnt.

Ausführung. Der Harn wird so weit verdünnt, daß sein Harnstoffgehalt 1% beträgt und, falls er alkalisch ist, neutralisiert. Kaninchenharn wird hierzu etwa auf das drei- bis vierfache verdünnt. Der Harn wird dann mit 1% H_2SO_4 und pro Tagesmenge mit 3 ccm Eisessig versetzt und auf ein gemessenes Volumen gebracht. Mit einer Harnprobe von 2 ccm wird die gerade zur Ausfällung nötige Menge von Phosphorwolframsäure ausgetastet. Hieraus berechnet man diejenige Menge an fester Phosphorwolframsäure, die zur Ausfällung des gesamten, zur Verarbeitung vorliegenden Harnquantums notwendig ist. Zwei Drittel des verdünnten, angesäuerten Harnes werden mit der vorher ausgeprobten Menge Phosphorwolframsäure in Substanz ausgefällt. Der Niederschlag muß bei völliger Ausfällung weiß sein, evtl. muß man die Mischung mehrere Stunden ruhig stehen lassen. Man verreibt einen Teil der klaren abgenutschten Flüssigkeit mit Kieselgur, bringt den dünnen Brei auf eine Nutsche und saugt scharf ab. Durch das so bereitete Kieselgurfilter filtriert man die gesamte Flüssigkeit klar. Von dem

---

[1] Hofmeisters Beiträge **11**, 109 (1908); Biochem. Z. **25**, 431 (1910). — Neubauer-Huppert: l. c. (S. 303 dieses Praktikums) S. 1076.

[2] Z. physiol. Chem. **90**, 211 (1914). — Siehe auch Pohl: Biochem. Z. **78**, 200 (1917).

[3] Bei der Bestimmung des Allantoins im Menschenharn ist wegen der geringen vorhandenen Allantoinmenge eine Anreicherung des Allantoins vor der Bestimmung notwendig. Vgl. Wiechowsky in Neubauer-Huppert l. c. (S. 303 dieses Praktikums) S. 1079.

Filtrat gibt man ein wenig zu etwas Bleioxyd und bringt durch Rühren die Bildung von Bleiazetat in Gang, was man daran erkennt, daß sich die Flüssigkeit erwärmt. Dann erst gibt man den Rest des Filtrates nach. Der Prozeß ist vollendet, wenn die Flüssigkeit infolge des basischen Bleiazetates alkalisch reagiert. Die Flüssigkeit wird abgenutscht; das Filtrat darf mit basischem Bleiazetat keinen Niederschlag geben. Nun werden Chlorionen, falls vorhanden, entfernt. Sie lösen den Allantoinquecksilberniederschlag und stören schon in Spuren die Titration mit Rhodan. Hierzu wird das Filtrat nach Ansäuern mit Salpetersäure mit Silbernitrat auf Chlor geprüft. Bei Anwesenheit von Chlor wird ein gemessenes Volumen des Bleifiltrates mit einer gemessenen Menge Eisessig und Silberazetat oder -nitrat bis zur vollständigen Ausfällung versetzt und der Chlorsilberniederschlag durch Kieselgur abgesaugt. Das überschüssige Blei bzw. Silber wird mit Schwefelwasserstoff quantitativ gefällt, der Sulfidniederschlag abgenutscht und durch Einleiten von Luft der Schwefelwasserstoffüberschuß vollständig entfernt. Das essigsaure Endfiltrat wird mit Kalziumkarbonat neutralisiert und die gelöste Kohlensäure durch Einleiten von Luft entfernt. Zu einem gemessenen Anteil des nunmehr neutralen Filtrates wird eine vorher ausgeprobte Menge Allantoinreagens im Überschuß, jedoch genau abgemessen, zugesetzt. (Das Filtrat darf nicht mit dem Reagens, wohl aber mit Allantoin einen Niederschlag geben.) Nach etwa einer halben Stunde wird die Flüssigkeit filtriert, ein abgemessener Anteil des Filtrates mit 10 ccm Eisenammoniakalaun versetzt und die rote Lösung mit verdünnter Schwefelsäure entfärbt, wobei die Flüssigkeit nie ganz farblos wird, sondern einen schwach grünlichen Schimmer behält; hierbei meist ausfallendes Kalziumsulfat stört nicht. Mit einer 0,1 n NH_4SCN-Lösung wird bis zum Auftreten einer gelben, durch Hinzufügen von 1—2 Tropfen immer intensiver werdenden Färbung titriert. Die genaue Erkennung des Umschlagpunktes erfordert einige Übung, auch ist es nicht zu empfehlen, bei künstlichem Licht zu titrieren.

Berechnung. Die verbrauchten ccm 0,1 n Ammoniumrhodanidlösung ergeben die ccm-Zahl freier 0,1 n Hg-Lösung. Durch Subtraktion dieser von der vorgelegten Menge 0,1 n Hg-Lösung erhält man die durch das Allantoin gebundene Hg-Menge. Da empirisch 3,62 Äquivalente Quecksilber 1 Mol Allantoin binden und dessen Molekulargewicht 158 beträgt, so entspricht 1 ccm gebundener 0,1 n Hg-Lösung $\frac{0,0158}{3,62} = 0,00436$ g Allantoin. Der Titrationsfehler beträgt für 0,1 ccm 0,1 n NH_4SCN-Lösung 0,0004 g

Allantoin; da sich dieser Fehler bei Umrechnung auf die Tagesmenge Harn vervielfacht, fallen beim physiologischen Experiment Unterschiede im Allantoingehalt von 5 mg in die Fehlergrenze.

Beispiel. 50 ccm Harn werden nach Zugabe von H_2SO_4 und Eisessig auf 150 ccm aufgefüllt. Zur Entfernung des Chlors werden zu 120 ccm Bleifiltrat 10 ccm Eisessig und 40 ccm Silberazetat gesetzt und 100 ccm des Endfiltrates mit 100 ccm Reagens behandelt. Diese 200 ccm werden filtriert und vom Filtrat je 50 ccm zu einer Titration verwendet.

50 ccm Filtrat binden 4,8 ccm 0,1 n NH_4SCN. Das ganze Filtrat = 200 ccm bindet also 19,2 ccm 0,1 n NH_4SCN. Da 100 ccm Reagens = 34,6 ccm 0,1 n Hg zugesetzt waren, werden von den 100 ccm des Endfiltrates gebunden

$$\begin{array}{r} 34{,}6 \text{ ccm} \\ -\ 19{,}2 \text{ ccm} \\ \hline 15{,}4 \text{ ccm } 0{,}1 \text{ n Hg.} \end{array}$$

Die 100 ccm Endfiltrat enthalten von den ursprünglichen 50 ccm Harn

$$50 \cdot \frac{120}{150} \cdot \frac{100}{170} \text{ ccm} = \frac{50 \cdot 8}{17} \text{ ccm.}$$

50 ccm Harn binden also

$$15{,}4 \cdot \frac{17}{8} = 32{,}7 \text{ ccm } 0{,}1 \text{ n Hg,}$$

sie enthalten daher

$$32{,}7 \cdot 0{,}00436 = 0{,}142 \text{ g Allantoin.}$$

Da hier die Menge der zur Titration verwendeten Flüssigkeit ca. ein Achtel der gesamten Menge Harnes beträgt, ist der Titrationsfehler in diesem Beispiel $8 \cdot 0{,}000436$ g $= 0{,}0034$ g Allantoin.

Titrimetrische Bestimmung des Allantoins im Kaninchenharn nach Christman[1].

Prinzip. Allantoin wird nach Fällung als Quecksilber-Allantoinverbindung durch Schwefelwasserstoff in Freiheit gesetzt und durch Alkalihydrolyse über Allantoinsäure in Parabansäure und Hydantoin übergeführt. Die so entstehende Parabansäure wird in Oxalsäure und Harnstoff umgewandelt. Die Oxalsäure wird als Kalziumoxalat niedergeschlagen und dieses durch Permanganattitration quantitativ bestimmt. 2 Mole Allantoin liefern 1 Mol Oxalsäure.

---

[1] J. of biol. Chem. **70**, 173 (1926).

$$
\begin{array}{ccccc}
\text{HN—CO} & \text{HN}_2 & \text{HN—CO} & & \text{NH}_2 \\
| & | & | & & | \\
\text{OC} & \text{CO} \rightarrow & \text{OC} & + & \text{CO} \\
| & | & | & & | \\
\text{HN—CH—NH} & & \text{HN—CHOH} & & \text{NH}_2 \\
\text{Allantoin} & & \text{Allantoinsäure} & & \text{Harnstoff}
\end{array}
$$

$$
\begin{array}{cc}
\text{HN—CO} & \text{HN—CO} \\
| & | \\
\text{OC} & \text{OC} \\
| & | \\
\text{HN—CO} & \text{HN—CH}_2 \\
\text{Parabansäure} & \text{Hydantoin.}
\end{array}
$$

Reagentien. 1. Säuregemisch. Gleiche Volumenteile Eisessig und 4 n Schwefelsäure. 2. Phosphorwolframsäure, krist. 3. Wäßrige Lösung von Phosphorwolframsäure 10 % ig. 4. Festes Bleioxyd (PbO). 5. Mercuriazetatlösung 1 % ig in 30 % ig. Natriumazetatlösung. 6. Salzsäure konz. 7. Schwefelwasserstoff. 8. Natronlauge. 500 g Natriumhydroxyd werden in Wasser gelöst und nach Abkühlung zu 1000 ccm aufgefüllt. 9. Methylrot. 10. Ammoniumhydroxyd konz. 11. Essigsäure verd. 12. Kalziumchloridlösung 20 % ig. 13. Kalt gesättigte Kalziumsulfatlösung, so viel Ammoniumhydroxyd enthaltend, daß sie gegen Phenolphthalein schwach alkalisch reagiert. 14. 1 n Schwefelsäure. 15. Kaliumpermanganat 0,01 n (gegen Oxalsäurelösung 0,01 n einzustellen).

Ausführung. Der Harn wird so weit verdünnt, daß die Harnstoffkonzentration 0,5 % nicht übersteigt. Gewöhnlich wird ein 24 stündiger Kaninchenharn auf 300—350 ccm verdünnt. Zur Entfernung basischer Verbindungen und der meisten Farbstoffe werden 100 ccm des verdünnten Harnes in einen Erlenmeyerkolben von 150 ccm Inhalt gefüllt und 10 ccm eines Säuregemisches (s. Reagent. 1.) hinzugegeben. An kleinen Proben des angesäuerten Harnes wird durch Zusatz von 10 % ig. wäßriger Lösung von Phosphorwolframsäure diejenige Menge von Phosphorwolframsäure ermittelt, die zur vollständigen Ausfällung der angewandten 100 ccm Harn erforderlich ist. Hierzu werden eine Reihe von Harnproben von je 2 ccm in Reagenzgläser pipettiert und mit 0,2 ccm Säuremischung sowie verschiedenen, gemessenen Mengen 10 % ig. Phosphorwolframsäurelösung versetzt und nach 5 Min. langem Stehen filtriert. Die Filtrate werden mit 0,2 ccm 10 % ig. Phosphorwolframsäure versetzt. Diejenige Probe, die nach 3 Min. noch keine Trübung zeigt, hat die zur Fällung geeignete Phosphorwolframsäuremenge. Hieraus berechnet sich die zur Fällung des gesamten Harnes notwendige Phosphorwolframsäuremenge. Sie wird in Substanz zum Kolben zugefügt und der Kolbeninhalt kräftig geschüttelt. Nach einer Stunde wird der Niederschlag abfiltriert und festes PbO (16—19 g) hinzugefügt, bis die Lösung schwach alkalisch reagiert. Ein Überschuß ist zu vermeiden. Der Kolben wird vorsichtig geschüttelt, bis das gelbe PbO in weiße Bleisalze umgesetzt ist und eine Menge von 2 ccm in ein Reagenzglas abfiltriert; im Filtrat wird eine pH-Bestimmung (mit Phenolrot und Bromkresolpurpur als Indikatoren) ausgeführt. Es soll so viel PbO zu der Hauptmenge hinzugefügt werden, daß der pH 7,2 beträgt. Der Kolbeninhalt wird zentrifugiert und die überstehende, klare Flüssigkeit durch ein kleines Filter gegeben. Es werden zweimal je 40 ccm des Filtrates (pH 7,2—7,4) in 50 ccm-Zentrifugierröhrchen abgemessen, 10 ccm einer 1 % ig. Lösung von Merkuriazetat in 30 % ig. Natriumazetatlösung hinzugefügt und gut durchgemischt. Nach ½ Stunde wird der Niederschlag abzentrifugiert, die überstehende Flüssigkeit abgegossen, der Niederschlag mit 15 ccm aqua dest. ausgewaschen, zentrifugiert, die überstehende Flüssigkeit abgegossen und der Niederschlag in 15 ccm aqua dest. aufgerührt. 0,2 ccm konzentrierte Salzsäure werden zu dem Inhalte eines jeden Zentrifugierröhrchens gegeben. Nach Aufwirbeln des Niederschlages geht der größere Teil in Lösung, der zurückbleibende Niederschlag besteht aus Bleichlorid. H_2S wird eingeleitet, um die Schwermetalle vollständig als Sulfide auszufällen, der Niederschlag abgeschleudert und die überstehende Flüssigkeit, die das Allantoin enthält, in ein 150 ccm-Erlenmeyerkölbchen übergeführt. Der abzentrifugierte Niederschlag wird mittels Zentrifuge mit 10 ccm aqua dest. gewaschen, das Waschwasser zu dem Inhalte des Erlenmeyerkolbens gegeben und ein Überschuß von Schwefelwasserstoff durch Luftdurchsaugen entfernt. Die Lösungen werden durch Hinzufügen von 1 ccm Natronlauge (s. Reagentien 8.) schwach alkalisch gemacht und durch Eindampfen auf etwa 12 ccm gebracht. Je 9,25 ccm der gleichen Lauge werden hinzugesetzt und die Volumina mit aqua dest. auf 25 ccm gebracht. Unter Rückflußkühlung wird 1 Stunde über dem Mikrobrenner gekocht und abgekühlt; man läßt unter Zugabe von Methylrot konzentrierte Salzsäure aus einer Bürette unter ständigem Schütteln einlaufen, bis die Lösung rosafarben ist. Jetzt wird 0,5 ccm konzentriertes Ammoniumhydroxyd zugesetzt, der Inhalt des Gefäßes quantitativ in ein 50 ccm-Meßkölbchen überführt, bei 20 ° mit aqua dest. aufgefüllt, in ein 50 ccm-Zentrifugengläschen gegossen und der Niederschlag von Silikaten abzentrifugiert. Ein aliquoter Teil der überstehenden Flüssigkeit (40—45 ccm) wird in ein 50 ccm-Zentrifugenröhrchen abgemessen und durch Hinzufügen von Essigsäure auf pH 5,8—6,0 gebracht; 2 ccm einer 20 % ig. Lösung von Kalziumchlorid werden hinzugesetzt und die Innenflächen des Röhrchens so lange mit einem Glasstab gerieben, bis sich ein feiner kristallinischer Niederschlag von Kalziumoxalat bildet, der nach 1 Stunde abzentrifugiert wird. Der Niederschlag wird einmal mit 15 ccm kalt gesättigter Lösung von Kalziumsulfat gewaschen (s. Reagent. 13.), in 20 ccm 1 n Schwefelsäure gelöst, auf 80 ⁰ im Wasserbad erwärmt (die Temperatur soll während der Titration nicht unter 65 ⁰ fallen) und mit 0,01 n Kaliumpermanganatlösung aus einer Mikrobürette bis zur 2—3 Min. lang anhaltenden Rosafärbung titriert. Diejenige Menge Permanganatlösung, die 20 ccm 1 n Schwefelsäure auf den gleichen Farbton bringt, ist stets von jeder Titration abzuziehen.

Berechnung. Da 2 Mol Allantoin (Mol-Gew. 158,08) bei der Hydrolyse 1 Mol Oxalsäure liefern, entspricht 1 ccm 0,01 n Kaliumpermanganatlösung 1,581 mg Allantoin.

Bestimmung der Oxyproteinsäuren.

Die sog. Oxyproteinsäuren stellen Derivate des Eiweißes dar, die saure Eigenschaften besitzen und einen Stickstoffgehalt von 13 bis 28%, sowie organisch gebundenen Schwefel (ca. 0,6—3,5%) aufweisen.

Im normalen Harn beträgt die Menge des Proteinsäurenstickstoffes 3—6,8% des Gesamtstickstoffes. Pathologisch (Typhus, Leberkrankheiten, Phosphorvergiftungen) kann seine Menge stark vermehrt sein.

Den Oxyproteinsäuren zugehörig scheint auch das Urochromogen zu sein, das das Substrat der Ehrlichschen Diazoreaktion darstellt (s. Urochromogen S. 573).

Quantitative Bestimmung.

Titrimetrische Bestimmung des Oxyproteinsäurestickstoffes im Harne nach Fürth[1].

Prinzip. Nach Zersetzung des Harnstoffes mit Urease, Überführung des Ammoniumkarbonates in Ammoniumsulfat und Ausfällung desselben durch Alkohol und Bariumhydroxyd werden alle alkohollöslichen Substanzen durch Alkoholextraktion aus dem Harn entfernt. Aus der wäßrigen Lösung des Rückstandes werden die Proteinsäuren mittels Quecksilberazetates ausgefällt; die Menge Oxyproteinsäure-N wird im Niederschlag nach Kjeldahl ermittelt.

---

[1] In Abderhaldens Arbeitsmethoden IV/5, 433 (1925).

Reagentien. 1. Sojabohnen. 2. Salzsäure 0,2 n. 3. Alkohol 95 % ig. 4. Schwefelsäure 10 % ig. 5. Gesättigtes Barytwasser. 6. Merkuriazetatlösung. 20 % ig. 7. Sodalösung 10 % ig.

Ausführung. Es werden 200—1000 ccm Harn verarbeitet.

Bereitung der Sojafermentlösung vgl. S. 500. Es sind etwa 100 ccm Lösung aus 100 g Sojabohnen-Ausgangsmaterial herzustellen.

Zersetzung des Harnstoffes. Je 100 ccm Harn werden mit 10 ccm der frisch bereiteten Fermentlösung versetzt, auf 200 ccm aufgefüllt und nach Zugabe von etwas Toluol über Nacht im Brutschrank stehen gelassen; dann werden 10 ccm der Flüssigkeit (= 5 ccm des Harnes) mit einer Pipette in ein Kölbchen übertragen, mit 100 ccm Wasser versetzt und nach Hinzufügen von etwas Methylorange titriert.

Die Titration muß, wenn die Zersetzung des Harnstoffs eine vollständige war, für normalen menschlichen Mischharn einen Verbrauch von mindestens 33 ccm 0,1 n Säure ergeben.

Man überzeugt sich dann, indem man eine mehrfach verdünnte Harnprobe mit neuem Ferment versetzt und noch einige Stunden im Brutschrank stehen läßt, ob die Alkaleszenz keine weitere Zunahme erfahren hat, die Zersetzung also eine vollständige war; evtl. wird dieselbe durch Wasser- und Fermentzusatz zu Ende geführt.

Zur Überführung des Ammoniumkarbonats in Ammoniumsulfat wird der zersetzte Harn durch Zusatz von 10 % ig. Schwefelsäure gegen Lackmuspapier neutral gemacht und in einer Schale zum dicken Sirup eingedampft.

Der Harnsirup wird mit etwas 95 % ig. Alkohol verdünnt und mit so viel Schwefelsäure versetzt, daß Kongopapier sich blau färbt; jetzt wird mehr Alkohol hinzugefügt, die Salzmasse gut durchgerührt, die braune Flüssigkeit durch ein Filter abgegossen, dann neuer Alkohol aufgegossen und der Vorgang so lange wiederholt, bis der Alkohol farblos abfließt und nur eine schwach gefärbte Salzmasse auf dem Filter zurückbleibt. Das alkoholische Filtrat wird dann mit Ammoniak alkalisch gemacht und auf dem Wasserbade in einer Schale eingedampft.

Um den Ammoniak zu vertreiben, werden nunmehr 100 ccm heiß gesättigten Barytwassers (für je 100 ccm Harn) hinzugefügt und evtl. nach Zusatz von Wasser so lange gekocht, wie ein Entweichen alkalischer Dämpfe mit Lackmuspapier nachweisbar ist. Man überzeugt sich, daß ein Barytüberschuß vorhanden ist, indem man sieht, ob ein mit dem Glasstabe herausgenommener Tropfen mit Phenolphthalein getränktes Papier noch rot färbt.

35*

Der Barytüberschuß wird entfernt, indem man Kohlensäure in die Schale einleitet, aufkocht, heiß filtriert, mit heißem Wasser nachwäscht und das Filtrat mit Kieselgur vollständig zur Trockne bringt.

Dann wird zur Beseitigung alkohollöslicher Substanzen der Rückstand zusammengekratzt, in einen Kolben übertragen, zwei Stunden mit 95% ig. Alkohol am Rückflußkühler ausgekocht, der Alkohol abgegossen und die Substanz gut mit Alkohol nachgewaschen. Der ungelöste Rückstand wird mit Wasser ausgekocht und filtriert. Das Filtrat wird in einem Meßkolben auf ein bestimmtes Volumen gebracht. In einem aliquoten Teile der Lösung wird der Stickstoff bestimmt („Baryt-N").

Ein anderer aliquoter Teil wird mit wäßriger 20% ig. Merkuriazetatlösung und 10% ig. Sodalösung abwechselnd so lange versetzt, bis ein dauernd gelb oder rötlichgelb gefärbter Niederschlag auszufallen beginnt. Dieser wird abfiltriert, ausgewaschen, mitsamt dem Filter nach Kjeldahl verascht und sein N-Gehalt bestimmt („Oxyproteinsäure-N").

Die einzelnen Fraktionen für Bestimmung des Baryt-N und Oxyproteinsäure-N werden am besten so gewählt, daß jede Fraktion 50—100 ccm Harn entspricht. Es sind Doppelbestimmungen durchzuführen.

Bestimmung aromatischer Verbindungen.

Im normalen Harn werden eine Reihe aromatischer Substanzen ausgeschieden, denen gemeinsam ist, daß sie sich von heterozyklischen Eiweißgruppen, Tyrosin, Phenylalanin und Tryptophan ableiten.

Von einwertigen Phenolen kommen Phenol und p-Kresol, von zweiwertigen Brenzkatechin und Hydrochinon zur Ausscheidung.

An die Phenole schließen sich hinsichtlich Ursprung und Bedeutung Indoxyl und Skatoxyl an.

Diese Substanzen werden nicht frei, sondern in esterartiger Verbindung mit Schwefelsäure oder Glukuronsäure ausgeschieden.

Aus Tyrosin entstehen außer Phenolen aromatische Oxysäuren, die als Paraoxyphenylessigsäure, Paraoxyphenylpropionsäure (Hydro-p-Kumarsäure) und Paraoxybenzoesäure zum größten Teil ungepaart ausgeschieden werden.

Pathologisch, vor allem bei Zuständen erhöhter Darmgärung, können diese Substanzen stark vermehrt im Harn auftreten.

Die Ausscheidung der aromatischen Verbindungen geht der Menge gepaarter Schwefelsäure und Glukuronsäure parallel.

Bestimmung der Phenole.

Bestimmung der einwertigen Phenole.

Die Angaben über die Menge der im normalen menschlichen Tagesharn ausgeschiedenen Phenole schwanken je nach der angewandten Untersuchungsmethode. Nach Bang[1] werden im menschlichen Tagesharn durchschnittlich 45 mg einwertige Phenole ausgeschieden, und zwar an p-Kresol ($CH_3 \cdot C_6H_4OH$) ca. 26 mg, an Phenol (C_6H_5OH) ca. 19 mg.

Qualitativer Nachweis[2].

Die einwertigen Phenole lassen sich von den zweiwertigen dadurch trennen, daß sie mit Wasserdampf flüchtig sind. Zum Nachweis der einwertigen Phenole müssen die gepaarten Verbindungen durch Kochen mit Säure gespalten, die Phenole mit Wasserdampf abdestilliert, die mit übergegangenen aromatischen Säuren neutralisiert und nunmehr die Phenole nochmals abdestilliert werden.

Zu 200 ccm Harn gibt man 50 ccm rauchender, roher Salzsäure und destilliert in einem 500 ccm-Destillationskolben, bis eine Probe des Destillates mit Millonschem Reagens (s. Quantitative Bestimmung, Reagentien 2.) keine Reaktion mehr zeigt (meist nach Abdestillation von 50—70 ccm). Handelt es sich um Nachweis sehr kleiner Mengen (im normalen Harn), so engt man zuvor nach Salkowski[3] 500 ccm Harn ein, wobei die Reaktion durch Zusatz von Natriumkarbonat alkalisch gehalten wird. Das Destillat wird stark alkalisch gemacht und aufs neue destilliert, wodurch Ammoniak und Indol entfernt werden. In den Rückstand leitet man Kohlensäure ein, die die schwach sauren Phenole in Freiheit setzt, während die stärker sauren Karbonsäuren als Alkalisalze gebunden bleiben. Man destilliert nochmals am absteigenden Kühler und untersucht das Destillat.

---

[1] Lehrbuch der Harnanalyse, l. c. (S. 298 dieses Praktikums) S. 48.

[2] Vgl. Hoppe-Seyler-Thierfelder: l. c. (S. 350 dieses Praktikums) S. 281 und Brigl in Abderhaldens Arbeitsmethoden IV/5, 499 (1925).

[3] Prakt. d. phys. u. path. Chemie (l. c. dieses Praktikum S. 435) S. 178.

1. Neutrale Eisenchloridlösung vorsichtig (Überschuß vermeiden!) zugesetzt, gibt eine blauviolette Färbung (Phenol) bzw. Blaufärbung (Kresol). Die Reaktion ist nicht empfindlich und wird durch Gegenwart von Säuren sowie durch Eisenchloridüberschuß gehindert.

2. Beim Zusatz von Bromwasser entsteht Trübung bzw. Niederschlag von gelblich-weißem Tribromphenol bzw. -kresol.

3. Einige Tropfen Millonsches Reagens geben beim Kochen mit 5—10 ccm des Destillates Rotfärbung oder roten Niederschlag. Empfindlichkeit 1:60000.

4. **Nachweis der Phenole unmittelbar im Harn nach Salkowski**[1] (nur bei erhöhtem Phenolgehalt). Man erhitzt den zu prüfenden Harn mit etwas Salpetersäure zum Sieden: bittermandelartiger Geruch durch Bildung von Orthonitrophenol. Nach völligem Erkalten setzt man Bromwasser hinzu: mehr oder weniger starke Trübung oder Niederschlag von Tribromnitrophenol. Normaler Harn, ebenso behandelt, bleibt entweder klar oder gibt nur eine leichte Trübung. Eine zweite Probe alkalisiert man nach dem Erhitzen mit Salpetersäure mit Natronlauge: orangerote Färbung durch Nitrophenolnatrium.

Quantitative Bestimmung.

Titrimetrische Bestimmung der Phenole nach Kossler und Penny[2]-Mooser[3]-Hensel[4].

Prinzip. Die isolierten, von störenden Stoffen befreiten Phenole werden durch unterjodigsaures Natrium in Trijodkresol und Trijodphenol übergeführt. Die verbrauchte Jodmenge wird titrimetrisch bestimmt und hierauf die Phenol- bzw. Kresolmenge errechnet.

Reagentien. 1. Phosphorsäure spez. Gew. 1,7, entsprechend 84,7% H_3PO_4. 2. Millons Reagens: 1 Teil Quecksilber wird in 2 Teilen Salpetersäure, spez. Gew. 1,42, zunächst in der Kälte, dann unter Erwärmen gelöst, mit dem doppelten Volumen Wasser verdünnt; die Lösung wird nach einigen Stunden von einem gebildeten Niederschlag abgegossen. 3. Gereinigter Äther. Der Äther wird zur Entfernung jodbindender Substanzen fünfmal mit Natronlauge gut durchgeschüttelt. 4. Natriumbikarbonatlösung 4 % ig. 5. Natronlauge 1 n, Schwefelsäure 1 n. 6. Jodlösung 0,1 n. 7. Thiosulfatlösung 0,1 n. 8. Natronlauge nitritfrei 0,1 n.

Ausführung. 500 ccm Harn werden schwach alkalisch gemacht, auf dem Wasserbade auf ca. 100 ccm eingedampft, in

---

[1] Praktikum l. c. (S. 435 dieses Praktikums) S. 179.

[2] Z. physiol. Chem. **17**, 117 (1893).

[3] Z. physiol. Chem. **63**, 155 (1909).

[4] Z. physiol. Chem. **78**, 378 (1912).

einen Destillationskolben mit eingesetztem Tropftrichter gespült
(mit Spülwasser ungefähr 150—200 ccm), mit 25 ccm sirupöser
Phosphorsäure versetzt und am absteigenden Kühler bis auf
100 ccm abdestilliert. Es werden 50 ccm H_2O nachgefüllt und
Destillation und Nachfüllen so oft wiederholt, bis die Millonsche
Probe im Destillat negativ ausfällt; die Zahl der notwendigen
Destillationen ist verschieden (6—20). Das Destillat wird viermal
mit $^1/_5$ bis $^1/_4$ seines Volumens an gereinigtem Äther ausgeschüttelt,
wobei die Phenole in den Äther gehen. Die ätherische Lösung
wird dann zuerst viermal mit 4% ig. Natriumbikarbonatlösung ausgeschüttelt, wobei die Phenole im Äther bleiben, und danach viermal mit 1 n NaOH-Lösung, wobei dem Äther die Phenole entzogen
werden. Die phenolhaltige, alkalische Lösung wird so weit neutralisiert, daß ihre Alkaleszenz 20 ccm 0,1 n NaOH entspricht;
werden z. B. 250 ccm 1 n NaOH angewandt, so werden 248 ccm
1 n H_2SO_4 zugesetzt. Die Lösung wird durch Eintauchen in
heißes Wasser auf 60° erwärmt. Zur warmen Flüssigkeit läßt man
rasch eine gemessene Menge (etwa 35—45 ccm) 0,1 n Jodlösung
zufließen (die Flüssigkeit muß nach dem Jodzusatz stark braun
gefärbt sein). Dann verschließt man den Kolben, schüttelt durch,
säuert nach dem völligen Erkalten mit Schwefelsäure an und
titriert das freigewordene Jod mit 0,1 n Thiosulfatlösung zurück.

Berechnung: 1 ccm der gebundenen 0,1 n Jodlösung entspricht 1,567 mg Phenol oder 1,8018 mg Kresol.

Kolorimetrische Bestimmung der Gesamtphenole nach Folin und Denis[1]-Tisdall[2].

Prinzip. Diese ursprünglich von Folin und Denis angegebene
Methode beruht auf der kolorimetrischen Messung der blauen
Farbe, die entsteht, wenn Phenollösung mit einem Phosphor-
wolfram-Phosphormolybdänsäure-Reagens und Alkali versetzt
wird. Die Färbung wird gegen eine Phenol-Standardlösung
verglichen. Die Autoren erhielten mit dieser Methode die hohen
Werte von 170—290 mg freier Phenole und 290—480 mg gebundener Phenole im menschlichen Tagesharn. Tisdall hat diese Ergebnisse darauf zurückgeführt, daß andere Harnsubstanzen ebenfalls eine blaue Färbung mit dem Reagens geben und durch Einschaltung einer Ätherextraktion der Phenole die Methode modi-

---

[1] J. of biol. Chem. **22**, 305 und 309 (1915).
[2] J. of biol. Chem. **44**, 409 (1920); vgl. auch Darstellung von Brigl in
Abderhalden, l. c. (S. 549 dieses Praktikums) S. 505.

fiziert. Die mit der modifizierten Methode erhaltenen Werte entsprechen den mit der vorangehenden Methode erhältlichen.

Reagentien. 1. Salzsäure, spez. Gew. 1,19. 2. Gesättigte Lösung von Natriumchlorid, enthaltend 10 ccm konzentrierte HCl pro Liter. 3. Gesättigte Lösung von Natriumkarbonat. 4. Lösung von kolloidalem Eisenhydroxyd (ferrum oxyd. dialysat.). 5. Silberlaktatlösung 3 %ig in 3 %ig. Milchsäure. 6. Phosphorwolframsäure-Phosphormolybdänsäure-Reagens: 100 g Natriumwolframat werden mit 20 g Phosphormolybdänsäure, 50 ccm 85 %ig. Phosphorsäure und genügend Wasser gemischt. Man kocht die Lösung 2 Std., kühlt ab, verdünnt mit aqua dest. ad 1000 ccm und filtriert, wenn notwendig. 7. Standard-Phenollösung. Man stellt eine Lösung von reinem Phenol in 0,1 n HCl her, die etwas mehr als 1 mg kristallisiertes Phenol pro ccm enthält. 25 ccm dieser Lösung werden in einem 250 ccm-Kölbchen mit 50 ccm 0,1 n Natriumhydroxydlösung versetzt, auf 65° erhitzt, worauf 25 ccm 0,1 n Jodlösung zugegeben werden. Man verstopft die Flasche und läßt 30—40 Min. bei Zimmertemperatur stehen. Jetzt gibt man 5 ccm konz. Salzsäure hinzu und titriert die freie Jodmenge mit 0,1 n Thiosulfatlösung zurück, indem man etwas Stärkelösung als Indikator zusetzt. Man gibt die Stärkelösung erst in der Nähe des Titrationsendes hinzu. Jeder ccm verbrauchter Jodlösung entspricht 1,567 mg Phenol. Man verdünnt nach dem Titrationsergebnis die Phenollösung derart, daß 10 ccm 1 mg Phenol enthalten.

Ausführung. 10 ccm Harn (bei sehr schwach konzentrierten Harnen 20 ccm) werden in einem 50 ccm-Meßkölbchen mit Silberlaktatlösung (etwa 2—20 ccm) versetzt, bis sich bei weiterem Zusatz kein Niederschlag mehr bildet. Nun gibt man einige Tropfen Eisenhydroxydlösung (s. Reagentien 4.) hinzu, schüttelt um, füllt bis zur Marke auf, schüttelt wieder durch und filtriert durch ein kleines trocknes Filter. Hierdurch werden Harnsäure und Eiweißspuren entfernt. 25 ccm des Filtrates werden in ein 50 ccm-Meßkölbchen gegeben und mit so viel der sauren ges. Natriumchloridlösung versetzt, daß alles Silber ausgefällt wird. Man füllt mit aqua dest. zur Marke auf, schüttelt durch und filtriert durch ein kleines, trocknes Filter. Im Filtrat bestimmt man:

Die gesamten Phenole (freie und gebundene): 20 ccm des Filtrates werden in einem großen Reagenzglas mit 10 Tropfen Salzsäure (spez. Gew. 1,19) versetzt; das Glas wird mit einem kleinen Trichter bedeckt und schnell über einer kleinen Flamme zum Sieden gebracht. Dann stellt man das Glas für 10 Min. in ein hohes Becherglas mit siedendem Wasser. Nach dem Abkühlen schüttelt man die Lösung einmal mit 100 ccm, dann zweimal mit je 50 ccm Äther aus. Die vereinigten Ätherauszüge, die alle phenolartigen Substanzen enthalten, schüttelt man zur Entfernung von Oxysäuren mit 20 %ig. Natriumkarbonatlösung, dann 5 Min. mit 20 ccm 10 %ig. Natronlauge aus. (Will man zur Erfassung aller phenolartigen Körper die flüchtigen und nichtflüchtigen Phenole nicht von den aromatischen Oxysäuren trennen, so schüttelt man die Ätherauszüge unmittelbar mit der 10 % ig. Natronlauge aus.) Dieser zweite Auszug, der die Phenole enthält, wird in einem 100 ccm-Kolben mit Salzsäure schwach angesäuert, mit 10 ccm des Phenolreagenses und 25 ccm gesättigter Natriumkarbonatlösung versetzt, zur Marke aufgefüllt und nach 20 Min. gegen eine gleichzeitig angesetzte Phenolstandardlösung kolorimetriert.

Als Vergleichslösung verwandten **Folin** und **Denis** eine Lösung von 5 ccm der Standardlösung, die 0,5 mg Phenol enthält, zu der in ein 100 ccm-Meßkölbchen 10 ccm gesättigter Natriumkarbonatlösung und 5 ccm Reagens gesetzt werden. Dann wird mit Wasser von 30^0 ad 100 ccm aufgefüllt und gut durchmischt[1].

Freie Phenole. **Folin** und **Denis** verwenden zur Bestimmung der freien Phenole ebenfalls 20 ccm des Filtrates, die unmittelbar, ohne mit Salzsäure gekocht zu werden, mit Äther extrahiert werden müssen. Zur kolorimetrischen Bestimmung geben sie 5 ccm Reagens und 15 ccm gesättigte Sodalösung hinzu, füllen ad 50 ccm auf und führen die Bestimmung wie angegeben durch. Da aber nach Änderung des Verfahrens durch **Tisdall** in dieser Menge kaum freie Phenole zu finden sind (2,6—1,2 mg im 24 stündigen Harn), so sind nach **Tisdall** 250 ccm Harn (saurer als pH 6) 4 Stunden lang vorsichtig zu destillieren. In einem Teil des Destillates werden die freien abdestillierten Phenole unmittelbar nach Soda- und Reagenszugabe kolorimetrisch, wie vorangehend beschrieben, bestimmt.

Berechnung. Gemäß dem kolorimetrischen Prinzip ergibt

$$\frac{\text{Ablesung der Standardlösung} \cdot a \cdot 0,1}{\text{Ablesung der unbekannten Lösung}} = \text{mg-Phenole in der untersuchten}$$

Probe, wo a die ccm gebrauchter Standardlösung bedeutet. Die Harnverdünnung (bzw. Konzentrierung bei der Destillation der freien Phenole) ist zu berücksichtigen.

Die Menge der gebundenen Phenole ergibt sich aus der Differenz der freien von den gesamten Phenolen. Hierbei werden alle vorhandenen Phenolderivate als ,,Phenol" ausgedrückt.

---

[1] Es erscheint ratsam, die Phenolmenge der Vergleichslösung so zu wählen, daß die Farbtiefen der zu vergleichenden Lösungen möglichst gleich sind, und hinsichtlich der Menge aller andern Reagentien beide Lösungen völlig gleichartig zu behandeln.

Titrimetrische Bestimmung von Phenol und Kresol nebeneinander nach Siegfried und Zimmermann[1].

Prinzip. Die Methode beruht:

1. Auf Bestimmung der Brommenge, die erforderlich ist, Phenol und Kresol zusammen in Tribromphenol und Tribromkresol überzuführen (B_1).

$$C_6H_6O + 3\,Br_2 = C_6H_3Br_3O + 3\,HBr.$$

2. Auf der Bestimmung derjenigen Brommenge, die notwendig ist, Phenol in Tribromphenol und Kresol in Dibromkresol überzuführen, was durch Zusatz von Jodkalium zum Reaktionsgemisch gelingt (B_2).

Durch Kombination der zwei Gleichungen mit zwei Unbekannten läßt sich die Menge Phenol und Kresol berechnen. Die Bestimmung von Phenol und Kresol wird nach der Isolierung des Phenolgemisches aus dem Harn mit dem Harndestillat ausgeführt.

Reagentien zur Isolierung der Phenole. a) Isolierung der Phenole nach Kossler und Penny—Moser—Hensel. Alle Reagentien zur Isolierung eines Phenolgemisches entsprechend S. 550 (1.—5.). b) Isolierung der Phenole nach Siegfried und Zimmermann. 1. Natronlauge verdünnt. 2. Schwefelsäure 1:1. 3. Natriumbikarbonat krist. 4. Kohlensäure (aus Bombe oder Kippschem Apparat). 5. Natriumhydroxyd in Stücken. 6. Bleiazetat.

Reagentien zur Bestimmung von Phenolen. 1. Thiosulfatlösung 0,1 n. 2. Kaliumbromid-Bromat, 0,834 g Kaliumbromat, 2,97 g Kaliumbromid ad 1000 ccm gelöst. Den Titer der Bromid-Bromatlösung bestimmt man aus der Menge Jod, die sie in Freiheit setzen kann. In einem mit Glasstopfen versehenen Erlenmeyerkolben von etwa 250 ccm Inhalt werden 100 ccm Bromid-Bromatlösung mit 10 ccm 25 %ig. Salzsäure und mit 15 ccm 5 %ig. Jodkaliumlösung vermischt. Das freie Jod wird mit 0,1 n Thiosulfatlösung titriert, wobei die Stärkelösung erst gegen Ende der Reaktion zugefügt wird, d. h. wenn die Flüssigkeit nur noch gelb gefärbt ist; 1 ccm 0,1 n Thiosulfatlösung = 0,007 992 g Brom. 3. Kaliumjodidlösung 5 %ig. Sie darf nach dem Ansäuern mit Schwefelsäure kein freies Jod enthalten, d. h. Stärkelösung darf nicht gebläut werden. 4. Stärkelösung 0,5 %ig, aus löslicher Stärke bereitet. 5. Schwefelsäure 1:1. 6. Salzsäure etwa 25 %ig.

Ausführung. Isolierung des Phenolgemisches. Zur Herstellung einer wäßrigen Lösung, die das aus dem Harn isolierte Phenolgemisch enthält, dürfte man das auf S. 551 dargestellte Verfahren nach Hensel gut anwenden können. Man verwendet zur Bestimmung die alkalische, phenolhaltige Lösung, die man nach dem Ausschütteln des Äthers erhalten hat. Oder man gebraucht das Verfahren nach Siegfried und Zimmermann.

---

[1] Biochem. Z. **29**, 368 (1910); **34**, 462 (1911); **70**, 124 (1915).

Je 3 Liter des mit Natronlauge bis zur schwach alkalischen Reaktion versetzten eiweiß- und zuckerfreien Harnes werden in einer Schale auf dem Wasserbade bis zu ca. $^1/_5$ des ursprünglichen Volumens eingeengt und in einen Destillationskolben übergeführt. Dieser ist durch einen 3fach durchbohrten Gummistopfen mit dem Destillationsrohre, dem den Wasserdampf zuleitenden Rohre und einem Hahntrichter versehen, durch den bei den folgenden Handhabungen sowohl die Schwefelsäure als auch das in Wasser aufgeschwemmte Natriumkarbonat eingeführt wird. Hierdurch wird ein Verlust an Phenolen durch Verdampfen oder Mitreißen durch Kohlensäurebläschen vermieden. Durch den Hahntrichter wird eine abgekühlte Mischung von 150 ccm konz. Schwefelsäure und 150 ccm Wasser gegeben; dann wird mit Wasserdämpfen unter gleichzeitiger Erhitzung des Destillationskolbens bis zum Sieden der Flüssigkeit so lange (bzw. etwas länger) destilliert, bis das Destillat die Millonsche Reaktion nicht mehr gibt. Man prüft erst mit dem Millonschen Reagens, wenn das Volumen des Destillates ca. 1 Liter beträgt.

Das Destillat wird in den Kolben gebracht, mit 30—40 g in Wasser aufgeschlemmtem Natriumbikarbonat durch den Hahntrichter vermischt und unter Durchleiten eines Kohlensäurestromes, den man erst durch den Wasserdampf-Entwickler führt, wieder bis zum Versagen der Millonschen (s. o.) Reaktion und etwas länger destilliert.

Nunmehr wird das Destillat mit der Mischung einer wäßrigen Lösung von 3 g Natriumhydroxyd und 18 g Bleiazetat im Kolben versetzt, auf dem siedenden Wasserbade 15 Min. stehen gelassen und dann abdestilliert, bis ammoniakalische Silbernitratlösung nicht mehr reduziert wird. Hierauf wird mit Schwefelsäure (1 : 1) durch den Hahntrichter stark angesäuert und mit Wasserdämpfen bis zum Versagen der Millonschen Reaktion destilliert. Das Destillat wird mit einem großen Überschuß von Natronlauge in einer Schale auf dem Wasserbade eingeengt, im Meßkolben auf 200 ccm aufgefüllt und nach folgender Methode zur Bestimmung von B_1 und B_2 behandelt.

Bestimmung der Phenole. I. Bestimmung von B_1. In einem ca. 500 ccm fassenden, mit Glasstopfen versehenen, dickwandigen Erlenmeyerkolben versetzt man die genau gemessene Menge der wäßrigen Lösung des Phenol-p-Kresolgemisches (sofern sie nicht wenigstens 100 ccm beträgt, verdünnt man sie mit Wasser auf dieses Volumen) mit 25 ccm Schwefelsäure (1 : 1), schüttelt um und läßt die Mischung mindestens ½ Stunde bei gewöhnlicher Temperatur stehen. Dann kühlt man sie in Eiswasser bis auf 15^0 ab und setzt aus der Bürette unter ständiger gelinder Bewegung der Flüssigkeit in langsamem Strahle so viel Kaliumbromid-Bromatlösung hinzu, bis eine eben bemerkbare Gelbfärbung der Flüssigkeit eintritt. Um diesen Punkt genau zu erkennen, legt man unter die Flasche einen Bogen weißen Papiers. Dann setzt man tropfenweise den 8. Teil der verbrauchten Menge Bromid-Bromatlösung unter gelinder Bewegung hinzu. Es kommt darauf an, daß der Niederschlag in der Flüssigkeit suspendiert verteilt bleibt und sich nicht an der Oberfläche zusammenballt. Man läßt die Mischung in der verschlossenen Flasche eine Stunde lang in Eiswasser stehen und filtriert zur Vermeidung von Bromverlust durch einen abgeschliffenen, mit Glasplatte zu bedeckenden Trichter durch langfaserige Glaswolle in 30 ccm 5% ig. Jodkaliumlösung. Die Flasche wird mit Wasser gut nachgespült, zur Absorption freier Bromdämpfe gut durchgeschüttelt und mit diesem Wasser der Niederschlag ausgewaschen. Im Filtrat wird das Jod mit 0,1 n Thiosulfatlösung titriert.

II. **Bestimmung von** B_2. Die gleiche Menge der Lösung des Phenol-p-Kresolgemisches, wie bei der Bestimmung von B_1, verdünnt man in einer mit Glasstopfen versehenen Literflasche auf ca. 500 ccm und fügt 30 ccm 25% ig. Salzsäure hinzu. Man läßt die Mischung mindestens ½ Stunde bei gewöhnlicher Temperatur stehen und kühlt dann in Eiswasser auf 5^0 ab. Dann fügt man unter gleichmäßigem, langsamem Umschwenken die bei der Bestimmung von B_1 bis zum Eintritt der Gelbfärbung verbrauchten ccm Bromid-Bromatlösung und dann noch den hundertsten Teil hinzu und läßt die Mischung eine Viertelstunde in Eiswasser stehen. Nach 15 Min. versetzt man die Mischung mit 30 ccm 5% ig. Jodkaliumlösung, schüttelt um, bis die Flüssigkeit gleichmäßig gefärbt ist und läßt die Mischung 1 Stunde vor Licht geschützt bei gewöhnlicher Temperatur stehen. Darauf schüttelt man kräftig durch und titriert das freie Jod mit 0,1 n Thiosulfatlösung.

Berechnung. Zu I. (Bestimmung von B_1). Durch Titration mit 0,1 n Thiosulfatlösung bestimmt man das in Freiheit gesetzte Jod in ccm 0,1 n Lösung; hieraus ergibt sich die äquivalente Menge Brom. 1 ccm 0,1 n Thiosulfatlösung = 7,992 mg Br.

Die Differenz gegen den Titer der Bromid-Bromatlösung gibt die Brommenge (B_1), die zur Umwandlung des Phenols und Kresols erforderlich war.

Zu II. (Bestimmung von B_2). In gleicher Weise berechnet sich die bei der Bestimmung in B_2 verbrauchte Brommenge.

Die Berechnung der vorhandenen Phenol- und Kresolmengen geschieht wie folgt:

Die nach I gebundene Gewichtsmenge Brom. . . $= B_1$
Die nach II gebundene Gewichtsmenge Brom . . $= B_2$
Die gesuchte Gewichtsmenge Kresol . . . . . . $= x$
Die gesuchte Gewichtsmenge Phenol . . . . . . $= y$
Molekulargewicht des Kresols . . . . $= 108{,}06$
Molekulargewicht des Phenols . . . . $= 94{,}05$
Atomgewicht des Br . . . . $= 79{,}92.$

$(B_1 - B_2)$ ist diejenige Menge Brom, die von dem vorhandenen Kresol nach der Bestimmung II weniger verbraucht wird als von der Bestimmung I. Da diese Menge pro Mol Kresol 2 Atome Brom beträgt, ist:

$$\frac{x}{108{,}06} = \frac{B_1 - B_2}{2 \cdot 79{,}92}$$

oder

$$x = \frac{108{,}06\,(B_1 - B_2)}{159{,}84} = 0{,}67605\,(B_1 - B_2)\,.$$

Die Brommenge, die der unbekannten Menge Phenol entspricht, wird durch die Differenz der in der ersten Bestimmung erhaltenen Brommenge B_1 und der dem Kresol entsprechenden Menge Brom erhalten. Ferner verhält sich die gesuchte Menge Phenol zu dieser Brommenge wie das Molekulargewicht des Phenols zu dem Molekulargewicht von 6 Atomen Brom.

$$\frac{y}{B_1 - x\,\dfrac{479{,}52}{108{,}06}} = \frac{94{,}05}{479{,}52}\,; \quad x \text{ s. o.}$$

$$y = \left(B_1 - \frac{0{,}67605\,(B_1 - B_2) \cdot 479{,}52}{108{,}06}\right) \frac{94{,}05}{479{,}52}$$

$$y = B_1 \cdot 0{,}19613 - (B_1 - B_2)\,0{,}5884$$

$$y = B_2 \cdot 0{,}5884 - B_1 \cdot 0{,}3923\,.$$

Nachweis der zweiwertigen Phenole.

Brenzkatechin $C_6H_4(OH)_2$ (1,2) wird normalerweise in sehr geringen Mengen ausgeschieden, reichlicher nach Einnahme von Phenolen.

Hydrochinon $C_6H_4(OH)_2$ (1,4) ist im Harn nur nach der Einnahme von Phenol, Benzol sowie von Hydrochinon selbst nachzuweisen.

Qualitativer Nachweis.

Zum Nachweis wird der mit Salzsäure angesäuerte Harn, evtl. unter Wasserzusatz, so lange destilliert, bis alle flüchtigen Phenole übergegangen sind. Den Rückstand, der die nicht flüchtigen zweiwertigen Phenole enthält, schüttelt man mit Äther, den Äther wieder zur Entfernung von Oxysäuren mit verdünnter Sodalösung aus. Der Äther, der die mehrwertigen Phenole enthält, wird verjagt, der Rückstand mit warmem Wasser aufgenommen und die filtrierte wäßrige Lösung zum Nachweis der Phenole verwandt.

1. Brenzkatechin und Hydrochinon reduzieren in der Kälte Silbernitratlösung.

2. Verdünnte Eisenchloridlösung gibt mit Brenzkatechin eine grüne Färbung, die nach Zusatz von verdünnter Ammoniumkarbonatlösung violett, nach Zusatz von Essigsäure wieder grün wird.

Mit Hydrochinon gibt Eisenchlorid eine vorübergehende Blaufärbung.

Nachweis der aromatischen Oxysäuren.

Qualitativer Nachweis.

Die bei der Eiweißfäulnis im Darm entstehenden Oxysäuren (s. S. 548) werden zum Teil unverändert im Harn zu 10—20 mg pro Liter ausgeschieden. Pathologisch, parallel mit einer Vermehrung der Phenole, kann die Menge der Oxysäuren stark vermehrt sein.

Nachweis. Der Harn wird wie bei der Phenolbestimmung angesäuert, auf dem Wasserbad erhitzt, wobei flüchtige Phenole entweichen, mit Äther ausgeschüttelt; die Oxysäuren werden dem Äther durch Schütteln mit verdünnter Sodalösung entzogen. Nach Ansäuern der Sodalösung und Ausschütteln mit Äther verdampft man den Äther, nimmt den Rückstand mit Wasser auf und erwärmt die wäßrige Lösung mit Millonschem Reagens (s. S. 550). Hierbei entsteht durch die Anwesenheit der Oxysäuren Rotfärbung.

Die Menge der Oxysäuren kann man aus der Stärke der Färbung schätzen, wenn man sie mit der Färbung der Reaktion von Lösungen bekannten Gehaltes vergleicht.

Bestimmung von Indoxyl (Harnindikan).

Unter „Harnindikan“ versteht man die esterartigen Verbindungen des Indoxyls

$$\begin{array}{ccc} & CH & \\ CH & C\!\!-\!\!COH & \\ CH & C & CH \\ & CH & NH \end{array}$$

mit Schwefelsäure (bzw. indoxylschwefelsaures Kalium) oder mit Glukuronsäure.

Im normalen, menschlichen Harn werden täglich 5—20 mg Indoxyl (berechnet als Indigo s. w. u.) ausgeschieden. Diese Menge ist alimentär beeinflußbar.

Bei Gärungszuständen im Dickdarm, allgemein bei im Körper auftretender Eiweißfäulnis, kann die Menge des Indikans stark erhöht sein. In seltenen Fällen (gelegentlich im faulenden Harn) wird Indoxyl oxydiert als Indigo ausgeschieden, wodurch sich der Harn blau färbt.

Qualitativer Nachweis.

Der Nachweis des Indoxyls beruht auf Spaltung der Indoxylverbindungen durch Säure und Oxydation des freigewordenen Indoxyls zu Indigo.

1. Probe nach Jaffé. 10 ccm eiweißfreien Harnes werden mit dem gleichen Volumen konzentrierter Salzsäure, 2—3 ccm Chloroform und — unter fortwährendem Umschütteln — mit verdünnter Chlorkalklösung (1 : 20) versetzt. Hierbei wird das Chloroform mehr ·oder weniger blau gefärbt. Die Quantität der Chlorkalklösung muß vorsichtig bemessen werden, ein Überschuß kann das Indigoblau zu einem farblosen Körper (Isatin) oxydieren.

Die Reaktion verläuft langsam und erfordert einiges Abwarten. Eine violette Färbung, die vom Chloroform nicht aufgenommen wird, rührt von Indigorot her.

Normaler Harn färbt sich in der Regel violett bis rotviolett und gibt an Chloroform etwas Indigoblau ab.

Indikanreiche Harne färben schon die Harnschicht grün bis blau, indikanarme tun dies nicht. Stark gefärbte Harne, z. B. ikterische, sind vor Anstellung der Reaktion durch Zusatz von wenig Bleiessig zu entfärben und zu filtrieren. Jodidhaltiger Harn färbt ebenfalls Chloroform violett. Diese Färbung kann durch

Thiosulfatzusatz oder Schütteln mit Kalilauge beseitigt werden. Doch ist es zweckmäßiger, nach der folgenden Probe zu untersuchen.

2. **Probe nach Obermayer.** 20 ccm sauer reagierenden Harnes werden mit 5—10 ccm 10% ig. Bleizuckerlösung (bei niedrigem spez. Gew. mit weniger) unter Vermeidung eines Überschusses versetzt und filtriert. Das Filtrat wird mit dem gleichen Volumen konzentrierter Salzsäure, die im Liter 2—4 g Eisenchlorid enthält, (Reagens frisch herstellen) durchgeschüttelt. Nach Zugabe von 5 ccm Chloroform schüttelt man wiederum durch. Färbung des Chloroforms wie bei 1. Fällt Bleichlorid aus, so wiederholt man die Probe mit geringerem Bleizuckerzusatz.

Bei der Bewertung des Ergebnisses ist das spez. Gewicht des Harnes zu berücksichtigen. (So ist eine starke Verfärbung bei einem Harn vom spez. Gewicht 1040 normal, während eine nur schwache Färbung bei einem spez. Gewicht von 1010 schon Hinweis auf Indikanvermehrung sein kann.)

3. **Probe nach Jolles**[1]. 10 ccm Harn werden mit 2 ccm 20% ig. Bleizuckerlösung geschüttelt und filtriert. Zum Filtrat werden 1 ccm 5% ig. alkoholische Thymollösung (oder 5% ig. alkoholische α-Naphthollösung) und 10 ccm rauchende Salzsäure, die 0,5% Eisenchlorid enthält, gegeben. Nach 15 Minuten gibt man 4 ccm Chloroform hinzu und schüttelt gleich durch: Blaufärbung des Chloroforms, die noch durch 0,0032 mg Indikan in 10 ccm Harn gegeben werden soll.

Quantitative Bestimmung.

Titrimetrische Bestimmung des Indikans nach Obermayer[2]**-Wang**[3]**-Bouma**[4]**-Ellinger**[5]**-Maillard**[6]**-Salkowski**[7]**.**

Prinzip. Die Methode beruht auf der Oxydation des Indikans zu Indigo und Titration des Indigos als Indigosulfosäure mit Kaliumpermanganat.

---

[1] Z. physiol. Chem. **87**, 310 (1913); **94**, 79 (1915); **95**, 29 (1915).

[2] Wiener klin. Wschr. Jg. 3, 176 (1890); Wien. klin. Rundschau Jg. 12, Nr. 34, 537 (1898); Z. physiol. Chem. **26**, 427 (1898/99).

[3] Z. physiol. Chem. **25**, 406 (1898); **27**, 135 (1899); **28**, 576 (1899).

[4] Z. physiol. Chem. **27**, 348 (1899); **30**, 117 (1900); **39**, 356 (1903).

[5] Z. physiol. Chem. **38**, 178 (1903); **39**, 144 (1903); **41**, 20 (1904).

[6] Z. physiol. Chem. **41**, 437 (1904); hier auch die früheren Arbeiten zitiert.

[7] Z. physiol. Chem. **42**, 236 (1904).

Reagentien. 1. Bleiessiglösung 20 % ig. 2. Obermayers Reagens: reine rauchende Salzsäure, die in 1000 Teilen 2—4 Teile Eisenchlorid enthält. 3. Schwefelsäure konz. puriss. 4. Chloroform. 5. Natronlauge 0,1 % ig. 6. Kaliumpermanganatlösung: zu ihrer Herstellung werden jedesmal zum Gebrauch 5 ccm einer Stammlösung (etwa 3 g in 1 Liter Wasser) auf 200 ccm mit Wasser verdünnt. Der Titer dieser Lösung (ca. 0,1 n) wird gegen eine bekannte Oxalsäurelösung eingestellt. Durch Multiplikation des Oxalsäurewertes in g, welcher der Permanganatlösung pro ccm entspricht, mit 1,04 wird die entsprechende Indigomenge pro ccm gefunden. Besser ist es, die Permanganatlösung gegen eine Lösung von reinem Indigo (in konz. H_2SO_4 gelöst) entsprechend der Titration nach der unten angegebenen Methode einzustellen. 1 ccm der Permanganatlösung entspricht ca. 0,00015 g Indigo.

Ausführung. Ein gemessenes Volumen von ca. 300 ccm sauer reagierenden oder mit Essigsäure schwach angesäuerten Harnes (bei einem spez. Gewicht über 1040 nach Verdünnung mit dem gleichen Volumen Wasser) wird mit $^1/_{10}$ Volumen 20 % ig. Bleiessiglösung gefällt. Eine abgemessene Menge des Filtrates (z. B. 100—250 ccm) wird mit dem gleichen Volumen Obermayerschen Reagenses im Scheidetrichter versetzt und sofort mit je ca. 30 ccm Chloroform mehrmals ausgeschüttelt, bis eine neue Portion Chloroform sich nicht mehr färbt. Die Filtratmenge ist so zu wählen, daß 3 bis 4 Ausschüttelungen mit je etwa 30 ccm Chloroform und von je etwa 2 Min. Dauer genügen, um alles Indigo zu entfernen. Nach ½ Stunde wird noch eine weitere Ausschüttelung vorgenommen. Man schüttelt sodann die vereinigten Chloroformlösungen in einem Scheidetrichter zuerst mit Wasser, hierauf mit 0,1 % ig. Natronlauge und wieder mit Wasser aus. Da salzsäurehaltiges Chloroform mehr Indigo löst als reines, so kann bei diesen Waschungen durch Entziehung der Salzsäure sich aus konzentrierten Lösungen etwas Indigo abscheiden. Man fügt deshalb zu stark gefärbten Chloroformlösungen vor dem Waschen noch reichlich Chloroform hinzu. Die im Scheidetrichter abgetrennte Chloroformlösung wird durch ein trockenes Filter in einen sorgfältig gereinigten Kolben filtriert, mit Chloroform nachgewaschen und verdunstet. Zu dem Rückstand gibt man etwa 10 ccm konzentrierte Schwefelsäure, erwärmt 5—10 Min. bis zur vollständigen Lösung auf einem kochenden Wasserbad, gießt die Lösung vorsichtig in einen sorgfältig gereinigten Erlenmeyerkolben, in welchem sich etwa 100 ccm aqua dest. befinden, und spült mit aqua dest. nach. Eine etwaige flockige Ausscheidung der Lösung filtriert man ab, wäscht das Filter mit heißem Wasser aus und titriert das Filtrat. Die blaue Lösung wird heiß mit der eingestellten Kaliumpermanganatlösung (Reagentien 6.) titriert, bis der rötliche Ton verschwunden und die Flüssigkeit hellgelb oder fast farblos geworden ist.

Berechnung. Ist die Permanganatlösung gegen Indigo eingestellt, so ergibt die verbrauchte Kubikzentimeterzahl unmittelbar die Indigomenge. Die Verwendung eines aliquoten Anteils im Arbeitsgang ist zu berücksichtigen. (Nach obiger Darstellung: 300 ccm Harn + 30 ccm Bleiessiglösung = 330 ccm, hiervon 250 ccm Filtrat verarbeitet, ist die erhaltene Indigomenge mit $\frac{330}{250}$ zu multiplizieren.)

Hat man die Permanganatlösung gegen eine Oxalsäurelösung eingestellt, so multipliziert man den sich aus den verbrauchten ccm Permanganatlösung ergebenden Oxalsäurewert in g mit 1,04, um die titrierte Indigomenge in g zu erhalten.

Mit der Titration findet man etwa 86% der theoretischen Menge, so daß zu dem gefundenen Werte noch etwa $^{1}/_{6}$ hinzuzufügen ist.

Kolorimetrische Bestimmung des Indikans nach Jolles[1].

Prinzip. Das Indoxyl wird durch Zugabe von Thymol mittels eisenchloridhaltiger Salzsäure zu 4-Cymol-2-indolindolignon oxydiert. Das violette Chlorhydrat wird mit Chloroform extrahiert, durch Wasser bzw. Alkali in das rotgefärbte Indolignon selbst übergeführt, dessen Lösung in Chloroform gegen eine Standardlösung aus einem synthetisch gewonnenen Präparat kolorimetrisch verglichen wird.

Reagentien. 1. Bleiessig. 2. Alkoholische Thymollösung, 5 % ig. 3. Salzsäure, rauchend, 5 g Eisenchlorid im Liter enthaltend. 4. Chloroform, rein. 5. Natronlauge, ca. 0,002—0,001 n. 6. Vergleichslösung aus 4-Cymol-2-indolindolignon, 0,01 g in 100 ccm Chloroform enthaltend. Herstellung von 4-Cymol-2-indolindolignon: 30 g Indoxylsäure werden mehrere Male mit Wasser ausgekocht, in welchem sich das Indoxyl, nicht aber die harzigen Verunreinigungen der technischen Indoxylsäure lösen. Die Lösungen werden heiß filtriert. Zu den gesammelten Filtraten wird so viel Eisessig hinzugefügt, daß das in der Kälte aus der wäßrigen Lösung als gelbes Öl abgeschiedene Indoxyl wieder in Lösung geht. Hierzu wird eine Lösung von 25 g Thymol in Eisessig gefügt und das Gemisch unter gutem Rühren in überschüssige Eisenchloridsalzsäure (enthaltend 110 g Ferrichlorid) eingetragen. Das Ganze wird hierauf unter Rühren in konzentrierte Sodalösung eingegossen, wobei sich eine rotbraune Masse abscheidet. Diese wird abgesaugt, mit Wasser gewaschen, getrocknet, hierauf zur Entfernung des überschüssigen, d. h. nicht in Reaktion getretenen Thymols mit Petroläther ausgezogen und schließlich zur Trennung des Farbstoffes vom Ferrihydroxyd mit Äther

---

[1] Z. physiol. Chem. 94, 79 (1915).

im Soxhlet extrahiert. Der aus der ätherischen Lösung durch Abdunsten gewonnene Farbstoff wird zweimal aus Nitrobenzol umkristallisiert und dabei in Form roter Prismen mit aufgesetzten Pyramiden erhalten. Die Substanz schmilzt bei 218—220°.

Ausführung. Der Harn wird mit $^1/_{10}$ seines Volumens an Bleiessig versetzt und filtriert. 5—10 ccm Filtrat (je nach dem Ausfall der qualitativen Vorprobe, s. S. 560, Nr. 3) werden mit 1 ccm einer 5 % ig. alkoholischen Thymollösung durch Schütteln im Schütteltrichter gut vermischt. Hierauf wird das gleiche Volumen rauchender Salzsäure (s. Reagentien 3.) hinzugefügt. Nach gründlichem Durchschütteln läßt man ca. 2 Stunden stehen; hierbei scheidet sich das überschüssige Thymol und das gebildete Salz des Indolignons aus. Dann extrahiert man durch mehrmaliges leichtes Schütteln mit je 4 ccm reinem Chloroform, bis die Ausschüttelung farblos erscheint. Die einzelnen Ausschüttelungen läßt man in einen zweiten Schütteltrichter ab, in dem sich destilliertes Wasser befindet und schüttelt den Chloroformextrakt mit diesem gut durch. Hierbei verschwindet die violette Farbe der Chloroformlösung, die einen rotbraunen Farbton annimmt.

Zur weiteren Reinigung läßt man die Chloroformlösung in den ersten Schütteltrichter abfließen, der inzwischen gereinigt und mit verdünnter Natronlauge (s. Reagentien 5.) beschickt wurde.

Das zurückbleibende Waschwasser, welches einzelne Chloroformtröpfchen zurückhält, wird mit einigen Kubikzentimetern reinen Chloroforms geschüttelt und auch dieses in den Schütteltrichter mit der Alkalilösung gebracht. Nach mehrfachem Umschütteln läßt man den Inhalt des Schütteltrichters einige Zeit stehen, bis sich die Chloroformschicht abgesetzt hat, läßt dann die Chloroformlösung in ein 25 oder 50 ccm fassendes Kölbchen abfließen, füllt bis zur Marke mit reinem Chloroform auf, schüttelt um und läßt wieder einige Zeit stehen, wobei evtl. mitgerissene Wassertröpfchen sich an den Glaswandungen absetzen. Die so erhaltene Chloroformlösung wird gegen die Vergleichslösung (s. Reagentien 6.) kolorimetriert, die man aus der Stammlösung (6.) durch geeignetes Verdünnen mit Chloroform (z. B. 1 : 10) erhält.

Berechnung. Die Berechnung entspricht dem üblichen kolorimetrischen Prinzip und ergibt die mg Indolignon in dem untersuchten aliquoten Harnteil. Die Harnverdünnung ist zu berücksichtigen. 1 Gew.-T. Indolignon entspricht 0,9 Gew.-T. Indikan.

Bestimmung der Homogentisinsäure.

$$\begin{array}{c}
CH \\
HO-C \quad CH \\
HC \quad C-OH \\
C-CH_2 \\
COOH
\end{array}$$

Die Homogentisinsäure, 2,5-Dioxyphenylessigsäure, gelangt bei der seltenen Stoffwechselanomalie der „Alkaptonurie“ zur Ausscheidung. Der Alkaptonharn enthält gewöhnlich in der Tagesmenge 3—6 g Homogentisinsäure bzw. 0,2—0,4%. Doch sind auch Ausscheidungen von 16—18 g beobachtet worden.

Qualitativer Nachweis.

1. Bei Zusatz von Alkali färbt sich der blaßgelbe bis bräunliche Alkaptonharn von der Oberfläche her braun bis schwarz.

2. Alkaptonharn reduziert ammoniakalische Silberlösung in der Kälte, Fehlingsche Lösung langsam in der Kälte, schnell beim Erwärmen, dagegen nicht alkalische Wismutlösung. Der Harn ist optisch inaktiv und nicht vergärbar.

3. Zusatz von Ferrichloridlösung bewirkt noch in Verdünnung der Homogentisinsäure 1 : 4000 eine Blaufärbung, die rasch verschwindet, bei erneutem Zusatz aber wieder hervorgerufen werden kann, wenn noch reaktionsfähige Substanz vorhanden ist.

4. Alkapton-Zyanreaktion nach Lindt[1]. Der Harn wird mit einigen ccm Äther ausgeschüttelt und dieser auf ein Stück ungebrannten Kalk gegossen. Es entsteht flüchtige Blaufärbung, gefolgt von einem bräunlichen Fleck. $0,1^0/_{00}$ Homogentisinsäure im Äther geben noch eine positive Reaktion. Gegen melanogenhaltige Harne lassen sich Alkaptonharne durch die Reduktionsproben, gegen phenolhaltige Harne (Brenzkatechin und Resorzin) durch die Farbreaktion abgrenzen. Hydrochinon gibt gleichartige Reaktionen. Zum exakten Nachweis ist Isolierung der Homogentisinsäure notwendig.

Mit Millonschem Reagens erhält man eine Gelbfärbung, später einen gelben Niederschlag, der beim Erwärmen ziegelrot wird.

---

[1] Vgl. Katsch und Német: Biochem. Z. **120**, 212 (1921).

Darstellung der Homogentisinsäure aus Alkaptonharn.

Darstellung der reinen Säure nach Garrod[1].

Zu je 100 ccm nahezu siedenden Harnes werden 5—6 g neutrales Bleiazetat gegeben, worauf sofort heiß filtriert wird. Nach 24 stündigem Stehen in der Kälte hat sich im Filtrate homogentisinsaures Blei ausgeschieden, das abfiltriert, mit aqua dest. gewaschen und bei 100° getrocknet wird. Zur Herstellung der reinen Säure wird nach Mörner[2] das Bleisalz fein zerrieben, mit der berechneten Menge 2 n Schwefelsäure (175 ccm pro 100 g Bleisalz) bei Zimmertemperatur unter häufigem Umschütteln umgesetzt und das Filtrat bei Zimmertemperatur im Vakuum bis zur reichlichen Kristallisation eingeengt. Die Kristalle werden abgesaugt und in wenig Wasser gelöst. Die Lösung wird filtriert, im Vakuum eingeengt, bis nur eine ganz geringe Mutterlauge übrig ist, ausgepreßt und bei Zimmertemperatur über Schwefelsäure getrocknet.

Darstellung des Äthylesters nach Schumm[3].

Man gibt zu 200 ccm Harn 30 ccm 25% ig. Salzsäure, dampft auf dem Wasserbade bis zu 25—30 ccm ein, spült den Rückstand mit ca. 100 ccm Alkohol in ein Kölbchen, gibt 10 ccm rauchender Salzsäure hinzu und erhitzt den bedeckten Kolben 1 Stunde auf dem Wasserbade. Hierauf fügt man 300 ccm Wasser und Sodalösung bis zur schwach alkalischen Reaktion hinzu und schüttelt unmittelbar hierauf dreimal mit je 80 ccm Äther aus. Dann destilliert man den Äther nahezu ab, erhitzt den Rest auf dem Wasserbade bis zur Sirupkonsistenz, preßt die Kristallmasse auf einem Tonteller ab und kristallisiert aus siedendem Wasser unter Tierkohlezugabe zweimal um. Die farblosen Kristalle des Äthylesters der Homogentisinsäure haben einen Schmelzpunkt von 119—120°.

Quantitative Bestimmung.

Kolorimetrische Bestimmung der Homogentisinsäure nach Briggs[4].

Prinzip. Eine Phosphat-Molybdatlösung wird durch die Homogentisinsäure reduziert und die entstehende Blaufärbung gegen eine

[1] J. of physiol. 23, 512 (1898/99).
[2] Z. physiol. Chem. 78, 307 (1912).
[3] Münch. med. Wschr. Jg. 1904, Nr. 51, S. 1599.
[4] J. of biol. Chem. 51, 453 (1922).

gleichartige kolorimetrisch verglichen, die durch Reduktion einer Hydrochinonstandardlösung erzielt wird.

Reagentien. 1. Molybdatlösung. 5% Ammoniummmolybdat in 5 n Schwefelsäure. 2. Phosphatlösung. 1%ig. KH_2PO_4-Lösung. 3. Hydrochinon-Standardlösung, enthaltend 1 mg Hydrochinon pro ccm.

Ausführung. In einen 25 ccm-Meßkolben werden 1 oder 2 ccm Alkaptonharn gegeben. Enthält der Harn Sulfide oder Eiweiß, so sind diese zu entfernen. Hierzu gibt man zu dem Harn gleiche Volumina 10%ig. Trichloressigsäure und 0,5%ig. Silbersulfatlösung, mischt durch und fügt zur Flüssigkeit 2% festes Natriumchlorid. Nach guter Durchmischung wird der Niederschlag abzentrifugiert. Von dem klaren Zentrifugate werden 3 ccm pro ccm angewandten Harnes verwandt.

Dann gibt man in den Meßkolben 10—15 ccm Wasser, fügt je 2 ccm Molybdat- und Phosphatlösung hinzu und füllt zur Marke auf. Gleichzeitig stellt man sich eine gleichartige Vergleichslösung her, indem man anstatt des Harnes so viel der Hydrochinon-Standardlösung anwendet, daß die Farbtiefen annähernd gleich sind. Man mischt gut durch, läßt 5 Min. stehen und vergleicht kolorimetrisch.

Berechnung. Da 1 mg Hydrochinon in der kolorimetrischen Wirkung 0,79 mg Homogentisinsäure entspricht, so ergibt sich der Gehalt an Homogentisinsäure im Harn in Prozenten bei Anwendung von n ccm Harn $x = \dfrac{0{,}079 \cdot a \cdot h_2}{n \cdot h_1}$, wo a ccm Hydrochinon-Standardlösung, h_1 Schichthöhe der untersuchten Lösung, h_2 die der Standardlösung und n die ccm des angewandten Harnes bedeuten.

Titrimetrische Bestimmung der Homogentisinsäure nach Metz[1]-Lieb und Lanyar[2].

Prinzip. Bei Zusatz von Jodlösung zu homogentisinsäurehaltigem Harn bei schwach alkalischer Reaktion wird Jod sowohl durch eine Reihe von Harnbestandteilen (Harnsäure, phenolartige Körper u. a.) gebunden wie auch von der Homogentisinsäure verbraucht, die zu Chinonessigsäure oxydiert wird.

$$\text{Hydrochinon-Ring}-CH_2\cdot COOH + J_2 \;\rightleftarrows\; \text{Chinon-Ring}-CH_2\cdot COOH + 2\,HJ.$$

---

[1] Biochem. Z. **190**, 261 (1927).   [2] Z. physiol. Chem. **181**, 199 (1929).

Aus dieser Verbindung allein wird bei Innehaltung bestimmter Bedingungen beim Ansäuern das Jod wieder in Freiheit gesetzt, da die genannte Reaktion dann rückwärts verläuft. Aus der titrimetrischen Bestimmung des Jodes mit Thiosulfat wird die Homogentisinsäuremenge ermittelt.

Reagentien. 1. Stärkelösung, 2% ig. 2. Jodlösung, 0,05 n. 3. Natriumbikarbonat, pulv., karbonatfrei. 4. Schwefelsäure, 1:5 verdünnt. 5. Kaliumjodidlösung, 4%ig. 6. Thiosulfatlösung, 0,05 n.

Ausführung. 10 ccm Harn werden in einem ½-Literkolben mit 90 ccm Wasser, 2 ccm einer 2%ig. Stärkelösung und 1 g reinem Natriumbikarbonat versetzt und sofort mit 0,05 n Jodlösung titriert. Sobald eine Blaufärbung eintritt, setzt man eine Messerspitze voll Bikarbonat zu, schüttelt um und wartet ½ Min. Verschwindet in dieser Zeit die Blaufärbung, so setzt man weiter tropfenweise Jod zu, bis nach der angegebenen Wartezeit und nochmaligem Bikarbonatzusatz die normale Jodstärkereaktion eben bestehen bleibt. Ein längeres Warten ist nachteilig. Da die Stärke bei langsamem Titrieren so weit abgebaut werden kann, daß die Jodstärkereaktion nicht mehr eintritt, muß man, wenn man bemerkt, daß beim Zutropfen der Jodlösung die Blaufärbung nicht mehr auftritt, abermals 1 ccm Stärkelösung zusetzen. Dann werden 100 ccm einer verdünnten Schwefelsäure (1:5) und 5 ccm einer 4%ig. Lösung von reinem Kaliumjodid zugesetzt; die Mischung wird mehrmals umgeschüttelt, 15 Min. stehen gelassen und darauf das ausgeschiedene Jod mit 0,05 n Thiosulfatlösung titriert.

Berechnung. Zu der Zahl der verbrauchten Kubikzentimeter Thiosulfatlösung werden 0,20 ccm addiert (empirische Korrektur) und, da 1 Mol Homogentisinsäure (168,064) 2 Gramm Atomen Jod entspricht, wird die so erhaltene Zahl mit 0,0042 multipliziert. Das Produkt gibt die in 10 ccm Harn enthaltene Homogentisinsäure in Gramm an. Der maximale Fehler beträgt weniger als 0,5 mg Homogentisinsäure in 10 ccm Harn.

Bestimmung der Hippursäure.

$$
\begin{array}{c}
CH \\
HC \quad\quad CH \\
HC \quad\quad CH \\
C-CO \\
| \\
HN-CH_2 \\
| \\
COOH
\end{array}
$$

Im menschlichen, normalen Tagesharn werden 0,1—0,2 g Hippursäure ausgeschieden. Diese Menge kann bei vegetarischer

Ernährung auf mehr als 2 g ansteigen, pathologisch kann die Hippursäureausscheidung vermehrt sein. Pflanzenfresser scheiden bedeutend mehr Hippursäure aus (Rinderharn enthält bis zu ca. 27 g).

Qualitativer Nachweis.

1. Lactimidprobe nach Spiro[1]. 1 Mol Hippursäure wird in 3 Molen Essigsäureanhydrid gelöst, hierzu 1 Mol vollkommen wasserfreies, essigsaures Natrium gegeben und nach Zusatz von 1 Mol Benzaldehyd eine halbe Stunde auf dem Wasserbade erwärmt.

Die gelbgefärbte Flüssigkeit erstarrt beim Abkühlen zu gelblichen Nädelchen des Lactimids der **Benzoylaminozimtsäure**, das durch Kristallisation aus heißem Alkohol oder Benzol leicht gereinigt wird. Schmelzpunkt 165—166⁰.

2. Nachweis der Hippursäure unmittelbar im Harn nach Dehn[2]. Einige ccm Harn werden mit Natriumhypobromit bis zur Zersetzung des Harnstoffes und bleibender Gelbfärbung versetzt. Beim Erhitzen zum Sieden entsteht ein orangefarbener oder braunroter Niederschlag; Spuren Hippursäure bedingen eine nur schwach rote Färbung.

Darstellung der Hippursäure aus menschlichem Harn nach Dakin[3].

300—500 ccm Harn werden auf dem Wasserbade zu 100 ccm eingeengt. Der eingeengte Harn wird stark mit Phosphorsäure angesäuert und in einem Extraktionsapparat einen Tag lang mit Äthylazetat extrahiert. Der Äthylazetatextrakt, der mindestens 200 ccm betragen soll, wird in einem Scheidetrichter viermal mit gesättigter Kochsalzlösung ausgeschüttelt, deren Volumen im ganzen 75 ccm betragen soll. Die Äthylazetatlösung wird mit einigen ccm Wasser gewaschen; die vereinigten Waschwässer werden mit Äthylazetat ausgeschüttelt, das sorgfältig abgetrennt und zu der Hauptmenge des Extraktes gegeben wird. Dann wird die Äthylazetatlösung in einem kleinen Rundkolben mit Wasserdampf destilliert, bis 750 ccm abdestilliert sind, wobei flüchtige Säuren entfernt werden. Die rückbleibende heiße, wäßrige Hippursäurelösung wird mit etwas Tierkohle gekocht, filtriert und der Rückstand mit kochendem Wasser gewaschen. Wenn größere

---

[1] Z. physiol. Chem. **28**, 174 (1899).
[2] Cit. nach Spaeth: l. c. (S. 355 dieses Praktikums) S. 387.
[3] J. of biol. Chem. **7**, 103 (1909/10).

Mengen Hippursäure vorhanden sind, läßt man das Filtrat einige Stunden kalt stehen, damit ein Teil der Hippursäure auskristallisiert. Das Filtrat von den Kristallen wird in einem Scheidetrichter durch Mischung von 2 Volumteilen Benzol und 1 Volumteil alkoholfreien Äther geschüttelt. Hierdurch werden aromatische Säuren entfernt. Die wäßrige Hippursäurelösung wird zur Trockne verdampft, der Rückstand mit wenig heißem Wasser gelöst und das Filtrat in ein gewogenes Glasschälchen gebracht, die Menge vorher gewonnener Hippursäurekristalle hinzugefügt; die Mischung läßt man bei Zimmertemperatur eindunsten. Die Hippursäure kristallisiert aus.

Die Säure gibt nach einmaliger Umkristallisation mit Wasser ein Produkt, das den richtigen Schmelzpunkt zeigt (187,5 °).

Quantitative Bestimmung.

Titrimetrische Bestimmung der Hippursäure nach Snapper und Laqueur [1].

Prinzip. Die Methode beruht auf Extraktion der Hippursäure im Harn mit Essigester, Zersetzung des in den Essigester gegangenen Harnstoffes mit Bromlauge und Bestimmung des Hippursäure-N im Essigesterextrakt.

Reagentien. 1. Kochsalz krist. 2. Salzsäure 38 % ig. 3. Essigester (mit Wasser zur Entfernung von Essigsäure gut ausgeschüttelt). 4. Bromlauge. 5. Alle Reagentien zur N-Bestimmung nach Kjeldahl, Laugen und Säuren 0,02 n.

Ausführung. Zu 50 ccm Harn, der zur Konservierung mit einer Mischung von Chloroform und Toluol versetzt ist, setzt man 12,5 g Kochsalz zur Vermeidung der Emulsionsbildung beim Schütteln mit Essigester und 0,3 ccm 38% ig. Salzsäure, um alle Hippurate in Hippursäure zu verwandeln. Dann schüttelt man den Harn kräftig 1 Minute lang mit 50 ccm Essigester in einem Schütteltrichter. Nach Trennung der Flüssigkeit in 2 Schichten dekantiert man den Essigester und schüttelt wieder die wäßrige Schicht mit 50 ccm frischem Essigester. Man wiederholt dies sechsmal! Dann vereint man alle Portionen Essigester (etwa 300 ccm) und schüttelt sie 1 Minute lang mit 75 ccm aqua dest. Nach Trennung in 2 Flüssigkeitsschichten schüttelt man die Spülflüssigkeit 1 Minute lang mit 75 ccm Essigester und fügt diese zu den vorigen 300 ccm, verdampft

---

[1] Biochem. Z. **145**, 32 (1924).

den gesamten Essigester (ca. 375 ccm), löst den Rückstand in 50 ccm Alkohol (oder Essigester) und bringt von dieser Lösung mittels Pipette je zweimal 20 ccm und einmal 10 ccm in die Kjeldahlkolben. Der Alkohol oder Essigester wird auf dem Wasserbade verdampft, worauf den Kolben, welche 20 ccm Flüssigkeit enthalten, 10 ccm Bromlauge zugesetzt werden. Man schüttelt 1 Minute lang und bestimmt dann den N-Gehalt nach Kjeldahl. In der Vorlage sind 10 ccm 0,02 n H_2SO_4.

Berechnung. Die Berechnung erfolgt gemäß folgendem Beispiel: Es seien für die 2 Kolben, welche 20 ccm alkoholische Lösung und 10 ccm Bromlauge enthalten, 4,40 und 4,30 ccm 0,02 n Lauge, für den Kolben, welcher 10 ccm Lösung enthält, 5,30 Lauge verbraucht. Nach Subtraktion von 0,5 ccm als Blindwert für die Reagentien ergeben die mit Bromlauge geschüttelten Kolben einen N-Gehalt entsprechend $10-4,40-0,5 = 5,10$ bzw. 5,20 ccm 0,02 n Lösung, im Durchschnitt 5,15 ccm. Der Stickstoff der Untersuchung von 10 ccm Volumen Flüssigkeit ohne Bromlauge-Zusatz entspricht 4,20 ccm 0,02 n Lauge.

In 50 ccm Alkohol sind Harnstoff $+$ Hippursäure

$$5 \cdot 4,20 \cdot 0,28 = 5,88 \text{ mg } N_2 .$$

Nach Entfernung des Harnstoffes sind in 50 ccm Alkohol

$$2,5 \cdot 5,15 \cdot 0,28 = 3,61 \text{ mg } N_2 .$$

Die in den Essigester gegangene Menge Harnstoff-N beträgt somit für 50 ccm

$$5,88 - 3,61 = 2,27 \text{ mg } N_2 .$$

7% dieser Menge werden durch das Brom nicht zersetzt, so daß pro 20 ccm alkoholischer Lösung

$$\frac{2}{5} \cdot \frac{7}{100} \cdot 2,27 \text{ mg Harnstoff-N} ,$$

d. h.

$$\frac{2}{5} \cdot \frac{7}{100} \cdot \frac{2,27}{0,28} = 0,23 \text{ ccm } 0,02 \text{ n Lauge}$$

bleiben. Diese Menge Harnstoff ist noch von der Hippursäurebestimmung in Abzug zu bringen, d. h. der Hippursäurestickstoff in 20 ccm entspricht

$$5,15 - 0,23 = 4,92 \text{ ccm } 0,02 \text{ n Lauge,}$$

d. h. in 50 ccm Harn sind, da 1 ccm 0,02 n Lauge 0,28 mg Stickstoff und 1 mg Stickstoff 12,78 mg Hippursäure entsprechen, $2,5 \cdot 4,92 \cdot 0,28 \cdot 12,78$ mg Hippursäure enthalten.

Titrimetrische Bestimmung der Hippursäure nach Folin und Flanders[1].

Prinzip. Die Hippursäure wird durch Natronlauge und dann durch Kochen mit Salpetersäure und etwas Kupfernitrat hydrolysiert, die gebildete Benzoesäure mit Chloroform ausgeschüttelt, die Chloroformlösung gewaschen und mit 0,1 n Natriumalkoholat und Phenolphthalein titriert.

Reagentien. 1. Natronlauge 5 % ig. 2. Salpetersäure konz. 3. Kupfernitrat krist. 4. Ammonsulfat krist. 5. Chloroform, gewaschen. 6. Gesättigte Lösung von reinem Natriumchlorid, pro Liter 0,5 ccm konzentrierte Salzsäure enthaltend. 7. Natriumalkoholat 0,1 n. 2,3 g reines, metallisches Natrium werden in 1 Liter absolutem Alkohol gelöst. Die Lösung soll eher etwas schwächer als 0,1 n als stärker sein. Ihr Titer ist am besten gegen eine Benzoesäurelösung in Chloroform einzustellen. Er kann auch gegen 0,1 n Salzsäure eingestellt werden, wenn das Alkoholat kohlensäurefrei ist. Da in der Regel aber etwas Karbonat vorhanden ist, erscheint bei der Titration in wäßriger Lösung das Alkoholat stärker als in Chloroform.

Ausführung. 100 ccm Harn werden in einer Schale mit 10 ccm einer 5 % ig. Natronlauge auf dem Dampfbade zur Trockne eingeengt.

Den Rückstand spült man mit 25 ccm Wasser und 25 ccm konzentrierter Salpetersäure in einen Kjeldahlkolben von 500 ccm und setzt 0,2 g Kupfernitrat zu. Den Kjeldahlkolben verschließt man mit Hopkinsschen Kondensatoren (große Reagenzgläser aus Jenaer Glas mit einem doppelt durchbohrten Gummistopfen verschlossen; durch eines der Löcher führt eine lange Glasröhre bis nahe an den Boden, durch das andere eine kurze, die gleich unter dem Stopfen endet; mittels dieser Röhren läßt man kaltes Wasser durch das Reagenzglas fließen). Hierdurch wird ein Verlust an Benzoesäure und eine Veränderung der Konzentration der Salpetersäure vermieden. Nach Zusatz von Siedesteinen kocht man 4½ Stunden mäßig über einem Mikrobrenner, spült nach dem Kühlen die Kondensatoren mit 25 ccm Wasser ab, gießt den Inhalt in einen Scheidetrichter von 500 ccm und spült mit weiteren 25 ccm Wasser nach. Das Gesamtvolumen der Flüssigkeit beträgt nun 100 ccm. Nachdem die Lösung mit Ammoniumsulfat gerade gesättigt ist (ca. 55 g), extrahiert man viermal, mit je 50, 35, 25 und 25 ccm gewaschenen Chloroforms, indem man die ersten beiden Chloroformmengen zum Nachspülen des Kjeldahlkolbens benutzt. Die Chloroformextrakte werden in einem zweiten Scheidetrichter vereinigt und mit 100 ccm einer gesättigten sauren Natriumchloridlösung (Reagentien 6.) versetzt. Nach Durch-

---

[1] J. of biol. Chem. **11**, 257 (1912).

schütteln gibt man das Chloroform in einen 500 ccm-Erlenmeyerkolben und titriert mit 0,1 n Natriumalkoholat unter Zusatz von Phenolphthalein. Der erste Umschlag wird als Endpunkt genommen, wenngleich die Farbe nach kurzem Stehen wieder abblaßt.

Berechnung. 1 ccm 0,1 n Lauge entspricht 12,205 mg Benzoesäure oder 17,908 mg Hippursäure.

Gasanalytische Bestimmung der Hippursäure nach von Beznák[1].

Prinzip. Die Hippursäure wird aus dem Harn mit Äther extrahiert, der Äther abdestilliert und der Rückstand in saurer Lösung im Autoklaven erhitzt. Hierbei wird Harnstoff zerstört und aus Hippursäure Glykokoll abgespalten. Der N-Gehalt des Glykokolls wird nach van Slyke bestimmt.

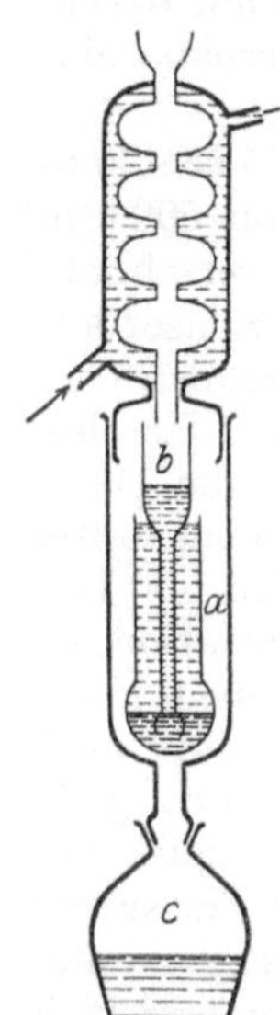

Reagentien. 1. Schwefelsäure, konz. 2. Natriumwolframatlösung, 10 %ig. 3. Äther. 4. Alle Reagentien zur Amino-N-Bestimmung nach van Slyke (s. Bd. I des Praktikums).

Apparate. 1. Extraktionsapparat (s. Abb. 133). Die Einrichtung des Apparates ergibt sich aus der Abbildung; er ist aus jedem Soxhletapparat herzustellen. In das Gefäß a kommt die zu extrahierende Flüssigkeit, deren spez. Gew. größer als das von Äther ist. b ist das Ätherableitungsrohr. In das Gefäß c kommen ca. 80 ccm Äther. Es wird auf dem Wasserbad bei 70° oder auf elektrischer Heizplatte extrahiert. Der sich kondensierende Äther tritt in das Rohr b, gelangt am unteren Ende desselben durch die Öffnungen der Kugel in kleinen Tropfen durch den Harn und sammelt sich oberhalb desselben an. Erreicht er die Höhe des Gefäßes a, so fließt er über und gelangt in das untere Gefäß c zurück. 2. Apparat zur Amino-N-Bestimmung nach van Slyke (s. Bd. I d. Praktikums S. 247 und 248).

Abb. 133.

Ausführung. 10—20 ccm Harn werden in das Gefäß a des Extraktionsapparates gegeben, dann wird das Rohr b eingebracht; durch dieses werden 1 ccm Schwefelsäure und 3 ccm 10 %ig. Natriumwolframatlösung (zum Verhindern des Schäumens) zugefügt. In das untere Gefäß c bringt man 80 ccm Äther und extrahiert 1—2 Stunden. Es ist bei jedem Apparat mit einer wäßrigen Hippursäurelösung zu bestimmen, wieviel mg Hippursäure er in der Stunde extrahieren kann.

[1] Biochem. Z. **205**, 409 (1929).

Zum Ätherextrakt gibt man 10 ccm dest. Wasser, destilliert den Äther ab, säuert den Rückstand mit 1 ccm konz. Schwefelsäure an und erhitzt 3 Stunden lang im Autoklaven bei einem Druck von 2½ kg pro qcm. Die Lösung wird dann in einem Meßkolben auf 25 ccm aufgefüllt. In 2 ccm wird dann im van Slyke-Apparat der Amino-N bestimmt.

Berechnung. Aus Bestimmungen an reinem Glykokoll wird ermittelt, welcher Glykokollmenge 1 mg N bei Benutzung der vorliegenden Apparatur entspricht. Hieraus ergibt sich die zu bestimmende Glykokollmenge in der untersuchten Harnverdünnung. 1 Gewichtsteil Glykokoll entspricht 2,3868 Gewichtsteilen Hippursäure.

Bestimmung der Harnfarbstoffe.

Normaler, frischer Harn enthält eine Reihe vorgebildeter, fertiger Farbstoffe, sowie eine Anzahl „Chromogene", d. h. „Farbstoffbildner", aus denen durch Einwirkung von Licht und Luft durch Oxydation die eigentlichen Farbstoffe entstehen.

Außer den im normalen Harn vorhandenen Farbstoffen, deren Menge durch pathologische Zustände erhöht werden kann, gibt es Farbstoffgruppen — wie Blutfarbstoffe und Gallenfarbstoffe — die ausschließlich in pathologischen Harnen auftreten. Schließlich sind mitunter im Harn Farbstoffe zu beobachten, die auf Zuführung bestimmter Chemikalien (Arzneien) zurückzuführen sind.

Bestimmung der im Harn normal vorhandenen Farbstoffe.

Neben dem Urochrom, dem eigentlichen Träger der Harnfarbe, treten im normalen Harne Urobilinogen (aus dem sich Urobilin bildet), Hämatoporphyrin in kleinen Mengen und häufig Uroerythrin auf. Außerdem sind als Chromogene Urorosein sowie die Chromogene von Indigoblau und Indigorot vorhanden.

Durch Einwirkung von Mineralsäuren können sich aus Urochrom braune und schwarze Farbstoffe bilden. Unter gleichen Bedingungen können aus Kohlehydraten und stickstoffhaltigen Verbindungen braunschwarze Substanzen (Huminstoffe) entstehen.

Bestimmung von Urochrom und Urochromogen.

Das Urochrom bildet die Hauptmenge der Harnfarbstoffe und verleiht dem Harn seine gelbe Farbe. Es stellt vermutlich ein unvollständiges Oxydationsprodukt des Eiweißes dar. Seine Zusammensetzung ist noch umstritten.

Das Urochrom soll aus 2 Urochromogenen (α und β) hervorgegangen sein, von denen das eine (β) der Träger der Ehrlichschen Diazoreaktion sein soll. Beide Chromogene können durch Oxydation in Urochrom übergeführt werden. Durch Überführung des Chromogens β in Urochrom verschwindet die positive Diazoreaktion in Diazoharnen.

Im normalen Tagesharn sowie bei Krankheiten, die ohne Fieber und Stoffwechselveränderungen verlaufen, sind nach Weiß 700—1300 Echtgelbeinheiten Urochrom gemäß der Maßeinheit der folgenden Methode vorhanden.

Quantitative Bestimmung des Urochroms.

Kolorimetrische Bestimmung des Urochroms nach Weiß[1].

Prinzip. Nach Ausfällung andersartiger Harnfarbstoffe mit Bleizuckerlösung wird die Menge des Urochroms im Harn kolorimetrisch gegen eine Standardlösung aus Echtgelb bestimmt.

Reagentien. 1. Standardlösung: 1 g Echtgelb (Müller, Leipzig) wird in aqua dest. ad 500 ccm gelöst. Von dieser Lösung werden 10 ccm ad 100 ccm, von diesen wieder 20 ccm ad 800 ccm mit aqua dest. verdünnt. Diese Vergleichslösung enthält 0,1 g Echtgelb auf 20 Liter Wasser. Zu 1000 ccm dieser Lösung werden 5 ccm einer Lösung von 0,1 g Bismarckbraun (Borrough und Welcome) in 5 Liter Wasser gesetzt. Die in 100 ccm dieser Lösung enthaltene Farbstoffmenge wird gleich 100 Echtgelbeinheiten gesetzt. 2. Bleizuckerlösung 20 %ig. 3. Ammoniak 5 %ig.

Ausführung. 25 ccm sauren oder schwach angesäuerten Harnes (sehr farbstoffarmer Harn ist vorher auf dem Wasserbade einzuengen), werden zur Fällung anderer Harnfarbstoffe mit 20 %ig. Bleizuckerlösung genau ausgefällt (gewöhnlich genügen 5 ccm) und nach Filtration aus einer Bürette tropfenweise mit 5 %ig. Ammoniak versetzt, bis die Lösung nur noch schwach sauer reagiert. Als Merkzeichen dient die Erscheinung, daß der beim Eintropfen des Ammoniaks entstehende Bleihydroxydniederschlag sich bei der zu erhaltenden Endreaktion nur noch schwer löst. Man filtriert und kolorimetriert gegen die Standardlösung.

Berechnung. Die Berechnung erfolgt in Echtgelbeinheiten.

---

[1] Biochem. Z. **30**, 333 (1911). — Sitzgsbr. Akad. Wiss. Wien., Math.-naturwiss. Kl. **122**, Abt. III, S. 3 (1913). Vgl. auch Fürth in Abderhaldens Arbeitsmethoden IV/5, 437 (1925).

Die Verdünnung des Harnes bei der Bestimmung ist zu berücksichtigen und die Menge der Echtgelbeinheiten im Tagesharn zu berechnen.

Beispiel. Tagesmenge eines Harnes = 900 ccm; 25 ccm desselben werden mit 5 ccm Bleizuckerlösung ausgefällt und mit 0,5 ccm Ammoniak versetzt. Die Verdünnung des Harnes ist sonach

$$\frac{25 + 5 + 0,5}{25} = \frac{30,5}{25}.$$

Der kolorimetrische Vergleich ergibt die Beziehung

$$\frac{\text{Färbekraft des Harnes}}{\text{Färbekraft der Standardlösung}} = \frac{15}{20}.$$

Sonach enthält die Tagesmenge Harn

$$900 \cdot \frac{15}{20} \cdot \frac{30,5}{25} = 823 \text{ Echtgelbeinheiten Urochrom.}$$

Qualitativer Nachweis des Urochromogens.

1. Man füllt ein Reagenzglas zu einem Drittel mit Harn, verdünnt auf das Dreifache mit Wasser, mischt durch, teilt die Probe und setzt zu der einen Hälfte 3 Tropfen einer $1^0/_{00}$ ig. Kaliumpermanganatlösung. Bei positiver Reaktion tritt eine bleibende deutliche Gelbfärbung ein.

2. Die Ehrlichsche Diazoreaktion. Bei Zusatz des Ehrlichschen Diazoreagenses zu normalem, menschlichem Harn entsteht eine schwach rötliche Färbung. Eine deutliche Rotfärbung, die sich beim Umschütteln dem Schaum mitteilt, tritt u. a. bei Typhus abdominalis vom Ende der ersten Woche ab auf.

Reagentien. 1. Diazoreagens: I. Lösung von 0,5 g Sulfanilsäure in 5 ccm 25 % ig. HCl und aqua dest. ad 100 ccm. II. 0,5 % ig. wäßrige Lösung von Natriumnitrit. 2. Ammoniak 10 % ig.

Ausführung. 10 ccm frischen Harnes werden mit 10 ccm des Diazoreagenses I und hierauf mit 2 Tropfen der Lösung II versetzt und gut durchgeschüttelt. Hierbei kann eine Dunkel- (violette) oder eine Gelbfärbung des Harnes auftreten. Man setzt rasch etwa 2 ccm einer 10 % ig. Ammoniaklösung auf einmal hinzu. Nur rein rote Färbung, die sich beim Umschütteln dem Schaum mitteilt, ist im Gegensatz zu gelbroten oder gelbbraunen Färbungen als positive Reaktion anzusehen. Nach 12stündigem Stehen bildet sich ein im oberen Teile dunkel gefärbter Niederschlag. Selten auftretende, tiefgelbe Färbung nach Ammoniakzusatz ist vermutlich auf Derivate von Gallenfarbstoffen zurückzuführen.

Quantitative Bestimmung des Urochromogens.

Kolorimetrische Bestimmung des Urochromogens nach Weiß[1].

Prinzip. Das Urochromogen wird durch Oxydation mit Permanganat zu Urochrom oxydiert und dieses wie oben bestimmt.

Die Differenz der Urochrombestimmung vor und nach der Oxydation im Harn ergibt die Menge Urochromogen.

Reagentien. 1. Alle Reagentien zur Urochrombestimmung (s. d.). 2. Permanganatlösung ca. $1\,^0/_{00}$ ig.

Ausführung. 25 ccm urochromogenhaltigen Harnes werden unter Umschütteln tropfenweise mit $1\,^0/_{00}$ ig. Permanganatlösung so lange versetzt, wie Zunahme der Gelbfärbung beim Eintropfen zu beobachten ist. Man gebraucht etwa 10—30 Tropfen. Ein Überschuß ist zu vermeiden, um der Lösung keinen bräunlichen Farbton zu erteilen. Man bestimmt das Urochrom wie beschrieben und führt mit 25 ccm nicht oxydierten Harnes eine zweite Urochrombestimmung aus. Die Subtraktion beider Werte ergibt die Menge Urochromogen, ausgedrückt als Urochrom.

Nachweis des Uroerythrins.

Uroerythrin kommt im normalen Harne häufig in geringen Mengen vor. Pathologisch kann es vermehrt auftreten. Ein an diesem Farbstoff reicher Harn zeigt mattorangerote Färbung. Uroerythrin bedingt die ziegelrote Färbung von Uratsedimenten (sedimentum lateritium).

Darstellung des Uroerythrins.

Nach Gewinnung eines reichlichen Uroerythrinsedimentes — Uratsedimentes — (Harn stark kühlen) wird dieses, evtl. unter Erwärmen, in etwas Wasser gelöst, durch Sättigung mit Chlorammonium ausgefällt und mit Chlorammoniumlösung gewaschen, bis das Filtrat nicht mehr gefärbt ist. Filter und Niederschlag werden im Dunkeln mit warmem Alkohol mehrere Stunden digeriert; das Filtrat wird mit dem doppelten Volumen Wasser verdünnt und zur Entfernung des Hämatoporphyrins mehrere Male mit Chloroform ausgeschüttelt. Hierauf setzt man der Lösung

---

[1] Biochem. Z. **30**, 333 (1911); **81**, 342 (1917). Med. Klin. Jg. 13. Nr. 24, 659 (1917).

einige Tropfen Essigsäure hinzu, schüttelt mit Chloroform, trennt dieses ab, wäscht es mit Wasser und läßt im Dunkeln verdunsten. Der Rückstand zeigt:

1. mit konzentrierter Schwefelsäure karminrote Färbung;

2. mit Alkalien (nicht Ammoniak) purpurrote bis blaue, dann grüne Färbung.

Qualitativer Nachweis im Harn.

Der Harn wird nach schwachem Ansäuern mit Amylalkohol im Dunkeln extrahiert und der orangefarbige Extrakt spektroskopisch geprüft. Die Lösung zeigt ein charakteristisches Spektrum: Doppelband zwischen D und E bis F reichend durch Schatten verbunden.

Die Lösung fluoresziert nach Zusatz von ammoniakalischer Zinklösung nicht (Unterschied gegen Urobilin). Charakteristisch ist, daß der Farbstoff und mit ihm der Absorptionsstreifen schnell verblaßt.

Bestimmung von Urobilin und Urobilinogen.

Frisch entleerter, normaler Harn enthält, vor Licht geschützt, kein freies Urobilin; dieses entsteht erst durch Einwirkung von Luft und Licht aus dem Urobilinogen. Die Menge des Urobilinogens schwankt zwischen Spuren und etwa 130 mg im Tagesharn. Physiologisch sind beide Körper gleich zu bewerten (Gesamt-Urobilin). Vermehrt kommt Urobilin bei allen Krankheiten vor, die von erhöhtem Blutzerfall begleitet sind. Urobilinreicher Harn zeigt dunkle, rote bis braunrote Färbung.

Qualitativer Nachweis des Urobilinogens[1].

20 ccm frischen Harnes werden mit ca. 20 Tropfen 20%ig. Weinsäure angesäuert und mit 80 ccm Petroläther nicht allzu kräftig 80 mal durchgeschüttelt. Nach der rasch erfolgenden Trennung der Schichten schüttelt man den Petrolätherextrakt mit 20 ccm aqua dest., dem man 4 Tropfen 10%ig. Natronlauge zugesetzt hat, aus. Das Urobilinogen geht in das schwach alkalische Wasser über, und ist wie folgt nachzuweisen:

---

[1] Vgl. Terwen: Dtsch. Arch. f. klin. Med. **149**, 87 (1925).

1. **Aldehydreaktion von Ehrlich[1]-Bauer[2]:** Zu 5 ccm der Lösung setzt man 10 Tropfen folgenden Reagenses (p-Dimethylamidobenzaldehyd 0,4 g, HCl 38 % ig. 10 ccm, aqua dest. 10 ccm), worauf eine rote Farbe auftritt. Absorptionsstreifen λ 555—570 neben dem Urobilinstreifen.

2. **Eigelbreaktion von Ehrlich-Thomas[3]:** Das Reagens ist das für die Diazoreaktion übliche (s. S. 575): 6 ccm Ehrlich I und 2 Tropfen Ehrlich II. Man setzt es zu einem gleichen Volumen der Urobilinogenlösung, worauf eine orangebraune Färbung eintritt.

3. **Umwandlung in Urobilin:** Hierzu säuert man 5 ccm der Lösung mit 4 Tropfen 6 % ig. Essigsäure an (auf saure Reaktion prüfen), setzt ein gleiches Volumen Schlesingers Reagens (siehe Urobilin) hinzu und filtriert. Der Übergang von farbloser Flüssigkeit zu grüner Fluoreszens durch Zusatz von einem Tropfen 1 % ig. Jodtinktur zum Filtrat ist deutlich.

Qualitativer Nachweis des Urobilins.

Urobilinlösungen besitzen Fluoreszenz, die durch Zugabe eines Zinksalzes besonders deutlich hervortritt. Sie zeigen auch charakteristische Absorptionsstreifen.

Fluoreszenzproben.

1. **Schlesinger[4]-Hildebrandtsche[5] Probe.** 10—15 ccm Harn werden mit dem gleichen Volumen einer vor dem Gebrauch gut geschüttelten Aufschwemmung von 10 g Zinkazetat in 100 ccm absolutem Alkohol vermischt, 12—24 Stunden stehen gelassen und nach Durchschütteln filtriert. Das Filtrat zeigt eine grüne Fluoreszenz, die besonders bei Betrachtung gegen einen dunklen Hintergrund hervortritt. Ist die Fluoreszenz durch zu saure Reaktion unterdrückt, so tritt sie nach Ammoniakzusatz und Filtration deutlich hervor. Ist das Filtrat farblos, so liegt kein Urobilin vor, ist es gelbrot bis rosa, so ist eine vermehrte Urobilinausscheidung vorhanden.

2. **Probe nach Jaffé.** Eine Harnprobe wird mit 5 Tropfen 10 % ig. Chlorzinklösung versetzt, worauf so viel Ammoniak hin-

[1] Med. Woche Nr. 15, S. 151 (1901).
[2] Sitzgsber. Ges. Morph. u. Physiol. 19, H. 2, 32 (1903). Zbl. inn. Med. Jg. 26, H. 34, 833 (1905).
[3] Dissertation Freiburg (1907).
[4] Dtsch. med. Wschr. Jg. 29, H. 32, 561 (1903).
[5] Münch. med. Wschr. Jg. 56, H. 15, 763 (1909).

zugegeben wird, daß der entstehende Niederschlag sich beim Umschütteln löst: Grüne Fluoreszenz.

3. **Probe nach Nencki und Rotschy**[1]. 10—20 ccm Harn werden mit einigen Tropfen Salzsäure versetzt und mit 6—10 ccm Amylalkohol ausgeschüttelt. Die amylalkoholische Lösung wird abpipettiert und mit einigen Tropfen einer klaren Lösung von 1 g Chlorzink in 100 ccm ammoniakalischem Alkohol versetzt: grüne Fluoreszenz.

Spektroskopischer Nachweis.

Urobilinreiche Harne zeigen bei passender Schichtdicke oder Verdünnung einen charakteristischen Absorptionsstreifen an der Grenze von Grün und Blau. Nach einem Beispiel von Schumm[2] zeigte ein urobilinreicher, mit der doppelten Menge Wasser verdünnter Harn bei 2 cm Schichtdicke einen unscharf begrenzten Absorptionsstreifen zwischen λ 512—478 mit einem Maximum bei etwa 498. Zur unmittelbaren Beobachtung ist der Harn nach Spaeth[3] mit verdünnter Schwefelsäure anzusäuern.

Ein schärferes, aber durch Alkalisieren etwas nach der roten Seite hin verschobenes Spektrum zeigen die Lösungen der Urobilin-Zinkverbindung, wie sie für die Fluoreszenzproben erhalten wurden.

Zu stark pigmentiertem oder Gallenfarbstoff-haltigem Harn gibt man vor der spektroskopischen Probe pro 10 ccm Harn 5 ccm einer Lösung von 5 g HgO, 20 ccm Schwefelsäure und 100 ccm Wasser (Reagens von Denigès), filtriert und benutzt das klare Filtrat zur spektroskopischen Prüfung.

Quantitative Bestimmung.

Kolorimetrische Bestimmung des Gesamt-Urobilins nach Terwen[4].

Prinzip. Da das Verhältnis von Urobilin zu Urobilinogen klinisch nicht von Bedeutung ist, wird bei der quantitativen Bestimmung das Gesamt-Urobilin erfaßt. Die Methode beruht auf Reduktion des Urobilins mittels eines Ferrosalzes zu Urobilinogen, Ausschütteln des Urobilinogens mit Äther und Überführung desselben mittels der Ehrlich-Bauerschen Aldehydreaktion (s. Qualita-

---

[1] Monatsh. f. Chemie **10**, 568 (1889).
[2] Schumm: Spektrochem. Analyse, II. Aufl., S. 183. Jena: Fischer 1927.
[3] l. c. (S. 355 dieses Praktikums) S. 490.
[4] Dtsch. Arch. klin. Med. **149**, 72 (1925).

tiver Nachweis von Urobilinogen) in einen roten Farbstoff. Die Menge des Farbstoffes wird gegen die Färbung einer bestimmten alkalischen Phenolphthaleinstandardlösung verglichen und in Urobilineinheiten ausgedrückt.

Reagentien. 1. Salizylsäurelösung, gesättigte Lösung in Alkohol. 2. Mohrsches Salz $FeSO_4(NH_4)_2SO_4 \cdot 6 H_2O$, 16 %ig. Lösung, frisch bereitet (ohne zu erwärmen). 3. Natronlauge 12 %ig. 4. Gereinigter Äther: reiner Äther des Handels wird einmal mit 30 %ig. NaOH und dreimal mit Wasser ausgeschüttelt. Oft zu erneuern. 5. Weinsäure 20 %ig. 6. p-Dimethyl-amidobenzaldehyd (Merck), kaltgesättigte Lösung in Äther. 7. Salzsäure 38 %ig. 8. Natriumazetat, kaltgesättigte Lösung. 9. Phenolphthalein (Merck), 0,05 %ig. Lösung in Alkohol. 10. Natriumkarbonatlösung kaltgesättigte Lösung, 19 % des wasserfreien Salzes. 11. Phenolphthalein-Vergleichslösung (frisch bereiten): 5 ccm Natriumkarbonatlösung (s. o.) werden mit 94 ccm aqua dest. und mit genau 1 ccm (geeichte Pipette) 0,05 %ig. Phenolphthaleinlösung gemischt. Diese Lösung entspricht einer Einheit Urobilin oder nach Messungen von Terwen 0,0004 g Urobilin in 100 ccm.

Ausführung. I. Im Harn: Der Harn wird 24 Stunden unter Hinzufügen von 10 ccm alkoholischer Salizylsäurelösung in einer dunkelbraunen Flasche gesammelt.

Man gibt 80 ccm umgeschüttelten Harnes (der Uratniederschlag enthält Urobilin!) in ein weites Becherglas und fügt 20 ccm Ferro-Ammoniumsulfat-Lösung und unter ständigem Umschwenken 20 ccm 12 %ig. Natronlauge hinzu. Die trübe Suspension gießt man sofort in einen Meßzylinder, den man so voll füllt, daß er ohne Luftblase mit einem Stopfen verschlossen werden kann. Dann läßt man das Gemisch bis zum nächsten Tage im Dunkeln stehen. Nach dem Absetzen des Niederschlages überzeugt man sich, daß in der überstehenden klaren Flüssigkeit die Absorptionsbande des alkalischen Urobilins fehlt. In sehr urobilinreichen Harnen muß man die Mengen der Ferrosalzlösung und der Natronlauge zur vollständigen Reduktion verdoppeln.

Nun filtriert man die reduzierte Flüssigkeit durch ein trocknes, quantitatives Filter (Schleicher und Schüll, Nr. 589, 12,5 cm Durchm.) in eine braune Flasche und führt die Bestimmung jetzt ohne Unterbrechung zu Ende (Vermeidung der Reoxydation!).

Zur Extraktion säuert man 20 ccm des Filtrates mit 5 ccm Weinsäurelösung an (Azidität nachprüfen!) und schüttelt mit 40 ccm Äther (ca. 60 mal kräftig) aus. Nach Trennung der Schichten wird die untere Schicht abgelassen und der Ätherextrakt 4 mal mit je etwa 3 ccm destilliertem Wasser ausgeschüttelt. Zu 30 ccm des so gereinigten Extraktes werden 3 ccm Aldehydlösung und rasch 10 Tropfen konz. Salzsäure gegeben, wonach unmittelbar 1½ Min. kräftig geschüttelt wird. Hierbei kondensiert sich das

Urobilinogen mit dem Aldehyd, und der Farbstoff geht in die Salz-säurelösung über. Nach Zugabe einiger ccm Wasser schüttelt man kräftig durch, setzt 3 ccm der vorher bereiteten Natriumazetatlösung hinzu, schüttelt nochmals durch und läßt die untenstehende rote Lösung in einen Meßzylinder abfließen. Den Äther wäscht man mit einigen ccm Wasser nach, fügt diese zur Hauptfraktion und bringt das Volumen auf 10 ccm. Bei großen Urobilin-mengen muß der Äther nochmals mit 5 Tropfen Salzsäure 1½ Min. lang geschüttelt und der gebildete Farbstoff in wenig Wasser und 1,5 ccm Natriumazetatlösung aufgenommen und mit der Hauptmenge vereinigt werden. Bei sehr geringen Mengen Urobilinogen wird das Endvolumen auf ein geringes Volumen, z. B. 5 ccm gebracht, wobei nur 5 Tropfen Salzsäure und 1,5 ccm Natriumazetat gebraucht werden. Hierbei kann durch die Beimischung von etwas Aldehyd im Harne die Endfarbe gestört werden, was man durch Ausschütteln der Endflüssigkeit mit frischem Äther korrigieren kann.

Die Endflüssigkeit hat eine rote Farbe mit bläulichem Neben-ton; man verdünnt sie nahezu so weit, daß die Intensität der Farbe noch unter der der Phenolphthalein-Standardlösung bleibt.

Dann vergleicht man die beiden Lösungen kolorimetrisch.

Berechnung. Da die Konzentration des 0,0005% ig., soda-alkalischen Phenolphthaleinstandards gleich einer Einheit gesetzt wird und die 10 ccm der zu messenden Flüssigkeit den Urobilinogen-gehalt von 10 ccm Harn enthalten (entsprechend den Verdünnungen während der Bestimmung), so ist ihre durch den kolorimetrischen Vergleich ermittelte Urobilinogen-Konzentration, ausgedrückt in Einheiten, gleich der zu bestimmenden, unbekannten Konzentration in 10 ccm Harn. Hat man das Endvolumen nicht auf 10 ccm aufgefüllt, so ist diese Änderung zu berücksichtigen. Eine Ein-heit an Urobilinogen entspricht 0,4 mg Urobilin in 100 ccm.

II. In den Fäzes. Der Stuhl wird 24 Stunden gesammelt und im Dunkeln aufbewahrt. Nachdem die Masse gewogen worden ist, wird sie durch Kneten in einem großen Mörser homogen gemacht. 5 g Stuhl werden nach und nach mit 50 ccm Wasser versetzt und gründlichst verrieben. Dann gibt man 50 ccm der frisch bereiteten 16% ig. Lösung Mohrschen Salzes und unter ständigem Rühren 50 ccm 12% ig. Natronlauge hinzu. Wie beim Harn gießt man sofort in einen Meßzylinder über, den man ohne Luft-blase verschließt und bis zum folgenden Tage im Dunkeln stehen läßt. Nach Prüfung der Reduktion (siehe oben) filtriert man in eine braune Flasche durch ein quantitatives Filter (s. oben). Mit einer geeichten Pipette werden nun 2 ccm Filtrat in einen Scheide-

trichter gebracht, mit dem halben Volumen an 20% ig. Weinsäure
stark angesäuert und mit 20 ccm gereinigtem Äther ausgeschüttelt
(siehe oben). 10 ccm des ätherischen Auszuges werden in einen
neuen Scheidetrichter gebracht, 3 ccm einer gesättigten Lösung
von Aldehyd in gereinigtem Äther (oder eine Messerspitze trockenes Aldehyd) hinzugesetzt und kurz durchgeschüttelt. Dann
werden 10 Tropfen reiner konzentrierter Salzsäure (spez. Gew.1,19)
zugegeben, worauf sofort 1½ Min. lang kräftig durchgeschüttelt
wird. Nach Zugabe von etwas aqua dest. schüttelt man durch,
setzt 3 ccm konz. Natriumazetatlösung hinzu und schüttelt wieder.
Nach dem Ablassen der roten Lösung setzt man aufs neue
5 Tropfen Salzsäure hinzu und wiederholt das Ausschütteln in
gleicher Weise, wobei anstatt 3 ccm dieses Mal nur 1,5 ccm
Natriumazetat verwandt werden. Eine nochmalige Wiederholung
braucht man nur bei überaus großen Urobilinogenmengen anzustellen.

Man füllt die Lösung auf ein bestimmtes Volumen, z. B. 25 ccm,
auf und kolorimetriert sie gegen die Phenophthalein-Standard-
lösung, die 0,4 mg Urobilin in 100 ccm entspricht.

Berechnung: Beträgt nach der Messung der Gehalt der
25 ccm Endlösung a mg Urobilin, so enthalten 100 g Fäzes, da
a mg Urobilin in $\dfrac{5 \cdot 2}{150 \cdot 2} = \dfrac{1}{30}$ g Fäzes gefunden wurden, $a \cdot 30 \cdot 100$ mg

$$\text{Urobilin} = \frac{a \cdot 30 \cdot 100}{0,4} = a \cdot 750 \text{ Einheiten.}$$

Bestimmung von Porphyrinen.

Im normalen Harne sind porphyrinartige Farbstoffe nur in
Spuren vorhanden. Man unterscheidet Uroporphyrin $C_{40}H_{36}N_4O_{16}$,
in Äther unlöslich, und Koproporphyrin $C_{36}H_{36}N_4O_8$, in essig-
säurehaltigem Äther löslich. Die Farbstoffe sind nicht identisch
mit dem eigentlichen Hämatoporphyrin.

Bei der sogen. „Hämatoporphyrinurie" können die genannten
Farbstoffe vermehrt im Harn auftreten. Uroporphyrin findet sich
hauptsächlich bei Vergiftungen mit Sulfonal, Trional u. ä. Körpern,
sowie bei der Porphyrinuria congenita, während Koproporphyrin
vorzüglich bei Bleivergiftungen beobachtet wird.

Die Farbe porphyrinhaltiger Harne ist gelbbraun, braunrot,
evtl. nahezu schwarz. Doch braucht die Farbe nicht notwendig
verändert zu sein, da die Farbstoffe z. T. als Chromogene ausgeschieden werden. Der Harn dunkelt dann nach.

Gibt ein Harn die Hellersche Blutprobe, nicht aber die Oxydationsproben auf Blut (s. Blutnachweis S. 585/6), so ist auf Porphyrine zu prüfen.

Qualitativer Nachweis.

Der Nachweis geschieht entweder unmittelbar im Harn oder durch Fällung oder Extraktion an Farbstoff angereicherten Lösungen.

1. **Nachweis durch Fällung.** Man säuert den Harn mit Eisessig (auf 100 ccm Harn 5 ccm Eisessig) an. Nach zweitägigem Stehen hat sich Hämatoporphyrin als roter Niederschlag ausgeschieden.

2. **Spektroskopischer Nachweis der Porphyrine.**

Unmittelbare Prüfung im Harn bei hohem Farbstoffgehalt. Man mischt den Harn mit dem gleichen Volumen 25 % ig. Salzsäure und spektroskopiert ihn bei wechselnder Schichtdicke, je nach der Farbtiefe (evtl. bis zu 10 cm). Bei stark erhöhtem Porphyringehalt zeigt sich das Porphyrin-Säurespektrum.

Dieses besteht aus einem schmalen Absorptionsstreifen zwischen C und D, dicht an D anliegend und einem breiteren dunklen Streifen zwischen D und E, der nach Rot hin eine schattenhafte Fortsetzung hat und bei etwa $\lambda\,575$ wieder als Streifen erscheint. Unter Umständen sieht man noch weitere Streifen im Violett, doch sind nur die zwei Streifen bei etwa 595 und 552 scharf bestimmbar.

Besteht das Porphyrin in der Hauptsache aus Uroporphyrin, so liegen die Hauptstreifen auf ungefähr 595,5—596 und 551,5 bis 552,5. Handelt es sich vorwiegend um Koproporphyrin, so findet man sie ungefähr bei 592 und 549.

Prüfung bei geringerem Farbstoffgehalt nach Fällung der Porphyrine nach Salkowski[1]. 30—50 ccm porphyrinhaltigen Harnes, der, wenn er alkalisch geworden ist, zum Lösen der Phosphate erst angesäuert werden muß, werden mit alkalischer Chlorbariumlösung (Gemisch gleicher Volumina kaltgesättigter Barythydratlösung und 10 % ig. Chlorbariumlösung) vollständig ausgefällt; man wäscht den Niederschlag einige Male mit Wasser, dann einmal mit absolutem Alkohol und läßt möglichst abtropfen. Den feuchten Niederschlag bringt man in eine kleine Reibschale, setzt etwa 6—8 Tropfen Salzsäure und noch so viel absoluten Alkohol hinzu, daß ein dünner Brei entsteht, verreibt gut, läßt

---

[1] Praktikum der physiol. u. pathol. Chemie, l. c. (S. 435 dieses Praktikums) S. 195.

einige Zeit stehen oder erwärmt gelinde auf dem Wasserbad und filtriert durch ein trockenes Filter. Liefert die Mischung zu wenig Filtrat, so wäscht man mit etwas Alkohol nach, jedoch ist es zweckmäßig, im ganzen nicht mehr als 8—10 ccm Alkoholauszug herzustellen. Man kann auch den Farbstoff aus dem mit Wasser und Alkohol gewaschenen Niederschlag durch wiederholtes Aufgießen eines erwärmten Gemisches von etwa 10 ccm absolutem Alkohol und 6—8 Tropfen Salzsäure ausziehen.

Durch die Barytfällung wird das Hämatoporphyrin von Urobilin getrennt. Ist das Hämatoporphyrin aber trotzdem durch Urobilin verunreinigt (Urobilin-Spektrum), so läßt es sich dadurch reinigen, daß man die alkoholische Lösung mit Chloroform mischt und nach reichlicher Wasserzugabe umschüttelt. In der Chloroformschicht bleibt reines Hämatoporphyrin, während die obere Schicht das Urobilin neben wenig Hämatoporphyrin enthält.

Die saure, alkoholische Lösung zeigt das Spektrum wie oben, doch ist in alkoholischer Lösung das Spektrum der Porphyrindichlorhydrate stark von dem Grade der Dissoziation der Salze abhängig.

Macht man die Lösung ammoniakalisch, so nimmt sie einen gelblichen Farbton an und zeigt die vier Absorptionsstreifen der Porphyrine in alkalischer Lösung, von denen der erste zwischen C und D, näher an D, der zweite und dritte zwischen D und E, der vierte von B bis gegen F gelegen ist.

Feststellung gesteigerten Koproporphyringehaltes im Harn. 50—100 ccm frischen Harnes werden mit einigen Kubikzentimetern Eisessig oder 10 ccm 30 % ig. Essigsäure angesäuert und mit 100—150 ccm Äther geschüttelt. Der Äther wird abgetrennt. Tritt keine Schichtenbildung ein, so gibt man eine genügende Menge Alkohol hinzu. Der Ätherauszug wird mehrmals mit Wasser gewaschen, danach mit 5 ccm 25 % ig. Salzsäure geschüttelt und — nach erfolgter Schichtenbildung — die Salzsäure abgetrennt, nötigenfalls filtriert und bei 4 cm Schichtdicke spektroskopiert. Falls eine wesentliche pathologische Erhöhung des Koproporphyringehaltes besteht, so muß sich deutlich das Porphyrin-Säurespektrum zeigen.

Bestimmung der im Harne pathologisch auftretenden Farbstoffe.

Bestimmung von Blut und Blutfarbstoffen.

Unter pathologischen Bedingungen kann dem Harn unverändertes und unzerstörte Blutkörperchen-haltiges Blut beigemischt sein (Hämaturie). Ein solcher Harn ist oft trübe, enthält Eiweiß und ist rötlich oder schmutzigbraun bzw. dunkel gefärbt (Methämoglobin); bei alkalischer Reaktion kann bluthaltiger Harn grünlichgrau erscheinen.

Im meist rot gefärbten Sediment lassen sich mikroskopisch rote Blutkörperchen nachweisen. Sie schrumpfen infolge des osmotischen Überdrucks des Harnes; ausgelaugt stellen sie die sog. „Schatten" dar. Neben Blutkörperchen können auch Ausgüsse der Harnkanälchen „Blutzylinder" nachweisbar sein. Außer nativem Blut kann der Harn gelöstes Hämoglobin enthalten (Hämoglobinurie). Dieses wird von den Nieren nach Blutzerfall bei pathologischen Zuständen und Vergiftungen ausgeschieden. Der Harn kann rot bis nahezu schwarz gefärbt sein (Methämoglobin), ist eiweißhaltig und kann kristallinische Blutfarbstoffe enthalten. Ob Hämaturie oder Hämoglobinurie vorliegt, wird durch den Nachweis roter Blutkörperchen entschieden.

Qualitativer Nachweis.

Nachweis im Harn.

Nachweis der Blutkörperchen erfolgt durch mikroskopische Untersuchung.

Nachweis des Blutfarbstoffes.

1. Vorprobe. Hellersche Probe: Harn wird mit Natronlauge stark alkalisch gemacht und ohne zu schütteln gekocht. Der bei normalem Harne weiße bis graue Niederschlag ist bei bluthaltigem Harne blutrot (Hämochromogen); beim Stehen wird der Niederschlag braun. Kocht man den Harn unter Schütteln, so erhält man sofort diesen braunen Niederschlag. Im auffallenden Licht erscheint er grünlich. Der Niederschlag kann nach Lösen der Phosphate mit Essigsäure zur Darstellung der Teichmannschen Kristalle (s. S. 588) gebraucht werden. Alkalischer Harn wird vor dem Aufkochen mit einigen Tropfen Chlorkalziumlösung versetzt. Man beachte eine evtl. Rotfärbung durch Arzneistoffe. Die Probe hat nur orientierenden Wert.

2. Isolierung des Blutfarbstoffes nach Schumm[1]. Zur Vornahme der folgenden Oxydationsproben, wie auch des spektroskopischen Nachweises ist es ratsam, den Blutfarbstoff aus dem Harn zu isolieren. Hierzu werden 50 ccm Harn mit 5 ccm Eisessig und 50 ccm Äther im Scheidetrichter geschüttelt. Nach erfolgter Trennung, die durch Zusatz von einigen Tropfen Alkohol

---

[1] Münch. med. Wschr. 55. Jg., Nr. 28, S. 1488 (1908).

beschleunigt wird, läßt man die Harnschicht abfließen, wäscht die Ätherlösung mit 5 ccm Wasser aus und trennt ab. Mit diesem Ätherextrakt werden unmittelbar die Oxydationsproben nach 3. angestellt oder die Reaktion nach 4. zur spektroskopischen Untersuchung.

3. **Oxydationsproben.** Dieselben beruhen darauf, daß Blutfarbstoff und seine eisenhaltigen Derivate Sauerstoff aus Superoxyden auf oxydable Verbindungen zu übertragen vermögen. Da andere Harnbestandteile (Leukozyten, Fermente) gleiche Reaktionen geben können, ist der Harn vor den Proben aufzukochen bzw. ist der nach 2. isolierte Blutfarbstoff zu benutzen.

Bei allen Oxydationsproben ist auf peinlichste Sauberkeit der anzuwendenden Geräte (Reagenzgläser) zu achten. Die Benzidinprobe b) stellt die empfindlichste Probe für den Blutnachweis dar. Dieser großen Empfindlichkeit halber ist für klinische Zwecke die Guajakprobe a) vorzuziehen. Nach Schumm und Westphal gibt defibriniertes, menschliches Blut in wäßriger Verdünnung die Benzidinprobe noch in einer Verdünnung 1:200000, die Guajakprobe in einer Verdünnung 1:25000.

a) Guajak-Terpentinprobe nach Alméne-van Deen, in der Ausführung von Schumm[1].

Reagentien. 1. Guajaktinktur: 0,5 g gepulvertes Guajakharz (im Dunkeln aufzubewahren) werden mit 3—5 ccm 90 %ig. Alkohol etwa 1 Minute lang geschüttelt und nach kurzem Stehen filtriert. 2. Verharztes Terpentinöl: rektifiziertes Terpentinöl wird in flacher Schale bei Tageslicht mehrere Wochen stehen gelassen. Das sirupartig gewordene Öl (spez. Gew. 1,23) wird mit der fünffachen Menge gewöhnlichen Terpentinöls (spez. Gew. 0,87) verdünnt. Einige ccm dieser Ölmischung (spez. Gew. 0,95) sollen im trocknen Gefäß nach gutem Umschütteln mit etwas Quecksilber bei Zusatz von 10 Tropfen frischer Guajaktinktur — 1 Teil Harz und 9 Teile 90 %ig. Alkohols — bei kräftigem Durchschütteln eine blaue Färbung geben.

Ausführung. 5 ccm neutralen oder schwach sauren aufgekochten und abgekühlten Harnes, bzw. 3—5 ccm der nach 2. erhaltenen Ätherlösung, versetzt man mit 3—10 Tropfen (bei geringen Blutmengen verwendet man nur 3—5 Tropfen) frisch hergestellter Guajaktinktur und 20 Tropfen Terpentinöl. Man schüttelt, ohne das Glas mit dem Finger zu verschließen, und läßt 2—3 Min. stehen. Bei Gegenwart von Blut zeigt die Mischung eine blaue Färbung, die bei Zusatz einiger ccm Alkohol in der Alkohol-Terpentinölschicht noch dunkler wird.

---

[1] Z. physiol. Chem. **50**, 374 (1906/07).

An Stelle des Terpentinöls kann man 3%ig. Wasserstoffsuperoxyd anwenden (weniger empfindlich).

Man unterschichtet das Gemisch aus Harn und Guajaktinktur mit 3%ig. Wasserstoffsuperoxyd: Blaufärbung im unteren Flüssigkeitsteil.

Es ist stets ein Blindversuch mit den Reagentien allein anzustellen.

b) **Benzidinprobe nach Adler**[1]**-Schumm und Westphal**[2]. Zu ca. 5 ccm Harn, besser 3—5 ccm des Ätherextraktes, (s. 2.) gibt man 2 ccm alkoholischer Benzidinlösung (1 Teil Benzidin reinstes Präparat Merck in 15—20 Teilen absolut. Alkohol gelöst), mehrere Tropfen Eisessig und unterschichtet mit 2 ccm 3%ig. Wasserstoffsuperoxyd; oder man versetzt die zu prüfende Lösung mit 10—20 Tropfen Benzidin-Eisessiglösung (frisch aus einer Messerspitze Benzidin und einigen ccm Eisessig zu bereiten) und 2 ccm 3%ig. Wasserstoffsuperoxyd und schüttelt durch. Es entsteht beim Vorhandensein geringster Blutmengen eine grüne, bei stärkerem Blutgehalt eine blaue Färbung.

4. **Spektroskopische Untersuchung.** Zum Nachweis der einzelnen Blutfarbstoffe (Oxyhämoglobin, Methämoglobin, Hämatin) ist nur die spektroskopische Untersuchung verwendbar. (Vgl. den Abschnitt Spektroskopie S. 105.)

Der Harn wird in einem Reagenzglas, besser in einem vierkantigen Troge, spektroskopiert, nachdem er, wenn stark gefärbt, verdünnt worden ist; man beobachtet, ob die beiden charakteristischen Oxyhämoglobinstreifen erscheinen. Neben dem Oxyhämoglobinspektrum sieht man — bei saurer oder neutraler Reaktion — mitunter die 4 Streifen des Methämoglobinspektrums, das besonders durch seine Absorptionsstreifen im Rot bei λ 630 charakterisiert wird.

Methämoglobin kann sich im Harn bei längerem Stehen bilden oder wird bei manchen Vergiftungen ausgeschieden.

Am besten gelingt der Blutnachweis, wenn der Blutfarbstoff nach Essigsäure-Ätherextraktion in Hämatin und sodann durch gesättigte Schwefelammonlösung oder Hydrazinhydrat in Hämochromogen übergeführt wird. Hierdurch erfaßt man auch den durch Zersetzung des Harnes bereits in Hämatin übergegangenen Blutfarbstoff. Zur Ausführung der Probe versetzt man den nach 2. erhaltenen Ätherauszug unter Kühlung mit fließendem Wasser mit so viel Ammoniaklösung, daß nach etwa 30 Sek.

---

[1] Z. physiol. Chem. **41**, 59 (1904).

[2] Z. physiol. Chem. **46**, 510 (1905). Vgl. auch Schumm: Münch. med. Wschr. 55. Jg., Nr. 25, S. 1488 (1908); daselbst weitere Literatur.

langem Schütteln die Lösung stark alkalisch bleibt (Lackmusprüfung). Man gibt die wäßrige Schicht (mitsamt einer geringen Menge der Ätherschicht) in das Spektroskopgefäß, gibt 5—10 Tropfen gesättigtes Schwefelammon hinzu und untersucht spektroskopisch in möglichst dicker Schicht. Innerhalb einiger Minuten nach Zusatz des Reduktionsmittels entwickelt sich der nicht beständige Absorptionsstreifen des Hämochromogens. (Vgl. S. 133 u. S. 136.)

Die Extraktionsmethode erlaubt einen Blutnachweis durch das Hämochromogenspektrum noch in einer Verdünnung 1:20000 wenn man 50 ccm Harn in Arbeit nimmt.

5. Mikroskopischer chemischer Nachweis von Hämoglobin mittels der Teichmannschen Häminkristalle. Einige Tropfen bluthaltigen Harnes oder einer andern auf Blut zu untersuchenden Lösung bzw. eine kleine Menge des mit der Hellerschen Probe erhaltenen Hämatinniederschlages oder anderer fester Untersuchungssubstanzen bringt man auf einen Objektträger. Man trocknet unter Zugabe einer Spur Kochsalz das Material auf dem Wasserbad, zerreibt den Rückstand mit wenigen Tropfen Eisessig und erhitzt über einem Mikrobrenner oder auf dem Wasserbad. Man läßt erkalten und beobachtet unter dem Mikroskop. Sind hierbei noch keine Kristalle aufzufinden, so erwärmt man ein zweites und drittes Mal mit neuen Mengen von Eisessig, die man vom Deckglasrande zulaufen läßt. Nach Erkalten und vollständigem Eintrocknen entstehen bei

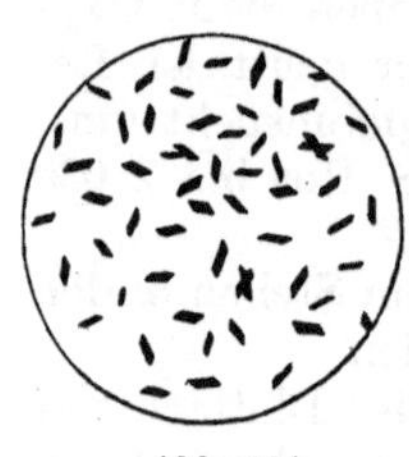

Abb. 134.

Anwesenheit von Blut rote bis hellbraune rhombische Täfelchen, die zum Teil gekreuzt liegen (Häminkristalle = salzsaures Hämatin) Abb. 134. Noch deutlicher treten sie bei Glyzerinzusatz hervor.

Gibt man bei Anstellung der Reaktion statt Chlornatrium Jodkalium hinzu, so sind die Kristalle tiefschwarz gefärbt und treten noch deutlicher hervor.

Nachweis in Fäzes nach Schumm[1].

1. Isolierung des Blutfarbstoffes. Von dickerem Stuhl wird eine Menge von etwa 4 g mit ca. 30 ccm Äther-Alkohol (1 : 1) in einer glasierten Porzellanschale verrieben.

Von dünnerem Stuhl nimmt man etwas mehr und verreibt die Probe mit der vierfachen Menge Äther-Alkohol.

---

[1] Schumm: Die Untersuchung der Fäzes auf Blut. Jena: Fischer 1906.

Bei sauer reagierendem Stuhl verreibt man die Probe zunächst mit mehreren Tropfen konz. Sodalösung und dann erst mit Äther-Alkohol. Man filtriert durch ein anliegendes Filter von 12 cm Durchmesser, übergießt den Rückstand im Filter mit Alkohol-Äther, wobei man ihn umrührt, läßt ablaufen und wiederholt dies, bis die ablaufende Flüssigkeit nur noch schwach gefärbt ist. Durch diese Extraktion werden Fette, störende Farbstoffe usw. entfernt. Den Filterrückstand übergießt man auf dem Filter mit 4 ccm Eisessig, rührt auf, läßt nahezu ablaufen, gibt weitere 4 ccm Eisessig hinzu und extrahiert mit dem Filtrat den Filterrückstand nochmals unter Umrühren.

2. Spektroskopische Prüfung des Essigsäureextraktes. Man prüft einen Teil des Essigsäureextraktes spektroskopisch, ob das Spektrum des sauren Hämatins zu erkennen ist (vgl. S. 132). Ist dies nicht der Fall, übersättigt man die Flüssigkeit unter Kühlen vorsichtig durch allmählichen Zusatz mit Ammoniak, setzt einige Tropfen Hydrazinhydrat (oder Schwefelammonium) hinzu und beobachtet ohne Berücksichtigung einer Trübung spektroskopisch, indem man unmittelbar vor der Beobachtung die Flüssigkeit durchschüttelt. Bei Anwesenheit von Blutfarbstoffen in den Fäzes erscheint das Spektrum des Hämochromogens (vgl. S. 133).

Das Spektrum ist nach Schumm bei einem Blutgehalt von 2% in den Fäzes unter Anwendung eines Handspektroskopes noch gut erkennbar.

3. Oxydationsproben. a) Guajakprobe. Mehrere ccm des bei Anwesenheit von Blutfarbstoff meist stark gefärbten Essigsäureauszuges verdünnt man mit dem doppelten bis dreifachen Volumen Äther, setzt ein halbes Volumen aqua dest. hinzu und schüttelt durch (bei schlechter Trennung der Schichten ist etwas Alkohol zuzusetzen).

Die ätherische Lösung wird abgetrennt, mit etwas Wasser ausgeschüttelt, abgetrennt und in ein trockenes, völlig sauberes, mit Alkohol ausgespültes Reagenzglas gegeben. Man führt mit dieser Probe die Guajak-Reaktion aus, wie bei Prüfung des Harnes (S. 586) beschrieben.

Bei Anwesenheit von Hämatin entsteht allmählich eine blaue bis violette, mitunter auch grünblaue Färbung.

b) Benzidinprobe. Einige ccm des wie bei a) gereinigten Essigsäureextraktes werden mit 2 ccm einer warm gesättigten, erkalteten und filtrierten, alkoholischen Benzidinlösung gemischt und dann mit 2 ccm 3%ig. Wasserstoffsuperoxyd unterschichtet.

Es entsteht bei Gegenwart von Blut intensive Grünfärbung.

Bestimmung von Gallenbestandteilen.

Bestimmung der Gallenfarbstoffe.

Gallenfarbstoffe sind im normalen menschlichen Harn nicht oder nur mit den empfindlichsten Proben in Spuren nachweisbar. Ihr Auftreten ist stets ein Zeichen pathologischer Verhältnisse. Im frischen Harne ist nur Bilirubin nachweisbar. Beim Stehen des Harnes werden Biliverdin und andere Oxydationsprodukte gebildet. Frischer ikterischer Harn zeigt daher eine rotgelbe, älterer eine grüne Farbe.

Qualitativer Nachweis.

Der Nachweis von Gallenfarbstoff beruht auf seiner charakteristischen Farbänderung durch Oxydation. Enthält der Harn Blut, so fällt man ihn mit Bleiessig, filtriert, zersetzt den Niederschlag mit kohlensaurem Natron und prüft das Filtrat.

1. Gmelinsche Probe. 10 ccm Harn werden mit 25% ig. Salpetersäure (100 ccm konz. Salpetersäure $+$ 1—2 Tropfen rauchender Salpetersäure) mittels Pipette unterschichtet. An der Berührungsstelle beider Flüssigkeiten entstehen verschieden gefärbte Ringe. Ein zu oberst liegender, smaragdgrüner Ring ist charakteristisch für Gallenfarbstoff. Andersartige Ringe können auch durch Indikan bedingt werden. Man kann auch größere Mengen Harn durch ein kleines, quantitatives Filter filtrieren und die innere Seite des Filters mit 1—2 Tropfen der angegebenen Säure betupfen: es bilden sich konzentrische Ringe verschiedener Farbe, deren äußerster grün gefärbt sein soll. Eiweiß ist durch Koagulation zu entfernen. Formaldehyd, Antipyrin geben ebenfalls grüne Ringe.

2. Probe nach Hammarsten[1]. Reagens: Mischung von 19 ccm 25% ig. Salzsäure und 1 ccm 25% ig. Salpetersäure; die Mischung bleibt bei Zimmertemperatur stehen, bis sie gelblich geworden ist.

Das Reagens wird vor Gebrauch mit Alkohol auf das 5 bis 10fache Volumen verdünnt.

10 ccm Harn werden in einem Zentrifugenglase mit einigen Tropfen Chlorkalziumlösung versetzt und zentrifugiert, worauf die trübe Lösung abgegossen wird. Zu dem Bodensatz gibt man 1—2 ccm des Reagenses, in dem er sich löst. Gallenfarbstoff bedingt hierbei eine Grünfärbung der Flüssigkeit, noch in einer Konzentration von 1 : 1000000.

---

[1] Skand. Arch. Physiol. 9, 313 (1899).

3. Probe nach Bouma[1]. 8 ccm frischen, sauer reagierenden Harnes werden mit 2 ccm 10%ig. Chlorkalziumlösung und tropfenweise mit sehr schwachem Ammoniak versetzt, so daß die Reaktion nicht alkalisch wird. Der Niederschlag wird abzentrifugiert, einmal mit aqua dest. gewaschen und in einer Mischung von 1 ccm Obermayers Reagens (2 g festes Eisenchlorid in 1000 ccm Salzsäure, spez. Gew. 1,19) und 4 ccm Alkohol aufgenommen. Es tritt zunächst eine grüne, dann eine grünblaue Farbe auf. Diese Reaktion ist die empfindlichste aller Gallenfarbstoffproben.

Quantitative Bestimmung.

Kolorimetrische Bestimmung des Bilirubins nach Sabatini[2].

Prinzip. Das Verfahren beruht auf Oxydation des Bilirubins zu Biliverdin mittels salpetriger Säure, Ausschütteln mit Amylalkohol und kolorimetrischem Vergleich der grüngefärbten Lösung gegen einen Standard aus Chromsalzen.

Reagentien. 1. Oxydationsreagens: a) Salzsäure konz. puriss., 12 ccm, aqua dest. ad 100 ccm. b) Natriumnitritlösung 1%ig: unmittelbar vor Gebrauch werden 30 ccm a) mit 1 ccm b) versetzt, die Mischung ist nur wenige Stunden haltbar. 2. Amylalkohol. 3. Kaliumhydroxydlösung 10%ig. 4. Standardlösung: 20 g Chromalaun in 200 ccm aqua dest. gelöst, werden bis zum Sieden erhitzt (nicht kochen!) bis die Lösung blaugrün ist; dann läßt man abkühlen. Ihr Volumen soll sich hierbei nicht ändern (evtl. Kühler anwenden). 100 ccm dieser Lösung werden mit 8 ccm 1%ig. Kaliumbichromatlösung versetzt und 33,2 ccm dieses Gemisches mit 66,8 ccm aqua dest. verdünnt. Der Farbton dieser Lösung soll gleich der einer amylalkoholischen Bilirubinlösung 1:10000 sein. Da nach Schmitz[3] bei Nachprüfung der erhaltene Farbton einer Bilirubinlösung 1,1:10000 entspricht, ist der Standard zu prüfen. Eine hierzu geeignete Lösung erhält man durch Lösen von genau 5 mg Bilirubin ad 50 ccm mit einer Lösung, die in 100 ccm aqua dest. 0,8 ccm einer 10%ig. KOH-Lösung enthält. 10 ccm dieser Lösung, mit 1,5—2 ccm Reagens 1. versetzt und nach einigen Sekunden mit 10 ccm Amylalkohol im geschlossenen Kölbchen ausgeschüttelt, ergeben eine amylalkoholische Bilirubinlösung 1:10000, gegen die der Standard im Kolorimeter ausgewertet werden kann.

Ausführung. Zu 2 ccm Harn gibt man in einem Zentrifugenröhrchen 0,2 ccm 10%ig. Kaliumhydroxydlösung, erwärmt 5 Min. im Wasserbad auf 50—70⁰, kühlt unter fließendem Wasser ab, gibt aus

[1] Dtsch. med. Wschr. Jg. 28, 866 (1902).
[2] Klin. Wschr. 2, 2031 (1923).
[3] In Abderhaldens Arbeitsmeth. IV/5, 518 (1925).

einer Bürette 2 bis 3 ccm Reagens und nach einigen Sekunden 2 ccm Amylalkohol zu und mischt durch. Ist der Harn farbstoffreich und nicht gut entfärbt, so fügt man weiter Reagens hinzu; im allgemeinen genügen 6—7 ccm. Ist der Harn gut entfärbt (eine blaue Opaleszenz stört nicht), so zentrifugiert man zur Trennung der Schichten. Eine gelegentliche Trübung in der alkoholischen Schicht verschwindet beim Umrühren mit einer Platinöse und nochmaligem Zentrifugieren. Man saugt den Alkohol mittels einer mit Gummikappe versehenen Pipette möglichst vollständig ab und vergleicht die Färbung des Alkohols mit der Standardlösung. Es ist zweckmäßig, sich durch Messung verschiedener bekannter Bilirubinkonzentrationen gegen die Standardlösung eine kolorimetrische Eichkurve anzulegen, aus der man dann bei Messung der unbekannten Lösung den Bilirubingehalt entnimmt. War der Harn sehr farbstoffreich, so ist er vor der Bestimmung entsprechend zu verdünnen und die Verdünnung mit in Rechnung zu ziehen.

Nachweis der Gallensäuren.

Die Gallensäuren, amidartige Verbindungen von Glykokoll bzw. Taurin mit Cholsäure, Glykochol- und Taurocholsäure kommen im normalen Harn in der Regel nicht vor. Mitunter befinden sie sich im ikterischen Harn.

Qualitativer Nachweis.

Zum Nachweis sind die Gallensäuren zu isolieren, da ihre Reaktionen von Gallenfarbstoff bzw. Harnfarbstoff überdeckt werden.

1. **Isolierung der Gallensäuren nach Laurin und Bang**[1]. 20—50 ccm Harn werden mit 2—3 Tropfen Serum versetzt und mit Magnesiumsulfat gesättigt. Nach Ansäuern mit 1—2 Tropfen Salzsäure erhitzt man die Mischung bis zum Sieden und filtriert. Der Niederschlag wird, falls der Harn stark gefärbt ist, mit gesättigter Magnesiumsulfatlösung ausgewaschen. Im andern Falle genügt Trocknen zwischen Fließpapier. Man kocht den Niederschlag mit 10—15 ccm Alkohol, gibt den Alkohol in ein anderes Probierröhrchen, setzt 2—3 Messerspitzen Baryt hinzu und erwärmt wieder zum Sieden. Nach dem Filtrieren darf die Flüssigkeit nur schwach gelblich gefärbt sein, sonst wiederholt

---

[1] Bang: Lehrbuch der Harnanalyse 1926 (l. c. S. 298 dieses Praktikums), S. 123.

man die Barytfällung. Das Filtrat wird eingedampft. Mit dem Rückstand stellt man folgende Proben an:

2. **Bangsche Probe.** Dem Rückstand werden 1 Tropfen einer 1%ig. Rohrzuckerlösung und 2 ccm konz. Salzsäure zugesetzt. Man erwärmt bis zum Sieden und kocht ½ Min. lang: Violettfärbung (Furfurolbildung des Zuckers). Verdünnt man die Flüssigkeit unter Spektroskopieren, so daß nur der violette Teil des Spektrums absorbiert wird, so sieht man 2 Streifen zwischen D und E und 1 Streifen vor F.

3. **Pettenkofersche Probe.** Man versetzt den Rückstand mit einigen Tropfen Wasser und ⅔ des Volumens an konz. Schwefelsäure so vorsichtig, daß die Temperatur 60⁰ nicht übersteigt, und gibt einige Tropfen 10%ig. Rohrzuckerlösung hinzu: Violettfärbung.

Die Lösung zeigt die gleichen Absorptionsstreifen wie 2.

Nachweis des Melanins.

Melanin tritt selten und nur pathologisch bedingt im Harn auf. Es wird als Chromogen, Prämelanin, ausgeschieden und geht durch Oxydation in Melanin über. Der entleerte Harn ist entweder dunkel oder nimmt beim Stehen an der Luft von oben beginnend eine schwarzbraune bis schwarze Färbung an. Melanin findet sich auch als Sediment.

Qualitativer Nachweis.

Eine Prüfung des Harnes mit Eisenchlorid (wie in der Literatur des öfteren angegeben) ist unspezifisch. Zum Nachweis dient:

Probe nach Brahn[1]: Prämelanin-haltiger Harn wird mit einigen ccm heiß gesättigter und erkalteter Kaliumpersulfatlösung versetzt und gekocht. Der Harn schwärzt sich und setzt, wenn nicht nur Spuren des Farbstoffes vorhanden sind, Melanin nach Ansäuren mit HCl ab.

Bestimmung des Eiweißes.

Im normalen Harn ist Eiweiß in Spuren als Muzin- oder Nukleoalbuminverbindung und als Eiweiß von albumin- oder globulinartiger Natur vorhanden. Diese Eiweißmenge ist so gering (22—78 mg pro Liter), daß sie von den normalen Eiweißreaktionen

---

[1] Virchows Arch. **253**, 661 (1924) und persönliche Mitteilung des Autors.

mit Ausnahme der feinsten Proben (Spieglersche) nicht angezeigt wird. Die „nubecula" des Harnes, die sich beim Stehen desselben als deutlicher Niederschlag absetzt, besteht aus einem Mukoid. Wird nach Abfiltration der nubecula normaler Harn angesäuert, so kann mitunter eine Fällung eintreten, die aus einer Verbindung von genuinem Eiweiß mit eiweißfällenden Substanzen (Chondroitinschwefelsäure, Nukleinsäure und bisweilen Taurocholsäure) besteht. Zum Nachweis des genuinen Eiweißes kann man nach Abfiltration der nubecula eine nicht zu geringe Harnmenge mit dem 3—4fachen Volumen Alkohol fällen, die Fällung mit verdünnter Essigsäure lösen und damit die gewöhnlichen Eiweißreaktionen anstellen.

Vermehrt kann Eiweiß im Harn sowohl funktionell wie pathologisch bedingt vorkommen. Unter pathologischen Verhältnissen können im Harn zusammen oder gesondert Serumalbumin, Serumglobulin, Albumosen, Hämoglobin und Fibrin (Fibrinogen) auftreten. Das Verhältnis zwischen Albumin und Globulin im Harn ist schwankend und braucht keineswegs dem im Blute zu entsprechen. Die ausgeschiedene Eiweißmenge überschreitet gewöhnlich nicht 1%. Höhere Werte sind Seltenheiten.

Qualitativer Nachweis[1].

Der zu untersuchende Harn muß schwach lackmussaure Reaktion besitzen oder auf diese gebracht werden. Getrübter Harn ist stets zu zentrifugieren; das Sediment ist mikroskopisch zu untersuchen. Man kann den Harn auch durch dichte Analysenfilter oder Asbest filtrieren. Ist bakteriengetrübter Harn nicht völlig klar zu filtrieren, so ist es zweckmäßiger, die Eiweißprobe in Vergleich mit dem entsprechend verdünnten Harn zu bringen, als Klärmittel anzuwenden (Tierkohle, Kieselgur). Man kann auch durch eine Chamberlandkerze filtrieren. Fettgetrübter Harn ist durch Ausschütteln mit Äther zu klären. Sehr konzentrierte Harne sind vor Anstellung von Eiweißproben mit Wasser zu verdünnen.

1. Kochproben. a) mit Salpetersäure. 5—10 ccm schwach sauren Harnes (gegebenenfalls ist der Harn mit Salpetersäure ganz schwach anzusäuern) werden nach Zusatz einiger ccm gesättigter Kochsalzlösung allmählich zum Kochen erhitzt. Ein hierbei entstehender Niederschlag kann sowohl von Eiweiß als

---

[1] Vgl. Spaeth, Bang und Hoppe-Seyler-Thierfelder: l. c. (S. 355, 298 und 350 dieses Praktikums).

auch von Kalksalzen herrühren. Nunmehr werden ohne weiteres Erhitzen 10—20 Tropfen reiner 25% ig. Salpetersäure hinzugesetzt. Pro ccm des verwendeten Harnes sind 1—2 Tropfen Salpetersäure anzuwenden. Eiweiß scheidet sich als flockiger, weißer Niederschlag aus, der mitunter durch Gallenfarbstoff, Indikan oder Blut verfärbt sein kann. Mittels der Probe sind noch 0,04—0,03 %/oo Eiweiß nachzuweisen, Spuren können sich dem Nachweis entziehen. Albumosen und Peptone geben die Reaktion nicht. Entsteht bei etwa 50⁰ eine Fällung, die sich beim Kochen löst und beim Abkühlen wieder auftritt, so ist auf den Bence Jonesschen Eiweißkörper zu prüfen (s. S. 597).

Eiweißfreie Harne können nach Einnahme von Harzen und Balsamen eine Trübung liefern. Diese verschwindet bei Zusatz von Alkohol zu dem erkalteten Harne. Harnsäurereicher Harn kann, meist nach dem Erkalten, einen mit Eiweiß nicht zu verwechselnden Niederschlag ausscheiden. Die Probe ist mit verdünntem Harn zu wiederholen.

b) mit Essigsäure bzw. Essigsäurepuffer. Die Kochprobe kann auch mit Essigsäure angestellt werden, indem der mit Essigsäure schwach sauer gemachte Harn zum Kochen erhitzt und unmittelbar mit 25% ig. Essigsäure Tropfen für Tropfen versetzt wird, indem man zwischen jedem Zusatz aufkocht, bis die Fällung nicht mehr zunimmt. Die Essigsäureprobe gibt unter Umständen im Gegensatz zur Salpetersäureprobe auch eine Muzintrübung.

Von Bang[1] sehr empfohlen ist die Prüfung mit einer Azetat-Essigsäure-Mischung, die eine zur Fällung des Eiweißes geeignete H-Ionen-Konzentration liefert.

Als Pufferlösung dient eine Mischung von 56,5 ccm Eisessig und 118 g Natriumazetat in aqua dest. ad 1000 ccm. 10 ccm Harn werden mit 1 ccm des Puffers versetzt und ½ Min. gekocht. Sind nur Spuren von Eiweiß vorhanden (0,05—0,1 %/oo), opalesziert die Flüssigkeit nur, ohne daß Koagulation eintritt. Nach einigen Minuten wird aber ein feinflockiger Niederschlag ausgeschieden. Sind mehr als Eiweißspuren vorhanden, so tritt sofort eine feinflockige Koagulation ein. Urate oder Phosphate werden nicht ausgefällt.

2. Hellersche Probe. In einem Reagenzglase überschichtet man 5 ccm reine konzentrierte Salpetersäure mittels einer fein ausgezogenen Pipette mit der gleichen Menge klar filtrierten Harnes. Man beobachtet frühestens nach 2 Min. Bei geringem

---

[1] Lehrb. d. Harnanalyse, l. c. (S. 298 dieses Praktikums) S. 77.

Eiweißgehalt entsteht innerhalb einiger Minuten, bei größerem Eiweißgehalt sofort, an der Grenzschicht zwischen beiden Flüssigkeiten eine scharf begrenzte, scheibenförmig weiße Fällung (Hellerscher Ring). Die Probe ist empfindlich (bis zu $0,02\,^0/_{00}$). Als Fehlerquellen sind zu beachten:

Stark konzentrierter, uratreicher Harn kann eine diffuse Fällung in der oberen Harnschicht zeigen. Der Harn ist zu verdünnen, die Probe ist zu wiederholen. Ebenso können stark konzentrierte, harnstoffreiche Harne scheinbar einen Hellerschen Ring aus salpetersaurem Harnstoff geben. Hundeharn gibt diese Reaktion regelmäßig; oft auch menschlicher Morgenharn. Konzentrierte Harne sind daher immer im Volumenverhältnis 1 : 2 mit Wasser zu verdünnen. Ein weißer Ring von Harzsäuren entsteht nach Einnahme von Balsamen; auch ein mit Thymol sterilisierter Harn liefert einen weißen Ring. Diese Ringe sind in Äther löslich. Ein in der oberen Harnschicht gelegener opaleszierender, unscharf begrenzter sog. Mörnerscher- oder Muzinring kann durch eine Chondroitin-Schwefelsäure-Eiweißverbindung gegeben werden. Dieser Ring wird stärker bei Anstellung der Reaktion mit verdünntem Harne gegenüber der Probe mit unverdünntem Harn. Der Ring tritt bei normalem Harn auf; bei eiweißhaltigen Harnen sieht man den Mörnerschen Ring über dem Hellerschen Ring. Gefärbte, durchsichtige Ringe rühren von Urorosein- und Skatolrotbildung durch die Salpetersäure her.

Albumosen geben eine typisch Hellersche Probe. Dagegen ist die Kochprobe negativ. Bei derartigen Befunden sind Albumose-Proben anzustellen (s. S. 602).

3. Probe mit Ferrozyankalium-Essigsäure. 10 ccm Harn (bei sehr konzentriertem Harn wird eine Verdünnung 1 : 1 angewandt) werden mit einigen Tropfen 30%ig. Essigsäure stark sauer gemacht. Ausfallende Urate, Oxalate oder durch Essigsäure ausfällbare Substanzen werden abfiltriert. Zu dem Filtrat gibt man sehr vorsichtig, da ein Überschuß lösend wirkt, einige Tropfen 5%ig. Ferrozyankalilösung. Bei geringem Eiweißgehalt entsteht nach einigen Minuten eine Trübung, bei stärkerem ein gelblich-weißer Niederschlag. Einen noch schärferen Nachweis in Form einer ringförmigen Trübung erhält man, wenn man den Harn mit einer Mischung von einigen Tropfen Ferrozyankalilösung und mehreren Kubikzentimetern verdünnter Essigsäure unterschichtet. Die Probe ist empfindlich bis etwa $0,01\,^0/_{00}$, Albumosen geben ähnliche Niederschläge.

4. Probe mit Sulfosalizylsäure. Zu einem evtl. mit Essigsäure leicht angesäuerten Harne gibt man das gleiche Volumen

einer 20% ig. wäßrigen Sulfosalizylsäurelösung. Man vergleicht die Lösung gegen den gleichen auf das doppelte Volumen mit aqua dest. verdünnten Harn. Spuren von Eiweiß verursachen eine Opaleszenz, größere Eiweißmengen eine Trübung bzw. einen Niederschlag. Albumosen bedingen eine Fällung, die sich beim Erhitzen löst. Die Methode ist äußerst empfindlich.

5. Probe mit Trichloressigsäure. Man gibt zu verdünntem Harne einen kleinen Kristall Trichloressigsäure. Bei Eiweißgehalt bildet sich an der Berührungsfläche eine Trübung.

6. Probe nach Spiegler-Jolles. Man gibt in ein Reagenzglas 4 ccm eines Reagenzgemisches, das aus 10 g Quecksilberchlorid, 20 g Bernsteinsäure und 20 g Chlornatrium in 500 ccm Wasser gelöst, besteht. Dann gibt man in ein zweites Reagenzglas zu ca. 5 ccm Harn 1 ccm 30% ig. Essigsäure und filtriert den sauren Harn, falls er sich getrübt hat. Man überschichtet mittels einer fein ausgezogenen Pipette das Reagens mit dem klaren Harn. Es bildet sich selbst noch bei einem Gehalt von $0,002^0/_{00}$ Eiweiß an der Grenzschicht ein scharfer weißlicher Ring. Diese Probe ist die empfindlichste Eiweißreaktion und wird auch von dem im normalen Harn vorhandenen Eiweiß gegeben. Jod- oder chininhaltige Harne zeigen ebenfalls eine Fällung. Albumosen geben eine Fällung, die im Gegensatz zu Eiweiß beim Erwärmen verschwindet und beim Erkalten wieder auftritt.

Nachweis und Darstellung des Bence Jonesschen Eiweißkörpers.

Dieser Eiweißkörper wird bei sarkomatösen Knochenmarkserkrankungen (Myelomen) und Osteosarkomen im Harn beobachtet.

Nachweis.

Der Körper gibt die allgemeinen Eiweißreaktionen (Hellersche Probe, Probe durch Ferrozyankalium, diese aber langsamer).

1. Erhitzt man den deutlich sauer reagierenden Harn unter Zusatz von etwas konzentrierter NaCl-Lösung allmählich im Wasserbad unter Thermometerkontrolle, so trübt er sich bei $45-50^0$ und scheidet zwischen $50-65^0$ einen klebrigen Niederschlag aus, der sich bei weiterem Erwärmen wieder auflöst. Beim Erkalten der Lösung scheidet sich der Niederschlag ganz oder teilweise wieder aus.

2. **Probe nach Bradshaw**[1]. Man überschichtet starke Salzsäure mit dem zu prüfenden Harne. An der Berührungsschicht tritt eine Gerinnung des Eiweißes ein.

Verdünnter Harn gibt mit 25 % ig. Salpetersäure einen Niederschlag, der sich beim Kochen z. T. löst und ·beim Abkühlen wieder auftritt.

Darstellung des Bence Jonesschen Eiweißkörpers nach Magnus-Levy[2].

1. Man fällt das Eiweiß aus dem neutralisierten Harn mit dem doppelten Volumen kaltgesättigter Ammonsulfatlösung, wäscht den Niederschlag mit Ammonsulfatlösung, preßt ab, löst ihn in Wasser und wiederholt die Fällung und Lösung mehrere Male.

2. Man fällt den Harn mit 2 Volumenteilen Alkohol, zentrifugiert den Niederschlag rasch ab, suspendiert ihn in Wasser und dialysiert. Der Eiweißkörper löst sich bald, ohne zu diffundieren. Dieses Verfahren ist etwa viermal zu wiederholen. Dann wird der Niederschlag mit kaltem und heißem, absolutem Alkohol, dann mit Wasser, wieder mit Alkohol, und mit Äther gewaschen.

Nachweis der durch Essigsäure fällbaren Eiweißkörper[3].

Außer den typischen Eiweißkörpern können im Harn in seltenen Fällen auch Nukleoalbumine (Phosphoproteide), Nukleoproteide sowie Eiweißkörper noch unbekannter Natur auftreten, die beim Ansäuern mit Essigsäure ausfallen. Des weiteren kann der Harn auch Substanzen enthalten, die gewöhnliches Eiweiß bei Zusatz von Essigsäure fällen. Die Fraktion der mitunter beim Ansäuern mit Essigsäure aus dem Harn ausfallenden Eiweißsubstanzen ist noch nicht völlig geklärt.

Zum Nachweis der Phosphoproteide wird das durch Essigsäurezusatz aus dem Harn ausgefällte Eiweiß auf einem Filter gesammelt, ausgewaschen und durch Erhitzen auf dem Wasserbade mit 2 % ig. HCl zerlegt. Das gebildete Azidalbumin wird durch Neutralisieren abgeschieden, filtriert und ein Teil des Filtrates in ammoniakalischer Lösung mit Magnesiamixtur auf Phosphorsäure geprüft.

---

[1] Münchn. med. Wschr. Jg. 54, Nr. 7, S. 336 (1907).
[2] Z. physiol. Chem. **30**, 200 (1900).
[3] Vgl. Bang: l. c. (S. 298 dieses Praktikums) S. 82.

Ein anderer Teil des Filtrates wird mit Silbernitrat und Ammoniak auf Purinbasen untersucht. Ist die Phosphorsäurereaktion positiv und die Purinprobe negativ ausgefallen, so liegt ein Phosphoproteid vor. Sind beide Proben positiv ausgefallen, so besteht der Niederschlag aus Nukleoproteiden.

Quantitative Bestimmung.

Eiweißbestimmung nach Esbach.

Prinzip. Das Eiweiß wird in einem graduierten Rohre durch ein Reagens ausgefällt. Aus der Höhe des Niederschlages wird nach einer empirischen Skala der Gehalt des Harnes an Eiweiß geschätzt.

Reagentien. Esbach-Reagens: 10 g Pikrinsäure und 20 g Zitronensäure werden in aqua dest. ad 1000 ccm gelöst.

Apparate. Eiweißbestimmungsröhrchen nach Esbach (Albuminimeter).

Ausführung. Der zu untersuchende Harn muß sauer reagieren und ist gegebenenfalls mit Essigsäure anzusäuern. Er ist evtl. dann noch so zu verdünnen, daß sein spez. Gewicht nicht 1,008 und sein Eiweißgehalt (Vorprobe) 0,4% nicht überschreitet. Das Verdünnungsverhältnis ist zu notieren. Das Albuminimeter wird bis zur Marke U mit Harn und dann bis zur Marke R mit Reagens gefüllt, zugestopft, 10—12mal unter Vermeidung von Schaumbildung vorsichtig umgeschüttelt, in einem Stativ befestigt und 24 Stunden bei Zimmertemperatur stehen gelassen. Dann wird die Höhe des Bodensatzes abgelesen. Die Markierung gibt Gramm Eiweiß im Liter Harn.

Das Verfahren gibt nur eine angenäherte Schätzung. Die Temperatur ist von großem Einfluß auf die Höhe des Niederschlages. Alkaloide und andere Medikamente sowie normale Harnbestandteile in besonders hoher Konzentration (Harnsäure, Kreatinin, Kaliumsalze) können als Pikrate Niederschläge liefern.

Gewichtsanalytische Eiweißbestimmung nach Bang[1].

Prinzip. Das Eiweiß wird ausgefällt, getrocknet und gewogen.

Reagentien. Essigsaure Azetatmischung: 56,5 ccm Eisessig werden mit 118 g Natriumazetat in Wasser ad 1000 ccm gelöst.

Ausführung. 50 ccm Harn (oder bei hohem Eiweißgehalt geringere Mengen, die mit Wasser auf 50 ccm ergänzt werden)

---

[1] l. c. (S. 298 dieses Praktikums) S. 81.

werden in ein Bechergläschen gegeben und mit 10 ccm Azetat-
Essigsäuremischung versetzt.

Das Becherglas wird in einem heftig kochenden Wasserbade
30 Min. erhitzt und der Niederschlag abfiltriert. Das Filter ist zuvor
bei 100—110⁰ in einem Wägegläschen zu trocknen und zu wägen.
Das Filtrat wird mittels der Hellerschen Probe auf Eiweißfreiheit
geprüft. Der Niederschlag wird auf dem Filter nacheinander mit
Wasser, Alkohol und Äther ausgewaschen. Filter mit Niederschlag werden dann bei 100⁰ getrocknet, gewogen und in einem
Tiegelchen verascht. Das Aschengewicht wird ermittelt.

Das Gewicht des Niederschlages mit Filter, abzüglich des
Filtergewichtes und des Aschengewichtes, gibt das Gewicht des
Eiweißes.

Nephelometrische Eiweißbestimmung nach Folin und Denis[1].

Prinzip. Der eiweißhaltige Harn wird durch Sulfosalizylsäure-
zusatz getrübt und die Trübung gegen eine Standardalbuminlösung
gemessen.

Reagentien. 1. Sulfosalizylsäurelösung 25 %ig. 2. Albuminstandard-
lösung: 25—35 ccm frischen menschlichen oder tierischen Blutserums
werden mit einer 15 %ig. NaCl-Lösung auf 1500 ccm verdünnt. Die durch-
mischte Lösung wird filtriert und der Eiweißgehalt des Filtrates nach
Kjeldahl bestimmt (Eiweiß = N · 6,25). Das Filtrat wird dann mit 15 %ig.
NaCl-Lösung so weit verdünnt, daß es 2 mg Protein pro ccm enthält.
Nach Zusatz von 20 ccm Chloroform ist die Lösung im Eisschrank monatelang haltbar.

Apparate. Nephelometer (Schmidt und Haensch, Berlin).

Ausführung. Zu je ca. 75 ccm aqua. dest. in zwei 100 ccm-Meßkölbchen werden je 5 ccm der 25 %ig. Sulfosalizylsäurelösung
gegeben. Dann werden zu dem einen Kölbchen 5 ccm der Albumin-
stammlösung, entsprechend 10 mg Protein, und zu dem andern ab-
satzweise immer 1 ccm Harn gegeben, bis der Trübungsgrad der
beiden Lösungen annähernd gleich zu sein scheint. Die Kölbchen
werden dann mit aqua dest. zur Marke aufgefüllt und vorsichtig
einige Male zur Durchmischung umgewendet. Ein Schütteln ist
zu vermeiden, da sonst das Eiweiß ausflockt.

Die beiden Trübungen werden dann in einem Nephelometer
oder auch einfach in einem Kolorimeter miteinander verglichen.

---

[1] J. of biol. Chem. **18**, 273 (1914). Hinsichtlich nephelometrischer Eiweiß-
bestimmung (Serumeiweiß, Albumin, Kasein) vgl. Rona und Kleinmann:
Biochem. Z. **140**, 461 (1923); **150**, 444 (1924); **155**, 34 (1925).

Ist die Standardlösung auf 20 eingestellt, so soll die Trübung der unbekannten Lösung nicht weiter entfernt sein, als den Ablesungsgrenzen 10 und 30 entspricht.

Berechnung. Setzt man die Standardlösung auf 20 und ist h die Ablesung der unbekannten, so ergibt sich $20 : h$ gleich $x : 10$, wenn x die unbekannte Proteinmenge in mg ist. Hat man a ccm Harn verwendet, so folgt für $x = \dfrac{200}{ha}$ mg Eiweiß pro ccm Harn.

Die Methode ist nicht anwendbar für Harne, die durch Blut- oder Gallenfarbstoffe stark verfärbt sind. Sie stimmt nach Angabe der Verff. mit der gravimetrischen Methode gut überein. Die Methode ist für klinische Zwecke infolge ihrer schnellen Durchführbarkeit zweckmäßig. Doch ist zu beachten, daß die Trübungswerte von Albumin und Globulin nicht gleich sind und daher die Zusammensetzung des Harneiweißes für die Messung nicht gleichgültig ist.

Kolorimetrische Bestimmung von Gesamteiweiß wie von Albumin und Globulin nach Autenrieth[1] in der Modifikation von Hiller[2].

Prinzip. Das Gesamteiweiß wird durch Trichloressigsäure gefällt. Globuline werden in einer andern Probe durch 44% ig. Natriumsulfatlösung gefällt; im Filtrat wird Albumin durch Trichloressigsäure ausgeflockt. Gesamteiweiß wie Albumin werden in Natronlauge gelöst und nach Zusatz von Kupfersulfatlösung (Biuretreaktion) gegen eine Standard-Biuretlösung kolorimetrisch bestimmt.

Reagentien. 1. Biuretstandardlösung: 0,4 g Biuret werden in Wasser gelöst und ad 150 ccm verdünnt. 5 ccm der Lösung enthalten 13,33 mg Biuret und sind kolorimetrisch äquivalent 12,3 mg Harneiweiß. 2. Trichloressigsäurelösung 10 % ig. 3. Natronlauge 3 % ig. 4. Kupfersulfatlösung $(CuSO_4 + 5 H_2O)$ 20 % ig. 5. Natriumsulfatlösung 44 % ig (wasserfreies Na_2SO_4).

Ausführung. Eine Harnmenge, die 8—20 mg Eiweiß (Vorprobe) enthält, wird mit dem gleichen Volumen 10 % ig. Trichloressigsäurelösung versetzt; der Niederschlag wird auf einem angefeuchteten Filterchen gesammelt und unter Nachspülen des Reagenzglases, in welchem die Fällung vorgenommen wurde, mit heißem Wasser so lange ausgewaschen, bis das Filtrat ammoniakfrei ist, d. h. mit Neßlers Reagens keine Färbung mehr gibt. Man

---

[1] Münch. med. Wschr. Jg. 62, H. 42, 1417 (1915) und Jg. 64, H. 8, 241 (1917).
[2] Proceed. of the Soc. f. exper. Biol. a. Med. 24, 385 (1927).

setzt den Trichter auf einen kleinen Meßzylinder und löst das Eiweiß mit 3% ig. Natronlauge aus Reagenzglas und Filter vollständig heraus, bis das Volumen des Filtrates 9,5 ccm beträgt. Dann fügt man 0,25 ccm 20% ig. Kupfersulfatlösung hinzu, füllt ad 10 ccm auf und schüttelt 2—3 Min. lang tüchtig durch. Nach 5—10 Min. langem Absetzen kann man häufig eine für die kolorimetrische Bestimmung ausreichende Menge klar abgießen, sonst filtriert man durch ein trocknes Filterchen, verwirft aber die zuerst durchgegangenen Tropfen. Es wird gegen eine völlig gleichbehandelte Biuretstandardlösung kolorimetriert. Man verwendet eine gemessene Menge derselben so, daß die Farben der zu vergleichenden Lösungen möglichst gleich sind. Der kolorimetrische Vergleich erfolgt, wenn die Lösung ihre maximale Farbtiefe erreicht hat, was bei eiweißreichen Lösungen mitunter erst nach 1—2stündigem Stehen der Fall ist.

Berechnung. Man berechnet die mg Biuret, die als Standard verwandt sind und hieraus die kolorimetrisch entsprechende Eiweißmenge. 1 mg Biuret gibt eine Färbung, die der von 0,924 mg Harneiweiß entspricht. 5 ccm Standardlösung, entsprechend 13,33 mg Biuret, sind kolorimetrisch 12,3 mg Harneiweiß äquivalent. Der Eiweißgehalt des untersuchten Harnvolumens ergibt sich gemäß der bekannten, kolorimetrischen Beziehung $\frac{c}{c_1} = \frac{h_1}{h}$. Zur Bestimmung der Albumin- und Globulinmenge fällt man in 50 ccm des Harnes das Globulin durch Zusatz eines gleichen Volumens 44% ig. Na_2SO_4-Lösung, fällt im Filtrat die Albumine mit Trichloressigsäurelösung wie beim Gesamteiweiß und bestimmt die Albuminmenge, wie bei der Bestimmung des Gesamteiweißes beschrieben ist.

Die Menge Globulin ergibt sich als Differenz zwischen Gesamteiweiß und Albumin.

Nachweis der Albumosen.

Qualitativer Nachweis.

Albumosen, d. h. Abbauprodukte des Eiweißes, die beim Erhitzen nicht gerinnen, wohl aber aussalzbar sind und die Biuretreaktion geben, kommen im normalen Harn nicht vor, dagegen können sie bei zahlreichen pathologischen Zuständen — wie bei den meisten Fieberkrankheiten — auftreten. Die Albumosen stellen Gemische verschiedenartiger und daher auch verschiedenartig reagierender Abbauprodukte dar.

1. **Nachweis durch Eiweißreaktionen.** Die Albumosen zeigen Eiweißreaktionen (s. d.) mit Ausnahme der Kochprobe. Auf das besondere Verhalten von Albumosen gegenüber den einzelnen Eiweißreaktionen ist bei den einzelnen Eiweißproben hingewiesen.

2. **Nachweis nach Bang[1] mittels der Biuretreaktion.** 10—20 ccm Harn werden mit festem Ammoniumsulfat (8—16 g) gesättigt, zum Kochen erhitzt und einige Sekunden im Sieden erhalten. Die ausgeschiedenen Albumosen und das koagulierte Eiweiß schwimmen auf der salzgesättigten Flüssigkeit und setzen sich beim Sieden an den Wandungen des Proberöhrchens ab. Dann gießt man die Flüssigkeit mit dem im Überschuß zugesetzten Salz ab. Um aus dem Niederschlag — der, wenn er nicht vollständig den Wandungen des Röhrchens anhaftet, abfiltriert werden muß — das den Nachweis störende Urobilin zu entfernen, versetzt man den Niederschlag reichlich mit Alkohol und rührt mit einem Glasstäbchen den Bodensatz mit dem Alkohol tüchtig um. Ist Urobilin in größeren Mengen vorhanden, zieht man zuerst mit Alkohol, dann mit Chloroform und schließlich wieder mit Alkohol aus. Der Rückstand wird mit 3—4 ccm Wasser versetzt, aufgekocht und filtriert; das vorhandene, genuine Eiweiß bleibt zurück. Im Filtrat sind vorhandene Albumosen zugegen, die man mit der „Biuretreaktion" nachweist. (Enthält die Lösung noch Urobilin, so ist sie mit Chloroform auszuschütteln.) Dann macht man die Untersuchungslösung mit starker Natronlauge alkalisch und fügt tropfenweise ganz stark verdünnte Kupfersulfatlösung hinzu. Das anfangs ausfallende Kupferoxydhydrat löst sich beim Umschütteln mit **purpurvioletter** Farbe. Nur diese Farbe ist charakteristisch für die „Biuretreaktion". Ein Überschuß von Kupfer macht nach Salkowski[2] die Farbe blauviolett. Diese Färbung ist nicht charakteristisch, da sie auch durch Eiweiß entsteht.

Bei Anwesenheit von geringen Albumosemengen ist die alkalische Albumosenlösung mit der verdünnten Kupfersulfatlösung zu überschichten.

Mit diesem Verfahren sind bis zu 0,05 % Albumosen in 20 ccm Harn nachzuweisen, gegebenen Falles sind größere Harnmengen zu verwenden.

Enthält der Harn Hämatoporphyrin, so scheidet man dieses vorher durch Zusatz einiger Tropfen Bariumchloridlösung ab.

---

[1] l. c. (S. 298 dieses Praktikums) S. 84. Vgl. auch Spaeth: l. c. (S. 355 dieses Praktikums) S. 455.

[2] l. c. (S. 435 dieses Praktikums) S. 119.

Die Bestimmung körperfremder Harnbestandteile.

Anorganische Substanzen.

Bestimmung des Broms.

Nach Eingabe von Bromverbindungen erscheint nur ein Teil des Broms (22—32%) im Harn.

Qualitativer Nachweis.

1. Der Nachweis kleinster Brommengen entspricht dem Vorgehen bei der quantitativen Bestimmung (siehe diese).

2. Bei Gegenwart größerer Brommengen nach Eingabe verfährt man wie folgt:

a) Man verascht den Harn, da Brom in organischer Bindung vorliegen kann. Dann gibt man zur Harnprobe Natriumkarbonat, dampft zur Trockne ein, verkohlt ohne zu glühen, extrahiert die Asche mit Wasser und gibt zu dem Filtrat starkes Chlorwasser und Salzsäure.

Schüttelt man die Lösung mit Schwefelkohlenstoff oder Chloroform aus, so zeigt gelbe bis gelbbraune Färbung des Ausschüttelungsmittels Brom an. Der Nachweis wird verfeinert, wenn man das Lösungsmittel mit Wasser auswäscht und dann mit einer wäßrigen Jodkaliumlösung versetzt. Das Brom macht Jod frei, das das Chloroform rot-rotviolett färbt.

b) Reaktion auf Bromionen nach Jolles[1] ohne Veraschung.

Die Harnprobe wird in einem enghalsigen Kölbchen mit Schwefelsäure angesäuert und mit Kaliumpermanganat bis zur bleibenden Rotfärbung versetzt. In den Hals des Kölbchens wird ein angefeuchteter Streifen eines Reagenzpapieres gehängt, das man durch Tränken eines stärkefreien Filterpapieres mit einer wäßrigen Lösung von p-Dimethylphenylendiamin 1:1000 und Trocknen erhält. Hierauf wird im Wasserbade erwärmt.

Bei Anwesenheit von Brom, selbst in Spuren, zeigt das Reagenzpapier einen Farbenring, der, innen violett, am Rande in blau, grün, braun übergeht.

---

[1] Z. anal. Chem. Jg. 37, H. 7, 439 (1898).

Quantitative Bestimmung.

Unmittelbare titrimetrische Bestimmung von Brom neben Chlor im Harn s. S. 384.

Titrimetrische Bestimmung des Broms in der Harnasche nach Berglund[1]-Nencki und Schoumow-Simanowski[2]-Frey[3].

Prinzip. Aus der Asche von Harn und andern organischen Materialien wird Brom durch Natriumpyrosulfat und Kaliumpermanganat frei gemacht und durch einen Luftstrom in eine Jodkalilösung übergetrieben. Das frei gemachte Jod wird mittels Thiosulfatlösung titrimetrisch bestimmt.

Reagentien. 1. Natriumkarbonat, wasserfrei. 2. Kaliumpermanganat. 3. Natriumpyrosulfat, 10%ig. Lösung, deren fünfter Teil mit Soda neutralisiert und dann mit den übrigen vier Fünfteln vermischt ist. 4. Jodkalilösung, 10, 5 und 2%ig. 5. Thiosulfatlösung, 0,01 n, durch Verdünnen von 0,1 n Lösung frisch herzustellen.

Apparate. Erlenmeyerkolben mit kurzem und langem Einleitungsrohr zum Luftdurchsaugen. Vor das kurze Rohr wird ein Watteröhrchen (Luftreinigung), an das lange Rohr werden 3 Waschflaschen angeschaltet und mit einer Wasserstrahlpumpe verbunden.

Ausführung. 10—15 g Organbrei bzw. Blut oder Harn werden in einer Platinschale mit Soda eingedampft und bei Dunkelrotglut verbrannt. Die noch vorhandene Kohle wird mit Wasser ausgezogen, nach dem Trocknen nochmals verbrannt und die Asche mit Wasser ausgezogen (s. auch die Vorschrift für Veraschung in der folgenden Methode). Die vereinigten wäßrigen klaren Lösungen werden ad 100 ccm gebracht und aliquote Teile (2mal je 10 bzw. 5—15 ccm) zur Brombestimmung verwandt. Der Rest kann zur titrimetrischen Gesamthalogenbestimmung dienen.

Die zur Brombestimmung entnommene Menge wird im Erlenmeyerkolben der Apparatur auf 40 ccm verdünnt und mit 1 g Kaliumpermanganat sowie 20 ccm der Natriumpyrosulfatlösung (s. Reagentien 3.) versetzt. Das frei gemachte Brom wird dann während 30 Min. (nach Oppenheimer[4] 3/4—1 Std.) durch einen kräftigen Luftstrom in die Waschflaschen, die je 50 ccm einer 10, 5 und 2%ig. Jodkalilösung enthalten, gesogen. Das frei ge-

[1] Z. anal. Chem. Jg. 24, H. 2, 184 (1885).
[2] Arch. f. exper. Path. **34**, 313 (1894).
[3] Z. exper. Path. u. Ther. **8**, 29 (1911). Vgl. auch Bernoulli: Arch. f. exper. Path. u. Pharm. **73**, 355 (1913).
[4] Arch. f. exper. Path. u. Pharm. **89**, 17 (1921).

machte Jod wird mittels 0,01 n Natriumthiosulfatlösung zurücktitriert.

Berechnung. 1 ccm 0,01 n Thiosulfatlösung = 1 ccm 0,01 n Jodlösung = 1 ccm 0,01 n Bromlösung = 0,7992 mg Brom.

Nach Oppenheimer ist diese Methode der Modifikation (s. w. u.) vorzuziehen. Doch soll für Brommengen unter 20 mg der Analysenfehler (nach Bernoulli bei Gegenwart von Kochsalz 1—2%) ansteigen.

Modifikation der vorangehenden Methode nach von Wyss[1] in der Ausführung von Markwalder[2].

Prinzip. Das Prinzip ist das gleiche wie in der vorangehenden Methode, nur wird an Stelle des Permanganats Chromsäure als Oxydationsmittel benutzt. Im Gegensatz zu Bernoulli finden Ellinger und Kotake[3] sowie Markwalder folgende Ausführung zweckmäßig.

Reagentien. 1. Natriumbikarbonat, puriss. pro analysi. 2. Chromsäure puriss. 3. Jodkalilösung, 10%ig. 4. Natriumthiosulfat, 0,1 n. 5. Phosphorsäure, spez.Gew. 1,7, mitWasser verdünnt imVerhältnis 1:4. 6.Wasserstoffsuperoxydlösung, 10%ig.

Apparate. 1. Rundkolben von etwa 400 ccm Vol. mit eingeschliffenem Glasstopfen und mit einem den Boden des Kolbens fast erreichenden Einlaufs- und einem kurzen Abzugsrohr. Das Einlaufsrohr erweitert sich nach außen trichterförmig und ist durch einen Glashahn verschließbar. 2. Zwei Gaswaschflaschen von je etwa 300 ccm Inhalt mit Anschluß an Saugpumpe.

Ausführung. a) Veraschung des Harnes. Etwa 50—100 ccm Harn werden mit analysenreinem Natriumbikarbonat versetzt, im Nickeltiegel auf dem Wasserbad eingedampft und dann vorsichtig verascht. Die Asche wird mit heißem Wasser vollständig extrahiert und filtriert. Der wäßrige Auszug muß farblos sein; erscheint das Filtrat verfärbt, so ist dasselbe erneut einzudampfen und einer Soda-Salpeterschmelze zu unterwerfen. Das farblose Filtrat der Harnasche wird in kleiner Porzellanschale auf dem Wasserbad zur Trockne eingedampft.

b) Bestimmung des Broms. Der Rundkolben wird mit etwa 15—20 g kristallisierter Chromsäure beschickt und den beiden zusammengekuppelten Gaswaschflaschen, die mit 10%ig. Jodkalilösung aufgefüllt sind, vorgeschaltet. Die Apparatur wird an die Saugpumpe angeschlossen, mit deren Hilfe während der ganzen

---

[1] Arch. f. exper. Path. u. Pharm. 55, 263 (1906) und 59, 186 (1908).
[2] Arch. f. exper. Path. u. Pharm. 81, 130 (1917).
[3] Arch. f. exper. Path. u. Pharm. 65, 87 (1911).

Versuchsdauer ein reger, aber nicht stürmischer Luftstrom durch das System gesogen wird. Der Luftstrom wird entweder durch die Pumpe selbst oder durch den am Eingußrohr des Rundkolbens angebrachten Hahn reguliert. Das durch Vorbehandlung des Harnes gewonnene Analysenmaterial wird auf folgende Weise in den Rundkolben überführt. Die in Substanz vorliegenden Alkalisalze des Harnes werden durch Phosphorsäure (s. Reagentien 5.) gelöst. Es genügen hierfür 10—20 ccm, die in einzelnen Portionen zur Lösung der Salze und zum Einspülen in den Kolben verwendet werden. Die Schale wird durch etwa 15 ccm H_2O_2 quantitativ ausgespült. Weiter werden in etwa viertelstündigen Zwischenräumen je 10 ccm Wasserstoffsuperoxydlösung in den Rundkolben nachgegossen. Der Kolben selbst wird vorsichtig angewärmt (nach Ellinger und Kotake im Wasserbad auf 50—60⁰). Nach Verlauf von etwa 45 Min. wird die Verbindung mit der Saugpumpe unterbrochen und unmittelbar hierauf das in den Gaswaschflaschen frei gewordene Jod mittels Natriumthiosulfatlösung titrimetrisch bestimmt. 1 ccm 0,1 n Lösung entspricht 7,992 mg Br.

Kolorimetrische Bestimmung kleinster Brommengen nach Bernhardt und Ucko[1].

Prinzip. Nach Veraschung des organischen Materiales wird mit dem wäßrigen Ascheauszug die Guareschische Reaktion angestellt. (Violettfärbung des Schiffschen Aldehydreagenses, d. i. durch schweflige Säure entfärbtes Fuchsin durch Brom.) Da die Färbung durch andere Aschenbestandteile beeinflußt wird und außerdem die Farbtiefe nicht proportional dem Bromgehalte ist, wird die Methode als „Schwellenwertsmethode" ausgebildet. D. h. es wird diejenige Menge des Aschenauszuges ermittelt, die gerade noch deutlich die Reaktion gibt und derjenigen Menge einer Kaliumbromidlösung gleichgesetzt, die unter gleichen Bedingungen gleichartige Reaktion aufweist.

Reagentien. 1. Bromfreies, destilliertes Wasser. 2. Schwefelsäure, 25%ig. 3. Natronlauge, pur. 33%ig. 4. Chlorwasser, offizinell, 1:5 verdünnt. 5. Ätznatron oder Ätzkali, pur. 6. Phenolphthalein (1%ig. alkohol. Lösung). 7. Indikator: 100 mg ganz fein gemörsertes, reines Fuchsin werden in 100 ccm verdünnter, schwefliger Säure, in der Wärme (etwa 60⁰) gelöst und 24 Stunden im Eisschrank stehen gelassen. Das Fuchsin ist dann völlig gelöst und die Flüssigkeit bis auf einen schwach gelblichen Farbton entfärbt. Herstellung der schwefligen Säure: In einem Kölbchen (unter dem Abzug) macht man mit Natriumbisulfit und Schwefelsäure (konzentriert) SO_2 frei und leitet es in Wasser ein. Zum Auflösen

---

[1] Biochem. Z. **155**, 174 (1925); **170**, 459 (1926).

des Fuchsins verwendet man eine SO_2-Lösung, von der 1 ccm 0,5—0,6 ccm 0,1 n NaOH gegen Phenolphthalein verbraucht. Der fertige Indikator, den man zur Kontrolle noch einmal gegen 0,1 n NaOH ohne Indikatorzusatz titrieren kann, verbraucht pro ccm etwa 0,2 ccm 0,1 n NaOH bis zur ausgesprochenen Rotfärbung. Zuviel schweflige Säure vermindert die Feinheit der Reaktion, zu wenig schweflige Säure verursacht, daß der Indikator einen rötlichen Farbton, der das Erkennen des Violetts erschwert, gibt. Der Indikator hält sich etwa 8—14 Tage im Eisschrank, muß aber vor jeder Untersuchung durch eine Leerbestimmung kontrolliert werden (destilliertes Wasser + 0,7 ccm 25%ig. H_2SO_4 + 0,15 ccm Indikator + einige Tropfen Chlorwasser). Es muß sich sofort ein gelblicher Farbton einstellen; tritt Rotfärbung ein, so ist der Indikator nicht mehr brauchbar. 8. Standardlösung. Lösung von 0,1489 g Kaliumbromid (Kahlbaum) auf 1 Liter bromfreies destilliertes Wasser. 1 ccm dieser Lösung enthält 0,1 mg Br (0,5 ccm = 0,05 mg Br) wurde als „Grenzwert" bei der angegebenen Anordnung gefunden). Ein Bromgehalt der Reagentien ist durch eine Blindbestimmung zu ermitteln.

Ausführung. Die organische Substanz (von Blut etwa 25 ccm Oxalatblut) wird im Nickeltiegel mit 2—3 g Ätznatron oder Ätzkali verascht. Bei größeren Organmengen wird mehr Ätzkali angewandt.. Die Substanz wird auf kleiner Flamme zur Trockne gebracht, vorsichtig verkohlt, der Rückstand mittels eines Glasstabes zerkleinert und kurz auf starker Flamme geglüht. Ein längeres Glühen ist zu vermeiden. Nach mehrstündigem Stehen glüht man wiederum bzw. so oft, bis ein völlig grauweißer Rückstand vorliegt, den man mit Wasser von 40—50° auszieht und filtriert. Es ist zweckmäßig, den Rückstand vorher mit einigen Tropfen Wasser zu versetzen und nochmals zu glühen. Das Filtrat, das völlig farblos sein muß, wird auf 50 oder 100 ccm aufgefüllt. In ein kleines Kölbchen gibt man eine aliquote Menge (z. B. die 4 ccm Vollblut entsprechende Filtratmenge), fügt einen Tropfen Phenolphthaleinlösung hinzu und säuert mit 25%ig. Schwefelsäure bis zum völligen Austreiben der Kohlensäure an. Man schüttelt das Gefäß nach dem Säurezusatz stark, um die Kohlensäure völlig zu entfernen; eine ungenügende Kohlensäureaustreibung hindert den Ausfall der Bromreaktion. Dann neutralisiert man die Lösung genau mittels Natronlauge. Darauf werden 1,5 ccm 25%ig. Schwefelsäure sowie 0,15 ccm des Indikators (s. Reagentien 7.) hinzugefügt. Nunmehr gibt man 2 Tropfen Chlorwasser hinzu, schüttelt um, beobachtet die Farbe und fährt mit den Chlorwasserzugaben fort, indem man mindestens jedesmal 1 Min. verstreichen läßt und gut schüttelt, bis eine Farbenänderung eintritt. Als Kontrollen zur Farbbeurteilung benutzt man erstens reines, destilliertes Wasser, zweitens eine Blindbestimmung mit Wasser, die einen gelblichen Farbton annimmt, drittens eine schwachviolette Bromfärbung (z. B. Bestimmung von 0,07—0,1 mg Brom).

Ist in der Filtratmenge genügend Brom enthalten, so zeigt sich eine, wenn auch ganz schwache, doch deutlich violette Farbe; im anderen Falle geht die Farbe langsam in einen gelben, gelblichroten oder gelblichbraunen Farbton über. Je nach dem Ergebnis wird die Bestimmung mit einer geringeren oder größeren Menge des Filtrates wiederholt (z. B. mit einer Filtratmenge, die 3 oder 5 ccm Blut entspricht). Hierdurch gelingt es, den Schwellenwert zu finden, der gerade eine Bromreaktion zeigt. Er ist auf etwa 0,5 ccm Blut festzulegen.

Beispiel: 25 ccm Oxalatblut verascht, geglüht, ausgezogen: Filtrat klar, auf 100 ccm aufgefüllt.

16 ccm Filtrat (= 4 ccm Blut) ergeben gelbe Farbe; bei der ersten Farbänderung zeigt sich ein etwas rötlicher Ton, jedoch kein Violett.

20 ccm Filtrat (= 5,0 ccm Blut) ergeben schwach, aber deutlich violette Farbe, die etwa beim 8. Tropfen Chlorwasser auftritt und nach weiterem Chlorwasserzusatz bald in Gelb übergeht.

18 ccm Filtrat (= 4,5 ccm Blut) ergeben kein Violett.

20 ccm Filtrat (= 5,0 ccm Blut) haben sich somit als Schwellenwert ergeben, entsprechen also 0,05 mg Brom; demnach enthält das Blut 1,0 mg-Proz. Br.

Bestimmung des Jods.

Qualitativer Nachweis.

Der qualitative Nachweis kleinster Jodmengen entspricht der quantitativen Bestimmung (s. w. u.).

Beim Nachweis von Jod im Harn nach Eingabe von Jodverbindungen verfährt man:

a) **zum Nachweis von Jodiden,** indem man:

α) 10 ccm Harn mit einigen Tropfen rauchender Salpetersäure oder Bromwasser versetzt und die Lösung mit Chloroform oder Schwefelkohlenstoff ausschüttelt. An Stelle von Salpetersäure oder Bromwasser kann man den Harn auch mit 0,5 ccm 1% ig. Kaliumnitritlösung und 1 ccm 1 : 1 verdünnter Schwefelsäure versetzen und mit Chloroform oder Schwefelkohlenstoff ausschütteln.

Bei Anwesenheit von Jod wird das Chloroform oder der Schwefelkohlenstoff violettrot gefärbt. Die Färbung verschwindet bei Zusatz von Natriumthiosulfatlösung (Unterschied gegen eine Färbung des organischen Lösungsmittels durch Harnfarbstoffe, die durch Natriumthiosulfat unbeeinflußt bleibt).

β) Einige ccm Harn werden nach Zusatz des Oxydationsmittels (s. *α*) mit Stärkelösung versetzt. Blaufärbung bei Gegenwart von Jod.

b) zum Nachweis von organisch gebundenem Jod bzw. von kleinen Jodmengen — die sich dem Nachweis entziehen können, da die organischen Harnbestandteile Jod zu binden vermögen — verfährt man, indem man die Harnprobe unter Sodazusatz eindampft, den Rückstand in einer Eisenschale unter vorsichtigem Erhitzen (nicht Glühen) verkohlt, mit Wasser auszieht und den Auszug wie unter a) angegeben auf Jodionen prüft.

Quantitative Bestimmung.

Gravimetrische Bestimmung des Jodes als Palladojodid nach Winkler[1] in der Ausführung nach Bernhardt[2].

Prinzip. Nach Veraschung der organischen Substanz durch Erhitzen mit Ätzkali und Natriumsuperoxyd wird das Jod mittels Palladochloridlösung als Palladojodid gefällt und gewogen.

Reagentien. 1. Chloroform. 2. Ätzkali. 3. Natriumsuperoxyd pulv. 4. Natriumsulfit. 5. Salzsäure verd. 6. Palladochloridlösung 0,5%ig. an Palladium. 0,5 g metallisches Palladium werden unter gelindem Erwärmen in 5 ccm starker Salpetersäure gelöst. Die Lösung wird in einer Glasschale auf dem Dampfbad eingetrocknet, der Rückstand in 10 ccm starker Salzsäure gelöst, die Lösung eingetrocknet und dies Verfahren noch zweimal wiederholt. Der Rückstand wird in 10 ccm 10%ig. Salzsäure unter Zusatz von 1 ccm Alkohol gelöst, auf 100 ccm mit aqua dest. aufgefüllt und nach 24 Stunden filtriert.

Ausführung. Der Harn (unter Chloroformzusatz gesammelt) wird nach Abtrennung der Chloroformschicht zur Trockne eingedampft. Der Trockenrückstand wird mit 10 g pulverisiertem Ätzkali und 5 g Natriumsuperoxydpulver innig vermengt und nach mehrstündigem Trocknen bei 75⁰ im Platintiegel über ganz kleiner Flamme erhitzt, bis eine klare Schmelze vorliegt. Die wäßrige Lösung der Schmelze wird schwach salzsauer gemacht, mit einigen Körnchen Natriumsulfit bis nahe zum Sieden erhitzt und einige Minuten auf dieser Temperatur belassen. Hierdurch wird das in der oxydierenden Schmelze entstandene Jodat wieder quantitativ zu Jodid reduziert. Hierauf wird die Lösung im offenen Gefäß so lange gekocht, bis auf weiteren Zusatz von Salzsäure kein Geruch nach schwefliger Säure mehr wahrzunehmen ist (im allgemeinen genügt ein Kochen von 10 Minuten). Nun fällt

<hr>

[1] Z. angew. Chem. Jg. 31, I, 102 (1918); Z. anal. Chem. 60, 422 (1921).
[2] Z. anal. Chem. 76, 351 (1928).

man nach **Winkler** mit einer salzsauren Lösung von Palladochlorid (s. Reagent. 6.) in der Siedehitze unter Zusatz von etwas Kochsalz. Der Niederschlag wird nach 24—48stündigem Stehenlassen bei 37⁰ durch einen Goochtiegel abgesaugt, mit 50 ccm kaltem Wasser gewaschen, bei genau 132⁰ getrocknet und gewogen.

Berechnung. Da 1 Mol Palladojodid (360,54) 2 Atomen Jod (2·126,92) entspricht, so erhält man die gesuchte Jodmenge durch Multiplikation des Niederschlaggewichtes mit 0,704.

Kolorimetrische Bestimmung des Jods nach Anten[1]-Autenrieth[2].

Prinzip. Nach Veraschung des Harnes wird in der Aschenlösung Jod durch Zugabe von Schwefelsäure und Natriumnitrit frei gemacht, mit einem organischen Lösungsmittel extrahiert und kolorimetrisch bestimmt.

Reagentien. 1. Kaliumhydroxyd, puriss. jodfrei. 2. Natriumnitrat, puriss. jodfrei. 3. Schwefelkohlenstoff. 4. Schwefelsäure, verdünnt. 5. Natriumnitritlösung, 1%ig. 6. Kaliumjodid-Standardlösung, 0,200 g Kaliumjodid im Liter enthaltend.

Ausführung. Eine abgemessene Harnmenge (z. B. 20 ccm) wird in einer Nickelschale mit ca. 2 g Kaliumhydroxyd (bei größeren Harnmengen entsprechend mehr) versetzt, zur Trockne gebracht, verkohlt und nach Zusatz von 1,5 g Natriumnitrat pro 20 ccm Harn bei möglichst niedriger Temperatur völlig verascht. Die Schmelze wird in wenig kaltem Wasser aufgenommen und filtriert; Schale und Filter werden nachgewaschen und die vereinigten Filtrate, die farblos sein müssen, auf ein gemessenes Volumen aufgefüllt. Die Lösung bzw. ein aliquoter Teil, der nicht mehr als 2 mg Jod enthalten darf, wird nach Zusatz von genau 10 ccm Schwefelkohlenstoff vorsichtig mit einem Überschuß verdünnter Schwefelsäure angesäuert, das frei gemachte Jod ausgeschüttelt und die violett gefärbte Schwefelkohlenstofflösung kolorimetrisch gemessen. Hierzu verwendet man nach **Anten** zylindrische, etwa 200 ccm fassende Gefäße mit kurzem Hals und eingeschliffenem Glasstopfen, die unten in ein 10 cm langes, etwa 12 mm weites Rohr mit flachem Boden endigen. Der Durchmesser dieses Rohres muß bei den beiden zu verwendenden Schüttelgefäßen genau gleich sein. In den Gefäßen, die gleich-

---

[1] Arch. f. exper. Path. u. Pharm. **48**, 331 (1902).
[2] Münch. med. Wschr. Jg. 59, Nr. 49, 2657 (1912).

zeitig zum Ausschütteln wie zur kolorimetrischen Bestimmung gebraucht werden, sinkt der gefärbte Schwefelkohlenstoff in die Röhre und füllt sie fast völlig aus. Zum Vergleich wird ein dem Volumen des Harnaschenfiltrates gleiches Volumen gesättigte Natriumsulfatlösung in das zweite Gefäß gegeben und mit 10 ccm Schwefelkohlenstoff sowie je 10 Tropfen verdünnter Schwefelsäure und 1%ig. Natriumnitritlösung versetzt. Hierauf wird unter starkem Schütteln aus einer Bürette tropfenweise Kaliumjodid-Standardlösung hinzugegeben, bis die Färbung des Schwefelkohlenstoffes derjenigen in dem andern Gefäße gleich ist.

Berechnung. Die verbrauchte ccm-Zahl Kaliumjodidlösung ergibt die Menge des in dem untersuchten Harnvolumen enthaltenen Jods ausgedrückt als Kaliumjodid.

An Stelle dieser Bestimmungsform kann man nach Autenrieth die Lösung des Jods in dem organischen Extraktionsmittel in einem Kolorimeter gegen eine möglichst farbgleiche Standardlösung kolorimetrieren. Es ist zweckmäßig, vorher mit bekannten Lösungen eine Eichkurve anzulegen.

Kolorimetrische bzw. titrimetrische Bestimmung kleinster Jodmengen nach Fellenberg in der Modifikation von Lunde[1].

Prinzip. Nach trockner Veraschung der organischen Substanz wird das als Jodid vorhandene Jod mit Alkohol extrahiert. Der Alkoholextrakt wird nochmals verascht und das Jod in der wäßrigen Lösung des Salzrückstandes entweder — nachdem es mit Nitrit-Schwefelsäure in Freiheit gesetzt ist — kolorimetrisch bestimmt oder nach Überführung in Jodat titrimetrisch ermittelt. Die Methode gestattet Bestimmungen bis zu $0{,}3\ \gamma - 0{,}1\ \gamma$ Jod ($1\ \gamma = 10^{-6}$ g).

Reagentien. 1. Kaliumkarbonatlösung: a) Eine gesättigte, wäßrige Lösung wird pro kg Kaliumkarbonat mit 30 ccm 0,1 n Silbernitrat-Lösung versetzt, durchgeschüttelt und aufgekocht; man läßt abkühlen. Die Lösung wird von der kolloidalen Silberverbindung entweder durch Ultrafiltration durch Kollodiumfilter getrennt oder 1—2 Wochen stehen gelassen und dann abgehoben. b) 1 kg Kaliumkarbonat schüttelt man mit je $^1/_2$—1 Liter 80%ig. reinem Alkohol je 6mal durch. Bei den ersten Ausschüttelungen läßt sich der Alkohol gut abgießen, später trennt man ihn im Scheidetrichter ab. Die erhaltene, wäßrige Kaliumkarbonatlösung (850—900 g K_2CO_3 pro Liter) ist als „gesättigte Lösung" im Verlauf der Methode anzuwenden. Die nach a) erhaltene Lösung ist hinsichtlich Jodverunreinigung

---

[1] Biochem. Z. **139**, 391 (1923); **152**, 116 (1924); **175**, 162 (1926); **193**, 94 (1928). Hinsichtlich einer Modifikation und weiteren Verfeinerung der Methode vgl. Höjer: Biochem. Z. **205**, 273 (1929).

reiner als die Lösung b); da sie nitrathaltig ist, wird sie bei den ersten Operationen, wo große Karbonatmengen verwendet werden, gebraucht. Bei den letzten Alkoholextraktionen, wo nur wenige Tropfen benötigt werden, wird Lösung b) verwandt. 2. Alkohol 95%ig. Nach Jochmann[1] in einer Destillationsapparatur mit Glasschliff über Kaliumkarbonat zu destillieren. 3. Kalilauge: 1 kg KOH (Kalium hydricum puriss. Merck) wird in einer Eisenschale in 500 ccm Wasser gelöst, die Lösung abgekühlt und nach einigen Stunden über Glaswolle filtriert. Die Kristalle werden mit wenig heißem Wasser gelöst; dann läßt man auskristallisieren, nutscht ab und wäscht mit 1 Liter Äther. Man stellt eine konz. wäßrige Lösung her. 4. Salzsäure puriss. konz. (auf Jodfreiheit zu prüfen). Zur evtl. Reinigung werden 500 ccm konz. Säure unter Zusatz von etwas Chlorwasser aus einer 2 Liter-Glasretorte destilliert. Das Destillat wird unter guter Kühlung in 500 ccm Wasser aufgefangen und mit 2 g Natriumbisulfit versetzt. 5. Chlorwasser. Nach Jochmann durch Sättigen von Wasser mit Chlor in einem Glasgefäß, das an der einen Seite einen eingeschliffenen Glasstöpsel, an der anderen einen Ablaufhahn hat, herzustellen, wobei die Luft völlig durch Chlor verdrängt werden muß. Wenige Tage haltbar. 6. Natriumnitratlösung 10 %ig. und 5 %ig.: Stets nach 8 Tagen frisch durch Verdünnen einer 50 %ig. Stammlösung herzustellen.

Zur kolorimetrischen Bestimmung. 7. Chloroform, über Kaliumkarbonat zu destillieren. 8. Nitrit-Schwefelsäure 0,05 g KNO_2 in 10 ccm 3 n H_2SO_4 (täglich frisch bereiten). 9. Jodkalium-Standardlösung: 130,7 mg KJ werden in aqua dest. ad 1000 ccm gelöst. 1 ccm Lösung enthält 0,1 mg J. 10. Aqua dest. über Kaliumkarbonat destilliert.

Zur titrimetrischen Bestimmung. 11. 0,004 n—0,002 n Thiosulfatlösung: Durch Verdünnen von 0,1 n Lösungen frisch bereitet. Titer gegen Jodlösung (durch Verdünnen von 0,1 n Lösung bereitet) stets frisch einzustellen. 12. Stärkelösung: aus wasserlöslicher Stärke (Kahlbaum) zu bereiten, 1 Minute im Sieden zu erhalten und dann sofort scharf unter der Wasserleitung zu kühlen.

Apparate. 1. Eisenschale, Durchmesser ca. 10 cm. 2. Nickeltiegel oder Platinschale. 3. Mikrobürette. 4. Jodausschüttelungsröhrchen: schräg abgeschnittene Röhrchen von 5 mm innerem Durchmesser und 80 mm Höhe.

Ausführung. a) Veraschung des Harnes. 10—40 ccm (normaler) Harn werden mit 1—3 ccm Kaliumkarbonatlösung (s. Reagentien 1. a)) versetzt und in einer flachen Eisenschale von etwa 10 cm Durchmesser zur Trockne verdampft. Der Rückstand wird gelinde erhitzt, ohne geglüht zu werden, mit Wasser befeuchtet und nochmals erhitzt, wobei der Boden der Schale nicht rotglühend werden darf. Der möglichst rein weiße Rückstand wird mehrere Male mit 95 %ig. Alkohol ausgewaschen, wobei der Alkoholauszug jedesmal vom Karbonatbrei abzugießen ist. Dieser wird in Wasser gelöst, zur Trockne gedampft und evtl. unter Zusatz einiger Tropfen 10 %ig. Natriumnitratlösung gelinde geglüht. Der nunmehr rein weiße Rückstand wird wiederholt mit Alkohol ausgewaschen. Die Alkoholauszüge sind mit den vorher erhaltenen Auszügen zu vereinigen. Sie enthalten das gesamte

[1] Biochem. Z. 194, 454 (1928).

Jod und geringe Mengen anderer Salze und werden nach Zusatz einiger Tropfen gesättigter Kaliumkarbonatlösung (s. Reagentien 1. b)) in einem flachen Nickeltiegel oder in einer Platinschale auf dem Wasserbade zur Trockne verdampft. Der Rückstand wird schwach geglüht und mit 95%ig. Alkohol extrahiert; dann wird die Alkohollösung nochmals in einem Nickeltiegel zur Trockne verdampft und der Salzrückstand ohne Zusatz von Kaliumkarbonat schwach erhitzt, wobei der Boden des Tiegels nicht ins Glühen kommen darf. Ist der Salzrückstand nach der zweiten Alkoholextraktion noch zu groß, so hat man das Glühen unter Kaliumkarbonatzusatz vor dem letzten Glühen noch zu wiederholen.

An Stelle dieses Vorgehens empfiehlt Lunde, den Rückstand des mit Kaliumkarbonat (s. Reagentien 1. a)) versetzten Harnes nach dem ersten Erhitzen mit Wasser aufzunehmen und von der unverbrannten Kohle abzufiltrieren. Der Kohlerückstand wird in der Eisenschale mitsamt dem Filter verbrannt, hierzu das schwach gelblich gefärbte Filtrat gefügt, eingedampft und verbrannt. Der weiße Rückstand wird mit Alkohol ausgezogen und zur Trockne gebracht. Auf ein zweites Glühen und erneute Extraktion kann verzichtet werden.

b) Veraschung von anderen organischen Materialien. Zu 10—50 g trockner Substanz wird Kaliumhydroxyd in einer Menge von 25% der trocknen Substanz gegeben. Fettarme Substanzen (pflanzliche Materialien) werden einige Zeit unter Wasserzusatz mit Kalilauge gekocht, bis sie von ihr durchdrungen sind. Fettreiche Substanzen werden mit Kaliumhydroxyd — in wenig Wasser gelöst — versetzt, mit Alkohol bedeckt und auf dem Wasserbade am Rückflußkühler etwa eine halbe Stunde erhitzt.

Zu 100 ccm Milch gibt man 10 g KOH, 30 ccm Alkohol und erhitzt, bis das Fett oben schwimmt, gießt dieses ab und verseift es gesondert mit alkoholischer Kalilauge.

100 g zerschnittenen Fleisches bzw. zerschnittener Organe versetzt man mit 10 g festem KOH, bis das Hydroxyd sich im Fleischsaft gelöst hat, fügt 30—40 ccm Alkohol hinzu und erhitzt auf dem Wasserbade am Rückflußkühler, bis Auflösung erfolgt.

Für 10 g Blut wendet man 1 g KOH an. Die vorbehandelte Substanz wird in einer Eisenschale mit flachem Boden zur Trockne gebracht und wie unter a) beschrieben weiter behandelt.

Jochmann[1] empfiehlt, die Alkoholextrakte zu sammeln, 10 Tropfen 5%ig. frischer Natriumnitratlösung hinzuzusetzen

---

[1] l. c. (S. 613 dieses Praktikums).

und nach Verdampfen des Alkohols den Salzrückstand im elektrischen Muffelofen auf 600° zu erhitzen.

Ist diese Temperatur erreicht, wird der gesamte Widerstand des Ofens eingeschaltet, der Tiegel aus dem Ofen nach 5 Minuten (bei ca. 550°) herausgenommen, vollständig erkalten gelassen, am äußeren Rande mit jodfreier Vaseline eingefettet und der Salzrückstand quantitativ unter Lösen in Wasser zur titrimetrischen Bestimmung in ein 50 ccm Erlenmeyerkölbchen übergeführt.

c) **Kolorimetrische Bestimmung.** Der letzte geglühte Rückstand wird in 0,3 ccm Wasser gelöst, in ein Jodausschüttelungsröhrchen gegeben und mit 0,01—0,02 ccm Chloroform aus einer geeichten feinen Pipette und 1 Tropfen frisch bereiteter Lösung von 1 Körnchen Kaliumnitrit in 3 ccm 3 n H_2SO_4 versetzt.

Man hält das Röhrchen nahezu wagerecht und klopft ca. 80 mal kräftig an den unteren Teil, wodurch der Chloroformtropfen die Lösung ausschüttelt. Gleichzeitig setzt man eine Reihe Vergleichslösungen an, die man durch Abmessen von 0,01, 0,02, 0,03 ccm der Standardlösung $= 1, 2, 3\ \gamma$ Jod $(1\ \gamma = 0{,}001\ \text{mg})$ hergestellt und in dem Ausschüttelungsröhrchen, genau so wie die unbekannte Lösung, erhalten hat. Man zentrifugiert die kräftig geschüttelten Röhrchen in einer Handzentrifuge ab, damit sich die Chloroformlösung klar zu Boden setzt.

Man bestimmt den Jodgehalt durch Einordnung der unbekannten Lösung in die Reihe der Standardlösungen. Hierbei ist der in der Schale verbliebene Flüssigkeitsrest in Rechnung zu ziehen; er ist durch Abwägen zu ermitteln. Die Genauigkeit der Bestimmung soll bei Jodmengen zwischen $0{,}3 — 2\ \gamma$ etwa $0{,}1\ \gamma$ betragen.

Übersteigt die kolorimetrische Jodmenge $2\ \gamma = 2 \cdot 10^{-6}$ g, so wird sie durch Titration kontrolliert bzw. allein titrimetrisch bestimmt. Zu diesem Zweck spült man den Inhalt des Röhrchens mitsamt dem in der Schale verbliebenen Flüssigkeitsrest in einen sorgfältig ausgedämpften 50 ccm Jenaer Erlenmeyerkolben und verfährt wie folgt:

d) **Titrimetrische Bestimmung.** Die von der kolorimetrischen Bestimmung stammende Flüssigkeit bzw. eine Lösung des veraschten Salzrückstandes wird in ein 50 ccm Erlenmeyerkölbchen gebracht, mit 2 Tropfen ca. 1 n HCl versetzt (nicht notwendig, wenn die Lösung von der Kolorimetrie her Nitrit-Schwefelsäure enthält) und mit frisch bereitetem Chlorwasser (0,5—1 ccm genügen meistens) oxydiert, bis ein hinzugefügter Tropfen Methylorange sofort entfärbt wird. Unter Zusatz eines Kalkspatsplitterchens oder Siedesteinchens aus feingekörntem, mit verdünnter

Salpetersäure ausgekochten und schwach geglühten Bimsstein wird die Lösung über freier Flamme auf $^1/_3$ ihres Volumens, möglichst auf 1—2 ccm, eingeengt. Die Lösung wird rasch abgekühlt, ein Körnchen KJ hinzugesetzt und das in Freiheit gesetzte Jod mittels Mikrobürette mit 0,004—0,002 n Thiosulfatlösung titriert.

Mit den angewandten Reagentien allein ist eine Blindbestimmung anzustellen und ihr Ergebnis von den analysierten Werten in Abzug zu bringen.

Berechnung. Da nach der Umsetzung

$$KJO_3 + 5KJ + 6HCl = 6KCl + 3H_2O + 3J_2$$

einem Grammatom Jod als Kaliumjodat 6 Grammatome freies Jod bei der Titration entsprechen, so ergibt 1 ccm 0,004 n Thiosulfatlösung 0,5077 mg Jod bei der Titration oder 0,0846 mg Jod in der untersuchten Substanzmenge.

Bestimmung des Arsens.

Im normalen Harne kommt Arsen nicht oder nur in Mengen bis zu einigen Tausendstel mg vor.

Arsenausscheidung in Form anorganischer Arsenverbindungen kann sowohl nach Arsenvergiftung als auch nach Zuführung organischer Arsenpräparate auftreten.

Bestimmung anorganischen Arsens.

Qualitativer Nachweis nach Marsh[1].

Prinzip. Die organische Substanz wird durch Kaliumchlorat und Salzsäure zerstört, das Arsen durch Schwefelwasserstoff gefällt, oxydiert und in schwefelsaurer Lösung im „Marshschen Apparat" in gasförmigen Arsenwasserstoff überführt. Der Arsenwasserstoff wird durch Erhitzen in Wasserstoff und metallisches Arsen zerlegt, das sich als „Arsenspiegel" abscheidet.

Reagentien. 1. Natriumkarbonat, krist. (pro analysi, Kahlbaum); nur bei Untersuchung von Flüssigkeiten, z. B. Harn notwendig. 2. Salzsäure für forensische Zwecke (Kahlbaum). 3. Kaliumchloratlösung konz. Kaliumchlorat (Kahlbaum) z. Analyse „mit Garantieschein". 4. Schwefelwasserstoff. Das Gas wird dadurch hergestellt, daß man eine Verdünnung von arsenfreier Salzsäure (1 Vol. konz. Salzsäure + 1 Vol. aqua dest.) in

---

[1] Vgl. Gadamer: Lehrb. d. chem. Toxikologie, Vandenhoeck u. Ruprecht, Göttingen (1924) und Neubauer-Huppert: Analyse des Harns II l. c. (S. 350 dieses Praktikums).

eine Lösung von Natriumhydrosulfid tropfen und das sich entwickelnde Gas durch eine Gaswaschflasche, die Wasser enthält, streichen läßt. Die Natriumhydrosulfidlösung wird hergestellt, indem man eine 33 % ig. Lösung von Natriumhydroxyd mit Schwefelwasserstoff sättigt und sie vor Gebrauch 4—5 mal verdünnt. Gewöhnlicher Schwefelwasserstoff aus Schwefeleisen und Säure bereitet, ist, da arsenhaltig, nicht anwendbar. 5. Schwefelammonium, gelb. Reines Ammoniak (s. 6.) wird mit Schwefelwasserstoff (s. 4.) gesättigt. Beim Aufbewahren geht das farblose Schwefelammonium in gelbes Polysulfid über. 6. Ammoniak, pro analysi. Auf Arsenfreiheit wie folgt zu prüfen: 100 ccm werden unter Zusatz einiger ccm Permanganatlösung zur Trockne eingedampft. Der Rückstand wird in Schwefelsäure gelöst und nach Marsh auf Arsen geprüft. Falls nicht arsenfrei, erfolgt folgende Reinigung: 200 ccm einer Lösung von 225 g Eisenalaun im Liter werden mit 200 ccm einer 2,4 % ig. Ammoniaklösung unter Umrühren bei Zimmertemperatur gefällt. Das ausgeschiedene Eisenhydroxyd wird mit kaltem Wasser ausgewaschen. Das Eisenhydroxyd wird in die in einer Literflasche befindliche Ammoniaklösung gebracht und längere Zeit heftig durchgeschüttelt. Nach einer Stunde wird filtriert. Prüfung wie oben. 7. Salpetersäure rauchende, pro analysi. 8. Schwefelsäure konz. puriss. arsenfrei. 9. Naturkupfer C (Kupferbronze), arsenfrei oder 10. 0,5 % ig. Kupfersulfatlösung, aus Kupfersulfat pro analysi. 11. Zink, pro analysi, arsenfrei, granulat. (Merck). Das Zink wird vor Gebrauch verkupfert: a) durch Zugabe einer Spur — ein größerer Gehalt an Kupfer bewirkt ein Zurückhalten von Arsen — Kupfer (s. 9.) zu dem geschmolzenen Zink oder b) durch kurzes Einlegen (1 Min.) in 0,5 % ig. Kupfersulfatlösung und

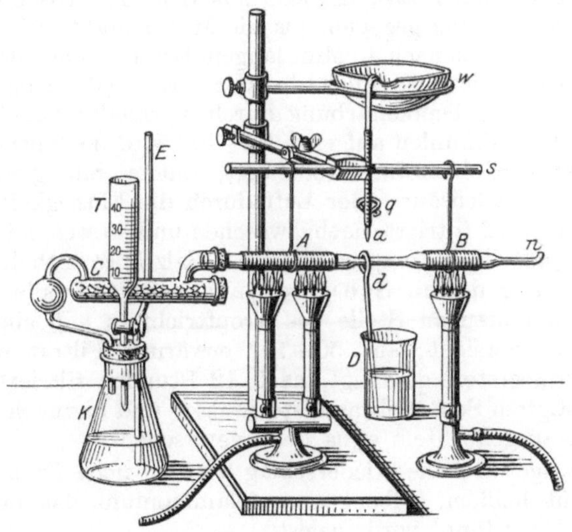

Abb. 135.

mehrmaliges Abspülen mit aqua dest. 12. Silbernitratlösung 50 % ig. 13. Kalziumchlorid, krist., puriss.

Apparate (s. Abb. 135). Der etwa 100—150 ccm fassende Kolben *K* ist mit dem mit Teilung versehenen Trichter *T*, dem mit haselnußgroßen Stücken kristallisierten Chlorkalziums gefüllten Trockenrohr *C* und der Sicherheitsröhre *E* versehen. An letzte schließt sich das Zersetzungsrohr aus schwer schmelzbarem Jenaer Glas an, das bei *A* und *B* mit Kupferdrahtnetz und bei *d* mit einem Lampendocht umwickelt ist, auf den aus der Schale *w* oder besser Becherglas, aus dem mit dem Quetschhahn *q* versehenen Schlauch *a* zur Kühlung beständig Wasser tropft. Das Zersetzungsrohr ist 5 mm weit und an zwei Stellen zu einer 1,5—2 mm weiten Kapillare ausgezogen.

Ausführung. 1. Zerstörung der organischen Substanz nach Fresenius und Babo. a) Vorbereitung der zu veraschenden Substanz. Feste Organteile werden mit einer sauberen vernickelten Schere in kleine Stücke zerschnitten. (Andere feste Bestandteile werden fein zerrieben.)

Harn oder andere Flüssigkeiten werden mit Natriumkarbonat bis zur schwach alkalischen Reaktion versetzt und zur Trockne eingedampft.

b) Zerstörung der organischen Substanz. Das vorbereitete Untersuchungsmaterial wird in einem mit Steigrohr und Tropftrichter versehenen Kolben mit 50 ccm konz. Salzsäure und Wasser bis zur breiartigen Konsistenz versetzt und auf dem Wasserbad erhitzt. Hierzu wird langsam aus dem Tropftrichter konz. Kaliumchloratlösung gegeben, bis die Masse praktisch gelöst ist und die Lösung sich nach 15 Min. langem Erhitzen nach der letzten Chloratzugabe nicht merklich dunkler färbt. (Bei längerem Erhitzen tritt stets Dunkelfärbung durch Verkohlung ein.)

Nach dem Abkühlen auf etwa 30—40° wird das überschüssige Chlor durch Kohlensäure verdrängt, indem ein gewaschener Strom von Kohlensäure oder Luft durch die Flüssigkeit geleitet wird. Dann wird filtriert, nachgewaschen und so weit mit Wasser verdünnt, daß die Lösung ca. 2% freie Salzsäure enthält.

2. Fällung durch Schwefelwasserstoff. Das im gleichen Kolben, den man an Stelle des Tropftrichters mit einem Einleitungsrohr versieht, auf 50—70° erwärmte Filtrat wird mit Schwefelwasserstoff gesättigt, nach 12 Stunden filtriert, zuerst mit gesättigtem Schwefelwasserstoffwasser und hiernach mehrere Male mit ausgekochtem aqua dest. gewaschen.

Der ausgewaschene Niederschlag wird in noch feuchtem Zustande mit heißem, gelbem Schwefelammonium, das mit etwas Ammoniak verdünnt wird, gelöst.

Das Filtrat dampft man in einer Schale zur Trockne, gibt zu dem Rückstand rauchende Salpetersäure und dampft wieder ein. Diese Behandlung wiederholt man so oft, bis der Rückstand nicht mehr braun erscheint. (Die Salpetersäurezugabe erfolgt unter Bedecken der Schale mit einem Uhrglase, das vor dem Eindampfen der Lösung abgespritzt wird.)

Der Rückstand wird zur Entfernung der Salpetersäure mit konzentrierter Schwefelsäure bis zum Entweichen weißer Dämpfe erhitzt und dann mit Wasser so weit verdünnt, daß die Lösung etwa 15% Schwefelsäure enthält.

3. Nachweis des Arsens im Marshschen Apparat (s. Abb. 135). In den Entwicklungskolben K, der mit 6—8 g verkupfertem Zink (siehe Reagentien 11.) versehen ist, gibt man 20 ccm Schwefelsäure (1 Vol. H_2SO_4 spez. Gew. 1,82 + 7 Vol. Wasser) und stülpt über die aufwärtsgebogene Spitze des Zersetzungsrohres (n) ein kleines, enges Reagenzglas. Nach etwa 20 Min. prüft man, ob der Apparat luftfrei geworden ist, indem man das Reagenzglas vorsichtig mit der Öffnung nach unten abhebt, mit dem Daumen verschließt und einer Flamme nähert. Der Apparat ist luftfrei, wenn der Inhalt des Reagenzglases ruhig ohne pfeifendes Geräusch abbrennt.

Nunmehr wird der der Ausströmungsspitze nächstgelegene, nicht verjüngte Teil des Rohres B durch eine Bunsenflamme zur Rotglut erhitzt, während man von Zeit zu Zeit kleine Mengen von Schwefelsäure in das Entwicklungsgefäß nachgibt, so daß eine regelmäßige Gasentwicklung bestehen bleibt.

Zeigt sich innerhalb ca. 1 Stunde rechts (gemäß Abb. 135) von der Erhitzungsstelle kein Arsenspiegel, so sind Apparat und Reagentien verwendbar, und man erhitzt nun die dem Entwicklungsgefäß nächstliegende, unverjüngte Stelle A mit einem Zweibrenner. Gleichzeitig beginnt man mit der Kühlung des kapillaren mit einem Lampendocht umwickelten Teiles d des Rohres, indem man ständig aus der Schale w, bzw. einem Becherglas, Wasser tropfen läßt. Sobald schwache Rotglut eingetreten ist, gibt man in kleinen Portionen die zu prüfende Lösung in das Entwicklungsgefäß und kühlt dasselbe durch Einstellen in Wasser. Zeigt sich nach Zugabe des letzten Anteils innerhalb ½—1 Stunde kein Arsenspiegel, so ist die Gegenwart irgendwie bedeutsamer Arsenmengen ausgeschlossen. Die Empfindlichkeit der Methode reicht bis auf einige $^1/_{1000}$ mg As, evtl. noch weiter hinab.

Der Arsenspiegel ist charakterisiert durch bräunliche bis braunschwarze Farbe und starken Glanz. Häufig ist eine braune und eine metallglänzende Zone vorhanden. (Ein Spiegel aus Antimon stammend ist grau bis sammetschwarz und liegt meist vor und hinter der erhitzten Stelle. Hinsichtlich der genauen Unterscheidung von Arsen- und Antimonspiegeln und Flecken wird auf die Lehrbücher der analytischen Chemie verwiesen.)

Gleichzeitig wird das ausströmende Gas entzündet, das eine 2—3 mm hohe Flamme geben soll. Nur wenn größere Arsenmengen vorliegen, wird Arsenwasserstoff unzersetzt durchgehen und durch die Flammenfärbung und durch Arsenflecken — die man erzeugt, indem man die Flamme kurze Zeit mit einer innen durch Wasser gekühlten Porzellanschale niederdrückt — erkannt werden können. Bei geringeren Arsenmengen wird erst nach dem Erkalten der erhitzten Stellen diese Reaktion auftreten.

Hat man eine Anzahl von Arsenflecken erzeugt, so wird die Flamme ausgeblasen, der Geruch des austretenden Gases beobachtet (knoblauchartig!) und ein mit 50%ig. Silbernitratlösung getränktes Filterpapier über das ausströmende Gas gehalten. Arsenwasserstoff ruft einen zitronengelben Fleck hervor. ($AsH_3 + 6\,AgNO_3 = [AsAg_3 + 3\,AgNO_3] + 3\,HNO_3$).

Darauf wird das Rohr 180^0 um seine Achse gedreht und die Spitze in verdünnte Silberlösung eingetaucht. Es entsteht durch AsH_3 ein deutlicher, schwarzer Niederschlag von metallischem Silber ($12\,AgNO_3 + 2\,AsH_3 + 3\,H_2O = 12\,Ag + 12\,HNO_3 + As_2O_3$)

Quantitative Bestimmung.

Bestimmung des Arsens mittels der Marshschen Apparatur[1].

Prinzip. Das im Marshschen Apparat als Arsenspiegel abgeschiedene metallische Arsen wird gegen die Spiegel einer mit abgemessenen Arsenmengen hergestellten Normalskala verglichen.

Reagentien. 1. Arsentrioxyd, reines, sublimiertes. 2. Natriumkarbonat krist., pro analysi (Kahlbaum). 3. Verdünnte Schwefelsäure hergestellt aus konz. H_2SO_4 (D.A.B.), arsenfrei. 4. Phosphorpentoxyd. 5. Sonstige Reagentien und Apparate wie die beim qualitativen Nachweis nach Marsh.

Ausführung. a) **Herstellung von Normalspiegeln.** Man löst 0,1 g reines, sublimiertes Arsentrioxyd in wenig Natriumkarbonatlösung, säuert mit verdünnter Schwefelsäure an und verdünnt ad 1000 ccm. Von dieser Lösung werden 10 ccm auf 1 Liter verdünnt; 1 ccm der Verdünnung enthält 0,001 mg As_2O_3. Mißt man hiervon 1 ccm, 2 ccm, 3 ccm usw. aufsteigend ab und bringt sie der Reihe nach in den Marshschen Apparat, so erhält man die

---

[1] Treadwell: Lehrb. d. anal. Chem. I, l. c. (S. 397 dieses Praktikums), s. auch Literatur S. 616 dieses Praktikums.

entsprechenden Spiegel. Um dieselben haltbar zu machen, gibt man in den erweiterten Teil der Röhren ein wenig Phoshporpentoxyd und schmilzt die Röhren zu. Im Dunkeln aufbewahrt halten sich die Spiegel sehr lange.

b) **Zur Bestimmung** verwendet man nur Arsenmengen unter 0,05 mg, da sich die mit größeren Mengen Arsen hergestellten Spiegel schlecht schätzen lassen. Es wird wie beim qualitativen Nachweis verfahren (s. S. 616).

Die schwefelsaure Arsenlösung wird auf ein bestimmtes Volumen aufgefüllt und ein aliquoter Anteil verwandt. Ergibt sich bei der Bestimmung der Arsengehalt als zu hoch, so verdünnt man einen Teil der Ausgangslösung (abgemessen) mit verdünnter Schwefelsäure. Zur Bestimmung verwendet man einen aliquoten Anteil und bringt von ihm einige Tropfen in den Reduktionskolben K. Erscheint nach 3—4 Minuten kein Spiegel, so fügt man $^1/_8$—$^1/_4$ der zu analysierenden Lösung hinzu und wenn nach 5 Minuten kein Spiegel erscheint, schließlich die ganze Lösung. Nach 25 Minuten hat sich, falls nicht mehr als 0,05 mg Arsentrioxyd vorhanden waren, alles Arsen als Spiegel abgeschieden. Man hält den Apparat noch 10 Minuten im Gange, löscht die Flamme, läßt im Wasserstoffstrome erkalten und vergleicht den erhaltenen Spiegel mit der angegebenen Skala von Spiegeln bekannten Arsengehaltes.

Titrimetrische Bestimmung des Arsens nach Bang[1].

Prinzip. Die Methode beruht auf nasser Veraschung der zu untersuchenden Substanz, Reduktion des Arsens mit Ferrosalz, Abdestillation als Arsentrichlorid und jodometrischer Bestimmung der arsenigen Säure. Bang hat mit der Methode Bestimmungen bis zu etwa 0,1 mg Arsen hinab durchgeführt.

Reagentien. 1. Schwefelsäure konz. (puriss., Merck). 2. Salpetersäure konz., rauchend, puriss. (300—500 ccm eindampfen und den Rückstand auf Arsen prüfen). 3. Kaliumpermanganat puriss. 4. Ferrosulfat (Mohrsches Salz puriss., evtl. umzukristallisieren). 5. Kaliumchlorid (pro analysi Kahlbaum). 6. Bromkalium (pro analysi Kahlbaum). 7. Natronlauge 20%ig, nitritfrei (entweder aus Natriumoxyd e metallo herzustellen oder puriss. Kahlbaum). 8. Natrium- oder Kaliumkarbonat (puriss., pro analysi). 9. Jodkalium, krist., purum. 10. Stärkelösung 1%ig. 1 g löslicher Stärke wird in 5 ccm Wasser aufgeschwemmt, die Mischung in kochende, gesättigte KCl-Lösung gegossen, worauf sich die Stärke sofort löst. Alte Lösungen geben einen schlechten Umschlag. 11. Jodlösung 0,005 n. 5 ccm 0,1 n Jodlösung mit aqua dest. ad 100 ccm verdünnen oder

---

[1] Biochem. Z. **161**, 195 (1925).

5 ccm 0,1 n HCl mit 1 ccm 2%ig. Kaliumjodat-Lösung und 1 g Kaliumjodid lösen und mit abgekochtem aqua dest. auf 100 ccm auffüllen.

Apparate. 1. Apparatur zur Veraschung und Destillation, bestehend aus Tropftrichter, Kjeldahl- und Fresenius-Kolben gemäß Abb. 136. 2. Mikrobürette nach Bang.

Ausführung. a) Veraschung von Harn und anderen Flüssigkeiten. $^1/_{10}$ der Harntagesmenge wird in einen Meßzylinder gebracht und $^1/_5$ des Volumens rauchende Salpetersäure unter Umrühren zugesetzt; 100—150 ccm des Gemisches werden in einen Kjeldahlkolben gefüllt, während der Rest in den über dem Kolben befindlichen Tropftrichter gegossen wird (s. Abb. 136); einige Tonscherben werden in den Kolben gegeben. Nun wird zum Kochen erhitzt, wobei anfangs starke Schaumbildung auftritt (Flamme entfernen!). Das Kochen erfolgt dann

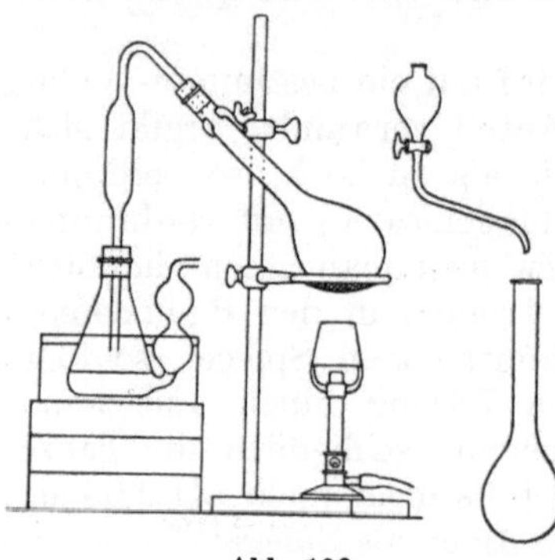
Abb. 136.

ruhig und regelmäßig unter beständigem Zutropfen aus dem Trichter. Wenn das ganze Volumen auf etwa 50 ccm konzentriert ist, werden auf einmal einige ccm Salpetersäure zugegeben; das Kochen wird fortgesetzt, bis die Flüssigkeit auf 10—15 ccm eingeengt ist. Nach Abkühlung wird auf Chlor geprüft. (Mit einem Kapillarrohr wird 1 Tropfen entnommen und in eine Silbernitratlösung getropft.) Ist Chlor vorhanden, so werden noch einige ccm Salpetersäure und 10—15 ccm Wasser zugesetzt; man fährt mit dem Kochen fort, bis die Flüssigkeit abermals auf 10—15 ccm konzentriert ist. Eine schwach positive Chlorreaktion ist bedeutungslos.

Nach Abkühlung werden vorsichtig 25 ccm konz. Schwefelsäure zugesetzt, wobei von neuem starke Schaumbildung auftritt. Man vermeidet diese, wenn man die Säure vorsichtig und unter Umrühren zugibt.

Die Verbrennung erfolgt nun, wie unter b), angegeben unter tropfenweiser Zufügung von Salpetersäure.

Sollte bei der Verbrennung eine größere Menge Schwefelsäure verbraucht werden, so ist dieselbe zu ersetzen. Hierzu wägt man den Kolben. Nach Abzug des Eigengewichts des Kolbens soll das durchschnittliche Gewicht des Inhaltes etwa 40 g betragen.

b) Veraschung von festen Materialien. Das Untersuchungsmaterial wird in fein verteiltem Zustande in einen 300 ccm-Kjeldahlkolben gebracht und mit 20—22 ccm konz. Schwefelsäure übergossen und gut durchgeschüttelt. Das Gemisch wird vorsichtig über einem Mikrobrenner bis zur beginnenden schwachen Verkohlung erwärmt, worauf man anfängt, unter fortgesetzter Erwärmung tropfenweise (alle 4—8 Sek.) konz., rauchende Salpetersäure zuzufügen. Wenn der Inhalt gelöst ist und die Flüssigkeit sich geklärt und gelb gefärbt hat, hört die Salpetersäurezufuhr auf; der Kolben wird jetzt stärker erwärmt. Nimmt die Flüssigkeit hierbei eine dunklere Färbung an, so beginnt man bei kleiner Flamme wieder mit dem Salpetersäurezusatz. Fast immer entfärbt sich der Inhalt nach Zugabe einiger Tropfen Salpetersäure. Jetzt erhitzt man den Kolben, bis weiße Schwefelsäuredämpfe entweichen. Wenn die Farbe sich nach 10—15 Min. langem Erhitzen nicht mehr ändert, ist die Verbrennung vollständig (evtl. muß der Salpetersäurezusatz mehrmals wiederholt werden). Das verbrauchte Volumen Salpetersäure wird vermerkt. Man entfernt den Brenner und läßt den Kolben abkühlen. 50 ccm aqua dest. werden zugesetzt, was eine Entwicklung von nitrosen Gasen zur Folge hat. Der Kolben wird unter Zugabe von Siedesteinen von neuem erwärmt, bis alles Wasser verdampft ist. Sobald weiße Schwefelsäuredämpfe auftreten, vermerkt man die Zeit und setzt die Erwärmung noch 15 Min. fort, um die letzten Spuren evtl. noch vorhandener Salpetersäure zu vertreiben. (Ist die Verbrennung unvollständig gewesen, so bekommt der Inhalt des Kolbens hierbei eine dunklere Farbe und die Behandlung muß wiederholt werden.)

Der Inhalt des Kolbens soll entweder farblos oder in der Wärme schwach gelb gefärbt sein. In der Regel tritt keinerlei Fällung ein. Um sich zu vergewissern, daß die Verbrennung vollständig ist, kann man einen kleinen Permanganatkristall in die Flüssigkeit werfen, die dabei eine violette Farbe annehmen soll.

c) **Bestimmung.** Nach Abkühlung des Kolbens werden 30 ccm aqua dest. zugesetzt. Inzwischen gibt man in den Freseniuskolben 30 ccm 20%ig. Natronlauge, 100 ccm Wasser und 2 Tropfen Phenolphthaleinlösung, verbindet ihn mit dem Destillationskolben und setzt ihn in eine Schale mit kaltem Wasser.

In den Kjeldahlkolben wird ein weithalsiger Trichter gesetzt und ein Teelöffel Mohrsches Salz eingefüllt, worauf man unter der Wasserleitung abkühlt.

Zu der vollständig abgekühlten Flüssigkeit gibt man einen Teelöffel KBr und 20 g KCl. Ohne Umschütteln wird der Kolben dann mit dem Destillationsapparat verbunden und stark erhitzt. Die

Destillation beginnt unter starker Gasentwicklung. Anfangs entweicht ein Teil des Salzsäuregases durch das Seitenrohr des Freseniuskolbens, ohne von der Lauge absorbiert zu werden, doch bleibt alles Arsen in der Vorlage zurück. Nach Verlauf einiger Minuten nimmt der Inhalt des Freseniuskolbens eine schwachrote Farbe an, die immer intensiver wird. Schließlich tritt plötzliche Entfärbung ein. Damit ist die Destillation beendet.

Der Freseniuskolben wird entfernt und ein Teelöffel Natriumbikarbonat hineingegeben. Man läßt auf Zimmertemperatur abkühlen, setzt etwa 50 ccm Wasser hinzu, spült mit der Spritzflasche den Inhalt des Seitenrohres in den Kolben, gibt 10 Tropfen Stärkelösung und einen Jodkaliumkristall hinzu und titriert mit 0,005 n Jodlösung, bis Blaufärbung eintritt.

Mit den gleichen Reagenzmengen, wie sie bei der Analyse verwandt wurden (auch Veraschung) wird eine Blindbestimmung durchgeführt. Der Arsengehalt der Reagentien wird von dem analysierten in Abzug gebracht.

Berechnung. Da nach der Gleichung

$$As_2O_3 + 2H_2O + 4J \rightleftarrows 4HJ + As_2O_5$$

1 Mol As 2 Mole J verbraucht, so entspricht 1 ccm 0,005 n Jodlösung 0,1874 mg Arsen.

Nephelometrische Bestimmung kleinster Arsenmengen nach Kleinmann und Pangritz[1].

Prinzip. Die Methode beruht auf der Veraschung organischer Substanzen mittels von Arsenspuren gereinigter Schwefel- und Salpetersäure, Isolierung des Arsens durch Abdestillation als Arsentrichlorid, Oxydation des Arsens zu Arsensäure und Erzeugung einer Trübung in der neutralisierten Arsensäurelösung mittels eines Kokain-Molybdänreagenses. Die Trübung wird nephelometrisch gegen eine Standardtrübung bekannten Arsengehaltes gemessen. Die Methode erlaubt Bestimmungen bis zu 0,0005 mg Arsen.

Reagentien. Die Verunreinigung der Reagentien mit Arsen spielt beim Nachweis kleinster Arsenmengen eine wesentliche Rolle. Alle in größeren Mengen anzuwendenden Reagentien sind daher wie folgt von Arsen zu reinigen. 1. Schwefelsäure. Eine größere Menge konz. Schwefelsäure (pro analysi, Kahlbaum) füllt man in eine große, flache Porzellanschale und gibt etwa 10% des angegebenen KCl-KBr-$FeSO_4$-Gemisches (s. 4.), sowie 20 mg Cu als $CuSO_4$ pro 100 ccm H_2SO_4 zur völligen Entfernung der HCl unter ständigem

---

Rühren hinzu. Die Säure wird unter öfterem Rühren 1—2 Std. im Sieden erhalten. Arsenspuren entweichen als $AsCl_3$. 2. Salpetersäure. Aus $NaNO_3$ (pro analysi, Kahlbaum, mit Garantieschein) und der nach 1. gereinigten Schwefelsäure wird in einem Schliffdestillationsapparat mit absteigendem Kühler aus 2 Mol $NaNO_3$ und 1 Mol H_2SO_4 rauchende Salpetersäure entwickelt und abdestilliert. 3. 10 %ig. Kupfersulfatlösung. 4. Kaliumchloridmischung. 100 Gewichtsteile gepulvertes KCl (pro analysi Kahlbaum) werden mit 10 Gewichtsteilen KBr und 5 Gewichtsteilen $FeSO_4$ (beide fein gepulvert) gemischt, mit destilliertem Wasser zu einem dünnen Brei verrieben, mit einigen ccm Salzsäure (für forensische Zwecke, Kahlbaum) versetzt und auf dem Wasserbad, später auf kleiner Flamme, bis zur Trockne erhitzt. 5. Kaliumbromid (pro analysi, Kahlbaum). 6. Eisensulfat oxydul. krist. (pro analysi, Kahlbaum). 7. Perhydrol (Merck). 8. Salzsäure, 1,19, für forensische Zwecke. 9. Natronlauge 1 n. 10. Trübungsreagens. Zu 1 Volumteil 1 %ig. Kaliummolybdatlösung werden 2 Volumteile 1 n HCl gegeben und umgeschüttelt, worauf unter weiterem Umschütteln 1 Volumteil 2 %ig. Kokainhydrochloricumlösung hinzugefügt wird. Das Reagens ist wochenlang haltbar; vor der Analyse wird es durch ein quantitatives Filter (Schleicher und Schüll, Blauband) filtriert. 11. Standardlösung. 1 g reinste Arsensäure (Acid. arsenic. puriss., Kahlbaum) in dest. Wasser zu 1 Liter gelöst, enthält 1 mg H_3AsO_4 im ccm. Durch Verdünnung mit aqua dest. werden Lösungen von 0,1, 0,01 und 0,001 mg H_3AsO_4 im ccm hergestellt.

Apparate. 1. Nephelometer nach Kleinmann (Schmidt und Haensch, Berlin). 2. Schliffdestillationsapparat mit absteigendem Kühler zur Salpetersäureherstellung. 3. Destillationsapparatur zur $AsCl_3$-Destillation. Als Destillationsgefäß dient ein 500 ccm fassender Jenaer Destillationskolben mit tiefem, seitlichem Ansatzrohr. Der Kolben wird oben mit einem in Salzsäure ausgekochten Gummipfropfen verschlossen und mit einem schräg absteigenden Kugelkühler verbunden. Der Kugelkühler taucht in eine Sicherheitsvorlage (s. Abb. 137). Die Vorlageflüssigkeit paßt sich den Druckverhältnissen während der Destillation an und verhindert ein Zurücksteigen und Arsenverluste.

Ausführung. 1. Veraschung. a) Organe. Eine abgewogene Organmenge wird gut zerkleinert und auf dem Wasserbad möglichst vollkommen getrocknet, eine gewogene Menge Trockensubstanz (bis zu 20 g) in einen 300 ccm fassenden Kjeldahlkolben gebracht und mit einer abgemessenen Menge rauchender, arsenfreier Salpetersäure versetzt. (Zur Lösung von 20 g Trockenpulver sind etwa 20 ccm Salpetersäure erforderlich.) Bei starkem Schäumen muß der Kolben in einem Wasserbad gut gekühlt werden. Die Organmasse löst sich in ca. 25—30 Min. zu einer klaren, dunkelbraunen Flüssigkeit.

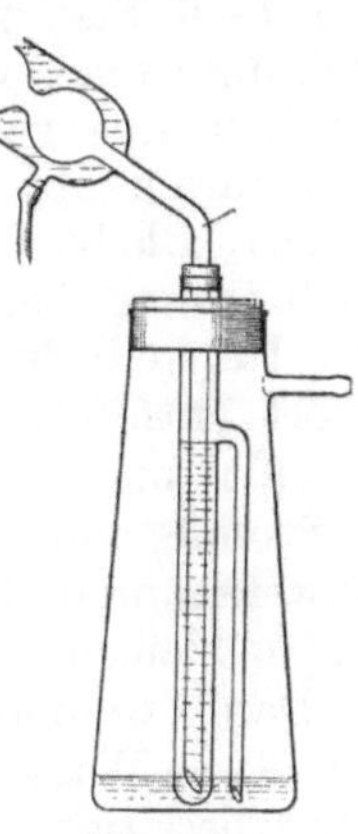

Abb. 137.

Nach dem Erkalten des Kolbens werden 20—25 ccm konz.,

arsenfreie Schwefelsäure und 10—12 Tropfen einer 10%ig. $CuSO_4$-Lösung als Katalysator zugesetzt.

Die Reaktion, die nie zu heftig werden soll, wird durch Umschütteln oder vorsichtiges Erwärmen auf einem Mikrobrenner eingeleitet. Immer ist die Reaktion am Anfang so heftig, daß man den Kolben von der Flamme entfernen und gut kühlen muß. Hat die Reaktion nachgelassen, so wird der Kolben wieder über den Mikrobrenner gestellt und sofort unter fortgesetztem Erwärmen mit der tropfenweisen Zuführung von rauchender Salpetersäure begonnen. Zur vollständigen Veraschung von etwa 20 g Trockensubstanz sind etwa 70—90 ccm Salpetersäure (bei fettreichem Material entsprechend mehr) erforderlich. Die verbrauchten Säuremengen sind zur späteren Bestimmung des Reagensblindwertes an Arsen abzumessen. Zur Salpetersäurezuführung wird ein graduierter Meßhahntrichter mit zweimal stumpfwinklig gebogenem Ableitungsrohr verwandt, welcher über dem aufrecht stehenden Kolben so angebracht wird, daß der Hahn des Trichters gut reguliert werden kann und die ausfließende Salpetersäure direkt auf die Schwefelsäure im Kolben tropft.

Die Höhe des Kolbens über der Sparflamme wird so reguliert, daß bei Salpetersäurezusatz von 1 Tropfen pro 10—12 Sekunden das gelinde Kochen anhält. Im Verlaufe von 3—5 Stunden wird die Flamme nach und nach bis zur vollen Flammengröße eines starken Bunsenbrenners erhöht und die Säurezufuhr auf 1 Tropfen pro 4—6 Sek. gebracht. Bei 20 g Trockenpulver ist die Veraschung nach etwa 7—8 Stunden beendet. Hat das Veraschungsgemisch eine gelbe Farbe angenommen, so wird die Salpetersäurezufuhr abgestellt und mit voller Flamme noch etwa 20 Min. erhitzt. Bleibt beim Entweichen von Schwefelsäuredämpfen die Gelbfärbung bestehen, so wird die Verbrennung abgebrochen. Bei Dunkelfärbung durch Kohleausscheidung wird die Flamme sofort entfernt, der Kolben schnell unter der Wasserleitung gekühlt und unter weiterer Salpetersäurezufuhr mindestens ¼ Stunde lang erhitzt. Bei 10 Min. langem Kochen der schwefelsauren Lösung muß die Gelbfärbung unverändert bestehen bleiben.

Dann werden durch mehrmaliges Aufkochen, nach Zugabe von etwas Wasser, Reste von Salpetersäure und Nitrosylschwefelsäure beseitigt.

b) **Harn und andere Flüssigkeiten.** Eine abgemessene Menge Harn wird mit NaOH alkalisch gemacht und auf dem Wasserbad nahezu zur Trockne gebracht. Der Rückstand wird mit etwas aqua dest. versetzt und durch tropfenweises Zugeben von rauchender Salpetersäure vorsichtig in Lösung gebracht.

Die weitere Behandlung erfolgt wie unter a) angegeben.

2. Abtrennung des Arsens aus der Veraschungsflüssigkeit. Die bei der Veraschung gebildete Arsensäure wird durch Zusatz von Ferrosulfat zu As_2O_3 reduziert und dann durch Zusatz von KCl in Gegenwart von etwas KBr in eine Vorlage von NaOH als $AsCl_3$ abdestilliert.

Das erhaltene Veraschungsgemisch wird in den Destillationskolben (siehe unter Apparate 3.) gegossen, der mit etwas aqua dest. nachgespült wird. Hierzu werden 2 g KCl und 0,2 g KBr sowie etwa 2 g Eisensulfat gegeben. Die Apparatur wird sofort geschlossen. In die Vorlage werden ca. 30 ccm 1 n NaOH gegeben. Diese Reagenzmengen beziehen sich auf Arsenmengen über etwa 0,01 mg H_3AsO_4. Für Mengen unter 0,01 mg Arsensäure werden zur Destillation 0,5 g KCl, eine Spur KBr und 0,5—1 g Ferrosulfat und als Vorlage 7,5 ccm 1 n NaOH verwandt.

Während der ersten 5 Min. muß unbedingt ganz vorsichtig erhitzt werden, so daß die Luftblasen nur in langsamer Folge die Vorlage passieren; erst wenn die vorgelegte Lauge langsam zurückzusteigen beginnt, wird mit voller Flamme gekocht. Die Destillation wird nach 25—30 Min. abgebrochen.

Nach beendeter Destillation wird die Verbindung zwischen Kühler und Vorlage gelöst, der Kühler (mit Ableitungsrohr) sorgfältig mit aqua dest. in eine mindestens 200 ccm fassende Porzellanschale abgespült, die Vorlage auseinandergenommen und die Vorlageflüssigkeit und die Spülwässer von den beiden Teilen der Vorlage (Reagenzglas mit Ansatzrohr und Saugflasche) hinzugegeben. Das Gesamtdestillat soll nach der Destillation deutlich lackmusalkalisch sein. Ist dies nicht der Fall, so muß das Destillat sofort durch ein paar Tropfen 1 n Lauge alkalisch gemacht werden. Nach Zugabe von etwa 10 Tropfen Perhydrol (Merck) wird die Flüssigkeit auf dem Wasserbade eingeengt, bis auf ein Volumen, das schätzungsweise kleiner ist als das, auf welches man die zu messende Lösung auffüllt (s. w. u.). Nach Entfernung der Schale vom Wasserbad werden 1 Tropfen Phenolphthalein und zur Neutralisation wenige Tropfen verdünnte, forensische Salzsäure hinzugegeben. Dann wird wieder kurze Zeit auf dem noch warmen Wasserbad erwärmt (bei starkem Erhitzen kann Arsenverlust eintreten). Nach dem Wiederauftauchen der roten Farbe genügen 1—2 Tropfen Säurezusatz zur vollständigen Neutralisation. Ein Filtrieren dieser Lösung ist nicht notwendig, wenn man sie auf 50 oder 100 ccm auffüllt. Von einem geringen Bodensatz (Silikate aus den Laugen) kann abgehoben werden. Bei größerer Silikatausscheidung, speziell wenn man zur Bestimmung kleinster Arsenmengen nur auf 10 ccm auffüllt, ist es erforderlich, die Flüssigkeit durch ein Glasfilter (Schott, Jena), welches man vorher in wenig forensische Salzsäure gelegt und mit dest. Wasser gut abgespült hat, in das Meßgefäß zu filtrieren und mit wenigen Tropfen aqua dest. nachzuspülen.

3. Ausführung der Messung. Zur Messung wird ein beliebiges aber gemessenes Volumen der zu analysierenden Lösung, das für die Benutzung des Makronephelometers gewöhnlich 10 ccm, mindestens aber 7,5 ccm betragen muß, mit einem gleichen Volumen des klar filtrierten Reagenses versetzt. Die zur Bestimmung vorliegende Arsenmenge soll zwischen 0,06—0,0025 mg Arsen liegen. Das anzuwendende Volumen und das Volumen auf das man zuvor auffüllt, richtet sich nach der As-Menge (evtl. Vorversuch).

Für die Mikronephelometrie, zu der nur 5 ccm Gesamtvolumen notwendig sind, also nur 2,5 ccm Untersuchungsflüssigkeit anzuwenden sind, kann die zu bestimmende Arsenmenge auf rund 0,0005 mg Arsen (in diesem Volumen) herabgehen.

Die Mischung von Arsenlösung und Reagens erfolgt in kleinen Flaschen mit Glasstopfen, die eine Durchmischung der Lösung gestatten. Am besten sind zur Messung Trübungen von etwa 0,05—0,005 mg Arsen in den angewandten 7,5—10 ccm geeignet. Gleichzeitig wird eine As-Standardlösung gleichartig angesetzt.

Die Zugabe des Reagenses zu den zu untersuchenden und den Standardlösungen soll gleichzeitig erfolgen. Die Standardlösung soll so gewählt sein, daß sie möglichst gleich der Konzentration der zu untersuchenden Lösung ist. Es empfiehlt sich daher, mehrere Konzentrationen von Standardlösungen zum Vergleich anzusetzen.

Trübungen mit Arsenmengen bis zu 0,01 mg H_3AsO_4 herab in einem Endvolumen (Lösung + Reagens) von 15 ccm werden nach 20 Minuten langem Stehen gemessen; Trübungen, die weniger als 0,01 mg H_3AsO_4 in diesem Volumen enthalten, werden nach 30 Minuten langem Stehen in der darauffolgenden halben Stunde gemessen. Die vorhandene Größenordnung ist durch vergleichende Schätzung gegenüber den Standardtrübungen ersichtlich. Die Innehaltung dieser Zeiten ist notwendig, um sicher das Maximum der Trübung vor sich zu haben und um andererseits Ausflockung der Trübung zu vermeiden.

Hinsichtlich der Technik der Nephelometrie siehe Bd. I dieses Praktikums S. 30.

Der Fehler der Gesamtmethode beträgt ca. 2—3%. Stets ist der evtl. As-Gehalt der Reagentien durch einen Blindversuch mit gleichen Reagenzmengen (einschließlich Veraschung) zu ermitteln und in Abzug zu bringen.

Berechnung. Ist c die Konzentration der Standardlösung, x die Konzentration der unbekannten Lösung, h die Einstellungshöhe der Standardlösung und h_1 die Einstellung der unbekannten Lösung, so ergibt sich

$$x = \frac{c \cdot h}{h_1}$$

in demjenigen Maßstabe, in dem die Konzentration von c angegeben ist.

Bestimmung organischer Arsenpräparate.

Nachweis von Atoxylarsen.

Unter dem Namen „Atoxylarsen" wird Arsen bezeichnet, das in Form von Atoxyl, Arsazetin oder einem Kondensationsprodukt des Atoxyls mit Aldehyden oder Ketonen vorliegt.

Atoxylarsen wird zum größten Teil schon nach 24 Stunden unverändert im Harn ausgeschieden.

Qualitativer Nachweis.

Der Harn wird, wenn stark gefärbt, mit einer geringen Menge frisch ausgekochter Tierkohle entfärbt, filtriert, mit Schwefelsäure angesäuert und mit einigen Tropfen einer 0,5%ig. Natriumnitritlösung versetzt. Gibt man hierzu:

a) eine salzsaure α-Naphthylaminlösung, so entsteht eine purpurrote Färbung;

b) eine salzsaure β-Naphthylaminlösung, so entsteht eine mehr ziegelrote Färbung bzw. Ausfällung;

c) eine alkalische Lösung von α-Naphthol, so entsteht eine rote Färbung, die bei weiterem Zusatz von Natronlauge bis zur alkalischen Reaktion noch an Intensität zunimmt. Diese Probe ist weniger empfindlich als a) und b), aber sicherer.

Alle drei Reaktionen beweisen nur die Gegenwart einer aromatischen Amidoverbindung. Es ist daher im Kuppelungsprodukt Arsen nachzuweisen. Hierzu wird der nach b) erhaltene Niederschlag ausgewaschen, verascht (evtl. mit Natriumnitrat geschmolzen) und auf Arsen geprüft.

Tritt keine Reaktion ein, so ist Atoxyl nicht zugegen. Evtl. nach Marsh gefundenes Arsen ist als anorganisches Arsen zu deuten.

Bei positivem Ausfall der Reaktion bleibt noch die Gegenwart von Mineralarsen nachzuweisen. Man fällt Atoxyl nach der Probe b) quantitativ aus und weist im Filtrat, nach Veraschung (s. S. 618) anorganisches Arsen nach.

Bestimmung des Salvarsans.

As = As   As = As

H_2N NH$_2$ H_2N N$\overset{H}{\underset{CH_2OSONa}{}}$.

OH   OH   OH   OH

Salvarsan   Neosalvarsan

Die Ausscheidung von unverändertem Salvarsan bzw. von einem die Diazoreaktion gebenden Abbauprodukte (s. quantitative Bestimmung) erfolgt nach Autenrieth und Taege im Harn nur in ganz geringen Mengen (5—6%). Das Salvarsan wird schnell im Körper oxydiert. Die Ausscheidung ist etwa innerhalb 6 Stunden nach der Einspritzung beendet. Dagegen zieht sich die Ausscheidung von Arsen bei Körpern der Salvarsangruppe in die Länge.

Qualitativer Nachweis.

1. **Altsalvarsan,** 7—8 ccm frisch gelassenen Harnes werden nach Ansäuern mit 5—6 Tropfen konzentrierter Salzsäure durch Zusatz von 3—4 Tropfen 0,5%ig. Natriumnitritlösung diazotiert.

Bei Zusatz von 5—6 ccm alkalischer, farbloser 10%ig. Resorzinlösung entsteht Rotfärbung. Man kann die Reaktion auch als Schichtprobe ausführen.

Im Gegensatz zum Atoxyl bewirkt nur α-Naphthylamin (nicht β) nach der Diazotierung allmählich eine Rubin- bis Violettrotfärbung.

2. **Neosalvarsan.** a) Das im Formaldehydsulfoxylatrest des Neosalvarsans vorhandene Formaldehyd läßt sich innerhalb 3 bis 4 Stunden nach intravenöser Zufuhr nach Abelin[1] nachweisen.

10—15 ccm sauren, evtl. angesäuerten Harnes werden mit 2 ccm 1%ig. frisch bereiteter und filtrierter Lösung von salzsaurem Phenylhydrazin erwärmt; die Mischung wird abgekühlt und mit 1 ccm einer 5%ig. frisch bereiteten Lösung von Ferrizyankalium versetzt. Nach Zusatz von 5 ccm konzentrierter Salzsäure tritt bei Anwesenheit von Formaldehyd Rotfärbung ein.

---

[1] Arch. f. exper. Path. **75,** 317 (1914).

Zur Verfeinerung der Reaktion verdünnt man das Gemisch mit Wasser 1:1 und schüttelt mit Äther aus; der Farbstoff geht in den Äther, der sich gelb und auf Zusatz von konzentrierter Salzsäure rot färbt.

b) Diazoreaktion wie beim Altsalvarsan (s. o.).

Quantitative Bestimmung.

Kolorimetrische Bestimmung des Salvarsans nach Autenrieth und Taege[1].

Prinzip. Die Methode beruht auf Diazotierung des Salvarsans (bzw. eines ein Abbauprodukt darstellenden primären arsenhaltigen Amins), Kuppelung mit Resorzin und kolorimetrischer Messung des entstandenen Farbstoffes gegen eine gleich behandelte Salvarsanstandardlösung.

Reagentien. 1. Resorzin: das käufliche Präparat ist durch Sublimation zu reinigen und in dunkler Flasche aufzubewahren. 6%ig. Lösung zur Bestimmung frisch zu bereiten. 2. Salzsäure verdünnt. 3. Natriumnitritlösung 0,5%ig. 4. Jodkaliumstärkepapier. 5. Natriumkarbonatlösung 20%ig. 6. Salvarsan-Standardlösung: Da die Präparate Neo-Salvarsan und Salvarsan-Natrium chemisch nicht einheitlich sind, ist der Vergleich mit Neo-Salvarsan bzw. Salvarsanpräparaten auszuführen, die aus der gleichen Fabrikationsserie stammen, wie das zur Einspritzung verwandte Präparat. 0,1 g des Präparates werden in 200 ccm Wasser gelöst. In diese Lösung ist zur Vermeidung von Oxydation Wasserstoff einzuleiten. Die Lösung ist unmittelbar vor der Bestimmung frisch zu bereiten, sie enthält 0,5 mg des Präparates in 1 ccm.

Ausführung. 5 ccm des frisch gelassenen Harnes werden in einem graduierten 50 ccm-Meßzylinder zur Abkühlung einige Zeit in Eis gestellt, mit 3—4 Tropfen verdünnter Salzsäure angesäuert und mit 4 höchstens 5 Tropfen einer 0,5%ig. Natriumnitritlösung versetzt. Nach 1 Minute (nicht länger) wird mit gesättigter, wäßriger Harnstofflösung (zur Zerstörung des überschüssigen Nitrits) ad 10 ccm aufgefüllt, umgeschüttelt und der Meßzylinder sofort wieder in das Eis zurückgestellt. Läßt man diesen unter wiederholtem Umschütteln einige Minuten unter Eiskühlung stehen, so ist die nicht gebundene, überschüssige salpetrige Säure vollständig oder zum größten Teil zerstört. Man bringt nun 1 Tropfen der Harnmischung aus dem Meßzylinder auf ein Jodkaliumstärkepapier: färbt sich dieses weder blau noch violett, so ist keine freie, salpetrige Säure mehr vorhanden; andernfalls fügt man zur Mischung weitere 20—30 Tropfen der gesättigten Harnstofflösung, schüttelt um, stellt den Zylinder in

---

[1] Münch. med. Wschr. Jg. 69, Nr. 42, 1479 (1922).

das Eis zurück und wiederholt nach einiger Zeit die Probe mit dem Jodkaliumstärkepapier. Fällt diese schließlich negativ aus, so bringt man zu dem Gemisch im Meßzylinder 5 ccm einer ebenfalls durch Eis abgekühlten, frisch bereiteten Mischung von 5 ccm 6%ig. wäßriger Resorzinlösung und 3 ccm 20%ig. Natriumkarbonatlösung.

Gleichzeitig stellt man die Vergleichslösung her. Diese ist (Vorversuch) so zu wählen, daß die zu vergleichenden Lösungen möglichst farbgleich sind.

Die kolorimetrische Messung führt man 1—2 Minuten nach der Herstellung der Farblösung aus.

Die Berechnung ergibt sich unmittelbar nach dem kolorimetrischen Prinzip.

Bestimmung des Wismuts.

Qualitativer Nachweis.

Der Nachweis von Wismut im Originalharn ist unsicher. Dieser ist daher vor Anstellung des Wismutnachweises zu veraschen.

1. Eine möglichst große Menge (1—2 Liter) umgeschüttelten, unfiltrierten Harnes wird auf ca. 100 ccm eingedampft, nach Fresenius und Babo verascht und mit H_2S gefällt, wie S. 618 angegeben. Der abfiltrierte Niederschlag wird mit Schwefelammonium ausgezogen, der Rückstand in warmer Salpetersäure (1 : 2) gelöst, die Salpetersäure mit einigen ccm Schwefelsäure eingedampft, nach dem Erkalten mit wenig Wasser verdünnt und evtl. von ausgefallenem Bleisulfat abfiltriert.

Im Filtrat gibt Wismut bei Ammoniakzusatz einen weißen Niederschlag ($BiSO_4OH$). Dieser zeigt nach Filtration und Lösen in Salzsäure bei Zusatz alkalischer Zinnchlorürlösung eine schwarze Fällung von Wismut bzw. Wismutoxydul (BiO).

2. Der Nachweis kleiner Wismutmengen (bis zu 0,02 mg) entspricht der quantitativen Bestimmung (s. d.).

Quantitative Bestimmung.

Kolorimetrische Bestimmung kleiner Wismutmengen nach Bodnár und Karell[1].

Prinzip. Nach Veraschung des Harnes wird die Asche mit Salpetersäure gelöst und das salpetersaure Wismut durch Zusatz von Jodkalium in Wismutkaliumjodid übergeführt.

---

[1] Biochem. Z. **199**, 29 (1928).

Zur Eliminierung einer geringen Jodausscheidung werden einige Tropfen Natriumbisulfitlösung hinzugesetzt.

Die Lösung wird in einer gleichbehandelten Wismutstandardlösung kolorimetrisch verglichen.

Reagentien. Zu a) (Veraschung des Harnes). 1. Wasserstoffsuperoxyd 10%ig. 2. Salpetersäure konz.

Zu b) (Veraschung von Muskeln und Organen). 1. Kalziumnitratlösung. 30 g $CaCO_3$ (pur., Merck) werden in Salpetersäure gelöst und mit 20%ig. Salpetersäure auf 100 ccm verdünnt. 2. Salpetersäure konz.

Zu c) (Bestimmung des Wismuts). 1. Kaliumjodidlösung 20%ig. 2. Natriumbisulfitlösung 1%ig. 3. Tierkohle (Carbo medicinalis Merck). 4. Salpetersäure 10%ig. 5. Stärkelösung 1%ig. 6. Wismut-Standardlösung: Nach Baggesgaard-Rasmussen, Jackerott und Schou[1] stellt man die Standardlösung wie folgt dar. 1 g basisches Wismutnitrat (Bismutum subnitricum) wird in 10 ccm verdünnter Salpetersäure gelöst und die Lösung in 200 ccm 1%ig. Ammoniak gegossen. Der Niederschlag wird mit kochendem Wasser ausgewaschen, getrocknet und bis zur Gewichtskonstanz schwach geglüht. Von dem so hergestellten Wismutoxyd werden 0,115 g in 10%ig. Salpetersäure ad 1000 ccm gelöst. 1 ccm Lösung entspricht 0,1 mg Bi.

a) Veraschung von Harn. Zur Bestimmung des Wismuts im Harn sollen nicht mehr als 200 ccm Harn verwandt werden. Da mit der zu beschreibenden Methode noch 0,02 mg Wismut in 200 ccm Harn bestimmt werden können, von mit Wismutinjektionen behandelten Personen in dieser Harnmenge aber etwa 0,1—2,0 mg gewöhnlich ausgeschieden werden, so können für derartige Untersuchungen schon 50—10 ccm Harn zur Bestimmung des Wismuts genügen.

Der Harn wird in einer Porzellanschale auf dem Wasserbad zur Trockne eingedampft und auf einen Eisenring gestellt; unter den Eisenring wird in einer Entfernung von 10 cm auf einen Dreifuß ein Asbestdrahtnetz gebracht und die Asbestplatte mit einer Bunsenflamme so erwärmt, daß der Inhalt der Schale nur langsam raucht.

Wenn die Rauchentwicklung aufzuhören beginnt, bringt man die Schale stufenweise dem Asbestdrahtnetz näher. Dann erwärmt man auf freier Flamme einige Minuten unter ständiger Bewegung. Nach dem Abkühlen wird die Kohle zerrieben, mit einer 10%ig. H_2O_2-Lösung durchfeuchtet, auf der Asbestplatte ausgetrocknet und auf freier Flamme so lange erhitzt, bis der größte Teil der Kohle verbrannt ist. Ist die Asche grau, wiederholt man das Verfahren, durchfeuchtet dann mit konz.

---

[1] Biochem. Z. 198, 53 (1928).

Salpetersäure, trocknet aus, glüht und erhält eine schneeweiße Asche.

b) **Veraschung von Muskeln und Organen.** 20—100 g Substanz werden in einer flachen Porzellan- oder Quarzschale auf dem Wasserbad eingetrocknet. Zu der trocknen Masse wird Kalziumnitratlösung gegeben (pro 20 g Frischsubstanz 2 ccm Kalziumnitratlösung), 1—2 ccm konz. Salpetersäure hinzugefügt, die Schale auf dem Wasserbade erwärmt und unter beständigem Rühren so lange konz. Salpetersäure zugegeben (Vorsicht, sehr langsam!), bis das Aufblasen aufhört und eine breiartige Menge erhalten wird, welche man zur Trockne eindampft. Dann verfährt man weiter wie bei a) beschrieben, nur mit dem Unterschied, daß man H_2O_2 nicht anwendet.

c) **Wismutbestimmung.** Die gewonnene Asche wird mit 5 ccm 10%ig. Salpetersäure zum Sieden erwärmt, die warme Lösung durch ein kleines Filter in ein Reagenzglas (das eine Marke für 20 ccm Volumen trägt) filtriert; Schale und Filter werden zweimal mit 5 ccm 10%ig. warmer Salpetersäure nachgewaschen.

Das Filtrat muß farblos und kristallhell sein, ist es einmal gelb gefärbt, so wird eine Messerspitze Tierkohle (Merck) hinzugefügt und filtriert. Hierauf werden zu der abgekühlten Lösung 6 Tropfen 1%ig. Natriumbisulfitlösung, 3 Tropfen 1%ig. Stärkelösung und 2 ccm 20%ig. Kaliumjodidlösung hinzugegeben; dann wird mit Wasser auf 20 ccm aufgefüllt und gegen eine Standardlösung kolorimetriert.

Von der Standardlösung, die gleichzeitig angesetzt und völlig gleichartig behandelt wird wie die unbekannte Lösung, wird so viel angewendet (Vorprobe), daß ihre Färbung der zu untersuchenden Lösung möglichst nahe kommt; sie wird ad 15 ccm mit 10%ig. Salpetersäure verdünnt, dann weiter wie die unbekannte Lösung behandelt und ad 20 ccm aufgefüllt.

Die zu vergleichenden Lösungen dürfen nicht mehr als 1 mg Wismut enthalten. Ist der Gehalt der Lösung an Wismut größer, was aus der Farbtiefe geschätzt werden kann, so pipettiert man ein Viertel oder die Hälfte der auf 20 ccm ergänzten Lösung ab, setzt die fehlende Natriumbisulfit-, Kaliumjodid- und Stärkelösung hinzu und füllt mit Wasser oder, wenn die Verdünnung größer ist, mit verdünnter Salpetersäure ad 20 ccm auf. Die Berechnung entspricht dem kolorimetrischen Prinzip.

Die Methode gestattet Wismutbestimmungen bis zu 0,02 mg. Der Fehler der Methode schwankt um einige Prozente.

Bestimmung des Bleis.

Qualitativer Nachweis.

1. **Nach Zanardi**[1]. Das Blei wird nach **Fairhall**[2] gefällt. Hierzu wird der zu untersuchende, frische oder mit Thymol konservierte Harn (1 Liter) ammoniakalisch gemacht. Nach einigem Stehen wird der Niederschlag (Phosphate, die alles Blei mitreißen) abfiltriert und mit konz. Salpetersäure mehrmals auf dem Wasserbade abgeraucht, bis der Rückstand völlig weiß gefärbt ist. Man gibt eine Lösung von 2 g bleifreiem Ammoniumtartrat und 10 ccm Ammoniak in aqua dest. hinzu, erwärmt leicht, läßt abkühlen, filtriert, engt das Filtrat ein, säuert leicht mit Salzsäure an und leitet in die angewärmte Lösung Schwefelwasserstoff ein.

Blei scheidet sich als schwarzer Niederschlag aus, der sich in Schwefelammon nicht lösen darf und in Salpetersäure gelöst folgende Fällungen gibt:

a) mit Ammoniak: basischen Niederschlag von Bleihydroxyd.

b) mit Schwefelsäure: weißes Bleisulfat.

c) mit Kaliumchromatlösung: gelben Niederschlag von Bleichromat.

2. **Nach Lederer**[3]. 500 ccm Harn werden mit 70 ccm konzentrierter Schwefelsäure und 20—25 g Kaliumpersulfat auf die Hälfte eingedampft. Nach dem Absetzen fügt man 250 ccm 90%ig. Alkohol hinzu, filtriert nach 4 Stunden, wäscht mit Salz- und Fluorwasserstoffsäure sowie mit Alkohol und durchstößt das Filter. Den Filterrückstand spült man in ein Reagenzglas mit möglichst wenig Wasser, erwärmt, setzt Natriumazetat in Substanz bis zum Klarwerden hinzu und leitet durch die kalte Flüssigkeit Schwefelwasserstoff. Die geringste gelblich-braune Farbe beweist die Anwesenheit von Blei.

3. **Der Nachweis kleinster Bleimengen** geschieht

a) kolorimetrisch („s. quantitative Bestimmung", der der qualitative Nachweis entspricht),

b) elektrolytisch nach **Schumm**[4].

Prinzip. Blei wird in Gegenwart von Kupfer (das eine filtrierbare Fällung bedingt) als Sulfid gefällt, in Salpetersäure gelöst, elektrolytisch als PbO_2 abgeschieden, gelöst und als Bleichromat

---

[1] Vgl. **Neuberg**: Der Harn, I, S. 190. Berlin: Julius Springer 1911.

[2] J. of biol. Chem. **60**, 485 (1924).

[3] J. amer. med. Assoc. **46**, 1612 (1906); zitiert nach Pharmazeutische Centralhalle **48**, neue Folge 28, 345 (1907).

[4] Z. physiol. Chem. **118**, 189 (1922).

identifiziert. Es lassen sich einige Zehntel-Milligramme Blei in 1½ Liter Harn nachweisen.

Reagentien. 1. Kupfersulfat pro analysi (bleifrei). 2. Salpetersäure konz., pro analysi, Salpetersäure 10—14 % ig. 3. Salzsäure 25 % ig. 4. Natriumnitrit. 5. Kaliumchromat. 6. Essigsäure verd. 7. Kalilauge verd.

Apparate. 1. Platinschale (Kathode). 2. Mattierte oder durch Königswasser angeätzte Platinscheibenelektrode von ca. 3 qcm Fläche (Anode). 3. 2 Akkumulatoren (bzw. Schalttafel). 4. Stativ zur Elektrolyse.

Ausführung. Zu je 1 Liter Harn, der eiweißfrei sein muß, werden 10 ccm 25 % ig. HCl und 0,25 g Kupfersulfat gefügt, worauf Schwefelwasserstoff zunächst bei Zimmertemperatur, dann bei 40—50⁰ je ungefähr eine Viertelstunde eingeleitet wird.

Die Lösung wird nach einigem Stehen durch ein oder mehrere quantitative Filter abfiltriert und der Filterinhalt zweimal mit warmem Wasser gewaschen. Die Filter kocht man noch feucht mit 10—14 % ig. Salpetersäure aus, filtriert und wäscht nach. Die vereinigten Filtrate werden eingedampft; der Rückstand wird zur Zersetzung des Kupfernitrates geglüht und mit warmer, verdünnter Salpetersäure aufgenommen. Die endgültige Lösung soll höchstens 20 % freie Salpetersäure enthalten. Diese Lösung elektrolysiert man ca. 2 Stunden in einer Platinschale (Kathode), in die eine Platinscheibenelektrode (Anode) eintaucht, mit 4 Volt Spannung bei einer Anfangsstromstärke von etwa 0,5 Ampere. Dann spült man die Anode ab und elektrolysiert noch eine weitere Stunde bei 0,4 Ampere.

Nach Beendigung der Elektrolyse spült man beide Elektroden mit aqua dest. ab und übergießt sie beide mit reiner Salpetersäure, der man etwas Natriumnitrit zugesetzt hat, wodurch sich das abgeschiedene Bleisuperoxyd leicht löst.

Man erhitzt die Säure mit den Elektroden zum Sieden, gießt den Auszug in eine kleine Porzellanschale, spült die Elektroden ab und dampft die gesamte Flüssigkeit auf dem Wasserbade ein. Den Rückstand löst man in einigen Tropfen Wasser und leitet Schwefelwasserstoff ein. Bei beträchtlichem Bleigehalt wird die entstehende Schwefelbleifällung abfiltriert und auf dem Filter in wenig Salpetersäure gelöst; die Lösung wird eingedampft, der Rückstand mit einigen Tropfen Wasser aufgenommen, durch eine Spur Kalilauge alkalisiert und das Blei durch Zugabe eines Tröpfchens Kaliumchromatlösung und Ansäuern mit Essigsäure als Bleichromat nachgewiesen. Erhält man mit Schwefelwasserstoff keine abfiltrierbaren Flocken von Schwefelblei, so gibt man zur Lösung unmittelbar eine Spur Kalilauge, setzt Salpetersäure im Überschuß hinzu, dampft ein und prüft wie oben beschrieben mit Kaliumchromat.

Quantitative Bestimmung.

Kolorimetrische Bestimmung des Bleis nach Kehoe — Edgar — Thamann — Sanders[1].

Prinzip. Die Methode beruht auf Fällung des Bleis im Harn durch Fällung der Erdalkaliphosphate bei alkalischer Reaktion. Dieser Niederschlag reißt das gesamte Blei mit. In dem veraschten Niederschlag (bzw. in der Asche andersartiger, veraschter organischer Substanzen) wird das Blei als Sulfid isoliert, in Chromat übergeführt und das Bleichromat nach Zusatz von Diphenylkarbazid kolorimetrisch gegen eine Standardlösung von Bleichromat bestimmt.

Reagentien. 1. Salzsäure, spez. Gew. 1,19. 2. Salzsäure verdünnt 1 : 1. 3. Salzsäure verdünnt 1 : 2. 4. Salzsäure (10 % ig.). 5. Salpetersäure, spez. Gew. 1,42. 6. Salpetersäure verdünnt 1 : 1. 7. Essigsäure 5 % ig. 8. Ammoniumhydroxyd, spez. Gew. 0,90. 9. Natriumhydroxyd 25 % ig. (eisen- und aluminiumfrei). 10. Schwefelwasserstoff. Das Gas wird hergestellt, indem man Säure in eine Lösung von Natriumsulfid eintropfen läßt und es mittels einer wasserhaltigen Gaswaschflasche wäscht; das Natriumsulfid erhält man, indem man 33 % ig. Natronlauge mit Schwefelwasserstoff sättigt und diese Lösung vor Gebrauch 4—5 mal verdünnt. Schwefelwasserstoff aus Schwefeleisen hergestellt ist nicht verwendbar. 11. Schwefelwasserstoffwasser mit Schwefelwasserstoff (s. 10.). gesättigt; frisch herzustellen. Die Lösung wird mit 1 ccm konz. Salzsäure pro 1000 ccm angesäuert. 12. Kaliumchromatlösung 1 % ig. 13. Methylrotlösung (0,1 g Methylrot werden in 100 ccm 95 % ig. Alkohol gelöst). 14. Phenolphthalein (leicht alkalische, wäßrige Lösung). 15. s-Diphenylkarbazid-Reagens: 1 % ig. Lösung von chemisch reinem s-Diphenylkarbazid in Eisessig. 16. Standard-Bleichromatlösung: 0,1560 g reines Bleichromat werden in 200 ccm 10 % ig. Salzsäure gelöst und mit aqua dest. ad 1000 ccm verdünnt. 1 ccm der Standardlösung enthält 0,1 mg Blei.

Apparate. 1. Alle Glasgeräte müssen aus bestem Jenaer Glase sein (Gefahr der Bleiabgabe aus Glas!). 2. 400 ccm Quarzschale (zur Veraschung von Harn und Fäzes). 3. Quantitatives Filterpapier (Schleicher u. Schüll) (für alle Filtrationen).

Ausführung für Harn. a) Isolierung des Bleis als Bleichromat. Zur Bestimmung muß frischer Harn benutzt oder dieser mit gepulvertem Thymol konserviert werden. Der Harn darf nicht alkalisch geworden oder vor der Bestimmung erhitzt worden sein.

Zur Bestimmung wird der Harn (1 Liter) in einem großen Erlenmeyerkolben stark ammoniakalisch gemacht. Nach Stehen über Nacht bei Zimmertemperatur hat sich ein Niederschlag gebildet, der ziemlich fest ist und sich gut abnutschen läßt. Dieser

---

[1] Amer. Med. Assoc. **87**, 2081 (1926). — Vgl. auch Fairhall: J. of biol. Chem. **60**, 485 (1924); sowie Yoe: l. c. (S. 406 dieses Praktikums) S. 258.

Phosphatniederschlag, der durch ein Faltenfilter von 18 cm Durchmesser abfiltriert wird, enthält das gesamte Blei.

Ohne zu waschen wird das Filterpapier in eine Quarz- oder Porzellanschale gebracht und nach dem Trocknen im Dampfschrank (oder auf dem Wasserbad) in einem elektrischen Muffelofen auf nicht mehr als 600° erhitzt.

Nach völliger Veraschung wird die Asche sorgfältig mit Wasser befeuchtet und das Volumen nach Zufügen von 5 ccm konz. Salzsäure mit Wasser auf 25 ccm gebracht. Die Mischung wird auf einem Wasserbade gut durchgerührt und in ein 400 ccm-Becherglas filtriert, wobei ein Rückstand 6 mal abwechselnd mit heißer 10%ig. Salzsäure und heißem Wasser gewaschen wird. (Der Rückstand ist zu vernachlässigen, das Filtrat enthält alles Blei.) Nunmehr wird die Lösung durch Zugabe von 25%ig. Natriumhydroxydlösung neutralisiert, bis eine schwache Trübung bestehen bleibt. Ist zu viel Natriumhydroxyd angewandt worden, so gibt man wieder Salzsäure hinzu, bis die Lösung klar wird und fügt dann vorsichtig Natriumhydroxyd hinzu bis eine schwache Trübung erscheint. Manchmal verursacht der Zusatz von Natriumhydroxyd keine Trübung, auch wenn die Lösung deutlich alkalisch gegen Methylrot reagiert. Daher ist zur Vermeidung eines Alkaliüberschusses vor der Neutralisation stets Methylrot zu der Lösung zuzugeben. Wenn die Lösung genügend Kalziumphosphate enthält, so daß die erwähnte Trübung erscheint, ist die Indikatorreaktion nicht zu beachten. In allen andern Fällen macht man die Lösung gegen den Indikator alkalisch. Nunmehr verdünnt man ad 300 ccm, läßt abkühlen, leitet eine Stunde lang Schwefelwasserstoff ein und läßt die Lösung über Nacht stehen. Dann filtriert man durch ein quantitatives 12 cm-Filter und spült den Niederschlag mit dem unter 11. angegebenen, sauren Schwefelwasserstoffwasser quantitativ aufs Filter. Filter und Niederschlag werden in das Becherglas gebracht, in dem der Sulfidniederschlag erzeugt wurde und die Wände des Becherglases mit 25 ccm warmer Salzsäure (1 : 1), die 10 Tropfen konz. Salpetersäure enthalten, abgespült.

Ist das Sulfid gelöst, und ist das Filter vollkommen weiß geworden, so verdünnt man die Lösung ad 50 ccm mit heißem Wasser, filtriert und wäscht den Rückstand 15 mal mit heißem Wasser.

Zu dem Filtrat (ca. 400 ccm) gibt man nunmehr 4 Tropfen einer Lösung von Methylrot, gegen die man die Lösung mit 25%ig. Natriumhydroxyd gerade alkalisch macht. Dann säuert man mit Salzsäure (1 : 2) gerade an und gibt nunmehr 1 ccm Salzsäure (1 : 2) als Überschuß hinzu. Durch die auf 300 ccm verdünnte Lösung wird nach dem Abkühlen Schwefelwasserstoff eine Stunde lang eingeleitet. Dann wird sie über Nacht stehen gelassen.

Der Niederschlag wird mit frisch bereitetem, saurem Schwefelwasserstoffwasser auf ein quantitatives 12 cm-Filter gebracht; das Becherglas und Filter werden mit dem Schwefelwasserstoffwasser 10 mal nachgewaschen.

Auf dem Filter löst man den Sulfidniederschlag mit 10—20 ccm heißer Salpetersäure (1 : 1) heraus, filtriert in das Becherglas, in dem die Fällung erzeugt wurde, und wäscht das Filter 15 mal mit heißem Wasser nach. Die Wände des Becherglases und Außen- und Innenseite des Glasröhrchens, durch welches man den Schwefelwasserstoff eingeleitet hat, werden mit der gleichen heißen Salpetersäure ausgespült.

Nun engt man die Lösung auf 5 ccm ein, verdünnt zu 25 ccm mit heißem Wasser, filtriert durch ein 7 cm-Filter in ein 150 ccm-Becherglas und wäscht Becherglas und Filter 15 mal mit heißem Wasser nach.

Das Filtrat wird mit dem Waschwasser auf 25 ccm eingeengt und mit 25 %ig. Natriumhydroxyd (frei von Eisen und Aluminium) unter Zusatz von Phenolphthaleinlösung (14.) neutralisiert. Nach Einstellung auf schwach Rosa setzt man bis zum Verschwinden der Färbung 5 %ig. Essigsäure und dann 2 ccm der Säure als Überschuß hinzu.

Nach dem Aufkochen setzt man 1 ccm 1 %ig. Kaliumchromatlösung hinzu, läßt 1 Stunde auf dem Wasserbade und dann an warmem Orte über Nacht stehen.

Nun kocht man nochmals auf, filtriert durch ein 7 cm aschefreies Filter, wäscht Becherglas und Filter 15 mal mit heißem Wasser nach, löst den Rückstand in 5—15 ccm kalter Salzsäure (1 : 2), wäscht sofort mit kaltem Wasser nach und bringt Filtrat und Waschwasser in das Becherglas, in dem der Chromatniederschlag erzeugt wurde. Die Wandung des Becherglases und der Glasstab werden mit kalter Salzsäure (1 : 2) gewaschen. Dann bringt man die Lösung auf ein gemessenes Volumen.

b) **Kolorimetrische Bestimmung.** Zur Bestimmung verwendet man einen Anteil der so erhaltenen Bleichromatlösung, dieser soll nicht mehr als 0,4—0,5 mg Blei enthalten (Vorprobe). Die besten Ergebnisse erhält man mit ca. 0,2 mg Blei.

Man gibt diesen Anteil in einen 100 ccm fassenden Hehnerschen Zylinder (oder einen Zylinder mit planparallelem Glasboden), verdünnt auf nicht ganz 100 ccm, mischt in einem zweiten Zylinder die gleiche Menge Salzsäure, wie in der Bestimmungslösung enthalten ist, und Wasser zum gleichen Volumen; dann fügt man 2 ccm Diphenylkarbazid-Reagens zu jedem Zylinder hinzu.

Aus der Farbe, die die zu untersuchende Lösung annimmt, schätzt man roh die vorhandene Bleimenge und gibt zum Vergleichszylinder eine etwas geringere Bleichromatmenge, als man die zu analysierende geschätzt hat. Die Farben der beiden Lösungen werden verglichen, worauf Tropfen für Tropfen Standardlösung zu der Vergleichslösung hinzugefügt wird, bis Farbengleichheit zwischen beiden Lösungen besteht.

Dann füllt man beide Zylinder genau auf 100 ccm auf, vergleicht wiederum, korrigiert die Messung endgültig und bestimmt somit diejenige Menge der Standard-Bleichromatlösung, die Farbengleichheit mit der unbekannten Lösung gibt.

Hieraus, sowie aus dem Volumteil, den man bei der Bestimmung der unbekannten Bleichromatlösung angewandt hat, ergibt sich der Bleigehalt der Harnprobe.

c) **Ausführung für Fäzes und andere organische Materialien.** Man bringt die Fäzesprobe in eine Quarzschale und trocknet sie auf dem Wasserbade (Dampfschrank). Gewichtskonstanz braucht nicht erreicht zu werden.

Nach dem Trocknen verascht man das Material in der Quarzschale in einem elektrischen Muffelofen bei 500—600°, befeuchtet den Rückstand nach der Veraschung mit durch Salzsäure angesäuertem Wasser und löst die Asche, indem man die Lösung einige Zeit aufs Wasserbad stellt.

Die Mischung wird filtriert, ein Rückstand mit heißer, verdünnter Salzsäure und heißem Wasser gewaschen und das Filter mit dem Rückstand in die Quarzschale, in der ursprünglich die Veraschung vorgenommen wurde, zurückgebracht. Nach Trocknung auf dem Wasserbade wird nochmals im elektrischen Ofen bei 500—600° verascht, der Rückstand mit Wasser und Salzsäure wie oben behandelt, erhitzt und filtriert. Dieses Filtrat wird mit dem ersten vereinigt.

Der Rückstand des Filtrates kann immer noch Spuren von Blei enthalten und sollte durch Fluorwasserstoffsäure in Lösung gebracht und zum Filtrat hinzugefügt werden. Meist kann man aber den Rückstand nach sorgfältigem Auswaschen mit Wasser vernachlässigen. Das erhaltene Filtrat wird verdünnt, mit 25%ig. Natriumhydroxyd neutralisiert und genau so, wie unter a) und b) beschrieben, weiterbehandelt. Nur wird nach der zweiten Fällung als Sulfid eine dritte Sulfidfällung in völlig gleicher Weise eingeschaltet.

Die dann folgende Verarbeitung und Bestimmung ist die gleiche.

Stets ist mit den gleichen Reagentien und mit den gleichen Geräten eine Blindbestimmung auszuführen. Die kolorimetrische Bestimmung dient zur Messung von Bleimengen unter 1 mg.

Titrimetrische Bestimmung des Bleis nach Fairhall[1].

Prinzip. Das Blei wird wie bei der vorangehenden Methode, die nur eine Verfeinerung der vorliegenden Methode darstellt, isoliert und gemäß der folgenden Gleichung (a) in Chromat übergeführt. Das Bleichromat wird dann gemäß den Umsetzungen (b) und (c):

$$Pb(NO_3)_2 + K_2CrO_4 = PbCrO_4 + 2KNO_3, \tag{a}$$

$$2PbCrO_4 + 16HCl + 6KJ = 2PbCl_2 + 2CrCl_3 + 6KCl \tag{b}$$
$$+ 3J_2 + 8H_2O,$$

$$6Na_2S_2O_3 + 3J_2 = 6NaJ + 3Na_2S_4O_6 \tag{c}$$

jodometrisch bestimmt.

Reagentien. 1. Alle Reagentien wie bei der vorangehenden Methode. 2. 0,005 n Natriumthiosulfatlösung. 3. Jodkalium. 4. Stärkelösung.

Apparate. 1. Alle Apparate wie in der vorangehenden Methode. 2. Bürette in $^1/_{50}$ ccm geteilt.

Ausführung. a) Veraschung der organischen Substanz oder der bleihaltigen Harnfällung (siehe die vorangehende Methode).

b) Bestimmung des Bleis: Das Blei wird, wie S. 637/39 angegeben, als Sulfid ausgefällt und in Chromat übergeführt. Doch genügt bei dieser Form der Bestimmung die einmalige Fällung als Sulfid. Nach Filtration des Chromatniederschlages wird das Filterpapier mit 2—5 ccm Salzsäure (1:1) ausgewaschen und sofort mit warmem Wasser nachgewaschen. Zu dem Filtrat, das das gesamte Chromat gelöst enthalten soll, wird im Überschuß Jodkalium gegeben und nach Zugabe von Stärke das freie Jod mit 0,005 n Natriumthiosulfatlösung zurücktitriert.

Berechnung. Da 3 Mole Natriumthiosulfat 1 Mol Bleichromat äquivalent sind (s. o.), entspricht 1 ccm 0,005 n Natriumthiosulfatlösung 0,3451 mg Blei.

---

[1] J. industr. Hyg. 4, 9 (1922/23).

Rona-Kleinmann, Blut u. Harn. 41

Bestimmung des Kupfers.

Qualitativer Nachweis: Vgl. quantitative Bestimmung.

Quantitative Bestimmung.

Kolorimetrische Bestimmung kleiner Kupfermengen nach Schoenheimer und Oshima[1].

Prinzip. Die Methode beruht auf nasser Verbrennung der organischen Substanz, Fällung des Kupfers als Sulfid und kolorimetrischer Bestimmung als grüngefärbte Kupfer-Pyridin-Rhodanverbindung.

Reagentien. 1. Schwefelsäure konz. und Salpetersäure konz. (Veraschungsgemisch nach **Neumann** (s. S. 350). 2. Wäßrige Bromlösung. 3. Ammonium-Rhodanidlösung 10% ig. 4. Ammoniaklösung, verdünnt. 5. Schwefelsäure, verdünnt. 6. Phenolphthaleinlösung. 7. Pyridin, pur. 8. Chloroform. 9. Kupfer-Standardlösung: 0,3928 g $CuSO_4 + 5\,H_2O$ (puriss. pro analysi) werden in aqua dest. ad 2 Liter gelöst. Diese Lösung enthält in 1 ccm 0,05 mg Cu. 10. Aqua dest. Aus Quarzgefäßen oder Gefäßen aus Jenaer Glas frisch destilliert.

Apparate. Mikrokolorimeter (Schmidt und Haensch) (s. Abb. 106, S. 339).

Ausführung. Das Untersuchungsmaterial wird feucht oder trocken mit Salpeter-Schwefelsäure im 50- oder 100 ccm-Kjeldahlkolben unter dauerndem Umschütteln über freier Flamme verascht. Von Blut oder Serum werden 10 ccm, von normaler Leber 5—7 g, von kupferreichen Materialien entsprechend weniger verwandt. Die Veraschungsflüssigkeit wird in möglichst kleinen Mengen aus einer Bürette zugegeben und bis zur völligen Farblosigkeit einwirken gelassen. Die zurückbleibende Schwefelsäure wird bis auf ein ganz kleines Volumen abgeraucht, wobei zu beachten ist, daß der Kolben in dauernder Bewegung bleibt, damit derselbe nicht springt. Bei sehr eisen- oder kalkreichen Organen fallen die in Schwefelsäure schwer löslichen Eisen- und Kalziumsulfate aus.

Der Rückstand wird mit 50 ccm Wasser aufgenommen; zur Entfernung der Nitrosylschwefelsäure wird 10 Min. gekocht und wieder auf etwa 50 ccm aufgefüllt (etwa ausgefallenes Eisen- oder Kalziumsulfat wird jetzt abfiltriert). In die klare, farblose Lösung wird H_2S eingeleitet. Dabei bildet sich aus normalen Geweben ein kaum sichtbarer Niederschlag oder zumeist nur eine sehr geringe kolloidale Trübung. Deshalb werden zu der H_2S-haltigen Flüssigkeit einige Tropfen einer ganz dünnen wäßrigen Bromlösung zugegeben. Dabei trübt sich die Lösung leicht

---

[1] Z. physiol. Chem. **180**, 249 (1929).

durch ausgefallenen Schwefel. Wenn jetzt die Lösung auf ein kleines Volumen eingedampft wird, fällt der Schwefel in Flocken aus und reißt das Kupfersulfid mit. Diese Flocken lassen sich sehr leicht filtrieren. Das Filter wird so lange mit leicht H_2S-haltigem Wasser ausgewaschen, bis sich in dem Filtrat auch in dicker Schicht mit Ammonium-Rhodanid kein Eisen mehr nachweisen läßt. (Zur Oxydation des vorliegenden Ferrosalzes muß vor dem Anstellen der Reaktion kurz mit Salpetersäure gekocht werden.) Das noch feuchte Filter wird mit dem Niederschlag in ein Jenaer Reagenzglas (2 : 15 cm) gebracht, über freier Flamme mit kleinen Mengen Neumannscher Säuremischung verascht und der Rest unter ständiger Bewegung bis auf ein ganz kleines Volumen abgeraucht. Den Rückstand nimmt man mit etwa 5 ccm Wasser auf, dampft ein und füllt auf etwa 5 ccm auf; dann wird gegen Phenolphthalein mit Ammoniak genau neutralisiert und mit H_2SO_4 gerade angesäuert.

Die Lösung wird mit etwa 10—15 ccm Wasser in einen 25 ccm-Schütteltrichter mit sehr engem Ablaufrohr gespült. 3 ccm 10%ig. Ammoniumrhodanidlösung und 1 ccm Pyridin werden zugegeben. Bei etwas größeren Kupfermengen trübt sich die Lösung gleich, bei geringeren Mengen bleibt sie ganz klar. Der Farbstoff wird mit 1 ccm Chloroform ausgeschüttelt, die Mischung mehrere Stunden stehen gelassen und die klare abgesetzte Chloroformschicht durch ein Mikrofilter direkt in den Becher des Mikrokolorimeters filtriert. (Die Filtration bezweckt die Zurückhaltung evtl. mitgerissener Wassertropfen.) Das Filter absorbiert keinen Farbstoff. Bei kleinen Kupfermengen genügt eine Ausschüttelung mit 1 ccm. Chloroform; eine zweite Ausschüttelung ist völlig farblos. Bei größeren Cu-Mengen muß so lange ausgeschüttelt werden, wie die Lösung noch Farbstoff hergibt. Es wird hierbei in einen kleinen Meßzylinder filtriert und auf ein gemessenes Volumen aufgefüllt.

Die Grünfärbung des Chloroformextraktes ist längere Zeit unverändert haltbar. Der Vergleich erfolgt gegen eine Standardlösung, von der ein bzw. mehrere ccm je nach der Farbtiefe der unbekannten Lösung mit 15 ccm Wasser, 3 ccm Ammoniumrhodanid und 1 ccm Pyridin versetzt und mit Chloroform ausgeschüttelt werden.

Beim kolorimetrischen Vergleich ist ein Mikrokolorimeter anzuwenden (s. S. 339).

Es ist stets mit den Reagentien allein eine Blindbestimmung auszuführen. Gewöhnliches aqua dest. enthält störende Kupfermengen und ist aus Glas oder Quarzgefäßen umzudestillieren.

Der Analysenfehler beträgt bei Kupfermengen bis zu 0,01 mg maximal 5%, bei Mengen bis 0,008 mg Cu maximal 8%.

Die Berechnung entspricht der üblichen kolorimetrischen Messung unter Berücksichtigung des Chloroformvolumens.

Modifikation der Kupferbestimmung nach Schönheimer und Oshima von Kleinmann und Klinke[1].

Prinzip. Die Methode gleicht bis auf Änderungen der Technik der vorangehenden. Zur Vermeidung von Konzentrationsänderungen während der kolorimetrischen Messung durch Verdampfen des Chloroforms wird Brombenzol als Lösungsmittel der Kupfer-Pyridin-Rhodanverbindung benutzt.

Reagentien. 1. Alle Reagentien der vorangehenden Methode mit Ausnahme von 8. 2. Brombenzol (Kahlbaum), zweimal bei 156° zu rektifizieren.

Apparate. 1. Mikrokolorimeter (Schmidt u. Haensch, Berlin). 2. Zentrifugengläser von ca. 25 ccm Volumen mit eingeschliffenem Stopfen. 3. Kapillar ausgezogene Pipette von ca. 2 ccm mit Saughütchen.

Ausführung. Die nach der Veraschung des Kupfersulfidniederschlages erhaltene angesäuerte Lösung von ca. 5 ccm (s. die vorangehende Methode) wird mit aqua dest. in das Zentrifugenglas (s. Apparate 2.) gespült, mit 1 ccm Pyridin, 3 ccm 10%ig. Ammoniumrhodanidlösung, 1 ccm Brombenzol und aqua dest. ad ca. 20 ccm versetzt. Nach Einsetzen des Glasstopfens wird geschüttelt, der Stopfen entfernt und zur Trennung der Emulsion zentrifugiert. Zur Vermeidung von Verunreinigungen werden die Zentrifugengläschen während des Zentrifugierens durch Gummikappen verschlossen. Die wasserklare, grüngefärbte Brombenzollösung wird mittels Saugpipette abgesaugt und auf ein quantitatives Filter (Schleicher u. Schüll, 4 cm Durchmesser) gebracht. Dasselbe wird zuvor mit genau 0,1 ccm reinem Brombenzol sorgfältig durchfeuchtet, wodurch kleine zurückgebliebene Wasserspuren zurückgehalten werden. Die Filtration erfolgt unmittelbar in das Kolorimetergefäß.

Die kolorimetrische Messung erfolgt gegen eine möglichst farbgleiche, gleichartig bereitete Vergleichslösung. Die Methode erlaubt Bestimmungen bis zu 0,01 mg Kupfer mit etwa 1—2% Fehler.

Bestimmung des Quecksilbers.

Quecksilber wird im Harn nach „Injektion" schon nach einigen Stunden, nach andersartiger Zuführung nach 1—2 Tagen aus-

---

[1] Nach bisher noch nicht veröffentlichten Versuchen.

geschieden. Meist betragen die im Tagesharn ausgeschiedenen Mengen nur wenige mg. Das Quecksilber braucht nicht frei vorhanden zu sein, sondern kann an Harnbestandteile (Eiweiß, Hippursäure, Harnsäure, saure Phosphate, Kreatinin u. a.) gebunden sein. Der Harn ist daher zum Quecksilbernachweis nie zu filtrieren und vor dem Nachweis zu veraschen.

Qualitativer Nachweis.

1. **Nachweis als Sulfid.** Der Nachweis entspricht der quantitativen Bestimmung des Quecksilbers als Sulfid unter Fortlassung der kolorimetrischen Auswertung der Quecksilbermengen.

2. **Nachweis nach Bardach**[1]. In 250—1000 ccm Harn werden 0,8 g staubfein gepulvertes Eiweißalbumin gelöst und pro 500 ccm Harn 5—7 ccm 30%ig. Essigsäure zugegeben. Hierauf wird die Lösung eine Viertelstunde in ein kochendes Wasserbad gestellt, wobei das Quecksilber als Eiweißverbindung ausfällt. Es ist darauf zu achten, nicht mehr Säure als zur Koagulation notwendig ist, zuzusetzen. Nach Filtration wird der Niederschlag mit 10 ccm Salzsäure (spez. Gew. 1,19) geschüttelt und eine 2 cm blanke Kupferspirale aus 40 cm langem, dünnem Draht hinzugegeben. Nach dreiviertelstündigem Stehen im siedenden Wasserbade hat sich das vorhandene Quecksilber auf der Kupferspirale niedergeschlagen. Anstatt den Harn mit Eiweiß zu fällen, kann man ihn auch nach **Glaser** und **Isenburg**[2] mit 5 g Aluminiumsulfat (puriss. **Merck**) pro 250 ccm Harn versetzen, heiß mit Ammoniak fällen und den Niederschlag — nach Absaugen — mit konzentrierter Salzsäure ¾ Stunden lang in Gegenwart der Kupferspirale im Wasserbade erwärmen.

Die Spirale wird nacheinander mit kaltem und warmem Wasser, Alkohol und Äther abgespült, an der Luft getrocknet und in ein möglichst enges, an einem Ende zusammengeschmolzenes Glasröhrchen gebracht. In dieses gibt man einige kleine Stückchen Jod und erhitzt unter Drehen bei kleiner Flamme allmählich zur Rotglut. Es zeigt sich alsbald an der kalten Stelle ein gelber bis rötlicher Ring, der sich durch Erhitzen leicht höher treiben läßt. Die Empfindlichkeitsgrenze des Nachweises beträgt etwa 0,025 bis 0,05 mg Quecksilber.

3. **Nachweis kleinster Quecksilbermengen** (s. w. u. Bestimmung nach **Stock**).

---

[1] Zbl. inn. Med. **22**, 361 (1901). Vgl. auch Chem. Ztg. Jg. **33**, 376, 431, 673 (1909).
[2] Chem. Ztg. Jg. **33**, 1258 (1909).

Quantitative Bestimmung.

Kolorimetrische Bestimmung des Quecksilbers als Sulfid nach Schumacher und Jung[1]-Heinzelmann[2].

Prinzip. Die Bestimmung beruht auf der Bildung einer kolloidalen Lösung von Quecksilbersulfid und ihrem kolorimetrischen Vergleich gegen eine gleichbehandelte Quecksilberstandardlösung.

Reagentien. 1. Salzsäure, spez. Gew. 1,12 und 1,18. 2. Zink (I geraspelt, Kahlbaum). 3. Kaliumchlorat pur. krist. 4. Kaliumazetat pur. krist. 5. Schwefelwasserstoffwasser, frisch bereitet und gesättigt (vgl. auch S. 616 und 637). 6. Standard- Quecksilberchloridlösung: 0,1355 g reines $HgCl_2$ werden in Wasser ad 1000 ccm gelöst, 1 ccm der Lösung enthält 0,1 mg Quecksilber.

Ausführung. 500 ccm Harn werden in einem 1 Liter-Kolben mit 5 g Kaliumchlorat sowie mit 50 ccm Salzsäure (spez. Gew. 1,12) versetzt und am Rückflußkühler erhitzt, bis die Farbe der Lösung von Dunkelrot in Hellgelb übergeht. Man kühlt auf 70^0 ab, fügt 10 g Zink (s. Reagentien 2.) hinzu, läßt 12 Stunden stehen, dekantiert die Flüssigkeit vom Zink und wäscht dieses sorgfältig mit Wasser aus. Das Zink enthält das gesamte Quecksilber.

Nun gießt man 50 ccm Salzsäure (spez. Gew. 1,18) auf das Zink und löst dieses, evtl. unter Erwärmen. Dann fügt man 20 g Kaliumazetat hinzu, gießt die Lösung in einen 100 ccm-Hehnerschen Zylinder, füllt auf 90 ccm mit aqua dest. und ad 100 ccm mit Schwefelwasserstoffwasser auf. Die Lösung wird mit einem am Ende ringförmig gebogenen Glasstab durchgerührt. Man vergleicht die Lösung gegen eine gleichzeitig angesetzte Standardlösung, die 10 oder 20 ccm der Quecksilberstandardlösung enthält und sonst völlig gleich behandelt worden ist. Hierzu löst man die gleiche Menge Zink in 50 ccm Salzsäure (spez. Gew. 1,18) gibt ebenso Kaliumazetat wie beschrieben hinzu und verfährt genau weiter wie bei der zu untersuchenden Lösung, so daß alle Reagentien in den zu vergleichenden Lösungen in gleicher Konzentration vorhanden sind. Der Zusatz von Schwefelwasserstoffwasser muß gleichzeitig erfolgen. Die kolorimetrische Messung wird nach 5 Min. (innerhalb von 20 Min.) durchgeführt. Die Menge der Standardlösung ist so zu wählen, daß annähernd Farbgleichheit besteht. Die Menge Quecksilber in der untersuchten Harnmenge ergibt sich gemäß der bekannten kolorimetrischen Berechnung.

---

[1] Z. anal. Chem. **41**, 482 (1902). Vgl. auch Spaeth: l. c. (S. 355 dieses Praktikums) S. 544.

[2] Chem. Ztg. Jg. 35, Nr. 79, 721 (1911).

Bestimmung kleinster Quecksilbermengen nach Stock und Heller[1]-Stock und Zimmermann[2].

Qualitativer Nachweis.

Prinzip. Die Methode beruht auf Zerstörung der organischen Substanz mit Chlor, Fällung des Quecksilbers mit Schwefelwasserstoff, Lösen in Chlorwasser, Ausfällung als Quecksilber auf Kupferdraht, Abdestillation und Überführung in Jodid. Es lassen sich Quecksilbermengen von 0,3 bis zu 0,0002 mg nachweisen.

Reagentien. Sämtlich puriss. pro analysi. 1. Chlorgas (aus Bombe). 2. Kupfersulfat. 3. Salzsäure, verd. 4. Schwefelwasserstoff. 5. Ammoniumoxalat, feingepulvert. 6. Phosphorpentoxyd. 7. Jod, krist.

Apparate. 1. Kupferdraht (aus Elektrolytkupfer vom Heddernheimer Kupferwerk, Abt. Gustavsburg), 0,3 mm Durchmesser. 2. Dünnwandiges, an einer Seite geschlossenes Rohr aus schwer schmelzbarem, blasenfreiem Glas von 6 mm Weite und Längenmaßen in mm gemäß Angaben der Abb. 138.

Ausführung. a) **Isolierung des Quecksilbers.** In die organische Flüssigkeit (700—1200 ccm Harn, 150—400 ccm Speichel) wird in einem bedeckten Philippsbecher eine halbe Stunde in der Kälte und dann eine Stunde bei 70—80 ° auf dem Wasserbade ein mäßi-

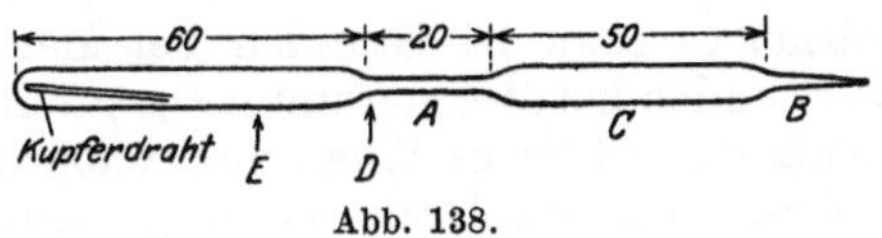

Abb. 138.

ger Chlorstrom geleitet. (Harn färbt sich dabei vorübergehend braunrot, Speichel gibt organischen Niederschlag.) Die stark sauer reagierende Flüssigkeit wird durch mehrstündiges Durchleiten von Luft oder Kohlendioxyd bei Zimmertemperatur von überschüssigem Chlor befreit. Manche Harnproben werden hierbei wieder dunkel.

Man filtriert die Flüssigkeit, gibt zur Lösung 20 mg Kupfer als Sulfat und so viel Salzsäure, daß der Chlorwasserstoffgehalt etwa 5% beträgt, und fällt in der Kälte mit Schwefelwasserstoff.

Der Niederschlag wird nach dem Absitzen, Dekantieren, Abzentrifugieren und Auswaschen mit Schwefelwasserstoffwasser in 5 ccm Wasser aufgeschlämmt und durch Chlor in Lösung gebracht. (Es kann etwas Schwefel gemischt, mit organischer Substanz zurückbleiben.) Die blaue, bei Harn manchmal grüne Lösung wird wieder wie vorher von Chlor befreit, filtriert, auf etwa 250 ccm

---

[1] Z. angew. Chem. Jg. **39**, **15**, 466 (1926); s. a. Stock und Heller: Die Bestimmung kleiner Quecksilbermengen, S. 18. Leipzig-Berlin: Verlag Chemie 1926.

[2] Z. angew. Chem. Jg. 41, **21**, 546 (1928).

gebracht, mit Salzsäure angesäuert und kalt mit Schwefelwasserstoff behandelt. Der abgesetzte Sulfidniederschlag wird abzentrifugiert, ausgewaschen, in 3 ccm Wasser aufgeschlämmt und mit Chlor gelöst. Nach Vertreiben des Chlors filtriert man die Lösung durch ein kleines Filter in ein Glasrohr von 1 cm lichter Weite und wäscht mit 2 ccm Wasser nach. Zum Filtrat gibt man allmählich 0,1—0,2 g feingepulvertes Ammoniumoxalat, bis sich das ausfallende Kupferoxalat wieder gelöst hat und einige Körnchen Ammoniumoxalat in der Kälte ungelöst bleiben. (Die Gegenwart von Ammoniumoxalat bzw. Oxalsäure bedingt die Reinheit der folgenden Quecksilberfällung.) In die Lösung stellt man einen 0,3 mm dicken, 6 cm langen, zuvor ausgeglühten, in Methylalkoholdampf reduzierten, einmal umgebogenen Draht aus reinem Kupfer (s. Apparate 1.), so daß er von der Flüssigkeit bedeckt bis fast an deren Oberfläche reicht. Für Quecksilbermengen über 10γ[1] verwendet man einen doppelt so langen Draht. (Ursprünglich verwendete Stock einen ½ mm dicken, 16 cm langen, zweimal auf 4 cm Länge umgebogenen Kupferdraht.) Dann zieht man das Rohr aus, evakuiert es mit der Wasserstrahlpumpe, schmilzt es ab und erwärmt es etwa 24 Stunden bei Mengen von $^1/_{10}\,\gamma$ und mehr, 36 Stunden bei Mengen unter $^1/_{10}\,\gamma$ auf 50—60 ° (Trockenschrank, elektrisch geheiztes Wasserbad oder dgl.). Nach dem Öffnen des Rohres wird der Draht herausgenommen, durch viermaliges, je 5 Min. währendes, ruhiges Einstellen in Wasser gewaschen und 2—3 Stunden in einem kleinen Gefäß über Phosphorpentoxyd bei gewöhnlicher Temperatur getrocknet.

Der Draht enthält alles Quecksilber, wenn die Quecksilbermenge nicht mehr als 0,1—0,2 mg beträgt. Auch 0,3 mg Quecksilber lassen sich allenfalls noch ausscheiden; doch bleibt dann schon eine nachweisbare Menge in der Lösung zurück. Ist die ursprüngliche Menge Quecksilber, die quantitativ bestimmt werden soll, größer, so muß man nur einen Teil der Flüssigkeit benutzen.

Der amalgamierte Kupferdraht wird nun in ein Glasrohr aus schwer schmelzbarem Glase und 6 mm Weite (s. Abb. 138) gebracht. Die Verengung bei A soll 2—2½ mm weit und ganz dünnwandig sein; sie wird von ihrer Mitte an nach außen (rechts) mit fließendem Wasser (1 cm breiter Filtrierpapierstreifen) gekühlt. Die Endkapillare B muß eine recht feine Öffnung haben, damit die Luftbewegung im Innern des Rohres beim Erhitzen verringert wird. Das Rohr wird bei C durch eine Klammer gehalten. Man erhitzt den am geschlossenen Ende liegenden

---

[1] $\gamma = 0{,}001$ mg.

Kupferdraht etwa 5 Min. lang bis annähernd zum Erweichen des Glases. Anschmelzen darf das Kupfer aber an das Glas nicht, weil beide sonst unter Entstehung eines Sublimats miteinander reagieren. Bei richtiger Ausführung bekommt man einen reinen, nach der Drahtseite scharf abgesetzten Quecksilberbeschlag, der mit der Lupe (8—10malige Vergrößerung) oder dem Mikroskop noch bei $^5/_{100}\,\gamma$ Hg zu erkennen und bei einiger Übung auch der Menge nach zu schätzen ist.

b) **Nachweis des Quecksilbers als Jodid.** Andernfalls verwandelt man etwa vorhandenes, aber nicht sichtbares Quecksilber in das leichter zu beobachtende Quecksilberjodid. Das Rohr wird bei E zerlegt und — E nach unten — 1—2 Stunden in ein enges Reagenzglas gestellt, auf dessen Boden sich einige Jodkriställchen befinden. War Quecksilber zugegen, so entsteht in der Verengung ein leuchtend roter Jodidbeschlag, der noch bei $^7/_{1000}\,\gamma$ Quecksilber der Beobachtung unter der Lupe nicht entgeht. Hebt man ihn über dem Jod auf, so hält er sich und ist noch nach 24 Stunden zu sehen; sonst verflüchtigt er sich in einigen Stunden. Bei einiger Übung kann man die Menge der Größenordnung nach leidlich schätzen, so lange sie nicht über $^1/_{100}$ mg hinausgeht. Bei größeren Quecksilbermengen entstehen Fehler.

Quantitative Bestimmung.

Mengen über $10\,\gamma$ Hg werden zweckmäßig elektrolytisch bestimmt.

Elektrolytische Bestimmung des Quecksilbers.

Prinzip. Das Quecksilber wird, wie S. 647 angegeben, isoliert, in Chlorwasser gelöst und elektrolytisch bestimmt. Die Quecksilbermenge darf nicht über 0,2—0,3 mg betragen.

Reagentien. 1. Alle Reagentien wie beim qualitativen Nachweis. 2. Oxalsäurelösung, kalt gesättigt.

Apparate. 1. Platindraht. 2. Golddraht, 6 cm lang, etwa 0,1 g schwer, auf 0,01 mg genau abgewogen.

Ausführung. Das Quecksilber wird, wie S. 647 angegeben, isoliert.

Es empfiehlt sich, das offene Rohrende zu einer Kapillare auszuziehen, um die Luftströmungen im Rohre zu verringern, die sonst Quecksilber aus dem Rohre hinausführen würden. Beim Absprengen des Rohres ist zu vermeiden, daß Kupferoxydsplitterchen in den Quecksilberteil gelangen!

Man löst das Quecksilber in 2—3 ccm Chlorwasser, leitet durch die Lösung in der Kälte Kohlendioxyd, bis der Chlorgeruch verschwunden ist, löst in ihr 0,1 g feingepulvertes Ammoniumoxalat auf, versetzt die Lösung mit 1 ccm kalt gesättigter Oxalsäurelösung und füllt auf 8 ccm auf. Die klare Flüssigkeit wird in einem Wägegläschen (4 cm hoch, 2 cm weit) bei 4 Volt Klemmenspannung etwa 24 Stunden lang bei Zimmertemperatur elektrolysiert; Anode: Platindraht; Kathode: 6 cm langer, etwa 0,1 g schwerer Golddraht, auf 0,01 mg genau gewogen; Gefäß durch ein Scheibchen Filtrierpapier gegen Staub geschützt. Anfangs sollen bei schwacher Gasentwicklung ungefähr 0,03 Ampere durch den Elektrolyten hindurchgehen. Zum Schluß hört die Gasentwicklung fast auf, und die Stromstärke sinkt unter 0,005 Ampere.

Die quecksilberüberzogene Kathode wird aus der Lösung herausgenommen, durch mehrmaliges, vorsichtiges Eintauchen in Wasser abgespült, in einem kleinen Exsikkator (Wägegläschen von 20 ccm Inhalt am Boden Phosphorpentoxyd) getrocknet und gewogen. Die Gewichtszunahme entspricht der Quecksilbermenge.

Man befreit den Golddraht von Quecksilber, indem man ihn in einem offenen Glasröhrchen bis zum Erweichen des Glases erhitzt oder ungeschützt einige Male durch eine Bunsenflamme zieht, so daß er eben auf Rotglut kommt. (Vorsicht! Schmelzpunkt des Goldes: 1060°). Wiegt der Draht jetzt genau so viel wie vorher, so beweist dies, daß keine anderen Schwermetalle in der untersuchten Lösung vorhanden waren und daß sich reines Quecksilber abgeschieden hatte. Bei geringen Quecksilbermengen bleibt die elektrolytisch gefundene Menge nicht unerheblich hinter der vorhandenen zurück. (Die Autoren fanden bei zwei Analysen von 740 ccm und 1100 ccm Harn, enthaltend je 0,1 mg Quecksilber, 0,063 mg und 0,071 mg Quecksilber.)

Kolorimetrische Bestimmung des Quecksilbers.

Die Methode dient zur Bestimmung von Quecksilbermengen zwischen $1-0{,}04\ \gamma$.

Prinzip. Die Methode beruht auf Isolierung des Quecksilbers (s. S. 647), Färbung der zu bestimmenden neutralen Quecksilbersalzlösung durch Diphenylkarbazid und kolorimetrischem Vergleich der Färbung gegen eine gleichbehandelte $HgCl_2$-Standardlösung.

Reagentien. 1. Chlorwasser. 2. Natriumazetatlösung, kalt gesättigt. 3. Gesättigte, alkoholische Lösung von Diphenyl-carbazon. Dasselbe wird durch Kochen des käuflichen farblosen Diphenyl-carbazons mit alkoholischer Kalilauge, Fällen mit Schwefelsäure und Umkristallisieren aus Benzol in Form beständiger roter Kristalle dargestellt. 4. Quecksilberchlorid-Standardlösung: 0,1353 g $HgCl_2$ ad 1000 ccm aqua dest. entsprechend 0,1 mg Hg in 1 ccm. Von dieser Lösung verdünnt man 10 ccm ad 200. Diese Lösung enthält 0,01 mg Hg in 2 ccm. Aus ihr werden Verdünnungen bis zu 0,0005 mg Hg in 2 ccm hergestellt.

Apparate: Mikrokolorimeter (Schmidt und Haensch, Berlin).

Ausführung. Das Quecksilber wird, wie S. 647 angegeben, isoliert (beachte auch die Angaben der vorangehenden Methode).

Das im abgesprengten Rohr befindliche Quecksilber wird in 0,25 ccm Chlorwasser gelöst, wozu 10 Min. hinreichen, die Lösung aus der Verengung herausgeblasen und mit einigen Tropfen Wasser nachgespült. Das überschüssige Chlor wird durch Durchleiten von Luft (nicht von Kohlendioxyd, welches die Farbreaktion verringert) vertrieben. Man leitet sie mit Hilfe einer Kapillare 2—3 Stunden in die Flüssigkeit, wobei man die Blasenbildung durch Einstellen eines Glasstäbchens vermindert. Um die Lösung sicher neutral zu erhalten, versetzt man sie — wenn die Menge des Quecksilbers 0,5 γ übersteigt — mit einigen ccm der kalt gesättigten Natriumazetatlösung. Bei kleineren Quecksilbermengen beschleunigt dieses wie auch andere Salze das Verschwinden der Farbe. Man setzt dann 1 Tropfen kalt gesättigte Harnstofflösung hinzu und bringt die Lösung im Tauchgefäß des Mikrokolorimeters auf 0,5 bzw. 1 ccm.

Nach Zugabe eines Tropfens Karbazonlösung vergleicht man kolorimetrisch gegen eine der Standardlösungen (s. 4.), zu denen man gleichzeitig Harnstoff- und Karbazonlösung zugesetzt hat, und wählt deren Verdünnung derart, daß möglichst Farbengleichheit herrscht. Zur Kolorimetrie wird ein Mikrokolorimeter (s. S. 339) benutzt. Bei Nichtvorhandensein eines Mikrokolorimeters kann man sich evtl. folgender Hilfsapparatur bedienen. Die Lösungen werden unter Benutzung einer Serie verschiedener Standardlösungen in kleine, gleichartige Reagenzgläser (0,8 cm weit, 5 cm lang) gegeben, je zwei zu vergleichende Gläser dicht nebeneinander in Bohrungen eines Holzklotzes gesteckt und unter Durchsicht gegen eine weiße Papierunterlage verglichen. Die Kolorimetrie soll im Dunkelzimmer bei gelbem Licht (Gelblichtglocke für photographische Zwecke) ausgeführt werden.

Nachweis des Quecksilbers in der Luft.

Einige 100 Liter Luft werden unter Vermeidung von Gummischläuchen durch zwei dünnwandige, geräumige U-Rohre (25 cm lang; erster Schenkel 20 mm, zweiter 10 mm weit) gesaugt, die sich in flüssiger Luft befinden. Bei der niedrigen Temperatur schlägt sich der Quecksilberdampf quantitativ neben Wasser und Kohlendioxyd in den U-Rohren nieder, wenn die

Strömungsgeschwindigkeit der Luft (an einer hinter den U-Rohren befindlichen Gasuhr gemessen) 1 Liter pro Minute nicht überschreitet. Die Hauptmenge Quecksilber usw. befindet sich im ersten U-Rohr. Zur Prüfung
wird ein drittes gekühltes U-Rohr eingeschaltet.

Das kondensierte Quecksilber wird im Chlorwasser gelöst und qualitativ oder quantitativ (s. o.) bestimmt.

Bestimmung des Goldes.

Im menschlichen Tagesharn soll nach Berg[1] bis zu 0,1 mg
Gold vorhanden sein. Fäzes sollen an Gold noch reicher sein.
Pro Kilogramm menschlichen Blutes werden Mengen bis zu
0,3 mg angegeben.

Quantitative Bestimmung.

Bestimmung kleiner Goldmengen nach Brahn und Weiler[2].

Prinzip. Nach Veraschung des Harnes bzw. der zu untersuchenden, organischen Substanz mit Salpeterschwefelsäure wird das
ungelöst bleibende Gold abfiltriert und nach Zusammenschmelzen
in Borax als Goldkügelchen auf der Mikrowage gewogen. Bei der
Bestimmung kleinster Goldmengen wird das in der Veraschungslösung noch gelöst bleibende Gold durch Reduktion eines
zugefügten Quecksilbersalzes mit dem entstehenden Quecksilber-
niederschlag als Amalgam isoliert und nach Lösen des Quecksilbers wie oben gewogen. Ist Wägung nicht mehr möglich, so
wird die Größe der Goldkugel unter dem Mikroskop mit einem
Fadenmikrometer bestimmt und das Gewicht berechnet.

Reagentien. 1. Salpetersäure, rote, rauchende, 40 %ig. und 50 %ig.
2. Schwefelsäure, konz. 3. Borax entwässert. 4. Königswasser. 5. Merkuronitrat. 6. Ammoniak. 7. Hydrazinsulfatlösung, konz.

Apparate. 1. Mikrowage. 2. Mikroskop mit Fadenmikrometer.
3. Objektivmikrometer.

Ausführung. Die gewogenen Organe werden grob zerkleinert
und bei sehr großen Mengen, wie z. B. Fleisch, durch die Fleisch-
maschine gedreht; je nach der zu erwartenden Goldmenge wird ein
aliquoter Teil entnommen und in weithalsige Extraktionskolben
aus Jenaer Glas von 2—3 Liter Inhalt gebracht. Es wird so viel rote,
rauchende Salpetersäure zugegeben, daß die Organe völlig bedeckt
sind und schwach erwärmt. Nach einiger Zeit setzt eine sehr lebhafte
Reaktion ein, und unter Entwicklung großer Mengen Stickoxyde

---

[1] Biochem. Z. **198**, 424 (1928).   [2] Biochem. Z. **197**, 343 (1928).

tritt in kurzer Zeit völlige Verflüssigung der Substanz ein. Jetzt wird vorsichtig konzentrierte Schwefelsäure zugesetzt und langsam erhitzt, bis die roten Dämpfe völlig verschwunden sind und die Verkohlung beginnt. Zu der Kohle gibt man so viel konzentrierte Schwefelsäure, daß sie völlig damit bedeckt ist. Unter starkem Erhitzen auf dem Baboblech läßt man tropfenweise aus einem Tropftrichter rauchende Salpetersäure zufließen, bis die Flüssigkeit völlig klar ist. Fast alles vorhandene Gold hat sich dann am Boden abgesetzt. Nach dem Erkalten wird mit Wasser verdünnt, wobei häufig durch gebildete Nitrosylschwefelsäure Stickoxyde entweichen, die durch Aufkochen völlig entfernt werden. Auch bilden sich hierbei kolloidale Goldlösungen, aus denen sich das Gold erst nach mehrstündigem Stehen abscheidet. Die in der Schwefelsäure gelöst bleibenden Goldmengen betragen Bruchteile eines $^1/_{10}$ mg und kommen daher nur in Betracht, wenn die Gesamtmenge eine sehr kleine ist. Das ausgeschiedene Gold wird auf ein quantitatives Filter gebracht und dieses in einem kleinen Porzellantiegel verascht. Dann wird zu dem Rückstande eine Messerspitze entwässerter Borax gegeben und über dem Sauerstoffgebläse geschmolzen. Es bildet sich meist eine einzige Kugel, die mit verdünnter Säure herausgelöst und auf einer Mikrowage gewogen wird. Zum schnelleren Herauslösen der Goldkugel ist es zweckmäßig, den ganz heißen Tiegel in kaltes Wasser zu werfen. Porzellan und Borax lassen sich dann meist ohne Schwierigkeit von der Goldkugel entfernen.

Bei der Veraschung der Knochen wird die angegebene Methode etwas abgeändert. Die Knochen werden mit rauchender Salpetersäure übergossen und schwach erwärmt. Nach einiger Zeit tritt unter lebhaftester Reaktion, oft unter Feuererscheinung, völlige Verkohlung ein. Die Kohle wird hierauf mit Königswasser mehrfach ausgekocht, bis fast alles in Lösung gegangen ist, die Flüssigkeit mit viel Wasser verdünnt und filtriert. Das Filter wird gut ausgewaschen und zusammen mit dem Rückstand verascht, nach der beschriebenen Methode auf Gold untersucht und das gefundene Gold zu der im Filtrat gefundenen Menge hinzugefügt. Im Filtrat wird das Kalzium mit Schwefelsäure im Überschuß gefällt, der ausgeschiedene Gips abfiltriert und die Lösung bis zur völligen Entfernung der Salz- und Salpetersäure erhitzt. In der zurückbleibenden konz. Schwefelsäure scheidet sich das Gold ab und wird wie oben bestimmt. Sollten noch größere Salzmengen auskristallisieren, so muß nochmals mit Königswasser extrahiert und mit Schwefelsäure eingedampft werden. Bei Organmengen unter 10 g kann man direkt nach Neumann veraschen, indem man zur Substanz ein Gemisch von konz. Schwefelsäure und rauchender Salpetersäure gibt und erhitzt. Wenn die Flüssigkeit nach Vertreibung der Salpetersäure noch nicht klar ist, gibt man nochmals einige Kubikzentimeter rauchender HNO_3 hinzu. Die Veraschungsdauer kleiner Mengen beträgt etwa 1 Stunde, für 20—100 g etwa 2—3 Stunden. Mengen von mehreren 100 g benötigen zur völligen Veraschung bis zu 8 Stunden.

Finden sich in der völlig klaren Veraschungsflüssigkeit keine oder nur sehr geringe Mengen abgeschiedenen Goldes, so müssen auch die kleinen Anteile bestimmt werden, die in Lösung geblieben sind. Die Lösung wird in ein Becherglas gespült, stark verdünnt und so viel einer Lösung von Merkurinitrat, wie 2 g Hg entspricht, zugegeben. Das Merkurinitrat wird durch Kochen einer Lösung von Merkuronitrat mit konzentrierter Salpetersäure erhalten. Dann wird mit Ammoniak stark alkalisch gemacht und die Flüssigkeit mit heißer konz. Hydrazinsulfatlösung bis zur völligen Reduktion des Quecksilbers versetzt. Diese ist beendet, wenn kein Aufbrausen auf Zusatz von Hydrazin erfolgt. Das ausgeschiedene Quecksilber, das auch die allergeringsten Mengen Gold enthält, wird abzentrifugiert und im Zentrifugenröhrchen mit etwa 50%ig. Salpetersäure übergossen. Man läßt die Säure so lange einwirken, bis noch eine ganz kleine Quecksilberkugel vorhanden ist, verdünnt mit Wasser und spült sie in ein kleines Porzellanschälchen über. Hier wird sie mit ca. 40%ig. Salpetersäure aufgelöst. Das hinterbliebene Gold wird mit Borax über dem Gebläse zu einer kleinen Kugel geschmolzen, deren Durchmesser, da die Mengen zur Wägung meist nicht ausreichen, mit einem Fadenmikrometer unter dem Mikroskop gemessen wird. Aus dem Durchmesser errechnet sich das Gewicht der Kugel[1].

Zu diesem Zweck muß das Fadenmikrometer vor der Messung zusammen mit dem angewandten Objektiv gegen ein Objektmikrometer geeicht werden. Man stellt fest, wieviele Umdrehungen der Schraube des Fadenmikrometers 1 mm auf dem Objektmikrometer entsprechen und berechnet daraus, den wievielsten Teil eines mm eine Umdrehung am Fadenmikrometer entspricht (Faktor F).

Dann mißt man mittels des Fadenmikrometers den Durchmesser der Goldkugel. Aus der Zahl der Umdrehungen (U) und dem Faktor (F) ergibt sich der Kugeldurchmesser $d = 2r$. Aus dem Radius r errechnet sich der Kugelinhalt gemäß der Formel $\frac{4}{3} r^3 \pi$. Durch Multiplikation dieses Ausdrucks (r in cm eingesetzt) mit

---

[1] Persönliche Mitteilung von Brahn und Weiler.

dem spez. Gew. des Goldes $s = 19{,}25$, ergibt sich das Gewicht der Goldkugel in g.

Bei der Messung der Kugel ist darauf zu achten, daß durch das auftreffende Licht eine scheinbare Vergrößerung des Kugeldurchmessers eintritt. Diese ist um so größer, je größer die Kugel ist; deswegen sind Goldmengen bis zu $^1/_{10}$ mg möglichst gravimetrisch zu bestimmen. Durch passende Wahl des Objektivs (nicht zu starke Vergrößerung), verschiedene Beleuchtung und mehrfache Messung bei verschiedener Einstellung läßt sich dieser Fehler eliminieren.

Die Methode gestattet Bestimmungen bis zu $^1/_{1000}$ mg Gold.

Organische Substanzen[1].

Bestimmung des Hexamethylentetramins (Urotropins).

$$
\begin{array}{l}
\mathrm{N}\text{————————}\mathrm{CH_2} \\
\;\;|\;\diagdown\mathrm{CH_2}\qquad\quad| \\
\mathrm{CH_2}\quad\diagup\mathrm{N-CH_2-N}=\mathrm{C_6H_{12}N_4}\,. \\
\;\;|\;\diagup\mathrm{CH_2}\qquad\quad| \\
\mathrm{N}\text{————————}\mathrm{CH_2}
\end{array}
$$

Qualitativer Nachweis.

1. Urotropinhaltiger Harn gibt auf Zusatz von Bromwasser einen orangegelben Niederschlag aus Di- und Tetrabromurotropin.

2. Der Harn wird unter Zusatz von Schwefelsäure destilliert, wobei sich Hexamethylentetramin in Formaldehyd und Ammoniak spaltet.

$$(CH_2)_6N_4 + 2\,H_2SO_4 + 6\,H_2O = 2\,(NH_4)_2SO_4 + 6\,HCOH\,.$$

Das Destillat wird wie folgt auf Formaldehyd geprüft. Diese Probe fällt auch nach Eingabe von Verbindungen des Hexamethylentetramins positiv aus.

a) Einige ccm des Destillates werden mit ca. 0,05 g Resorzin und einem gleichen Volumen 50 %ig. Natronlauge versetzt und aufgekocht. Die anfangs auftretende gelbe Farbe schlägt in Rot um.

b) Prüfung nach Fenton und Sisson. Einige ccm der zu prüfenden Flüssigkeit werden in einem weiten Reagenzglas mit

---

[1] Vgl. Neuberg: Der Harn I. l. c. S. 394 dieses Praktikums. Spaeth: l. c. S. 355 dieses Praktikums und Gadamer: l. c. S. 616 dieses Praktikums.

2 ccm roher Milch und 6 ccm 25 % ig. Salzsäure, der pro 100 ccm 2—3 Tropfen 10% ig. Eisenchloridlösung zugesetzt sind, versetzt. Die Mischung wird nunmehr zum Sieden erhitzt und eine halbe bis eine Minute im Kochen erhalten. Bei Anwesenheit auch von nur Spuren Formaldehyds nimmt die Flüssigkeit oder die an ihrer Oberfläche sich abscheidende Eiweißflockung eine violette Färbung an.

Quantitative Bestimmung.

Titrimetrische Bestimmung des Urotropins nach Schröter[1].

Prinzip. Hexamethylentetramin wird als Quecksilberchloridverbindung in essigsaurer Lösung gefällt, diese in konz. NaCl-Lösung gelöst und hierdurch von den gleichen Verbindungen des Kreatinins und der Harnsäure getrennt. Die endgültige Bestimmung beruht auf der N-Bestimmung im Niederschlag nach Kjeldahl.

Reagentien. 1. Alle Reagentien zur N-Bestimmung nach Kjeldahl (0,1 n Lösungen). 2. Kalilauge 20 % ig. 3. Kochsalzlösung, gesättigt. 4. Essigsäure 25 % ig. 5. Sublimatlösung, bei 30° gesättigt.

Ausführung. Zu 100 ccm Harn werden 10 ccm 25% ig. Essigsäure und 80—120 ccm bei 30° gesättigter Sublimatlösung gesetzt. Ein reichlicher Überschuß soll vorhanden sein. Man filtriert den Niederschlag nach 6—12 Stunden ab, wäscht ihn mit sublimathaltigem Wasser aus, digeriert 15 Min. mit 10—15 ccm gesättigter Kochsalzlösung auf dem Wasserbade, schüttelt durch, filtriert nach Erkalten, fällt im Filtrat mit 20% ig. Kalilauge das Quecksilber als Oxyd, filtriert ab und bestimmt im Filtrat den Stickstoff nach Kjeldahl.

Berechnung. Die ccm-Zahl der verbrauchten 0,1 n Säure, multipliziert mit 0,0035, gibt die Menge des vorhandenen Hexamethylentetramins.

Kolorimetrische Bestimmung von freiem Formaldehyd und Hexamethylentetramin nach Collins und Hanzlik[2]-Shohl und Deming[3].

Prinzip. Freier, im Harn vorhandener Formaldehyd gibt bei Zusatz einer alkalischen Phlorogluzinlösung eine rote Farbreaktion.

---

[1] Arch. f. exper. Path. u. Pharm. 64, 161 (1911).
[2] J. of biol. Chem. 25, 231 (1916).   [3] J. of Urology. 4, 419 (1920).

Die Farbtiefe wird gegen eine Standardlösung aus Kongorot und Methylorange kolorimetrisch gemessen. Da die Farbtiefe einer Kongorotlösung vom Präparat abhängig ist, wird diese gegen eine Kaliumbichromat-Schwefelsäurelösung standarisiert.

Der Nachweis des Hexamethylentetramins beruht auf der Bestimmung des gesamten, bei der Harndestillation frei werdenden Formaldehyds abzüglich des präformiert vorhandenen.

Reagentien. 1. Phlorogluzinreagens: 1%ig. Lösung von Phlorogluzin (Merck) in 10%ig. Natriumhydroxydlösung. 2. Herstellung der Standardlösung. a) Kongorotlösung. Da die verschiedenen Kongorotpräparate nicht gleiche Mengen Farbstoff enthalten, sind sie wie folgt zu eichen. 1,7616 g $K_2Cr_2O_7$ puriss. werden mit 11,5537 g (ca. 7 ccm) konzentrierter Schwefelsäure gemischt und in ein 50 ccm-Kolorimetergefäß (evtl. Hehnerscher Zylinder) eingefüllt. Es wird nun aus einer gewogenen Präparatmenge eine Kongorotlösung bereitet, die unter gleichen Bedingungen (Volumen und Schichthöhe) gleich stark gefärbt ist. Diese Lösung enthält 0,000625 g „reines Kongorot" $= 2,5$ ccm einer 0,025%ig. Lösung und entspricht einer Formaldehydlösung von 1:100000. Man berechnet, wieviel Gewichtsteile des angewandten Kongorotpräparates an Gewichtsteilen „reinem Kongorot" entsprechen und stellt hiernach eine Präparatlösung her, die einer 0,025%ig. „reinen Kongorotlösung" entspricht. b) Methylorangelösung. 0,01%ig. Vor der Messung stellt man sich Mischungen der beiden Farblösungen gemäß folgender Tabelle (Spalte 3 und 4) her und verdünnt sie je ad 50 ccm. Die Farbennuancen entsprechen dann den in den ersten beiden Spalten angegebenen Formaldehyd-Konzentrationen in der untersuchten Lösung nach Anstellung der weiter unten angegebenen Farbreaktion und Auffüllen auf 50 ccm.

Konzentration von Formaldehyd	Prozentuale Konzentration von Formaldehyd	Kongorot 0,025%ig ccm	Methylorange 0,01%ig ccm
1: 20000	0,005	20,0	0
1: 30000	0,0033	11,0	0
1: 40000	0,0025	9,0	0
1: 50000	0,002	8,0	0
1: 60000	0,0016	5,0	0
1: 80000	0,00125	4,0	0
1: 100000	0,0010	2,5	0
1: 200000	0,0005	0,85	0,40
1: 250000	0,0004	0,65	0,35
1: 500000	0,0002	0,25	0,18
1: 750000	0,00014	0,20	0,15
1:1000000	0,00010	0,13	0,10

Ausführung. a) Bestimmung des freien Formaldehyds. 10—20 ccm Harn werden im Hehnerschen Zylinder bzw. einem geeichten Zylindergefäße oder Reagenzglas nahezu ad 50 ccm verdünnt. Dann stellt man sich eine Reihe der Vergleichslösungen her und verdünnt diese ebenfalls auf nahezu 50 ccm. Zu der zu untersuchenden Lösung sowie zu den Vergleichslösungen gibt man je 1 ccm des Reagenses, füllt ad 50 ccm auf und vergleicht kolorimetrisch nach 3 Min., indem man die unbekannte Lösung zwischen die Standardlösungen einzuordnen sucht.

Der Niederschlag von Phosphat, der durch die Alkalisierung des Harnes entsteht, bildet sich so langsam, daß er nicht stört.

Zweckmäßig ist es, zur Ausscheidung der Harnfarbe die Lösungen in Reagenzgläsern nach dem Walpole-Prinzip zu kolorimetrieren, indem man (siehe kolorimetrische H-Ionenbestimmung S. 319 und 323) hinter die Harnlösung ein Glas mit reinem Wasser, hinter die Vergleichslösung ein Glas mit Harn (ohne Reagens) einschaltet. Die Formaldehydkonzentration ergibt sich unmittelbar aus der Tabelle.

b) **Bestimmung des Hexamethylentetramins.** Eine gemessene Menge des Harnes wird ohne irgendwelche Zusätze destilliert (siehe Destillation des Azetaldehyds S. 470). Im Destillat wird das Formaldehyd entsprechend der oben dargestellten Methode bestimmt.

Bestimmt man in einer zweiten Harnprobe das freie Formaldehyd, so ergibt die erste Bestimmung, abzüglich der zweiten, das unveränderte Hexamethylentetramin, ausgedrückt in Formaldehyd.

Berechnung. Ein Gewichtsteil Formaldehyd entspricht 0,778 Gewichtsteilen Hexamethylentetramin.

Nachweis des Veronals (Diäthylbarbitursäure) und anderer Barbitursäurederivate.

$$\begin{matrix} C_2H_5 \\ C_2H_5 \end{matrix} \Big\rangle C \Big\langle \begin{matrix} CONH \\ CONH \end{matrix} \Big\rangle CO = C_8H_{12}O_3N_2 -$$

Veronal wird zum größten Teil unverändert im Harn ausgeschieden. Die Ausscheidung beginnt sehr rasch und ist nach 3—4 Tagen beendet.

Vorprobe auf Barbitursäurederivate nach Handorf[1].

100 ccm Harn werden mit Essigsäure angesäuert und mit Äther, besser aber mit warmem Äthylazetat kräftig ausgeschüttelt. Nach Absetzen wird der Harn bis zur Emulsion abgelassen und diese nach Zusatz von etwas absolutem Alkohol unter vorsich-

---

[1] Z. exper. Med. **28**, 56 (1922).

tigem Umschwenken beseitigt. Man läßt das Extraktionsmittel verdunsten, gibt 30 ccm offizinellen Wasserstoffsuperoxyds und eine Spatelspitze NH_4Cl hinzu und dampft in einer Schale zunächst auf dem Drahtnetz, zum Schluß in einiger Entfernung über demselben ein. Bei Anwesenheit von Barbitursäurederivaten zeigt der Rückstand intensiv gelb-rote Verfärbung und gibt die Murexidreaktion (s. S. 531).

Zur Prüfung auf einzelne Körper der Veronalgruppe teilt man den aus dem Harn gewonnenen Extrakt in drei Teile und verarbeitet sie wie angegeben unter Zusatz von je NH_4Cl, $NaCl$ und $BaCl_2$.

1. Veronal: Die Murexidreaktion tritt bei Gegenwart von NH_4Cl wie von $NaCl$ auf.

2. Proponal: Die Reaktion ist die gleiche wie beim Veronal, bei 100^0 jedoch langsamer und deutlich erst bei höheren Temperaturen.

3. Medinal: Die Reaktion ist mit NH_4Cl positiv, mit $NaCl$ negativ.

4. Luminal: Die Reaktion ist mit $BaCl_2$ negativ. Das siedende, NH_4Cl enthaltende Reaktionsgemisch ist von Anfang an rötlich gefärbt. Der Rückstand zeigt Murexidreaktion.

Ist die Probe nach Handorf negativ, so braucht ein Isolierungsverfahren nicht versucht zu werden.

Isolierung des Veronals.

a) Nach Molle und Kleist[1]. Der zu untersuchende Harn (zweckmäßig eine Menge von ca. 200 ccm) wird mit Bleiazetat versetzt (basisches vgl. Handorf), bis keine Fällung mehr erfolgt, das Filtrat mit Schwefelwasserstoff entbleit, der Schwefelwasserstoff durch Luftdurchleiten verdrängt und das Filtrat auf 60—80 ccm eingeengt. Anstatt mit H_2S kann man nach Handorf leichter durch Zusatz von festem Na_2SO_4 entbleien. Der Harn wird mit Tierkohle, die zuvor mehrmals mit Wasser ausgekocht worden ist, entfärbt, filtriert, das Filtrat auf 100 ccm gebracht, mit Kochsalz gesättigt und mit Äther mehrmals ausgeschüttelt. Die verschiedenen Ätherauszüge werden vereinigt und auf dem Wasserbade abgedunstet, wobei das Veronal zurückbleibt. Das so erhaltene Rohveronal kann gereinigt werden, indem man es in heißem Wasser löst, die Lösung mit ausgekochter Tierkohle entfärbt, filtriert und die farblose Lösung eindampft.

---

[1] Arch. Pharmazie **242**, H. 6, 401 (1904).

Man kann das Rohveronal auch nach van Itallie und Steenhauer[1] reinigen, indem man es in 10 ccm siedendem Wasser löst, mit 5 ccm Schwefelsäure und noch heiß mit so viel 0,1 n Kaliumpermanganat versetzt, bis die Flüssigkeit über dem Niederschlage farblos geworden ist.

Nach Lösen des Manganniederschlages mit H_2O_2 wird zweimal mit Essigester ausgeschüttelt, nach dessen Abtrennung und Abdampfen das Veronal sehr rein zurückbleibt.

b) Nach van Itallie und Steenhauer[1]-Kühn[2]. 100 ccm Harn werden mit Schwefelsäure angesäuert und hierauf mit einer gesättigten Permanganatlösung so lange versetzt, bis sich der entstehende Manganniederschlag nicht mehr auflöst (ca. 0,5—1 g $KMnO_4$). Man läßt den Kolben bei Zimmertemperatur unter zeitweiligem Umschwenken 5—10 Min. lang stehen, entfernt den Niederschlag durch vorsichtigen Zusatz von H_2O_2 und engt den Harn unter vermindertem Druck auf ca. 20—30 ccm ein. Dann schüttelt man ihn dreimal je ¼ Std. mit 25—30 ccm Äther auf der Schüttelmaschine aus und destilliert aus den vereinigten Ätherlösungen den Äther ab. Der Rückstand wird mit wenig heißem Wasser gelöst, unter Zusatz von Tierkohle gekocht und diese nach Abfiltration durch erneutes Auskochen von adsorbiertem Veronal befreit. Das nach Eindampfen der Filtrate erhaltene Rohveronal wird sublimiert und das Sublimat nach Trocknen im Vakuumexsikkator zur Schmelzpunktbestimmung verwandt. Die mit dieser Methode erhaltene Ausbeute beträgt 85—95%. Die Schmelzpunkte erreichen 188—191°.

Identifizierung des Veronals. a) Schmelzpunktbestimmung (187—188°, rein 191°). Der Schmelzpunkt muß der gleiche bleiben, wenn das gewonnene Produkt mit Veronal zusammengeschmolzen wird.

b) Das Präparat ist sublimierbar, in Alkalien löslich und kristallisiert aus diesen beim Ansäuern aus.

c) Nach Kochen mit 5—10 Tropfen konz. Schwefelsäure bis zur Braunfärbung und Wiederaufhellung der Flüssigkeit, Verdünnung, Alkalisieren und Zusatz von Neßlerreagens geben noch ca. 0,01 g Veronal Ammoniakreaktion: Braun-Gelb-Färbung.

d) Mikroreaktionen: Nach Tunmann[3] gibt die sublimierte Substanz unter dem Mikroskop, mit Chlorzinkjodlösung versetzt, charakteristische, tafelförmige und prismatische Kristalle von grauer bis schwarzroter Farbe. Hinsichtlich weiterer Mikroreak-

---

[1] Pharmaceut. Weekbl. Jg. 58, Nr. 32, 1062 (1921).
[2] Dtsch. Z. gerichtl. Med. 13, 115 (1929).
[3] Apoth.-Z. Jg. 32. Nr. 45, 289 (1917).

tionen wird auf die Originalarbeit verwiesen. Das gleiche gilt von einer Reihe von Mikroreaktionen von angesäuerten Veronallösungen, die von van Itallie und van der Veen[1] angegeben sind.

Nachweis von Barbitursäurederivaten durch Mikrosublimation nach Ehrismann und Joachimoglu[2].

Prinzip. Die Methode beruht auf Isolierung der Barbitursäurederivate aus dem Harn durch Ätherextraktion und Identifizierung der Substanz durch die Methode der Mikrosublimation.

Reagentien. 1. Weinsäure 10%ig. 2. Äther. 3. Chloroform.

Apparate. Mikrosublimationsapparat nach Kempf bzw. nach Ehrismann und Joachimoglu (s. S. 345/46).

Ausführung. 50—100 ccm Harn werden auf dem Wasserbade eingeengt, mit Weinsäure versetzt und mit ca. 30 ccm Äther ausgeschüttelt. Der Äther wird zunächst bei etwa 30⁰ vorsichtig eingedampft, der Rückstand mit 1—2 ccm Chloroform aufgenommen und die Flüssigkeit tropfenweise in eine der unten genannten Aussparungen des Sublimationstisches gebracht.

Dieser trägt eine Asbestplatte, Dicke 0,1 mm, die zwei Aussparungen von der Größe eines Objektträgers von 2,5—7,5 cm aufweist. In die zweite Aussparung der Asbestplatte bringt man eine Probe der reinen Substanz, auf die man den Harn prüft. Man deckt beide Ausschnitte mit je einem Objektträger zu und stellt den Apparat auf die gewünschte Temperatur ein, indem man, so bald diese erreicht ist, auf den Kontakt einstellt. Man erhitzt dann längere Zeit auf die Sublimationstemperatur und vergleicht unter dem Mikroskop die erhaltenen Kristallformen mit dem von der reinen Substanz herstammenden Kontrollversuch.

Das Aussehen der Kristalle ist sehr abhängig von Dauer und Temperatur der Sublimation. Die Kristallformen von Veronal (Abb. 139) und Luminal (Abb. 140) unter den angegebenen Bedingungen gehen aus vorstehenden Abbildungen hervor.

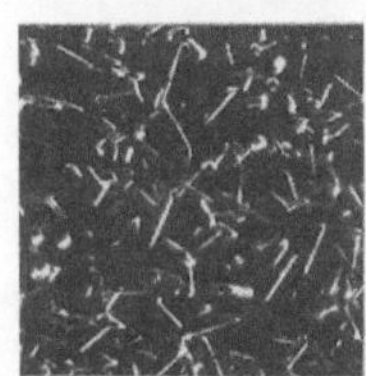

Abb. 139. Veronal 8 Std. sublimiert bei 120⁰. Vergrößerung 1:50.

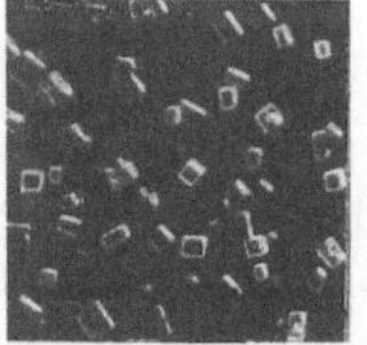

Abb. 140. Luminal 12 Std. sublimiert bei 130⁰. Vergrößerung 1:50.

[1] Pharmaceut. Weekbl. Jg. 56, Nr. 32, 1112 (1919).
[2] Biochem. Z. 199, 272 (1928).

Nachweis von Salizylsäure und Salizylaten.

$$\text{COOH}$$
$$\text{OH} = C_7H_6O_3 .$$

Nach Einnahme von Salizylsäure, ihren Salzen oder Estern wie Salol, Salipyrin, Aspirin, Diplosal und anderen erscheint Salizylsäure (schon nach 15—30 Min.) teilweise unverändert, teils mit Glykokoll gepaart als Salizylursäure ($OH \cdot C_6H_4 \cdot CO \cdot NH \cdot CH_2 \cdot COOH$) im Harn. Der Harn kann dann reduzieren und dreht schwach links.

Salizylsäure und Salizylursäure werden aus dem mit etwas Schwefelsäure angesäuerten Harn mit einer Mischung aus 2 Teilen Chloroform und 3 Teilen leicht siedendem Petroläther ausgeschüttelt.

Die durch ein trocknes Filter abgegossene Ätherchloroformmischung wird mit mehreren ccm Wasser und einem Tropfen sehr verdünnter Eisenchloridlösung versetzt.

Bei positivem Ausfall der Reaktion färbt sich die wäßrige Schicht violett. Durch Vergleich mit einer Lösung von bekanntem Salizylsäuregehalt kann die Salizylsäuremenge annähernd bestimmt werden.

Zur Trennung der Salizylursäure von der Salizylsäure kristallisiert man nach Bondi[1] das nach Verdampfen der Extraktionsmittel zurückbleibende Säuregemisch aus einer Mischung von 3 ccm Alkohol und 30 ccm Benzol pro 1 g Substanz um. Salizylursäure kristallisiert in dünnen Nadeln aus (Schmelzpunkt 160°), Salizylsäure bleibt völlig in Lösung (Schmelzpunkt der Salizylsäure 155—156°).

Nachweis von Anilinderivaten.

Unter den Anilinderivaten, die als Medikamente verwandt werden, kann man unterscheiden:

1. Direkte Anilinderivate (Anilide), deren wichtigster Vertreter das „Antifebrin" ist.

2. Die Phenetidinderivate, deren bekanntester Vertreter das „Phenazetin" ist.

Fast alle Anilinderivate werden nicht als solche, sondern in Form von p-Aminophenol und dessen Derivaten, mit Schwefelsäure und Glukuronsäure gepaart, ausgeschieden.

Der Harn ist nach Einnahme von Anilinderivaten infolge seines Gehaltes an Glukuronsäure linksdrehend und reduziert

---

[1] Z. physiol. Chem. **52**, 170 (1907).

Fehlingsche Lösung. Das durch Kochen mit Salzsäure aus den gepaarten Verbindungen abgespaltene p-Aminophenol gibt die Indophenolreaktion (s. w. unten). Zum Teil geben die Ausscheidungsprodukte auch Azofarbstoffreaktionen.

Antifebrin (Azetanilid).

$$\underset{}{\text{NHCOCH}_3} \quad = C_8H_9ON.$$

Der Harn enthält nach Einnahme von Antifebrin Azetyl-p-Aminophenol und p-Aminophenol als Schwefelsäure- und Glukuronsäureverbindung. Bei Hunden tritt abweichend hauptsächlich o-Oxykarbanil im Harn auf.

$$C_6H_4\overset{\text{NHCOCH}_3}{\underset{\text{OH}}{<}} \rightarrow C_6H_4\overset{\text{NHCOOH}}{\underset{\text{OH}}{<}} \rightarrow C_6H_4\overset{\text{N}}{\underset{\text{O}}{<}}C(OH) .$$

Azetanilid   Oxyphenylkarbaminsäure   o-Oxykarbanil

Qualitativer Nachweis des p-Aminophenols.

1. Indophenolreaktion. 10—20 ccm Harn werden zur Spaltung gepaarter Verbindungen mit 2 ccm konz. Salzsäure aufgekocht, nach dem Erkalten mit einigen ccm 5%ig. wäßriger Karbolsäurelösung und tropfenweise mit filtrierter ca. 1%ig. Chlorkalklösung versetzt. Bei positiver Reaktion wird nach kräftigem Umschütteln die Flüssigkeit rot-violett und nach Übersättigung mit Ammoniak bisweilen erst nach einigen Minuten blau. Geringe Mengen p-Aminophenol geben nur Grünfärbung. Bei stark gefärbtem Harn schüttelt man diesen nach dem Aufkochen mit Salzsäure und nach dem Erkalten mit Äther aus, verdunstet, nimmt mit etwas Wasser auf und behandelt die wäßrige Lösung des Ätherrückstandes wie angegeben. Die Reaktion wird durch folgendes Schema wiedergegeben:

$$\overline{ + O\,H} \qquad C_6H_4 = O$$
$$H\,|\,OC_6H_4N\,|\,H + O + H\,|\,C_6H_4OH = 2\,H_2O + N\overset{}{\underset{}{<}} \qquad \cdot$$
$$\text{p-Aminophenol} \qquad\quad \text{Phenol} \qquad\qquad\qquad C_6H_4OH$$
$$\text{Indophenol}$$

2. Oxyazofarbstoffbildung. Der Harn wird mit einigen ccm Salzsäure gekocht, eisgekühlt, mit 2—3 Tropfen Natriumnitritlösung (1%ig) und dann mit einigen ccm alkoholischer α-Naphthollösung versetzt und ammoniakalisch gemacht: Rote Färbung.

Phenazetin (p-Azetphenetidin).

$$\underset{\text{OC}_2\text{H}_5}{\overset{\text{NHCOCH}_3}{\bigcirc}} = \text{C}_{10}\text{H}_{13}\text{O}_2\text{N}\,.$$

Phenazetin wird im Harn zum kleineren Teil als Phenetidin, zum größeren als gepaarte Azetyl-p-Aminophenolverbindung ausgeschieden.

1. Indophenolreaktion (siehe Antifebrin S. 663).

2. Azofarbstoffbildung.

Man versetzt den Harn mit 2 Tropfen Salzsäure oder kocht ihn, falls die Reaktion hierbei noch nicht gelingt, zur Spaltung der gepaarten Säureverbindungen mit ¼ Volumen konz. Salzsäure, kühlt in Eis, setzt 2—3 Tropfen 1%ig. Natriumnitritlösung, einige ccm alkalischer, wäßriger β-Naphthollösung hinzu und macht mit Natronlauge alkalisch: Rotfärbung, die bei Salzsäurezusatz violett wird.

3. Nach Einnahme größerer Mengen Phenazetin ist der Harn intensiv gelb gefärbt und gibt mit Eisenchlorid eine Rotfärbung, die nach stärkerem Eisenchloridzusatz in schwarzgrün übergeht.

Nachweis von Pyrazolonderivaten.

Antipyrin (Phenyldimethylpyrazolon).

$$\begin{array}{c}\text{C}_6\text{H}_5\text{N} \\ \text{OC}\diagup\quad\diagdown\text{NCH}_3 \\ \text{HC}\underline{\qquad}\text{CCH}_3 \end{array} = \text{C}_{11}\text{H}_{12}\text{ON}_2\,.$$

Antipyrin geht zum größten Teil unverändert in den Harn über. Nach Eingabe größerer Mengen tritt eine Vermehrung der Ätherschwefelsäuren ein. Der Harn dreht nicht und reduziert nicht, auch nicht nach Kochen mit Säuren. Der Harn zeigt gelbe bis dunkelrote Färbung und Dichroismus, d. h. er ist im durchfallenden Licht rot, im reflektierten grünlich gefärbt.

1. **Nachweis des Antipyrins im Harn.** Einige ccm Harn werden mit Ammoniak alkalisch gemacht und mit Chloroform ausgeschüttelt. Das Chloroform wird abgetrennt; man läßt es verdunsten. Der Verdunstungsrückstand wird in Wasser gelöst und:

a) mit einigen Tropfen Eisenchloridlösung versetzt: dunkelrote Färbung, die beim Erwärmen nicht verschwindet (Unterschied gegen Azetessigsäure). Empfindlichkeit der Probe 1:100000;

b) nach Ansäuern mit Essigsäure mit Natriumnitrit versetzt: Grünfärbung von Nitrosoantipyrin $C_{11}H_{11}(NO)ON_2$.

2. **Isolierung des Antipyrins.** Der auf ein kleines Volumen eingeengte Harn wird mit Schwefelsäure angesäuert, mit Kaliumwismutjodidlösung versetzt (wodurch Purinbasen und Antipyrin gefällt werden), der Niederschlag durch Anreiben mit Silberkarbonat zerlegt, filtriert, das Filtrat durch Schwefelwasserstoff von Silber befreit und bei alkalischer Reaktion mit Chloroform ausgeschüttelt. Der nach dem Abdunsten des Chloroforms verbleibende Rückstand wird durch Umkristallisieren mit Wasser und Benzol gereinigt. Schmelzpunkt der Kristalle 113°. Eine wäßrige Lösung der Antipyrinkristalle zeigt die Reaktionen nach 1. a) und b).

Pyramidon (Dimethylaminoantipyrin).

$$\text{Pyramidon} = C_{13}H_{17}ON_3.$$

Pyramidon wird als solches nicht ausgeschieden. Der Harn enthält eine gepaarte Glukuronsäure, Rubazonsäure und Antipyrylharnstoff.

Durch Anwesenheit der Rubazonsäure zeigt der Harn meist eine hellpurpurrote Farbe. Mitunter setzt auch der Harn nach einiger Zeit ein aus roten Nädelchen bestehendes Sediment ab.

Der Farbstoff ist nach Ansäuern ausschüttelbar durch Essigester, der sich rubinrot färbt. Nach dem Verdunsten des Essigesters hinterbleiben rote Nädelchen, die sich leicht in Ammoniak und Alkalien purpurrot lösen.

Pyramidonharn gibt: a) mit dem gleichen Volumen 2%ig. Eisenchloridlösung versetzt eine dunkelbraune bis amethystartige Farbe (Antipyrylharnstoff);

b) beim Überschichten mit einer auf das zehnfache mit Wasser verdünnten 10%ig. alkoholischen Jodlösung einen violetten, allmählich rotbraun werdenden Ring.

Nachweis des Saccharins (o-Sulfobenzoesäureimid).

$$C_6H_4\underset{SO_2}{\overset{CO}{\diagdown\diagup}}NH.$$

1. Der mit Phosphorsäure angesäuerte Harn wird mit Äther ausgeschüttelt, der Ätherrückstand (von süßem Geschmack) im

Silbertiegel mit konz. Natronlauge eingedampft und ½ Stunde im Ölbad auf 250° erhitzt.

Man nimmt mit Wasser auf, säuert an und schüttelt mit einer Mischung von 2 Teilen Chloroform und 3 Teilen Petroläther aus. Die durch die Reaktion gebildete Salizylsäure geht in den Auszug und ist, wie unter Salizylsäure (S. 662) angegeben, nachzuweisen.

2. Zum Nachweis von Saccharin durch Nachweis des in ihm enthaltenen Schwefels dampft man etwa 500 ccm Harn mit etwas gereinigtem Sand ein, extrahiert den Rückstand mit Äther-Petroläther (gleiche Teile), filtriert, destilliert den Äther ab und schmilzt den Rückstand mit Soda-Salpeter. In der salzsauren heißen Lösung der Schmelze wird die aus dem Schwefel des Saccharins erhaltene Schwefelsäure durch Zusatz von Bariumchloridlösung nachgewiesen[1].

Nachweis von Anthrachinonderivaten.

Eine Anzahl häufig gebrauchter Abführmittel (Rhabarber, Cascara-Sagrada, Sennesblätter und Aloe) enthalten Dioxymethylanthrachinon und Trioxymethylanthrachinon, teils frei, teils in gebundener Form (Anthraglukoside).

Diese Substanzen werden im Harn teils frei, teils als gepaarte Körper ausgeschieden. Der nach Gebrauch dieser Abführmittel entleerte Harn hat häufig eine gelbe-grünlichgelbe Farbe oder ist, wenn er bei alkalischer Reaktion entleert wird, rötlich.

a) Die im Harn vorhandenen Anthrachinonverbindungen bilden rot gefärbte Salze. Ein nativ saurer Harn färbt sich daher auf Zusatz von Ätzalkalien rötlich. Erhitzt man den mit Natronlauge versetzten Harn zum Sieden (vgl. Hellersche Blutprobe S. 585), so sind die ausfallenden Erdphosphate rot gefärbt. Auf Säurezusatz verschwindet die Rotfärbung im Gegensatz zu der vom Blutfarbstoff erzeugten Farbe.

Auch Santoninharn nimmt bei alkalischer Reaktion eine rote Färbung an, gibt aber nicht die folgende Reaktion.

b) Man kocht den Harn mit einem Tropfen Kalilauge, säuert mit Salzsäure an und schüttelt nach dem Abkühlen mit Äther aus. Der klar abgegossene Äther wird mit einigen Tropfen verdünnter Ammoniaklösung geschüttelt. Die wäßrige Flüssigkeit färbt sich kirschrot.

---

[1] Hinsichtlich einer quantitativen Methode zur Bestimmung von Saccharin s. Jamieson: J. of biol. Chem. 41, 3 (1920).

Nachweis des Santonins.

$$OC\underset{\diagdown CH-CH\ C}{\overset{O-CH\ C}{\Big\langle}}\ \ \underset{\overset{|}{CH_3}\ \ \overset{|}{CH_2}}{\overset{CH_2\ \ \overset{CH_3}{|}}{\diagup C}}\ \underset{\diagdown C}{\overset{\diagup CH_2}{\diagdown CO}} = C_{15}H_{18}O_3$$

Santonin wird als solches im Harn nicht ausgeschieden, wohl aber nach seiner Einnahme schon nach $1-1\frac{1}{2}$ Stunde ein Farbstoff, der den Harn (besonders den Schaum) gelb bis grünlichgelb färbt.

Der Harn wird mit Kali- oder Natronlauge alkalisch gemacht: Rotfärbung.

Zur Unterscheidung gegen Anthrachinonfarbstoffe (vgl. S. 666) aus Abführmitteln wird:

a) der alkalische, rot gefärbte Harn mit Amylalkohol ausgeschüttelt. Santoninfarbstoff geht in den Alkohol, Oxyanthrachinonfarbstoff bleibt im Harn;

b) der Harn mit Barytwasser versetzt. Bei Gegenwart von Santonin ist der Niederschlag farblos, die Flüssigkeit rot gefärbt. Anthrachinonfarbstoffe geben eine rötliche Fällung und ein fast farbloses Filtrat.

Nachweis unresorbierten Santonins in den Fäzes. Der mit Salzsäure angesäuerte Kot wird mit Chloroform extrahiert, der Chloroformrückstand aus Wasser umkristallisiert und durch Sublimation gereinigt.

Die Santoninkriställchen (Schmelzpunkt 170^0) geben:

a) beim Erwärmen mit alkoholischer Kalilauge karminrot gefärbte Lösung, die in Rotgelb übergeht;

b) beim Erhitzen mit 1 ccm H_2O und 2 ccm konz. H_2SO_4 eine gelbe Lösung, die, mit einigen Tropfen Eisenchloridlösung versetzt, Violettfärbung zeigt.

Nachweis und Bestimmung von Alkaloiden[1].

Alkaloide werden zum größten Teil unverändert im Harn ausgeschieden. Ihr Nachweis gründet sich auf Isolierung nach dem folgenden Verfahren und Identifizierung durch spezielle Reaktionen.

---

[1] Vgl. Spaeth: l. c. (S. 355 dieses Praktikums). Gadamer: l. c. (S. 616 dieses Praktikums) und Autenrieth: Die Auffindung der Gifte. Berlin-Wien: Urban u. Schwarzenberg 1923.

Isolierung der Alkaloide.

Ausschüttelungsverfahren nach Stas-Otto.

500—2000 ccm Harn werden auf dem Wasserbade zur Sirupkonsistenz eingedampft. Feste Substanzen wie Organe usw. werden gut zerkleinert.

Der Rückstand bzw. die feste Masse wird mit dem 3fachen Volumen absoluten Alkohols versetzt und mit 10%ig. Weinsäurelösung angesäuert, so daß die Mischung deutlich sauer reagiert; ein Überschuß von Weinsäure ist zu vermeiden. In einem großen Kolben wird die Mischung am Rückflußkühler auf dem Wasserbade unter häufigem Umschütteln 10—15 Min. lang erhitzt, nach dem Erkalten abfiltriert, der Rückstand mit Alkohol ausgewaschen und das erhaltene Filtrat, das sauer reagieren muß, auf dem Wasserbade zum dünnen Sirup eingedunstet. Den Rückstand rührt man mit 100 ccm kalten Wassers auf, filtriert, dampft das Filtrat zur Trockne bzw. zum Sirup ein, rührt mit reichlich absolutem Alkohol durch, filtriert, dampft den Alkohol zur Trockne ein, nimmt mit 50 ccm Wasser auf, filtriert und erhält so eine wäßrige, saure Lösung der Alkaloide.

Aus dieser werden nun wie folgt 3 Fraktionen hergestellt:

I. Die saure Lösung wird mehrmals mit Äther ausgeschüttelt und dieser abgetrennt. Nach Verdampfen des Äthers (wäßrige Lösung aufbewahren!) kann der Ätherrückstand an Alkaloiden enthalten: Kolchizin und Pikrotoxin.

(Von organischen Medikamenten könnten außerdem hier gefunden werden: Pikrinsäure, Koffein, Azetanilid, Phenazetin, Antipyrin und Salizylsäure.)

Der Alkaloidrückstand kann in saurer Lösung aufgenommen und durch die allgemeinen Alkaloidreaktionen nachgewiesen werden (s. w. u.).

II. Die zurückgebliebene, wäßrige Lösung von I. wird mit Natronlauge stark alkalisch gemacht und mit der gleichen Menge Äther 3—4mal tüchtig ausgeschüttelt. Die vereinigten Ätherauszüge läßt man 1—2 Stunden absetzen; man filtriert durch ein trocknes Filter, läßt verdunsten und sammelt den Rückstand auf einer kleinen Uhrschale. (Wäßrige, alkalische Lösung aufbewahren!)

Der Verdunstungsrückstand kann außer Apomorphin, Morphin und Narzein alle Alkaloide enthalten. Vorzüglich kommen in Frage Koniin und Nikotin, (der Rückstand besteht dann aus öligen Tropfen) Atropin, Chinin, Kokain, Kodein, Papaverin, Narkotin, Strychnin, Thebain und Veratrin.

(Von anderen organischen Arzneimitteln können Anilin, Koffein, Antipyrin und Pyramidon im Ätherrückstand vorhanden sein.)

Zur Reinigung der Alkaloide löst man den Ätherrückstand mit heißem Amylalkohol, schüttelt diesen mit einigen ccm stark verdünnter Schwefelsäure aus, trennt ab, schüttelt die wäßrige, saure Lösung unter Zugabe von Natronlauge bis zur stark alkalischen Reaktion mit Äther aus und verdunstet denselben. Der Rückstand wird mit angesäuertem Wasser aufgenommen.

III. Die nach II. zurückgebliebene alkalische, wäßrige Lösung kann Morphin, Apomorphin und Narzein enthalten. Ist Apomorphin vorhanden (Grünfärbung der sauren, wäßrigen Flüssigkeit, Rot- oder Violettfärbung der Ätherauszüge), so hat man die erst mit Salzsäure angesäuerte, dann mit Ammoniak alkalisch gemachte Lösung mit Äther auszuziehen. Der Ätherauszug hinterläßt beim Eindunsten Apomorphin. Kommt Apomorphin nicht in Frage, so schüttelt man die ammoniakalische Lösung mit ziemlich viel kochend heißem Chloroform 3—4 mal aus (bei Emulsionsbildung auf dem Wasserbad absetzen lassen!), trennt ab, gibt zu dem Chloroform einige Kriställchen trocknes Kochsalz, filtriert durch ein trocknes Filter und dunstet auf dem Uhrschälchen ab.

Der Rückstand wird in angesäuertem Wasser gelöst.

Wenige Tropfen aller nach I.—III. erhaltenen Alkaloidsalzlösungen geben Fällungen oder Trübungen mit den allgemeinen Alkaloidreagentien.

Allgemeine Alkaloidfällungsreagentien.

1. **Jodkalium (Wagners Reagens).** 12,7 g Jod, 20 g Jodkalium werden zu 1 Liter in Wasser gelöst (0,1 n Jodlösung).

2. **Phosphorwolframsäure (Scheiblers Reagens).** 1 Teil käufliches Natriumwolframat wird in 3 Teilen Wasser gelöst und mit $^1/_2$ Teil 25%ig. Phosphorsäure versetzt. Oder: 100 g käufliches Natriumwolframat und 70 g Dinatriumphosphat werden in 500 g Wasser gelöst und mit Salpetersäure angesäuert.

3. **Phosphormolybdänsäure (Sonnenscheins Reagens).** Phosphormolybdänsaures Ammon, erhalten durch Fällen von Natriumphosphat durch Ammoniummolybdat in salpetersaurer Lösung, wird in möglichst wenig Sodalösung gelöst. Die Lösung wird zur Trockne eingedampft und geglüht, bis kein Ammoniak mehr entweicht. Der Rückstand wird in der zehnfachen Menge Wasser gelöst und mit Salpetersäure versetzt, bis der entstehende Niederschlag sich wieder löst.

4. **Gerbsäure (Tannin).** Frisch bereitete, wäßrige Lösung 1:10. Oder: Auflösung von 1 g Tannin in 8 g Wasser und 1 g Alkohol. Ein Gehalt an Gallussäure wirkt störend; die wäßrige Lösung ist daher durch Ausschütteln mit Äther zu reinigen.

Geben diese Lösungen mit den zu untersuchenden Flüssigkeitstropfen keine Reaktion, so sind Alkaloide nicht vorhanden.

Nachweis bzw. Bestimmung einzelner Alkaloide.

Nachweis des Atropins

$$(C_{17}H_{23}O_3N).$$

1. Der Alkaloidrückstand wird auf dem Wasserbade mit einigen Tropfen rauchender Salpetersäure eingedampft. Der Rückstand färbt sich beim Zusatz alkoholischer Kalilauge violett, dann kirschrot (Probe nach Vitali). Die gleiche Reaktion zeigt auch Veratrin.

2. Eine wäßrige Lösung des Alkaloidrückstandes in ganz schwach saurem Wasser wird in den Bindehautsack eines Katzen-, besser noch eines menschlichen Auges gebracht. Mengen bis 0,0002 mg Atropin bewirken noch eine deutliche Erweiterung der Pupille beim Menschenauge.

Hyoszyamin, Homatropin und Scopolamin zeigen die gleichen Reaktionen und lassen sich nur durch die physikalischen Eigenschaften ihrer Goldsalze unterscheiden.

Bestimmung des Chinins

$$(C_{20}H_{24}O_2N_2 + 3H_2O).$$

Qualitativer Nachweis.

1. **Nachweis unmittelbar im Harn**[1]: Chinin kann im Harn noch in einer Konzentration von $1:200\,000$ durch Zusatz von Kaliumquecksilberjodid nachgewiesen werden.

Reagens. Es werden gelöst: 10 g Kaliumjodid in 50 ccm aqua dest., 2,7 g Quecksilberchlorid in 150 ccm heißem Wasser. Die vereinigten Lösungen werden mit 2,0 g Eisessig versetzt.

Chininhaltiger, klar filtrierter Harn gibt bei Reagenszusatz Trübung, die beim Erwärmen verschwindet (Unterschied gegen Eiweiß). Wird das heiße Filtrat beim Abkühlen wieder getrübt, so ist Eiweiß neben Chinin vorhanden.

2. **Thalleiochinreaktion**: Beim Versetzen einer schwach essigsauren Lösung des Alkaloidrückstandes mit 5—10 Tropfen starkem Chlor- oder Bromwasser und sofortiger Ammoniakzugabe entsteht eine smaragdgrüne Färbung bzw. ein grüner Niederschlag. Durch Zusatz von Säure wird die Färbung beim Neutralisieren blau, bei weiterem Säurezusatz rot. Die Gegenwart von

---

[1] Zit. nach Spaeth: l. c. S. 355 dieses Praktikums S. 567; vgl. Giemsa und Schaumann: Beihefte zum Arch. Schiffs- u. Tropenhyg. 11, H. 3, 12 (1907).

Antipyrin, Koffein oder Harnstoff verändern die Farbreaktion bzw. verhindern sie vollkommen.

3. Versetzt man eine Menge von etwa 10 mg Chinin mit 20 Tropfen einer Mischung aus 30 Tropfen Essigsäure, 20 Tropfen absolutem Alkohol und 1 Tropfen verdünnter Schwefelsäure, erhitzt zum Sieden und gibt 1 Tropfen alkoholischer Jodlösung (1:100) hinzu, so scheiden sich nach längerem Stehen grüne, metallglänzende Kristallblättchen von Herapathit, einer Jodverbindung des Chinins, ab. Der Niederschlag ist in Wasser kaum löslich. (Unterschied gegen andere Chinaalkaloide, die leicht lösliche Jodverbindungen geben.)

Nephelometrische Bestimmung des Chinins nach Sterkin und Helfgat[1].

Prinzip. Das Chinin wird aus der organischen Substanz (Gewebe, Blut, Harn) extrahiert (nativer Harn ist unmittelbar nicht verwendbar) und die erhaltene schwach saure Chininlösung durch Zusatz eines Arsenmolybdänreagenses getrübt. Durch nephelometrischen Vergleich gegen eine Chinin-Standardlösung wird die Chininkonzentration bestimmt.

Reagentien. 1. Natriumsulfat frisch geglüht. 2. Alkohol. 3. Äther. 4. Salzsäure 0,1 n. 5. Salzsäure 0,01 n. 6. Chloroform. 7. Salzsäure 0,02 n. 8. Reagens: Mischung gleicher Volumteile einer 0,12%ig. Lösung von arsensaurem Natrium, einer 2%ig. Lösung von Ammoniummolybdat und einer 2%ig. Salzsäure. Das Reagens ist einen Monat, im Dunkeln aufbewahrt 4—5 Monate haltbar. 9. Chinin-Standardlösungen. Lösungen von Chinin. hydrochloricum in einer genau hergestellten Konzentration zwischen 1 : 150000 und 1 : 900000.

Apparate. 1. Nephelometer nach Kleinmann (Schmidt und Haensch, Berlin). 2. Filter (Schleicher und Schüll, Blauband Nr. 589).

Ausführung. Das Material, z. B. 10 ccm, Blut wird in einem weiten Reagensglas mit ca. 2 g geglühtem Natriumsulfat versetzt. Durch das in ein siedendes Wasserbad gestellte Glas wird etwa 15 Min. lang trockne Luft gesogen, worauf das schon etwas eingetrocknete Blut mit einem Spatel zerkleinert und in 2½—3 Stunden in gleicher Weise völlig getrocknet wird.

Das getrocknete Blut wird in einem Achatmörser zerkleinert, quantitativ in einem Scheidetrichter von 300 ccm Vol. gebracht und mit Alkohol unter öfterem Umschütteln 24 Stunden lang extrahiert. Der Alkohol wird durch ein Filter (s. Apparate 2.) in einen Kolben abfiltriert. In den gleichen Kolben werden auch alle weiteren Extrakte gegeben. Das Filter wird zur weiteren

---

[1] Biochem. Z. **207**, 8 (1929).

Extraktion mit den daran haftenden festen Teilchen in den Scheidetrichter geworfen und einmal 24 Stunden mit Alkohol, dann dreimal zu je 24 Stunden mit Äther und schließlich 24 Stunden mit einer 0,1 n HCl extrahiert. Alle Extrakte werden in den gleichen Kolben filtriert, wobei das dort enthaltene Filtrat zuvor abzudestillieren ist, während die Filter in den Scheidetrichter zurückkommen. Der trockne Rückstand der Filtrate wird unter Erwärmen in ca. 0,01 n HCl gelöst und nach Erkalten in einen reinen Kolben abfiltriert. Das Filter spült man zweimal mit angesäuertem Wasser nach. Das Wasser wird hierbei in den gleichen Kolben filtriert. Man bringt die Lösung bis zur Trockne, löst den Rückstand in 10 ccm Chloroform, filtriert in einen trocknen Kolben, spült das Filter mit Chloroform nach, bringt zur· Trockne und löst den Rückstand in 10 ccm ca. 0,02 n HCl. Nach erfolgter Lösung (etwa 30 Min.) bringt man die Flüssigkeit in ein trocknes, bei 15 ccm Vol. geeichtes Reagenzglas, indem man sie 5 mal durch das gleiche Filter (s. Apparate 2.) hin- und herfiltriert hat. Unter Nachwaschen mit angesäuertem Wasser füllt man die Lösung auf 15 ccm auf (die etwa 0,1—0,02 mg Chinin. hydrochloricum enthalten sollen). 10 ccm des Filtrates bzw. ein aliquoter Teil, der mit aqua dest. ad 10 ccm ergänzt wird, wird entnommen, mit 2 ccm Reagens versetzt und nach 15 Min. mit einer gleichzeitig mit Reagens versetzten Standardlösung, deren Gehalt möglichst nahe dem der untersuchten Lösung liegen soll, im Nephelometer verglichen.

Berechnung. Die Berechnung erfolgt gemäß der Beziehung $c : c_1 = h_1 : h$, wo c die Konzentration der Unbekannten, c_1 die Konzentration der Standardlösung, h und h_1 die entsprechenden Nephelometerablesungen bedeuten.

Der Fehler der Methode übersteigt bei Chininlösungen 1:150000 nicht 5%, bei Lösungen von 1 : 450000 nicht 8% und bei 1:900000 nicht 12%.

Mit Verdünnungen von Koffein über 1 : 200000, Apomorphin 1 : 300000, Morphin 1 : 6000, Kokain 1 : 300000, Atropin 1 : 40000, Plasmochin 1 : 100000 liefert das Reagens keine Trübungen. Bei Blutanalysen wird also praktisch nur Chinin erfaßt werden, während bei Harnanalysen evtl. auf Anwesenheit der genannten Substanzen zu achten ist.

Nachweis des Kokains

$(C_{17}H_{21}NO_4)$.

1. Bei tropfenweisem Zusatz einer Permanganatlösung (1 : 100) zu einer möglichst konz. Lösung des Alkaloidrückstandes in

2 Tropfen verdünnter Salzsäure entsteht ein violett gefärbter Niederschlag von Kokainpermanganat.

2. Nach Erhitzen der Lösung des Alkaloidrückstandes mit 2—3 ccm Chlorwasser und Zugabe von 2—3 Tropfen 5%ig. Palladiumchlorürlösung entsteht ein roter Niederschlag.

3. Einige Tropfen der schwach sauren Kokainlösung auf die Zunge gebracht, rufen Gefühllosigkeit hervor.

Nachweis des Kodeins
$(C_{18}H_{21}O_3N + H_2O)$.

Die wäßrige Lösung des Alkaloidrückstandes gibt:

1. Mit Fröhdes-Reagens[1] Färbung von Gelb über Grün nach Blau.

2. Mit konzentrierter Schwefelsäure, die eine Spur Eisenchlorid enthält, tiefblaue Färbung.

3. Reaktion mit dem Reagens nach Marquis sowie mit Zuckerlösung (siehe Morphin, Reaktion 3 und 4).

Bestimmung des Morphins.
$(C_{17}H_{19}NO_3 + H_2O)$.

Morphin wird nur in geringen Mengen mit dem Harn ausgeschieden. Seine Isolierung erfolgt entweder nach dem Ausschüttelungsverfahren nach Stas-Otto (s. oben) oder — falls nur auf Morphin allein zu prüfen ist — nach dem in der Vorschrift für die quantitative Morphinbestimmung gegebenen Verfahren. Siehe daselbst auch die Isolierung des Morphins aus Fäzes.

Qualitativer Nachweis.

Man verwendet die saure Lösung des Alkaloidrückstandes bzw. diesen selbst.

1. Fröhdes-Reagens[1] gibt mit Morphin eine violette Färbung, die über Blau und Grün in schwaches Rot übergeht.

2. Probe nach Pellagri. Wird die Lösung von wenig Morphin in 1—1,5 ccm rauchender Salzsäure nach dem Zusatz einiger Tropfen konz. Schwefelsäure bei 100—120° verdampft, so färbt sie sich purpurrot (Bildung von Apomorphin). Fügt man dem Rückstande wiederum etwas Salzsäure hinzu, neutralisiert mit Natrium-

---

[1] Lösung von 10 mg Natrium- oder Ammoniummolybdat in 1 ccm konz. Schwefelsäure, frisch zu bereiten.

bikarbonat und setzt schließlich mit einem dünnen Glasstabe kleine Mengen einer alkoholischen Jodlösung zu, so färbt sich die Flüssigkeit intensiv smaragdgrün; die grüne Substanz ist in Äther mit Purpurfarbe löslich.

3. **Probe nach Marquis.** 2 Tropfen 40%ig. Formalin und 3 ccm Schwefelsäure geben beim Verreiben mit einer kleinen Menge Morphin eine violette Färbung.

4. Eine Mischung von Morphin und Rohrzucker färbt sich mit konzentrierter Schwefelsäure intensiv rot.

5. Aus einer Lösung von Jodsäure macht Morphin nach Zusatz einiger Tropfen Schwefelsäure Jod frei, das von Chloroform mit violetter Farbe gelöst wird.

6. Konzentrierte Salpetersäure löst Morphin mit blutroter Farbe, die allmählich in gelb übergeht.

Quantitative Bestimmung.

Gravimetrische Bestimmung des Morphins nach Takayanagi[1].

Prinzip. Die Methode beruht auf Chloroformextraktion der Morphinbase (unter besonderen Vorsichtsmaßregeln), Fällung und gravimetrischer Bestimmung des Morphins als Morphium-Molybdän-Phosphatverbindung (wahrscheinlich von der Zusammensetzung $H_3PO_4 + 12\,MO_3 + 4\,C_{17}H_{19}NO_3$).

Reagentien. 1. Essigsäure, verdünnt. 2. Quarzsand. 3. Chloroform. 4. Natriumbikarbonat. 5. Alkohol abs., Äther. 6. Salzsäure 0,1 n. 7. Molybdän-Phosphorsäurereagens: a) 2,5 g Ammoniummolybdat (Merck) werden in wenig Wasser unter Erwärmen gelöst und ad 25 ccm aufgefüllt. b) Vor Anwendung des Reagenses läßt man 1 Volumteil der Molybdänlösung a) unter Umschütteln in 3 Volumteile einer Salpetersäurelösung, die durch Verdünnen von 5,6 ccm Salpetersäure (spez. Gew. 1,4) mit 75 ccm aqua dest. hergestellt wird, mittels Pipette einfließen und filtriert. c) Oxalsäurelösung: 35 g Oxalsäure werden in aqua dest. ad 1000 ccm gelöst und filtriert. d) Phosphatlösung: 26,5391 g primäres Kaliumphosphat KH_2PO_4 (Merck) werden mit aqua dest. ad 2000 ccm gelöst und filtriert. Herstellung des Reagenses: Unmittelbar vor Gebrauch des Reagenses werden 2 ccm Oxalsäurelösung c) mit 10 ccm der aus a) und b) hergestellten Mischung und 3 ccm Phosphatlösung d) versetzt.

Ausführung. a) Vorbehandlung des Harnes. Der morphinhaltige Harn wird mit Essigsäure schwach angesäuert und auf ein kleines Volumen auf dem Wasserbade eingeengt. Falls hierbei ein Niederschlag entsteht, wird dieser vor dem

---

[1] Arch. f. exper. Path. u. Pharm. **102**, 167 (1924). Hinsichtlich einer Mikromethode zur Bestimmung kleinster Morphiummengen in Blut und Serum vgl. Fleischmann: Biochem. Z. **208**, 368 u. 392 (1929).

völligen Einengen auf der Nutsche abgesaugt und mit wenig
essigsaurem Wasser nachgewaschen. Dann engt man die Lösung
weiter auf 20—30 ccm ein. Zu diesen gibt man so viel Quarzsand,
daß die Flüssigkeit völlig aufgesogen wird (ca. 30—40 g) und
extrahiert die Mischung mehrfach mit heißem Chloroform, bis das
Chloroform nach dem Verdunsten keinen Rückstand mehr gibt.

Hierdurch werden alle chloroformlöslichen Substanzen, nicht
aber das essigsaure Morphin, aus dem Harn entfernt. Das Chloroform wird abgesaugt. Der zurückbleibende Chloroformrest wird
durch Erhitzen des Sandes auf dem Wasserbade oder im Trockenschrank vertrieben.

Man gibt ein wenig Wasser zu dem Sand, prüft die Reaktion
und stumpft, falls sie stark sauer ist, vorsichtig mit Natronlauge
ab, setzt 1 g Natriumbikarbonat hinzu und engt unter öfterem
Umrühren zur Trockne ein.

b) **Vorbehandlung der Fäzes.** Die Fäzes werden auf
dem Wasserbad bei etwa 100° getrocknet, fein zerrieben, mit
essigsaurem Alkohol angerührt und unter Alkoholwechsel mehrfach am Rückflußkühler extrahiert. Der Alkohol wird verdunstet und der Rückstand mit Wasser unter Zusatz von
wenig Salzsäure aufgenommen. Die Lösung, deren Volumen
80 ccm betragen soll, wird in einen Scheidetrichter überführt
und mit Äther zwecks Entfernung von Farbstoffen und Fett
so lange geschüttelt und gewaschen, bis der Äther beim Verdunsten keinen Rückstand hinterläßt. Vor Abfließenlassen der
wäßrigen Lösung muß gewartet werden, bis die Ätherschicht
sich klar von der wäßrigen Lösung abgeschieden hat. Läßt die
ätherische Schicht sich nicht leicht abtrennen, so kann man die
Trennung durch Kochsalzzusatz erzielen. Ebensowenig wie in
Chloroform ist das Morphinhydrochlorid in Äther löslich. Das
Spülwasser wird durch ein Filter gegeben, bevor es mit der
übrigen Lösung vereinigt wird. Zu dieser wäßrigen Flüssigkeit
werden 30—40 g Sand gesetzt: Man engt die Mischung auf
dem Wasserbade ein, stumpft, wenn nötig, die Säure mit Natronlauge ab, setzt, wenn nur noch wenig Flüssigkeit vorhanden ist,
unter Umrühren 1 g Natriumbikarbonat hinzu und trocknet
auf dem Wasserbade.

c) **Vorbehandlung von Organen.** Die Organe werden
fein zerkleinert und unter Zusatz von etwas Salzsäure mit Alkohol
wiederholt am Rückflußkühler extrahiert. Der Alkohol wird auf
dem Wasserbade abgedunstet und der Rückstand mit destilliertem Wasser aufgenommen. Falls hierbei ein unlöslicher Rückstand bleibt, wird dieser nochmals mit Alkohol aufgenommen,

43*

der Alkohol verdunstet und der nunmehr zurückbleibende Rückstand mit destilliertem Wasser unter Salzsäurezusatz aufgenommen. Dann wird der wäßrige, saure Auszug im Schütteltrichter mit Äther gereinigt. Das weitere Verfahren entspricht dem bei der Reinigung der Fäzes beschriebenen.

d) Isolierung des Morphins. Die bei der Reinigung des Harnes, der Fäzes oder der Organe erhaltenen, auf Sand eingetrockneten Massen werden fein zerrieben und in einen Erlenmeyerkolben übergeführt. Die Wände des Schälchens werden mit warmem Alkohol nachgespült; der Alkohol wird zu den getrockneten Massen gegeben und durch Erhitzen vertrieben. Die Masse wird fein zerrieben und in den Erlenmeyerkolben gebracht. Durch Farbreaktionen kann man sich überzeugen, ob keine Morphinspuren im Schälchen zurückgeblieben sind. In den Erlenmeyerkolben gibt man 200 ccm Chloroform und digeriert unter Rückflußkühlung auf einem gelinde kochenden Wasserbad unter Umschütteln 15—20 Min. Das Chloroform darf hierbei nicht zum Sieden kommen. Dann dekantiert man das heiße Chloroform und extrahiert den zurückgebliebenen Sand zweimal 5—10 Min. mit 40 ccm Chloroform, filtriert vom Sand ab und spült das Filter mit 20 ccm Chloroform nach.

Das Chloroform wird auf dem Wasserbad abdestilliert und der Rückstand mit 5 ccm 0,1 n Salzsäure aufgenommen; man filtriert, wäscht das Filter viermal mit je 5 ccm aqua dest. aus und spült mit 5 ccm Wasser nach.

e) Fällung des Morphins. In die wäßrige Lösung des Morphinchlorhydrates läßt man die unter 7. beschriebene frisch bereitete Reagenslösung unter Umschütteln einfließen. Man läßt 15 Min. stehen und filtriert durch einen vorher bei 110° getrockneten und nach dem Erkalten gewogenen Goochtiegel unter schwachem Saugen. Hierzu dekantiert man die überstehende Flüssigkeit ab und gießt den mit dem Flüssigkeitsrest umgeschüttelten Niederschlag schnell in den Tiegel. Das Fällungsgefäß wird mit dem 5fach verdünnten Fällungsreagens mehrfach nachgespült. Die Wandung des Goochtiegels wird mit wenig eisgekühltem Wasser abgespritzt. Dann trocknet man bei 110° bis zur Gewichtskonstanz und wägt nach dem Abkühlen im Exsikkator.

Berechnung. 1 mg Niederschlag entspricht 0,566 mg morphinum hydrochloricum ($+ 3 H_2O$). Der Fehler der Methode übersteigt nicht 5%, sie ist anwendbar für Morphinmengen zwischen 5—100 mg.

Untersuchung von Harnsteinen[1].

Man erhitzt eine Probe des feingepulverten Steins auf dem Platinblech; verbrennt er dabei vollständig oder unter Zurücklassung einer sehr unbedeutenden Quantität Asche, so besteht er aus Harnsäure oder harnsaurem Ammonium, Cystin oder Xanthin. Verbrennt er nicht vollständig, so kann in ihm außer Harnsäure oder harnsauren Salzen, phosphorsaurer Kalk und phosphorsaure Magnesia bzw. phosphorsaure Ammonmagnesia oder oxalsaurer Kalk enthalten sein. Der weitere Gang der Analyse basiert auf dieser Unterscheidung.

Der Harnstein verbrennt vollständig.

Man digeriert das Pulver mit verdünnter Salzsäure (1 : 2) unter gelindem Erwärmen.

a) **Das Pulver löst sich vollständig oder nahezu vollständig.** Der Stein besteht aus Cystin oder Xanthin.

Zur Prüfung auf Cystin digeriert man eine Probe des Pulvers mit Ammoniak, filtriert, läßt den Auszug auf einem Uhrglas verdunsten und untersucht den Rückstand mikroskopisch: Cystin bildet sechsseitige Tafeln, mitunter aber auch Nadeln. Bestätigung durch Erhitzen mit bleihaltiger Natronlauge. Hierzu versetzt man einige Kubikzentimeter Natronlauge mit 2 Tropfen neutraler Bleiazetatlösung. Der anfangs entstehende Niederschlag von Bleihydroxyd löst sich beim Umschütteln auf. Mit dieser „alkalischen Bleilösung" erhitzt man eine Probe der Untersuchungssubstanz: die Mischung färbt sich infolge der Bildung von Schwefelblei schwarz.

Cystinsteine sind meistens klein, von gelblicher Farbe, glatter Oberfläche.

Zur Prüfung auf Xanthin stellt man die Xanthinprobe an. Man löst die Untersuchungssubstanz in Salpetersäure und verdampft auf dem Tiegeldeckel vorsichtig über einer kleinen Flamme zur Trockne: es bleibt ein zitronengelber Rückstand, welcher beim Betupfen mit Natronlauge intensiv rot wird. Bringt man einige Tropfen Wasser hinzu und erwärmt, so resultiert eine gelb gefärbte Lösung, welche bei vorsichtigem Verdampfen aufs neue einen roten Rückstand hinterläßt (Unterschied von der Murexidreaktion).

b) **Das Pulver löst sich nicht vollständig.** Man filtriert und wäscht den Rückstand aus.

---

[1] Nach Salkowski: l. c. (S. 435 dieses Praktikums) S. 200.

1. **Rückstand: Harnsäure.** Bestätigung durch die Murexidreaktion (s. Harnsäurenachweis S. 531). Steine aus Harnsäure sind von wechselnder Größe, ziemlich hart, meistens rötlich-gelb oder bräunlich gefärbt.

2. **Filtrat:** kann enthalten: Chlorammonium. Zur Prüfung auf Ammoniak erhitzt man die Lösung mit Natriumkarbonat: Ammoniak gibt sich durch Geruch, alkalische Reaktion usw. zu erkennen.

Der Harnstein schwärzt sich, verbrennt aber nicht.

Eine geringe Schwärzung zeigen die Steine beim Erhitzen wohl stets infolge ihres Gehaltes an organischer Substanz. Eine Probe des feingepulverten Steines wird mit verdünnter Salzsäure (1 : 2) unter Erwärmen digeriert: Aufbrausen bedeutet Kohlensäure.

a) **Vollständige Lösung.** Abwesenheit von Harnsäure.

b) **Unvollständige Lösung.** Der Rückstand kann aus Harnsäure oder eiweißartigen Substanzen, Epithelien usw. bestehen. Die äußere Beschaffenheit gibt meistens schon die Entscheidung darüber, evtl. die mikroskopische Untersuchung. Die Harnsäure ist leicht durch die Murexidreaktion festzustellen.

Die filtrierte Lösung ist weiter zu untersuchen. Man läßt einen Teil zur Untersuchung auf Ammoniak zurück, verdünnt die Hauptmenge, macht mit Ammoniak schwach alkalisch, kühlt die Flüssigkeit ab, falls sie sich beim Ammoniakzusatz stark erhitzt hat, und säuert mit Essigsäure an. Hierbei erhält man entweder eine im wesentlichen klare Lösung oder diese ist weißlich getrübt und setzt allmählich einen weißen, pulverigen Bodensatz ab.

Die gelblich-weißen Flocken, welche sich in der im wesentlichen klaren Lösung befinden, bestehen aus phosphorsaurem Eisenoxyd. Die Bestätigung gibt die Auflösung der abfiltrierten und gewaschenen Flocken in Salzsäure: die Lösung färbt sich auf Zusatz von Ferrozyankalium blau.

Der weiße, unlösliche Niederschlag ist oxalsaurer Kalk. Zur Bestätigung untersucht man mikroskopisch, filtriert, wenn die Quantität desselben es zuläßt, wäscht aus, trocknet und glüht den Niederschlag auf dem Platinblech. Der oxalsaure Kalk verbrennt zu einem Gemisch von Ätzkalk und kohlensaurem Kalk. Der Rückstand zeigt daher, mit einem Tröpfchen Wasser benetzt, stark alkalische Reaktion und löst sich in Salzsäure unter Aufbrausen. Die von den Flocken oder dem oxalsauren Kalk abfiltrierte Lösung kann enthalten: Phosphorsäure, Kalzium, Magnesium.

1. Eine Probe derselben versetzt man mit Uranylsalzlösung. Gelblich weißer Niederschlag von phosphorsaurem Uranyl beweist Phosphorsäure.

2. Die Hauptmenge versetzt man mit Ammoniumoxalatlösung: weißer Niederschlag beweist Kalzium. Man erwärmt und filtriert vom Niederschlag ab, macht das Filtrat mit Ammoniak alkalisch: ein kristallinischer Niederschlag von Ammoniummagnesiumphosphat, der sich oft erst nach längerem Stehen bildet, beweist das Vorhandensein von Magnesium.

Auf Ammoniak prüft man den zurückgestellten Teil der ursprünglichen salzsauren Lösung durch Erhitzen mit Natriumkarbonatlösung.

Untersuchung des Magen- und Duodenalsaftes.

Untersuchung des Magensaftes.

Magensaft liegt zur Untersuchung gewöhnlich als Mageninhalt vor; dieser wird nach Probekost durch Magensonde gewonnen. Als Probekost dient

1. das Ewald-Boassche Probefrühstück (35 g Semmel bzw. Weißbrot und 400 ccm Tee oder Wasser, nüchtern verabfolgt. Untersuchung nach ¾ bis 1 Stunde).

2. Probemahlzeit nach Leube-Riegel (400 g Suppe, 150 bis 200 g Beefsteak, 50 g Kartoffelbrei und 1 Semmel (35 g), Untersuchung nach 3—5 Stunden). Man läßt die erhaltene Flüssigkeitsmenge (mindestens 40—60 ccm) im Spitzglas absetzen und beurteilt sie nach Menge, Geruch, Farbe und äußerem Aussehen (s. Lehrbücher der klinischen Diagnostik). Die chemische Untersuchung erfolgt nach Filtration durch ein Faltenfilter.

Nachweis und Bestimmung der Säuren.

Normaler Mageninhalt reagiert sauer gegen Lackmuspapier.

Unter der Gesamtazidität versteht man die Summe aller sauer reagierenden Substanzen wie freie und gebundene Salzsäure, saure Phosphate und organische Säuren (Milchsäure, Fettsäuren).

Salzsäure ist als „freie" und „gebundene Salzsäure" bzw. als „gebundene Salzsäure" allein vorhanden.

Unter gebundener Salzsäure versteht man die sauer reagierende, lockere Verbindung von Eiweißkörpern und deren Abbauprodukten mit Salzsäure.

Unter freier Salzsäure versteht man den Überschuß der Salzsäure nach erfolgter Bindung eines Teiles durch Eiweißprodukte. Sie ist praktisch identisch mit der wahren Azidität, d. h. der H-Ionenkonzentration. (Der pH des normalen Magensaftes beträgt nach Michaelis 1,8.)

Unter freier Azidität versteht man die gesamte durch anorganische und organische Säuren bedingte freie Azidität.

Organische Säuren, wie Milchsäure, Essigsäure, Buttersäure werden nicht sezerniert, sondern bilden sich bei Stagnation und Gärung des Speisebreies.

Milchsäure ist nur bei Abwesenheit freier Salzsäure vorhanden.

Qualitativer Nachweis.

Freie Salzsäure.

1. Probe mit Kongopapier: deutliche Blaufärbung. Schwache Blaufärbung kann auch durch Milchsäure hervorgerufen werden.

2. Günzburgsche Reaktion. Günzburgsches Reagens: 4 Teile Phlorogluzin in 30 Teilen Alkohol absol. gelöst, und 2 Teile Vanillin, in 30 Teilen Alkohol absol. gelöst, werden getrennt aufbewahrt. Je 1—2 Tropfen beider Lösungen werden zur Reaktion gemischt.

3—4 Tropfen des gemischten Reagenses werden mit ebensovielen Tropfen des filtrierten Mageninhaltes in einer Porzellanschale vorsichtig über einer kleinen Flamme, ohne zu sieden, zur Trockne gebracht. Noch bei einer Konzentration von 0,01% freier HCl entsteht ein roter Spiegel. Die Reaktion ist nicht nur die empfindlichste, sondern auch die einzig spezifische Probe auf freie Salzsäure.

Milchsäure.

Bei Anwesenheit von Milchsäure liegt stets Gärungsmilchsäure (optisch inaktiv), durch Einwirkung von Mikroorganismen auf Kohlehydrate bedingt, im Magensafte vor. 5 ccm filtrierten Magensaftes werden mit 20—30 ccm reinem, alkoholfreiem Äther ausgeschüttelt. Der Äther wird abgetrennt; man läßt ihn abdunsten; der Rückstand wird mit wenig Wasser aufgenommen. Man gibt die Lösung zu der gleichen Menge verdünnter Eisenchloridlösung (20 ccm Wasser + 1 Tropfen 10%ig. Eisenchloridlösung) und vergleicht die Farbe gegen einen Teil der zurückbehaltenen Eisenchloridlösung. Milchsäure in größerer Menge bedingt zeisiggelbe

Färbung. Man kann auch den Ätherextrakt mit dem blauvioletten Uffelmannschen Reagens versetzen (20 ccm 1%ig. Karbolsäurelösung + 1 Tropfen offiz. Liquor ferri sesquichlorati). Die Farbe schlägt in Gelbgrün um. Entfärbung allein kann schon durch Salzsäure zustande kommen. Die Reaktion ist eine Gruppenreaktion auf Oxysäuren; doch kommt im Magensaft nur Milchsäure in Frage.

Flüchtige Fettsäuren.

Essigsäure und Buttersäure kommen in Betracht. Als Vorprobe erhitzt man eine Probe des Mageninhaltes und prüft die Dämpfe mit angefeuchtetem Lackmuspapier auf saure Reaktion. Sind flüchtige Säuren vorhanden, so versetzt man 15—20 ccm Mageninhalt mit 1 g Natriumsulfat und schüttelt 2—3 mal mit je 50 ccm Äther aus; der Äther wird abgegossen und verdunstet; es hinterbleibt ein flüssiger Rückstand, welcher bei Anwesenheit von organischen Säuren deutlich sauer reagiert und einen charakteristischen Geruch besitzt. Er wird in zwei gleiche Portionen geteilt, mit welchen folgende Reaktionen auf Essigsäure und Buttersäure ausgeführt werden.

1. Nachweis der Essigsäure. Der Rückstand wird mit Wasser aufgenommen und geteilt. Der eine Anteil wird mit verdünnter Sodalösung genau neutralisiert und mit 1 Tropfen Eisenchloridlösung versetzt. Bei Anwesenheit von Essigsäure färbt sich die Flüssigkeit rot und gibt beim Kochen einen braunroten Niederschlag von basisch-essigsaurem Eisenoxyd.

2. Zum Nachweis der Buttersäure wird die zweite Portion des Ätherrückstandes in 2—3 Tropfen Wasser gelöst und mit einem kleinen Stückchen Chlorkalzium versetzt. Die Buttersäure scheidet sich dabei (infolge ihrer Unlöslichkeit in Salzlösungen) in kleinen, auf der Oberfläche schwimmenden Tropfen ab, die den spezifischen Geruch der Buttersäure erkennen lassen.

Quantitative Bestimmung.

Bestimmung der freien Salzsäure.

5 ccm filtrierten Magensaftes werden mit 1—2 Tropfen 0,5%ig., alkoholischer Dimethylaminoazobenzollösung versetzt. Die hellrote Flüssigkeit wird mit einer 0,1 n Lauge bis zur Lachsfarbe titriert. Einen genaueren Wert erhält man, wenn man eine zweite gleiche Menge filtrierten Magensaftes mit ca. $^1/_{10}$ ccm weniger Lauge ver-

setzt als beim ersten Versuch verbraucht worden ist und dann so lange tropfenweise 0,1 n Lauge zufügt, bis ein Tropfen der Mischung die Phlorogluzin-Vanillin-Probe (s. S. 680) nicht mehr gibt. Diese Methode soll da zur Anwendung kommen, wo nur geringe Mengen Salzsäure gegenüber größeren Mengen organischer Säuren vorhanden sind.

Berechnung. Die Menge freier Salzsäure wird in Kubikzentimetern 0,1 n Lauge ausgedrückt, welche man zur Titration von 100 ccm Magensaft anwenden müßte. Sie wird also durch Angabe der titrierten ccm 0,1 n Lauge nach Multiplikation mit 20 erhalten. Zur Angabe des freien Salzsäuregehaltes in Prozenten multipliziert man, da 1 ccm 0,1 n NaOH 0,00365 g HCl neutralisiert, 0,00365 mit der „freien Salzsäurezahl". Bei normaler Sekretion beträgt der Gehalt an freier Salzsäure nach Probefrühstück 20—40 ccm 0,1 n NaOH.

Bestimmung der gebundenen Salzsäure bzw. der freien Azidität.

Man titriert 5 ccm des Magensaftfiltrates unter Zusatz von 2—3 Tropfen 1%ig. wäßriger Lösung von alizarinsulfosaurem Natrium mit 0,1 n Lauge, bis die ursprünglich gelbe Flüssigkeit durch Rot in reines Violett übergeht.

Berechnung. Die Anzahl verbrauchter ccm 0,1 n Lauge, multipliziert mit 20, gibt die freie Säuremenge in 100 ccm Magensaft. Durch Subtraktion dieser Zahl von der Gesamtazidität (s. d.) erhält man die gebundene Salzsäure.

Bestimmung der Gesamtazidität.

5 ccm klar filtrierten Magensaftes werden auf das Doppelte verdünnt, mit 1—2 Tropfen 1%ig. alkoholischer Phenolphthaleinlösung versetzt und mit 0,1 n Natronlauge bis zum schwach rötlichen Schimmer titriert.

Man kann die Bestimmung der Gesamtazidität mit der der freien Salzsäure verbinden, indem man zunächst mit Dimethylaminoazobenzol als Indikator titriert, die zugesetzte Laugemenge abliest, dann Phenolphthalein zusetzt und weiter bis zur bleibenden Rosafärbung titriert.

Berechnung. Durch Multiplikation der gesamten, gegen Phenolphthalein titrierten Kubikzentimeter 0,1 n Lauge mit 20 erhält man diejenige Menge 0,1 n Lauge, die zur Titration von 100 ccm Mageninhalt nötig ist (Gesamtazidität). Für normalen Magensaft beträgt die Gesamtazidität nach Probefrühstück 40—60.

Bestimmung der Azidität, die durch organische Säuren und saure Salze bedingt wird.

Man erhält diese Säuremengen durch Subtraktion der freien Salzsäure von der gesamten freien Azidität.

Bestimmung der sauren Phosphate.

Man bestimmt die Menge der sauren Phosphate, indem man die Gesamtsalzsäure subtrahiert von dem Wert der Gesamtazidität. Enthält der Mageninhalt keine organischen Säuren, so entspricht dieser Wert den sauren Phosphaten. Sind dagegen organische Säuren vorhanden, so entfernt man sie, bevor man die Titration ausführt, durch Ausschütteln mit Äther.

Bestimmung des Salzsäuredefizits.

Unter Salzsäuredefizit versteht man diejenige Menge einer 0,1 n HCl-Lösung, die zu 100 ccm Mageninhalt, der keine freie Salzsäure enthält, zugesetzt werden muß, bis eine Reaktion auf freie Salzsäure auftritt.

5 ccm des filtrierten Mageninhaltes werden mit 1 Tropfen einer 0,5%ig. Dimethylaminoazobenzollösung versetzt und mit 0,1 n HCl bis auf Lachsfarbe titriert.

Berechnung. Die Zahl der verbrauchten ccm 0,1 Normalsäure, multipliziert mit 20, gibt das HCl-Defizit.

Bestimmung der Gesamtazidität, der freien und der gebundenen Salzsäure nebeneinander nach Michaelis[1].

Für exakte Messungen wird die freie HCl durch Messung mit der Gaskette, die gebundene HCl mittels elektrometrischer Titration bis pH 6,5 oder durch Tüpfeltitration gegen gutes Lackmuspapier nach Christiansen[2] ermittelt.

Für klinische Zwecke wird wie folgt verfahren: 10 ccm des filtrierten Magensaftes werden unverdünnt in einer Porzellan-

---

[1] Biochem. Z. **79**, 1 (1917). Michaelis: Praktikum der physikalichen Chemie, S. 42. Berlin: Julius Springer 1921.
[2] Biochem. Z. **46**, 24 (1912).

schale mit 2 Tropfen einer 0,1%ig., alkoholischen Lösung von Dimethylaminoazobenzol und 3 Tropfen alkoholischer Lösung von Phenolphthalein versetzt und mit 0,1 n Lauge titriert. Man titriert auf Lachsfarbe (nicht Orange) auf 2—3 Tropfen genau: Titrationspunkt I. Die verbrauchte ccm-Zahl, multipliziert mit 10, gibt die freie Salzsäure. Dann titriert man weiter, bis eine reine, zitronengelbe Farbe, die kein Orange mehr enthält, erreicht ist und der nächste Tropfen Lauge keine weitere Farbenänderung mehr ergibt. Dieser Tropfen rechnet nicht mehr mit: Titrationspunkt II. Jetzt titriert man weiter bis zur beginnenden Phenolphthaleinrötung: Titrationspunkt III. Die gesamt verbrauchte ccm-Zahl in der Mitte zwischen Titrationspunkt II und III, multipliziert mit 10, gibt die Gesamtsalzsäure, die ccm-Zahl am Titrationspunkt III multipliziert mit 10 die Gesamtazidität. Die Magensäfte, die keine freie Salzsäure enthalten, d. h. sich mit Dimethylaminoazobenzol von vornherein nur lachsfarben, orange oder gelb färben, werden mit 0,1 n HCl bis zur Lachsfarbe zurücktitriert. Die verbrauchte Kubikzentimeterzahl, multipliziert mit 10, gibt das Salzsäuredefizit. Enthält der Magensaft Milchsäure, so ist deren Azidität in die Titration der Gesamtsalzsäure inbegriffen. Die Titration der Gesamtsalzsäure durch Indikatoren ist daher nur bei praktischer Abwesenheit von Milchsäure möglich.

Die Zahlen für sehr kleine Mengen Gesamtsalzsäure (Aziditäten von 10 und darunter) sind nicht mehr zuverlässig.

Angenäherte Bestimmung der Milchsäure nach Boas[1].

Man versetzt das Filtrat des Magensaftes mit einigen Tropfen verdünnter Schwefelsäure, erhitzt über der Flamme, wodurch die Eiweißkörper koaguliert werden, filtriert, und dampft das Filtrat auf dem Wasserbade bis zur Sirupkonsistenz ein, füllt auf das ursprüngliche Volumen auf und dampft nochmals bis auf ein kleines Volumen ein. Hierdurch werden die flüchtigen Fettsäuren entfernt; der Rückstand enthält nur noch Milchsäure. Diese wird nun mit größeren Mengen Äther (10 ccm mit 100 ccm Äther) ausgezogen, der Äther verdampft, der Rückstand mit Wasser aufgenommen und mit Phenolphthalein und 0,1 n Lauge titriert. Jeder Kubikzentimeter der verbrauchten 0,1 n Lauge entspricht 0,009 g Milchsäure. Geringe Verluste sind, da ein Teil der Milchsäure beim Erhitzen bzw. Eindampfen verloren geht, nicht zu vermeiden.

---

[1] Vgl. Brugsch-Schittenhelm: Lehrbuch der klinischen Diagnostik und Untersuchungsmethodik. Berlin: Urban u. Schwarzenberg 1925.

Nachweis und Bestimmung der Fermente[1].

Von Fermenten sind im Magensaft Pepsin, Labferment und Lipase enthalten.

Qualitativer Nachweis.

1. **Pepsin.** In zwei Reagenzgläschen gibt man zu je 3 bis 5 ccm Magensaft ein kleines Stückchen getrockneten Fibrins oder Hühnereiweiß. In das eine Glas gibt man außerdem 2 bis 3 Tropfen 3%ig. HCl und stellt beide Reagenzgläser in den Brutschrank. Ist nach 6—10 Stunden das Eiweiß in den beiden Röhrchen ungelöst geblieben, so fehlt Pepsin. Ist das Eiweiß nur in dem mit Salzsäure versetzten Röhrchen gelöst, so fehlt freie Salzsäure.

Normaler Magensaft löst das Eiweiß in beiden Röhrchen in ca. 2 Stunden.

2. **Labferment.** 5 ccm filtrierten Magensaftes werden mit schwacher Natronlauge (0,5%ig) genau neutralisiert (neuerdings sieht Boas[2] von der Neutralisation ab) und mit einer gleichen Menge abgekochter Milch von neutraler oder amphoterer Reaktion versetzt. Das Gemisch wird in den Brutschrank gebracht. Bei Gegenwart von Labferment erfolgt innerhalb 10—30 Min. Gerinnung des Kaseins. Eine Kontrolle mit gekochtem und abgekühltem Magensaft, die keine Gerinnung zeigen darf, ist mit anzusetzen.

Quantitative Bestimmung.

Nephelometrische Bestimmung des Pepsins im Magensaft nach Rona und Kleinmann[3].

Prinzip: Das Prinzip der Methode besteht in Spaltung von stark verdünnten Serumeiweißlösungen durch Magensaftverdünnungen. Die Konzentration des ungespaltenen Eiweißes wird ermittelt, indem die Eiweißlösungen bei stark saurer Reaktion durch Sulfosalizylsäure in homogene Trübungen übergeführt und nephelometrisch verglichen werden.

Reagentien. 1. Substratlösung von Serumeiweiß. Die einfachste Substratlösung ist eine Verdünnung von Serum mit physiologischer Kochsalzlösung, die im Verhältnis von etwa 1:20 unter Toluolzusatz im Eisschrank als Stammlösung gehalten werden kann. Diese Substratlösung

---

[1] Vgl. auch Bd. I dieses Praktikums.

[2] Vgl. Oppenheimer-Pincussen: Die Methodik der Fermente, S. 1530. Leipzig: Thieme 1927.

[3] Klin. Wschr. Jg. 6, H. 25, 1174 (1927).

genügt für alle praktischen Zwecke. Für wissenschaftliche Versuche ist es zweckmäßiger, mit einem einheitlicheren Eiweiß, wie Serumalbumin, zu arbeiten. Dasselbe wird hergestellt, indem man gleiche Volumina von Serum und gesättigter Ammoniumsulfatlösung zusammengibt, die ausgefallenen Globuline abfiltriert, die Lösung unter Toluol in Schleicher-Schüllschen Hülsen mehrere Wochen gegen fließendes Wasser und schließlich gegen aqua dest. dialysieren läßt, bis die Außenflüssigkeit keine NH_3- und SO_4-Reaktion mehr zeigt, und dann die Lösung mit aqua dest. auf die geeignete Konzentration, die empirisch zu erproben ist (s. w. u.), verdünnt.

2. Salzsäure 1n. 3. Natronlauge 0,025 n. 4. Salzsäure 25%ig. 5. Sulfosalizylsäurelösung 20%ig. 6. Magensaft, ausgehebert nach einem Weißbrot-Tee-Probefrühstück.

Zur Bestimmung des bei verminderter Azidität mitunter an das Brot des Probefrühstücks gebundenen Pepsins ist erforderlich: 7. Phosphatgemisch: 2,723 g KH_2PO_4 ad 300 ccm gelöst; 3,558 g Na_2HPO_4 ad 300 ccm gelöst (nach Ege[1]). Beide Lösungen sind zu gleichen Teilen zu mischen.

Apparate. 1. Wasserbad mit Thermoregulator (Thermostat). 2. Nephelometer nach Kleinmann (Schmidt & Haensch, Berlin).

Ausführung: Vorbereitungen zur Pepsinbestimmung. Herstellung des Substratsystems: Zunächst wird eine geeignete Substratverdünnung ermittelt. Gewöhnlich ist eine Serumverdünnung (bei menschlichem Serum) 1:60 bis 1:80 eine geeignete Konzentration. Zur Prüfung werden 5 ccm einer Serumverdünnung 1:75 mit 5 ccm 25%ig. HCl, 2,5 ccm H_2O und 7,5 ccm der 20%ig. Sulfosalizylsäurelösung versetzt. Nach ca. 3 Min. muß sich eine starke, gleichmäßige Trübung entwickelt haben, die weder so stark ist, daß sie in 30 Min. flockt, noch so schwach, daß nicht eine Verdünnung von ihr im Verhältnis 1:2 noch gut meßbar ist.

Arbeitet man mit Serumalbumin, so muß diejenige Albuminverdünnung geprüft werden, die obigen Anforderungen entspricht. Zur Spaltung wird die Serumverdünnung durch HCl-Zusatz auf einen pH von etwa 2 gebracht.

Als Beispiel für die Herstellung einer zur Spaltung dienenden Substratlösung von geeigneter Azidität sei gegeben:

a) Gesamtserumverdünnung: 25 ccm Serumverdünnung 1:25 werden mit 3 ccm 1n-HCl versetzt und mit aqua dest. ad 75 ccm aufgefüllt.

b) Serumalbuminverdünnung: 40 ccm Albuminlösung werden mit 3 ccm 1n-HCl versetzt und mit aqua dest. ad 75 ccm verdünnt.

Die Azidität des Systems bewegt sich in der für die Pepsinspaltung optimalen Breite von etwa 1,7—2,2.

---

[1] Biochem. Z. **145**, 66 (1924).

Ist die Eiweißkonzentration nicht geeignet, so kann sie durch
Änderung der Serum- bzw. Albuminmenge leicht variiert werden.

Vorbereitung der Vorlagen. Für eine Fermentspaltung,
die 30 Min. dauert, ist es zweckmäßig, 3 Proben nach je
10 Min. zu entnehmen. Es sind daher einschließlich der Abnahme,
die vor Fermentzusatz erfolgt, für 4 Entnahmen Vorlagen zu bereiten. Da es ratsam ist, stets in Parallelen zu arbeiten, werden
8 Vorlagen vorbereitet. Hierzu werden 8 Reagenzgläser von 25 ccm
Fassungsvermögen mit 5 ccm ca. 0,025 n NaOH beschickt. Die
Lauge dient dazu, die Entnahmen zu neutralisieren und hierdurch
sofort die Spaltung zu unterbrechen. Zu dem 1. Reagenzglaspaar,
das die Entnahmen vor Fermentzusatz, und 0,5 ccm weniger
Substratlösung enthält, werden zum Volumenausgleich noch
0,5 ccm H_2O gegeben.

Alle zu verwendenden Lösungen spez. Laugen werden durch
quantitative Filter (Schleicher u. Schüll) faserfrei filtriert.

Bestimmung. Im Magensaft, der nach einem Probefrühstück ausgehebert ist, ist das Pepsin nicht stets frei vorhanden.
Es kann zum Teil an die Brotreste u. dgl. adsorbiert sein, was
besonders bei anaziden Magensäften in Erscheinung tritt. Nach
Ege[1] ist Pepsin bei einem pH von etwa 2 in geringem Maße,
bei pH 3—4 stark und bei ca. 6 gar nicht adsorbiert. Verff. haben
bestätigt, daß bei pH 3—4 das Pepsin deutlich adsorbiert ist,
dagegen das Pepsin bei einem pH von 1,5—2 völlig frei ist.

In normalen Magensäften von pH 1,5—2 gibt also die Pepsinbestimmung praktisch den ganzen Pepsingehalt. Bei subaziden
oder anaziden Magensäften ist es notwendig, sie entweder mit
etwas 1n HCl auf die Azidität normaler Magensäfte (pH 1,5—2)
zu bringen, oder nach Ege sie mit einem Phosphatpuffer von
pH 6—8 zu mischen und dann erst, wenn das Pepsin so in Freiheit gesetzt ist, zu filtrieren. Durch Vergleich der freien und gesamten Pepsinmenge kann die gebundene Pepsinmenge bei subaziden Magensäften ermittelt werden. Hieraus ergibt sich eine
verschiedenartige Filtration des Magensaftes, je nach seiner Azidität und dem Zweck der Bestimmung.

1. Bestimmung des freien Pepsins. Zur Bestimmung
des freien Pepsins wird der Magensaft direkt filtriert. Von
dem Filtrat wird eine Probe im Verhältnis 1:60 mit aqua dest.
verdünnt. Diese Verdünnung spaltet bei normalen Magensäften
die Substratlösung in 30 Min. zu 20—70%. Bei subaziden Magensäften, in denen ein Teil des Pepsins gebunden ist und also im

---

[1] Vgl. Ege: l. c. S. 686 dieses Praktikums.

Filtrat fehlt, werden mitunter stärkere Konzentrationen, also Magensaftverdünnungen geringerer Verdünnung, z. B. 1:20, zur Untersuchung gelangen müssen.

2. Bestimmung des gesamten Pepsins. Bei normal-aziden Magensäften ist das freie Pepsin das Gesamtpepsin. Bei subaziden Magensäften kann man das Gesamtpepsin nach zwei Methoden bestimmen.

a) Man bringt eine abgemessene Menge der mit den festen Bestandteilen (Brot) gut durchgerührten Magensaftaufschwemmung auf einen pH von ca. 2. Es genügt meistens, den Magensaft sehr deutlich sauer gegen Kongopapier zu machen. Man vermerkt die durch die Salzsäure erfolgte Verdünnung, filtriert und verdünnt das Filtrat dann mit aqua dest. derart, daß die Gesamtverdünnung 1:60 ist.

b) Oder man verdünnt 1 ccm Magensaft-Brotaufschwemmung mit 19 ccm der Phosphatmischung (s. Reagentien 7.), filtriert und verdünnt 10 ccm Filtrat mit aqua dest. auf 30 ccm (Gesamtverdünnung also 1:60). Bei dieser Arbeitsweise muß das Filtrat innerhalb 5 Min. zum Versuch verwandt werden, da sonst das Pepsin bei dem pH des Puffers von ca. 6,6 stark geschädigt wird.

Für die praktische Bestimmung des Pepsins im Magensaft genügt es, saure Magensäfte direkt zu filtrieren, subazide aber erst, nachdem sie durch einige Tropfen 1n HCl sehr deutlich kongosauer gemacht sind. Das Filtrat enthält dann die gesamte Pepsinmenge und wird 1:60 mit dest. Wasser verdünnt. Durch diese starke Verdünnung kommt auch ein evtl. Eiweißgehalt der Magensäfte nicht mehr als Störung in Frage. Nach der Filtration und Verdünnung des Magensaftes erfolgt die eigentliche Spaltung.

Hierzu werden von dem Substrat-Säuregemisch 18 ccm in ein 25 ccm fassendes Reagenzglas gefüllt (eine Parallele wird gleichartig angesetzt) und in den Thermostaten (bzw. in ein Wasserbad) von 37° gesetzt. Außerdem werden von dem Substrat-Säuregemisch 4,5 ccm in das erste Reagenzglaspaar der Vorlage gegeben.

Nunmehr werden zu den beiden Reagenzgläsern mit 18 ccm Substratlösung im Thermostaten je 2 ccm der Magensaftverdünnung getan, worauf die Mischung mit einer Pipette durchrührt und die Zeit vermerkt wird. Nach Verlauf von je 10 Min. werden je 5 ccm den Reagenzgläsern entnommen und in die Vorlagen gegeben, so daß nach 30 Min. 3 Abnahmen erfolgt sind. Daß in die ersten Gefäße nur 4,5 ccm Substratlösung anstatt 5 ccm wie bei den Abnahmen gekommen sind, beruht auf der Berücksichtigung der Verdünnung des Substrates durch die Fermentlösung. Die fehlenden 0,5 ccm sind bei Bereitung der Vorlagen durch Wasser ergänzt worden.

Nunmehr werden zu den Reagenzgläsern je 5 ccm 25% ig. HCl, 2,5 ccm aqua dest. und 7,5 ccm Sulfosalizylsäurelösung (20%ig) gegeben und die Gläser umgeschüttelt. Man läßt die entstehenden Trübungen sich ca. 3 Min. entwickeln und vergleicht dann die Trübungen gegen die ungespaltene Substratlösung des 1. Paares im Nephelometer innerhalb ¾ Stunde.

Berechnung. Die Eiweißkonzentrationen verhalten sich umgekehrt wie die Nephelometerablesungen. Durch Vergleich der unbekannten Eiweißkonzentration der fermentativ gespaltenen Lösungen gegen die Eiweißkonzentration der ungespaltenen Lösung = 100% ergibt sich: Unbekannte Konzentration: 100 = Ablesung der Standardlösung : Ablesung der unbekannten Lösung in Prozenten. Ist z. B. die ungespaltene Lösung (= 100% Eiweiß) auf die Nephelometerskala 20 gestellt, die untersuchte auf 25, so verhalten sich 20:25 wie x:100 = 80, d. h. die gespaltene Lösung enthält 80% des Eiweißes der ungespaltenen, d. h. die gespaltene Menge beträgt $100 - 80 = 20\%$.

Die vorhandene Pepsinmenge im Vergleich mit einem Handelspräparat erhält man durch Vergleich einer Spaltung mit einer Verdünnung eines Handelspräparates. Sind die Spaltungen bei gleichen Zeiten nicht zu verschieden, so können die Pepsinmengen angenähert proportional den Umsätzen gesetzt werden. Hat z. B. das Handelspräparat in einer Verdünnung 1:50000 50% gespalten, der Magensaft aber in der gleichen Zeit 25%, so kann man angenähert die Magensaftverdünnung gleich einer Verdünnung des Handelspräparates 1:100000 setzen. Die Gesamtpepsinmenge des Magensaftes ergibt sich dann unter Berücksichtigung der Verdünnung.

Hinsichtlich der quantitativen Bestimmung von Lab und Lipase vergleiche Bd. I dieses Praktikums.

Nachweis von Blut, Eiweiß und Gallenfarbstoff im Magensaft.

1. Nachweis von Galle im Magensaft nach Hawk und Bergeim[1]. Man sättigt 10 ccm filtrierten Magensaftes mit gepulvertem Ammonsulfat, indem man sie mit einem Überschuß des Salzes 1—2 Min. lang schüttelt. Enthält der Magensaft große Mengen Galle (angezeigt durch tiefe Grünfärbung), so verwendet

---

[1] Physiologic. Chemistry l. c. (S. 317 dieses Praktikums) S. 240.

man nur 4—5 Tropfen von ihm, verdünnt mit 10 ccm Wasser und behandelt die Flüssigkeit wie oben. Nach Sättigung fügt man 1—3 ccm Azeton hinzu und mischt durch 5—6maliges Kehren des Glases ohne zu schütteln. Man läßt das Azeton, das den Gallenfarbstoff, wenn solcher vorhanden ist, enthält, absetzen. Setzt es sich nicht an der Oberfläche ab, so war die Flüssigkeit nicht gut mit Ammonsulfat gesättigt. Dann läßt man einen Tropfen rauchender Salpetersäure an der Wandung des Reagenzglases herabfließen und beobachtet Grünfärbung des Azetons.

2. Nachweis von Eiweiß. Eiweiß kann in reinem Magensaft pathologisch bedingt sein. Man weist es gemäß den Proben auf Eiweiß (s. S. 593) nach.

3. Nachweis von Blut. Zur Blutuntersuchung im Magensaft verwendet man nicht das Filtrat, sondern den gut umgerührten, unfiltrierten Magensaft. 5 ccm desselben neutralisiert man durch Zugabe von etwa 10 Tropfen 10%ig. Sodalösung (Tüpfeln gegen Lackmus), schüttelt um und läßt einige Minuten stehen. Dann untersucht man die Lösung, wie bei der Untersuchung von Blut in Harn und Fäzes (S. 585 und 588) beschrieben.

Untersuchung des Duodenalsaftes.

Duodenalsaft (gewonnen mit der Duodenalsonde) gleicht nüchtern normalem Pankreassaft (der aber deutlich alkalisch gegen Phenolphthalein ist), vermischt mit Darmsaft und etwas Galle. Er ist gelblich gefärbt, gegen Lackmus neutral oder schwach alkalisch (pH = 8), verbraucht pro 100 ccm 20—40 ccm 0,1 n HCl bei der Titration gegen Dimethylaminoazobenzol als Indikator und enthält etwa 1, 4% Trockensubstanz. Von Fermenten sind Trypsin, Erepsin, Diastase und Lipase vorhanden. Die Analyse der verschiedenen Bestandteile entspricht den im Abschnitt Harn gegebenen Bestimmungsmethoden.

Hinsichtlich Bestimmung der Fermente vgl. Bd. I dieses Praktikums. Hier sei gegeben:

Nephelometrische Bestimmung des Trypsins nach Rona und Kleinmann[1].

Prinzip. Die Methode beruht auf der Spaltung sehr verdünnter Natriumkaseinatlösungen mit Darmsaftverdünnungen bei

---

[1] Klin. Wschr. Jg. 6, H. 25, 1174 (1927).

optimaler Azidität. Die Konzentration der z. T. gespaltenen Kaseinlösungen wird ermittelt, indem die Lösungen zur Analyse auf einen bestimmten pH gebracht, durch Zusatz von Chinidinum hydrochloricum getrübt und nephelometrisch verglichen werden.

Reagentien. 1. Kaseinlösung. 5 g Kasein (Hammarsten, Kahlbaum) werden in 12 ccm 1 n-NaOH gelöst (unter Zusatz von etwas aqua dest.). Die Lösung wird mit aqua dest. auf 2000 ccm gebracht und unter Toluolzusatz kühl aufbewahrt.

2. Versuchspuffer. Als Puffer, die den Spaltungssystemen zugesetzt werden, um sie auf die optimale Spaltungsazidität zu bringen, dienen Phosphatpuffer. Es werden $^m/_{15}$ Phosphatpufferlösungen der Azidität, bei der man zu spalten wünscht, verwandt. Zweckmäßig ist es, bei der gleichen Azidität zu spalten, bei der man nachher analysieren muß. Der Versuchspuffer ist dann der gleiche wie der

3. Vorlagepuffer. Derselbe wird durch Mischen von 35,2 Vol.-Teilen sekundären und 4,8 Vol.-Teilen primären Natriumphosphates erhalten. Die Phosphatlösungen stellt man sich durch Mischen von 1 Vol.-Teil aqua dest. + 1 Vol.-Teil mol.-Phosphorsäure + 1 Vol.-Teil n-NaOH und Verdünnen auf 15 Vol.-Teile (prim. Phosphat) und Mischen von 1 Vol.-Teil mol.-Phosphorsäure + 2 Vol.-Teilen n-NaOH und Verdünnung auf 15 Vol.-Teile (sek. Phosphat) dar. Der pH dieses Puffers beträgt ca. 7,8.

4. Chinidinlösung. Als Trübungsreagenz dient eine gesättigte Lösung von Chinidinum hydrochloricum (Vereinigte Chininfabriken Zimmer & Co., Frankfurt a. M.).

Die Lösung wird heiß gesättigt. Besser ist es, da die Übersättigung in der Hitze sehr stark ist und die ausfallende Substanz mitunter durch die Erhitzung derart verändert ist, daß sie nicht wieder verwandt werden kann, zu kochendem Wasser nur soviel Chinidinum hydrochlor. zuzugeben, daß beim Abkühlen nur eine mäßige Menge auskristallisiert. (Reagenzglasprobe.) Die Lösung muß nach ihrer Herstellung mindestens 24 Stunden stehen, da sie außerordentlich langsam auskristallisiert. Die Lösung wird abfiltriert und mit einigen Tropfen 1 n-HCl versetzt, bis sie ganz schwach lackmussauer ist.

Apparate. 1. Wasserbad mit Thermoregulator. 2. Nephelometer nach Kleinmann (Schmidt & Haensch, Berlin).

Ausführung: Vorbereitung zur Trypsinbestimmung. 1. Bereitung der Substratlösung. Zur Herstellung der Substratlösung wird die Natriumkaseinatlösung, die sich während der Aufbewahrung etwas trüben kann, mehrmals durch das gleiche Filter filtriert (nicht vollständig durch das Filter ablaufen lassen), bis sie praktisch klar und toluolfrei ist. Sodann werden 18 ccm Kaseinlösung mit 22,5 ccm des Versuchspuffers gemischt und mit aqua dest. auf 70 ccm aufgefüllt.

2. Vorbereitung der Vorlagen. Sollen 3 Abnahmen nach 10, 20 und 30 Min. erfolgen, so sind mitsamt der Abnahme vor der Spaltung 4 Vorlagegefäße bzw., wenn in Parallelen gearbeitet werden soll, 8 Vorlagegefäße vorzubereiten. Als solche

dienen Reagenzgläser, die mindestens 25 ccm fassen und eine Marke tragen, die eine Füllung von 22,5 ccm bezeichnet. Diese Marke ist durch Ausmessung und Markierung leicht selbst anzubringen. In die Reagenzgläser kommen je 5 ccm aqua dest.

Alle zur Verwendung kommenden Lösungen sollen durch quantitative Filter (Schleicher und Schüll) faserfrei filtriert werden.

Bestimmung. Der frisch gewonnene Duodenalsaft wird filtriert. Es ist gleich, nach welcher Methode der Duodenalsaft gewonnen wird. Wird er z. B. durch Äthereingießen gewonnen, so wird der Äther durch vorsichtiges Luftdurchblasen vertrieben. Wird der Duodenalsaft durch Eingießen von Magnesiumsulfatlösungen gewonnen, so beeinträchtigt die Anwesenheit des Magnesiumsalzes die Ergebnisse nicht, da die bei der Spaltung vorliegende Verdünnung des Duodenalsaftes so groß ist, daß die dann noch vorhandene Salzkonzentration ohne Einfluß auf die Spaltung ist. Auch die Eigenfarbe des Saftes kommt durch die starke Verdünnung nicht in Frage.

Der klar filtrierte Saft wird im Verhältnis 1:50 mit aqua dest. verdünnt. Gewöhnlich bewirkt diese Verdünnung eine geeignete Spaltung in 30 Min. Sollte die Spaltung zu schwach oder stark sein, müssen entsprechend geänderte Verdünnungen angewandt werden. Zur Spaltung werden 18 ccm der Substratpuffermischung in ein 25 ccm fassendes Reagenzglas gegeben; die Lösung wird in einem Thermostaten auf 37° angewärmt. Des weiteren kommen je 4,5 ccm der Substratpuffermischung in das erste Reagenzglaspaar der Vorlagen. Vor der Zumischung jedoch werden die Vorlagen, die 5 ccm H_2O enthalten, durch Einstellen in ein kochendes Wasserbad zum Sieden erhitzt. Zu den siedenden Vorlagen kommen die 4,5 ccm Substratlösung. Die das Substrat enthaltenden Vorlagen bleiben nach dessen Zugabe genau 6 Min. (mit der Uhr genau gemessen) im Wasserbade im Sieden, werden dann herausgenommen und in einem Gefäß mit Wasser abgekühlt. Nunmehr werden je 2 ccm der Duodenalsaftverdünnung zu den 18 ccm Substratlösung, die im Thermostaten vorwärmten, gesetzt. Die Mischung wird mit einer Pipette durchmischt und die Zeit vermerkt. Nach je 10 Min. werden Proben von je 5 ccm mittels Pipette aus den Systemen entnommen und zu den Vorlagen, die sich im Kochen befinden, gegeben. Die Vorlagen mit den Entnahmen bleiben nach der Zugabe stets noch 6 Min. im Kochen und werden dann, wie das erste Paar, aus dem siedenden Wasserbad herausgenommen und abgekühlt. Nach 30 Min. sind 3 Abnahmen erfolgt.

Das Einbringen in die siedenden Vorlagen hat den Zweck, die Fermentwirkung augenblicklich zu unterbrechen. Durch die Hitze fällt das Kasein nicht aus, wird aber etwas verändert, was dadurch gekennzeichnet wird, daß die Trübungsreaktion bei gekochtem Kasein anders ausfällt als bei ungekochtem. Nach 6 Min. langem Kochen ist die Trübung aber eine maximale und bei den verschieden konzentrierten Entnahmen eine proportional gleichartige. Daher ist es notwendig, auch die Standardprobe, die kein Ferment enthält, zu kochen und genau so zu behandeln wie die Entnahmen.

Nachdem alle Entnahmen gut abgekühlt sind, werden zu den Lösungen 5 ccm des Vorlagepuffers — in dieser Anordnung der gleiche Puffer wie der Versuchspuffer — gegeben. Sodann werden 7,5 ccm der Chinidinlösung zugesetzt und die Gläser durch aqua dest. bis zur Marke von 22,5 ccm aufgefüllt.

Man läßt die Trübungen sich etwa 5—10 Min. entwickeln. Dann werden sie innerhalb 45 Min. gegen die ungespaltene Substratmischung, die 100% Kasein enthält, im Nephelometer gemessen.

Berechnung. Die Kaseinkonzentrationen verhalten sich umgekehrt wie die Nephelometerablesungen. Durch Vergleich der unbekannten Konzentration gegen die Kaseinkonzentration von 100% ergibt sich: Unbekannte Konzentration : 100 = Ablesung der Standardlösung : Ablesung der unbekannten Lösung in Prozenten. Die gespaltene Menge Eiweiß ergibt sich durch Subtraktion der gefundenen Prozentmenge von 100.

Man kann die Fermentmengen gegen Fermentverdünnungen von Handelspräparaten auswerten.

Fehlerrechnung (Ausgleichsrechnung)[1].

Von

G. Ettisch-Berlin/Dahlem.

I. Einleitung.

Es sollte als selbstverständlich gelten, daß man sich bei jeder Aussage darüber klar ist, innerhalb welcher Grenzen sie Gültigkeit besitzt. Vor allem sollte das für wissenschaftliche Aussagen der Fall sein und insbesondere für zahlenmäßige. Der weit verbreiteten Ansicht muß entschieden entgegengetreten werden, nach der irgendeine irgendwie beobachtete oder gemessene Größe eine absolute Wahrheit darstellt, einen absoluten Wert besitzt. Hierüber herrscht gegenwärtig noch so weitschichtige und tiefgreifende Unkenntnis, daß es erforderlich wird, mit allem Nachdruck und mit allen zu Gebote stehenden Mitteln seine Abstellung zu bewirken. Aus diesem Grunde hat sich auch der Herausgeber dazu entschlossen, seinem Werke einen Abschnitt über Fehlerrechnung anzufügen. Damit soll die Erkenntnis von der begrenzten Gültigkeit jeglicher Beobachtung, jeglicher Messung geweckt und geschärft werden. Erst wenn dieses gelungen ist, erst wenn der Messende sich der begrenzten Gültigkeit seiner erlangten Zahl bewußt ist, wird er auch von so manchen Irrtümern und Trugschlüssen bewahrt bleiben, die der Unkenntnis über jene Begrenztheit zuzuschreiben waren[2]. Wer daher dieses Werk benutzt, möge diese Zeilen nicht als ebenso langweilig wie für ihn bedeutungslos überschlagen. Er mag vielmehr, wenn er über diesen Gegenstand bereits hinreichend unterrichtet ist, durch diese Zeilen an die

---

[1] Als Literatur über diesen Gegenstand kommen in Betracht: Czuber, E.: Wahrscheinlichkeitsrechnung, 3. Aufl. Leipzig: B. G. Teubner 1914. — Helmert, F.: Die Ausgleichsrechnung. Leipzig: B. G. Teubner 1907. — Geiger-Scheel: Handb. Physik. 3 (Mathem. Hilfsmittel d. Physik). Berlin: Julius Springer 1928. — Kohlrausch, R.: Lehrb. d. prakt. Physik, 15. Aufl. (1927). — Ostwald-Luther: Physikochem. Messungen, 4. Aufl. (1925).

[2] S. z. B. Krogh: J. of biol. Chem. **73**, 393 (1927). Ferner Scott: Ebenda S. 81.

Fehlermöglichkeiten und ihre Ausgleichung erinnert werden. Er wird alsdann nicht versäumen, die notwendigen Fehlerbetrachtungen in bezug auf seine Ergebnisse anzustellen. Wer aber von den Beobachtungsfehlern noch nichts weiß, der soll durch diese Darlegung eine Einführung in dasjenige Gebiet erhalten, daß nicht nur jedem messenden Naturwissenschaftler bekannt sein muß, der Anspruch auf Exaktheit macht, sondern auch von jedem angewandt werden soll der sich vor Fehlern und Irrtümern bewahren will.

II. Die Methode der kleinsten Quadrate.

A. Vorbemerkungen.

Über Fehler. Der systematische und der konstante Fehler. Gesetzmäßigkeit in den Fehlern. Wahrscheinlichster Wert der Unbekannten und Genauigkeitsgrenzen.

An den Anfang der Erörterung möge der Satz gestellt werden, daß keine beobachtete Größe, keine gemessene Zahl einen absoluten Wert, eine uneingeschränkte Bedeutung besitzt. Jede Messung, jede Beobachtung ist mit einem Fehler behaftet, dem sogenannten „Beobachtungsfehler". Er hat subjektive und objektive Gründe. Die erstgenannten liegen in der Beschaffenheit unserer Sinnesorgane, in der Möglichkeit der Ermüdung, in verminderter Aufmerksamkeit usw., die objektiven in der begrenzten Genauigkeit unserer Instrumente und Anordnungen.

Es fallen daher für gewöhnlich die Ergebnisse zweier Beobachtungen oder Messungen der gleichen Größe nicht zusammen, eben wegen jenes Beobachtungsfehlers. Unter diesen Umständen würde man nun nie zu einem eindeutigen Ergebnis kommen. Es soll aber ein solches dennoch bestimmbar sein, also existieren. Man trachtet daher danach, durch Ausgleich der voneinander abweichenden einzelnen Beobachtungen einen Wert zu erlangen, der dem wahren Wert möglichst nahekommt. Dazu werden alle Einzelbeobachtungen mit herangezogen. Diese erfahren Abänderungen, die zu einem eindeutigen Ergebnis führen sollen. Es handelt sich also um ein Ausgleichsverfahren. Daher auch die Bezeichnung Ausgleichsrechnung anstatt Fehlerrechnung.

Mit der Aufstellung der Forderung von der Fehlerbeseitigung ist aber noch keineswegs gesagt, auf welche Weise dieses möglich ist und unter welchen Bedingungen. Zunächst sei darauf verwiesen, daß es grundsätzlich zwei Klassen von Fehlern gibt, zwischen denen man scharf unterscheiden muß.

Da sind einmal die „systematischen" oder „konstanten" Fehler. Sie können subjektiv z. B. durch Ermüdung bedingt sein, objektiv durch irgendeinen bekannten oder unbekannten Faktor, der zu dem eigentlichen Verfahren usw., das beobachtet oder gemessen wird, nicht unmittelbar gehört, z. B. Seitenwind beim Wägen. Derartige Fehler können vermieden werden durch Beseitigung der sie bewirkenden Ursachen oder durch Bestimmung der gesuchten Größe auf einem zweiten, vom ersten unabhängigen Wege, oder durch Berechnung der Wirkung des Faktors mit darauffolgendem Inrechnungsetzen seiner Größe. Diese systematischen, konstanten oder einseitigen Fehler können niemals Gegenstand einer fehlertheoretischen Erörterung sein. Sie müssen und können, wo sie entdeckt werden, auf eine der genannten Weisen ihre Beseitigung finden.

Dem systematischen steht der sog. „variable" Fehler gegenüber (Zufallsfehler). Es ist jener Fehler, der durch den Zufall entsteht. Er geht hervor aus einer großen Zahl von elementaren Ursachen. Keine einseitigen Einwirkungen dürfen bei ihm vorliegen. Maxwell hat dieses durch ein schönes Beispiel plausibel gemacht. Zieht man auf einer Fläche eine senkrechte Linie und schießt auf sie, so wird — bei Abwesenheit systematischer Störungen (Wind, Blendung usw.) — die eine Hälfte der Schüsse rechts von der Linie liegen, die andere links. Der Charakter des Zufalls ist in demselben Sinne zu verstehen wie man ihn bei einem Zufallsspiel vorfindet. Wirkt er nur allein, so ist keine Messung vor der anderen ausgezeichnet, alle besitzen den gleichen begrenzten Grad der Genauigkeit. Diese Fehlerart kann einer mathematisch-theoretischen Erörterung unterzogen werden.

Betrachtet man nämlich eine große Zahl von Messungen usw. einer Größe, so pflegen zwei Tatsachen auffällig hervorzutreten:

1. Es kommen Fehler von einem gewissen positiven Betrage genau so oft vor, wie die von demselben aber negativen Betrage.

2. Kleine Fehler sind häufiger als große. Man kann daher sagen, daß man bei jeder Messung Fehler über einen gewissen Betrag hinaus nicht zu erwarten hat. Dabei sind naturgemäß grobe Irrtümer auszuschließen.

Auf Grund der Annahme, daß sich der Beobachtungsfehler aus einer großen Zahl von Elementarfehlern zusammensetzt, die eine voneinander unabhängige Ursache haben und zugleich von kleinem absoluten Betrage sind, läßt sich ein Fehlergesetz finden. Auf Grund dieses Fehlergesetzes ist derjenige Wert zu ermitteln, der dem **wahren** Wert der Unbekannten am **nächsten** kommt, der der **wahrscheinlichste** Wert ist. Als **Fehler** bezeichnet man die Abweichung einer direkt gemessenen usw. Größe von jenem wahrscheinlichsten Wert, von dem, der dem objektiven Wert am nächsten kommt.

Die Ermittlung dieses wahrscheinlichsten Wertes genügt aber noch nicht. Es muß weiterhin angegeben werden, innerhalb welcher **Grenzen** die **Genauigkeit** der Einzelmessungen wie auch die jenes wahrscheinlichsten Wertes liegt. Denn auch dem **wahrscheinlichsten** Werte der Unbekannten kommt keine **unmittelbare Wahrheit** zu, auch er ist kein absoluter Wert. Es ist ein Irrtum, zu glauben, man habe bei der Angabe des sog. Fehlers eine objektive Größe angegeben. Daß dem nicht so sein kann, geht aus den bisherigen Darlegungen wohl klar genug hervor. Man spricht daher unter Betonung des **Wahrscheinlichkeitscharakters** vom **scheinbaren** Fehler. Es ist also zu dem wahrscheinlichsten Werte der Unbekannten noch die Genauigkeitsgrenze anzugeben. Der **wahre, objektive** Wert der Unbekannten liegt dann innerhalb dieses angegebenen Bereiches. Die Angabe dieser **Wahrscheinlichkeitsgrenze** besitzt noch eine zweite Bedeutung. Man kann nämlich aus ihr die Güte, die Genauigkeit der Beobachtung erkennen.

Es ist daher die Aufgabe der Fehler- oder Ausgleichsrechnung eine doppelte. Sie hat **erstens** anzugeben, auf welche Weise man zu den wahrscheinlichsten, besten Werten jener Unbekannten gelangt, und **zweitens** muß sie Angaben vermitteln über die Genauigkeit der Einzelwerte wie auch derjenigen des wahrscheinlichsten Wertes der Unbekannten, sowie auch über die Genauigkeit der aus den Beobachtungen usw. abgeleiteten Resultate.

B. Das Gaußsche Fehlergesetz. Maximum-Minimum-Bedingung. Methode der kleinsten Quadrate.

Dasjenige Gesetz nun, das einer großen Reihe von Erfahrungen bisher am besten genügt hat, und das vor allem alle bisher erörterten Bedingungen und Annahmen erfüllt, stellt das **Fehlergesetz von C. F. Gauß** dar. Auf seine Ableitung kann naturgemäß hier nicht eingegangen werden. Es setzt voraus, daß eine **reale konstante** Größe unter vollkommen gleichen subjektiven wie objektiven Bedingungen und frei von systematischen Fehlern eine große Anzahl von Malen gemessen wurde. Jeder Messung haftet ein gewisser Fehler an. Keine Messung ist vor der anderen ausgezeichnet.

Nach diesem Gaußschen Gesetz ist die Wahrscheinlichkeit, einen Fehler zwischen ε und $\varepsilon + d\varepsilon$ zu machen, $\varphi(\varepsilon)d\varepsilon$. In der normalen Verteilung fand nun Gauß für $\varphi(\varepsilon)$ die Formel

$$\varphi(\varepsilon) = \frac{h}{\sqrt{\pi}}\, e^{-h^2\varepsilon^2}. \tag{1}$$

Das Fehlergesetz ist eine Exponentialfunktion des Fehlers ε. Es ist unabhängig von der zu bestimmenden unbekannten Größe. Außer dem Fehler ε enthält (1) nur noch die wichtige Größe h, das sog. Präzisionsmaß oder die Genauigkeit der Messung. Von ihm wird noch eingehend die Rede sein müssen. Die Wahrscheinlichkeit, einen Fehler zwischen ε_1 und ε_2 zu machen, ist danach

$$y = \int_{\varepsilon_1}^{\varepsilon_2} \varphi(\varepsilon)\,d\varepsilon = \frac{h}{\sqrt{\pi}} \int_{\varepsilon_1}^{\varepsilon_2} e^{-h^2\varepsilon^2}\,d\varepsilon. \tag{2}$$

An dieses Gaußsche Gesetz schließt sich nun für die gewöhnlich vorkommenden Fälle die Ausgleichsrechnung an. Es handelt sich hier zunächst um die Ermittlung der besten (wahrscheinlichsten) Werte der gesuchten Unbekannten. Über das Prinzip dieser Theorie nur ein paar Ausführungen. Es kann nämlich weder der Sinn noch die Vielfältigkeit der Ausgleichungen vollkommen erfaßt werden ohne Kenntnis von gewissen grundsätzlichen Dingen. Ohne jene Kenntnis aber kann auch keine richtige Anwendung gemacht werden.

In der Gaußschen Formel (1) bzw. (2) ist ε der Fehler. Es mögen nun n Messungen vorliegen, die von der Art sind, daß sie die oben mehrfach betonten Voraussetzungen erfüllen. Man wird nun, wie schon bemerkt, den wahren Fehler ε nicht kennen, sondern es wird allein möglich sein, den scheinbaren Fehler v zu finden. Zwischen beiden besteht folgende Beziehung. Der wahre Wert der Unbekannten sei X. n Messungen lieferten in n direkten, gleich genauen Beobachtungen von ihr die Werte $l_1, l_2, \ldots l_n$. Die wahren Fehler sind nun $X - l_1 = \varepsilon_1$, $X - l_2 = \varepsilon_2$, $\ldots X - l_n = \varepsilon_n$. Nun ist schon hervorgehoben, daß man ja X gar nicht kennt. Auch die Ausgleichsrechnung kann seinen Wert nicht ermitteln, sondern allein einen Annäherungswert, den wahrscheinlichsten Wert, x. Daher bleiben auch die ε_i $(i = 1, 2, \ldots 3)$ die wahren Fehler, unbekannt. Man erlangt allein die

$$x - l_i = v_i \qquad (i = 1, 2, \ldots 3) \tag{3}$$

die scheinbaren Fehler. Gauß zeigte nun, daß derjenige von

n gemessenen Werten l_1, l_2, $\ldots l_n$ der unbekannten Größe am nächsten kam, der wahrscheinlichste Wert war, bei dem

$$\left(\frac{h}{\sqrt{\pi}}\right)^n e^{-h^2(v_1^2 + v_2^2 + \cdots v_n^2)} = \text{Maximum wurde.} \tag{4}$$

Für $v_1^2 + v_2^2 + \cdots + v_n^2$ schreibt man nach Gauß:

$$v_1^2 + v_2^2 + \cdots + v_n^2 = [v\,v] = [(x-l)^2] \tag{5}$$

und erhält aus (4)

$$\left(\frac{h}{\sqrt{\pi}}\right)^n e^{-h^2[v\,v]} = \frac{h}{\sqrt{\pi}} e^{-h^2[(x-l)^2]} = \text{Maximum.} \tag{6}$$

Dieses Maximum tritt aber ein, sobald der Exponent der e-Funktion in (6) ein Minimum wird. Da nun h eine bestimmte endliche Größe ist, kann man aus (6) folgendes Gesetz ableiten. Der wahrscheinlichste Wert der Unbekannten tritt dann auf, wenn die Summe der Quadrate der scheinbaren Fehler ein Minimum wird. Nun ist v der scheinbare Fehler. Nach elementarer mathematischer Methode erlangt man das Minimum durch Verschwindenlassen des Differentialquotienten der Funktion nach der Unbekannten, d. h. also im Anschluß an (5) und (6)

$$\frac{d}{dx}[v\,v] = \frac{d}{dx}[(x-l)^2]$$

$$= \frac{d}{dx}\{(x-l_1)^2 + (x-l_2)^2 + \cdots + (x-l_n)^2\} = 0\,. \tag{7}$$

Damit ist die allgemeine Methode der Ausgleichsrechnung charakterisiert. Entsprechend der obigen Bedingung (7) heißt sie auch Methode der kleinsten Quadrate.

C. Die Methode der kleinsten Quadrate in den wesentlichsten Einzelfällen.

Es ist nunmehr zu erörtern, wie sich die Verhältnisse in den wesentlichsten einzelnen Fällen gestaltet. Denn es ist bisher noch gar keine Angabe darüber erfolgt, wie man zur Kenntnis des scheinbaren Fehlers gelangt. Es ist ja in (3), (6) und (7) x und darum auch v unbekannt. Hier, bei den Einzelfällen, wird man zwei Gruppen unterscheiden müssen.

1. Die Bestimmung aus direkten Messungen.

2. Die Bestimmung aus einem funktionellen Zusammenhang.

Beide Gruppen sollen hier zur Darstellung kommen. Bevor das aber geschieht, sei noch kurz ein grundsätzlicher Punkt erörtert.

Es ist bisher stets die Rede gewesen von n Messungen, die die gleiche Genauigkeit besitzen. Es kann nun der Fall eintreten, daß gewissen Messungen einer Reihe ein größeres Maß von Zuverlässigkeit zuerteilt werden muß als anderen. Diesen Messungen kommt dann also aus irgendeinem Grund eine größere Genauigkeit (Gaußsches Präzisionsmaß, s. o. S. 698 sowie u. S. 702 ff.) zu. Man spricht auch von dem unterschiedlichen Gewicht einer Messung. Auch solche Reihen von Messungen verschiedenen Gewichtes lassen sich im Rahmen der Fehlertheorie behandeln. Auch dieses soll hier geschehen.

Die Darstellung wird daher hier so erfolgen, daß zunächst in der genannten Hauptgruppe 1. der Weg für die Gewinnung des wahrscheinlichsten Wertes der Unbekannten aus lauter gleich genauen Messungen aufgezeigt wird. Darauf soll dann die Darlegung der Genauigkeitsgrenzen von Messungen gleicher Genauigkeit erfolgen. Darauf dann die Gewinnung des wahrscheinlichsten Wertes der Unbekannten bei Messungen verschiedenen Gewichtes. Dann folgt die Erörterung der Genauigkeitsgrenzen bei Messungen von verschiedenem Gewicht. In der Hauptgruppe 2. wird es sich darum handeln auseinanderzusetzen, wie man den wahrscheinlichsten Wert der Unbekannten ermittelt bei Vorliegen einer Funktion von einer oder mehreren Variablen. Darauf werden dann die Genauigkeitsgrenzen für die soeben genannten Fälle festzulegen sein. Im folgenden Abschnitt werden diese Verhältnisse für einige spezielle Funktionen auseinandergesetzt. Daran schließen sich praktische Beispiele an für sämtliche theoretisch erörterten Fälle.

1. Die Bestimmung aus direkten Messungen.

a) Vorliegen von Messungen gleicher Genauigkeit.

α) Bestimmung des wahrscheinlichsten Wertes der Unbekannten.

Eine unbekannte Größe sei n mal mit derselben Zuverlässigkeit direkt gemessen. Die Ergebnisse dieser Messungen seien l_1, l_2, $\ldots l_n$. Es sei ferner vorausgesetzt, daß das oben angeführte Gaußsche Fehlergesetz (1) Gültigkeit besitzt. Ist der wahrscheinlichste Wert der Unbekannten x, so erhält man auch n scheinbare

Fehler, nämlich

$$\left.\begin{array}{l} x - l_1 = v_1 \\ x - l_2 = v_2 \qquad (\text{wo } i = 1, 2, \ldots n). \\ \vdots \qquad \vdots \\ x - l_i = v_i \end{array}\right\} \qquad (8)$$

Sind die v_i unabhängig voneinander, so gilt nach (4), daß

$$\left(\frac{h}{\sqrt{\pi}}\right)^n e^{-h^2 \varepsilon^2} = \text{max}$$

ist. Hier ist für ε^2 zu setzen

$$\varepsilon^2 = \sum_{i=1}^{n} v_i^2 = [vv].$$

Also wird

$$\left(\frac{h}{\sqrt{\pi}}\right)^n e^{-h^2 [vv]} = \text{max}. \qquad (9)$$

Das tritt ein, wenn

$$[vv] = \text{min} \qquad (10)$$

ist. Nun ist nach (5) bzw. (3)

$$[vv] = [(x-l)^2] = \text{min}. \qquad (11)$$

Hier ist x der wahrscheinlichste Wert der Unbekannten. Man erhält das Minimum durch Nullsetzen des Differentialquotienten, der Funktion nach der Unbekannten, also

$$\frac{d}{dx}[(x-l)^2] = \frac{d}{dx}\{(x-l_1)^2 + (x-l_2)^2 + \cdots + (x-l_n)^2\}$$
$$= 2(nx - (l_1 + l_2 + \cdots + l_n)) = 2(nx - [l]), \qquad (12)$$

wo in Gaußscher Schreibweise $[l] = l_1 + l_2 + \cdots + l_n$ bedeutet. Es muß nun sein

$$2(nx - [l]) = 0, \qquad (13)$$

also:

$$x = \frac{[l]}{n} = \frac{l_1 + l_2 + \cdots + l_n}{n}. \qquad (14)$$

Daraus ergibt sich zunächst der wichtige Schluß, daß das arithmetische Mittel der wahrscheinlichste Wert der Unbekannten ist, vorausgesetzt, daß systematische Fehler nicht anwesend sind, daß alle n gemessenen Werte der einen Unbekannten gleich zuverlässig sind, und daß das Gaußsche Fehlergesetz anwendbar ist.

Aus den obigen Voraussetzungen sowie durch Addition der Gleichungen (8) ergibt sich aber ferner, daß

$$\sum_{i=1}^{n} v_i = [v] = v_1 + v_2 + \cdots + v_n$$
$$= (x - l_1) + (x - l_2) + \cdots + (x - l_n) = 0 \qquad (15)$$

ist. Mit Hilfe dieser Beziehung, die der Leser unter Benutzung von (14) selbst prüfen möge, kann man die Berechnung von x also die **Richtigkeit des erlangten arithmetischen Mittels**, leicht kontrollieren. Sie stellt also eine Probe auf x dar.

β) Bestimmung der Genauigkeitsgrenzen.

β_1) der Einzelmessungen (mittlerer Fehler, durchschnittlicher wie auch relativer Fehler. Bedeutung der genannten Fehler. Streuung).

Jede Messung ist, wie schon mehrfach hervorgehoben, mit einem Fehler behaftet. Seine Größe (s. o. S. 697, Zeile 2), d. h. also die **Abweichung vom wahrscheinlichsten Werte der Unbekannten ist maßgebend für die Genauigkeit der Messung.** Fehler und Genauigkeit stehen im umgekehrten Verhältnis zueinander. Nach dem **Gauß**schen Gesetz ist die Wahrscheinlichkeit dafür, bei einer Beobachtung einen Fehler zu machen, der zwischen $-\varepsilon$ und $+\varepsilon$ liegt, nach (1) bzw. (2)

$$y = \frac{h}{\sqrt{\pi}} \int_{-\varepsilon}^{+\varepsilon} e^{-h^2 \varepsilon^2} \, d\varepsilon .$$

Hier kann man eine einfache Umformung vornehmen und erhält

$$y = \frac{2}{\sqrt{\pi}} \int_{0}^{h\varepsilon} e^{-t^2} \, dt = \Phi(h\varepsilon)^* . \qquad (16)$$

Ist nun die Wahrscheinlichkeit für ein Messungsergebnis größer als für ein anderes, so spricht man jenen eine größere Genauigkeit zu. Nach (1), (2), (16) ist diese Genauigkeit aber direkt proportional der Größe h. Von **Gauß** ist h als das **Präzisionsmaß**, als das Maß für die Genauigkeit bezeichnet worden.

Es seien nun zwei Meßreihen gegeben, von denen die eine das Präzisionsmaß h_1, die zweite h_2 hat, Die Wahrscheinlichkeit bei

---

* In dieser Form liegt das sogenannte Fehlerintegral zahlenmäßig ausgewertet in Tabellenform vor, z. B. bei **Czuber**, E.: Wahrscheinlichkeitsrechnung.

einer Messung der ersten Reihe einen Fehler zwischen $+\,\varepsilon_1$ und $-\,\varepsilon_1$, also innerhalb der Fehlergrenze $2\,\varepsilon_1$ zu machen ist, nach (16) mit $\Phi(h_1\varepsilon_1)$ zu bezeichnen. In der zweiten Reihe der Messungen ist für den Fehler zwischen $-\,\varepsilon_2$ und $+\,\varepsilon_2$, also innerhalb der Fehlergrenzen $2\,\varepsilon_2$ die Wahrscheinlichkeit $\Phi(h_2\varepsilon_2)$. Ist nun aber

$$h_1\,\varepsilon_1 = h_2\,\varepsilon_2\,, \tag{17}$$

so sind beide Wahrscheinlichkeiten gleich groß. Ist ferner $\varepsilon_1 < \varepsilon_2$, die Fehlergrenze in der ersten Reihe also kleiner als in der zweiten, so muß nach (17) $h_1 > h_2$ sein. Das Präzisionsmaß ist in der ersten Reihe größer als in der zweiten. Ist im besonderen $\varepsilon_1 = \dfrac{\varepsilon_2}{\nu}$, dann muß $h_1 = \nu h_2$ sein. Bei doppelt enger Fehlergrenze der ersten Reihe gegenüber der zweiten ist das Präzisionsmaß der ersten doppelt so groß wie das der zweiten. Man muß aber eine Messung als um so genauer bezeichnen, je enger ihre Fehlergrenze ist. h ist also ein direktes Maß für die Genauigkeit einer Messung. Man erkennt hier den oben S. 698, Zeile 8 v. o. geforderten Zusammenhang zwischen Fehler und Genauigkeit. Die Frage, auf welche Weise man nun h selbst ermitteln kann, soll bald erörtert werden.

Ein weiteres Genauigkeitsmaß ist von Gauß in die Fehlertheorie eingeführt worden. Ein Maß, das also mit dem Präzisionsmaß h in Beziehung stehen muß. Es ist dieses der sog. mittlere Fehler der Einzelmessung.

Ist der wahre Fehler $\varepsilon_1, \varepsilon_2, \ldots \varepsilon_n$, so ist die Summe der Fehlerquadrate nach (5) $[\varepsilon\varepsilon]$ und der Mittelwert der wahren Fehlerquadrate $\dfrac{[\varepsilon\varepsilon]}{n}$. Als mittlerer Fehler μ wird nun die Wurzel aus dem Mittelwert der Fehlerquadrate bezeichnet. Es muß also sein

$$\mu = \sqrt{\frac{[\varepsilon\varepsilon]}{n}} \tag{18a}$$

Gilt das Gaußsche Gesetz (1), so läßt sich zeigen, daß der Mittelwert der Fehlerquadrate

$$\mu^2 = \frac{1}{2h^2}\,, \tag{18}$$

also

$$\mu = \frac{1}{h\sqrt{2}}\,. \tag{19}$$

ist. Man sieht also hiermit, daß die obige Forderung erfüllt ist; denn μ steht in Beziehung zu h. Es ist ihm umgekehrt proportional. μ kann also nach (18) bzw. (19) zur Bestimmung der Genauigkeit einer Einzelmessung herangezogen werden.

Eine Schwierigkeit von Bedeutung wäre noch zu beheben. Es ist in der obigen Erörterung allein vom wahren Fehler die Rede gewesen. Nun kennt man diesen nicht, sondern allein den scheinbaren Fehler. Man kann aber zeigen, daß auch der scheinbare Fehler verwendbar ist, bzw. die Abweichung der einzelnen Messung vom arithmetischen Mittel. Man kann das leicht feststellen, indem man nach (14) für

$$x = \frac{l_1 + l_2 + \cdots + l_n}{n} \quad \text{setzt, und für} \quad \frac{[\varepsilon]}{n} = \frac{\varepsilon_1 + \varepsilon_2 + \cdots + \varepsilon_n}{n}.$$

Es ist dann nach (8), und wie weiterhin gezeigt wird

$$v_1 = \frac{l_1 + l_2 + \cdots + l_n}{n} - l_1 = \frac{\varepsilon_1 + \varepsilon_2 + \cdots + \varepsilon_n}{n} - \varepsilon_1. \quad (20)$$

Nun ist (s. o. S. 698, Zeile 9 v. u.)

$$\varepsilon_i = X - l_i \qquad (i = 1, 2, \ldots n).$$

Wo X den wahren Wert der Unbekannten bedeutet. Nach Einsetzen ergibt sich,

$$v_1 = \frac{l_1 + l_2 + \cdots + l_n}{n} - l_1 = \frac{(X - l_1) + (X - l_2) + \cdots + (X - l_n)}{n} -$$
$$- (X - l_1) = \frac{[l]}{n} - l_1 \qquad (20)$$

Man erhält im Anschluß an (20):

$$v_1 = \frac{\varepsilon_1 + \varepsilon_2 + \cdots + \varepsilon_n}{n} - \varepsilon_1 = \frac{[\varepsilon]}{n} - \varepsilon_1 \qquad (21)$$

eine Beziehung zwischen wahrem und scheinbarem Fehler. Durch Quadrieren geht aus (21) hervor:

$$v_1^2 = \left(\frac{[\varepsilon]}{n} - \varepsilon_1\right)^2 = \frac{[\varepsilon]^2}{n^2} + \varepsilon_1^2 - \frac{2[\varepsilon]}{n}\varepsilon_1 \qquad \left.\begin{array}{c}\\[1ex]\end{array}\right\} \quad (21\,\text{a})$$

Es ist weiterhin:

$$v_2^2 = \left(\frac{[\varepsilon]}{n} - \varepsilon_2\right)^2 = \frac{[\varepsilon]^2}{n^2} + \varepsilon_2^2 - \frac{2[\varepsilon]}{n}\varepsilon_2$$
$$\vdots \qquad \vdots \qquad\qquad \vdots \qquad \vdots \qquad \vdots$$
$$v_n = \left(\frac{[\varepsilon]}{n} - \varepsilon_n\right)^2 = \frac{[\varepsilon]^2}{n^2} + \varepsilon_n^2 - \frac{2[\varepsilon]}{n}\varepsilon_n$$

Durch Summieren aller v_i^2 von 1 bis n findet man:

$$\sum_1^n v_i^2 = \frac{[\varepsilon]^2}{n} + [\varepsilon^2] - \frac{2[\varepsilon]^2}{n} \qquad (21\,\text{b})$$

$$= \frac{n[\varepsilon^2] - [\varepsilon]^2}{n}.$$

Bildet man nunmehr das Mittel aus den n Messungen, so ergibt sich:

$$\sum_1^n (\bar{v}_i)^2 = \frac{n-1}{n} \sum_1^n (\bar{\varepsilon}_i)^2. \qquad (21\,\text{c})$$

Die doppelten Produkte fallen ja bei der Mittelung heraus. In Gaußscher Schreibweise erhält man jetzt:

$$[vv] = \frac{n-1}{n} [\varepsilon\varepsilon]. \qquad (22)$$

Es ist also:

$$\frac{[vv]}{n-1} = \frac{[\varepsilon\varepsilon]}{n} = \mu^2. \quad \text{(Vgl. o. Gleichung (18a))} \quad (23)$$

Dividiert man daher die Summe der Quadrate der scheinbaren Fehler durch die um 1 verminderte Zahl von Messungen, so erhält man das Quadrat des mittleren Fehlers. Es mag hierbei erwähnt sein, daß diese Vorschrift unabhängig ist von jeglichem Fehlergesetz.

Der mittlere Fehler ist nunmehr nach (23) bzw. (18a)

$$\mu = \sqrt{\frac{[vv]}{(n-1)}}. \qquad (24)$$

Man erkennt aus (24), daß Messungen von einer gewissen, nicht zu kleinen Zahl n vorliegen müssen. Eine einzige Beobachtung wäre unzureichend für eine Fehlerbetrachtung; denn es würde dann im Nenner von (24) null stehen.

Durch Vergleich von (24) mit (19) bzw. (18) erkennt man nun einen Weg zur Bestimmung des Präzisionsmaßes h. Aus dem mittleren Fehler, der wiederum über das arithmetische Mittel erreichbar ist, kann man die Genauigkeit der Einzelmessung bestimmen. Es ist

$$h = \frac{\sqrt{2}}{2\mu} = \frac{0,70710}{\mu}. \qquad (25)$$

Auf die innere (Wahrscheinlichkeits-)Bedeutung des mittleren Fehlers wird weiter unten im Zusammenhang mit der der anderen Genauigkeitsmasse noch einzugehen sein.

Ein anderes Genauigkeitsmaß stellt der sog. durchschnittliche Fehler ϑ dar. Nimmt man die Summe der absoluten Beträge[1] der scheinbaren Fehler und dividiert sie durch die Wurzel aus dem Produkt der Anzahl der Beobachtungen in die um 1 verminderte Anzahl der Beobachtungen, so ergibt sich für ihn in Gaußscher Schreibweise:

$$\vartheta = \frac{[\,|\,v\,|\,]}{\sqrt{n\,(n-1)}}\,. \tag{26}$$

Gilt nun das Gaußsche Gesetz, so läßt sich zeigen, daß

$$\vartheta = \frac{1}{h\,\sqrt{\pi}}\,. \tag{27}$$

ist. Damit ist auch hier der Zusammenhang mit dem Gaußschen Präzisionsmaß hergestellt und somit nachgewiesen, daß der durchschnittliche Fehler ebenfalls ein Genauigkeitsmaß ist. Auch er ist dem Präzisionsmaß umgekehrt proportional. Des weiteren erkennt man, daß er sich ebenfalls zur Bestimmung des Präzisionsmaßes eignet. Es brauchen zu diesem Zwecke nur (26) und (27) kombiniert zu werden. Es ergibt sich dann für die Genauigkeit der Einzelmessung aus dem durchschnittlichen Fehler

$$h = \frac{\sqrt{\pi}}{\pi\,\vartheta} = \frac{0{,}56419}{\vartheta}\,. \tag{28}$$

Ein weiteres Präzisionsmaß besteht in dem wahrscheinlichen Fehler r. Er ist dadurch charakterisiert, daß die Wahrscheinlichkeit 0,5 dafür wird, einen Fehler zu machen, der größer oder kleiner ist als r. D. h. also, es kommen ebenso häufig Fehler vor vom Betrage größer als r wie vom Betrage kleiner als r. Es wird dann nach (2) bzw. (16)

$$\Phi(rh) = \frac{2}{\sqrt{\pi}} \int\limits_{0}^{rh} e^{-t^2}\,dt = \frac{1}{2}\,. \tag{29}$$

aus Tabellen für $\Phi(rh)$* erhält man für $\Phi(rh) = \dfrac{1}{2}$

$$rh = 0{,}476936 = \varrho\,; \qquad r = \frac{0{,}476936}{h} = \frac{\varrho}{h}\,. \tag{30}$$

---

[1] d. h. also: die Fehler sind zu addieren unter Fortlassung des Vorzeichens. Man schreibt dann: $|\,v_1\,| + |\,v_2\,| + \cdots + |\,v_n\,| = \sum |\,v_n\,| = [\,|\,v\,|\,]$.

* S. z. B. bei E. Czuber: Wahrscheinlichkeitsrechnung. Leipzig: B. G. Teubner 1914.

Demnach ist auch der wahrscheinliche Fehler dem Präzisionsmaß umgekehrt proportional, also ebenfalls ein Genauigkeitsmaß für die Einzelmessung. Man bestimmt den wahrscheinlichen Fehler aus einem der beiden anderen durch Multiplikation mit einer reinen Zahl. Für das Präzisionsmaß ergibt sich hier

$$h = \frac{0{,}476936}{r} . \tag{31}$$

Schließlich seien noch einmal die Genauigkeitsmaße bzw. Fehlerarten zusammengestellt in ihren Beziehungen untereinander und zum Gaußschen Präzisionsmaß.

$$\mu = 1{,}25331\,\vartheta; \qquad r = 0{,}67449\,\mu; \qquad r = 0{,}84533\,\vartheta . \tag{32}$$

$$h = \frac{\sqrt{2}}{2\,\mu}; \qquad h = \frac{\sqrt{\pi}}{\pi\,\vartheta}; \qquad h = \frac{\varrho}{r} . \tag{33}$$

$$h = \frac{0{,}70710}{\mu}; \qquad h = \frac{0{,}56419}{\vartheta}; \qquad h = \frac{0{,}47694}{r} . \tag{34}$$

Die Gleichungen (34) sind noch in anderer Hinsicht von großer Wichtigkeit. Es war ja stets bisher der Wahrscheinlichkeitscharakter aller Aussagen über Fehler und Genauigkeitsgrenzen betont worden. Jene Beziehungen (34) geben nun einen Einblick in die innere (Wahrscheinlichkeits-) Bedeutung des mittleren, durchschnittlichen und wahrscheinlichen Fehlers. Aus ihnen geht zunächst hervor

$$\left.\begin{aligned} \mu \cdot h &= 0{,}70711 \\ \vartheta \cdot h &= 0{,}56419 \\ r \cdot h &= 0{,}47694 \end{aligned}\right\} \tag{34a}$$

Das Gaußsche Fehlergesetz (2) bzw. (16) sagt nun — wie oben schon ausgeführt — wie groß die Wahrscheinlichkeit dafür ist, daß bei der Messung ein Fehler zwischen $+\,\varepsilon$ und $-\,\varepsilon$, also im Intervall $2\,\varepsilon$, gemacht wird. Er beträgt

$$\frac{h}{\sqrt{\pi}} \int_{-\varepsilon}^{+\varepsilon} e^{-h^2\varepsilon^2} \, d\varepsilon = \frac{2}{\sqrt{\pi}} \int_0^{h\varepsilon} e^{-t^2} \, dt = \Phi(h\varepsilon) .$$

Nimmt man nun diese Gleichung mit (34a) zusammen, so findet man aus Tabellen[1]

$$\Phi(\mu h) = \Phi(0{,}70711) = 0{,}68268 , \tag{35}$$

$$\Phi(\vartheta h) = \Phi(0{,}56419) = 0{,}57506 , \tag{36}$$

$$\Phi(r h) = \Phi(0{,}47694) = 0{,}5 . \tag{37}$$

---

[1] Z. B. bei E. Czuber: Wahrscheinlichkeitsrechnung. Leipzig: B. G. Teubner 1914.

Bei (35), (36) und (37) handelt es sich also um eine **direkte Aussage** bezüglich der **Größe der Wahrscheinlichkeit** dafür, daß der wahre Wert der Unbekannten X innerhalb einer bestimmten Grenze liegt. Man kann diese Aussage auch in der Form der Häufigkeit eines Vorkommens ausdrücken.

Die Gleichung (35) sagt dann: Die Wahrscheinlichkeit des **mittleren Fehlers** beträgt 0,68. Es sind also 68% aller Fehler kleiner als μ, nur 32% sind größer. Oder noch anders: Es ist die Wahrscheinlichkeit 0,68 dafür, daß der wahre Wert der Unbekannten X im Intervall $l + \mu$ und $l - \mu$ liegt.

Die Wahrscheinlichkeit des **durchschnittlichen Fehlers** ϑ ist nach Gleichung (36) 0,575. Es sind also 58% aller Fehler kleiner als ϑ, 42% dagegen größer. Anders ausgedrückt: Es ist die Wahrscheinlichkeit 0,58 dafür, daß der wahre Wert der Unbekannten X im Intervall $l + \vartheta$ und $l - \vartheta$ liegt.

Für den **wahrscheinlichen Fehler** ist die Wahrscheinlichkeit 0,5, d. h. es kommen ebenso häufig Werte vor die größer sind als r wie solche die kleiner sind. Aber dieses war ja die Voraussetzung bzw. Definition des wahrscheinlichen Fehlers.

Man kann auch folgende Vorstellung entwickeln: Ordnet man alle scheinbaren Fehler der Größe nach ohne Rücksicht auf das Vorzeichen an. Verzeichnet man dabei jeden Fehler, so oft er vorkommt, auch den vom Betrage null, so müssen, bei Gültigkeit des Gaußschen Gesetzes, 68% der Fehler kleiner sein als der **mittlere Fehler**, 58% kleiner als der **durchschnittliche Fehler** und 50% kleiner als der **wahrscheinliche Fehler**.

Bezüglich des mittleren Fehlers, der übrigens der am sichersten bestimmbare ist, sei hervorgehoben, daß aus diesen Darlegungen die folgende Tatsache sich ergibt. Es ist doppelt so wahrscheinlich, daß er kleiner ist als μ, als daß er größer ausfällt.

Trägt man auf einer Strecke von einem willkürlichen Punkte die Fehler nach wachsender absoluter Größe[1] ab, und zwar die mit positivem Vorzeichen nach der einen, die mit negativem nach der anderen Seite, so begrenzen die äußersten Fehler eine gewisse Strecke. Diese nennt man die **Gesamtstreuung**. Wenn man von demselben Ausgangspunkt die **mittleren Fehler** nach beiden Seiten in derselben Weise abträgt, so soll die Strecke 2μ, die sogenannte **mittlere Streuung**, 68%, die Strecke 2ϑ, die **durchschnittliche Streuung**, 58% und die Strecke $2r$, die **wahrscheinliche Streuung**, 50% der Fehler enthalten.

---

[1] D. h. also nach wachsender Größe ohne Rücksicht auf das Vorzeichen.

Wie schon hervorgehoben, ist der mittlere Fehler das am sichersten bestimmbare Genauigkeitsmaß.

β_2) des arithmetischen Mittels.

Schon oben wurde bemerkt, daß auch dem durch Ausgleich gefundenen wahrscheinlichsten Werte der Unbekannten keine absolute Bedeutung zukommt. Bei direkter Ermittelung der Unbekannten durch n gleich zuverlässige direkte Messungen ergab sich das arithmetische Mittel als der wahrscheinlichste Wert. Er ging hervor aus Messungen, die mit Beobachtungsfehlern behaftet waren. Es wird also auch diesem arithmetischen Mittel ein gewisser Fehler zukommen. Daher sind auch dafür die Genauigkeitsgrenzen anzugeben.

Der mittlere Fehler μ einer Einzelmessung war nach (23) und (24)

$$\mu = \sqrt{\frac{[vv]}{n-1}} = \frac{\sqrt{2}}{2\,h}.$$

Aus der Fehlertheorie ergibt sich nun für den mittleren Fehler μ_x des arithmetischen Mittels

$$\mu_x = \sqrt{\frac{[vv]}{n\,(n-1)}} = \frac{\sqrt{2\,n}}{2\,nh} = \frac{\mu}{\sqrt{n}}. \tag{38}$$

Hieraus erkennt man klar, 1., daß die Genauigkeit des arithmetischen Mittels $\sqrt{n}$ mal größer ist als die der Einzelmessung. Denn es verhält sich sein Präzisionsmaß zu dem der Einzelmessung wie $\sqrt{n} : 1$. Dieses muß so sein nach den Ausführungen auf Seite 703 und nach den Gleichungen (17) und (19). Der (mittlere) Fehler des arithmetischen Mittels ist daher $\sqrt{n}$ mal kleiner als der der Einzelmessung. Durch eine leichte Rechnung kann sich der Leser davon überzeugen. 2. aber zeigt sich, daß die Genauigkeit des arithmetischen Mittels wächst mit der Wurzel aus der Zahl der Messungen. Man kann nun zeigen, daß μ_x gegenüber μ sehr rasch fällt bei etwa acht bis zwölf Messungen. Weiterhin aber fällt die Kurve dann nur noch sehr langsam. Es macht dann kaum einen Unterschied aus, ob man 20 oder 30 Messungen vornimmt. Von dieser Zahl ab also wird der Mittelwert (arithmetisches Mittel) bei weiterer Erhöhung der Messungszahl nur noch sehr langsam genauer. Die Kurve nähert sich asymptotisch der Null.

Ersetzt man in den Gleichungen (27) bzw. (28)

$$\vartheta = \frac{1}{h\,\sqrt{\pi}},$$

das Gaußsche Präzisionsmaß h der Einzelmessung durch $h\sqrt{n}$, das Präzisionsmaß des arithmetischen Mittels[1], so erhält man für den durchschnittlichen Fehler des arithmetischen Mittels ϑ_x

$$\vartheta_x = \frac{1}{h\sqrt{n\pi}} = \frac{\vartheta}{\sqrt{n}} = \frac{[|v|]}{\sqrt{n^2(n-1)}}. \tag{39}$$

Es ist also auch hiernach der (durchschnittliche) Fehler des arithmetischen Mittels $\sqrt{n}$ mal kleiner als der der Einzelmessung. Seine Genauigkeit daher $\sqrt{n}$ mal so groß als die der Einzelmessung.

Für den wahrscheinlichen Fehler des arithmetischen Mittels erhält man in Analogie

$$r_x = \frac{\varrho}{h\sqrt{n}} = \frac{r}{\sqrt{n}}. \tag{40}$$

Auch hier ergibt sich derselbe Schluß, den wir bei den beiden vorangegangenen Fehlererörterungen ziehen konnten.

Was oben (S. 707) von der (Wahrscheinlichkeits-)Bedeutung des mittleren, durchschnittlichen und wahrscheinlichen Fehlers der Einzelmessung auseinandergesetzt worden war, trifft naturgemäß auch für deren Bedeutung i. b. a. das arithmetische Mittel zu. Auch hier ist die Wahrscheinlichkeit des mittleren Fehlers μ_x des arithmetischen Mittels 0,68, die des durchschnittlichen Fehlers 0,58, und die des wahrscheinlichen 0,5. Hier sagt die Angabe des mittleren Fehlers: Die Wahrscheinlichkeit ist 0,68 dafür, daß der wahre Wert der Unbekannten X in den Grenzen $x + \mu_x$ und $x - \mu_x$ liegt. Die Angabe des durchschnittlichen Fehlers sagt: Die Wahrscheinlichkeit ist 0,58 dafür, daß der wahre Wert der Unbekannten X innerhalb der Grenzen $x \pm \vartheta_x$ liegt. Entsprechendes gilt für den wahrscheinlichen Fehler. Meist begnügt man sich mit der Angabe des mittleren Fehlers zum arithmetischen Mittel, da dieser Fehler der am sichersten bestimmbare ist. Man schreibt dann:

$$x \pm \mu_x = x \pm \sqrt{\frac{[v\,v]}{n(n-1)}} = x \pm \sqrt{\frac{[(x-l)^2]}{n(n-1)}}. \tag{41}$$

Die Bedeutung dieser Schreibweise ist soeben auseinandergesetzt worden. Für den durchschnittlichen bzw. relativen Fehler

---

[1] Daß das Präzisionsmaß des arithmetischen Mittels das $\sqrt{n}$-fache des Präzisionsmaßes der Einzelmessung beträgt, wurde schon im Anschluß an die Diskussion von (38) dargelegt.

würde sie lauten müssen:

$$x \pm \vartheta_x = x \pm \frac{[|v|]}{\sqrt{n^2\,(n-1)}} = x \pm \frac{[|x-l|]}{\sqrt{n^2\,(n-1)}} \qquad (42)$$

bzw.

$$x \pm r_x = x \pm \frac{r}{\sqrt{n}}\,. \qquad (43)$$

Auch deren Bedeutung ist oben erörtert worden.

b) Vorliegen von Messungen verschiedenen Gewichts.

α) Bestimmung des wahrscheinlichsten Wertes der
Unbekannten.

Schon oben (s. S. 700) war die Rede von Messungsreihen, bei denen es Werte gab, die aus irgendeinem Grunde ein größeres Maß von Zuverlässigkeit, von Genauigkeit besaßen, von sogenannten Messungen verschiedenen Gewichtes. Da das Gaußsche Präzisionsmaß das Maß für die Genauigkeit einer Messung darstellt, muß auch das Gewicht in irgendeiner Beziehung zum Präzisionsmaß stehen. Es wurde in (38) sowie der anschließenden Diskussion gezeigt, daß z. B. dem arithmetischen Mittel ein Präzisionsmaß zukommt, das $\sqrt{n}$ mal größer ist als das einer Einzelmessung aus n gleich genauen Messungen. Allgemein sagt man, einer Messung kommt ein λ mal so großes Gewicht zu gegenüber einer zweiten, wenn eine Messung von der ersten Art gleichwertig ist mit λ Messungen der zweiten Art. Die Gewichte λ_1, λ_2, ... λ_n sind also Verhältniszahlen. Es müssen sich daher nach dem soeben Ausgeführten die Gewichte λ_1 und λ_2 zweier Messungen zueinander verhalten wie die Quadrate ihrer Präzisionsmasse (Genauigkeiten) h_1 und h_2, also

$$\frac{\lambda_1}{\lambda_2} = \frac{h_1^2}{h_2^2}\,. \qquad (44)$$

Da man für gewöhnlich das Präzisionsmaß aus dem mittleren Fehler berechnet, wird man auch hier wieder (38) mit (44) kombinieren und erhält so

$$\frac{\lambda_1}{\lambda_2} = \frac{\mu_2^2}{\mu_1^2}\,, \qquad (45)$$

wo μ_1 und μ_2 die mittleren Fehler der Einzelmessungen der ersten bzw. der zweiten Art sind. Es verhalten sich demnach die Gewichte umgekehrt wie die Quadrate der mittleren Fehler.

Sind nun n Messungen $l_1, l_2, \ldots l_n$ vorgelegt von den Gewichten $\lambda_1, \lambda_2, \ldots \lambda_n$, so fragt sich nunmehr, welcher Wert ist jetzt als **wahrscheinlichster Wert** der Unbekannten anzusehen, welches ist hier der Mittelwert.

Auch hier wieder soll Gültigkeit des **Gauß**schen Fehlergesetzes angenommen werden.

Auch hier wieder wird die obige Minimumbedingung (10) bzw. (11) (**Methode der kleinsten Quadrate**) zu erfüllen sein müssen, d. h. es muß die Quadratsumme der scheinbaren Fehler multipliziert mit den Gewichten ein Minimum sein. Ist hier die zu bestimmende Unbekannte y und sind die w_i die scheinbaren Fehler, so muß sein

$$\left.\begin{aligned} w_1 &= (y - l_1)\,\lambda_1 \\ w_2 &= (y - l_2)\,\lambda_2 \\ \vdots \quad &\qquad \vdots \\ w_n &= (y - l_n)\,\lambda_n \end{aligned}\right\} . \tag{46}$$

Weiterhin aber in Analogie zu (10) bzw. (11)

$$[w\,w] = \min = [\lambda\,(y - l)^2] \tag{47}$$

und weiterhin

$$\frac{d}{d\,y}\,[\lambda\,(y - l)^2] = 0 . \tag{48}$$

Auf diese Weise wird hier als wahrscheinlichster Wert für y gefunden

$$y = \frac{[\lambda\,l]}{[\lambda]} = \frac{\lambda_1 l_1 + \lambda_2 l_2 + \cdots + \lambda_n l_n}{\lambda_1 + \lambda_2 + \cdots \lambda_n} , \tag{49}$$

wo die $\lambda_1, \lambda_2, \lambda_n$ die Gewichte in Zahlen bedeuten. Erteilt man also von vier Messungen der Messung 1 das Gewicht 1, der Messung 2 das Gewicht 1, der Messung 3 das Gewicht 5 und der Messung 4 das Gewicht 2 zu, so ergäbe sich für den wahrscheinlichsten Wert y

$$y = \frac{l_1 + l_2 + 5\,l_3 + 2\,l_n}{9} .$$

Man erhält demnach auch hier für den Mittelwert eine Art von arithmetischem Mittel. Aus naheliegenden Gründen wird dieses als das „gewogene" („ponderierte") arithmetische Mittel bezeichnet. Sind beispielsweise die Gewichte $\lambda_1, \lambda_2, \lambda_n$ durchgehends gleich der Gewichtseinheit, also gleich 1, so ergibt sich, wie zu erwarten, für y

$$y = x = \frac{[l]}{n} ,$$

d. h. das gewöhnliche arithmetische Mittel aus n gleich genauen direkten Messungen.

Als Kontrolle von y muß hier entsprechend (15)

$$\sum_{i=1}^{n} w_i = [w] = w_1 + w_2 + \cdots w_n = \lambda_1 (y - l_1) + \lambda_2 (y - l_2) \\ + \cdots \lambda_n (y - l_n) = 0 \quad\quad (49\,\mathrm{a})$$

sein.

β) Bestimmung der Genauigkeitsgrenzen.

β_2) der Einzelmessungen.

Welche Genauigkeit besitzen nun die Einzelmessungen von verschiedenem Gewicht? Welches ist zunächst der mittlere Fehler? Wir hatten gesehen, daß die Genauigkeit des arithmetischen Mittels μ_x aus n gleich zuverlässigen Messungen $\sqrt{n}$ mal so groß war wie die einer jeden Einzelmessung μ. Dementsprechend waren die Gewichte

$$\frac{\lambda_1}{\lambda_2} = \frac{h_1^2}{h_2^2} = \frac{\mu_2^2}{\mu_1^2}.$$

Ist also der mittlere Fehler der Einzelmessung vom Gewicht 1, wie in (24), so wird der mittlere Fehler $\bar{\mu}_i$ der Messung l_i vom Gewichte λ_i

$$\frac{\bar{\mu}_i}{\mu} = \frac{1}{\sqrt{\lambda_i}} \quad\quad (50)$$

sein müssen, also

$$\bar{\mu}_i = \frac{\mu}{\sqrt{\lambda_i}} = \sqrt{\frac{[\lambda w w]}{\lambda_i (n - 1)}} \quad\quad (51)$$

auf demselben Wege erhält man für den **durchschnittlichen Fehler**

$$\bar{\vartheta}_i = \frac{\vartheta}{\sqrt{\lambda_i}} = \frac{[\lambda |w|]}{\sqrt{n \lambda_i (n - 1)}} \quad\quad (52)$$

und schließlich für den **wahrscheinlichen Fehler**

$$\bar{r}_i = \frac{r}{\sqrt{\lambda_i}} \quad\quad (53)$$

Die (Wahrscheinlichkeits-)Bedeutung der resp. Fehler ist dieselbe wie sie oben (S. 707) auseinandergesetzt wurde. Dementsprechend schreibt man für den Wert der Einzelmessung

$$l_i \pm \sqrt{\frac{[\lambda w w]}{\lambda_i (n - 1)}} = l_i \pm \bar{\mu}_i. \quad\quad (54)$$

Unter Heranziehung des mittleren Fehlers $\bar{\mu}_i$ der Einzelmessung. Es ist sodann mit der Wahrscheinlichkeit 0,68 zu erwarten, daß der Fehler kleiner ist als $\bar{\mu}_i$. Oder auch: 68% der Fehler sind kleiner, 32% größer als $\bar{\mu}_i$. Die Bedeutung des Anführens des durchschnittlichen oder des wahrscheinlichen Fehlers zur Einzelmessung braucht wohl nicht mehr explizite zu erfolgen. Das geht wohl aus dem oben Erörterten klar genug hervor.

β_2) des gewogenen arithmetischen Mittels.

Es ist nun noch die Genauigkeit des gewogenen arithmetischen Mittels zu bestimmen.

Eine Beobachtung vom Gewichte λ wiegt auf λ Beobachtungen vom Gewichte 1. Da das arithmetische Mittel hervorgegangen ist aus n gleich genauen Beobachtungen, so hatte es gegenüber dem der Einzelmessung den mittleren Fehler μ_x.

$$\mu_x = \frac{\mu}{\sqrt{n}}. \tag{55}$$

Nun kann man aber nach den seitherigen Ausführungen an Stelle dessen sagen: das arithmetische Mittel aus n gleich genauen Beobachtungen vom Gewicht 1 ist ersetzbar durch eine Beobachtung vom Gewicht n. Liegen nun aber n Beobachtungen von den Gewichten $\lambda_1, \lambda_2, \cdots \lambda_n$ vor, so muß sich für die mittleren Fehler des gewogenen arithmetischen Mittels ergeben

$$\bar{\mu}_x = \sqrt{\frac{[\lambda w w]}{[\lambda](n-1)}}. \tag{56}$$

Dieses entspricht also einem gewogenen arithmetischen Mittel aus $[\lambda]$ Beobachtungen vom Gewicht 1. Man erkennt dieses auch daran, daß, falls diese Gewichte 1 sind, $[\lambda] = n$ wird. Dann geht (56) in (55) über. Man schreibt also für das Ergebnis:

$$y \pm \sqrt{\frac{[\lambda w w]}{[\lambda](n-1)}} = y \pm \bar{\mu}_x,$$

es ist demnach die Wahrscheinlichkeit 0,68 dafür, daß der wahre Wert der Unbekannten Y im Intervalle $y \pm \bar{\mu}_x$ liegt, entsprechend dem oben Ausgeführten.

2. Die Bestimmung aus einem funktionellen Zusammenhang.

a) Wahrscheinlichster Wert bei Vorliegen einer oder mehrerer unabhängiger Variablen.

Neben Ermittlung von Fehlern, Mittelwerten und Genauigkeitsgrenzen von der bisher angegebenen Art, neben denjenigen also aus direkten Beobachtungen, handelt es sich häufiger um einen anders gearteten Fall. Eine oder mehrere Größen, die voneinander unabhängig sind, werden gemessen, um eine andere abhängige Größe kennenzulernen. Die erstgenannten bezeichnet man als unabhängige Variable, die letztgenannte ist die abhängige Variable. So kann man z. B. die Dichte d eines Körpers dadurch bestimmen, daß man sein Gewicht G und sein Volumen V mißt. Es besteht dann die Beziehung $d = \dfrac{G}{V}$. Hier werden die unabhängigen Variablen V und G je mit einem Beobachtungsfehler behaftet sein, und somit notwendigerweise auch die abhängige Variable d. Man spricht hierbei von dem Gesetz der Fehlerfortpflanzung. Es ist hier also die Aufgabe gestellt, den vorteilhaftesten, wahrscheinlichsten Wert von d aus den mit Fehlern behafteten Variablen zu bestimmen und außerdem auch noch die Grenzen seiner Gültigkeit, d. h. vor allem seinen mittleren Fehler.

Ist also allgemein gesprochen

$$\Phi = \Phi(X_1,\ X_2,\ \dots\ X_n), \tag{57}$$

d. h. Φ eine Funktion der unabhängigen Variablen $X_1, X_2, \dots X_n$, so lautet die Aufgabe entsprechend dem obigen Beispiel: 1. den wahrscheinlichsten Wert φ von Φ zu finden, sowie 2. seinen mittleren Fehler.

Zu 1. Die Lösung ergibt sich auf recht einfache Weise. Der wahrscheinlichste Wert von Φ geht hervor aus den wahrscheinlichsten Werten der unabhängigen Variablen. Danach ist

$$\varphi = \Phi(x_1,\ x_2,\ \dots\ x_n), \tag{58}$$

wobei eben die $x_1, x_2, \dots x_n$ die wahrscheinlichsten Werte der unabhängigen Variablen sind, die nach den Darlegungen in Abschnitt 1 bestimmt werden müssen. Man hätte also in dem Beispiel der Dichteberechnung einfach die wahrscheinlichsten Werte der Gewichte wie der Volumenbestimmung einzusetzen, und erhielte dann den wahrscheinlichsten Wert der Dichte.

Ist also allgemein

$$\Phi = X_1 + X_2 + \cdots + X_n, \tag{59}$$

so wird demnach

$$\varphi = x_1 + x_2 + \cdots + x_n. \tag{60}$$

b) Genauigkeitsgrenzen bei Vorliegen einer oder mehrerer unabhängiger Variablen.

Zu 2. Die Bestimmung der $x_1, x_2, \cdots x_n$ sei mit einem mittleren Fehler behaftet. Man kann ihn auf die oben angegebene Weise ermitteln. Er betrage $\Delta x_1, \Delta x_2, \cdots \Delta x_n$ und sei sehr klein. Man erhält sodann an Stelle von (57)

$$\Phi = \Phi(x_1 + \Delta x_1, \; x_2 + \Delta x_2, \; \ldots \; x_n + \Delta x_n). \tag{61}$$

Man kann nun nach Taylorschen Reihen entwickeln und erhält dann

$$\left.\begin{aligned}
\Phi(x_1 + \Delta x_1) &= \Phi(x_1) + \frac{\partial \Phi(x_1)}{\partial x_1} \Delta x_1 + \frac{1}{2!} \frac{\partial^2 \Phi(x_1)}{\partial x_1^2} \Delta x_1^2 + \cdots \\
&\quad \cdots + \frac{1}{n!} \frac{\partial^n \Phi(x_1)}{\partial x_1^n} \Delta x_1^n \\[2mm]
\Phi(x_2 + \Delta x_2) &= \Phi(x_2) + \frac{\partial \Phi(x_2)}{\partial x_2} \Delta x_2 + \frac{1}{2!} \frac{\partial^2 \Phi(x_2)}{\partial x_2^2} \Delta x_2^2 + \cdots \\
&\qquad\qquad \cdots + \frac{1}{n!} \frac{\partial^n \Phi(x_2)}{\partial x_2^n} \Delta x_2^n \\[2mm]
\Phi(x_n + \Delta x_n) &= \Phi(x_n) + \frac{\partial \Phi(x_n)}{\partial x_n} \Delta x_n + \frac{1}{2!} \frac{\partial^2 \Phi(x_n)}{\partial x_n^2} \Delta x_n^2 + \cdots \\
&\quad \cdots + \frac{1}{n!} \frac{\partial^n \Phi(x_n)}{\partial x_n^n} \Delta x_n^n
\end{aligned}\right\} \tag{62}$$

Beachtet man nun, daß nach Voraussetzung die $\Delta x_1, \Delta x_2, \ldots \Delta x_n$ kleine Größen sind, so kann man in dem ganzen System die Reihenentwicklung nach den ersten Ableitungen abbrechen. Entsprechend (57) bzw. (61) erhält man durch Zusammenfassen sämtlicher Systemgleichungen (62)

$$\Phi = \left\{ \Phi(x_1) + \frac{\partial \Phi(x_1)}{\partial x_1} \Delta x_1, \; \Phi(x_2) + \frac{\partial \Phi(x_2)}{\partial x_2} \Delta x_2, \; \ldots \atop \qquad\qquad \Phi(x_n) + \frac{\partial \Phi(x_n)}{\partial x_n} \Delta x_n \right\} \tag{63}$$

Da man die $\Phi(x_1), \Phi(x_2), \ldots \Phi(x_n)$ zusammennehmen kann, findet man

$$\Phi(x_1, \; x_2, \; \ldots \; x_n) = \varphi. \tag{64}$$

Setzt man für die $\dfrac{\partial \Phi}{\partial x} = \Phi'(x)$, so läßt sich (63) vereinfachen, und dementsprechend kann man (63) schreiben.

$$\Phi = \varphi + \Phi'(x_1) \Delta x_1 + \Phi'(x_2) \Delta x_2 + \cdots + \Phi'(x_n) \Delta x_n. \tag{65}$$

Man erhält nunmehr

$$\Phi - \varphi = \Phi'(x_1)\,\varDelta x_1 + \Phi'(x_2)\,\varDelta x_2 + \cdots + \Phi'(x_n)\,\varDelta x_n. \qquad (66)$$

Befolgen nun die $\varDelta x_1, \varDelta x_2 \ldots \varDelta x_n$ das Gaußsche Gesetz, dann wird der Fehler der $\varDelta x_i$ $(i = 1, 2, \ldots n)$ nach (1) sein müssen.

$$\frac{h_i}{\sqrt{\pi}}\, e^{-h_i\,\varDelta x_i^2}. \qquad (67)$$

Hier bedeutet h_i wieder das entsprechende Gaußsche Präzisionsmaß. Auch der Fehler in der Bestimmung von φ befolgt ein Gaußsches Gesetz, dessen Präzisionsmaß H sei. Auf eine Weise, deren nähere Darlegung hier nicht möglich ist, ergibt sich für dieses Präzisionsmaß

$$\frac{1}{H^2} = \frac{\left(\dfrac{\partial \varphi}{\partial x_1}\right)^2}{h_1^2} + \frac{\left(\dfrac{\partial \varphi}{\partial x_2}\right)^2}{h_2^2} + \cdots + \frac{\left(\dfrac{\partial \varphi}{\partial x_n}\right)^2}{h_n^2}, \qquad (68)$$

wo die $h_1, h_2 \ldots h_n$ die entsprechenden Präzisionsmaße sind. Nach (25) ist nun das Quadrat des mittleren Fehlers μ_i von x_i

$$\mu_i^2 = \frac{1}{2\,h_i^2}$$

Dementsprechend wird das Quadrat des mittleren Fehlers μ_φ in der Bestimmung von φ

$$\mu_\varphi^2 = \frac{1}{2\,H^2}. \qquad (69)$$

Dieses in Verbindung mit (68) ergibt aber für μ_φ

$$\mu_\varphi = \pm \sqrt{\left(\frac{\partial \varphi}{\partial x_1}\right)^2 \mu_1^2 + \left(\frac{\partial \varphi}{\partial x_2}\right)^2 \mu_2^2 + \cdots + \left(\frac{\partial \varphi}{\partial x_n}\right)^2 \mu_n^2}. \qquad (70)$$

Damit ist die gestellte Aufgabe gelöst.

Man wird also das Ergebnis haben: Es ist der Mittelwert mitsamt seinem mittleren Fehler gefunden:

$$\varphi \pm \sqrt{\left(\frac{\partial \varphi}{\partial x_1}\right)^2 \mu_1^2 + \left(\frac{\partial \varphi}{\partial x_2}\right)^2 \mu_2^2 + \cdots + \left(\frac{\partial \varphi}{\partial x_n}\right)^2 \mu_n^2}. \qquad (71)$$

Mit einer Wahrscheinlichkeit von 0,68 ist also zu erwarten, daß der wahre Wert der Unbekannten Φ innerhalb der Grenzen liegt, die durch Gleichung (71) ausgeführt sind.

c) Einige einfache Funktionen.

Wir haben oben in (59) den Fall betrachtet, daß

$$\Phi = X_1 + X_2 + \cdots + X_n$$

718 Fehlerrechnung.

war, und gefunden, daß

$$\varphi = x_1 + x_2 + \cdots + x_n$$

ist. Es ergibt sich dann für den mittleren Fehler μ_φ

$$\left.\begin{aligned}
\mu_\varphi &= \sqrt{\left(\frac{\partial x_1}{\partial x_1}\right)^2 \mu_1^2 + \left(\frac{\partial x_2}{\partial x_2}\right)^2 \mu_2^2 + \cdots + \left(\frac{\partial x_n}{\partial x_n}\right)^2 \mu_n^2} \\
&= \sqrt{\mu_1^2 + \mu_2^2 + \cdots + \mu_n^2}
\end{aligned}\right\} \quad (72)$$

Man hätte dann gefunden, daß der wahre Wert der Unbekannten Φ mit 68% Wahrscheinlichkeit innerhalb der Grenzen

$$\varphi \pm \mu_\varphi = \varphi \pm \sqrt{\mu_1^2 + \mu_2^2 + \cdots + \mu_n^2} \qquad (72\,\text{a})$$

liegt.

Sind nun alle unabhängigen Variablen mit der gleichen Genauigkeit bestimmt, so müssen sie auch alle gleiche Genauigkeitsgrenzen haben, d. h. gleiche mittlere Fehler. Dann wird aber

$$\mu_1 = \mu_2 = \cdots = \mu_n = \mu;$$

aus (72) wird dann

$$\mu_\varphi = \mu \sqrt{n}. \qquad (73)$$

Daraus ergibt sich, daß der **mittlere Fehler der Summe** gleich genau bestimmter Summanden gleich ist dem mittleren Fehler des Summanden multipliziert mit der Wurzel aus der Summandenzahl (**Quadratwurzelgesetz**). Das Endergebnis hätte also zu lauten:

$$\varphi \pm \mu_\varphi = \varphi \pm \mu \sqrt{n}. \qquad (73\,\text{a})$$

Der wahre Wert der Unbekannten Φ liegt mit der Wahrscheinlichkeit 0,68 innerhalb der durch (73a) angegebenen Grenzen.

Für die Differenz

$$\Phi = X_1 - X_2 - \cdots - X_n \qquad (74)$$

findet man den wahrscheinlichsten Wert

$$\varphi = x_1 - x_2 - \cdots - x_n. \qquad (75)$$

Für deren mittleren Fehler

$$\mu_\varphi = \sqrt{\mu_1^2 + \mu_2^2 + \cdots + \mu_n^2}, \qquad (76)$$

also **das gleiche Ergebnis wie für die Summe** [siehe auch Gleichung (72a) samt Diskussion]. Dasselbe wie in (73a) ergibt sich, wenn die Differenz aus lauter gleich genauen Messungen hervorgegangen ist. Nämlich

$$\mu_\varphi = \mu \sqrt{n}. \tag{76a}$$

siehe hierzu Gleichung (73a) samt Diskussion].

Ist ferner die Funktion

$$\Phi = mX \tag{77}$$

vorgelegt, wo m eine Konstante ist, so wird der wahrscheinlichste Wert

$$\varphi = mx. \tag{78}$$

Für den mittleren Fehler erhält man

$$\mu_\varphi = \pm \sqrt{\left(\frac{\partial}{\partial x} mx\right)^2 \mu^2} = m\mu. \tag{79}$$

Der mittlere Fehler eines Vielfachen ist gleich demselben Vielfachen des mittleren Fehlers der unabhängigen Variablen. Man erhält also schließlich:

$$\varphi \pm m\mu = mx \pm m\mu. \tag{79a}$$

Mit 68% Wahrscheinlichkeit liegt der wahre Wert von $\Phi = mX$ innerhalb der Grenzen von (79a).

Für das Produkt aus 3 Unbekannten

$$\Phi = X_1 \cdot X_2 \cdot X_3 \tag{80}$$

findet man für den wahrscheinlichsten Wert

$$\varphi = x_1 \cdot x_2 \cdot x_3. \tag{81}$$

Dabei ist der mittlere Fehler

$$\left.\begin{aligned}
\mu_\varphi &= \pm \sqrt{(x_2 x_3 \mu_1)^2 + (x_3 x_1 \mu_2)^2 + (x_1 x_2 \mu_3)^2} \\
&= x_1 x_2 x_3 \sqrt{\left(\frac{\mu_1}{x_1}\right)^2 + \left(\frac{\mu_2}{x_2}\right)^2 + \left(\frac{\mu_3}{x_3}\right)^2}
\end{aligned}\right\} \tag{82}$$

Mit der Wahrscheinlichkeit von 0,68 ist also zu erwarten, daß der wahre Wert von $\Phi = X_1 \cdot X_2 \cdot X_3$ innerhalb der Grenzen:

$$\varphi \pm \mu_\varphi$$

liegt, demnach sein muß:

$$x_1 \cdot x_2 \cdot x_3 \pm x_1 x_2 x_3 \sqrt{\left(\frac{\mu_1}{x_1}\right)^2 + \left(\frac{\mu_2}{x_2}\right)^2 + \left(\frac{\mu_3}{x_3}\right)^2}. \tag{82a}$$

Mit Rücksicht auf das obige Beispiel der Dichtebestimmung sei schließlich auch noch die Funktion

$$\Phi = \frac{X_1}{X_2} \tag{83}$$

erörtert. Man findet für den wahrscheinlichsten Wert

$$\varphi = \frac{x_1}{x_2}. \tag{84}$$

Für den mittleren Fehler

$$\mu_\varphi = \pm \frac{1}{x_2^2} \sqrt{\mu_1^2 x_2^2 - \mu_2^2 x_1^2}. \tag{85}$$

Es ist demnach mit der Wahrscheinlichkeit von 68% zu erwarten, daß der wahre Wert der Unbekannten $\Phi = \dfrac{X_1}{X_2}$ im Intervalle

$$\frac{x_1}{x_2} \pm \frac{1}{x_2^2} \sqrt{\mu_1^2 x_2^2 - \mu_2^2 x_1^2} \tag{85a}$$

liegt.

d) Der mittlere relative sowie der mittlere prozentische Fehler.

Oft trifft man auch auf die Angabe des mittleren relativen Fehlers ξ_φ von φ. Er ergibt sich zu

$$\xi_\varphi = \frac{\mu_\varphi}{\varphi}. \tag{86}$$

Der mittlere prozentische Fehler η_φ ist dann

$$\eta_\varphi = \frac{100\,\mu_\varphi}{\varphi}. \tag{87}$$

Man erhält so aus (80) und (82) für den mittleren relativen Fehler des Produktes $\Phi = X_1 X_2 X_3$

$$\xi_\varphi = \frac{\mu_\varphi}{x_1 x_2 x_3} = \pm \sqrt{\left(\frac{\mu_1}{x_1}\right)^2 + \left(\frac{\mu_2}{x_2}\right)^2 + \left(\frac{\mu_3}{x_3}\right)^2}. \tag{88}$$

Für den des Quotienten aus (84) und (85)

$$\xi_\varphi = \frac{x_2 \mu_\varphi}{x_1} = \pm \sqrt{\left(\frac{\mu_1}{x_1}\right)^2 + \left(\frac{\mu_2}{x_2}\right)^2}. \tag{89}$$

Es ergibt sich also für Produkt und Quotient identische Gesetzmäßigkeit für den mittleren relativen Fehler.

D. Beispiele zu sämtlichen Fällen.

1. Bestimmung des wahrscheinlichsten Wertes einer Unbekannten aus lauter gleich genauen, direkten Messungen (arithmetisches Mittel), sowie im Anschluß daran:

2. Bestimmung der Genauigkeitsgrenze der Einzelmessungen des Mittelwertes.

1. Beispiel[1]. Die Dichte eines Körpers wurde zehnmal bestimmt.

Einzelmessung l_i	Scheinbarer Fehler $v_i = x - l_i$	Quadrate der scheinbaren Fehler v_i^2
9,662	$-$ 0,0019	0,000004
73	$+$ 091	83
64	$+$ 1	0
59	$-$ 49	24
77	$+$ 131	172
62	$-$ 19	4
63	$-$ 9	1
80	$+$ 161	259
45	$-$ 189	357
54	$-$ 99	98
$x = \dfrac{[l]}{n}$ arithmet. Mittel $= 9,6639$	$[v] = 0$	$[vv] = 0,001002$

Das arithmetische Mittel wird erhalten aus (14)

$$x = \frac{[l]}{n} = \frac{l_1 + l_2 + \cdots + l_{10}}{10} = \frac{9,662 + 9,672 + \cdots + 9,654}{10} = \frac{96\,639}{10}.$$

Der mittlere Fehler einer Messung μ wird nach (24) auf folgende Weise erhalten: Man quadriert die scheinbaren Fehler (von Spalte 2) und addiert sie. Man hat jetzt die Summe der Fehlerquadrate $[vv]$. Wird diese Zahl durch die um eins verminderte Anzahl von Messungen (s. o. S. 705), hier also durch 9 dividiert, so erhält man das mittlere Fehlerquadrat. Die Wurzel aus dieser Zahl stellt den mittleren Fehler μ der Einzelmessung dar. Also

$$\mu = \sqrt{\frac{[vv]}{(n-1)}} = \pm \sqrt{\frac{0,001002}{10-1}} = \pm\, 0,011. \tag{90}$$

Es besteht also (s. o. S. 707) die Wahrscheinlichkeit 0,68, daß der wahre Dichtewert im Intervall

$$l_i \pm 0,011$$

liegt. Oder: 68% aller Fehler sind kleiner als $\pm\, 0,011$. Den durchschnittlichen Fehler errechnet man nach (26). Man addiert zu diesem Zwecke die scheinbaren Fehler (nach Spalte 2) ohne Rücksicht auf das Vorzeichen. Dadurch erhält man $[\,|v|\,]$. Dividiert man nun diese Zahl durch die Wurzel aus dem Produkt von

---

[1] Nach F. Kohlrausch: Lehrb. prakt. Physik, 14. Aufl. Leipzig: B. G. Teubner 1923.

Anzahl der Messungen in die um eins verminderte Anzahl der Messungen, hier also durch $\sqrt{10 \times 9}$, so erhält man den durchschnittlichen Fehler $\vartheta = \dfrac{[v]}{\sqrt{n\,(n-1)}}$. Er ergibt sich zu $\pm\,0{,}0081$, d. h. 58% aller Fehler sind kleiner als $\pm\,0{,}0081$ oder auch es besteht die Wahrscheinlichkeit 0,58, daß der wahre Wert der Dichte im Intervall $l_i \pm 0{,}0081$ liegt.

Der wahrscheinliche Fehler einer einzelnen Messung ist dadurch zu erhalten, daß man μ mit 2 : 3 multipliziert. Er ergibt sich zu $r = 0{,}007$. Das bedeutet, daß es ebenso wahrscheinlich ist, daß der Fehler einer einzelnen Dichtebestimmung größer oder kleiner als 0,007 ist[1].

Der mittlere Fehler des Mittelwertes μ_x wird nach (38) dadurch gewonnen, daß man zuerst so verfährt, als wollte man den mittleren Fehler der Einzelmessung bestimmen, also μ. Die auf diese Weise erhaltene Zahl wird dann durch die Wurzel aus der Anzahl der Messungen dividiert. Daher

$$\mu_x = \frac{\mu}{\sqrt{n}} = \sqrt{\frac{[v\,v]}{n\,(n-1)}} = \pm\,\frac{0{,}011}{\sqrt{10}} = \pm\,0{,}0033. \qquad (91)$$

Der wahrscheinliche Fehler des arithmetischen Mittels ist $r_x = 0{,}0022$, d. h. der Fehler des arithmetischen Mittels ist ebenso wahrscheinlich größer als 0,0022 wie kleiner. Auf Grund der Ausgleichung ergibt sich also für den wahrscheinlichsten Wert der Dichte

$$x = \frac{[l]}{n} \pm \mu_x = \frac{[l]}{n} \pm \sqrt{\frac{[v\,v]}{n\,(n-1)}} = 9{,}6639 \pm 0{,}0033. \qquad (92)$$

Mit 68% Wahrscheinlichkeit ist demnach der wahre Wert der Dichte in dem Intervall gelegen, das Gleichung (92) angibt. Den durchschnittlichen Fehler des arithmetischen Mittels ϑ_x findet man, indem man, ganz entsprechend dem bei der mittleren Fehlerbildung geschilderten Vorgange, den durchschnittlichen Fehler der Einzelmessung durch die Wurzel aus der Anzahl der Messungen dividiert.

$$\vartheta_x = \frac{\vartheta}{\sqrt{n}}.$$

Man erhält dann $\pm\,0{,}0026$. Es ist also die Wahrscheinlichkeit 0,58 dafür, daß der wahre Wert der Unbekannten in den Grenzen $9{,}6639 \pm 0{,}0026$ liegt.

---

[1] Oder: daß es ebenso häufig vorkommt, daß der Fehler größer ist als 0,007 wie daß er kleiner ist.

3. u. 4. **Bestimmung des wahrscheinlichsten Wertes der Unbekannten aus direkten Messungen verschiedenen Gewichtes (gewogenes arithmetisches Mittel) sowie der Genauigkeit der Einzelmessungen und des gewogenen arithmetischen Mittels.**

2. Beispiel[1]. Die Schwerebeschleunigung g sei von verschiedenen Beobachtern mit verschiedenen Pendeln bestimmt worden. Die gefundenen Werte seien l, ihre mittleren Fehler μ[2]. Es seien λ die Gewichte der jeweiligen Messung.

l	μ	λ
981,278	0,010	1,0
91	15	0,4
85	05	4,0
74	22	0,2
81	2	25,0

$$[\lambda] = 30,6$$

Für das gewogene arithmetische Mittel findet man nach (49)

$$y = \frac{[\lambda l]}{[\lambda]} = \frac{\lambda_1 l_1 + \lambda_2 l_2 + \cdots + \lambda_5 l_5}{\lambda_1 + \lambda_2 + \cdots + \lambda_5} = 981,2815 , \qquad (93)$$

die Einzelheiten der Gewinnung sind oben (S. 712) eingehend auseinandergesetzt.

Für den mittleren Fehler der Einzelmessung $\bar{\mu}_i$ ist nach (51)

$$\bar{\mu}_i = \frac{\mu}{\sqrt{\lambda_i}} = \sqrt{\frac{[\lambda w w]}{\lambda (n - 1)}} ,$$

daher für

$$\mu_1 = 0,005 , \quad \mu_3 = 0,003 ,$$
$$\mu_2 = 0,008 , \quad \mu_4 = 0,012 , \quad \mu_5 = 0,001 . \qquad (94)$$

Für $[\lambda v v]$ ergibt sich 0,000114. Für den mittleren Fehler der Gewichtseinheit $\bar{\mu}$ findet man

$$\bar{\mu} = \pm \sqrt{\frac{[\lambda w w]}{n - 1}} = \pm \sqrt{\frac{114}{4}} \cdot 10^{-3} = 0,0053 \qquad (95)$$

und für den mittleren Fehler des ausgewogenen Mittels

$$\bar{\mu}_x = \frac{\bar{\mu}}{\sqrt{[\lambda]}} = \frac{0,0053}{\sqrt{30,6}} = 0,001 . \qquad (96)$$

5. u. 6. **Bestimmung des wahrscheinlichsten Wertes aus funktionellem Zusammenhang, sowie auch der Genauigkeit der Einzelmessungen und des Mittelwertes.**

---

[1] Aus Geiger-Scheel: Handb. Physik **3.**
[2] Diese wurden selbstverständlich durch ein Verfahren gefunden, wie es oben an dem 1. Beispiel eingehend auseinandergesetzt wurde.

a) bei nur einer Unbekannten

3. Beispiel[1]. Eine Gasdichte L sei aus der Ausströmungszeit x zu bestimmen. Es ist

$$L = C\,x^2, \tag{97}$$

wo C eine Apparatkonstante ist. Den wahrscheinlichsten Wert für L den Wert L_0 findet man auf die oben angegebene Weise aus dem wahrscheinlichsten Wert von x, nämlich x_0 (s. hierzu die Ausführungen von S. 714). Es würden also in diesem Falle die Mittelwerte der Messungen von x zu nehmen sein. Sind die dafür vorliegenden Messungen alle von gleicher Genauigkeit, so kommt nach S. 704 das arithmetische Mittel (14) in Betracht. Sind aber Messungen unterschiedlichen Gewichtes dabei, so ist das „gewogene" arithmetische Mittel (S. 712) nach Gleichung (49) zu benützen.

Den mittleren Fehler μ_{L_0} von L_0 findet man nach (70),

$$\mu_{L_0} = \sqrt{\left(\frac{\partial}{\partial x}\,C x_0^2\right)^2 \mu_x^2} = 2\,C\,x_0\,\mu_x, \tag{98}$$

wo μ_x hier den mittleren Fehler von x_0 bedeutet. Dieser mittlere Fehler von x_0 ist demnach der mittlere Fehler des **Mittelwertes** der Messungen von x. Dieser mittlere Fehler, — es wird allein der mittlere Fehler herangezogen, weil er am sichersten bestimmbar ist, — des Mittelwertes wird gefunden gemäß den Erörterungen von S. 709 sowie evtl. denen von S. 714. Seine Bedeutung ist auf S. 708 auseinandergesetzt. Im Anschluß an Gleichung (98) kann man nunmehr sagen: Mit der Wahrscheinlichkeit von 0,68 ist zu erwarten, daß die Gasdichte L in den Grenzen $L_0 \pm \mu_{L_0}$ liegt, also im Intervalle

$$C x_0^2 \pm 2\,C x_0\,\mu_x. \tag{99}$$

Der mittlere relative Fehler ξ ist nach (88)

$$\xi = \frac{2\,\mu_x}{x_0}. \tag{100}$$

4. Beispiel[2]. Widerstandsmessung mit einem Brückendraht. Ist R der Vergleichswiderstand eines Präzisionsrheostaten und l die Länge des geeichten Brückendrahtes, so sind diese beiden Größen mit einem Beobachtungsfehler behaftet, der für gewöhnlich nicht in Betracht kommt. X bedeutet die Ein-

---

[1] Nach F. **Kohlrausch**: Lehrb. prakt. Physik, 14. Aufl. Leipzig: B. G. Teubner 1923.

[2] Nach **Nernst-Schönfließ**: Einführung in die mathematische Behandlung usw., 5. Aufl. 1907.

stellung auf Stromlosigkeit an der Brücke, Y ist der gesuchte Widerstand.

Nach elementaren Regeln ergibt sich für Y (s. Abb. 141)

$$Y = X \cdot \frac{R}{l - X} \qquad (101)$$

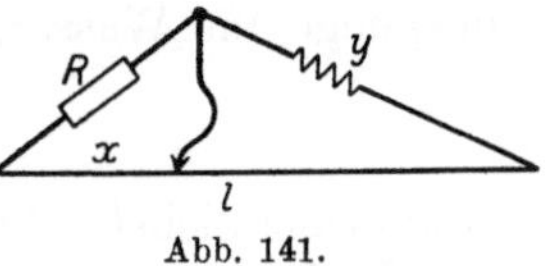

Abb. 141.

der wahrscheinlichste Wert für den gesuchten Widerstand wird sich unter den genannten Bedingungen aus dem wahrscheinlichsten Werte x von X ergeben, also nach den Ausführungen von S. 714

$$y = x \cdot \frac{R}{l - x} \cdot$$

Welches ist aber der **mittlere. Fehler** μ_y von y? Sei μ der mittlere Fehler von x. Nach (73) wird

$$\mu_y = \pm \sqrt{\left(\frac{\partial y}{\partial x}\right)^2 \mu^2} = \sqrt{\frac{R^2 l^2}{(l - x)^4} \mu^2} = \frac{R l}{(l - x)^2} \mu. \qquad (102)$$

Es besteht demnach die Wahrscheinlichkeit 0,68, daß der wahre Wert von Y innerhalb der Grenzen $y \pm \mu_y$ liegt, d. h. also im Intervalle

$$x \frac{R}{l - x} \pm \frac{R l}{(l - x)^2} \mu, \qquad (102\,\mathrm{a})$$

der mittlere relative Fehler wird

$$\xi = \frac{l}{x\,(x - l)} \mu. \qquad (103)$$

Dieser mittlere relative Fehler wird dann ein Minimum, wenn $\dfrac{d\xi}{dx} = 0$ ist, d. h.

$$\frac{d}{dx}\left(\frac{l \cdot \mu}{x\,(x - l)}\right) = \frac{(2x - l)\,l}{(x^2 - xl)^2} \mu = 0, \qquad (104)$$

daraus ergibt sich aber

$$2x - l = 0, \qquad (105)$$

folglich

$$x = \frac{l}{2}.$$

Der Einstellungsfehler am Brückendraht ist also von geringstem Einfluß, wenn man in der Mitte der Brücke mißt. Man wird daher durch passende Wahl von R dafür sorgen, in der Umgebung der Brückenmitte die Kompensation zu erreichen.

b) bei zwei Unbekannten[1].

5. Beispiel. Dichtebestimmung eines festen Körpers nach der Auftriebsmethode. Ist G_L das Gewicht des Körpers in Luft, G_w dasjenige im Wasser, so ist die Dichte s

$$s = \frac{G_L}{G_L - G_w}. \tag{106}$$

Der wahrscheinlichste Wert von s ergibt sich auf die oben angegebene Weise aus dem wahrscheinlichsten Werte der unabhängigen Variablen G_L und G_w.

Für den mittleren Fehler μ_s der Dichte findet man

$$\mu_s = \pm \sqrt{\left(\frac{\partial s}{\partial G_L}\right)^2 \mu_L^2 + \left(\frac{\partial s}{\partial G_w}\right)^2 \mu_w^2}, \tag{107}$$

wenn μ_L der mittlere Fehler der Wägung in der Luft und μ_w der mittlere Fehler der Wägung in Wasser ist.

Nun ist

$$\frac{\partial s}{\partial G_L} = - \frac{G_w}{(G_L - G_w)^2} \quad \text{und} \quad \frac{\partial s}{\partial G_w} = \frac{G_L}{(G_L - G_w)^2}, \tag{108}$$

also wird

$$\mu_s = \pm \frac{1}{(G_L - G_w)^2} \sqrt{G_w^2 \mu_L^2 + G_L^2 \mu_w^2}. \tag{109}$$

Der betreffende Körper wog in Luft $G_L = 244$ g und in Wasser $G_w = 218$ g. Der mittlere Fehler bei der Wägung in Luft μ_L war 0,005 bzw. in Wasser μ_w 0,008. Es ergibt sich daher für

$$\mu_s = \frac{\pm}{26^2} \sqrt{(0{,}005 \cdot 218)^2 + (0{,}008 \cdot 244)^2} = \pm\, 0{,}0033. \tag{110}$$

Für die Dichte des Körpers ergab sich also

$$s = \frac{G_L}{G_L - G_w} \pm \frac{1}{(G_L - G_w)^2} \sqrt{G_w^2 \mu_L^2 + G_L^2 \mu_w^2}, \tag{111}$$

d. h. mit der Wahrscheinlichkeit von 0,68 ist zu erwarten, daß der wahre Wert der Dichte des Körpers in dem Intervalle liegt, daß Gleichung (111) angibt. Daher dann der zahlenmäßige Wert für die Dichte sich einstellt

$$s = 9{,}385 \pm 0{,}0033. \tag{112}$$

III. Schlußbemerkungen.

Noch ein paar wichtige Bemerkungen seien hier angefügt. Die Genauigkeit einer Messung oder eines Mittelwertes ist durch das Präzisionsmaß gegeben. Dieses steht in Bezie-

---

[1] Kohlrausch, F.: Prakt. Phys. 15. Aufl. 1927.

hung zum mittleren Fehler. Damit ist aber allein etwas über die Genauigkeit der Messung, des Mittelwertes usw. ausgesagt. Nicht das Geringste dagegen über die Richtigkeit der Messung, des Ergebnisses usw. Ein Beispiel wird das klar machen. Ist mittels der Methode der Wheatstoneschen Brücke (s. Beispiel 4) ein galvanischer Widerstand in sehr gut übereinstimmenden Messungen bestimmt, so gilt das Ergebnis in engen Fehlergrenzen, hat hohe Genauigkeit, geringen mittleren Fehler. Es kann aber falsch sein, wenn der Brückendraht oder der Vergleichswiderstand fehlerhaft, etwa beschädigt war. In diesem Falle könnte man vom Vorliegen eines bzw. zweier „systematischer" Fehler sprechen, die das Ergebnis beeinflußten, und es zu einem falschen machten. „Konstante" (s. o.) Fehler dagegen nehmen dem Endergebnis die — oft übertriebene und übertrieben eingeschätzte — Präzision, können aber ein richtiges Resultat vermitteln, wenn auch in weiteren Fehlergrenzen.

Es ist hohe Genauigkeit auch nur bei definierten Objekten anzustreben. Man wird daher große Sorgfalt darauf verwenden, den untersuchten Körper in wohl definierten Zustand zu bringen.

Definiertheit des Objekts, Empfindlichkeit der Methode sowie angestrebte Genauigkeit müssen zueinander in richtigem Verhältnisse stehen. So hat es z. B. keinen Sinn, die Potentialdifferenz einer galvanischen Kette bis auf 0,1 mV genau zu messen, wenn die in der Kette vorkommende $^n/_{10}$ Kalomelelektrode nur auf 2 oder 3 mV genau ist. Erst wenn die KCl-Lösung in der Elektrode auf $1^0/_{00}$ genau ist, und weder das Quecksilber noch das HgCl noch das Gefäß Verunreinigungen aufweisen, ist das Eigenpotential der Elektrode auf 1 mV definiert.

Es hat ferner keinen Sinn, auf einer analytischen Wage das Wasser für eine genaue Lösung auf Bruchteile von mg abzuwägen. Bei offenen Gefäßen und unter Berücksichtigung der Wägedauer ist Wasser infolge Verdunstung auf mehrere mg unsicher. Sollen z. B. 100 ccm einer 1%ig. Lösung bereitet werden, so kann man das Salz auf 0,2 mg genau abwägen. Ein Fehler a hierbei ist aber gleichbedeutend mit einem 100 mal so großen Fehler bei Abwägen des Wassers. Eine Genauigkeit von 5—10 mg für das Wassergewicht ist also vollkommen ausreichend.

In einem zahlenmäßigen Ergebnis soll die letzte Stelle die Möglichkeit haben, um mehrere eigene Einheiten unsicher zu sein. Diese Zahl kann aus einer Schätzung hervorgehen. Die vorletzte Zahl dagegen muß sicher sein.

Tabellen.

I.

Auswägen eines Glasgefäßes mit Wasser oder Quecksilber.

Faßt ein Glasgefäß bei t^0, in Luft mit Messinggewichten ausgewogen, w g Wasser oder q g Quecksilber, so ist der Inhalt des Gefäßes bei 18^0 $w\cdot v$ bzw. $q\cdot k$ wahre cm³.

t^0	v	k	t^0	v	k
10	1,00153	0,073704	19	1,00261	0,073803
11	1,00160	0,073710	20	1,00278	0,073815
12	1,00169	0,073722	21	1,00297	0,073826
13	1,00178	0,073733	22	1,00317	0,073838
14	1,00189	0,073745	23	1,00338	0,073849
15	1,00201	0,073757	24	1,00360	0,073861
16	1,00214	0,073768	25	1,00383	0,073872
17	1,00229	0,073780	26	1,00406	0,073884
18	1,00244	0,073791	27	1,00431	0,073895

II.

Spezifisches Gewicht und Volumen des Quecksilbers zwischen 10 und 27°.

$d = $ g/cm²		$v = $ cm³/g	$d = $ g/cm²		$v = $ cm³/g
t	d	v	t	d	v
10	13,5708	0,073693	19	13,5486	0,073808
11	13,5683	0,073701	20	13,5461	0,073822
12	13,5658	0,073715	21	13,5437	0,073835
13	13,5634	0,073728	22	13,5412	0,073849
14	13,5609	0,073741	23	13,5388	0,073862
15	13,5584	0,073754	24	13,5363	0,073875
16	13,5560	0,073768	25	13,5339	0,073889
17	13,5535	0,073782	26	13,5314	0,073902
18	13,5511	0,073795	27	13,5290	0,073915

III.

Reduktion des Barometerstandes auf die geographische Breite 45⁰.

Für die Breite von 0^0 bis 45^0 ist die Korrektion abzuziehen, für die von 45^0 bis 90^0 dem reduzierten Barometerstand hinzuzufügen.

Breite	640	650	660	670	680	690	700	710	720	730	740	750	760	770	780	Breite
0^0	1,66	1,68	1,71	1,74	1,76	1,79	1,81	1,84	1,86	1,89	1,92	1,94	1,97	1,99	2,02	90^0
5	63	66	68	71	73	76	79	81	84	86	89	91	94	96	1,99	85
10	56	58	61	63	65	68	70	73	75	78	80	83	85	87	90	80
15	44	46	48	50	53	55	57	59	61	64	66	68	70	73	75	75
20	27	29	31	33	35	37	39	41	43	45	47	49	51	53	55	70
25	1,07	1,08	1,10	1,12	1,13	1,15	1,17	1,18	1,20	1,22	1,23	1,25	1,27	28	30	65
30	0,83	0,84	0,85	0,87	0,88	0,89	0,91	0,92	0,93	0,95	0,96	0,97	0,98	1,00	1,01	60
35	57	58	58	59	60	61	62	63	64	65	66	66	67	0,68	0,69	55
40	29	29	30	30	31	31	31	32	32	33	33	34	34	35	35	50
45	0,00	0,00	0,00	0,00	0,00	0,00	0,00	0,00	0,00	0,00	0,00	0,00	0,00	0,00	0,00	45

Um der — sehr geringen — Änderung der Schwere mit der Höhe (H) Rechnung zu tragen, ist von dem auf 0^0 und 45^0 Breite korr. Barometerstand b abzuziehen $2\,Hb\cdot 10^{-7}$.

IV.

Reduktion der Barometerablesung auf 0⁰.

p_0 sei der gesuchte, reduzierte, p der abgelesene, für eine etwaige Kapillardepression korrigierte Barometerstand, t die Temperatur des Barometers, β der kubische Ausdehnungskoeffizient des Quecksilbers (für die in Betracht kommenden Temperaturen 0,0001818), a der lineare Ausdehnungskoeffizient der Skala (für Messing 0,0000185, für Glas 0,0000085).

Dann ist:

$$p_0 = p\,\frac{1 + \alpha t}{1 + \beta t} = p - k.$$ Die Korrektur k ist angenähert $= (\beta - \alpha)\,p\,t$.

Da $\beta - \alpha$ für Messing $= 0,0001818 - 0,0000185 = 0,0001633$, also fast genau 1/6000 ist und p im ganzen wenig von 750 $= 3000/4$ mm differiert, kann man k in erster Annäherung $= \dfrac{3000}{4}\,\dfrac{t}{6000}\,t = \dfrac{t}{8}$ mm setzen.

Die folgenden Werte von k sind genau berechnet und gelten für eine Messingskala. Ist die Teilung direkt auf das Glasrohr geätzt, so sind die Werte von k um $0,007\,t$ zu vergrößern.

Bei Temperaturen über 0^0 ist k von p abzuziehen, bei Temperaturen unter 0^0 zu addieren.

t	$p = 680$	690	700	710	720	730	740	750	760	770	$0,007\,t$
1^0	0,11	0,11	0,11	0,12	0,12	0,12	0,12	0,12	0,12	0,13	0,01
2	22	23	23	23	24	24	24	24	25	25	0,01
3	33	34	34	35	35	36	36	37	37	38	0,02
4	44	45	46	46	47	48	48	49	50	50	0,03
5	55	56	57	58	59	60	60	61	62	63	0,04
6	0,67	0,68	0,69	0,69	0,70	0,71	0,72	0,73	0,74	0,75	0,04
7	78	79	80	81	82	83	84	86	87	0,88	0,05
8	0,89	0,90	0,91	0,93	0,94	0,95	0,97	0,98	0,99	1,00	0,06
9	1,00	1,01	1,03	1,04	1,06	1,07	1,09	1,10	1,12	13	0,06
10	11	12	14	16	17	19	21	22	24	26	0,07
11	1,22	1,24	1,26	1,27	1,29	1,31	1,33	1,34	1,36	1,38	0,08
12	33	35	37	39	41	43	45	47	49	51	0,08
13	44	46	48	50	52	55	57	59	61	63	0,09
14	55	57	60	62	64	66	69	71	73	76	0,10
15	66	69	71	73	76	78	81	83	86	1,88	0,11
16	1,77	1,80	1,82	1,85	1,88	1,90	1,93	1,95	1,98	2,01	0,11
17	88	1,91	1,94	1,96	1,99	2,02	2,05	2,08	2,10	13	0,12
18	1,99	2,02	2,05	2,08	2,11	13	17	20	23	26	0,13
19	2,10	13	16	20	23	26	29	32	35	38	0,13
20	21	24	28	31	34	38	41	44	47	51	0,14
21	2,32	2,36	2,39	2,43	2,46	2,49	2,53	2,56	2,60	2,63	0,15
22	43	47	50	54	58	61	65	69	72	76	0,15
23	54	58	62	66	69	73	77	81	84	2,88	0,16
24	65	69	73	77	81	85	2,89	2,93	2,97	3,00	0,17
25	76	80	84	2,89	2,93	2,97	3,01	3,05	3,09	13	0,18
26	2,87	2,91	2,96	3,00	3,04	3,08	3,13	3,17	3,21	3,25	0,18
27	2,98	3,03	3,07	12	16	21	25	29	34	38	0,19
28	3,09	14	18	23	28	32	37	41	46	50	0,20
29	20	25	30	34	39	44	49	54	58	63	0,20
30	31	36	41	46	51	56	61	66	70	75	0,21

V.

Sättigungsdruck des Wasserdampfes in mm Hg von 0°, von 10° bis 40°.

Grade	Zehntelgrade									
	,0	,1	,2	,3	,4	,5	,6	,7	,8	,9
	mm	mm	mm	mm	mm	mm	mm	mm	mm	mm
10	9,209	9,271	9,333	9,395	9,458	9,521	9,585	9,649	9,714	9,779
11	9,844	9,910	9,976	10,042	10,109	10,176	10,244	10,312	10,380	10,449
12	10,518	10,588	10,658	10,728	10,799	10,870	10,941	11,013	11,085	11,158
13	11,231	11,305	11,379	11,453	11,528	11,604	11,680	11,756	11,833	11,910
14	11,987	12,065	12,144	12,223	12,302	12,382	12,462	12,543	12,624	12,706
15	12,788	12,870	12,953	13,037	13,121	13,205	13,290	13,375	13,461	13,547
16	13,634	13,721	13,809	13,898	13,987	14,076	14,166	14,256	14,347	14,438
17	14,530	14,622	14,715	14,809	14,903	14,997	15,092	15,188	15,284	15,380
18	15,477	15,575	15,673	15,772	15,871	15,971	16,071	16,171	16,272	16,374
19	16,477	16,581	16,685	16,789	16,894	16,999	17,105	17,212	17,319	17,427
20	17,535	17,644	17,753	17,863	17,974	18,085	18,197	18,309	18,422	18,536
21	18,650	18,765	18,880	18,996	19,113	19,231	19,349	19,468	19,587	19,707
22	19,827	19,948	20,070	20,193	20,316	20,440	20,565	20,690	20,815	20,941
23	21,068	21,196	21,324	21,453	21,583	21,714	21,845	21,977	22,110	22,243
24	22,377	22,512	22,648	22,785	22,922	23,060	23,198	23,337	23,476	23,616
25	23,756	23,897	24,039	24,182	24,326	24,471	24,617	24,764	24,912	25,060
26	25,209	25,359	25,509	25,660	25,812	25,964	26,117	26,271	26,426	26,582
27	26,739	26,897	27,055	27,214	27,374	27,535	27,696	27,858	28,021	28,185
28	28,349	28,514	28,680	28,847	29,015	29,184	29,354	29,525	29,697	29,870
29	30,043	30,217	30,392	30,568	30,745	30,923	31,102	31,281	31,461	31,642
30	31,824	32,007	32,191	32,376	32,561	32,747	32,934	33,122	33,312	33,503
31	33,695	33,888	34,082	34,276	34,471	34,667	34,864	35,062	35,261	35,462
32	35,663	35,865	36,068	36,272	36,477	36,683	36,891	37,099	37,308	37,518
33	37,729	37,942	38,155	38,369	38,584	38,801	39,018	39,237	39,457	39,677
34	39,898	40,121	40,344	40,596	40,796	41,023	41,251	41,480	41,710	41,942
35	42,175	42,409	42,644	42,880	43,117	43,355	43,595	43,836	44,078	44,320
36	44,563	44,808	45,054	45,301	45,549	45,799	46,050	46,302	46,556	46,811
37	47,067	47,324	47,582	47,841	48,102	48,364	48,627	48,981	49,157	49,424
38	49,692	49,961	50,231	50,502	50,774	51,048	51,323	51,600	51,879	52,160
39	52,442	52,725	53,009	53,294	53,580	53,867	54,156	54,446	54,737	55,030
40	55,324	55,61	55,91	56,21	56,51	56,81	57,11	57,41	57,72	58,03

VI.

Reduktion eines Gasvolumens auf 0° und 760 mm.

Volumen v und spez. Gew. s eines Gases, bei der Temperatur t und dem Drucke H gemessen, werden für 0° und 760 mm, wenn $\alpha = 0{,}00367$ ist,

$$v_0 = \frac{v}{1 + \alpha t} \cdot \frac{H}{760} \quad \text{und} \quad s_0 = s\,(1 + \alpha t)\frac{760}{H}.$$

t	$1 + \alpha t$	t	$1 + \alpha t$	t	$1 + \alpha t$	H	$H/760$	H	$H/760$
						mm		mm	
0°	1,0000	40°	1,1468	80°	1,2936	700	0,9211	740	0,9737
1	1,0037	41	1,1505	81	1,2973	701	0,9224	741	0,9750
2	1,0073	42	1,1541	82	1,3009	702	0,9237	742	0,9763
3	1,0110	43	1,1578	83	1,3046	703	0,9250	743	0,9776
4	1,0147	44	1,1615	84	1,3083	704	0,9263	744	0,9789
5	1,0183	45	1,1651	85	1,3119	705	0,9276	745	0,9803
6	1,0220	46	1,1688	86	1,3156	706	0,9289	746	0,9816
7	1,0257	47	1,1725	87	1,3193	707	0,9303	747	0,9829
8	1,0294	48	1,1762	88	1,3230	708	0,9316	748	0,9842
9	1,0330	49	1,1798	89	1,3266	709	0,9329	749	0,9855
10	1,0367	50	1,1835	90	1,3303	710	0,9342	750	0,9868
11	1,0404	51	1,1872	91	1,3340	711	0,9355	751	0,9882
12	1,0440	52	1,1908	92	1,3376	712	0,9368	752	0,9895
13	1,0477	53	1,1945	93	1,3413	713	0,9382	753	0,9908
14	1,0514	54	1,1982	94	1,3450	714	0,9395	754	0,9921
15	1,0550	55	1,2018	95	1,3486	715	0,9408	755	0,9934
16	1,0587	56	1,2055	96	1,3523	716	0,9421	756	0,9947
17	1,0624	57	1,2092	97	1,3560	717	0,9434	757	0,9961
18	1,0661	58	1,2129	98	1,3597	718	0,9447	758	0,9974
19	1,0697	59	1,2165	99	1,3633	719	0,9461	759	0,9987
20	1,0734	60	1,2202	100	1,3670	720	0,9474	760	1,0000
21	1,0771	61	1,2239	101	1,3707	721	0,9487	761	1,0013
22	1,0807	62	1,2275	102	1,3743	722	0,9500	762	1,0026
23	1,0844	63	1,2312	103	1,3780	723	0,9513	763	1,0039
24	1,0881	64	1,2349	104	1,3817	724	0,9526	764	1,0053
25	1,0917	65	1,2385	105	1,3853	725	0,9539	765	1,0066
26	1,0954	66	1,2422	106	1,3890	726	0,9553	766	1,0079
27	1,0991	67	1,2459	107	1,3927	727	0,9566	767	1,0092
28	1,1028	68	1,2496	108	1,3964	728	0,9579	768	1,0105
29	1,1064	69	1,2532	109	1,4000	729	0,9592	769	1,0118
30	1,1101	70	1,2569	110	1,4037	730	0,9605	770	1,0132
31	1,1138	71	1,2606	111	1,4074	731	0,9618	771	1,0145
32	1,1174	72	1,2642	112	1,4110	732	0,9632	772	1,0158
33	1,1211	73	1,2679	113	1,4147	733	0,9645	773	1,0171
34	1,1248	74	1,2716	114	1,4184	734	0,9658	774	1,0184
35	1,1284	75	1,2752	115	1,4220	735	0,9671	775	1,0197
36	1,1321	76	1,2789	116	1,4257	736	0,9684	776	1,0211
37	1,1358	77	1,2826	117	1,4294	737	0,9697	777	1,0224
38	1,1395	78	1,2863	118	1,4331	738	0,9711	778	1,0237
39	1,1431	79	1,2899	119	1,4367	739	0,9724	779	1,0250
40	1,1468	80	1,2936	120	1,4404	740	0,9737	780	1,0263